제3판

공간정보공학

SURVEYING/GNSS / PHOTOGRAMMETRY / REMOTE SENSING / GIS

한승희 저

도서출판 구미서관

머리말

최근의 공간정보는 위치데이터 획득, 분석 및 모델링, 그리고 소프트웨어 및 애플리케이션 개발 분야 전체를 포함하는 기술로 발전하고 있다. 공간정보의 해당분야는 지하공간개발 및 오일 및 개스 개발 등 지하에서부터 지상은 물론 우주개발을 위한 우주까지 공간정보의 활동범위는 일반화되었다. 공간정보는 첨단 분야의 기술과 함께하므로 매우 빠른 변화를 겪고 있다. 측지, 측량, GNSS, LiDAR, 디지털사진측량, MMS(Mobile Mapping System), 원격탐측은 물론 GIS를 포함하며 발전하고 있으며 디지털트윈 및 가상시뮬레이션 분야에서 필수적인 역할로 영역을 넓히고 있다. 이러한 공간정보는 전 지구적으로 발전하고 있는 영역인 지오매틱스(Geomatics) 엔지니어링과 맥락을 같이 한다.

본 교재는 2008년 8월에 초판을 발간하여 2판 3쇄를 거쳤다 그간 본 교재를 사용하면서 간과했던 부분, 부족한 부분을 수정하여 16년만에 개정판을 출판하게 되었다. 본 교재는 기초측량, 기준점측량, 지형측량, 응용측량, 사진측량, 원격탐측, GIS 총 7편 16장으로 편성하였으며 공간정보 분야에 관심있는 자라면 알아야 할 기본적인 지식과 원론에 대한 내용을 실었으므로 학부과정을 공부하는 학생들과 관련분야 엔지니어들에게 도움이 됐으면 하는 바람이다.

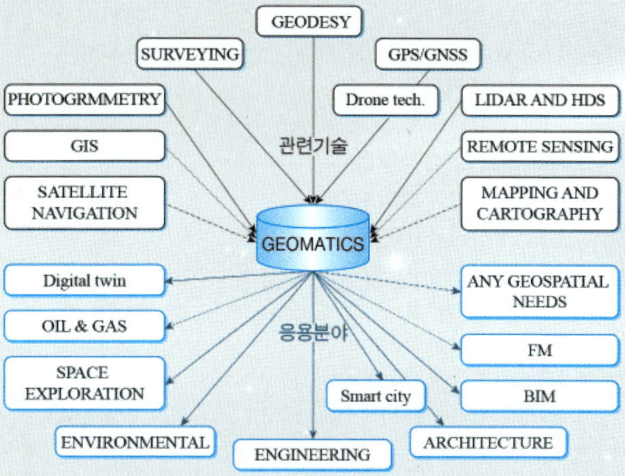

아쉬운 점은 현실과의 타협으로 인해 현재 기술을 중심으로 한 혁신적인 교재를 집필할 수 없었던 점을 양해 부탁드리며 아쉬움을 남긴다. 끝으로 어려운 출판 여건 속에서도 이 책의 출판을 위해 수고하신 구미서관 대표님과 편집부 관계자 여러분께 진심으로 감사의 말씀드린다.

2025년 1월 1일

저자 **한승희**

제1편 / 기초측량

제1장 공간정보 일반사항

제2장 관측값과 오차

제3장 최소제곱법에 의한 조정계산

제4장 거리 및 각측량

제5장 면적 및 체적 계산

제2편 / 기준점측량

제6장 트래버스측량

제7장 삼각 · 삼변측량

제3편 / 지형측량

제10장 지형도

제4편 / 응용측량

제11장 노선측량

제12장 하천 및 연안측량

제13장 터널측량

제5편 / 사진측량

제14장 사진측량학

제6편 / 원격탐측

제15장 원격탐측

제7편 / 지형공간정보시스템

제16장 지형공간정보시스템

제1편
기초측량

제1장 공간정보 일반사항

제2장 관측값과 오차

제3장 최소제곱법에 의한 조정계산

제4장 거리 및 각측량

제5장 면적 및 체적계산

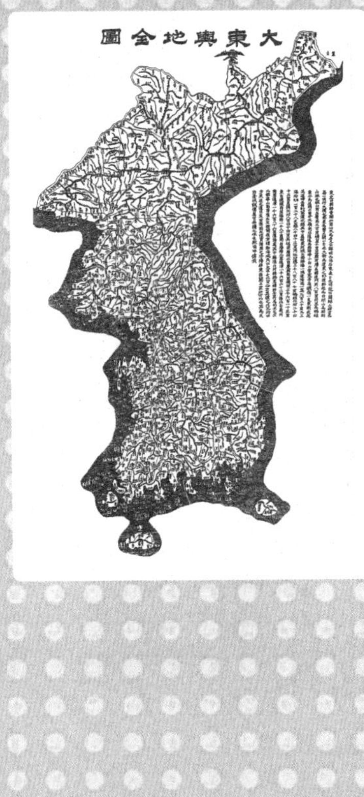

| 제1편 공간정보 일반사항 |

측량의 태동과 국내외 역사, 측량의 분류를 살펴보고 측량의 산물인 관측값의 처리와 정확도 평가에 대해 알아본다. 또한 수평위치 결정을 위한 거리측량과 각측량 방법, 관측값을 이용한 최확값 구하기, 면 · 체적 계산법을 기술하였다.

제1장 공간정보 일반사항

1.1 공간정보(Geo-Spatial Information)의 의미

지구 및 우주공간에 존재하는 제점들 간의 상호위치관계와 그 특성을 해석하는 학문으로 지표면, 지하, 수중, 해양, 공간 및 우주 등 인간활동이 미칠 수 있는 모든 영역 내의 자연물, 인공시설물 등을 포함한다.

측량은 길이, 각, 시, 방향 등을 수치적으로 규명하며 평면, 곡면 및 공간을 고려한 거리와 각의 조합해석에 의하여 수평위치, 연직위치를 결정하고 그 위치를 시간 또는 도형(graphic)과 함께 3차원, 4차원적으로 표현하는 정량적 해석(quantitative analysis)을 할 수 있다. 또한, 측량은 환경 및 자원 등 지표에 대한 정보수집, 특성파악, 해석처리를 함으로써 정성적 해석(qualitative analysis)을 포함한다. 정량적인 해석은 삼각측량 및 트래버스측량의 원리를 이용한 토털스테이션측량, 위성측량(GNSS; Global Navigation Satellite System)을 이용하여 위치를 결정하고 있다. 정성적인 해석은 사진측량 및 원격탐측을 이용하여 공간정보를 획득하고 있는데 다목적위성 아리랑 3A호와 5호의 발사로 24시간 전천후 지표면의 정보획득이 가능해졌다. 정량적, 정성적 해석의 결과는 GIS(Geographiy Information System)로 구축되어 보다 고차원적인 정보와 지식을 얻고 있다. 최근의 공간정보분야는 스마트시티를 위한 디지털트윈 구축기술 중의 하나인 3차원 모델링 자동화에 초점을 맞추고 있다. 이를 위한 기술로 동적 3차원 지도제작시스템(MMS;Mobile Mapping System), 라이다(LiDAR), 드론사진측량 등에 대한 연구개발이 활발히 진행되고 있다. 우리나라에서는 공간정보라는 용어를 사용하고 있으나 영문의 경우 여러가지 단어로 사용되고 있다. Spatial Information , Geo-Spatial Information, Geo-Infomatic Eng., Geomatics Eng. 등이 그것이다.

공간정보에는 지구 및 우주공간의 정보획득과 체계화에 필요한 측지학, 측량학, 사진측량학, GNSS, 원격탐측, GIS등에 대한 분야를 포함한다.

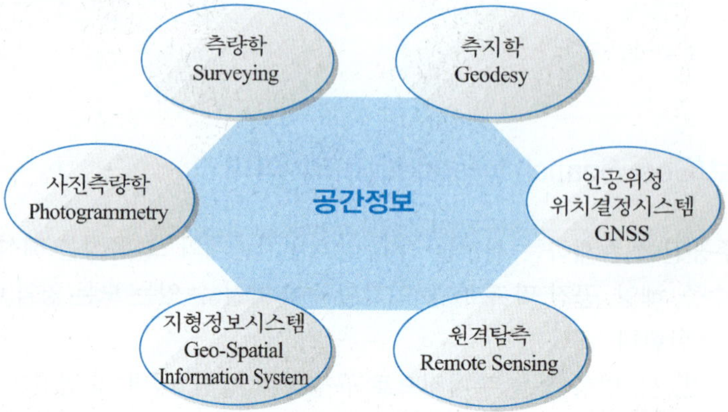

그림 1.1 공간정보의 구성분야

국가공간정보 기본법에서의 공간정보 및 체계에 대한 정의는 다음과 같이 정하고 있다.

국가공간정보기본법 제2조 <개정 2014. 6. 3.>

1항. "공간정보"란 지상·지하·수상·수중 등 공간상에 존재하는 자연적 또는 인공적인 객체에 대한 위치정보 및 이와 관련된 공간적 인지 및 의사결정에 필요한 정보를 말한다.

2항. "공간정보데이터베이스"란 공간정보를 체계적으로 정리하여 사용자가 검색하고 활용할 수 있도록 가공한 정보의 집합체를 말한다.

3항. "공간정보체계"란 공간정보를 효과적으로 수집·저장·가공·분석·표현할 수 있도록 서로 유기적으로 연계된 컴퓨터의 하드웨어, 소프트웨어, 데이터베이스 및 인적자원의 결합체를 말한다.

본 교재는 공간정보의 입문인 측량학으로 부터 GPS, 사진측량, 원격탐측, GIS에 대한 내용을 담고 있다.

1.2 공간정보의 역사

(1) 측량의 역사

인류에게 사유지개념은 구석기말기와 신석기 시대(B.C 10,000~ 4,000)로 농경을 시작하고, 동물을 길들이기 시작한 시기인데 이때부터 측량이 태동했을 것으로 추측된다. 구체적인 측량의 역사는 고대로 거슬러 올라가는데, 기원전 3,000년 이집트에서 토지등기부가 기록되어 있고, 나일강 홍수에 따른 농장 경계의 재설정과 기자의 대 피라미드 건설이 거의 비슷한 시기에 기록되어 있다. B.C2560년경 Khufu왕조의 피라밋저부의 방위가 90°에서 평균오차 12″, 변의 길이오차가 455ft에 대해 불과 0.05ft밖에 되지 않았다고 한다. 이로써 그 당시 정밀한 측량이 시행되었을 것으로 추측할 수 있다. B.C. 2500년경 최초의 도시인 바빌로니아를 건설할 당시 정형화된 성곽 및 가로망을 계획한 것으로 보아 측량이 행해졌을 것으로 추측하고 있다(그림 1.2).

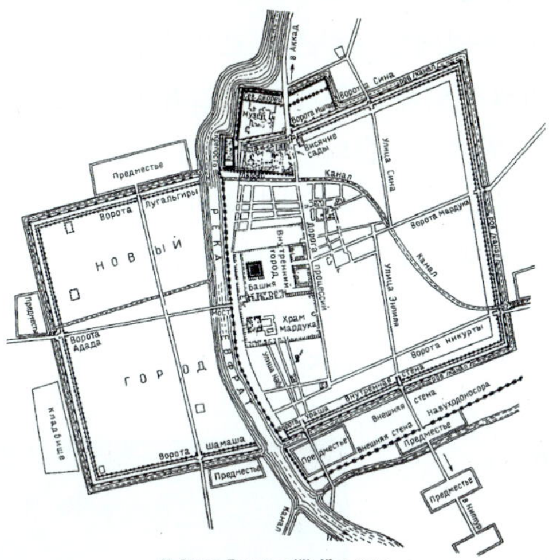

26. Вавилон. План города, VII—VI вв. до н. э.

그림 1.2 고대 바빌로니아도시계획 https://www.tehne.com/

측량의 발달은 기하학의 발달을 가져왔다. 측량도면상에서 면적계산 또는 분할 등의 필요성이 있었을 것이기 때문이다. B.C. 1700년경 π값 3.1605를 결정하였으며 B.C. 1400년경 나일강의 범람에 따른 토지의 경계 설정, 조세 목적의 토지분할 측량이 실시됐다. B.C. 300~400년 기간 동안에는 로마인의 도시건설을 위한 지도 제작이 실시되었으며 B.C. 220년에는 에라토

스테네스가 지구의 둘레를 계산하게 된다. B.C. 50년경에는 로마제국의 시저에 의해 과세의 공평을 기하기 위한 토지의 경계측량을 실시하였다.

근대에 와서는 주로 수학적인 이론이나 기계적인 발전이 주된 측량의 역사이다. 15C에 아라비아인의 컴퍼스 발명과 이를 이용한 해안지도를 작성함으로써 근대 측량이 시작되었으며 1590년 존 프래토리우스에 의해 평판측량이 고안되었다. 물론 평판측량의 역사는 로마시대부터 내려온다. 1617년 스넬리우스에 의해 삼각측량법이 고안됨에 따라 당시 거리측량의 어려움을 해결하였으며 1631년 프랑스 버어니어에 의해 유표(어미자와 아들자)가 발명됨에 따라 인간의 측정한계를 극복하는 계기가 되었다. 1670년 오기리브에 의한 트래버스 측량법의 개발되었으며 1730년 네덜란드 크루퀴우스가 등고선 고안하여 현재 지형도의 표기방법으로 사용하고 있다. 1740년에는 시쏜이 표고를 결정할 수 있는 레벨을 발명하였으며 1831년에는 더드가 각을 정밀하게 잴 수 있는 트랜싯을 고안하였다. 18~19세기에는 영국과 프랑스에서 측량사업을 확장하면서 정확도 향상방안에 대한 논의가 활발하게 되었으며 측지측량을 실시하게 되었다. 19C 중엽에는 프랑스의 로세다에 의한 최초의 사진측량이 실시되었으며 20C초 독일의 풀프리히가 입체 도화기 및 정밀좌표관측기를 개발함에 따라 근대 사진측량의 기초가 되었다. 이후의 측량기술의 발전은 2차세계대전을 전후로 방위산업과 연계하여 발전하였으며 1990년 8월 2일부터 1991년 1월 17일까지 걸프전에서 미국은 GPS와 군사 GIS 전문가를 투입한 것이 일례이다. 이후 국방분야 뿐만 아니라 네비게이션 등 GNSS 이용한 위치기반서비스와 산업이 전 세계적으로 폭넓게 응용되게 되었다. 지형도제작은 수치사진측량으로 전환되었으며 스마트시티, 디지털트윈을 위한 지상 및 항공LiDAR기술의 발달

그림 1.3 GNSS와 Totalstation조합시스템 (Leica)

그림 1.4 드론 LiDAR(https://www.wginc.com)

로 드론에서도 지상을 측량할 수 있는 시대가 되었다. 2016년 4차산업혁명(Industry4.0 또는 Fourth Industrial Revolution, 4IR)의 시작은 공간정보의 중요성이 강조되게 되었으며 스마트시티, 디지털트윈, 자율주행 등에 관련된 기술의 발전이 급격히 발전하고 있다. 이제 각나라에서는 공간정보의 체계적인 구축과 서비스를 위한 노력을 하고 있는데 영국의 Geospatial Commission에서 추진하고 있는 국가위치데이터 프레임워크구축, 미국 FGDC의 장소기반 의사결정을 위한 디지털인프라구축, 일본 국토교통성의 지리공간정보 활용추진기본사업 등을 예로 들 수 있다.

(2) 우리나라의 측량사

우리선조들은 삼국시대 이전부터 우리의 지도와 지리지를 편찬하였으며 특히, 조선 후기에는 고산자 "김정호"선생의 대동여지도 등 측량과 지도제작 등 빛나는 유산을 남겼다. 그리고 구 한국정부는 현대적인 측량을 시도하였으나 한일합병으로 그 뜻을 이루지 못하고 토지조사사업을 통해 전국의 삼각망과 수준망을 구축, 세부측량을 거쳐 지형도 및 지적도를 제작하였다. 광복 이후 초기에는 육군측지부대에서 지형도를 간행해오다가 보다 국가적인 기본측량 및 국가 기본도 제작의 필요성이 제기되어 1958년에 국방부 지리연구소가 창립되었다. 그 후 독립기관으로 건설부 국립지리원이 창설되어 현대적인 측량, 지도제작기관으로서 명맥을 이어오다 2004년 건설교통부 산하 국토지리정보원으로 거듭났다. 최근에는 해양측량을 담당하던 해양수산부와 건설교통부가 통합하여 국토해양부가 되었으며 산하에 국토지리정보원이 있다. 현재에 이르기까지 주요한 측량의 역사를 요약해 보면 다음과 같다.

우리나라 최초의 측량에 관한 역사는 6C중~7C초 삼국사기와 삼국유사에 측량에 대한 기록이 전해지고 있다. 역사서에 따르면 영유왕 11년(628)에 당나라에 지도를 보냈다는 기록이 있는 것으로 보아 상당한 측량기술이 있었음을 증명한다. 통일신라 경덕왕 때에는 주, 군, 현을 표시하는 지형도 「신라구주현총도」를 제작하였으며 고려 목종(11C초) 때 전국을 10도로 나눈 「고려지리도」, 현종 때 5도로 개정한 「오도양계주현총도」(그림 1.5), 인종 때 지명, 연혁, 국토의 위치를 기록한 「삼국사기 지리지」를 제작하였다. 이후의 측량역사는 주로 지도제작에 근간한다. 조선 태종 2년(15C)에는 「혼일강리역대국도지도」라는 세계지도가 제작되어 한반도의 위치를 강조하였다. 그림 1.6에서와 같이 우리나라의 비중이 상당히 크게 부각되어 있음을 알 수 있다.

17C 정상기는 「동국지도」를 제작하였는데 현재의 지형도와 축척, 수륙교통, 연해항로가

비슷하다. 1713년 숙종 39년에 청나라사신 何國棟은 상안대의라는 측량기기를 사용하여 북극고도(위도)를 측량, 한양에 대해 37도 39분 15초를 얻었다. 1834년 김정호의 「청구도」에는 10리마다 좌표격자가 삽입되어 있고 경위선표와 투영법이 설명되어 있으며 축척은 1 : 160,000으로 제작되었다.

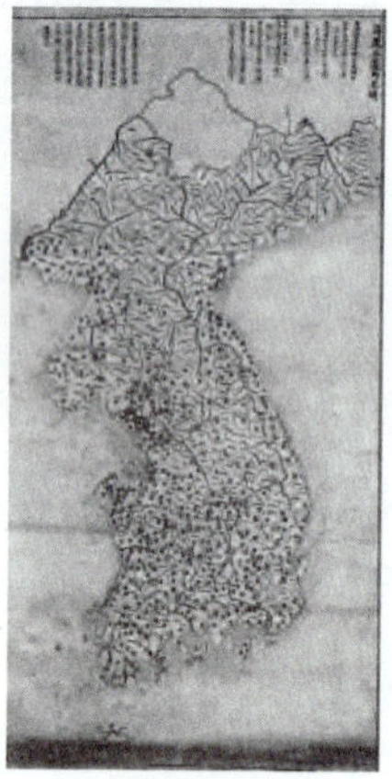

그림 1.5 오도양계도(고려시대), 규장각

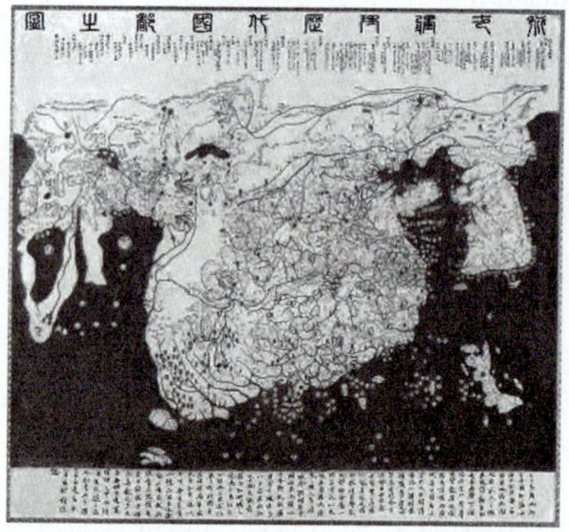

그림 1.6 혼일장리역대국도지도(조선시대)

1861년 청구도를 보완한 「대동여지도」는 실제의 우리나라 지도와 유사하며 축척은 1:162,000으로 제작되었다. 전국을 22단으로 나누었으며 도로선상에 십리 간격으로 점을 찍고 하천, 바다, 산, 산맥 등이 일정한 기호로 잘 표시되어 있다. 1894~1895년 동안에는 일본이 전시에 사용하기 위한 1:2,000,000 한국 전도를 제작하였으며 1900년에는 조세의 목적으로 최초의 토지조사사업인 지적측량이 시작됐다. 1910~1918년까지 일본의 토지조사국에서 1:50,000 지형도와 1:1,200지적도를 제작하였는데 이는 현대측량사업의 근원이 되었다. 1933년에 수준측량의 기준으로 원산원점을 사용하기로 하였으며 1936년 일본의 중국진출을 위한 측량이 시급히 필요함에 따라 조선토지측량표령을 발동하기도 하였다.

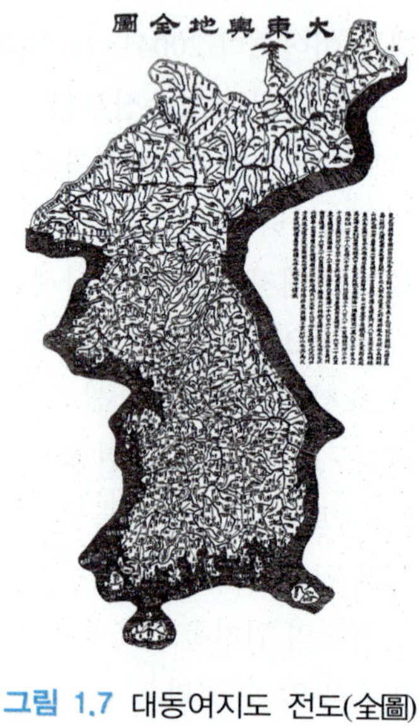

그림 1.7 대동여지도 전도(全圖)
(국립지리원 1984)

그림 1.8 북아메리카 식민지의 측량모습
https://www.orbisinc.com

그림 1.9 우리나라측량의 시초, 1901

1945년 해방 후 미 군정청이 항공사진측량을 수행하여 1:50,000 국토기본도를 수정·보완하였으며 1950년 6.25전쟁 이후 군사적인 목적으로 지도투영법을 TM투영에서 UTM투영으로 변환하였다. 1957년에는 국방부 산하 지리연구소를 발족하여 육군측지부대와 공동사업으로 3, 4등 삼각점의 정비를 수행하였고 1961년 내무부 산하의 국립건설연구소로 이관하고 측량법을 제정하기에 이르렀다. 1966~1969년 기간 동안에는 네덜란드와 합동으로 항공사진측량에 의해 국토기본도를 개선 제작하였고 1971년에는 측량사의 면허제도를 실시하였다. 1974년 건설부 국립지리원을 창설하여 1:5,000 국토기본도 제작을 착수하였으며 1975~1993년 기간 동안 정밀 1차 기준점 측량을 삼변측량으로 수행하여 삼각점 성과를 갱신했다. 1981~1985년 기간 동안 천문측량을 실시하여 국립지리원 내에 한국경위도 원점이 설치되었고 1975~1995년 정밀1차 기준점 측량(1, 2등)실시, 이어 1986부터 정밀 2차 기준점 측량(3, 4등)이 진행되었다. 현재까지 GNSS측량으로 재정비 되었으며 통합기준점을 운영하고 있다.

최근에 눈부시게 발전하고 있는 전자, 컴퓨터기술 및 무선통신기술에 힘입어 GNSS를 이용한 위치기반서비스와 산업이 다양한 분야에 폭넓게 적용되고 있으며 1990년대 말부터 수치사진측량이 도입되면서 고해상디지털사진기가 영상획득 수단으로 자리매김하였다. 지형도제작의 비용과 시간을 절감하기 위해 고해상 디지털사진기와 GNSS, INS를 장착한 Airborne GPS를 사용하고 있다. MMS(Mobile mapping System)의 출현은 자율주행을 위한 정밀도로지도의 제작을 가능케 하였다. 국가적인 GIS구축이 필요하다고 느낀 정부는 1995년에 1차 국가GIS(NGIS)사업을 시작하여 2022년까지 스마트코리아를 슬로건으로 6차 국가공간정보정책사업을 완료하였으며 현재 7차 국가공간정보정책사업(2023년~2027년)을

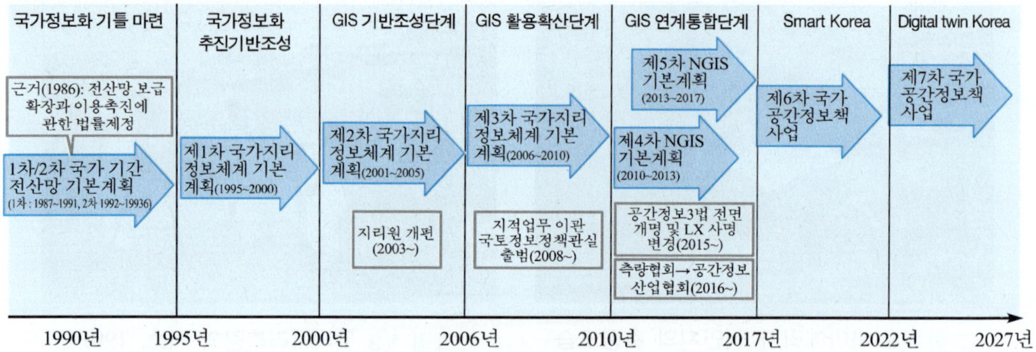

그림 1.10 우리나라 GIS사업계획

진행하고 있다. 특히, 7차사업은 "모든 데이터가 연결된 디지털트윈 KOREA실현"을 목표로 하고 있다. 또한 국가공간정보통합체계구축 사업을 다양한 공간정보를 연계하여 공동 활용할 목적으로 진행 중이다. 2013년도부터 2017년도 까지28개 연계기관과 65개 정보시스템, 1,052개의 데이터가 연계되어 운영되었다. 2020년부터 2022년까지는 국가공간정보통합체계 1,2차 개선사업을 통해 중앙부처·지자체·공공기관은 연계통합관리 서비스를 통해 해당 기관의 업무에 필요한 맞춤형 데이터 신청, 연계데이터 관리 및 실시간 송수신 현황 확인 등 안정적인 공간정보 수집·제공 여건을 갖추게 되었다.

우리나라의 원격탐측을 위한 위성개발은 1990년 초부터 시작되었으며 1992년 8월 우리별 1호를 발사하여 최초의 과학실험위성을 갖게 되었다. 그 후 1995년에는 최초의 방송통신위성인 무궁화 1호가 발사되었으며 1999년 12월에는 아리랑(KOMPSAT) 1호가 발사되어 우리나라도 다목적 위성을 갖게 되었다. 2006년 7월 28일에 발사된 아리랑 2호(과학기술부, 산업자원부, 정보통신부 추진사업)는 흑백 1m급, 칼라 4m의 해상도를 갖는 카메라를 탑재하고 있다. 또한 같은 해 8월 22일 민군겸용 통신위성 무궁화 5호가 하와이 근처 적도상에서 발사됨으로써 명실공이 우주시대를 맞이하였다. 2012년 5월 8일 일본에서 아리랑 3호가 성공적으로 발사되었는데 0.7m의 공간해상도를 가진 카메라를 탑재하고 있다. 2013년 8월에는 안개, 구름 등을 투과해서 촬영할 수 있는 RADARSat 아리랑 5호가 발사되어 운영 중에 있으며 2015년 3월에 해상도 0.55m의 고해상 멀티스펙트럼 센서를 탑재한 아리랑 3A호가 발사되었다. 현재, 0.5m급 RADAR위성인 아리랑 6호가 2024년 12월에 발사예정에 있으며, 0.3m급 아리랑 7호도 준비 중에 있다.

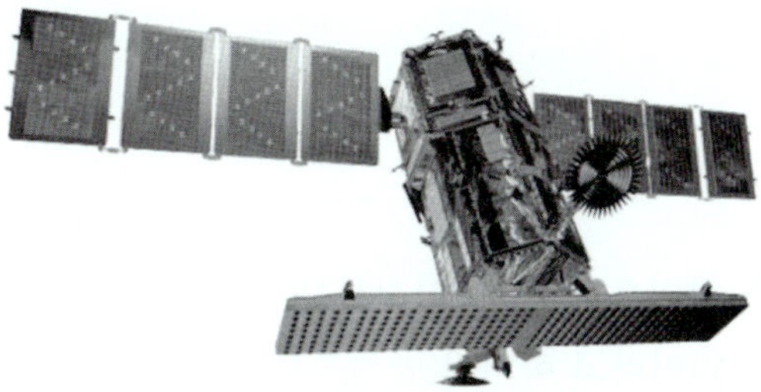

그림 1.11 아리랑5호(항공우주연구원)

그림 1.12 아리랑 7호, 발사 예정

2021년도 3월 22일 국토교통부가 6년에 걸쳐 개발한 차세대 중형 국토위성1호를 발사하여 고도 497.8km의 궤도에 정상적으로 안착해 교신에 성공했다. 국토지리정보 관측을 목적으로 항공우주연구원에서 개발됐으며, 국토교통부 국토지리정보원 위성센터에서 표준영상제품을 사용자에게 제공한다. 국토위성의 영상센터는 흑백 0.5m, 칼라 1m의 해상도를 가지고 있다.

그림 1.13 차세대 중형위성 국토위성1호 (항공우주연구원)

그림 1.14 국토위성영상 (잠실종합경기장)

1.3 측량의 분류

(1) 측량할 지역의 넓이에 따른 분류

① 평면측량

지구의 곡률을 고려하지 않고 지구표면을 평면으로 보고 실시하는 측량을 소지측량(small area survey) 또는 평면측량(plane survey)이라고 하며 일반적으로 거리허용정밀도를 $1/10^6$로 한다. 이 경우 반경 11km 이내의 지역을 평면으로 취급한다.

② 측지측량

지구의 형상과 크기, 그리고 지구곡률을 고려하여 지표면을 곡면으로 보고 행하는 정밀측량을 대지측량(large area surveying) 또는 측지측량(geodetic surveying)[1]이라고 한다. 거리허용정밀도 $1/10^6$인 경우에 반경 11km 이상(면적 380km^2)인 지역을 대상으로 한다. 대륙 간의 대규모 정밀측량망의 형성을 위한 정밀삼각측량, 수준측량, 삼변측량, 천문측량, 건설측량(철도 및 수로, 항로 등의 긴 구간) 등에 적용한다.

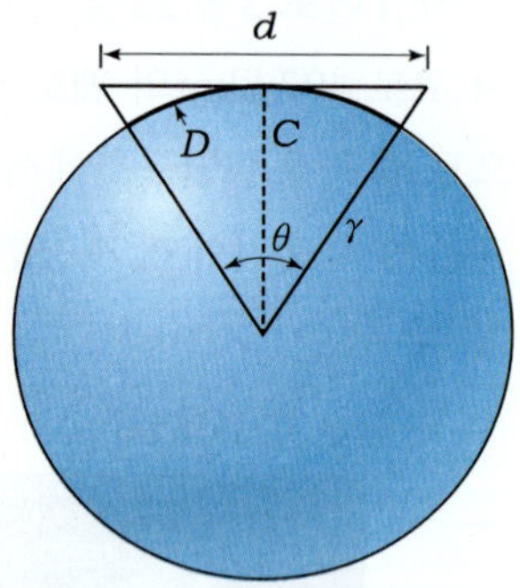

그림 1.15 지구상의 거리

그림 1.15에서 거리허용정밀도를 $1/10^6$로 간주하면 d는 식 (1.1)과 같다.

$$d = 2r \tan\frac{\theta}{2} \tag{1.1}$$

식 (1.1)에서 $\tan\frac{\theta}{2}$를 Taylor 급수전개하면 식 (1.2)와 같이 전개된다.

$$\tan\frac{\theta}{2} = \frac{\theta}{2} + \frac{1}{3}\left(\frac{\theta}{2}\right)^3 + \frac{2}{15}\left(\frac{\theta}{2}\right)^5 + \frac{17}{315}\left(\frac{\theta}{2}\right)^7 + \cdots \quad (\theta = \text{radian}) \tag{1.2}$$

θ각은 미소하므로 식 (1.3)에서 3항 이하는 생략이 가능하며, 여기에 식 (1.1)을 조합하

1) 측지학(Geodesy) : 지구의 형상, 운동 및 지구내부 특성과 그 시간적 변화를 연구하는 학문
측지측량(Geodetic Surveying) : 회전타원체인 지구의 형상과 크기를 정확히 결정하기 위해 측지학을 도입하여 지자기, 탄성파, 인공위성 궤도관측 등에 의해 지구의 형상과 내부 구조 및 지표의 장기적 변동 등을 파악하는 측량.

면 식 (1.3)과 같이 정리할 수 있다.

$$\frac{\theta}{2} = \frac{D}{2r}$$

$$d = 2r\tan\frac{\theta}{2} = 2r\left\{\frac{\theta}{2} + \frac{1}{3}\left(\frac{\theta}{2}\right)^3\right\} = 2r\left\{\frac{D}{2r} + \frac{1}{3}\left(\frac{D}{2r}\right)^3\right\}$$

$$= D + \frac{1}{12}\cdot\frac{D^3}{r^2}$$

$$\therefore \frac{d-D}{D} = \frac{1}{12}\left(\frac{D}{r}\right)^2 \tag{1.3}$$

여기서, d : 평면으로 관측한 거리

D : C 점에서 지구표면을 따라 관측한 거리

$d-D$: 거리오차

식 (1.3)에서 $\frac{d-D}{D}$ 는 거리관측의 정밀도가 된다.

예제 1.1

$\frac{d-D}{D} \leq \frac{1}{10^6}$ 이고 지구의 반경(r)이 6,370km이라면 어느 범위까지 평면으로 간주할 수 있는가? 또, 거리측량의 허용오차는 얼마인가?

풀이 ▸ ▸ ▸

$$\frac{1}{12}\left(\frac{D}{6370}\right)^2 = \frac{1}{10^6} \qquad \therefore D = 22\text{km}$$

거리허용정밀도가 $1/10^6$일 경우에 반경 11km이내의 범위를 평면으로 간주할 수 있다. 따라서 평면으로 관측한 직선거리(d)와 실제 지표상의 원호길이(D)의 거리오차($d-D$)는 다음과 같다.

$$(d-D) = \frac{D}{10^6} = 22.066\text{km} \times \frac{1}{10^6} = 0.022\text{m} \fallingdotseq +2\text{cm}$$

예제 1.2

지구반경(r)이 6,400km이고 거리허용정밀도가 $1/10^5$이라면, 평면으로 볼 수 있는 범위와 이때의 거리오차(m)는 얼마인가?

풀이 ▸ ▸ ▸

$$\frac{d-D}{D}=\frac{1}{12}\left(\frac{D}{r}\right)^2=\frac{1}{10^5}$$

$$D=\sqrt{\frac{12r^2}{10^5}}=\sqrt{\frac{12r^2}{10^5}}=\sqrt{\frac{12\times 6400^2}{10^5}}=70.108\text{km}$$

∴ 반경(D/2) = 35.054km

그리고 거리오차(d−D)는 $(d-D)=\dfrac{D}{10^5}=\dfrac{70.108}{10^5}$ = 0.701m이다.

(2) 측량법의 규정에 의한 분류

측량은 국가적인 안위와 국민의 재산에 관련된 중요한 작업이므로 측량행위와 측량결과, 측량점의 유지와 보수 등에 관한 내용이 법으로 규정되어 제한되고 보호되고 있다. 측량의 중요도에 따라 정확도와 시행규칙이 엄격해지므로 측량법에 따른 측량의 분류는 주지할 필요가 있다. 측량법에서 분류하는 측량은 크게 기본측량, 공공측량, 일반측량이 있다(http://www.law.go.kr 국토지리정보원 측량법).

① 기본측량(공간정보의 구축 및 관리 등에 관한 법률 제2조 2호 ; 개정 2022.11.25)

"기본측량"이란 모든 측량의 기초가 되는 공간정보를 제공하기 위하여 국토교통부장관이 실시하는 측량을 말한다.

② 공공측량(공간정보의 구축 및 관리 등에 관한 법률 제2조 3호)

"공공측량"이란 다음 각 목의 측량을 말한다.

가. 국가, 지방자치단체, 그 밖에 대통령령으로 정하는 기관이 관계 법령에 따른 사업 등을 시행하기 위하여 기본측량을 기초로 실시하는 측량

나. 가목 외의 자가 시행하는 측량 중 공공의 이해 또는 안전과 밀접한 관련이 있는 측량으로서 대통령령으로 정하는 측량

단, 대통령령이 정하는 바에 의하여 국토교통부장관이 지정하는 측량은 제외한다.

③ 일반측량(공간정보의 구축 및 관리 등에 관한 법률 제2조 6호)

"일반측량"이란 기본측량, 공공측량, 지적측량 외의 측량을 말한다.

공간정보의 구축 및 관리 등에 관한 법률 시행령 [시행 2016.1.25.]

제3조(공공측량) 법 제2조 제3호 나목에서 "대통령령으로 정하는 측량"이란 다음 각 호의 측량 중 국토교통부장관이 지정하여 고시하는 측량을 말한다. 〈개정 2013.3.23.〉

1. 측량실시지역의 면적이 1제곱킬로미터 이상인 기준점측량, 지형측량 및 평면측량
2. 측량노선의 길이가 10킬로미터 이상인 기준점측량
3. 국토교통부장관이 발행하는 지도의 축척과 같은 축척의 지도 제작
4. 촬영지역의 면적이 1제곱킬로미터 이상인 측량용 사진의 촬영
5. 지하시설물 측량
6. 인공위성 등에서 취득한 영상정보에 좌표를 부여하기 위한 2차원 또는 3차원의 좌표측량
7. 그 밖에 공공의 이해에 특히 관계가 있다고 인정되는 사설철도 부설, 간척 및 매립사업 등에 수반되는 측량

---

(3) 측량 정확도에 의한 분류

넓은 지역을 측량할 경우 측량의 기준이 되는 측점의 위치를 결정하여 전개하고 혹은 지형도를 만들기 위해 골조로 형성하여 각 기준점의 위치를 필요로 하는 정확도로 측량한다.

① 기준점 측량

측량의 기준으로 되어 있는 측점 또는 지형도를 만들기 위해 골조를 형성하는 측량으로 골조측량(skeleton survey) 또는 기준점 측량(control survey)이라고 한다. 천문점, 삼각점, 다각점, 수준점을 총칭하며, 천문, 위성, 삼각, 다각, 수준, 사진측량 등으로 실시한다.

② 세부측량

기준점 측량에 의한 기준점을 기초로 광범위한 지역의 지형·지물의 세부를 평판, 사진 및 스타디아측량 등으로 실시하여 측량을 세부측량(detail survey)이라고 한다. 목적에 따른 주제도[2])를 작성한다.

---

2) 지도는 목적별로 일반도, 지질도, 주제도로 나뉘며 주제도는 특정 목적을 위한 해도, 지적도, 하천도 등과 같은 것을 말한다.

1.4 측량작업에 관한 유의사항

외업(field work)은 측량 계획을 통해 결정된 측량방법과 측량기기를 토대로 GPS 또는 total station으로 골조측량을 한 후 세부측량을 행하는 일련의 과정이며, 내업(office work)은 외업의 성과를 정리하여 도면작성, 거리, 면적, 체적 및 고저차 등의 정량적 계산을 수행하고 수치지도의 기본도 및 주제도 등을 작성하는 작업이다.

① 외업의 계획과 준비에 관한 사항

㉠ 측량 대상지역의 지형 및 사회적 여건을 충분하게 사전 조사한다.

㉡ 시간과 경비를 고려하여 목적에 맞는 최적의 정확도를 검토하고 이에 적합한 기기, 자료 및 기술자를 확보하여야 한다.

㉢ 기기 및 관련 장비(노트북, PDA, 무전기 등)를 점검한다.

㉣ 측량의 순서, 측량지역의 배분 및 연락방법 등을 사전 조율한다.

㉤ 날씨 및 기타 외적 조건의 변화를 고려한다.

㉥ 과대오차를 발견할 수 있는 작업방법과 계산방법을 채택한다.

② 기기의 취급상의 주의

측량기계는 정밀전자 장비이므로 원리 및 구조를 충분히 이해하고 신중히 취급해야 한다.

㉠ 운반 시나 보관 시에 반드시 두 손으로 취급한다.

㉡ 무리한 충격을 가하지 않도록 조임나사는 가볍게 조여 둔다.

㉢ 미동나사로 시준선을 목표에 맞출 시에 미동나사를 시계방향으로 회전시킨다.

㉣ 사용 후 헝겊으로 먼지를 털고 렌즈는 렌즈닦이로 닦는다.

㉤ 삼각은 안정되게 지표면에 잘 고정하고 나사를 조여 기기가 움직이지 않게 한다.

1.5 지구의 형상

지구는 태양계속의 한 개의 혹성으로 지축을 중심으로 자전하고 태양을 중심으로 공전하는 적도반경(동서반경)이 약간 긴 회전타원체이다. 아리스토텔레스(B.C 384~422)는 월식 때 달에 비친 지구의 그림자를 보고 지구가 둥글다는 것을 주장하였다. 이는 콜럼버스가 지구는 하나의 구(球)라고 주장하기 1700년 전의 일이었다.

1.5.1 지구크기의 계산

지구를 구형(球形)이라고 하면, 남북방향의 두 점 A, B간의 거리 S와 위도의 차 $\Delta\alpha$로 지구의 곡률반경을 구할 수 있고 둘레 또한 계산할 수 있다.

그러므로 지구반경

$$R = \frac{S}{\Delta\alpha_{(radian)}} = \frac{S}{\Delta\alpha_{(\mathrm{degree})} \cdot \frac{2\pi}{360}}$$

실제 지구의 둘레를 직접 측량한 사람은 B.C 220년 그리스 학자인 에라토스테네스 이며 이는 마젤란이 지구를 탐험하기 1800년 전의 일이었다. 이 학자는 잘 조련된 낙타와 모래시계를 이용하여 같은 경도 상에 있는 Alexandria와 Syene(현재 Aswon)간의 거리를 5000 stadia(1 stadia는 현재의 1/10해리)로 측량하였다. 다음 해 하짓날 정오 북회귀선상에 있는 Syene에 심정(深井)바닥에 태양광선이 도달될 때 Alexandria에서 해시계에 세운 기둥과 그림자와의 사이각을 측정하여 $\angle\alpha = 7°12'$를 얻었다(그림 1.16). (단, 태양광선은 평행하다고 가정)

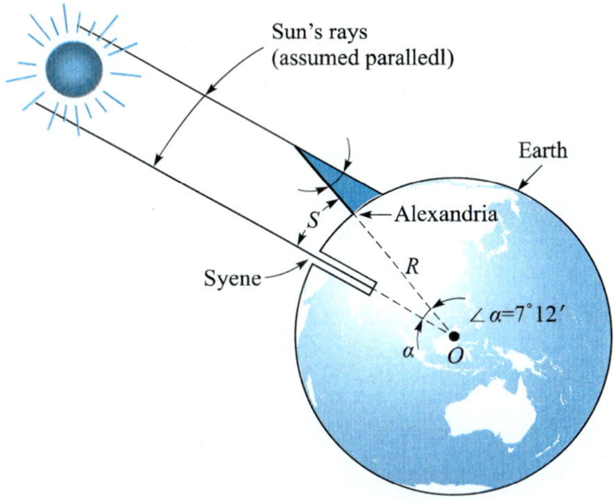

그림 1.16 지구둘레의 계산(B.C220)

Alexandria의 기둥 각($\angle\alpha$)은 지구중심각($\angle\alpha$)과 같다는 가정 하에 다음의 비례식으로 지구의 둘레 C_E를 구하였다. 지구의 원주는

$$\frac{\alpha}{360°} = \frac{5000stadia}{C_E}$$

여기서, C_E=지구의 둘레, 1stadia ≒ 184m

$$\therefore C_E = 5{,}000 stadia \times \frac{360°}{7°12'}$$
$$= 250{,}000 stadia = 250{,}000 \times 0.1851\text{km} = 46{,}275\text{km}$$

이 계산값은 현재의 지식으로 구해진 지구의 둘레에 대해 16% 정도의 오차임을 감안할 때 대단한 일이 아닐 수 없다.

$$2\pi r = 2 \times \pi \times 6{,}370\text{km} = 40{,}023\text{km}(\text{현재})$$

1.5.2 지구형상의 표현

인류는 지구의 모양을 정의하기 위한 노력을 꾸준히 해왔다. 이는 지구의 모양규명이 지도 제작 및 측지측량을 위해 필수적이기 때문이다.

(1) 물리적 지표면

육지, 해양 등 자연 그대로의 상태를 의미하며 형상이 복잡하여 수치적으로 표현하기 어렵다.

(2) 지오이드(geoid)

해수를 제외한 지구의 형상은 매우 불규칙하며 복잡하다. 해양의 조석은 항상 변하고 있지만 장기간의 평균적인 면을 고려해 보면 정지수면으로 취급할 수 있을 것이다. 지구의 중력장은 중력 포텐셜에서 비롯되며 여러 해 동안 해수면의 평균을 내보면 등포텐셜면의 하나에 일치하게 될 것이다. 이와 같이 중력 포텐셜로 정의되는 면(지표면보다 매끄러운 면)으로 다소의 굴곡을 가지며 평균해수면을 육지까지 연장했다고 가정한 면을 지오이드라고 한다. 지오이드는 어느 지점에서나 중력방향과 수직하며 수준측량의 기준면이 된다. 측지학에서는 지구의 형상을 지오이드로 정의한다. 지오이드는 중력장에 직교하고 중력장의 방향을 지구내부 밀도의 불균일성 때문에 위치에 따라 불규칙하다. 이 때문에 지오이드는 물리적 지표면과 같은 정도는 아니지만 불규칙한 형상을 갖고 있으며 다음과 같은 특징을 갖는다.

- 지오이드상의 어느 곳이나 표고는 0m이며, 위치에너지도 0이다(등포텐션면).
- 지오이드의 법선과 타원체의 법선은 불일치하며 이때의 교차각을 연직선 편차라고 한다.
- 지구타원체를 기준으로 대륙에서는 높고 해양에서는 낮다.

지오이드와 지구타원체 간의 높이차를 지오이드고라고 하며 중력측정이나 연직선편차를 토대로 계산할 수 있다.

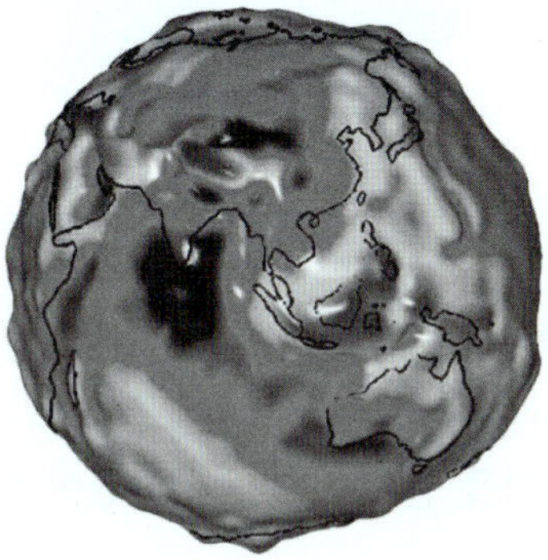

그림 1.17 중력장으로 본 지오이드

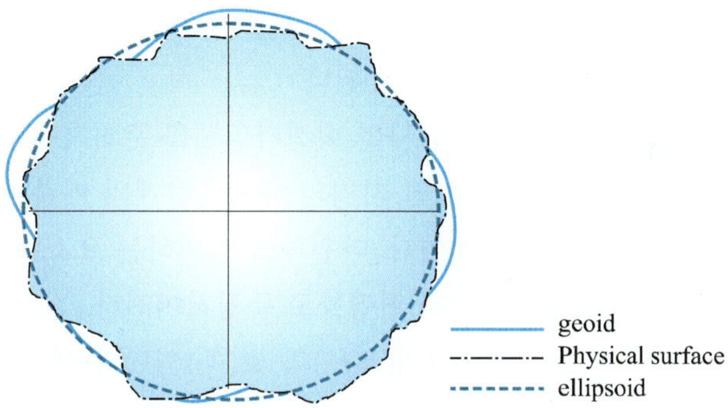

그림 1.18 물리적 지표면, 지오이드, 지구타원체

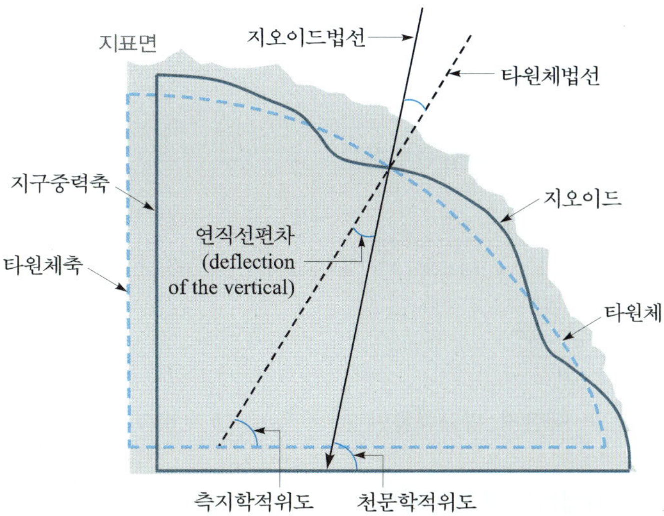

그림 1.19 물리적 지표면, 지오이드, 지구타원체

(3) 지구타원체(earth ellipsoid)

하나의 타원체 축을 주축으로 서쪽에서 동쪽으로 회전하여 형성한 타원체를 회전타원체라고 하고 지구의 형상과 가장 근접한 회전 타원체를 지구타원체라고 한다. 회전타원체는 수학적으로 정의되는 타원체로써 기복(굴곡)이 없으며 좁은 지역을 대상으로 할 경우에는 구로 간주될 수 있어 측지학적 계산과정을 간편하게 한다. 이는 주로 지구의 표면적, 지구반경, 삼각측량, 경위도 결정, 지도제작 등에 활용된다.

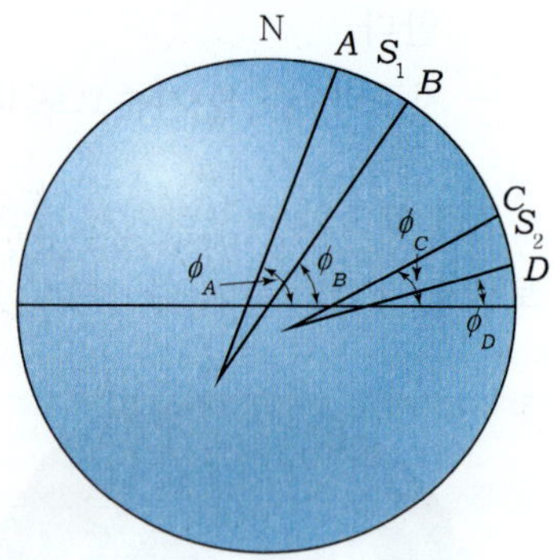

그림 1.20 타원체의 곡률반경

그리고 지오이드와 유사한 회전타원체를 준거타원체라고 하며 지구상 임의의 지역의 대지측량계의 기준이 되는 지구타원체인 것이다. 타원체를 정의하는 요소는 장반경(a), 단반경(b), 이심률(e), 편평률(f)이며 보통 장반경과 편평률로 특징지어진다.

자오선상 2점간의 거리(弧長)와 호(弧)의 양단에서 위도차를 알면 자오선의 타원이 결정된다.

A, B의 위도(ϕ_A, ϕ_B)의 중심 $\dfrac{\phi_A + \phi_B}{2} = \phi_1$ 에서 자오선의 곡률반경 ρ_1은

$$\rho_1 = \frac{S_1}{\phi_A - \phi_B} = \frac{S_1}{\Delta\phi_1} \tag{1.4}$$

곡률방정식으로부터 자오선의 곡률반경은

$$\rho_1 = a\frac{1 - e^2}{\sqrt{(1 - e^2\sin^2\phi_1)^3}} \tag{1.5}$$

여기서, e : 편심율 $= \dfrac{\sqrt{a^2 - b^2}}{a}$,

a : 적도반경, b : 극반경, 평균곡률반경 $r = \sqrt[3]{a^2 \cdot b} = 6370\text{km}$

다른 자오선 호(C, D)에서도 마찬가지로

$$\rho_2 = \frac{s_2}{\phi_C - \phi_D} = \frac{s_2}{\Delta\phi_2} \tag{1.6}$$

$$\rho_2 = a\frac{1-e^2}{\sqrt{(1-e^2\sin^2\phi_2)^3}} \tag{1.7}$$

식 (1.5) / 식 (1.7)에 의하여

$$\frac{\rho_1}{\rho_2} = \frac{\sqrt{(1-e^2\sin^2\phi_1)^3}}{\sqrt{(1-e^2\sin^2\phi_2)^3}} \tag{1.8}$$

$$e^2 = \frac{m-1}{m\sin^2\phi_1 - \sin^2\phi_2} \tag{1.9}$$

여기서, $m = \sqrt[3]{\left(\frac{\rho_1}{\rho_2}\right)^2}$

e를 구하고 식 (1.5)에 e를 대입하여 a를 얻는다.

이심률 e(eccentricity)는 초점으로부터 중심까지의 거리를 a로 나눈 것, 즉 $\frac{OF}{OE}$이다.

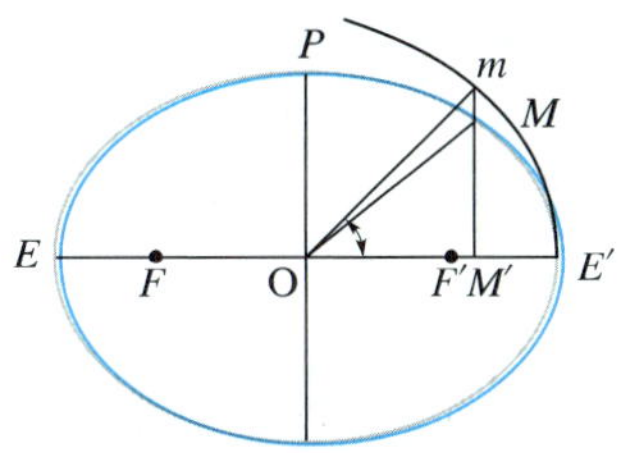

그림 1.21 타원체

삼각형 OFP에서 초점의 성질로부터 FP = a이므로 (OE = a, OF = $a^2 - b^2$)

$$\text{편심율 } e = \frac{OF}{OE} = \frac{\sqrt{(a^2-b^2)}}{a} \tag{1.10}$$

$$\therefore e^2 = \frac{a^2-b^2}{a^2} \text{ 혹은 } \frac{b^2}{a^2} = 1-e^2 \text{ (제1이심율) } e'^2 = \frac{a^2-b^2}{b^2} \text{ (제2이심율)}$$

$$\text{편평률 } f = \frac{a-b}{a} = 1-\frac{a}{b} = 1-\sqrt{1-e^2} \tag{1.11}$$

f를 타원율(ellipticity) 또는 편평률(plattening)이라 한다. 일반적으로 a와 f가 타원체를 정의하는데 사용되며 이들 값들을 지표면 여러 방향에 대해 구하고 그 결과를 최소제곱법으

로 처리하여 지구전체의 평균값으로 한다. 회전타원체를 지구의 형상에 접근시키기 위한 시도는 18세기말부터 시도하였다.

1924년 국제지구물리학 연합(IUGG)총회에서 지구타원체로 헤이포드 타원체를 채택하여 수십 년 동안 측지학 분야에서 활용하였으나 1957년 인공위성이 출현함에 따라 새로운 호장측량으로 기존의 측지정수의 모순을 발견하게 되었다. 이로서, 1967년 GRS67(Geodetic Reference System)이라 불리는 측지정수계를 채택하고 1979년 17차 총회에서 측지기준계로 GRS80을 선정하게 되었다. 이 측지기준계에서 정의하고 있는 정수는 다음과 같다.

① $a = 6,378,137\text{m}$

② $GM = 3,986,005 \times 10^{8}\text{m}^{3} \cdot \text{s}^{-2}$

③ $J_2 = 108,263 \times 10^{-8}$

④ $w = 7,292,115 \times 10^{-11} rad{\cdot}s^{-1}$

표 1.1 준거타원체

명 칭	발표 연도	사용국	장반경(a) km	단반경(b) km	편평률 f=(a−b)/a	비고
Bessel	1841	한국, 일본, 동남아, 소련, 독일	6,377.397	6,356.079	1/299.15	표면적 : 509950714 km^2 이심률 : 0.0816968312
Clark	1866	북미, 캐나다	6,378.060	6,356.584	1/294.98	
Hayford	1909	남미, 영국, 호주, 서유럽	6,378.388	6,356.912	1/293.47	1924년 I.U.G.G 추천 국제타원체
GRS80	1980	인공위성의 궤도해석을 통해 범세계적인 측정값으로 결정	6,378.137	6,356.752	1/298.26	1979년 I.U.G.G 17차 국제타원체 채택

(4) 구면삼각형

측량 대상지역이 넓은 경우 평면삼각법만으로는 측량성과의 계산에 오차를 유발하므로 곡면각을 고려하여야 한다. 구면삼각형(spherical triangle)은 세 변이 대원의 호로 이루어진 구면상의 삼각형을 말하며 그림 1.22에서 △ABC이다.

여기서의 대원(great circle)은 지구의 중심을 지나는 평면과 구면의 교선을 의미한다.

구면삼각형의 세 변의 길이는 대원호의 중심각과 같은 각거리로 표시한다. 그리고 구면삼각형은 그 내각의 합이 180°보다 크고 역방위각의 차이도 180°보다 크며 2점 간의 거리는 대원의 호 길이가 되는 특징을 갖는다.

이와 같이 구면삼각형의 내각의 합이 180°를 넘는 양을 구과량(ε)이라 한다.

$$\varepsilon = (\angle A + \angle B + \angle C) - 180^\circ \tag{1.12}$$

구과량은 구면삼각형의 면적에 비례하고 지구 곡률반경의 제곱(r^2)에 반비례한다. 그 관계를 정리해 보면 다음과 같다.

※ ε는 미소하므로 구면삼각형의 면적대신 평면삼각형 면적 Δ을 사용하면

$$\varepsilon'' = \frac{\Delta}{r^2}\rho'' \tag{1.13}$$

면적은 삼각형 세변의 길이 a, b, c라 할 때 $\Delta = \frac{1}{2}ab\ \sin C$ 이므로

$$\varepsilon'' = \frac{\rho''}{2r^2} \cdot ab\sin C \tag{1.14}$$

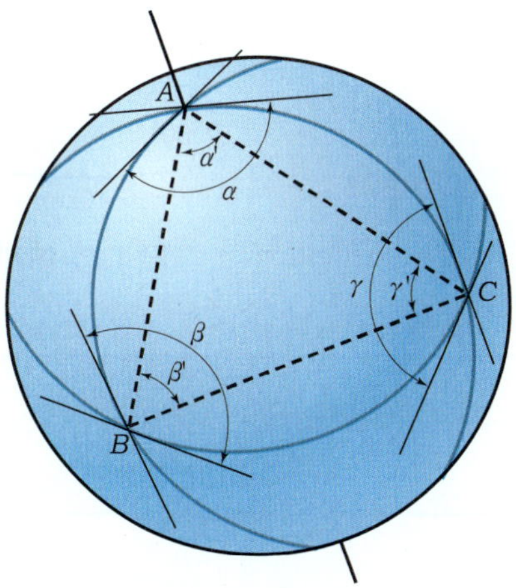

그림 1.22 대원의 호로 이루어진 구면삼각형
(Surveying 7th James M. Anderson 1998)

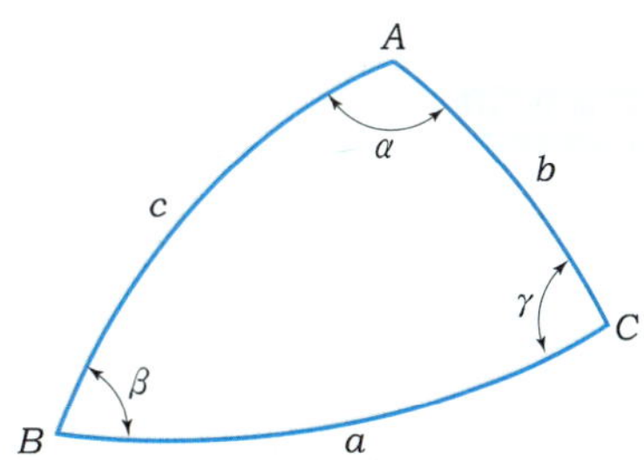

그림 1.23 구면 삼각형

예제 1.3

구면삼각형 ABC의 세 각을 관측한 결과 A = 74°40′, B = 67°30′, C = 38°00′이었다. 이때의 구면삼각형의 표면적은 얼마인가? (단, 각측량오차는 없다고 가정하고 지구 곡률반경 r은 6,370km로 한다)

풀이 ▸ ▸ ▸

$$\varepsilon=(A+B+C)-180°=(74°40'+67°30'+38°00')-180°=10'=600''$$

$$F = r^2 \cdot \frac{\varepsilon}{\rho''} = 6,370^2 \cdot \frac{600''}{206265''} = 118,033\text{km}^2$$

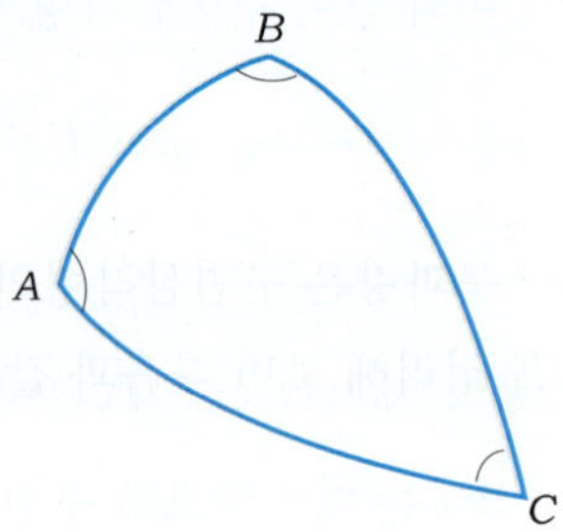

그림 1.24 예제 1.3

예제 1.4

구면삼각형 세변의 길이가 모두 40km로 동일하다. 이 구면삼각형의 구과량은 얼마인가? (단, 지구 곡률반경 r은 6,370km로 한다)

풀이 ▸ ▸ ▸

$$\varepsilon'' = \frac{F}{r^2}\rho'' \quad (F = \frac{1}{2}bc \cdot \sin A)$$

$$= (\frac{1}{2} \times 40 \times 40 \times 0.866) \times \frac{206265''}{6370^2} = 3.52''$$

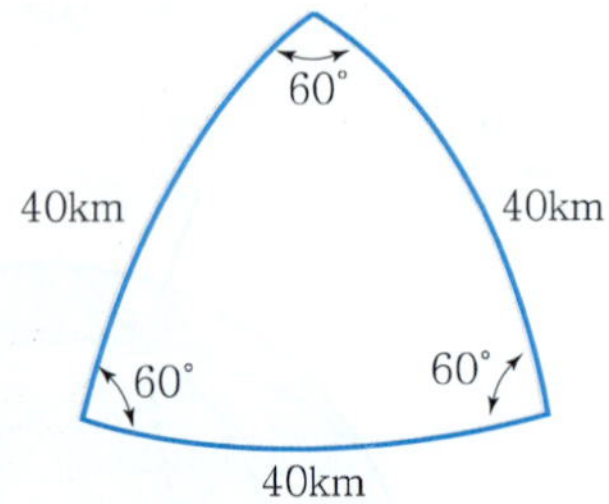

그림 1.25 예제 1.4

예제 1.5

구면삼각형의 면적이 786.9km^{2}이라면 이 구면삼각형의 구과량은 얼마인가? (단, 지구 곡률반경 r은 6,370km로 한다)

풀이 ▸ ▸ ▸

$$\varepsilon'' = \frac{F}{r^2}\rho'' = \frac{786.9}{6370^2} \times 206265'' = 4''$$

1.6 지구좌표(earth coordinate)

지구의 실제 모습에 가장 유사하고 단순한 형태의 기하학적 입체 형상은 회전타원체이므로 이를 측지측량의 기준으로 사용하면 편리하다. 현재 우리나라에서 사용하는 지구타원체는 GRS80타원체를 이용하고 있으며, 일부 Bessel타원체도 사용되고 있다. 그러나 측량의 기준으로 하기 위해서는 타원체의 요소를 결정하는 것만으로는 충분하지 못하다. 문제는 실제의 지구 형상에 그 타원체를 어떻게 알맞게 접합시키느냐 하는 것이다. 지구의 형상에 완벽하게 접합되는 타원체를 설정하는 것은 불가능하므로 적절하게 접합되는 것으로 예상되는 위치에 타원체를 고정하게 된다. 그러나 국부적인 지상에서의 측지측량만으로는 지구 전체를 하나의 통일된 타원체로 포괄시킬 수 없다. 따라서 한 나라 또는 대륙의 측지망에서는 그 안의 특정한 삼각점, 원점(initial point, datum origin)을 기준으로 미리 채택한 타원체에 지구를 접합시키는 방법을 사용하게 된다.

지표면의 위치결정은 원점을 정하고 천문, 위성, 관성측량을 이용하여 위도(ϕ), 경도(λ), 방위각(α)을 정확히 결정한다. 좁은 지역은 평면직교좌표(X, Y)를 사용한다. 수직위치는 지구타원체면으로부터 또는 임의의 기준면으로부터의 높이로 표현한다. 지구상의 위치는 경위도와 표고로 표현하며, 최근에는 지구질량중심을 원점으로 하는 3차원 직교좌표(X, Y, Z)를 사용한다.

1.6.1 경위도좌표계

그리니치 천문대를 통과하는 본초자오선[3]을 기준으로 하여 임의의 지점을 지나는 자오선까지의 적도면상의 각거리를 경도(λ)라고 한다. 본초자오선을 기준으로 우측을 동경, 좌측을 서경으로 하여 0°~180°로 표기한다. 그리고 위도(ϕ)는 자오선을 따라 적도에서 어느 점까지 관측한 각거리를 말한다. 이는 자오선에 내린 수선의 연장이 적도면과 이루는 각으로서 남위, 북위로 하여 0°~90°로 표기한다.

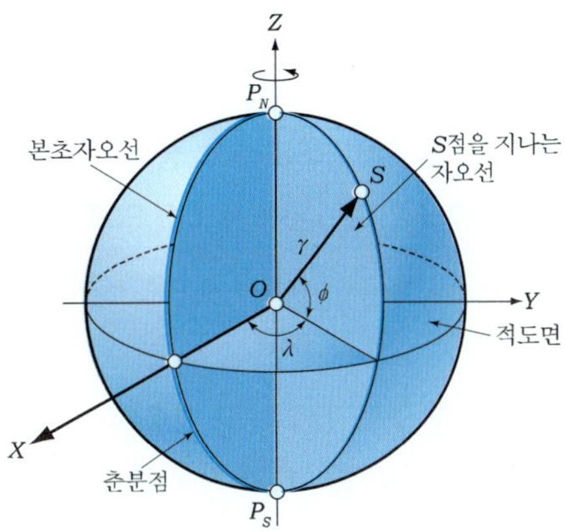

그림 1.26 경위도좌표계(Geodesy 3rd. Wolfgang Torge 2001)

3) 자오선 : 양극을 지나는 대원, 지축을 포함한 평면과 지표면과의 교선으로 적도와는 교차한다. 본초자오선이라 함은 그리니치 천문대를 지나는 자오선을 말한다.

(1) 천문경위도

관측지점에서 지오이드(중력방향)를 기준으로 천문측량을 실시한 성과를 천문경위도라고 한다. 천문경도(λ_a)는 본초자오선과 어느 지점의 천문자오선 사이의 각거리이며, 천문위도(ϕ_a)는 어느 지점의 연직선(지오이드의 법선)과 적도면이 이루는 각이다.

본초자오선(prime meridian)은 영국 그리니치의 그리니치 천문대를 지나는 자오선으로, 경도의 기준이 된다. 현재의 경도 0°로 1884년에 국제 회의에서 그리니치 천문대를 지나는 본초 자오선을 표준으로 삼기로 결정했다. 현재 국제적으로 사용되는 본초자오선은 IERS 기준자오선(reference meridian)으로, 이는 그리니치 자오선보다 동(east)으로 5.3″(거리로는 102.5m) 떨어져 있다.

그림 1.27 그리니치 본초자오선

(2) 측지경위도

준거타원체를 기준으로 삼각측량을 실시한 성과를 측지경위도라고 한다. 기본측량과 공공측량에 있어 준거타원체에 대한 지점의 위치를 경위도와 표고로 표시한 것을 측지측량좌표 또는 지리좌표라고 한다. 삼각점의 수평위치는 경위도와 평면직각좌표로 표시한다. 측지경도(λ_g)는 본초자오선으로부터 적도를 따라 임의의 지점의 타원체상 자오선까지의 각거리이며, 측지위도(ϕ_g)는 임의의 지점에서 준거타원체에 내린 법선이 적도면과 이루는 각이다.

지구를 구로 간주하고 사용하는 평균반경 $r = \sqrt[3]{a^2 \cdot b}$ 위도(β)의 크기에 따라 달라지는 자오선곡률반경(M)과 자오선에 직각방향, 즉 횡방향의 곡률반경(N)은

$$M = \frac{a(1-e^2)}{\sqrt{(1-e^2\sin^2\beta)^2}} \tag{1.15}$$

$$N = \frac{a}{\sqrt{(1-e^2\sin^2\beta)}} \tag{1.16}$$

자오선 곡률반경과 횡곡률반경을 대수평균한 평면곡률반경(r_m)은

$$r_m = \sqrt{M \cdot N} = \frac{a\sqrt{(1-e^2)}}{1-e^2\sin^2\beta} \tag{1.17}$$

임의 방향의 곡률반경(r_a)은

$$r_a = \frac{M \cdot N}{M \cdot \sin^2 a + N \cdot \cos^2 a} \tag{1.18}$$

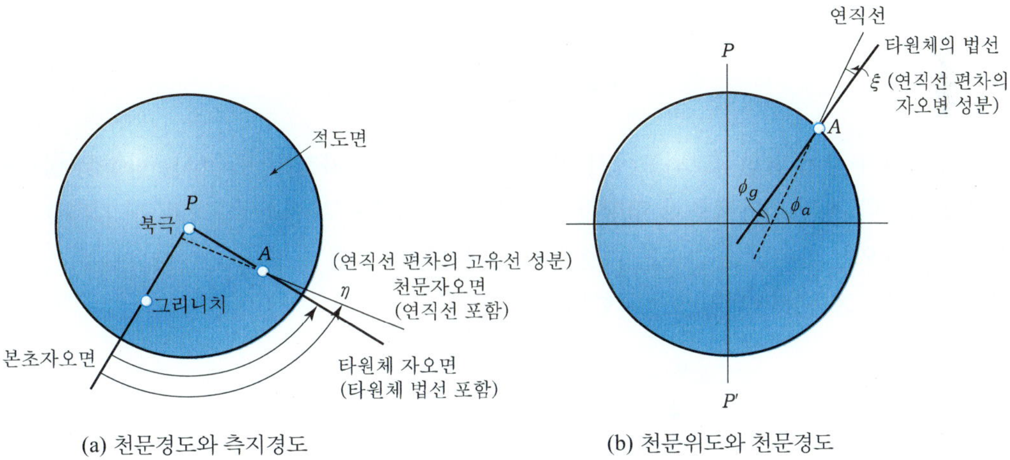

그림 1.28 천문경위도와 측지경위도

1.6.2 평면직교좌표

일반적인 측량과 같이 측량 대상지역이 넓지 않은 경우에 적용하는 좌표계로서 측량지역에 적당한 한 점을 좌표의 원점으로 정하고 그 평면상에서 원점을 지나는 자오선을 X축(N : 북을 +), 동서방향을 Y축(E : 동을 +)으로 한다. 그리고 지점의 위치는 거리와 방향을 이용한 x, y로 표시한다.

$$x_1 = S_1 \cos T_1 \qquad y_1 = S_1 \sin T_1$$

$$x_2 = x_1 + S_2 \cos T_2 \qquad y_2 = y_1 + S_2 \sin T_2$$

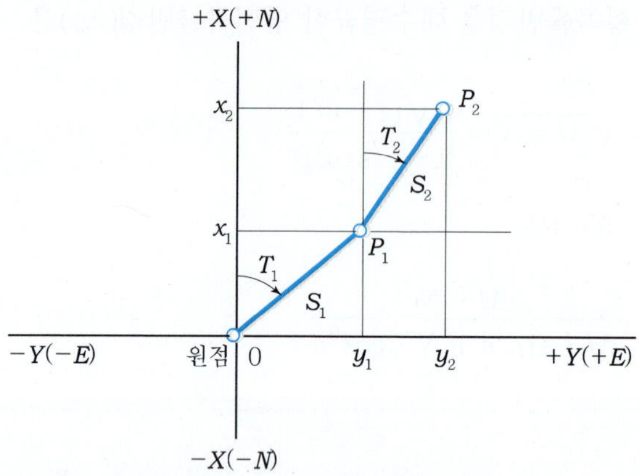

그림 1.29 평면직교좌표

그림 1.29와 같이 평면직교좌표에서 어떤 지점에서 다른 지점을 표시하는 방향은 방향각으로 표시한다. 방향각은 X축과 평행한 축의 도북을 기준으로 시계방향으로 잰 각(T)이며, 방위각은 자오선의 북방인 진북을 기준으로 시계방향으로 잰 수평각(α)이다. 이 두 가지가 일치하는 곳은 X축상의 원점에만 국한된다.

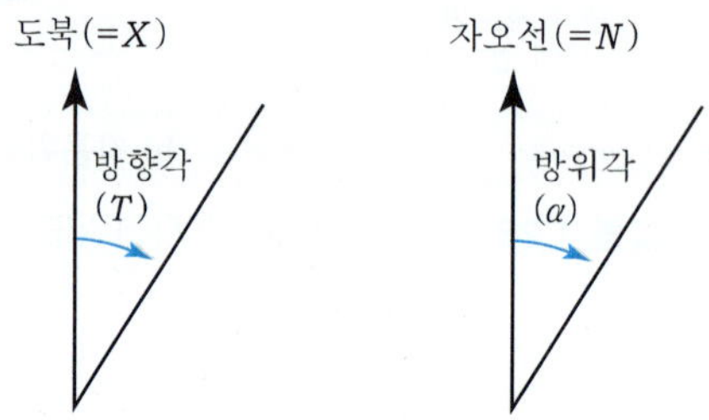

그림 1.30 방향각과 방위각

방향각과 방위각은 좌표원점에서는 일치하나 동서로 멀어질수록 차이는 커지게 되는데 진북을 기준으로 그 차이를 자오선수차(δ)라고 한다. 이와는 반대로 좌표축 방향을 기준으로 한 자오선 축과의 차이를 진북방향각이라고 한다. 즉, 자오선수차와 진북방향각은 진북(N)과 도북(X′)의 차이(γ)로 발생하며 그 크기는 같으나 부호는 반대이다. 그러므로 방위각을 구하기 위해서는 그림 1.31에서

$$방위각(\alpha) = 방향각(T) \pm 진북방향각(\gamma) \tag{1.19}$$

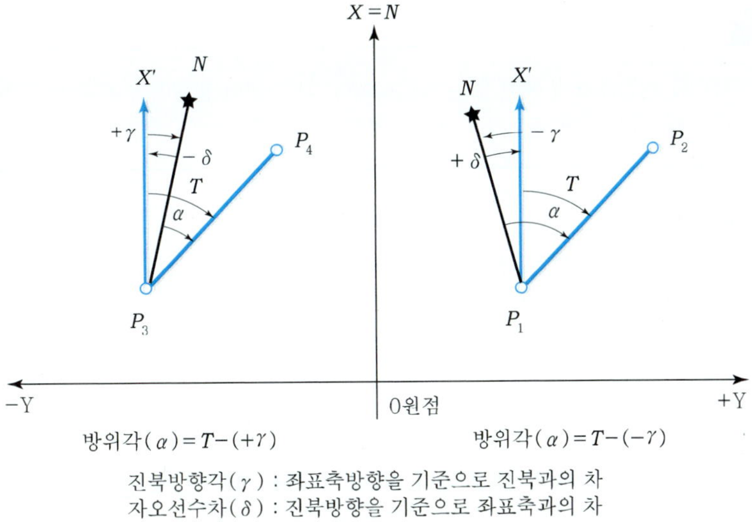

그림 1.31 진북방향각과 자오선 수차

그림 1.31에서 원점으로부터 동쪽에서는 진북방향각의 부호가 (−)이므로 실질적으로는 더해주어야 하고 서쪽에서는 빼주어야 한다. 따라서 최종적으로 원점을 기준으로 동편지역에서는 $T+\gamma$, 서편지역에서는 $T-\gamma$로 된다.

평면직교좌표계의 X축은 지도를 제작할 때 도북을 나타내며 이외에도 측량의 기준이 되는 방향은 자북이 있다. 자북방위각은 자북방향을 기준으로한 방위각으로써 일반적으로 자북과 진북은 일치하지 않으므로 자북방위각으로부터 자침편차를 더해 진북방위각을 구한다.

$$\text{진북방위각}(\alpha) = \text{자북방위각} + \text{자침편차}(\pm\Delta) \qquad (1.20)$$

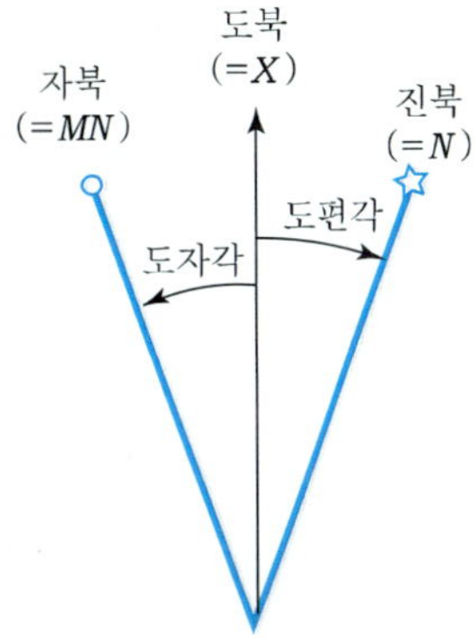

그림 1.32 진북, 자북, 도북과의 관계

예제 1.6

평면직교좌표의 원점에서 동쪽에 있는 p_1점에서 p_2점 방향의 방향각을 관측한 결과 85°10′30″이었다. p_1점에서의 자오선 수차가 1′20″인 경우 방위각은 얼마인가?

풀이 ▸ ▸ ▸

방위각(α) = 방향각(T) − 진북방향각(γ)

$\therefore\ \alpha = 85°10'30'' - (-1'20'')$

$\therefore\ \alpha = 85°11'50''$

우리나라에서 사용하고 있는 평면직교좌표계는 수학좌표계와 반대인데 이는 Gauss의 이중상사투영[4]시 좌표계가 바뀌기 때문이다. 따라서 좌표계의 X, Y방향과 상한은 다음 그림과 같다.

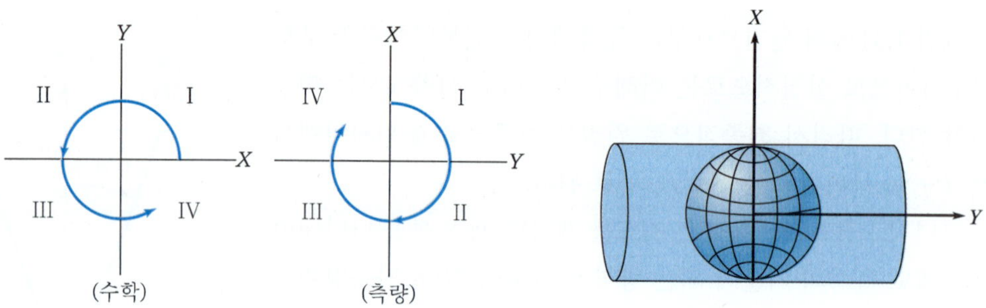

그림 1.33 측량좌표계

1.6.3 극좌표

거리(S)와 방향(T)으로 측점의 위치를 표시하는 방법으로 상대적인 위치표시에 편리하다. 각도는 진북, 자북 또는 X축을 기준으로 하여 우회전한 각으로 표시한다. 진북과 자북의 차이에 의해 국소이상이 발생되며 그 수평각의 차이를 자침편차 또는 편각이라 한다.

4) 1910년 이후에는 Gauss의 등각(상사)이중투영법에 의한 평면직교좌표원점(西·中·東部)을 이용하였으며 1980년 이후에는 Gauss−Krüger도법인 횡Mercator(TM)도법을 사용하여 지도를 제작하고 있다.

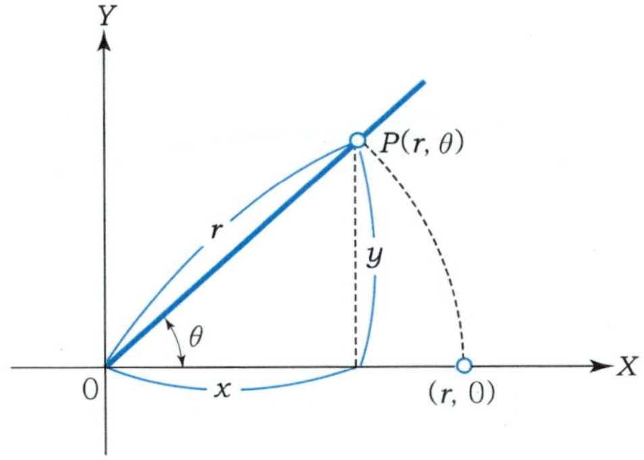

그림 1.34 극좌표계

1.6.4 UTM 좌표(Universal Transverse Mercator Coordinates)

2차 대전 말기 1947년 미국 측지부대에서 사용하기 시작하여 연합군의 군용거리 방안으로 고안되었으며 그 후 적도를 횡축으로 하고 자오선을 종축으로 하는 국제평면직각좌표이다. 본 좌표를 이용한 지도투영의 적용범위는 남위 80°, 북위 84°까지이며 그보다 큰 위도지역은 평사투영법을 사용한다. UTM좌표는 180°W(동경 180°) 자오선에서 동쪽으로 경도 6° 간격으로 1부터 60까지 번호를 붙여 종대를 표시한다. 각 종대의 중앙자오선과 적도의 교점을 경도원점으로 하여 자오선에 대하여 원통도법으로 등각투영한다. 횡대는 남위 80°부터 북위 84°까지 적도에서 남북으로 8°간격, 20구역으로 분할한다. C(80°S~72°S)부터 X(72°N~84°N)까지 20개의 알파벳(A, B, I, O, Y, Z 제외)을 사용하여 표기하며 위도원점은 적도상에 있다(BOMFORD, Geodesy 1971)(Wolf, Elementary surveying 10th. ed., 2002). 따라서 각 종대와 횡대는 경도 6°×위도 8°의 사각형 망상조직으로 구성되며 우리나라의 위치는 51, 52 종대와 S, T 횡대에 표기된다. 거리좌표의 단위는 m를 사용하고 종좌표에는 N,

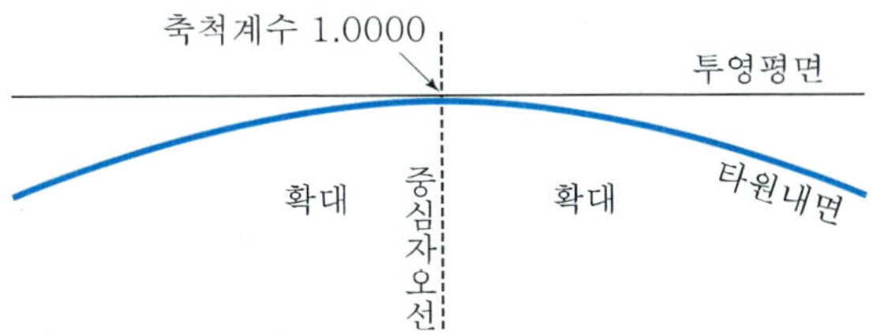

그림 1.35 중심자오선 상의 축척계수

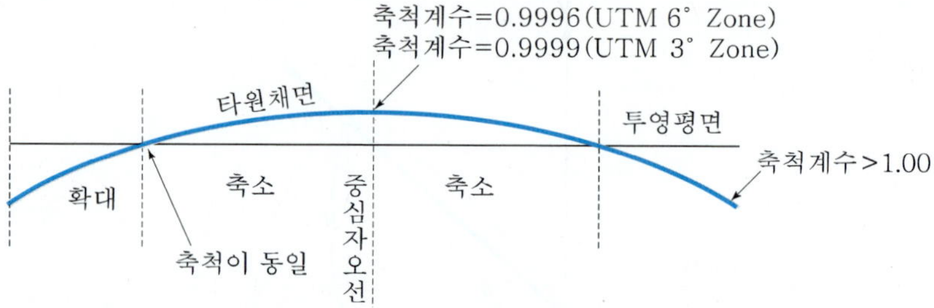

그림 1.36 투영법에서의 축척계수

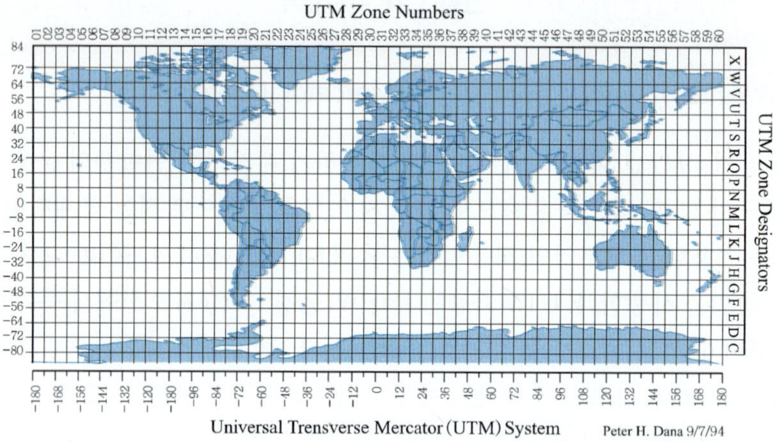

그림 1.37 UTM 좌표 및 원점

횡좌표에는 E를 붙인다. 원점좌표의 성과는 북반구의 경우는 500,000mE, 0mN이고, 남반구는 500,000mE, 10,000,000mN이다. 중앙자오선에서의 축척계수는 0.9996이다(그림 1.36).

Google Earth에서도 UTM좌표를 사용하고 있다. WGS84타원체 상에 UTM으로 투영했을 경우의 우리나라 좌표계는 WGS1984 UTM Zone 52N이 된다. 그림 1.38에서와 같이 우리나라는 남해서부 도서지역의 일부를 제외하고 52종대에 거의 포함되므로 E(Y)좌표의 원점은 52종대(126°E~132 °E)의 중앙선(129°E)에서 서쪽으로 500,000m 떨어진 점이 되며 N(X)좌표의 원점은 적도가 된다.

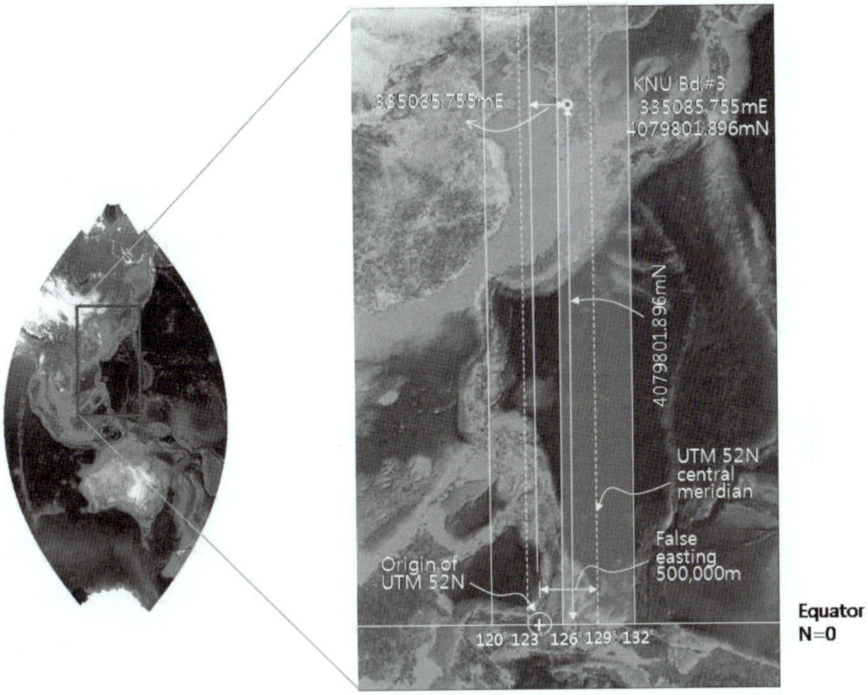

그림 1.38 우리나라의 구글좌표(UTM)체계

주) 예를 들어 공과대학 3공학관 모서리의 Google좌표는 335,085.755mE, 4,079,801.896mN인데 이는 UTM52N원점으로부터 동쪽으로 335,085.755m, 적도로부터 북쪽으로 4,079,801.896m에 위치한다는 의미이다.

1.6.5 Web Mercator좌표계

Web Mercator좌표계는 Mercator좌표계의 변형으로 웹상에서의 지도응용면에서 표준으로 사용되어 왔다. 2005년도 Google map에서 처음 사용된 후로 중요성이 부각되었다. 이 좌표계는 소축척 지도에서 Marcator투영과 똑같은 방정식을 사용한다. Mercator는 대축척의 경우 타원형을 이용하여 투영시키는 반면 Web Mercator는 모든 축척에서 구면방정식을 사용한다. Global scale에서는 그 차이가 매우 미소하지만 지역적인 경우 동일한 축척에서 예상은 빗나간다. 이 차이는 적도면에서 멀어질수록 명확해진다. Web Mercator의 공식은 Mercator의 구면형태이지만, 지리적 좌표계는 WGS84 기준타원체를 요구한다. 이 두 좌표계에 대한 이해부족은 혼동과 오용을 야기한다. 이러한 이유로 미국방부(Unite State Department of Defense)는 미 국립지리정보국(National Geospatial-Intelligence Agency)을 통해 Web Mercator지도 투영법은 공식적인 사용을 허용하지 않는다고 천명했다.

그럼에도 불구하고 Web Mercator좌표계는 사실상 모든 온라인 맵에서 사용되고 있으며 Google map, Bing map, OpenStreet map, Mapquest, Esri, Mapbox 등을 포함하고 있다. 이 좌표계는 Google Web Mercator, Spherical Mercator, WGS 84 Web Mercator, WGS 84/Pseudo-Mercator 등의 용어로도 쓰인다.

1.6.6 UPS 좌표(Universal Polar Stereographic Coordinate)

UPS좌표는 북위 84°, 남위 80° 이상 양극지역의 좌표를 표시하는데 이용하며 양극을 원점으로 하는 평면직교좌표계이다. 좌표축의 종축은 경도 0° 또는 180°인 자오선 방향이고 횡축은 경도 90°W 또는 90° 방향이다. 좌표의 원점은 종좌표 2,000,000mN, 횡좌표 2,000,000mE이다.

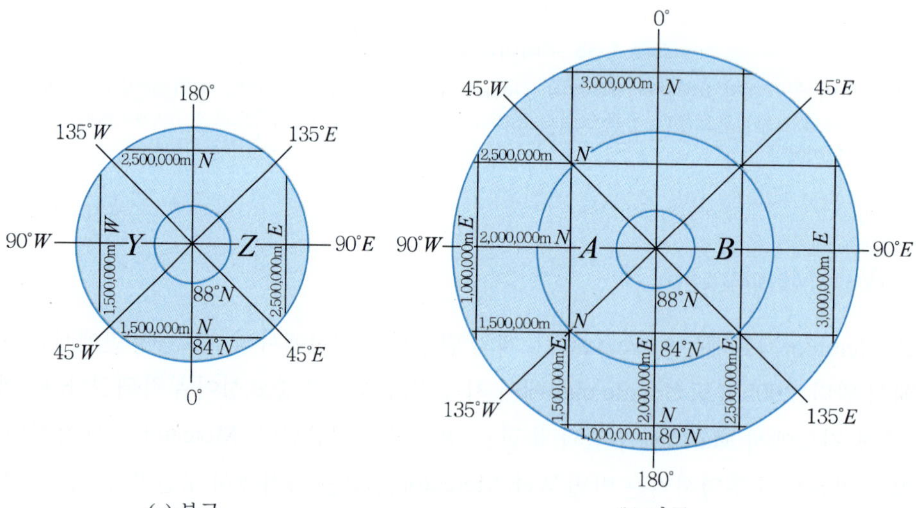

그림 1.39 UPS좌표계(DMA Technical Manual, 1986)

1.6.7 지심좌표계

지구 질량중심을 좌표의 원점으로 하는 3차원 직교좌표체계이며 인공위성이나 관측용 천체를 이용한 측량에서 널리 이용한다. 3차원 직교좌표의 X축은 원점에서 그리니치 본초자오선과 적도면이 만나는 지점을 통과하는 방향이며 Z축은 지구의 자전축(CTP : Conventional Terrestrial Pole)방향이다. 그리고 Y축은 X축으로부터 적도면을 따라 동쪽으로 90°방향으로 형성된다.

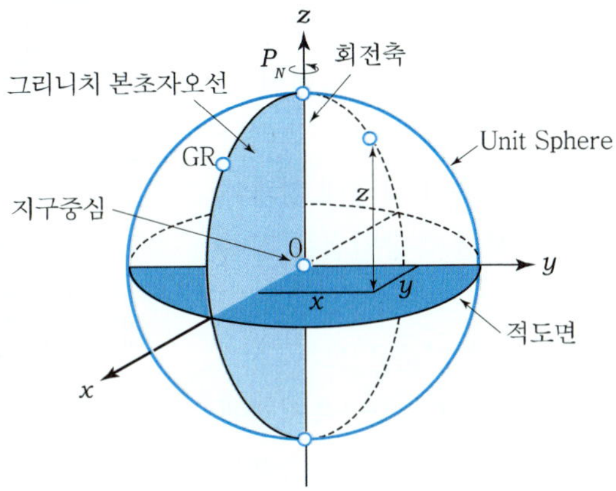

그림 1.40 지구중심좌표계(Geodesy 3rd. Wolfgang Torge 2001)

이러한 3차원 직교좌표계의 하나인 WGS좌표계는 전 세계에 대하여 하나의 통일된 좌표계를 사용함으로써 세계적인 정보의 이용과 응용을 목적으로 미국방성에서 1950년대 말에 개발하기 시작(WGS60 → WGS66 → WGS72 → WGS84)하여 사용되고 있다. 이는 지구의 질량중심을 원점으로 하는 3차원 직교좌표체계를 이루며 국제시보국(BIH)에서 정의한 지구의 자전축(CTP)에 평행한 축을 Z축으로 하고 기준자오면과 평행한 WGS84 기준자오면이 자전축의 적도면과 교차하는 축을 X축으로 한다. Y축은 적도면에서 X축으로부터 동쪽으로 90°방향으로 형성된다. 최근에는 지도제작 및 위치의 전 세계적 통일을 위해 GRS80 타원체를 채택한 세계측지계를 2010년부터 사용하도록 하고 있다.

1.7 우리나라의 측량원점

1.7.1 대한민국 경위도원점

우리나라는 1910년대에 동경원점으로부터 삼각측량방법에 의해 대마도와 거제도, 절영도를 연결한 관측을 수행하였다. 대마도의 삼각점으로부터 해상 약 100km 떨어진 절영도와 거제도의 삼각점을 사변형망으로 연결하여 두 삼각점을 본점으로 삼각망을 구성하기 시작하여 1910년부터 1918년에 이르러서 우리나라의 삼각망을 결정할 수 있게 되었다. 그러나 6.25동란 등에 의해 망실 또는 훼손이 심각해 성과에 대한 신뢰가 떨어져 우리 자체적인 측량원점을 정하기에 이르렀다.

우리나라의 경위도 결정을 위한 기준은 모든 측량의 출발점인 대한민국경위도 원점이다. 한국측지계에 의한 원점은 1981부터 1985년까지 정밀천문측량을 실시하여 국립지리원 고시 제57호(1985.12.27)로 그 값을 결정하였으며 2001년 12월 19일 측량법 개정(법률 제6532호)되어 측량의 기준으로서 세계측지계를 채용하고 2002년 6월 29일 측량법 시행령 개정(대통령령 제17660호)에 따라 최신의 우주측지기술을 이용하여 원점의 새로운 경도, 위도 및 방위각을 아래와 같이 정하였다.(공간정보의 구축 및 관리 등에 관한 법률 시행령 : 대통령령 제 33847호에 제시)

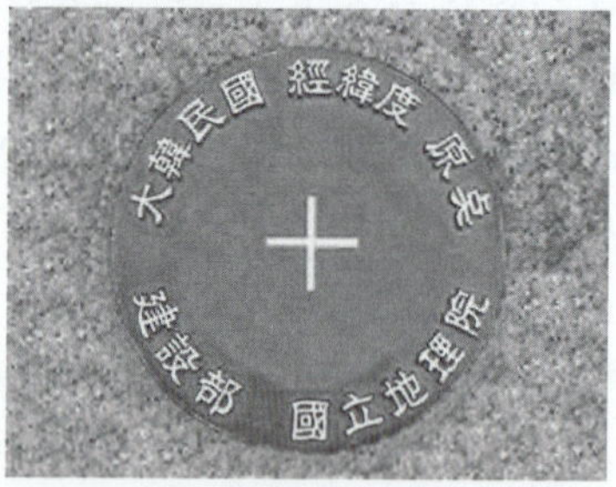

그림 1.41 우리나라 경위도 원점

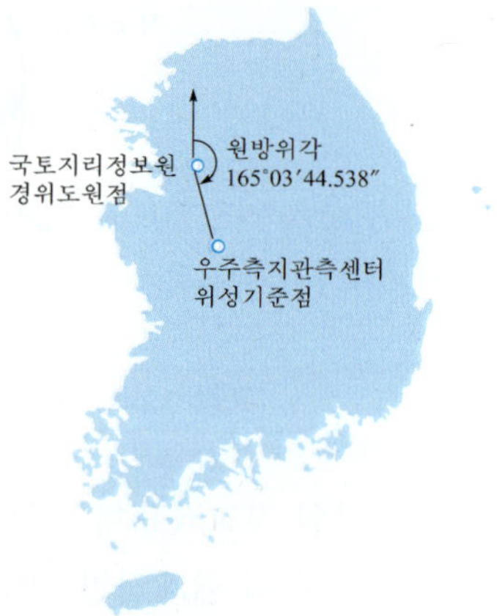

그림 1.42 원방위각

그림 1.43 우주측지관측센터 위성기준점

원점수치

경도 동경 127도 03분 14.8913초

위도 북위 37도 16도 33.3659초

원방위각 165도 03분 44.538초(세종 우주측지관측센타 위성기준점 기준)

원방위각은 공간정보의 구축 및 관리 등에 관한 법률 시행령(대통령령)(제33847호)에 의해 2022년 12월 9일 고시되었다.

그림 1.44 정밀1차기준점 망도

1.7.2 평면직교좌표원점

지도 작성의 기준원점으로 지도상에 있어 지점들 간의 위치관계를 용이하게 결정하도록 가정한 기준점으로 도원점이라고도 하며 모든 삼각점의 XY좌표 성과의 기준이 된다.

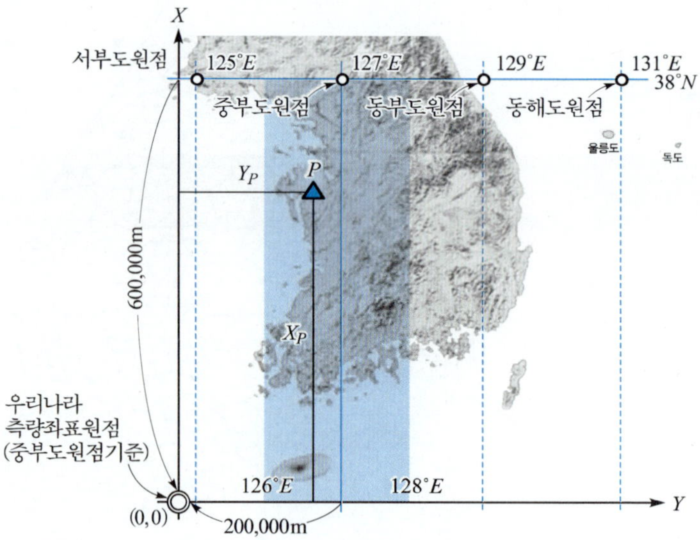

그림 1.45 우리나라 평면직교좌표계의 원점(중부도원점 기준)

표 1.2 도원점의 위치

명 칭	경 도	위 도
서부도원점	동경 125°00′00″	북위 38°
중부도원점	동경 127°00′00″	북위 38°
동부도원점	동경 129°00′00″	북위 38°
동해도원점	동경 131°00′00″	북위 38°

측량원점에서는 자오선과 X축이 일치하지만, 원점에서 동 · 서 방향으로 멀어질수록 두 축의 비평행성이 커져 자오선수차가 발생한다. 대한민국의 좌표원점의 성과는 음(−)의 부호가 나타나는 것을 방지하기 위하여 가상의 수치를 더하여 표기한다.

원점의 좌표를 (500,000mN, 200,000mE)로 하고 제주도에 대해서는 중부원점의 좌표를 (550,000mN, 200,000mE)로 했었으나 2009년 12월 10일 「측량·수로조사 및 지적에 관한 법률」

법률 제9774호가 제정 공포됨에 따라 투영원점 가산값이 각각 X(N) : 600,000m, Y(E) : 200,000m로 전국에 대해 단일값으로 통합되었다. 즉, 지역에 관계없이 X좌표에 600,000m, Y좌표에 200,000m를 더해주면 된다.

그림 1.46은 중부도원점을 기준으로 했을 때의 좌표원점을 보여주고 있다. 우리나라는 126°~128° 사이의 지역은 중부도원점, 128°~130° 사이의 지역은 동부도원점을 사용한다. 실제 사용하는 좌표는 이들 도원점을 기준으로 측량한 좌표에 앞서 얘기한 바대로 X+600,000m, Y+200,000m를 하게 된다.

예를 들어 홍성311 삼각점의 경위도좌표는 다음 표 1.3과 같다. 즉, 경도가 126도이므로 중부도원점을 원점으로 사용한다. 가수를 사용하기 전의 좌표는 X=−154807.674m, Y=−41346.066m이다. 여기에 가수를 각각 더하면 X=445192.326m, Y=158653.934m가 되며 성과로 사용할 수 있다.

표 1.3 홍성311 삼각점의 경위도좌표

삼각점 성과									
위도	36°36′15.2313″	타원체고(m)	186.63	지오이드고(m)	22.828	X(m)	445192.326	원점	중부
경도	126°32′16.3819″	표고(m)	163.8020	중력값(mGal)	없음	Y(m)	158653.934		

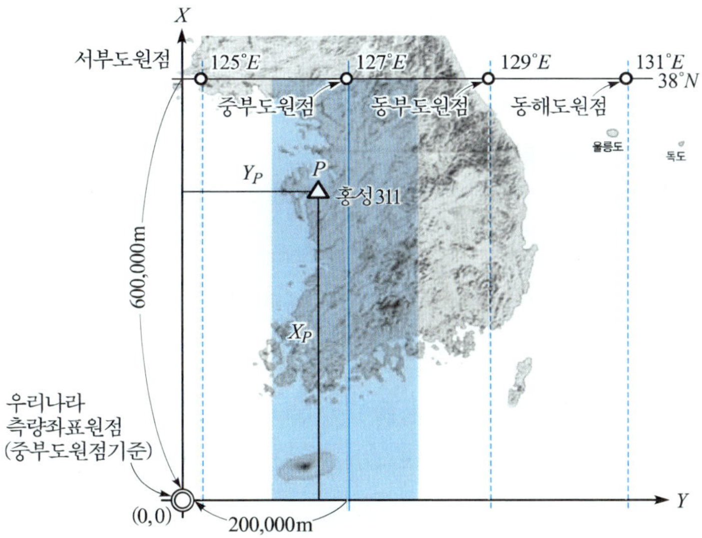

그림 1.46 우리나라 평면직교좌표계의 원점(중부도원점 기준)

그림 1.47은 동부도원점을 기준으로 했을 때의 좌표원점을 보여주고 있다. 예를 들어 강릉24 삼각점의 경위도좌표는 다음 표 1.4와 같다. 즉, 경도가 128°45°이므로 동부도원점을 원점으로 사용한다. 가수를 사용하기 전의 좌표는 X=−14519.344m, Y=−21925.125m이다. 여기에 가수를 각각 더하면 X=585480.656m, Y=178074.875m가 되며 실제성과로 사용할 수 있다.

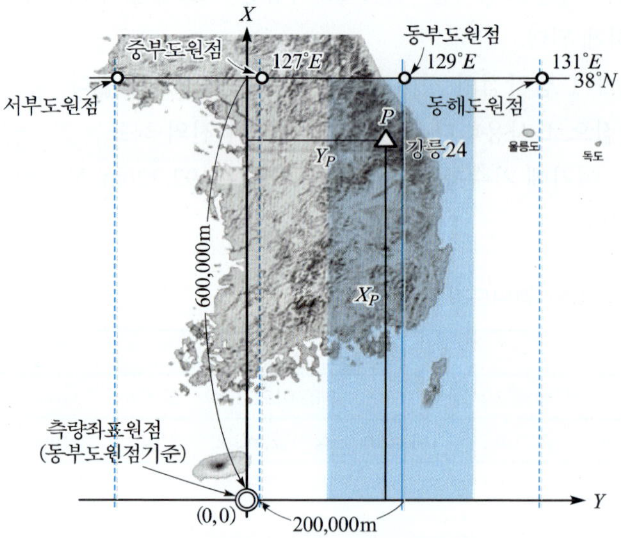

그림 1.47 우리나라 평면직교좌표계의 원점(동부도원점 기준)

표 1.4 강릉24 삼각점의 경위도좌표

삼각점 성과									
위도	37°52′8.132928″	타원체고(m)	391.024	지오이드고(m)	27.072	X(m)	585480.656	원점	동부
경도	128°45′2.947165″	표고(m)	363.9520	중력값(mGal)	없음	Y(m)	178074.875		

1.7.3 대한민국수준원점

수준원점은 육지 표고의 기준은 다년간의 조석을 관측하여 그 결과를 평균한 평균해수면을 사용하며 평균해수면은 가상면이므로 수준원점을 세워 사용한다.

현재의 수준원점은 인하공업전문대학 구내에 설치되어 있으며 그 표고는 인천만의 평균해수면을 기준으로 한 값으로 26.6871m이다. 인천의 기점의 기준은 1914년부터 1916년까지 인천항의 검조자기곡선으로부터 평균수위를 얻어 이를 중등조위(中等朝位)로 삼았다. 과거에는 전국 수준망의 5개 기점(청진, 원산, 목포, 인천, 진남포)을 설치하고 1911년 7월부터 3년간 평균해수면을 측정하였다. 한때 원산의 기점을 수준원점으로 정하여 사용한 적도 있었다.

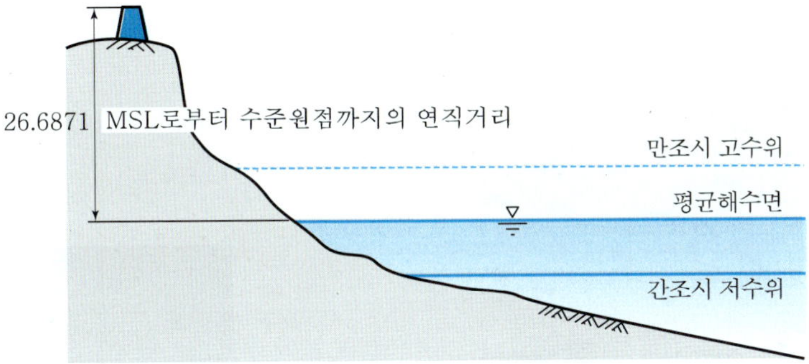

그림 1.48 수준원점과 평균해수면

그림 1.49 수준원점 전경

그림 1.50 수준원점 기준

1.7.4 위성기준점

위성기준점은 공간정보의 구축 및 관리 등에 관한 법률 시행령 제8조에 "지리학적 경위도, 직각좌표 및 지구중심 직교좌표의 측정 기준으로 사용하기 위하여 대한민국 경위도원점을 기초로 정한 기준점" 이라고 정의하고 있다. 국토지리정보원에서는 1995년 부터 GNSS위성 신호를 24시간 수신하여 위치정보를 결정할 수 있도록 지원하고 있다. 8개 부처에서 분산운영관리 중인 GNSS 상시관측소를 통합하여 국가 GNSS 데이터 원스톱 서비스 제공하고 있다. 2024년 1월 현재 전국에 92개 위성기준점을 설치, 운영 중이다. (그림 1.51)

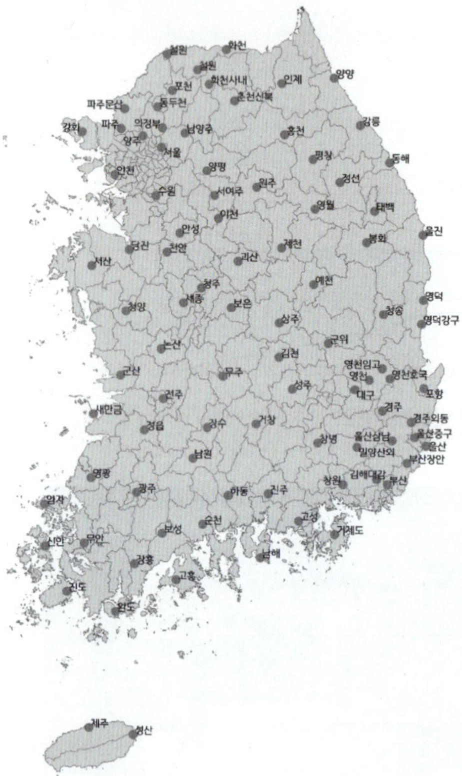

그림 1.51 우리나라의 위성기준점

그림 1.52 위성기준점 (경일대학)

1.7.5 중력기준점

표고를 결정하는 수준측량의 경우 기준면을 평균해수면, 즉 지오이드면을 기준으로 하므로 내륙지방에서 중력을 측량함으로써 지오이드면의 깊이를 알 수 있고 표고도 산정할 수 있다. GNSS 측량이 실시되면서 중력측량의 중요성은 더 높아지고 있다.

그림 1.53 중력기준점

낙하운동과 같이 중력에 의해 변화하는 물리적 현상을 이용하여 지구 내부의 변화를 측정하는 것이 중력측량(gravity survey)이다. 측량 방법으로는 단진자, 물체의 낙하운동, 중력계 등을 사용하여 표고를 알고 있는 기지점을 기점으로 중력을 관측하고 다른 기지점에 결합시키거나 환폐합시킨다.

$$\text{중력} = \text{만유인력}(F) + \text{원심력}(f)$$

$$F = G\,\frac{mM}{R^2} \qquad f = mr\omega^2 \tag{1.21}$$

여기서, ω : 원운동의 각속도로서 θ/t이다.

m : 물체의 질량

M : 지구질량

R : 지구 곡률반경

r : 회전반경

G : 6.67×10^{-8}dyne • cm/g^2

실제측정한 중력값과 이론적으로 계산한 중력값은 다른데 이 차이를 중력이상(gravity anomaly)이라 한다.

$$\text{중력이상} = \text{실측중력} - \text{이론중력} \tag{1.22}$$

지구의 내부에는 밀도가 다른 여러가지 광물로 이루어져 있다. 따라서 지하에 밀도가 큰 물질이 분포하는 경우에는 중력이상이 (+)로 나타나며 가벼운 물질이 있을 경우에는 (−)로 나타난다. 이를 이용하여 지하에 매장되어 있는 물질을 파악할 수 있다. 또한 관측지점의 위도, 고도에 따라서 영향을 받는데 이와 같이 지하물질분포, 위도, 고도에 의한 효과를 제거하는 것을 중력보정이라 한다.

실측중력값에 위도보정, 고도보정, 지하물질보정을 해도 표준중력값과 다른데 이를 부게이상(Bouguer correction)이라하며 이를 보정하는 것을 부게보정이라 한다. 측정지점과 지오이드면 사이의 물질로 인한 인력의 영향을 제거하는 것이다.

$$\text{부게이상} = \text{실측중력값} + \text{프리에어보정값} + \text{부게보정값} + \text{지형보정값} - \text{표준중력값} \tag{1.23}$$

1.7.6 우주측지기준점(VLBI)

우주측지기준점은 공간정보의 구축 및 관리 등에 관한 법률 시행령 제8조에 “국가측지기준계를 정립하기 위하여 전 세계 초장거리간섭계와 연결하여 정한 기준점” 이라고 정의되어 있다.

VLBI(Very Long Baseline Interferometry) ; 초장기선간섭측량은 지구로 부터 수 억년 이상 떨어진 우주의 신성(Quasar)으로 부터 발사되는 전파를 이용하는 측량이다. VLBI관측시설을 이용하여 지구 상 두 곳 이상에서 동시에 전파를 수신함으로써 이들 간의 좌표와 거리를 수 mm정확도로 측정할 수 있는 최신우주측지기술이다. 우리나라에서 최초의 VLBI관측은 1995년 한일측지기술협력사업의 일환으로 실시되었다. 우리나라의 대륙 간 지각운동감시, 측지기준망의 조정 및 GPS기준점 설치 그리고 ITRF의 확립을 목적으로 실시되었다. VLBI관측은 국립지리원(현 국토지리정보원)과 일본 이바라키현 국립전파연구소 2점을 관측점으로 하여 일본 국토지리정보원이(GSI)보유한 이동형 VLBI관측시스템을 수원으로 옮겨 설치하고 측량하였다. (국토지리정보원 우주측지관측센터)

우리나라 자체적인 VLBI안테나는 2012년 4월 23일 세계 16번째, 아시아 3번째로 세종시 우주측지관측센터에 구축되었다(그림 1.54). 이로써, 우리나라는 측지 VLBI시스템을 구축하여 우주 측량 시대를 여는 하나의 계기를 마련하였다. VLBI네트워크는 전 세계적으로 구축되어 있으며 우리나라에는 탐라, 연세, 세종, KASI, 울산에 관측소가 있다. 우리나라 국가기준점의 정확도를 더욱 제고함은 물론 국가 간 장거리 측량 및 대륙간 지각변동을 정밀 관측하여 지진 등 자연재해 예방에 기여하고 있다.

그림 1.54 세종우주측지관측센터의 VLBI

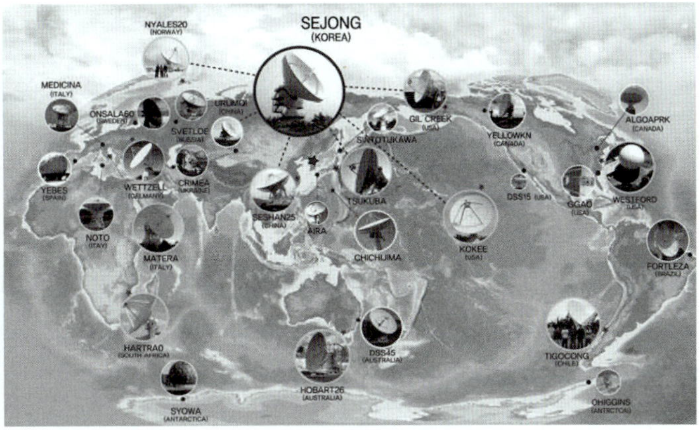

그림 1.55 VLBI세계분포

VLBI관측의 목적은 다음과 같다.

1) 장거리측량

VLBI는 대륙 간의 장거리를 측정하는 최첨단 기술이다. VLBI가 설치된 각 대륙 간 지점 사이를 mm 단위로 정밀하게 측정할 수 있으므로 VLBI는 세계의 거리를 재는 측점이라 할 수 있다. 향후 우리나라는 세종시에 설치된 VLBI를 위치 측정의 원점으로 사용할 예정이다.

2) 지각판의 이동측정

지구는 10여개의 판(대륙)으로 이루어져 있고 매우 느리지만, 서서히 움직이고 있다. 판과 판의 이동으로 아이티 지진, 일본 지진 등 지구촌 곳곳에서 지진과 그에 다른 지진해일이 발생하고 있다. 측지 VLBI 기술은 수 mm 이동하는 지각의 움직임을 잡아낼 수 있어 대륙 간의 이동을 관찰하고 예측함으로써 지진 및 지진해일 등 자연재해를 예방할 수 있다.

3) 세계시간의 기초자료

지구자전의 불규칙한 변화 때문에 시간의 차이가 발생하게 됩니다. VLBI는 시간차이의 누적된 데이터들로 일 길이의 변화를 포착하여 지구자전 파라미터 연구 및 세계 시간의 기초자료를 제공한다.

4) 지구운동부분 :

- UT1 : 지구의 자전축의 운동(극운동) 때문에 생기는 자오선의 변화에 대한 보정을 가한 세계시
- 세차 : 자전운동을 하고 있는 물체의 회전축이 어떤 부동축의 둘레를 회전하는 현상(회전주기는 25800 년)
- 장동 : 자전하는 물체의 회전축이 세차운동에 따라 원을 그리게 되는데, 그 원주 위에 일어나는 진폭이 작은 주기적인 진동(주기는 18,6년) 우주측지관측센터 Space Geodetic Observation Center (ngii.go.kr)

1.7.7 통합기준점

과거의 위치결정은 삼각측량 및 삼변측량 그리고 트래버스측량에 의존하였다. 이 측량 방법은 측점 간의 시통이 돼야 가능한 제약조건을 가지고 있어 주로 시통이 양호한 산 정상과 같은 고지대에 설치할 수밖에 없었다. 또한 수평위치와 수직위치의 결정이 독립적으로 이루어져 왔다. 그러나 위성측량(GNSS)이 일반화되면서 3차원 위치결정이 도심지에서도 가능해져 통합기준점의 설치와 활용에 이르렀다. 통합기준점은 공간정보의 구축 및 관리 등에 관한 법률 시행령 제8조에 "지리학적 경위도, 직각좌표, 지구중심 직교좌표, 높이 및 중력 측정의 기준으로 사용하기 위하여 위성기준점, 수준점 및 중력점을 기초로 정한 기준점"이라고 정의되어 있다.

그림 1.56 통합기준점

통합기준점은 개별적(삼각점, 수준점, 중력점 등)으로 설치·관리되어온 국가기준점 기능을 통합하여 편의성 등 측량능률을 극대화하기 위해 구축한 새로운 기준점이다. 기준점에 대한 GNSS측량(평면), 직접수준측량(수직), 상대중력측량(중력) 성과를 제공하기 위해 2007년 시범사업을 통해 통합기준점 설치를 시작하였고 현재 전국 3~5km 간격으로 주요지점에 5,588점(2023년 기준)을 설치하여 관리하고 있다.

1.8 지자기 측량

지가기의 3요소를 측정하기 위해 자기장의 크기와 방향을 결정하는 측량을 지가기측량(Magnetic surveying)말한다. 자기측량은 지자기점이나 특정 지점에서 지자기3요소(편각, 복각, 전자력)를 측정하여 측정지역에 대지 자기의 지리적분포와 그 경년변화를 조사, 분석하는 측량이고 국가기본도의 자침편차 자료와 지하 탐사, 지각내부 구조연구 및 지구물리학의 기초자료를 제공한다. 국토지리정보원에서는 국토의 지역적인 자기이상측정을 하기 위해 1975년부터 1978년까지 전자력측정을 하였고, 1978에 지자기 3성분을 측정하여 한반도의 전반적인 편각값이 서편차 5°~8°30′범위 임을 측정하였다.

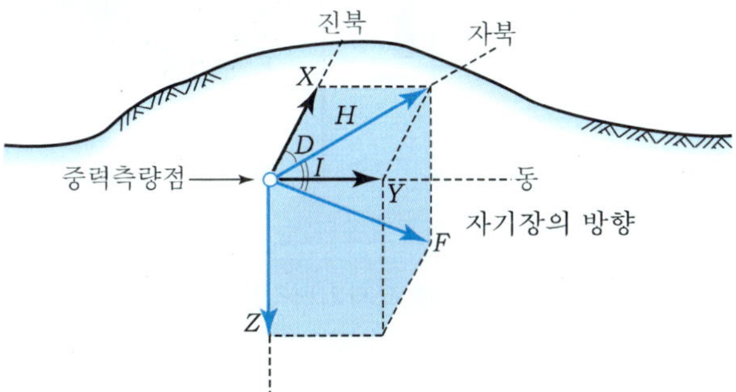

그림 1.57 지자기의 3요소

① 편각(D)

지자기의 방향과 자오선사이의 각으로 지리상의 북극과 자북극의 불일치로 인한 자북(수평분력 H)이 진북과 이루는 각이다. 그 방향이 서쪽이면 θ°W(또는 $-\theta$°), 동쪽이면 θ°E(또는 $+\theta$°)로 표시한다. 서울의 편각은 6.5°W이다.

② 복각(I)

지자기의 방향과 수평면이 이루는 각으로 자침이 수평면에 대해 기울어진 각이다. 전자기력(F)과 수평분력(H)이 이루는 각이며 자기 적도에서는 0°, 자기 극에서는 90°이다. 서울의 복각은 N 57°이다.

③ 수평분력(H)

수평면 내에서의 지구자기장의 크기로서 수평자기력이라고도 하며 진북방향성분(X)과 동서방향성분(Y)으로 구분되어진다.

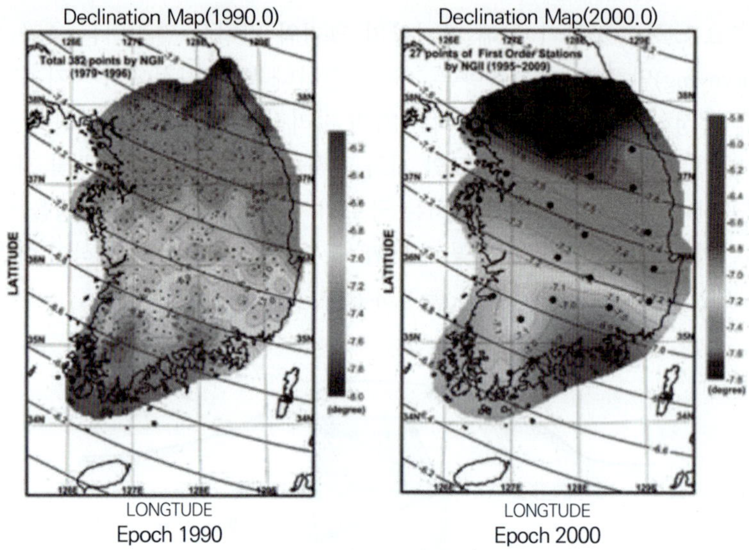

그림 1.58 지자기편각분포도

1.9 탄성파 또는 지진파 측량

지하 및 해저 탄성파 탐사는 지하지층과 해저지층을 파악하는 데 매우 유용한 방법으로 석유 · 가스의 탐사에 이용되면서 크게 발전 하였다. 자연지진이나 인공지진(화약폭발)에 의해 지진파를 발생시키고 이를 수신하여 지하구조를 탐사하는 방법을 사용한다. 해저 탄성파 탐사는 에어건과 같은 음원 장치를 이 용하여 수중에서 음파를 발생시키고 해저의 지층 경계면에서 반사되어 되돌아오는 신호를 일정 간격으로 수신기가 내장된 스트리머 케이블(streamer cable)로 수신하며, 수신된 자료를 전산처리하여 탄성파 영상을 제작함으로써 지층 구조를 파악하는 방법이다. 음원과 수진기의 거리에 따라 신호의 반사 각도가 달라지게 되는데 이에 따라 입사각이 임계각보다 작은 반사법 탐사와 임계각으로 입사한 굴절파를 이용하는 굴절법 탐사로 분류할 수 있다. 반사법 탐사 자료는 지층의 구조를 잘 나타내며 굴절법 탐사 자료는 지층에서의 탄성파 전파 속도의 파악에 유용하다. 지표로 부터 얕은 곳은 굴절법, 깊은 곳은 반사법을 이용한다.[5)]

지진 시 발생하는 P파는 액체와 고체를 모두 통과하는 종파로 가장 빨리 진행(5-8km./sec)하며 진행방향과 진동방향이 수직인 반면 S파는 고체만을 통과(3~4km/sec)하므로 이 특성의 차이를 이용하여 지하의 상태를 파악할 수 있다. 지하의 액체 또는 이산화탄소를 저장할 수 있는 공간을 탐색할 수 있다.

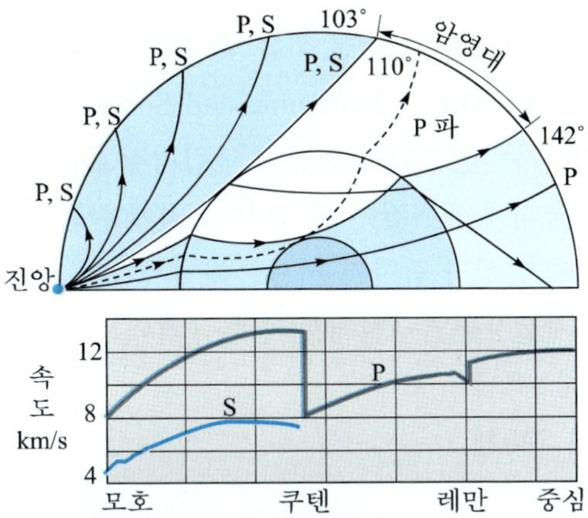

그림 1.59 P,S파의 매질 별 반사 또는 투과특성

다음은 탄성파(지진파)를 이용하여 해저의 석유를 탐사하는 보기를 그림 1.60에 들었다. 선상탐광기를 갖춘 조사선①이 선상의콤프레서와 연동하는 공기총②에서 지진파③을 발생시킨다. 지진파는 지층의 물성경계면을 이루는 반사점④에서 반사파⑤가 되어 수신기 ⑥에 포착된다. 수신기는 스트리머 케이블⑦로 선상탐광기에 연결되어 있어 신호는 자기테이프에 기록된다.

5) 이호영, 구남형, 김병엽, 강무희, 박근필, "해저 탄성파 탐사 기술의 현황", 한국자원공학회지 J. Korean Soc. Miner. Energy Resour. Eng. Vol. 56, No. 1 (2019) pp. 86-106, https://doi.org/10.32390/ksmer.2019.56.1.086

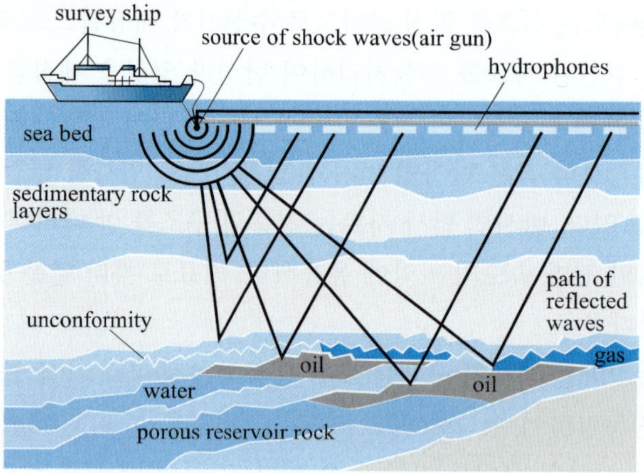

그림 1.60 탄성파를 이용한 해저지층 탐사[6)]

국내 최초의 해저 탄성파 탐사는 1966년 석유 및 가스 등 해저자원조사를 목적으로 아시아·태평양 경제사회위원회(ECAFE ; Economic and Social Commission for Asia and the Pacific) 후원으로 한국지질자원연구원의 전신인 국립지질조사소가 주관하여 포항근해에서 수행되었다. 1970년에는 국내에 에어건이 도입되어 8월에 한독 합동 탐사 이후 10월에 국내 기술진에 의한 최초의 해저 탄성파 탐사가 서산근해에서 수행되어 에어건 탐사자료가 취득되었다. 1996년에는 한국지질자원연구원에서 국제 규격의 석유탐사를 수행할 수 있는 2,000톤급 해저물리탐사선 탐해 2호를 건조함에 따라 1997년에 240채널의 3 km의 디지털 스트리머에 의한 본격적인 2차원 탐사가 수행되었으며 (Park et al., 1999), 1998년에 2개의 스트리머 케이블을 이용한 3차원 탄성파 탐사가 시도되었다

그림 1.61 해저물리탐사선 탐해2호(지질자원연구원, 1996)

6) Navjot Kukreja, Mathias Louboutin,Michael Lange, Devito Codes, Rapid Development of Seismic Imaging Applications Using Symbolic Math, Conference: Third EAGE Workshop on High Performance, October 2017.

1.10 국제단위계

국제단위계(International System of units, SI단위계)라는 명칭은 1960년 제11차 국제도량형총회(CGPM)에서 채택하여 결정한 것으로 다음과 같은 특징을 갖는다.

① 각 속성(또는 물리량)에 대하여 한 가지만 사용한다.

> 예 길이에 대해서는 미터만 사용하며, 자 또는 피트같은 단위를 사용하지 않기 때문에 전체적으로 볼 때 단위의 수가 대폭 감소된다.

② 모든 활동 분야에 적용된다.
과학, 기술 또는 상업 등의 모든 분야에 적용할 뿐만 아니라 전 세계가 같은 방법으로 사용하여 상호 교류나 이해가 쉽다.

③ 일관성 있는 체계이다.
몇 가지 기본단위를 바탕으로 하여 이들의 곱이나 비의 형식으로 모든 물리량을 나타내는 일관성 있는 체계를 형성하므로 다른 체계와의 혼동 요인이 없어지게 된다.

④ 일정한 규칙만 알고 그에 따라 적용하면 배우기와 사용하기가 쉽다.

1.10.1 SI단위계의 구조

기본단위, 보조단위, 유도단위의 3가지 부류의 단위로 형성된다.

(1) 기본단위

SI의 가장 기본이 되는 7개의 단위이며 이중 공간정보와 관련된 요소인 길이와 시간에 대해 설명한다.

표 1.6 SI의 기본단위

양	정의 및 내용	명칭	기호
길이	• 진공에서 빛이 1/299,792,458초 동안 진행한 경로의 길이이다.	미터	m
시간	• 초는 세슘 133원자(133Cs)의 바닥상태에 있는 두 초미세준위간의 전이에 대응하는 복사선의 9,192,631,770 주기의 지속시간이다.	초	s

1) 길이의 단위(meter : M)

(최초) 1795년 프랑스 : 북극과 적도사이에 낀 자오선호장의 1/10,000,000 길이
1880년 이후 : 미터 원기의 길이
1960년 제11차 국제도량형 협회 : Kr^{86} 원자스펙트럼의 진공중파장의(CGPM)
1,650,763.73배와 같은 길이

(현재) 미터(meter)는 진공에서 빛이 1/299,792,458초 동안 진행한 경로의 길이이다. (1983년 10월 제17차 CGPM). 이에 따라서 빛의 속도는 정확히 299,792,458m/s이며, 길이의 단위가 독립적으로 정의되었을 때처럼 오차를 포함하지 않는 상수이다.

2) 시간의 단위(s)

초(second)는 세슘 133원자(133Cs)의 바닥상태에 있는 두 초미세준위(hyperfine levels) 간의 전이에 대응하는 복사선(radiation)의 9,192,631,770 주기의 지속시간이다(1967년 제13차 CGPM).

- 지방시 : 천체(별)를 관측해서 결정되는 시(항성시, 평균태양시)로써 지방마다 그 시간이 다르므로 불편
- 표준시 : 경도를 15°씩 24시간대를 정하고 각 경도 내의 모든 지점은 동일시간

※ 우리나라의 표준시는 세계시보다 9시간 빠르다.

- 세계시(G.M.T) : 본초자오선(경도 0°인 greenwich자오선)을 기준으로 한 평균 태양시 우리나라가 세계시보다 9시간이 빠름(GMT + 9).

지구의 자전운동은 극운동과 계절적 변화에 영향을 받으므로 시간에 오차를 유발한다.

세계시(UT_0)에 극운동에 의한 변화량을 보정하여 UT_1, 계절적 변화량을 보정하여 UT_2를 구한다.

$$UT_1 = UT_0 + \Delta\lambda \tag{1.22}$$

$$UT_2 = UT_1 + \Delta S = UT_0 + \Delta\lambda + \Delta S \tag{1.23}$$

$\Delta\lambda$: 극운동으로 생기는 천구에 대한 각각의 경도변화 보정치
ΔS : 계절적 변화(경년변화) 보정치
UT_1 : 세계시에 극운동으로 인한 경도의 변화($\Delta\lambda$)를 보정한 시간
UT_2 : 세계시에 계절적 변화 보정치(ΔS)를 보정한 시간

항성일은 항성으로 부터 오는 평행광성을 기준으로 하는 하루 이며 태양일은 항성일에서 지구의 공전 및 자전으로 인해 약4분이 더 길다. 지구가 자전하면서 태양주위를 공전하므로 지구가 한 바퀴 도는 동안(항성일) 공전한 만큼 더 자전해야 태양일이 되므로 태양일이 항성일 보다 약 4분이 더 길다.

항성일은 태양일의 0.9972695664배로써 23시간 56분 04.009054초에 해당한다.

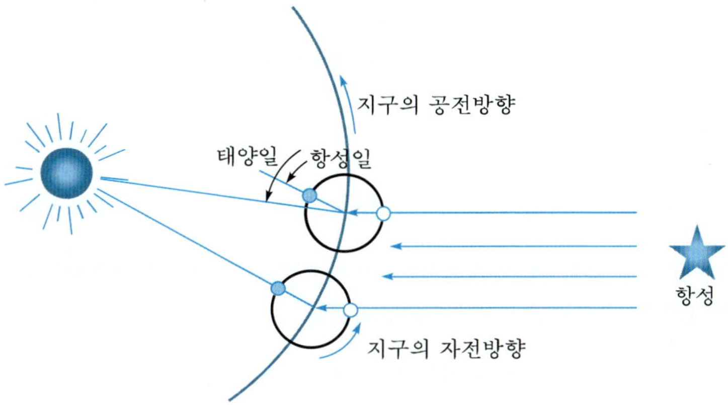

그림 1.62 항성일과 태양일

(2) 보조단위

순전히 기하학적으로만 정의된 2개의 단위를 말한다.

표 1.7 SI의 보조단위

양	정의 및 내용	명칭	기호
평면각	라디안(radian)은 한 원의 원둘레에서 그 원의 반지름과 같은 길이의 호를 자르는 두 반지름 사이의 평면각이다.	라디안	rad
입체각	스테라디안은 한 공의 표면에서 그 공의 반지름의 제곱과 같은 넓이의 표면을 자르고 그 꼭짓점이 공의 중심에 있는 입체각이다.	스테라디안	sr

연습문제

1.1 북위 37°33′인 서울에서의 지구 중등곡률반경은 6,371.875km이다. 거리관측정도가 $\frac{1}{10^6}$일 경우 평면으로 간주할 수 있는 측선의 길이는 얼마인가?

1.2 평면측량에서 거리의 측정정도를 $\frac{1}{10^6}$까지 허용할 때 거리의 오차가 최대한 얼마의 오차까지 생길 수 있겠는가? (지구곡률반경 6,400km)

1.3 반경 약 70km범위를 평면으로 보고 측량한다면 측량의 정도는 얼마인가? 지구곡률반경은 6400km이다.

1.4 지오이드와 지구타원체의 관계를 그림으로 설명하고 천문위도와 측지위도를 정의하시오.

1.5 두변의 길이가 각각 3km, 4km이며, 이 두 변의 사이각이 40°12′48″인 삼각형의 구과량은 얼마인가? 지구곡률반경은 6,400km이다.

1.6 어느 지방에서 세계는 10시 30분 15초였다. 극운동으로 생기는 천구에 대한 각각의 경도변화 보정치 $\Delta\lambda$가 0.5초, 계절적 변화(경년변화) 보정치 ΔS가 0.8초라면 UT_1, UT_2는 얼마인가?

1.7 평면직교좌표계의 원점에서 서쪽에 있는 두 측점 간의 방향각을 측량한 결과 34°09′25″이었다. 그 지점에서의 자오선 수차가 −3′15″라면 두 측점 간 측선의 진북방향각은 얼마인가?

1.8 좌표를 알고 있는 A(100, 200)점이 있다. 미지점 B의 좌표를 구하기 위해 AB 간의 거리 : 150m, AB측선의 방향각 56°34′48″를 얻었다. B점의 좌표는 얼마이겠는가?

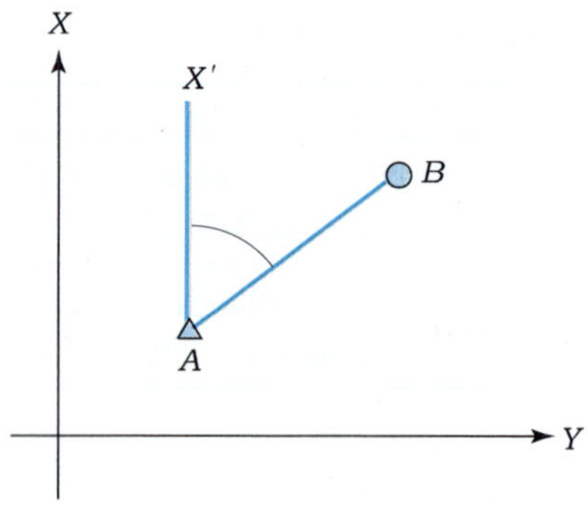

1.9 항성일과 태양일은 다르다.
그 이유는 무엇인가?

제2장 관측값과 오차

2.1 측량요소

공간정보의 정량적해석에서 가장 중요한 부분은 대상점에 대한 3차원 위치결정이다. 대상점이 2점 이상이라면 측선에 대한 방위(Azimuth)[1]도 중요한 요소이다. 그림 2.1에서 A점의 좌표를 알고 있을 때 P점의 위치는 어떻게 결정할 수 있을까? 위치결정을 위해서는 거리, 각, 방향을 측량해야한다. 각 요소를 측량할 때 오차가 발생하며 오차의 원인 및 종류는 다양하다. 이러한 오차를 어떻게 보정하여 최확값[2]을 구하는 것이 본 장의 목적이다.

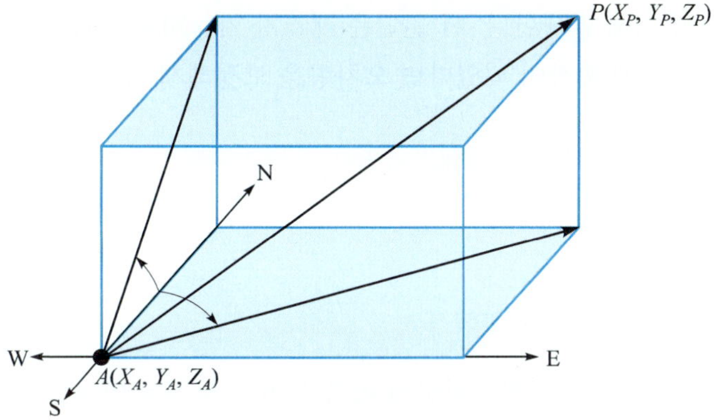

그림 2.1 위치결정을 위한 관측값

2.2 오차의 원인

측량에 의해 얻어진 어떤 양의 정확한 값(참값)은 존재하지 않는다. 관측에 아무리 주의해도 정확성에는 한계가 있다. 일반적으로 오차라 함은 관측값과 참값의 차이라고 말한다. 어

1) 진북(true north)를 기준으로 시계방향으로 측정한 각
2) 확률이론적으로 참값에 가까울 확률이 가장 높은 값

떠한 경우라도 참값을 구하는 것은 불가능하다. 따라서 이 장에서 오차에 대해 다루는 내용은 최확값을 구하는데 목적이 있다.

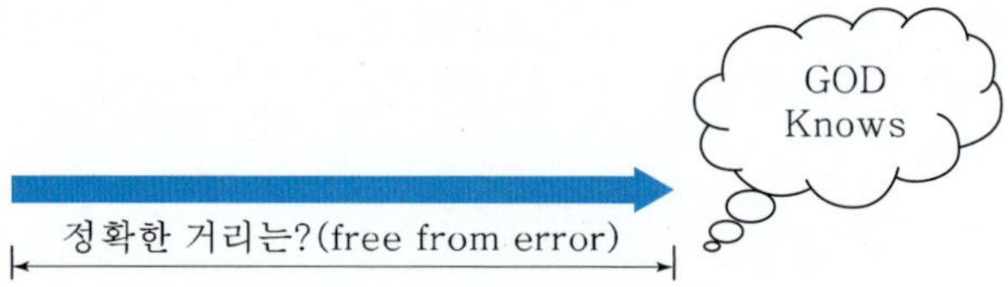

측량작업 시 오차가 발생하는 원인에는 기계적인 원인과 자연적인 원인, 그리고 개인적인 원인이 있다.

2.2.1 기계적 원인(instrumental errors)

사용하는 관측기계에 따라 생기는 오차로써 기계제작의 불량, 기계기기 조정의 불완전, 눈금의 부정확 등에 의해 발생한다. 이 원인은 제거가 가능하다. 예를 들어 줄자의 경우 표준길이 보다 짧거나 길게 제작이 되었다면 오차량을 보정해서 사용할 수 있다.

> 예 토털스테이션 분도원의 편심, 눈금의 부정확, 망원경 광학계의 불완전, 자침움직임의 둔화, 베어링의 마모, 기포관의 불량 등.

2.2.2 자연적 원인(natural errors)

주위환경(온도, 기상조건) 및 자연현상에 따라 생기는 오차로 일정한 법칙에 따라 발생하므로 보정이 가능하다. 예로 온도변화에 따른 스틸테이프 눈금의 신축을 들 수 있다. 이는 측정 시 정확한 주변온도를 관측함으로써 보정계산식에 의해 바른 길이를 구한다. 광선의 굴절과 대기압과 습도에 의한 영향 등이 그것이다.

2.2.3 개인적 원인(personal errors)

개인차(목표시준시 관측자의 습관, 시력의 한계)에 따라 생기는 것이지만 관측습관을 바꾸거나 관측자를 바꿈으로써 보정할 수 있다. 이는 작업지시에 대한 청각의 저하, 관측 시 왼쪽 혹은 오른쪽으로 편심해서 측량하는 습관 등이다.

관측값에는 이와 같은 오차가 포함될 수 있으므로 오차보정을 위해서는 잉여관측(or 자유도)이 요구된다. 잉여관측(redundancy, 자유도(degree of freedom))라 함은 총관측수(n)중에서 해를 얻기 위해 필요한 최소 관측수(n_0)를 초과하는 관측값들로써 자유도 $r = n - n_0$로써 표시된다. 일반적으로 측량 시 자유도를 높게 하는 것이 정확한 결과를 얻게 한다.

2.3 오차의 종류

어떤 측정에서 정확한 오차(true error)는 결코 구할 수 없는데 이는 참값(true value)을 알 수 없기 때문이다. 결과에 영향을 미치는 오차는 다음과 같다.

2.3.1 과오(blunders, mistakes)

착오 또는 과실이라고도 하며 관측자의 실수, 부주의에 의해 일어나는 오차로 보통 오차라고 말하지 않는다. 반복관측(또는 줄자의 읽음 위치 변경)으로 차이가 월등하게 나는 값을 제거함으로써 오차를 없앨 수 있다. 일반적으로 과오를 먼저 제거한 다음 정오차를 보정한다.

> 예 눈금을 잘못 읽거나 야장 기록 및 계산을 잘못한 경우

2.3.2 정오차(constant errors)

계통적 오차(systematic errors)라고도 하며 일련의 관측값이 일정한 조건하에서 항상 일정량이 발생되는 오차로 방향(부호)과 크기가 같게 발생하는 오차이다. 원인이 분명하여 계산식으로 보정이 가능하다.

> 예 온도에 따른 줄자의 수축팽창, 장력보정, 정수보정(검정길이와의 비교)

규칙적으로 발생하므로 관측횟수에 따라 오차가 누적되어 누적오차 또는 누차(累差 cumulative errors)라고도 한다.

2.3.3 우연오차(accidental or random errors 또는 不定오차)

과오와 정오차를 제거하고 남는 오차인데 부호와 크기가 불규칙하게 나타난다. 똑같은 양을 수 회 관측 시 측정값이 일치하지 않은 경우로 오차발생 원인을 알 수 없고 측정값이 순간적인 온도변화, 시력의 불완전 등으로 인하여 영향을 받게 된다. 측량하는 사람의 주의와 숙련에 의해 양을 감소시킬 수 있다. 즉, 이유를 안다 해도 정오차로서 처리할 수 없고, 오차가 일정하게 누적되지 않는 오차, 관측 중에 우연히 생긴 불규칙한 오차를 의미한다.

> 예 토털스테이션을 사용할 때의 나사, 축등의 미소한 변위, 정오차로서 소거되지 않은 분도원의 불완전성, 스틸테이프에 의한 거리측량 시에 시시각각으로 변하는 온도변화, 관측자 시력이 불완전하여 눈금의 끝수를 정확히 읽을 수 없을 때 등의 원인이 있으며 중복가능하다.

우연오차는 확률론과 최소제곱법으로 보정할 수 있다. 우연오차는 부정오차, 우차(偶差)라고도 한다. ±부호를 가지고 있으므로 상쇄되기도 하며 상차(償差, 상쇄오차, compensating errors)라고도 한다.

수회의 측정에 의해 나타나는 우연오차는 정규분포를 이루므로 확률법칙에 의해 처리되는데 최소제곱법(method of least squares)을 사용하여 최확치를 추정한다.

$$\sum v^2 = minimum \tag{2.1}$$

여기서, v : 잔차(residual)

결론적으로 측량값의 조정순서는 우선 과오를 제거하고 정오차보정 후 우연오차를 제거하여 최종적으로 최확값을 얻는 과정을 거친다.

2.4 관측값의 처리방법

2.4.1 정오차

측정횟수에 비례하여 누적되므로, 즉 정오차는 다음과 같다.

$$정오차 = n \cdot \delta \tag{2.2}$$

여기서, n : 측정횟수

δ : 1회 측정 시 오차

예제 2.1

20m의 천줄자로 1km를 거리측량하였다. 이 천줄자가 표준자와 비교하여 20m에 대해 20mm가 짧다면 정확한 거리는?

풀이▸▸▸

줄자정수는 20m−20mm

$n = \dfrac{1000\text{m}}{20\text{m}} = 50$회

정오차 = $n\delta = 50 \times (-20) = -1000\text{mm} = -1\text{m}$

∴ 정확한 거리 = 1000m−1m = 999m

2.4.2 우연오차

일정한 양의 우연오차를 포함한 측정기구로 n회 관측할 경우 전 구간에 대한 오차는 측정회수의 평방근에 비례한다. 그러므로

$$우연오차 = \pm\delta\sqrt{n}\,(\text{mm}) \tag{2.3}$$

여기서, n : 측정횟수

δ : 1회 측정 시 오차

정확한 거리 $L_0 = L \pm$누적오차$\pm$우연오차로 구할 수 있다.

여기서, L_0 : 정확한 거리

L : 관측거리

예제 2.2

200m의 거리를 50m 줄자로 측량하였다. 1회 측량에 +10mm의 누적오차와 ±5mm의 우연오차가 발생하였다고 한다면 올바른 거리는 얼마이겠는가?

풀이▸▸▸

정오차의 누적오차량 = $+10\times4$회 = +40mm

우연오차의 누적오차량 = $\pm5\sqrt{4}=\pm10$mm

정오차보정량 = −40mm (오차량과 보정량은 부호가 반대)

$\therefore 200\text{m}-0.04\text{m}\pm0.01\text{m} = 199.96\text{m}\pm0.01\text{m}$

2.5 오차의 확률곡선과 정규분포

2.5.1 오차론(theory of observation)

최확값을 얻기 위해서는 1회 이상의 측량값을 얻어야 한다. 이 절에서 다루게 될 오차는 우연오차(random errors)이며 측량값의 수가 많아지게 되면 우연오차의 분포는 확률이론에 따르게 된다.

여기에서 다루는 오차는 우연오차(random error)이다. 각측량에서 발생하는 우연오차를 예로 설명해보자. 정밀 데오돌라이트를 이용하여 100회 각측량을 하고 그 값들을 표 2.1에 열거했다. 이 측정값들은 과오나 정오차가 없다고 가정한다. 편리성을 위해 값은 초 단위만 표시했다. 제일 작은 값들로부터 큰 값으로 정렬하였고 중복된 것은 발생빈도로 두 번째 칸에 정리했다. 표로부터 가장 작은 값부터 가장 큰 값까지의 분산은 11.3초이다. 일반적인 측량에서는 중간으로 갈수록 더 큰 빈도를 보이지만 현재의 값들로는 분석하기가 쉽지 않다.

최확값에 대해 잔차를 계산하고 빈도수로 히스토그램을 작성했다. 이 히스토그램은 잔차의 분포를 쉽게 알 수 있다. 이를 위해서는 우선 잔차를 구해야 하므로 최확값이 필요하다. 각각의 측량 값으로부터 최확값을 빼줌으로써 잔차를 구할 수 있다. 그렇게 해서 구한 잔차를 0.7초 범위별로 발생빈도수를 표 2.2에 정리했다.

표 2.1 정밀데오돌라이트 각측량표(Elementary Surveying, 2002, Paul R. Wolf)

MEASURED VALUE (1)	NO. (2)	RESIDUAL (SEC) (3)	MEASURED VALUE (1-CONT.)	NO. (2-CONT.)	RESIDUAL (SEC) (3-CONT.)
27°43′19.5″	1	−5.5	27°43′25.1″	3	0.1
20.0	1	−5.0	25.2	1	0.2
20.5	1	−4.5	25.4	1	0.4
20.8	1	−4.2	25.5	2	0.5
21.2	1	−3.8	25.7	3	0.7
21.3	1	−3.7	25.8	4	0.8
21.5	1	−3.5	25.9	2	0.9
22.1	2	−2.9	26.1	1	1.1
22.3	1	−2.7	26.2	2	1.2
22.4	1	−2.6	26.3	2	1.3
22.5	2	−2.5	26.4	1	1.4
22.6	1	−2.4	26.5	1	1.5
22.8	2	−2.2	26.6	3	1.6
23.0	1	−2.0	26.7	1	1.7
23.1	2	−1.9	26.8	2	1.8
23.2	2	−1.8	26.9	1	1.9
23.3	3	−1.7	27.0	1	2.0
23.6	1	−1.4	27.1	3	2.1
23.7	1	−1.3	27.4	1	2.4
23.8	2	−1.2	27.5	2	2.5
23.9	3	−1.1	27.6	1	2.6
24.0	5	−1.0	27.7	2	2.7
24.1	3	−0.9	28.0	1	3.0
24.3	1	−0.7	28.6	2	3.6
24.5	2	−0.5	28.7	1	3.7
24.7	3	−0.3	29.0	1	4.0
24.8	3	−0.2	29.4	1	4.4
24.9	2	−0.1	29.7	1	4.7
25.0	2	0.0	30.8	1	5.8
			Σ = 2499.4	Σ = 100	

Mean = 2499.4″/100 = 25.0″

Most Probable Value = 27°43′25.0″

표 2.2 잔차의 범위별 빈도

HISTOGRAM INTERVAL (SEC.)	NUMBER OF RESIDUALS IN INTERVAL
−5.95 to −5.25	1
−5.25 to −4.55	1
−4.55 to −3.85	2
−3.85 to −3.15	3
−3.15 to −2.45	6
−2.45 to −1.75	8
−1.75 to −1.05	10
−1.05 to −0.35	11
−0.35 to +0.35	14
+0.35 to +1.05	12
+1.05 to +1.75	11
+1.75 to +2.45	8
+2.45 to +3.15	6
+3.15 to +3.85	3
+3.85 to +4.55	2
+4.55 to +5.25	1
+5.25 to +5.95	1
	$\Sigma = 100$

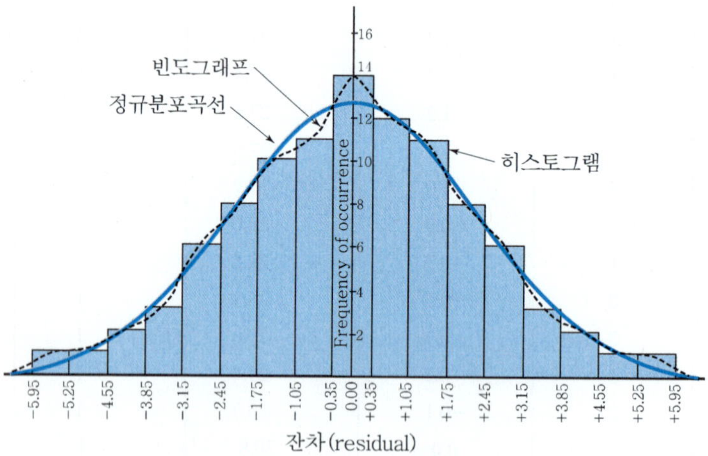

그림 2.2 측량값의 잔차 히스토그램

얻어진 값들로 잔차와 빈도에 대한 히스토그램을 작성하면 그림 2.2와 같이 막대 그래프로 나타나며 측량값의 수가 ∞로 가게되면 매끄러운 곡선이 얻어지게 되는데 이를 확률분포곡선이라 한다.

그림 2.2에서 잔차의 분포가 가운데로 집중된 모양을 하고 있다. 만약 각측량 수를 수 천, 수 만으로 증가시킨다면 매끄러운 종모양의 곡선이 될 것이며 이를 정규분포곡선이라 부른다. 히스토그램막대의 넓이는 확률(%)을 나타낸다. 모든 막대의 넓이 합은 전체의 잔차를 의미한다. 그리고 그들의 합은 1이 된다. 마찬가지로 정규분포곡선아래의 총 면적은 1인 것이다. 이렇게 얻어진 확률분포곡선은 측량의 정밀도와 정확도에 따라 위치와 모양이 달라진다. 만약 똑같은 측량을 보다 좋은 장비, 세심한 주의로 오차를 작게 측량한다면 다음 그림 2.3(a)와 같은 곡선이 될 것이다. 그림 2.2와 비교하면 보다 좁고 높을 것이다. 즉, 오차가 작은 측량값들이 많다는 의미다. 그러므로 측량값들이 더욱 정밀해진다. 반대로 대충 측량을 한다면 그림 2.3(b)와 같이 넓고 낮은 곡선이 얻어질 것이다. 그렇다 해도 전체적인 모양이 종모양의 대칭형을 이루고 있다.

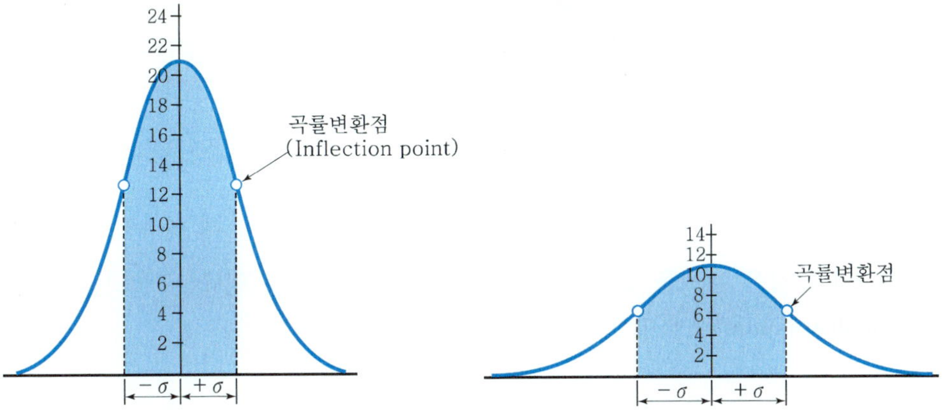

(a) 정밀도가 높은 경우 (b) 정밀도가 낮은 경우

그림 2.3 잔차와 빈도 히스토그램

이와 같이 관측값의 오차는 정규분포를 이루고 다음과 같은 오차법칙을 따른다.

① 큰 오차가 생길 확률은 작은 오차가 생길 확률보다 작다.

② 절대치가 같은 오차의 확률은 거의 같다.

= 같은 크기의 양(+)오차와 음(−)오차가 생길 확률은 같다.

③ 매우 큰 오차의 확률은 0이다.

④ 모든 오차들은 확률법칙을 따른다.

2.5.2 오차의 확률곡선(Probable Curve)

앞서 오차의 정규분포곡선을 얘기했다. 그러나 이를 활용하기 위해서는 이 곡선의 방정식을 알아야 한다. 수학자 가우스는 이러한 오차곡선의 식을 정의하였다. 오차의 전체 수를 1로 하고 각 오차가 일어난 회수를 전체의 비율로 나타내서 이를 Y축에 나타낸 곡선이다.

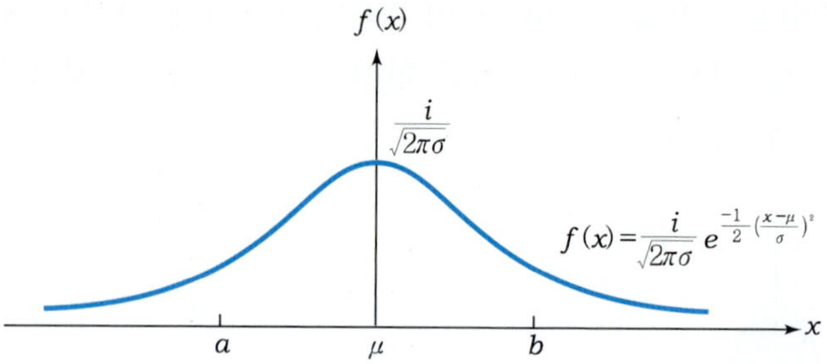

그림 2.4 정규분포(가우스 오차곡선)

측정값 $\ell_1, \ell_2, \ell_3, \cdots, \ell_n$에 대한 오차를 ε_1, ε_2, $\varepsilon_3, \cdots, \varepsilon_n$이라 할 때 연속적인 확률변수 X가 그림 2.4와 같은 분포를 할 때 평균 μ와 분산 σ^2을 갖는 정규분포(또는 가우스분포(Gaussian distribution)라 하며 이 분포곡선이 확률곡선이다.

$$f(x) = \frac{1}{\sqrt{2\pi\sigma}} e^{-\frac{1}{2}\left(\frac{x-\mu}{\sigma}\right)^2} \tag{2.4}$$

여기서, $\frac{1}{\sigma\sqrt{2}} = h$, $(X-\mu) = \varepsilon$으로 하면

$$y = f(x) = \frac{h}{\sqrt{\pi}} e^{-h^2\varepsilon^2} \tag{2.5}$$

여기서, h는 관측정도를 표시하는 지수, 즉 관측의 정밀도계수(precision modulus)이며 h 대신 표준편차가 이용된다. 이 정규분포곡선은 종의 모양이며 평균 μ에 대해 대칭이다.

이와 같은 확률곡선의 성질은 다음과 같다.

① 확률곡선과 x축으로 둘러싸인 면적은 항상 1이다.

② h가 크면 클수록 정밀도가 높은 측정이다.

③ 확률곡선이 하향하는 모양이 급경사이면 정밀도가 높은 측정이다.

X의 정규분포는 $N(\mu, \sigma^2)$으로 표기하며 X가 a와 b값 사이에 있을 확률은 다음과 같다.

$$P(a \leqq X \leqq b) = \int_a^b \frac{1}{\sqrt{2\pi\sigma}} e^{-\frac{1}{2}(\frac{x-\mu}{\sigma})^2} dx \tag{2.6}$$

X가 $\mu = 0$이고 $\sigma^2 = 1$인 특수한 분포를 할 때 X는 표준정규분포(standard normal distribution)를 이룬다고 말한다. 표준정규분포함수는

$$f(x) = \frac{1}{\sqrt{2\pi}} e^{-\frac{x^2}{2}} \tag{2.7}$$

$$P(a \leqq X \leqq b) = \int_a^b \frac{1}{\sqrt{2\pi}} e^{-\frac{x^2}{2}} dx \tag{2.8}$$

이다. 다음의 확률은 측량에서 많이 이용되는 확률이다.

$$\begin{aligned}
&P(-0.6745\sigma \leq (x-\mu) \leq +0.6745\sigma) = 0.5(50\%) \\
&P(-\sigma \leqq (X-\mu) \leqq \sigma) \quad = 0.6826(68.27\%) \\
&P(-2\sigma \leqq (X-\mu) \leqq 2\sigma) = 0.9545(95.45\%) \\
&P(-3\sigma \leqq (X-\mu) \leqq 3\sigma) = 0.9973(99.73\%) \\
&P(-4\sigma \leqq (X-\mu) \leqq 4\sigma) = 1.0000(100\%)
\end{aligned} \tag{2.9}$$

여기서, 마지막 2개의 확률은 X에 대한 99.7%와 100%의 관측이 각각 3σ와 4σ 내에 드는 것을 보여주고 있다.

정규분포곡선의 변곡점이며 전체 면적의 68.27%인 지점을 표준편차라 한다. 또한 면적이

전체의 50%되는 곳의 의미는 측량값 또는 오차가 이 부분에 위치할 확률이 50%라는 의미이며 표준편차의 0.6745배가 된다. 이를 50% 확률오차라 한다. 그 밖의 경우에는 그림 2.5에서 보는 바와 같이

$$E_{95.45}\% = r_{95.45} = 2\sigma$$

$$E_{99.73}\% = r_{99.73} = 3\sigma$$

가 된다. 이를 조금 더 자세히 살펴보면 다음과 같다.

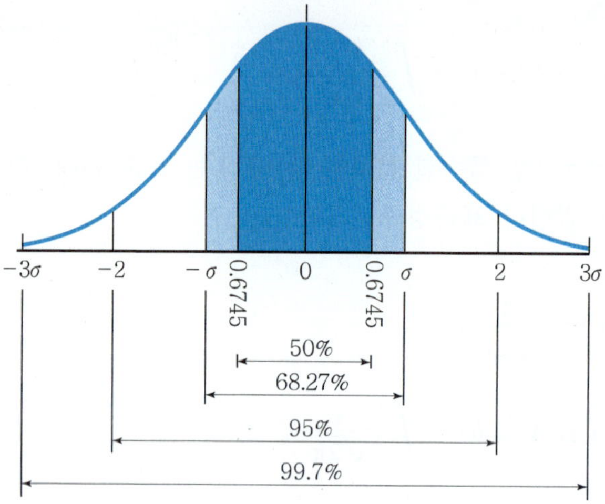

그림 2.5 정규분포곡선의 오차범위와 면적

관측값이 정규분포라고 가정하면 우연오차는 식 (2.4)로 주어진 밀도함수(density function)를 갖는 확률변수 X로 표시할 수 있다. 만약 평균 μ를 0으로 하면 식 (2.4)는

$$f(x) = \frac{1}{\sigma\sqrt{2\pi}} exp\left\{-\frac{x^2}{2\sigma^2}\right\} \tag{2.10}$$

이다. 위 식에서 정규분포는 관측값의 우연오차에 대한 확률모델이며 이로부터 표준편차(σ, standard deviation)는 정밀도를 나타내는 척도이며 정밀도는 반복관측일 경우 각 관측값 간의 편차를 의미한다. 관측값이 $\mu-\sigma$와 $\mu+\sigma$ 사이에 있을 확률은 확률곡선식으로부터 유도

된다.

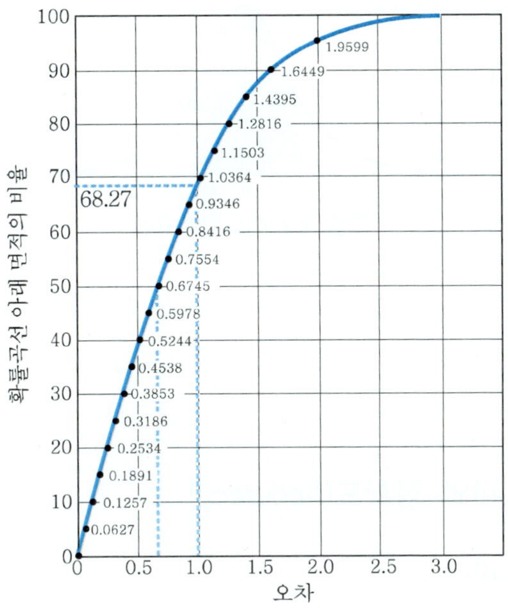

그림 2.6 확률오차 그래프

$$P[\mu-\sigma < X < \mu+\sigma] = \int_{\mu-\sigma}^{\mu+\sigma} \frac{1}{\sigma\sqrt{2\pi}} \exp\left\{-\frac{(x-\mu)^2}{2\sigma^2}\right\} dx \tag{2.11}$$

식 (2.10)에 의해 식 (2.11)을 정리하면

$$\begin{aligned} P[\mu-\sigma < X < \mu+\sigma] &= P\left[\frac{(\mu-\sigma)-\mu}{\sigma} < \frac{X-\mu}{\sigma} < \frac{(\mu+\sigma)-\mu}{\sigma}\right] \\ &= P[-1 < Z < 1] \\ &= \psi(1) - \psi(-1) \\ &= 0.8413 - 0.1587 = 0.6826 \end{aligned} \tag{2.12}$$

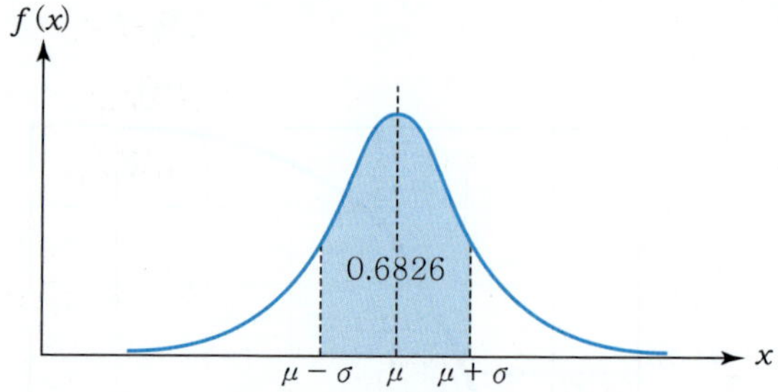

그림 2.7 밀도함수곡선

만약 분포곡선의 면적을 1로 볼 때 전체면적의 50%를 차지하는 σ를 구해보면 0.6745σ로써 이를 확률오차라 부른다(정확히 얘기하면 50% 확률오차이다).

2.6 정밀도(Precision)와 정확도(Accuracy)

2.6.1 정밀도(Precision)

앞서 정규분포곡선이 좁고 높을 경우 정밀한 측량이라고 말했다. 폭이 좁다는 얘기는 측정값들이 서로 가까이 있다는 뜻이며 반대의 경우에는 멀리 퍼져있다는 의미이다. 이처럼 측정값 또는 오차들이 얼마만큼 퍼져있는가를 나타내는 수단이 정밀도이다. 이것은 우연오차의 정도(精度)를 나타내며 표준편차에 의해 구해진다. 예를 들어 측정시의 주의도나 정교한 정도로써 측정장비와 측정방법에 영향을 받는다. 올바름, 참값과는 관계없이 측정값들 간의 분포, 접근도, 일치정도를 의미한다.

2.6.2 정확도(Accuracy)

측정값이 참값에 얼마나 가까운지를 나타낸다. 정규분포곡선이 오차 0축에 정확히 대칭이라면 비교적 정확한 측량이라 할 수 있다. 즉, 참값(true value)과의 일치여부를 나타내며 평균제곱근오차에 의해 구해진다. 결국 측정결과에 대한 올바름을 표시하는 수단이 된다.

예를 들어 그림 2.8과 같은 타겟이 있다하자. (a), (b), (c), (d) 4개의 총을 이용하여 똑같은 사람이 사격을 한 결과라고 생각하자. 그림을 보고 정밀도와 정확도를 생각해 보자.

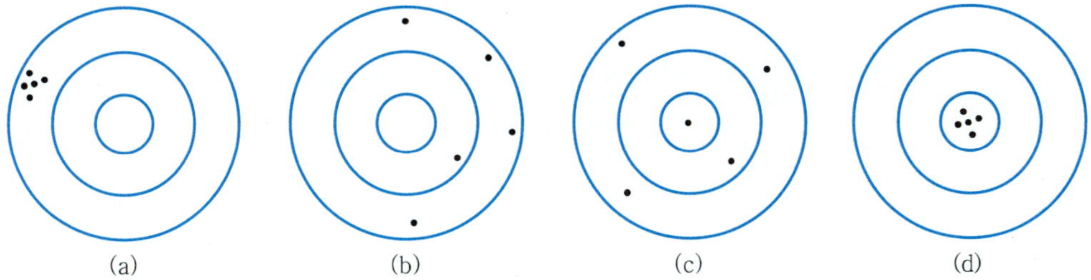

그림 2.8 표적과 정확도, 정밀도

그림 2.8에서 총 (a)는 총알이 중심에서 멀어져 있으므로 정확하지는 않지만 서로 가까이 몰려있으므로 정밀하다고 말할 수 있다. 총 (b)는 정확하지도 정밀하지도 않으며 총 (c)는 정밀하지 않지만 정확하며 (d)는 정밀하면서 동시에 정확하다고 할 수 있다. 측량의 경우로 말하면 양호한 측량인 셈이다. 총 (a)의 경우에는 조정해서 (d)와 같은 총으로 만들 수 있다. 측량의 경우에도 항상 기계를 조정해서 사용해야하는 이치와 같은 것이다.

2.7 최확값(Most Probable Value : MPV)

참값은 알 수가 없으며 최확값만을 결정할 수 있는데 잉여관측값이 있어야 가능하다. 잉여관측값은 어떤 값을 결정하기 위한 최소의 측량값을 제외한 나머지를 일컫는다. 똑같은 장비와 방법으로 하나의 거리를 측량하는 것과 같은 경우에는 하나의 측량값을 제외한 나머지가 잉여관측값이다. 이 경우 최확값은 간단히 산술평균하면 된다.

$$\overline{M} = \frac{\Sigma M}{n} \tag{2.13}$$

여기서, $\overline{M}$은 최확값, ΣM은 각각의 측량값 M의 합, n은 측량값의 개수이다. 위식은 확률이론에 기초한 최소제곱의 원리를 이용하여 유도된 것이다. 보다 더 복잡한 문제에 있어서는, 즉 다른 장비들, 다른 방법으로 측량했다거나 몇 개의 값들이 서로 연관되어 있을 경우에는 최소제곱법에 의해 계산하여야 한다. 최확값을 위해서는 몇 가지 요소들이 필요한데 우선 용어에 대한 명확한 정의부터 해보자.

참값(True Value) : 이상적인 값, 구할 수 없음.

$$\text{오차(error)} : \varepsilon = \text{관측값}(M) - \text{참값(X)} \tag{2.14}$$

잔차(residual) : 평균치로부터의 편차(deviation)

$$\nu = \text{관측값}(M) - \text{최확값}(\overline{M}) \tag{2.15}$$

오차와 잔차는 매우 유사하며 실질적인 측량값을 다룰 때는 빈번하게 혼용한다. 즉, 일반적으로 오차라고 일컫는 것은 오차가 아니라 잔차를 의미한다는 것이다.

앞서 측량장비가 다르거나 측량방법이 다를 경우를 얘기했다. 이렇게 해서 얻어진 측량값들은 각각의 중요도가 서로 다르다. 그러므로 단순히 산술평균을 해서 최확값을 구해서는 안 된다. 각각의 측량값에 대한 중요도를 고려하여 결정해야 한다. 이러한 측량값의 중요도를 경중률(weight)이라 하며, 이는 관측값의 신뢰도를 나타내는 값이 된다. 예를 들어 5″독 데오돌라이트를 사용하여 얻은 값과 20″독으로 얻은 값은 신뢰도가 다르므로 경중률이 다르다는 얘기다. 그러면 어떠한 경우에 어떻게 고려해야 하는가? 다음은 측량의 상황에 따른 경중률의 고려방법이다.

① 경중률은 관측횟수에 비례한다($P_1 : P_2 = N_1 : N_2$).

② 직접수준측량시 경중률은 노선거리(관측길이)에 반비례한다($P_1 : P_2 = \frac{1}{L_1} : \frac{1}{L_2}$).

③ 경중률은 우연오차의 제곱에 반비례한다($P_1 : P_2 = \frac{1}{\varepsilon_1^2} : \frac{1}{\varepsilon_2^2}$).

④ 경중률은 정도의 제곱에 비례한다($P_1 : P_2 = p_1^2 : p_2^2$).

2.7.1 최확값 구하기

측량값으로부터 최확값을 구하기 위해서는 잉여측량값이 있어야 한다. 우선 측량값들 사이에서 두드러지게 차이가 나는 값들(과오)을 제거하고 정오차를 보정한다. 그렇게 얻어진 값들을 이용하여 최확값을 구한다. 이 경우 측량의 조건이 다양하므로 이에 따라 알맞은 방법으로 구해야 할 것이다. 모든 측량은 대략 다음과 같이 네 경우로 분류되며 각각의 경우 최확값을 구하는 방법은 다음과 같다.

(1) 경중률이 같은 관측값의 경우

하나의 길이를 동일한 기법과 장비를 이용하여 독립적으로 측량했다면 이는 조건이 같으므로 경중률이 같다고 할 수 있으며 최확값은 산술평균으로 결정할 수 있다.

n회 측량하여 그 양을 $l_1, l_2, l_3, \cdots, l_n$이라면

$$최확값\ \overline{M} = \frac{l_1 + l_2 + \cdots + l_n}{n} = \frac{\Sigma l}{n} \tag{2.16}$$

(2) 경중률이 다른 관측값의 경우

측량반복횟수, 기계의 종류, 측량거리, 관측값의 오차 등이 다르다면 각각의 측량값들은 서로 중요도 또는 신뢰도가 다르므로 경중률이 다르다. 따라서 각각의 측량값에 경중률을 고려하여 최확값을 구해야 한다.

각각의 측량값에 대한 경중률이 $P_1,\ P_2,\ P_3, \cdots,\ P_n$으로 다른 경우

$$\overline{M} = \frac{P_1 l_1 + P_2 l_2 + \cdots + P_n l_n}{P_1 + P_2 + \cdots + P_n} = \frac{\Sigma(Pl)}{\Sigma P} \tag{2.17}$$

예제 2.3

O점에서 각측량을 하여 다음의 값을 얻었다. ∠AOB의 최확값을 구하시오.

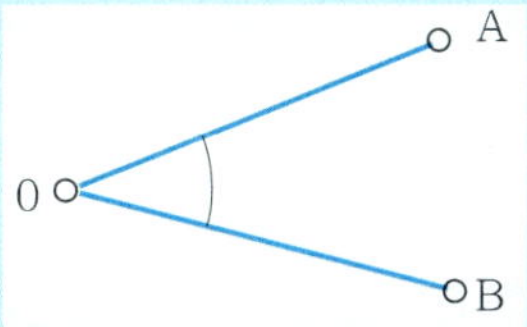

그림 2.9 예제 2.3

	관측각	횟수
갑	40°25′38″	2
을	40°25′42″	3
병	40°25′36″	5

풀이▸▸▸

어느 일정한 각(같은 각, 같은 구간)을 관측횟수를 다르게 했을 때의 경중률(P)은 관측횟수(N)에 비례한다.

그러므로 $P_1 : P_2 : P_3 = N_1 : N_2 : N_3 = 2:3:5$

$$\overline{M} = \frac{P_1 l_1 + P_2 l_2 + P_3 l_3}{P_1 + P_2 + P_3}$$

$$= \frac{(2 \times 40°25'38'') + (3 \times 40°25'42'') + (5 \times 40°25'36'')}{(2 + 3 + 5)}$$

$$= 40°25'38.2''$$

(3) 경중률이 같은 조건부 관측값의 경우

삼각형 내각을 측량한다든지 하나의 거리를 몇 개의 구간으로 나누어 측량할 경우에는 값들 사이에 서로 영향을 미치게 된다. 이러한 경우를 독립관측이 아니라 종속된 조건부 관측이라 한다. 즉, 관측된 몇 개의 값은 수학적 조건을 만족시켜야 한다. 경중률이 같은 경우와 다른 경우로 나누어 생각해야 한다. 우선 경중률이 같은 경우의 최확값 구하는 방법에 대해 알아본다. 조건에 의해 오차를 구하고 경중률이 같으므로 각각의 관측값에 등배분하면 된다.

예제 2.4

삼각형 △ABC의 내각을 측량하여 각을 얻었다.
각각의 최확값을 구하시오.
각의 합계는 180°00′36″이었다.

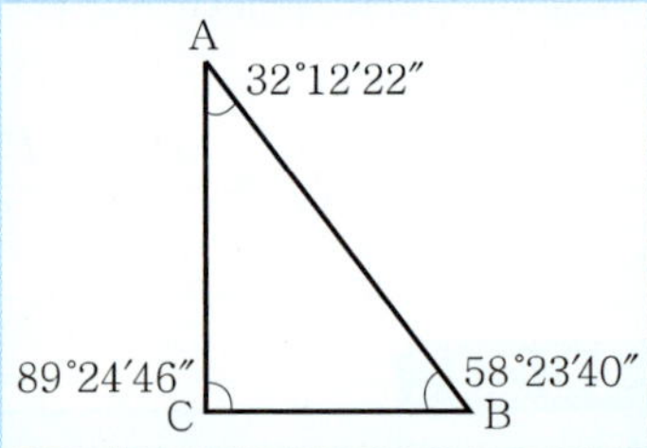

그림 2.10 예제 2.4

풀이 ▸ ▸ ▸

조건의 내각의 합계는 180°이어야 하므로 오차량은 +36″이며 보정량은 −36″이다. 각 값의 보정량은 경중률이 같으므로 −36″/3 = −12″이다.

∠A = 32°12′20″ ∠A = 32°12′08″
∠B = 58°23′40″ ⇒ 各角의 최확치 ∠B = 58°23′28″
+) ∠C = 89°24′36″ −12″ +) ∠C = 89°24′24″
180°00′36″ 180°00′00″ check!! OK

(4) 경중률이 다른 조건부 관측값인 경우

서로 다른 경중률을 가진 측량값이 수학적인 조건에 구속되어 있는 경우의 최확값을 구하는 방법이다. 계산된 오차를 단순히 값의 수로 나누어 보정량을 계산하는 것이 아니라 경중률을 고려하여 분배해야할 것이다. 오차배분율은 경중률이 높은 값일수록 신뢰도가 높아 오

차가 적게 포함되었을 확률이 높다고 할 수 있다. 그러므로 경중률과 오차배분율은 반비례관계에 있다. 즉,

$$\text{오차배분율 } C_1 : C_2 \cdots = \frac{1}{P_1} : \frac{1}{P_2} \cdots \tag{2.18}$$

예제 2.5

두 개의 각 ∠AOB와 ∠BOC를 측정하고 같은 조건으로 ∠AOC를 측정한 결과 다음 표와 같은 값을 얻었다. 이들 세 각의 최확값을 구하라.

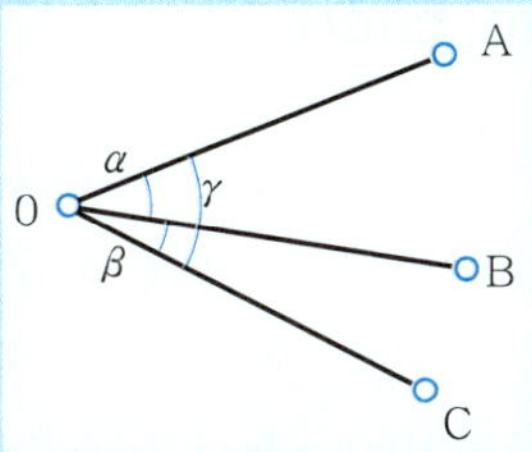

그림 2.11 예제 2.5

각		관측값	측정횟수(N)
∠AOB	$=\alpha$	23°46′00″	1
∠BOC	$=\beta$	59°14′27″	4
∠AOC	$=\gamma$	83°01′07″	6

풀이 ▸ ▸ ▸

수학적 조건 : ∠AOB + ∠BOC = ∠ AOC이 성립하여야 한다.

오차 = (∠AOB + ∠BOC) − ∠AOC = −40″

여기에서 ∠AOB + ∠BOC의 값이 ∠AOC보다 작음을 알 수 있다.

두 각 이상의 측정에서 관측횟수가 다르면 경중률에 반비례하여 보정한다.

경중률 $P_1 : P_2 : P_3 = 1 : 4 : 6$이고 오차배분율은 경중률에 반비례하므로

보정량 ⇨ $C_1 : C_2 : C_3 = \frac{1}{1} : \frac{1}{4} : \frac{1}{6} = 12 : 3 : 2$

$$\text{조정량}(d) = \text{오차} \times \frac{\text{조정할 각의 경중률}}{\text{경중률의 합}}$$

$$\therefore\ \alpha\text{조정량} = 40'' \times \frac{12}{17} \fallingdotseq 28''$$

$$\beta\text{조정량} = 40'' \times \frac{3}{17} = 7$$

$$\gamma\text{조정량} = 40'' \times \frac{2}{17} = 5$$

∠AOB와 ∠BOC가 작으므로 (+), ∠AOC가 크므로 (-)해준다.
그러므로 최확값은

$$\angle AOB = 23°46'00'' + 28'' = 23°46'28''$$
$$\angle BOC = 59°14'27'' + 7'' = 59°14'34''$$
$$\angle AOC = 83°01'07'' - 5'' = 83°01'02''$$

최종적으로 조건을 만족하는지 확인한다.

(23°46'28" + 59°14'34") = 83°01'02" OK!!

2.8 평균제곱근오차(RMSE ; Root Mean Square Error)

확률적인 면에서 측량값들의 그룹에 대한 정밀도를 표현하는데 가장 많이 사용하는 것이 표준편차(standard deviation)와 분산(variance)이다. 측정값으로부터 최확값을 구하고 측정자료를 평가하는 방법으로 쓰인다. 잔차의 제곱을 산술평균한 값의 제곱근으로 확률밀도함수 전체의 68.27%인 범위의 값이다. 참값을 모르므로 표준편차(standard deviation)와 같은 의미로 사용되며 독립 관측값의 경우의 분산(variance ; σ^2)의 제곱근이다.

$$\sigma^2 = \frac{\Sigma v^2}{(n-1)} \tag{2.19}$$

즉, 1회 측정(개개의 관측값)에 대한 평균제곱근오차(표준편차)는

$$\sigma_s = \pm\sqrt{\frac{\Sigma v^2}{n-1}} \tag{2.20}$$

여기서, Σv^2 : 잔차의 제곱의 합
n : 관측횟수
$(n-1)$: 자유도(잉여관측수)

표준편차(또는 평균제곱근오차)는 관측값들 간의 상호 편차를 의미한다. 일반적으로 오차란 측정값이 최확값으로부터 해당오차만큼 틀려진 것을 말하며 측정자료의 평가 및 비교방법은 표준편차에 기초한다. 측량에서는 조정환산값(또는 최확값)으로부터의 오차, 즉 표준오

차(standard error)를 주로 다루게 된다.

몇 회 관측한 최확값($\overline{M}$)에 대한 표준편차의 추정치(평균제곱근오차)는 표준편차(독립 관측값의 평균제곱근오차)를 관측횟수의 제곱근으로 나누어 표시하는데, 이 값을 표준오차로 부른다.

$$\sigma_m = \frac{\sigma_s}{\sqrt{n}} = \pm\sqrt{\frac{\Sigma v^2}{n(n-1)}} \tag{2.21}$$

표준편차는 독립관측값의 정밀도를 의미하고 최확값에 대한 신뢰도의 기준이 된다면 표준오차는 최확값의 정확도를 의미하며 참값에 대한 신뢰도를 의미한다. 표준편차와 표준오차는 넓은 의미에서 같이 사용하고 있다(관측값 수가 클수록 같아진다).

1) 1회 관측값(개개의 관측값, 독립관측값)에 대한 표준오차

측량에서 관측횟수가 20회 이내이므로 잔차를 이용한 표준편차 공식을 이용

▸ 경중률(관측정밀도)이 같을 때

$$\sigma_s = \pm\sqrt{\frac{\Sigma v^2}{n-1}} \tag{2.22}$$

▸ 경중률(관측정밀도)이 다를 때(p : 경중률)

$$\sigma_s = \pm\sqrt{\frac{\Sigma(pv^2)}{n-1}} \tag{2.23}$$

2) 최확값에 대한 표준오차

▸ 경중률(관측정밀도)이 같을 때

$$\sigma_m = \pm\sqrt{\frac{\Sigma v^2}{n(n-1)}} \tag{2.24}$$

▸ 경중률(관측정밀도)이 다를 때

$$\sigma_m = \pm\sqrt{\frac{\Sigma(pv^2)}{\Sigma p(n-1)}} \tag{2.25}$$

2.9 정도(精度)

50% 확률오차, 즉 0.6745σ에 대한 최확값의 비이다.

$$\frac{\text{확률오차}}{\text{최확값}} = \frac{r_0}{\overline{M}} = \frac{1}{m} \tag{2.26}$$

2.10 측정치의 폐기

① 통계적인 검정법을 사용하는 방법

유효수준(1%, 5%, 10% 등) 이하의 확률 측정치는 버린다.

$t = 1.96\sigma$(5% 이하), $t = 2.58\sigma$(1% 이하)

② 표준편차의 배수를 이용하는 방법

표준편차의 3배가 넘을 확률이 0.27%이므로 평균값으로부터 $\pm 3\sigma$ 이상 떨어진 측정값은 버린다. $\therefore t = 3\sigma$

③ 오차의 최대 허용한계를 지정하는 방법

이론적, 경험적으로 오차의 정도를 알고 목표의 정확도를 정하는 방법

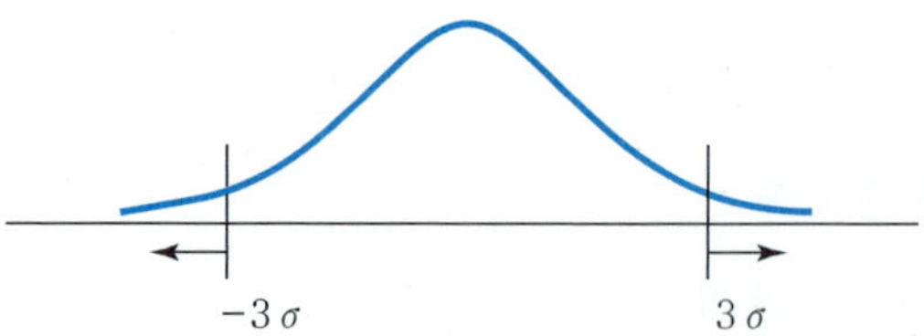

그림 2.12 측정값의 폐기

예제 2.6

다음은 두 점간의 거리를 10회 관측하여 얻은 결과이다. 최확값, 1회 관측값에 대한 표준오차, 최확값에 대한 표준오차, 50% 확률오차, 정도를 계산하라.

관측	l(m)	잔차(v)	v^2
1	68.161	0.0005	0.00000025
2	68.162	−0.0005	0.00000025
3	68.161	0.0005	0.00000025
4	68.163	−0.0015	0.00000225
5	68.160	0.0015	0.00000225
6	68.162	−0.0005	0.00000025
7	68.164	−0.0025	0.00000625
8	68.161	0.0005	0.00000025
9	68.160	0.0015	0.00000225
10	68.161	0.0005	0.00000025
Σ	681.615	0.0000	0.00001450

풀이 ▸ ▸ ▸

① 최확값 $\overline{M} = \dfrac{\Sigma l}{n} = \dfrac{681.615}{10} = 68.1615\text{m}$

② 개개의 관측값에 대한 평균제곱근오차(표준편차)

$$\sigma_s = \pm\sqrt{\frac{\Sigma v^2}{n-1}} = \pm\sqrt{\frac{0.00001450}{9}} = \pm 0.001269\text{m}$$

③ 최확값에 대한 평균제곱오차(표준오차)

$$\sigma_m = \pm\sqrt{\frac{\Sigma v^2}{n(n-1)}} = \pm\sqrt{\frac{0.00001450}{10\cdot 9}} = \pm 0.000401\text{m}$$

최확값±평균제곱근오차 → $68.1615\text{m} \pm 0.401\text{mm}$

④ 50% 확률오차

▷ 개개의 관측값에 대한 확률오차

$r = 0.6745\sigma_s = 0.6745 \times (\pm 0.001269) = \pm 0.000856\text{m}$

▷ 최확값에 대한 확률오차

$r_0 = 0.6745\sigma_m = 0.6745 \times (\pm 0.000401) = \pm 0.000270\text{m}$

⑤ ㉠ 개개의 관측값에 대한 정도

$$\text{정도} = \frac{\text{확률오차}}{68.161} = \frac{0.000856}{68.161} = \frac{1}{79,627}$$

㉡ 최확값에 대한 정도

$$\text{정도} = \frac{\text{확률오차}}{\text{최확값}} = \frac{0.000270}{68.1615} = \frac{1}{252,450}$$

예제 2.7

AB 간의 거리를 5회 측량하여 다음과 같은 관측값을 얻었다. 최확값, 1회 관측값에 대한 표준오차, 최확값에 대한 표준오차, 50% 확률오차, 정도를 Excel 프로그램을 이용하여 계산하라. 그리고 허용정밀도가 1/3,000이라 할 때 재측량의 여부를 판단하시오.

	A	B	C	D	E	F	G
1	관측값의 오차계산						
2							
3	[관측값]	No.	관측값	[계산결과]	잔차	잔차^2	
4		1	50.023		0.04	0.0016000000	
5		2	49.956		-0.027	0.0007290000	
6		3	49.917		-0.066	0.0043560000	
7		4	50.011		0.028	0.0007840000	
8		5	50.008		0.025	0.0006250000	
9	[합계]		249.915	[합계]		0.0080940000	
10	[최확값]		49.983				
11					Excel 함수이용	직접계산	
12		1.개개 관측값의 RMSE			0.04498333	0.0449833302	
13		2.개개관측값의 확률오차			0.030341256	0.0303412563	
14		3.최확값에 대한 RMSE			0.020117157	0.0201171569	
15		4.최확값에 대한 확률오차			0.013569022	0.0135690223	
16		5.정확도			0.000271473	0.0002714727	
17							
18		최종 결과값		49.983	±	0.020117157	
19		최확값사용여부		OK!!			
20							

그림 2.13 예제 2.7 엑셀워크시트

풀이 ▸ ▸ ▸

각 필드의 프로그래밍

관측값의 합 C9 : =SUM(C4:C8)

최확값 C10 : =AVERAGE(C4:C8)

잔차계산 E4 : =C4-$C$10 ※ E5-E8까지는 복사

잔차의 제곱 F4 : =E4^2 ※ F5-F8까지는 복사

잔차제곱의 합 F9 : =SUM(F4:F8)

1. 개개관측값의 RMSE

E12 : = STDEV(C4:C8) ※ 엑셀함수 이용

또는 = SQRT($F$9/(COUNT($C$4:$C$8)-1)) ※일반식

2. 개개관측값의 확률오차

E13 : = E12*0.6745

또는 = SQRT($F$9/(COUNT($C$4:$C$8)-1))*0.6745

3. 최확값에 대한 RMSE

E14 : = E12/SQRT(COUNT($C$4:$C$8))

또는 = SQRT($F$9/(COUNT($C$4:$C$8)*(COUNT($C$4:$C$8)-1)))

4. 최확값에 대한 확률오차

E15 : = E14*0.6745

또는 = SQRT($F$9/(COUNT($C$4:$C$8)*(COUNT($C$4:$C$8)-1)))*0.6745

5. 정확도 계산

E16 : = E15/C10

또는 = (SQRT($F$9/(COUNT($C$4:$C$8)*(COUNT($C$4:$C$8)-1)))*0.6745)/C10

최종결과값 최확값±최확값에 대한 RMSE

최확값 사용여부 D19 : =IF(E16<(1/3000),"OK!!","No!!")

예제 2.8

두 점간의 거리를 측량한 결과, 다음 표와 같은 값을 얻었다. 최확값, 1회 관측값에 대한 표준오차, 최확값에 대한 표준오차, 50% 확률오차, 정도를 계산하시오.

No.	관측길이	횟수
1	100.486m	2
2	100.496m	4
3	100.445m	1
4	100.487m	2
5	100.458m	5

풀이 ▸ ▸ ▸

No.	측정값(l)	최확값($\bar{x}$)	잔차(ν)	경중률(p)	v^2	pv^2
1	100.486		−0.010	2	0.0001	0.00020
2	100.496		−0.020	4	0.0004	0.00160
3	100.445	100.476	0.031	1	0.000961	0.00096
4	100.487		−0.011	2	0.00012	0.00024
5	100.458		0.018	5	0.000324	0.00162
계				14		0.00462

① 최확값($\bar{x}$)

같은 구간을 경중률을 다르게 관측했으므로 우선 경중률을 고려

$P_1 : P_2 : P_3 : P_4 : P_5 = 2 : 4 : 1 : 2 : 5$

$$\overline{M} = \frac{P_1 l_1 + P_2 l_2 + P_3 l_3 + P_4 l_4 + P_5 l_5}{P_1 + P_2 + P_3 + P_4 + P_5}$$

$$= 100.4 + \frac{(2 \times 0.086) + (4 \times 0.096) + (1 \times 0.045) + (2 \times 0.087) + (5 \times 0.058)}{2+4+1+2+5}$$

$$= 100.4 + 0.076 = 100.476\text{m}$$

② 1회 관측(각각의 관측값)에 대한 평균제곱근오차

$$\sigma_s = \pm\sqrt{\frac{\Sigma pv^2}{n-1}} = \pm\sqrt{\frac{0.00462}{4}} = \pm 0.033985\text{m}$$

③ 최확값에 대한 평균제곱근오차

$$\sigma_m = \pm\sqrt{\frac{\Sigma(pv^2)}{\Sigma p(n-1)}} = \pm\sqrt{\frac{0.00462}{14 \cdot (5-1)}} = \pm 0.009083\text{m}$$

$\therefore$ 100.476m $\pm$ 9.083mm

④ 50% 확률오차

- 개개의 관측값에 대한 확률오차 $r = 0.6745\sigma_s = 0.6745 \times (\pm 0.033985) = \pm 0.022923\text{m}$
- 최확값에 대한 확률오차 $r_0 = 0.6745\sigma_m = 0.6745 \times (\pm 0.009083) = \pm 0.006126\text{m}$

⑤ 개개의 관측값에 대한

$$\text{정도} = \frac{\text{개개관측값에 대한 정도}}{\text{최확값}} = \frac{0.022923}{100.476} = \frac{1}{4,383}$$

최확값에 대한

$$\text{정도} = \frac{\text{확률오차}}{\text{최확값}} = \frac{0.006126}{100.476} = \frac{1}{16,402}$$

예제 2.9

두 점간의 거리를 A, B, C, D 네 사람이 각각 반복 측량하여 평균값과 표준편차를 다음과 같이 얻었다고 한다. 최확값, 개개관측값과 최확값에 대한 표준편차를 엑셀프로그램을 이용하여 구하시오.

	A	B	C	D	E
1	측량자	평균값	표준오차	1/표준오차²	경중률(P)
2	A	100.008	0.024	1736.111111	7.793402778
3	B	100.015	0.031	1040.582726	4.671175858
4	C	99.995	0.047	452.6935265	2.03214124
5	D	99.983	0.067	222.7667632	1
6	Σ				15.49671988
7					
8	측량자	L*P	잔차	P*잔차²	
9	A	779.402625	0.001207972	1.13721E-05	
10	B	467.187653	0.008207972	0.000314701	
11	C	203.203963	-0.01179203	0.000282573	
12	D	99.983	-0.02379203	0.000566061	
13	Σ	1549.77724		0.001174707	
14					
15	최확값		100.006792		
16	개개관측값의 RMSE		0.0197881		
17	최확값의 RMSE		0.005026714		
18					

그림 2.14 예제 2.9 엑셀워크시트

풀이 ▸ ▸ ▸

각 필드의 프로그래밍

1) 경중률 계산 : $\dfrac{1}{\text{표준오차}^2}$ E3 = 1/(C2^2)

 최솟값을 1로 하고 상대적으로 경중률 계산(E2~E5)

2) 최확값 계산 : $\dfrac{\Sigma(\text{관측값}\times\text{경중률})}{\Sigma\text{경중률}}$ C15 = B13/E6

3) 잔차 계산 : 관측값−최확값   C9 = B2−$C$15 → (C10~C12까지 복사)

4) 경중률×잔차²   D9 = E2×C9^2 → (D10~D12까지 복사)

5) 개개관측값의 RMSE : $\sqrt{\dfrac{\Sigma(\text{경중률}\times\text{잔차}^2)}{\text{관측값수}-1}}$ C16 = SQRT(D13/(COUNT(B2:B5)−1))

6) 최확값의 RMSE : $\sqrt{\dfrac{\Sigma(\text{경중률}\times\text{잔차}^2)}{\Sigma\text{경중률}(\text{관측값수}-1)}}$ C17

 = SQRT(D13/(E6*(COUNT(B2:B5)−1)))

예제 2.10

장방형의 면적 62,500m^{2}을 구하는데 실제길이 보다 30m에 대하여 6mm 늘어난 줄자로 쟀다. 정확한 면적은 얼마인가?

풀이 ▸ ▸ ▸

$$\text{실면적} = \text{관측면적} \times \frac{(\text{부정길이})^2}{(\text{표준길이})^2} = 62,500 \times \frac{30.006^2}{30^2} = 62.525\text{m}^2$$

2.11 오차의 전파(Error propagation)

두 점간의 거리를 구간으로 나누어 측량했다고 할 때 어느 한 구간에서 발생한 오차는 전체 거리에 영향을 미치는 데 이를 오차전파라 한다. 삼각측량방법으로 수평거리를 구하는 경우에는 연직각에서 발생한 오차가 수평거리계산에 영향을 미친다. 정오차는 관측회수에 비례하여 점점 누적되는데 비하여 우연오차는 확률법칙에 따라 전파된다.

(1) 우연오차의 전파(Propagation of Random Errors)

어떤 결과값을 구하기 위해 측량값을 합하게 될 때의 오차를 생각해 보자. 이때 평균제곱근오차는 각각의 측량값에 포함된 평균제곱근오차의 제곱합의 제곱근이 된다.

독립된 측정값(=독립변수)을 $x_1, x_2, \cdots, x_n$,

독립변수들의 평균제곱근오차를 $\delta_{x_1}, \delta_{x_2}, \cdots, \delta_{x_n}$ 라고 하면

$y = f(x_1, x_2, \cdots, x_n)$을 Tayler급수에 의해 전개하여 고차항을 소거하면 y의 전체 오차는

$$\sigma_y^2 \simeq \left(\frac{\partial f}{\partial x_1}\right)^2 \delta_{x_1^2} + \left(\frac{\partial f}{\partial x_2}\right)^2 \delta_{x_2^2} + \left(\frac{\partial f}{\partial x_3}\right)^2 \delta_{x_3^2} + \cdots + \left(\frac{\partial f}{\partial x_n}\right)^2 \delta_{x_n^2} \qquad (2.27)$$

$$\therefore \sigma_y = \pm \sqrt{\left(\frac{\partial f}{\partial x_1} \cdot \delta_{x_1}\right)^2 + \left(\frac{\partial f}{\partial x_2} \cdot \delta_{x_2}\right)^2 + \cdots + \left(\frac{\partial f}{\partial x_n} \cdot \delta_{x_n}\right)^2} \qquad (2.28)$$

오차전파식의 응용

① $y = x_1 + x_2 + \cdots + x_n$

▸ $\delta_1 \neq \delta_2 \neq \cdots \neq \delta_n$ 이면 $\sigma_y^2 = \delta_1^2 + \delta_2^2 + \cdots + \delta_n^2$

$$\therefore \ \sigma_y = \pm \sqrt{\delta_1^2 + \delta_2^2 + \cdots + \delta_n^2} \tag{2.29}$$

▸ $\delta_1 = \delta_2 = \cdots = \delta_n = \delta$ 이면 $\sigma_y^2 = n\delta^2$

$$\therefore \ \sigma_y = \pm \delta \sqrt{n} \tag{2.30}$$

② $y = \dfrac{(x_1 + x_2 + \cdots + x_n)}{n}$

▸ $\delta_1 = \delta_2 = \cdots = \delta_n = \delta$ 이면 $\sigma_y^2 = \dfrac{\delta_1^2 + \delta_2^2 + \cdots + \delta_n^2}{n} = \dfrac{\delta^2}{n}$

$$\therefore \ \sigma_y = \pm \frac{\delta}{\sqrt{n}} \tag{2.31}$$

③ $y = x_1 \cdot x_2$

▸ $\sigma_y^2 = (x_2\delta_1)^2 + (x_1\delta_2)^2$

$$\therefore \ \sigma_y = \pm \sqrt{(x_2\delta_1)^2 + (x_1\delta_2)^2} \tag{2.32}$$

$(x_1 \pm \delta_1)(x_2 \pm \delta_2) = x_1x_2 \pm \ \delta_1\delta_2 \pm \ x_1\delta_2 \pm \ \delta_1\delta_2$

④ $y = x_1 \cdot x_2 \cdot x_3$

$$\therefore \ \sigma_y = \pm (x_1 \cdot x_2 \cdot x_3) \sqrt{\left(\frac{\delta_1}{x_1}\right)^2 + \left(\frac{\delta_2}{x_2}\right)^2 + \left(\frac{\delta_3}{x_3}\right)^2} \tag{2.33}$$

⑤ $y = \dfrac{x_1}{x_2}$

$$\therefore \ \sigma_y = \pm \left(\frac{x_1}{x_2}\right) \sqrt{\left(\frac{\delta_1}{x_1}\right)^2 + \left(\frac{\delta_2}{x_2}\right)^2} \tag{2.34}$$

⑥ $y = \sqrt{x_1^2 + x_2^2}$

$$\therefore\ \sigma_y = \pm\sqrt{\left(\frac{x_1}{\sqrt{x_1^2+x_2^2}}\cdot\delta_1\right)^2 + \left(\frac{x_2}{\sqrt{x_1^2+x_2^2}}\cdot\delta_2\right)^2} \tag{2.35}$$

⑦ $y = x^n$

$$\therefore\ \sigma_y = (n \cdot x^{(n-1)} \cdot \delta) \tag{2.36}$$

예제 2.11

AB 간의 거리를 4구간으로 나누어 기선 측정한 결과 다음의 값을 얻었다. AB 간의 거리와 포함된 오차를 구하라.

l_1 = 29.5512m ± 0.0014m

l_2 = 29.8837m ± 0.0012m

l_3 = 29.3363m ± 0.0015m

l_4 = 29.4488m ± 0.0015m

풀이 ▸ ▸ ▸

0.0014m, 0.0012m, 0.0015m, 0.0015를 평균제곱근오차라 하면

전 길이 Σl =118.2200m에 대한 평균제곱근오차는

$$\sigma_L = \pm\sqrt{0.0014^2 + 0.0012^2 + 0.0015^2 + 0.0015^2} = \pm 0.0028\text{m}$$

$\therefore\ \Sigma l$ =118.2200m ± 0.0028m

예제 2.12

수평거리 L을 구하기 위해 경사거리(d)와 연직각 θ를 측정했다.

경사거리 : d = 100m ± 0.05m

연직각 : θ = 30°00′±1′

수평거리를 계산할 경우 포함된 오차를 구하라.

풀이▸▸▸

$$L = d \cdot \cos\theta = 100 \cdot \cos 30^\circ = 86.602\text{m}$$

$$\frac{\partial L}{\partial d} = \cos\theta, \quad \frac{\partial L}{\partial \theta} = d\ (-\sin\theta)$$

오차전파식에 대입

$$\sigma_L = \pm\sqrt{\left(\frac{\partial L}{\partial d} \cdot \Delta d\right)^2 + \left(\frac{\partial L}{\partial \theta} \cdot \Delta\theta\right)^2}$$

$$= \pm\sqrt{(\cos\theta \times \Delta d)^2 + \{(-d\ \sin\theta) \times \Delta\theta\}^2}$$

$$= \pm\sqrt{(\cos 30^\circ \times 0.05)^2 + \left(-100 \cdot \sin 30^\circ \cdot \frac{60''}{206265''}\right)^2}$$

$$= \pm\sqrt{0.001875 + 0.000211} = \pm 0.046\text{m}$$

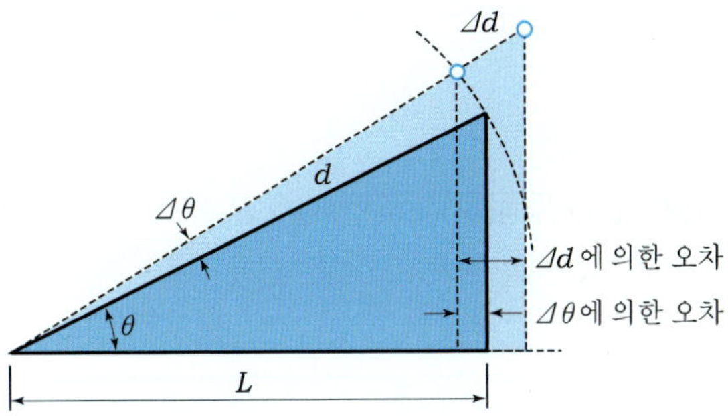

그림 2.15 예제 2.12 경사거리측량의 오차전파

예제 2.13

직각 삼각형의 직각을 낀 두 변 a, b를 측정하여 다음 결과를 얻었다. 빗변 c의 거리 및 오차는?(단, $a = 92.56\text{m} \pm 0.08\text{m}$, $b = 43.25\text{m} \pm 0.06\text{m}$)

풀이▸▸▸

(1) 빗변길이$(c) = \sqrt{a^2 + b^2}$

$$= \sqrt{92.56^2 + 43.25^2} = 102.166\text{m}$$

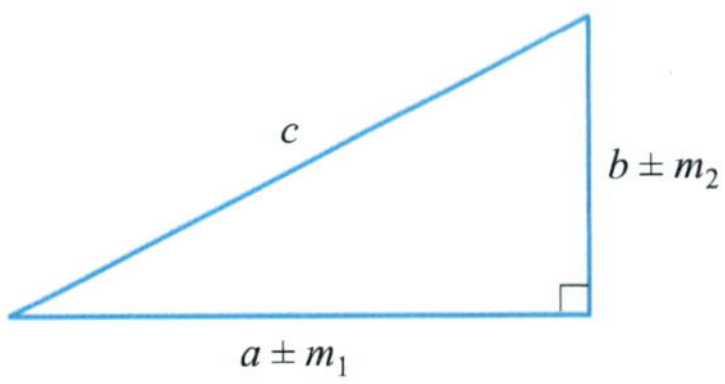

(2) 오차전파 식에 의해 빗변에 전파된 오차는

$$\sigma_c = \pm\sqrt{\left(\frac{a}{\sqrt{a^2+b^2}}\right)^2 \cdot m_1^2 + \left(\frac{b}{\sqrt{a^2+b^2}}\right)^2 \cdot m_2^2}$$

$$= \pm\sqrt{\left(\frac{92.56}{\sqrt{92.56^2+43.25^2}}\right)^2 \times 0.08^2 + \left(\frac{43.25}{\sqrt{92.56^2+43.25^2}}\right)^2 \times 0.06^2}$$

$$= \pm 0.077\text{m}$$

$$\therefore\ \sigma_c = 102.066 \pm 0.077\text{m}$$

예제 2.14

직사각형의 면적을 구하기 위하여 거리를 측량했다.
가로 : 50.00 ± 0.01m, 세로 : 100.00 ± 0.02m일 때 면적에 대한 오차를 계산하라.

풀이▸▸▸

$$\sigma_{area} = \pm\sqrt{A^2E_b^2 + B^2E_a^2}$$

$$= \pm\sqrt{(50^2 \times 0.02^2) + (100^2 \times 0.01^2)} = \pm 1.41\text{m}^2$$

예제 2.15

물탱크의 부피를 계산하기 위해 가로, 세로, 높이를 측량했다. 체적과 포함된 오차를 구하라.

l = 40.00m, δ_l = ±0.05m

w = 20.00m, δ_w = ±0.03m

h = 15.00m, δ_h = ±0.02m일 때 부피에 대한 오차는?

풀이▸▸▸

$$V = l \cdot w \cdot h$$

$$\frac{V}{\partial l} = w \cdot h,\quad \frac{V}{\partial w} = l \cdot h,\quad \frac{V}{\partial h} = w \cdot l$$

오차전파식

$$\sigma_y = \pm\sqrt{\left(\frac{\partial f}{\partial x_1}\cdot\delta_{x_1}\right)^2 + \left(\frac{\partial f}{\partial x_2}\cdot\delta_{x_2}\right)^2 + \cdots + \left(\frac{\partial f}{\partial x_n}\cdot\delta_{x_n}\right)^2}$$

에 대입하면

$$
\begin{aligned}
\sigma_V &= \pm \sqrt{(\frac{\partial V}{\partial l} \cdot \delta_l)^2 + (\frac{\partial V}{\partial w} \cdot \delta_w)^2 + (\frac{\partial V}{\partial h} \cdot \delta_h)^2} \\
&= \pm \sqrt{(w\ h)^2 \cdot (\delta_l)^2 + (l\ h)^2 \cdot (\delta_w)^2 + (l\ w)^2 \cdot (\delta_h)^2} \\
&= \pm \sqrt{(300^2 \cdot 0.0025) + (600^2 \cdot 0.0009) + (800^2 \cdot 0.0004)} \\
&= \pm \sqrt{805} = \pm 28.3\text{m}^3
\end{aligned}
$$

연습문제

2.1 50m의 줄자를 사용하여 길이 1250m를 측량하였다. 50m에 대해 ± 3mm의 우연오차가 발생한다면 전체 길이에 대한 거리관측의 오차는?

2.2 100m의 측선을 20m 줄자로 관측하였다. 1회 관측에 +5mm의 누적오차와 ± 5mm의 우연오차가 있다고 하면 정확한 거리는?

2.3 어떤 거리를 동일조건하에서 5회 관측하여 다음과 같은 결과를 얻었다. 이때 확률오차는? (잔차는 소수 3자리까지 구하시오)

관측	측정치(m)	잔차(v)	v^2
1	120.354		
2	120.436		
3	120.387		
4	120.365		
5	120.398		

2.4 A, B, C 세 그룹이 동일조건하에서 어떤 거리를 측정하여 최확값과 평균제곱오차를 얻었다. 이때 최확치는 얼마인가?

A : 100.521m ± 0.030m B : 100.532m ± 0.045m C : 100.526m ± 0.015m

2.5 30m에 대해 5mm 늘어난 줄자로 정방형의 지역을 측량한 결과 57,600m^2이었다. 실제 면적은?

2.6 AB구간을 4구간으로 나누어 측량한 결과 다음의 결과를 얻었다. 전체거리와 이에 대한 오차는 얼마인가?

L1 = 23.112 ± 0.01m L2 = 23.123 ± 0.05m

L3 = 23.098 ± 0.04m L4 = 23.248 ± 0.03m

2.7 고저차 V를 구하기 위해 경사거리 D와 연직각 α를 측량하였다. 이들 값을 이용해 고저차를 구하고자 한다. 고저차에 포함된 오차를 계산하시오.

D : 500 ± 0.08m α : 40° ± 45″

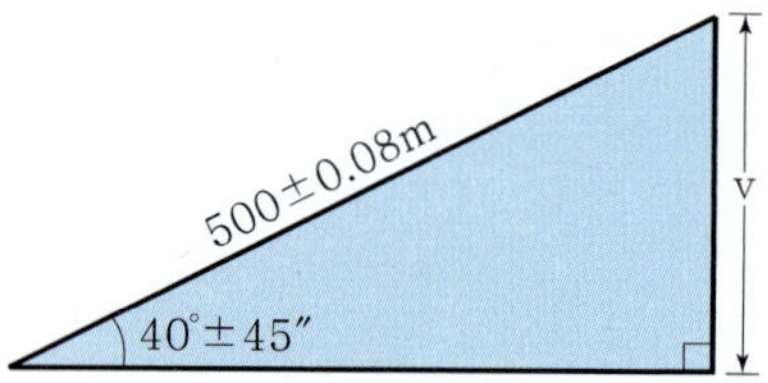

2.8 전자파거리측량의 원리를 설명하시오.

제3장 최소제곱법에 의한 조정계산

3.1 최소제곱법의 소개

2장에서 설명한 바와 같이 오차에는 정오차(systematic error)와 부정오차(random error)가 포함되어 있다. 정오차는 물리적인 법칙에 의해 발생하므로 계산식에 의해 소거하면 된다. 부정오차는 모든 측량값에 존재한다. 물론 측량과정에서 실수(mistake)에 의한 blunder도 발생하나 이는 조정계산 전에 확률이론의 수학적 법칙에서 발생하고 어떠한 측정값그룹이라도 정규분포법칙에 따른다는 것이 요구된다.

측량에 있어서 실수를 제거하고 정오차 보정을 위해 보정량을 계산하여 보정해도 폐합이 되지 않는 것처럼 부정오차가 남는다. 예를 들어 다각형 내각의 합이 180°(n−2)가 되어야 한다든지 또는 수준측량망의 폐합오차, 트래버스측량에서 위·경거오차에 의한 폐합오차 등이다. 이 폐합오차를 계산하기 위해서는 조정수학적으로 완벽한 기하학적 조건을 통하여 조정한다. 많은 기법들이 사용되어지지만 가장 엄격한 조정은 확률론에 입각한 최소제곱법에 의한 것이다.

최소제곱법이 1700년대에 개발되었음에도 불구하고 컴퓨터의 부재로 상용화되지 못하였다. 대신 compass 법칙처럼 임의적이며, 독단적인 방법이 사용되었다. 이제는 최소제곱계산이 현대의 측량에서 루틴한 계산이며 이 방법에 의해 조정하는 것이 필수적인 것이 되었다. 최소제곱방법은 거리, 높이오차, 수평각, 수직각 등 모든 측량 값에 사용되고 있다. 최소제곱법에 의해 조정하는 것이 가장 최근에 측량정확도의 표준이 되고 있다.

최소제곱법은 다른 임의적인 방법에 비해 몇 가지 이점이 있다. 먼저 수학적인 확률이론에 기초를 둔 방법이기 때문에 조정과정에서 가장 정확하다. 이는 모든 측량 값이 동시에 조정과정에 포함되며 각각의 관측 값은 그들의 추정되는 정밀도에 따라 경중률을 고려할 수 있다. 게다가 최소제곱법은 본질이나 기하학적 조건을 무시한 어떠한 문제라도 적용할 수 있다. 이러한 장점에 덧붙여 최소제곱법은 조정계산 결과에 대한 엄격한 통계적 분석이 가능하다. 즉, 모든 조정값에 대한 정밀도를 평가할 수 있으며 다른 요소들을 평가할 수 있다. 조정된 조정량에 대한 요구정밀도를 확보할 수 있는지를 알아보기 위해 사전측량계획을 통해 경제적인 면을 고려할 수 있다.

간단한 예로 rule of thumb의 임의의 법칙 조정을 최소제곱법과 비교해보자. 그림 3.1에서 보인 수평위치 결정을 위한 측량망을 생각해 보자. 만약 망 내에서 관측값의 조정에 콤퍼스법칙이 사용된다면 몇 가지 해법이 가능하다. 그림에서 우선 트래버스 ABCDEFGA를 조정하는 것이다. 그다음 조정된 G와 E의 값을 고정하고 트래버스 GHKE가 조정된다. 그리고 마지막으로 조정값 H와 C를 고정하고 트래버스 HJC를 조정한다. 이는 명백하게 해법을 도출할 것이나 다른 가능한 접근방법이 있다. 다른 방법에는 트래버스 ABCDEFGA를 조정하고 그 뒤에 GHJC, 그다음 HKE를 조정하는 방법이다. 이 과정은 또 다른 해법을 가져오지만 H ,J, K점의 결과값은 다르다. 거기에는 아직도 다른 가능한 변화들이 있다. 이는 콤퍼스법칙조정이 임의의 방법임을 말해준다. 다른 한편으로 최소제곱법은 경중률과 모든 관측값들을 동시에 조정하며 오직 하나의 결과값만이 있을 뿐이다. 주어진 관측값들의 최확값이다.

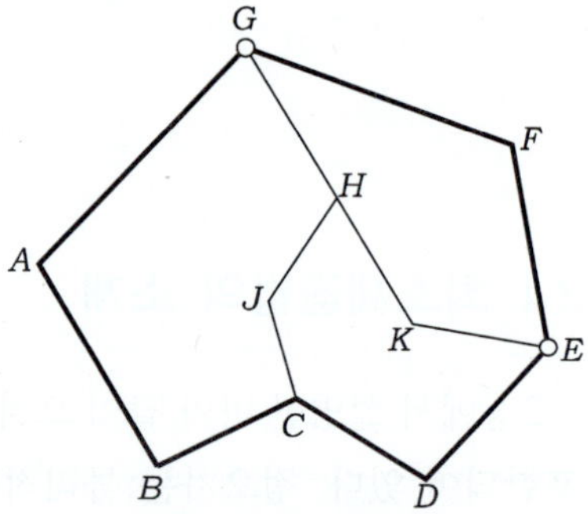

그림 3.1 기준점 망

이 절에서는 최소제곱법칙의 기본 조건과 예들을 기술할 것이다. 또한 최소제곱방정식을 형성하고 해결하기 위한 계통적인 행렬방법을 제시할 것이다.

3.2 최소제곱이론의 기본조건

보통의 관측값에 대한 분포에서 오차가 큰 값보다 작은 값이 훨씬 높은 확률을 가진다는 정규분포곡선의 원리에 대해 2장에서 공부했다. 오차들의 그룹 내에 존재하는 어떤 크기의 잔차에는 분명한 확률이 있다. 즉, 정규적으로 분포되어 있는 일련의 관측값 내에서 잔차의 크기와 확률사이에는 직접적인 관계가 있다는 것이다. 최소제곱조정방법은 정규분포곡선에 대한 방정식으로부터 유도된다. 이는 발생확률이 가장 높은 관측 값의 그룹에 대한 유일한 잔차그룹을 산출한다.

경중률이 동일한 관측값 그룹에 대한 최소제곱방정식은 잔차의 제곱의 합이 최소라는 것이다. 동일한 경중률의 n개의 값이 v_1, v_2, $v_3, \cdots$, v_m의 잔차를 가지고 있다고 하면 기본적인 최소제곱 조건은

$$\sum_{i=1}^{n} v_i^2 = v_1^2 + v_2^2 + v_3^2 + \cdots + v_n^2 = minimum \tag{3.1}$$

각 관측값의 경중률은 상대적인 중요도 또는 가능하다면 관측값의 표준편차로부터 얻는다. 표준편차와 경중률의 관계는 다음과 같다.

$$w_i = \frac{1}{\sigma_i^2} \tag{3.2}$$

w_i는 i번째 관측값의 경중률이고, σ_i^2은 분산이다. 식 (3.2)는 경중률은 분산에 반비례함을 의미한다. 경중률이 결정되면 최소제곱 방정식은 다음과 같아진다.

$$\sum_{i=1}^{m} w_i v_i^2 = w_1 v_1^2 + w_2 v_2^2 + w_3 v_3^2 + \ldots\ldots + w_m v_m^2 = minimum \tag{3.3}$$

최소제곱이론에서 기본적인 가정은

1) 관측값 그룹에서 과오와 정오차는 완전히 제거되고 우연오차만이 남아있다.
2) 조정되어질 관측값의 수는 크다.
3) 앞서 거론했듯이 오차의 분산빈도는 정규분포이다.

비록 이들 기본적인 가정이 항상 만나지 못하더라도 최소제곱조정은 아직까지 가장 엄격한 오차취급방법이다.

3.3 관측방정식 방법에 의한 최소제곱법

최소제곱법에 있어서 두 가지 기본적인 방법이 사용된다.

1) 관측방정식 방법
2) 조건방정식 방법

3.3.1 관측방정식 방법

관측방정식 방법이 일반적으로 사용되며 관측방정식들은 잔차와 미지변수들에 관련된 관측값들에 의해 쓰여진다. 유일한 해법을 제공하기 위해 미지수의 수와 관측방정식의 수는 같아야 한다. 각 관측값에 대해 하나의 관측방정식이 만들어진다. 만약 여분의 관측값이 얻어졌다면 최소제곱이론에 적용시킬 수가 있다. 이러한 경우에는 모든 관측방정식으로부터 각 잔차가 얻어지게끔 표현해야 한다. 잔차들은 제곱되고 식 (3.1) 또는 (3.3)에 표현된 식에 의해 더해진다. 식 (3.1) 또는 식 (3.3)을 최소화하기 위해서는 각각의 미지변수로 편미분하고 방정식= 0로 놓아야 한다. 이를 정규방정식(normal equation)이라 하며, 미지수의 개수와 같다. 이 정규방정식은 미지수의 최확값을 구하기 위해 계산 된다. 계산과정은 그림 3.2와 같다.

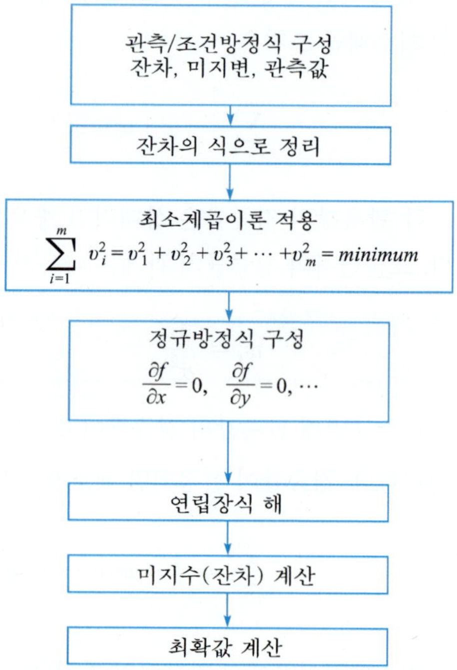

그림 3.2 최소제곱법에 의한 최확값 구하기

예제 3.1

AB, BC, AC거리를 얻기 위해 각 구간을 측량하여 그림과 같은 결과를 얻었다. 각 구간의 최확값을 구하시오.

풀이 ▸ ▸ ▸

1) 미지거리 AB와 BC를 각각 x와 y로 놓자. 이 두 미지값들은 관측값과 다음과 같은 관계를 가지고 있다.

$$x + y = 393.65$$

$$x = 190.40$$

$$y = 203.16$$

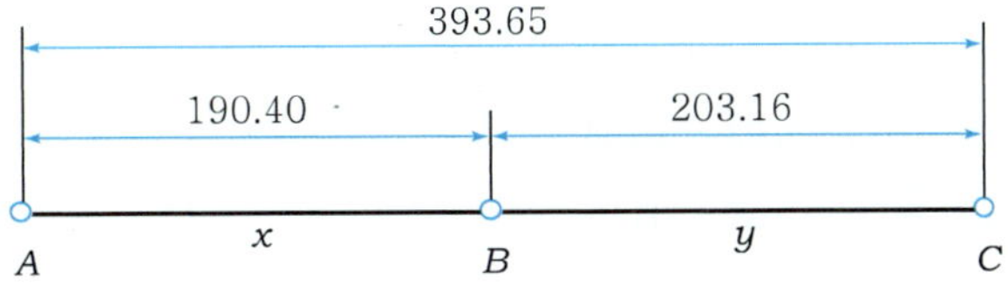

그림 3.3 예제 3.1

2) x, y값은 위식 중 어떠한 두 식만 있어도 해결이 가능하지만 남아있는 문제는 잉여 관측값이다. 주목할 것은 어느 두 식을 푸느냐에 따라서 얻어진 값 x, y는 서로 다른 값일 것이라는 점이다. 이는 각 관측값이 오차를 포함하고 있기 때문이다. 위 식은 잔차 오차를 포함한 다음 식으로 다시 쓸 수 있다.

$$x+y=393.65+v_1$$

$$x=190.40+v_2$$

$$y=203.16+v_3$$

3) LSQ 방법으로 해를 찾기 위해서는 위 식을 다시 잔차에 대한 식으로 바꾸어야 한다.

$$\sum_{i=0}^{m} v_i^2=(x+y-393.65)^2+(x-190.40)^2+(y-203.16)^2$$

4) 위 식은 LSQ조건에 의해 각 변수 x, y에 의해 식을 편미분하고 $=0$으로 놓음으로써 최소화되어야 한다. 이는 다음의 2개 정규방정식을 도출한다.

$$\frac{\partial \Sigma v^2}{\partial x}=2(x+y-393.65)+2(x-190.40)$$

$$\frac{\partial \Sigma v^2}{\partial y}=2(x+y-393.65)+2(y-203.16)$$

5) 두 식을 정리하여 연립방정식을 풀면 $x=190.43$, $y=203.19$를 얻는다. 이를 원래의 관측방정식에 대입해 보면 다음과 같다.

$$v_1=190.43+203.19-393.65=-0.03$$

$$v_2=190.43-190.40=+0.03$$

$$v_3=203.19-203.16=+0.03$$

6) 그러므로 세 관측값의 최확값은

$x+y=393.65-0.03=393.62$ check!!

$x=190.40+0.03=190.43$

$y=203.16+0.03=203.19$

$x+y=190.43+203.19=393.62$ O.K

예제 3.2

그림에서 수평각을 관측하여 $x=42°12'13''$, $y=59°56'15''$, $z=257°51'35''$를 얻었다. 최소제곱법에 의해 기하학적으로 360°가 되도록 최확값을 구하여라.

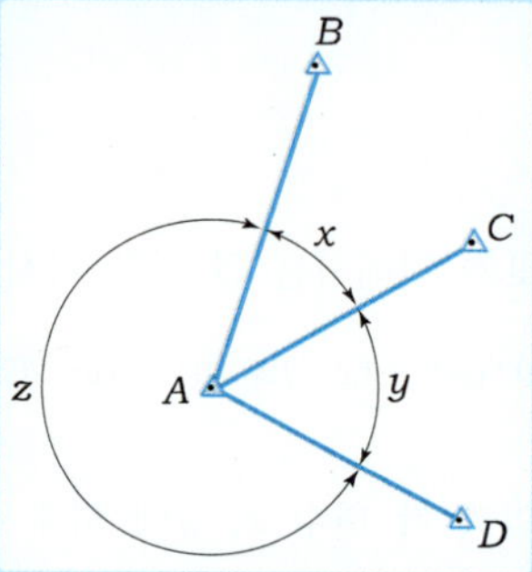

그림 3.4 예제 3.2

풀이 ▸ ▸ ▸

1) 관측방정식을 구성한다.

$x=42°12'13''+v_1$ (a)

$y=59°56'15''+v_2$ (b)

$z=257°51'35''+v_3$ (c)

2) 세 개의 조정된 각의 합이 360°가 되어야 하므로

$x+y+z=360°$ (d)

3) (a), (b), (c)값을 (d)에 대입한다.

$$(42°12'13'' + v_1) + (59°56'15'' + v_2) + (257°51'35'' + v_3) = 360° \quad (e)$$

$$v_3 = -03'' - v_1 - v_2$$

360°조건 때문에 만약 v_1과 v_2가 고정된다면 v_3 역시 고정된다.

4) 세 개의 잔차가 모두 포함되어있지만 두 개의 변수만을 가진 Σv^2방정식을 형성한다.

$$\Sigma v^2 = v_1^2 + v_2^2 + (-03'' - v_1 - v_2)^2 \quad (f)$$

5) 식 (f)를 v_1과 v_2로 각각 편미분한다.

$$\frac{\partial \Sigma v^2}{\partial v_1} = 0 = 2v_1 + 2(-03'' - v_1 - v_2)(-1);\ 4v_1 + 2v_2 = -06'' \quad (g)$$

$$\frac{\partial \Sigma v^2}{\partial v_2} = 0 = 2v_2 + 2(-03'' - v_1 - v_2)(-1);\ 2v_1 + 4v_2 = -06'' \quad (h)$$

6) 연립방정식을 풀면

$$v_1 = -01'',\ v_2 = -01''$$

7) 식 (e)에 대입하면 $v_3 = -03'' + 01'' + 01'' = -01''$

8) 마지막으로 각각의 최확값은

$$x = 42°12'13'' - 01'' = 42°12'12''$$

$$y = 59°56'15'' - 01'' = 59°56'14''$$

$$z = 257°51'35'' - 01'' = 257°51'34''$$

$$\Sigma = 360°00'00''(\checkmark)$$

이는 수평각 측량 시 기하학적인 조건으로 동일한 경중률의 관측값일 경우 같은 보정량을 가지게 된다. 폐합다각형의 경우에도 동일한 경중률의 경우 최소제곱법에 의한 내각의 조정량은 같다.

예제 3.3

최소제곱법(관측방정식)에 의한 방법으로 최확각을 계산하시오.(단, 경중률은 동일함)

$x_1 = 49.34°$

$x_2 = 98.86°$

$x_3 = 160.02°$

$x_4 = 50.01°$

$x_5 = 110.68°$

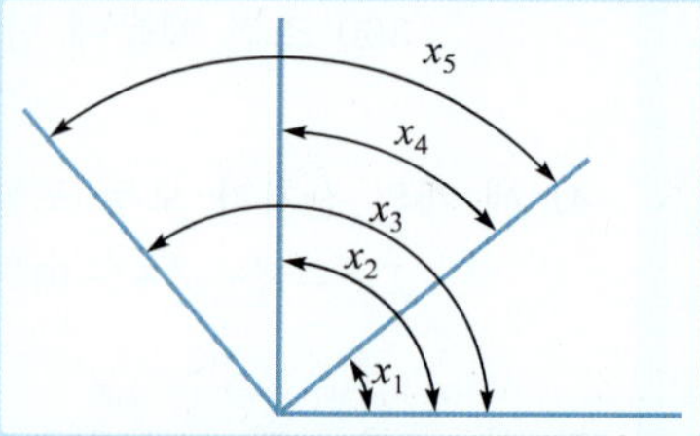

그림 3.5 예제 3.3

풀이 ▸▸▸

1) 관측방정식 수립 및 잔차항으로 정리

① $x_1' = x_1 + v_1 \quad \rightarrow \quad v_1 = x_1' - 49.34°$

② $x_1' + x_4' = x_2 + v_2 \rightarrow v_2 = x_1' + x_4' - 98.86°$

③ $x_5' + x_1' = x_3 + v_3 \rightarrow v_3 = x_5' + x_1' - 160.02°$

④ $x_4' = x_4 + v_4 \quad \rightarrow \quad v_4 = x_4' - 50.01°$

⑤ $x_5' = x_5 + v_5 \quad \rightarrow \quad v_5 = x_5' - 110.68°$

2) 최소제곱법 적용

$$\phi = v_1^2 + v_2^2 + v_3^2 + v_4^2 + v_5^2$$
$$= (x_1' - 49.34°) + (x_1' + x_4' - 98.86°) + (x_5' + x_1' - 160.02°)$$
$$+ (x_4' - 50.01°) + (x_5' - 110.68°)$$
$$= \min$$

3) 미지변수에 대한 편미분 및 연립방정식에 의한 최확각 산정

① $\dfrac{\partial \phi}{\partial x_1'} = 2(x_1' - 49.34°) + 2(x_1' + x_4' - 98.86°) + 2(x_5' + x_1' - 160.02°) = 0$

$\rightarrow 6x_1' + 2x_4' + 2x_5' = 616.44°$ ⓐ

② $\dfrac{\partial \phi}{\partial x_2'} = 0$

③ $\dfrac{\partial \phi}{\partial x_3'} = 0$

④ $\frac{\partial \phi}{\partial x_4'} = 2(x_1' + x_4' - 98.86°) + 2(x_4' - 50.01°) = 0$

$\rightarrow 2x_1' + 4x_4' = 297.74°$ ⓑ

⑤ $\frac{\partial \phi}{\partial x_5'} = 2(x_5' + x_1' - 160.02°) + 2(x_5' - 110.68°) = 0$

$\rightarrow 2x_1' + 4x_5' = 541.40°$ ⓒ

ⓐ,ⓑ,ⓒ를 연립방정식을 이용하여 계산하면,

$\therefore\ x_1' = 49.22°,\ x_2' = 99.05°,\ x_3' = 159.96°,\ x_4' = 49.83°,\ x_5' = 110.74°$

3.3.2 조건방정식 방법

관측방정식은 관측값의 수 대로 방정식을 세웠지만 조건방정식 방법에서는 조건식 수를 계산하여 방정식을 세운다.

$$\text{조건식 수} = \text{관측값 수} - \text{측점 수} + 1 \tag{3.4}$$

또한 관측방정식 방법은 직접 해를 구하지만 조건방정식 방법은 미정계수(Lagrange 승수) K_1, K_2를 계산하고 잔차를 구해 최확값을 얻는 방식이다. 미정계수는 실제적으로 미분과 이항으로 인한 (−)부호의 발생으로 $-2K_1$, $-2K_2$를 적용한다. 조건방정식 해법의 과정은 그림 3.6과 같다.

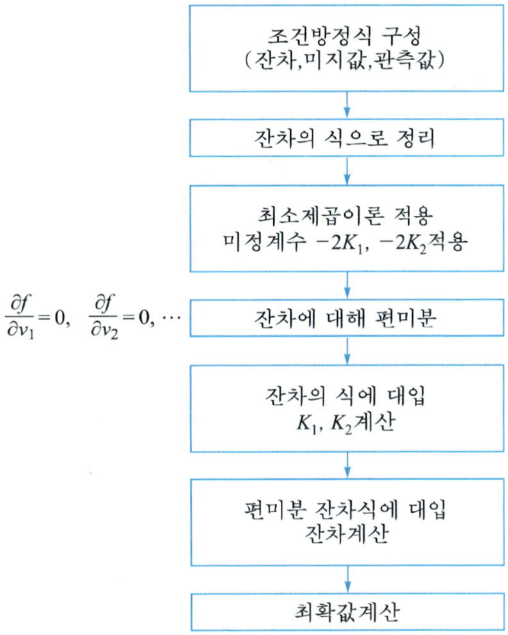

그림 3.6 조건방정식 해법의 과정

예제 3.4

다음 그림은 기선 $\overline{AD}$를 5구간으로 나누어 각가의 값을 독립적으로 관측한 결과이다. 최소제곱법(조건방정식)의 원리에 따라 기선 $\overline{AD}$의 최확값을 구하시오.(단, 각 구간의 관측정확도는 같으며 상관관계가 없다고 가정하고 계산 방법은 임의로 하되 소수 넷째자리에서 반올림하여 셋째 자리까지 구하시오.)

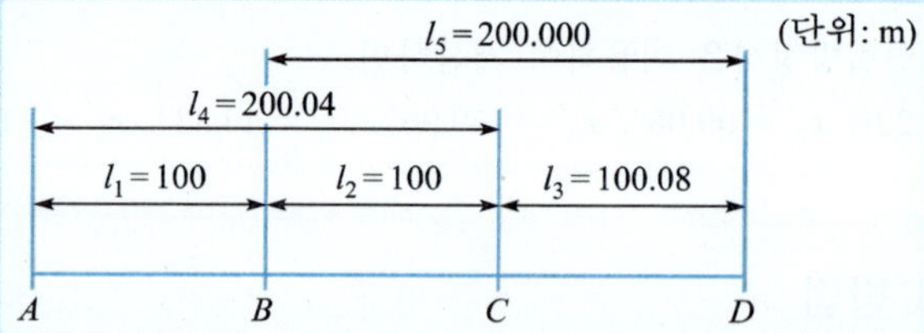

그림 3.7 예제 3.4

풀이 ▸ ▸ ▸

1) 조건식 수

조건식 수 = 관측 수 - 점 수 + 1 = $W - S + 1 = 5 - 4 + 1 = 2$

2) 조건식 수립

① $l_1' + l_2' - l_4' = 0 \rightarrow (v_1 + 100) + (v_2 + 100) - (v_4 + 200.04) = 0$

② $l_2' + l_3' - l_5' = 0 \rightarrow (v_2 + 100) + (v_3 + 100.08) - (v_5 + 200.00) = 0$

3) 조정

① $v_1 + v_2 - v_4 - 0.04 = 0$ ⓐ

② $v_2 + v_3 - v_5 + 0.08 = 0$ ⓑ

4) Lagrange 승수(K)를 고려한 최소제곱법 적용

$$\phi = v_1^2 + v_2^2 + v_3^2 + v_4^2 + v_5^2 - 2K(v_1 + v_2 - v_4 - 0.04) - 2K_2(v_2 + v_3 - v_5 + 0.08)$$
$$= \min$$

5) 잔차에 대한 편미분

① $\frac{\partial \phi}{\partial v_1} = 2v_1 - 2K_1 = 0$ $\therefore\ v_1 = K_1$

② $\frac{\partial \phi}{\partial v_2} = 2v_2 - 2K_1 - 2K_2 = 0$ $\therefore\ v_2 = K_1 + K_2$

③ $\frac{\partial \phi}{\partial v_3} = 2v_3 - 2K_2 = 0$ $\therefore\ v_3 = K_2$

④ $\frac{\partial \phi}{\partial v_4} = 2v_4 + 2K_1 = 0$ $\therefore\ v_4 = -K_1$

⑤ $\frac{\partial \phi}{\partial v_5} = 2v_5 + 2K_2 = 0$ $\therefore\ v_5 = -K_2$

①,②,③,④,⑤를 ⓐ,ⓑ식에 대입하면,

$K_1 + K_1 + K_2 + K_1 = 0.04 \rightarrow 3K_1 + K_2 = 0.04$ ⓒ

$K_1 + K_2 + K_2 + K_2 = -0.08 \rightarrow K_1 + 3K_2 = -0.08$ ⓓ

ⓒ,ⓓ를 연립방정식을 이용하여 계산하면,

$\therefore K_1 = 0.025\text{m},\ K_2 = -0.035\text{m}$

6) 관측값의 최확값

① $l_1' = l_1 + v_1 = 100 + 0.025 = 100.025\text{m}$

② $l_2' = l_2 + v_2 = 100 - 0.01 = 99.990\text{m}$

③ $l_3' = l_3 + v_3 = 100.08 - 0.035 = 100.045\text{m}$

④ $l_4' = l_4 + v_4 = 200.04 - 0.025 = 200.015\text{m}$

⑤ $l_5' = l_5 + v_5 = 200 + 0.035 = 200.035\text{m}$

7) $\overline{AD}$ 최확값

$\overline{AD} = l_1' + l_2' + l_3' = 300.06\text{m}$

$\overline{AD} = l_4' + l_5' - l_2' = 300.06\text{m}$

$\therefore\ \overline{AD}$ 최확값$= 300.06\text{m}$

예제 3.5

삼각점에서 각 x_1, x_2, x_3, x_4, x_5를 측량하였다.
각각의 최확값을 최소제곱법(조건방정식)에 의한 방법으로 계산하시오.(단, 경중률은 동일함)

$x_1 = 49.34°$

$x_2 = 98.86°$

$x_3 = 160.02°$

$x_4 = 50.01°$

$x_5 = 110.68°$

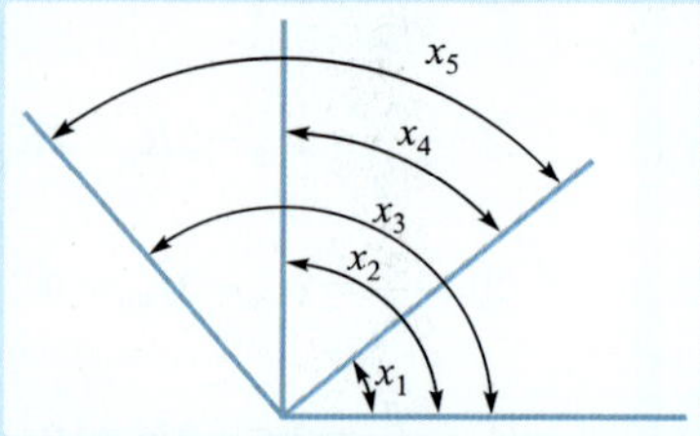

그림 3.8 예제 3.5

풀이 ▸ ▸ ▸

1) 조건식 수(각측량)

조건식 수 = 측정각 − 변 수 + 1 = 5 − 4 + 1 = 2

2) 조건식 수립

① $x_2' - x_1' - x_4' = 0 \rightarrow (v_2 + 98.86°) - (v_1 + 49.34°) - (v_4 + 50.01°) = 0$

② $x_3' - x_1' - x_5' = 0 \rightarrow (v_3 + 160.02°) - (v_1 + 49.34°) - (v_5 + 110.68°) = 0$

3) 조정

① $v_2 - v_1 - v_4 - 0.49° = 0$ ⓐ

② $v_3 - v_1 - v_5 - 0° = 0$ ⓑ

4) Lagrange 승수(K)를 고려한 최소제곱법 적용

$$\phi = v_1^2 + v_2^2 + v_3^2 + v_4^2 + v_5^2 - 2K(v_2 - v_1 - v_4 - 0.49°) - 2K_2(v_3 - v_1 - v_5 - 0°)$$
$$= \min$$

5) 잔차에 대한 편미분

① $\dfrac{\partial \phi}{\partial v_1} = 2v_1 + 2K_1 + 2K_2 = 0$ $\therefore\ v_1 = -K_1 - K_2$

② $\dfrac{\partial \phi}{\partial v_2} = 2v_2 - 2K_1 = 0$ $\therefore\ v_2 = K_1$

③ $\frac{\partial\phi}{\partial v_3} = 2v_3 - 2K_2 = 0 \qquad \therefore\ v_3 = K_2$

④ $\frac{\partial\phi}{\partial v_4} = 2v_4 + 2K_1 = 0 \qquad \therefore\ v_4 = -K_1$

⑤ $\frac{\partial\phi}{\partial v_5} = 2v_5 + 2K_2 = 0 \qquad \therefore\ v_5 = -K_2$

①,②,③,④,⑤를 ⓐ,ⓑ식에 대입하면,

$K_1 - (-K_1 - K_2) - (-K_1) - 0.49° = 0 \quad \rightarrow \quad 3K_1 + K_2 = 0.49°$ ⓒ

$K_2 - (-K_1 - K_2) + K_2 - 0° = 0 \quad \rightarrow \quad K_1 + 3K_2 = 0°$ ⓓ

ⓒ,ⓓ를 연립방정식을 이용하여 계산하면,

$\therefore K_1 = 0.1838°,\ \ K_2 = -0.0613°$

6) 관측값의 최확값

① $x_1{}' = x_1 + v_1 = 49.34° - 0.1838° + 0.0613° = 49.2175° = 49.22°$

② $x_2{}' = x_2 + v_2 = 98.86° + 0.1838° = 99.0438° = 99.04°$

③ $x_3{}' = x_3 + v_3 = 160.02° - 0.0613° = 159.9587° = 159.96°$

④ $x_4{}' = x_4 + v_4 = 50.01° - 0.1838° = 49.8262° = 49.83°$

⑤ $x_5{}' = x_5 + v_5 = 110.68° + 0.0613° = 110.7413° = 110.74°$

3.4 최소제곱조정을 위한 행렬해법

앞에서 거론했듯이 최소제곱법(Method of Least Squares)은 그 과정이 길어 수식을 해결하는데 시간이 걸리므로 보통 컴퓨터의 도움을 얻어 수행한다. 그 해는 계통적인 과정이므로 행렬방법에 편리하게 적용할 수 있다. 일반적으로 어떠한 일련의 관측방정식은 다음과 같이 표현된다.

$$ {}_mA^n\ {}_nX^l = {}_mL^l + {}_mV^l \tag{3.5}$$

여기서, A : 미지수의 계수 행렬

X : 미지수 행렬
L : 관측값 행렬
V : 잔차 행렬

상세한 행렬의 구조는

$$A=\begin{bmatrix} a_{11} & a_{12} & a_{13}\cdots\cdots & a_{1n} \\ a_{21} & a_{22} & a_{23}\cdots\cdots & a_{2n} \\ \vdots & \vdots & \vdots & \vdots \\ a_{m1} & a_{m2} & a_{m3} & a_{mn} \end{bmatrix} \quad X=\begin{bmatrix} x_1 \\ x_2 \\ x_3 \\ \vdots \\ \vdots \\ x_n \end{bmatrix} \quad L=\begin{bmatrix} l_1 \\ l_2 \\ l_3 \\ \vdots \\ \vdots \\ l_n \end{bmatrix} \quad V=\begin{bmatrix} v_1 \\ v_2 \\ v_3 \\ \vdots \\ \vdots \\ v_n \end{bmatrix}$$

동일한 경중률의 관측값인 경우의 정규방정식은

$$A^TAX=A^TL \tag{3.6}$$

여기서, A^TA는 미지수에 대한 정규방정식의 계수행렬이다. 양변에 $(A^TA)^{-1}$를 곱하여 정리하면

$$X=(A^TA)^{-1}A^TL \tag{3.7}$$

위 식은 경중률이 같은 경우의 것이며 경중률이 다른 관측값의 경우에는 다음과 같이 구해진다.

$$X=(A^TPA)^{-1}A^TPL \tag{3.8}$$

여기에서 경중률 행렬은 대각선 행렬이며 다음과 같다.

$$P=\begin{bmatrix} p_1 & & & & zeros \\ & p_2 & & & \\ & & p_3 & & \\ & & & \cdot & \\ & & & & \cdot \\ zeros & & & & \cdot \end{bmatrix} p_n$$

p행렬은 대각선 요소를 제외하고는 모두 0이다. 이는 각각의 관측값이 서로 관계없이 독립적인 경우이다. 만약 관측값이 모두 경중률이 같다면 이 행렬은 단위행렬(identity matrix)이 된다.

예제 3.6

앞의 예제 3.1을 행렬식을 이용하여 최확값을 구하시오.

풀이1 ▸ ▸ ▸

관측방정식은

$$\begin{aligned} x+y &= 393.65+v_1 \\ x \quad &= 190.40+v_2 \\ y &= 203.16+v_3 \end{aligned}$$

$${}_3A^2\ {}_2X^1 = {}_3L^1 + {}_3V^1$$

$$A=\begin{bmatrix}1\,1\\1\,0\\0\,1\end{bmatrix} \quad X=\begin{bmatrix}x\\y\end{bmatrix} \quad L=\begin{bmatrix}393.65\\190.40\\203.16\end{bmatrix} \quad V=\begin{bmatrix}v_1\\v_2\\v_3\end{bmatrix}$$

구하고자 하는 값은 $X=(A^TA)^{-1}A^TL$이므로

$$(A^TA)=\begin{bmatrix}1\,1\,0\\1\,0\,1\end{bmatrix}\begin{bmatrix}1\,1\\1\,0\\0\,1\end{bmatrix}=\begin{bmatrix}2\,1\\1\,2\end{bmatrix}$$

$$(A^TA)^{-1}=\frac{1}{3}\begin{bmatrix}2 & -1\\-1 & 2\end{bmatrix}$$

$$A^TL=\begin{bmatrix}1\,1\,0\\1\,0\,1\end{bmatrix}\begin{bmatrix}393.65\\190.40\\203.16\end{bmatrix}=\begin{bmatrix}584.05\\596.81\end{bmatrix}$$

$$\therefore\ X=(A^TA)^{-1}A^TL=\frac{1}{3}\begin{bmatrix}2 & -1\\-1 & 2\end{bmatrix}\times\begin{bmatrix}584.05\\596.81\end{bmatrix}=\begin{bmatrix}190.43\\203.19\end{bmatrix}$$

풀이2 ▸ ▸ ▸

엑셀함수 이용

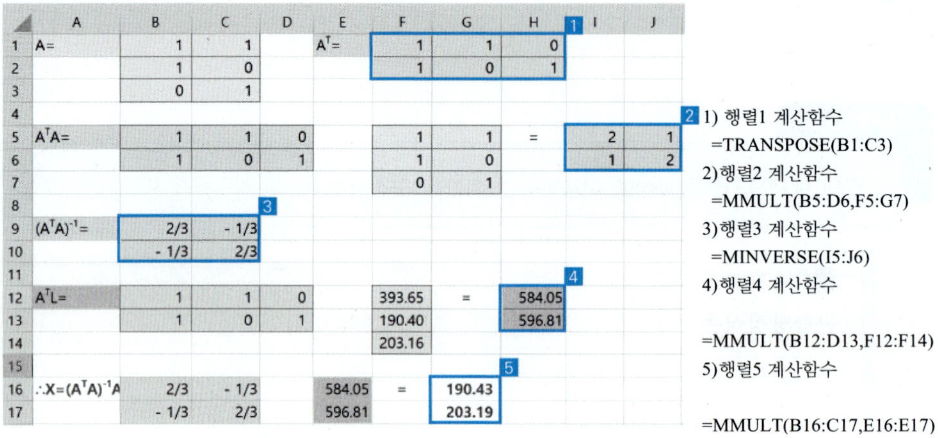

그림 3.9 엑셀함수를 이용한 최소제곱법의 계산

예제의 경우 관측값 수가 작아서 수 계산으로도 가능하나 일반적인 측량에서의 관측값 수는 훨씬 많으며 역행렬 계산 및 행렬간의 산술계산이 쉽지 않으므로 엑셀함수를 이용하면 쉽게 계산할 수 있다.

Transpose, Mmult, MInverse등의 함수를 이용한다.

이 결과는 앞서 일반식으로 계산한 것과 동일하다.

● 조정값의 정밀도에 대한 행렬식

경중률을 고려했든 하지 않았든지 조정후의 잔차를 계산하기 위한 행렬식은

$$V = AX - L \tag{3.9}$$

경중률을 고려하지 않는 조정에 대한 단위경중률 표준편차는

$$\sigma_o = \sqrt{\frac{V^T V}{r}} \tag{3.10}$$

경중률이 고려된 경우의 단위경중률 표준편차는

$$\sigma_o = \sqrt{\frac{V^T PV}{r}} \tag{3.11}$$

여기서 r은 잉여관측수이다. 이 잉여관측수는 관측값의 수−미지수의 개수이다.

$$r = m - n$$

조정값 개개의 표준편차는

$$\sigma_{x_i} = \sigma_o \sqrt{Q_{xi\ xi}} \tag{3.12}$$

여기서, σ_{x_i} : i번째 조정된 값의 표준편차이며 X행렬의 i번째 행

σ_o : 단위 경중률 표준편차

$Q_{xi\ xi}$: $(A^TA)^{-1}$ 행렬의 i번째 행과 i번째 열에 있는 대각선 요소
경중률을 고려한 경우에는 $(A^TPA)^{-1}$행렬

$(A^TA)^{-1}$, $(A^TPA)^{-1}$행렬은 covariance matrices 일반적으로 Q 행렬로 표기한다.

예제 3.7

앞의 예제 3.6에 대한 단위경중률 표준편차와 조정값 x, y의 표준편차를 계산하시오.

풀이1 ▸ ▸ ▸

1) $V = AX - L$

$$V = \begin{bmatrix} 1 & 1 \\ 1 & 0 \\ 0 & 1 \end{bmatrix} \begin{bmatrix} 190.43 \\ 203.19 \end{bmatrix} - \begin{bmatrix} 393.65 \\ 190.40 \\ 203.16 \end{bmatrix} = \begin{bmatrix} -0.03 \\ 0.03 \\ 0.03 \end{bmatrix}$$

2) 동일한 경중률의 경우 표준편차는

$$V^TV = [-0.03\ 0.03\ \ 0.03] \begin{bmatrix} -0.03 \\ 0.03 \\ 0.03 \end{bmatrix} = [0.0027]$$

$$\sigma_0 = \sqrt{\frac{0.0027}{3-2}} = \pm 0.052\text{m}$$

3) 조정된 값의 표준편차 x, y는

$$\sigma_x = \pm\, 0.052\sqrt{\frac{2}{3}} = \pm\, 0.042\text{m}$$

$$\sigma_y = \pm\, 0.052\sqrt{\frac{2}{3}} = \pm\, 0.042\text{m}$$

여기에서 $\frac{2}{3}$는 앞의 예제 $(A^TA)^{-1} = \frac{1}{3}\begin{bmatrix} 2 & -1 \\ -1 & 2 \end{bmatrix}$에서 대각선 행렬이다.

세 번째 단계에서 계산된 표준편차의 의미는 x, y에 대한 조정값이 참값의 ± 0.0042m 내에 존재할 확률이 68%라는 것이다. 간단한 예제에서 주목할 것은 첫 번째 단계에서 계산된 3개의 잔차가 같고 세 번째 단계에서의 표준편차 역시 같다는 것이다. 이는 특별한 경우의 대칭법칙에 의한 것이다. 그러나 더욱 복잡한 경우의 문제에서는 일반적이지 않다.

풀이2 ▸ ▸ ▸

엑셀함수 이용

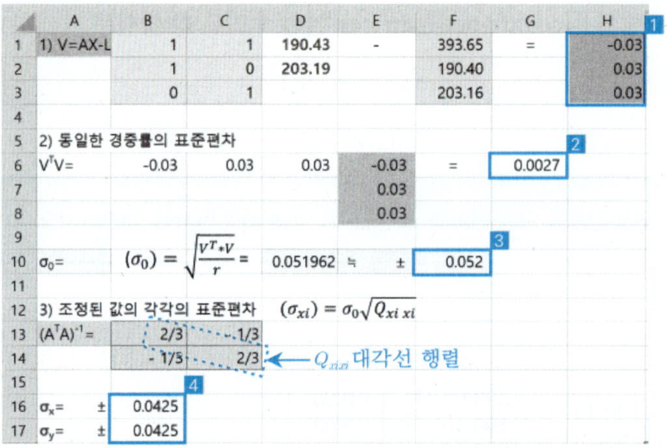

	A	B	C	D	E	F	G	H
1	1) V=AX-L	1	1	190.43	-	393.65	=	-0.03
2		1	0	203.19		190.40		0.03
3		0	1			203.16		0.03
4								
5	2) 동일한 경중률의 표준편차							
6	V^TV=	-0.03	0.03	0.03	-0.03	=	0.0027	
7					0.03			
8					0.03			
9								
10	σ_0=	$(\sigma_0) = \sqrt{\frac{V^T*V}{r}}$ =		0.051962	≒ ±	0.052		
11								
12	3) 조정된 값의 각각의 표준편차			$(\sigma_{xi}) = \sigma_0\sqrt{Q_{xi\,xi}}$				
13	$(A^TA)^{-1}$=	2/3	-1/3					
14		-1/3	2/3	← Q_{xixi} 대각선 행렬				
15								
16	σ_x= ±	0.0425						
17	σ_y= ±	0.0425						

1) 행렬1 계산함수
=MMULT(B1:C3,D1:D2)−F1:F3
2)행렬2 계산함수
=MMULT(B6:D6,E6:E8)
3)행렬3 계산함수
=SQRT(G6/(3−2))
4)행렬4 계산함수
=F10*SQRT(B13)

그림 3.10 엑셀함수를 이용한 최소제곱법의 계산

예제 3.8

삼각형의 내각을 측정한 결과 $\alpha = 41°32'$, $\beta = 78°58'$, $\gamma = 59°27'$을 얻었다. 관측방정식 방법과 조건방정식 방법에 의해 각각 최확값을 구하시오.

풀이 ▸▸▸

1) 관측방정식 방법

① 관측방정식의 형성

먼저 관측방정식을 세워보자. 각각의 측정값은 참값이 아니며 잔차를 포함하고 있다. 따라서 앞에서 정의한바와 같이 최확값 = 측정값 + 잔차를 이용하여 방정식을 구성한다.

$$\bar{\alpha} = \alpha + v_1 \qquad v_1 = \bar{\alpha} - \alpha = \bar{\alpha} - 41°32'$$
$$\bar{\beta} = \beta + v_2 \qquad v_2 = \bar{\beta} - \beta = \bar{\beta} - 78°58'$$
$$\bar{\gamma} = \gamma + v_3 = 180° - (\bar{\alpha} + \bar{\beta}) \qquad v_3 = 180° - (\bar{\alpha} + \bar{\beta}) - \gamma = 120°33' - (\bar{\alpha} + \bar{\beta})$$

잔차에 대해 정리하면

② 최소제곱법 원리 적용

잔차의 제곱합이 최소가 되게 한다.

$$P = v_1^2 + v_2^2 + v_3^2 = (\bar{\alpha} - 41°32')^2 + (\bar{\beta} - 78°58')^2 + (120°33' - \bar{\alpha} - \bar{\beta})^2$$

이것이 최소가 되기 위해서는 일차미분이 0이 된다. 따라서

$$\frac{\partial P}{\partial \bar{\alpha}} = 2(\bar{\alpha} - 41°32') - 2(120°33' - \bar{\alpha} - \bar{\beta}) = 0$$
$$\frac{\partial P}{\partial \bar{\beta}} = 2(\bar{\beta} - 78°58') - 2(120°33' - \bar{\alpha} - \bar{\beta}) = 0$$

두 식을 정리하면

$$4\bar{\alpha} + 2\bar{\beta} = 324°10'$$
$$2\bar{\alpha} + 4\bar{\beta} = 399°02'$$

연립방정식을 풀면

최확값은 $\bar{\alpha} = 41°33'$, $\bar{\beta} = 78°59'$, $\bar{\gamma} = 59°28'$가 된다.

2) 조건방정식 방법

$\alpha = 41°32' + v_1$

$\beta = 78°58' + v_2$

$\gamma = 59°27' + v_3$

$$(41°32' + v_1) + (78°58' + v_2) + (59°27' + v_3) = 180° \qquad (1)$$

$v_3 = 03' - v_1 - v_2$

$\sum v^2 = v_1^2 + v_2^2 + (03' - v_1 - v_2)^2$

$$\frac{\partial \sum v^2}{\partial v_1} = 2v_1 - 2(03' - v_1 - v_2)$$

$$\frac{\partial \sum v^2}{\partial v_2} = 2v_2 - 2(03' - v_1 - v_2)$$

$2v_1 - 06' + 2v_1 + 2v_2 = 0$

$2v_2 - 06' + 2v_1 + 2v_2 = 0$

$4v_1 + 2v_2 = 06'$

$2v_1 + 4v_2 = 06' \qquad \therefore v_1 = v_2 = +1'$

(1)식에 대입 $\qquad \therefore v_3 = +1'$

그러므로 최확값은

$\alpha = 41°32' + 1' = 41°33'$

$\beta = 78°58' + 1' = 78°59'$

$\gamma = 59°27' + 1' = 59°28'$

$41°33' + 78°59' + 59°28' = 180°$ OK

연습문제

3.1 최소제곱법의 해법에는 관측방정식방법과 조건방정식 방법이 있다.
두 해법의 과정을 흐름도로 각각 설명하시오.

3.2 다음 각측량에서 x, y, z의 최확값을 최소제곱법으로 구하시오.

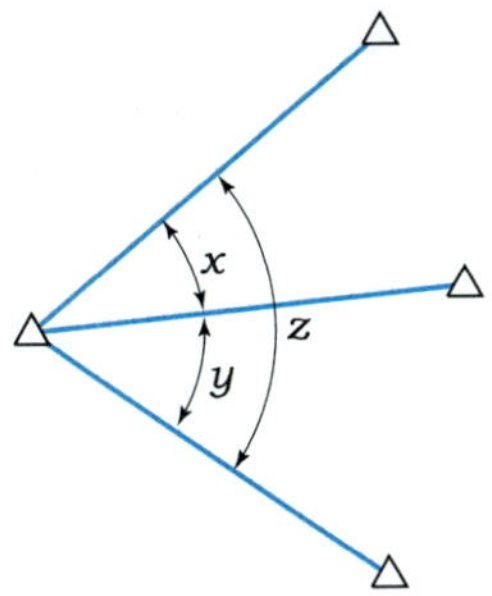

x : 40°15′20″
y : 43°09°18″
z : 83°24′42″

3.3 예제 3.3을 행렬식을 이용하여 최확값을 구하시오.
(엑셀함수를 이용할 것, MINVERSE, MMULT, TRANSPOSE 등)

제4장 거리 및 각측량

4.1 거리측량

거리측량은 각측량과 더불어서 측량에서 가장 기본적이다. 왜냐하면 위치결정을 위해서는 방향과 거리가 필수적이기 때문이다. 넓은 영역에서 보면 거리의 개념은 상당히 다양하다. 그림 4.1에서와 같이 경사거리(s), 지구타원체면상거리(S), 평면거리(s_0) 등이 있다. 넓은 지역에서의 거리는 타원체상에 투영시킨 거리를 의미하며 좁은 지역에서의 거리는 수평거리를 사용한다. 측지학(Geodesy)에서는 각각의 거리를 다음과 같이 정의한다.

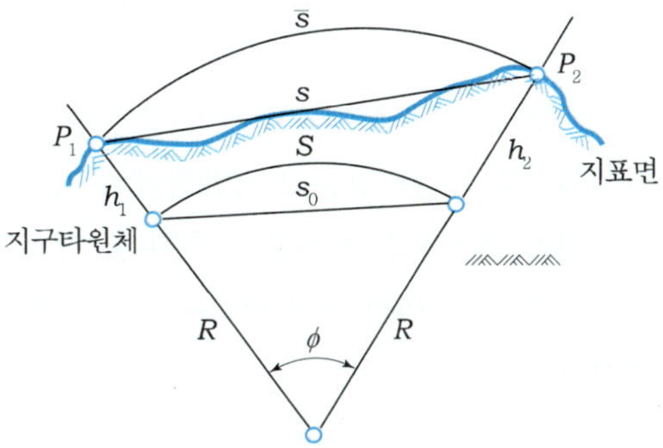

그림 4.1 거리의 종류(Geodesy 3rd. Wolfgang 2001)

$$s^2 = (R+h_1)^2 + (R+h_2)^2 - 2(R+h_1)(R+h_2)\cos\phi \tag{4.1}$$

$$s_0 = 2R\sin\frac{\phi}{2},\ S = R\phi$$

$$s_0 = \sqrt{\frac{s^2-(h_2-h_1)^2}{(1+h_1/R)/(1+h_2/R)}},\ S = 2R\arcsin\frac{s_0}{2R} \tag{4.2}$$

$$\begin{aligned} S-s &= -\frac{h_1+h_2}{2R}s - \frac{(h_2-h_1)^2}{2s} + \frac{s_o^3}{24R^2} \\ &= -\frac{2h}{2R}s + \frac{s_o^3}{24R^2} = -\frac{h}{R}s + \frac{s_o^3}{24R^2} \end{aligned} \tag{4.3}$$

이 장에서는 평면측량을 위한 수평거리 측량에 대해 논하기로 한다. 수평위치결정을 위해 많은 각측량이 행해지더라도 최소한 한 개 이상의 거리는 알아야 한다. 측량계획에서 두 점

간의 거리는 수평거리(D)를 말한다. 만약 두 점의 높이 차가 있다면 두 점을 지나는 연직선 간의 수평거리를 말한다. 거리의 단위는 m이며 소수 셋째자리까지 측량하는 것이 일반적이다. 이 외에도 연직거리(H), 경사거리(L) 등이 있다. 사거리(斜距離; slope distance, $\overline{AB}$)는 고저차가 있는 2점간을 연결한 직선을 따라 측량한 거리를 말하며 수평거리(水平距離;horizontal distance, $\overline{AC}$)는 사거리를 수평면(reference plane)에 투영한 거리로 구할 수 있다. 지상의 두 점 사이에는 대부분 높이 차가 있으므로 관측거리(사거리)를 기준평면에 투영한 수평거리로 환산하여 사용한다. 좁은 지역에서의 거리측량은 연직방향에 수직한 평면에 투영한 거리를 사용하며 넓은 지역에서는 기준면에 투영시킨 거리를 사용한다. 거리측량은 2점간의 거리를 직접 또는 간접적인 방법으로, 1회 또는 여러 회로 나누어서 측량하는 것이며 줄자, 삼각법, EDM, GPS 등을 각각 사용한다.

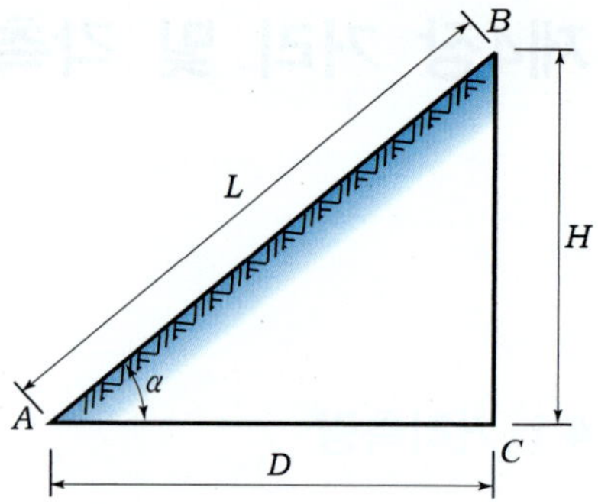

그림 4.2 거리

4.1.1 거리(기선) 측정의 정오차와 그 보정

직접거리측량하여 얻어진 거리값에는 여러 가지의 오차가 포함되어 있다. 정확한 값을 얻기 위해서는 정오차를 보정하여야 한다. 거리측량에서 보정하는 정오차는 다음과 같다.

(1) 정오차의 원인

① 줄자의 길이가 표준길이와 다른 경우 (줄자의 특성값 보정)
② 관측시의 쇠줄자의 온도가 검정시의 온도와 다른 경우 (온도보정)
③ 줄자가 똑바로 수평으로 되지 않는 경우 (경사보정)
④ 줄자에 가한 장력이 검정시의 장력과 다른 경우 (장력보정)
⑤ 줄자의 처짐 (처짐보정)
⑥ 줄자가 기준면상(평균해수면)의 길이로 되지 않은 경우 (표고보정)

이러한 정오차 보정은 기선측량용 강철줄자를 이용하여 두 점간의 거리를 매우 정확하게 측량할 경우에 행해진다. 궁극적으로 지도제작을 위한 거리측량을 한다면 다음 그림에서와 같이 경사거리 L을 측량하여 각 단계별 정오차 보정을 거쳐 수평거리, 구면거리, 평면거리를 구하는 절차를 거친다.

$$d = S \cdot c \qquad (4.4)$$

여기서, d : 좌표평면상 거리

S : 축척계수

c : 기준면상 거리

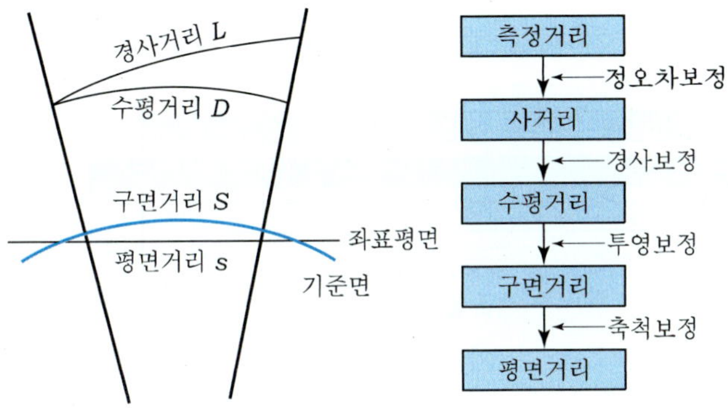

그림 4.3 정오차보정 순서

(2) 정오차의 보정

1) 정수 보정

기선측량용 줄자를 제작할 때 아무리 주의를 기울여도 정확한 눈금을 새기는 것은 불가능하다. 그러므로 제작 후 검사를 통해 정확한 길이와의 비교를 하여 줄자의 정수 또는 특성값을 정하게 된다. 줄자의 정수란 그 줄자가 정확한 길이에 대하여 늘어난 길이 또는 줄어든 길이를 표시한 것이다. 그러므로 줄자의 길이와 표준 길이와의 차(특성치)를 보정해야 한다.

그림 4.4에서 실제 50m 길이보다 1m가 긴 줄자(a)라는 의미는 50m 눈금이 51m 길이에 새겨져 있다는 것이다 그러므로 이 줄자로 어느 구간의 거리를 측량했는데 50m였다라고 하면 실제는 51m가 되는 것이다. 반대로 1m가 짧은 줄자(b)는 50m 눈금이 49m에 새겨져

있는 것이고 이 줄자로 측량했더니 50m였다라고 한다면 실제의 거리도 49m인 것이다.

$$\text{정수의 보정량} \quad C_i = \pm L \cdot \left(\frac{\Delta\ell}{\ell}\right) \tag{4.5}$$

여기서, L : 측량거리

ℓ : 줄자길이

$\Delta\ell$: 특성치(늘어난 양 or 줄어든 양)

$\frac{\Delta\ell}{\ell}$: 줄자 1m에 대한 보정량

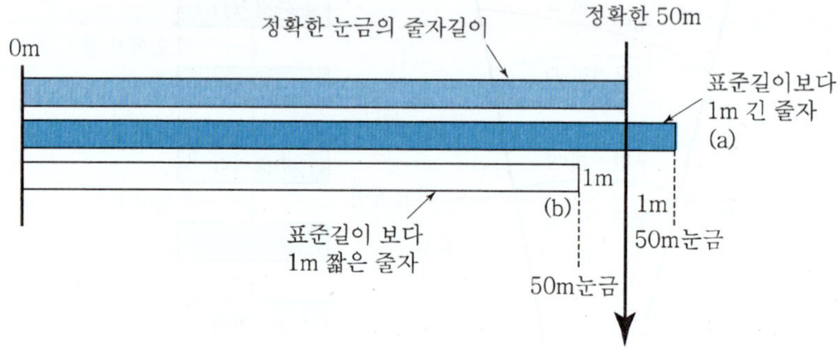

그림 4.4 정수보정의 개념

보정량의 부호는 $\Delta\ell$의 부호와 일치하며 정수를 $\ell \pm \Delta\ell$로 표시한다. 이 의미는 ℓ거리를 측량하는데 $\Delta\ell$ 만큼의 특성치를 포함하고 있다는 의미이다.

예제 4.1

50m에 대하여 5.0mm 늘어난 경우에는 줄자에 대한 정수는 50m + 5.0mm로 표시된다. 만약 이 줄자로 거리를 재어 100m를 얻었다면 실제 거리는 얼마인가?

풀이 ▸ ▸ ▸

$100\left(\frac{+0.005}{50}\right) = 0.01\text{m}$. 그러므로 정확한 거리는 $100 + 0.01\text{m} = 100.01\text{m}$

예제 4.2

표준길이보다 5cm 짧은 50m의 섬유줄자를 이용, 측량한 2km의 정확한 거리는 얼마인가?

풀이 ▸ ▸ ▸

줄자의 정수는 50m − 5cm 이므로

$$L' = L - C_i = L - L \times \left(\frac{\Delta\ell}{\ell}\right) = 2{,}000\text{m} - \frac{0.05}{50\text{m}} \times 2{,}000\text{m} = 1998.000\text{m}$$

2) 온도보정

테이프의 표준 온도와 측정시의 온도가 다를 때 온도보정을 한다.

$$\text{온도보정량} \qquad C_t = L \cdot \alpha(t - t_0) \tag{4.6}$$

여기서, α : 테이프의 열팽창계수(0.0000112~0.0000117/℃),

t : 측정시의 온도

t_0 : 표준온도(15℃)

L : 측량거리

보정량의 부호는 측량 시 온도가 표준온도보다 올라가면 줄자가 늘어나므로 +가 되고 내려가면 줄자가 줄어들기 때문에 −가 된다.

예제 4.3

AB간의 거리를 10℃ 온도에서 강철줄자로 측량하여 200m를 얻었다. 정확한 거리는 얼마이겠는가? 이 줄자의 선팽창계수 α=+0.000012/℃, 검정시의 온도는 15℃였다.

풀이 ▸ ▸ ▸

온도보정량

$$C_t = 0.000012 \times (10 - 15) \times 200 = -0.012\text{m}$$

정확한 거리(L') = $L + C_t$ = $200 - 0.012 = 199.988\text{m}$

3) 경사보정

두 지점간의 경사가 심할 경우 처음부터 수평거리를 측량하기가 곤란하다. 이러한 경우에는 경사거리를 측량하고 두 점간의 고저차 혹은 경사각을 측량하여 경사보정을 실시한다. 표고차를 알고 있는 경우 경사거리(L)를 수평거리(L_0)로 보정한다.

양단에 표고차(고저차) h가 있는 두 지점간의 경사거리 L일 때 정확한 거리 L_0는

$$L_0 = \sqrt{(L^2 - h^2)} = (L^2 - h^2)^{\frac{1}{2}} = L\left(1 - \frac{h^2}{L^2}\right)^{\frac{1}{2}} \tag{4.7}$$

$$\fallingdotseq L\left(1 - \frac{h^2}{2L^2} - \frac{h^4}{8L^4} - \cdots\right) = L - \frac{h^2}{2L} - \frac{h^4}{8L^3}\cdots$$

경사거리에 대항하여 고저차가 작은 경우 2항만을 경사보정량으로 근사식이 된다(단, 고저차가 클 경우 3항 이상을 고려). 즉,

경사보정량 $C_g = -\dfrac{h^2}{2L}$

여기서, h : 경사 높이(양단 고저차),

L : 경사거리

경사각을 잰 경우에는 $C_g = -\dfrac{\theta^2}{2\rho^2}L$식으로 보정량을 계산한다.

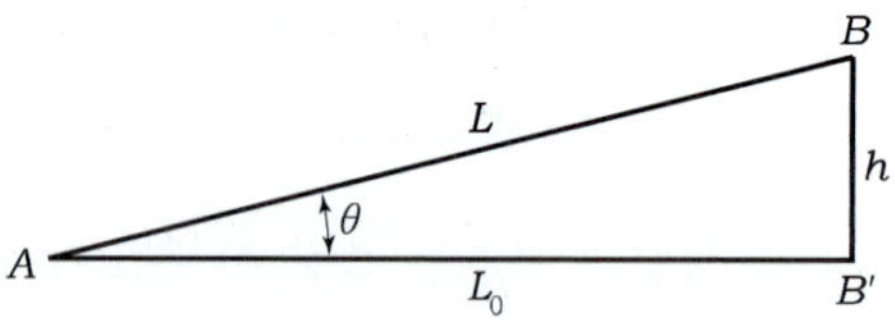

그림 4.5 경사보정

예제 4.4

표고차 12.3m인 두 점간의 경사거리를 측량하여 1407.61m를 얻었다. 정확한 수평거리는 얼마인가?

풀이 ▸ ▸ ▸

$C_g = -\dfrac{h^2}{2L} = \dfrac{12.3^2}{2 \times 1407.61} = -0.054\text{m}$

AB의 수평거리 $= 1407.61 - 0.054 = 1407.556\text{m}$

4) 장력보정 및 처짐보정

이 두 정오차는 서로 상관관계에 있다. 장력을 약하게 하면 줄자가 늘어나는 양은 적어지겠지만 처짐이 크게 발생하고 처짐량을 줄이기 위해 장력을 높이면 반대로 늘어지는 양이 증가한다. 그러므로 보정량의 부호가 다르며 서로 상쇄되는 경우가 있다. 결국, 줄자를 검정할 때와 같은 장력으로 측량하면 장력 및 처짐의 보정이 상쇄되어 보정이 필요 없다.

① 장력보정

테이프의 표준 장력과 측정시의 장력에 의한 길이 차를 구하여 보정한다.

$$\text{장력보정량} \quad C_p = L \cdot \frac{(P - P_0)}{A \cdot E} \tag{4.8}$$

여기서, A : 테이프의 단면적$\left(\frac{1000\,W}{7.8L}\,\text{cm}^2\right)$

E : 테이프의 탄성계수

$(2.0 \times 10^6 \sim 2.2 \times 10^6 \text{kg/cm}^2)$

P : 측정 시 장력(kg)

P_0 : 표준장력(검정시 장력 : 10kg)

L : 관측길이(m)

그림 4.6 장력계

② 처짐보정

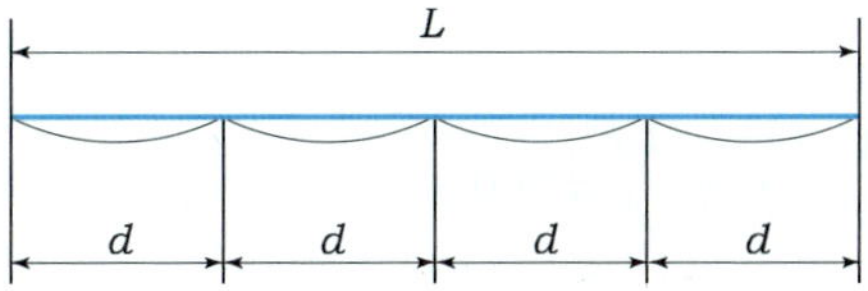

그림 4.7 분할거리측량

처짐보정량은 처진상태로 측량한 거리(L)과 L의 차이며 다음과 같다.

$$C_s = L - \ell = -\frac{L}{24}\left(\frac{W\,L}{P}\right)^2$$

관측한 줄자가 등간격 d의 지점을 가지면 각 지점 간에는

$$C_s = -\frac{d}{24}\left(\frac{W\ d}{P}\right)^2$$

구간수를 n이라 하면, 전체길이 L에 있어서는

$$C_s = -\frac{nd}{24}\left(\frac{W\ d}{P}\right)^2 = -\frac{L}{24}\cdot\left(\frac{W\cdot d}{P}\right)^2$$

$L = nd$, 즉 $d = \frac{L}{n}$이므로

$$\therefore \text{처짐보정량} \quad C_s = -\frac{L}{24}\left(\frac{W\cdot L}{nP}\right)^2 \tag{4.9}$$

여기서, W : 쇠줄자의 단위무게(0.0079kg/cm)

n : 구간수

P : 관측장력(kg)

d : 지지말뚝간격(등간격)

장력보정량과 처짐보정량을 같게만 할 수 있다면 서로 상쇄되어 보정할 필요가 없다. 어느 특정한 장력으로 측량하면 이러한 효과를 얻을 수 있는데 각각의 보정량을 더해 0일 경우의 장력을 구하면 된다. 이것을 상쇄장력이라 한다.

$$-\frac{L}{24}\left(\frac{W\ d}{P_n}\right)^2 + \frac{LP_n}{AE} = 0$$

$$\frac{LP_n}{AE} = \frac{L}{24}\left(\frac{W\ d}{P_n}\right)^2 \qquad P_n^3 = \frac{AE}{24}(W\ d)^2$$

$$\therefore P_n = \sqrt[3]{\frac{AE}{24}(w\ d)^2} \tag{4.10}$$

예제 4.5

두 점간의 거리를 측량하는데 줄자의 지지간격을 5m로 하였을 경우 $C_p + C_s = 0$이 될 수 있는 장력 P_n을 구하라. 테이프의 단위중량 $w = 0.00101\text{kg/cm}$, 테이프의 단면적이 0.129cm^2, $E = 2.1 \times 10^6 \text{kg/cm}^2$라 한다.

풀이 ▸ ▸ ▸

$d = 500\text{cm}$, $w = 0.00101\text{kg/cm}$, $A = 0.129\text{cm}^2$, $E = 2.1 \times 10^6\text{kg/cm}^2$이므로

$$P_n = \sqrt[3]{\frac{AE}{24}(w\ d)^2} = \sqrt[3]{\frac{0.129 \times 2.1 \times 10^6}{24}(0.00101 \times 500)^2} = 14.23\text{kg}$$

5) 평균해수면에 대한 보정(표고 보정, 투영 보정, 높이 보정)

측정면의 거리와 이것을 평균해수면에 투영한 거리와의 차를 구하여 보정한다(수평거리를 기준면상의 거리로 보정).

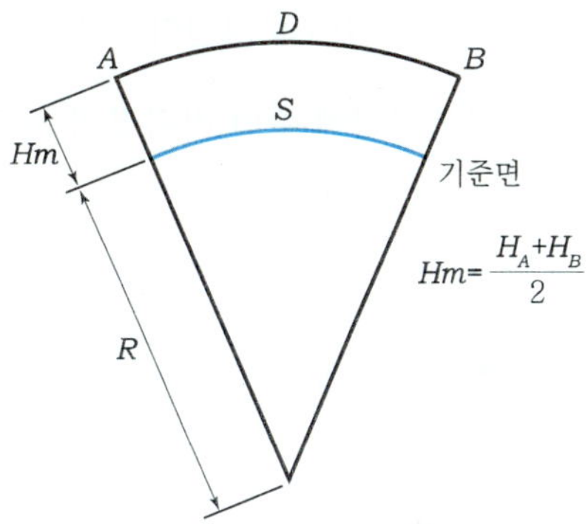

그림 4.8 평균해수면 보정

$$D : S = (R + H_m) : R$$

$$\therefore\ S = \frac{D \cdot R}{R + H_m} \qquad (4.11)$$

여기서, H_m : A, B 두 점간의 평균표고

D : 경사보정시의 수평거리

S : 기준면상의 거리(구면거리)

R : 지구의 반경(6,370km)

단, 일반적으로 R에 대하여 H_m은 작기 때문에 다음과 같은 식이 근사식으로 이용됨.

$$S = \frac{D \cdot R}{R + H_m} = \frac{D}{1 + \frac{H_m}{R}} = D\left(1 + \frac{H_m}{R}\right)^{-1} \fallingdotseq D - \frac{D \cdot H_m}{R}$$

$$\therefore \text{ 표고보정량} \quad C_h = -\frac{D \cdot H_m}{R} \qquad (4.12)$$

예제 4.6

표고 535m의 평탄지에서 거리 1,500m를 측량했다. 평균해면상의 길이로 보정한 거리는 얼마인가?

풀이 ▸ ▸ ▸

평균해면상의 길이 보정치 $C_h = -\frac{D \cdot H}{R} = -535 \times \frac{1,500}{6,370,000} = -0.0126\text{m}$

$L_s = L_D + C_h = 1500\text{m} - 0.0126\text{m} = 1499.99\text{m}$

6) 축척보정

평균해수면에 대한 표고 보정이 끝난 후의 거리는 지구상의 구면거리 S다. 지도를 만들기 위해서는 평면직각좌표상의 거리(평면거리) s로 보정하여야 하는데 이는 일정한 축척계수를 곱하여 보정한다.

구면거리에 주변 기지점의 축척계수에 평균치 $\frac{s}{S}$를 곱한다.

즉, $s = S \times (\frac{s}{S})$

또는 축척보정량

$$s - S = S\left(\frac{s}{S} - 1\right) \tag{4.13}$$

7) 거리 계산의 일반식

$$L' = s(L + C_i + C_t + C_g + C_p + C_s + C_h) \tag{4.14}$$

여기서, L' : 정확한 거리

L : 관측길이

s : 축척계수

(3) 거리측량의 정밀도

1) 지형에 따른 거리측량의 허용정밀도

일반적인 거리측량의 정밀도는 다음과 같다.

① 산지 : $\frac{1}{500} \sim \frac{1}{1,000}$　② 평탄지 : $\frac{1}{1,000} \sim \frac{1}{5,000}$

③ 시가지 : $\frac{1}{5,000} \sim \frac{1}{50,000}$

2) 각종 기구에 따른 표준 정도

허용정밀도를 만족시키기 위해서 알맞은 측량방법을 선택해야 한다. 다음은 측량기법별 정밀도를 나타낸다.

① 보측 : $\frac{1}{30} \sim \frac{1}{100}$　② 시거측량 : $\frac{1}{300} \sim \frac{1}{1,000}$

③ 천줄자 : $\frac{1}{500} \sim \frac{1}{2,000}$　④ 수평표척 : $\frac{1}{2,000} \sim \frac{1}{10,000}$

⑤ 대자 : $\frac{1}{3,000} \sim \frac{1}{10,000}$　⑥ 유리섬유줄자 : $\frac{1}{3,000} \sim \frac{1}{10,000}$

⑦ 강줄자 : $\frac{1}{5,000} \sim \frac{1}{50,000}$　⑧ 인바줄자 : $\frac{1}{100,000} \sim \frac{1}{1,000,000}$

예제 4.7

특성값이 50m − 0.0018m 인 강철줄자를 이용하여 온도 $t = 25$℃에서 장력 P = 12kg을 가하여 기선을 관측한 값이 149.9862m이었다. 관측시의 조건이 다음과 같을 때 정확한 기선길이를 산출하라(줄자의 표준온도 $t_0 = 15$℃, 표준장력 $P_0 = 10$kg, 단면적 $A = 0.028\text{cm}^2$, 탄성계수 $E = 2 \times 10^6\text{kg/cm}^2$, 선팽창계수 $\alpha = 0.000011$℃, 단위중량 $w = 0.023$kg/m 이다. 지지말뚝 간의 거리 d = 10m, 기선양단의 표고차 h = 45cm, 평균표고는 350m 였다) 단, 지구의 곡률반경은 R = 6370km 이다.

풀이 ▸ ▸ ▸

$$L' = L + {}_iC + C_t + C_g + C_p + C_s + C_h$$

$$= 149.9862 - 5.39950 \times 10^{-3} + 0.01650 - 0.67506 \times 10^{-3} + 5.35665 \times 10^{-3}$$

$$- 2.29580 \times 10^{-3} - 8.24176 \times 10^{-3} = 149.99144\text{m}$$

① $C_i = \pm L \times \frac{\Delta l}{l} = 149.9862 \times \frac{-0.0018}{50} = -5.39950 \times 10^{-3}$(짧은 자)

② $C_t = L \times a(t - t_0) = 149.9862 \times 0.000011 \times (25 - 15) = 0.01650$(줄자가 늘어났을 때)

③ $C_g = -\frac{h^2}{2L} = -\frac{0.45^2}{2 \times 149.9862} = -0.67506 \times 10^{-3}$

④ $C_p = L \times \frac{(P-P_0)}{A \times E} = 149.9862 \times \frac{(12-10)}{0.028 \times 2 \times 10^6} = 5.35665 \times 10^{-3}$

⑤ $C_s = -\frac{L}{24} \times \left(\frac{W \times D}{P}\right)^2 = -\frac{149.9862}{24} \times \left(\frac{0.023 \times 10}{12}\right)^2 = -2.29580 \times 10^{-3}$

⑥ $C_h = -\frac{L_0 \times H_m}{r} = -\frac{149.9862 \times 350}{6370 \times 1000} = -8.24176 \times 10^{-3}$

4.1.2 전자파거리측량(EDM ; Electronic Distance Measurement)

약 50년 전 EDM으로 거리를 측량하는 기술이 개발되면서 측량장비의 대단한 도약이 이루어 졌다. 전자파가 한 지점과 다른 지점 간을 왕복하면 파장(λ)에 사이클(Hz)을 곱하고 이를 2로 나눔으로써 미지거리를 구한다. 처음 EDM 장비는 1948년 스위스의 물리학자 Erik Bergstrand에 의해 소개되었다. 이 장치는 빛의 속도를 측정하는 진보적인 방법을 시도하다가 얻어진 것으로 geodimeter라 불렀다. 가시광선을 사용했으며 40km까지 측량이 가능했다. 1957년에 tellurometer이라는 두 번째 EDM 장비가 소개되었다. 남아프리카에서 T.L.Wadley박사가 설계한 것으로 마이크로웨이브를 사용했으며 주야간 관계없이 80km까지 측량이 가능했다. 그러나 매우 비쌌으며 현장에서 사용하기가 적합지 않았다. 이 문제를 해결하기 위해 성능면에서 진보와 진보를 거듭해 왔다. 최근 EDM장비는 디지털 데오돌라이트와 마이크로프로세서를 조합하여 토털스테이션장비로 발전했다. 이 장비는 각과 거리를 동시에 측량하며 마이크로프로세서는 경사거리와 천정각을 입력받아 실시간으로 수평거리와 고저차를 계산한다. 자동데이터저장장치를 연결하면 자동적으로 데이터를 저장하여 컴퓨터 처리가 가능하다. 통신기술이 발전함에 따라 블루투스(bluetooth)통신으로 데이터케이블도 없어지고 있는 추세이다.

전자파 거리측량기는 전자파(광파, 전파)를 일정한 파장의 파로 변조하여 측량하고자 하는 두 지점 간에 전자파를 왕복시키면 거리에 따라 반사되어온 전자파의 위상은 발사한 것과 차이가 있게 된다. 이로부터 상당한 정확도의 시간측정이 가능해지고 이 원리를 이용하여 거리를 잴 수 있도록 개발된 기계가 전자파거리측량기(EDM)이다. 전자파거리측량(광파, 전파)에 의하여 삼변측량이 가능하게 되었다. 빛을 이용한 광파거리측량기가 전파를 이용한 전파거리측량기보다 취급이 쉽고 정확도가 좋기 때문에 일반측량용으로 널리 보급되어 사용하고 있다. 최근에는 토털스테이션의 출현으로 EDM을 이용한 독립적인 거리측량보다 3차원 위치결정을 위한 거리측량의 용도로 사용되고 있다.

(1) 전파거리측량기(Electro wave distance meter)

2차 세계대전 때의 레이더 등의 전파측위기를 개량하여 정도를 높인 것으로 두 대의 전파송수신기의 주국과 종국을 양측점에 설치한 다음 주국으로부터 목표점의 종국에 극초단파를 주파수 변조한 전파를 발사하고 다시 주국으로 되돌아오는 반사파의 위상과 발사파의 위상차로부터 거리를 구한다.

- 주국(측점, master station) : 전파신호를 최초로 발사하는 무선국
- 종국(대상점, slave station) : 주국의 신호를 수신하여 다시 주국으로 송신하는 무선국

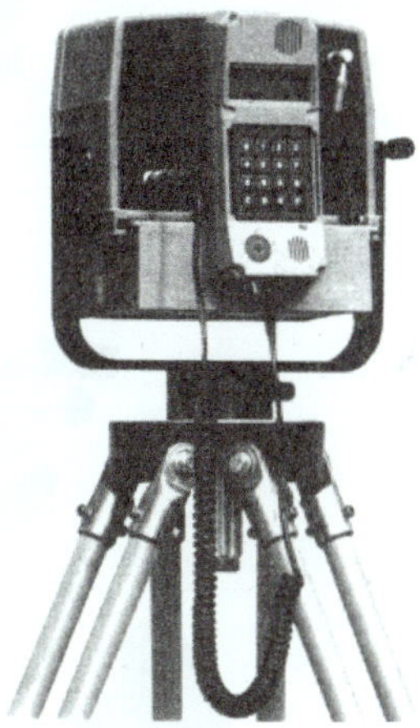

그림 4.9 전파거리측량기(Elementary Surveying Paul R. Wolf, 1996)

전파는 광파에 비하여 안개 등의 영향을 받지 않으므로 원거리측정이 가능하다. 그러나 전파는 접시형 안테나로부터 발사되기 때문에 지표면 등의 난반사된 파가 수신되므로 정확도가 떨어진다. 그 때문에 종국(목표)에서 수신한 전파를 증폭시켜 송신해야 한다. 주국 · 종국 모두가 중요하게 된다. 기상요소 중에서 습도의 영향이 가장 크고 광파 측량기에 비해 정도가 낮다. 사용전파는 극초단파(microwave, 대양을 항해하는 선박이나 항공기의 위치결정에 사용)를 사용하는 것이 일반적이다.

(2) 광파거리측량기(Optical wave distance meter)

가시광선(빛)을 기계 내부에서 일정한 파장의 반송파로 변조하여 이용한다. 광원으로는 가시광선, 적외선, 레이저광선 등을 사용한다. 강, 약의 파로 변조하여 연속적으로 측점에 설치한 기계로부터 발사하여 이것이 목표점에 설치한 반사경(reflector, 프리즘)으로부터 반사

되어오는 반사광의 위상과 발사광의 위상차로부터 2점간의 거리를 측정한다. 반사경은 삼각프리즘 1~십 수개를 조합한 프리즘을 이용한다. 이 프리즘은 입사방향으로 빛을 반사시키는 특징이 있다. EDM장비가 처음 생산되었을 때는 일반적으로 각측량기기에 탑재하여 사용하였다. 그렇게 함으로써 각과 거리를 동시에 측량할 수가 있었다.

그림 4.10 구형 EDM과 프리즘

(3) 레이저거리측량기(LASER : Light Amplification by Stimulated Emission of Radiation)

광원을 자연광이 아닌 He-Ne, Ga-As(Gallium-Arsenic)레이저인 단색광의 강력한 평행광선을 보내는 광원장치를 이용한 거리측량기로 직진성이 좋아서 정도가 좋다. 관측가능거리 60~80km 정도의 장거리용으로 쓰이며 야간 약 80km, 주간 약 32km를 오차 ±1mm 이내로 측량할 수 있다. 최근에는 근적 외 레이저광을 이용한 무타겟 토털스테이션의 등장으로 이제 거리측량은 프리즘을 사용하지 않고 가능하다.

(a) Topcon GTS2000 (b) Leica TCR700 (c) Sokkia 030R (d) Trimble 3600

그림 4.11 무타겟 레이저 장비

(4) 거리산정의 원리[1]

전파거리측정은 대기를 통해 확산되는 전자파에너지의 원리에 기초한다. 확산속도는 다음식과 같다.

$$V = f\lambda \tag{4.15}$$

여기서, V : 전자파에너지의 속도(m/sec)
f : 에너지의 주파수(H_z)
λ : 파장(m)

진공 중에서의 전자파의 속도는 299,792,458m/sec이며 이 속도는 대기의 상태에 따라 다음과 같이 느려진다.

$$V = \frac{c}{n} \tag{4.16}$$

여기서, n : 대기굴절지수

1) Elementary Surveying 10th ed. Paul R. Wolf pp.143-

이 굴절지수는 온도와 기압에 따라 1.0001부터 1.0005까지 변화한다. 그러나 대략 1.0003의 값을 가진다. 그러므로 정확한 전자파거리측량을 위해서는 온도와 기압의 측정이 요구되며 대략적인 굴절지수 n을 알아야 한다. 이는 방사되는 광원은 많은 파장으로 이루어져 있으며 각 파장 별로 다른 굴절지수를 가지고 있기 때문이다. 파의 그룹은 그룹굴절지수를 갖는다. 표준대기[2]의 그룹굴절지수는 다음과 같다.

$$n_g = 1 + \left(2876.04 + \frac{48.864}{\lambda^2} + \frac{0.680}{\lambda^4}\right) \times 10^{-7} \tag{4.17}$$

여기서, λ는 파장(μm)[3]

실제적인 굴절지수는 그 당시의 측정된 온도와 압력, 습도에 따라 다음과 같이 계산되어질 수 있다.

$$n_a = 1 + \frac{n_g - 1}{1 + 0.003661T} \times \frac{p}{760} - \frac{5.5e}{1 + 0.003661T} \times 10^{-8} \tag{4.18}$$

여기에서 e는 증기압(mmH$_g$) 측정당시의 상대습도와 기압에 따라 정해짐, p는 대기압(mmH$_g$), T는 dry-bulb 온도계(℃)이다.

증기압 e는 다음과 같이 보다 더 정확하게 계산할 수 있다.

$$e = e' + de \tag{4.19}$$

$$e' = 4.58 \times 10^a \quad a = \frac{7.5T'}{237.3 + T'} \tag{4.20}$$

$$de = -0.000660(1 + 0.00115T')p(T - T')$$

여기서, T' : wet-bulb온도

2) 온도 0° 기압 760mmHg, 0.03%의 이산화탄소를 함유한 대기

3) 대부분 EDM에서 사용되는 파장은 0.6328μm(red laser), 0.930μm(infrared)이다.

예제 4.8

다음과 같은 조건에서 실제 파장과 파의 속도는 얼마인가?

- 사용광선 : near-infrared (λ=0.915μm)
- 주파수 : 320MHz
- dry-bulb온도 : 34℃, wet-bulb온도 : 30℃
- 대기압 : 781(mmHg)

풀이 ▸ ▸ ▸

식 (4.17)에서

$$n_g = 1 + \left(2876.04 + \frac{48.864}{0.915^2} + \frac{0.680}{0.915^4}\right) \times 10^{-7} = 1.0002935$$

식 (4.20)에서

$$de = -0.000660(1 + 0.00115 \times 30) \times 781(34 - 30) = -2.1329735$$

$$a = \frac{7.5 \times 30}{(237.3 + 30)} = 0.8417508$$

$$10^a = 6.946256$$

$$e' = 4.58 \times 10^a = 31.8138567$$

$$e = 31.8138567 - 2.1329735 = 29.6808832$$

식 (4.18)에 의하면

$$n_a = 1 + \frac{1.0002935 - 1}{1 + 0.003661 \times 34} \times \frac{781}{760} - \frac{5.5 \times 29.6808832}{1 + 0.003661 \times 34} \times 10^{-8}$$

$$= 1 + 0.0002683 - 0.0000015$$

$$= 1.0002668$$

식 (4.16)에 의해 $V = 299{,}792{,}458/1.0002668 = 299{,}712{,}493\text{m/sec}$

식 (4.15)에 의해 $\lambda = 299{,}712{,}493/320{,}000{,}000 = 0.937\mu\text{m}$

예제에서 식 (4.18)의 세 번째 항은 대기 중의 습도에 대한 고려임을 주목하자. 사실상, 굴절지수 계산시 습도를 고려하는 경우와 고려하지 않은 경우의 차이는 소수 3째 자리까지 똑같으며 무시하더라도 1.0002683이 된다. 따라서, near-infrared를 채용한 EDM을 이용한 경우에는 정밀한 작업을 제외하고는 무시해도 됨을 알려주고 있다.

전자파가 대기를 통과해 진행할 때 sine곡선모양으로 진행하며 그림 4.12와 같다.

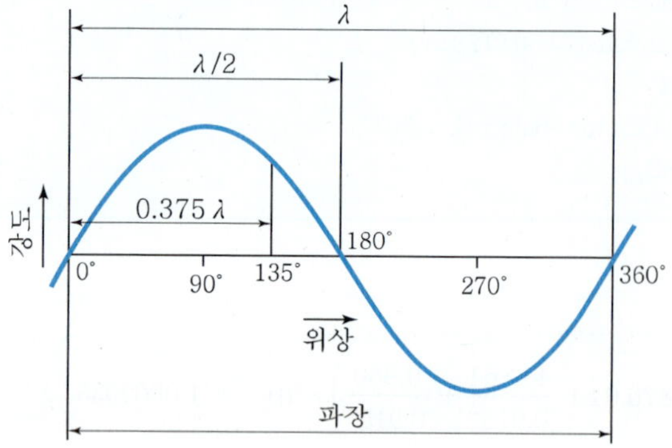

그림 4.12 전자파에너지의 파장과 위상각(Elementary Surveying Paul R. Wolf, 2002)

위 그림은 한 개의 파장(또는 사이클)을 보여주고 있다. 파장의 비중 또는 점의 위치는 위상각에 의해 주어진다. 그러므로 그림에서 360°는 전체의 사이클을 보여준다. 파장을 따라 위상각 135°의 위치는 파장의 135/360 또는 0.375이다.

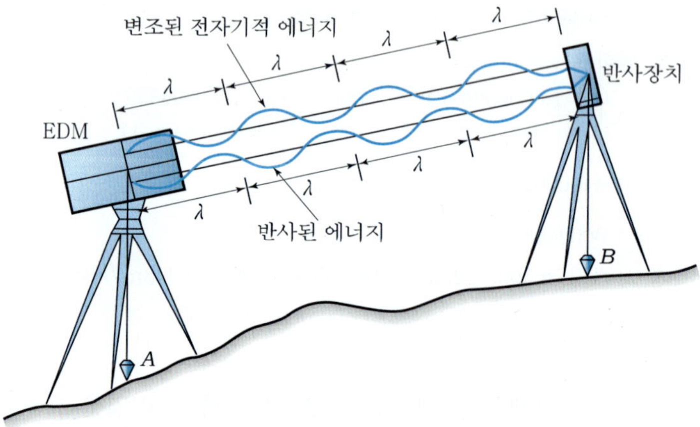

그림 4.13 전자파 거리측량의 원리(Elementary Surveying Paul R. Wolf, 2002)

거리측량모습은 그림 4.13과 같으며 EDM은 A점의 연직선 상에 프리즘은 B점의 연직선 상에 설치되어 있다. 장비는 B점에 대해 전자파에너지의 운송신호(carrier)를 보낸다. 정확하게 변조된 파장의 참조 frequency는 반송파위에 얹혀지거나 겹쳐진다. 반사경에 의해 반사되어 돌아오면 AB 간의 경사거리의 2배가 얻어진다. 그림에서 변조된 전자에너지는 파장 λ를 가진 파장으로 sine곡선을 이룬다. 그림에서와 같이 파장의 정수배로 거리가 측정되어지는 경우는 매우 드문 경우이다. 일반적으로 파장이 일부분으로 조각나게 되는데 그림에서 EDM과 반사경사이의 거리 L은 다음과 같이 표현할 수 있다.

$$L = \frac{n\lambda + P}{2} \tag{4.21}$$

여기서, λ : 파장

n : 온전한 파장의 개수

P : 조각난 부분의 길이

조각난 길이는 되돌아오는 신호의 위상차(phase shift 또는 angle)로부터 EDM에서 계산된다. 그림 4.14의 예에서 파장은 정확하게 20.000m이고 반사된 신호의 위상각이 115.7°라면

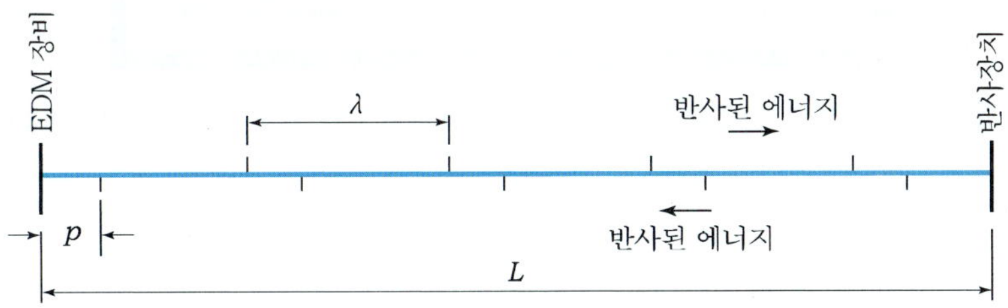

그림 4.14 위상차 측정의 원리(Elementary Surveying Paul R. Wolf, 2002)

조각난 길이$=\dfrac{115.7°}{360°}\times 20.000 = 6.428\text{m}$

그리고 n이 9라면 거리는

$$L = \frac{9(20.000) + 6.428}{2} = 93.214\text{m}$$

미지의 거리를 측량하고자 할 때 단지 하나의 진동수와 파장만을 방송해서는 온전한 파장의 개수를 결정할 수가 없다. 모르는 n을 구하기 위해서는 보다 긴 파장을 가진 추가적인 신호를 방송해야 한다. 이는 그림에서 보는 바와 같이 EDM에서 출발한 신호가 반사경에 반사

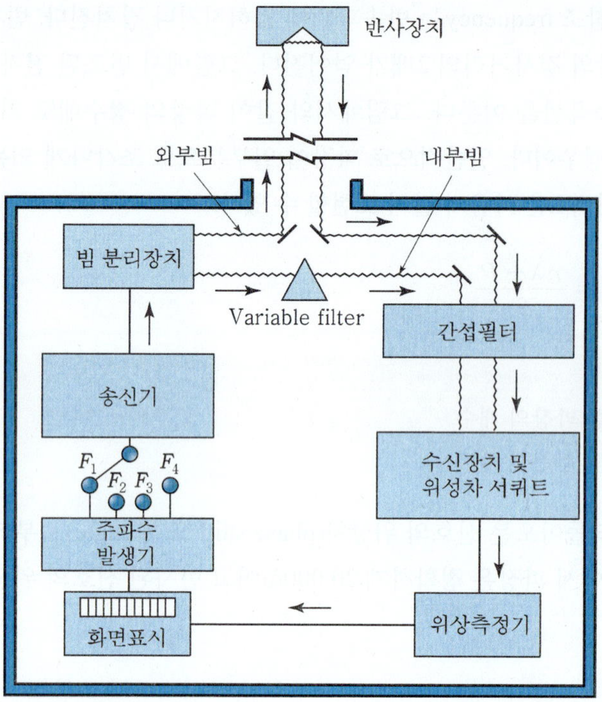

그림 4.15 EDM의 변조블럭 개념도(Elementary Surveying Paul R. Wolf,2002)

되어 되돌아오는 사이 동시에 출발한 또 하나의 신호가 EDM 자체 내에서 변조필터(variable filter)와 간섭필터(interference filter)를 거쳐 위상차 감지 장치에서 돌아온 신호와 만나 비교됨으로써 얼마만큼 조각이 났는지를 알아낸다. 이는 위상측정기(phase meter)를 거쳐 길이로 계산되며 전체거리가 표시되게 된다.

(7) 전파·광파거리측량기의 특성 비교

표 4.1 전파·광파거리측량기의 특성 비교

항목	광파거리측량기	전파거리측량기
반송파	적외선, 레이저광선, 가시광선	극초단파
최소조작 인원	기계(station) & 반사경(reflector) 1명 (목표점에 반사경을 설치했을 때)	2명(주국 & 종국에 각 1명)

4) ※ ppm(part per million) ; 거리 D에 비례하는 오차로 1ppm은 1km당 1mm(1/1,000,000)의 비율로 증가한다. $1\text{ppm} = 1 \times 10^{-6} D(\text{mm})$

항목	광파거리측량기	전파거리측량기
관측범위 (range)	단거리용(적외선, 가시광선) : 15km 이내 중거리용(레이저광선) : 60km 이내	장거리용 : 30~150 km
정확도	±(5mm + 5ppm × D) 4)	±(15mm + 5ppm × D)
장점	•정확도가 높다 •경량, 작업신속, transit과 병용가능	•장거리 관측에 적합 •안개, 구름, 지형의 시통성에 영향을 적게 받는다.
단점	•안개, 눈 등으로 시통성(視通性)이 방해받음 •시준이 필요 광로 및 프리즘 앞에 방해를 해서는 안 됨	•단거리 관측 시 정확도가 비교적 낮다 •관측점 부근에 시가지 건물 및 산림 등의 장해를 받기 쉽고, 움직이는 장애물(자동차), 송전선 부근, 지면의 반사파 등의 간섭을 받는다.
조작시간	한 변 10~20분 1회 관측시간 8초 내외	한 변 20~30분 1회 관측시간 30초 내외
초기 모델명	Geodimeter	Tellurometer

(8) EDM측량에서의 거리의 개념

두 점간의 거리를 EDM으로 측량할 경우에 EDM에 표시되는 거리는 단순히 EDM의 중심점과 반사경의 중심점 간의 경사거리(L)에 불과하다. 우리가 얻고자 하는 거리는 지상 A, B점 간의 수평거리(H)와 고저차임을 감안해볼 때 별도의 고려가 필요하다는 것을 이해해야 한다.

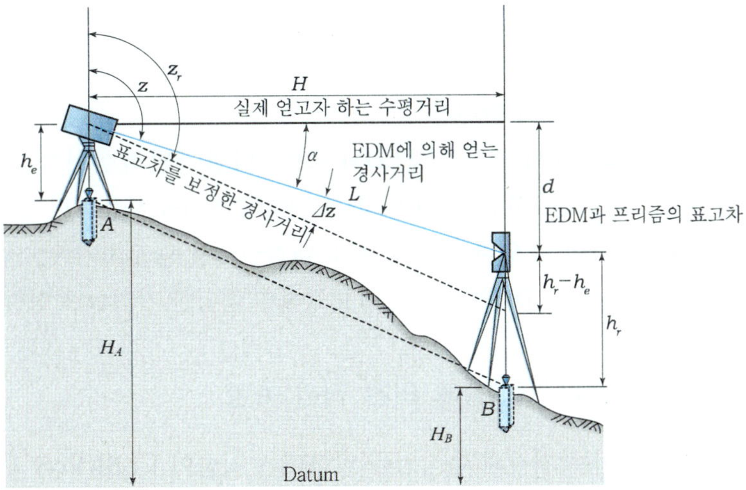

그림 4.16 EDM 측량 개념도(Elementary Surveying Paul R. Wolf, 2002)

즉, 지상점 A, B를 잇는 경사거리에 평행인 표고차를 보정한 경사거리를 구해 연직각으로 수평거리를 계산하여 얻어야 한다. 이러한 과정이 불편하므로 EDM과 반사경의 높이를 같게 하면 EDM에 위해 얻어진 경사거리가 곧 AB점 간의 경사거리이므로 쉽게 수평거리를 구할 수 있다.

물론 EDM과 반사경의 높이가 다르더라도 최근의 토털스테이션에는 이 두 값을 입력하게 되어 있으며 자동으로 계산한다. 또한 측정되는 고저차는 EDM의 중심과 프리즘 간의 고저차라는 점을 명심해야한다.

4.1.3 GNSS에 의한 거리측량

앞 절에서 설명한 전자파거리측량은 빛과 전파를 이용하는 방법으로 30km정도의 거리측량방법이다. 그러나 굴절에 의한 오차로 인하여 보통 최대 1km까지 5ppm 미만의 불확실성을 가지고 있다. 정밀과학 및 엔지니어링 프로젝트의 고정밀 측지 계측을 위해서는 1ppm의 정확도를 요구한다. 이를 위해 고정밀 전자거리 측정기(EDM)를 사용하는 것은 5ppm 미만의 불확실성으로 광 경로를 따라 굴절률을 결정해야 하는 데 한계가 있다. 이 때문에 최근 새로운 1색 굴절 보정 EDM 프로토타입 개발의 동기가 되고 있다.

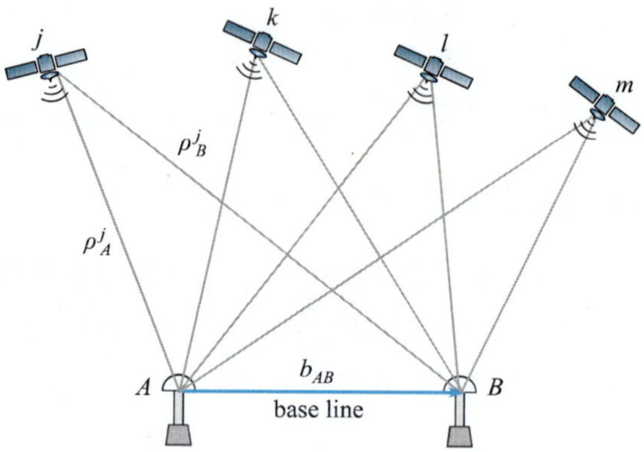

그림 4.17 GNSS에 의한 두 점 간 거리(base line)결정

이에 대한 대안으로, 글로벌 네비게이션 위성 시스템(GNSS)을 사용하면 높은 상대정확도로 장거리(수백km)를 측량할 수 있다. 전리층오차, 대기권오차 등 오차가 있지만 동일위성과 다중파장대 수신기를 사용하면 DGPS방법으로 보정하여 정확한 거리를 척정할 수 있다.

4.1.4 VLBI(초장기선 전파간섭계)에 의한 거리 측량

1년에 수 mm를 움직이는 지각의 움직임을 알아내는 기술이 VLBI(Very Long Baseline Interferometry)이다. 초장기선 전파간섭계(超長基線 電波干涉計) 기술을 사용하면 땅의 느린 움직임을 알 수 있다. VLBI는 우주의 별을 사용한 측량기술이다. 수십억 광년(光年 · 1광년은 빛이 1년간 달린 거리=약 9조 4,600억km) 떨어진 곳의 퀘이사(Quasar)라는 천체에서 온 전자기파를 활용한다. 퀘이사의 밝기는 해보다 수조 배나 밝으며 너무 멀리 떨어져 있어서 지구에서 보면 하나의 점처럼 보인다. 퀘이사는 동서남북 하늘에 드문드문 있어서 지표면 어디서나 관측할 수 있다.

퀘이사가 내뿜는 전자기파를 활용해 지구 표면의 위치를 정한다. 지구는 구면(球面)이어서 퀘이사의 전자기파가 도착하는 시간이 지역별로 다르다. 퀘이사의 전자기파가 도착하는 시간을 수소 원자시계로 측정한다. 수소 원자시계는 100만년에 1초의 오차를 갖는 시계이다. 이렇게 정확한 시계로 VLBI는 퀘이사의 전자기파가 지표면에 어떤 간격으로 도착하는지를 측정한다. VLBI는 지구 표면의 위치를 1000km에 1mm 오차로 파악할 수 있다. VLBI는 GPS의 위치 측정이 맞는지를 확인하는 기준이 되는 동시에 지표의 위도·경도 좌표를 알아내는 역할도 한다.

① VLBI 거리측정원리

VLBI는 수십억 광년 떨어진 퀘이사에서 온 전자기파이기 때문에 평행전파를 지구상에서 수신할 수 있으며 지구 표면 두 점 간의 거리를 정확하게 산출할 수 있다. 지구의 두 지점에서 동시에 수신할 수 있는 퀘이사 전자기파를 활용한다. 이 때, 지구의 두 지점 간은 초고속 통신망으로 연결되어 전파가 도달하는 시간 차이를 매우 정확하게 측정한다. 두 점 간의 거리는 공간벡터로 얻을 수 있다.

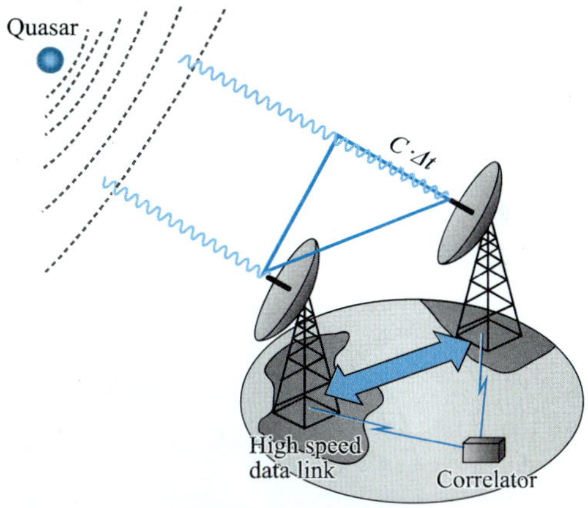

그림 4.18 VLBI를 이용한 두 점간 거리 결정

$$\varDelta t = \frac{1}{c}\sqrt{(\vec{r_1} - \vec{r_0})^2 + (\vec{r_1} \times \vec{r_0})}$$

여기서, $\varDelta t$는 두 지점 간 전파 도달 시간 차이, c는 빛의 속도, $\vec{r_0}$와 $\vec{r_1}$은 각각 지구의 두 지점의 위치 벡터이다. 이 방정식을 이용하여 VLBI를 통해 지구의 두 지점 간 거리를 측정할 수 있다.

4.2 각측량

임의의 점에 대한 수평위치 결정을 위해서는 거리와 방향을 알아야 한다. 또한 간접적으로 표고를 결정하기 위해 수직각이 필요하다. 거리측량은 4.1절에서 다루었으므로 이번 절에서는 방향결정을 위한 각측량에 대해 다루기로 한다. 측량에서의 방향결정은 방향각 또는 방위각을 구하는 것이다. 각측량을 위해서는 트랜싯(transit) 또는 데오돌라이트(theodolite)가 많이 쓰였으나 최근에는 독립적으로 각측량만 하지 않고 토털스테이션을 이용하여 거리와 동시에 측량하는 추세이다. 본 장에서는 각측량을 독립적으로 다루므로 디지털 데오돌라이트를 이용한 각측량방법에 대해 다루도록 하겠다.

4.2.1 각의 종류

각은 공간상에서 평면각, 곡면각, 입체각으로 나뉘며 곡면각과 입체각은 1장에서 다루었으므로 평면각에 대해 알아보기로 한다. 각측량이라 함은 임의 점에서 본 두 점 사이에 낀 각을 측량하는 행위를 말한다. 즉, 수평각, 고저각 또는 천정각의 측량을 의미한다. 평면각(plane angle)은 넓지 않은 지역의 상대적 위치 결정에 이용한다. 수평각과 수직각으로 나뉜다.

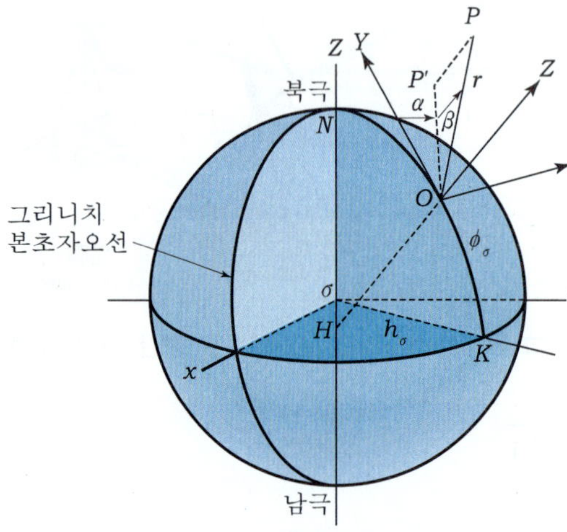

그림 4.19 넓은 의미의 각측량(Surveying 7th J.M.Anderson, E.M.Mikhail 1998)

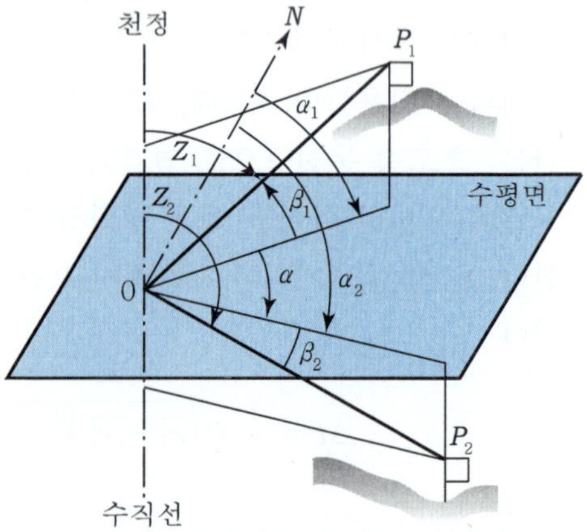

그림 4.20 수평각과 수직각

(1) 수평각(horizontal angle)

두 측점 사이의 시준선을 수평면에 투영시켰을때 그 두 선 사이에 끼인 각 (α)를 말한다. 중력방향과 직교하는 평면, 즉 수평면 내에서 관측되는 각(α)이다. 그 기준선의 설정과 측정 방법에 따라 교각, 편각, 방향각, 방위각으로 분류할 수 있으며 각각은 다음과 같다.

① 교각 : 전(前)측선과 다음 측선이 이루는 각
② 편각 : 전(前)측선의 연장과 다음 측선이 이루는 각
③ 방향각(direction angle) : 임의의 방향을 기준으로 하여 시계방향으로 측정한 수평각
④ 방위각(azimuth angle) : 진북을 기준으로 시계방향으로 측정한 수평각(α_1, α_2) (0°~360°)

(2) 수직각(vertical angle)

수직각은 기준이 어디냐에 따라 분류된다. 그 기준이 수평이 될 수도 있고 천정이 될 수도 있다.

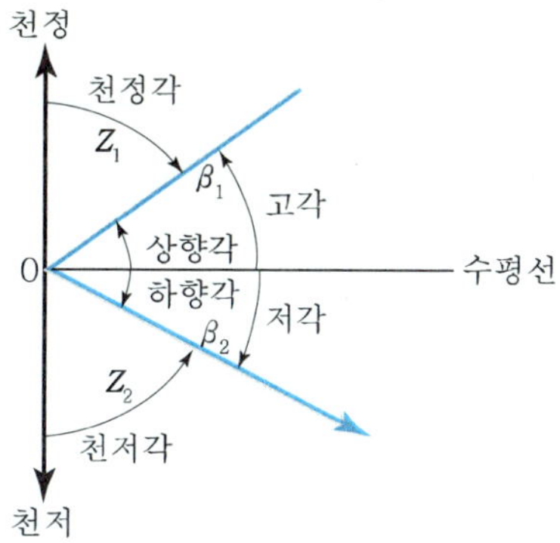

그림 4.21 수직각의 종류

1) 천정각(zenith angle) 또는 천정각거리(zenith distance ; 천정거리)

연직선의 상방향(천정)을 기준으로 연직면내에서 목표점까지 내려서 측정한 각(Z_1)을 말한다. 특히 데오돌라이트의 연직 분도원은 천정각으로 되어있다.

2) 천저각(nadir angle) 또는 천저각거리

연직선 아래쪽을 기준으로 시준점까지 올려서 잰 각(Z_2)을 말한다.

3) 연직각(vertical angle) 또는 고저각, 고도각(altitude angle)

연직면 내에서 수평선과 시준선이 이루는 각(β)을 말한다. 수평방향을 기준으로 위와 아래 방향에 따라 상향각, 하향각으로 나뉜다.

- 상향각(앙각; 仰角, +) : 수평선으로부터 상향으로 측정한 각 (β_1), 고각
- 하향각(부각; 俯角, −) : 수평선으로부터 하향으로 측정한 각 (β_2), 저각

4.2.2 각단위의 종류

(1) 각도를 관측하는(평면각) 단위

1) 도(Degree)

원둘레를 360등분하여 그 한 호에 대한 중심각의 크기를 1도(°)로 한다. 1도를 60등분하여 1분(′), 다시 60등분하여 1초(″)로 하는 60진법 표시법이다. 대부분의 아시아, 미국의 측량현장에서 사용하는 단위이다.

2) 그레이드(grade)

원둘레를 400등분하여 한 호에 대한 중심각을 1그레이드(^{g})로 표시한다. 1그레이드를 100등분하여 1센티그레이드(1^{cg}), 다시 100등분하여 1센티센티그레이드(1^{ccg})로 100진법에 의해 표시한다. 사진측량에서의 경사단위로 사용하며 주로 유럽(프랑스, 독일, 러시아)에서 많이 사용한다.

$$1grade = \frac{90°}{100} = 0.9° = 54'$$

$$1centi\,grade = \frac{1}{100}grade = \frac{1}{100} \times 0.9° = 32.4''$$

3) 라디안(Radian)

원주와 이에 해당하는 중심각과의 관계로 표시하며 1 라디안은 원의 반경(r)과 같은 길이의 호(弧)에 대한 중심각(ρ)의 크기를 말한다. 라디안으로 각을 표시하는 방법을 호도법이라 한다. 컴퓨터에서의 계산은 모두 라디안 단위를 쓰며 sine, cosine, tangent를 계산하기 위해서는 라디안으로 변환한 각을 입력해 주어야 한다. 1라디안은 $\frac{180°}{\pi}$ 다.

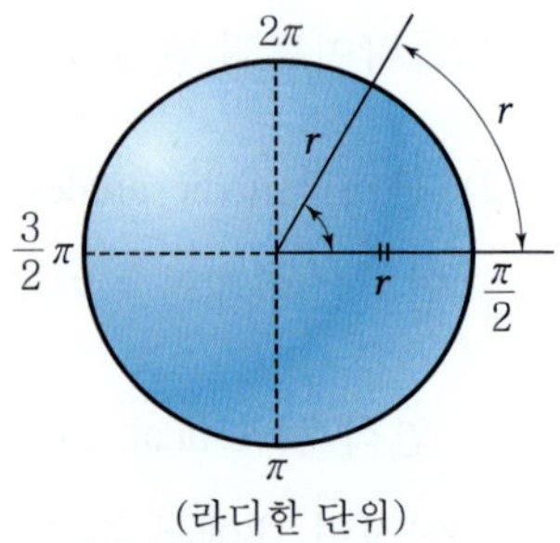

그림 4.22 원과 라디안

4) 밀(mil ; milliemes)

군사적인 작전, 특히 포병에서 많이 사용되는 단위로서 원주를 6,400 눈금으로 등분하여 1밀(mil)로 표기한다. 반지름 1,000인 원에서 호의 길이가 0.98에 해당하는 중심각의 크기이다. 1mil은 0.00098174770radian에 해당한다.

(2) 각도단위의 변환

1) Degree와 60진법의 변환

① 각도(60진법)를 Degree(10진법)으로 환산하는 방법

$12°34'56'' \Rightarrow 12+34/60+56/3600 = 12.58222222$

② Degree(10진법)를 각도(60진법)로 환산하는 방법

DO(°) = int(12.58222222) = 12°

BOON(′) = int{[Degree−DO]*60}=34′

CHO(″) = int{[(Degree−DO)*60−BOON]*60} = 56″

*int는 정수화

예제 4.9

60진법에 의한 각도단위를 10진법으로, 10진법을 60진법 각도단위로 변환하는 방법을 excel 프로그램으로 만들고 예를 들어 실행하라.

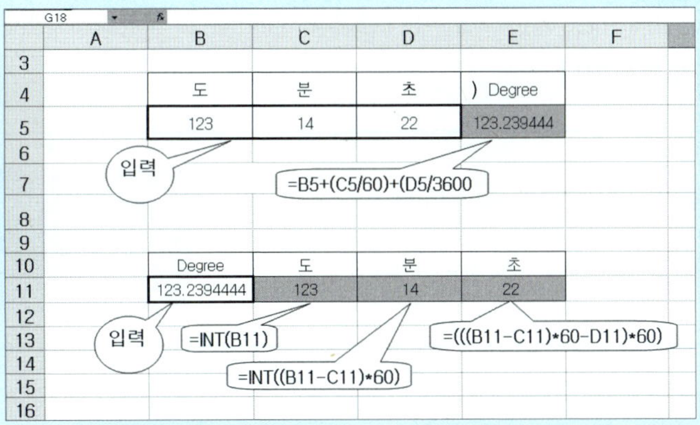

그림 4.23 예제 4.9 각도변환 엑셀프로그램

풀이 ▸ ▸ ▸

E11요소는 서식에서 숫자의 표시자리수를 0으로 한다.

2) 도(°)와 그레이드(^{g})사이의 변환

$$x°:y^g = 90 : 100$$

$$\therefore\ x° = \frac{90}{100}y^g \text{ 그리고 } y^g = \frac{100}{90}x°$$

3) 도(°)와 라디안(ρ)의 변환

1라디안[5]이라 함은 어느 원의 반지름의 크기와 같은 원호에 해당하는 중심각을 말한다. 그럼 1라디안은 몇 도나 될까?

$$2\pi r : 360° = 1 : \rho°$$

그런데 여기서 $r = 1$이라 했으므로

$$2\pi r : 360° = r : \rho°$$

$\rho° = \dfrac{180°}{\pi} = 57.2957795°$가 된다.

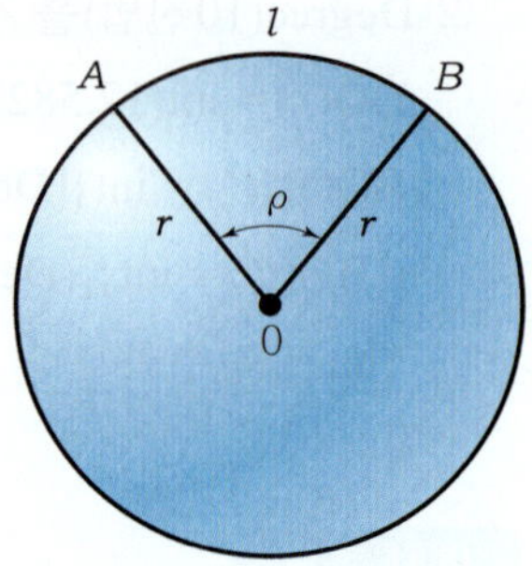

그림 4.24 라디안

측량계산을 위해서는 도분초를 라디안으로, 라디안을 도분초로 변환하는 것이 빈번하다. 다음과 같이 변환한다.

θ(도)를 rad으로 환산하기 위해 ρ로 나눈다. $\qquad x° \times \dfrac{\pi}{180°} \Rightarrow$ rad

θ를 라디안으로 표시할 때는 ρ를 곱하면 된다. $\qquad \theta(\text{rad}) \times \dfrac{180°}{\pi} \Rightarrow$ 60진법

5) 컴퓨터에서의 삼각함수계산은 10진법(degree)가 아니라 라디안으로 변환한 각도이어야 한다. 즉, $\cos\theta = \cos\left(\theta \times \frac{\pi}{180}\right)$로 계산하여야 한다.

예제 4.10

2km 앞에 있는 폭 50cm의 물체사이에 낀 각도는 얼마인가?

풀이 ▸ ▸ ▸

$$\theta'' = \frac{\ell}{r}\rho'' = \frac{0.5\text{m}}{2{,}000\text{m}} \times 206265'' \fallingdotseq 51.6''$$

예제 4.11

방향이 15″틀리면 2km의 앞에서 생기는 위치오차(ℓ)는 얼마인가? (S : 수평거리)

풀이 ▸ ▸ ▸

$$\theta'' = \frac{\ell}{S}\rho'' \rightarrow \ell = \frac{\theta'' \cdot S}{\rho''} = \frac{15'' \times 2{,}000\text{m}}{206265''} = 0.145\text{m}$$

예제 4.12

A, B간의 거리를 수평표척으로 측량하려 A점에서 B점에 세운 2m 수평표척의 끼인각을 관측하였더니 9′45″였다. A, B간의 거리는 얼마인가?

풀이 ▸ ▸ ▸

$$r \cdot \theta = l,\ r = \frac{l}{\theta} \times 1\,radian,\ \therefore \text{AB거리} = \frac{2\text{m}}{585''} \times 206265'' \fallingdotseq 705\text{m}$$

4.2.3 각측량 장비

각측량 장비는 트랜싯과 데오돌라이트가 사용되는데, 분도반에 미세하게 세겨있는 눈금을 레이저카운터가 읽어 표시해주는 디지털장치가 내장되어있다.

트랜싯은 연직분도원에서 망원경이 수평일 경우를 0°로 표기하고 있다. 반면 데오돌라이트는 분도반과 microscope 측미경을 이용 연직각 측정 시 천정각을 0°로 하고 수평각을

90° 또는 270°로 표기하고 있다. 이 두 장비는 비교적 정밀하게 수평각 및 수직각을 측량할 수 있다. 최근에는 각측량을 단독으로 하는 경우는 드물고, 각과 거리측량을 동시에 하여 수평위치(x, y) 또는 3차원위치(x, y, z)를 결정할 수 있는 토털스테이션(total station)을 주로 사용한다.

그림 4.25 Sokkia DT740 Digital theodolite

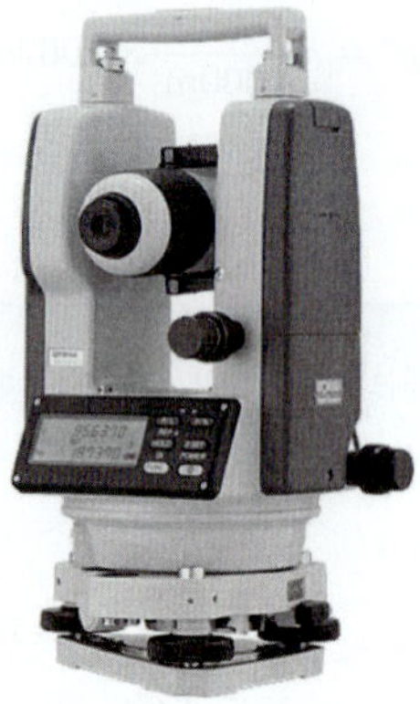

그림 4.26 Datum DET05LT Digital theodolite

데오돌라이트에는 연직축에 직각으로 장치된 수평분도원과 수평축에 직각으로 장치된 연직분도원으로 수평각과 수직각을 측량한다. 현재 디지털형식으로 생산되는 각측량기는 분도반주위에 전자적 감지가 가능한 미세한 셀(cell)로 나뉘어져 있고(그림 4.27) 각측량과정 중에 회전하는 엔코더 내의 셀 갯수를 CCD에서 감지하여 액정표지판에 각도로 보여준다.

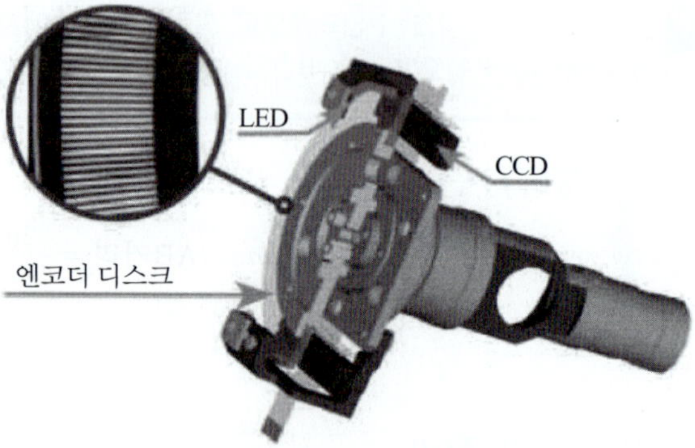

그림 4.27 분도원 엔코더

4.2.4 데오돌라이트 세우기

데오돌라이트를 세운다는 것은 정준과 구심을 동시에 만족시킨다는 의미이다. 즉, 측점과 동일 연직선상에 있어야 하며(구심) 동시에 수평을 이루어야 한다. 단계별로 살펴보도록 한다.

① 삼각의 하나로 땅위에 고정시키고 다른 2개를 잡고 구심경을 보면서 지상의 측점이 중심에 오도록 하여 놓는다. 이때 장비가 거의 수평을 이루도록 하여야 한다.

② 위치가 정해지면 삼각을 지면에 단단히 박고, 삼각의 길이를 조절하여 원형기포관을 보며 정준장치로 대략 수평을 맞춘다. 구심을 확인하고 틀어져 있으면 삼각고정나사를 풀어 기계를 이동하고 나사를 잠근다.

③ 정준나사를 사용하여, 데오돌라이트를 임의 방향으로 회전시켜도 원통형 기포관의 기포가 중앙에 오도록 정준한다.

④ 구심경으로 기계중심을 확인하고, 이심장치 또는 고정나사를 풀어 기계의 본체를 살며시 이동시켜 측점에 일치시킨 후 고정나사를 잠근다.

⑤ 다시 정확한 정준을 하고 구심을 확인하며 각을 측정하기 전에 기포를 다시 한번 검사한다.

참고 정준장치란

수평조정장치를 말하는 것으로 장비를 상하로 이동시킬 수 있는 3개의 조절나사로 되어 있다. 조절나사와 기포관을 이용하여 장비를 수평조절한다. 기포관 2개를 양손으로 잡고 마주하는 방향으로 돌렸을 때의 기포방향은 왼쪽 엄지손가락이 움직이는 방향으로 움직인다. 정준방법은 다음과 같다.

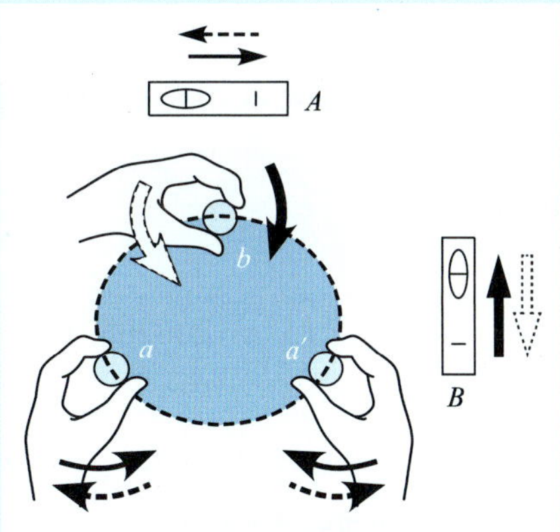

그림 4.28 수평맞추기

① 기포관을 두 개의 정준나사를 잇는 선과 나란하게 오도록 기계를 회전시킨다.

② 왼손엄지손가락 법칙을 이용하여 기포를 중앙으로 오게 한다.

③ 다시 상부를 90° 회전하여 기포관을 이에 직각으로 위치시키고 남은 한 정준나사로써 기포를 중앙에 오게 한다.

④ ②와 ③의 작업을 반복하여 어느 방향에서든지 기포가 중앙에 있게 한다.

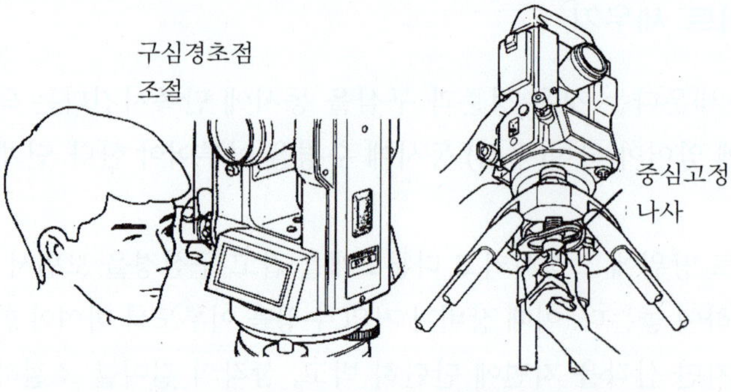

그림 4.29 데오돌라이트 세우기를 위한 구심장치

4.2.5 각의 측설법

O점에서 A방향에 대한 각 α를 정확히 지상에 측설하는 방법이다.

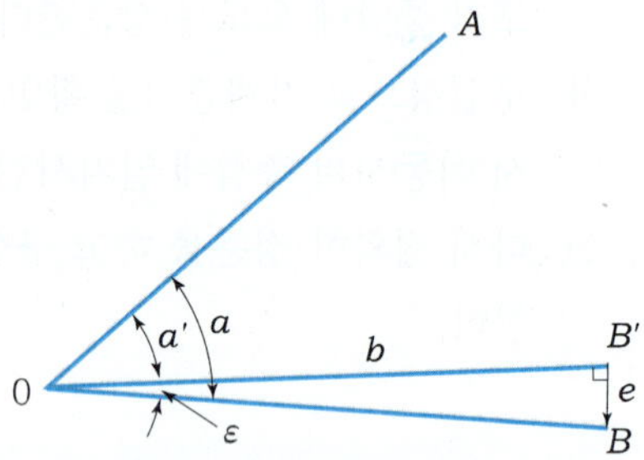

그림 4.30 각의 측설법

① 분도원을 O에 맞추고 A점을 시준한다.

② 분도원상에서 각 α를 잡아 지상에 B′ 점을 잡는다.

③ 측설한 점에 대한 각(∠AOB′)을 수 회 반복 측정(반복법)하여 이의 평균값을 α'라 한다.

④ 관측각 α'와 측설하고자 하는 각 α간의 차 ε(초)를 계산하여 지거법으로 보정하여 B점를 찾는다.

⑤ 지거계산 $$e = \frac{b \cdot \varepsilon}{\rho''} \tag{5.22}$$

$$(\rho'' = 206265''), \quad 정도 = \frac{e}{b} \tag{5.23}$$

⑥ 각으로 보정하지 않고 거리 e만큼으로서 지거법으로 보정

B : 원래의 측설위치

ε : 각관측오차

e : 각관측오차에 의한 거리오차

예제 4.13

그림 4.30에서 OA를 기준으로 각도 45°를 설정하려고 한다. ∠AOB를 설정하여 배각법으로 측정하여 보니 45°01′30″ 이었다. 측각의 정도는? (단, OB의 거리는 1,000m)

풀이▸▸▸

$\alpha' = 45^\circ$, $\alpha = 45^\circ 01'30''$, $b = 1000\text{m}$, $\varepsilon = 90''$

$$e = \frac{b \cdot \varepsilon''}{\rho''} = \frac{1000 \times 90''}{206265''} = 0.436\text{m}$$

$$\therefore \text{ 정도} = \frac{E(\text{오차})}{\sum \ell(\text{측선의 총합})} = \frac{\varepsilon}{b} = \frac{1}{2294}$$

4.2.6 측각오차 및 그 소거법

(1) 정오차의 원인과 처리방법

* 망원경의 정 · 반 방법으로 소거 : 시준축오차, 수평축오차, 외심오차

1) 기계오차 및 소거

① 시준축오차 : 시준선과 수평축이 직교하지 않으므로(조정 불완전) 생기는 오차로 망원경의 정 · 반위 값을 관측하여 평균함으로써 제거한다.

② 수평축오차 : 수평축이 연직축에 직교하지 않으므로(조정 불완전) 생기는 오차로 망원경의 정 · 반위 값을 관측하여 평균함으로써 제거한다.

③ 연직축오차 : 연직축이 정확히 연직이 아닐 경우, 평반기포관축이 평행하지 않을 때, 제작상의 문제로 평반기포관축이 연직축과 직교하지 않을 때 발생하는 오차로 연직축과 수평기포축과의 직교를 조정하여야 한다.

2) 기계구조상의 결점에 따른 오차 및 소거

① 내심오차 : 연직축(시준기의 회전축)과 수평분도원의 중심이 불일치(제작상 결함)하므로 생기는 오차로 180° 차이가 있는 2개(A, B)의 버니어값을 읽어 평균한다.

② 시준선(축)의 외심오차 : 시준선이 기계의 중심을 통과하지 않기 때문, 제작상의 문제로 회전축에 대하여 망원경의 중심위치가 불일치하는 경우에 발생하는 오차로 망원경

정반위 값을 평균하여 제거한다.

③ 분도원의 눈금오차 : 눈금간격이 부정확하여 사용하는 눈금위치에 따라 측정위치가 달라지는 오차로 읽는 분도원 눈금의 위치를 n대회 관측을 하여 $\frac{180°}{n}$ 씩 분도원을 옮겨가면서 대회법을 이용한다.

④ 시준축의 편심에 위한 오차 : 측점의 중심과 기계의 중심 및 측표의 중심이 동일 연직선상에 있지 않음으로써 발생하며 편심거리와 편심각을 측정하여 편심보정을 한다.

(2) 각관측의 정밀도

1) 각관측 오차와 거리관측 오차의 관계

다각측량에서 각과 거리의 정밀도를 같게 하는 것이 바람직하다. 즉, 각측량은 정밀하게 하고 거리측량은 정밀하지 않게 한다면 이는 의미가 없는 측량이 될 것이다. 반대의 경우도 마찬가지이다. 따라서 각측량이나 거리측량장비 중 한쪽의 정밀도가 결정이 되면 이에 적합한 다른 한쪽의 정밀도를 정하여 측량해야 할 것이다. Y점의 위치를 결정하기 위해 방향과 거리를 측량했다고 하자. 각과 거리에 모두 오차가 포함될 것이므로 a, b, c, d, Y, e, f, g, h 중 한 점으로 결정될 것이다. 각측량오차($\pm\theta$)가 발생했다면 거리상으로는 E_a만큼 방향이 달라질 것이다.

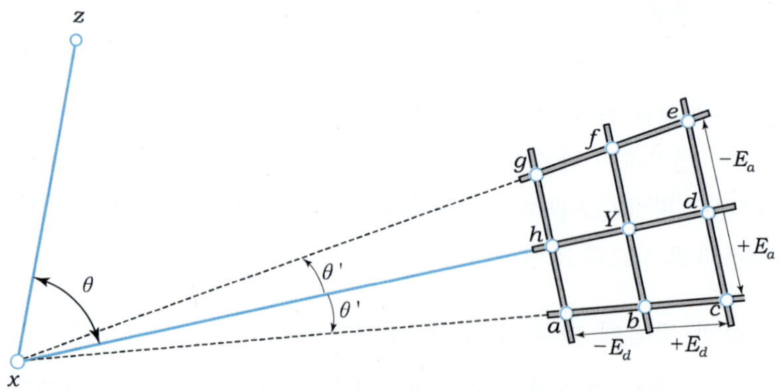

그림 4.31 각과 거리측량의 오차(Barry 176)

표 4.2 각오차와 거리오차에 대한 균형정밀도

각오차 θ'	거리오차 E_d	정밀도
$10'$	0.291m	1/340
$5'$	0.145	1/690
$1'$	0.029	1/3,400
$30''$	0.0145	1/6,900
$20''$	0.0097	1/10,000
$10''$	0.00485	1/21,000
$5''$	0.00242	1/41,000
$1''$	0.00048	1/206,000

θ의 각관측오차 θ'에 의해 E_a, 거리오차에서 E_d가 발생한다.

$$E_a = E_d$$

여기서, $E_a \fallingdotseq \theta \cdot d = \dfrac{\theta}{\rho''} \cdot d(\text{m})$ (5.24)

$$\text{정밀도} = \frac{E_a}{d} \tag{5.25}$$

예제 4.14

거리 100m의 각오차를 30″라 하면 각과 거리의 균형을 위해서 거리의 오차는 얼마로 해야 하는가?

풀이 ▸ ▸ ▸

$$e_d = \frac{e_\beta \ell}{\rho''} = \frac{30'' \cdot 100\text{m}}{206265''} = 0.0145\text{m}$$

2) 총합에 대한 오차

삼각형, 다각형 또는 1점의 주위에 수개의 각이 있을 경우에 그 각 오차의 총합은

$$E_s = \pm E_a \sqrt{n} \tag{5.26}$$

여기서, E_a : 1각에 대한 오차

n : 각의 수

E_s : n개 각의 총합에 대한 각오차

(3) 폐합비와 관측조건과의 관계

표 4.3 각관측정밀도에 따른 균형거리측량 (n : 각의 수)

폐합비	각관측	각폐합차	거리측량	거리의 왕복차	비 고
1/1,000로 유지하는 경우	1′까지	$1'30''\sqrt{n}$	유리섬유로 1cm까지 관측	1/3,000	3% 이하의 경사는 평지로 취급 지가가 낮은 지역의 토지측량
1/3,000	30″	$1'\sqrt{n}$	steel tape사용 1cm까지 읽고	1/5,000	거리는 2%까지 평지 토지측량, 철도, 가로의 실측
1/5,000	20″ (정반위로 2배각을 재어 평균)	$30''\sqrt{n}$	steel tape 5mm	1/10,000	경사는 2%이내의 정확성 시가지 또는 중요 경계측량
1/10,000	20″ (정반위로 반복법에 의한 각관측)	$15''\sqrt{n}$	steel tape 2mm	1/20,000 이내로 유지	경사는 2% 이내로 결정 정확한 시가지 측량 및 다른 중요측량

4.2.7 각 측량 시 주의사항

1) 데오돌라이트를 잘 조정하고 망원경을 正·反위 상태로 측량한다.
2) 측량에 좋은 시각을 선택한다.
3) 측량에 좋은 자세를 취할 것, 특히 두 눈을 뜨고 측각을 한다.
4) 측량하기에 알맞은 시간
   ① 오전에는 서쪽에 있는 목표를 오후에는 동쪽에 있는 목표물을 측량하는 것이다.
   ② 기차(氣差)

   지표와 공기 중의 밀도차로 광선이 직진하지 못하고 굴절하여 오차를 발생시키므로 수평각측량은 아지랑이가 없는 아침, 저녁으로 하는 것이 좋고 연직각은 빛의 굴절이 작은 정오에 측량하는 것이 좋다. 흐린 날은 종일 수평각과 수직각을 관측해도 좋다.

연습문제

4.1 거리측량하여 123.456m를 얻었다. 정오차를 보정하시오.
선팽창계수 $\alpha = +0.000012/℃$

측정시 온도 : 20℃, 검정시 온도 : 15℃
양쪽점의 표고차 : 1.5m
측량지역의 표고 : 해발 500m

4.2 AC=30m, AA'=50m, CC'=70m일 때 강 건너 AB거리는 얼마인가?

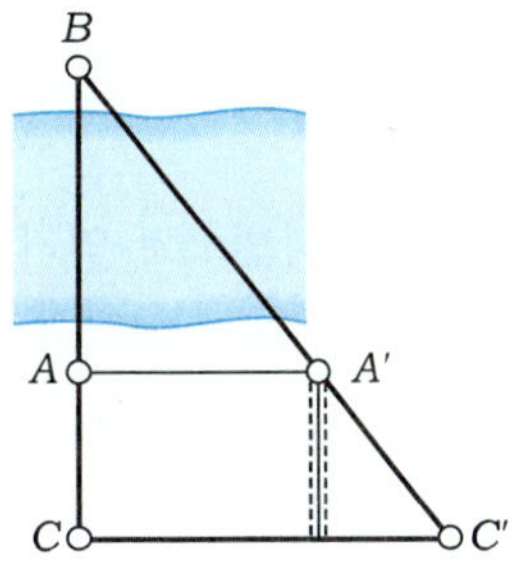

4.3 AB, BC, AC거리를 얻기 위해 각 구간을 측량하여 그림과 같은 결과를 얻었다. 각 구간의 최확값을 행렬식을 이용하여 구하시오.

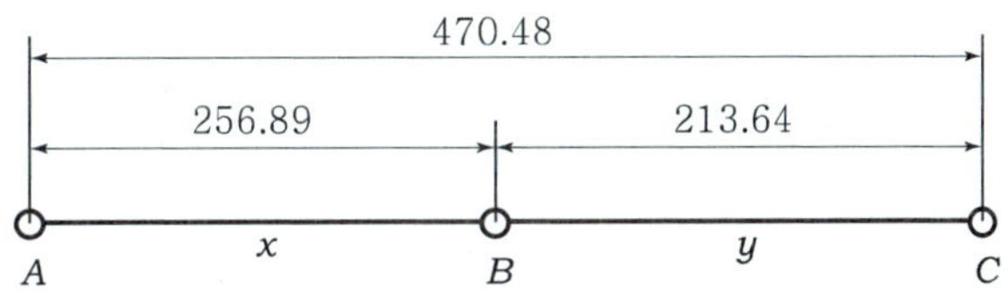

4.4 거리측량에서 정오차의 종류를 들고 설명하시오.

4.5 전방 B점에 수평으로 세운 길이 2m 막대 양 끝단에 대한 각이 1′20″였다면 B점까지의 거리는 얼마이겠는가?

4.6 VLBI기법을 이용한 거리측량의 원리에 대해 간단히 설명하시오.

4.7 다음 그림에 수직각 명칭을 기입하시오.

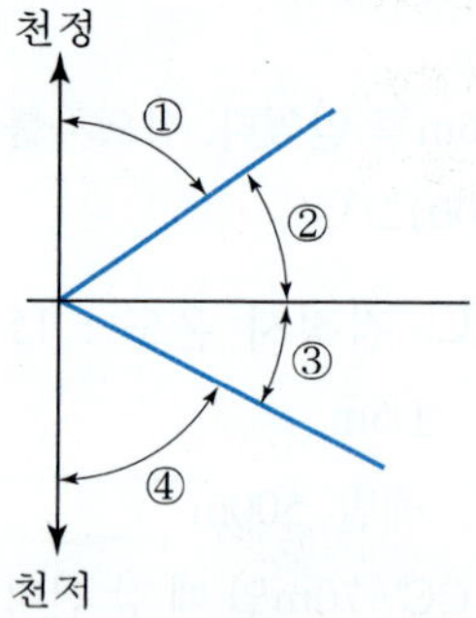

4.8 거리 200m지점의 위치를 정하기 위해 각측량오차 20″로 할 경우 거리측량의 정도는 얼마로 하는 것이 균형적인가?

4.9 데오돌라이트로 ∠AOB를 배각법으로 얻기 위한 과정을 설명하시오(실습내용을 중심으로 설명하시오).

제5장 면적 및 체적 계산

5.1 서론

건설분야의 설계 및 업무에서 면적과 체적산정은 개인의 재산뿐만 아니라 물량산출, 공사비 산정 등을 위해 빈번히 이루어지는 작업이다. 기본적으로 토지의 면적은 그 토지를 둘러싼 경계선을 기준면에 투영시켰을 때 그 영역의 넓이를 말한다. 체적의 경우에는 면적에 표고를 고려하여 산정하며 토공량계산, 저수량계산에 사용한다.

5.2 면적 측정방법

면적을 측정하는 방법에는 현지에서 직접 거리를 측량하여 구하는 방법(정형화된 경우)과 평면도를 작성하고 도상에서 구적기(planimeter) 또는 기하학적 공식을 이용하여 구하는 방법이 있다.

5.2.1 정형화된 경우 면적계산

(1) 삼사법

밑변과 높이를 관측하여 면적을 구하는 방법이다.

$$A = \frac{1}{2}ah$$

$$A = \frac{1}{2}ab \cdot \sin C = \frac{1}{2}ac \cdot \sin B = \frac{1}{2}bc \cdot \sin A \qquad (5.1)$$

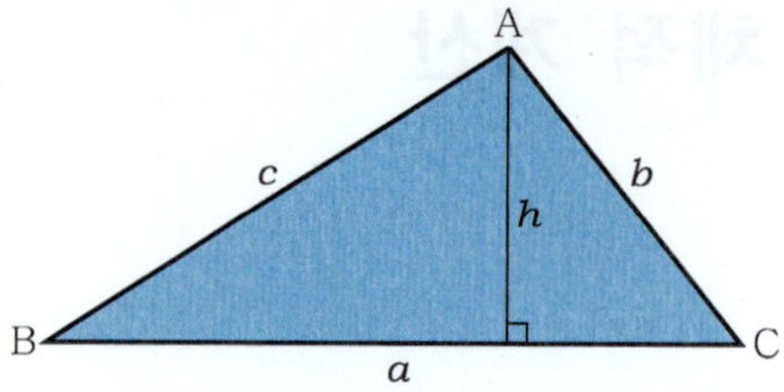

그림 5.1 삼사법

(2) 삼변법

삼각형의 3변의 길이를 재서 면적을 구하는 방법이다. 정삼각형에 가깝도록 나누는 것이 이상적이다.

$$A=\sqrt{s\ (s-a)\ (s-b)\ (s-c)} \tag{5.2}$$

단, $s=\frac{1}{2}(a+b+c)$

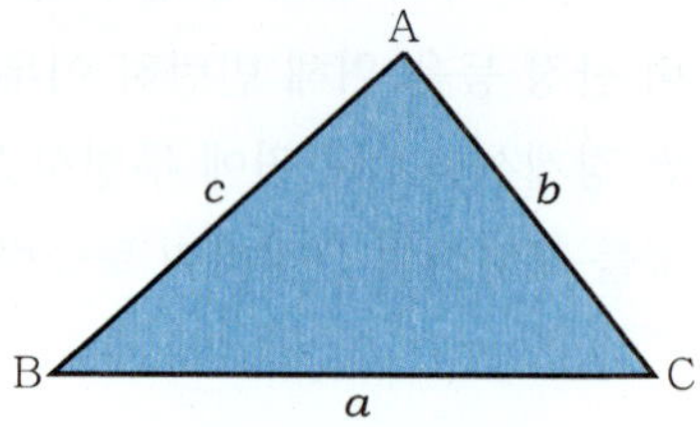

그림 5.2 삼변법

(3) 사각형법

사각형의 대각선과 대각선의 교차각을 이용하여 면적을 구하는 방법이다.

$$\begin{aligned} A &= \frac{1}{2}pq\sin\theta \\ &= \frac{1}{4}(b^2+d^2-a^2-c^2)\tan\theta \\ &= \frac{1}{4}\sqrt{4p^2q^2-(b^2+d^2-a^2-c^2)^2} \end{aligned} \tag{5.3}$$

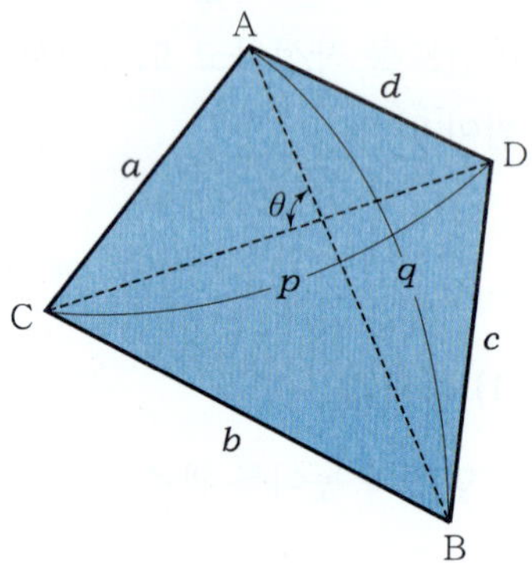

그림 5.3 사각형법

면적을 구하고자 하는 대상지역의 모양이 불규칙적일 경우에는 사다리꼴공식, 지거법(심프슨 제1법칙, 제2법칙)을 사용한다.

5.2.2 불규칙한 경우의 면적계산

(1) 사다리꼴 공식

지표면과 같이 불규칙한 경우의 면적을 구할 때 사용하는 방법으로 지표경계선을 직선으로 간주하여 구한다. 구할 면적을 몇 개의 사다리꼴로 구분하여 각각 구하고 이를 합하여 면적을 구하는 방법이다.

$$A = \frac{1}{2}\{(h_0 + h_1)d_1 + (h_1 + h_2)d_2 + \cdots + (h_3 + h_4)d_4\}$$

이 식을 일반식으로 나타내면

$$A = \frac{1}{2}\{d_1 h_0 + (d_1 + d_2)h_1 + \cdots + (d_{n-1} + d_n)h_{n-1} + d_n h_n\}$$

지거의 간격을 같게 하면 $d_1 = d_2 = d_3 ... = d_n = d$ 이므로

$$\therefore A = d\left\{\frac{h_0 + h_n}{2} + h_1 + h_2 + \cdots + h_{n-1}\right\} = d\left(\frac{h_0 + h_n}{2} + \sum_{i=1}^{n-1} h_i\right) \quad (5.4)$$

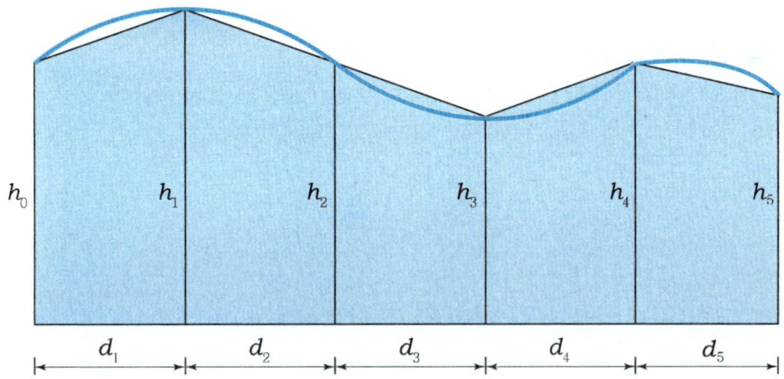

그림 5.4 사다리꼴 공식

(2) 지거법

1) 심프슨(Simpson)의 제1법칙

도형의 2구간을 1조로하여 면적 계산한다. 따라서 구하고자 하는 도형을 짝수로 나누어야 한다.

그림 5.5에서

ABCDE의 면적(A) = 사다리꼴 ABDE(A_1) + 곡선부분 BCD(A_2)

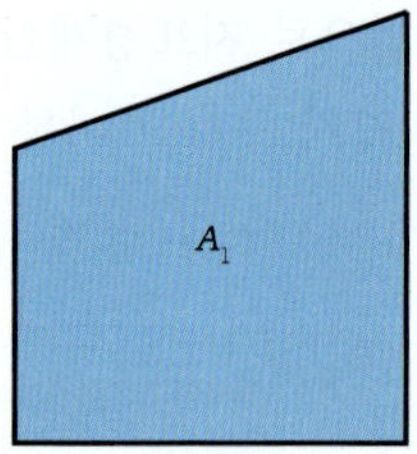

$$A_1 = 2d \cdot \frac{(h_0 + h_2)}{2}$$

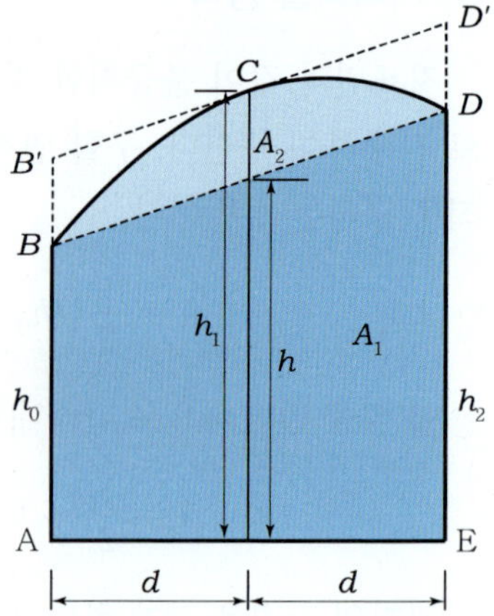

그림 5.5 Simpson 제1법칙

원호부분은 원호를 포함한 사변형 $BB'D'D$ 면적의 2/3로 계산이 되므로 다음과 같이 계산된다.

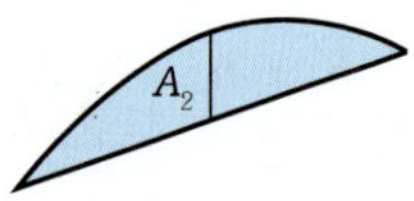

$$A_2 = \frac{2}{3}\{2d \times (h_1 - h)\}$$

$$A_2 = \frac{2}{3}\left\{y_1 - \frac{(y_0 + y_2)}{2}\right\}2d \tag{5.5}$$

이 두 면적을 합하면 식 (5.6)과 같다.

$$\therefore A = 2d \cdot \frac{(y_0 + y_2)}{2} + \frac{2}{3}\left\{y_1 - \frac{(y_0 + y_2)}{2}\right\}2d \tag{5.6}$$

$$= \frac{d}{3} \cdot (y_0 + 4y_1 + y_2)$$

여러 구간에 대한 일반식을 유도해 보면 그림 5.6에서

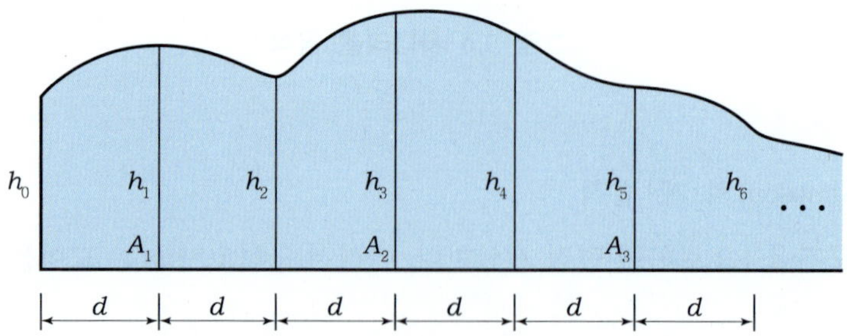

그림 5.6 Simpson 제1법칙

$$전체면적\ A = \frac{d}{3} \cdot \{(h_0 + 4h_1 + h_2) + (h_2 + 4h_3 + h_4) + \cdots + (h_{n-2} + 4h_{n-1} + h_n)\}$$

$$= \frac{d}{3} \cdot \{h_0 + 4(h_1 + h_3 + \cdots + h_{n-1}) + 2(h_2 + h_4 + \cdots + h_{n-2}) + h_n\}$$

$$\therefore A = \frac{d}{3} \cdot (h_0 + h_n + 4\sum h_{홀수} + 2\sum h_{짝수}) \tag{5.7}$$

2) 심프슨의 제2법칙

도형의 3구간을 한조로 하여 면적계산함으로써 실제 지형에 보다 가깝게 면적을 구할 수 있다는 장점이 있다. 따라서 구하고자 하는 도형을 3의 배수로 나누어야 한다.

ABCDE의 면적(A) = 사다리꼴 ABDE(A_1) + 곡선부분 BCD(A_2)

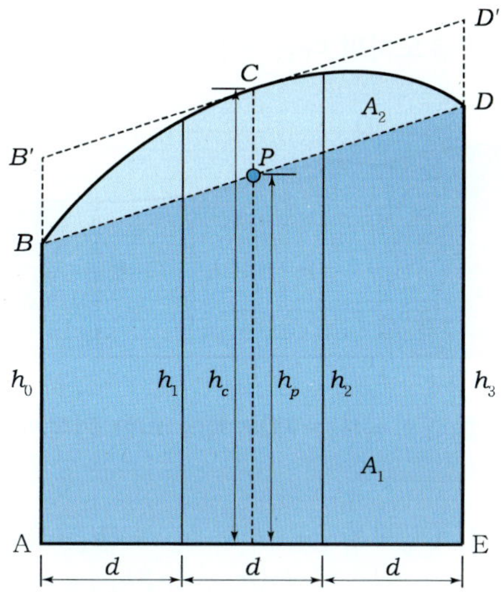

그림 5.7 Simpson 제2법칙

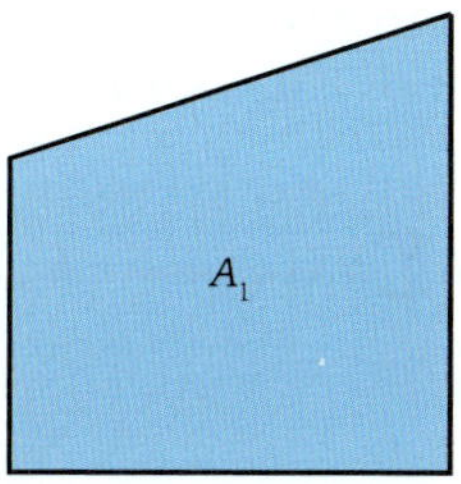

$$A_1 = 3d \cdot \frac{(y_0 + y_3)}{2}$$

심프슨 제1법칙과 다른 점은 원호 부분의 면적을 계산할 때 다음과 같이 계산한다는 점이다.

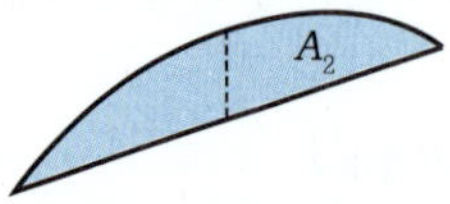

$$A_2 = \frac{3}{4}\{3d(h_c - h_p)\}$$
$$= \frac{3}{4}\left\{3d \cdot \left(\frac{(h_1+h_2)}{2} - \frac{(h_0+h_3)}{2}\right)\right\}$$

그러므로 한 단위 전체의 면적은 다음 식 (5.8)과 같다.

$$A = 3d \cdot \frac{(y_0+y_3)}{2} + \frac{3}{4}\left\{3d \cdot \left(\frac{(h_1+h_2)}{2} - \frac{(h_0+h_3)}{2}\right)\right\} \tag{5.8}$$
$$= \frac{3}{8}d(h_0 + 3h_1 + 3h_2 + h3)$$

그림 5.8에서 일반식으로 유도하면 다음과 같다.

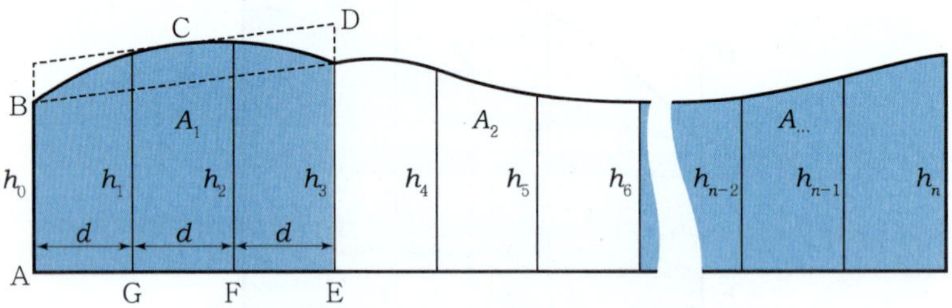

그림 5.8 심프슨 제2법칙에 의한 면적계산

$$A = \frac{3d}{8} \cdot \left[\begin{array}{c}(h_0 + 3h_1 + 3h_2 + h_3) + (h_3 + 3h_4 + 3h_5 + h_6) + \cdots \\ \cdots + (h_{n-3} + 3h_{n-2} + 3h_{n-1} + h_n)\end{array}\right]$$

$$= \frac{3d}{8} \cdot \left[\begin{array}{c}h_0 + 2(h_3 + h_6 + \cdots + h_{n-3}) + \cdots \\ \cdots + 3(h_1 + h_2 + h_4 + h_5 + \cdots + h_{n-2} + h_{n-1}) + h_n\end{array}\right]$$

$$\therefore A = \frac{3d}{8} \cdot \left(h_0 + 2\sum h_{(3의\ 배수)} + 3\sum h_{(나머지수)} + h_n \right)$$

(단, n은 3의 배수) (5.9)

예제 5.1

다음 도형의 면적을 사다리꼴 공식, 심프슨 제1, 제2법칙으로 계산하고 비교하시오.

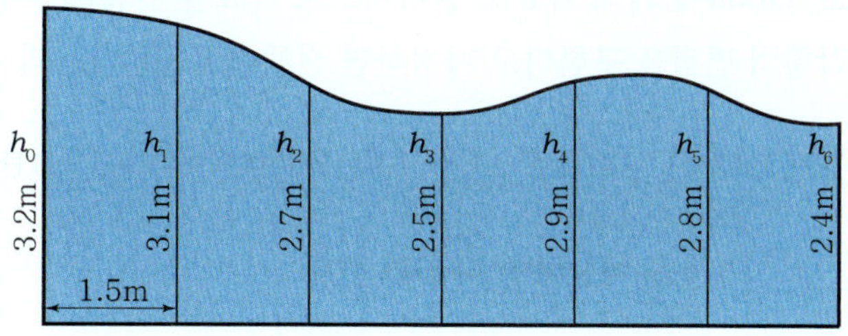

그림 5.9 예제 5.1

풀이 ▸ ▸ ▸

1) 사다리꼴 공식

$$\therefore A = d\left\{\frac{h_0 + h_n}{2} + h_1 + h_2 + \ldots + h_{n-1}\right\}$$

$$A = 1.5\left(\frac{3.2+2.4}{2} + 3.1 + 2.7 + 2.5 + 2.9 + 2.8\right) = 25.2m^2$$

2) 심프슨 제1법칙

$$A = \frac{d}{3}\left(h_0 + h_n + 4\sum h_{홀수} + 2\sum h_{짝수}\right)$$

$$A = \frac{1.5}{3}(3.2+2.4+4(3.1+2.5+2.8)+2(2.7+2.9) = 25.2m^2$$

3) 심프슨 제2법칙

$$\therefore A = \frac{3d}{8}\{h_0 + 2\sum h_{3의\ 배수} + 3\sum h_{나머지\ 수} + h_n\}$$

$$A = \frac{3\times 1.5}{8}\{3.2+2(2.5)+3(3.1+2.7+2.9+2.8)+2.4\} = 25.37m^2$$

5.2.3 좌표법

기준점 측량으로 좌표를 구하거나 CAD상에서 면적을 구할 때 사용하는 방법이다. 최근에는 측량성과가 total station에 의해 좌표로 얻어지므로 좌표를 이용하는 방법이 많이 쓰인다.

다음과 같은 다각형의 면적을 구한다고 가정하면 전체면적 S는 다음과 같이 구해진다.

전체면적 S = ⏢C'CDD' + ⏢D'DEE' + ⏢E'EFF' − ⏢C'CBB' − ⏢B'BAA' − ⏢A'AFF'

각각의 사각형(⏢)의 면적을 계산하면 다음과 같다.

$$= \frac{1}{2}(y_3+y_4)(x_3-x_4)+\frac{1}{2}(y_4+y_5)(x_4-x_5)+\frac{1}{2}(y_5+y_6)(x_5-x_6)$$

$$-\frac{1}{2}(y_3+y_2)(x_3-x_2)-\frac{1}{2}(y_2+y_1)(x_2-x_1)-\frac{1}{2}(y_1+y_6)(x_1-x_6) \tag{5.10}$$

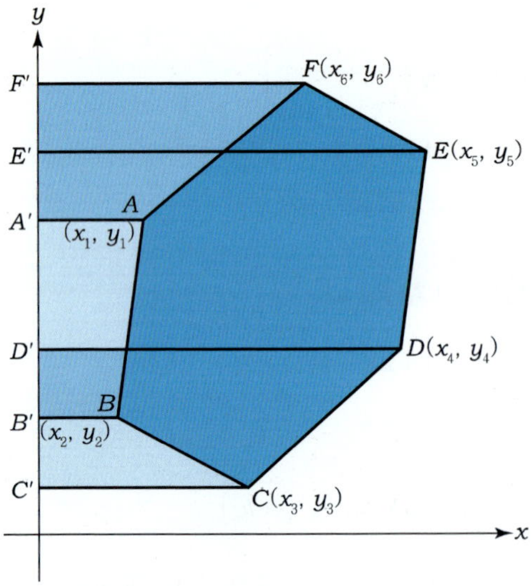

그림 5.10 좌표법에 의한 면적계산

결국, 다각형 ABCDEF의 면적은

$$S=\frac{1}{2}\ \{y_1(x_2-x_6)+y_2(x_3-x_1)+y_3(x_4-x_2)+y_4(x_5-x_3)+y_5(x_6-x_4)+y_6(x_1-x_5)\}$$

와 같이 된다. 이를 일반식으로 나타내면

$$S=\frac{1}{2}\sum x_i(y_{i+1}-y_{i-1})\ \text{혹은}\ \frac{1}{2}\sum y_i(x_{i+1}-x_{i-1}) \tag{5.11}$$

$S=\frac{1}{2}${어느 측점의 y좌표×(다음 측선의 x좌표−하나 앞 측선의 x좌표) 혹은

$=\frac{1}{2}${어느 측점의 x좌표×(다음 측선의 y좌표−하나 앞 측선의 y좌표)

좌표법으로 면적을 계산할 때 기준 축을 X축으로 할 것인가? 아니면 Y축으로 할 것인가에 따라 일반식의 부호가 달라진다.

예제 5.2

다음 토지의 면적을 좌표법으로 계산하시오.

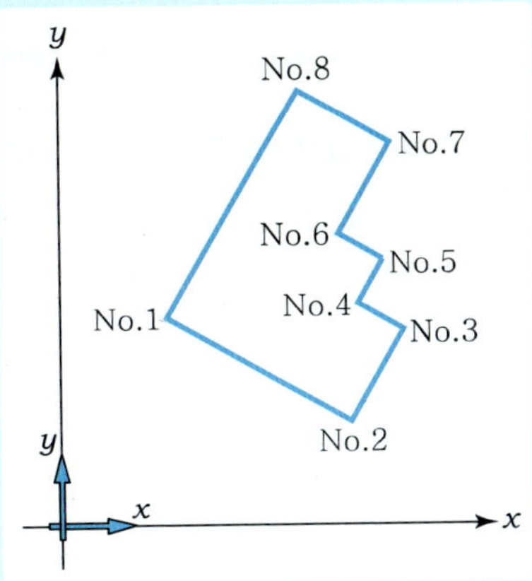

그림 5.11 예제 5.2

측점	X	Y	y_{n+1}	y_{n-1}	$y_{n+1}-y_{n-1}(\Delta y)$	X•Δy	
						+	−
No.1	20.0	40.0	20.0	83.3	−63.3		1266.00
No.2	54.6	20.0	37.3	40.0	−2.7		147.42
No.3	64.6	37.3	42.3	20.0	22.3	1440.58	
No.4	55.9	42.3	50.9	37.3	13.6	760.24	
No.5	60.9	50.9	55.9	42.3	13.6	828.24	
No.6	52.3	55.9	73.3	50.9	22.4	1171.52	
No.7	62.3	73.3	83.3	55.9	27.4	1707.02	
No.8	45.0	83.3	40.0	73.3	−33.3		1498.50
Σ						5907.60	2911.92

풀이▶▶▶

(5907.60−2911.92) /2=1497.84m^2

5.2.4 배횡거법

트래버스측량에서 계산의 편리를 위해 배횡거를 이용하여 면적을 계산하는 방법이다.

- 횡거는 어떤 측선의 중점으로부터 기준선(남북자오선)에 내린 수선의 길이를 말한다.
- 배횡거는 횡거의 2배를 의미하며

  제1측선의 배횡거는 제1측선의 경거

  임의 측선의 배횡거는 (앞 측선의 배횡거) + (앞 측선의 경거) + (그 측선의 경거)로 구한다.
- 면적계산

  각 측선의 배횡거에 해당측선의 위거를 곱해 전체를 더하면 면적의 2배가 얻어진다.

$$\triangle ABC = (\text{사다리꼴}\,BB'CC') - (\triangle ABB') - (\triangle C'CA)$$
$$= \frac{1}{2}\overline{B'C'}\ (\overline{B'B} + \overline{CC'}) - \frac{1}{2}\overline{AB'}\ \overline{B'B} - \frac{1}{2}\overline{AC'}\ \overline{C'C}$$

$$\therefore 2A = (\overline{BC}\text{의 위거} \times \overline{BC}\text{의 배횡거}) + (\overline{AB}\text{의 위거} \times \overline{AB}\text{의 배횡거}) + (\overline{CA}\text{의 위거} \times \overline{CA}\text{의 배횡거})$$

$$A = \frac{1}{2}\sum(\text{배횡거} \times \text{위거}) \qquad (5.12)$$

자세한 설명은 7장 트래버스 측량의 7.4.9절 면적계산을 참조하기 바란다.

예제 5.3

다음 결과를 보고 배횡거법으로 면적을 계산하시오.

측선	조정위거	조정경거	배횡거	배면적
1−2	23.29	38.82	38.82	904.12
2−3	−54.34	−23.29	54.35	−2953.38
3−1	31.05	−15.53	15.53	482.21
	0.00	0.00		−1567.05

풀이 ▸ ▸ ▸

배횡거계산

1-2 : 38.82(그 측선의 경거)

2-3 : 38.82+38.82-23.29=54.35

3-1 : 54.35-23.29+(-15.53)=15.53

배면적 계산

1-2 : 38.82×23.29=904.12

2-3 : 54.35×(-54.34)=-2953.38

3-1 : 15.53×31.05=482.21

면적계산

$$\text{면적} = \left|\frac{\Sigma \text{배면적}}{2}\right| = \left|\frac{-1567.05}{2}\right| = 783.525\text{m}^2$$

5.3 면적분할

토지의 분할 등과 같이 때대로 면적을 분할해야하는 때가 있다. 다각형인 경우에는 좌표법 또는 트래버스방법을 사용하지만 삼각형과 같이 단순한 경우에는 기하학적 비례식으로 분할할 수 있다.

5.3.1 삼각형의 분할

(1) 한 변에 평행한 직선에 의한 분할(a)

전체 △ABC의 면적을 S, △ADE의 면적을 M이라 하면

$$S = \frac{1}{2} \times h \times \overline{BC},\ \ M = \frac{1}{2} \times h' \times \overline{DE}$$

$$\frac{M}{S} = \frac{m}{m+n} = \frac{h' \cdot \overline{DE}}{h \cdot \overline{BC}}$$

$$= \left(\frac{\overline{DE}}{\overline{BC}}\right)^2 = \left(\frac{\overline{AD}}{\overline{AB}}\right)^2 = \left(\frac{\overline{AE}}{\overline{AC}}\right)^2$$

$$\therefore \overline{AD} = \overline{AB}\sqrt{\frac{m}{m+n}} \tag{5.13}$$

$$\therefore \overline{AE} = \overline{AC}\sqrt{\frac{m}{m+n}} \tag{5.14}$$

(2) 한 꼭짓점을 지나는 직선의 분할(b)

△ABC의 면적을 S, △ABD의 면적을 M, △ADC의 면적을 N이라 하면

$$S = \frac{1}{2} \times h \times \overline{BC}$$

$$M = \frac{1}{2} \times h \times \overline{BD}$$

$$N = \frac{1}{2} \times h \times \overline{CD}$$

$$\frac{M}{S} = \frac{m}{m+n} = \frac{\overline{BD}}{\overline{BC}} \qquad \frac{N}{S} = \frac{n}{m+n} = \frac{\overline{CD}}{\overline{BC}}$$

$$\therefore \overline{BD} = \frac{m}{m+n}\overline{BC} \tag{5.15}$$

$$\therefore \overline{CD} = \frac{n}{m+n}\overline{BC} \tag{5.16}$$

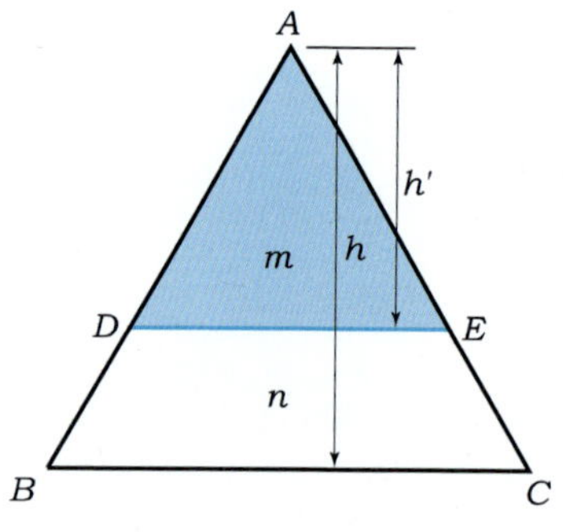

그림 5.12 삼각형 분할(1)

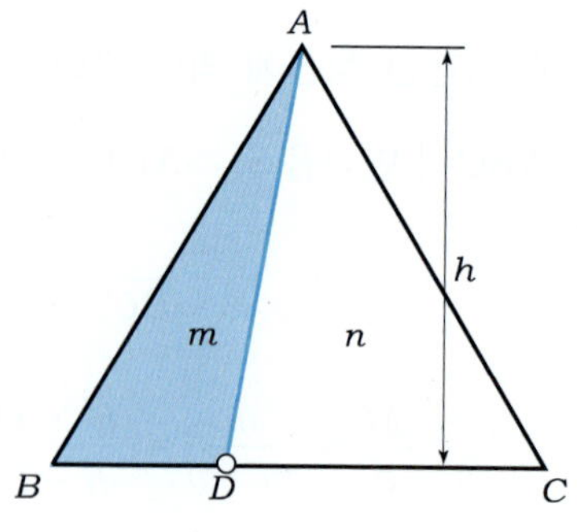

그림 5.13 삼각형 분할(2)

(3) 한 변상 고정점을 지나는 직선에 의한 분할

1) m < n의 경우(c)

△ABC의 높이를 h, △BED의 높이를 h'라 하면 $h' = \dfrac{\overline{BD}}{\overline{AB}} h$이므로

$$\frac{h'}{2} \cdot \overline{BE} = \frac{m}{m+n} \cdot \frac{h}{2} \cdot \overline{BC}$$

$$\frac{h}{2} \cdot \frac{\overline{BD}}{\overline{AB}} \cdot \overline{BE} = \frac{m}{m+n} \cdot \frac{h}{2} \cdot \overline{BC}$$

$$\therefore \overline{BE} = \frac{m}{m+n} \cdot \frac{\overline{AB}}{\overline{BD}} \cdot \overline{BC} \tag{5.17}$$

2) m > n의 경우(d)

△ABC의 높이를 h, △ADE의 높이를 h'라 하면 $h' = \dfrac{\overline{AD}}{\overline{AB}} h$이므로

$$\frac{h'}{2} \cdot \overline{AE} = \frac{n}{m+n} \cdot \frac{h}{2} \cdot \overline{AC}$$

$$\frac{h}{2} \cdot \frac{\overline{AD}}{\overline{AB}} \cdot \overline{AE} = \frac{n}{m+n} \cdot \frac{h}{2} \cdot \overline{AC}$$

$$\therefore \overline{AE} = \frac{n}{m+n} \cdot \frac{\overline{AB}}{\overline{AD}} \cdot \overline{AC} \tag{5.18}$$

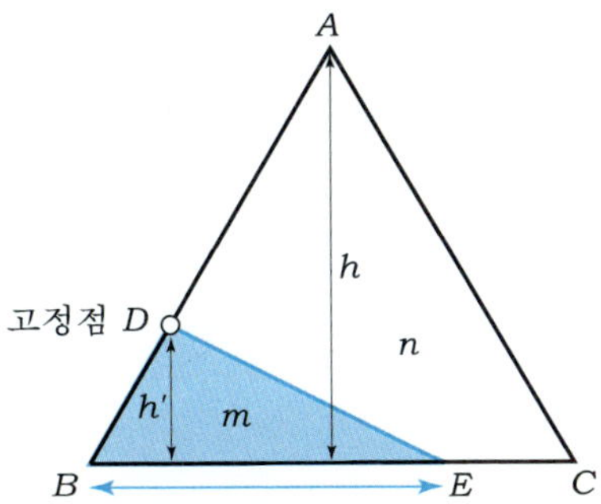

그림 5.14 삼각형분할(3)

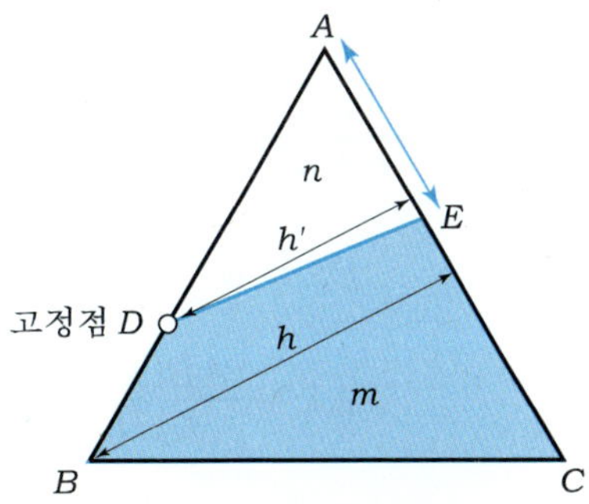

그림 5.15 삼각형분할(4)

5.3.2 사각형의 분할

(1) 사다리꼴을 밑변에 평행한 직선으로 m : n으로 분할할 경우

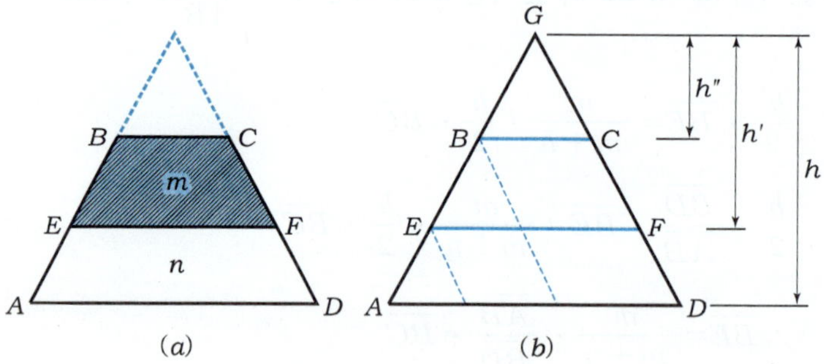

그림 5.16 사각형의 분할

$$\triangle BCG = \frac{h''}{2} \cdot BC, \triangle EFG = \frac{h'}{2} \cdot EF, \triangle ADG = \frac{h}{2} \cdot AD$$

$$BCFE = \frac{m}{m+n}(\triangle ADG - \triangle BCG) = \triangle EFG - \triangle BCG$$

$$\frac{m}{m+n}\left(\frac{h}{2} \cdot AD - \frac{h''}{2} \cdot BC\right) = \frac{h'}{2} \cdot EF - \frac{h''}{2} \cdot BC$$

$$\frac{m}{m+n} \cdot AD + \frac{m}{m+n} \cdot \frac{h''}{h} \cdot AD = \frac{h'}{h} \cdot EF$$

$\frac{h''}{h} = \frac{BC}{AD}, \frac{h'}{h} = \frac{EF}{AD}$ 이므로

$$\frac{m}{m+n} \cdot AD + \frac{n}{m+n} \cdot \frac{BC^2}{AD} = \frac{EF^2}{AD}$$

$$\frac{1}{m+n}(mAD^2 + nBC^2) = EF^2$$

$$\therefore EF = \sqrt{\frac{mAD^2 + nBC^2}{m+n}} \tag{5.19}$$

$$\therefore AX = \frac{AB(EF - AB)}{AD - BC} \tag{5.20}$$

5.3.3 트래버스를 이용하는 방법

다각형 ABCDE를 1:1로 분할하는 F점의 좌표 및 $\overline{AF}$, $\overline{BF}$의 거리는 얼마인가?

① 다각형의 면적구하기

좌표법에 의한 면적계산

$A = \frac{1}{2}$ {어느 측점의 x 좌표 × (다음 측점의 y 좌표 − 전측점의 y 좌표)}

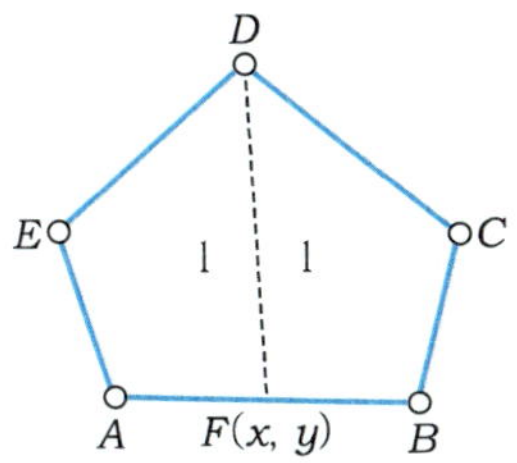

측점	x	y	y_{n+1}	y_{n-1}	$A = (y_{n+1} - y_{n-1}) \times x$
A	2	7	16	4	(16−4) × 2 = 24
B	3	16	15	7	(15−7) × 3 = 24
C	11	15	9	16	(9−16) × 11 = −77
D	14	9	4	15	(4−15) × 14 = −154
E	8	4	7	9	(7−9) × 8 = −16

$2S = -199\text{m}^2$

$S = 99.5\text{m}^2$

② 다각형 AEDF의 면적구하기

측점	x	y	y_{n+1}	y_{n-1}	$A = (y_{n+1} - y_{n-1}) \times x$
A	2	7	4	y	$(4-y) \times 2 = 8-2y$
E	8	4	9	7	(9−7) × 8 = 16
D	14	9	y	4	$(y-4) \times 14 = 14y-56$
F	x	y	7	9	$(7-9) \times x = -2x$

$-2x + 12y - 32$

다각형 AEDF의 면적은 다각형 ABCDE 면적의 1/2이므로

$$-2x + 12y + 32 = 99.5$$

$$\therefore -2x + 12y = 131.5 \qquad ①$$

③ 다각형 FDCB의 면적구하기

측점	x	y	y_{n+1}	y_{n-1}	$A=(y_{n+1}-y_{n-1})\times x$
F	x	y	9	16	$(9-16)\times x=-7x$
D	14	9	15	y	$(15-y)\times 14=210-14y$
C	11	15	16	9	$(16-9)\times 11=77$
B	3	16	y	15	$(y-15)\times 3=3y+45$
					$-7x-11y+242$

역시 다각형 FDCB의 면적은 다각형 ABCDE 면적의 1/2이므로

$$-7x-11y=242+99.5$$

$$\therefore -7x-11y=-142.5 \qquad ②$$

①②식을 연립으로 풀어 x_F, y_F를 구한다.

$$x_F=2.448,\ \ y_F=11.373$$

④ 거리 AF, FB구하기

$$\overline{AF}=4.4\text{m},\ \overline{FB}=4.665\text{m}$$

5.4 횡단면적을 구하는 방법

횡단면적을 구하는 경우는 대부분이 노선측량에서 횡단면도를 작성하고 절・성토 면적을 구하는 것이다. 이때 알고 있는 값은 중심점으로부터 수평거리와 고저차이므로 이들 두 값으로 계산하는 것이 일반적이다.

(1) 원지반이 수평인 경우

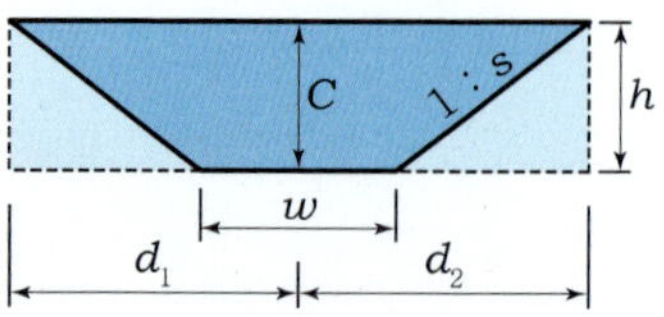

그림 5.17 수평단면

$$A = h(d_1 + d_2) - 2\left(\frac{sh \times h}{2}\right) = h(d_1 + d_2) - (sh \times h)$$

$$\text{또는 } d_1 = d_2 = \frac{w}{2} + sh \quad \rightarrow \quad A = c(w + sh) \tag{5.20}$$

(2) 양 측점의 높이가 다르고 그 사이가 일정한 경사로 되어 있는 경우

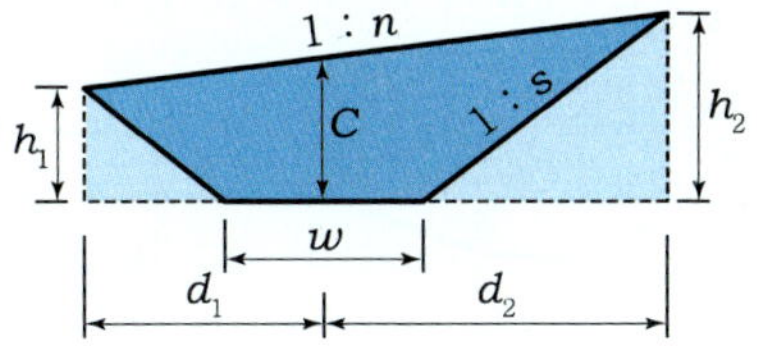

그림 5.18 등경사단면

$$A = \frac{1}{2}\{(h_1 + h_2)(d_1 + d_2)\} - \left\{\frac{h_1}{2}\left(d_1 - \frac{w}{2}\right) + \frac{h_2}{2}\left(d_2 - \frac{w}{2}\right)\right\} \tag{5.21}$$

$$= (h_1 + h_2)(d_1 + d_2) - \left\{\frac{h_1}{2}\left(d_1 - \frac{w}{2}\right) + \frac{h_1}{2}\left(d_2 - \frac{w}{2}\right)\right\}$$

(3) 3점의 높이를 알고 있는 경우

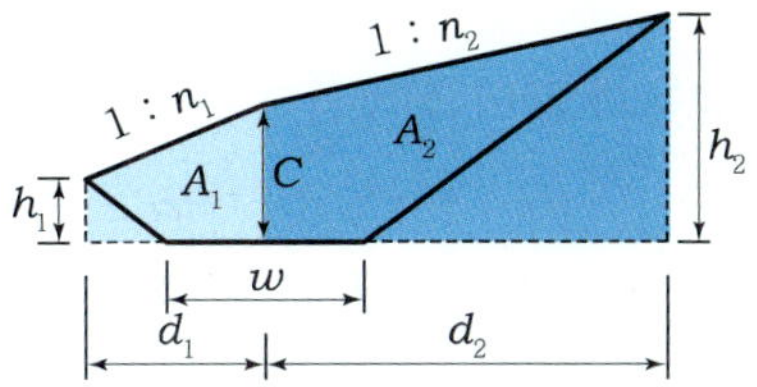

그림 5.19 3고도단면

$$d_1 = \left(c + \frac{w}{2s}\right)\left(\frac{n_1 s}{n + s}\right)$$

$$d_2 = \left(c + \frac{w}{2s}\right)\left(\frac{n_2 s}{n - s}\right)$$

$$A = \frac{d_1 + d_2}{2}\left(c + \frac{w}{2s}\right) - \frac{w^2}{4s} \tag{5.22}$$

$$= \frac{c(d_1 + d_2)}{2} + \frac{w}{4}(h_1 + h_2)$$

(4) 불규칙한 단면의 경우

실제 지형을 횡단측량하여 횡단면도를 그려보면 다소 복잡한 경우가 대부분이다. 이러한 경우에는 앞에서 설명한 방법으로는 시간이 많이 소요되어 효율적이지가 않다. 이와 같이 불규칙한 경우에는 다음과 같이 배면적법을 사용한다.

횡단측량 결과로 정리된 야장에는 다음과 같이 수평거리와 중심점과의 표고차가 기록된다.

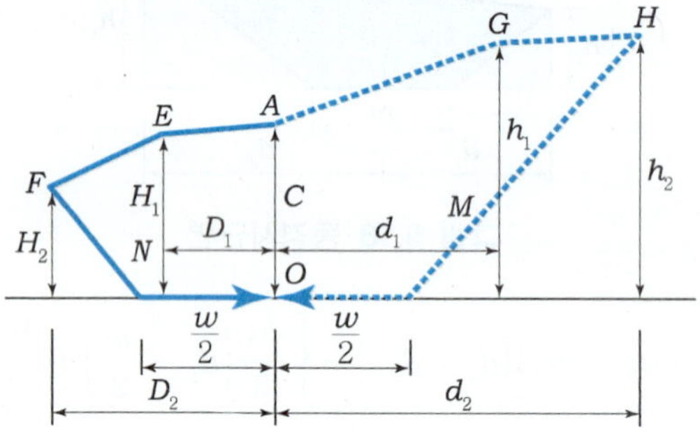

그림 5.20 단면이 불규칙한 경우의 면적계산

$$\cdots\frac{H_2}{D_2}\cdot\frac{H_1}{D_1}\cdot\frac{c}{0}\cdot\frac{h_1}{d_1}\cdot\frac{h_2}{d_2}\cdots$$

이를 도로폭 w를 고려하여 다음과 같이 정리한다.(부호고려)

$$\frac{0}{-\frac{w}{2}+}\cdot\frac{H_2}{-D_2+}\cdot\frac{H_1}{-D_1+}\cdot\frac{c}{0}\cdot\frac{h_1}{+d_1-}\cdot\frac{h_2}{+d_2-}\cdot\frac{0}{+\frac{w}{2}-}$$

부호를 고려하여 분자와 분모를 각각 곱하여 합계를 구하면 배면적이 된다.

$$\swarrow\frac{0}{-\frac{w}{2}+}\times\frac{H_2}{-D_2+}\times\frac{H_1}{-D_1+}\times\frac{c}{0}\times\frac{h_1}{+d_1-}\times\frac{h_2}{+d_2-}\times\frac{0}{+\frac{w}{2}-}\searrow$$

예제 5.4

횡단측량하여 다음의 값을 얻었다. 단면적을 구하시오.(도로폭은 7.0m)

$$\frac{0}{-3.5},\ \frac{0.8}{-4.5},\ \frac{1.4}{-3.2},\ \frac{2}{0},\ \frac{2.8}{+5.0},\ \frac{3.4}{+8.4},\ \frac{0}{+3.5}$$

풀이 ▸ ▸ ▸

도로폭과 부호를 고려하여 다음과 같이 정리한다. 도로폭이 7m이므로 좌우로 3.5m 지점을 추가한다.

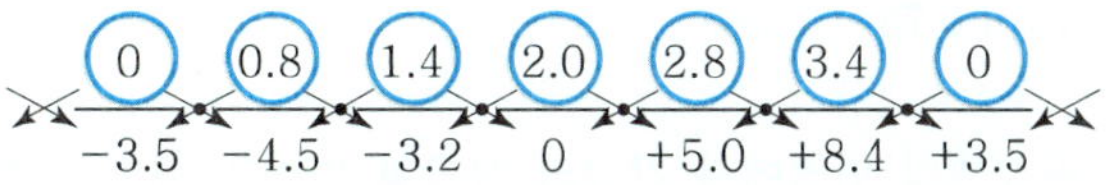

0×(−4.5−3.5)=0

0.8×(+3.5−3.2)=0.24

1.4×(+4.5−0)=6.3

2.0×(+3.2+5)=16.4

2.8×(+0+8.4)=23.52

3.4×(−5.0+3.5)=−5.1

0×(−8.4−3.5)=0

Total : 41.36

Area=41.36/2=20.68

예제 5.5

다음과 같은 단면이 있다. 면적을 구하시오. (소수3자리 계산)

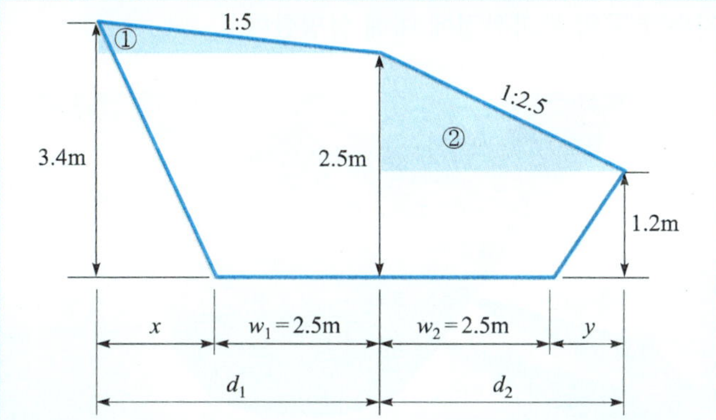

그림 5.21 예제 5.5

풀이 ▸ ▸ ▸

1) 삼각형①에서

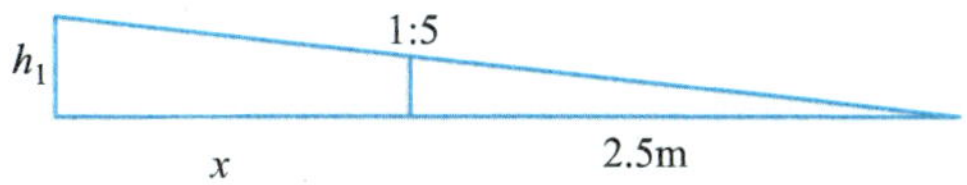

$h_1 = 3.4 - 2.5 = 0.9\text{m}$

$1 : 5 = (x + 2.5) : 0.9 \quad \rightarrow \quad x = 2.0\text{m}$

$\therefore d_1 = 2.5 + 2.0 = 4.5\text{m}$

2) 삼각형②에서

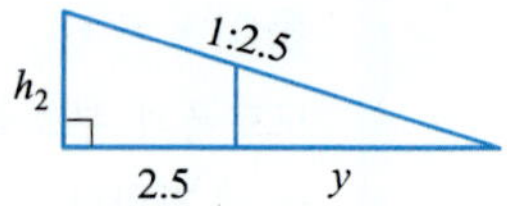

$h_2 = 2.5 - 1.2 = 1.3\text{m}$

$1 : 2.5 = 1.3 : (y + 2.5) \;\rightarrow\; y = 0.75\text{m}$

$\therefore d_2 = 2.5 + 0.75 = 3.25\text{m}$

3) 사다리꼴 2개의 면적에서 각각의 삼각형 면적을 빼면 면적을 구할 수 있다.

$$\left[\left(\frac{3.4+2.5}{2}\times 4.5\right)-\left(\frac{1}{2}\times 2\times 3.4\right)\right]+\left[\left(\frac{1.2+2.5}{2}\times 3.25\right)-\left(\frac{1}{2}\times 0.75\times 1.2\right)\right]=15.438\text{m}^2$$

5.5 체적의 산정

각종 건설행위 중에 토공은 빈번히 일어난다. 특히, 토공량의 정확한 산정은 전체 공사비와 공사기간에 영향을 미치므로 중요하다. 그림 5.22에서 절토현장과 원래의 지형을 보였다. 얼마만큼의 절토를 했을까? 어떠한 방법으로 구할 수 있을까? 고민해 보자. 이 절에서는 이러한 토공량과 저수량 등의 부피산정에 대해 설명한다.

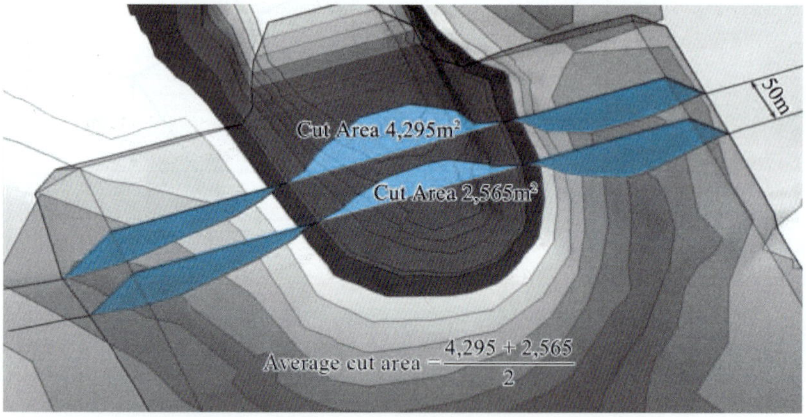

그림 5.22 토공면적계산(https://www.kublasoftware.com/)

도로설계 시 원지형을 기준으로 절・성토 구간이 결정된다. 그림 5.23에서 No.11+21까지는 성토구간이며 No.11+64부터는 절토구간이다. B점에서는 절・성토 구간이 동시에 존재한다.

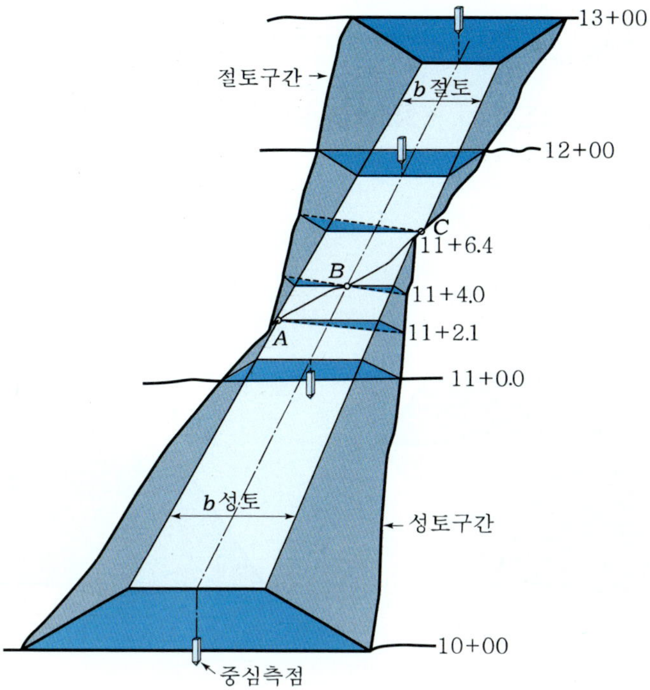

그림 5.23 도로시공 시의 절 · 성토

5.5.1 단면적을 이용하는 방법

(1) 각주공식

$$V_0 = \frac{h}{3}(A_0 + 4A_1 + A_2)$$

$$V_1 = \frac{h}{3}(A_2 + 4A_3 + A_4)$$

$$V_2 = \frac{h}{3}(A_4 + 4A_5 + A_6)$$

$$\vdots$$

$$V_n = \frac{h}{3}(A_{n-2} + 4A_{n-1} + A_n)$$

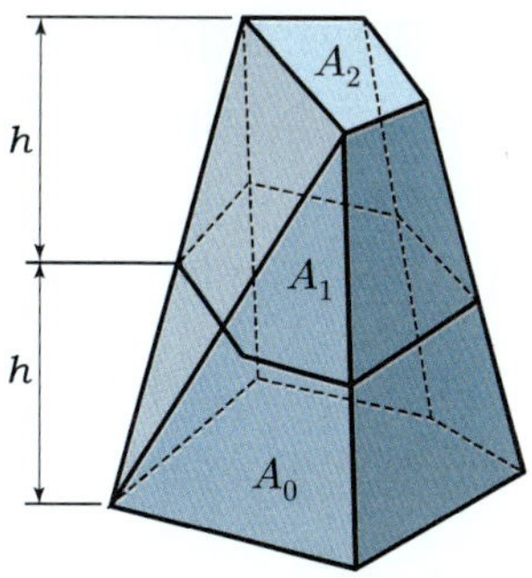

그림 5.24 각주의 체적

$$V = \Sigma V_o = \frac{h}{3}\{A_0 + A_n + 2(A_2 + A_4 + \cdots + A_{n-2}) + 4(A_1 + A_3 + \cdots + A_{n-1})\}$$

$$\therefore V = \frac{h}{3}\{A_0 + A_n + 4\sum A_{\text{홀수}} + 2\sum A_{\text{나머지 짝수}}\} \quad (5.23)$$

(2) 양단면평균법

$$V_0 = \frac{l}{2}(A_1 + A_2) \quad (5.24)$$

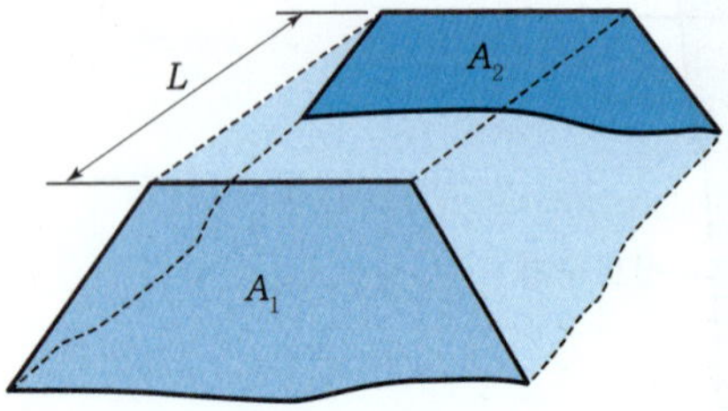

그림 5.25 양단면평균법

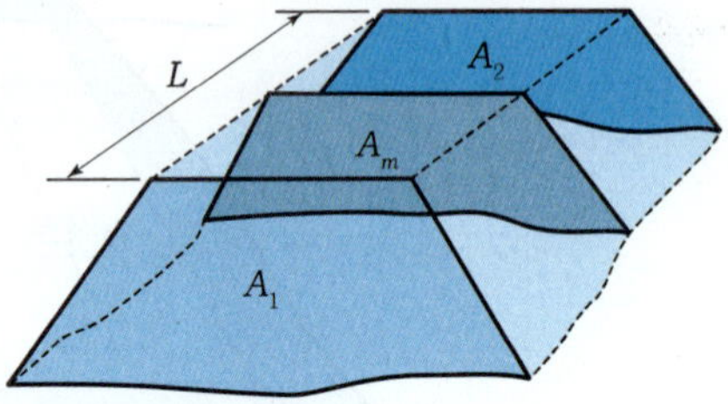

그림 5.26 중앙단면법

(3) 중앙단면법

$$V_0 = A_m l \quad (5.25)$$

5.5.2 점고(點高)에 의한 토공량 산정

건물부지의 정리 및 토취장 및 사토장의 용량관측 등과 같은 넓은 면적의 토공량을 산정할 경우 매우 유용하다.

(1) 사각기둥법

구역을 직사각형으로 나누고 교차점의 표고를 측량한다. 그림 5.27에 보인 사각기둥의 부피는 밑면적×기둥의 평균높이로 구할 수 있다.

$$V_0 = \frac{1}{4}A(h_1 + h_2 + h_3 + h_4) \quad (5.26)$$

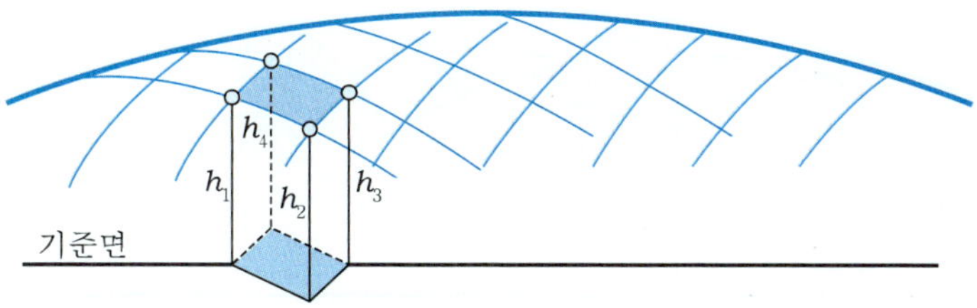

그림 5.27 사각기둥법

각 격자점에 대한 표고가 얻어지면 표고가 기둥의 부피계산에 영향을 미치는 개수에 따라 분류한다. 그림 5.28에서 1~4가 의미하는 것은 사각기둥의 부피계산에 영향을 미치는 개수이다.

예를 들어 3이란 숫자는 3개의 기둥부피를 계산할 때 영향을 미친다는 의미이다. 즉, 전체의 부피는 식 (5.27)과 같이 나타낼 수 있다.

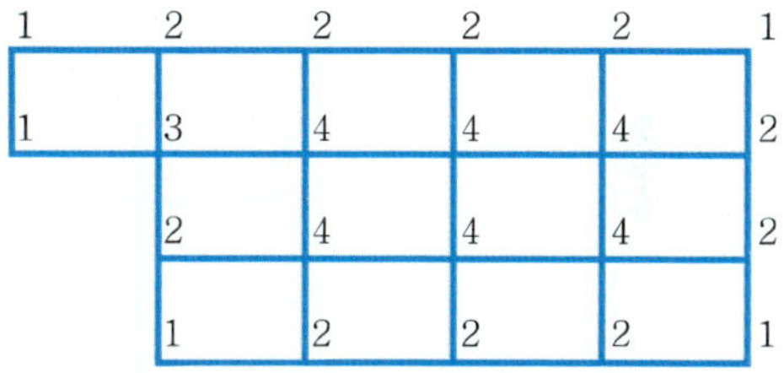

그림 5.28 점고법(사각기둥법)

$$\therefore V = \sum V_0 = \frac{1}{4} A \left(\sum h_1 + 2\sum h_2 + 3\sum h_3 + 4\sum h_4 \right) \tag{5.27}$$

(2) 삼각기둥법

구역을 삼각형으로 나누어 계산한다. 삼각형은 면을 형성하는 최소의 단위이므로 사각 기둥법보다는 상세한 산정이 가능하다.

$$V_0 = \frac{1}{3} A \left(h_1 + h_2 + h_3 \right) \tag{5.28}$$

그림 5.29에서 삼각기둥의 부피는 역시, 밑면적×기둥의 평균높이로 구할 수 있다.

사각기둥법과는 다르게 삼각기둥법은 하나의 표고가 최대 8개의 기둥에 대한 부피를 구할 때 영향을 미친다. 그러므로 각각을 경중률로 고려하여 전체 부피를 계산하면 식 (5.29)와 같이 표현할 수 있다.

$$\therefore V = \sum V_0 = \frac{1}{3} A \left(\sum h_1 + 2\sum h_2 + \cdots + 7\sum h_7 + 8\sum h_8 \right) \tag{5.29}$$

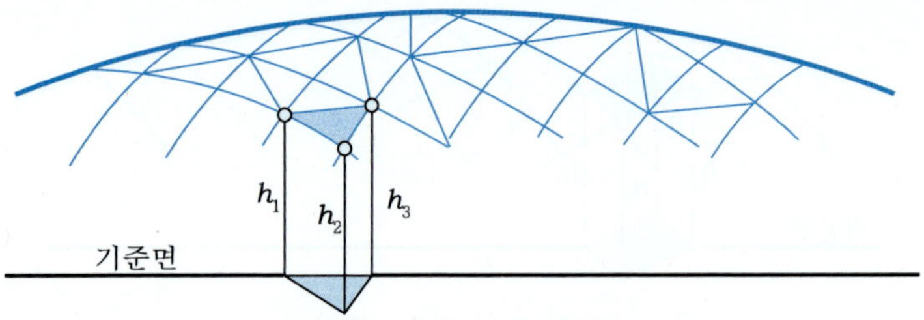

그림 5.29 점고법(삼각기둥법)

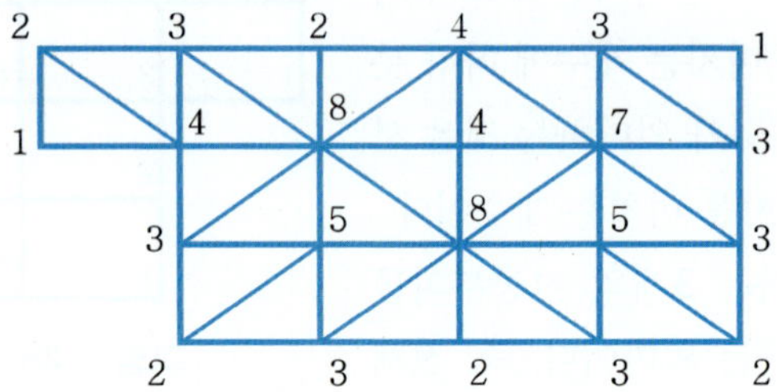

그림 5.30 점고법(삼각기둥법)

예제 5.6

다음은 어느 지역의 절토고를 구한 것이다. 토공량을 구하시오.

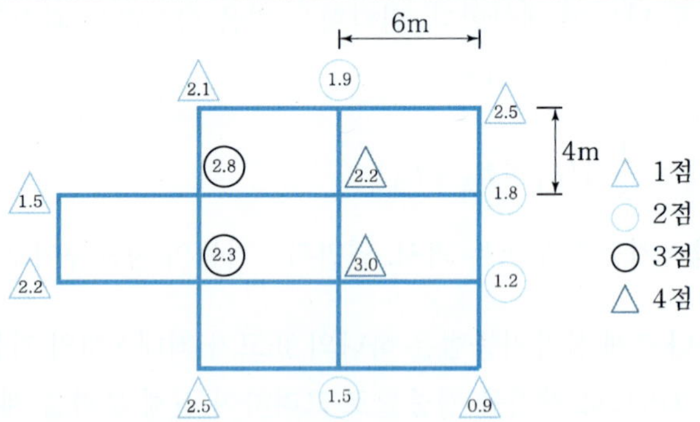

그림 5.31 예제 5.6

풀이 ▸ ▸ ▸

$\Sigma h_{1점} = 2.2 + 1.5 + 2.1 + 2.5 + 0.9 + 2.5 = 11.7$

$\Sigma h_{2점} = 1.9 + 1.5 + 1.8 + 1.2 = 6.4$

$\Sigma h_{3점} = 2.8 + 2.3 = 5.1$

$\Sigma h_{4점} = 2.2 + 3.0 = 5.2$

$$\therefore V = \frac{1}{4}A(\sum h_1 + 2\sum h_2 + 3\sum h_3 + 4\sum h_4)$$

$$= \frac{1}{4}(4\times 6)(11.7 + 2\times 6.4 + 3\times 5.1 + 4\times 5.2) = 363.6\text{m}^3$$

예제 5.7

어느 지역을 20m×20m 격자로 나누고 교점의 표고를 구하였다. 설계높이를 15m로 한다면 토공량은 얼마인가?

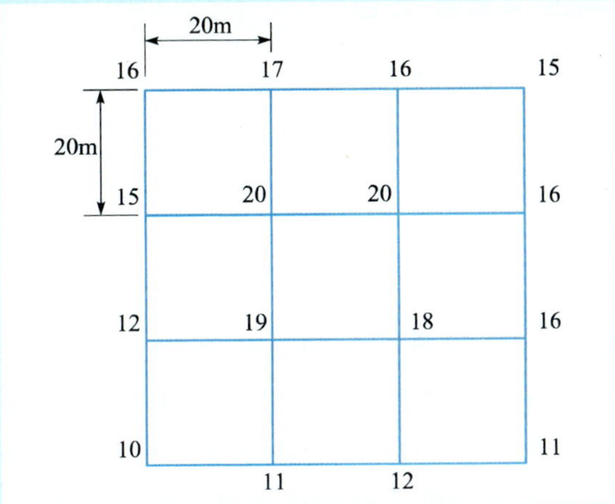

그림 5.32 예제 5.7

풀이 ▸ ▸ ▸

1) 체적(V_1) 계산

$$V_1 = \frac{A}{4}(\Sigma h_1 + 2\Sigma h_2 + 3\Sigma h_3 + 4\Sigma h_4)$$

- $\sum h_1 = 16+10+11+15=52\text{m}$
- $\sum h_2 = 15+12+11+12+16+16+17+16=115\text{m}$
- $\sum h_3 = 20+20+18+19=77\text{m}$

$$\therefore\ V_1 = \frac{20\times 20}{4}\times\{52+(2\times 115)+(3\times 77)\}=51{,}300\text{m}^3$$

2) 표고 15m일 경우 체적(V_2) 계산

$$V_2 = A\cdot h\cdot n=(20\times 20)\times 15\times 8=48{,}000\text{m}^3$$

3) 토량(V) 계산

$$V=V_2-V_1=48{,}000-51{,}300=\ominus 3{,}300\text{m}^3$$

$\therefore$ 절토량(V)$=3{,}300\text{m}^3$

5.5.3 등고선법에 의한 토공량 산정

용적을 근사적으로 구하는 편리한 방법으로 정지작업, 저수지의 유량관측 등에 쓰인다. 제 10장 등고선 측량 및 활용부분을 참조바란다(10.11.6절).

5.5.4 유토곡선(mass curve)에 의한 토공량 산정

종단고저측량과 횡단고저측량에 의해 작성된 종횡단고저측량에서 각 측점의 단면적을 절토(+) 및 성토(−)로 하여 각 측점마다 토량을 구해 누가토량을 구한다. 이 누가(累加) 토량을 종횡단면의 축척과 동일하게 기준선을 설정하여 작도한 것을 유토곡선 또는 토량곡선이라 한다. 유토곡선은 토량의 운반거리, 운반장비, 토량배분 등에 토적 곡선을 이용함으로 능률적인 공사 수행을 도모할 수 있으며 다음과 같은 특성을 지니고 있다.

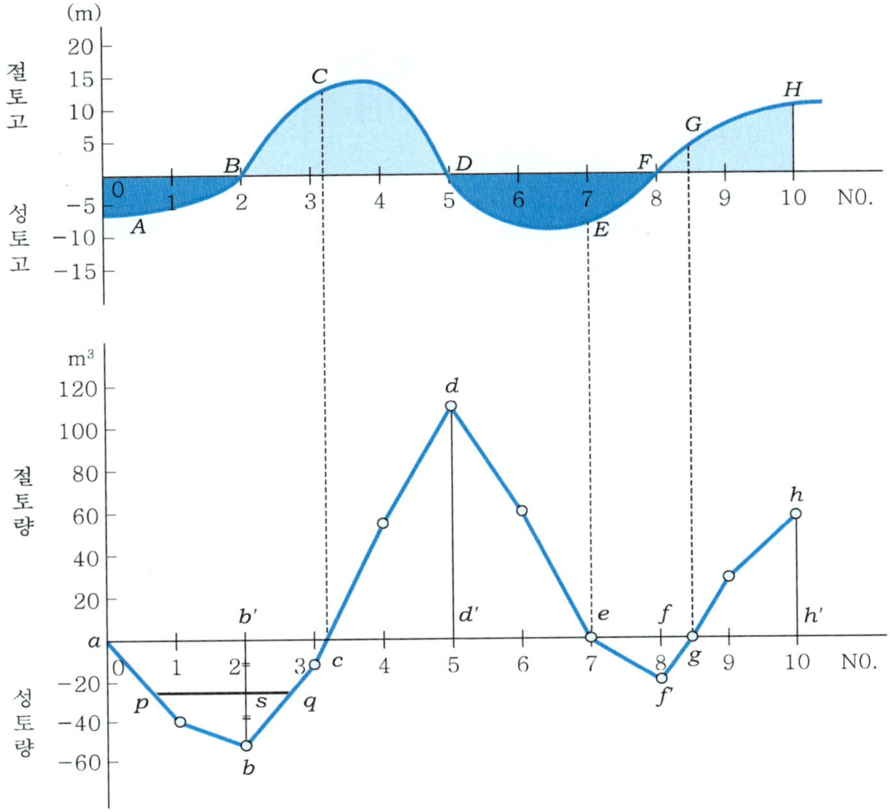

그림 5.33 유토곡선

① 유토곡선이 하향인 구간은 성토곡선이고 상향인 구간은 절토구간이다.

② 유토곡선의 저점은 성토에서 절토로, 정점은 절토에서 성토로 변화하는 점이다.

③ 유토곡선과 시공기준선이 교차하는 c, e, g점에 있어서 절토량과 성토량은 같다.

④ 평행선에서 곡선의 저점이나 정점까지의 높이는 절토에서 성토로 운반되는 전토량을 나타낸다. 그림에서 a-c구간에서는 bb', c-e구간에서는 dd', e-g구간에서는 ff'가 전토량이다.

⑤ AH구간에서 hh'는 사토량이 된다.

⑥ 절토와 성토의 평균운반 거리는 유토곡선 토량의 1/2점간의 거리로 한다.
그림에서 AC구간에서 평균운반거리는 bb'의 1/2점인 s점을 통과하는 평행선의 길이

pq이다. 평균운반거리는 절토부분의 중심과 성토부분의 중심간의 거리를 의미하며 총토공량은 총토량을 평균운반거리만큼 운반한 것을 의미한다.

$$\text{평균운반거리} = \frac{\text{총토공량}}{\text{총토량}} \tag{5.30}$$

총토공량은 유토곡선과 평행선으로 둘러싸인 부분의 면적에 해당하며 총토량은 유토곡선의 최대종거를 의미한다.

$$\text{평균운반거리} = \frac{\text{유토곡선과 평행선으로 둘러싸인 면적}}{\text{최대종거}} \tag{5.31}$$

연습문제

5.1 폐합다각형의 좌표가 각각A(319,40), B(377,58), C(454,30), D(435,208), E(415,197)일 때 면적을 구하시오.

5.2 다음 지역의 토공량을 계산하기 위해 수준측량을 실시하여 다음과 같은 성과를 얻었다. 표고 40m로 절토할 경우에 토공량을 구하시오.

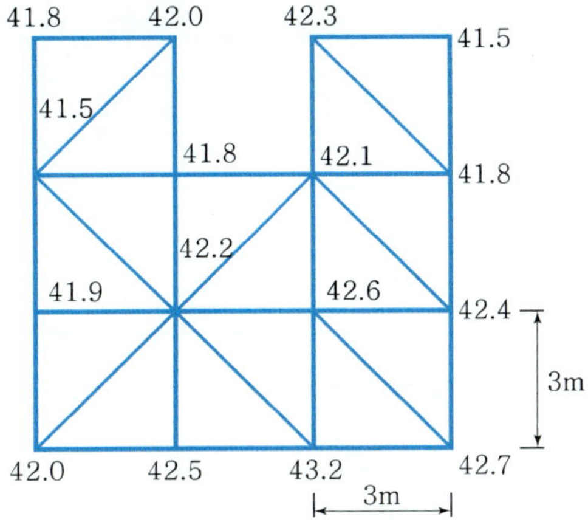

5.3 다음 종단면도를 보고 각 측점에서의 토공면적을 구하시오. (단, 도로폭은 10m, 절토구배는 1:1, 성토구배는 1:1.5로 한다.)

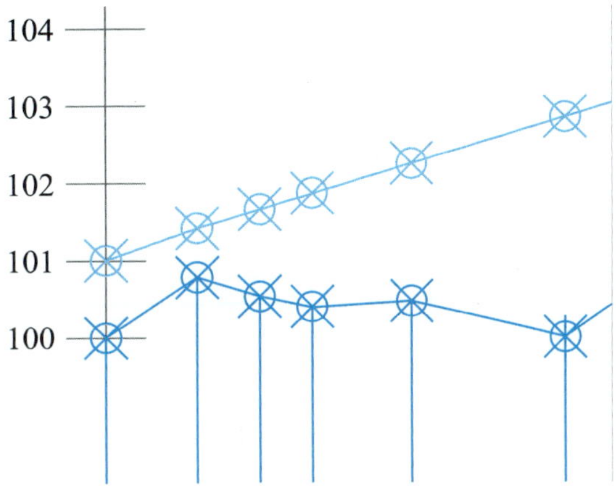

측점	0	0+12	1	1+6.9	2	3
거리	0	12	20	26.9	40	60
지반고	100.0	100.8	100.5	100.4	100.5	99.9
계획고	100.0	101.4	101.6	101.8	102.2	102.8

5.4 다음 각 측점에 대한 토공면적이다. 토공량을 계산하고 유토곡선을 작성하여 No.1~No.6구간에서의 총 토공량을 계산하시오.

(1) 토적계산표

측점	거리 (m)	절토		성토		절성토량 (m^3)	누적토량 (m^3)
		단면적 (m^2)	토량 (m^3)	단면적 (m^2)	토량 (m^3)		
No.0	0	0	-	0	-	0.0	0.0
No.1	20	1.5		4.8			
No.2	20	3.0		1.2			
No.3	20	2.5		1.0			
No.4	20	2.0		3.3			
No.5	20	3.8		5.0			
No.6	20	1.0		0.3			
계							

(2) 토적곡선

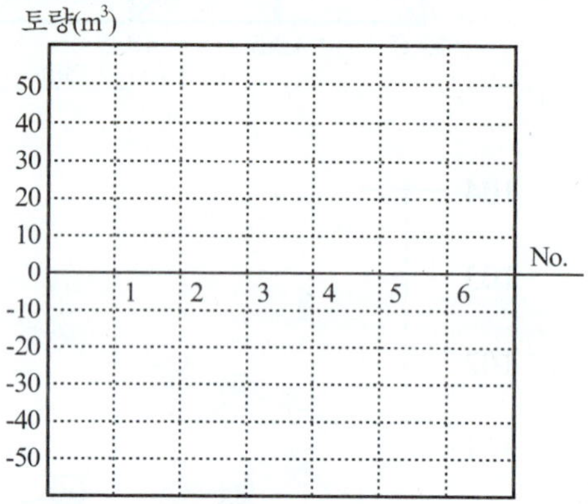

제2편
기준점측량

| 제2편 기준점측량 |

어느 지역에 대한 현황도 작성 및 위치결정 시 측량을 진행함에 따라 오차가 누적된다. 이러한 오차의 누적을 최소화하고 오차를 분배하기 위해서는 대상 지역에 대한 골조를 형성하여 측량해야 한다. 이와같이 골격을 형성하여 행하는 측량을 기준점 측량이라 한다. 지형측량 등의 후속적인 측량은 이 골조를 기준으로 행해지게 된다. 이러한 기준점 측량은 측량의 정확도와 측량지역에 따라 트래버스측량(다각측량), 삼각측량, 삼변측량, GPS측량 방법을 사용한다. 국가의 국토교통부 산하 국토지리정보원에서는 우리나라 전역에 기준점을 설치하여 망을 형성하고 각각에 대한 위치정보를 유지관리하고 있다. 현재에는 GPS측량에 의해 설치된 통합기준점을 사용하는 추세이다.

제6장 트래버스측량

기준점측량 방법 중의 하나로 방향과 거리를 가지고 있는 선분의 연속인 트래버스를 이용하여 수평위치를 결정하는 방법이다. 각 측점의 좌표를 측선의 방향과 거리를 이용하여 결정한다. GNSS측량이 일반화되었으나 좁은 지역의 수평위치를 기준점측량방법으로 트래버스측량이 가장 일반적으로 사용되고 있다.

6.1 트래버스측량의 정의

6.1.1 정의

① 기준이 되는 측점을 연결하는 측선의 길이와 그 방향을 관측하여 측점의 수평위치(x, y)를 결정하는 방법(골조측량)을 트래버스측량 또는 다각측량이라 한다.

② 거리와 각에 의한 수평위치를 결정하는 것이다.
그림 6.1에서 $x_2 = x_1 + l\cos T_2$
$y_2 = y_1 + l\sin T_2$이다.

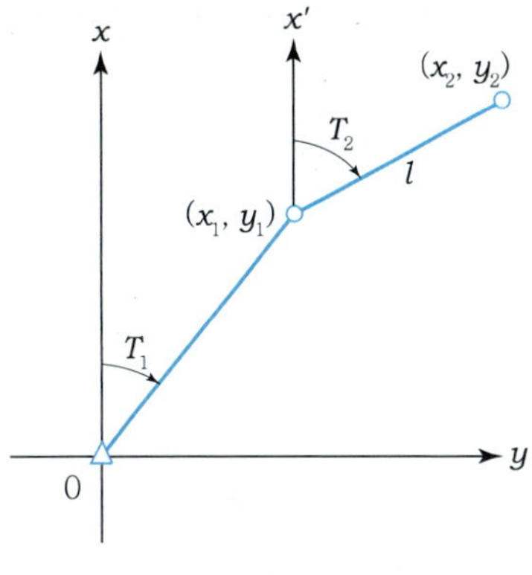

그림 6.1 좌표결정의 원리

6.1.2 특징

① 국가 기본 삼각점이 멀리 배치되어 있어 좁은 지역에 세부측량의 기준이 되는 점을 추가 설치할 경우 편리하다.

② 전 측점 및 다음 측점의 시통만 확보되면 되므로 복잡한 시가지나 지형의 기복이 심해 시준이 어려운 지역의 측량에 적합하다.

③ 선로(도로, 철로, 수로 등)와 같이 좁고 긴 곳의 측량에 적합하다.
④ 거리와 각을 관측하여 도식해법에 의해 모든 점의 위치를 결정할 때 편리하다.
⑤ 삼각측량과 같은 높은 정도를 요하지 않는 골조측량에 사용한다.
⑥ 사진측량에서 필요한 도화 기준점 등을 측량하고자 할 때 사용한다.

6.1.3 트래버스 측량과 삼각측량의 비교

(1) 장점

① 2방향만 시준하므로 선점이 용이하고 후속작업이 편리하다.
② 협소한 지역 또는 장애물이 많은 지역도 선점할 수 있으므로 시가지 또는 복잡한 장애물이 있는 곳에서 적당한 측량이다.
③ 잘못 측량하였을 때 재측하기 쉽다.
④ 세부측량의 기준점으로 적합하다.
⑤ Total station 측량이나 GNSS 측량과 조합함으로써 효율 증대 효과가 있다.

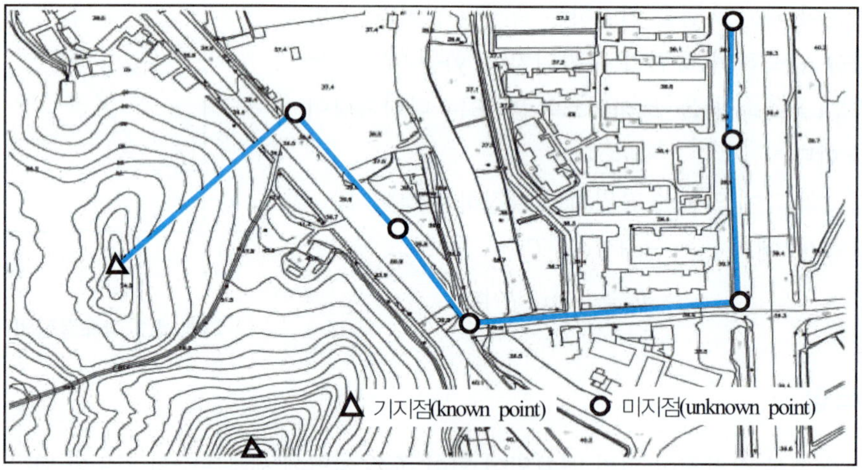

그림 6.2 트래버스측량의 예시

(2) 단점

① 측점수가 많을 때 오차 누적이 심해지므로 측점수가 제한된다.

② 폐합 또는 기지점에 결합되기 전에는 측량 정도를 알 수 없다.

③ 넓은 지역의 측량에는 트래버스점만으로는 부적당하다.

6.2 트래버스의 종류

6.2.1 폐합 트래버스(closed traverse)

한 측점에서 시작하고 차례로 측량하여 마지막으로 다시 출발점에 돌아와 폐합시키는 트래버스로 측량결과의 검사는 되나 결합다각형보다 정확도가 낮다. 소규모지역의 단독측량을 할 때 사용한다(그림 6.3(a)).

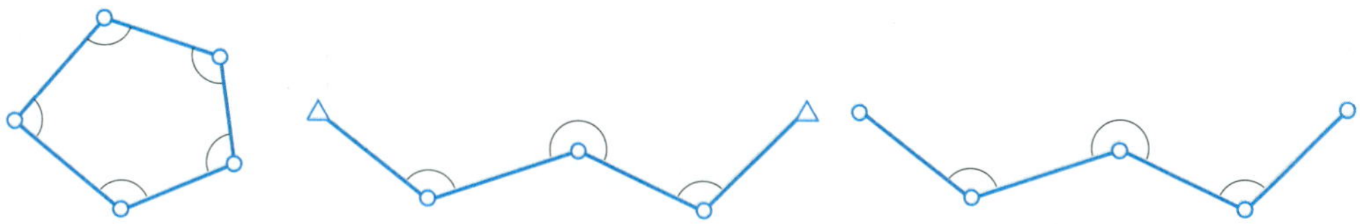

(a) 폐합트래버스 (b) 결합트래버스 (c) 개방트래버스

그림 6.3 트래버스의 종류

6.2.2 결합 트래버스(fixed traverse)

한 기지점(삼각점)에서 출발하여 다른 기지점에 결합시키는 트래버스로 측량결과의 오차 점검이 가능하며, 가장 정확도가 높다. 기지점의 관계위치가 측량결과를 점검하기 위한 조건이 된다. 대규모 지역의 정도 높은 측량에 사용(국도, 고속도로, 하천)한다(그림 6.3(b)).

6.2.3 개방 트래버스(open traverse)

임의 점에서 시작하여 임의 점에서 끝나는 트래버스로 출발점과 종점 간에 아무런 관련이 없기 때문에 가장 정도가 낮으며, 측량결과를 검사하기 위한 조건이 없어 오차의 점검이 불가능하다. 정도가 낮으며 노선측량의 답사 또는 예비측량에 사용한다(그림 6.3(c)).

정도 높은 순서를 보면 결합 > 폐합 > 개방 트래버스 순이다.

실제 현장에서는 위의 트래버스 중 하나를 사용하는 것이 아니라 측량의 요구정확도에 따라 통합기준점망과 조합된 트래버스망을 사용한다. 기준 트래버스망이라 함은 국가통합기준점 또는 다각점을 기지점으로 구성한 망이며 보조다각망, 보조다각점이란 기준다각점 이상을 기지점으로 하여 구성된 망을 말한다. 그림 6.4(a)는 다양한 트래버스가 조합된 트래버스망이며 통합기준점망과 조합된 트래버스망을 보여준다.

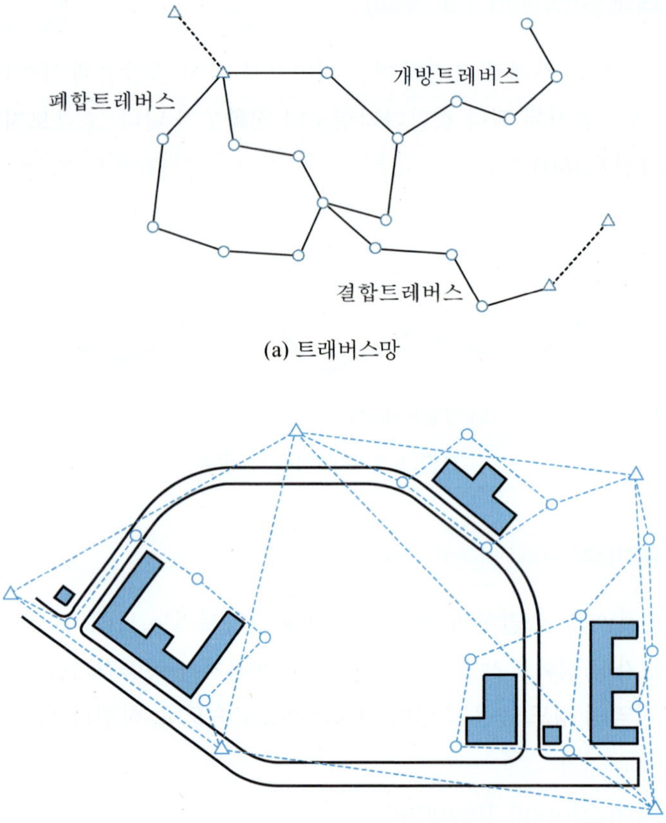

(a) 트래버스망

(b) 통합기준점망과 트래버스망의 조합

그림 6.4 트레버스망(Surveying Fundamentals and practices. 5th ed. J. Nathanson 2005)

6.3 트래버스 측량의 순서 및 방법

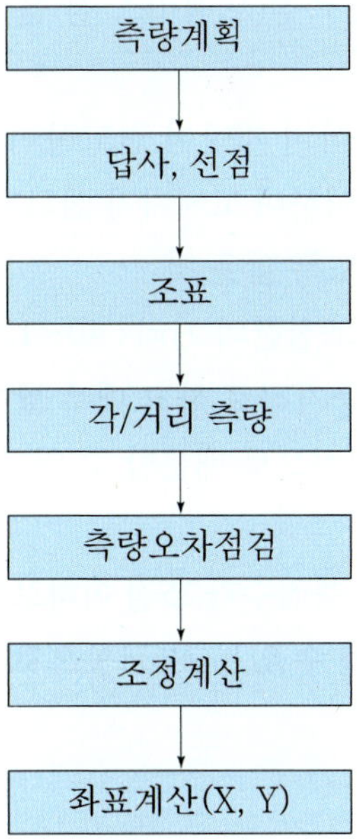

그림 6.5 트래버스측량의 순서

6.3.1 계획(planning)

측량에 앞서 각종 지형도를 이용하여 측량구역의 표시, 소요의 정확도, 경제성, 작업시일 등을 고려한 전반적인 계획을 수립한다. 측량구역이 넓은 경우에는 1:50,000, 1: 10,000, 좁은 경우에는 1:5,000, 1:1,000 등을 이용한다. 1:5,000의 경우에는 국토지리정보원에서 수치지형도를 제공하므로 이를 이용하도록 한다. 도심지의 경우에는 1:1,000을 제공하고 있다(www.ngii.go.kr). 기준점 성과 역시 국토지리정보원의 삼각 및 수준측량성과를 이용한다.

6.3.2 답사(reconnaissance)

측량계획에 따라 현지의 상황이나 지반의 안정성, 작업가능성을 고려하여 답사한다.

6.3.3 선점(selection of station)

답사와 계획에 따라 적절한 곳에 측점(트래버스 점)을 선정하는 것으로 다음 사항에 중점을 두어 결정한다.

1) 발견이 용이하고 보존이 가능하며 지반이 견고하여 안전하게 설치할 수 있는 곳
2) 직접거리 측량 및 각관측이 용이하며 고저차가 심하지 않는 평탄한 경로일 것
3) 출발점과 종점간의 거리가 되도록 짧을 것
   (본점간 거리 : 150~300m, 보조점간의 거리 : 40~120m, 30m 이하는 피할 것)
   특히, 측점간 거리는 되도록 등거리로 하고 매우 짧은 노선은 피한다. 이는 기계오차를 작게 하는 동시에 오차를 합리적으로 배분할 수 있다.
4) 측점 수는 되도록 적게 한다.
   하나의 노선 또는 하나의 망은 측점수가 25점 이하로 할 것(평탄지는 10변 이내로 한다.)
5) 세부측량에도 편리하게 이용될 수 있는 곳(교통으로 인한 장애가 없는 곳)

6.3.4 조표(election of signal)

선점이 끝나면 측점을 표시하기 위해 측점위치에 적절한 표식을 한다. 영구보전을 위해서는 콘크리트 표식을 하고, 일시적 사용에는 나무말뚝을 사용한다. 시준은 측표를 사용하고 가까운 경우는 폴(pole)을 이용한다.

6.3.5 변의 길이 관측

정밀한 결과가 필요한 경우에는 전자파거리측정기나 스틸테이프를 사용하는데 일반적으로 측선간의 거리가 멀기 때문에 전자파거리측정기를 사용한다.

6.3.6 트래버스의 각측량 방법

먼저 트래버스의 좌표계를 정해주어야 하며 이를 위해서는 출발 측선에 대한 방향각 또는 방위각을 구해야 한다. 그 다음에는 각 측점에서의 교각을 측량해야 하는데 각측량의 요구정도에 따라 교각법, 편각법 및 방위각법을 이용한다. 그림 6.6에서 첫 측선의 방위각 또는 방향각을 얻기 위해서는 삼각점 2에서 교각(점선)을 측정해야한다.

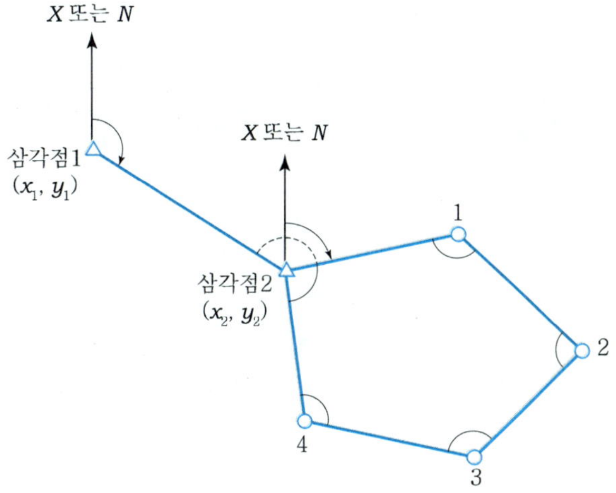

그림 6.6 트래버스측량에서의 각측량

(1) 교각법(交角法, Intersection angle method)

① 어떤 측선과 그 앞의 측선이 이루는 각(교각)을 관측하는 방법으로 널리 이용된다.

② 교각의 분류

- 폐합 트래버스의 경우 내각을 측량하는 방법과 외각을 측량하는 방법이 있다.
- 측량하는 각이 진행방향에 대해 좌측에 있느냐 우측에 있느냐에 따라 좌측교각, 우측교각으로 나뉜다.
- 각측량 시, 망원경의 회전방향에 따라 좌회교각, 우회교각으로 나뉜다.

③ 특징

- 반복법에 의해 정도를 높일 수 있다.
- 측점마다 독립적으로 측정하므로 작업순서에 관계없다.
- 각측량이 잘못되어도 다른 각에 영향을 주지 않으며, 재측하여 점검 가능하다.
- 결합 및 폐합트래버스에 적합하며, 측점 수는 20점 이내가 효과적이다.

좌측교각 또는
우회(clock-wise)교각
; a, b, c, d, e

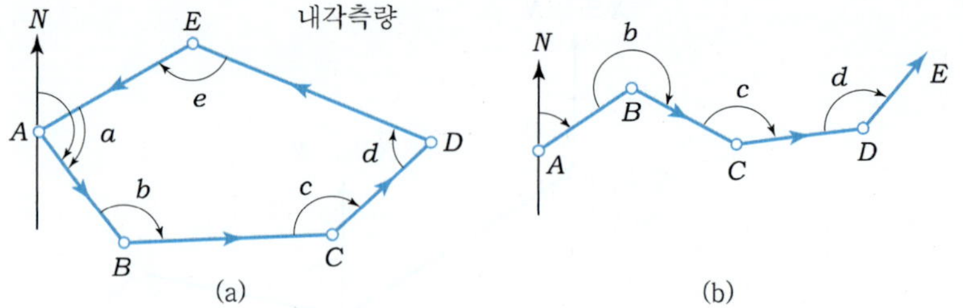

(a) 폐합트래버스 (b) 결합, 개방트래버스

그림 6.7 좌측교각, 우회교각, 내각측량 방법

우측교각 또는
좌회(counter clock-wise)
교각
; a', b', c', d', e'

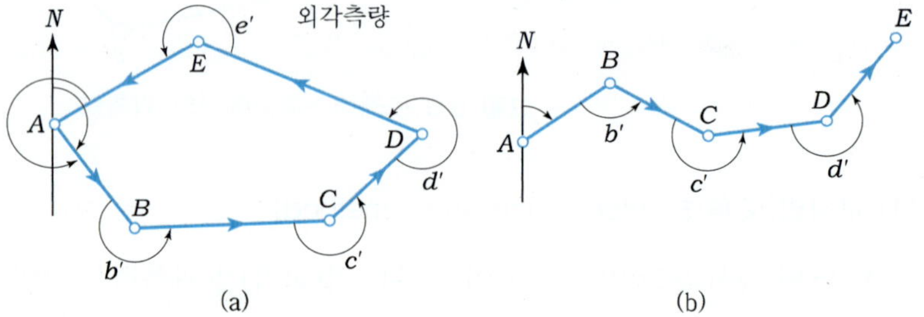

(a) 폐합트래버스 (b) 결합, 개방트래버스

그림 6.8 우측교각, 좌회교각, 외각측량 방법

(2) 편각법(偏角法, deflection angle method)

① 각 측선이 앞 측선의 연장선과 이루는 각(β,γ)을 측량하는 방법이다.

② 도로, 수로, 철도 등 노선의 중심선측량에 주로 이용한다.

③ 연장선에 대하여 회전방향에 따라 (+) (−)부호를 붙인다.
시계방향으로 관측할 때 (+)편각, 우편각
반시계방향으로 관측할 때 (−)편각, 좌편각

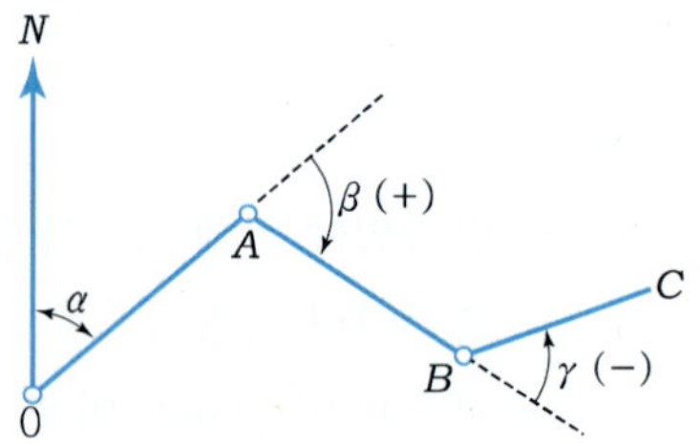

그림 6.9 편각관측법

- 방위각(azimuth, meridian angle) : 진북방향을 기준으로 측선까지 시계방향을 관측한 각
- 방향각(direction angle) : 임의 기준선의 방향과 측선의 방향 사이의 수평각을 시계방향으로 관측한 각

④ 폐합트래버스인 경우 측선 수에 관계없이 편각의 총합은 ±360°가 된다.

⑤ 하나의 각이 문제가 발생하면 마지막까지 영향을 미친다.

6.3.7 거리와 각측량의 정확도 균형

트래버스 측량은 거리와 각을 조합하여 측점의 위치를 구하는 것으로 측점의 정확도는 이들의 측량 정확도에 따라 좌우된다. 거리를 아무리 정확하게 측량해도 각측량이 부정확하면 거리측량은 무의미하게 된다. 그러므로 거리측량 정확도와 각측량 정확도의 균형을 고려함이 원칙이다(5장 각측량 참고).

6.4 트래버스 계산

각과 거리의 측량이 끝나면 다음 순서에 따라 계산한다.

6.4.1 각측량 오차점검 및 조정

각측량이 끝나면 트래버스의 기하학적 조건식에 측정각을 비교하여 오차를 점검한다.

(1) 폐합 트래버스

변의 총수 n, 교각의 관측값 $a_1, a_2, \cdots, a_n$ 이라 하면 다각형 내각의 합의 조건에 따라 오차 E_a가 발생한다.

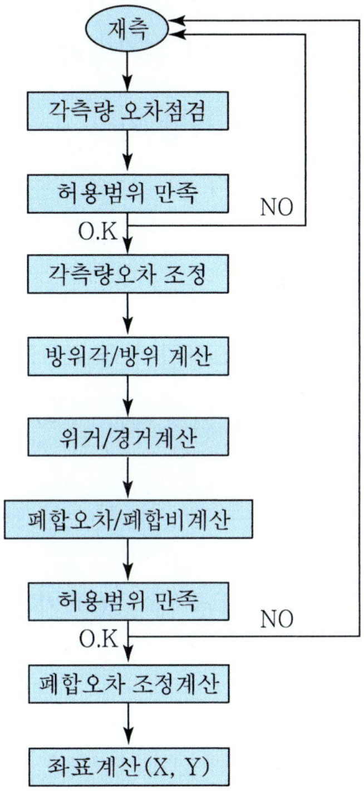

그림 6.10 트래버스 조정계산과정

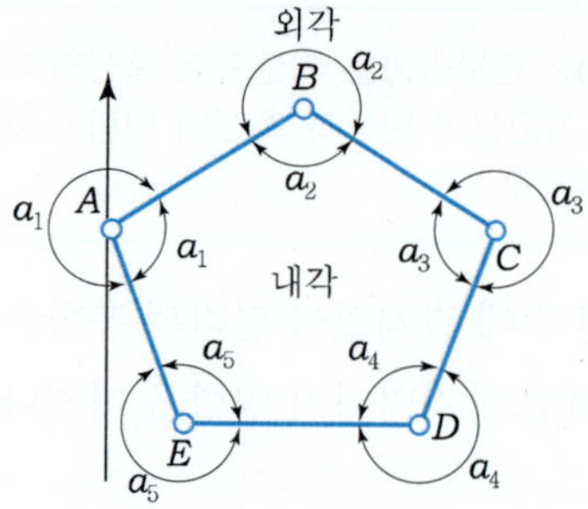

그림 6.11 폐합트래버스의 내외각

① 내각 측량 시

$$E_a = [a] - 180°(n-2)$$

(단, $[a] = a_1 + a_2 + \cdots\cdots + a_n$, n : 관측각의 수)

내각의 총합이 기하학적 조건인 180(n−2)가 되는지를 확인하고 맞지 않을 때에는 그 차를 각각에 등분배하여 조정한다.

② 외각 측량 시

$$E_a = [a] - 180°(n+2)$$

외각의 총합이 기하학적 조건인 180(n+2)가 되는지를 확인하고 그 차를 각각에 등분배하여 조정한다(참고 : 외각의 총합과 내각의 총합과의 차는 720°이다).

③ 편각 관측 시

$$E_a = [a] - 360°$$

편각의 총합이 360°가 되는지를 확인하고 그 차를 각각에 등분배하여 조정한다.

(2) 결합 트래버스

삼각점 A점에서 시작하여 삼각점 B점에 연결하는 결합트래버스의 경우는 출발점과 종점에서 또 다른 삼각점 L, M에 대한 방위각 $\omega_{a,}\,\omega_b$를 알아야 한다. 이는 두 점간의 좌표를 이용하여 구할 수 있을 것이다. 교각 $a_1, a_2, \cdots, a_n$ 를 관측한 경우

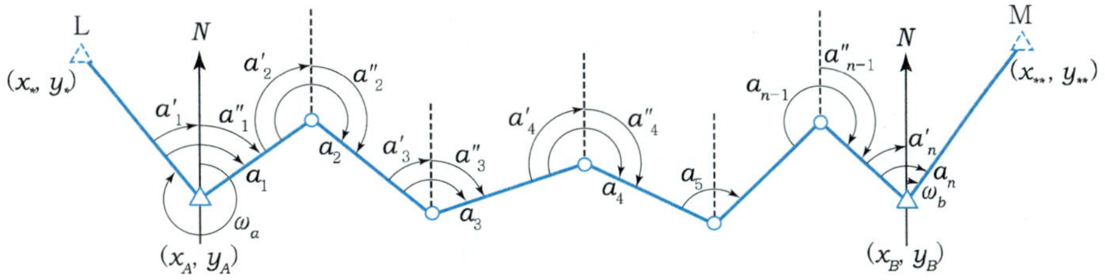

그림 6.12 결합트래버스의 각측량 오차

① L, M점이 NS선 밖에 있을 때(그림 6.13 (a))

기지의 삼각점간 측선 $\overrightarrow{AL}$, $\overrightarrow{BM}$의 방위각 $\omega_{a,}\,\omega_b$를 알고 있다면,

$$a_1{}' = 360° - \omega_a$$

$$a_1{}'' = a_1 - a_1{}' = a_1 - (360° - \omega_a) \tag{6.1}$$

$$a_n{}' = a_n - \omega_b$$

$$\left.\begin{aligned} a_1{}'' + a_2{}' &= 180° \\ a_2{}'' + a_3{}' &= 180° \\ &\vdots \\ a_{n-1}{}'' + a_n{}' &= 180° \end{aligned}\right] \ (\mathrm{n}-1)\text{개} \tag{6.2}$$

식 (6.2)에 (6.1)을 대입하면

$\{a_1 - (360° - \omega_a)\} + a_2 + a_3 + \cdots + a_{n-1} + (a_n - \omega_b) = 180°(n-1)$이 되고

$\therefore\ [a] + \omega_a - \omega_b = 180_{\circ}\ (n+1)$이 된다.

(단, $[a] = a_1 + a_2 + a_3 + \cdots + a_{n-1} + a_n$, n : 관측각의 수)

이때 각측량오차는 $$E_a = \omega_a - \omega_b + [a] - 180°(n+1) \tag{6.3}$$

각조정량은 $\dfrac{E_a}{n}$를 각각에 분배하여 조정한다.

② L, M점 중 한 점만 NS선 밖에 있을 때(그림 6.13 (b), (c))

$$E_a = \omega_a - \omega_b + [a] - 180°(n-1) \tag{6.4}$$

③ L, M점이 모두 NS선 내부에 있을 때(그림 6.13 (d))

$$E_a = \omega_a - \omega_b + [a] - 180°(n-3) \tag{6.5}$$

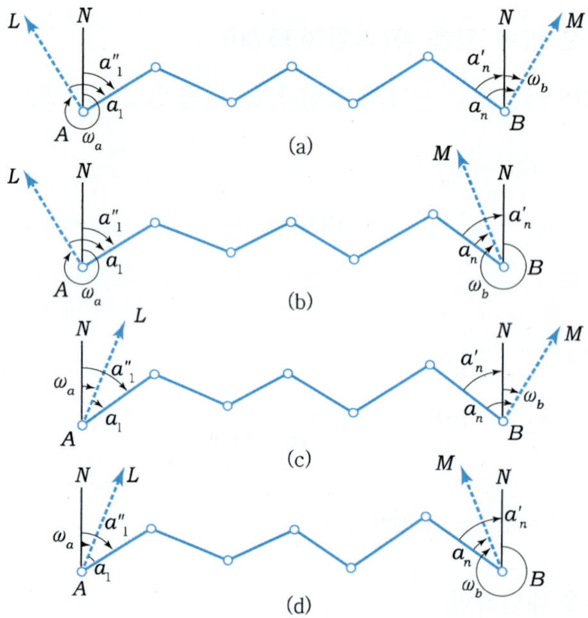

그림 6.13 결합트래버스 형태에 따른 각측량 오차

예제 6.1

다음 트래버스를 측량하여 교각을 얻었다. 각측량 오차를 계산하고 조정하시오.

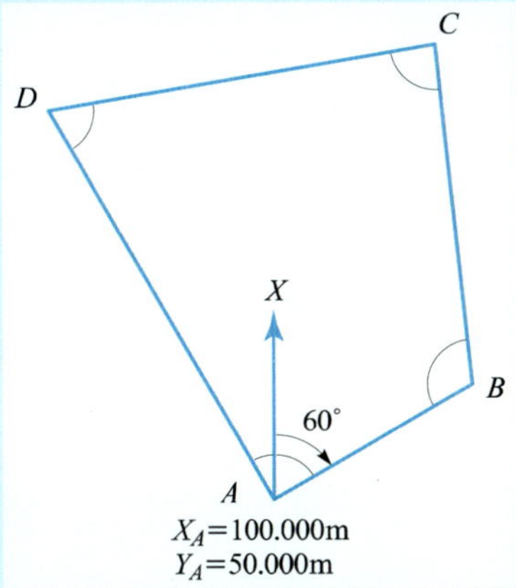

그림 6.14 예제 6.1

측점	관측각	조정량	조정각
A	89°40′09″	−2″	89°40′07″
B	114°04′10″	−2″	114°04′08″
C	86°00′39″	−2″	86°00′37″
D	70°15′10″	−2″	70°15′08″
Σ	360°00′08″	−8″	360°00′00″

풀이▸▸▸

폐합트래버스 교각의 합은 측점수(n)에 따라 180°(n−2)가 되어야 하므로

Σ교각−180°(4−2)=360°, 각측량 오차는 360°00′08″−360°=+8″

그러므로 조정량 $v=-\dfrac{8''}{4}=-2''$

예제 6.2

다음 결합트래버스의 교각을 측량하여 각을 얻었다. 각측량 오차를 계산하고 조정하시오..

$$w_a = 25°11'30'' \qquad w_b = 98°33'17''$$

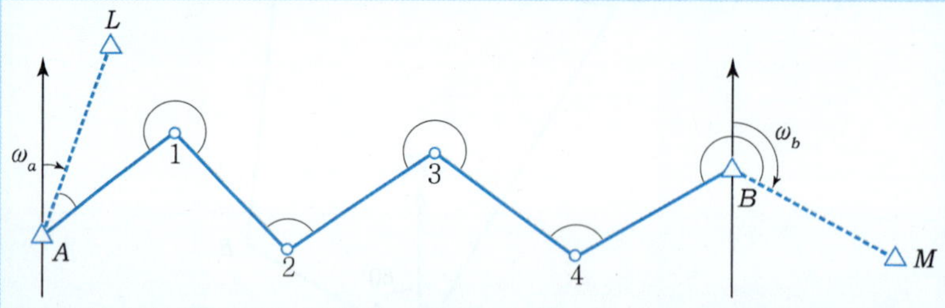

그림 6.15 예제 6.2

측점	관측각	조정량	조정각
A	20°11′30″	2″	20°11′32″
1	256°23′20″	2″	256°23′22″
2	132°03′25″	2″	132°03′27″
3	228°33′35″	2″	228°33′37″
4	145°51′30″	2″	145°51′32″
B	190°18′15″	2″	190°18′17″
Σ	973°21′35″	12″	973°21′47″

풀이 ▸ ▸ ▸

이 경우의 각오차 계산식은 $E_a = \omega_a - \omega_b + \ [a] \ - 180°(n-1)$

$$= 25°11'30'' - 98°33'17'' + 973°21'35'' - 180(6-1) = -12''$$

12″ 만큼 부족하므로 조정량은 각각에 2″ 씩 더해준다.

6.4.2 각측량오차의 허용범위

(1) 각측량오차 E_a의 허용범위

$$E_a = \pm \varepsilon_a \sqrt{n}$$

여기서, E_a : n개 각의 총합오차

ε_a : 1개 각의 오차

n : 측각수

(2) 허용범위

① 시가지 : $20'' \sqrt{n} \sim 30'' \sqrt{n}$

② 평지 : $30'' \sqrt{n} \sim 60'' \sqrt{n}$

③ 산림지 및 복잡한 지형 : $90'' \sqrt{n}$

(3) 오차배분

① 각관측의 정도가 같은 경우 오차를 각의 대소와 관계없이 등배분한다.

② 각관측의 경중률이 다를 경우, 경중률에 비례(관측횟수에 반비례)하여 배분한다.

③ 변길이의 역수에 비례하여 배분한다.

6.4.3 방위각 및 방위의 계산

(1) 방위각 계산

1장 총론에서 거론했듯이 방위각이란 진북을 기준으로 어느 측점까지 시계방향으로 측량한 각을 말한다. 이는 전 측선의 방위각을 이용하여 기하학적으로 구한다.

1) 교각을 측량한 경우

- 계산된 방위각이 360°가 넘으면 360°를 감(−)한다.
- 방위각이 (−)값이 나오면 360°를 가(+)한다.
- 방위각과 역방위각의 관계는 180° 차이가 난다.

① 진행방향에 대해 좌측교각 측량 시 = 전 측선의 방위각 (α_0) + 180° + 그 측선의 교각

② 진행방향에 대해 우측교각 측량 시 = 전 측선의 방위각 (α_0) + 180° − 그 측선의 교각

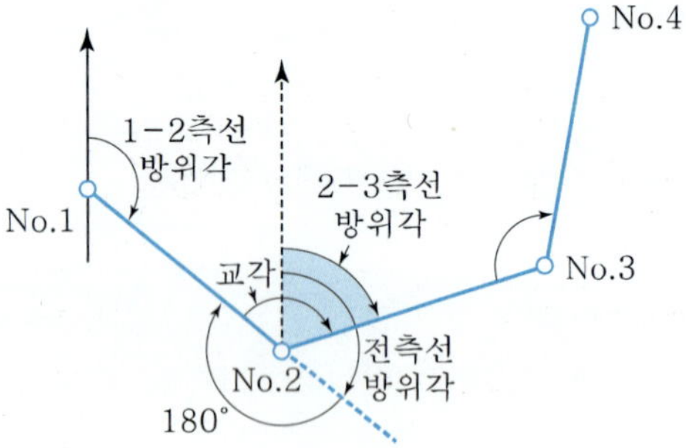

그림 6.16 좌측교각 측량 시 방위각계산

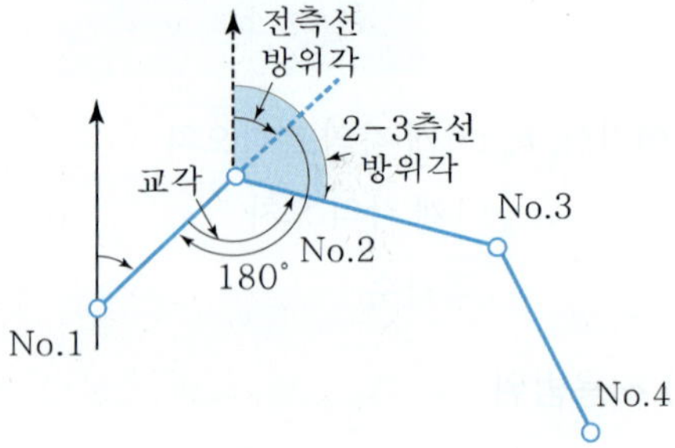

그림 6.17 우측교각 측량 시 방위각계산

2) 편각을 측량한 경우

임의 측선의 방위각 = 하나 전측선의 방위각 ± 그 측선의 편각(좌편각 −, 우편각 +)

BC 측선의 방위각 = 전측선 AB 의 방위각 − B 점 편각

CD 측선의 방위각 = 전측선 BC 의 방위각 + C 점 편각

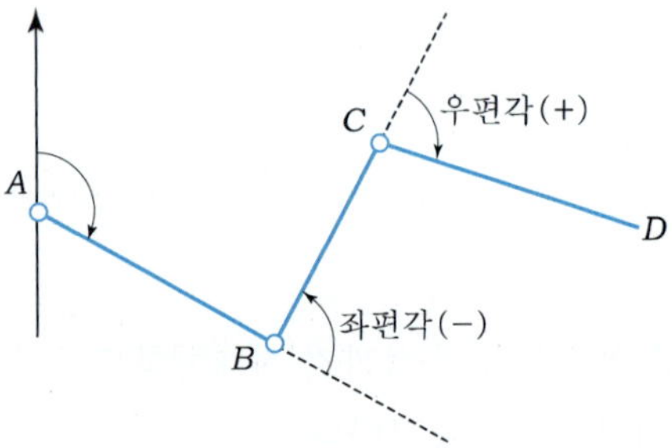

그림 6.18 편각의 종류

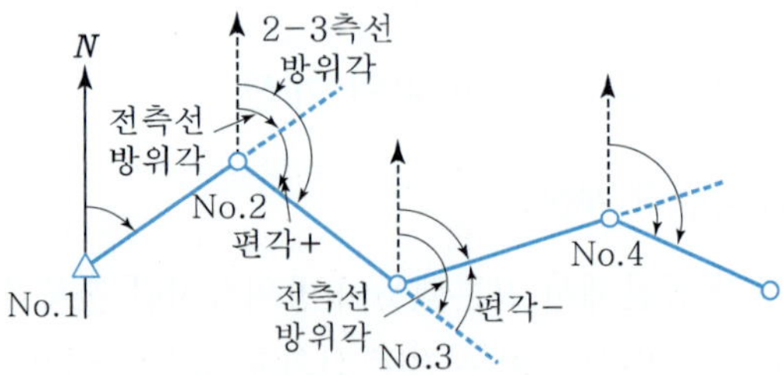

그림 6.19 편각측량 시 방위각 계산

예제 6.3

트래버스 ABCD에 대해 편각법으로 각측량하였다. 각 변의 방위각을 계산하시오.

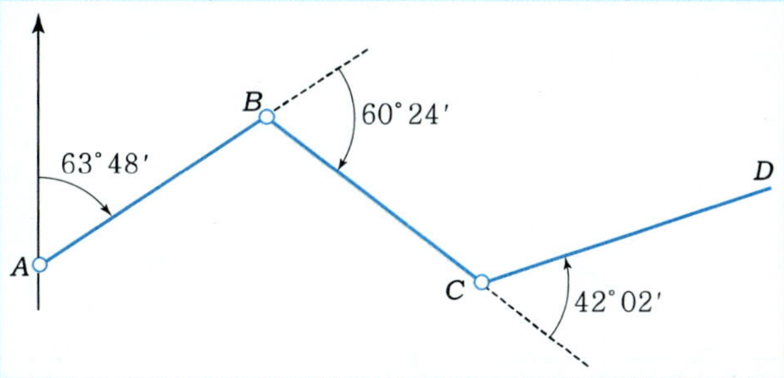

그림 6.20 예제 6.3

풀이 ▸ ▸ ▸

AB측선의 방위각 = 63°48′

B점에서의 편각 = +60°24′(우편각)

BC측선의 방위각 = 63°48′ + 60°24′

= 124°12′

C점에서의 편각 = −42°02′(좌편각)

∴ CD측선의 방위각 = 124°12′ − 42°02′

= 82°10′

3) 방위 계산

방위각을 4상한으로 나누고, 남북선(NS선)을 기준으로 북동, 북서, 남동, 남서쪽으로 90° 이하의 각으로 표시한다.

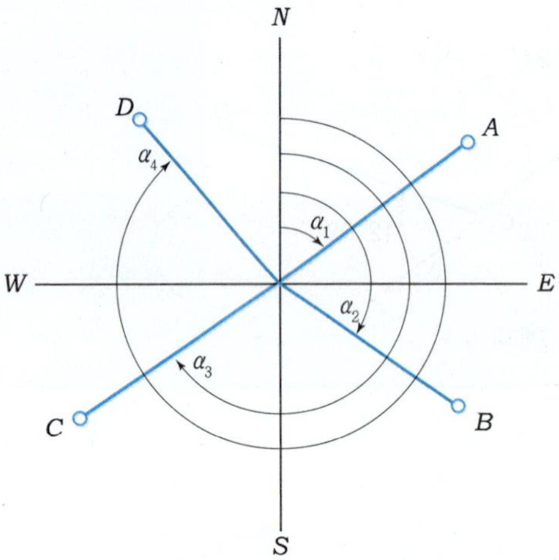

그림 6.21 상한에 따른 방위각

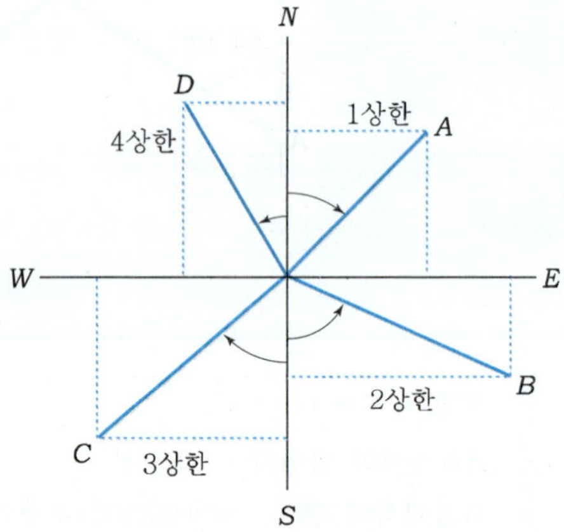

그림 6.22 상한과 방위

측선	상한	측선 AB의 방위각	각 측선의 방위
OA	1	$0° < \alpha_1 < 90°$	$N\alpha_1E$
OB	2	$90° < \alpha_2 < 180°$	$S(180° - \alpha_2)E$
OC	3	$180° < \alpha_3 < 270°$	$S(\alpha_3 - 180°)W$
OD	4	$270° < \alpha_4 < 360°$	$N(360° - \alpha_4)W$

예제 6.4

예제 6.1에서 계산결과로 얻은 각측량 오차조정을 하였다. $\overline{AB}$ 측선의 방위각이 60°00′00″라고 할 때 각 측선의 방위각과 방위를 구하시오.

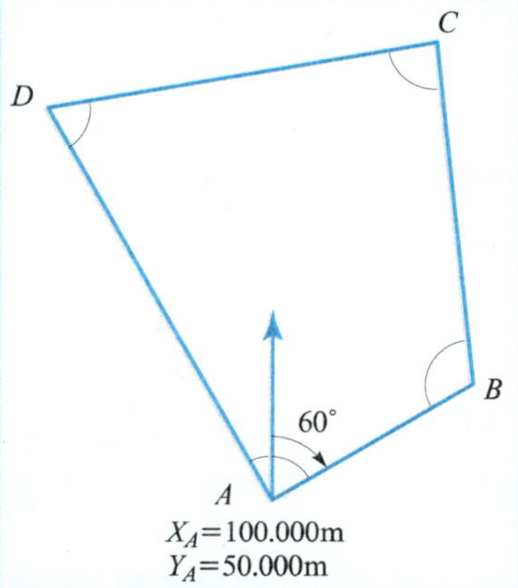

그림 6.23 예제 6.4

측점	조정각	측선	방위각	방위
A	89°40′07″	AB	60°	N60°00′00″E
B	114°04′08″	BC	354°04′08″	N5°55′52″W
C	86°00′37″	CD	260°04′45″	S80°04′45″W
D	70°15′08″	DA	150°19′53″	S29°40′07″E
Σ	360°00′00″	–	–	–

풀이 ▸ ▸ ▸

방위각 계산 : 진행방향에 대해 좌측교각을 측량하였으므로

BC : 60°+180°+114°04′08″=354°04′08″

CD : 354°04′08″+180°+86°00′37″=260°04′45″

DA : 260°04′45″+180°+70°15′08″=150°19′53″

AB : 150°19′53″+180°+89°40′07″=60°(검산)

방위 계산 :

AB : 1상한 → N 60°00′00″E

BC : 4상한 → N(360°−354°04′08″)W=N5°55′52″W

CD : 3상한 → S(260°04′45″−180°)W=S80°04′45″W

DA : 2상한 → S(180°−150°19′53″)E=S29°40′07″E

6.4.4 위거와 경거의 계산

각 측선의 자오선 방향(X축)의 투영거리와 Y축 방향의 투영거리를 구한다.

종축(N－S) : 위거 L

횡축(E－W) : 경거 D

(1) 위거(緯距, latitude, *L*)

- 측선 AB가 자오선상에 정사투영된 길이 = AB • cosθ
- 원점에서 N으로 향하면 (＋), S로 향하면 (－)로 한다.

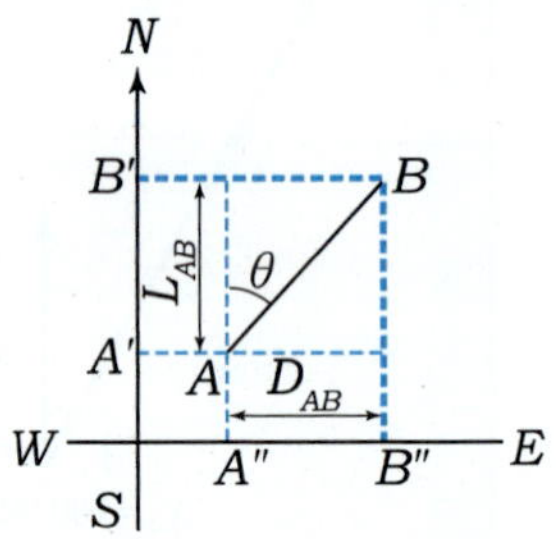

그림 6.24 위거와 경거

(2) 경거(經距, departure, *D*)

- 한 측선 AB에서 EW선(동서선)상에 투영된 길이 = AB • sinθ
- 원점에서 E으로 향하면 (＋), W로 향하면 (－)로 한다.
  - 위거 : L_{AB} = A′B′ = ABcosθ
  - 경거 : D_{AB} = A″B″ = ABsinθ

  (AB : 측선의 거리, θ : AB방위각)

(3) 위거, 경거 산정의 목적

① 위거, 경거 계산결과로부터 폐합오차와 폐합비를 구하여 트래버스의 정밀도를 확인할 수 있다.

② 트래버스의 허용범위에 있는 폐합오차를 합리적으로 배분할 수 있다.

③ 위거, 경거로부터 합위거, 합경거를 구하면 이것이 원점으로부터 좌표값이 되므로 트래버스의 제도를 합리적으로 할 수 있음(측점을 도면에 옮길 때 편리하다).

④ 횡거와 배횡거를 계산하여 트래버스 면적을 계산할 수 있다.

⑤ 결측 및 오측을 한 경우 이것을 계산하여 보정할 수 있다.

(4) 위거 및 경거로부터 방위각 계산

$\overline{AB}$의 실제거리 : $\overline{AB} = \sqrt{(L_{AB})^2 + (D_{AB})^2}$ (6.6)

$\overline{AB}$의 방위각 : $\tan\theta = \dfrac{D_{AB}}{L_{AB}} \quad \theta = \tan^{-1}(\dfrac{D_{AB}}{L_{AB}})$ (6.7)

(5) 좌표를 알고 있는 A점으로부터 임의점(B) 좌표를 구하는 방법

$$X_B = X_A + AB\cos\theta \quad \rightarrow \text{즉, } X_{\text{미지점}} = X_{\text{기지점}} + \text{거리}\cos\theta$$
$$Y_B = Y_A + AB\sin\theta \quad \quad Y_{\text{미지점}} = Y_{\text{기지점}} + \text{거리}\sin\theta \tag{6.8}$$

X_B, Y_B : 구하는 점(B)의 X, Y 좌표

X_A, Y_A : 기지점 A의 X, Y 좌표

AB : A, B 측선거리

θ : AB 방위각

예제 6.5

예제 6.4에서 계산한 방위각과 거리를 이용하여 각 측선의 위거와 경거를 계산하시오.

측선	거리	방위각	위거	경거
AB	73.612	60°	38.806	63.750
BC	111.208	354°04′08″	110.613	−11.491
CD	126.183	260°04′45″	−21.740	−124.296
DA	145.014	150°19′53″	−126.003	71.779
Σ	456.017	−	−0.324	−0.258

풀이 ▸ ▸ ▸

위거 계산 :

AB : 73.612×cos60°=36.806

BC : 111.208×cos354°04′08″=110.613

CD : 126.183×cos260°04′45″=−21.740

DA : 145.014×cos150°19′53″=−126.003

경거 계산 :

AB : 73.612×sin60°=63.750

BC : 111.208×sin354°04′08″=−11.491

CD : 126.183×sin260°04′45″=−124.296

DA : 145.014×sin150°19′53″=71.779

6.4.5 트래버스의 폐합오차 및 폐합비

(1) 폐합트래버스의 경우

거리와 각의 측량에 오차가 없다면

각 변 위거의 합(ΣL) = AB위거 + BC위거 + CD위거 + DA위거 = 0

각 변 경거의 합(ΣD) = AB경거 + BC경거 + CD경거 + DA경거 = 0

이 되어야 한다(그림 6.25). 그러나 측량중 거리와 방향의 오차로 폐합되지 않고 오차가 발생하게 된다(그림 6.26).

① 폐합오차(error of closure)

이론적으로는 위거의 합, 경거의 합은 0이 되어야 하나 측량과정 중 오차로 인하여 0이 되지 않고 오차가 발생한다. 이를 폐합오차라 하고 AA', 즉 e를 말한다.

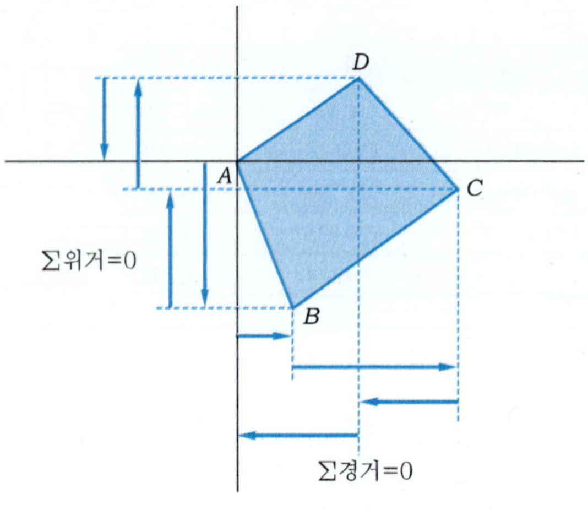

그림 6.25 위거와 경거의 합 개념

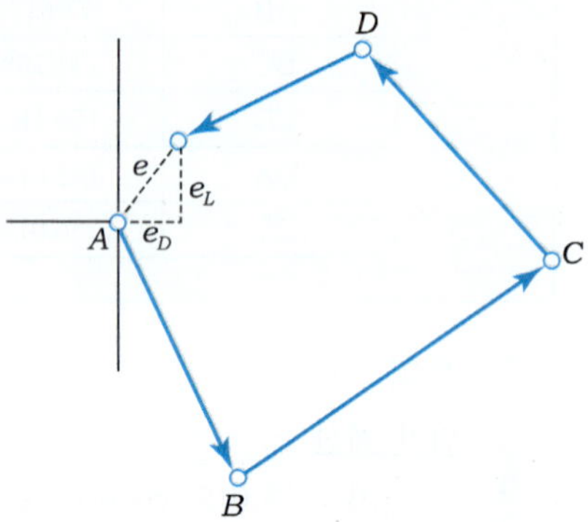

그림 6.26 폐합오차

각과 거리의 관측오차로 인하여 Σ위거(ΣL) ≠ 0, Σ경거(ΣD) ≠ 0이 된다.

$$e = \sqrt{(e_L)^2 + (e_D)^2} \tag{6.9}$$

여기서, e : 폐합오차, e_L : 위거오차, e_D : 경거오차

② 폐합비(ratio of closure)

전체 측선거리에 대한 폐합오차의 비로 트래버스측량의 정확도로 사용된다.

$$\text{폐합비}\,(R) = \frac{e}{\Sigma l} = \frac{\sqrt{(e_L)^2 + (e_D)^2}}{\Sigma l} = \frac{1}{m} \tag{6.10}$$

여기서, R : 폐합비, Σl : 측선거리의 총합

(2) 결합트래버스의 경우

T_{a1}, T_1, T_2 … 각 측선의 방향각

S_a, S_1, S_2 … 각 측선 길이(다각변의 길이)

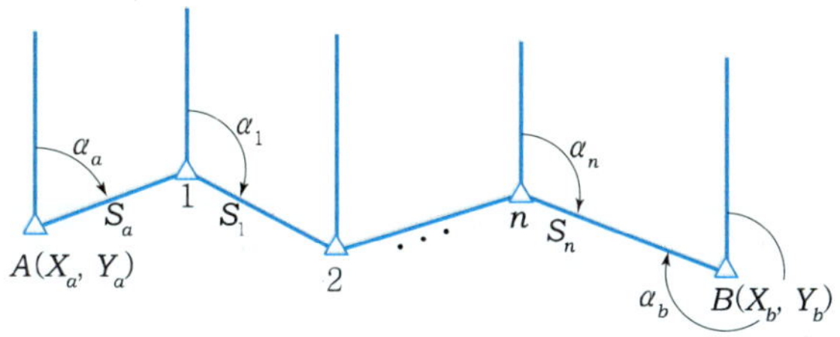

그림 6.27 결합트래버스의 계산

A점 좌표 (X_a, Y_a), B점 좌표 (X_a, Y_b), 각 점의 좌표값 (x_1, y_1), (x_2, y_2), … 라면

$$\begin{aligned}
&\text{St.A} &&: X_a,\ Y_a && \\
&\text{St.1} &&: x_1 = X_a + S_a\cos T_a, && y_1 = Y_a + S_a\sin\alpha_a \\
&\text{St.2} &&: x_2 = x_1 + S_1\cos T_1, && y_2 = y_1 + S_1\sin\alpha_1 \\
&\text{St.3} &&: x_3 = x_2 + S_2\cos T_2, && y_3 = y_2 + S_2\sin\alpha_2 \\
& &&\quad\vdots \qquad\qquad \vdots && \\
&\text{St.B} &&: x_b = x_n + S_n\cos T_n, && y_b = y_n + S_n\sin\alpha_n
\end{aligned} \tag{6.11}$$

$$x_b = X_a + \sum S\cos T, \qquad y_b = Y_a + \sum S\sin T$$

(x_b, y_b) : 측량결과로 계산된 점 B의 좌표

(X_b, Y_b) : 점 B의 기지좌표

① 좌표의 폐합오차

X좌표 폐합오차 : $E_L = x_b - X_b$

Y좌표 폐합오차 : $E_D = y_b - Y_b$

폐합오차 : $E = \sqrt{(E_L)^2 + (E_D)^2}$

② 폐합비(ratio of closure)

$$\text{폐합비} = \frac{\sqrt{(E_L)^2 + (E_D)^2}}{\Sigma S}$$

(ΣS : 측선거리의 총합)

예제 6.6

예제 6.5에서 계산한 위거, 경거로부터 폐합오차와 폐합비를 구하시오.

측선	거리	위거	경거
AB	73.612	36.806	63.750
BC	111.208	110.613	−11.491
CD	126.183	−21.740	−124.296
DA	145.014	−126.003	71.779
Σ	456.017	−0.324	−0.258

풀이 ▸ ▸ ▸

폐합오차= $\sqrt{(\Sigma L)^2 + (\Sigma D)^2} = \sqrt{(-0.324)^2 + (-0.258)^2} = 0.414\text{m}$

$$\text{폐합비} = \frac{\sqrt{(\Sigma L)^2 + (\Sigma D)^2}}{\Sigma S} = \frac{\sqrt{(-0.324)^2 + (-0.258)^2}}{456.017} \fallingdotseq \frac{1}{1100}$$

(3) 트래버스 측량의 폐합비 허용정도

① 시가지 : $\frac{1}{5,000} \sim \frac{1}{10,000}$

② 평지 : $\frac{1}{1,000} \sim \frac{1}{2,000}$

③ 산지 및 임야지 : $\frac{1}{500} \sim \frac{1}{1,000}$

④ 산악지 또는 시통이 잘 안되는 지역 : $\frac{1}{300} \sim \frac{1}{1,000}$

6.4.6 폐합오차의 조정법(Balance of the error of closure)

각과 거리관측의 오차로 인하여 발생된 폐합오차를 각 변에 배분 조정하여 트래버스를 폐합 또는 결합시키는 것을 말한다. 간이조정법(Compass, Transit, Crandal Method)과 엄밀조정법(최소 제곱법)이 있으나 이 장에서는 간이조정법을 설명하기로 한다.

(1) 컴퍼스 법칙(Compass rule 또는 Bowditch rule)

각측량과 거리측량의 정밀도가 같은 경우에 이용하는 조정방법으로 폐합오차를 각 측선 길이에 비례하여 배분한다.

$$e_L = (-)\frac{l}{\Sigma l} \times E_L \tag{6.12}$$

$$e_D = (-)\frac{l}{\Sigma l} \times E_D$$

여기서, e_L : 임의 측선의 위거조정량

e_D : 임의 측선의 경거조정량

l : 조정할 측선의 길이

Σl : 측선길이의 총합

E_D : 경거 폐합오차

E_L : 위거폐합오차

(2) 트랜싯 법칙(Transit rule)

각측량의 정밀도가 거리측량의 정밀도보다 높을 때 이용하는 조정방법으로 위·경거 절대값의 합에 대한 해당측선의 위·경거의 절대값의 비에 따라 폐합오차를 조정한다.

$$e_L = (-)\frac{|L|}{\Sigma|L|} \times E_L \tag{6.13}$$

$$e_D = (-)\frac{|D|}{\Sigma|D|} \times E_D$$

여기서, e_L : 임의 측선의 위거조정량

e_D : 조정할 측선의 경거조정량

$|L|$: 조정할 측선의 위거절대값

$|D|$: 조정할 측선의 경거절대값

$\Sigma|L|$: 위거절대값의 합

$\Sigma|D|$: 경거절대값의 합

E_L : 위거 폐합오차

E_D : 경거 폐합오차

예제 6.7

예제 6.6에서 발생한 폐합오차를 컴퍼스법칙에 의해 조정하시오.

풀이▸▸▸

컴퍼스법칙의 계산식에 의해 조정량을 계산하면

위거조정량

$$AB = -\frac{(-0.324)}{456.017} \times 73.612 = +0.052$$

$$BC = -\frac{(-0.324)}{456.017} \times 111.208 = +0.079$$

$$CD = -\frac{(-0.324)}{456.017} \times 126.183 = +0.090$$

경거조정량

$$AB = -\frac{(-0.258)}{456.017} \times 73.612 = +0.042$$

$$BC = -\frac{(-0.258)}{456.017} \times 111.208 = +0.063$$

$$CD = -\frac{(-0.258)}{456.017} \times 126.183 = +0.071$$

$$DA = -\frac{(-0.324)}{456.017} \times 145.014 = +0.103 \qquad DA = -\frac{(-0.258)}{456.017} \times 145.014 = +0.082$$

$$\Sigma \ +0.324 \qquad \Sigma \ +0.258$$

각 측선별로 구해진 조정량을 위거, 경거에 더하여 조정위거 및 조정경거를 구하면 다음과 같다.

측선	거리	위거	경거	위거조정량	경거조정량	조정위거	조정경거
AB	73.612	36.806	63.750	+0.052	+0.042	36.858	63.792
BC	111.208	110.613	−11.491	+0.079	+0.063	110.692	−11.428
CD	126.183	−21.740	−124.296	+0.090	+0.071	−21.650	−124.225
DA	145.014	−126.003	71.779	+0.103	+0.082	−125.900	71.861
Σ	456.017	−0.324	−0.258	0.324	0.258	0.000	0.000

예제 6.8

예제 6.6에서 발생한 폐합오차를 트랜싯법칙에 의해 조정하시오.

풀이

$\Sigma|L| = 295.162 \qquad \Sigma|D| = 271.316$

위거조정량

$$AB = -\frac{|36.806|}{295.162} \times (-0.324) = +0.040$$

$$BC = -\frac{|110.613|}{295.162} \times (-0.324) = +0.121$$

$$CD = -\frac{|-21.740|}{295.162} \times (-0.324) = +0.024$$

$$DA = -\frac{|-126.003|}{295.162} \times (-0.324) = \begin{matrix} +0.138 \\ (+0.139)^* \end{matrix}$$

$$\Sigma \ \begin{matrix} +0.323 \\ (+0.324)^* \end{matrix}$$

경거조정량

$$AB = -\frac{|63.750|}{271.316} \times (-0.258) = +0.061$$

$$BC = -\frac{|-11.491|}{271.316} \times (-0.258) = +0.011$$

$$CD = -\frac{|-124.296|}{271.316} \times (-0.258) = +0.118$$

$$DA = -\frac{|71.779|}{271.316} \times (-0.258) = +0.068$$

$$\Sigma \ +0.258$$

* 반올림의 영향으로 +0.001이 부족하다. 무시할 수도 있지만 트래싯법칙 조정이므로 |위거|가 가장 큰 $\overline{DA}$ 측선에 (+0.001)을 추가 조정한다.

각 측선별로 구해진 조정량을 위거, 경거에 더하여 조정위거 및 조정경거를 구하면 다음과 같다.

측선	거리	위거	경거	위거조정량	경거조정량	조정위거	조정경거
AB	73.612	36.806	63.750	+0.040	+0.061	36.846	63.811
BC	111.208	110.613	−11.491	+0.121	+0.011	110.734	−11.480
CD	126.183	−21.740	−124.296	+0.024	+0.118	−21.716	−124.178
DA	145.014	−126.003	71.779	+0.139	+0.068	−125.864	71.847
Σ	456.017	−0.324	−0.258	+0.324	+0.258	0.000	0.000

3) Crandal Method는 컴퍼스나 트랜싯법칙보다 엄밀한 방법으로 각측량이 거리측정보다 더욱 정밀한 경우 예를 들어 스타디아 측량의 경우에 적합하다. 이 방법은 트랜싯 법칙과 유사하나 각은 같은 경중률로 취급하고 거리는 최소제곱법의 원리에 의하여 길이에 대한 경중률 평균을 사용한다. 많이 이용되지는 않는다.

6.4.7 좌표의 계산

지금까지 여러 단계에 걸쳐 트래버스를 계산한 목적은 각 측점의 좌표를 얻기 위해서이다. 폐합트래버스의 경우에는 임의의 좌표로부터 시작할 수 있고 결합트래버스의 경우에는 이미 알고 있는 기준점 좌표로부터 출발한다. 물론 폐합트래버스도 필요에 따라서 기지점으로부터 출발할 수 있다. 이는 각 측선의 조정 위·경거를 누적시켜 더함으로써 구할 수 있고 이를 합위거, 합경거라 한다.

최종적인 좌표는 각측선의 조정위거, 조정경거를 누적시켜 더함으로써 구할 수 있으며 이를 합위거(X), 합경거(Y)라 한다.

어느 측점의 합위거 X = 출발점의 X좌표 + 그 측점까지의 위거의 합
어느 측점의 합경거 Y = 출발점의 Y좌표 + 그 측점까지의 경거의 합

즉,

$$x_2 = x_1 + L_1 \qquad y_2 = y_1 + D_1$$

$$x_3 = x_2 + L_2 = x_1 + L_1 + L_2 \qquad y_3 = y_2 + D_2 = y_1 + D_1 + D_2$$

$$\vdots \qquad \vdots$$

$$x_{n+1} = x_1 + L_1 + L_2 + \cdots + L_n \qquad y_{n+1} = y_1 + D_1 + D_2 + \cdots + D_n$$

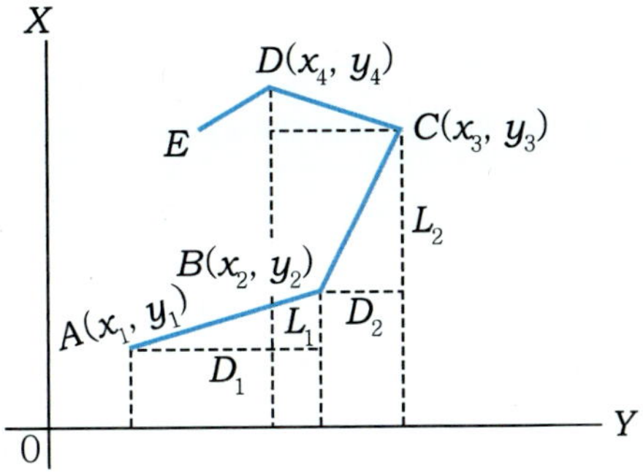

그림 6.28 좌표의 계산

예제 6.7에서 출발점 A의 좌표가 (100, 50)이라고 하면 나머지 B, C, D점의 좌표는 다음과 같이 합위거(X), 합경거(Y)로 구해진다.

측선	조정위거	조정경거	측점	합위거(X)	합경거(Y)
AB	36.858	63.792	A	100.000	50.000
BC	110.692	−11.428	B	136.858	113.792
CD	−21.650	−124.225	C	247.550	102.364
DA	−125.900	71.861	D	225.900	−21.861
			A(check!!)	100.000√	50.000√
Σ	0	0			

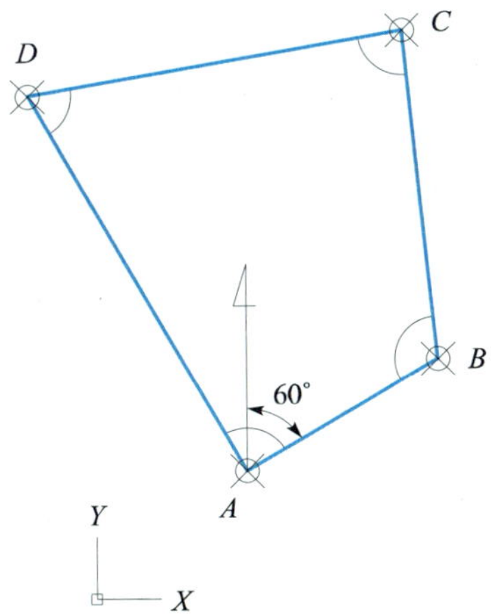

그림 6.29 트래버스 측점전개(AutoCAD)

예제 6.9

다음과 같은 결합트래버스를 계산하고 콤파스법칙에 의해 조정하시오. (계산은 소수 세째자리, 각도는 초 단위로 계산)

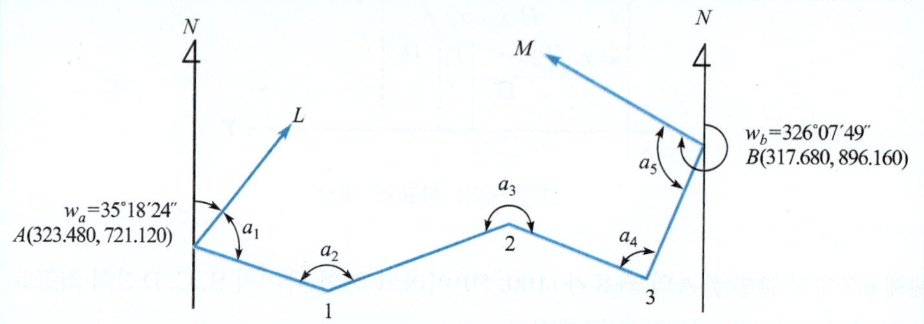

그림 6.30 예제 6.9

풀이 ▸ ▸ ▸

1) 각측량오차 조정

$$측각오차(E_\alpha) = w_a + [\alpha] - 180°(n-3) - w_b$$

$$= 35°18'24'' + 650°49'40'' - 180°(5-3) - 326°07'49'' = 15''$$

$$\therefore \ 조정량 \ \varepsilon = \frac{15''}{5} = 3'' \ (⊖보정)$$

측점	측선	측정내각	보정량	보정내각	측선거리(m)	방위각
	$\overline{A-L}$					35°18′24″
	$\overline{A-1}$	78°23′48″	−3″	78°23′45″	45.95	113°42′09″
1	$\overline{1-2}$	147°08′12″	−3″	147°08′09″	68.13	80°50′18″
2	$\overline{2-3}$	220°45′07″	−3″	220°45′04″	52.48	121°35′22″
3	$\overline{3-B}$	94°15′58″	−3″	94°15′55″	36.07	35°51′17″
	$\overline{B-M}$	110°16′35″	−3″	110°16′32″		326°07′49″
Σ		650°49′40″			202.63	

2) 방위각 계산

$A-L$: 35°18′24″

$A-1$: 35°18′24″+78°23′45″=113°42′09″

$1-2$: 113°42′09″+180°+147°08′09″=80°50′18″

$2-3$: 80°50′18″+180°+220°45′04″=121°35′22″

$3-B$: 121°35′22″+180°+94°15′55″=35°51′17″

$B-M$: 35°51′17″+180°+110°16′32″=326°07′49″ (OK)

3) 위·경거계산

① 위거계산

$A-1$: 45.95×cos 113°42′09″ = −18.471

$1-2$: 68.13×cos 80°50′18″ = 10.848

$2-3$: 52.48×cos 121°35′22″ = −27.491

$3-B$: 36.07×cos 35°51′17″ = 29.235

−5.879

② 경거계산

$A-1$: 45.95×sin 113°42′09″ = 42.074

$1-2$: 68.13×sin 80°50′18″ = 67.261

$2-3$: 52.48×sin 121°35′22″ = 44.704

$3-B$: 36.07×sin 35°51′17″ = 21.127

175.166

4) 결합오차·결합비 계산

① 폐합오차

X좌표(위거)결합오차$= X_A + \Sigma$위거$- X_A'$ =323.480−5.879−317.680=−0.079

Y좌표(경거)결합오차$= Y_A + \Sigma$경거$- Y_A'$ =721.120+175.166−896.160=+0.126

② 결합비 $\dfrac{\sqrt{(-0.079^2+0.126^2)}}{202.630}=\dfrac{1}{1363}$

5) 결합오차 조정

① 위거계산

$A-1$: $\dfrac{45.95}{202.630}\times 0.079$ = 0.018

$$1-2 \quad : \frac{68.13}{202.630} \times 0.079 = 0.027$$

$$2-3 \quad : \frac{52.48}{202.630} \times 0.079 = 0.020$$

$$3-B \quad : \frac{36.07}{202.630} \times 0.079 = 0.014$$

0.079

② 경거계산

$$A-1 \quad : \frac{45.95}{202.630} \times -0.126 = -0.029$$

$$1-2 \quad : \frac{68.13}{202.630} \times -0.126 = -0.042$$

$$2-3 \quad : \frac{52.48}{202.630} \times -0.126 = -0.033$$

$$3-B \quad : \frac{36.07}{202.630} \times -0.126 = -0.022$$

-0.126

측선	위거	경거	위거조정량	경거조정량	조정위거	조정경거
$A-L$						
$A-1$	-18.471	42.074	+0.018	-0.029	-18.453	42.045
$1-2$	10.848	67.261	+0.027	-0.042	10.875	67.219
$2-3$	-27.491	44.704	+0.020	-0.033	-27.471	44.671
$3-B$	29.235	21.127	+0.014	-0.022	29.249	21.105
Σ			+0.079	-0.126		

6) 좌표계산

측점	X(합위거)	Y(합경거)
A	32.3480	721.120
1	305.027	763.165
2	315.902	880.384
3	288.431	875.055
B	317.680	886.160

Check OK!!

6.4.8 좌표와 방위각의 계산

트래버스측량은 기존의 좌표를 알고 있는 점으로부터 시작되는 것이 일반적이다. 따라서 출발점의 위치를 알기 위해서는 한 점의 기지점이 필요하나 후속적인 좌표결정을 위해서는 트래버스 첫 측선의 방향을 알아야 하므로 두 점의 기지점이 필요하다. 또한 트래버스측량 후 얻어진 각 점의 좌표를 이용하여 두 점간의 거리, 방위각 등을 계산할 수 있다.

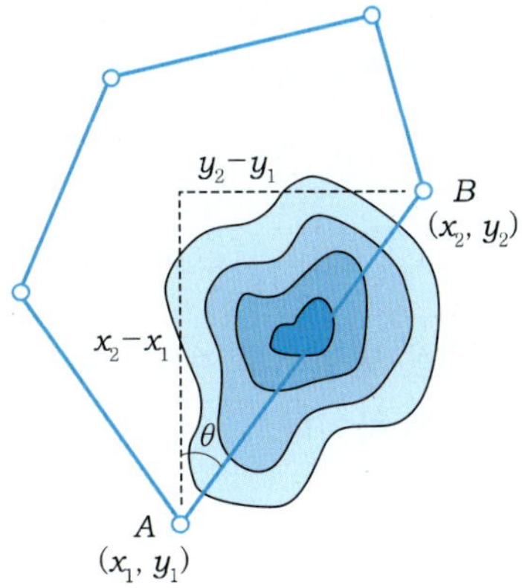

그림 6.31 좌표와 방위

(1) 두 점간의 거리계산

두 점의 좌표 A(x_1, y_1), B(x_2, y_2)를 알고 있다면

$$\overline{AB} \text{ 의 거리} = \sqrt{(x_2-x_1)^2+(y_2-y_1)^2} \tag{6.14}$$

(2) 방위, 방위각계산

$$\overline{AB} \text{ 의 } NS\text{로부터의 각}(\theta) = \tan^{-1}\left|\frac{(y_2-y_1)}{(x_2-x_1)}\right| \tag{6.15}$$

위에서 계산된 각은 N 또는 S로부터의 각이므로 분자, 분모의 부호에 따라 다음과 같이 방위를 결정할 수 있다.

$\frac{+}{+}$: $N\theta E$(1상한) $\frac{+}{-}$: $S\theta E$ (2상한) $\frac{-}{-}$: $S\theta W$ (3상한) $\frac{-}{+}$: $N\theta W$ (4상한)

방위가 결정되면 상한에 따라 다음과 같이 방위각을 결정할 수 있다.

1상한인 경우 : $\alpha = \theta^\circ$

2상한인 경우 : $\alpha = 180^\circ - \theta$

3상한인 경우 : $\alpha = 180^\circ + \theta$

4상한인 경우 : $\alpha = 360^\circ - \theta$

(3) 전방교회법에 의한 좌표계산

좌표를 알고있는 점 A,B가 있다. P점의 좌표를 구하기 위해 AP BP에 대한 방위각을 측량했다면 측선 AP의 방위각 – 측선 AB의 방위각이다. 즉, P점의 좌표를 구할 수 있다. 삼각형 ABP에서 ∠ A는 다음과 같다.

$$\angle A = Az_{AP} - Az_{AB} \tag{6.16}$$

같은 방법으로 ∠B는 BA측선과 BP측선에 대한 방위각의 차이다.

$$\angle B = Az_{BA} - Az_{BP} \tag{6.17}$$

그러므로 ∠P는

$$\angle P = 180^{\circ} - A - B \tag{6.18}$$

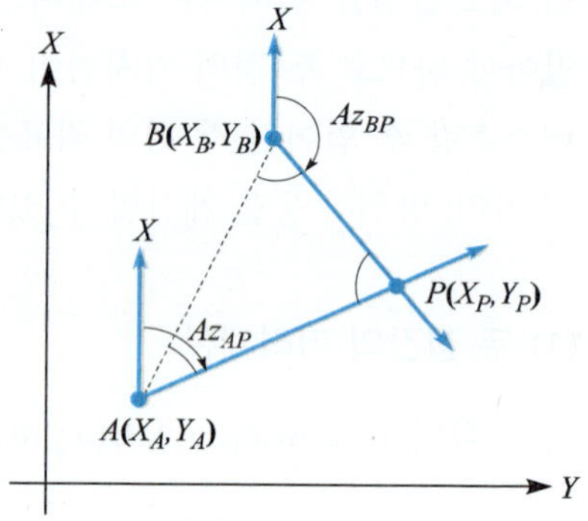

그림 6.32

sine 법칙에 의해 측선 AP는

$$AP = AB\frac{\sin(B)}{\sin(P)} \tag{6.19}$$

측선 AP에 대한 길이와 방위각을 구하였으므로 P점의 좌표는 다음과 같다.

$$X_P = X_A + AP\cos Az_{AP} \tag{6.20}$$

$$Y_P = Y_A + AP\sin Az_{AP} \tag{6.21}$$

계산의 정확도를 점검하기 위해 측선 BP의 거리와 방위각을 구하여 동일한 방법으로 P점의 좌표를 계산해 보면 반올림 오차를 제외하고는 동일한 값으로 얻어질 것이다. 단, 이 방법에서 측선 AP, BP의 방위각이 동일하거나 평행하여 교차하지 않는 경우에는 좌표를 구할 수 없다.

예제 6.10

그림 6.32에서 A,B의 좌표와 측선 AP와 BP의 방위각이 다음과 같을 때 P점의 좌표를 계산하시오. (Elementary Surveying 10th Ed). 28-07-13.34

$X_A = 1971.28$ $X_B = 5209.64$ $Az_{AP} = 76°04'24''$

$Y_A = 1425.07$ $Y_B = 7484.80$ $Az_{BP} = 141°30'16''$

풀이 ▸ ▸ ▸

$$AB = \sqrt{(7484.80 - 1425.07)^2 + (5209.64 - 1971.28)^2} = 6870.757$$

$$Az_{AB} = \tan^{-1}\left(\frac{7484.80 - 1425.07}{5209.64 - 1971.28}\right) + 0° = 61°52'46.8''$$

식(6.16, 17, 18)에 의해

$$A = 76°04'24'' - 61°52'46.8'' = 14°11'37.2''$$

$$B = (180° + 61°52'46.8'') - 141°30'16'' = 100°22'30.8''$$

$$P = 180° - 14°11'37.2'' - 100°22'30.8'' = 65°25'52.0''$$

식(6.19)에 의해

$$AP = 6870.757\left(\frac{\sin 100°22'30.8''}{\sin 65°25'52.0''}\right) = 7431.224$$

식(6.20)에 의해

$$X_P = 1971.28 + (7431.224)\cos 76°04'24'' = 3759.826\text{m}$$

$$Y_P = 1425.07 + (7431.224)\sin 76°04'24'' = 8637.850\text{m}$$

계산결과 점검을 위해 같은 방법으로

$$BP = 6870.757\left(\frac{\sin 14°11'37.2''}{\sin 65°25'52''}\right) = 1852.426$$

$$X_P = 5209.64 + (1852.426)\cos 141°30'16'' = 3759.826\text{m} \quad \text{Check OK!!}$$

$$Y_P = 7484.80 + (1852.426)\sin 141°30'16'' = 8637.850\text{m} \quad \text{Check OK!!}$$

(4) 트래버스측량 현장에서의 방향각 계산

실제 현장에서 트래버스측량을 하는 경우에는 우리나라 측지좌표계로 성과를 얻어야 한다. 그러기 위해서는 기존의 좌표를 알고 있는 점(삼각점 또는 GPS기준점)으로부터 출발하든지 이 점들과 연결을 해야 한다. 또한 첫 측선의 방향각을 알아야 하는데 두 점의 기지점으로부터 얻을 수 있다(6.4.8절). 그림 6.33에서 트래버스점 2, 3, 4, 5에 대한 좌표를 구하고자 할 경우에 대해 생각해 보자. 우선 트래버스 출발점을 기존의 삼각점 B를 이용하였으며 첫 측선의 방향각을 알기 위해 인근의 다른 삼각점 A를 선정하여 연결하여야 한다. 삼각점 A의 좌표가 (372109.789, 213481.521) 삼각점 B의 좌표가(371959.457, 213731.098)이라면 첫 측선의 방향각 $\alpha_{1-2} = \alpha_{AB} + 180° + a$로 구할 수 있다. 그러므로 각 a를 추가적으로 측량해야 한다. $\angle a$가 182° 21′08″ 로 얻었다면 α_{1-2}는 다음과 같이 계산할 수 있다. 우선 두 기지점의 좌표로부터 α_{AB}를 다음과 같이 구한다. 측선이 2상한에 위치하므로

$$\alpha_{AB} = 180° - \left(\tan^{-1}\left(\frac{213731.098 - 213481.521}{371959.457 - 372109.789}\right)\right) = 180° - 58°56'15'' = 121°03'45''$$

$\alpha_{1-2} = 121°03'45'' + 180° + 182°21'08'' = 123°24'53''$가 된다. 즉, 첫 측점의 좌표 (371959.457, 213731.098)와 방향각 123°24′53″ 로 트래버스측량을 하면 된다.

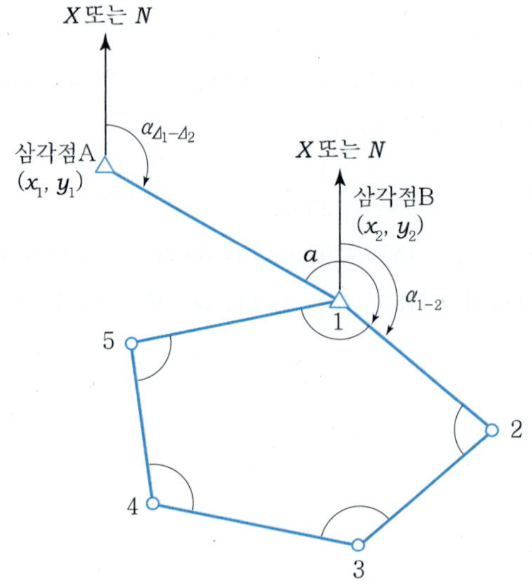

그림 6.33 트래버스 현장측량

예제 6.11

트래버스 A, B, C의 좌표가 A(12, 15), B(−48, +45), C(−60, −75)일 때 AB, BC의 길이, 방위, 방위각을 구하시오.

풀이 ▸ ▸ ▸

① AB의 방위 및 길이

$$AB = \sqrt{(-48-12)^2+(45-15)^2} = 67.082\text{m}$$

$$\theta = \tan^{-1}\left|\frac{45-15}{-48-12}\right| ≒ 26°33'54''\ (2상한) = S26°33'54''E$$

2상한이므로 방위각 $\alpha = 180 - 26°33'54'' = 153°26'06''$

② BC의 방위 및 길이

$$BC = \sqrt{(-60-(-48))^2+(-75-45)^2} = 120.599\text{m}$$

$$\theta = \tan^{-1}\left|\frac{-75-45}{-60-(-48)}\right| = 84°17'22''\ (3상한) = S\ 84°17'22''W$$

3상한이므로 방위각 $\alpha = 180° + 84°17'22'' = 264°17'22''$

6.4.9 면적의 계산

폐합트래버스의 경우에는 위거와 경거를 이용하여 면적을 계산할 수 있다. 면적을 계산하는 방법에는 좌표법(6.2.3절 참조), 배종거법, 배횡거법을 이용할 수 있으나 여기서는 배횡거법을 이용하기로 한다.

(1) 횡거(橫距, Meridian distance)

어떤 측선의 중점(중앙)에서 기준선(NS선 또는 자오선)에 내린 수선의 길이를 말한다.

(2) 배횡거(Double meridian distance) : 횡거의 2배를 의미한다.

(3) 트래버스 측량에서 면적계산에 있어서 횡거를 그대로 사용하면 분수가 생겨서 계산에 불편하므로 실제 계산에서는 편의상 횡거를 2배한 배횡거를 사용한다.

(4) 배횡거 계산

▸ 제1측선의 배횡거=제1측선의 경거

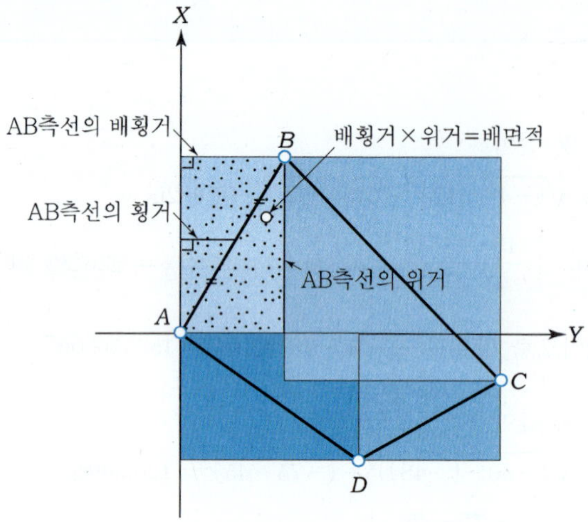

그림 6.34 배횡거법에 의한 면적계산

▸ 임의 측선의 배횡거 = 전 측선의 배횡거 + 전 측선의 경거 + 그 측선의 경거

마지막 측선의 배횡거는 마지막 측선의 경거와 크기는 같고 부호는 반대임을 점검해야 한다.

(5) 배면적(2A) = 제2측선의 위거 × 제2측선의 배횡거

+제1측선의 위거 × 제1측선의 배횡거

+제3측선의 위거 × 제3측선의 배횡거

∴ 2A = Σ(각 측선의 조정위거 × 각 측선의 배횡거)

배횡거와 위거의 부호를 고려하여 배면적을 계산, 대수합이 2A 임을 고려하면

$$면적(A) = \frac{|\ 배면적\ |}{2}$$

6.5 토털스테이션에 의한 트래버스측량

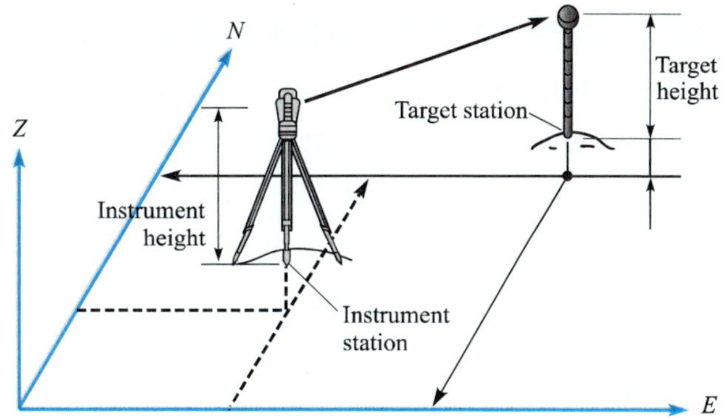

그림 6.35 토털스테이션 측정원리(Sokkia)

거리측량과 각측량 기능을 겸비한 토탈스테이션은 한 번의 세팅으로 각도와 거리를 측량할 수 있기 때문에 트래버스 측량의 속도를 크게 높일 수 있다. 또한 토탈 스테이션의 마이크로프로세서는 트래버스 계산을 수행할 수 있으며 스테이션 좌표 및 고도를 즉시 계산하고 저장할 수 있다. 그림 6.36 (b)에서 토털스테이션을 A점에 설치하고 기계점의 좌표와 표고를 입력하고 P점을 후시하면 토털스테이션의 위치와 방향이 결정된다. 그러므로 B점을 시준하면 각과 거리를 동시에 측정할 수 있으므로 B점의 좌표를 구할 수 있다. 이 과정은 E점에 도달할 때까지 반복된다. 이미 알고있는 E점의 좌표와 비교함으로써 허용오차를 검토한다. 허용범위 내에 있다면 오차를 배분한다. 그림 6.36 (a) 폐합트래버스의 경우에는 출발점 A의 좌표와 비교하여 정확도를 점검할 수 있다.

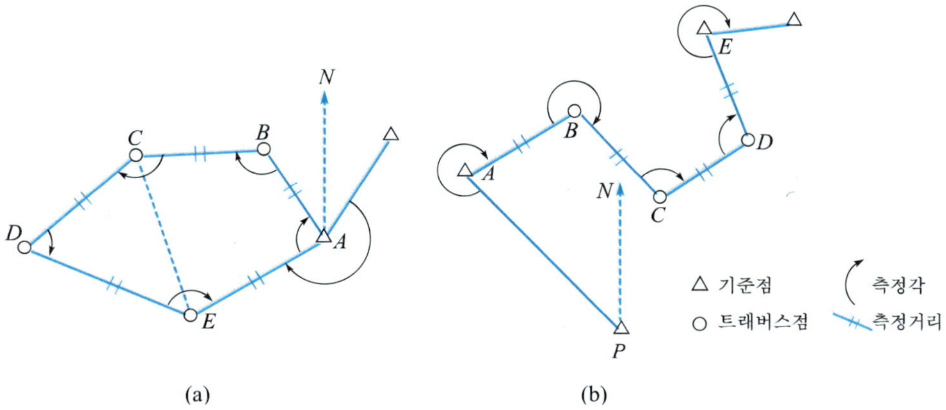

그림 6.36 결합트래버스의 예

특정 상황에서는 방사상으로 측량하여 점들의 상대적인 위치를 파악하는 것이 가장 편리할 수 있다. 이 과정에서는 그림 6.37(a)와 같이 기준점 O에 토털스테이션을 설치하여 모든 측점의 위치를 구할 수 있다. O점과 Z점에 대한 좌표를 알고 있으니 기준 방위각 OZ도 알 수 있다. 점 O에서 모든 측점에 대한 수평각을 측정하면 O점에서 모든 방사상 라인(OA, OB, OC 등)의 방위각을 얻을 수 있고 수평거리가 동시에 측정되니 길이와 방위각을 사용하여 각 측점의 좌표를 계산할 수 있다

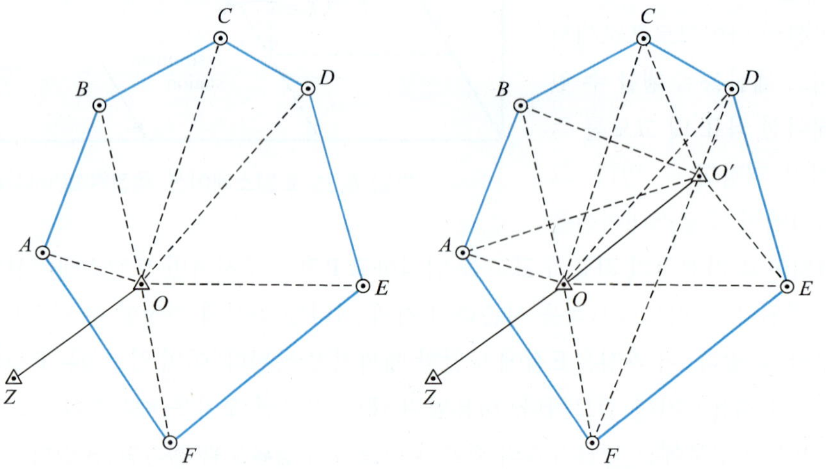

(a) 기준점 1점 (b) 기준점 2점

그림 6.37 방사형 트래버스측량 (a) (b)

그러나 방사측정방법은 폐합트래버스나 결합트래버스처럼 오차점검이 불가능하다. 각 측점들은 독립적이므로 정확도의 검사가 어려우므로 그림 6. 37(b)에 제시된 방법을 사용하는 것이 좋다.

여기서 모든 측점과 시통되는 두 번째 기준점 O'를 설치한다. O'의 위치는 측점O로부터 결정된다. O와 O’에 토털스테이션을 각각 설치하고 A,B,C,D…점에 대한 좌표를 측정한다면 두 개의 좌표가 얻어지므로 정확도를 검사할 수 있다. 합리적인 허용 오차 내에서 일치하면 평균을 취하거나 최소제곱법을 이용하여 최확값을 얻을 수 있다. 방사형 트래버스는 특히 토탈스테이션을 이용하는 경우 한 지역에 많은 점을 빠르게 설정하는 데 이상적다. 이 방법은 각도와 거리를 빠르게 측정할 수 있을 뿐만 아니라 방위각, 수평 거리, 측점의 좌표에 대한 계산을 실시간으로 수행한다. 방사형 트래버스 방법은 토털스테이션을 사용하여 계획된 건설

프로젝트의 수 많은 측점을 측설하는 데에도 매우 편리하다. 이 방법은 설계를 통해 필요한 점의 좌표를 결정하고, 알려진 위치의 선택된 측점에서의 각도와 거리를 계산한 다음 토털스테이션을 사용하여 이들을 측설한다.

6.5 측점의 전개

조정계산이 완료되어 얻어진 좌표는 도식적 현황측량과 같은 후속적인 작업을 위해 도면상에 전개할 필요가 있다. CAD 상에서 전개하고 플로터로 필요한 축척으로 출력하여 사용한다. CAD 상에서 작업할 경우에는 CAD 좌표계와 측량좌표계는 X, Y축이 반대이므로 이 점에 유의해야 한다. AutoCAD의 경우 UCS(user coordinate system)를 Y축과 Z축으로 회전시켜 사용한다. 작업의 편의를 위해 일정한 간격으로 격자를 넣기도 한다. 최근에는 현장에서 토털스테이션 또는 GPS를 이용하여 현황측량, 지형측량 등을 수행하므로 측량 S/W 내의 CAD 상에 측점전개하여 사용되고 있다.

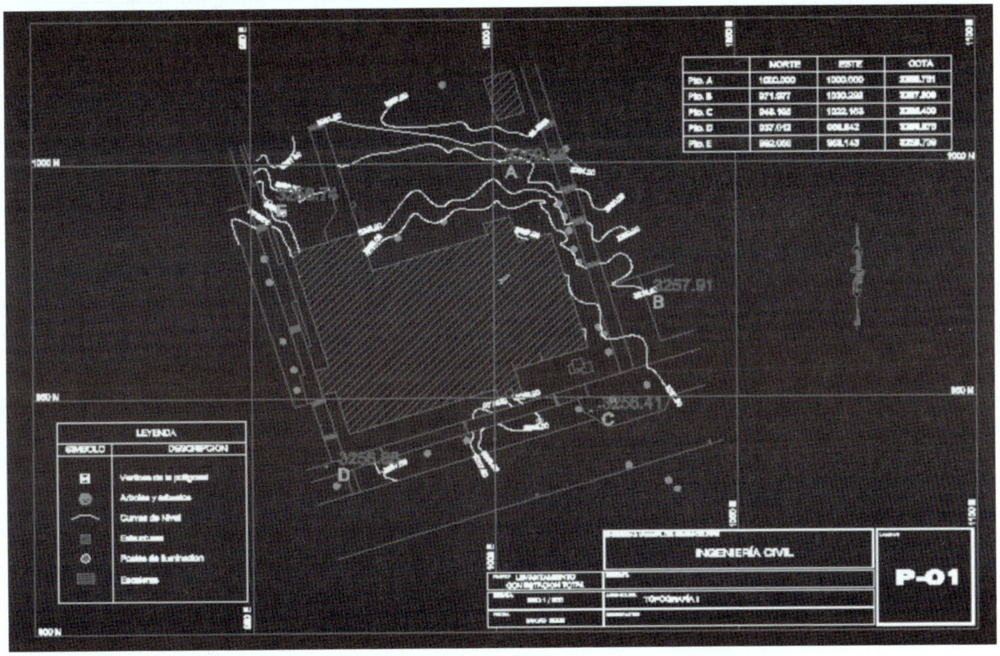

그림 6.38 측점 전개하여 현황측량을 한 경우의 예

연습문제

6.1 트래버스측량의 특징을 설명하시오.

6.2 터널입구와 출구의 기준점을 포함해서 트래버스측량을 실시하였다. 또한 수준측량도 실시하여 표고도 구하였다. 다음 값을 얻었다. 이 터널의 입구와 출구간의 공간경사거리와 방위각을 구하시오.

입구 : (X : 123.45, Y : 243.89, H : 100.12)

출구 : (X : 342.12, Y : 567.34, H : 120.08)

6.3 다음과 같은 폐합트래버스 측량결과를 얻었다. 트랜싯법칙으로 조정하시오(단, 각은 1″까지 구하고 거리는 소수 3자리까지 계산).

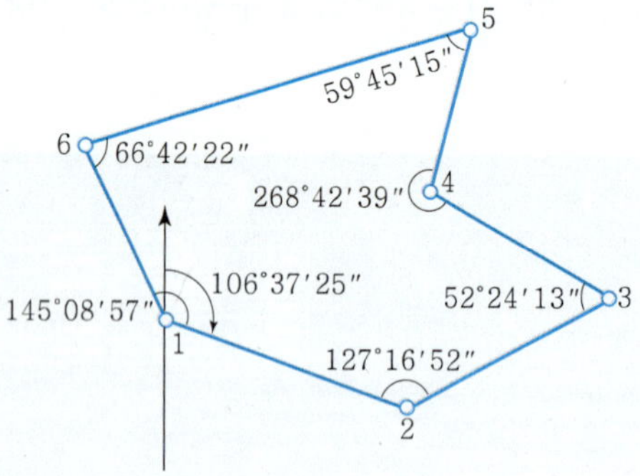

측점	측정각	측선	거리
1	145°08′57″	1–2	58.513
2	127°16′52″	2–3	51.974
3	52°24′13″	3–4	67.424
4	268°42′39″	4–5	39.668
5	59°45′15″	5–6	85.395
6	66°42′22″	6–1	62.248
계	720°00′18″		365.222

6.4 그림과 같은 결합트래버스를 측량한 결과 아래와 같은 성과를 얻었다. 이 성과를 이용하여 각점의 좌표를 구하라(단, $X_A = 100.00\text{m}$, $Y_A = 100.000\text{m}$, $X_B = 94.615\text{m}$, $Y_B = 202.035\text{m}$, $w_a = 33°41'24''$ $w_b = 326°18'30''$이며, 위 · 경거 계산은 소수점 아래 4자리에서 반올림, 위 · 경거 조정량 계산은 소수점 아래 5자리에서 반올림하고 컴퍼스 법칙으로 할 것).

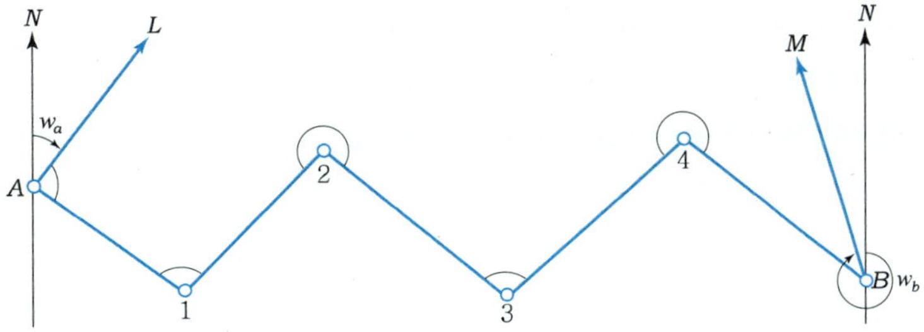

측점	관측각	측선	거리(m)
A	93°10′48″	A-1	26.742
1	116°33′56″	1-2	27.493
2	255°57′49″	2-3	20.473
3	74°17′29″	3-4	29.414
4	258°06′40″	4-B	28.439
B	34°30′24″		

6.5 다음과 같은 폐합트래버스 측량 결과를 얻었다. 컴퍼스법칙을 이용하여 조정계산하시오. 단, 각은 1″ 단위까지 조정하고 거리는 소수 3자리까지 구하시오.

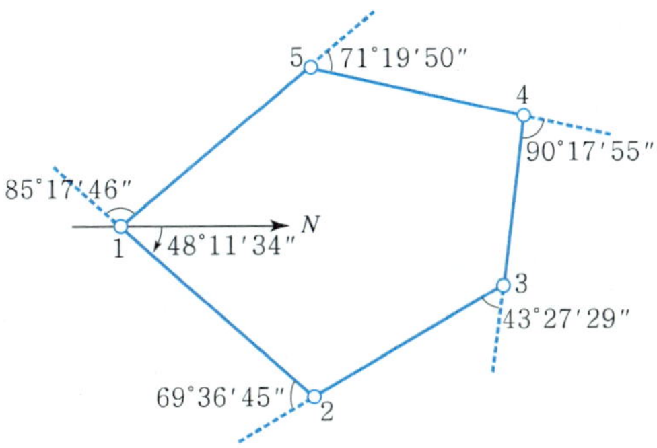

측점	측정각	측선	거리
1	85°17′46″	1-2	110.493
2	69°36′45″	2-3	102.515
3	43°27′29″	3-4	87.625
4	90°17′55″	4-5	132.976
5	71°19′50″	5-1	124.367
계	359°59′45″		557.976

6.6 삼각점1의 좌표가(371736.001, 213607.642) 삼각점 2의 좌표가(371986.333, 213304.977)였으며, N0.1점에서의 교각 a=182°08′41″였다. No.1–No.2측선의 방위각을 구하시오.

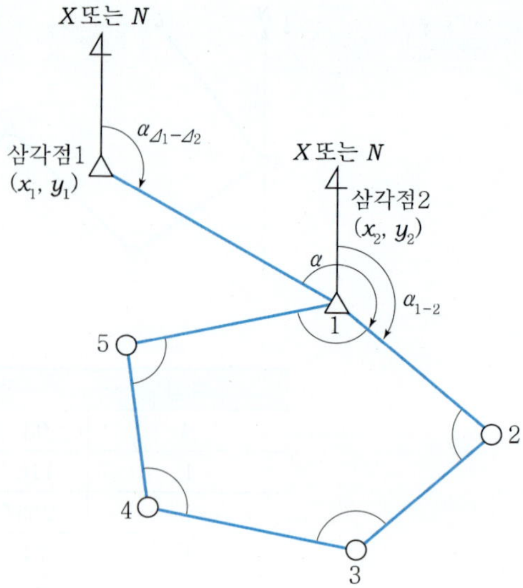

6.7 삼각점 A에서 C점의 위치를 구하기 위해 그림과 같은 보조점 B와 D를 설치하고 거리와 각을 측정하여 다음과 같은 성과를 얻었다. $\overline{AC}$의 거리와 $\overline{AC}$의 방위각을 구하고 C점의 좌표(X, Y)를 구하시오.(단, 계산은 반올림하여 소수 셋째 자리까지 구하시오.)

$(x_A, y_A) = (5{,}000.000\text{m}, 3{,}000.000\text{m})$

$S_1 = 65.260\text{m}, S_2 = 84.940\text{m}$

① 63°25′20″

② 83°03′45″

③ 54°06′05″

④ 73°36′30″

⑤ 153°00′10″

$T = 65°20′28″$

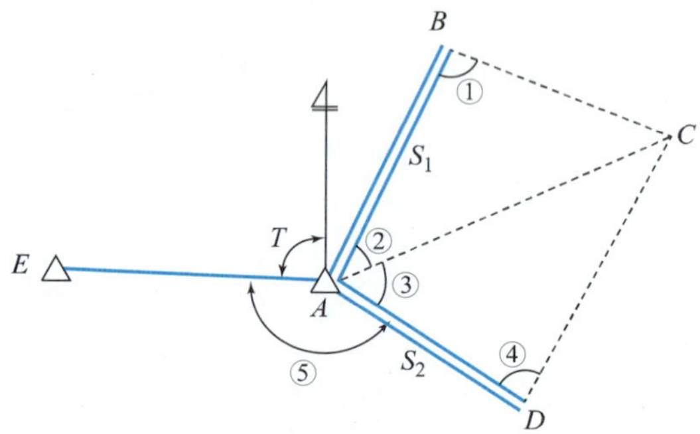

(1) $\overline{AC}$의 거리

(2) $\overline{AC}$의 방위각

(3) C점의 좌표

제7장 삼각 · 삼변측량

7.1 서론

정밀한 거리측량이 불가능했던 시대에 최소의 거리측량과 각측량을 통해 삼각법으로 변의 길이를 계산하여 높은 정확도의 기준점 수평위치를 구하였는데 이 방법을 삼각측량(Triangulation) 이라 한다. 이와 반대로 광파거리측정기가 사용되면서 주로 변의 길이를 측량하고 필요한 각을 계산하여 기준점측량을 하였는데 이를 삼변측량(Trilaterlation)이라한다. 두 방법 모두 넓은 지역의 기준점측량에 사용되었으므로 지구의 곡률을 고려하여야 하나 좁은 지역의 경우 평면측량으로 작업을 수행한다. 관측값 수가 증가할수록 정확한 수평위치를 구할 수 있었으며 측량의 정확도의 점검이 가능하며 비교적 엄격한 조건식에 의해 조정되었으므로 근대에 많이 사용되었던 기준점 측량방법이다. 트래버스측량의 기준의 되었으며 세부측량, 지적측량의 기준점 역할을 하였다. 최근에는 GNSS측량을 흔히 사용하는 추세이나 수평위치 결정방법을 알아두면 많은 도움이 될 수 있다.

7.2 삼각측량(Triangulation surveying)

7.2.1 삼각측량의 원리

임의 점에 대한 수평위치를 구하기 위해서는 방향과 거리를 알아야 한다. 그러나 삼각측량은 주로 각을 측량하기 때문에 미지 변의 길이를 구하기 위해서는 sine 법칙을 이용한 삼각법을 이용한다.

$$\frac{a}{\sin\alpha} = \frac{c}{\sin\gamma},\ a = \frac{\sin\alpha}{\sin\gamma} \cdot c \qquad (7.1)$$

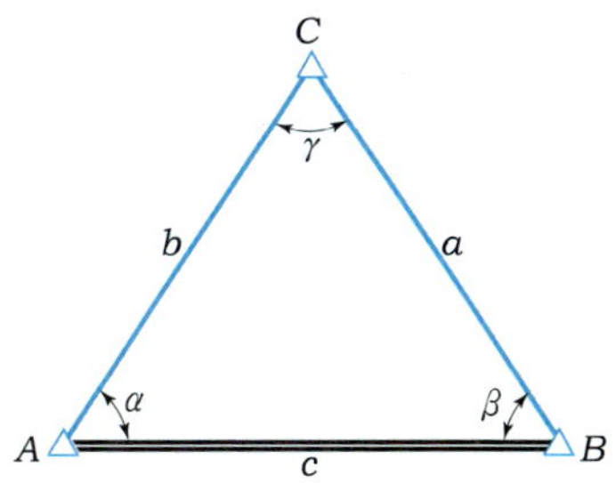

그림 7.1 삼각형

$$\frac{b}{\sin\beta} = \frac{c}{\sin\gamma}, \quad b = \frac{\sin\beta}{\sin\gamma} \cdot c \tag{7.2}$$

(1) 수평위치(평면위치)

그림 7.2에서 P점의 위치(X,Y,Z)를 구하기 위해서는 수평면에 투영시킨 삼각형 ABC에서 A점으로부터 각 α와 각 β를 알아야 한다. P점의 수평위치와 C점의 수평위치는 같다. A점과 B점의 좌표는 알고 있으므로 두 점간의 거리는 계산을 또는 직접거리측량으로 구할 수 있다.

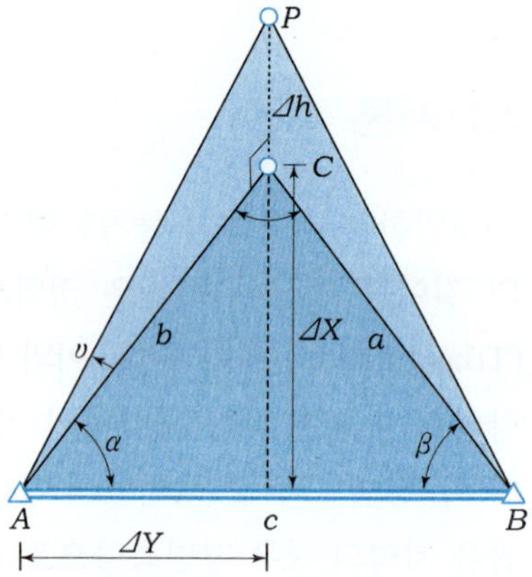

그림 7.2 삼각측량의 원리

1) A점을 기준으로 C점의 위치를 구할 경우 하나의 기선(base line)의 길이 $\overline{AB} = C$ 측선을 EDM 또는 강철줄자로 정확하게 측량한다.
2) A, B점에서 transit으로 $\angle\alpha$ 및 $\angle\beta$를 관측한다. 즉, 삼각형의 내각 α, β를 실측한다.
3) 삼각형의 내각의 합은 180°이므로 $\angle ACB = 180^\circ - (\angle\alpha + \angle\beta)$
여기서, $\angle ACB$를 직접 구하지 않고 간접적으로 구했다.
삼각점 A, B, C를 잇는 그 밖의 변 길이(BC, CA 측선)는 삼각법으로 결정
즉, 1변과 세각을 알고 있으므로 sine법칙에 의해 다음과 같이 구할 수 있다.

$$\frac{a}{\sin\alpha} = \frac{b}{\sin\beta} = \frac{c}{\sin(180 - (\alpha + \beta))} \tag{7.3}$$

$$b = \frac{\sin\beta}{\sin(180 - (\alpha + \beta))} \cdot c \tag{7.4}$$

위와 같은 방법으로 전체 변 길이를 모두 구할 수 있고 검기선(check base line)은 다시 실측하여 계산 값과 비교, 측량의 정확도를 평가한다.

변 길이가 계산되면 A점의 좌표로부터 C점(즉, P점)의 평면좌표를 다음과 같이 계산할 수 있다.

$$X_C = X_A + b \cdot \sin\alpha \tag{7.5}$$

$$Y_C = Y_A + b \cdot \cos\alpha \tag{7.6}$$

(2) 높이(표고)

그림 7.2에서 P점의 높이는 A점의 높이 Z_A에 Δh를 더해주면 된다. 즉, 다음 같이 구할 수 있다.

$$Z_p = Z_A + b \cdot \tan v \tag{7.7}$$

또는 삼각고저측량으로 구할 수 있다(9.10.3절).

삼각점에서 인접한 수준점이 있고 삼각점이 평지 또는 낮은 산지인 경우 직접고저측량을 이용한다.

7.2.2 삼각망

일반적으로 삼각측량은 넓은 지역에 대해 여러 점의 기준점측량을 하기 때문에 기준점들을 삼각형으로 연결하는 삼각망을 형성하여 측량과 조정계산을 실시한다. 기준점을 이용하여 실시하는 후속 측량의 효율성을 위하여 국토지리정보원에서는 전국에 삼각점을 설치하고 각각의 좌표성과를 결정하여 유지관리하고 있다. 이를 국가기준점이라 하며 기본측량에 의하여 설치된 기준점을 말한다. 측량을하기 위한 계획수립 시 인근의 삼각점의 위치를 확인하고 국토지리정보원 사이트(www.ngii.go.kr)로 부터 성과를 받아 측량에 사용할 수 있다.

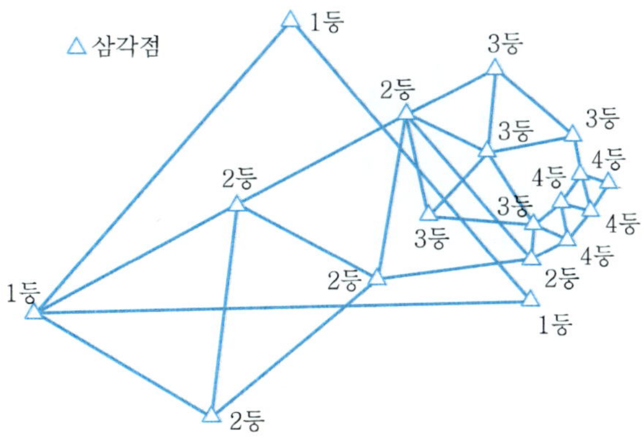

그림 7.3 삼각망의 형태

(1) 삼각점은 기준점의 밀도 및 측량정밀도의 제약에 따라 4등급으로 분류한다(1등, 2등, 3등, 4등 삼각점).

표 7.1 삼각측량의 등급에 따른 제반 요건

구분 \ 명칭	정밀 1차 기준점		정밀 2차 기준점	
	1등 삼각점	2등 삼각점	3등 삼각점	4등 삼각점
삼각점수(남한)	400(189)	2,401(1102)	6,297(3045)	5,349(11753)
평균변장(길이)	30km	10km	5km	2.5km
교각(협각제한)	60° 내외	30°~120°	25°~130°	15° 이상
최소 읽음값	0.1″	0.1″	1″	1″
삼각형의 폐합차	1.0″	5.0″	15.0″	20.0″

(2) 이 삼각점들은 경・위도원점을 기준으로 경・위도를 정하고 수준원점을 기준으로 하여 표고를 정한다.

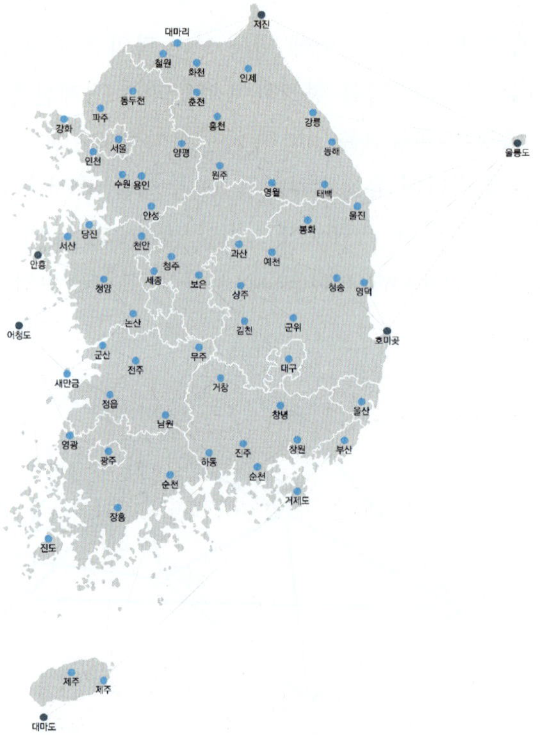

그림 7.4 우리나라의 삼각망(1등 삼각점)

삼각망은 다음과 같은 종류가 있다. 정확도는 사변형망이 가장 높으며 유심망, 단열삼각망 순이다.

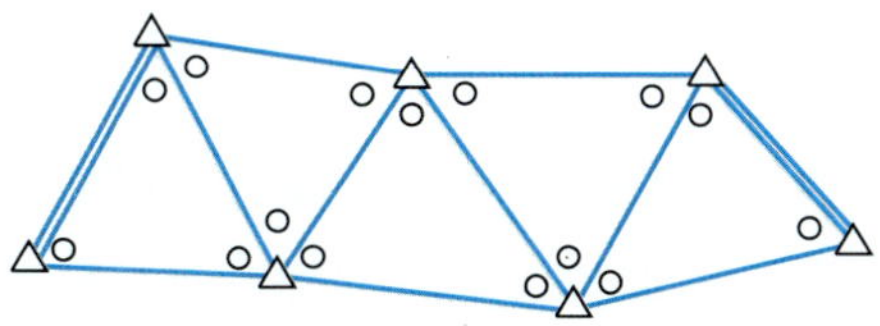

그림 7.5 단열삼각망

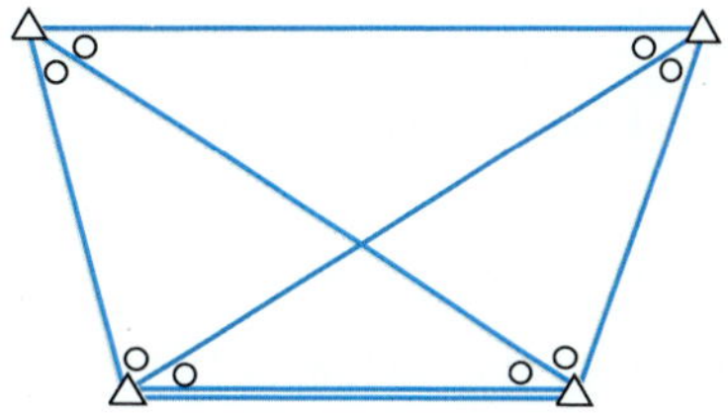

그림 7.6 사변형망

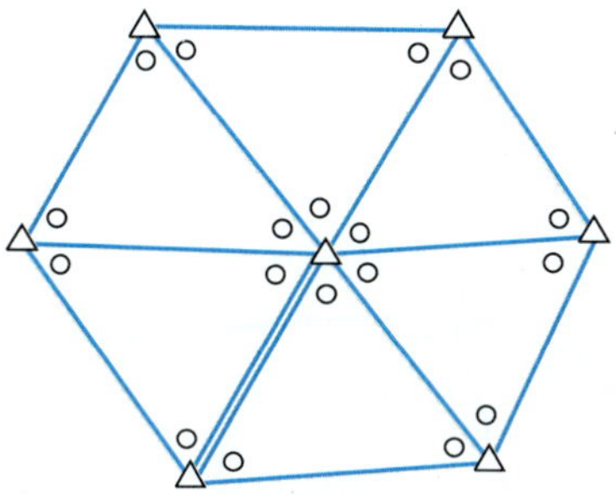

그림 7.7 유심망

7.2.3 삼각망의 조정

삼각망은 다음 조건을 만족시킬 수 있도록 조정한다.

① 측점조건(station condition)

한 측점 주위에 있는 모든 각의 합은 360°이어야 한다.

② 각조건(angle condition)

삼각망 중 각 삼각형 내각의 합은 180°이어야 한다.

사각형 이상의 다각형의 내각의 합은 180°(n−2)이어야 한다.

③ 변조건(side condition)

삼각망 중에서 임의 한 변의 길이는 계산의 순서에 관계없이 동일해야 한다.

④ 방향각조건

기지변의 방향각은 계산의 순서에 관계없이 동일해야 한다.

⑤ 좌표조건

기지점으로부터 출발한 좌표는 계산의 순서에 관계없이 동일해야 한다.

7.2.4 삼각망의 좌표계산

삼각망 조정계산의 궁극적인 목적은 측량한 각을 조정하여 정확도를 높이고 이를 이용하여 측선의 길이를 계산하는 것이다. 각과 측선의 길이가 계산되면 앞 6장에서 공부한 트래버스측량방법에 의해 각 측정의 좌표를 구하는 것이다. 예를들어, 그림 7.8과 같은 삼각망이 있다고 하자. 조정계산이 끝나면 폐합트래버스 또는 결합트래버스를 형성하고 좌표를 계산할 수 있다.

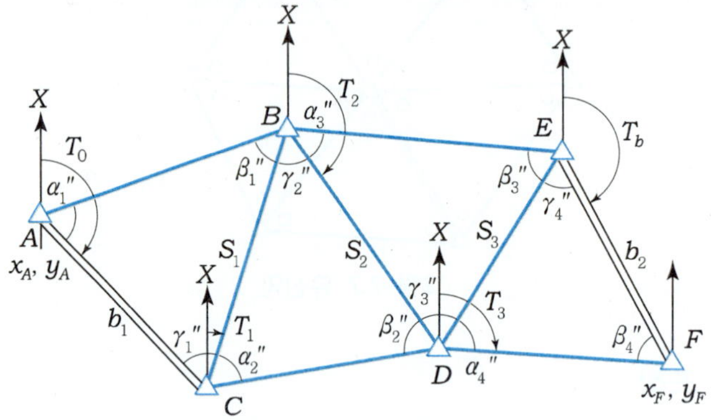

그림 7.8 단열삼각망의 예

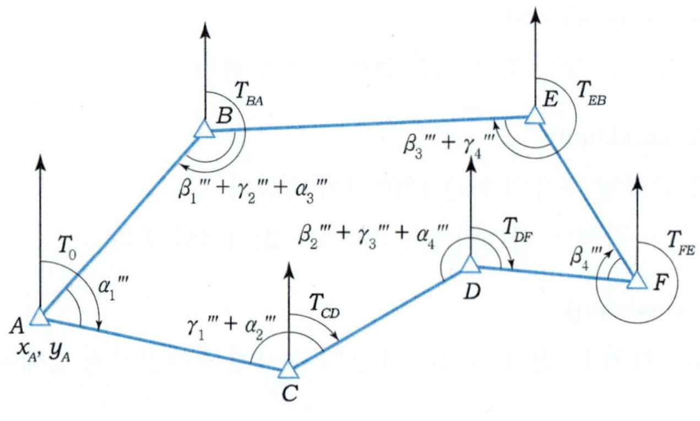

그림 7.9 단열삼각망에서 폐합트래버스로 계산

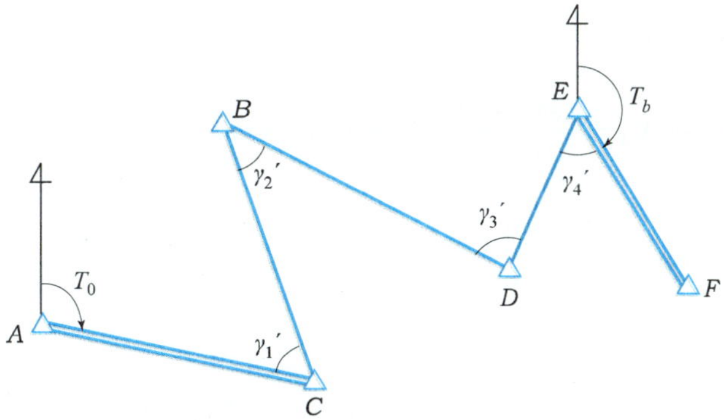

그림 7.10 단열삼각망에서 결합트래버스로 계산

7.2.5 삼각법에 의한 미지점위치결정

이상 설명한 내용은 삼각망을 형성하여 삼각점들의 위치를 결정하는 것이다. 그러나 현장에서는 인근의 삼각점을 이용하여 임의 측점의 위치를 결정해야하는 상황이 빈번하게 발생한다. 이 경우에는 현장의 상황에 따라 전방교회법(intersection) 또는 후방교회법(resection)에 의해 좌표를 결정해야 한다. 최근 사용되는 total station에는 자체 내에 나름대로의 소프트웨어를 탑재하고 있다. 그러나 이에 대한 알고리즘을 이해하는 것은 측량학에서 매우 중요한 일이다.

(1) 전방교회법(intersection method)

임의 점들에 대한 좌표와 방위, 거리를 알아야 제2의 측점에 대한 좌표를 계산할 수 있다는 것을 알았다. 그림 7.11에서 만약 두 점 A, B의 좌표를 알고 각 α, β를 측량하여 방향각 ϕ_{AC}와 ϕ_{BC}를 안다면 C점의 좌표는 계산할 수 있다. 요구되는 좌표는 먼저 삼각형 ABC에서 누락된 변장을 sine 법칙으로 계산하여 알면 방위와 거리방법으로 좌표를 계산할 수 있게 된다.

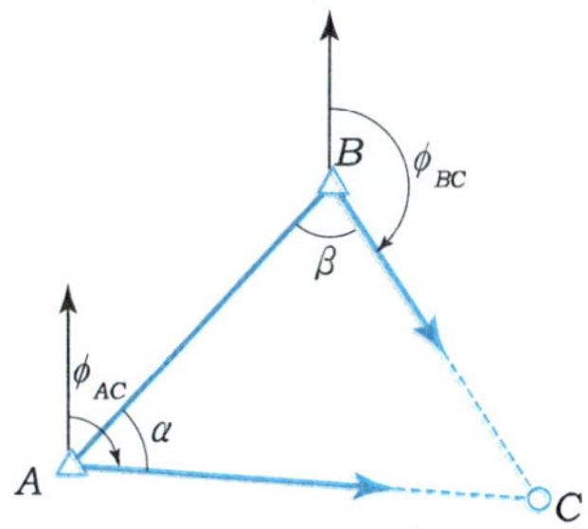

그림 7.11 전방교회법에 의한 좌표계산

$$X_C = X_A + AC\cos\phi_{AC}$$

$$X_C = X_A + \frac{\sin\beta \cdot AB}{\sin(\alpha+\beta)}\cos(\phi_{AB}+\alpha) \tag{7.8}$$

여기서, $\phi_{AB} = \tan^{-1}\left(\dfrac{Y_B - Y_A}{\alpha_B - \alpha_A}\right)$

그러므로 식 (7.8)은

$$X_C = X_A + \frac{\sin\beta \cdot AB}{\sin(\alpha+\beta)}\cos\left[\tan^{-1}\left(\frac{Y_B - Y_A}{\alpha_B - \alpha_A}\right)\right] \tag{7.9}$$

마찬가지 방법으로

$$Y_C = Y_A + \frac{\sin\beta \cdot AB}{\sin(\alpha+\beta)}\sin\left[\tan^{-1}\left(\frac{Y_B - Y_A}{\alpha_B - \alpha_A}\right)\right] \tag{7.10}$$

예제 7.1

좌표를 알고있는 A, B점으로부터 α, β각을 측량하여 C점의 좌표를 구하기 위해 $\alpha = 50°37'39''$, $\beta = 73°22'07''$ 를 얻었다. C점의 좌표를 구하시고.

$X_A = 20579.80$ $X_B = 15236.30$

$Y_A = 12842.70$ $Y_B = 13294.80$

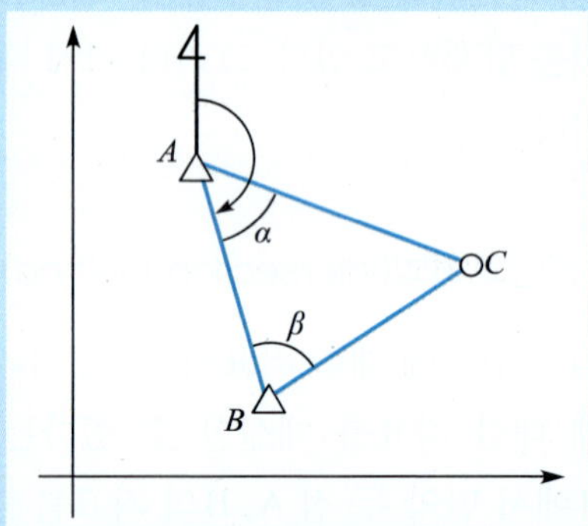

그림 7.12 예제 7.1

풀이 ▸ ▸ ▸

$\overline{AB} = \sqrt{(15236.30 - 20579.80)^2 + (13294.80 - 12842.70)^2} = 5362.591\text{m}$

$\phi_{AB} = \tan^{-1}\left(\dfrac{13294.8 - 12842.7}{15236.3 - 20579.80}\right) = 4°50'10''$

2상한이므로 $180° - 4°50'10'' = 175°09'50''$

$\therefore \ \phi_{AC} = 175°09'50'' - 52°37'39'' = 122°32'11''$

$$\therefore \ X_C = 20579.80 + \frac{\sin 73°22'07'' \times 5362.591}{\sin(52°37'39'' + 73°22'07'')} \times \cos 122°32'11'' = 17164.054$$

$$Y_C = 12842.70 + \frac{\sin 73°22'07'' \times 5362.591}{\sin(52°37'39'' + 73°22'07'')} \times \sin 122°32'11'' = 18196.84$$

(2) 후방교회법(three-point resection)

이 방법은 좌표를 알고 있는 세 점 A,B,C로부터 수평각을 측정하여 P전의 위치를 계산한다. 이를 위해 그림 7.13에서 보는 바와 같이 미지점 P에서 각 x, y를 측정한다.

기지점 A,B,C점의 좌표로부터 a,c의 길이 및 B점에서의 각 α를 측량한다. 사각형 ABCP에서 각 x+y, α를 알고 있으므로 A+C 각은 다음과 같다.

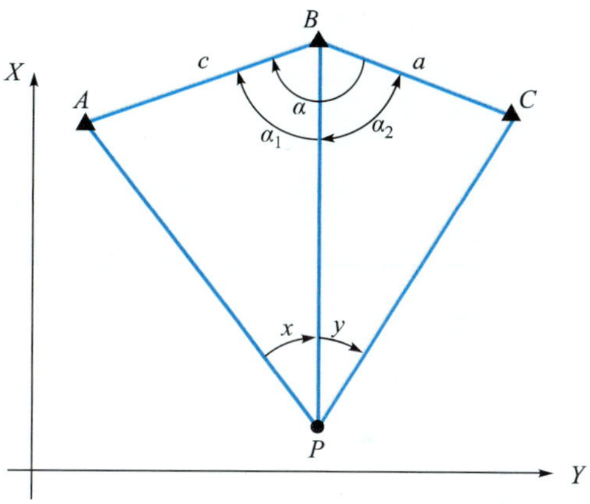

그림 7.13 후방 3점교회법

$$A + C = 360° - (\alpha + x + y)$$

각 A와 B를 계산하면,

$$A = \tan^{-1}\left(\frac{a \sin x \sin(A+C)}{c \sin y + a \sin x \cos(A+C)}\right) \tag{1}$$

$$C = \tan^{-1}\left(\frac{c \sin x \sin(A+C)}{a \sin x + c \sin y \cos(A+C)}\right) \tag{2}$$

삼각형 ABP에서 각 A와 AB측선의 방위각으로부터 AP측선의 방위각을 구한다. 사인법칙을 이용하여 측선 AP의 길이를 구한다. 이때, $\alpha_1 = 180° - A - x$ 측선 AP의 위거와 경거를 구하면 P점의 좌표를 계산한다.

예제 7.2

그림 7.14에서 x, y는 각각 48°53′12″, 41°20′35″로 얻어졌으며 기준점 A,B,C의 좌표는 다음과 같을 때 P점의 좌표를 구하시오.

$X_A = 5721.250$

$Y_A = 21802.480$

$X_B = 12963.710$

$Y_B = 27002.380$

$X_C = 20350.090$

$Y_C = 24861.220$

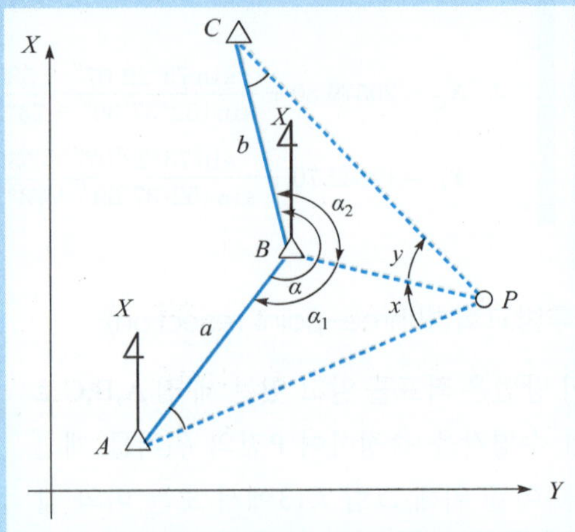

그림 7.14 예제 7.4

풀이 ▸ ▸ ▸

1) a, c측선 길이 계산

$$a = \sqrt{(12{,}963.71 - 5721.25)^2 + (27{,}002.38 - 21{,}802.48)^2} = 8915.84$$

$$b = \sqrt{(20{,}350.09 - 12{,}963.71)^2 + (24{,}861.22 - 27{,}002.38)^2} = 7690.46$$

2) 측선 AB, BC의 방위각 계산

$$\text{AB측선방위각} = \tan^{-1}\left(\frac{27002.38 - 21802.48}{12963.71 - 5721.25}\right) = 35°40'39'' \qquad \text{(1상한)}$$

$$\text{BC측선방위각} = \tan^{-1}\left(\frac{24861.22 - 27002.38}{20350.09 - 12963.71}\right) = -16°09'57'' \qquad \text{(4상한)}$$

$$= 343°50'03''$$

3) ∠α 계산

$$\alpha = 360° - (\text{BC방위각} - 180° - \text{AB방위각})$$

$$= 360° - (343°50'03'' - 180° - 35°40'39'')$$

$$= 231°50'36'')$$

4) $\angle A + \angle C$ 계산

$$\angle A + \angle C = 360° - (\alpha + x + y) = 360° - (231°50'36'' + 48°53'12'') + 41°20'35''$$
$$= 37°55'37''$$

5) 식 (1)에 의해

$$\angle A = \tan^{-1}\left(\frac{7690.46 \sin 48°53'12'' \ \sin 37°55'37''}{8915.84 \sin 41°20'35'' + 7690.46 \sin 48°53'12'' \cos 37°55'37''}\right)$$
$$= 18°48'10''$$

식 (2)에 의해

$$\angle B = \tan^{-1}\left(\frac{8915.84 \sin 41°20'35'' \ \sin 37°55'37''}{7690.46 \sin 48°53'12'' + 8915.84 \sin 41°20'35'' \cos 37°55'37''}\right)$$
$$= 19°07'27''$$

6) $\angle \alpha_1$ 계산

$$\angle \alpha_1 = 180° - (48°53'12'' + 18°48'10'') = 112°18'38''$$

7) sine 법칙에 의해

$$AP = \frac{\sin 112°18'38''}{\sin 48°53'12''} \times 8915.84 = 10948.082\text{m}$$

8) 위·경거계산

$$\Delta X(\text{위거}) = 10948.082 \times \cos(35°40'39'' + 18°48'10'') = 6360.651$$
$$\Delta Y(\text{경거}) = 10948.082 \times \sin(35°40'39'' + 18°48'10'') = 8910.812$$

9) P점의 좌표계산

$$X_P = X_A + \Delta X = 5721.25 + 6360.651 = 12081.901$$
$$Y_P = Y_A + \Delta Y = 21082.48 + 8910.812 = 29993.292$$

7.2.7 삼각점 및 통합기준점 성과

측량지역 소재 삼각점 성과는 국토지리정보원에서 관리 배포하고 있다. 국토지리정보원 홈페이지(http://www.ngii.go.kr)의 공간정보 받기에서 검색할 수 있다. 그림 7.15은 기준점의 조서이다. 최근에는 삼각점뿐만 아니라 수준점, 중력점 등을 종합적으로 측량한 통합기준점을 설치하여 사용하고 있다(그림 7.16).

국토교통부 국토지리정보원

기준점의 조서(삼각점)

점의번호	수원318	이력사항		조사현황	
도엽명	수원	매설일	-	조사년월	2018년 04월 09일
도로명 주소	-	고시번호	2008-855	조사기관	경기도 수원시 영통구
지번주소	경기도 수원시 영통구 영통동 산19-1	고시일	2008년 12월 31일	점의상태	완전

삼각점 성과	위도	37°15'30,9414"	X(m)	517715,107	원점	중부원점
	경도	127°05'01,1311"	Y(m)	207420,317		
	타원체고(m)	213,79	표고(m)	190,0860		
삼각점의 경로	영통구 영통동 주공4단지 401동 길건너 등산로로 약 300m 지점 산 정상에 위치.					

근 경

원 경

영상지도

기준점의 약도

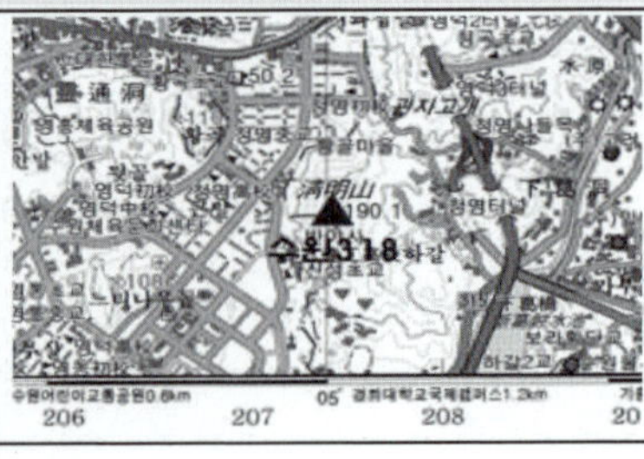

위 측량 성과는 원본과 상위없음을 증명함.
2018 년 07 월 02일

국 토 지 리 정 보 원 장

그림 7.15 기준점의 조서(삼각점)

국토교통부 국토지리정보원

기준점의 조서(통합기준점) (1 / 2)

점의번호	U0375	이력사항		조사현황	
도엽명	평택	매설일	2008년 10월 14일	조사년월	2018년 04월 17일
도로명주소	충청남도 천안시 서북구 성환읍성진로 15	고시번호	2014-165	조사기관	충청남도 천안시 서북구
지번주소	충청남도 천안시 서북구 성환읍 성월리 79	고시일	2014년 01월 27일	점의상태	완전

통합기준점 성과 (세계측지계)						
위도	36°54′43.31607″	X(m)	479259.2182		원점	중부원점
경도	127°08′09.76631″	Y(m)	212123.6387			
타원체고(m)	56.9371	표고(m)	32.8701			–
지오이드고(m)	24.067	수준측량노선	시점	06-02-13-18		
중력값(mGal)	979891.263		종점	U0375		

통합기준점의 경로	천안시 성환읍사무소에서 1번 국도를 따라 직산역 방향으로 약 1Km정도 가면 천안 시민 문화회관이 있다. 천안 시민 문화회관 성환분관 건물 앞 잔디밭 좌측 모서리에 위치함.

제1방위표	위도	36°54′41.4407″	X(m)	-120797.907	원점	중부원점
	경도	127°8′28.8354″	Y(m)	12595.757		
	타원체고(m)	72.186	경로	U0375 천안 시민 문화회관 성환분관에서 남서울대학교 방향으로 약 700m 도로 우측에 성산아파트 101동 12,13호 라인 옥상에 위치함.		
	방위각	96°58′53″				
제2방위표	방위각	–	경로	–		
인덱스방위표	방위각	–	경로	–		

구분	항목	값	비고차		경로	
보조점A	위도	–	비고차	–	경로	천안시 문화회관성환분관 주차장 입구 우측 경계석 상단에 위치함(+0.7704m).
	경도	127°08′22.7″				
보조점B	위도	–	비고차	–	경로	–
	경도	–				

그림 7.16 기준점의 조서(통합기준점)

국토교통부
국토지리정보원

기준점의 조서(통합기준점) (2/2)

영상지도	기준점의 약도
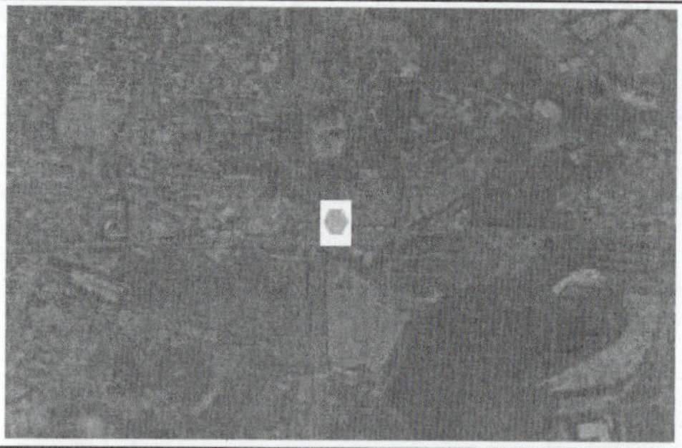	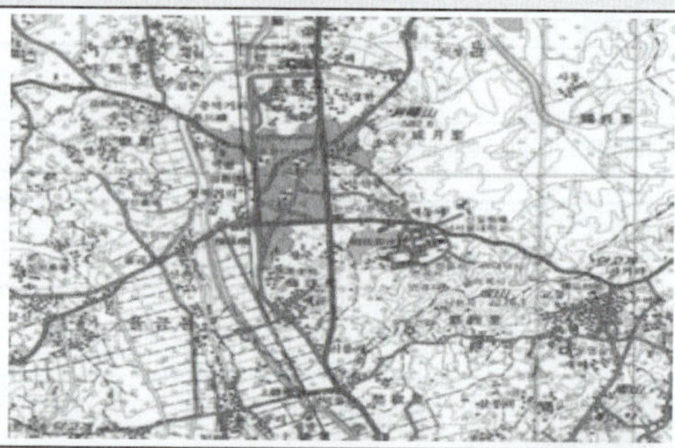
근경	**방위표**

보조점 A	**보조점 B**

위 측량 성과는 원본과 상위없음을 증명함.

2018 년 07 월 03일

국 토 지 리 정 보 원 장

그림 7.16 기준점의 조서(통합기준점) (계속)

7.3 삼변측량(Trilaterlation)

삼각측량은 장거리에 대한 기선측량이 상당히 어려웠던 시기에 거리측량을 최소로 하기 위하여 각측량을 기본으로 하고 sine법칙에 의해 변 길이를 계산하는 방법이다. 18세기에 전자파거리측량기의 발명으로 장거리 거리측량이 가능해지자 삼각형의 세 변을 먼저 측량하고 cosine 제2법칙 또는 반각법칙에 의해 각을 계산하여 좌표를 얻었는데 이것이 삼변측량이다. 그러나 변수가 증가함에 따라 방위각오차가 급격히 누적됨을 알게 되었고 이를 보완하기 위해 많은 양의 방위각측량이 필요하게 되었다. 일반적으로 삼각측량보다 매우 신속하고 경제적인 방법으로 생각할 수 있다. 정확도는 삼변과 삼각측량 중 보는 이의 관점에 따라 다를 수 있다.

7.3.1 삼변측량의 특징

(1) 관측값에 비하여 조건식의 수가 적다.

삼각망의 기하학적 도형조건 때문에 삼각측량에 비해 조건식 수가 적게 되며 삼각측량과 대등한 정확도를 위해서는 많은 수의 잉여관측값을 만들기 위해 복잡한 삼각망을 형성해야 한다. 예를 들어 하나의 삼각형에서 세 개의 각을 측량했을 경우에는 하나의 도형조건이 성립하지만 세 개의 변을 측량했을 경우에는 하나도 형성하지 못한다. 삼변측량에서 가장 이상적인 도형은 모든 점에서 서로 관측이 가능한 오각형과 육각형이다. 그러나 이러한 조건은 현장에서 불가능하므로 추가측선을 가진 유심사변형이나 유심5각형을 사용하여 강도를 높인다.

(2) 정확도를 높이기 위해 반복 관측을 하며 기상보정을 실시하여야 한다.

EDM으로 측량한 거리는 경사거리이므로 평균해면 상의 수평거리로 환산하여야 한다. 따라서 두 점간의 표고차 또는 연직각이 필요하다. 온도, 기압에 대한 보정을 실시해야 하며 연직각측량도 양쪽 점에서 동시에 실시하여야 할 것이다. 부득이 한쪽에서 밖에 할 수 없다면 기차(atmospheric error)와 구차(curvature error)를 보정해야 한다.

(3) 대 삼각망의 기선장을 직접 측정하므로 과거의 기선 삼각망의 확대가 필요 없다.

(4) 각과 변장을 편리한데로 측량해서 삼각망(삼변망)을 짤 수 있다.

▸ 삼변측량에 의한 좌표 계산

기선관측	→	변으로부터 각을 계산 (cosine 제2법칙, 반각공식)	→	각과 변을 이용해 수평위치 계산

7.3.2 변장으로부터 각 계산 공식

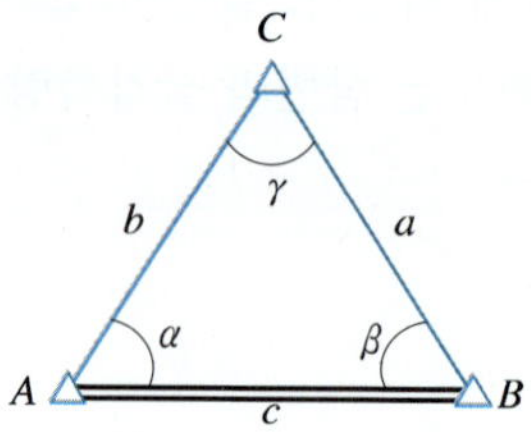

그림 7.17

(1) cosine 제2법칙

$$\cos A = \frac{b^2 + c^2 - a^2}{2bc} \quad \cos B = \frac{a^2 + c^2 - b^2}{2ac} \quad \cos C = \frac{a^2 + b^2 - c^2}{2ab}$$

(2) 반각공식

$$\sin\frac{A}{2} = \sqrt{\frac{(s-b)(s-c)}{bc}} \qquad \cos\frac{A}{2} = \sqrt{\frac{s(s-a)}{bc}}$$

$$\tan\frac{A}{2} = \sqrt{\frac{(s-b)(s-c)}{s(s-a)}}$$

(3) 면적조건

$$\sin A = \frac{2}{bc}\sqrt{s(s-a)(s-b)(s-c)} \qquad s = \frac{1}{2}(a+b+c)$$

▸ 삼변측량의 조정 ; 조건방정식에 의한 조정, 관측방정식에 의한 조정

- 조건방정식에 의한 조정 : 삼변망을 형성하는 조건식에 따라 조정한다.
- 관측방정식에 의한 조정 : 관측방정식을 형성하고 행렬구성을 통한 컴퓨터 프로그래밍에 활용

예제 7.3

A(1500,2500), B(3321.61,3367.41) 두 점이 있다. C점의 좌표를 구하기 위해 AC, BC의 거리를 측량하여 각각 1643.78m, 1914.03m를 얻었다. C점의 좌표를 구하여라.

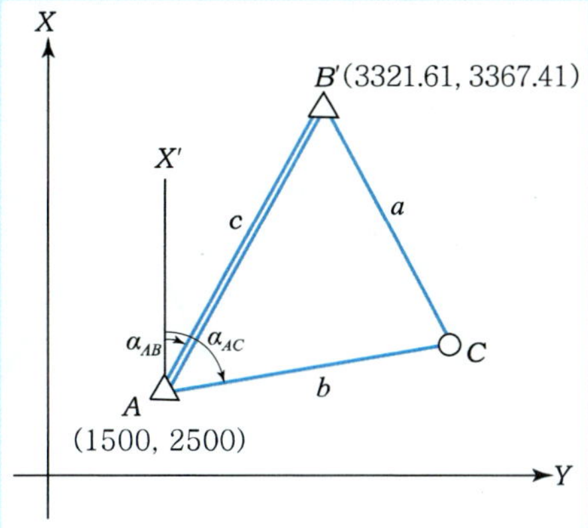

그림 7.18 예제 7.5

풀이 ▸ ▸ ▸

$$c = \sqrt{(3321.61-1500)^2+(3367.41-2500)^2} = 2017.588\text{m}$$

$$\alpha_{AB} = \tan^{-1}\left(\frac{3367.41-2500}{3321.61-1500}\right) = 25°27'46''$$

$$\angle A = \cos^{-1}\left(\frac{b^2+c^2-a^2}{2bc}\right) = \cos^{-1}\left(\frac{1643.78^2+2017.588^2-1914.03^2}{2\times1643.78\times2017.588}\right) = 62°02'49.5''$$

$$\alpha_{AC} = 25°27'46''+62°02'49.5'' = 87°30'36''$$

$$X_C = X_A + b\cdot\cos\alpha_{AC} = 1500+1643.78\times\cos87°30'36'' = 1571.414\text{m}$$

$$Y_C = Y_A + b\cdot\sin\alpha_{AC} = 2500+1643.78\times\sin87°3'36'' = 4142.228\text{m}$$

연습문제

7.1 삼각측량 방법을 선택하는 이유는 무엇인가?

7.2 단열삼각망에서 기선길이 517.131m, 검기선 387.191m이고 Σcolog sinα= 39.69029, Σ colog sinβ= 39.815993, α, β각의 표차의 합은 94였다(대수는 7째자리까지 계산). 변조건 조정량을 구하시오.

7.3 다음 단열삼각망의 방향각 조정량(α, β, γ각에 대한 조정량)을 구하시오.

첫 측선과 마지막 측선의 방향각은 $T_o = 23°47'35''$, $Tb = 24°22'18''$

$\gamma_1 = 53°35'14''$, $\gamma_2 = 68°03'48''$, $\gamma_3 = 78°07'14''$, $\gamma_4 = 64°13'13''$

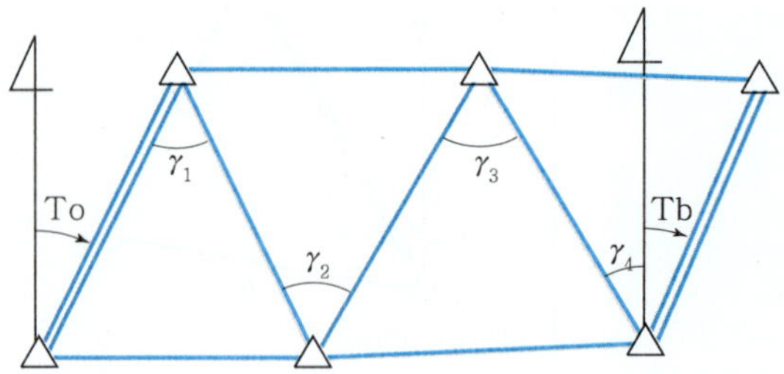

7.4 다음 사변형망의 변조건조정 양식을 채우고 변조건 오차량과 조정량을 구하시오. (α, β)대수 7자리까지 계산하시오.

각조정각	cologsinθ	표차	각조정각	cologsinθ	표차
① 37-39-20			② 60-52-40		
③ 48-54-30			④ 32-33-30		
⑤ 40-47-50			⑥ 57-44-10		
⑦ 47-32-40			⑧ 33-55-20		
Σ			Σ		

7.5 그림에서와 같이 건물의 위치변화를 관측하기 위해 기선 $\overline{AB}$를 설정하고, 주기적으로 동일지점인 P점을 관측한 결과 다음과 같은 성과를 획득하였다. 관측성과를 토대로 P점의 높이값 변화량을 계산하시오. (단, A와 B의 높이는 동일하며, 계산은 소수 다섯째 자리에서 반올림할 것)

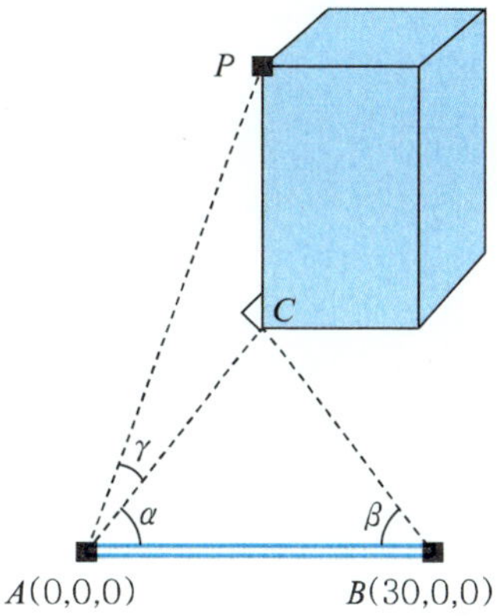

관측일시	수평각		고저각
	α	β	γ
00년 1월	45°50′50″	47°21′27″	60°12′37″
00년 2월	45°50′52″	47°21′21″	60°12′36″

제8장 수준측량

8.1 개요

수준측량이란 특정한 면을 기준으로 임의 점의 표고 또는 점들 간의 표고차를 결정하는 측량이다. 레벨측량이라고도 한다. 특정한 면이란 일반적으로 평균해수면을 말한다. 표고는 지형도에서의 등고선도 작성뿐만 아니라 다음과 같은 측량에 중요한 역할을 한다.

① 토지의 현황 등을 표현하는 지도제작

② 설계된 표고에 의한 건설시공

③ 노선의 종횡단면도 작성을 위한 수준측량(도로의 신설, 개수공사 등)

④ 같은 높이점을 결정(건축, 교량가설공사 등)

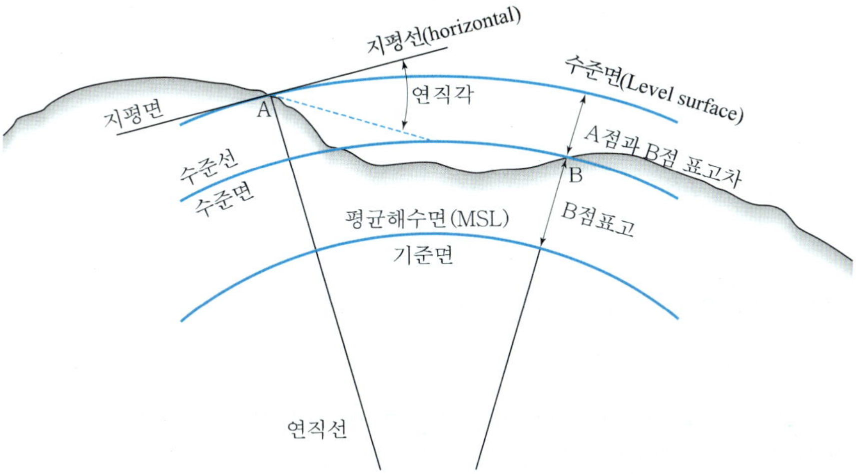

그림 8.1 넓은 지역에서의 표고, 표고차의 개념

⑤ 일정한 경사선을 정한다(배관공사, 제방건설 등).

⑥ 도로, 철도, 운하 등의 공사설계 및 공사지역의 배수특성조사

⑦ 토공량 산정 등의 공사시공에 필요한 자료 제공
⑧ 지형도 작성 시 등고선 측량
⑨ 국가 수준점 측량

8.2 수준측량 용어

(1) 수준면(level surface)과 수준선

각 점들이 중력방향에 직각으로 이루어진 곡면, 즉 지오이드면이나 정수면과 같은 것이다. 일반적으로 구면 또는 회전타원체면이라 가정하지만 좁은 범위(반경 11km)에서는 평면으로 가정한다. 수준선은 수평면 상의 선을 말하며 곡선을 이룬다.

(2) 지평면(horizontal plane)과 지평선

한 점에서 수준선에 접하는 평면이다. 접점 A에서 지평면과 연직방향은 직교한다. 수준측량에서는 수준면과 지평면이 일치하는 것으로 생각한다. 지평선은 지평면상의 선으로 수준측량 시 레벨의 시준선과 같은 의미이다.

(3) 기준면(datum)

표고의 기준이 되는 수평면을 말한다. 기준평면(datum plane)이라고도 한다. 보통 수년 동안 관측한 평균해수면(mean sea level : M.S.L.)과 일치하는 등포텐셜면인 지오이드를 기준으로 한다. 우리나라에서는 인천의 평균해수면을 사용한다.

(4) 수준기준점 [수준점; bench mark(B.M)]

기준수준면에서의 높이(표고)를 정확히 구하여 표시한 점을 말하며 수준측량의 기준이 되는 점이다. 국가적으로 국토전역에 설치하는 것이 필요하며 국토지리정보원에서 측량하고 설치한다. 전국의 국도 및 주요간선도로를 따라 약 4km마다 1등 수준점, 약 2km마다 2등 수준점을 설치하였다.

(5) 임시수준점(Temporal Bench Mark ; T.B.M)

수준측량 노선이 길 때에는 측량성과의 점검이 용이하도록 1~2km마다 임시수준점을 설치한다. 이 T.B.M은 공사가 완료될 때까지 유지하여야 하므로 견고하고 안전한 곳에 설치한다.

(6) 수준망(leveling net) 또는 수준환

수준측량의 정확도를 점검하고 보다 정확한 표고를 결정하기 위해 수준점간을 연결하여 측량하는데 이 연결된 모양이 망모양과 같다 하여 수준망이라 한다. 최소제곱법으로 최확값을 구할 수 있다.

그림 8.2 전국을 잇는 수준망

(7) 표고(標高, elevation or height)

육지표면의 절대적인 높이를 나타내는데 쓰인다. 즉, 높이의 기준이 되는 어느 수평면으로부터 어느 지점까지의 수직(연직)거리를 말한다. 우리나라의 기준면은 인천만의 평균해수면이다.

(8) 비고(比高, specific height) 또는 표고차(標高差, difference in elevation)

주위의 평균높이 등을 기준으로 한 어느 지점까지의 상대적인 높이(relative height)

8.3 수준측량의 분류

8.3.1 측량방법에 의한 분류

(1) 직접수준측량(direct leveling) : 레벨을 이용하여 2점에 세운 표척의 눈금차로부터 직접고저차(비고, 수준차)를 구하는 측량방법이다.

(2) 간접수준측량(indirect leveling) : 레벨 이외의 기계를 사용하여 고저차를 구하거나 계산에 의해 구하는 방법이다.

수평거리와 연직각측량으로 높이를 구하는 삼각법, 고저각과 사거리를 측량하여 구하는 시거법, 평판의 앨리데이드에 의한 방법, 기압고저측량, 중력측량, 사진측량에 의한 방법 등이 있다. 이밖에 하천이나 호수 등으로 인하여 측점중간에 레벨을 설치할 수 없는 경우 하천의 양측에서 두 점간의 고저차를 구하는 교호수준측량, 간단한 헨드레벨로 경지정리에 쓰이는 약수준측량 등이 있다.

8.3.2 측량목적에 의한 분류

(1) 고저측량

2점간의 고저차를 직접수준측량방법에 의해 구한다.

(2) 단면수준측량

① 종단수준측량(profile leveling)

선형구조물(철도, 도로, 하천)의 설계나 시공을 위한 단면측량을 말한다. 보통 출발점부터 종점까지의 진행방향 기복을 일정간격으로 측량하게 된다.

② 횡단수준측량(cross sectioning)

토공량 또는 도로단면설계를 위해서는 종단면뿐만 아니라 진행방향의 직각방향에 대한 단면도 필요하다. 구조물의 진행방향에 대한 직각방향으로 일정간격에 대한 단면을 측량한다.

8.3.3 측량의 정확도에 따른 분류

(1) 1등 수준측량

국도 및 간선도로를 따라 약 4km마다 한 점씩 설치되어 있는 기본측량의 표고기준점을 위한 측량을 말한다. 이는 편도 1km를 왕복한 폐합오차가 2mm 이내이어야 한다.

(2) 2등 수준측량

역시 국가 표고기준점을 설치하기 위한 측량이며 1km 왕복 폐합오차가 5mm 이내이어야 한다. 2등 수준점간의 간격은 약 2km이다.

(3) 공공측량용 수준측량

각종 공사에 필요한 측량의 기준이 되는 측량이다.

정확도에 따라 1, 2, 3, 4등 수준측량과 간이수준측량으로 나뉜다.

8.4 수준측량 장비

8.4.1 레벨(level)

(1) 자동레벨(auto level)

보편적으로 많이 쓰이는 레벨이다. 본체의 정준나사를 이용하여 수평조절하면 자동적으로 수평인 시준선이 얻어진다. 이는 자동보정장치(compensator)가 시준선이 자동적으로 완전한 수평이 되게 해주기 때문이다. 이 방식에는 자기시스템이나 프리즘 컴펜세이터가 쓰인다.

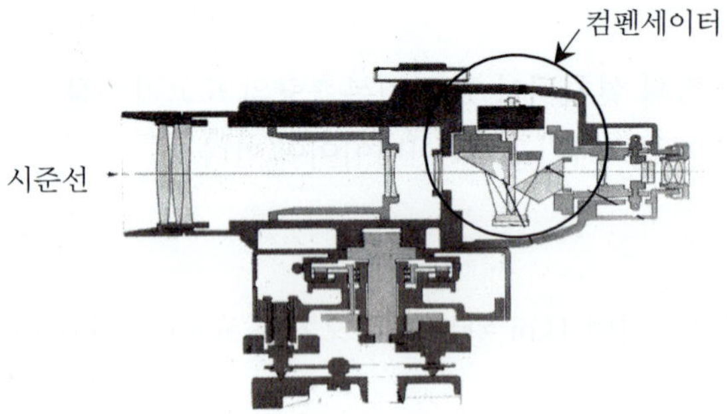

그림 8.3 자동레벨의 컴펜세이터

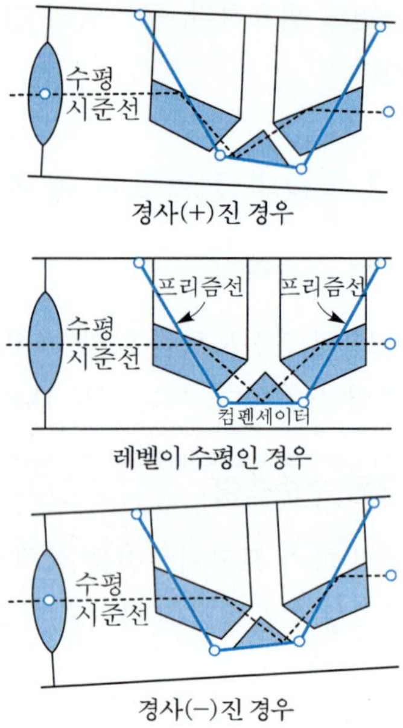

그림 8.4 수평자동보정원리

그림 8.4에서 보인 컴펜세이터는 고정되어 있는 2개의 도브 프리즘과 팬듀럼 삼각 프리즘에 의한 원리를 보여주고 있다. 어떤 방향의 경사가 발생하면 매달려 있는 삼각프리즘의 위치가 변하면서 시준선을 수평으로 유지시켜 준다.

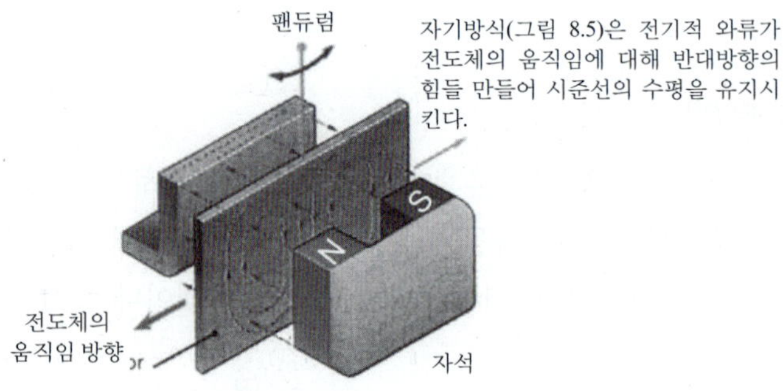

그림 8.5 마그네틱 시스템

(2) 정밀레벨

수준측량 시에 표척의 눈금을 육안으로 읽을 경우 최선을 다한다 해도 0.1mm 목측에 불과하며 그 이하 단위는 측량이 불가능하다.

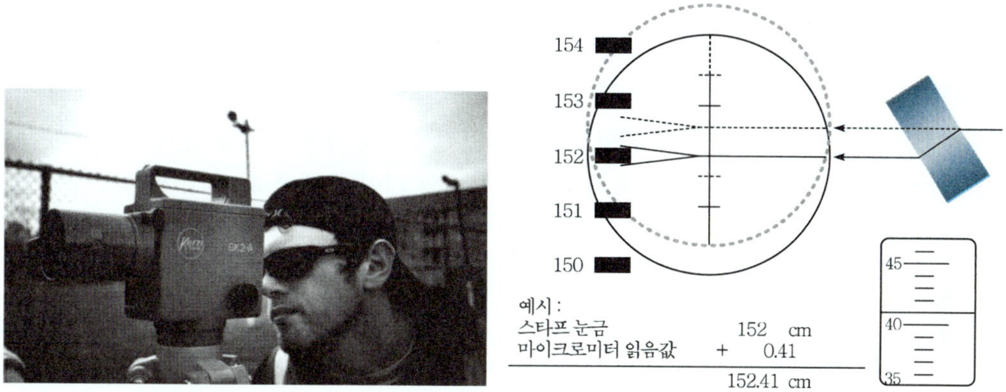

(a) Kern GK2-A (b) 마이크로미터의 원리

그림 8.6 정밀레벨

이러한 목측의 불확실성을 제거하고 더욱 정확하게 측량할 수 있게 만들어진 것이 정밀레벨이다. 표척의 눈금과 눈금의 사이에 시준선이 왔을 때 망원경속에 마이크로미터가 부착된 평면유리를 넣어 인위적으로 경사지게 하여 시준선을 눈금에 맞추어 읽는다. 그리고 마이크

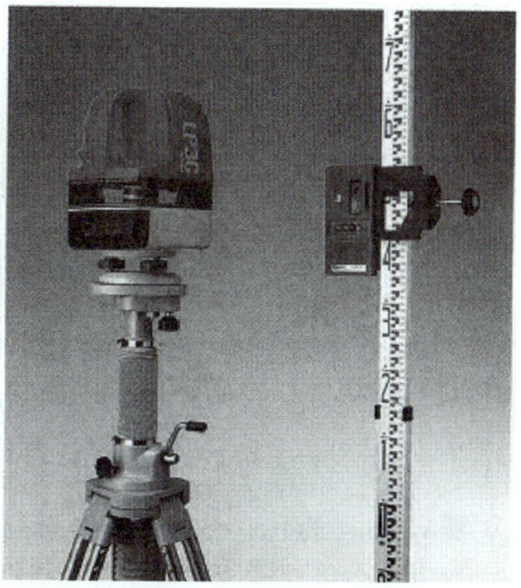

그림 8.7 레이저 레벨

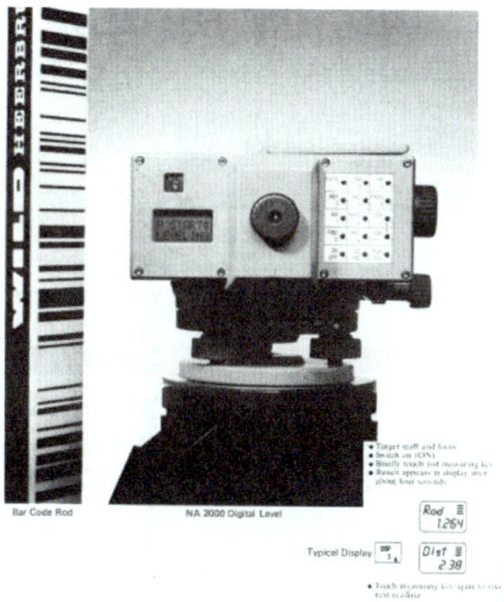

그림 8.8 디지털레벨과 바코드표척

로미터의 눈금값을 읽어 경사량을 측량값에 가감하여 정확한 값을 얻는다. 1등 국가수준점 측량을 하는데 사용되는 정밀한 레벨이다.

(3) 레이저(Laser) 레벨

시공현장에서 일정한 표고의 수평면을 필요로 한다든지 여러 점들의 표고를 그때그때 구해야 할 경우에 많이 쓰이는 장비이다. 콘크리트타설, 철근의 조립, 파이프라인의 매설 시에 편리하게 사용할 수 있다. 360도로 회전하는 레이저광선 송출부와 이를 감지하는 센서 부분으로 되어 있다. 센서를 장비에 부착하게 되면 한대의 레이저 레벨로 여러 대 장비가 작업하는 성과를 올릴 수 있다.

(4) 디지털레벨

수준측량에서 표척의 읽음오차는 흔히 일어나는 일 중하나다. 이러한 오류를 막기 위하여 기계 내에서 바코드에 대한 광학적인식을 통해 시준선이 위치한 스타프의 눈금을 출력, 시준값과 시준거리를 LCD로 표시한다.

8.4.2 표척(staff)

측점에 세워 레벨시준 높이를 읽는 일종의 자이다. 눈금을 새긴 자의 재료에 따라 알루미늄표척, 인바표척으로 나누고 형태에 따라 바코드 표척으로 나눈다. 센서가 표척에 장치되어 있어 시준선 높이를 스스로 읽는 자동 표척도 있다.

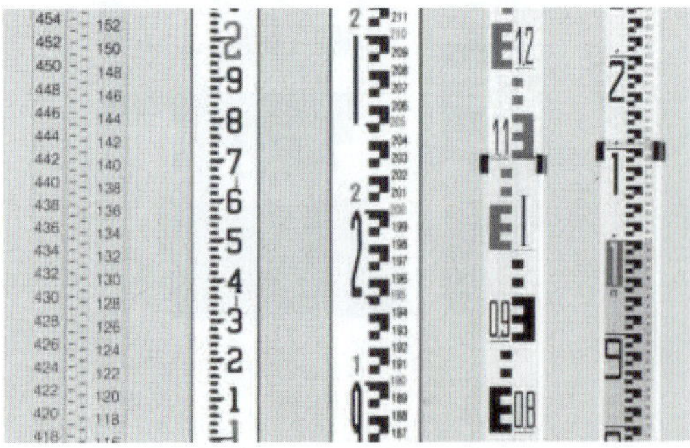

그림 8.9 여러 가지 스타프

그림 8.10 수준점에서의 표척세우기

8.5 수준측량

앞에서 수준측량은 직접수준측량과 간접수준측량으로 나눈다고 설명했다. 그러나 토목분야에서 쓰이는 수준측량은 대부분 직접수준측량이며 이 방법에 대해 설명하기로 한다. 직접수준측량은 국가기준점측량과 공공측량으로 나눌 수 있다. 국가기준점측량은 수준원점을 기점으로 국도 및 간선도로변을 따라 국토지리정보원에서 실시하는 측량을 말한다. 공공측량은 기본측량외의 측량 중 국가・지방자치단체・정부투자기관관리기본법 제2조의 규정에 의한 정부투자기관과 대통령령이 정하는 기관이 실시하는 측량을 말하며 일반적으로 다음의 과정으로 측량한다.

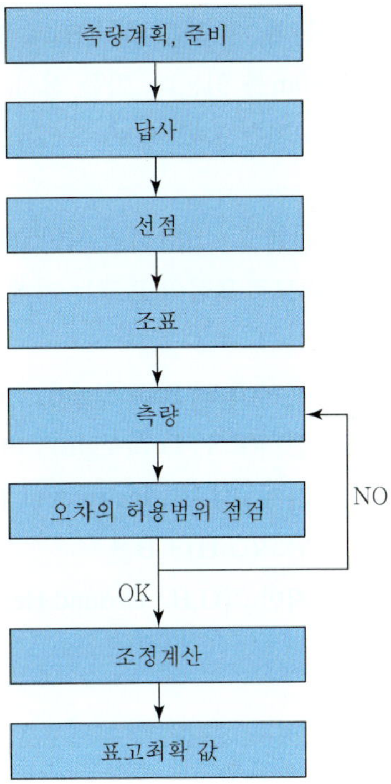

그림 8.11 수준 측량순서

계획에는 기존의 지형도상에서 수준점의 위치를 파악하고 국토지리정보원으로부터 성과를 얻는다. 원하는 측량결과를 얻기 위한 측량노선을 결정한다. 이때 주의할 사항은 장래에 개수(改修)되어질 곳, 논이나 늪지대와 같은 연약지반은 피하며 거리가 멀어도 완만한 경로를 택한다.

답사를 통해 선점을 하고 조표를 한다. 수준점의 위치는 도로 또는 이에 가까운 점, 발견이 용이한 점이 좋다. 가능하면 고개, 갈림길, 교차로 등에 설치한다. 측량은 왕복측량, 폐합측량, 수준망측량 방식으로 한다.

오차허용범위를 점검하고 범위 내에 있을 때는 조정계산하여 최확값을 구한다.

8.5.1 직접고저측량

(1) 직접고저측량의 원리

레벨을 정준하게 되면 눈과 접안렌즈의 십자선 교차점을 연결하는 시준선은 수평을 유지하게 된다. 따라서 수준선 상 어느 위치든 똑같은 높이를 갖게 되므로 이 높이에서 표척의 읽음값을 빼거나 더해줌으로써 표고를 결정할 수 있다. 그림 8.12에서 BM점은 수준점이며 표고는 820.0m이다. X점의 표고를 구하려면 우선 BM점에 표척을 세우고 눈금을 읽어 3.42m를 얻는다. 이 값을 후시(Back Sight)라 한다. 그 다음 구하고자 하는 B점에 표척을 세우고 눈금 0.80m를 읽는다. 이를 전시(Fore Sight)라 한다. 시준선의 표고(기계고)는 같으며 양쪽 점의 표고차는 3.42−0.80=2.62m, 즉 X점이 BM점보다 2.62m가 높다.

또 기계고 = BM점의 지반고+후시 = 820.00m + 3.42m = 823.42m
그러므로 B점의 표고는 기계고−전시 = 823.42m − 0.80m = 822.62m

① 후시(B.S ; Back Sight) : 기지점(표고를 알고 있는 점)에 세운 표척의 눈금을 읽는 것
② 전시(F.S ; Fore sight) : 미지점에 세운 표척의 눈금을 읽는 것
③ 기계고(I.H ; Instrument Height) : 기준면으로부터 망원경의 시준선까지의 높이로 지반고(G.H) + B.S
⑥ 지반고(G.H ; Ground Height) : 표고라고도 하며 I.H−F.S(T.P 또는 I.P)로 구한다.

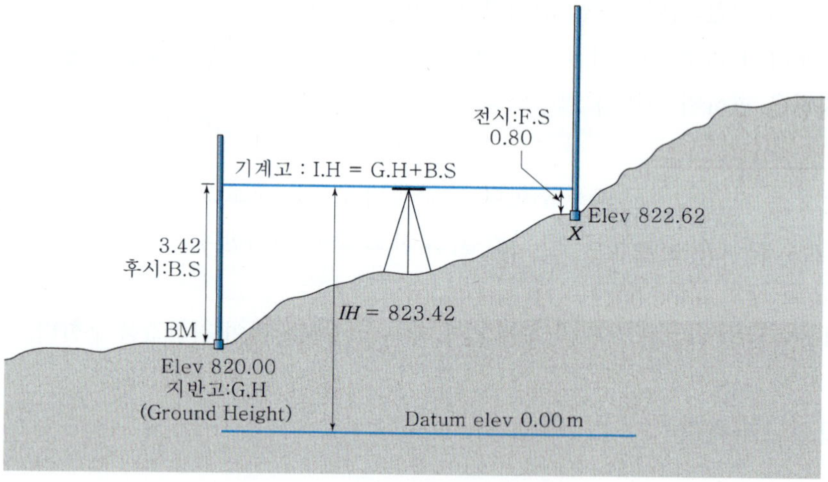

그림 8.12 직접수준측량의 개념도

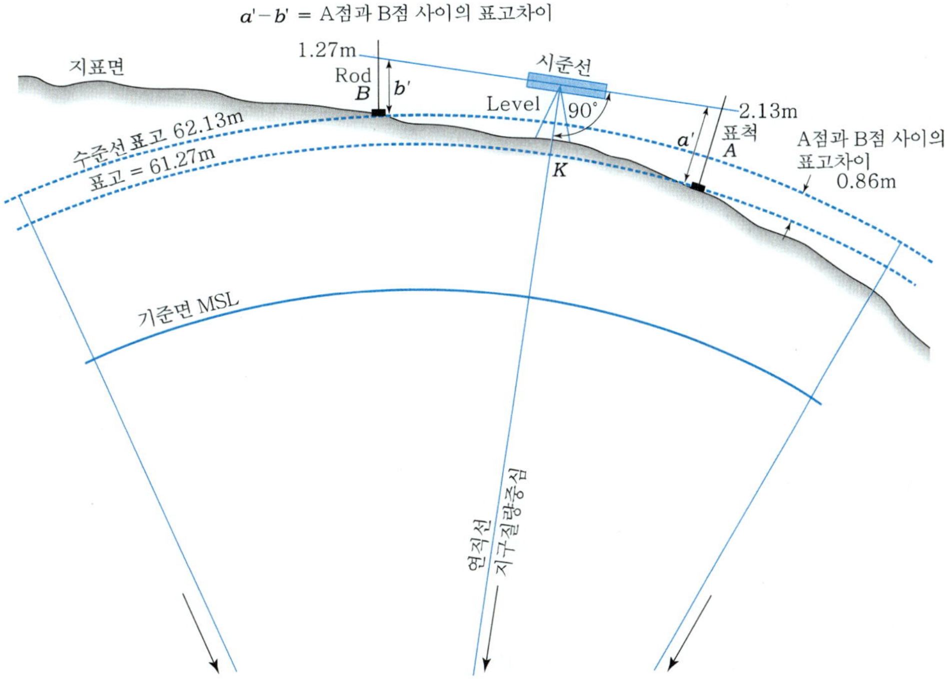

그림 8.13 넓은 의미의 수준측량과 좁은 의미의 수준측량

이 개념을 넓게 생각해 보면 그림 8.13과 같다. A점과 B점의 표고차는 A점을 지나며 평균해수면에 평행한 수평선과 B점을 지나는 수평선과의 최단거리임을 알 수 있다.

이번에는 A점과 B점이 멀리 떨어져 있는 경우를 생각해 보자. 레벨을 한번 세워 후시와 전시를 읽을 수 없으므로 기계를 여러 번 옮겨 세워야 한다. 기계를 옮기게 되면 표고를 연결시키기 위해 전시(b_1)한 지점에 대해 다시 후시(a_2)를 취해야 한다.

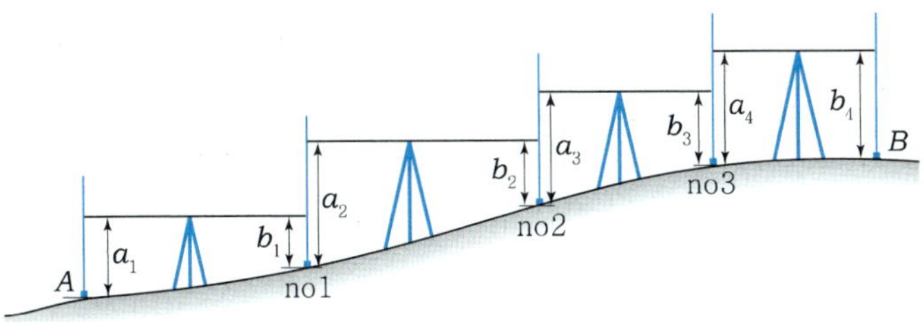

그림 8.14 여러 구간의 수준측량

그림 8.14에서

No.1 표고 $= H_A + a_1 - b_1$

No.2 표고 $= H_1 + a_2 - b_2$

No.3 표고 $= H_2 + a_3 - b_3$

B점 표고 $= H_3 + a_4 - b_4$

그러므로 B점 표고 $= H_A + \Sigma a - \Sigma b$

즉, $H_A + \Sigma$후시 $- \Sigma$전시 가 된다.

이때 no.1, no.2, no.3은 기계를 옮기는 이기점(Turning Point)이 된다.

노선측량과 같은 공사측량의 경우에는 좁은 간격으로 배치되어 있는 측점에 대해 각각 표고를 결정해야할 필요가 있다. 이때는 매번 기계를 옮기기에 번거로우므로 한 점에서 여러 점에 세운 표척에 대해 전시를 취하고 표고를 계산하게 된다. 후시와 이기점 사이에 있는 중간점을 읽게 되는 것이다.

④ 이기점 또는 전환점(T.P. ; turning Point)

전후의 측량을 연결하기 위하여 전시, 후시를 함께 취하는 점으로 측량결과에 중요한 영향을 주므로 신중을 기한다.

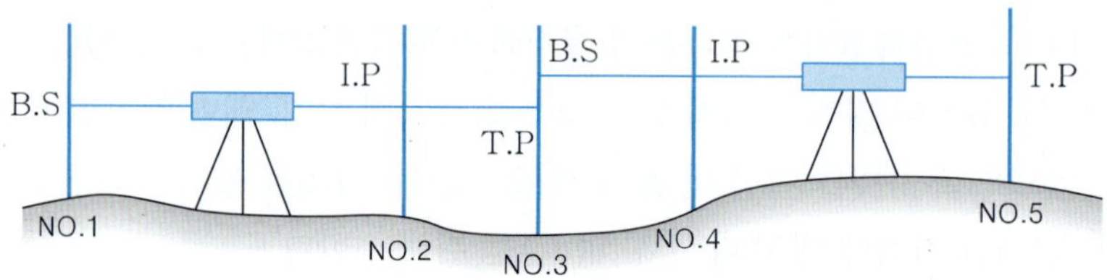

그림 8.15 중간점 이용 수준측량도

⑤ 중간점(I.P. ; Intermidate Point)

전시만을 취하는 점으로 이 점의 오차는 다른 점에 영향을 주지 않는다.

(2) 직접고저측량의 시준거리

① 시준거리 : 레벨에서 표척까지의 거리

② 시준거리의 표준

- 높은 정확도의 고저측량 : 40m
- 보통 : 50~60m
- 그 외의 고저측량 : 30~60m

③ 등시준거리의 중요성은 다음과 같은 오차를 소거하기 때문이다.

- 레벨의 조정이 불완전하여 시준선이 기포관축과 평행하지 않을 때 표척의 눈금값에 생긴 오차
- 지구의 곡률오차 및 빛의 굴절오차
- 초점나사를 움직일 필요가 없으므로 이로 인한 오차가 줄어들게 된다.

(3) 직접고저측량 시의 주의사항

① 표척은 1, 2개를 쓰고 출발점에 세운 표척은 도착점에서도 그 표척을 세운다.

② 기계세우는 수는 짝수회로 한다.

③ 시준거리는 약 60m 정도로 하며 등거리로 한다.

④ 왕복할 때의 각 측점에서의 표척 세움의 위치는 동일하게 한다.

⑤ 표척의 최하부 또는 최상부는 읽지 않도록 하며 뽑은 상태에서 이동하지 않는다.

⑥ 왕복관측을 원칙으로 하며 거리가 멀 경우에는 중간에 견고한 점을 택해 고정점 T.B.M (Tempoary Bench Mark)을 설치한다.

8.5.2 야장기입법

수준측량에서 얻은 성과를 정리하는 방식에는 고차식, 승강식, 기고식 정리방법이 있다. 일반적인 수준측량 시에는 중간점을 취하여 전시가 많으므로 기고식 정리방법이 적합하다. 즉 측량노선 내에 여러 점의 표고를 구할 때 사용하는 방법이다. 승강식보다 기입사항이 적고 고차식보다 상세하므로 시간이 절약되며 중간시가 많은 경우에 편리하다.

(성과 정리의 예)

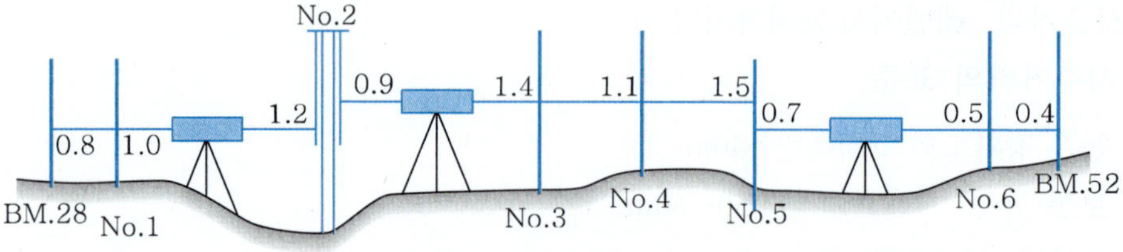

그림 8.16 레벨측량 가상도

표 8.1 기고식(Instrument Height type) 정리방법

측점	후시(B.S)	기계고(I.H)	전시(F.S)		지반고(G.H)	비고
			이기점(T.P)	중간점(I.P)		
BM.28	0.8	100.8			100.0	$G.H_{BM28}=100m$
1				1.0	99.8	
2	−0.9	101.1	−1.2		102.0	
3				1.4	99.7	
4				1.1	100.0	
5	0.7	100.3	1.5		99.6	
6				0.5	99.8	
BM.52			0.4		99.9	$G.H_{BM52}=99.9m$
계	0.6		0.7		ΔH=−0.1	
check	$\Delta H=\Sigma B.S.-\Sigma F.S.=-0.1m$, $\Delta H=\Delta H_B-\Delta H_A=-0.1m$ $\therefore OK$					

8.6 오차조정 및 표고최확값

직접수준측량은 구하고자 하는 측점의 요구정확도와 상황에 따라 여러 가지 방법으로 측량할 수 있으며 각각의 경우에 따라 오차보정 및 최확값을 구하는 방법이 다르다. 각 측량의 경우에 따른 오차보정 및 최확값을 구하는 방법을 알아본다.

8.6.1 여러 점의 지반높이를 결정하는 경우

도로설계 및 시공 시 노선측량 중 종횡단 수준측량이 이에 해당한다.

(1) 왕복고저측량

하나의 측량노선을 왕복하는 경우를 말하는 것으로 왕복폐합차를 확인하고 허용치 이내이면 조정하여 사용하며 허용치 이상인 경우에는 재측을 해야 한다. 그림 8.17에서 갈때와 올때의 BM과 TBM의 표고차는 같아야 하나 오차의 발생으로 인하여 같지 않다. 그러므로 갈때와 올 때 모두 BM을 기준으로 성과를 정리하게 되면 같은 점에서 왕복표고가 다르게 얻어진다. 예로 No.3과 No.3'의 표고는 각각 99.998m와 100.007m이다. 왕복의 표고차가 허용범위 내에 있다고 한다면 왕복 지반고를 산술평균하여 표고를 구한다.

예제 8.1

다음 그림과 같이 왕복 수준측량을 실시하여 결과를 얻었다. 왕복허용오차가 15mm라고 할 때 각 측점의 표고를 구하시오.

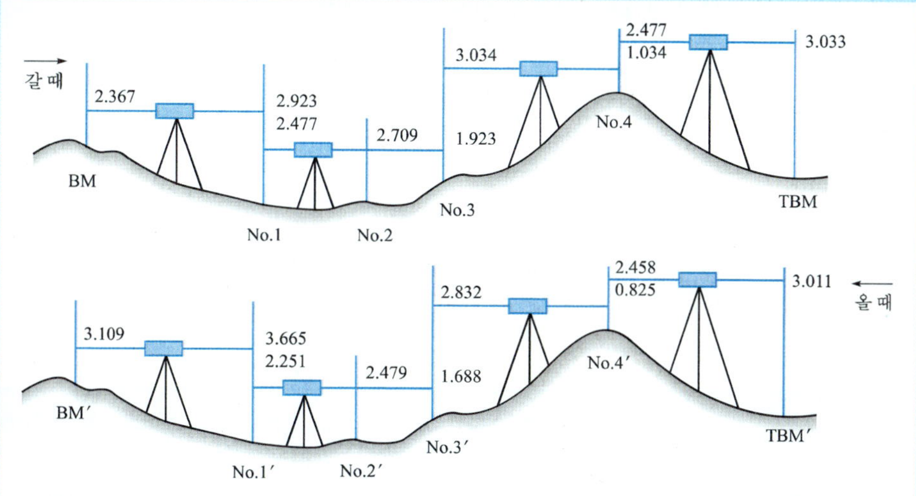

그림 8.17 예제 8.1 왕복 수준측량

풀이 ▸ ▸ ▸

① 갈 때

표 8.2 갈 때의 측량결과

측점	후시(B.S)	기계고(I.H)	전시(F.S)		지반고
			이기점(T.P)	중간점(I.P)	
BM	2.367	102.367			100.000
No.1	2.477	101.921	2.923		99.444
No.2				2.709	99.212
No.3	3.034	103.032	1.923		99.998
No.4	2.477	104.475	1.034		101.998
TBM			3.033		101.442
계	10.355		8.912		
∑B.S−∑F.S(T.P) = 10.355−8.913 = 1.442m (O.K)					

② 올 때

표 8.3 올 때의 측량 결과

측점	후시(B.S)	기계고(I.H)	전시(F.S)		지반고
			이기점(T.P)	중간점(I.P)	
TBM′	3.011	104.472			101.461
No.4′	0.825	102.839	2.458		102.014
No.3′	1.688	101.695	2.832		100.007
No.2′				2.479	99.216
No.1′	3.665	103.109	2.251		99.444
BM			3.109		100.000
계	9.189		10.650		
TBM′의 지반고 결정 ∑B.S−∑F.S = 9.189−10.650 = −1.461m					

TBM′는 BM보다 +1.416m. 그러므로 TBM′의 표고는 101.416m로 출발한다.

③ 왕복오차 계산

갈 때 +1.442m, 올 때 −1.461m이므로 0.019m의 왕복오차가 얻어졌다.

허용범위에 있다면 다음과 같이 평균하여 표고최확값을 구한다.

표 8.4 결정 지반고

측점	지반고(갈 때)	지반고(올 때)	표고최확값(평균)
BM	100.000	100.000	100.000
No.1	99.444	99.444	99.444
No.2	99.212	99.216	99.214
No.3	99.998	100.007	100.003
No.4	101.998	102.014	102.006
TBM	101.442	101.461	101.452

(2) 폐합수준측량

한 점에서 출발하여 다시 그 점으로 돌아오는 수준측량의 경우이다. 출발점이 표고를 알고 있는 수준점일 수도 있고 임의의 표고로 시작할 수도 있다.

수준폐합오차(Σ후시－Σ전시 또는 출발점의 지반고와 측량 후의 그 점의 지반고의 차)가 허용치 이내일 때 측량거리에 비례하여 조정량을 구하고, 측정 지반고에 오차를 배분하여 조정 표고로 한다. 그림 8.18에서 각 측점 간의 거리를 20m라고 하자. 출발점 No.0에서 시작해서 측량이 진행될수록 오차가 누적되어 다시 No.0'로 폐합했을 경우 표고차가 0이 되어야 하나 폐합오차가 발생하게 된다.

예제 8.2

다음과 같이 폐합수준측량을 실시하여 표와 같이 결과를 얻었다. 허용폐합오차가 5mm라고 할 때 각 측점의 표고를 계산하시오.

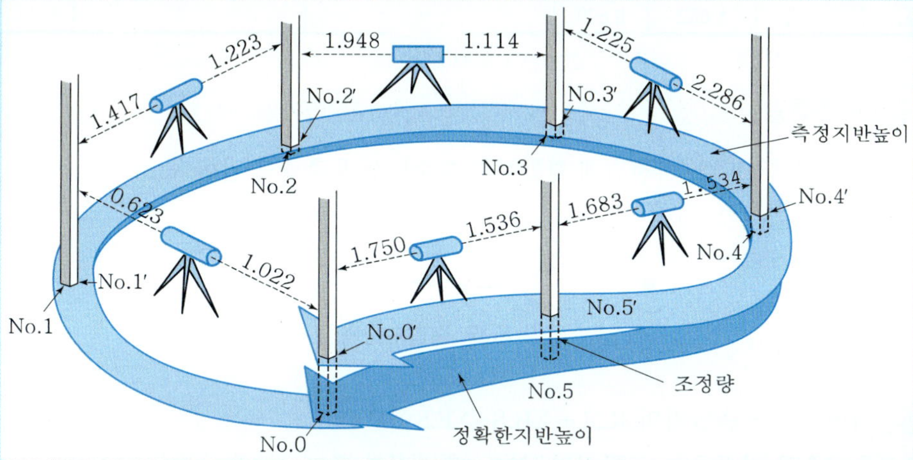

그림 8.18 예제 8.2 폐합수준측량

풀이 ▸ ▸ ▸

측량 결과로부터 수준측량의 폐합오차는 $\Sigma B.S. - \Sigma F.S. = 8.682 - 8.679 = 0.003\text{m}$ 즉, 3mm 이내이므로 허용 범위 내에 있다. 그러므로 우선 각 측점의 표고를 구하고 각각의 조정량을 거리에 비례하여 구하면 된다.

$$\text{각점에 대한 조정량} = \text{수준오차} \times \frac{\text{출발점에서 그 점까지의 거리}}{\text{수준노선의 총거리}}$$

(3) 측정결과

표 8.5 수준측량 결과의 정리

측점	거리	후시	전시	지반고
No.0		1.022		61.000
No.1′	20.00	1.417	0.623	61.399
No.2′	20.00	1.948	1.223	61.593
No.3′	20.00	1.225	1.114	62.427
No.4′	20.00	1.534	2.286	61.366
No.5′	20.00	1.536	1.683	61.217
No.0′	20.00		1.750	61.003
Σ		8.682	8.679	

표 8.6 결정지반고

측점	조정량(m)	조정 지반고
No.0		61.000
No.1	$0.003\times\frac{20}{120}=0.001$	61.398
No.2	$0.003\times\frac{40}{120}=0.001$	61.592
No.3	$0.003\times\frac{60}{120}=0.002$	62.425
No.4	$0.003\times\frac{80}{120}=0.002$	61.364
No.5	$0.003\times\frac{100}{120}=0.003$	61.214
No.0	$0.003\times\frac{120}{120}=0.003$	61.000

(4) 결합수준측량

표고 기지점에서 다른 기지점에 결합하는 수준노선의 측량을 말한다.

그림 8.19 결합수준측량

결합점의 표고 = 출발점의 표고 + ΣB.S−ΣF.S이므로

수준측량오차(결합차) = 결합점의 표고−(출발점의 표고+ΣB.S−ΣF.S)가 된다.

역시 결합오차의 허용범위를 검토하고 범위 내에 있으면 거리에 비례하여 오차조정한다.

예제 8.3

A, B 2개의 수준점(기지점)을 연결하는 수준노선이 있다. A, B점 사이의 No.1, No.2, No.3, No.4점에 대한 표고를 구할 필요가 있어 측량하여 표와 같은 결과를 얻었다. 결합오차의 허용범위가 0.025m라 할 때 4개의 수준점의 조정표고치를 결정하시오

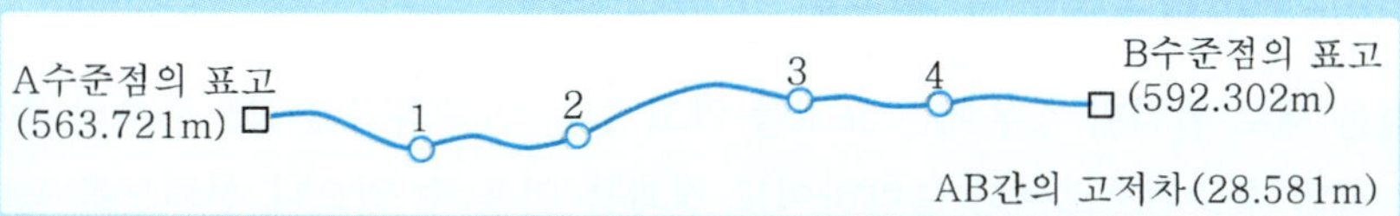

그림 8.20 예제 8.3

표 8.7

구간	거리(km)	고저차(m)
A~1	0.9	+22.781
1~2	0.8	+3.071
2~3	1.2	−7.984
3~4	0.7	−0.465
4~B	1.0	+11.157

풀이 ▸ ▸ ▸

1) A−B간의 수준오차를 구한다.

B수준점의 측정표고 = A점 표고 + AB간 고저차

= 563.721+28.560=592.281

수준오차 = 수준점 B의 측정표고 − 수준점 B의 표고

= 592.281 − 592.302 = −0.021(m)

2) 각점의 조정량의 계산 및 조정높이 결정

표 8.8 표고 조정량과 조정표고 계산

측점	측정표고(m)	조정량(m)	조정표고(m)
A	563.721	0.000	563.721
1	586.502	$0.021 \times \frac{0.9}{4.6} = 0.004$	586.506
2	589.573	$0.021 \times -\frac{1.7}{4.6} = 0.008$	589.581
3	581.589	$0.021 \times \frac{2.9}{4.6} = 0.013$	581.602
4	581.124	$0.021 \times \frac{3.6}{4.6} = 0.016$	581.140
B	592.281	0.021	592.302

8.6.2 여러 수준점으로부터 표고를 구하는 경우

수준점을 새로 설치할 경우에는 표고를 알고 있는 인근의 수준점으로부터 측량을 해와야 한다. 한 점의 수준점으로부터 측량하여도 결과를 얻을 수 있으나 신뢰도를 높이기 위하여 대부분 두 점 이상의 수준점으로부터 측량하거나 두 개 이상의 노선으로 측량하는 경우가 많다. 이러한 경우에는 수준측량 노선의 거리에 따라 경중률을 고려하여 최확값을 구해야 한다. 수준측량에서는 경중률은 거리에 반비례한다.

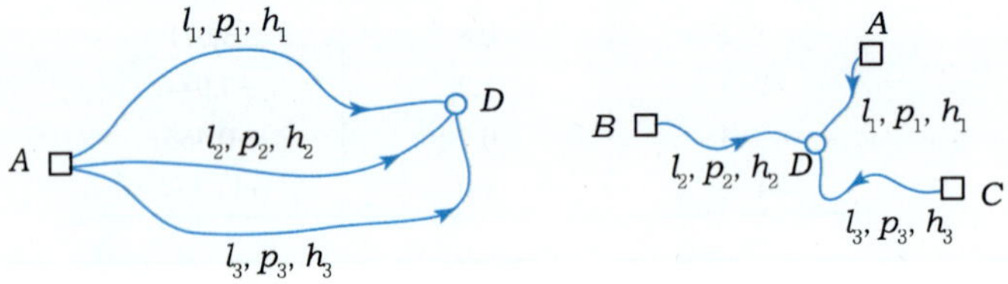

그림 8.21 여러 개의 수준점 또는 노선에 의한 수준측량

그림 8.21에서 두 가지 경우 각각의 노선에 대한 경중률을 P_1, P_2, P_3라 하면 D점의 표고 최확값은 다음과 같다.

$$P_1 : P_2 : P_3 = \frac{1}{l_1} : \frac{1}{l_2} : \frac{1}{l_3}$$

$$\text{미지점 D의 표고최확값} = \frac{h_1 \times P_1 + h_2 \times P_2 + h_3 \times P_3}{P_1 + P_2 + P_3} \tag{8.1}$$

여기서, l : 노선길이
P : 경중률
h : 각 노선에서의 측정 표고치

예제 8.4

미지점 N의 표고치를 구하기 위해 수준점 A에서 3개의 수준노선에 따라 측량한 결과는 다음과 같다. 미지점 N의 표고최확값을 결정하시오.

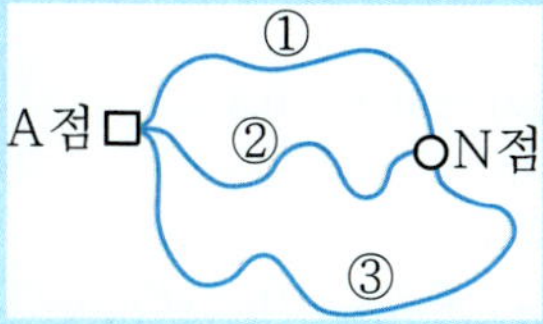

그림 8.22 예제 8.4

표 8.9

수준노선	거리	측정표고
①	0.9km	67.360m
②	1.2	67.300
③	2.0	67.393

풀이 ▸ ▸ ▸

1) 각 수준노선의 경중률(p)를 결정한다.

수준노선 ①의 경중률을 p_1, 수준노선 ②의 경중률을 p_2, 수준노선 ③의 경중률을 P_3라고 한다. 각 거리에 반비례하므로

$$P_1 : P_2 : P_3 = \frac{1}{0.9} : \frac{1}{1.2} : \frac{1}{2.0} = 2.4 : 1.8 : 1.1$$

2) 각 수준노선의 경중률을 고려하여 미지점 N의 평균표고를 계산한다.

$$\text{미지점 N의 평균표고} = 67.300 + \frac{0.060 \times 2.4 + 0 \times 1.8 + 0.093 \times 1.1}{2.4 + 1.8 + 1.1} = 67.346(\text{m})$$

예제 8.5

미지점 N의 표고를 구하기 위해 수준점 A, B, C에서 고저측량을 실시하여 다음과 같은 측정 결과를 얻었다. 미지점 N의 최확값(평균표고)과 평균제곱근오차(표준오차)를 구하라.

그림 8.23 예제 8.5

표 8.10

수준점	표고	고저차
A	69.380km	+0.380m
B	69.360	+0.390
C	70.370	−0.615

풀이 ▸ ▸ ▸

1) 각 수준점에서 측량한 미지점 N의 표고계산

$$H_{A \to N} = 69.380 + 0.380 = 69.760(\text{m})$$

$$H_{B \to N} = 69.360 + 0.390 = 69.750(\text{m})$$

$$H_{C \to N} = 70.370 - 0.615 = 69.755(\text{m})$$

2) 각 측정표고의 경중률(p)은 노선길이에 반비례한다.

$$P_{A\to N} : P_{B\to N} : P_{C\to N} = \frac{1}{2.8} : \frac{1}{3.0} : \frac{1}{3.5} = 1.0 : 0.9 : 0.8$$

3) 표고 최확값 계산

$$\text{미지점 N의 평균표고}(H_N) = \frac{H_{A\to N}P_{A\to N} + H_{B\to N}P_{B\to N} + H_{C\to N}P_{C\to N}}{P_{A\to N} + P_{A\to N} + P_{C\to N}}$$

$$= 69.700 + \frac{0.060\times1.0 + 0.050\times0.9 + 0.055\times0.8}{1.0+0.9+0.8}$$

$$= 69.700 + 0.055 = 69.755(\text{m})$$

4) 표준오차 계산

$$\text{표준오차 } M_0 = \pm\sqrt{\frac{\Sigma p\delta\delta}{\Sigma p(n-1)}} = \pm\sqrt{\frac{47.5}{3.7\times(3-1)}} = \pm 2.534\text{mm}$$

표 8.11 표준오차계산

H	p	δ	$P\delta$	$P\delta\delta$
$H_{A\to N}$ 69.760	1.0	+5mm	5.0	25.0
$H_{B\to N}$ 69.750	0.9	−5mm	−4.5	22.5
$H_{C\to N}$ 69.755	0.8	0mm	0	0
	$[p]$=3.7mm			$[P\delta\delta]$=47.5

8.7 직접수준측량의 오차

8.7.1 직접수준측량의 정확도

정오차는 모두 제거되었다 생각하고 우연오차에 대해서만 고려한다.

$$E = C\sqrt{n} \tag{8.2}$$

여기서, E : 수준측량의 오차

C : 1회 관측에 대한 오차

n : 관측횟수

시준거리가 일정할 경우에는 $n = \dfrac{L}{2S}$ 로 측량횟수를 정할 수 있으므로

$$E = \pm C\sqrt{\frac{L}{2S}} = \pm K\sqrt{L} \tag{8.3}$$

여기서, S : 시준거리

L : 수준측량 총거리

8.7.2 수준측량의 허용범위

수준측량오차는 수직방향의 오차로써, 측량에 따른 오차가 요구되는 허용치(제한치) 이내라는 것을 확인한 후에 조정한다. 수준측량오차의 한계치를 E, 1km마다의 한계치를 ε(이 값은 시준거리에 영향을 준다), 경중률 p라 하면 오차전파의 법칙에서 E는

$$E = \varepsilon\sqrt{L} \tag{8.4}$$

(L은 수준노선의 전체길이(km))

$$p \propto \frac{1}{E^2} \rightarrow p \propto \frac{1}{\varepsilon^2 \cdot L}$$

(ε를 일정하게 하면, 즉 시준거리를 일정하게 하면 $p \propto \frac{1}{L}$이 된다)

여기서, 수준노선의 경중률은 수준노선의 길이에 반비례한다.

1) 기본수준측량과 공공수준측량에서의 허용오차

표 8.12 수준측량의 허용오차

구분	기본수준측량(mm)		공공수준측량(mm)				
	1등	2등	1등	2등	3등	4등	5등
왕복차	$2.5\sqrt{L}$	$5.0\sqrt{L}$	$2.5\sqrt{L}$	$5\sqrt{L}$	$10\sqrt{L}$	$20\sqrt{L}$	$40\sqrt{L}$
폐합차	$2.0\sqrt{L}$	$5.0\sqrt{L}$	$2.5\sqrt{L}$	$5\sqrt{L}$	$10\sqrt{L}$	$20\sqrt{L}$	$50+40\sqrt{L}$

※여기서 L은 편도거리(km)이다. 예를 들어 A,B점간의 거리가 1km일 경우 왕복측량한 경우의 1등수준측량의 허용오차는 $2.5\sqrt{1}$ mm이며 수준점간의 폐합시에는 $2.0\sqrt{1}$ mm가 된다.

2) 하천종횡단측량은 2회 이상 실측하고 이것의 평균을 취하며 오차범위는 4km에 대해 유조부 10mm, 무조부 15mm , 급류부 20mm 이내로 한다.

8.8 수준망

넓은 지역의 수준측량을 하기 위해서는 수준망을 형성하여 측량함으로써 잉여관측값을 얻고 최소제곱법에 의해 표고최확값을 얻어야 한다. 그렇게 하기 위해서는 우선적으로 측량한 수준망의 오차점검을 통해 허용범위 내에 있는지를 확인해야 한다. 본 절에서는 수준망에 대한 오차점검과 최소제곱법을 이용하여 표고최확값을 구하는 방법에 대해 기술한다.

8.8.1 수준망의 오차점검

대부분의 수준망은 형태가 복잡하여 어느 측량노선에서 문제가 생겼는지 알 수가 없다. 따라서 수준환 단위별로 오차를 확인하고 문제되는 수준노선을 찾아내야 한다. 수준환의 방향은 일정하게 정하는 것이 좋다. 가령 시계방향으로 한다면 반대방향은 성과의 부호를 반대로 고려하면 된다.

구성한 각각의 수준환의 거리를 계산하고 허용폐합오차를 고려하여 허용오차를 산정한다.

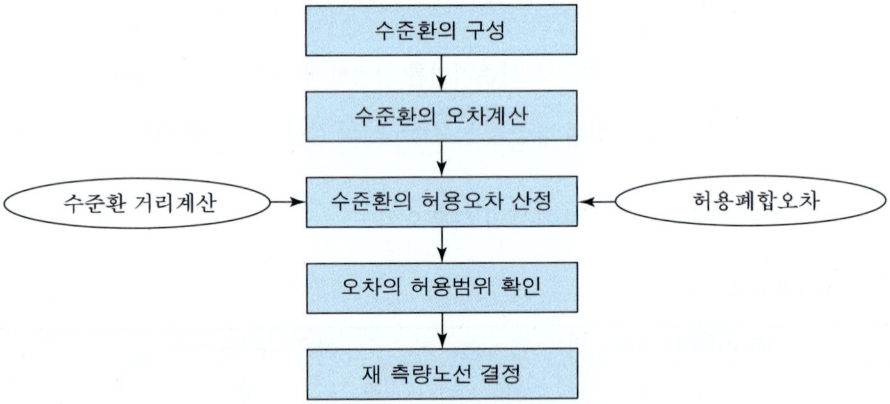

그림 8.24 수준망의 재 측량 노선 결정과정

이 허용오차와 폐합수준측량오차를 비교하면 각각의 수준환이 허용범위 내에 있는지 아닌지를 알 수 있다. 불량한 수준환들이 중복되는 수준측량 노선이 재 측량할 대상인 것이다.

예제 8.6

4점의 수준점이 있다. 그림 8.25와 같이 수준망을 형성하여 측량을 하여 표와 같은 결과를 얻었다. 폐합오차의 한계를 1.0cm $\sqrt{S}$ (S : 노선거리)라 한다면 재 측량 노선을 결정하시오.

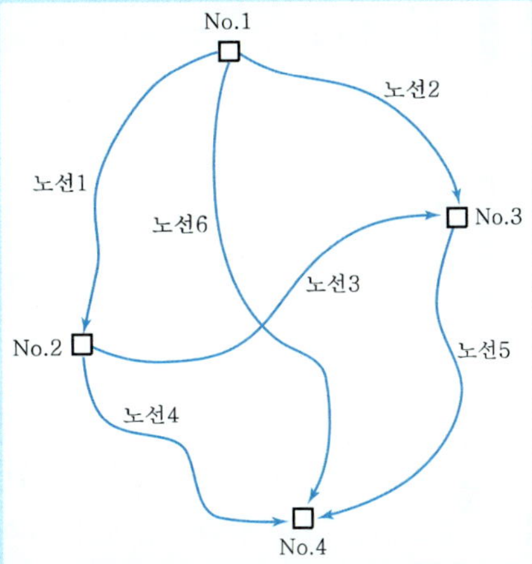

그림 8.25 예제 8.6 수준망

표 8.13 측량 결과

측량 노선	표고차	노선거리	표고
노선 1	−0.854	2.4km	
노선 2	−0.035	2.0km	
노선 3	0.856	1.5km	
노선 4	−0.167	2.2km	
노선 5	−0.997	3.8km	
노선 6	−1.029	4.5km	

풀이▸▸▸

반시계 방향을 기준으로 수준환을 형성하여 폐합오차를 계산한다.

1) 수준환의 구성과 각 노선별 폐합오차계산

Ⅰ : ①+④−⑥ = −0.854−0.167+1.029 = 0.008m

Ⅱ : ⑥−⑤−② = −1.029+0.997+0.035 = 0.003m

Ⅲ : ①+③−② = −0.854+0.856+0.035 = 0.037m

Ⅳ : ④−⑤−③ = −0.167+0.997−0.856 = −0.026m

外 : ①+④−⑤−② = −0.854−0.167+0.997+0.035 = 0.011m

2) 수준환의 허용오차 산정

5mm $\sqrt{S}$ S : 노선거리(km)

Ⅰ : ①+④+⑥ = 2.4+2.2+4.5=9.1km 5mm $\sqrt{9.1}$ =15.1mm

Ⅱ : ⑥+⑤+② = 2.0+3.8+4.5=10.3km 5mm $\sqrt{10.3}$ =16.0mm

Ⅲ : ①+③+② = 2.4+1.5+2.0=5.9km 5mm $\sqrt{5.9}$ =12.1mm

Ⅳ : ④+⑤+③ = 2.2+3.8+1.5=7.5km 5mm $\sqrt{7.5}$ =13.7mm

外 : ①+④+⑤+② = 2.4+2.2+3.8+2.0=10.6km 5mm $\sqrt{10.6}$ =16.3mm

확인결과 수준환 Ⅰ, Ⅱ 외의 오차의 허용범위 내에 있고 Ⅲ, Ⅳ는 허용범위를 넘었다. 나머지 수준노선 ①, ②, ④, ⑤는 다른 수준환에서 이미 허용범위 내에 있음이 검증됐으므로 문제되는 수준노선은 ③이 된다. 즉, 노선 ③에 대해 재측량을 실시하면 된다.

8.8.2 최소제곱법에 의한 표고 최확값 구하기

임의 점에 대한 표고를 구하기 위해서는 수준점으로부터 단 1회의 왕복측량만 해도 된다. 그러나 보다 정확한 표고를 원한다면 인접지역에 있는 2개 이상의 수준점으로부터 수준측량하고 최소제곱법(Least Square Method)으로 표고를 계산하여야 한다. 이 방법에는 관측방정식방법(Observation Equation method)과 조건방정식방법(Control Equation method)이 있다. 후자는 미정계수법이라고도 한다. 실 예를 들어 설명하도록 한다. 그림 8.26과 같은 수준망에서 H_A = 17.533m라고 할 때 P, Q점의 표고결정하기 위해 각 노선별 수준측량을 실시하여 표와 같은 값을 얻었다. 최소제곱법에 의해 표고 최확값을 구해보자.

표 8.14

노선번호	고저차(측량성과)
노선1	$l_1 =$ 4.250
노선2	$l_2 =-8.537$
노선3	$l_3 =-12.781$
노선4	$l_4 =-8.557$

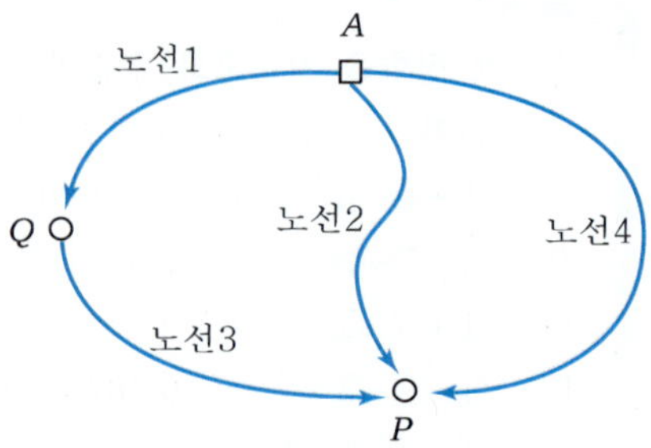

그림 8.26 수준망

1) 관측방정식방법(Observation Equation Method)

관측노선에 따른 관측방정식 형성
⇩
잔차에 대한 식으로 정리
⇩
최소제곱이론 방정식 형성
⇩
미지변수로 편미분
⇩
연립방정식으로부터 미지값 계산

의 순서로 구한다.

최확값 : $\overline{l_1}$, $\overline{l_2}$, $\overline{l_3}$, $\overline{l_4}$

관측값 : l_1 , l_2 , l_3 , l_4

잔 차 : v_1, v_2, v_3, v_4

관측방정식을 형성한다. 각 측량노선이 4개이므로 4개의 관측방정식을 세운다.

$$
\begin{aligned}
A+\overline{l_1}-Q &= 17.533+4.250+v_1-Q=0 \\
A+\overline{l_4}-P &= 17.533-8.557+v_4-P=0 \\
Q+\overline{l_3}-P &= Q-12.781+v_3-P=0 \\
A+\overline{l_2}-P &= 17.533-8.537+v_2-P=0
\end{aligned}
\tag{8.5}
$$

이를 잔차 v에 대해 정리하면 다음과 같다.

$$
\begin{aligned}
v_1 &= Q-21.783 \\
v_2 &= -8.996+P \\
v_3 &= 12.781+P-Q \\
v_4 &= -8.976+P
\end{aligned}
\tag{8.6}
$$

최소제곱이론에 의해 이들 잔차제곱의 합이 ≈ 0이므로

$$\phi = v_1^2 + v_2^2 + v_3^2 + v_4^2 + \ldots + v_n^2 \approx 0$$

$$= (Q - 21.783)^2 + (-8.996 + P)^2 + (12.781 + P - Q)^2 + (-8.976 + P)^2 \quad (8.7)$$

미소값을 0으로 하고 방정식을 세우기 위해 식을 변수 P와 Q로 편미분하여 0으로 놓는다.

$$\frac{\partial \phi}{\partial P} = 2(-8.996 + P) + 2(12.781 + P - Q) + 2(-8.976 + P) = 0 \quad (8.8)$$

$$\frac{\partial \phi}{\partial Q} = 2(Q - 21.783) - 2(12.781 + P - Q) = 0 \quad (8.9)$$

정리하면

$$3P - Q = 5.191$$

$$-P + 2Q = 34.564$$

이 두 연립방정식을 풀면 P, Q 두 점의 표고 최확값을 구할 수 있다.

∴ P = 8.9892m
Q = 21.7766m

2) 조건방정식방법(Control Equation method)

조건방정식 방법은 우선 필요한 조건식의 개수를 결정한다.

K = r−(n−m)

여기서, r : 관측 수
n : 측점 수
m : 표고기지점 수

K=4−(3−1)=2이므로 두 개의 조건식을 형성한다. 두 개의 수준환을 폐합시켜 만든다.

즉, 다음과 같은 과정으로 구한다.

조건방정식 형성

⇩

잔차에 대한 식으로 정리

⇩

최소제곱 일반식형성(−2K)

⇩

잔차에 대한 편미분

⇩

K에 대한 잔차의식으로부터 K값 결정

⇩

잔차에 대한 식으로부터 잔차 계산

⇩

최확값 계산

$$\text{I} : \overline{l_1} + \overline{l_3} - \overline{l_2} = 0$$

$$\text{II} : \overline{l_2} - \overline{l_4} = 0$$

각각의 수준측량값에 잔차가 포함되었다고 가정하면 다음과 같다.

$$(l_1 + v_1) + (l_3 + v_3) - (l_2 + v_2) = 0$$

$$(l_2 + v_2) - (l_4 + v_4) = 0$$

$$v_1 + v_3 - v_2 + (l_1 + l_3 - l_2) = 0 \quad \rightarrow \quad v_1 + v_3 - v_2 = -(l_1 + l_3 - l_2)$$

$$v_2 - v_4 + (l_2 - l_4) = 0 \quad \rightarrow \quad v_2 - v_4 = -(l_2 - l_4)$$

실제 측량값을 고려하면

$$v_1 + v_3 - v_2 = -(4.250 - 12.781 + 8.537) = -0.006\text{m} \tag{8.10}$$

$$v_2 - v_4 = -(-8.537 + 8.557) = -0.020\text{m} \tag{8.11}$$

최소제곱 일반식

$$[v^2] = v_1^2 + v_2^2 + v_3^2 + v_4^2 + ... + v_n^2 \approx 0$$

Lagrange승수 −2K를 곱하여 정리하면 다음과 같다.

$$\phi = v_1^2 + v_2^2 + v_3^2 + v_4^2 - 2K_1(v_1 - v_2 + v_3 + 0.006) - 2K_2(v_2 - v_4 + 0.020) \approx 0 \tag{8.12}$$

잔차에 대해 편미분하면 다음과 같다.

$$\frac{\partial \phi'}{\partial v_1} = 2v_1 - 2K_1 = 0 \qquad \frac{\partial \phi'}{\partial v_2} = 2v_2 + 2K_1 - 2K_2 = 0$$

$$\frac{\partial \phi'}{\partial v_3} = 2v_3 - 2K_1 = 0 \qquad \frac{\partial \phi'}{\partial v_4} = 2v_4 + 2K_2 = 0$$

잔차에 대해 정리하면

$$\begin{aligned} v_1 &= K_1 \\ v_2 &= -K_1 + K_2 \\ v_3 &= K_1 \\ v_4 &= -K_2 \end{aligned} \tag{8.13}$$

식 (8.13)을 식 (8.10), (8.11)에 대입하여 K_1, K_2를 구한다.

$$K_1 + K_1 + K_1 - K_2 = -0.006 \qquad 3K_1 - K_2 = -0.006$$

$$-K_1 + K_2 + K_2 = -0.020 \qquad -K_1 + 2K_2 = -0.020$$

$$\therefore\ K_1 = -0.0064\ ,\quad K_2 = -0.0132$$

이를 식 (8.13)에 대입하여 잔차를 구한다.

$$v_1 = K_1 = -0.0064$$

$$v_2 = -K_1 + K_2 = 0.0064 - 0.0132 = -0.0068$$

$$v_3 = K_1 = -0.0064$$

$$v_4 = -K_2 = 0.0132$$

잔차가 구해졌으므로 원래 측량측량한 고저차에 잔차를 보정해 각 구간별 고저차 최확값을 구한다.

$$\overline{l_1} = 4.250 - 0.0064 = 4.2436\text{m}$$

$$\overline{l_2} = -8.537 - 0.0068 = -8.5438$$

$$\overline{l_3} = -12.781 - 0.0064 = -12.7874$$

$$\overline{l_4} = -8.557 + 0.0132 = -8.5438$$

이렇게 되면 수준망의 어떤 노선을 통해서 P, Q의 표고를 구해도 같은 값이 구해지게 된다. 특정 노선을 고려하여 P, Q점의 최확값을 구해보면

P점 표고의 최확값 $\Rightarrow H_A + \overline{l_2} = 8.9892\text{m}$

Q점 표고의 최확값 $\Rightarrow H_A + \overline{l_1} = 21.7766\text{m}$

이 되며 다른 노선의 최확값으로 P점의 표고를 구해 점검하면

Check ! $H_A + \overline{l_4} =$ P점 표고 $= 17.533 - 8.5438 = 8.9892$ O.K

이상 없음을 확인할 수 있다.

8.9 장해물이 있는 경우의 직접수준측량

수준측량노선에 하천, 호수나 계곡이 있는 경우에는 레벨을 중간에 세울 수 없고, 한쪽에서 관측하였을 때는 레벨의 기계오차, 표척의 읽기오차 및 굴절오차가 증가하므로 이를 효과적으로 소거하기 위하여 양측에서 관측하는, 즉 교호수준측량을 실시한다.

일명 도하수준측량(굴절오차를 소거하기 위하여 a, b점에서 동시관측 필요)이라고도 한다. 측량과정은 다음과 같다.

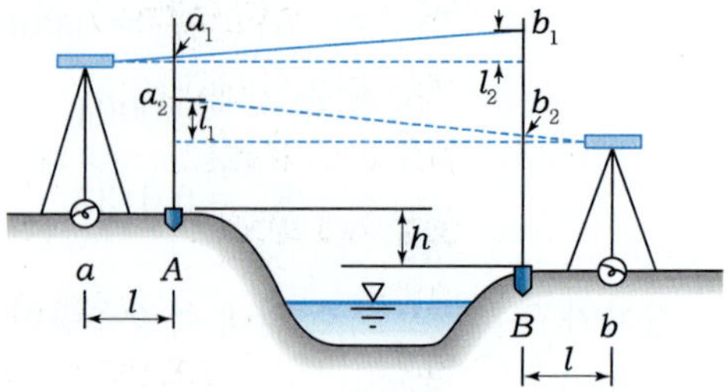

그림 8.27 교호수준측량

1) 고저차를 구하고자 하는 점 A, B로부터 aA=bB가 되도록 AB 직선상에 레벨을 세울 점 a, b를 정한다.
2) a점에서 B.S와 F.S 값 $a_1 b_1$을 얻고 강을 건너가 b점에서 B.S와 F.S값 a_2 b_2를 읽는다.
3) 레벨과 표척의 거리가 각각 같으므로 기차, 구차, 표척의 읽음 값 오차 등에 의해 발생한 오차의 크기가 같으므로 소거($l_1 = l_2$) 된다.

그러므로 AB 간의 고저차 h는 다음과 같다.

$$h = \frac{1}{2}\{(a_1 - b_1) + (a_2 - b_2)\} \tag{8.14}$$

예제 8.7

그림 8.27에서 a에 레벨을 세워 스타프를 읽은 값이 각각 $a_1 = 1.58\text{m}$, $b_1 = 3.19\text{m}$, b에 레벨을 세워 B, A점의 표척을 읽은 값이 각각 $a_2 = 0.32\text{m}$, $b_2 = 1.95\text{m}$ 였다. A점의 지반고가 50m였다면 B점의 지반고는 얼마이겠는가?

풀이 ▸ ▸ ▸

$H_B = H_A + \frac{1}{2}\{(1.58-3.19)+(0.32-1.95)\} = 48.38\text{m}$

8.10 간접고저측량

직접수준측량이외의 방법으로 두 점간의 고저차 또는 표고를 결정하는 것을 말한다. 삼각점의 표고와 같이 직접 수준측량이 어려운 경우에는 연직각을 측량하여 삼각수준측량 방법으로 표고를 결정한다. 이외에 기압을 이용한다든지 중력관측에 의한 방법 등이 있는데 모두 직접수준측량방법에 비해 정확도가 떨어진다.

8.10.1 Stadia 측량

데오돌라이트나 트랜싯의 +자선에 새겨있는 스타디아선과 광학 기하학적 원리를 이용하여 2점간의 고저차와 사거리를 측량하는 방법으로 좁은 지역을 높지 않은 정확도로 세부측량할 경우에 편리하다.

그림 8.28에서

$$\text{수평거리 } D = Kl\ \cos^2\alpha + C\ \cos\alpha \tag{8.15}$$

$$\text{고저차(연직거리) } V = \frac{1}{2}Kl\ \sin 2\alpha + C\ \sin\alpha \tag{8.16}$$

(자세한 내용은 12장 등고선 측량 및 활용 참고)

여기서, $K = 100$(일반적으로 제작시 고정)

$C = 0$(최근 망원경 내부에 보조렌즈를 삽입하여 $C = 0$이 되도록 설계)

그러므로 B점의 표고 H_B는 다음과 같다.

$$H_B = H_A + i + V - h \tag{8.17}$$

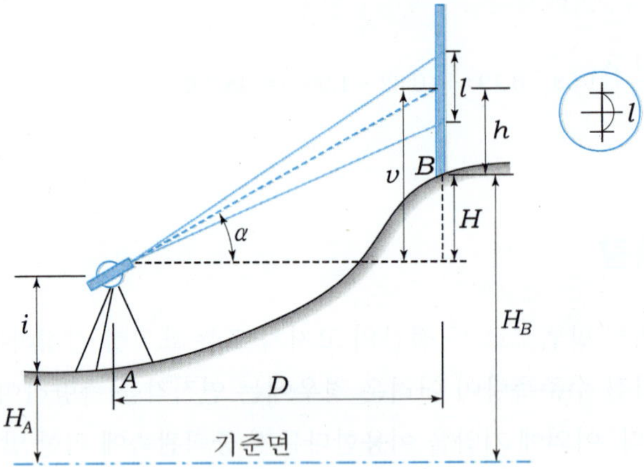

그림 8.28 스타디아 측량

$$\therefore H_B = H_A + \frac{1}{2}Kl\ \sin 2\alpha + C\ \sin\alpha - h$$
$$= H_A + \frac{1}{2}Kl\ \sin 2\alpha - h \tag{8.18}$$

8.10.2 중력측량

표고에 따라 중력이 다르므로 이 차이를 이용하여 두 점간의 표고차를 구한다. 중력은 LaCoste와 Romberg 중력계를 사용한다. 어느 지점의 중력값을 다른 점과 관계없이 그 절대값을 구하는 절대관측법과 중력기지점의 중력값을 기준으로 측점상호간의 절대중력값의 차이를 구하는 상대관측이 있다. 측정값이 클수록 해발고도는 낮아진다.

동상지역(얼어 있는 흙인 경우 녹으면서 자중에 의한 수평의 차이를 발생)과 다리 위, 옹벽위 콘크리트(성토지역) 등은 중력측정을 할 수 없는 지역이다.

8.10.3 삼각고저측량

데오돌라이트를 이용하여 고저각(α)과 거리(D)를 관측하고 삼각법에 의하여 2점간의 고저차를 계산하는 측량을 말한다. 측점간의 거리가 긴 경우에는 지구의 곡률오차 및 대기굴절오차를 고려해야한다. 삼각측량의 보조수단으로 쓰이며 직접고저측량에 비해 시간과 비용이 절약되지만 정확도는 훨씬 떨어진다. 측량의 상황에 따라 몇 가지로 나눌 수 있으며 각각에 대해 설명하기로 한다.

(1) 2점 A, P간의 수평거리 D와 고저각 α를 알고 있는 경우

1) 한쪽방향에서만 측량할 경우

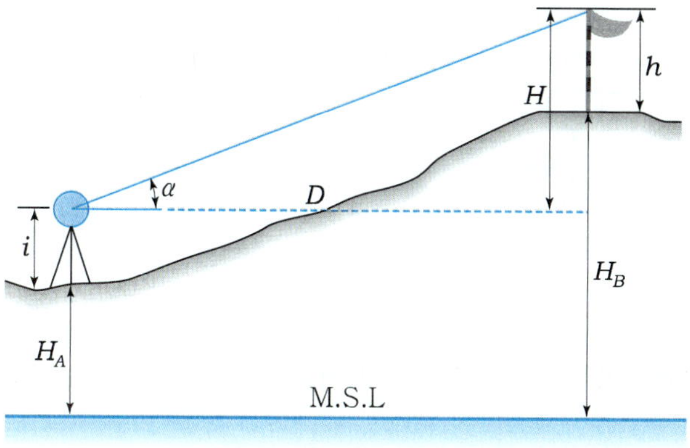

그림 8.29 한 방향 삼각수준측량

$H = D\tan\alpha$

$$H_B = H_A + i + D\ \tan\alpha - h \tag{8.19}$$

D가 커져 곡률 및 굴절의 영향을 고려할 경우

$$H_B = H_A + i + D\ \tan\alpha + \frac{1-K}{2R}D^2 - h \tag{8.20}$$

여기서, i : 기계고

K : 공기의 굴절계수

R : 지구반경

H_A : A점의 표고

2) 발생한 대기굴절오차 소거를 위해서는 양방향으로 측량하여 평균을 취하면 해결할 수 있다.

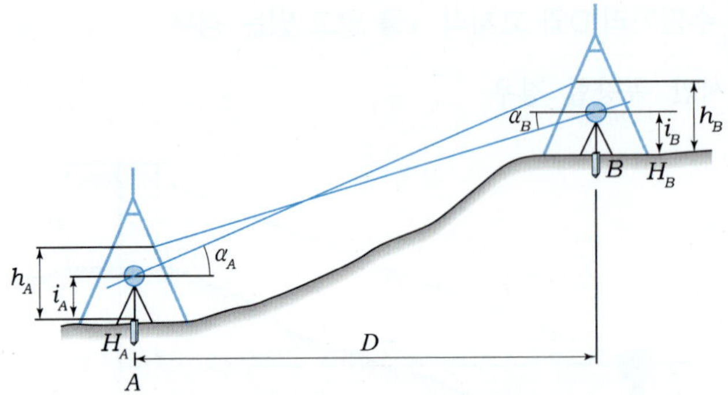

그림 8.30 양방향 삼각 수준측량

즉, A방향에서 B방향으로 측량할 경우 B점의 표고는

$$H_B = H_A + i_A + D\ \tan\alpha_A - h_B + K \tag{8.21}$$

또한 B방향에서 A방향으로 측량할 경우의 B점의 표고는

$$H_B = H_A + h_A + D\ \tan\alpha_B - i_B - K \tag{8.22}$$

식 (8.21)과 식 (8.22)에서

$$H_B = H_A + \frac{D}{2}(\tan\alpha_A + \tan\alpha_B) + \frac{1}{2}(i_A + h_A) - \frac{1}{2}(i_B + h_B) \tag{8.23}$$

고저각이 20° 이하일 경우 $\dfrac{\alpha_1 + \alpha_2}{2} = \alpha$ 라 하면

$$H_B = H_A \pm D\tan\alpha + \frac{1}{2}(i_A + h_A) - \frac{1}{2}(i_B + h_B) \tag{8.24}$$

예제 8.8

삼각점 A에서 B점의 표고를 구하기 위해 고저각 α_A와 α_B를 얻었다. 삼각점 A의 표고 $H_A = 325.63\text{m}$ 라 하면 삼각점 B의 표고 H_B는 얼마인가? (단, D=1,580m이다.)

$\alpha_A = +2°14'$ $\alpha_B = -2°22'$

$i_A = 1.39\text{m}$ $i_B = 1.28\text{m}$

$h_A = 4.20\text{m}$ $h_B = 2.90\text{m}$

풀이 ▸ ▸ ▸

$$\alpha = \frac{(2°14' + 2°22')}{2} = 2°18'$$

$$\therefore H_B = 325.63 + (1580 \times \tan 2°18') + \frac{1}{2}(1.39 + 4.20) - \frac{1}{2}(1.28 + 2.90) = 389.79\,\text{m}$$

예제 8.9

그림과 같이 건물 상단 P의 표고를 측정하고자 A, B 두 점에서 트랜싯을 이용하여 간접수준측량을 실시하였다. A, B, P는 동일 직선상에 있고 $\overline{AB}$ 간의 거리가 14.38m 일 때 P의 표고를 구하시오. (단, 기계고 $i_A = i_B = 1.60\text{m}$, 표고 $H_A = 47.50\text{m}$, $H_B = 42.50\text{m}$, 연직각 $\alpha_A = 20°$, $\alpha_B = 25°$이다. 계산은 소수 셋째 자리까지 구하시오.)

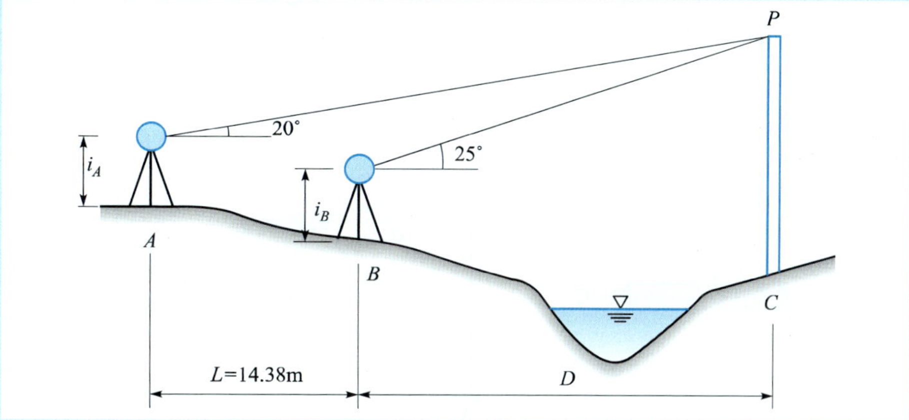

그림 8.31 예제 8.9

풀이 ▸ ▸ ▸

$H_A + i_A + (14.38 + D)\tan 20° = H_P$ ······························ ⓐ

$H_B + i_B + D \tan 25° = H_P$ ·· ⓑ

ⓐ, ⓑ를 연립방정식을 이용하여 계산하면, $D = 100.001\text{m}$

$\therefore H_P = H_A + i_A + (L + D)\tan\alpha_A = 47.50 + 1.6 + (14.38 + 100.001) \times \tan 20°$

$= 90.731\,\text{m}$

$H_P = H_B + i_B + D\tan\alpha_B = 42.5 + 1.6 + 100.001 \times \tan 25° = 90.731\text{m}$

8.11 고저측량에서 생기는 오차

기계적오차, 자연적오차, 개인적오차, 실수 등에 의해 오차가 발생한다.

8.11.1 기계오차(Instrumental Error)

시준선오차와 표척오차가 있다.

1) 시준선오차는 조정되지 않은 기계를 사용했을 경우 망원경의 시준선축(C)과 기포관축(L)이 평행이 아니기 때문에 생기는 오차(시준선≠기포관축)이다. 시준선의 길이에 비례하여 커지며 경사지에서는 전후시준거리가 다르므로 특히 심각하게 발생한다.

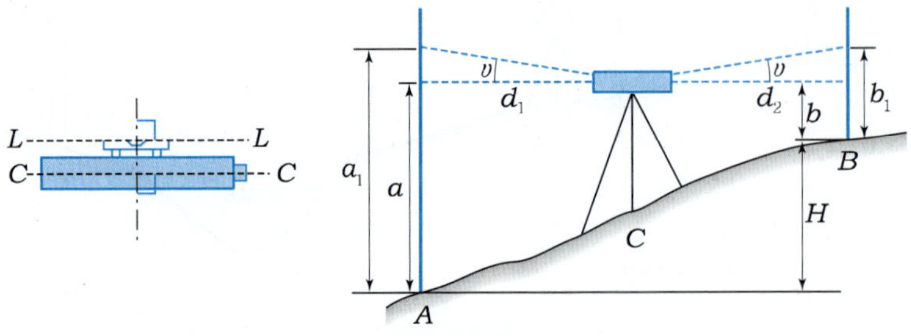

그림 8.32

$H = a_1 - b_1 = (a + d_1 \tan v) - (b + d_2 \tan v)$

소거법할 수 있는 방법은 두 점간의 시준거리를 같게($d_1 = d_2$) 한다.

2) 표척 밑의 덮개에 의한 균일한 차이(표척의 0점 오차)

표척의 밑면덮개가 마모, 변형, 부상에 의해 정확한 0선이 될 수 없을 때 생기는 오차이다. 제거방법은 표척 2개를 사용하는 경우 교대로 표척을 사용하여 출발점에 세운 표척을 반드시 최종점에 세우고 레벨세우는 횟수를 짝수회로 하면 오차를 제거할 수 있다. 단, 중간점에 세운 표척은 고려할 필요가 없다.

3) 수준표척의 눈금이 표준(검정)길이와 다를 경우

제작 시 온도나 습도에 의한 표척눈금이 정확하지 않을 때의 오차이다. 고저차의 크기에 비례하여 증가하며 사전에 표척을 검정자와 비교하여 그 보정값을 정한 후 관측결과에 조정한다.

이외에 시준사와 수평선이 일치하지 않을 경우, 표척의 정준기 불완전, 표척 이음부분의 불완전, 삼각의 안정상태가 좋지 않은 경우가 있다.

그림 8.33 인바스타프와 표척대(안철호, 최재화)

8.11.2 자연적 오차(Natural Error)

삼각수준측량에서 측량거리가 길게 되면 지구의 곡률과 대기밀도의 차이 때문에 시준선이 기하학적으로 왜곡이 생긴다. 지구곡률오차를 구차(球差 : error of earth curvature)라고 하며 대기굴절오차를 기차(氣差 : atmospheric refraction error)라 한다.

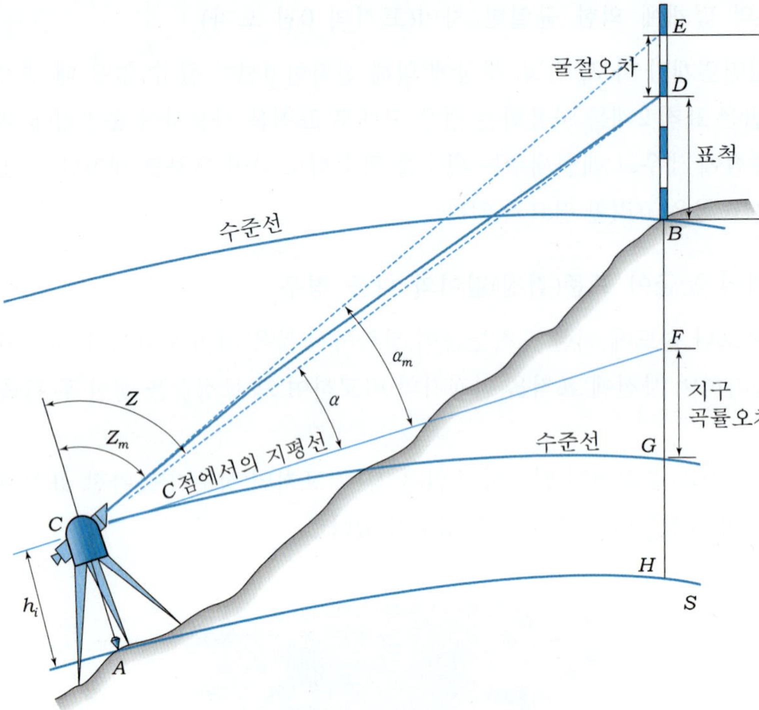

그림 8.34 삼각수준측량의 자연오차

그림에서와 같이 지구곡률오차에 의해 실제 표고보다 낮게 측량되며 대기굴절오차에 의해 실제 표고보다 높게 측량이 된다.

(1) 지구곡률오차(Error of Earth Curvature)

지구표면은 곡면으로 이루어져 있으므로 좁은 지역에서는 상관이 없으나 넓은 지역에서는 수준면에 대한 높이와 지평면에 대한 높이에 차이가 있는데 이를 곡률오차라 한다. 그림 8.35에서 b점의 표고는 h_1 만큼 낮게 측량이 된다.

그러므로 h_1 만큼 곡률오차가 발생하며 이를 보정해 주어야 한다.

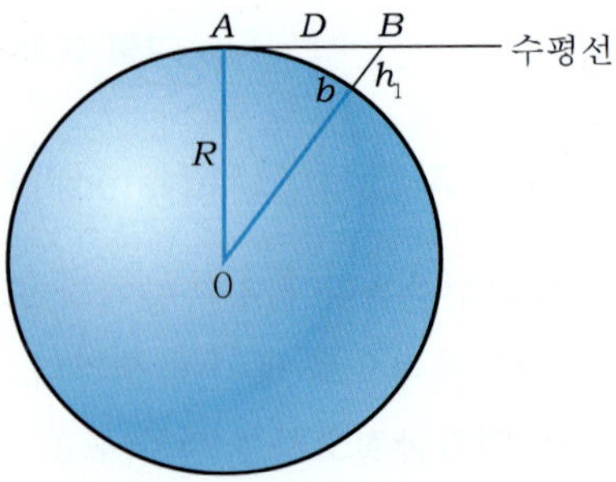

그림 8.35 지구곡률오차

삼각형 ABO로부터

$$(R+h_1)^2 = R^2 + D^2$$

$$2Rh_1 + h_1^2 = D^2$$

$$h_1 = \frac{D^2}{2R} - \frac{h_1^2}{2R}$$

$h_1 = \dfrac{D^2}{2R}$ ($\because$ R에 비해 h_1이 매우 미소하므로 $h_1^2/2R$항은 생략)

그러므로 곡률오차는 $\Delta C = \dfrac{D^2}{2R}$ (8.25)

(2) 대기굴절오차(Atmospheric Refraction Error), 기차(氣差)

광선이 대기 중을 진행, 밀도가 다른 대기층을 통과하면서 지표면에 대해서 볼록하게 진행한다. 즉, 시준 방향이 이 볼록한 면에 대해 접선방향으로 되기 때문에 실제 연직각보다 더 크게 측량이 되고 결과적으로 실제 표고보다 높게 측량된다.

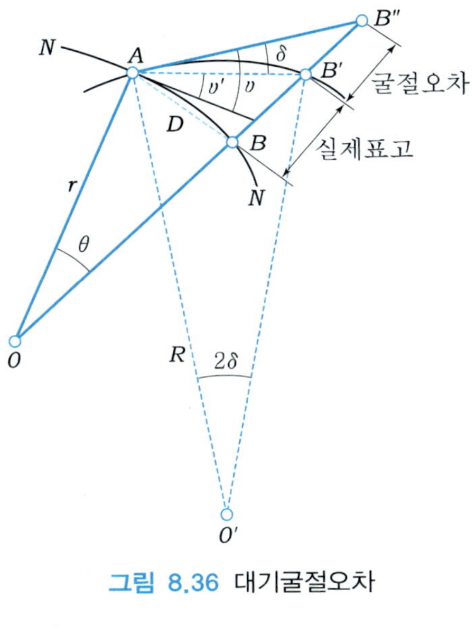

그림 8.36 대기굴절오차

실제 측정해야할 각 : $v \quad v' = v - \delta$

$$\tan v' = \tan(v-\delta) = \frac{\tan v - \tan\delta}{1+\tan v \cdot \tan\delta} \tag{8.26}$$

여기에서 δ가 미소하므로

$$\tan v' = \tan v - \delta \tag{8.27}$$

$\overline{B'A}$를 원호로 가정하고 굴절계수

$$\frac{r}{R} = k$$

원호 AB 및 $\overline{AB'}$는 r에 비해 미소하므로 $AB = AB' = D$,

$$R \cdot 2\delta = D \qquad\qquad \delta = \frac{D}{2R}$$

$\therefore \delta = \dfrac{D}{2R} = \dfrac{D}{2 \cdot \dfrac{r}{k}} = \dfrac{kD}{2r}$ 리를 식 (8.27)에 대입하면

$$\tan v' = \tan v - \frac{kD}{2r}$$

따라서 굴절오차를 Δr로 하면

$$\Delta r = \frac{-k}{2r} D^2 \tag{8.28}$$

즉, 대기굴절오차는 거리의 제곱에 비례한다. 지구곡률오차와 대기굴절오차는 부호가 반대여서 상쇄될 수도 있기 때문에 같이 고려해준다. 이를 양차라 하고 다음과 같다.

$$\Delta c + \Delta r = \frac{(1-k)}{2r} \cdot D^2 \tag{8.29}$$

($k = 0.14$를 보통 쓴다.)

예제 8.10

삼각수준측량에서 거리의 정도가 1/30,000일 때 지구의 곡률을 고려하지 않아도 되는 시준거리는? (단, R=6,370km, k=0.14)

풀이 ▸ ▸ ▸

$$\frac{e}{L}=\frac{1}{30{,}000}$$

$$1\ :\ 30{,}000=\frac{D^2(1-k)}{2R}:\ D \qquad 1\ :\ 30{,}000=\frac{D^2(1-0.14)}{2\times 6{,}370}:\ D$$

$$\frac{D(0.86)\times 30{,}000}{2\times 6{,}370}=1 \qquad \therefore D=\frac{2\times 6370000}{0.86\times 30000}=494\text{m}$$

(3) 온도의 변화에 따른 오차

온도가 변하게 되면 표척의 수축팽창, 기포관의 수축팽창(양 끝이 다르게 변함)으로 인하여 오차가 발생한다. 레벨 기계부분에 직사광선을 차단하고 가능하면 오전 일찍, 오후 늦게 관측한다.

(4) 기상의 상태에 따라 생기는 기타의 오차

태양광선, 바람, 습도 및 온도변화 등의 불규칙적인 영향으로 인한 오차가 있다.

(5) 레벨과 표척(T.P점)의 침하에 의한 오차

후시한 후 전시할 동안 레벨(삼각)의 침하된 경우, 기계를 옮기는 도중 이기점 표척의 침하된 경우 등이다. 레벨을 견고한 지반에 정치하거나 발판을 만들어 침하되지 않도록 하고 이기점의 관측을 단시간 내에 완료한다. 이기점은 지반의 견고한 곳을 선택하든지, 표척대를 놓고 그 위에 표척을 세우도록 한다.

8.11.3 개인적 오차(Personal Error)

1) 정준 불량

보통 자동레벨을 이용하여 측량한다하더라도 정준을 불량하게 하면 수평 시준선을 얻지 못한다. 이 오차는 시준거리가 멀수록 심각하므로 시준거리를 가깝게 그리고 전 · 후 시준거리를 가능한 한 같게 한다.

2) 표척의 기울기에 따른 오차

이 오차는 표척의 읽음 값의 크기에 비례하며 그 경사각의 제곱에 비례한다. 그러므로 표척을 의도적으로 전후방으로 흔들어 최소값을 취하도록 하고 가능한 표척에 기포관을 부착하여 사용하도록 한다.

$$\Delta l = \frac{l \cdot \tan^2\theta}{2} \tag{8.30}$$

3) 원형기포관 조정불량에 따른 오차

4) 표척의 다름(rod handling)

5) 시차(parallax)에 의한 읽음오차

하늘이나 흰곳을 향해 망원경을 놓고 접안경의 +자선을 선명히 조정한 후 목표물의 원근에 따라 대물경으로 목표물을 선명히 조절하여 초점을 합친다.

6) 표척 읽음오차(Faulty Rod reading)

시차, 부적당한 일기, 장거리 시준, target setting 부적당, 부주의

8.11.4 Mistake

1) 긴 표척의 사용

손상된 표척의 뒷부분의 버어니어 읽음치가 짧은 표척에서 정확히 6.500 또는 7.000이 아니라면 그 타겟은 표척을 길게 하기 전에 같은 읽음값에 셋팅(setting)해야 한다.

2) 이기점상에서의 전시와 후시 때 표척위치의 다름
3) 표척 읽음의 크게 읽음 : 1.981 대신 2.981의 읽음. 표척의 표시 주의
4) 평평한 바닥위에서 표척을 들고 있는 동안 표척의 바닥의 흔들림
5) 야장기록
6) 표척 읽음 동안의 삼각대의 접촉에 의한 움직임

8.12 측량작업 시 주의사항

① 출발점 표척은 도착점에 세움
② 표척 수직 유지(기포 앞뒤로 천천히 이동)
③ 뽑아 올릴 경우 이음매의 오차가 없도록
④ 반드시 왕복측량(leveling net)을 원칙 – 오전, 오후(온도에 대한 영향)
⑤ 기계 취급주의 : 모래 등 먼지주의, 운반 시 수직으로 유지
⑥ 이기점 설정 시 : 견고한 지점
⑦ 측량점마다 표시를 하면 왕복측량할 때 check 가능 : 오차 파악
⑧ 등거리 시준
⑨ 과실
- 표척을 잘못 읽는 경우
- 전시와 후시의 난을 잘못 기입한 경우
- 전시를 일고 후시할 동안 표척의 위치가 변한 경우
- 완전히 뽑지 않았다든가 밑에 표시한 눈금을 알지 못하고 위를 읽는 경우

연습문제

8.1 수준측량에서 양차에 대해 설명(일반식)하고 이를 소거하기 위한 방법은 무엇인지 쓰시오.

8.2 다음 직접수준측량의 가상도이다. 주어진 기고식 야장에 측량값을 기입하고 각 점의 표고를 계산하시오. HA = 100,000m

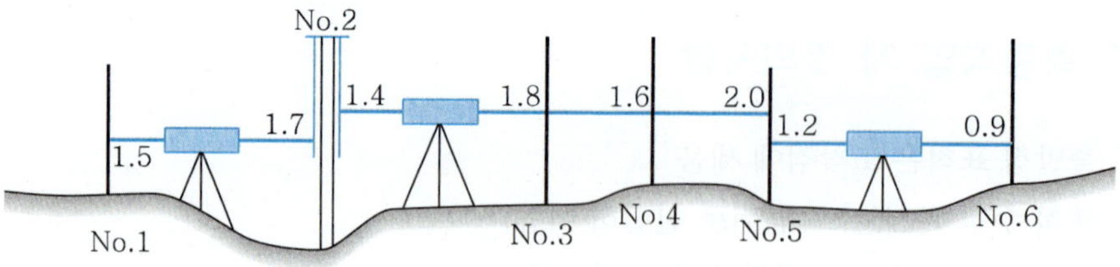

8.3 도로설계를 위한 현황측량 지역에 수준점을 설치할 필요가 있어 인근의 수준점을 검색하니 A, B, C점이 있었고 각각의 표고는 표와 같았다. 측량지역에 P점을 설치하고 표고를 구하기 위해 각각의 수준점과 직접수준측량하여 표와 같은 결과를 얻었다. 경중률을 고려하여 P점의 표고최확값을 구하시오.

측점	표고	측량방향	고저차	거리
A	20.145	A→P	+1.538	2.5km
B	24.030	B→P	−2.330	4.0km
C	19.898	C→P	+1.782	2.0km

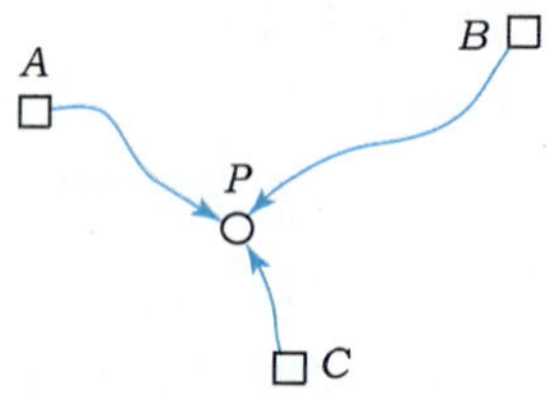

8.4 다음 수준측량 결과를 최소제곱법 관측방정식 방법과 조건방정식 방법으로 조정하여 점 C, D, E의 표고를 구하시오. (단, A점의 표고는 18.396m, B점의 표고는 26.317m이며, 소수 셋째 자리까지 계산하시오.)

$l_1 = 5.666\text{m}$, $l_2 = -1.195\text{m}$

$l_3 = 3.481\text{m}$, $l_4 = -1.999\text{m}$

$l_5 = -5.972\text{m}$, $l_6 = -4.463\text{m}$

$l_7 = -1.981\text{m}$

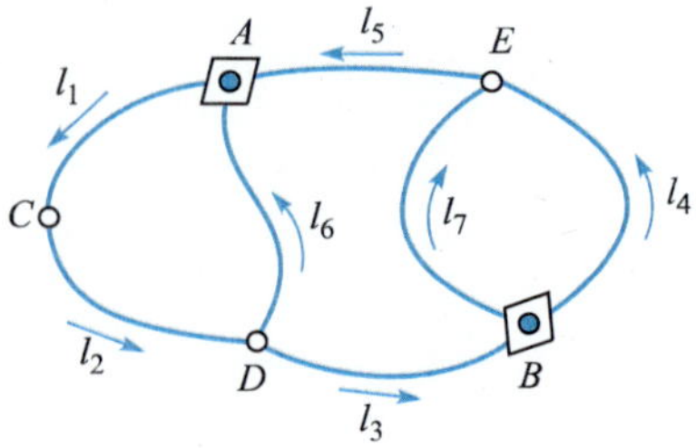

제9장 위성측량(GNSS)

9.1 GNSS 개요

지구상의 위치를 정하기 위해 먼 옛날부터 사람들은 별(항성)을 중요한 수단으로 활용하여 왔다. 오늘날에는 국제적으로 지구표면상의 절대적 또는 상대적인 점들의 위치와 거리를 매우 정밀하게 측량하기 위하여 전파 천문학에 기초한 초장기선 전파간섭계(VLBI)를 이용하여 별(Qusar)에서 나오는 전파를 관측하였다. 우주 시대인 오늘날에는 인간이 만든 별이라고 할 수 있는 인공위성을 이용하여 지상의 위치를 측량한다. 천문측량을 위한 별은 밤에만 보이고 날씨가 흐리면 볼 수 없지만 인공위성은 지구 주위를 돌면서 지상쪽으로 전파신호를 항상 전송하기 때문에 전천후로 이용할 수 있다는 장점이 있다. 현재 지구 주위를 돌고 있는 수천 개의 인공위성들 중에는 지구상의 위치를 측량하는 데에 사용할 수 있도록 특별히 고안된 것들이 있는데 이러한 인공위성을 이용한 위치측정 시스템을 GNSS라고 하며, 전 세계적으로 널리 이용되고 있다. GNSS의 공식명칭은 범지구적 위성 항법시스템(Global Navigation Satellite System)이며 미국의 GPS, 러시아의 GLONASS, EU의 Galileo, 중국의 BeiDou가 대표적이다. 이 장에서는 미국의 GNSS 시스템인 GPS를 중심으로 설명하였다.

GPS는 미국의 국방성에서 군사적인 목적으로 개발한 것으로 미국 의회는 GPS를 일반인들도 사용할 수 있도록 개방하는 조치를 1980년대 중반에 취하였다. 그 결과로 GPS와 관련된 기술의 개발이 민간의 주도로 이루어져 상업적인 차원에서 매우 급속한 발전을 이루어 왔다. 후속적으로 러시아에서 GLONASS, 유럽공동체(EU)에서 갈릴레오 프로젝트를 시작하여 진행 중에 있으므로 GPS하면 미국의 시스템으로 인식되어 있다.

이러한 GPS는 위치와 시간 정보가 필요한 모든 분야에 응용되고 있다고 해도 과언이 아니다. 자동차, 비행기, 선박의 항법분야는 물론 지도 제작과 관련된 측지 및 측량 분야, 우주, 통신, 여가, 국방 및 기초과학 분야 등 매우 광범위한 분야에 현재 사용되고 있다.

9.2 GPS의 특징

다른 측량방법에 비교하여 GPS 측량의 특징은 다음과 같다.

① 측위 기법에 따라 다양한 정확도 분포를 지닌다(수 mm~100m).
② 기선길이에 비해 상대적으로 높은 정확도를 지닌다(1ppm~0.1ppm 이상).
③ 위치결정과 동등한 정확도로 속도와 시간을 결정할 수 있다.
④ 지구상 어느 곳에서나 이용할 수 있다(육・해・공).
⑤ 날씨, 기상에 관계없이 위치결정이 가능하다.
⑥ 24시간 어느 시간에서나 이용이 가능하다.
⑦ 수평성분과 수직성분을 제공하므로 3차원 정보를 제공한다.
⑧ 기선결정의 경우, 두 측점 간 시통에 무관하다.
⑨ EDM과 같은 Two-Way[1] 방식이 아닌 One-Way[2] 방식이다.
⑩ 다양한 측위기법을 제공하므로 상당히 경제적이다.
⑪ 세계측지기준계(WGS84)를 사용하므로 지역기준계를 사용하는 사용자에게는 다소 번거롭다.
⑫ 사용자에게 신호사용에 따른 부담이 없다.
⑬ 다목적 사용을 전제로 승인한 시스템이다.
⑭ 무제한 사용이 가능하다. 예를 들면, 새로운 유틸리티 개발 가능성이 무한하다.

9.3 GPS의 역사

GPS의 태동은 1960년대 미국해군에 의해 개발 운영된 군사적인 항법체계[Transit System (NNSS)]이다. 구체적인 모습을 보인 것은 1973년부터 1979년까지 1단계 NAVSTAR GPS의 개념이 확립된 후이다. 1978년 2월 첫 번째 Block Ⅰ GPS 위성을 테스트 위성으로 발사했으며 1979년부터 1985년까지 2단계 11개의 Block Ⅰ위성 발사됨으로써 전체규모의 개발과 테스트를 진행하게 된다. 1983년 9월 16일 KAL-007기 격추사건으로 미 대통령 레이건은 일반항공기에 GPS 이용권을 제공하기로 결정한 이후 1985년부터 현재(3단계)까지 개발과 이용에

1) EDM의 경우 전파발송장치와 반사장치가 있어야 하고, 이 둘 간에는 서로 시통이 되어야 한다.
2) GNSS의 경우 위성과 지상의 수신기 사이의 일방향적인 관계이므로 one-way라고 한다.

대한 기술개발이 되어오고 있다.

계속적으로 1989년 2월 상용화를 위한 첫 번째 Block Ⅱ GPS 위성이 발사되었으며 1990년 3월 25일 미국 국방성(DoD)에 의해 SA(selectable availability)가 첫 가동되게 된다. 1990년 3월부터 1991년 6월까지 걸프전 기간 동안 SA 가동중지 상태에서 GPS를 활용하였으며 전쟁이 끝나고 1991년 8월 군사목적과 일반사용목적의 구분을 선언하게 된다. 이때부터 1993년까지 일반사용자를 위한 표준위치측정 서비스(SPS)를 완료할 것을 선언하였으며 뒤이어 24개 GPS 위성군(Block Ⅰ/Ⅱ/ⅡA)을 완성하여 1995년 4월 정상가동[FOC(Full Operational Capability)]을 선언하였다. 결과적으로 24개 Block Ⅱ/ⅡA 위성이 정상 가동되고 정밀위치측정 서비스(SPS & PPS)를 지원하게 되었다. 1996년 3월 클린턴 대통령은 향후 10년 이내에 SA의 영구해제를 선언하였고 이 결과로 2000년 5월 2일 SA가 해제되어 민간에서도 높은 정밀도로 다양하게 이용되고 있다.

GPS위성은 정해진 수명이 있으므로 계획적인 스케쥴에 따라 단계적으로 대체위성이 발사되고 있다. 2005년부터 Block IIR-M, 2010년~2016년 Block IIF, 2020년부터 현재까지 GPS III/IIIF가 발사되고 있다. 위성의 수명은 5년에서 15년으로 길어지고 있다. 록히드 마틴이 설계, 개발, 제조, 현재 31대의 작동 GPS위성이 운용되고 있으며 빌딩, 숲 또는 가로수 아래 등과 같이 수신이 어려운 문제를 해소하기 위해 반송파를 개선하고 정확도를 높여 방송하고 있다.

9.4 GPS의 구성

GPS(NAVSTAR Global Positioning System)는 1973년부터 미 육 · 해 · 공군의 공동연구에 의하여 개발된 3차원 위성측위 시스템으로서 전 세계 어느 곳에서나 전천후로 측위가 가능하도록 설계되었다. GPS는 관측고도 15° 이상에서 최소 4개에서 8개까지의 위성을 관측할 수 있도록 위성을 배치하였으며, 허가를 받은 사람만이 사용할 수 있는 PPS(Precise Positioning Service) 방식과 민간부분에서 사용할 수 있는 SPS(Standard Positioning Service) 방식의 두 가지 형태로 운영되고 있는데 사용자는 3차원의 위치와 속도 및 정밀한 시각정보를 제공받을 수 있다.

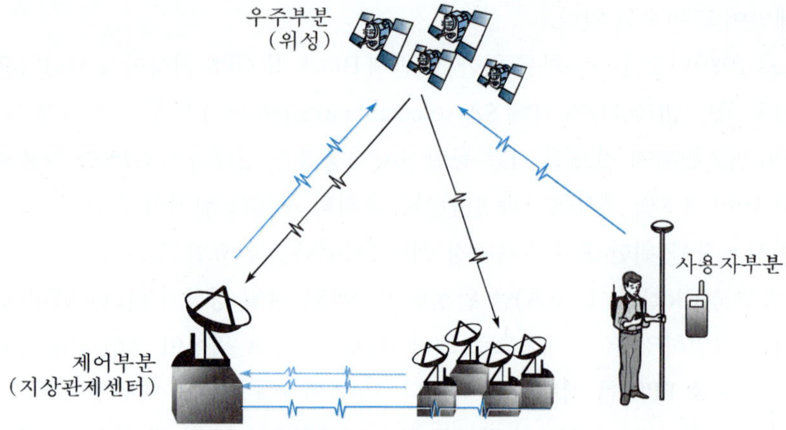

그림 9.1 GPS의 구성

GPS는 그림 9.1과 같이 우주부분(Space Segment), 제어부분(Control Segment) 및 사용자부분(User Segment)의 3부분으로 구성되어 있다.

9.4.1 우주부분(space segment)

GPS의 우주부분은 우주에 배치된 GPS위성을 뜻하며, 동시에 위성의 개발, 제조 및 발사에 대하여 책임을 지고 있는 기관들이 포함된다. GPS의 우주부분은 모두 24개의 위성으로 구성되어 있으며, 6개의 궤도상에 각각 4개의 위성이 배치되어 있고, 그 궤도면은 지구의 적도에 55° 기울어져 있으며, 지구 표면으로부터 약 20,200km의 상공에서 궤도운동을 하고 있다. GPS위성의 궤도주기는 11시간 58분이며, 위성이 공전할 때에 지구는 자전운동을 하기 때문에 위성은 지상의 동일점을 23시간 56분 만에 다시 통과하게 된다. 지상의 고정점에서 위성을 관측할 때, 사용자는 매일 같은 위성을 같은 상공에서 관측할 수 있지만 위성은 매일 4분 정도 빠르게 궤도운동을 한다.

GPS위성이란 기본적으로 지구궤도를 돌고 있는 방송국과 같은 것이다. 플랫폼의 외부에는 라디오파를 송・수신하는 안테나와 2개의 큰 태양열 전지판으로 구성되어 있어 GPS위성 라디오국을 운영할 수 있는 전원을 일정하게 공급한다. 위성은 약 800kg 이상의 무게를 가지고 있으며 생존주기가 영구적이지 않으므로 일정한 계획에 따라 발사하고 있다.

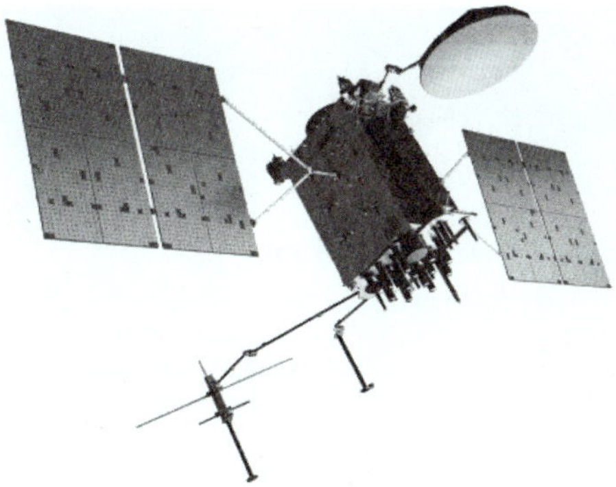

a) Block IIF

b) Block IIIF

그림 9.2 GPS (www.3dsmolier.com/americaspace.com)

발사단계에 따라 Block I, Block II, Block IIR, Block IIF, Block IIIF로 변천하였으며 각각의 상황은 다음과 같다.

- 블록 I위성 : 11개가 1978년과 1985년 사이에 발사된 것이며(위성번호 1–11), 몇 개는 아직까지 작동하고 있지만 신뢰성은 거의 없다. Rockwell International사에서 제조하였으며 1개의 Cesium과 2개의 Rubidium 시계를 장착하고 있다.
- 블록 II위성 : 현재 작동 중에 있으며 28개(위성번호 13–40)가 제작되어 24개가 궤도에 올려졌다. 24개 중 3개는 여분으로 고장난 위성으로 이동 배치할 수 있도록 하고 있다. 2개의 Cesium시계와 2개의 Rubidium시계를 장착하고 있다.
- 블록 IIR위성 : 차세대의 슈퍼위성으로서 1995년부터 2000년 사이에 발사되었으며 블록 IIF(F for Follow on) 위성은 이후 발사되었다. SA/AS 운용 상용화를 위한 위성으로 Lockheed Martin사에서 제조하였다.
- 블록 IIF위성 : 2005년부터 2016년까지 발사되었으며 관성항법장치를 장착하고 증가된 신호체제 C/A on L2, L5(1176.45MHz)를 가지고 있다. 12대가 12년의 수명으로 운영되고 있다.
- 블록 III/IIIF위성 : 2020년부터 15년 수명인위성이 6대 이상 발사되었다.

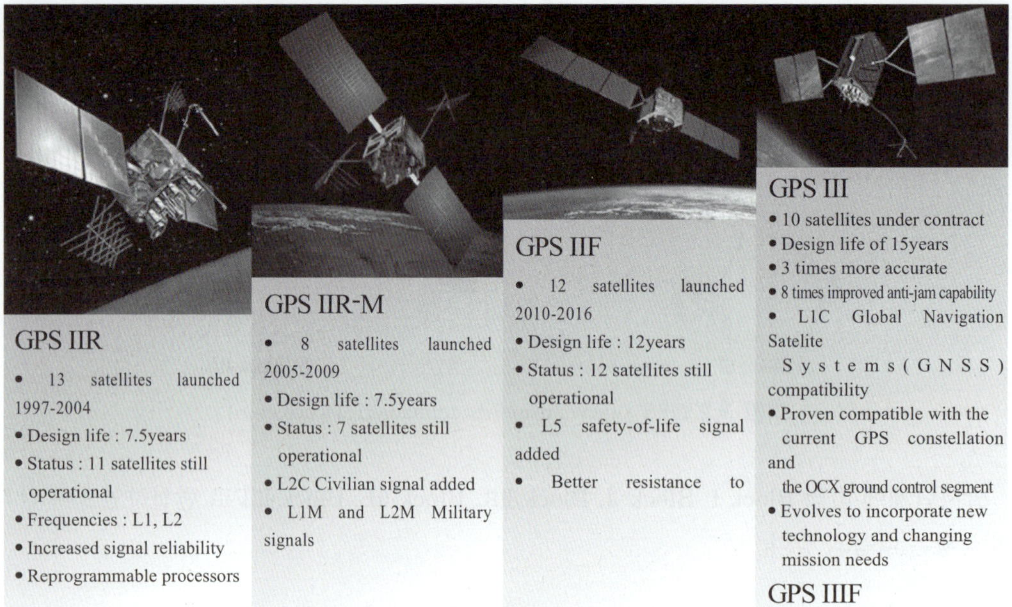

그림 9.3 GPS의 발사역사 1995년 이후(GPS World)

블록 II위성부터의 궤도면은 적도면에 대하여 55°의 경사각을 유지하고 있다.

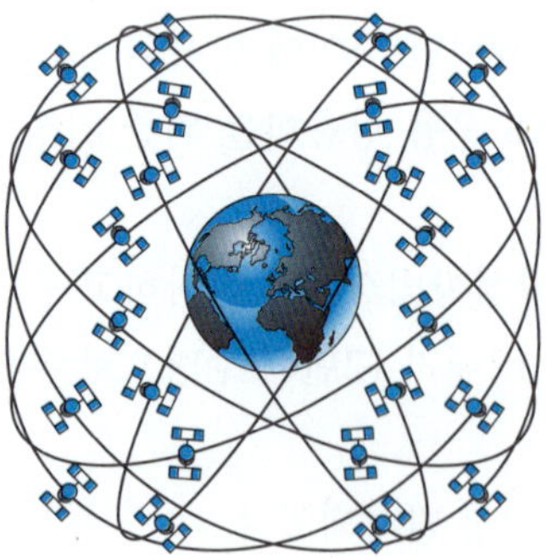

그림 9.4 GPS위성의 궤도

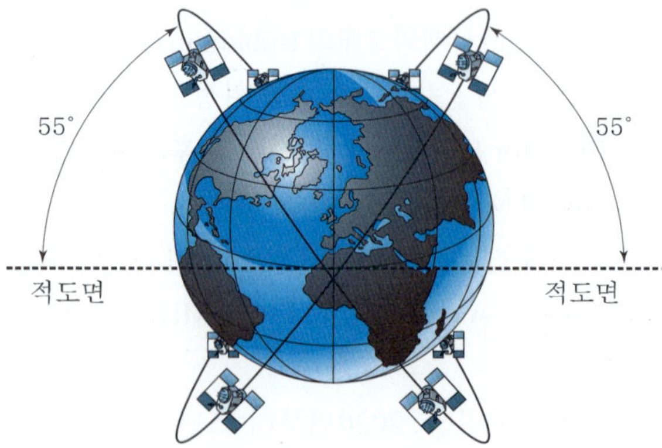

그림 9.5 적도와 궤도면사이의 각

60° 간격으로 총 6개의 궤도가 구성되고 각각의 궤도면에 4대(본 위성 3대, 예비위성1대)의 위성이 배치되어 있다. 이상과 같은 위성배치는 전 세계 어느 곳에서나 지평선 5° 이상에서 24시간 4대 이상의 위성을 관측하기 위한 것이다.

9.4.2 제어부분

위성의 제어를 위한 부분이다. 각각의 위성들에 대한 궤도모니터링, 위성의 상태파악, 수리 등을 관리한다. 제어부분은 미국의 Colorado Springs에 위치한 Schriever 공군기지 내에 있는 주제어국(MCS; Master Control Station)과 전 세계에 설치되어 있는 지상국(GA; Ground Antenna) 및 추적국(MS; Monitor Station)으로 구성되어 있다. 추적국은 그림 9.7과 같이 전 세계 5군데에 있으며, 다수의 모니터링 관제소가 분포되어 있다.

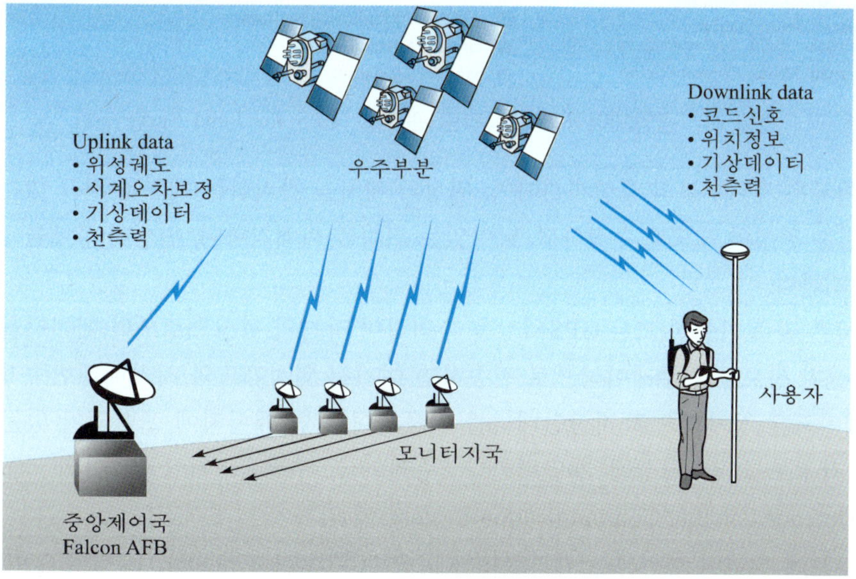

그림 9.6 제어부분의 구조

그림 9.7 중앙제어국과 모니터링 관제소 (GPS for Land Surveyors)

주제어국은 제어부분의 중심시설이며, 위성의 배치를 관리하는 책임을 지고 있는데 주제어국에서는 위성의 궤도를 수정하고, 남아있는 위성을 재배치하며, 위성의 상태를 점검하여 유지, 관리한다.

추적국은 관측 가능한 모든 GPS위성을 추적하여 각각의 위성으로부터 데이터를 수신한 후에 수신된 정보들을 주제어국으로 전송하면 여기서 위성궤도와 시각매개변수가 추정된다. 주제어국은 정기적으로 지상안테나를 이용하여 항법 메시지에 포함되어 있는 궤도정보와 시각정보를 각 위성에 재입력한다. 주제어국, 추적국, 지상국사이의 정보교환은 DSCS(Defence Satellite Communication System)에 의하여 이루어진다.

제어부분에 의하여 갱신되는 궤도정보는 방송력(broadcast ephemeris)이라고 하며, 외삽법에 의하여 계산된 값이기 때문에 실제의 궤도와는 다소 차이가 있다. 따라서 보다 정확한 궤도정보를 필요로 하는 관측에서는 방송력 대신에 정밀력(precise ephemeris)을 이용하여야만 한다(Remondi, 1989). 정밀력은 전 세계에 설치되어 있는 관측소에서 GPS위성을 추적하여 그 정보를 IGS(International GPS Service for Geo-dynamics)로 보내고 여기에 모아진 정보를 정리하여 일주일 후에 인터넷을 통하여 공개하고 있어 사용자들이 쉽게 이용할 수 있다.

a) KaenaPoint, hawaii Station

b) DiegoGarcia Station

c) Ascension station

d) Kwajalein station

그림 9.8 GPS 추적모니터링을 위한 지상안테나 (GPS for Land Surveyors)

9.4.3 사용자 부분

사용자 부분은 초기의 목적이었던 군사적인 이용과 함께 차량, 항공기 및 선박 등의 교통분야와 측량분야, 측지분야 등 정밀측위를 필요로 하거나 정확한 시각정보를 필요로 하는 이용자나 모든 장비들을 말한다. 즉, 하드웨어, 소프트웨어, 측위기법에 관한 것들이다.

표 9.1 GPS의 응용분야

분야	응용
측지측량	정밀 3차원 측지망 구성, 기준점 측량, 중력측량, INS에 의한 항공촬영, 위성영상획득, 각종 공사측량
지구물리학	지각변동관측, 지질구조해석, 지구의 자전속도 및 극운동 변화량 검출, 항공지구물리
항법 및 교통	지능형교통시스템(ITS:인프라관리),차량항법, 선박항법(통행관리, 항구접안 및 항해), 항공기(비정밀접근 및 착륙, 지상경계, CAT Ⅰ·Ⅱ·Ⅱ 접근 및 착륙)항법시스템, 고속철도

분야	응용
GIS Mapping	지도제작, 주제도 제작, 수자원관리, 삼림자원 관리, INS(Inertial Navigation System)를 이용한 매핑시스템
기상 및 해양	GPS기상학, 해수면 감시, 시추공 위치결정, 해상중력측량, 해상탐색 및 구조, 준설작업, 해저지도 작성, 해양자원탐사
재난 및 레저	119, 소방, 재난, 미아찾기, 등산, 여행, 탐사, 골프, 스키, 하이킹
우주 (인공위성)	궤도결정(실시간 및 후처리), 자세결정

사용자 부분은 반드시 위성의 신호를 수신할 수 있는 수신기를 포함하고, GPS수신기는 L1주파수만을 수신할 수 있는 저가의 1주파형 수신기와 L1과 L2주파수를 모두 수신할 수 있는 고가의 2주파형 수신기가 있으며, 최근에는 GNSS, 갈릴레오위성 신호를 모두 수신할 수 있는 다주파수신기가 사용되고 있다. 수신기의 정밀도에 따라서 정밀측지용, 측량용, 항법용 등 다양한 종류들이 사용된다. 응용부분은 다음 표 9.1에서 보인 바와 같이 매우 다양하며 현재에도 추가되고 있는 실정이다.

9.5 세계 각국의 GNSS

9.5.1 러시아의 GLONASS(Globalnaya Navigatsionnaya Sputnikovaya Sistema or Global Navigation Satellite System)

글로나스(GLONASS, 러시아어: ГЛОНАСС)는 러시아의 전파 위성 항법 시스템이다. 소련이 개발했고, 현재는 러시아 우주방위군(Russian Aerospace Defence Forces)이 운영하고 있다. 이것은 미국의 GPS에 대한 대안이다. 유럽 연합의 갈릴레오 위치결정시스템과 같은 것이다. 글로나스의 개발은 1976년에 시작되었으며 1982년 10월 12일부터 시작하여 1995년에 많은 로켓이 발사되어 위성체가 완성되었다. 1991년까지 전 세계 서비스를 목표로 하였다. 1995년까지 수많은 로켓들이 발사되어 완성됐다. 2000년대 푸틴 대통령체제하에서 우선적 사업으로 본격 추진되었으며 예산이 증액되었다. 현재 GLONASS는 러시아연방우주국(Russian Federal Space Agency)의 프로그램 중 가장 고가인 프로그램이다. 2010년까지 GLONASS는 러시아 지역을 100% 커버했으며 2011년 10월 24대의 위성체가 완성되어 전

세계를 커버할 수 있게 되었다. GLONASS 설계는 업그레이드가 진행되었으며 가장 최신의 버전은 GLONASS- K2이다. 그 이후 러시아 경제가 붕괴되어 프로젝트에 차질이 있었다.

3개의 궤도에 21대의 위성, 3대의 스페어로 구성되어 있다. 3개의 궤도는 120도 간격, 각 위성은 45도 간격으로 운행하고 있다. 지상 19,100km 상공으로 선회하며 적도에 대해 64.8도 기울어진 궤도를 따라 운항한다. GPS는 CDMA 방식을 사용하나 글로나스는 FDMA 방식을 사용한다. L1 주파수는 1602MHz이고 L2 주파수는 1246MHz이다.

GLONASS 위성의 디자인은 몇 번의 업그레이드를 거쳤으며, 최신 버전은 GLONASS-K2로 수명은 10년이며 2017년부터 발사되어 서비스 중이다.

그림 9.9 GLONASS K2

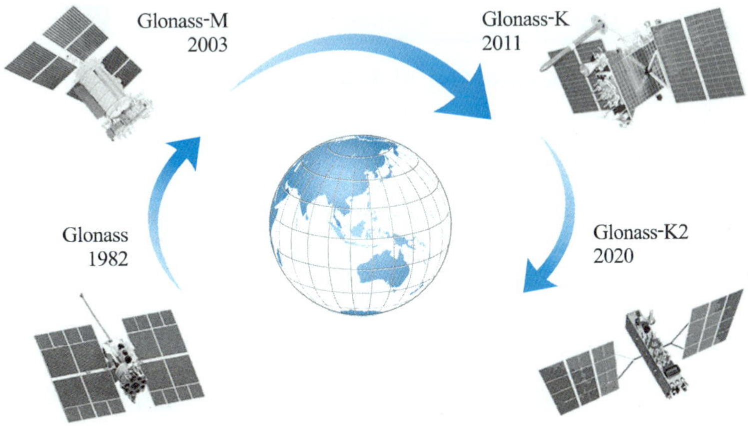

그림 9.10 GLONASS의 발사 역사

9.5.2 EU의 Galileo

갈릴레오(Galileo)는 유럽 우주국(ESA, The European Space Agency) 및 타 국가들이 공동으로 개발하고 있는 범지구위성항법시스템의 하나이다(현재 참여국가는 22개국이다. 그림 9.12).

고도 약 24,000km의 상공에 30기의 인공위성을 쏘아 올리는 대규모 계획으로 미국 국방부가 운영하는 GPS와 같이 군사상의 이유 등에서 나타나는 서비스의 열화 및 중단을 피할 목적으로 개발되었다. 갈릴레오는 2005년 12월 28일에 1기의 GIOVE-A시험위성이 발사되어 2006년 1월 12일부터 시험 전파가 발사되었으며 2007년 5월 2일에 영국 Surrey Satellite Technology에 의해서 작성된 항법 메시지가 길드포드 지구국으로부터 GIOVE-A위성에 업로드되어 방송되었다.

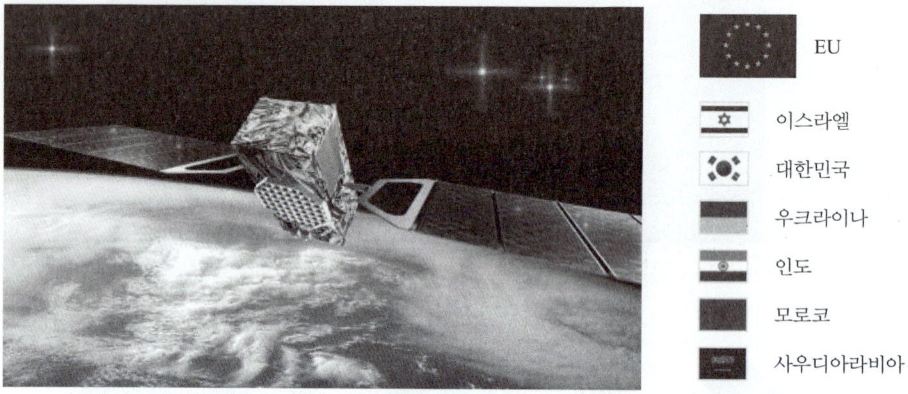

그림 9.11 Galileo 위성 및 프로젝트 참여국가(개발초기)

첫 번째 위성은 2011년 10월 21일에 발사되었으며 2018년 7월 현재 30개 중 26개가 궤도에 진입하고 있다. 갈릴레오는 2016년 12월 15일에 EOC(Early Operational Capability)를 제공하기 시작했으며 2018년 7월 23~26번째 위성을 발사함으로써 FOC(Full Operational Capability)에 도달하였다.

갈릴레오는 고도 23,222 km에서 120°간격으로 3개의 원형궤도를 선회하고 있으며 주기는 14시간 5분이다. 다. 적도기준 궤도 경사 56°를 이루고 있으며 각 궤도에 배된 9개의 운용위성과 각각 하나의 예비 위성을 두고 있다. 중량은 700kg/1600W급 위성이다.

위성 및 임무 제어를 위해 오버파펜호펜(Oberpfaffenhofen)과 후치노(Fucino)에 위치한 두 개의 지상 관제 센터를 운용하고 있으며 키루나(Kiruna), 쿠루(Kourou), 누메아(Nouméa), 레위니옹(Réunion), 레두(Redu), 파페테(Papeete)에 위치한 7개의 원격 측정, 추적 및 제어(TT&C) 스테이션과 10개의 ULS(Mission Data Uplink Station)가 있다.

그림 9.12 Galileo 지상마스터 콘트롤센터(Fuchino Germany)

Galileo GNSS의 신호주파수는 표 9.2와 같다.

표 9.2 Galileo GNSS의 신호

Parameters	E1-I	E1-Q	E5a	E5b	E6-I	E6-Q
Carrier frequency (MHz)	1,575.42	1,575.42	1,176.45	1,207.14	1,278.75	1,278.75
Modulation	CBOC (6, 1, 1/11)	BOCcos (15, 2.5)	AltBOC (15, 10)	AltBOC (15, 10)	BPSK (5)	BOCcos (10, 5)

9.5.3 중국의 베이더우(北斗;Beidou)

베이더우 위성항법시스템(BDS)는 중국의 국가 안보와 결제 및 사회발전의 필요성을 고려하여 독립적으로 개발되었다.

중국의 북두항법시스템은 1983년 시작되었으며 2개의 정지궤도위성을 이용한 Twinsat시스템이다. BeiDou-1은 공식적인 베이더우 시험시스템으로 2000년부터 중국 및 주변 지역을 대상으로 제한된 커버리지와 항법 서비스를 제공해온 3개의 위성으로 구성되어 있다. 베이더우 1호는 2012년 말에 해체되었다. 두 번째 시스템은 Beidou-2 또는 Compass로 알려져 있으며, 2011년 12월 중국에서 일부 10개의 위성으로 작동하기 시작해서 2012년 12월부터 아시아 태평양 지역에 서비스를 제공하고 있다. 2015년 3세대 베이더우(BeiDou-3)시스템을 구축하기 시작했는데, 첫 번째 BDS-3 위성은 2015년 3월 30일에 발사되었으며 2018년 1월 현재 베이두 3호 위성이 9개 발사되었다.

2020년 8월 3일, BDS-3가 정식으로 서비스를 시작했으며 베이더우는 유엔이 인정한 4대 글로벌 항법 위성 시스템 중 하나로서, 미국, 러시아, 유럽연합의 항법 시스템과의 호환성과 상호 운용성을 지속적으로 개선하고 있다. 통합적이며 지능적인 국가 위치, 항법 및 타이밍(PNT) 시스템이 2035년까지 구축될 예정으로 있다.

그림 9.13 Beidou 3 GNSS위성(www.turbosquid.com)

베이더우 GNGG위성은 3개의 GEO 위성(정지궤도), 3개의 IGSO 위성(경사 지구 동기 궤도), 24개의 MEO(중간 지구 궤도) 위성으로 구성되어 있다. GEO 위성은 고도 35,786km의 궤도에서 작동하며 각각 80°E, 110.5°E, 140°E에 위치한다. IGSO 위성은 적도면을 기준으로 고도 35,786km의 궤도와 궤도면 경사 55°의 궤도에서 동작하며 MEO 위성은 적도면을 기준으로 고도 21,528km의 궤도와 궤도면 경사 55°의 궤도에서 작동하고 있다. 또한, 지상 마스터 컨트롤 스테이션, 시간 동기/업 링크 스테이션, 모니터링 스테이션 및 위성 간 링크의 운영 및 관리 시설을 포함한 다양한 지상국으로 구성되어 있다. 표 9.3은 베이더우의 신호 및 메시지이다.

표 9.3 Beidou GNSS위성의 신호와 메시지

Signal	NAV Message	Satellite Type
B1C	B-CNAV1	BDS-3I BDS-3M
B2a	B-CNAV2	
B2b	B-CNAV3	
B1I, B3I	D1	BDS-2I BDS-2M BDS-3I BDS-3M
	D2	BDS-2G BDS-3G

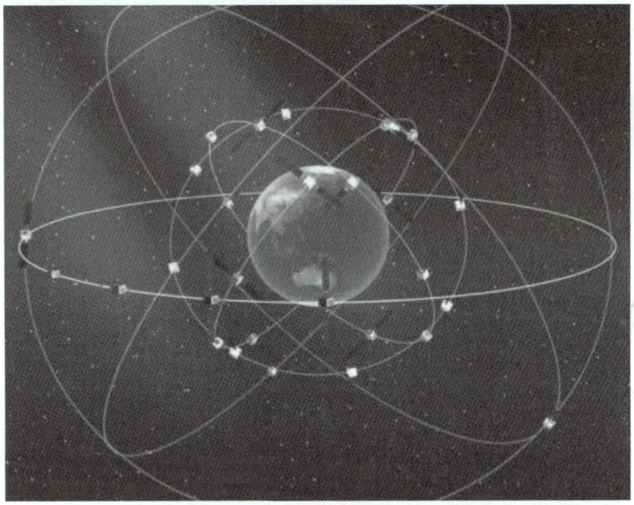

그림 9.14 Beidou위성의 궤도

그림 9.15 Beidou위성체

9.5.4 일본의 QZSS(Quasi-Zenith; 미치비키 みちびき)

우주사업공사(ASBC)와 미쓰비시 전기, 히타치,GNSS 테크놀로지스(GNSS Technologies Inc.)가 개발한 GNSS이다. 첫 번째 위성 "미치비키"는 2010년 9월 11일에 발사되었으며 세 번째 위성은 2017년 8월 19일 궤도에 발사되었고 네 번째 위성은 2017년 10월 10일에 발사되었다. QZSS 서비스는 2018년 1월 12일 현재 시범적으로 이용가능하게 되었으며 2018년 11월 1일에 공식적으로 시작하였다. 2021년 10월26일 QZS1R이 서비스를 시작했으며 신호는 L1C/A, L1C, L2C, L5, L5S, L6를 사용한다.

그림 9.16 일본의 QZSS(www.qzss.go.jp)

9.5.5 인도의 IRNSS

IRNSS(Indian Regional Navigation Satellite System)는 인도가 독자적으로 구축하려는 인공위성 7개로 구성된 GPS 시스템이다. 최초의 IRNSS는 IRNSS-1A와 IRNSS-1B로 2013년 7월 2일, 2014년 4월 4일에 성공적으로 발사되었다. IRNSS-1A와 1B 모두 원래 예정된 지구정지궤도에서 임무를 수행하고 있다. 이어 IRNSS-1C,1D,1E가 발사되었고 , 2016년 3월10일 자국산 PSLV-C32 로켓을 이용해 IRNSS-1F 위성을 발사했다. 같은 해 4월 28일 항법위성 7호 발사에 성공했다. 이날 발사된 7호는 인도지역위성항법시스템(IRNSS) 구축을 위한 마지막 위성 IRNSS-1G이다. 이로써 인도의 독자적인 GPS 구축이 완성되었다. IRNSS는 전세계서비스를 목적으로 개발된 것이 아니라 그림 9.18에서 보는 바와 같이 인도 주변의 지역만을 커버하게 계획되었다.

그림 9.17 인도의 IRNSS

그림 9.18 인도의 IRNSS 서비스범위

9.5.6 한국의 KPS

우리나라는 2035년을 목표로 제3차 우주개발진흥기본계획에 따라 한국형 위성항법시스템(KPS, Korean Positioning System) 구축을 계획 중이다. 미국, 러시아, 유럽, 중국과 같이 전 세계를 대상으로 하는 것이 아니라 일본, 인도와 같이 한반도와 주변 영역에 센티미터급 위치정보 등을 제공할 수 있는 고정밀, 고신뢰성의 위성항법시스템을 구축할 계획이다. 평시에는 미국의 상용 GPS와 호환되어 현재보다 고품질 서비스를 제공하고, GPS 사용이 제한될 수 있는 유사시에는 우리의 위성항법시스템만으로도 PNT(Positioning, Navigation, Timing) 정보를 제공할 수 있도록 하여 안정적인 PNT 정보체계를 확보할 계획이다. 사업의 마지막 단계인 3단계는 정지궤도 위성 3기, 경사궤도 위성 5기 등 총 8기 위성을 발사하는 계획이다.

그림 9.19 한국의 KAS가상도

9.6 GPS신호

GPS 신호는 위치결정에 중요한 역할을 하는 코드[C/A, P, P(Y), M]와 이들을 운반하는 반송파(Carrier phase; L1,L2,L2C,L5,L5C)가 있다.

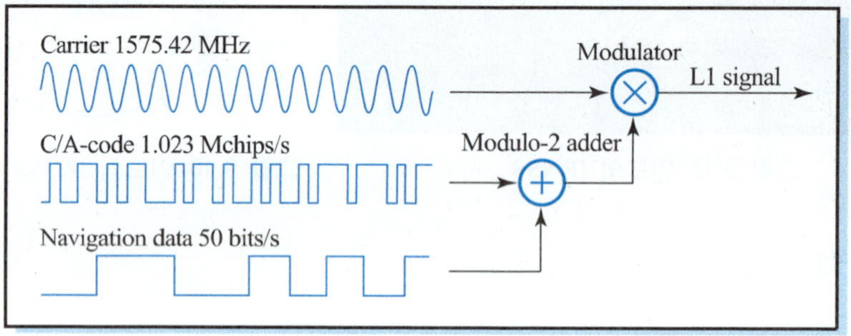

그림 9.20 GPS Signal

9.6.1 반송파(Carrier Phase)

반송파에는 초기에 L1, L2파를 사용했으나 최근에 L2C, L5, L1C파가 서비스되고 있다. L1, L2파는 GPS초기부터 사용했던 첫 번째 신호이며 L2C는 상업적 요구를 충족시키기 위해 송출하는 두 번째 민간신호인데 기존의 신호보다 높은 유효전력으로 나무아래 등에서도 쉽게 수신된다. L5는 세 번째 민간GPS신호로 고성능 애플리케이션에 특화된 것으로 L1, L2와 함께 사용함으로써 매우 강력한 위치정확도를 제공한다. L1C는 국제위성항법시스템간의 상호 운용성을 위해 설계된 신호이다. L5는 L1 C/A 및 L2C와 함께 사용될 때 L5는 매우 강력한 서비스를 제공한다. 2009년, 공군은 GPS IIR-20(M) 위성으로 실험적인 L5 신호를 방송하는데 성공했다. 완전한 L5 송신기를 가진 최초의 GPS IIF 위성은 2010년 5월에 발사되었으며 2014년 4월, 공군은 L5 신호에 시민항법(CNAV) 메시지를 방송하기 시작했다. L1, L2파의 특성에 따라 전리층과 대기권에서 굴절하는 특성의 차이를 이용하여 보정을 실시한다. L1파는 C/A 코드(일반인에게 공개됨)와 P(Y) 코드(제한된 접근)로 알려진 암호화된 정밀도(P) 코드를 전송한다. L2파는 구름, 나무, 그리고 건물과 같은 장애물들을 더 효과적으로 통과하도록 하는 특성이 있으며 P, P(Y) 코드를 전송한다. 최근의 GPS 위성들에서는 C/A 코드 (L2C라고 불림)를 전송하여 두 번째 민간인 코드를 제공하고 있다.

(https://www.gisresources.com) 수신기에 따라 L1만을 수신할 수 있는 싱글밴드 수신기와 L1, L2, L5 뿐만 아니라 각국의 GNSS를 모두 수신 할 수 있는 멀티밴드 수신기가 사용되고 있다.

9.6.2 코드

코드에는 C/A(Coarse/Acquisition), P(Precision), P(Y) & M코드가 있다. 코드는 반송파에 실려 지상에 도달한다.

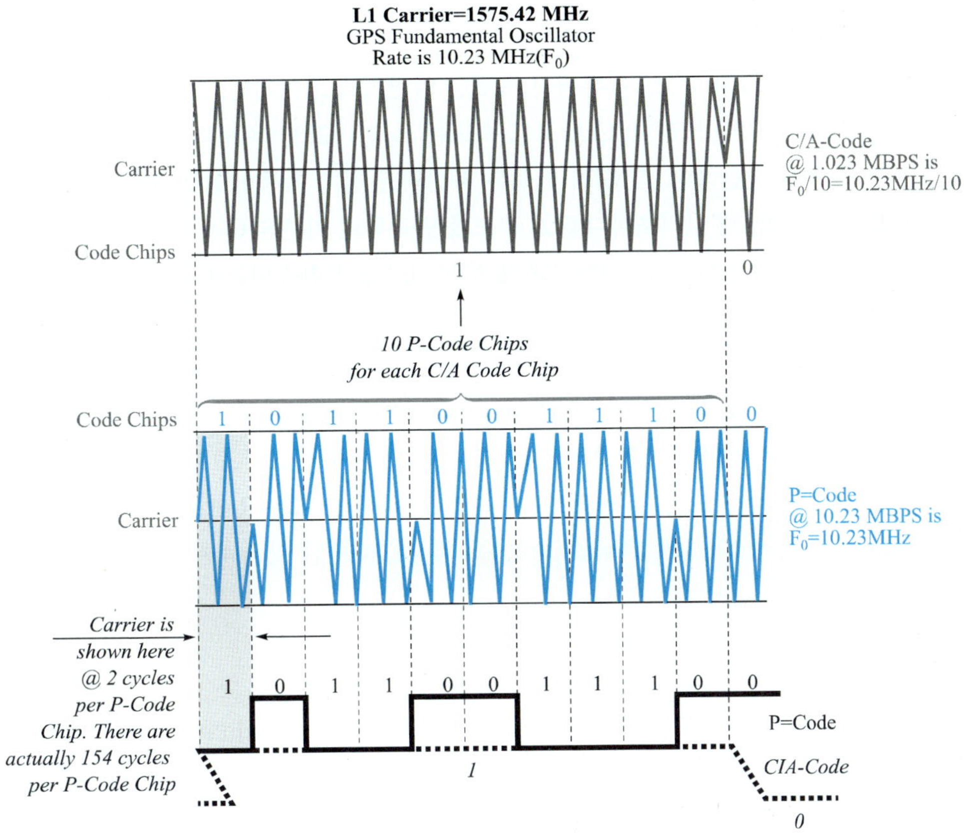

그림 9.21 Code Modulation of the L1 Carrier

1) P(Precision)코드

P 코드는 정밀 코드(Precision code)라고 불리는데 1초당 1,023만 비트의 속도로 생성되는 0과 1의 2진수코드이다. L1과 L2에 의해 전송되며, 매우 긴 주기(37주)를 가지고 있으며 이 코드의 할당주기로 위성의 번호를 파악한다. 수푸핑을 방지하기 위해 암호화된 P(Y) 코드는 상용 수신기에서는 사용할 수 없다. 따라서 대부분은 간접적으로 L2에 대한 반송파 및 의사거리 측정 모두에 대한 독자적인 기술을 개발했다. 현재 L2(L2C)에는 민간 코드가 있다. P코드는 그림 9.22와 같이 위상변조되는데 0과 1을 이동할 때 중간에서 바꾸어 0과 1로 변조되는데 이를 위상변조라 한다(그림 9.22).

2) C/A(Carrier Acquisition)코드

C/A 코드는 또한 1과 0으로 이루어진 특별한 일련의 코드이지만, 그것이 생성되는 속도는 P(Y) 코드보다 10배 느리다. C/A 코드 속도는 초당 1023만 비트이다(그림9.*). 여기서 위성 식별은 매우 간단하다. 각 GPS 위성은 자신의 완전히 독특한 1023 비트 C/A 코드를 방송할 뿐만 아니라, 매 밀리초마다 C/A 코드를 반복하며 기존의 C/A 코드는 L1에서만 방송된다. 이전에는 유일한 민간 GPS 코드였지만, L2에서 전송되는 L2C라는 새로운 민간 신호가 추가되었다.

C/A−Code와 P−Code는 위성과 수신기 사이의 거리를 결정하는데 사용되며 C/A-Code와 P-Code상에는 50Hz의 항법메세지(Navigation Message)가 실려 있는데 이 항법메세지는 위성의 시각정보, 위성궤도정보 및 전리층에 대한 전파 신호의 보정데이터들을 포함하고 있다. 운반파는 코드를 운반해주는 역할을 하며 TV와 Radar파 사이의 초단파(microwave)로 각각 19cm와 24cm의 파장을 갖는다. 자세한 것은 4)항법메시지에서 설명한다.

3) P(Y)코드와 M코드

아직까지 C/A코드는 민간서비스인 네비게이션의 SPS(Standard Positioning Service)이나 P(Y)코드는 PPS(Precision Positioning Service)를 제공한다. PPS는 더 높은 위치 정확도를 위해 설계되었으며 원래 국방부에서 P(Y) 코드 승인한 사용자만 사용할 수 있었는데 M-코드라는 새로운 군사 신호가 서비스되고 있다.

4) 항법메시지(Navigation Message)

이것은 항법메시지를 GPS 수신기에 전달하기 위한 주요 수단이며 항법메시지는 GPS 메시지로도 알려져 있다. 수신기가 위치를 결정하는 데 필요한 정보 중 일부를 포함하며 항법코드는 L1과 L2 GPS 반송파 모두에서 50Hz의 낮은 주파수로 방송된다. 그것은 궤도력(ephemeris)라고 불리는 GPS 위성의 위치에 대한 정보와 시계 보정이라고 불리는 시간 변환 및 오프셋 둘 다에 사용되는 데이터를 전달한다.

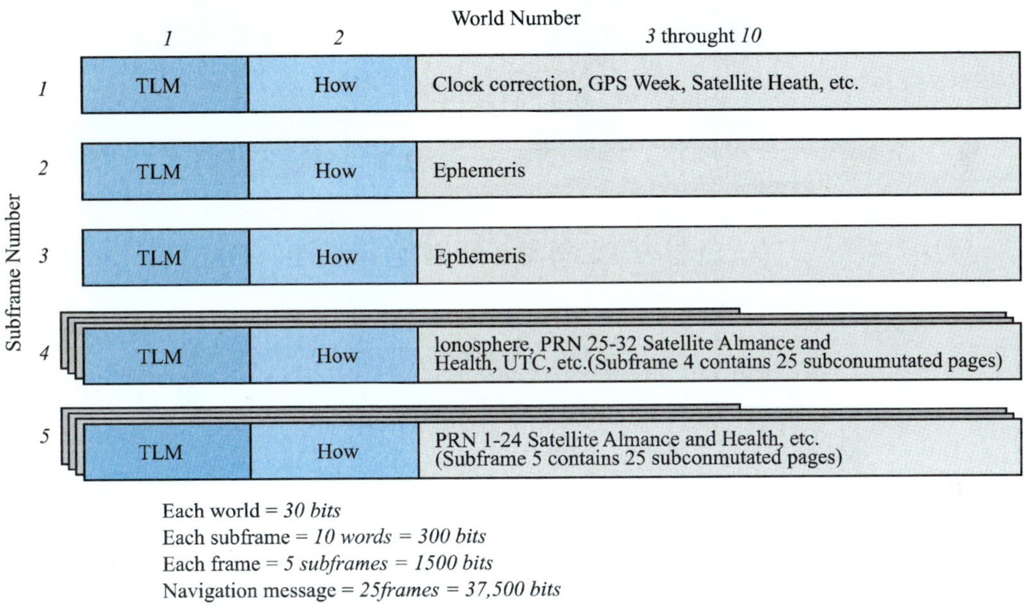

그림 9.22 항법메시지(Navigation message), GPS for Land Surveyors

항법메시지의 다섯 서브프레임에서 TLM[3])은 텔레메트리를 의미하며 HOW[4])는 핸드오버 워드를 의미한다, 그림 9.23의 서브프레임 1번에는 시계 보정, GPS 위성 상태 등이 있으며 2와 3은 궤도력(ephemeris)이며 4번과 5번 항목에는 전리층이 표시되고 PRN (PseudoRandom Noise)위성 번호와 연감이 언급된다. 1-24번 위성, 25-32번 위성을 식별

3) TLM(Telemetry word)은 각 서브프레임의 첫 번째 단어를 의미한다. 컨트롤 세그먼트에서 업로드가 진행되는 동안의 상태를 나타내며, ephemeris 데이터의 나이에 대한 정보를 포함한다.

4) HOW(Hand Over Word)는 무엇보다도 GPS 주중 시간(TOW)과 서브프레임 수에 대한 정보를 수신기에 제공한다. 즉, 위성이 어디에 있는지를 수신기에 정확하게 알려주는 역할을 한다.

할 수 있는 연감을 제공한다.

결과적으로 정리하면 현재 서비스하고 있는 GPS신호는 다음 그림 9.24로 표현할 수 있다.

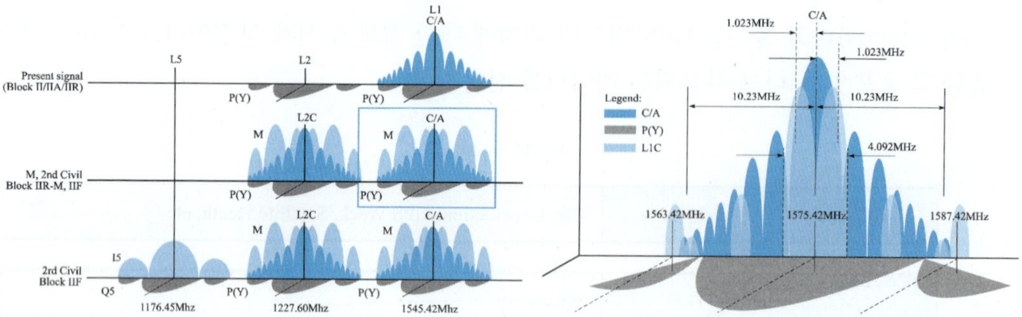

a) 기존, 2, 3차 신호서비스 b) L1, C/A, P코드상세

그림 9.23 1,2,3차 업그레이드 된 GPS신호

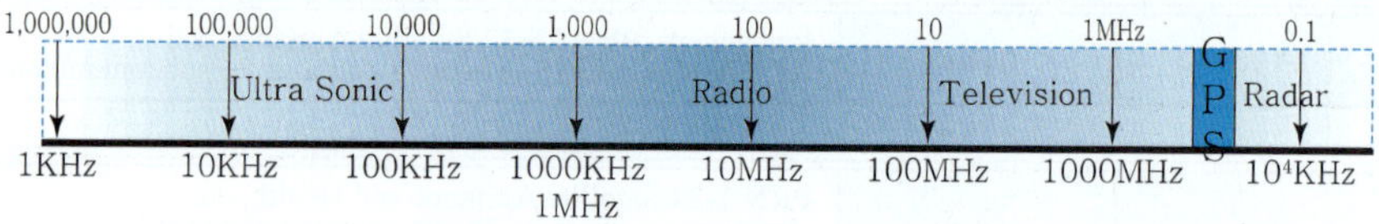

그림 9.24 GPS반송파의 파장영역

표 9.4 GPS 위성신호

신호구성	주파수/파장
Fundamental Frequency(fo)	10.23
L1 Carrier 154(fo)	1575.42(19.0cm)
L2 Carrier 120(fo)	1224.60(24.4cm)
L5 Carrier 117(fo)	1176.45(25.4cm)
P−code(fo)	10.23 mbits/s
C/A−code(fo/10)	1.023 mbits/s
Navigation Message(fo/204600)	$50*10^{-6}$ mbits/s

9.7 GPS 측위원리

GPS를 이용한 위치결정은 C/A코드, P코드 또는 위상을 이용하여 거리를 구하고 기하학적 삼각법에 의해 위치를 결정한다.

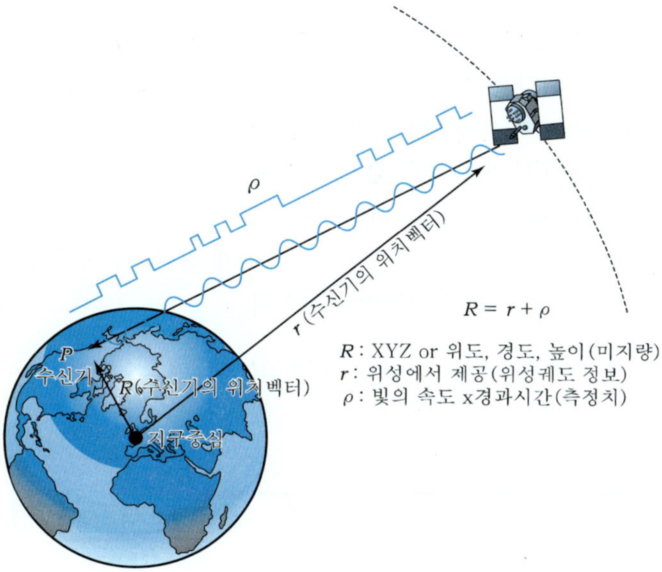

그림 9.25 위치결정 원리

3차원 위치결정을 위해서는 다음과 같은 이유로 4대의 GPS위성이 필요하다.

1) 정확한 3차원 위치 결정을 위해 정밀한 시간측정이 요구된다.
2) 위성신호가 지상에 도달하는데 약 7/100sec가 소요된다.
   따라서 300,000km/sec에서 1/1,000,000sec의 오차가 발생한다면 300m의 거리오차를 발생시킨다.
3) 위성은 원자시계를 사용하며, 위성시계보정항이 있지만, 수신기는 수정시계를 장착하므로 수신기시계오차 보정이 필요하다.
4) 미지점의 3차원 좌표와 수신기시계보정을 위한 추가적인 미지수가 포함되므로 총 4개의 미지수가 존재한다.

위성과 수신기 간의 거리측정방법에는 코드기반거리측정방식과 위상기반거리측정방식이 있다.

9.7.1 코드기반거리(Code ranging) 측정방식

코드기반거리(code ranging)측정방식은 C/A코드 또는 P코드를 측정하여 위성으로부터 지상 수신기까지의 거리를 구하는 방식이다. 거리 = 광속×시간으로 구할 수 있으므로 시간을 정확히 구하는 것이 중요하다(전파의 속도 : 약 299,274km/sec). GPS위성으로부터 수신기까지 신호가 단 7/100초 만에 도달하기 때문에 매우 정밀한 시계가 필요하며, 위성에서 신호를 보낸 시각과 지상에서 받은 시각을 기록하면 두 시각의 차이가 신호의 경과시간이 된다. 도달시간측정은 GPS위성과 수신기에서 동일시각에 동일신호를 발생시켜 해결한다. 위성과 수신기에서 동시에 신호를 만들어 내면 정확히 같은 시간에 꼭 같은 신호를 나타내게 된다. 하지만 위성으로부터 발생된 신호는 지상으로 내려오는 경로가 있기 때문에 수신기 신호와 일치하지 않으며 수신기 신호보다 약 0.07초 지연되어 도달하게 된다. 이 지연시간(lag-time)은 신호가 위성과 수신기 안테나간의 거리를 이동한 시간이다.

$$\text{의사거리}(Pseudorange) = C \times \Delta t \qquad (9.1)$$

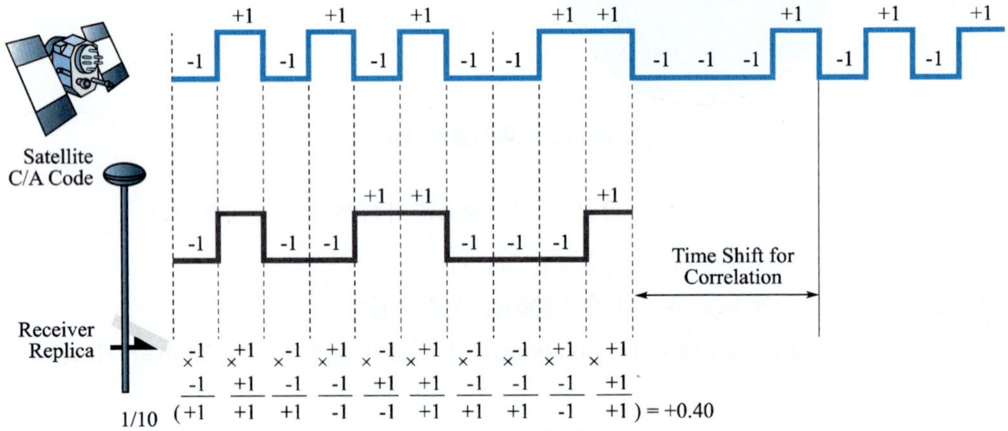

그림 9.26 코드기반거리측정원리

현실적으로 수신기와 위성에서는 서로 동시에 정확한 신호를 발생시킬 수 없다. 왜냐하면 위성에는 매우 정확하고 고가인 원자시계가 장착되어 있고 계속해서 제어국에서 점검하고 있다. 반면에 GPS수신기는 가격이 싸고 덜 정확한 보통 손목시계와 같은 수정시계를 사용한다. 따라서 수신기의 시간은 위성시계와 동일한 시간을 유지할 수 없다(Block2에는 루비듐

원자시계 2개와 세슘원자시계가 2개 탑재되어 있다). 수신기코드는 위성코드에서 방송되는 정확한 시간에 방송될 수 없으므로 이동시간인 지연시간에 오차가 나타나게 된다. 그래서 위성과 수신기간의 거리는 정확하지 않아서 실제거리와 일치하지 않는다. 이러한 시계오차가 포함되어 측정된 거리를 의사거리(pseudo-range)라 한다.

수신기에 의하여 측정된 모든 거리는 수신기의 시계오차에 의하여 영향을 받기 때문에 또 다른 미지수를 포함하게 되고 이를 풀어야 한다. 따라서 3개의 미지점 좌표(X, Y, Z)와 미지의 시계오차에 대응하는 총 4개의 미지수를 가진다. 그러므로 3개의 위성으로부터 개략적인 거리를 측정하는 대신에 4개의 위성으로부터 의사거리를 측정한다. 4개의 의사거리를 측정하면 식이 4개이므로 위도, 경도, 고도 및 시간의 미지수 4개를 구할 수 있게 된다. 의사거리에 영향을 주는 다른 오차는 위성시계오차, 위성궤도오차, 전리층과 대류층에 의한 전파지연 등이다.

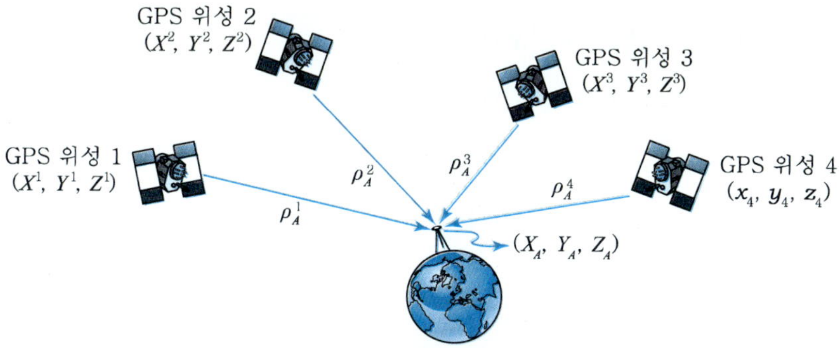

그림 9.27 GPS위성의 위치와 수신기와의 공간벡터

A점에 세운 수신기의 위치결정을 위해 사용되는 4개의 위성으로부터 방정식은 다음과 같다.

$$\rho_A^1 = \sqrt{(X^1 - X_A)^2 + (Y^1 - Y_A)^2 + (Z^1 - Z_A)^2} + C \cdot \Delta t \tag{9.2}$$

$$\rho_A^2 = \sqrt{(X^2 - X_A)^2 + (Y^2 - Y_A)^2 + (Z^2 - Z_A)^2} + C \cdot \Delta t$$

$$\rho_A^3 = \sqrt{(X^3 - X_A)^2 + (Y^3 - Y_A)^2 + (Z^3 - Z_A)^2} + C \cdot \Delta t$$

$$\rho_A^4 = \sqrt{(X^4 - X_A)^2 + (Y^4 - Y_A)^2 + (Z^4 - Z_A)^2} + C \cdot \Delta t$$

ρ^n : 4대의 위성으로부터 수신기까지의 기하학적 거리

X^n, Y^n, Z^n : 신호수신 당시의 위성의 기하학적 좌표

X_A, Y_A, Z_A : 신호수신 당시의 수신기(A)의 기하학적 좌표

C : 전파속도

Δt : 수신기 시계오차

n : 위성번호

정확한 시간을 측정하기 위해서는 시간에서의 정오차(bias라 알려짐)와 대기굴절오차를 필히 고려해야 한다. 똑같은 수신기를 이용하여 거리를 측정하였기 때문에 세 개의 거리에는 모두 똑같은 수신기 시간 bias를 가진다. 네 번째의 위성이 추가된다면 clock bias는 수학적으로 결정된다. 결국 이러한 이유로 수신기에서 정확도가 떨어지는 싼 시계를 허용할 수 있는 것이다.

$$R_A^1(t) = \rho_A^1(t) + c\{\delta^1(t) - \delta_A(t)\} \tag{9.3}$$

$$R_A^2(t) = \rho_A^2(t) + c\{\delta^2(t) - \delta_A(t)\}$$

$$R_A^3(t) = \rho_A^3(t) + c\{\delta^3(t) - \delta_A(t)\}$$

$$R_A^4(t) = \rho_A^4(t) + c\{\delta^4(t) - \delta_A(t)\}$$

R_A^n : 의사거리(측정한 거리)

$\rho_A^n(t)$: 기하학적인 거리

$\delta^n(t)$: 위성 clock bias

$\delta_A(t)$: 수신기 bias

여기서, 위성시계오차는 방송메시지에서 제공하는 보정계수를 이용하여 모델되어질 수 있다. 이 4개의 방정식은 동시에 풀어져 수신기의 위치와 수신기 clock bias를 도출한다. 위의 4개의 식을 단독측위 또는 절대측위방정식(point positioning equation)이라고 하며 코드기반(code-based) GPS수신기에 응용한다. clock bias와 기타 오차로 인해 위성과 수신기간의 거리는 정확한 거리가 아니며 의사거리(pseudorange)라 부른다. 위 (9.3)식을 code pseudorange model이라 한다.

9.7.2 위상기반거리(Carrier Phase-shift) 측정방식

C/A코드 또는 P코드보다 전송파 신호(L1, L2, L5 등)의 파장이 훨씬 작으므로 보다 정밀한 측정이 가능하다. 즉, 위성까지의 보다 정확한 거리는 위성과 수신기간(완전한 위상수+조각위상)×위상파장에 의해 얻을 수 있다. 이는 신호 내의 위성과 수신기 사이에서 일어나는 phase-shift를 관측함으로써 얻어진다. 이 과정은 EDM에서 사용한 원리와 비슷한 것으로 위성으로부터 수신기까지 신호의 싸이클(cycle) 조각이 발생한다(이 조각은 보통 한 싸이클의 1/100까지 측정된다). 위성으로부터 수신기까지의 완전한 파장 수를 모호정수(integer ambiguity) 또는 간단히 ambiguity라 한다. EDM과 같지 않게 GPS는 한쪽방향 통신이고 위성은 항상 움직이므로 거리가 변하기 때문에 단순히 주파수를 추가한다고 해서 ambiguity를 결정할 수 없다. 이러한 이유로 다수의 위성으로부터 식 (9.4)의 위상방정식을 구성하여 모호정수를 해석한 후 위성과 수신기 간의 거리를 높은 정확도로 구하게 된다.

$$\phi_i^j(t) = \frac{1}{\lambda}\rho_i^j(t) + N_i^j + f^j\left[\delta^j(t) - \delta_i(t)\right] \tag{9.4}$$

$\phi_i^j(t)$: 수신기 i와 위성 j 사이의 carrier phase-shift 측정값

f^j : 위성 j에서 방송하는 주파수

$\rho_i^j(t)$: 앞에서 설명한 기하학적 거리

N_i^j : 모호정수(ambiguity)

$\delta^j(t)$: 위성 clock bias

$\delta_i(t)$: 수신기 clock bias

9.8 GPS 측량오차

전자파는 전송도중 몇 가지의 원인에 대해 영향을 받는다. 큰 오차의 원인으로는 다음을 들 수 있다.

(1) 위성과 수신기의 clock bias
(2) 대류층 및 전리층 굴절
(3) 위성궤도오차
(4) 다중경로(multi-pathing)
(5) 위성기하학의 배치상태(DOP ; Dilution of precision)
(6) 기타오차
  (a) 잡음(noise)
  (b) 장비의 구심오차
  (c) 안테나 높이측정오차

9.8.1 시계오차(Clock bias)

위성에는 매우 정확한 원자시계가 탑재되어 있으나 시간오차는 발생하며 GPS측량에서 매우 중요한 오차의 원인이 되고 있다. 하지만 두 대의 수신기를 이용하여 특정한 위성의 신호를 수신한다면 위성시계오차는 동일하게 발생할 것이며 관련수식을 구성하여 소거할 수 있다.

위성 clock bias는 방송메시지에서 제공되는 시계보정요소(a_i)에 의해 모델화 할 수 있다. 다음의 보정식을 이용한다.

$$\delta^j(t) = a_0 + a_1(t - t_0) + a_2(t - t_0) \tag{9.5}$$

$\delta^j(t)$: epoch(t)에 대한 수신기 clock bias

t_0 : 수신기시계 참조 epoch

a_0 : 위성시계 offset

a_1 : drift

a_2 : frequency drift

인자 a_0, a_1, a_2, t_0는 방송메시지에서 얻을 수 있다. 상대측위로 위치를 결정할 때에는 단일차분(single differencing (10.9.2)) 처리 과정에서 clock bias가 수학적으로 제거된다.

수신기에 있는 시계는 일반 수정시계에 불과하므로 위성시계에 비해 정확하지 않다. 그러나 GPS수신기에서는 수신가능한 모든 위성으로부터 동시에 측정이 가능하므로 두 위성에 대한 측정량의 차이로부터 수신기의 시계오차를 소거할 수 있다. 앞 절에서 거론했듯이 수신기 clock bias는 미지수로 취급되며 식 (9.3)과 (9.4)에 의해 계산된다. 그러나 수신기시계오차 또한 상대측위기술을 이용하는 경우 이중차분(double differencing)을 통해 제거될 수 있다. 이 방법은 (9.9.2)절에서 거론한다.

9.8.2 전자파의 굴절

전자파는 굴절계수가 다른 매질을 지날 때 속도가 변한다. 대기는 두 부분으로 나뉘는데 가장 낮은 부분에 위치하는 대류권(10~12km까지)과 50km ~1500km지역의 전리층에서 발생하는 굴절이다. GPS신호는 이 두 층을 통과하면서 신호가 굴절되며 시간오차와 같은 거리오차를 유발한다. 이것이 pseudorange의 이유 중 하나이다.

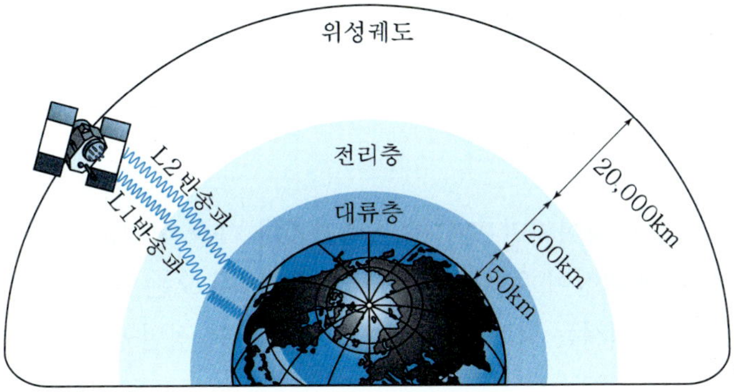

그림 9.28 전자파의 굴절

전리층/대류층굴절오차는 전기적으로 대전된 전리층과 수분을 포함하고 있는 공기층에 해당하는 대류층을 GPS 신호가 통과하며 굴절함으로써 발생하는 오차로 위성이 수평면에 근접할수록 증가한다(통과층의 길이가 증가하기 때문). 전리층 굴절오차의 보정방법은 2주파(dual-frequency) 이상의 수신기 사용, DGPS방법으로 보정이 가능하다. 전리층 굴절문제는 2주파 수신기를 사용하여 제거할 수 있으나 장비가 고가이다. 이러한 문제를 단주파수신기로도 최소화할 수 있는 방법은 "Mask Angle"을 설정하는 것이다. 일반적으로 10~15°로 하고 해상에서는 0~5°로 하는 것이 좋다(권장 15~20°).

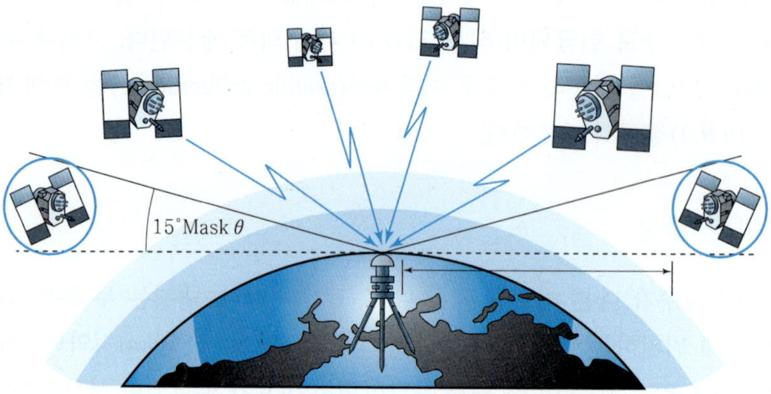

그림 9.29 위성의 고도각(mask angle)

대류층굴절오차는 항법메시지에 포함된 대기보정 모델계수로 50~70% 정도까지는 오차보정이 가능하다.

9.8.3 위성궤도력(ephemeris)오차

GPS의 오차 중 미소한 양이지만 오차를 소거하기가 가장 어려운 오차이다. 이는 위성이 방송하는 궤도력과 실제 위성이 운행하는 궤도의 차이에서 오는 오차이다. 이를 최소화하기 위해 지상 모니터링센터에서는 각 위성의 궤도를 추적하여 정밀궤도력을 산정하고 이를 수시로 갱신하고 있다.

9.8.4 다중경로오차(Multi-path)

다중경로오차는 수신기 설치장소의 위성신호 수신환경에 의해 발생되며, DGPS, 상대측위(측량)로 보정이 불가하다. 멀티패스오차는 주변의 구조물에 전파가 반사되어 수신기에 도달하는 것으로 실제 거리보다 더 길게 측정된다.

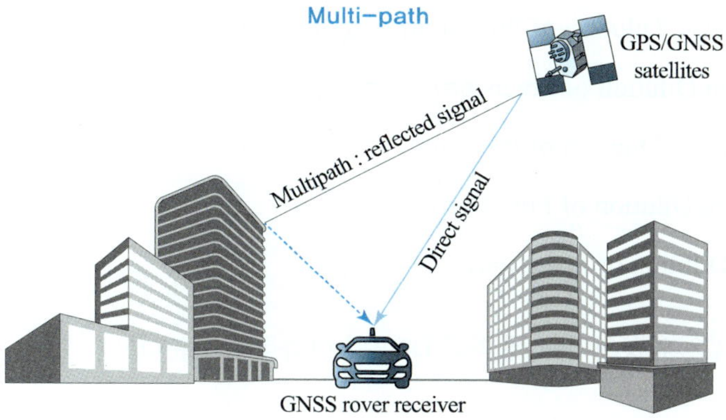

그림 9.30 다중경로(Multi-path)

멀티패스오차는 상대적으로 미소한 오차로 수신기내의 멀티패스제거 프로그램에 의한 신호비교로 해결하며 측지용 수신기는 안테나에 Ground-Plane을 장착하여 이 영향을 최소화 한다. 가장 이상적인 방법은 다중경로의 원인이 되는 장애물에서 멀리 떨어져 관측하는 것이다.

9.8.5 위성기하학

독립측위시에는 GDOP, PDOP, HDOP, VDOP, TDOP에 영향을 받으며 상대측위 시에는 RDOP에 영향을 받는다. DOP(Dilution of Precision)은 측위 정밀도의 저해인자를 말하는 것으로 수신기와 위성들 간의 위치관계를 계산하여 나타낸다. 이는 GPS 수신기가 계산하는 측위 결과의 정도(Quality)를 가늠케 하는 지수이며 Quality = UERE(User Equivalent Range Error) × DOP로 계산된다.

표 9.5 DOP에 따른 측량상태

양호한 정도	매우 좋음	좋음	보통	불량
DOP	1~3	4~5	6	>6

DOP를 계산하여 1~3이면 매우 양호한 상태이며 6 이상이면 의심스러운 상태를 의미한다. 각각의 DOP의 의미와 차원표시방법은 다음과 같다.

$$\text{GDOP(Geometric Dilution of Precision)} = \sqrt{q_{xx} + q_{yy} + q_{zz} + q_{tt}}$$

$$\text{PDOP(Position Dilution of Precision)} = \sqrt{q_{xx} + q_{yy} + q_{zz}}$$

$$\text{HDOP(Horizontal Dilution of Precision)} = \sqrt{q_{xx} + q_{yy}}$$

$$\text{VDOP(Vertical Dilution of Precision)} = \sqrt{q_{hh}}$$

$$\text{TDOP(Time Dilution of Precision)} = \sqrt{q_{tt}}$$

다음 그림 9.31은 위성의 위치에 따른 DOP의 변화를 보여준다.

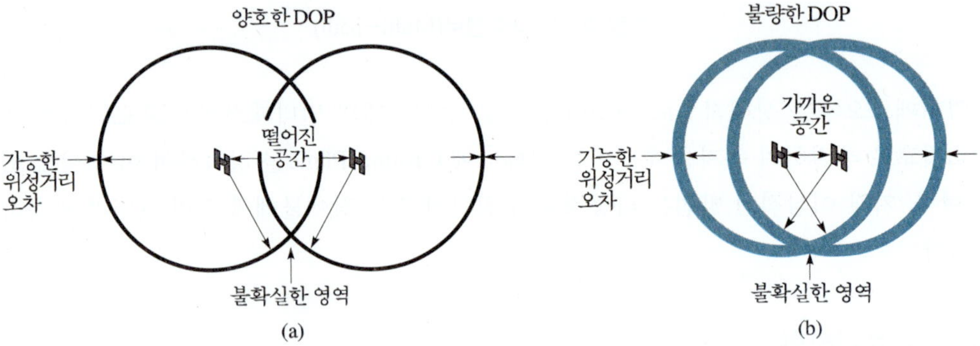

그림 9.31 DOP에 따른 정확도의 비교

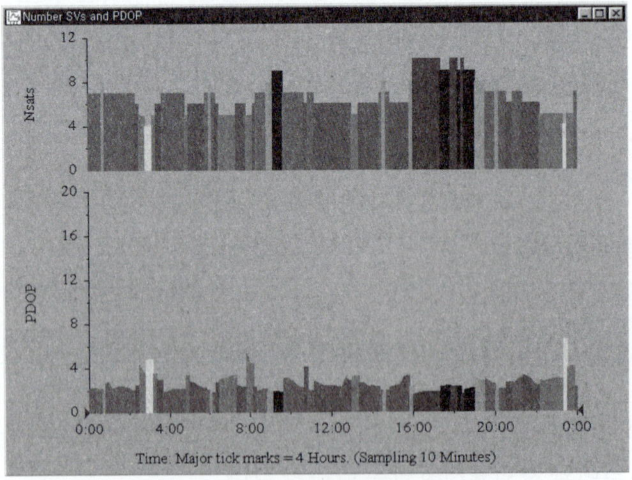

그림 9.32 PDOP과 위성수와의 관계

수신 가능한 위성수(Satellite Visibility)와 DOP의 관계를 이용해 GPS 관측이 가장 양호한 시간대를 정하여 측량하면 보다 정확한 결과를 얻을 수 있다(Mission Planning).

9.8.6 기타 오차

기타 오차로는 잡음(noise), 수신기를 세울 때의 구심오차, 안테나 높이측정오차 등이 있다. 잡음은 수신기 자체에서 발생하며 대부분의 수신기는 잡음을 소거하는 기능을 가지고 있다. 수신기를 세울 때 정준, 구심에 대한 오차는 토털스테이션의 경우와 유사하며 안테나 높이측정오차는 표고에 영향을 미친다.

9.8.7 한국형 위성기반 GPS 위치오차 보정시스템

기존의 GNSS서비스의 위치오차는 최대 15~33m에 달하였으나 항공위성서비스시스템(KASS; Korea Augmentation Satellite System)이 2022년 6월 23일에 발사됨에 따라 같은 해 12월 15일부터 GPS 위치오차를 1~1.6m 수준으로 획기적으로 줄여 우리나라 전역에 정밀한 위치정보 서비스를 제공하고 있다(http://kass.re.kr/).

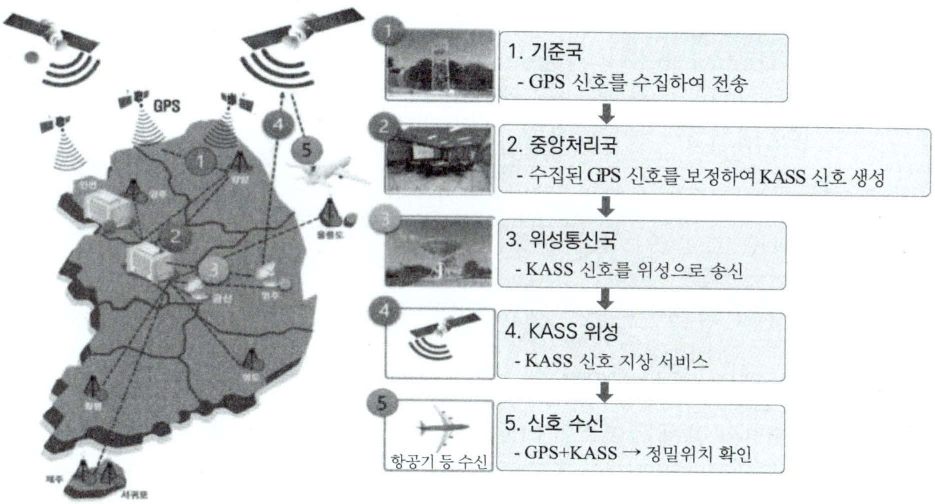

그림 9.33 GPS 위치오차 보정시스템(KASS)의 개념도

9.9 GPS 측위방법

GPS의 측위방법에 대한 분류는 보는 관점에 따라 다양하다. 데이터의 처리시점에 따라 후처리방식과 실시간 처리방식이 있을 수 있으며 보정방식에 따라 절대측위(단독측위)와 상대측위로 나눌 수 도 있다. 또한 실시간 처리방식에도 1:1 처리방식인 RTK와 네트워크 처리방식인 VRS, FKP, MAC로 분류할 수도 있다. 본 절에서는 GPS측위방식을 사후처리방식과 실시간 처리방식으로 분류하고 각각에 대해 간단히 알아보고자 한다.

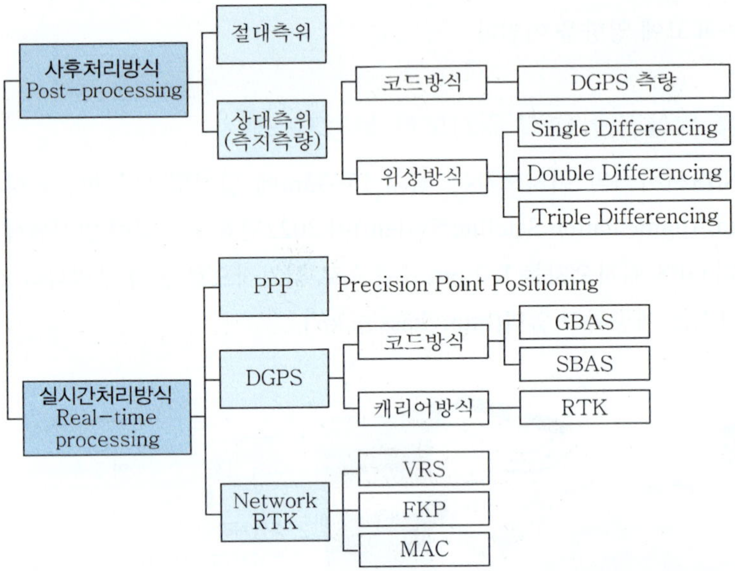

그림 9.34 GPS 측위기법분류

9.9.1 사후처리방식(Post processing method)

(1) 절대측위(absolute positioning)

NAVSTAR GPS는 원래 독립적인 위치, 속도 및 시간결정을 위해 고안되고 디자인되었다. 보통 저가의 휴대용 GPS수신기이다. 이를 절대point positioning이라 하며, 두 대 이상의 수신기를 동시에 조합하여 사용하는 상대측량과 구분된다. GPS 절대측위는 군사적으로 상업적으로 실시간 위치결정 시 널리 사용된다. 그러나 10~30m의 수평정확도로 정밀한 측량을 하기에는 부족한 면이 있다. 선박, 차량의 내비게이션, 구급출동, 답사, 준설처리 등에 있어서는 충분한 정확도가 된다.

절대측위는 사용자 위치결정을 위해 최소 4대의 위성으로부터 하나의 수동수신기에 위성 신호를 수신한다. GPS의 측위원리는 삼변측량과 같다. GPS 수신기와 단순히 GPS 위성간의 거리를 측정하여 거리를 교차시키는 것과 같다. 최소한 3대의 위성이 있어야 3차원 위치를 얻을 수 있다. 실제적으로는 시간오차를 해결하기 위해 최소한 4대의 위성이 있어야 한다. 더 이상의 위성이 여분으로 있다면 보다 더 정확한 위치를 결정할 수 있다. GPS수신기는 정적(static) 또는 동적방식(dynamic mode)으로 운용할 수 있다. 절대측위의 정확도는 수신기의 품질, 위치, 수신시간, DOP 등 많은 요인에 의해 영향을 받는다. Static mode로 장시간 관측하여 후처리를 했을 경우에는 m급 이하의 정확도로 위치를 얻을 수 있다.

일반적인 GPS는 절대측위기법을 말한다. 실시간 수평, 고저정확도는 10~30m 범위이다.

절대측위는 1) Standard Positioning Service와 2) Precise Positioning Service로 나눌 수 있다.

1) SPS(Standard Positioning Service)

Global Positioning System Standard Positioning Service Performance Standard(DoD 2001)에서 민간에게 허용된 서비스로 이 서비스는 C/A 코드와 L1신호 또는 P(Y)코드와 L1으로 이루어져 있다. 2000년 이전에는 S/A로 인해 75~100m의 수평위치 정확도였으나 S/A 해제 이후에는 10~30m로 증가하였다.

2) PPS(Precise Positioning Service)

PPS를 사용하기 위해서는 암호화된 GPS신호를 해독하기 위해 DoD에 의해 인가를 받아야 한다. 2주파수신기로 PPS측량할 경우 10m이내의 정확도로 3차원 절대측위할 수 있다.

GPS절대측위는 상대측위와는 달리 원하는 측점의 수신기에서 수신한 GPS위성들의 신호를 이용하여 독립적으로 측점의 위치를 결정하는 방식이다. 이때 관측된 GPS 신호에는 위성시계 오차, 전리층 및 대류권 통과에 따른 오차 다중경로 오차 등 위치 결정에 영향을 주는 여러 오차 요인들이 포함되어 있어 이를 보정해 주어야 한다.

위성과 수신기 1:1로 측위하는 방식으로 단독측위라고도 한다. C/A코드의 의사거리나 P코드의 의사거리를 사용하여 현장에서 관측 및 계산하므로 오차보정은 하지 못한다. 측지 및 정밀측량에는 사용하지 않으며 항해 및 운전, 비행 시 항법용으로 사용하는 측위방식이다.

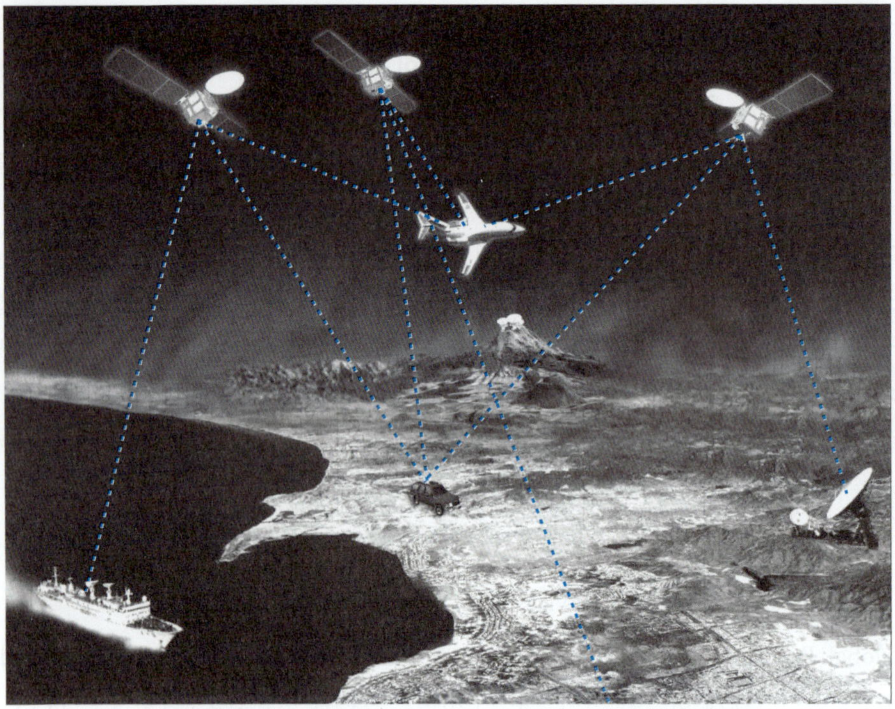

그림 9.35 절대측위

(2) 상대측위(relative positioning)

절대측위와 달리 상대적인 다른 측점으로부터 보정정보를 받아 오차보정을 할 수 있는 방법으로 보다 정확한 위치결정을 할 수 있다. 이는 하나 이상의 수신기가 동일한 GNSS 위성들에 대해 동시에 측정해야함을 의미한다. 오차보정을 무엇을 가지고 하느냐에 따라 코드방식과 캐리어 방식으로 나눌 수 있으며 코드방식을 사용하는 경우는 DGPS(differential GPS), 캐리어방식을 사용하는 경우를 differencing(single, double, triple)방법이라 한다. 대부분의 정밀 GPS는 상대측위기술을 이용하여 얻는다. DGPS와 RTK GPS와 유사하게 이 방법은 코드 또는 위상기반거리(carrier phase range)의 차분처리로부터 표 13.2에 열거한 대부분의 오차를 제거한다(Elementary Surveying, 10th ed., Wolf).

상대측위는 정적(Static) 측량방법의 대표적인 방법으로 후처리에 의해 원하는 점의 위치를 결정한다. 기지국을 독립적으로 운용할 수도 있으나, 상시관측소의 동시간대 데이터를 받아 후처리한다. 데이터는 범용으로 사용할 수 있는 RINEX(Receiver INdependent Exchange Format) 형식의 데이터를 사용한다. 다음 표 9.6에 RINEX 파일의 형식을 보였다.

표 9.6 GPS수신데이터(RINEX format)

```
----|---1|0---|---2|0---|---3|0---|---4|0---|---5|0---|---6|0---|---7|0---|---8|
     4.00           OBSERVATION DATA    M                   RINEX VERSION / TYPE
RINEXSOFTWARE V1    User                20210702 000126 UTC PGM / RUN BY / DATE
REDU00BEL                                                   MARKER NAME
13102M001                                                   MARKER NUMBER
AUTOMATIC           ESA/ESOC                                OBSERVER / AGENCY
4503038             GNSS_RECEIVER       5.4.0               REC # / TYPE / VERS
5644                GEOANTENNA      NONE                    ANT # / TYPE
  4091423.7190   368380.6530  4863179.9940                  APPROX POSITION XYZ
        0.1150        0.0000        0.0000                  ANTENNA: DELTA H/E/N
G   22 C1C L1C D1C S1C C1W S1W C2W L2W D2W S2W C2L L2L D2L  SYS / # / OBS TYPES
       S2L C5Q L5Q D5Q S5Q C1L L1L D1L S1L                  SYS / # / OBS TYPES
E   20 C1C L1C D1C S1C C6C L6C D6C S6C C5Q L5Q D5Q S5Q C7Q  SYS / # / OBS TYPES
       L7Q D7Q S7Q C8Q L8Q D8Q S8Q                          SYS / # / OBS TYPES
S    8 C1C L1C D1C S1C C5I L5I D5I S5I                      SYS / # / OBS TYPES
R   20 C1C L1C D1C S1C C1P L1P D1P S1P C2P L2P D2P S2P C2C  SYS / # / OBS TYPES
       L2C D2C S2C C3Q L3Q D3Q S3Q                          SYS / # / OBS TYPES
C   24 C1P L1P D1P S1P C5P L5P D5P S5P C2I L2I D2I S2I C7I  SYS / # / OBS TYPES
       L7I D7I S7I C6I L6I D6I S6I C7D L7D D7D S7D          SYS / # / OBS TYPES
I    4 C5A L5A D5A S5A                                      SYS / # / OBS TYPES
    30.000                                                  INTERVAL
  2021     7     1     0     0    0.0000000     GPS         TIME OF FIRST OBS
  2021     7     1    23    59   30.0000000     GPS         TIME OF LAST OBS
   133                                                      # OF SATELLITES
DBHZ                                                        SIGNAL STRENGTH UNIT
 24 R01  1 R02 -4 R03  5 R04  6 R05  1 R06 -4 R07  5 R08  6 GLONASS SLOT / FRQ #
    R09 -2 R10 -7 R11  0 R12 -1 R13 -2 R14 -7 R15  0 R16 -1 GLONASS SLOT / FRQ #
    R17  4 R18 -3 R19  3 R20  2 R21  4 R22 -3 R23  3 R24  2 GLONASS SLOT / FRQ #
                                                            END OF HEADER
> 2021 07 01 00 00  0.0000000  0 42
C05
→40308490.226 5 209896917.35805        10.104 5          34.250    40308489.226 6
→162305626.46606          7.618 6          40.500    40308491.534 6 170558460.27806
→8.101 6          38.000
C07
→40159332.888 5 209120231.34705      -749.184 5          31.000    40159329.424 7
→161705024.13707       -578.916 7          42.000    40159329.948 6 169927318.33206
→-608.432 6          41.250
C10
→38657500.889 6 201299802.28006      -213.194 6          40.500    38657500.797 7
→155657788.03207       -164.830 7          45.500    38657500.159 7 163572598.58707
→-173.232 7          43.000
[...]
E02  26254562.136 6 137968706.53306     -2449.736 6          40.500    26254562.526 7
→111987610.52607      -1988.494 7          44.500    26254562.708 7 103028609.46407
→-1829.371 7          46.250    26254560.506 7 105716299.84207       -1877.171 7
→46.000     26254561.518 8 104372462.72608       -1853.269 8          49.000
E07  23635638.708 8 124206162.80708      -871.617 8          48.750    23635637.971 8
→100816721.15408       -707.498 8          52.500    23635640.586 8  92751411.05508
→-650.899 8          53.000    23635639.032 8  95171010.23608       -667.883 8
→53.750     23635639.494 9  93961204.71809       -659.388 9          56.500
E08  24972516.642 6 131231506.27606     -2679.842 6          40.000    24972519.075 7
→106519133.68107      -2175.224 7          43.250    24972516.933 7  97997606.95207
→-2001.200 7          43.500    24972515.374 7 100554056.30907       -2053.459 7
→44.250     24972516.248 7  99275831.20407       -2027.334 7          46.750
[...]
```

* RINEX 파일은 1989년 유럽캠페인 EUREF89에 의해 베른대학교 천문학 연구소에서 개발되었으며 현재는 version 4.0을 사용하고 있다.

여기에는 관측소의 위치, 안테나 높이, 관측일과 관측시작시간과 종료시간, 위성의 개수, 수신 간격 등에 대한 정보와 관측데이터로 구성된다.

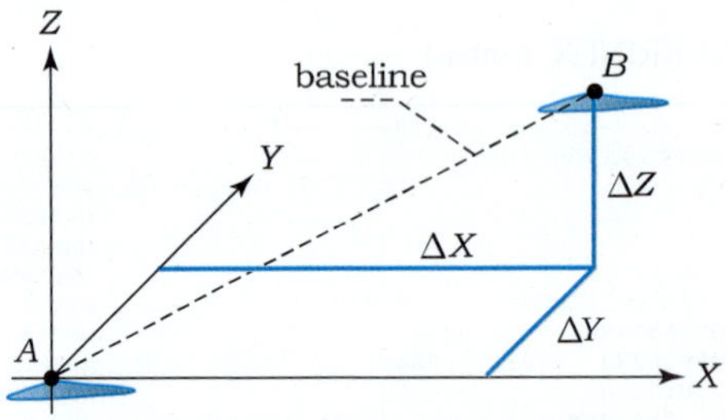

그림 9.36 벡터요소의 기선계산

상대측위의 목적은 어떤 점으로부터 상대적으로 다른 점의 좌표를 얻는 것이다. 수학적으로 다음과 같이 표현된다.

$$X_B = X_A + \Delta X \qquad (9.6)$$
$$Y_B = Y_A + \Delta Y$$
$$Z_B = Z_A + \Delta Z$$

ΔX, ΔY, ΔZ는 벡터 성분에 의해 계산된다.

상대측위는 기선의 각 끝점에 각각의 수신기를 이용하여 동시에 pseudorange를 측량해야 한다. 동일한 epoch 율로 데이터를 수신해야 한다. 수신간격은 측량목적에 따라 다르며 요구하는 최종정확도에 따라 다르지만 보통 1, 2, 5, 10, 15 또는 20초 단위로 한다.

동시에 관측값이 수집되었다고 가정한다면 다양한 선형조합방정식을 구성하여 오차를 소거할 수 있다. 식 (9.10), 식 (9.12), 식 (9.14)는 각각의 위성과 수신기 간의 3종류의 선형조합(linear combination)을 보여주고 있다. 이는 다음에 소개될 것이며 carrier-phase측정만 고려될 것이다.

1) 코드방식(DGPS ; Differential GPS)

앞서 얘기한 바대로 측정된 pseudorange는 시계오차, 대기굴절오차, 그 외의 오차로 인해 정확도가 저하된다. 이는 single code-based수신기를 이용한 point positioning기술에 의해 포인트의 위치를 결정하기 때문이다. 오차가 20m 이상이 발생한다. 어떤 응용에서는 이정도의 오차도 가능하겠지만 대부분의 측량목적으로는 적합하지 않다. 한편, differential GPS(DGPS)는 동시에 두 개 이상의 code-based수신기를 사용한다. 이는 위치정확도를 수 m 내로 제공하며 낮은 정확도의 측량에 사용할 수 있다.

DGPS에서는 하나의 기준국(base station:사전측량에 의해 정확히 위치를 결정해 놓은 점)과 미지점에 대한 이동국(rover) 개념이 사용된다. 기지점에 수신기를 놓음으로써 신호에 대한 pseudorange 오차가 그림 9.37에 의해 결정된다. 이 base station 과 rover는 상대적으로 서로 가까우므로(종종 1km 이하일 경우, 드물게 몇 백 km 이상) station과 rover의 pseudorange 오차는 거의 같은 크기를 가지게 된다. 그러므로 base station에서 각각 위성에 대한 보정량을 계산한 후에 rover에 응용할 수 있으므로 여러 가지 오차들을 제거하거나 상당히 줄일 수 있다.

DGPS는 라디오모뎀을 통하여 스테이션 간에 실시간으로 이루어진다. 이를 Real-time Differential GPS(RTDGPS)라 한다. Rover에게 보내는 라디오송신 내용에는 특정한 시간에 대한 pseudorange correction(PRCs)와 Range Rate Correction(RRCs)이 포함되어 있어 각 epoch 사이의 신호보정을 보간할 수 있다. 아니면 데이터를 후처리함으로써 좌표로부터 오차를 제거할 수도 있다. 처리과정을 수학적으로 이해하기 위해서는 식 (9.3)을 다시 볼 필요가 있다. Epoch t_0에 대한 오차를 $\Delta\rho_A^j(t_0)$로 표현한다면 식 (9.3)은 다음과 같이 다시 쓸 수 있다.

$$R_A^j(t_0) = \rho_A^j(t_0) + \Delta\rho_A^j(t_0) + c\delta^j(t_0) - c\delta_A(t_0) \tag{9.7}$$

base station의 좌표는 알고 있으므로 식 (9.7)의 $\rho_A^j(t_0)$은 식 (9.2)를 이용하여 계산할 수 있다. Pseudorange $R_A^j(t_0)$가 측정되었으므로 이들 두 값의 차이는 이 특별한 pseudorange에 대해 필요한 보정량을 제공하게 된다. 각 수신기에서의 오차조건은 매우 비슷하므로 station이나 rover에서도 똑같이 가정할 수 있다. Base station에서의 오차는 reference epoch t_0에서의 j위성에 대한 pseudorange correction(PRC)로 알려져 있으며 다음과 같이 표현한다.

$$\begin{aligned} PRC^j(t_0) &= -R_A^j(t_0) + \rho_A^j(t_0) \\ &= -\Delta\rho_A^j(t_0) + c\delta^j[(t_0) - \delta_A(t_0)] \end{aligned} \tag{9.8}$$

2) 캐리어방식

① 단일차분(Single differencing)

그림 9.37(a)와 같이 한 대의 위성신호를 두 대의 수신기로 동시관측하는 경우이다. 이 단일차분법은 위성시계오차와 전리층, 대류권오차를 소거할 수 있다. 만약에 SA가 작동된다면 이의 영향도 소거할 수 있다. 식 (9.4)에서 두 점에 대한 위상방정식은 다음과 같다.

$$\phi_A^j(t) - f^j\delta^j(t) = \frac{1}{\lambda}\rho_A^j(t) + N_A^j + f^j\delta_A(t) \tag{9.9}$$

$$\phi_B^j(t) - f^j\delta^j(t) = \frac{1}{\lambda}\rho_B^j(t) + N_B^j + f^j\delta_B(t)$$

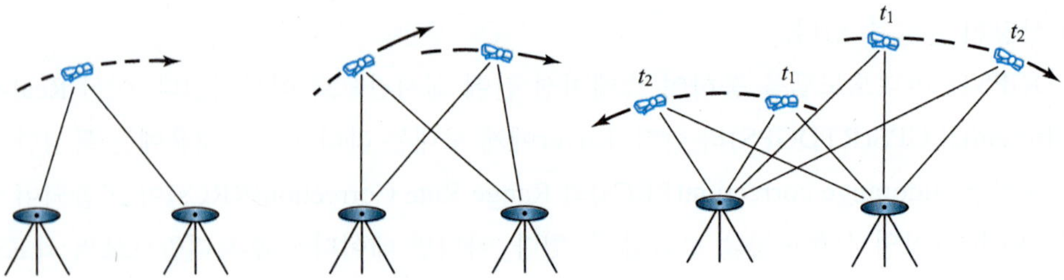

그림 9.37 GPS 차분기법

이 두 방정식을 차분시키면 다음을 얻을 수 있다.

$$\phi_{AB}^j(t) = \frac{1}{\lambda}\rho_{AB}^j(t) + N_{AB}^j - f^j\delta_{AB}(t) \tag{9.10}$$

여기서 각각의 차분요소는 다음과 같다.

$$\phi_{AB}^j(t) = \phi_B^j(t) - \phi_A^j(t)$$

$$\rho_{AB}^j(t) = \rho_B^j(t) - \rho_A^j(t)$$

$$N_{AB}^j = N_B^j - N_A^j$$

$$\delta_{AB}^j(t) = \delta_B^j(t) - \delta_A^j(t)$$

위 식에서 위성시계오차인 $f^j\delta^j(t)$가 단일차분과정에서 소거된다.

② Double difference

그림 9.37(b)에서 보인 바와 같이 두 개의 단일차분방정식을 두 개의 위성 j, k로부터 구성할 수 있다. 이 과정에서 수신기시계오차가 소거될 수 있다.

$$\phi^j_{AB}(t) = \frac{1}{\lambda}\rho^j_{AB}(t) + N^j_{AB} - f^j\delta^{j_{AB}}(t) \tag{9.11}$$

$$\phi^k_{AB}(t) = \frac{1}{\lambda}\rho^k_{AB}(t) + N^k_{AB} - f^k\delta^{k_{AB}}(t)$$

시계오차는 j위성과 k위성에서 관측한 값이 똑같다. 그러므로 이 두 single difference 간의 차를 취함으로써 double difference식이 얻어지며 $f^j\delta^{j_{AB}}(t)$, $f^k\delta^{k_{AB}}(t)$가 소거된다.

$$\phi^{jk}_{AB}(t) = \frac{1}{\lambda}\rho^{jk}_{AB}(t) + N^{jk}_{AB} \tag{9.12}$$

여기서 각각의 차분요소는

$$\phi^{jk}_{AB}(t) = \phi^k_{AB}(t) - \phi^j_{AB}(t)$$

$$\rho^{jk}_{AB}(t) = \rho^k_{AB}(t) - \rho^j_{AB}(t)$$

$$N^{jk}_{AB} = N^k_{AB} - N^j_{AB}$$

③ 삼중차분(Triple difference)

그림 9.37(c)에서 보인 것과 같이 두 개의 이중차분방정식을 두 개의 다른 epoch에 대해 차분한 것이다. 이 difference는 식 (9.12)에서의 모호정수(integer ambiguity)를 제거한다. 두 개의 double difference 방정식은

$$\phi^{jk}_{AB}(t_1) = \frac{1}{\lambda}\rho^{jk}_{AB}(t_1) + N^{jk}_{AB} \tag{9.13}$$

$$\phi^{jk}_{AB}(t_2) = \frac{1}{\lambda}\rho^{jk}_{AB}(t_2) + N^{jk}_{AB}$$

두 개의 double difference의 difference는 다음 삼중차분방정식을 만들며 모호정수(integer ambiguity)가 소거된다.

$$\phi_{AB}^{jk}(t_{12}) = \frac{1}{\lambda}\rho_{AB}^{jk}(t_{12}) \tag{9.14}$$

위 식에서 두차분요소는 각각 $\phi_{AB}^{jk}(t_{12}) = \phi_{AB}^{jk}(t_2) - \phi_{AB}^{jk}(t_1)$ 및

$\rho_{AB}^{jk}(t_{12}) = \rho_{AB}^{jk}(t_2) - \rho_{AB}^{jk}(t_1)$이다.

삼중차분방정식(Triple difference eq.)을 사용하는 목적은 integer ambiguity를 소거함으로써 cycle sleep으로부터 자유롭다는 것이다. 신호단절(Cycle sleep)의 원인은 (1) 장해물, (2) 낮은 신호대 잡음비, (3) 올바르지 않은 신호처리에서 기인된다. 신호장해는 수신기의 위치를 신중히 선정함으로써 최소화할 수 있다. 낮은 신호대 잡음비는 전리층의 조건이 나쁠 경우, 멀티패스, high receiver dynamics 또는 낮은 위성고도에 기인한다. Cycle sleep은 위성 오실레이터의 불량에 의해서도 발생하나 이는 드문 경우이다.

9.9.2 실시간처리방식

(1) RTK

실시간 이동측량(RTK ; Real-Time Kinematic)이라고 한다. 무전기 또는 스마트폰을 통해 기준국의 보정자료를 전송하여 현장에서 바로 측량 결과를 획득한다. 항공기 및 차량의 실시간 항법용으로 이용하는 방법이다. 초기화속도가 빠른 GPS수신기가 필요하며 최소한 4대 이상의 위성관측이 가능하여야 한다. 실시간 현황측량, 구조물의 결합, 절토위치 확인 등의 건설측량에 효과적이다. RTK 측량시스템은 양방향통신, 최소 2대 이상, 2주파 이상의 수신기가 필요하므로 가격이 고가이다.

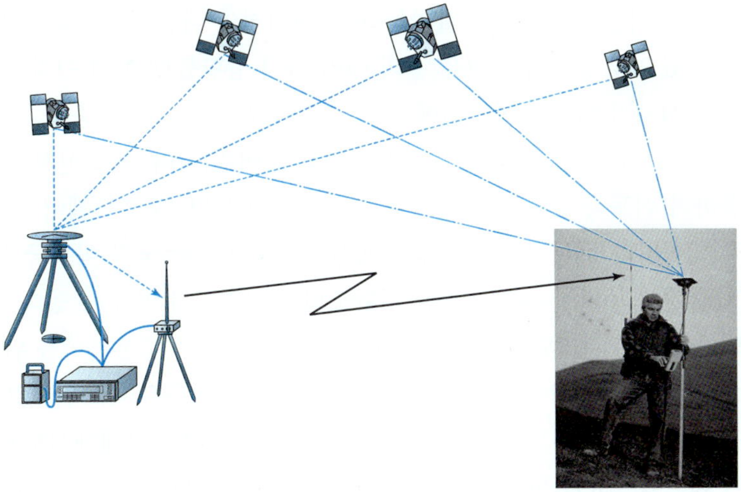

그림 9.38 실시간 이동측량(RTK)

(2) Network RTK GPS

1) VRS(Virtual Reference Station)측량

기존의 RTK(Real-Time Kinematic)측량은 base-station과 rover에 각각의 수신기를 세우고 라디오모뎀을 통해 보정데이터를 수신하여 고정확도의 측량을 수행하였다. 그러나 두 대의 수신기가 필요하여 장비, 인력면에서 많은 불편함이 있었다. 이에 국토지리정보원에서는 VRS server를 운영함으로써 base station없이도 RTK 수준의 측량이 가능해졌다.

실시간 이동측위(Real Time Kinematic, RTK)는 정밀한 위치정보를 가지고 있는 기준국의 반송파 위상에 대한 보정치를 이용하여 이동국(rover)에서 실시간으로 1~2cm 정확도의 측위결과를 얻는 일련의 측량 과정을 말한다. 이 측위방식은 광범위한 측량지역의 정밀 좌표를 신속하게 획득할 수 있기 때문에 그 활용범위가 넓다. 실시간 이동측위는 기준국과 이동국의 측정오차 중 공통성분이 상쇄되어 결과적으로 정확도가 높아지게 되는데, 기준국과 이동국 간의 거리가 멀어질수록 두 수신기간 전리층과 대류권 지연효과와 같은 측위오차의 영향이 달라지기 때문에 정확도가 저하된다. 따라서 cm 단위의 정확도를 확보하기 위해서는 기선거리가 짧아야 한다는 단점이 있다.

전리층과 대류권의 공통적인 오차 요인을 제거하기 위해서는 기준국과 이동국 사이의 거리를 줄이는 것이 효과적이나, 기준국은 고정되어 있기 때문에 이동국과의 거리를 줄이기 위해 기준국을 이동시키는 것이 불가능하다. 실질적인 대안으로 기준국을 조밀하게 설치하는 방법이 있으나 경제적인 이유 등의 여러 가지 상황들로 인해 쉽지 않다. 네트워크 RTK 시스템은 실시간 이동측위 방법에 따르는 거리에 따라 오차가 증대하는 문제를 보완하기위해 개발되었다. 이 방법은 이동국에서 멀리 떨어진 여러 개의 실제 기준국 관측 데이터를 이용하여 이동국 근처에 가상으로 기준국을 만든다. 소프트웨어적으로 만들어낸 가상 기준국 데이터와 보정 정보를 사용자에게 전송하여 기준국과 이동국간의 거리와 관계없이 RTK 측량과 동일한 수준의 높은 정확도의 측위결과를 얻을 수 있다.

전 국토의 효율적인 관리와 위치정보를 필요로 하는 다양한 응용분야를 위해 독일, 캐나다, 일본, 스위스 등 세계 각국에서는 GPS 상시관측망을 이용한 네트워크 RTK 시스템을 운용하고 있으며, 그 효율성도 다양한 연구를 통해 입증되었다. 국내에서도 GPS 상시관측망를 이용한 네트워크 RTK에 대한 다양한 연구가 진행되어왔으며, 현재 국토지리정보원에서 서비스 되고 있다.

VRS(네트워크 RTK 시스템)는 네트워크 내에서 기준국과 이동국간의 기선거리와 상관없이 높은 정확도의 위치 측량을 가능하게 하는 위치결정기법이다. 중앙제어국(VRS server)에서 네트워크 내의 기준국 데이터를 이용하여 이동국 주변에 가상의 관측치를 생성하고, GPS 측위오차를 모델링하여 이동국으로 가상 관측치와 보정메시지를 RTCM(Radio Technical Commission for Maritime Service) 형식으로 전송하게 된다. 이동국에서는 전송 받은 가상 관측치와 보정메시지를 이용하여 위치결정을 하게 된다.

중앙 제어국에서는 네트워크 내의 상시관측소 자료를 통합한 후 정수 바이어스, 전리층과 대류권 지연에 의한 신호 지연 등이 포함되어 있는 오차를 분리해낸다. 오차들을 제거한 후 선형 보간법을 통해 가상기준국의 가상 관측치를 생성하게 되며, 분리된 오차들은 가상기준점에서의 보정치를 생성하는데 이용된다. 선형 보간법이 아닌 고차방정식을 이용한 보간법은 실제 기준점이 많이 필요하고 계산량이 많아지는 반면, 실제 기준점 간격이 100km 이내라면, 선형 보간법을 통해서도 적당한 정확도를 얻을 수 있기 때문에 선형 보간법을 이용하는 경우가 많다.

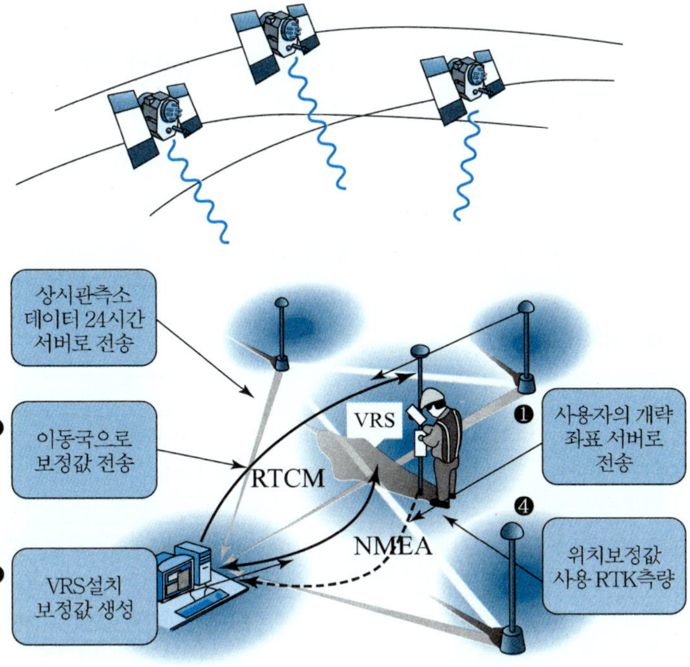

그림 9.39 VRS측량의 개념도(NOAA)

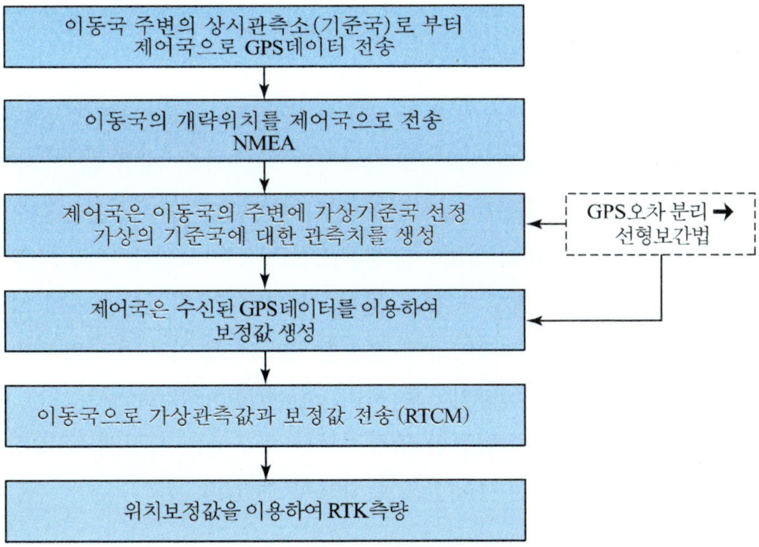

그림 9.40 VRS의 데이터 처리과정

국내 VRS 측량 이용현황은 국토지리정보원에서 2013년 현재 운영 중인 45개 이상의 상시관측소의 값을 이용해 VRS서비스를 하고 있으며, 누구나 http://vrs.ngii.go.kr를 통해 해당 서비스를 이용할 수 있다. VRS의 실용성과 정확도는 다양한 논문을 통해 확인되었으며, 공공측량, 공사 측량 등 다양한 분야로 그 활용성이 확대되고 있다(2007. 국토지리정보원).

일반 RTK와 VRS의 특징비교를 표 9.7에 제시하였다.

표 9.7 일반 RTK와 VRS의 특징비교

구 분	일반 RTK	VRS
장비구성	기준국(station) 이동국(rover) UHF 무선모뎀	이동국 GPS 휴대폰
장 점	수 mm의 정밀측량 가능 고속이동측량 가능	1대의 수신기만으로 정밀 RTK 측량 현장 캘리브레이션 불필요
단 점	장비가격 고가 2대 이상 수신기 필요 UHF 무선모뎀 통신거리제한 현장 캘리브레이션 필요	정밀측량의 한계(수 cm) 고속이동측량 어려움 Wi-Fi 가능지역에 국한

2) FKP(Flachen-Korrektur Parameter)

VRS서비스를 시작한 이후 사용자가 늘어남에 따라 동시접속인원의 증가로 원활한 측량작업이 어려워졌다. 이에 국토지리정보원에서는 사용자의 제한 없이 사용할 수 있는 FKP서비스를 2012년 11월 1일부터 실시하고 있다.

차량용 Navigation은 10~30m, 항법・항행용(DGPS)은 1m인데 비해 FKP-GPS 위치보정서비스는 3cm의 양호한 정확도를 갖고 있다. "FKP-GPS위치보정서비스"는 VRS서비스와 달리 사용자의 위치를 중앙제어국에 전송할 필요가 없이 사용자가 GPS 보정데이터를 다운받으면 되는 단방향 접속방식으로 서비스된다(http://fkp.ngii.go.kr). 이 방식은 사용자 수에 대한 제한이 없으므로 정밀한 보정정보를 요구하는 지적재조사, 지도제작 및 각종 SOC 건설공사 등의 분야에서 무제한으로 사용할 수 있다.

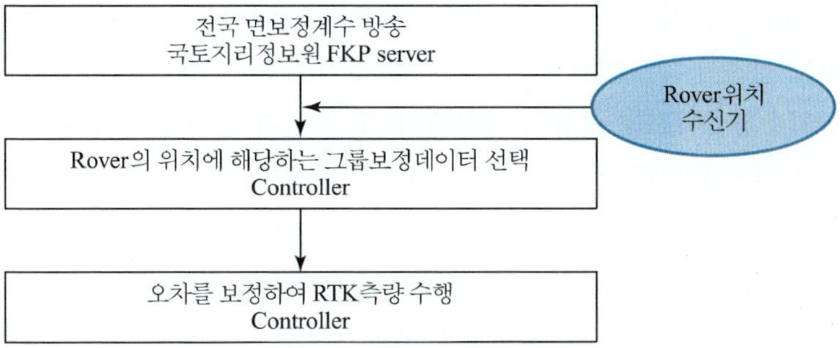

그림 9.41 FKP기법의 측위

가상기준점 방식은 양방향이 접속된 상태[5]를 유지하면서 사용해야 하므로 사용자 수에 제한이 있어 측량분야에 한정적으로 사용되었으며, 범용적으로 이용하는데 한계가 있었다. 하지만 FKP-GPS 위치보정 서비스는 사용자의 위치를 중앙제어국에 전송할 필요가 없이 중앙제어국이 보내는 신호만 수신하여 사용할 수 있어 사용자 수의 제한도 없어지고 대기 시간도 기존의 10분의 1수준으로 줄어들게 되었다. 이 서비스를 통해 정밀측량 및 건설분야 등에 집중되어 있던 GPS의 활용분야가 각종 위치기반사업으로 그 활용분야가 대폭 확대될 것으로 기대되며 예상활용 분야를 다음 그림 9.42에 소개하였다.

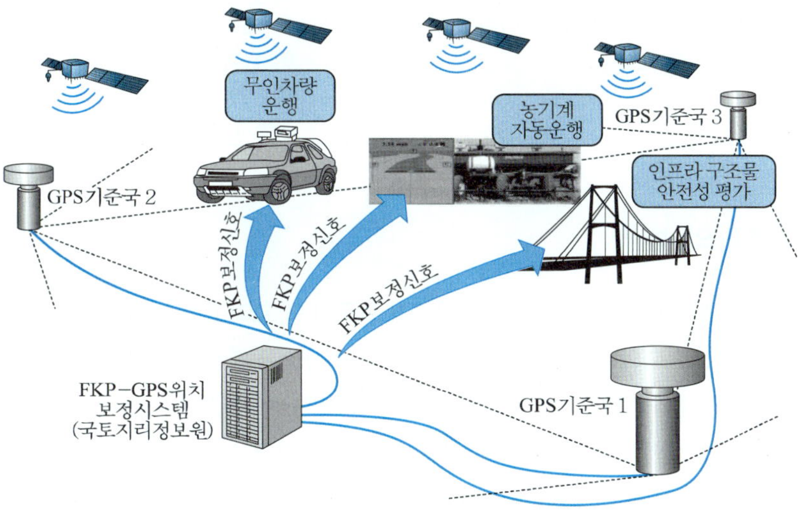

그림 9.42 FKP-GPS의 활용방안

5) 중앙제어국과 사용자가 통신이 연결되어 위치 데이터의 송·수신이 가능한 상태

차선 내 30cm 이내 정확도로 도로에서 무인으로 주행하는 무인자동차의 개발 및 상용화를 위해서는 접속자수 무제한으로 실시간 3cm 이내의 고정밀 위치정보 취득이 가능한 FKP-GPS위치보정서비스의 활용이 예상된다. 또한 국가 및 민간의 안전에 영향을 미치는 국가 인프라 시설물(원자력 발전소, 교량 등)의 안정성 파악을 위한 FKP-GPS 변위측량시스템을 구축함으로써 실시간 시설물 원격감시 시스템의 개발이 가능하다. 최근 영농방법이 첨단화 되어 가고 있는데 무인이양기의 개발이 가능할 것이다. 이는 사람의 도움 없이 기계만으로 벼의 모를 심을 수 있는 기계로 모판 사이를 구분할 수 있는 cm급 정확도의 위치정보가 필요하므로, FKP-GPS위치보정서비스가 필수적일 것이다. 이상 설명한 네트워크 RTK측위기법인 VRS와 FKP의 특성비교를 표 9.8에 보였다.

표 9.8 VRS와 FKP의 특성비교

구 분	응 용	
보정 데이터 생성	한 지점(가상의 지점)에 대한 관측데이터를 생성	관측망의 면(폴리곤)에 대한 오차보정 파라메터를 생성
	사용자의 위치가 바뀜에 따라 새로운 관측데이터가 생성되어 사용자에게 전송됨	사용자가 다른 Cell로 이동하기 전까지는 동일 Cell 내에서는 같은 오차보정 파라메터를 사용함
이동국에서의 처리	이동국은 가상 기준점의 데이터를 수신하여 일반적인 RTK 처리하듯이 RTK 처리결과를 산출	- 이동국에서는 가장 가까운 기준국의 관측 데이터 + 오차보정 파라메터를 이용하여 관측 데이터를 생성 - 생성한 관측치를 이용하여 RTK 처리결과를 산출함

9.10 GPS성과의 변환

GPS 관측값을 처리하여 구하는 좌표는 지구중심 직교좌표계인 X, Y, Z 또는 측지좌표계의 경도, 위도, 고도의 형태로 나타난다. 지구중심좌표계는 타원의 단축을 중심으로 회전시킨 회전타원체와 일치되는 지구타원체를 고정하여 지구상의 위치를 3차원으로 표현하는 것으로 타원체의 중심과 지구의 중심을 일치시킨 좌표계를 말한다. GPS측량에서는 지구중심좌표계를 사용하며 WGS84(World Geodetic System 1984)를 기준좌표계로 사용한다. 따라서 GPS 측량성과를 우리나라의 기준점 성과로 사용하기 위해서는 GRS 80 타원체를 기준으로 하는 측지좌표계(X, Y 또는 ϕ, λ)로 변환해주어야 한다.

9.10.1 GPS좌표계

: WGS84(World Geodetic System 1984)

전 세계에 대하여 하나의 통일된 좌표계를 사용함으로써 세계적인 정보의 이용과 응용을 목적으로 미국방성에서 1950년대 말에 개발하기 시작한 좌표계이다.

WGS1960 → WGS1966 → WGS1972 → WGS1984

- 지구의 질량중심이 원점인 지심좌표계

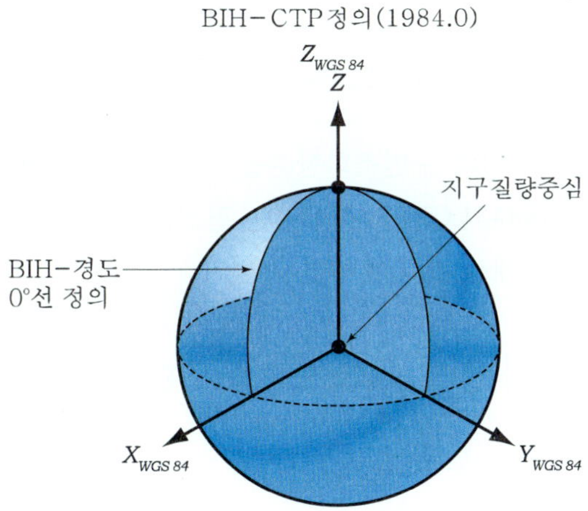

그림 9.43 WGS84 좌표계

- 원 점 : 지구의 질량중심
- Z-축 : 국제시보국(BIH)에서 정의한 극운동에 대한 관용형상축(CTP : conventional terrestrial pole)에 평행한 축
- X-축 : BIH에서 정의한 기준자오면과 평행한 WGS84 기준자오면이 CTP 적도면과 교차하는 축
- Y-축 : 적도면에서 X-축으로부터 동쪽으로 90°방향의 축

- 위성측지에서 주로 사용

❑ WGS84 기준계의 특징

① 최근의 관측을 통해 지구중심에서 약 10cm정도 벗어난 ITRF와 비교해볼 때, WGS84와 NAD83 기준계의 중심이 약 2m가량 지구중심에서 벗어나 있음이 증명되었다.

② NAD83 타원체의 비중심성은 NAD83으로 표현될 때에는 상대적인 GPS 위치 결정에 있어 그 영향은 무시될 수 있지만, 타원체고는 약 0.5m 정도까지의 오차가 발생할 수 있다.

③ 정밀궤도력은 CIGNET(Cooperative International GPS Network), IGS, VLBI 측점과 같은 ITRF로 위치가 주어진 측점에 대한 관측을 토대로 계산되므로 정밀궤도력을 이용한 GPS 벡터는 ITRF와 관계된다.

④ 현재 IAG에서 채택하고 있는 GRS80 타원체를 측지사업에 공식적인 기준면으로 사용할 것을 권고하고 있다. 1983년 일부의 수정의견이 제시되었으나 특별히 수치를 변경해야 할 필요성이 인정되지 못하고 그대로 유지되고 있다.

한편, WGS84에서는 GRS80의 구면조화함수를 정규화하여 사용할 때 유효숫자로 8자리만 채용하였기 때문에 WGS84와 GRS80사이에는 편평률에서만 약간의 차이를 보이고 있으며, 이 차이는 실용적인 목적에서 거의 무시될 수 있다.

9.10.2 측지좌표와 벳셀타원체 직교좌표성과 변환

① 측지좌표를 지심좌표로 변환

$$X=(N+h)\cos\phi\cos\lambda \tag{9.15}$$

$$Y=(N+h)\cos\phi\sin\lambda$$

$$Z=(\frac{b^2}{a^2}N+h)\sin\phi \quad \text{또는} \quad Z=(N-e^2N+h)\sin\phi$$

여기서, $N=\dfrac{a^2}{\sqrt{a^2\cos^2\phi+\ b^2\sin^2\phi}}$

N ; 묘유선의 곡률반경

a, b ; 타원체의 장반경, 단반경

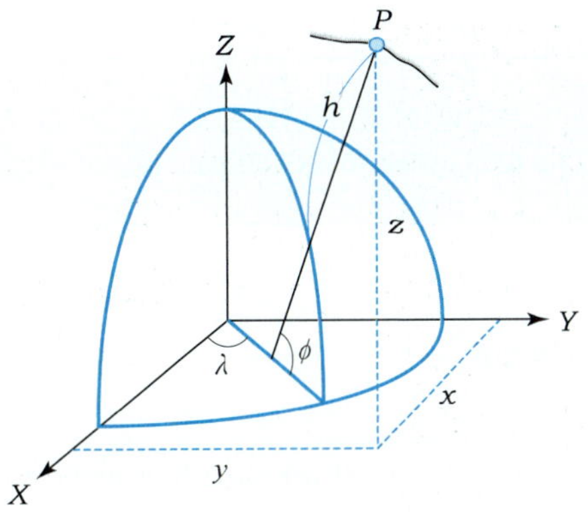

그림 9.44 경위도와 지심좌표계

② 지심좌표를 측지좌표로 변환

역변환은 최소제곱조정에 따라 수행된다. X, Y로부터 평행권의 반경은 다음과 같다.

$$p = \sqrt{X^2 + Y^2} = (N+h)\cos\phi \tag{9.16}$$

$$h = \frac{p}{\cos}\phi - N \tag{9.17}$$

1차 이심률로부터 $b^2/a^2 = 1 - e^2$을 $Z = \left\{\frac{b^2}{a^2}N + h\right\}\sin\phi$에 대입

$$Z = (N + h - e^2 N)\sin\phi \tag{9.18}$$

위 식의 양변을 $p = (N+h)\cos\phi$로 나눈다.

$$\tan\phi = \frac{Z}{p}\left\{1 - e^2\frac{N}{N+h}\right\}^{-1} \tag{9.19}$$

경도는 $\tan\lambda = \frac{Y}{X}$ 식을 이용한다.

예제 9.1

경도 λ=127°52'13", 위도 ϕ=37°07'48"를 지심좌표계로 변환하고 이를 다시 경위도 좌표계로 역변환하여 확인하시오. (a=6378.137km, b=6356.752km, 표고 h=512.048m)

풀이 ▸ ▸ ▸

① 경위도좌표 → GPS좌표

$$N=\frac{a^2}{\sqrt{a^2\cos^2\phi+b^2\sin^2\phi}}=\frac{6378.137^2}{\sqrt{6378.137^2\cos^2 37°07'48''+6356.752^2\sin^2 37°07'48''}}=6385.930\text{km}$$

$$X=(N+h)\cos\phi\cos\lambda=(6385.930+512.048)\cos 37°07'48''\cos 127°52'13''=-3376.033\text{km}$$

$$Y=(N+h)\cos\phi\sin\lambda=(6385.930+512.048)\cos 37°07'48''\sin 127°52'13''=4341.349\text{km}$$

$$Z=\left(\frac{b^2}{a^2}N+h\right)\sin\phi=\left(\frac{6356.752^2}{6378.137^2}6385.930+512.048\right)\sin 37°07'48''=4137.990\text{km}$$

② GPS좌표 → 경위도좌표

$$p=\sqrt{(-3376.033)^2+4341.349^2}=5499.537$$

$$e^2=\frac{a^2-b^2}{a^2}=\frac{6378.137^2-6356.752^2}{6378.137^2}=0.006694478$$

$$N=6385.930\text{m}$$

$$\phi=\tan^{-1}\left\{\frac{Z}{p}\left(1-e^2\frac{N}{N+h}\right)^{-1}\right\}=\tan^{-1}\left\{\frac{4137.990}{5499.537}\left(1-0.006694478\frac{6385.930}{6385.930+512.048}\right)^{-1}\right\}$$

$$=37°07'48''$$

$$\lambda=\tan^{-1}\left(\frac{Y}{X}\right)=\tan^{-1}\left(\frac{4341.349}{-3376.033}\right)=-52°07'47''+180°=127°52'13''$$

9.10.3 GPS에서의 표고

GPS 측량에 있어서 높이의 의미는 수준측량에서의 표고와 매우 다르다. 그 이유는 GPS 높이는 타원체의 수학적인 표면을 기준으로 측정되므로 물리적이 아니고 수학적이기 때문이다. 타원체를 기준으로 측정한 높이를 타원체고(ellipsoidal height)라 한다.

두 높이의 관계는 넓은 범위에서 그림 9.45와 같으며, 자세히 보면 그림 9.46와 같다.

그림에서,

$$H = h + N$$

GPS 높이는 일반적으로 GPS 수평위치보다 2~3배 정확도가 떨어진다. 따라서 GPS 높이 측정은 보다 경제적이지만 종래의 수준측량보다는 정확도가 떨어진다.

$$h = H - N \tag{9.20}$$

여기서, H는 타원체고(ellipsoidal height), h는 정표고(orthometric height), N은 지오이드고(geoidal height)이다.

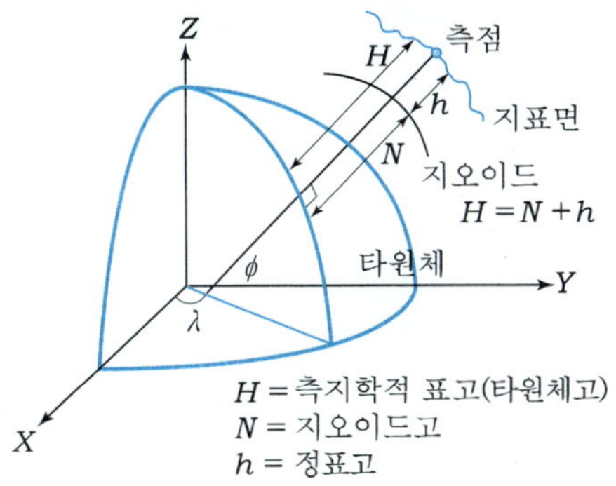

그림 9.45 정표고의 개념

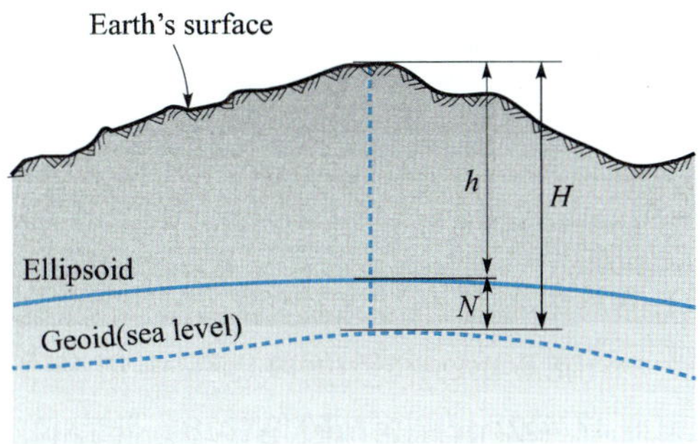

그림 9.46 자세히 본 GPS정표고

9.11 GPS의 활용

9.11.1 측량기준점 설치

주로 정적(Static) 후처리 방식으로 기준점을 설치한다. 수사시간은 2~3시간 정도로 길다. 정확한 위치를 결정하기 위해 관측망을 설치하여 측량하고 조정한다.

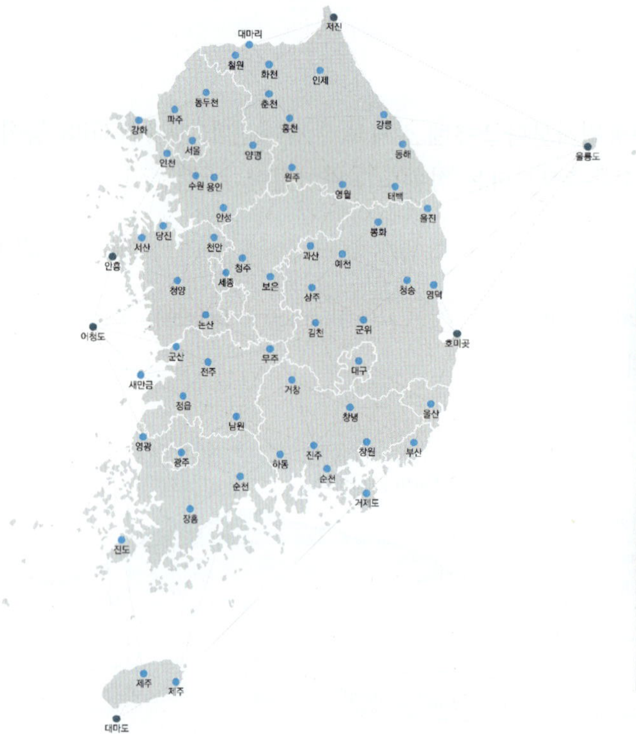

그림 9.47 우리나라위성기준점망(2018, 국토지리정보원))

그림 9.48 통합기준점 상에서의 GPS측량

9.11.2 농업분야

정밀 농업은 이제 농부들과 농업 사업자들이 그들이 그들의 이익을 수확하는 땅을 보는 방식을 바꾸고 있다. 정밀 농업은 토양-식물-동물 요구 사항에 대한 적시에 지리적인 정보를 수집하고 농업 생산을 늘리고 환경을 보호하기 위해 지역에 특화된 처리를 처방하고 적용하는 것이다. 농부들이 한때 그들의 분야를 균일하게 처리했을 수도 있었던 곳에서, 그들은 이제 그들의 분야를 미세 관리하는 것으로부터 이익을 보고 있다. 정밀 농업은 주로 더 정확하고, 비용 효율적이며, 사용자 친화적인 농업 공동체에 첨단 기술 도구의 도입 때문에 인기를 얻고 있다. 많은 새로운 혁신들은 온보드 컴퓨터, 데이터 수집 센서, 그리고 GPS 시간과 위치 참조 시스템의 통합에 의존한다.GPS 장비 제조업체들은 농부들과 농업 회사들이 그들의 정밀한 농업 활동에 있어서 더 생산적이고 효율적이 되도록 돕기 위해 여러 도구들을 개발해왔다. 오늘날, 많은 농부들은 그들의 농업 사업에서의 운영을 강화하기 위해 GPS에서 파생된 제품들을 사용한다. 위치 정보는 밭 경계, 도로, 관개 시스템, 그리고 잡초나 질병과 같은 작물들의 문제 지역들을 지도화하기 위해 GPS 수신기에 의해 수집된다. GPS의 정확성은 농부들이 밭 지역들, 도로 위치들, 그리고 관심 지점들 사이의 거리들에 대한 정확한 면적을 가진 농장 지도들을 만들 수 있게 해준다. GPS는 농부들이 토양 샘플들을 수집하거나 작물들의 상태들을 관찰하기 위해 매년 밭의 특정한 위치들로 정확하게 이동할 수 있게 해준다. 최근에는 농기계의 자율주행에 GPS가 사용되고 있으며 그 적용은 더 확대할 것으로 예상된다.

그림 9.49 트랙터에 장착된 GPS (https://spinoff.nasa.gov/Spinoff2017/ee_1.html)

9.11.3 항공

전세계의 비행사들은 GPS를 사용하여 비행의 안전과 효율성을 높인다. 정확하고, 지속적이며, 세계적인 능력으로 GPS는 항공 사용자들에게 많은 요구사항들을 만족시키는 매끄러운 위성 네비게이션 서비스를 제공한다. 우주에 기반한 위치와 네비게이션은 출발, 도중, 도착부터 공항 표면 네비게이션까지 모든 비행의 무든 단계에 대한 3차원 위치 결정을 가능히게 한다. GPS에 의해 가능해진 새롭고 더 효율적인 항공로는 계속해서 확장되고 있다. 시간과 돈에 대한 방대한 절약이 실현되고 있다. 많은 경우에, 바다와 같이 데이터가 희박한 지역 위를 비행하는 항공기들은 서로 간의 분리를 안전하게 줄일 수 있었고, 더 많은 항공기들이 더 유리하고 효율적인 경로를 비행할 수 있게 했고, 시간, 연료를 절약했으며, 화물 수입을 증가시켰다. 전통적인 지상 기반 서비스를 이용할 수 없는 외딴 지역에서도 공항에 대한 개선된 접근 방식이 현재 시행되고 있다. 세계의 일부 지역에서는 시야가 좋지 않은 동안 착륙 비행기와 같은 특수 항공 응용 프로그램을 위해 위성 신호가 증강되거나 개선된다. 이러한 경우 훨씬 더 큰 정밀 작업이 가능하다.

그림 9.50 항공분야의 GPS활용 (https://www.generalavionics.com/)

9.11.4 환경

인간의 필요의 균형을 맞추면서 지구의 환경을 유지하기 위해서는 더 최신의 정보를 사용한 더 나은 의사 결정이 필요하다. 정확하고 시의 적절한 정보를 수집하는 것은 이러한 결정을 내려야 하는 정부와 민간 단체들이 직면하고 있는 가장 큰 어려움들 중 하나이다. 위성위치확인시스템은 그러한 필요를 해결하도록 돕는다. 데이터 수집 시스템은 의사 결정자에게 수 킬로미터의 지형에 걸쳐 퍼져 있는 물체에 대한 기술적인 정보와 정확한 위치 데이터를 제공한다. 위치 정보를 다른 종류의 데이터와 연결함으로써 새로운 관점에서 많은 환경 문제를 분석할 수 있다. GPS를 통해 수집된 위치 데이터를 지리정보시스템(GIS) 소프트웨어로 가져올 수 있으며, 공간적 측면을 다른 정보와 함께 분석하여 기존의 수단을 통해 가능한 것보다 훨씬 더 완전한 특정 상황에 대한 이해를 만들 수 있다.

예를들어, 르완다의 마운틴 고릴라와 같은 멸종 위기에 처한 종들의 이동 패턴은 GPS를 사용하여 추적되고 지도화되어 감소하는 개체군을 보존하고 향상시키는 데 도움이 된다. 환태평양 지역과 같은 지진이 잘 일어나는 지역에서 GPS는 과학자들이 지진을 예측하는 것을 돕는 데 점점 더 중요한 역할을 하고 있다. GPS가 제공하는 정확한 위치 정보를 사용하여 과학자들은 시간이 지남에 따라 어떻게 변형이 천천히 쌓이는지 연구하여 지진을 특징짓고 미래에는 예측할 수 있다.

그림 9.51 GPS의 환경분야활용 (https://www.digi.com/)

9.11.5 해양

해양은 정적인 상태가 아니며 먼 바다의 경우 시통이 어려우므로 일반측량방법으로 위치결정대신 GPS측량을 이용한다. 해양개발의 경우 각종 건설장비의 위치결정과 등대 및 부표의 위치결정, 수심측량선박의 GPS활용으로 해저측량을 측량좌표계로 실시할 수 있다.

해상 항해에서 선박의 관리자는 공해상과 혼잡한 항구 및 수로에서 선박의 위치를 파악하는 것이 중요하다. 해상에서 선박이 조건이 허용하는 가장 안전하고 경제적이며 적시에 목적지에 도착할 수 있도록 정확한 위치, 속도 및 헤딩이 필요합니다. 선박이 항구를 출발하거나 항구에 도착할 때 정확한 위치 정보의 필요성은 더욱 중요해진다. 선박 교통 및 기타 수로 위험은 조정을 더욱 어렵게 만들고 사고의 위험은 더욱 커진다.

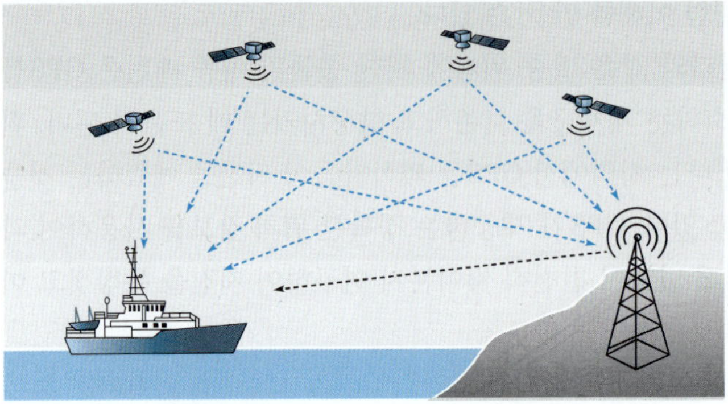

그림 9.52 GPS의 해양분야활용

그림 9.53 GPS의 buoy floating, (www.mavideniz.com.tr)

GPS는 해양 항만 시설 관리에 있어 점점 더 중요한 역할을 하고 있다. GPS 기술은 지리 정보 시스템 소프트웨어와 결합되어 세계에서 가장 큰 항만 시설에서 자동화된 컨테이너 배치의 효율적인 관리와 운영의 핵심이다. GPS는 항구 출입부터 출구까지 추적함으로써 컨테이너의 픽업, 이송, 배치 과정의 자동화를 용이하게 한다. 매년 수백만 개의 컨테이너 운송이 항만 터미널에 배치되면서 GPS는 분실되거나 잘못 안내된 컨테이너의 수를 크게 줄였고 관련 운영 비용을 낮췄다.GPS 정보는 자동 식별 시스템 (AIS) 전송이라고 알려진 시스템에 내장되어 있다. 국제 해사 기구에 의해 승인된 AIS는 붐비는 바닷길 주변의 선박 교통 통제를 위해 사용된다. 이 서비스는 항해에 필수적일 뿐만 아니라, 정부들에게 상업 선박과 화물에 대한 더 큰 상황 인식을 제공함으로써 항구와 수로의 보안을 강화하기 위해 점점 더 많이 사용된다.

9.11.6 공적안정과 재난방재

모든 성공적인 구조 작업의 중요한 요소는 시간이다. 랜드마크, 거리, 건물, 응급 서비스 자원, 그리고 재난 구조 장소의 정확한 위치를 아는 것은 그 시간을 줄이고 생명을 구한다. 이 정보는 생명을 보호하고 재산 손실을 줄이기 위해 재난 구조 팀과 공공 안전 요원들에게 매우 중요하다. 위성위치확인시스템은 이러한 필요를 해결하는 데 있어 편리한 기술의 역할을 한다. GPS는 2004년 인도양 지역을 강타한 쓰나미, 2005년 멕시코만에 큰 피해를 입힌 허리케인 카트리나와 리타, 그리고 2005년 파키스탄-인도 지진과 같은 세계적인 재난에 대한 구호 활동에 중요한 역할을 해왔다. 수색 구조 팀은 GPS, 지리 정보 시스템, 그리고 원격 감지 기술을 사용하여 피해를 평가할 뿐만 아니라 구조 및 구호 활동을 위한 재난 지역의 지도를 만들었다. 재난 구조의 또 다른 중요한 분야는 산불 관리이다. 산불을 통제하고 관리하기 위해, 항공기들은 GPS와 적외선 스캐너를 결합하여 화재 경계와 "핫스팟"을 식별한다. 몇 분 안에, 화재 지도는 소방관들의 캠프에 있는 휴대용 현장 컴퓨터로 전송된다. 이 정보로 무장한 소방관들은 화재와의 싸움에서 이길 더 큰 가능성이 있다.

환태평양 지역과 같은 지진이 잘 일어나는 지역에서 GPS는 과학자들이 지진을 예측하는 것을 돕는 데 점점 더 중요한 역할을 하고 있다. GPS가 제공하는 정확한 위치 정보를 사용하여 과학자들은 시간이 지남에 따라 어떻게 변형이 천천히 쌓이는지 연구하여 지진을 특징짓고 미래에는 예측할 수 있다. 폭풍 추적과 홍수 예측을 담당하는 기상학자들도 GPS에 의존한다. 그들은 대기를 통한 GPS 데이터의 전송을 분석함으로써 수증기 함량을 평가할 수 있다. GPS는 발이 묶인 운전자들이 도움을 찾도록 돕거나 긴급 차량을 안내하는 등 현대 비상 대응 시스템의 필수 요소가 되었다.

그림 9.54 GPS의 자연재난 분야활용

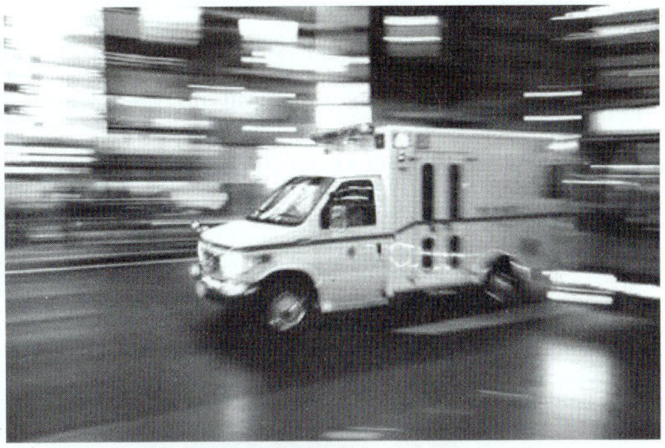

그림 9.55 응급구조차량의 GPS 활용

9.11.7 레크리에이션

GPS는 정확한 위치를 결정하는 기능을 제공함으로써 일반적인 오락 활동과 관련된 많은 위험을 제거했다. GPS 수신기는 또한 "정확한 길"에 머무르거나 최고의 낚시 장소로 돌아오는 것과 같은 전통적인 문제들을 단순화함으로써 야외 활동의 범위와 즐거움을 넓혔다. 야외 탐험은 낯설거나 안전하지 않은 지역에서 길을 잃을 수 있는 잠재력 중 가장 중요한 것인 많은 내재적인 위험을 동반한다. 등산객, 자전거 여행자 그리고 야외 탐험가들은 점점 더 전통적인 종이 지도, 나침반 또는 랜드마크 대신 GPS에 의존하고 있다. 종이 지도는 종종 구식이고, 나침반과 랜드마크는 낯선 지역으로의 모험을 피하기 위해 필요한 정확한 위치 정보를 제공하지 않을 수 있다. 게다가, 어둠과 불리한 기상 조건 또한 부정확한 항해 결과에 기여할 수 있다.

새로운 GPS 수신기의 장점은 컴퓨터와 데이터를 주고 받을 수 있다는 것이다. 야외 애호가들은 신나는 모험에서 중간 경유지를 다운로드 받아 공유할 수 있다. 이것의 예는 말레이시아에 있는 산악 자전거 애호가들을 위한 GPS 전용 웹사이트이다. 라이더들은 자신이 가장 좋아하는 놀이기구를 표시하는 중간 경유지 파일을 게시하여 다른 라이더들이 이 길을 시험해 볼 수 있도록 한다. 골퍼들은 GPS를 사용하여 코스 내의 정확한 거리를 측정하고 경기를 향상시킨다. 다른 응용 분야로는 레크리에이션 항공 및 보트 타기뿐만 아니라 스키도 있다.

GPS 기술은 완전히 새로운 스포츠와 야외 활동들을 만들어 냈다. 이것의 예는 즐거운 하루의 외출과 보물 찾기를 하나로 묶는 스포츠인 지오캐싱이다. 또 다른 새로운 스포츠는 미리 정의된 GPS 좌표로 국가를 넘나드는 지오캐싱이다. 레크리에이션보다 더 심각한 용도를 강화하기 위해 고안된 GPS 현대화 노력은 사용자에게 직간접적인 이익을 제공했다. 몇몇 국가에서 상업과 운송을 위해 개발된 다양한 GPS 증강 시스템은 또한 야외 애호가들에 의해 레크리에이션 목적으로 널리 사용되고 있다.

그림 9.56 Portable Hiking GPS Unit

그림 9.57 GPS watch
(www.workoutprogramplan.blogspot.com)

9.11.8 교통

전 세계적으로 고속도로, 거리, 교통 시스템의 혼잡으로 인한 지연은 매년 수천 억 달러의 생산성 손실을 초래한다고 추정된다. 혼잡의 다른 부정적인 영향에는 재산 피해, 개인 부상, 대기 오염 증가 및 비효율적인 연료 소비가 포함된다.GPS의 가용성과 정확성은 고속도로, 거리 그리고 대중 교통 시스템을 사용하는 차량들에게 향상된 효율성과 안전을 제공한다. 상업용 차량의 라우팅과 출동과 관련된 많은 문제들은 GPS의 도움으로 상당히 줄어들거나 제거된다. 이것은 대중 교통 시스템, 도로 유지 보수 승무원 그리고 긴급 차량의 관리에도 적용된다.

GPS는 오늘날 전 세계적으로 널리 사용되고 있는 차량 자동위치확인 및 차량내 내비게이션 시스템을 가능하게 한다. GPS 위치확인 기술을 지리적 정보를 표시할 수 있는 시스템이나 자동으로 데이터를 표시 화면이나 컴퓨터에 전송할 수 있는 시스템과 결합하여 지상 교통의 새로운 차원을 구현한다. 지리정보시스템(GIS)은 GPS에 의해 상당 부분 제공되는 지리적으로 참조되는 정보를 저장, 분석 및 표시한다. 오늘날 GIS는 차량 위치를 모니터링하는 데 사용되며, 이는 환승 차량을 일정한 시간에 유지하고 승객들에게 정확한 도착 시간을 알려줄 수 있는 가능한 효과적인 전략을 만든다. 대중교통 시스템은 제 시간 성능을 향상시키기 위해 철도, 버스 및 기타 서비스를 추적하는 데 이 기능을 사용한다. GPS를 이용하면 많은 새로운 기능들이 가능해진다. 사람들이 가까운 곳에 있는 차량과 즉시 연결될 수 있기 때문에 즉석 자동차 풀장이 가능하다.

그림 9.58 Car Navigation (www.nerdtechy.com)

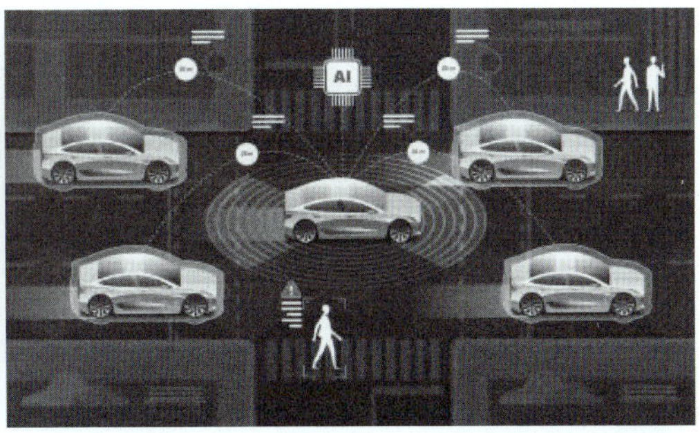

그림 9.59 Connected Car (www.carzato.com)

9.11.9 우주

위성위치확인시스템(GPS)은 승무원을 위한 안내 시스템에서 통신 위성 별자리의 관리, 추적, 제어 그리고 우주에서 지구를 관찰하는 것에 이르기까지 우주에서 국가들이 운영하는 방식에 혁명을 일으키고 활성화하고 있다. GPS를 사용함으로써 얻을 수 있는 이점들은 다음과 같다.

- 내비게이션 솔루션 - 기존의 우주 자격 GPS 유닛으로 높은 정밀 궤도 결정과 최소 지상 제어 승무원을 제공한다.
- 자세 솔루션 - 저비용 다중 GPS 안테나 및 전문 알고리즘으로 고비용의 기내 자세 센서를 대체한다.
- 타이밍 솔루션 - 고가의 우주선 원자 시계를 저가의 정밀한 시간 GPS 수신기로 대체한다.
- 별자리 제어 - 통신 위성과 같은 많은 수의 우주 차량의 궤도 유지를 위한 제어를 위한 단일 접점을 제공한다.
- 편대 비행 - 지상 승무원의 최소한의 개입으로 정밀한 위성 편대를 가능하게 한다.
- 가상 플랫폼 - 자동 "스테이션 키핑" 및 간섭계와 같은 고급 과학 추적 기동을 위한 상대 위치 서비스를 제공한다.
- 차량 추적 - 거리 안전 및 자율 비행 종료를 위해 추적 레이더를 더 정확하고 저렴한 GPS 장치로 교체 또는 확대한다.

그림 9.60 GPS위성과 지상관제

9.11.10 측량 및 지도제작

측량 및 지도 제작 공동체는 GPS의 생산성을 극적으로 향상시키고 더 정확하고 신뢰할 수 있는 데이터를 도출했기 때문에 GPS를 활용한 최초의 공동체 중 하나였다. 오늘날 GPS는 전 세계적으로 측량 및 지도 제작 활동의 중요한 부분이다. GPS는 숙련된 전문가가 사용할 경우 최고 정확도의 측량 및 지도 작성 데이터를 제공한다. GPS 기반의 데이터 수집은 기존의 측량 및 지도 작성 기술보다 훨씬 빠르기 때문에 필요한 장비와 노동력을 절감할 수 있다. 한 명의 측량사가 팀 전체가 몇 주씩 걸렸던 작업을 하루 만에 수행할 수 있게 되었다.

GPS는 산과 강에서부터 거리와 건물, 전력선과 다른 자원들에 이르기까지 물리적인 세계의 정확한 지도 제작과 모델링을 지원한다. GPS로 측정된 특징들은 지도와 지리적으로 참조되는 데이터를 저장, 조작, 그리고 보여주는 지리정보시스템에 표시될 수 있다.

기존의 기술과 달리 GPS 측량은 측량점 간의 가시거리와 시통같은 제약에 구속되지 않는다. 그 측량점들은 시통의 문제로 산꼭대기에 국한되지 않는다. 더 먼 거리에 배치될 수 있고 하늘을 잘 볼 수 있는 곳이라면 어디든지 운영될 수 있다.

GPS는 육지에 위치한 기준점이 거의 없는 해안과 수로를 조사할 때 특히 유용하다. 조사선들은 변화하는 수심과 수중 위험을 선원들에게 알려주는 항해도를 만들기 위해 GPS 위치와 음파 탐지기를 결합한다. 교량 건설자들과 해상 석유 굴착기들도 정확한 수문 조사를 위해 GPS에 의존한다. 육상 측량사와 지도 제작자는 GPS 시스템을 배낭에 넣고 다니거나 차량에 장착하여 빠르고 정확한 데이터를 수집할 수 있다. 이러한 시스템 중 일부는 무선으로 레퍼런스 수신기와 통신하여 지속적인 실시간 센티미터 수준의 정확도와 전례 없는 생산성 향상을 제공한다.

최고 수준의 정확도를 달성하기 위해 대부분의 측량 등급 수신기는 L1과 L2의 두 가지 GPS 무선 주파수를 사용한다. 현재 L2에는 완전하게 기능하는 민간 신호가 없기 때문에 이 수신기들은 "코드리스" 기술을 사용하여 군사용 L2 신호를 활용한다. 현재 진행 중인 GPS 현대화 프로그램은 L2에 군용 신호 없이 정확도 높은 위치 측위를 지원하는 전용 민간 신호를 추가하는 것이다. GPS 프로그램은 또한 성능을 더욱 향상시킬 L5 주파수의 세 번째 민간 신호를 추가하는 것이다. 2020년 이후에는 정부가 더 이상 군용 GPS 신호에 대한 코드리스 접근을 지원하지 않을 것이다.

그림 9.61 기준점측량

그림 9.62 Echo sounder와 GPS (www.usgs.gov)

9.11.11 지오이드 모델 개발

우리나라 지역에 적합한 지오이드 모델을 개발하고자 하는 연구들이 GPS를 이용하여 이루어지고 있다. 지구중력장모델, 육상중력자료 및 GPS/leveling 기법에 의한 지오이드고 계산을 수행하여 우리나라 지역에 적합한 지오이드 모델을 개발하고 있다. 지오이드모델은 일

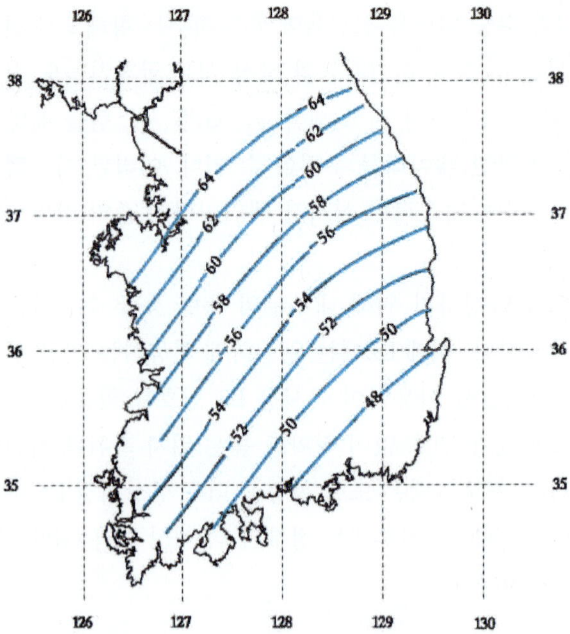

그림 9.63 국내지역에 대한 지오이드 경향

반적으로 높이(해발고도)를 측정하는 기준이 되는 평균해수면과 GPS로 측정한 높이의 기준이 되는 타원체고의 차이를 연속적으로 구축한 것이다.

미국 항공우주국 GSFC(Goddard Space Flight Center)와 NIMA(National Imagery and Mapping Agency) 그리고 오하이오대학의 지오이드모델 EGM96이 1996년에 개발되었으며 그 후로 EGM08을 사용하였으나 2014년에 우리나라 자체적으로 KNGeoid14를 개발하였다. 이를 개선해 2018년12월17일부터 국가 지오이드모델(KNGeoid17)을 새롭게 제공하게 되었는데 기존모델에 비해 평균정밀도가 3.55cm에서 2.33cm로 크게 향상됐다. 최근에는 KNGeoid18을 사용하고 있다.

9.11.12 현장 GIS데이터 획득

모바일 GIS는 지리정보시스템(GIS) 소프트웨어, GNSS, 그리고 모바일 컴퓨팅 장치의 조합을 통해 위치와 정보를 동시에 수집하는 방법이다. 모바일 GIS는 현장에서 정보가 수집되고 무선통신을 통해 회사의 서버에 입력될 수도 있다. GNSS의 결합을 통해 모바일 GIS는 생산성과 데이터 정확성을 향상시키고, 정보를 디지털 지도로 시각화한다.

그림 9.64 다양한 단말기에 탑재된 현장 GIS데이터 획득 애플리케이션

휴대용단말기에는 GNSS가 일체화 되거나 별도의 GNSS와 무선연결을 통해 위치측정과 함께 정보를 입력함으로써 작업의 효율을 극대화 할 수 있다.

(a) GIS/GNSS 일체형

(b) GIS/GNSS 분리형

그림 9.65 현장Mobile 시스템

또한 최근 자율주행자동차의 주행을 위해 정밀도로지도제작이 수행되고 있다. 정밀도로지도는 노면, 차선에 대한 정보 뿐만 아니라 가로의 교통시설, 인도에 대한 자세한 정보를 GNSS와 INS 탑재한 MMS(mobile Mapping System)로 수집한다.

9.11.13 해양에서의 위치결정

육지로부터 멀리 떨어진 해양에서의 위치결정은 전통적인 측량 방법으로 시통이 되지 않으므로 사용할 수가 없다. 해양구조물 설치 시 정확한 위치를 요구하는데 이러한 경우 GNSS가 절대적으로 필요하다. 유전개발, 각종 해저수심측량에 GNSS는 이제 없어서는 안될 위치측정 방법이다. 또한 원양어업을 위한 고기잡이 어선의 어군탐지 및 조업에도 많은 도움을 준다.

그림 9.66 Mobile Mapping System

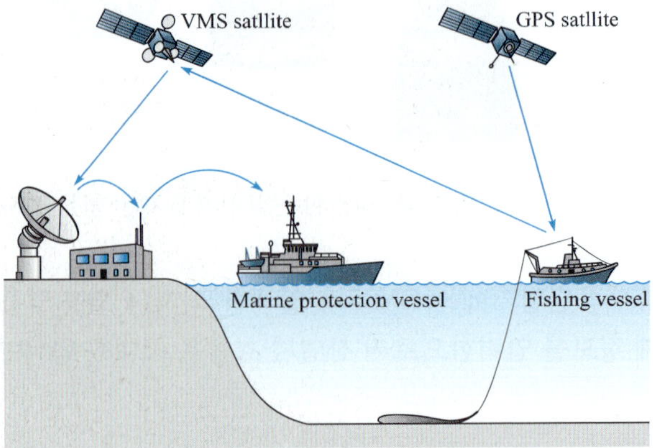

그림 9.67 해양에서의 GNSS이용

연습문제

9.1 GPS 위성신호의 종류를 들고 설명하시오.

9.2 GPS측위의 원리에 대하여 설명하시오.

9.3 GPS로 측량한 WGS84표고가 50.123m, 측량지점에서의 WGS84타원체와 지오이드간의 높이(지오이드고)를 35.465m라고 하면 이 측점의 표고는?

9.4 다음 용어를 설명하시오.

1) SA(Selectable Availability)
2) 의사거리(Pseudo-range)
3) Mask Angle
4) Multi pass
5) DOP
6) PDOP
7) VRS
8) FPK

9.5 기준타원체면 상에서 GPS로 측량하여 A, B 측지좌표를 얻었다. $A(\phi=38°, \lambda=127°, h=100\text{m})$, $B(\phi=37°, \lambda=128°, h=200\text{m})$ 두 지점의 측지좌표를 3차원 지심직각좌표로 변환하고, 두 지점의 3차원 지심직각좌표를 이용하여 $\overline{AB}$의 거리를 구하시오.(단, 장반경$(a)=6{,}378.137\text{km}$, 단반경$(b)=6{,}356.752\text{km}$ 이다.)

$$N=\frac{a}{\sqrt{(1-e^2\cdot\sin^2\phi)}},\quad e^2=\frac{a^2-b^2}{a^2}$$

$$X=(N+h)\cdot\cos\phi\cdot\cos\lambda,\quad Y=(N+h)\cdot\cos\phi\cdot\sin\lambda$$

$$Z=[N(1-e^2)+h]\cdot\sin\phi$$

제3편
지형측량

제10장 지형도

| 제3편 지형측량 |

지도의 역사는 문자보다 오랜 역사를 가지고 있다. 우리나라의 경우 영류왕(628)11년 당나라에 고구려지도를 보냈다는 기록이 삼국사기에 남아있다. 이는 고려시대에 와서 5도양계지도, 팔도지도로 이어졌으며 조선시대의 동국지도와 대동여지도로 꽃을 피웠다. 이처럼 지도를 만들기 위한 인류의 노력은 끊이질 않았는데 나라를 효율적으로 다스리고 군사적인 목적에 필수적인 자료이기 때문이었다. 전통적인 지형도 작성 방법에는 도해적 방법으로 평판측량을 이용하는 방법이 있으며 최근에는 항공사진측량이 기본적이다. 좁은 지역의 경우 토털스테이션이나 GPS RTK측량방법을 이용하는 수치적인 방법을 빈번히 사용한다. 부분적이기는 하나 위성사진측량과 LiDAR를 이용하여 등고선을 획득하는 수준까지 와있다. 지도에는 지리적지도(geographical map)와 지형도(topographical map)로 분류할 수 있다. 본 3편에서는 주로 지형도와 지형도 작성을 위한 측량방법 그리고 등고선의 활용방법에 대해 논하기로 한다.

제10장 지형도

지형도(地形圖, Topographical Map)란 지표면상의 자연적인 요소와 인공적인 객체의 상호위치관계를 수평 및 수직적으로 관측하여 그 결과를 일정한 축척과 도식(圖式)으로 도면에 나타낸 것을 말하는 것으로 지형측량은 이 지형도를 작성하기 위한 측량이다. 지형도상에 표시되는 요소로는 자연적인 요소(산정상, 구릉, 계곡, 평야, 경작지)등 주로 토지의 기복에 관련된 것이며 인공적인 객체로는 도로, 하천, 철도, 시가지, 촌락과 같은 것들이다. 일반적으로 자연적인 요소는 등고선으로, 인공적인객체는 도형요소로 표시한다. 지도에는 지리적지도(Geographical map)과 지형도(Topographical map)로 분류할 수 있다. 본 장에서는 공간정보분야에서 활용도가 큰 지형도를 중심으로 설명하였다. 초기의 지도는 아나로그 종이지도가 출판되었으며 GIS를 위한 수치지도가 1992년도부터 제작되었는데 기존의 종이지도를 디지털화하는 것부터 시작하였다. 현재는 NGIS사업을 통해 수치지도 기본도 1:5,000이 완성되었다. "수치지도"란 지표면・지하・수중 및 공간의 위치와 지형・지물 및 지명 등의 각종 지형공간정보를 전산시스템을 이용하여 일정한 축척에 따라 디지털 형태로 나타낸 것을 말한다. 수치지도 작성 작업규칙[국토교통부령 제209호, 2015. 6. 4.]

10.1 우리나라 지도제작의 역사

우리나라 근대지도제작은 1945년 일본에 주둔하고 있던 미극동사령부의 제64공병측지대대가 한반도 전역에 대한 지도제작용 항공사진을 촬영하여 1:50,000 및 1:25,000의 지형도를 제작한 것이 시작이다. 우리나라 자체 지도제작은 6.25한국전쟁 후 1/50,000축척의 다색국지형도(多色國地形圖)를 미군과 협동하여 제작한 것이 시작이다. 1958년 국방부지리연구소가 발족되어 1961년 2월14일 내무부 국립지리연구소로 발전하여 측량 및 지도제작을 맡았다. 지리연구소에서는 육군측지부대에서 발행한 지형도를 기초로 하여 민간용지형도를 제작하였다. 1962년 5월 29일 건설부 국립건설연구소로 이관되어 제1차 경제개발 5개년계획 시

울산의 공업단지 조성계획을 위해 1:3,000지도 및 1:10,000현황도를 제작한 것이 본격적인 지도제작의 시초이다. 그러나 제작된 지형도의 정확도면에서 활용도가 떨어지자 1966년 한국·네덜란드 협동항공사진측량사업으로 본격적인 항공사진측량에 의한 지도제작 능력을 갖게 되었다. 이 결과 1967년부터 1:25,000지형도 762도엽을 제작하였다. 1974년 11월1일 측량 및 지도제작업무는 건설부 국립지리원의 독립기구로 이관되었다. 이후 꾸준히 지도제적을 진행하여 1993년 1:5,000 대축척 지형도를 제작하였다. 항공사진촬영은 1:37500 또는 1:20,000으로 촬영하여 1:25,000 및 1:5,000지형도제작 및 수정에 활용하였다.

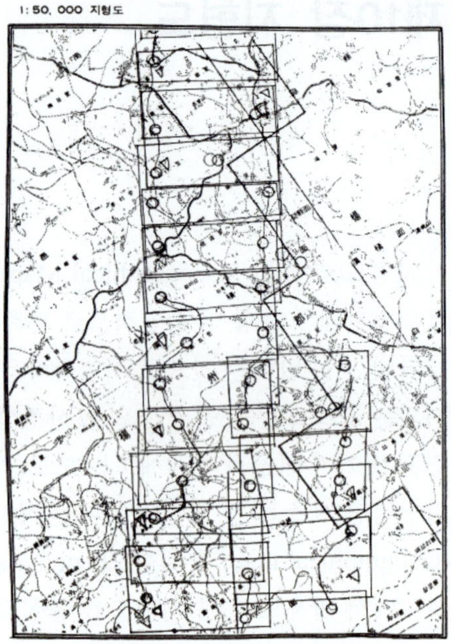

그림 10.1 초기의 항공사진촬영계획도
(한국의 측량과 지도, 대한측량협회)

사회가 고도의 산업화와 정확한 정보유통이 시작 되면서 국토와 관련된 정보를 전산화한 국토지리정보시스템(GIS; Geographic Information System)을 활용하게 되었는데 이를 위해 수치지도 제작의 필요성이 대두되었다. 국립지리원은 1992년 2월에 수치지도제작작업규칙(건설부령 제500호)를 제정하여 작업방볍, 코드 및 도식을 표준화하였다. 국립지리원의 국토지형데이터베이스구축 및 지도전산화 작업은 측량영역의 확대와 공간정보영역의 탄생을 가져왔다. 국가GIS사업(NGIS)을 통해 1:5,000수치지도를 국가기본도로 완성하였으며 1:1,000수치지도 제작도 추진 중에 있다.

10.2 지도의 종류

10.2.1 목적에 따른 분류

(1) 국토기본도(national base map)

모든 종류의 지도를 제작하는 기본도로서 국토지리정보원이 간행하는 전 국토를 통일적으로 체계적으로 포괄한 일정한 축척의 지도이다. 과거에는 종이지도를 인쇄하여 전국의 보급 대행업체를 통해 구입할 수 있었으나 현재에는 수치화된 수치지형도를 직접 주문하여 사용할 수 있다. 우리나라의 국토기본도는 1:5000, 1:10000, 1:25000, 1:50,000, 1:250000 등이 있다. 우리나라의 국토기본도의 준거타원체는 Bessel 타원체를 채택하고 있으며 수평기준은 대한민국 경위도원점이다. 수직기준은 인천항의 평균해수면이며 투영법은 횡메르카토르투영법(TM투영법)이며 평면직각좌표는 동부, 중부, 서부원점을 기준으로 하고 있다.

(2) 주제도(thematic map)

국세지도라고도 하며 국토기본도를 기본으로 자연(지형, 지질, 기상, 해상), 경제(산업, 금융무역 등), 사회(인구, 주택 등), 국토개발(토지, 건설, 도로 등) 등에 대한 국가의 통계자료를 도표화한 지도첩이다. 주제도는 국토종합건설계획 등 주요정책의 입안, 교육, 경제분석 등의 자료로 활용된다. 공간정보의 구축 및 관리 등에 관한 법률 시행령 제4조<개정 2013.3.23.>에서는 지하시설물도, 토지이용현황도, 토지적성도, 국토이용계획도, 도시계획도, 도로망도, 수계도, 하천현황도, 지하수맥도, 행정구역도, 산림이용기본도, 임상도, 지질도, 토양도, 식생도, 생태·자연도, 자연공원현황도, 토지피복지도, 관광지도, 풍수해보험관리지도, 재해지도를 주제도로 정하고 있다. 규정된 것과 유사한 수치주제도 중 관련 법령상 정보유통 및 활용을 위하여 정확도의 확보가 필수적이거나 공공목적상 정확도의 확보가 필수적인 것으로서 국토교통부장관이 정하여 고시하는 수치주제도

(3) 특수도(special map)

해도, 지질도, 지적도, 산림도 등 특수 분야의 목적을 위해 제작한 도면을 말한다.

10.2.3 축척에 따른 분류

(1) 소축척지도(small scale map) : 축척 1:50,000 이하의 지도

(2) 중축척지도(medium scale map) : 축척 1:50000 ~ 1:10000 사이의 지도

(3) 대축척지도(large scale map) : 축척 1:5000 ~ 1:500 사이의 지도

$$\text{지도축척}\left(\frac{1}{m}\right) = \frac{\text{지도상의 거리}}{\text{실제지상거리}}$$

일반적으로 축척은 $1 : m$ 으로 표시하며 m 을 축척분모수라 한다.

지도의 활용은 축척에 따라 다른데 이는 얼마만큼 지형을 세부적으로 표현했느냐가 다르기 때문이다. 다음은 지형도의 축척별 이용현황이다.

표 10.1 지형도의 축척별 활용

축척	지형도 이용현황	특수도 이용현황
1:500 1:600	건설공사설계, 도시계획	지적공부
1:1000 1:1200	철도, 도로, 하천개수, 토지개량계획	지적공부, 도로, 항만계획
1:2500 1:3000	도시, 철도, 도로, 하천, 댐계획 용수사업계획, 농지계획, 수도수로, 농업수리	전신, 전화, 통신, 항만, 해안조사, 지적공부
1:5000 1:6000	국토기본도, 도시계획, 하천종합개발, 도로철도계획, 댐계획, 국토종합개발	지적공부, 산림개발, 광산개발, 항만개발
1:10000	국토기본도, 국토종합개발계획, 도시계획, 철도계획, 도로계획, 농업용수계획, 상수도계획, 공업단지개발	산림개발, 광산개발, 관광개발, 지리조사, 지질조사, 지형조사, 토지이용조사
1:25000	국토기본도, 국토종합개발, 하천계획, 도로계획, 도시계획	산림개발, 토양보존, 관광개발, 지질조사, 토지이용조사
1:50000	곡토기본도, 국토종합개발, 도시계획	산림개발, 토양보존, 토지이용조사, 관광개발, 토질조사

10.3 수치지도제작방법

지도제작의 일반적인 방법은 항공사진측량이었으며, 인쇄를 위한 원판을 제작하여 종이지도를 제작했었다. 항공카메라가 디지털사진기로 변화됨에 따라 수치지도 제작이 수월해졌다.

좁은 지역의 경우 드론사진측량을 이용하며 토털스테이션과 GPS를 보조적인 수단으로 사용하고 있다. 최근에는 위성측량과 LiDAR를 이용하여 등고선을 제작하기도 한다. 이 절에서는 다양한 지도제작 방법을 소개한다.

10.3.1 디지타이징/벡터라이징을 이용한 수치지도 제작

최근에는 사용하지 않지만 과거의 종이지도를 수치화 하여 수치지도를 제작했다. 사용할 경우 필요한 방법이다. 이러한 방법에는 두 가지가 있는데 디지타이징 방법과 벡터라이징 방법이 그것이다. 디지타이징 방법은 디지타이저와 CAD프로그램을 연동하여 지도를 수치화하여 제작하는 방법으로 작업자에 따라 정확도가 달라진다. 반면에 벡터라이징방법은 지도를 스캐닝하여 얻은 영상을 편집프로그램(AutoCAD 등)을 이용하여 마우스로 수치화하는 방법이다. 제작비용 이 저렴하고 용이하며 기존 자료의 수정 및 유지관리가 용이하다. 그러나 지도의 복사, 추적(tracing) 및 작업도중의 오차로 인한 정확도 문제가 있다.

그림 10.2 디지타이징 작업 모습

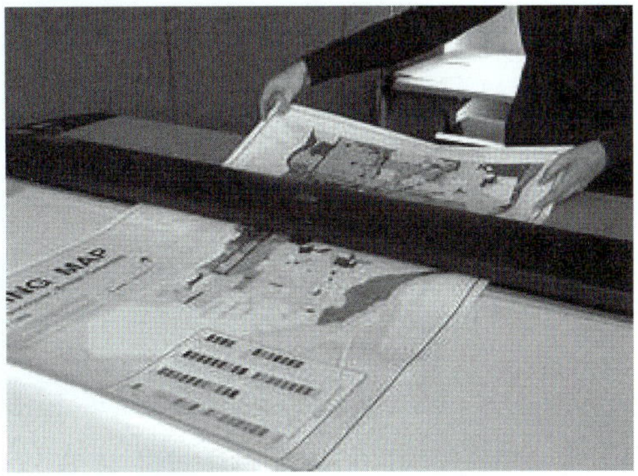

그림 10.3 도면스캐닝 작업 모습

10.3.2 인공위성영상을 이용한 수치지도제작

접근이 불가능한 지역의 지도제작은 많은 어려움이 있다. 더구나 적대국의 경우에는 저고도 항공기로는 불가능하다. 이와 같이 접근이 어려운 지역이나 광대한 지역의 지도제작을 위해서는 위성영상을 이용한 지도제작 방법이 적합하다. 또한 인공위성영상의 다양한 정보(Band 정보)를 이용한 특정 목적(토지이용도, 환경오염평가 등)의 지도제작이 가능하다. 영상구입비가 고가이어서 제한된 분야에서만 활용되어 왔으나 최근(2006. 7)에 발사된 아리랑 2호는 고해상도 카메라를 탑재하고 있으므로 저렴한 가격으로 구입이 가능할 것으로 기대되어 그 활용이 활발할 것으로 예상한다. 이렇게 되면 고해상도 영상을 이용한 대축척(1/5,000까지) 지도 제작이 가능하게 되며 저렴한 가격으로 소축척지도 제작이 가능할 것이다.

10.3.3 MMS 이용방법

동적지도제작시스템(MMS;Mobile Mapping System)은 교통이 발달한 현대사회에서 도로시설물과 도로주변의 가로 및 건물들에 대한 정보획득에 특화되어있는 시스템이라고 말할 수 있다. 다중센서기술의 발전에 힘입어 하나의 플랫폼에 GPS, Laser scanner, IMU, 영상센서 등과 융합된 시스템으로 시속 약 60km로 주행하며 센서에 탐지된 대상물에 대해 수 cm의 정확도로 공간정보를 수집한다.

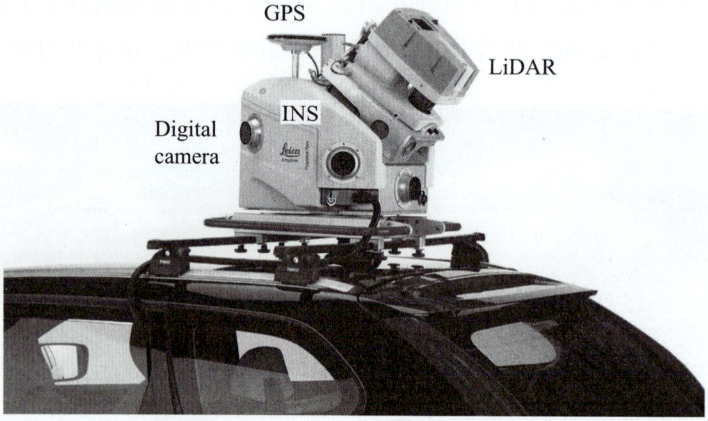

그림 10.3 Leica Pegasus MMS

그림 10.5 LiDAR전용 소프트웨어에서 본 스캐닝 결과

그림 10.6 LiDAR데이터를 이용한 정밀도로지도

10.3.4 항공사진측량에 의한 방법

지형도 작성 대상지역을 입체시가 가능하도록 중복촬영한 사진으로부터 표정단계를 거쳐 등고선과 지형지물을 도화하게 된다. 최근에는 수치사진측량(Digital photogrammetry)의 발달로 고해상 항공측량용 사진기로 수치영상을 얻어 자동 매칭을 통해 등고선을 자동으로 제작하는 기술이 상용화 되고 있다. 현재 자동 지형도 작성을 위한 AM(Auto Mapping)분야의

활동이 활발하다. 다음 그림 10.7의 흐름도는 항공사진측량에 의한 일반적인 수치지도 제작 방법을 설명한 것이다. 각 과정에 대한 자세한 설명은 제14장 사진측량 부분에서 설명하므로 여기서는 간단히 설명한다.

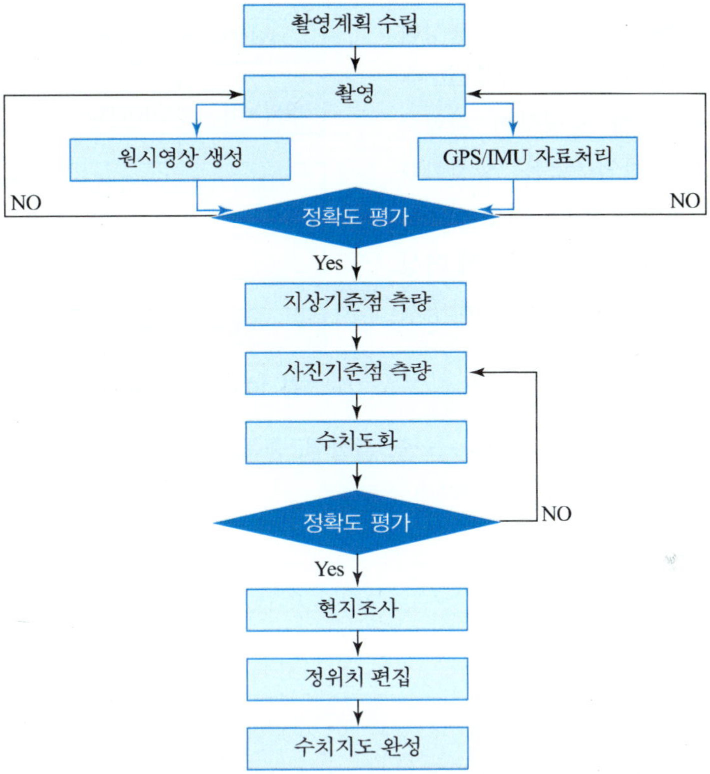

그림 10.7 사진측량에 의한 일반적인 수치지도제작과정

1) 준비 및 자료수집

과업수행 상 발생할 수 있는 문제점 등을 분석한 후 각 공종별 세부 시행 계획 및 보안 및 안전관리계획을 수립하고 기 제작된 자료(수치지형도 등)를 국토지리정보원 및 해당 지자체에서 수집한다.

2) 디지털항공사진기 결정

과업의 목적에 맞는 사진기를 결정한다.

3) 위치결정체계결정

GPS와 IMU(inertial measurement unit)

4) 촬영계획수립 및 촬영

구글어스 상에서 과업영역을 생성하고 kml 데이터를 입력하여 작업하고, 수치지형모형(DTM)을 입력하여 지형특성을 고려하여 작업블럭을 생성한다(IGI plan), 만들어진 촬영노선도는 구글어스 상에서 작업블럭과 중첩하여 이상이 없는지 확인한다. 최종적으로 촬영계획결과를 확인한다.

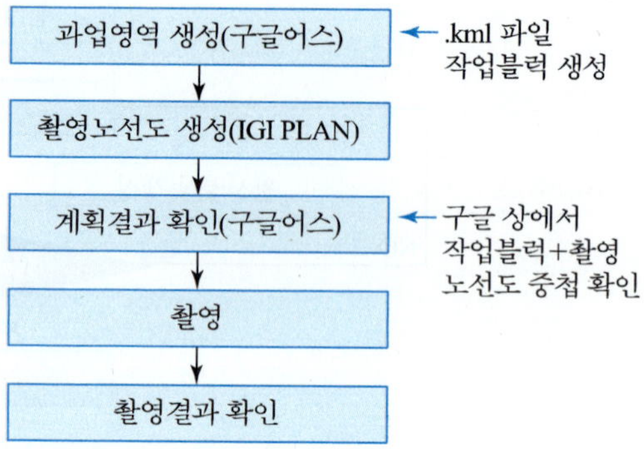

그림 10.8 촬영계획과 촬영

촬영한 후 촬영한 사진을 검사한다. 노출, 흔들림, 중복도 등을 검사한다. 그림 10.9는 촬영 후 촬영경로와 중복도를 표시한 것이다.

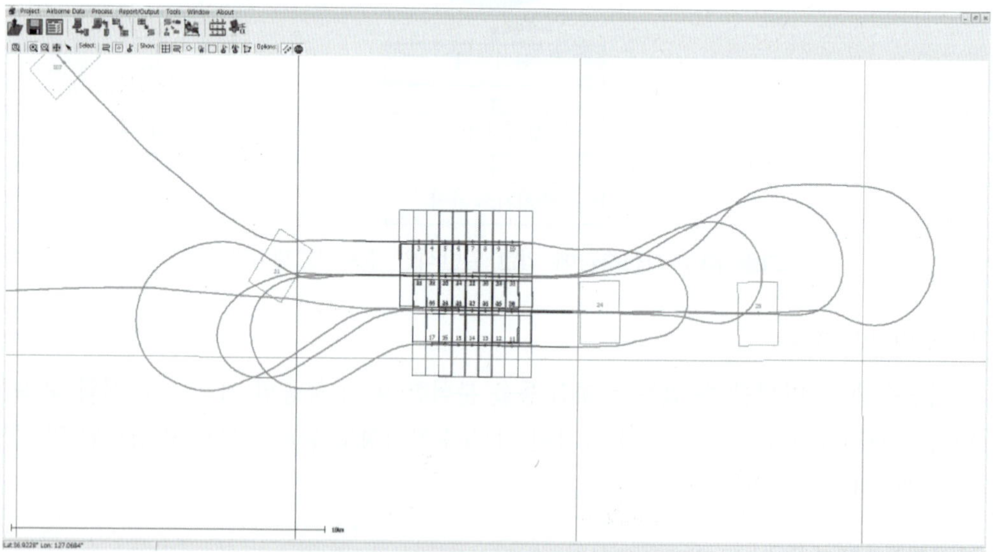

그림 10.9 촬영 후 촬영경로와 중복도

5) GPS/IMU자료처리 및 통합

항공사진의 촬영당시 외부표정요소를 직접 구하거나 항공레이저 스캐닝에 의한 3차원 위치정보 획득에 활용되며, 연안지역이나 산림지역 등 지상기준점 측량이 불가능한 지역에서도 가능하게 할 수 있는 항공삼각측량의 자료가 된다. 자료처리가 끝나면

6) 외부표정요소 산출

7) 디지털영상생성

8) 영상정보 DB테이블 생성

표 10.2 속성 DB 테이블 내역

순번	테이블명	속성 내역	파일형식
1	AIR_PRODUCT_DTS	성과	XLS
2	AIR_NOTE_DTS	촬영기록부	XLS
3	AIR_NOTECOURSE_DTS	촬영기록코스	XLS
4	AIR_COURSETEST_DTS	코스별검사표	XLS
5	AIR_BASEMETA_DTS	관리파일	XLS
6	AIR_ORIENTMAP_DTS	사진주점	XLS
7	AIR_PRODUCTEO_DTS	EO성과	XLS

9) 메타데이터 생성

10) 지상기준점측량

수평위치기준점과 수직위치기준점 측량

11) 사진기준점측량

12) 항공삼각측량

13) 수치도화

도화작업은 입체된 영상의 형상을 모니터에 출력하여 도로, 철도, 하천, 선상 지물, 가옥과 같은 독립물체를 도화하고 지류계 및 등고선을 도화

14) 가편집

15) 도화검수

16) 지리조사 및 정위치편집

도화의 사각지대 등 미비한 점을 현장에서 보완하여 정위치 편집, 표준코드에 정의된 지형·지물조사와 수치지형도에 포함되어야 할 사항을 현장에서 조사한다.

17) 검수

검수프로그램에 의해 검수

18) 구조화편집

모델단위의 도화Data를 도곽단위로 구성 및 인접처리하며 코드확인 및 부여, Data 구조상태 확인 및 보완편집한다.

19) 품질검사

① 정보의 완전성 : 수치지도상의 지형 · 지물 또는 그에 대한 각각의 정보가 빠지지 아니하여야 함

② 논리의 일관성 : 수치지도의 형식 및 수치지도상의 지형 · 지물의 표현이 작성기준에 따라 일관되어야 함

③ 위치정확도 · 수치지도상의 지형 · 지물의 위치가 원시자료(原始資料) 또는 실제 지형 · 지물과 대비하여 정확히 일치하여야 함

④ 시간정확도 : 수치지도 작성의 기준시점은 원시자료 또는 조사자료의 취득시점과 일치하여야 함

⑤ 주제정확도 · 지형 · 지물과 속성의 연계 및 지형 · 지물의 분류가 정확하여야 함

20) 도면제작

수치지형도를 가공하여 인쇄. 출력용 원판. 파일을 제작하고 난외주기를 추가한다.

10.4 지도투영법

지형도 작성의 대상이 되는 지표는 곡률을 가지고 있으므로 넓은 지역의 경우 평면에 투영시켜야 하는데 이것은 3차원의 공간을 2차원의 지도로 변환하는 것을 말한다. 구 또는 회전타원체상의 지리적인 위치(경도와 위도)에 대한 데이터를 평면상의 대표적인 위치로 변환하는 수학적 표현으로, 이 과정에서 경, 위선의 좌표체계가 변화되고 최소한 형태, 면적, 거리, 방향 등과 같은 특성 중의 일부가 손실된다.

지도투영법은 간단히 도법이라고도 부르는데, 그 종류가 많으며, 그 분류기준에도 여러 가지가 있다. 투영특성에 따른 분류와 투영면(형태)에 따른 분류를 정리하면 다음과 같다.

1) 투영특성에 따른 분류

① 등적도법(Equivalent 또는 Equal-Area Projection)
② 등각도법(Conformal Projection)
③ 등거도법(Equi-distance Projection)

2) 투영면(형태)에 따른 분류

① 방위도법 또는 평면도법(Azimuthal Projection)
② 원추도법(Conic Projection)
③ 원통도법(Cylindrical Projection)

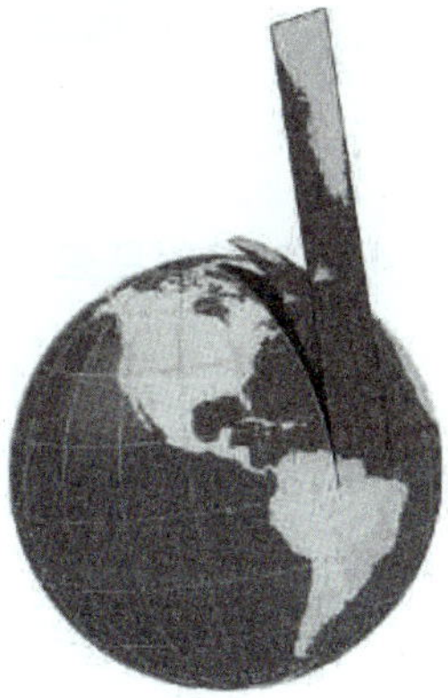

그림 10.10 지도투영의 개념

10.4.1 원추도법(Conic Projection)

1772년 John Heinrich Lambert(1728~1777)가 고안한 투영법이다. 원뿔표면과 교차하는 평행 위도선. 평행위도선이 하나인 경우 위도선은 원뿔표면과 접하게 된다. 그러나 한 점에서만 접하게 되면 축척계수의 차에 따라 왜곡이 크게 되므로 그림 10.11과 같이 기준평행선을 두 개로 하게 된다. 원추도법의 경우 구면과 기준평행선은 접하게 되므로 축척계수가 1과 같다. 또한 평행선 AB와 CD사이의 지역은 축소되어 투영되므로 1보다 작다. 그러나 그 이외의 지역은 확대되므로 1보다 크게 투영된다. 축척의 변화가 동서는 일정하며 남북방향으로 크게 되므로 남북이 좁고 동서가 긴 지역에 적합한 투영방법이다.

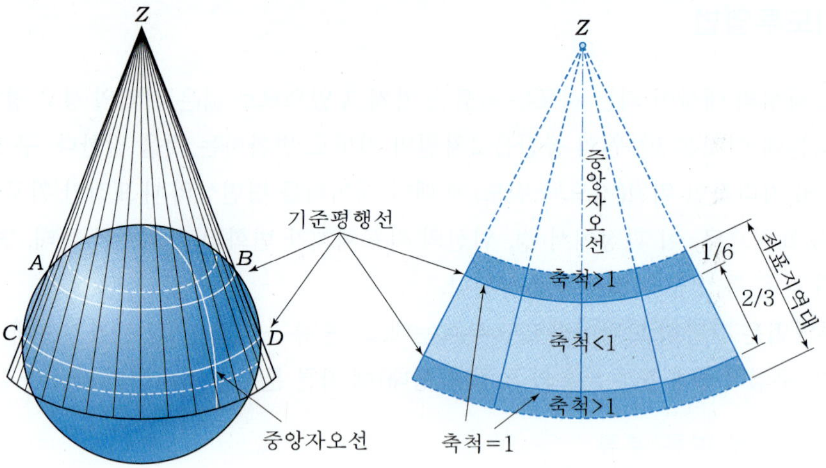

그림 10.11 원추도법의 원리

10.4.2 메르카토르 도법

1569년 네덜란드 지도학자 Gerhard Kramer에 의해 항해용으로 제작되었다. 메르카토르로 불리게 된 것은 Latin어 성에서 유래된 것이다. 초기에는 도식적 방법으로 사용하였으며 30년 후 Cambridge의 Edward Wright에 의해 수학적 방법으로 개선되었다. 투영특성적으로 등각투영법으로서 일반적으로 볼 수 있는 세계지도로 널리 사용되고 있으며 원통중심도법과 원통등적도법을 절충한 것처럼 보여진다.

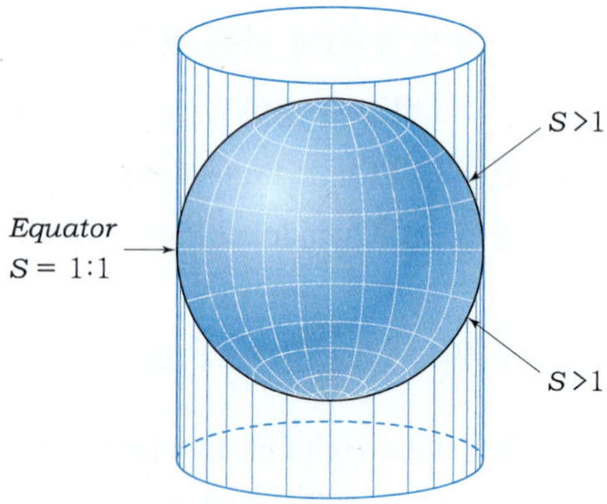

그림 10.12 원통도법

이 도법에서는 경위선이 투시에 의하여 결정되는 것이 아니고, 어느 위도에서나 동서방향으로 경선의 간격이 실제보다 확대되는 비율만큼 남북방향의 위선간격을 수학적으로 조정하여 각도 관계가 정확하게 나타나도록 하였다. 예를 들어, 경선이 등간격의 수직선으로 그어지기 때문에 위도 60°에서는 경선간격이 지구의에서의 그것보다 2배, 위도 80°에서는 6배나 더 넓게 벌어지는데, 해당 위도에서의 위선간격도 이와 같은 비율에 따라 넓혀준다. 이 도법은 적도 부근은 정확하게 나타나지만 적도에서 멀어짐에 따라 축척 또는 면적이 급속하게 늘어나 대륙적인 범위에서는 형태의 왜곡도 수반되며, 세계지도를 작성할 때 위도의 범위를 80°~85°까지 하는 것이 보통이다. 나침반의 방향이 정확하게 나타나며 지도상의 거리와 실제거리가 같기 때문에, 항해용 해도, 세계의 해류도, 풍향도 등에 많이 쓰인다.

10.4.3 횡축 메르카토르 도법(TM 도법)

원통의 축을 90° 회전하여 적도 대신 임의의 경선과 접하도록 투영하는 도법으로써 경위선은 곡선으로 나타난다.

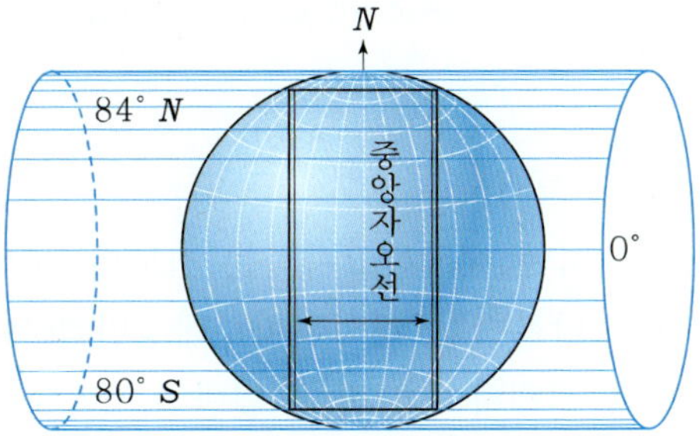

그림 10.13 횡축 메르카토르 도법

원통이 지구타원체와 접할 때 표준선은 경선을 따라 나타나는데 이 표준경선은 지도의 중앙에 위치하게 된다. 축척은 직선으로 나타나는 이 표준경선에서 정확하고, 동서방향으로 멀어질수록 왜곡이 심하게 발생하여 남북으로 길게 펼쳐진 지역에 주로 사용된다. 미국과 영국 등에서는 이 도법을 측량과 군사적 목적에 유리하여 널리 사용하고 있으며, 이 도법은 UTM 좌표계의 기본 도법으로 사용된다. 우리나라에서의 지형도 제작에는 이 도법을 사용한다.

횡축메르카토르 도법 역시 중앙자오선만을 기준으로 한다면 동서방향으로 왜곡이 심하게 발생한다. 따라서 축척계수의 변화를 가장 작게 하기 위해 그림 10.14(b)와 같이 두 개의 교차선을 둔다. 즉, 교차선 AA', BB'에서의 축척계수는 1과 같으며 그 사이지역은 $s<1$, 바깥지역은 $s>1$이 된다.

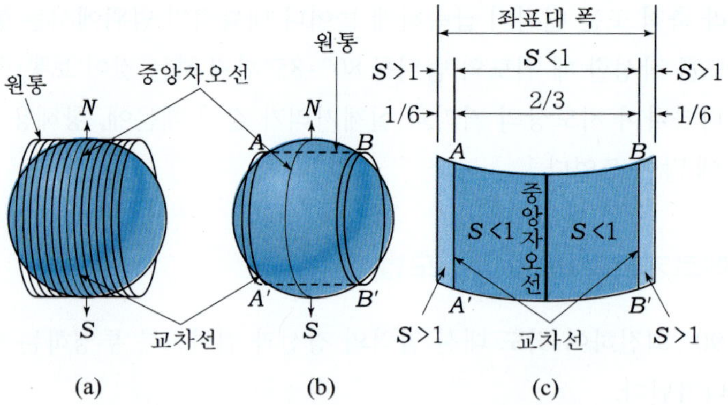

그림 10.14 횡축메르카토르 도법에서의 축척계수

10.4.4 지도투영법의 선택

위의 투영법의 특성을 고려하여 제작하고자하는 지도의 지역위치(극지방, 중위도, 고위도), 지역형태(원형, 동서방향, 남북방향, 경사방향), 대상면적(세계지도, 국가기본도, 시, 도) 그리고 용도에 맞는 투영법을 선택하여야 한다. 일반적으로 소축척 지도인 지형도, 항해도 등은 정부에 의해 제작되므로 일반 지도사용자는 투영법의 선택 문제를 고려할 필요가 없으며, 국가에서 정한 투영법의 지도를 사용하면 된다.

보편적으로 해도는 Mercator도법과 심사도법을 이용하여 제작되고 있는데 두 지점간의 최단거리인 대권을 따른 경로가 심사도법에서는 직선으로 나타난다. Mercator도법에서 직선으로 나타나는 항정선은 두 지점 간을 항해하는데 나침반의 방향을 일정하게 맞추어 놓고 항해할 수 있다는 장점 때문에 많이 활용된다. 그러나 이 두 도법에서는 축척이 계속 변하기 때문에 두 지점간의 거리를 측정하는 것이 매우 어렵다. 따라서 두 지점 간에 거리를 측정하는 목적으로 지도를 선택할 때는 정거방위도법을 사용하는 것이 좋다. Lambert의 정형원추도법은 대권항로가 거의 직선에 가깝게 그려지므로 중위도의 항공경로에 많이 활용되고 있다.

최근에 들어와 횡축 Mercator도법이 지형도 제작에 많이 활용되고 있다. 축척의 과장이 표준경선에서 멀어질수록 커지는 반면, 표준이 되는 중앙경선을 따라서 펼쳐지는 좁은 구역에서는 왜곡이 매우 적게 나타난다. 현재 우리나라의 지도는 가우스-크뤼거(Gauss-Krüger)투영법에 의해 제작되고 있다. 이 투영법은 우리나라에서 횡메르카토르 투영법이라 말하고 있다. 그러나 예전에는 가우스 이중상사투영법을 사용하였었다. 가우스상사이중투영법은 회전타원체면상의 점을 구면에 투영하고 이것을 다시 평면에 투영하는 방법을 말하며 크뤼거(L. Krüger)가 1912년에 직접 투영의 이론을 고안할 때까지 일반적으로 사용된 투영법이었다. 반면에 삼각점의 평면직각좌표계산에서 Bessel 지구타원체와 가우스상사 이중투영법(Gauss Conformal Double Projection)이 이용되었다. 당시에는 수 계산에 전적으로 의존하던 시기이므로 가우스상사이중투영에 의한 삼각점좌표계산은 좌표원점에서 단 한번 시행되었으며 계산된 좌표원점을 이용하여 점차적으로 인접하고 있는 삼각점의 좌표를 계산하였으므로 계산상의 오차도 많이 포함하게 되었다.

1/25,000과 1/5,000지형도의 도법으로 횡메르카토르 도법을 사용하고 있으므로 이들 지형도상에 표시된 좌표는 Gauss−Krüger 투영법에 의해 산정된 좌표이다.

10.5 지형의 표시방법

지형의 표시방법에는 자연적도법과 부호적 도법이 있다.

10.5.1 자연적도법

선의 굵기, 길이, 간격을 이용하여 지형의 기복을 표시하는 영선법(hachuring)은 급경사는 굵고 짧게 그리고 완경사는 가늘고 길게 그린다. 관광안내도와 같이 태양의 입사각에 따른 음영으로 지형을 표시하는 음영법(shading)은 시각적인 지도에 사용된다.

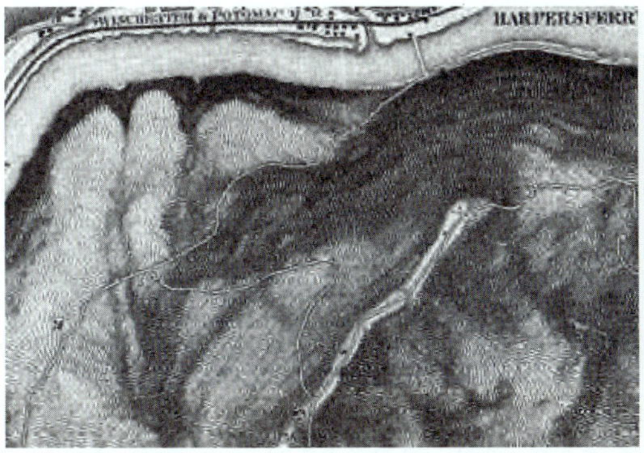

그림 10.15 미국 남북전쟁당시의 군사지도

그림 10.16 음영법으로 표현한 지형

10.5.2 부호적도법

일정한 부호를 사용하여 지형을 세부적으로 정확히 나타내는 방법이다. 기복을 수치적으로 표현할 수 있으므로 구체적이다. 국토기본도는 부호적도법으로 제작한다. 부호적도법에는 지리관계의 지도에 이용하는 단채법(段彩法 ; layer system)과 지표면상 임의 점에 대한 표고 또는 수심을 숫자로 기입하는 점고법(點高法 ; spot system) 그리고 동일 표고를 연결한 곡선으로 기복을 표시하는 등고선법(contour system)이 있다. 이중 등고선법은 지형을 등간격의 표고로 절단하고 절단선을 정사투영하여 등고선을 그리는 방법으로 지표를 가장 정확하게 표현할 수 있으며 표고를 수치적으로 표현할 수 있으므로 각종 토목공사의 설계 및 시공에 이용할 수 있다.

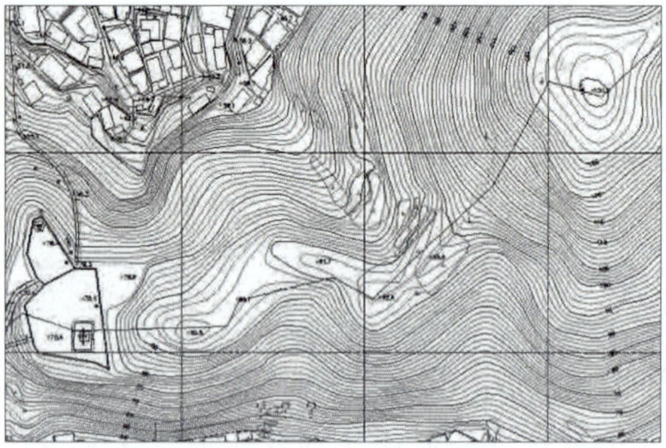

그림 10.17 등고선도

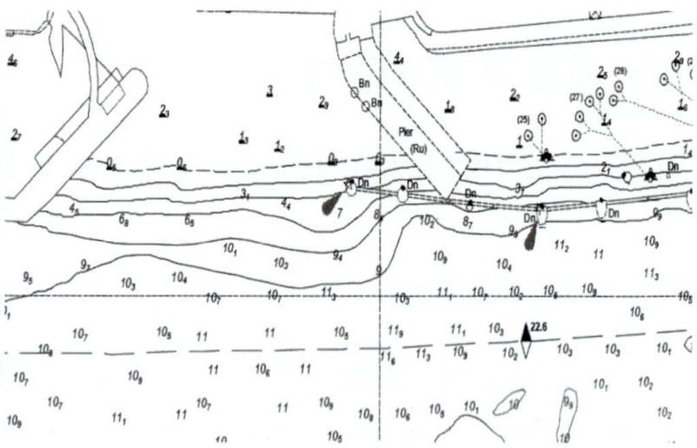

그림 10.18 점고법

등고선도는 공간정보분야에서 GIS기본도(Base map)와 DEM구축의 기본데이터가 되므로 이에 대해 자세히 알아보기로 한다.

10.6 수치지형도제작 규칙

국토지리정보원에서는 1990년대 말 「국가 기본 지리 정보 계획(NGIS) 기본 계획」에 의거한 1:1,000, 1:5,000, 1:25,000 수치 지형도를 제작하였다. 2001년부터 는 수정 및 갱신 작업을 추진하고 있다. 2003년부터 수치 지형도 Ver.2.0을 제작, 이를 이용한 1:5,000 지형도의 자동 제작이 실용화되었으며, 항공 사진 측량뿐만 아니라 건설 공사 준공도면, MMS(Mobile

Mapping System) 등의 기술을 이용하여 최신의 지도를 제작하고 있다(국토지리정보원).

수치지형도의 일반적인 제작방법은 10.3절에서 설명하였다. 여기에서는 우리나라수치지도 제작규칙에 대해 설명하고자 한다. 우리나라의 수지지도제작은 수치지도 작성 작업규칙[1] 에 정하고 있다. 본 규칙에서는 공공측량성과로서 수치지도를 작성하는 경우에 대해 정의하고 있다. 좌표계는 1.7.2절에 설명한 평면직교좌표계를 사용한다. 도엽 및 도곽의 크기는 10.7절에 설명한 바와 같이 한다.

10.6.1 수치지도의 작성순서

(1) 작업계획의 수립

수치지도를 작성하는 경우에는 미리 작성 목적에 따른 타당성과 기존 수치지도 등과의 중복 여부를 조사하고, 자료의 취득방법, 수치지도의 표현방법, 품질검사 및 활용 등에 대한 세부적인 계획을 수립하여야 한다.

(2) 자료의 취득

수치지도 작성을 위한 자료의 취득방법은 다음 각 호와 같다.

① 사진 또는 영상정보를 이용한 자료의 취득
② 측량기기를 이용한 현지측량
③ 지형・지물의 속성, 지명, 행정경계 등의 정보를 취득하기 위한 현지조사
④ 기존에 제작된 지도를 이용한 자료의 취득
⑤ 그 밖에 국토지리정보원장이 필요하다고 인정하는 방법

(3) 지형공간정보의 표현

① 수치지도에 표현하는 지형・지물은 도형 또는 기호 등의 형태로 나타나도록 하며, 각각의 지형・지물에 대한 정보는 별도의 속성파일로 작성하여 나타내거나 수치지도상에 직접 문자 또는 숫자로 나타내야 한다.

1) 「공간정보의 구축 및 관리 등에 관한 법률」 국토교통부령 제209호, 2015. 6. 4., 및 같은 법 시행령에 따라 수치지도(數値地圖) 작성의 작업방법 및 기준 등을 정하여 수치지도의 정확성과 호환성을 확보함을 목적으로 한다.

② 수치지도1.0 및 수치지도2.0에 표현되는 지형・지물은 다른 수치지도와의 연계 및 활용 등을 위하여 다음 각 호의 분류체계에 따라 분류하여야 한다.

1. 교통(A)
2. 건물(B)
3. 시설(C)
4. 식생(D)
5. 수계(E)
6. 지형(F)
7. 경계(G)
8. 주기(H)

③ 국토지리정보원장은 수치지도의 작성 목적에 따라 제2항의 분류체계를 세분할 수 있다.

④ 수치지도를 작성하는 기관은 수치지도의 작성 목적에 따라 제2항 및 제3항의 분류체계를 적용하기 곤란한 경우에는 국토지리정보원장과 협의하여 다른 분류체계를 사용할 수 있다.

⑤ 수치지도에 표현되는 지형・지물의 체계적인 관리와 위치의 효과적인 검색 및 활용을 위하여 각각의 지형・지물에 유일식별자를 부여할 수 있으며, 유일식별자에는 지형・지물의 위치와 관리기관 등에 관한 정보가 포함되어야 한다.

(4) 품질검사

수치지도를 작성하는 기관은 작성된 수치지도가 본래의 작성 기준 및 목적에 부합하게 작성되어 있는지를 판정하기 위하여 다음 각 호에 따른 품질요소를 기초로 하여 정량적(定量的)인 품질기준을 마련하고 이를 검사하여야 한다.

① 정보의 완전성: 수치지도상의 지형・지물 또는 그에 대한 각각의 정보가 빠지지 아니하여야 한다.

② 논리의 일관성: 수치지도의 형식 및 수치지도상의 지형・지물의 표현이 작성기준에 따라 일관되어야 한다.

③ 위치정확도: 수치지도상의 지형・지물의 위치가 원시자료(原始資料) 또는 실제 지형・지물과 대비하여 정확히 일치하여야 한다.

④ 시간정확도: 수치지도 작성의 기준시점은 원시자료 또는 조사자료의 취득시점과 일치

하여야 한다.

⑤ 주제정확도: 지형・지물과 속성의 연계 및 지형・지물의 분류가 정확하여야 한다.

(5) 메타데이터의 작성

수치지도의 관리 및 유통 등을 위하여 수치지도의 작성 단위별로 메타데이터를 작성하여야 하며, 메타데이터는 수치지도의 이력과 범위 정보 및 담당자 정보를 반드시 포함하여야 한다.

수치지도가 완성되면 수치지도, 메타데이터, 수치지도작성에 사용된자료를 첨부하여 성과를 보관해야 한다.

10.7 도엽형식

아나로그 종이지도를 사용할때에는 국제지리학회에서 정한 표기법으로 도엽번호를 정하여 사용했었다. 우리나라의 지도제작은 가우스크뤼거 투영법(횡메르카토르)에 의하므로 각 도엽의 명칭은 UTM좌표의 표기법에 따라 표기했다. 최근의 수치지도는 수치지도작성작업규칙 제5조제2항에 의해 도엽코드 및 도곽의 크기를 다음과 같이 정하고 있다(그림10.19).

10.7.1 도엽코드1:50,000

경위도 1°의 지역(예:위도34°~35°, 경도127°~128°)을 15′씩 16등분하여 좌측상단부터 1-16까지의 일련번호로 1:50,000의 도엽번호를 표기한다. 도엽의 좌측하단 위도 두 자리 숫자(34)와 좌측경도의 끝자리 숫자(7)를 합성한 뒤 해당 코드를 추가하여 숫자 5자리로 구성한다. 그림10.19에서 34706으로 표기하며 도곽의 크기는 15′×15′으로 한다.

10.7.2 도엽코드1:25,000

도엽코드1:50,000 도엽을 4등분하여 1:50,000 도엽코드(34706) 끝에 한 자리 코드를 추가하여 숫자 6자리(347063)로구성한다. 도곽의 크기는 7′30″×7′30″로 한다.

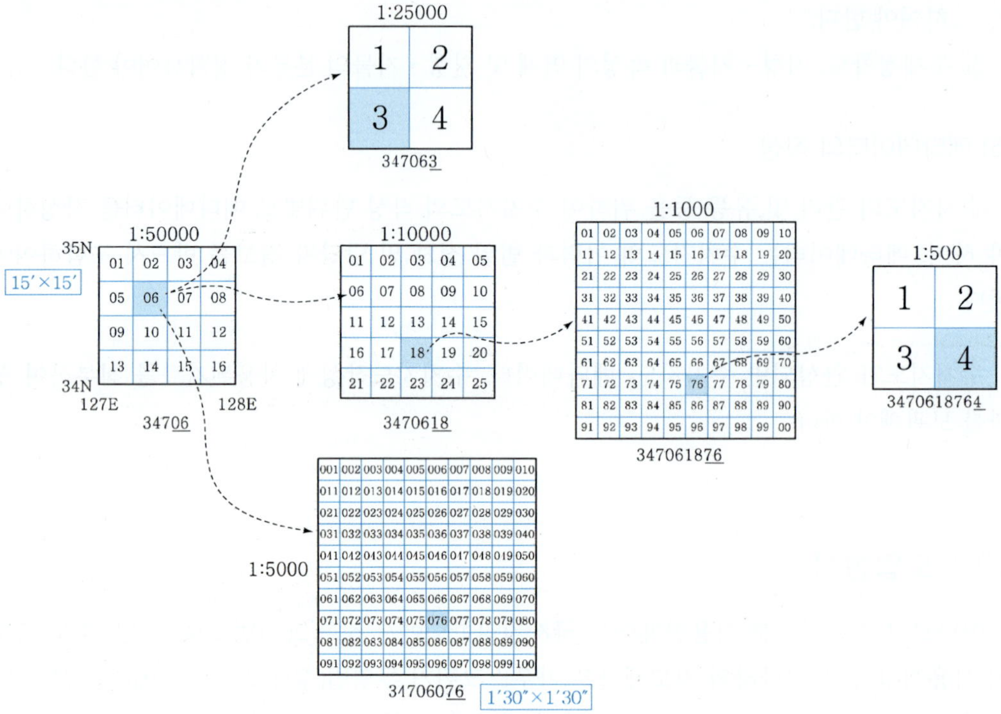

그림 10.19 우리나라 수치지형도 도엽번호 표기방식

10.7.3 도엽코드1:10,000

도엽코드1:50,000 도엽을 25등분하여 1:50,000 도엽코드(34706) 끝에 두 자리 코드(18)를 추가하여 숫자 7자리(3470618)로 구성한다. 도곽의 크기는 3′×3′으로 한다.

10.7.4 도엽코드1:5,000

도엽코드1:50,000 도엽을 100등분하여 1:50,000 도엽코드(34706) 끝에 세 자리 코드(076)를 추가하여 숫자 8자리(34706076)로 구성한다. 도곽의 크기는 1′30"×1′30"로 한다.

10.7.5 도엽코드1:1,000

도엽코드1:10,000 도엽을 100등분하여 1:10,000 도엽코드(3470618) 끝에 두 자리 코드(76)를 추가하여 숫자 9자리(347061876)로 구성한다. 도곽의 크기는 18"×18"로 한다.

10.7.6 도엽코드1:500

도엽코드 1:1,000 도엽을 4등분하여 제작하며 1:1,000 도엽코드(347061876) 끝에 한 자리 코드(4)를 추가하여 숫자 10자리(3470618764)로 구성한다. 도곽의 크기는 9"×9"로 한다.

10.8 우리나라수치지도 Ver1.0과 Ver2.0

10.8.1 수치지형도 Ver1.0

1995년 국가 GIS사업(NGIS)의 일환으로 제작되었으며 Dxf파일 형식으로 만들어진 수치지도를 의미한다. Dxf파일 포멧으로 제작되었기 때문에 AutoCAD를 비롯한 CAD소프트웨어 뿐만아니라 GIS소프트웨어에서도 폭넓게 사용이 가능하다. Ver1.0수치지도의 단덤이라면 도형정보만 포함되어 있다는 점입니다. 따라서 GIS데이터베이스를 구축할 때 모든 속성을 새로 입력해야 한다.

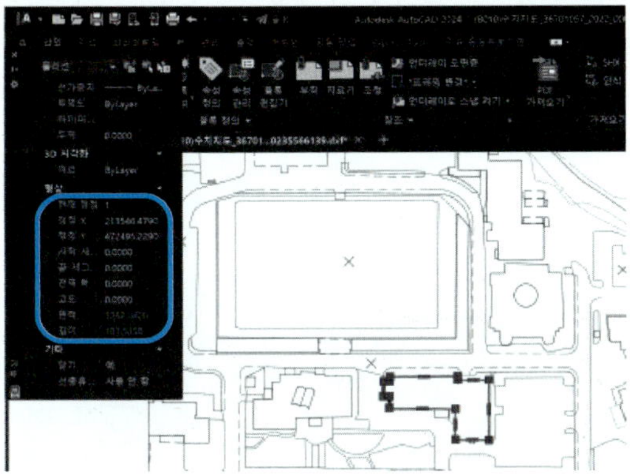

그림 10.20 수치지도 Ver1.0의 속성 도형속성

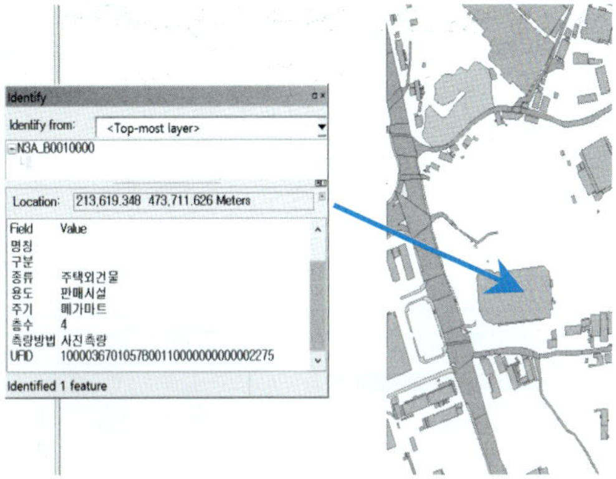

그림 10.21 수치지도 Ver2.0의 속성(ArcGIS)

10.8.2 수치지형도 Ver2.0

수치지도 Ver2.0은 Ver1.0의 한계점을 개선하여 도형정보와 속성정보를 함께 제작했다는 점이 특징이다. 예를 들어 건물레이어가 있다면 건물의 용도, 층수, 종류, 건축양식 등에 대한 구체적인 정보가 포함되어 있는 것이다. 또한 UFID라닌 지형지물코드가 부여돼 GIS데이터베이스와 연동한 활용이 가능하다는 장점이 있다. 파일 형식은 SHP, NGI파일 형식이 있으며 NGI파일의 경우 국토지리정보원에서 제공하는 소프트웨어를 이용하여 변환할 수 있다.

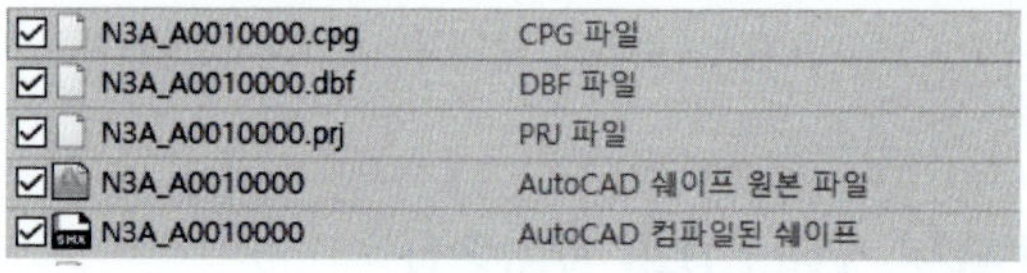

그림 10.22 Shape파일 구성

10.8.3 연속수치지도

수치지도 Ver1.0과 Ver2.0은 기본적으로 도엽 별로 제작되어진다. 개별 지도로 관리하게 때문에 편리하다는 장점은 있는데 도엽을 조합하게 되면 인접도엽과 도형정보가 불일치되고 속성정보가 단절된다는 다이러한 단점을 극복하기 위해 국토지리정보원에서는 2010년에 연속화된 연속수치지형도를 구축하게 되었다. 연속수치지형도는 지도정보가 연속되어 있어 전국단위의 데이터베이스 구축이 가능하다는 장점이 있다. 연속수치지형도 역시 SHP, NGI, Geopackage파일 형식으로 제공된다. 공간정보포털에서 다운 받을 경우 상세내역에서 필요한 데이터만 선택하여 다운받는다.

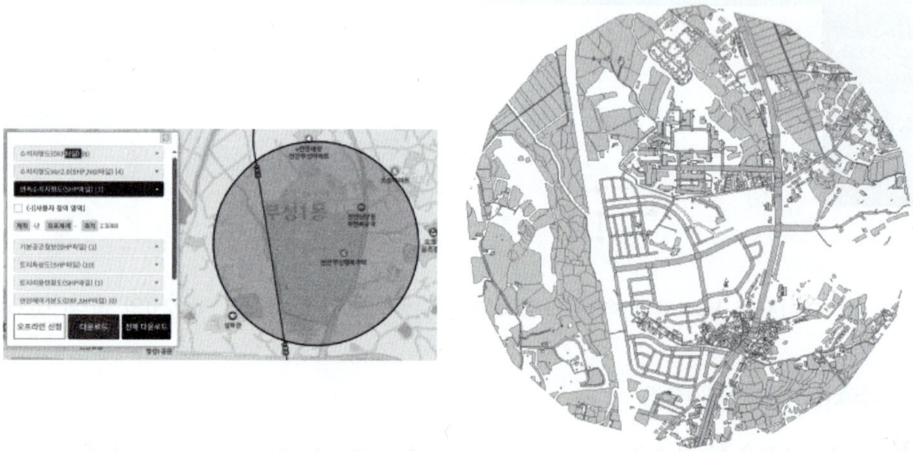

그림 10.23 연속수치지도

10.9 등고선

10.9.1 등고선의 종류

등고선의 간격은 지형도의 축척에 따라 다르며 지형도 제작 시에도 매우 중요한 인자가 된다. 등고선의 간격이 조밀할수록 지형을 자세히 표현할 수 있지만 소축적인 경우에는 한정된 간격에 그려 넣을 수 있는 등고선의 개수가 한정이 된다.

표 10.3 등고선의 종류

등고선 명칭	선의 종류	간 격
주 곡 선	가는 실선 ———	지형표시의 기본이 되는 곡선
간 곡 선	가는 파선 ----	주곡선의 $\frac{1}{2}$ 간격으로 삽입
조 곡 선	가는 점선 ········	간곡선의 $\frac{1}{2}$ 간격으로 삽입
계 곡 선	굵은 실선 ———	주곡선 5개마다 굵게 표시한 곡선

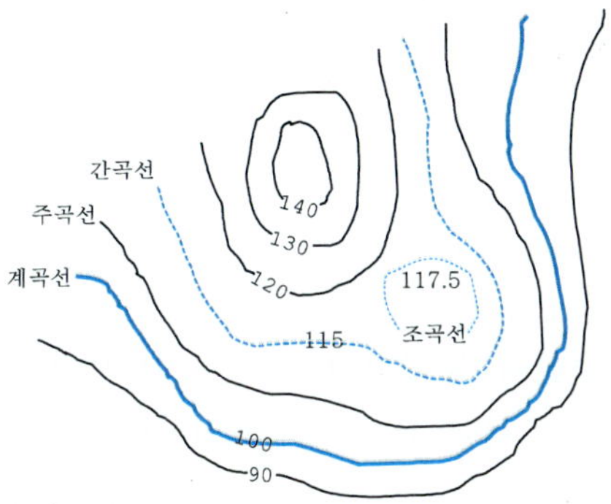

그림 10.24 1:25000 지도의 등고선

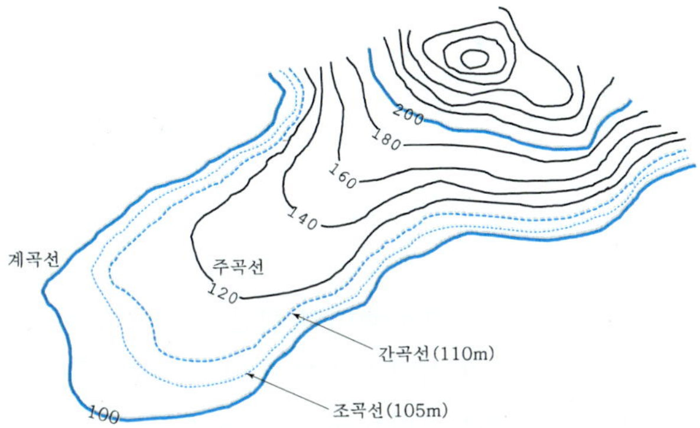

그림 10.25 1:50000 지도의 등고선

등고선의 간격 결정사항은 다음과 같다.

① 측량의 목적 및 지역의 넓이

② 외업과 내업에 걸리는 시간과 비용

③ 토지의 현황(경사도)

④ 도면의 축척
⑤ 도면을 읽기 쉬운 정도

지표가 안정된 경사를 유지하는 평균을 45°로 가정하고 45°의 경사를 등고선에 의하여 도면에 나타냈을 때, 2개의 인접된 등고선은 최소한의 일정한 수평거리를 가져야만 육안으로 식별이 가능하다. 이 거리를 일반적으로 0.2mm로 한다. 등고선 표시에 사용되는 선(지표등고선 0.15mm, 주곡선 0.05mm)의 굵기를 최소로 0.1mm라 하면 두 등고선이 겹치지 않는 최소한의 거리는 0.3mm정도는 되어야 하지만 좀 더 확실히 구분하기 위하여 0.4mm를 확보하도록 하고 있다. 이에 대한 등고선간의 거리를 축척별로 환산하여 실 거리를 계산하면 다음과 같다.

표 10.4 등고선의 간격

등고선의 종류	등고선 간격(m)						
	1:50,000	1:25,000	1:10,000	1:5,000	1:2,500	1:1,000	1:500
주 곡 선	20	10	5	5	2	1	1
간 곡 선	10	5	2.5	2.5	1	0.5	0.5
조 곡 선	5	2.5	1.25	1.25	0.5	0.25	0.25
계 곡 선	100	50	25	25	10	5	5

등고선 간격 = $\frac{M}{2,000}$m(소축척) M : 축척분모수

$\frac{M}{1,000}$m(대축척)

일반적으로 등고선 간격이라 함은 주곡선의 간격을 말한다. 등고선의 간격은 지도의 용도와 축척, 그리고 그 지역의 기복의 다양함에 의해 결정된다. 예를 들어 가로계획이나 하수관망의 설계를 위해서라면 0.5m 정도의 간격이 필요한 반면 댐의 저수용량을 구하기 위해서라면 5m 정도의 간격이라도 좋다.

지형도의 사용목적은 축척에 따라 다르다. 대략적인 조사의 목적에서부터 자세한 설계에 이르기까지 그 쓰임새가 다양하다.

표 10.5 지형도 축척에 따른 활용범위

목적	축척	등고선 간격
세부설계	1:100～1:500	0.1～1m
실시설계	1:500～1:2000	0.1～2m
기본설계	1:2000～1:10000	0.2～5m
도시계획	1:5000～1:25000	0.5～10m
지역계획	1:10000～1:100000	1～20m
국토계획	1:100000～1:000000	20～200m

10.9.2 등고선의 성질

1) 같은 등고선 상에 있는 모든 점은 같은 높이이다. 등고선의 기본 원리이다(a).
2) 등고선은 도면 내・외에서 필히 폐합하는 폐곡선이다(b). (도면 내에서 폐합하지 않는 경우는 도면 밖에서라도 필히 폐합한다.)
3) 도면 내에서 폐합하는 경우 등고선의 내부에는 산꼭대기(山頂) 또는 분지(凹地)가 존재하다. 분지에는 물이 있는 경우, 없는 경우에 따라 그림 (c)와 같이 안쪽으로 빗금을 그어 표시하고 물이 없는 경우는 낮은 방향으로 화살표를 그어 표시한다(c).
4) 한 쌍의 등고선이 마주하고 있고 그 사이에 다른 한 쌍의 등고선이 바깥쪽으로 향하여 내려갈 때 그 곳은 고개이다(d).
5) 절벽이나 동굴을 제외하고는 높이가 다른 등고선은 서로 교차하거나 합쳐지지 않는다.
6) 등경사지에서 등고선은 등 간격이다(e).
7) 경사지의 평면을 이루는 지표의 등고선은 서로 평행한 직선이다(f).
8) 등고선은 최대경사선, 유선, 분수선(능선)과도 직각으로 만난다(g).
9) 일반적으로 우리나라의 지형에서 산꼭대기와 산 밑은 산중턱보다도 완경사이므로 등고선의 수평거리는 산꼭대기와 산 밑에서는 크고, 산중턱에서는 작다(h).
10) 수원에 가까운 부분은 하류보다도 경사가 급하다. 따라서 등고선은 수원에 가까운 부분에서는 가까워지고 하류에서는 떨어진다.

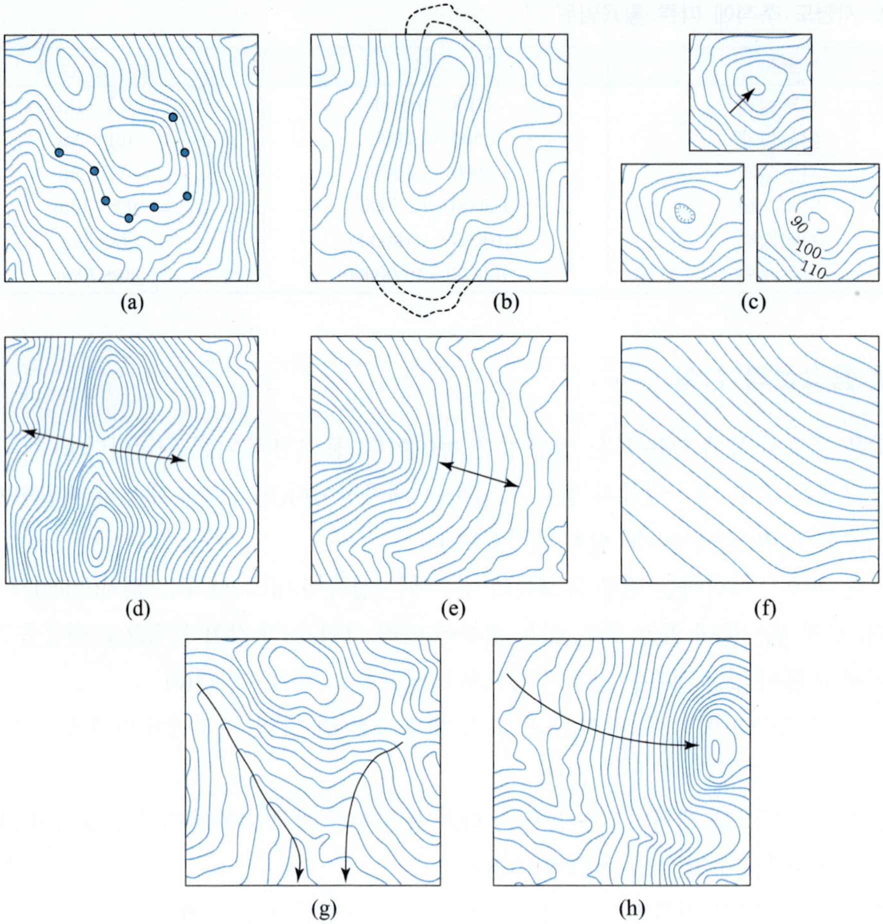

그림 10.26 등고선의 성질

10.10 등고선 읽는 법

지형도 상의 등고선의 형상과 패턴에 따라 지형을 파악할 수 있다. 즉, 지형의 기본적인 형과 등고선과의 관계를 정리하면 손쉽게 지형을 파악할 수 있다.

10.10.1 사면의 5종류

1) 등고선 상호의 거리가 동일하다면 그림 10.27(a)와 같은 등경사면이다.
2) 등고선간의 거리(간격)가 상부에서 넓고 하부에서 좁다면 (b)와 같은 볼록형(凸)사면이다.
3) 등고선간의 거리(간격)가 상부에서 좁고 하부에서 넓다면 (c)와 같은 오목형(凹)사면이다.
4) 등고선 상호거리가 (d)와 같이 좁고 넓게 반복된다면 凹凸형사면을 뜻한다. 여기서 A, B, C는 사면 경사변환점이며 간곡선, 조곡선으로 표시한다.
5) 그림 (d)와 비슷하나 좁고 넓은 등고선간의 간격이 훨씬 넓은 경우에는 계단상 사면을 의미한다.

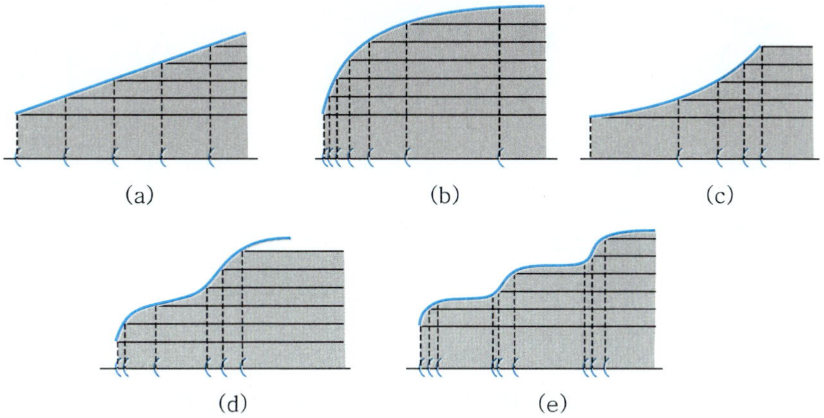

그림 10.27 사면에 따른 등고선의 형태

10.10.2 능선과 계곡

(1) 능선

산꼭대기의 제일 높은 점끼리 연결한 형태로 ⓐ능선이 된다. 정상에서 볼 때 凸형태의 등고선 방향이 능선이 된다. 지형이 좁은 능선은 ⓑ와 같이 V자형을 보이며 넓은 능선은 ⓒ와 같이 U자형 모양을 보인다.

(2) 계곡

대부분의 계곡의 말단이 서로 만나는 위치에는 ⓓ와 같이 계곡의 합류부가 있다. 능선에서 보는 방향으로 凹형으로 표시되며 A자 모양의 곡선으로 형성되어 있다(❺, ❼, ❽, ❾). 계곡의 종단면은 ❺에서 보는 바와 같이 상류는 급하고 하류는 완만하므로 등고선 간격이 상류는 좁고 하류는 넓다.

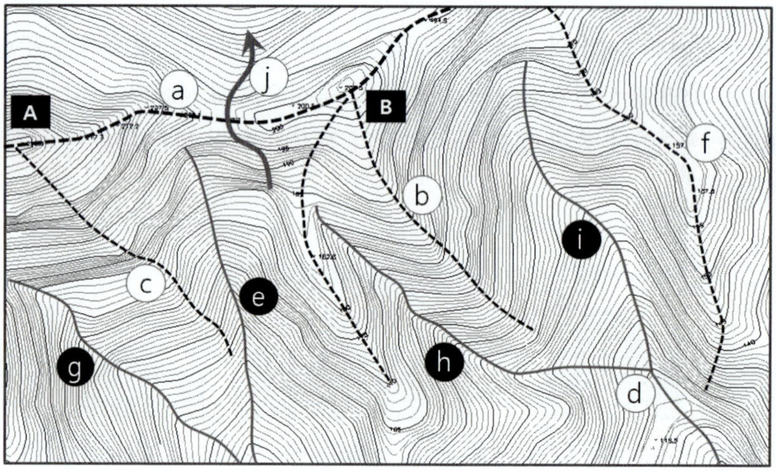

그림 10.28 등고선의 형태에 따른 지형의 모양

10.10.3 고개

능선과 계곡이 만나 이들의 등고선이 서로 쌍곡선을 이루는 것과 같은 부분, 즉 그림 10.28 ⓙ와 같이 서로 인접한 2개의 산꼭대기 A, B가 서로 만나는 곳은 좋은 교통로가 되는 고개부분이다.

10.10.4 평지

그림 10.28에서 ⓕ같은 경우는 능선이 발달하여 내려오다. 평평한 지형이 연속된다. 등고선이 없는 공백상태로 나타나게 된다. 이러한 경우 지형을 보다 자세히 표시하기 위해 간곡선이나 조곡선을 이용한다.

10.11 등고선의 활용

10.11.1 지도상 좌표계산

지형도상 임의의 점에 대한 평면좌표(x, y) 또는 경위도좌표(λ, ϕ)를 보간법에 의해 구할 수 있다. 그림 10.29에서 좌표격자점 A(λ_A, ϕ_A)으로부터 도상거리 x, y만큼 떨어져 있는 P점의 좌표는 다음과 같이 구할 수 있다.

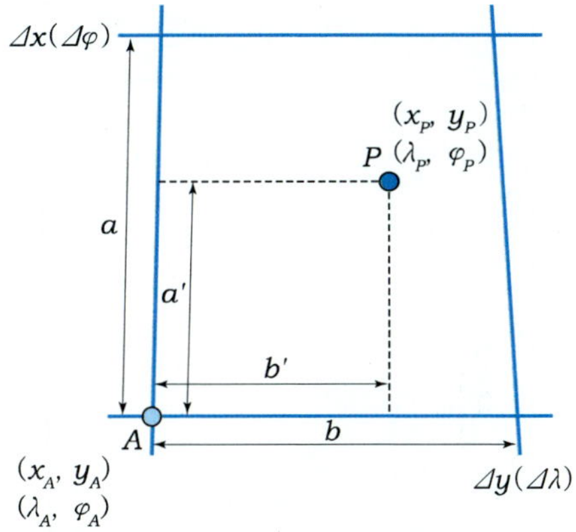

그림 10.29 지형도에서 좌표 구하기

평면좌표

$$x_p = x_A + \Delta x \frac{a'}{a} \tag{10.1}$$

$$y_p = y_A + \Delta y \frac{b'}{b} \tag{10.2}$$

a, a', b, b' : 도상거리

두 경선의 x좌표차 Δx

두 위선의 y좌표차 Δy

경위도 좌표

$$\lambda_p = \lambda_A + \Delta\lambda \frac{b'}{b} \tag{10.3}$$

$$\phi_p = \phi_A + \Delta\phi \frac{a'}{a} \tag{10.4}$$

두 경선의 경도차 $\Delta\lambda$

두 위선의 위도차 $\Delta\varphi$

예제 10.1

도상에서 점 P의 경위도 좌표와 평면좌표를 구하고자 도상거리를 측정했다. a=10.5cm, a' = 4.8cm, b = 8.5cm, b' = 3.7cm 두 경선과 위선의 차이가 15", x, y 좌표격자차가 450m라 할 때 점 P의 경위도와 평면좌표를 계산하시오.

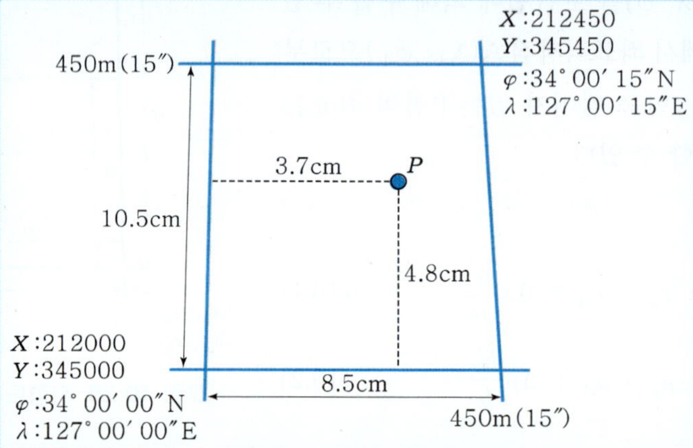

그림 10.30 예제 10.1

풀이 ▸ ▸ ▸

$$x_p = x_A + \Delta x \frac{a'}{a} = 212000 + 450 \times \frac{4.8}{10.5} = 212205.714\text{m}$$

$$y_p = y_A + \Delta y \frac{b'}{b} = 345000 + 450 \times \frac{3.7}{8.5} = 345195.882\text{m}$$

$$\lambda_p = \lambda_A + \Delta\lambda \frac{b'}{b} = 127°00'00'' + 15'' \times \frac{3.7}{8.5} = 127°00'06.5''$$

$$\phi_p = \phi_A + \Delta\phi \frac{a'}{a} = 34°00'00'' + 15'' \times \frac{4.8}{10.5} = 34°00'06.9''$$

∴ P점의 평면좌표는 (212205.714, 345195.882)

경위도좌표는 (127°00′06.5″, 37°00′06.9″)

10.11.2 표고 결정

등고선 상에 있지 않은 임의 점의 표고는 등고선 간 비례법으로 구한다.

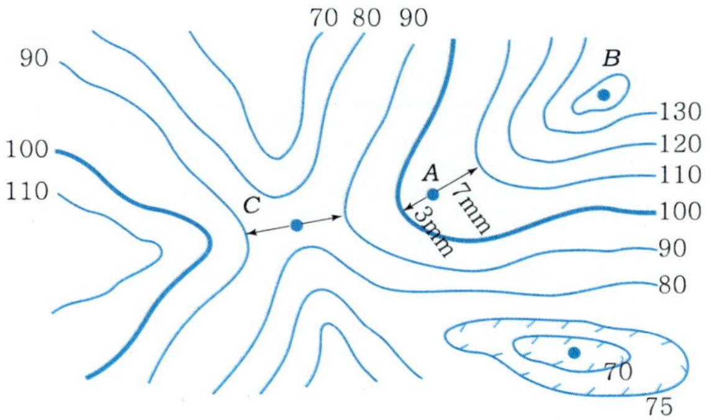

그림 10.31 보간법으로 표고구하기

$d_1 + d_2 \ : \ d_1 = \Delta h : h$ (그림 10.31에서 $d_1 = 3\text{mm}, d_2 = 7\text{mm}, \Delta h = 10\text{m}$)

$$h = \frac{d_1}{(d_1 + d_2)} \Delta h \tag{10.5}$$

$$\therefore \ H_A = H + \frac{d_1}{d_1 + d_2} \Delta h \tag{10.6}$$

즉, A점의 표고는 $100 + \frac{3}{7+3} \times 10\text{m} = 103\text{m}$

D점과 같이 폐곡선으로 된 등고선 중심지점의 표고는 등고선 간격의 1/2 정도로 간주한다.

10.11.3 지점 간의 단면도 작성

지형도상의 등고선을 이용한 지형도상 임의 선상에 대한 단면도를 작성할 수 있다. 도로계획 시 간단하게 지형도 상에서 구간의 종단면도를 작성 할 수 있다.

(1) AB선과 등고선과의 교점의 평면위치를 단면도의 횡축에 적당한 축척으로 잡는다.

(2) 지형도상 교점에서의 지반고를 찾아 단면도의 종축 표고에 의해 적당한 축척으로 위치를 잡는다.

(3) 연결하면 지형구간의 단면도가 구해진다.

(4) 이를 일정구간별로 단면도를 구하면 절토량과 성토량을 구할 수 있다.

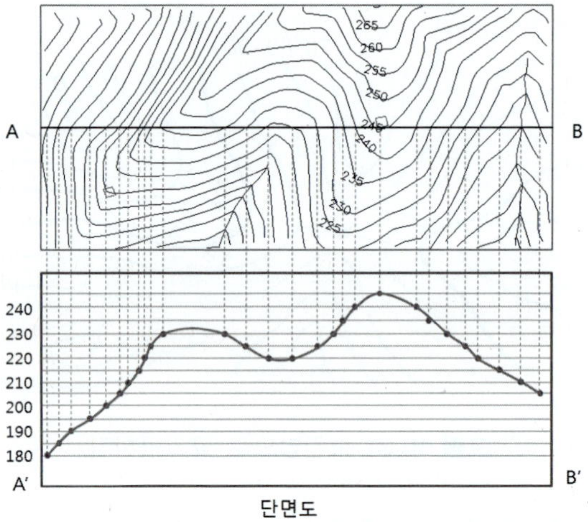

그림 10.32 등고선도로부터 단면도 구하기

예제 10.2

다음 등고선도 상 A–B 노선에 대한 종단면도를 작성하시오.

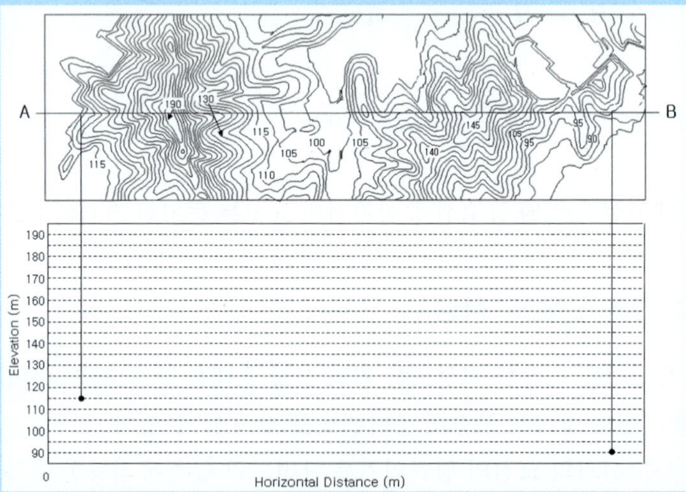

그림 10.33 예제 10.2 종단면도 작성 워크시트

풀이 ▸ ▸ ▸

① A–B 기준선과 교차하는 등고선이 있으면 해당 표고까지 수직으로 내려 종단면도 상에 표시한다(시작점 참고).

② 등고선과 교차하는 점마다 같은 작업을 반복하여 해당 표고를 단면도상에 표시하고 끝나면 전체를 연결하여 단면도를 얻는다.

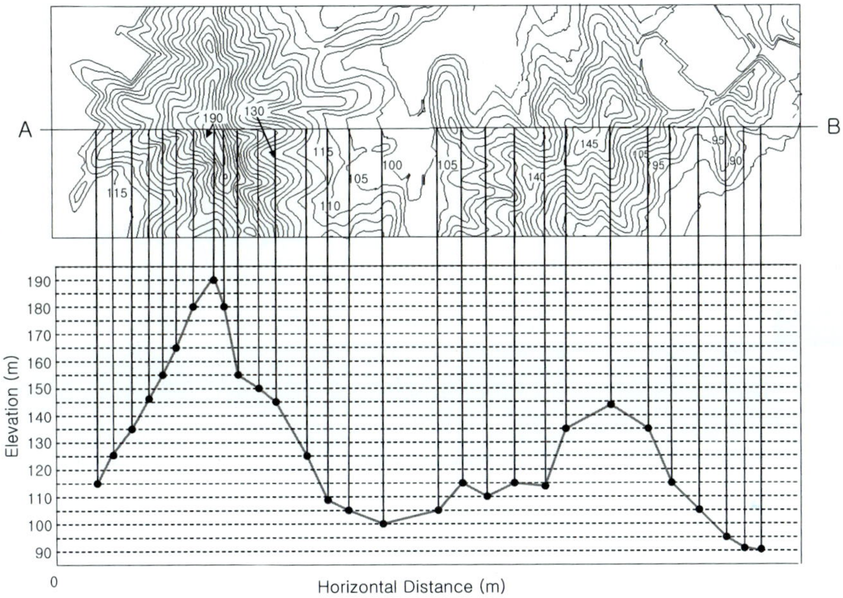

그림 10.34 예제 10.2 결과

10.11.4 등경사선의 결정

임의 점에서 출발하여 일정한 경사로를 찾는 일은 도로설계 시에 특히 필요하다. 등고선도를 이용하면 손쉽게 등경사 노선을 결정할 수가 있다. 등고선 간격 h, 등경사선의 경사 i %, 수평거리 L이라 하자. 요구되는 경사에 대한 등고선 간 거리는 다음과 같다.

$$\frac{h}{L} = \frac{i}{100}$$

$$\therefore\ L = \frac{100}{i}h \tag{10.7}$$

A점에서 등고선 간격을 만족시키는 위치를 정하면 1→2→3→4와 같고 이를 연결하면 일정한 경사로가 된다.

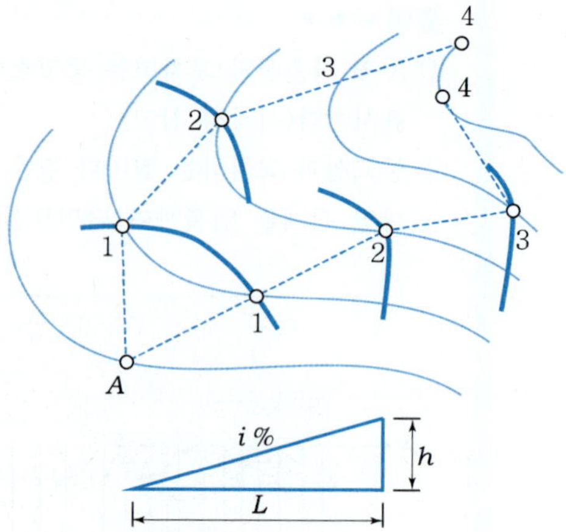

그림 10.35 등경사선의 결정 방법

예제 10.3

1:5,000 지형도에서 등고선 간격 5.0m일 때 제한경사를 5%로 하기 위한 등고선간의 수평거리 L을 구하라.

풀이 ▸ ▸ ▸

$$L = \frac{100}{5} \times 5.0 = 100\text{m}$$

1:5,000 지형도에서 도상거리 $10,000 \times \frac{1}{5,000} = 2\text{cm}$

10.11.5 유역면적의 산정

댐의 발전계획 또는 용수 등의 이수계획 시 그 지점에 대한 유하유량 결정이 필요하다. 이를 위해서는 이용지점에서의 유역면적의 산정이 요구된다.

유역면적을 구하기 위해서는 우선 산으로부터 능선을 잇는 분수선을 그린다. 지점 P로부터 등고선과 직각으로 만나는 최대경사선을 능선까지 그리면 폐합이 되는데 이 면적이 유역면적이 된다.

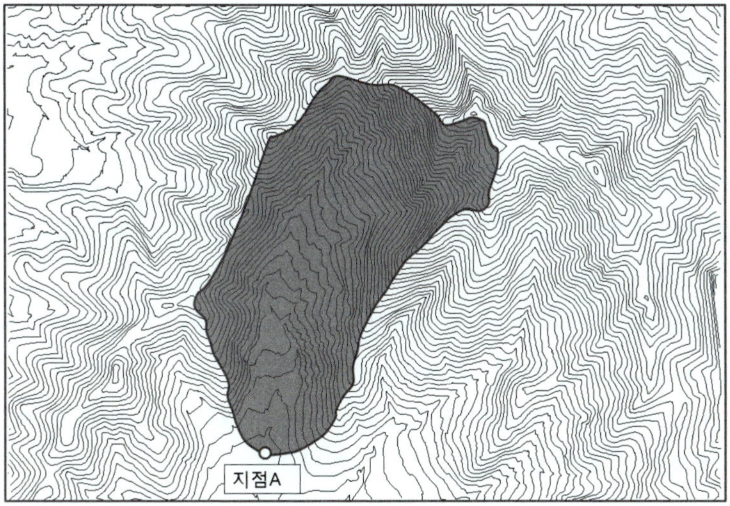

그림 10.36 유역면적

10.11.6 성토 및 절토의 측량

토공계획에서 공사용지의 범위나 원지반 등고선 사이의 성토 및 절토에 의하여 공사완성 후의 등고선 등은 중요한 요소이다.

(1) 흙댐의 경우

댐의 단면을 지형도의 등고선 간격과 같은 높이로 표시하고 법면에서의 교차점을 지형도에 수선으로 내려 이에 해당하는 등고선과의 교점을 구하여 연결하게 되면 폐합이 되게 되는데 이것이 공사면적이 된다.

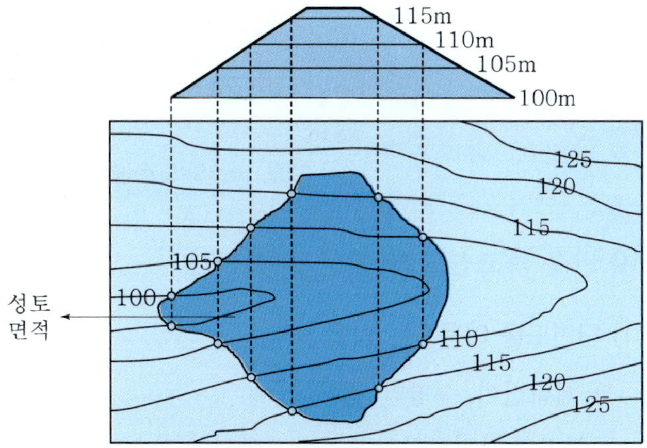

그림 10.37 댐의 성토면적

(2) 도로계획의 경우

그림 10.38에서와 같이 No.10에서 5%의 경사도를 설치할 경우의 공사지역의 범위를 구할 No.11, No.12, No.13 측점의 계획고는 각각 76m, 77m, 78m가 된다.

① No.10의 계획고는 75m 절토구간이다. 절토 시 경사면은 1:1로 하므로 도로양단 1m 떨어진 10′점을 구해 No.11의 도로 양측에 파선으로 연결한다. No.10, 10′의 표고가 76m이므로 76m등고선과의 교점 AA′를 구한다.

② No.11에서도 역시 양단에 1.5m 떨어진 점에서 다음 No.12 양단에 파선으로 연장하고 파선이 77m 등고선과 만나는 교점을 B점으로 한다.

③ No.12, No.13에서도 마찬가지 방법으로 C를 구해 양측으로 A, B, C, A′, B′, C′를 연결하면 절토 또는 성토의 범위를 결정할 수 있다.

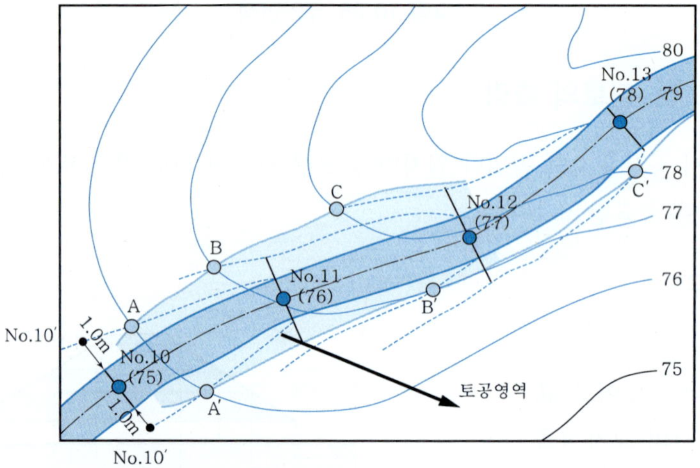

그림 10.38 도로공사 시의 토공영역

10.11.7 등고선도에 의한 체적계산

(1) 단면도를 이용하는 방법

1) 계획면이 수평인 경우

부지의 정지작업시 토공량계산이나 저수지의 용량(갈수, 담수) 계산에 이용한다. 양단면 평균법과 각주공식을 사용한다(6.5.1절 참조).

예제 10.4

다음 그림과 같은 지역에 댐을 건설하고자 한다. 저수고를 940m까지 할 경우의 저수량을 각 주공식을 이용하여 산정하시오. 910m, 920m, 930m, 940m 등고선과 댐으로 폐합된 면적을 측정하여 $800m^2$, $4500m^2$, $9000m^2$, $16000m^2$를 얻었다.

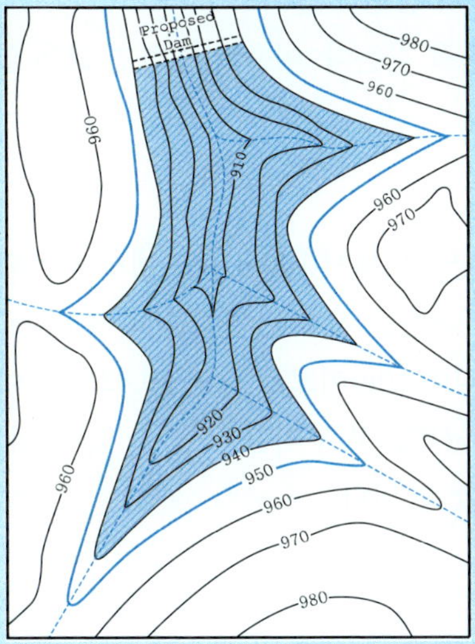

그림 10.39 예제 12.4 댐의 담수영역

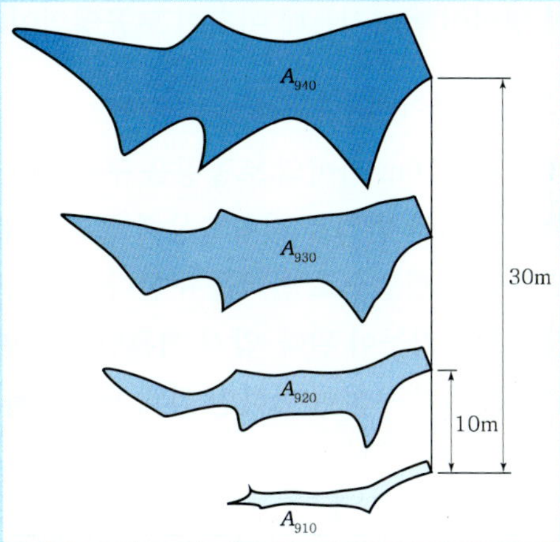

그림 10.40 예제 12.4 등고선별 담수면적

풀이▸▸▸

$$저수량 = \frac{h}{3}[A_0 + A_n + 4(\Sigma A_{홀수}) + 2(\Sigma A_{나머지짝수})]$$

$$= \frac{10}{3}[800 + 16000 + 4(4500) + 2(9000)] = 176000m^3$$

2) 계획면이 경사진 경우

성토나 절토를 통해 최종면이 경사면일 경우에도 등고선도를 이용하여 절토, 성토 등의 체적계산과 공사 후의 지표에 대한 새로운 등고선을 구할 수 있다. 그림 10.41(a)와 같은 등고선도에서 특정한 목적으로 토지를 사용하기 위해 6%와 4%의 경사로 정지작업을 한다고 가정하자. 이로부터 정지한 후의 영역과 등고선도, 토공량을 구할 수 있다.

① 토공영역구하기

- 지형도에 기준선 AB를 그린다. 이 기준선과 등고선의 교차점을 내려 (b)와 같이 종단면도를 완성한다.
- 종단면도에 소요의 경사선 6%, 4%를 그려 넣는다.
- 경사선과 표고선의 교차점을 지형도상으로 올려 점선과 같이 그린다.
- 해당표고 점선과 해당 표고등고선이 만나는 점을 찾는다. 이를 연결하면 굵은 실선과 같이 영역이 얻어지는데 이것이 토공영역이다.

② 토공량구하기

100m와 110m 사이의 토공량을 구해보자. 종단면도에서 100m 표고에서 기존의 지반과 계획선 사이의 범위를 지형도상에 올려 폐합된 단면을 찾아 단면적을 측정한다. 110m에서도 똑같은 방법으로 면적을 구한다. 등고선간격이 10m이므로 그림 10.42와 같이 부피를 가지는 토류기둥이 된다. 앞서 거론한 양단면 평균법으로 부피를 구할 수 있다. 이를 180m 표고까지 각각 구하여 합하면 전체 토공량을 구할 수 있다.

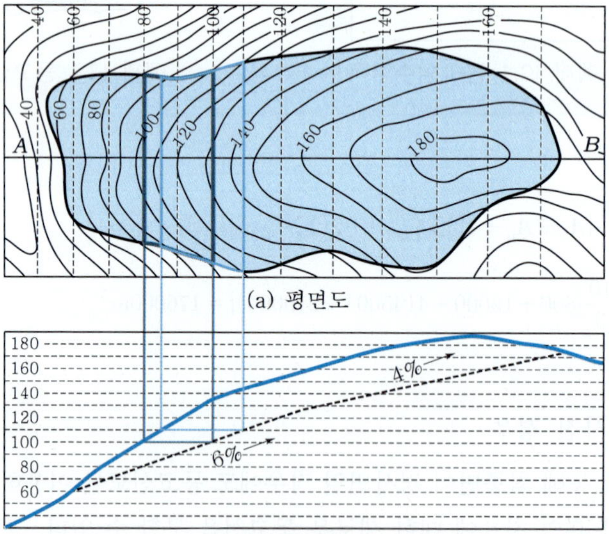

(b) AB측면도

그림 10.41 경사면의 토공

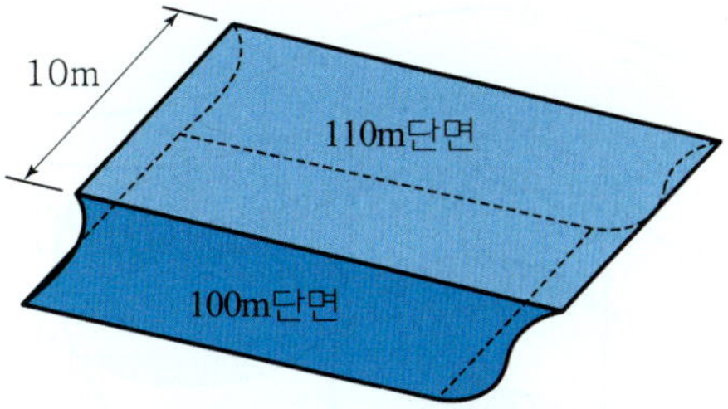

그림 12.42 토공단면

③ 토공 후의 등고선

기존의 등고선과 토공범위 내의 직선화된 등고선의 조합으로 구하면 된다. 즉, 평지로 정지하였으므로 등고선은 직선으로 나타나며 경사가 각각 4%, 6%였으므로 이 구간에서 간격이 다른 것을 볼 수 있다.

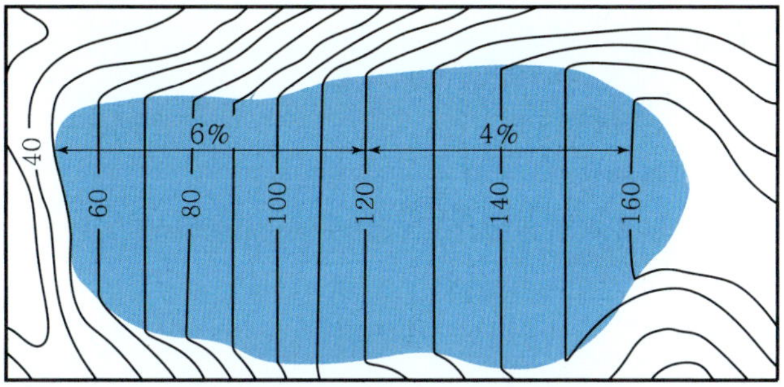

그림 10.43 토공 후의 등고선 모양

3) 계획면이 불규칙한 경우

계곡과 능선이 함께 있는 지형(凹, 凸 중복 복합지역)에서의 토공은 절토와 성토가 동시에 일어난다. 실선으로 표시된 등고선은 원지반이며 적당히 절성토를 고려하여 그린 정지 후의 새로운 등고선은 점선으로 표시된다. 따라서 원지반의 등고선과 정지 후의 등고선으로 이루어진 폐합면적이 절성토 면적이 된다. abcdefa 지역은 성토지역이며 dekjhgd 지역은 절토지역이다. 제일 상단과 하단의 부피는 $\frac{1}{3}bh$로 구하고 나머지는 양단면 평균법으로 부피를 구할 수 있다.

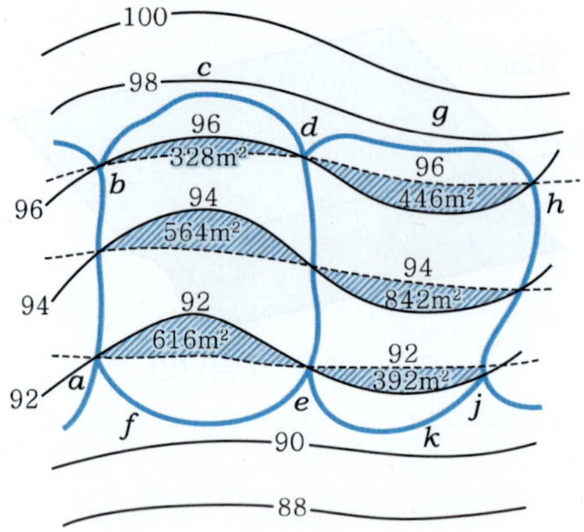

그림 10.44 요철지형의 토공

예 성토량 계산

$C_h = 97.2,\ f_h = 90.4$

96m 등고선보다 1.2m 높음

$$V_{\mathrm{I}} = \frac{1}{3} \times 328 \times 1.2 = 131\mathrm{m}^3$$

$$V_{\mathrm{II}} = \frac{1}{2} \times (328 + 564) \times 2 = 892\mathrm{m}^3$$

$$V_{\mathrm{III}} = \frac{1}{2} \times (564 + 616) \times 2 = 1180\mathrm{m}^3$$

$$V_{\mathrm{IV}} = \frac{1}{3} \times 616 \times 1.6 = 329\mathrm{m}^3$$

$\Sigma\, 2532\mathrm{m}^3$

10.11.8 DEM제작

Digital twin의 중요성이 강조되면서 지표면의 3차원 모델 구축이 필수적이 되었다. 지표에 대한 3차원 모델은 등고선 또는 point cloud로부터 DEM을 제작할 수 있으며, TIN, Mesh 형태로 가시화된다.

그림 10.45 수지지형도예시(1:1,000)

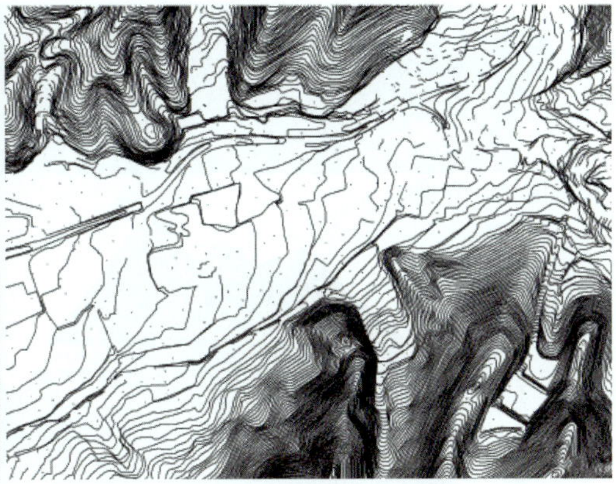

그림 10.46 추출된 등고선과 표고점

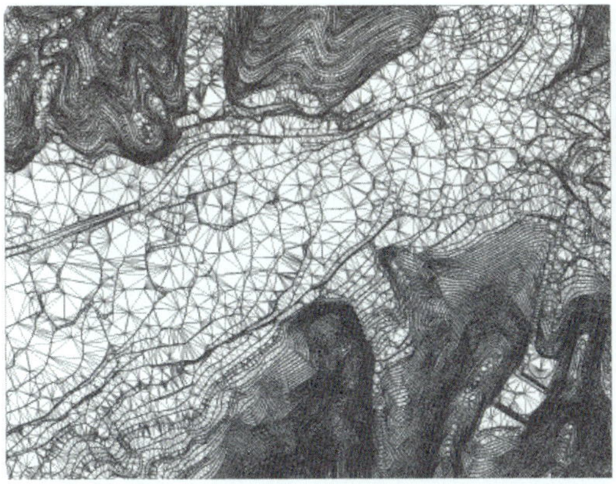

그림 10.47 TIN

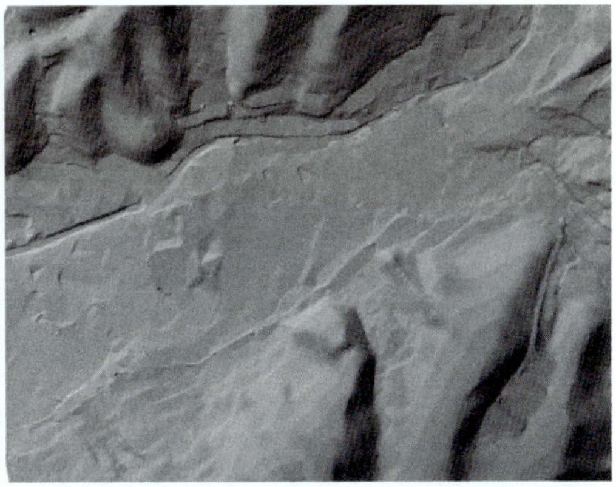

그림 10.48 TIN Shading

정사영사 제작, 경사분석, 향(Aspect), 일조량, 가시권 분석 등은 그림 10.49와 같은 DEM Raster를 필요로 하는데 8bit DEM의 경우 0~255까지 256 Grey Level로 표고를 표현한다. 그림 10.49에서 깊은 계곡은 0Level 부근의 어두운 레벨, 높은 산지는 255Level 부근의 밝은 레벨로 나타낸다.

DEM의 활용예로써 DEM상 노선에 대한 종단면도(Profile)를 손쉽게 얻을 수 있다. (그림 10.49)

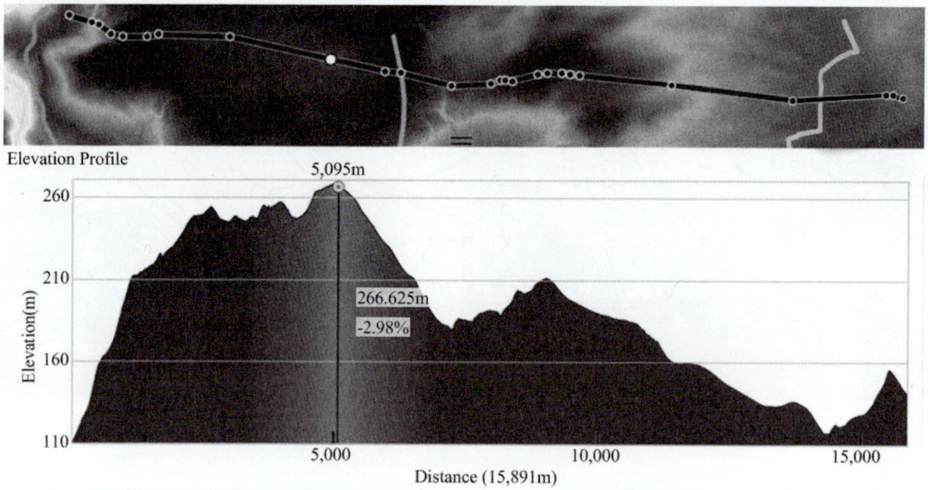

그림 10.49 DEM으로부터 추출한 종단면도

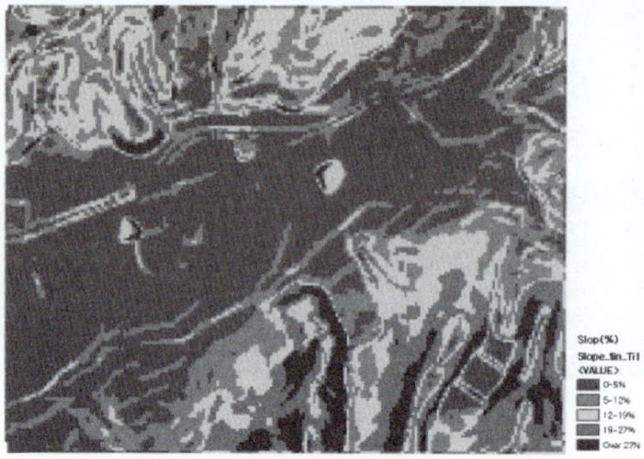

그림 10.50 경사도(Slop)분석

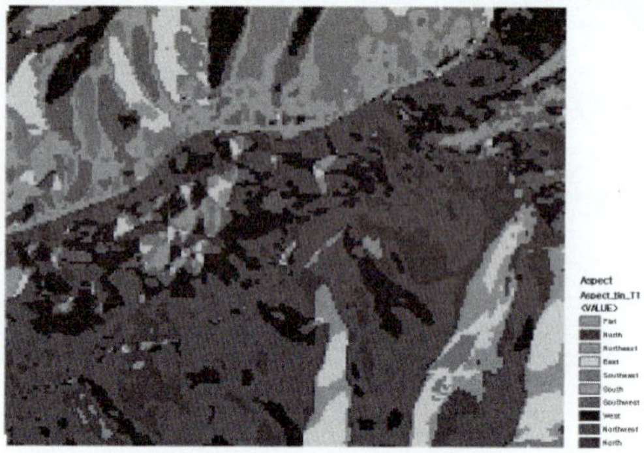

그림 10.51 향(aspect)분석

그림 10.50은 그림 10.49의 DEM으로 분석한 경사도이다. 그리고 그림 10.51은 경사면의 방향을 8방향으로 분석한 향분석도 이다. 이와 같이 DEM은 지형의 3차원분석을 다양하게 할 수 있는 중요한 자료이다.

연습문제

10.1 지형의 표시방법을 들고 설명하시오.

10.2 수치사진측량 방법으로 지형도를 제작하는 과정을 요약하여 설명하시오.

10.3 지형도제작 방법에는 어떤 것들이 있는가?

10.4 우리나라 지도제작을 위한 투영법은 무엇인가?

10.5 등고선의 간격과 종류를 들고 설명하시오.

10.6 우리나라 수치지형도의 표기법을 그림으로 설명하시오.

10.7 우리나라의 수치지도제작 작업규정에 의한 허용오차를 설명하시오.

제4편
응용측량

제11장 노선측량

제12장 하천 및 연안측량

제13장 터널측량

| 제4편 응용측량 |

1, 2, 3편에서 다룬 내용들을 기본으로 실무에 적용되는 측량에 대해 다루었다. 도로설계에서 선형설계를 위한 노선측량 그리고 하천측량과 터널측량에 대해 기술하였다.

제11장 노선측량

11.1 서론

도로, 철도, 하천, 관로, 터널 등과 같이 선형이 좁고 긴 구조물의 설계와 시공을 위한 측량을 말하는 것으로 본 내용에서는 도로를 중심적으로 설명한다. 우리가 일상적으로 주행하는 도로의 설계를 위해서는 교통량분석, 차로 수 결정, 설계속도, 기하구조, 선형계획, 교차로 등 종합적인 고려가 필요하다. 그림 11.1은 이에 대한 흐름도를 나타낸다. 본 장에서는 이중 기하구조와 선형계획을 중심으로 설명하기로 한다. 도로에는 운전시의 안정성과 쾌적성을 위해 국토교통부에서 정해놓은 도로설계기준[KDS 44 20 10]을 근간으로 기하학적 선형이 고려된다. 이 장에서는 곡선과 완화곡선의 설계 및 설치, 종단곡선의 설계에 대해 다루었다.

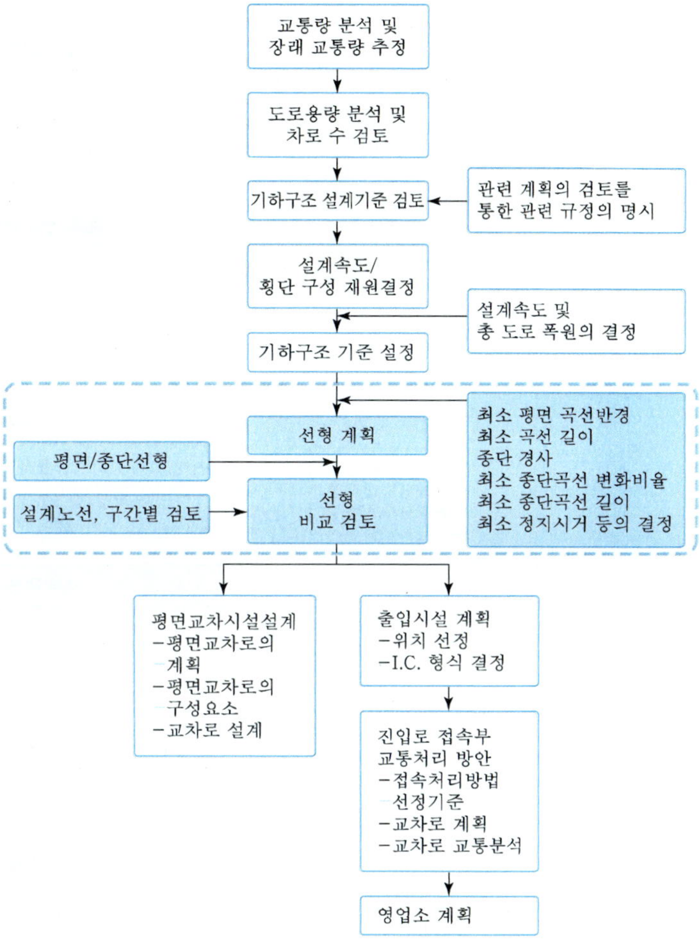

그림 11.1 도로기하구조설계 흐름도(국토교통부 도로설계편람 2000)

11.2 노선측량의 순서 및 방법

노선설계를 위한 측량은 크게 계획조사측량과 실시설계측량으로 나뉘는데 최종의 노선이 결정될 때 까지는 지형도 상에서 수행되며 노선이 결정된 후에는 실제 현장에서 이루어지는 측량이다. 계획 시에 단계별로 소축척에서 대축척의 지형도로 점점 자세한 설계와 측량을 수행하게 된다. 대략적인 순서는 그림 11.2와 같으며 이는 자동차전용도로(고속국도)에 대한 측량순서를 설명한 것으로 도로의 규모에 따라 사용지형도의 축척이 다를 수 있다.

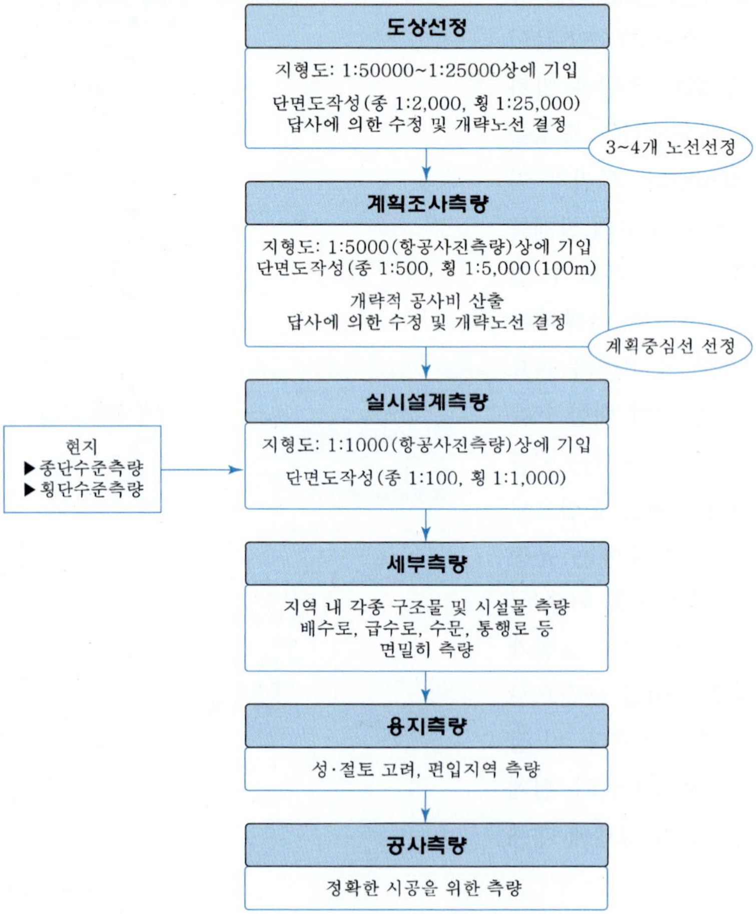

그림 11.2 노선측량의 순서(고속국도)

(1) 노선선정

① 도상선정 : 1/50,000 또는 1/25,000 지형도를 사용, 가능노선을 여러 개 선정
② 종단면도 작성 : 위의 지형도로부터 종단면도 작성(종축척-1/2,000, 횡축척-1/25,000)
③ 현지답사 : 현지답사에 의한 수정 및 개략노선 결정.

(2) 계획조사측량

① 지형도 작성 : 계획선의 중심에서 폭 약 300m에 대해서 항공사진의 도화(1/5,000, 1/2,500)
② 비교선의 선정 : 1/5,000의 지형도상에 비교선을 기입 (측점간격 100m)
③ 종단면도 작성 : 지형도에서 작성 (축척: 종-1/500, 횡-1/5,000 또는 종-1/250, 횡-1/2,500)
④ 횡단면도 작성 : 비교선의 각 측점의 횡단면도를 지형도에서 작성 (1/200)
⑤ 개략노선의 선정 : 이상의 결과를 현지답사에 의하여 수정하여 개략적인 공사비를 산출 비교 검토하고 계획중심선을 결정한다.

(3) 실시설계측량

① 지형도 작성 : 계획 중심선에서 폭 약 100m에 대해여 항공사진 도화(1/1,000)
② 중심선 설치(도상) : 1/1,000 지형도상에서 도해법으로 중심을 정하여 보조말뚝 및 20m 마다의 중심말뚝 위치를 지형도에 기입한다.
③ 다각측량 : I.P점을 연결한 다각측량 실시
④ 중심선 설치(현지) : I.P점의 교각 및 I.P점간 거리를 기초로 완화곡선과 단곡선을 계산하여 지형도에 기입하고 현지에 중심말뚝을 설치
⑤ 고저측량 : 중심선을 따라 고저측량을 실시하여 종·횡단면도 작성
(종단면도: 종−1/100, 횡−1/1,000, 횡단면도: 1/100 또는 1/200)

(4) 세부측량

설계 시 필수적인 자료는 대상지역의 현황도이다. 대상지역에 분포되어 있는 토목관련 구조물이나 시설물의 위치 및 상황을 자세하게 측량해야 실시설계 단계에서 충분히 반영할 수 있다. 이들이 누락되는 경우에는 시공 후 설계변경에 의한 공사가 발생하게 되므로 공기단축 면에서나 경비 면에서 커다란 손실이 올 수 있으므로 신중하고 자세하게 측량해야 한다.

(5) 용지측량

도로의 개설을 위해 편입되는 대상용지와 경계를 정하는 측량이다. 이는 노선 폭뿐만 아니라 절·성토 구간을 고려하여 정하여야 하는 만큼 설계가 완료돼야 측량할 수 있다. 추후 도로의 확장을 위해 여유 용지를 매입하여 정하는 경우도 있다.

(6) 공사측량

도로는 기하학적으로 수평위치와 표고가 설계에서 정해지므로 이를 정확히 시공하기 위해서는 공사기간 중 수 차례 도로의 선형이나 각종 구조물 시공의 수평위치 및 표고측량을 실시해야한다. 최근에는 GPS측량과 레이저 레벨을 이용하여 적은 인원으로 정확하고 신속하게 측량할 수 있다.

(7) 유지관리측량

도로 노면과 교량, 터널, 사면 등은 준공 후 시간이 지남에 따라 여러 가지 조건으로 인해 안정상 문제가 발생할 수 있다. 따라서 일정기간마다 구조물의 변형측량을 실시해야하며 허용 변형량을 초과한 경우에는 적절한 보강대책을 세워야 한다. 우리나라도 건설의 역사가 있으므로 전국에 산재되어 있는 구조물의 유지관리가 중요한 이슈로 떠오르고 있으며 설비를 개선하는 retrofit engineering 분야의 연구가 활발히 시작되고 있다.

11.3 도로선형

도로의 선형은 주행의 안전성, 쾌적성, 연속성과 환경성, 경제성 등을 고려하여 설계되어야 한다. 도로선형은 도로의 설계속도에 따라 직선, 원곡선, 완화곡선, 종단곡선으로 구성된다. 이 네 가지 요소는 적절한 길이 및 크기로 연속적이며 일관성 있는 흐름을 갖도록 해야 한다. 특히. 평면곡선부인 원곡선과 완화곡선 구간에서는 설계속도와 평면곡선반경의 관계는 물론 횡방향 미끄럼 마찰계수, 편경사, 확폭 등의 설계요소들이 조화를 이루어야 한다.

11.3.1 직선

직선은 어느 구간을 최단 거리로 연결할 수 있고, 설계 등의 작업에 편리하다는 장점으로 선형 설계의 우선적인 도입 요소가 되고 있다. 한편, 직선은 일반적으로 융통성이 없는 기하학적 형태이기 때문에 딱딱하며 선형의 조화가 잘 이루어지지 않는 결점을 갖고 있으며, 더욱이 지형의 변화에 대하여 순응하기 어렵기 때문에 자연히 제약이 있다. 그리고 직선구간이 꽤 길게 연결되면 운전자는 도로의 단조로운 연속성에 권태를 느끼고, 주의력을 집중하기가 어려워져서, 결국에 운전자의 지각반응이 저하를 일으켜 사고발생의 원인이 된다. 따라서 직선을 적용할 때에는 특히 지형과의 관계에 유의하고, 그 연장이 적당한 길이를 넘지 않는 범위에서 사용하는 것이 좋다.

11.3.2 곡선

도로에 쓰이는 곡선은 수평곡선과 수직곡선으로 크게 나뉘고 수평곡선에는 원곡선과 완화곡선이 있고 수직곡선에는 종단곡선이 포함된다.

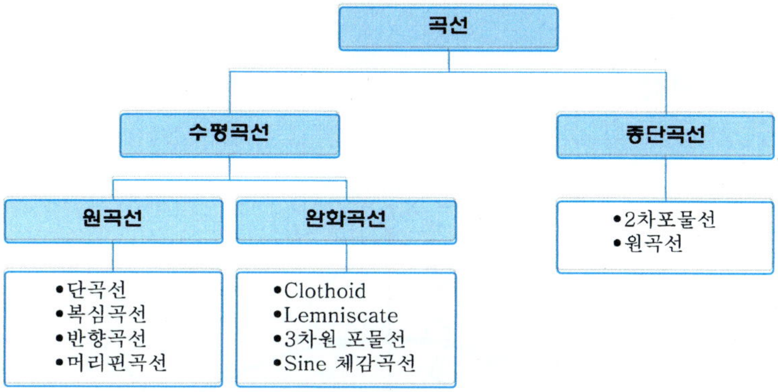

그림 11.3 원곡선의 종류

(1) 원곡선

자동차가 평면곡선부를 주행할 때에는 원심력에 의해 자동차는 곡선 바깥쪽으로 힘을 받게 된다. 이때 자동차의 속도 및 중량, 평면 곡선반경, 타이어와 포장면의 횡방향 마찰력 및 편경사 등에 의해 원심력이 작용하게 된다. 이와 같이 평면곡선부를 주행하는 자동차에 작용하는 힘의 요소들에 대하여 횡방향 미끄럼 마찰계수와 편경사의 값을 결정하고 설계속도에 따른 최소 평면곡선반경을 산정한다.

(2) 완화곡선

완화곡선은 곡선과 직선부 사이 혹은 곡선반경이 현저히 다른 두 개의 서로 인접한 곡선 사이에 설치하는 곡선이다. 완화곡선을 사용하게 되면 주행시 원심력의 증감을 적절히 조절할 수 있으므로 보편적으로 활용되고 있는 추세이며, 이 완화곡선은 대부분의 경우 원곡선의 진·출입부에서 사용된다.

(3) 종단곡선

도로의 종단선형은 자동차의 진행방향에 따라 도로를 중심선 기준으로 절단하였을 때 나타나는 도로표면의 형상으로 직선과 곡선으로 구성되며, 설계요소로는 종단경사와 종단곡선이 있다.

11.4 단곡선 설치

11.4.1 단곡선의 명칭

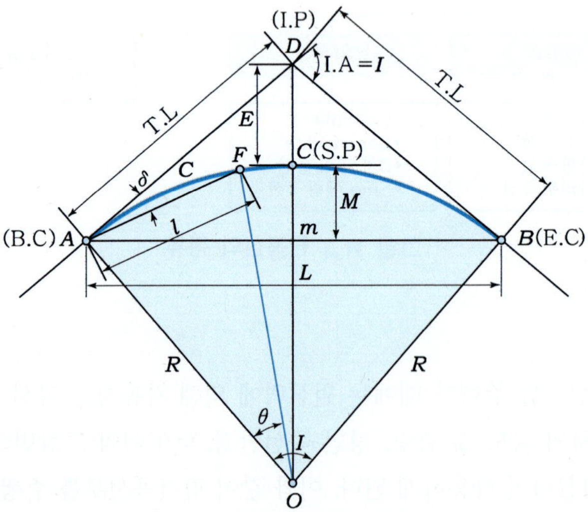

그림 11.4 단곡선의 요소

표 11.1 단곡선의 요소

기 호	의 미	기 호	의 미
B.C	원곡선시점(begining of curve)	C.L	곡선길이(curve length)
E.C	원곡선종점(end of curve)	L	장현(long chord)
I.P	교선점(intersection point)	l	현길이(chord length)
R	반경(radius of curve)	c	호길이(arc length)
T.L.	접선길이(tangent length)	I.A(I)	교각(intersection angle)
E	외할(external secant)	δ	편각(deflection angle)
M	중앙종거(middle ordinate)	θ	중심각(central angle)
S.P	곡선중앙(secant point)	I/2	총편각(total deflection angle)

11.4.2 원곡선 요소 계산

1) 접선의 길이 $T.L = R\ \tan\frac{I}{2}$ (11.1)

2) 교각 $I.A = I = \angle AOB$ (11.2)

3) 편각 $\delta = \frac{\theta}{2} = \frac{l}{2R} \cdot \rho°(= 1718'\frac{\ell}{R})$ (11.3)

4) 곡선길이 $C.L. = RI(\text{rad}) = \frac{RI}{\rho°}(= 0.01745RI°)$ (11.4)

5) 호의 길이 $c = R \cdot \theta = 2R \cdot \delta$ (11.5)

6) 현의 길이 $l = 2R\sin\delta = 2R\sin\frac{\theta}{2}$

$L = 2R\sin\frac{I}{2}$ (11.6)

7) 외할 $E = R(\sec\frac{I}{2} - 1)$ (11.7)

8) 중앙종거 $M = R(1 - \cos\frac{I}{2})$ (11.8)

예제 11.1

곡률반경 200m, 교각 75°30′인 원곡선의 요소를 계산하시오. 단, 1 chain=20m

풀이 ▸ ▸ ▸

1) $T.L = R\ \tan\frac{I}{2} = 200\tan\frac{75°30'}{2} = 154.857\text{m}$

2) $\delta = \frac{\theta}{2} = \frac{l}{2R} \cdot \rho° = \frac{20}{2 \times 200} \times \frac{180°}{\pi} = 2°51'53''$

3) $C.L = RI = \frac{RI}{\rho} = 0.01745RI = 0.01745 \times 200 \times 75°30' = 263.495\text{m}$

4) $L = 2R\sin\frac{I}{2} = 2 \times 200\sin\frac{75°30'}{2} = 244.887\text{m}$

5) $E = R(\sec\frac{I}{2} - 1) = 200\left(\sec\frac{75°30'}{2} - 1\right) = 52.944\text{m}$

6) $M = R(1 - \cos\frac{I}{2}) = 200\left(1 - \cos\frac{75°30'}{2}\right) = 41.862\text{m}$

곡선설치에 있어서 기본적인 가정은 호의 길이와 현의 길이가 같다고 취급하는 것이다. 엄밀히 차이가 있지만 설계와 시공상에 문제를 발생시키지는 않는다. 특히, 반경이 클수록 차이는 미소하므로 R=300 이상일 경우는 $c = l$로 취급하는 것이 일반적이다.

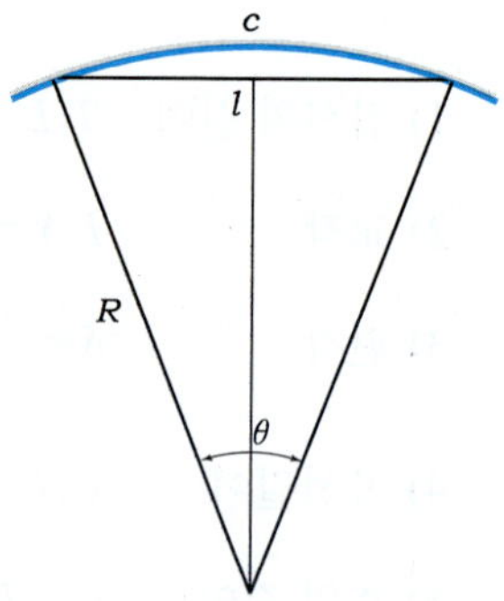

그림 11.5 호와 현 길이

$$l = 2R\sin\delta = 2R\sin\frac{\theta}{2}$$

$c \fallingdotseq 1$로 하면

$$\sin\frac{\theta}{2} \fallingdotseq \frac{c}{2R}$$

$$\sin\frac{\theta}{2} \fallingdotseq \frac{c}{2R} - \frac{1}{6}(\frac{c}{2R})^3$$

$$l \fallingdotseq 2R\left[\frac{c}{2R} - \frac{1}{6}(\frac{c}{2R})^3\right] = c - \frac{c^3}{24R^2}$$

$$\therefore c - l \fallingdotseq \frac{c^3}{24R^2} \tag{11.9}$$

11.4.3 단곡선의 설치방법

하나의 노선에는 여러 개의 곡선을 포함한다. 도로선형의 현지 측설에 앞서 인근의 삼각점과 수준점으로부터 기점과 종점부근에 기준점을 측설한다. 설계속도와 도로의 종류에 따라 곡선의 반경과 교각(交角)이 결정되면 원곡선에 대한 접선과 교점을 포함한 트래버스 측량을 실시하여 교점의 좌표를 우선 결정한다. 각 곡선의 접선장을 계산하여 곡선의 시점(B.C)과 종점(E.C)을 결정하고 한 체인 20m마다의 도로중심말뚝을 설치해 나간다.

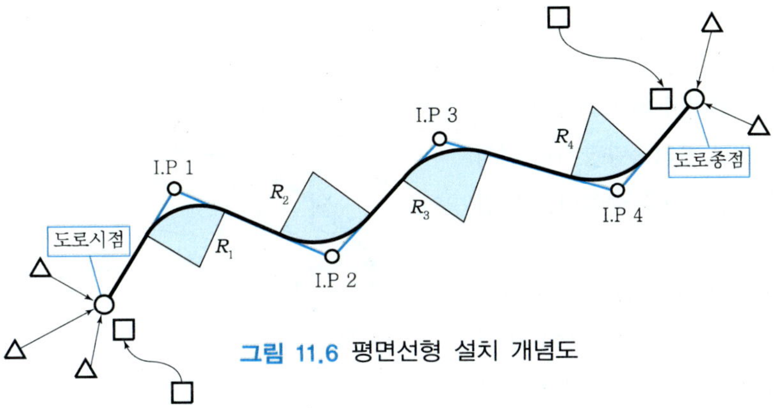

그림 11.6 평면선형 설치 개념도

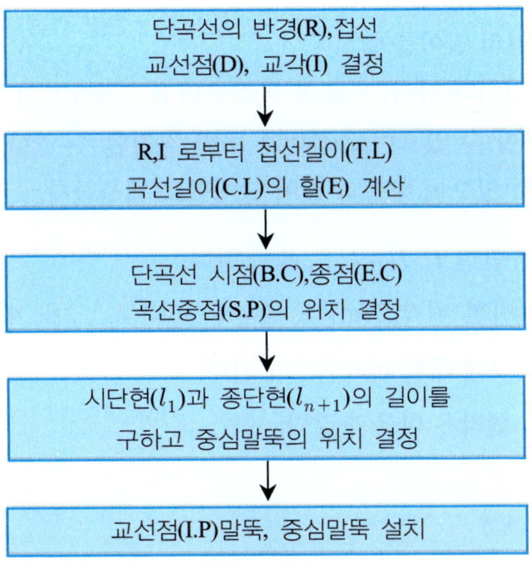

그림 11.7 평면곡선의 설치단계

최근에는 역계산을 통해 각 측점의 좌표를 계산하고 토털스테이션에 좌표를 입력하여 현지에서 해당 좌표측점을 측설하는 방법을 사용하고 있다. 여기서는 각각의 곡선설치법을 통해 기하학적 원리를 이해하는 방향으로 기술하였다.

(1) 편각현장법

철도, 도로 등의 단곡선 설치에서 가장 일반적으로 이용하고 있는 방법이다. 각 측점에 대한 편각과 현의 길이로 측점을 결정하는 방법이다. B.C, E.C점 사이에 장해물이 없어야 하며 데오돌라이트로 편각을 재고 거리측량장비로 현의 길이를 측정하여 곡선을 측설하는 방법이다.

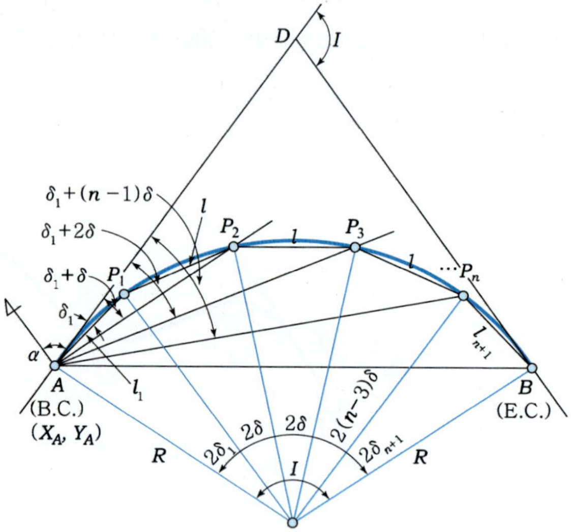

그림 11.8 편각현장법

도로의 시점과 교점(I)은 결정되어 있으므로 접선길이를 계산하여 IP점으로부터 거리를 역측량하여 B.C점을 잡는다. B.C점의 측점번호를 결정하면 제일 처음 시작하는 현의 길이를 알 수 있는데 이를 시단현 길이라 한다. 도로의 기점부터 B.C점까지의 추가거리에 원곡선의 길이를 더하면 E.C점을 구할 수 있으며 측점번호 또한 결정할 수 있다. 따라서 제일 마지막 현의 길이 종단현을 구할 수 있으며 다음과 같이 단계별로 계산한다.

1) 시단현 $\overline{AP_1}=l_1$, 종단현 $\overline{P_nB}=l_{n+1}$을 구한다.
2) 시단현 편각 δ_1, 일반현 편각(20m) δ, 종단현 편각 δ_{n+1}을 계산한다. 여기서, 일반현 $\overline{P_1P_2}=\overline{P_2P_3}=\cdots l$에 대한 편각은 δ가 된다.
3) 각각의 측점에 대한 편각은 다음과 같다.

점 P_1의 편각 $=\delta_1$

점 P_2의 편각 $=\delta_1+\delta$

점 P_3의 편각 $=\delta_1+2\delta$

$\vdots$

점 P_{n-1}의 편각 $= \delta_1 + (n-2)\delta$

점 P_n의 편각 $= \delta_1 + (n-1)\delta$

점 B의 편각 = 점 P_n의 편각 $+ \delta_{n+1} (= \frac{I^\circ}{2})$

4) 측점좌표계산

최근의 현장에서는 토털스테이션 또는 GNSS를 사용하므로 좌표로 계산하여야 한다. 접선 $\overline{AD}$의 방위각이 α, B.C점의 좌표가 X_A, Y_A라면, 각 측점의 좌표는 다음과 같이 계산할 수 있다.

점 P_1의 좌표

$$X_{P_1} = X_A + \text{시단현 길이} \times \cos(\alpha + \delta_1)$$
$$Y_{P_1} = Y_A + \text{시단현 길이} \times \sin(\alpha + \delta_1)$$

점 P_2의 좌표

$$X_{P_2} = X_{P_1} + 1chain\text{길이} \times \cos(\alpha + \delta_1 + \delta)$$
$$Y_{P_2} = Y_{P_1} + 1chain\text{길이} \times \sin(\alpha + \delta_1 + \delta)$$

점 P_3의 좌표

$$X_{P_3} = X_{P_2} + 1chain\text{길이} \times \cos(\alpha + \delta_1 + 2\delta)$$
$$Y_{P_3} = Y_{P_2} + 1chain\text{길이} \times \sin(\alpha + \delta_1 + 2\delta)$$

$\vdots$

점 P_{n-1}의 좌표

$$X_{P_{n-1}} = X_{P_{n-2}} + 1chain\text{길이} \times \cos(\alpha + \delta_1 + (n-3)\delta)$$
$$Y_{P_{n-1}} = Y_{P_{n-2}} + 1chain\text{길이} \times \sin(\alpha + \delta_1 + (n-3)\delta)$$

점 P_n의 좌표

$$X_{P_n} = X_{P_{n-1}} + 1chain\text{길이} \times \cos(\alpha + \delta_1 + (n-2)\delta)$$
$$Y_{P_n} = Y_{P_{n-1}} + 1chain\text{길이} \times \sin(\alpha + \delta_1 + (n-2)\delta)$$

점 E.C의 좌표

$$X_{E.C} = X_n + \text{종단현길이} \times \cos(\alpha + \delta_1 + (n-1)\delta + \delta_2)$$
$$Y_{E.C} = Y_n + \text{횡단현길이} \times \sin(\alpha + \delta_1 + (n-1)\delta + \delta_2)$$

예제 11.2

I.P의 추가거리가 기점으로부터 418.25m, 곡률반경 300m , 교각 38°08′인 단곡선을 편각법에 의하여 설치하시오. 도로시점의 좌표는 (1000, 2000)이다.

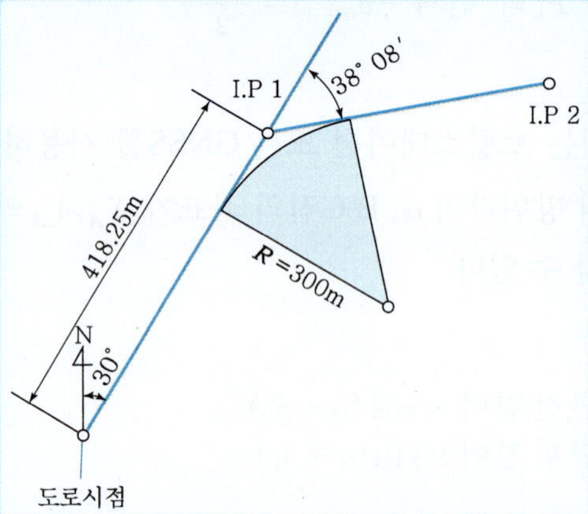

그림 11.9 예제 11.2

풀이 ▸▸▸

1) 시단현과 종단현 길이계산

$$T.L. = R\ \tan\frac{I}{2} = 300\times\tan\frac{38°08'}{2} = 103.689\text{m}$$

$$C.L. = \frac{RI}{\rho°} = 300\times 38°08'\times\frac{\pi}{180°} = 199.666\text{m}$$

그러므로 B.C의 위치

기점에서의 추가거리 = 418.25−T.L = 418.25 − 103.689m

= 314.561m = No.15 + 14.561m

E.C의 위치

기점에서의 추가거리 = 314.561+C.L = 314.561+199.666 = 514.227m

= No.25 + 14.227m

그러므로 시단현의 길이 l_1 = 20−14.561 = 5.439m

종단현의 길이 l_{n+1} = 14.227m

2) 편각의 계산($\delta = \frac{l}{2R}\times\rho°$)

20m에 대한 편각 $\delta = \frac{20}{2\times 300}\times\frac{180}{\pi} \fallingdotseq 1°54'35''$

시단현에 대한 편각 $\delta_1 = \frac{5.439}{2\times300}\times\frac{180}{\pi}=0°31'10''$

종단현에 대한 편각 $\delta_{n+1} = \frac{14.227}{2\times300}\times\frac{180}{\pi}=1°21'31''$

3) 각 측점에 대한 편각 계산

No.16 $\delta_1=0°31'10''$

No.17 $\delta_1+\delta = 2°25'45''$

No.18 $\delta_1+2\delta = 4°20'20''$

⋮

No.25 $\delta_1+9\delta = 17°42'25''$

E.C. $\delta_1+9\delta+\delta_{n+1} = 19°03'56''$ ($\fallingdotseq 19°04' = \frac{I}{2}$)

4″의 오차가 발생했다. 이는 원호를 직선거리로 가정함에 따른 것으로 실용상 지장이 없다.

4) 각 측점의 좌표 계산

① 곡선시점(B.C)전까지의 측점좌표계산

B.C점의 추가거리가 314.561m이므로 No.15번(300m 지점)까지 좌표계산

X_1 = 1000+20×cos30° = 1017.320

Y_1 = 2000+20×sin30° = 2010.000

X_2 = 1000+40×cos30° = 1034.640

Y_2 = 2000+40×sin30° = 2020.000

⋮ ⋮

X_{15} = 1000+300×cos30° = 1259.808

Y_{15} = 2000+300×sin30° = 2150.000

② 곡선시점(B.C)의 좌표계산

$X_{B.C}$ = X_{15}+14.561×cos30° = 1259.981+14.561×cos30° = 1272.591

$Y_{B.C}$ = Y_{15}+14.561×sin30° = 2150.000+14.561×sin30° = 2157.281

③ 원곡선상 측점좌표계산

$X_{No.16}$ = $X_{B.C}$+시단현×cos[($\overline{\text{BC}-\text{No.16}}$)방위각]

$Y_{No.16}$ = $Y_{B.C}$+시단현×sin[($\overline{\text{BC}-\text{No.16}}$)방위각]

($\overline{\text{B.C}-\text{No.1}}$방위각 = 30°+$\delta_1$ = 30°+0°31′10″ = 30°31′10″)

∴ $X_{No.16}$ = 1272.591+5.439×cos30°31′10″ = 1277.276

$Y_{No.16}$ = 2157.281+5.439×sin30°31′10″ = 2160.043

$X_{No.17}$ = 1277.276+20×cos(30°31′10″+1°54′35″) = 1294.157

$Y_{No.17}$ = 2160.043+20×sin(30°31′10″+1°54′35″) = 2170.768

$$X_{No.18} = 1294.157+20\times\cos34°20'20'' = 1310.671$$
$$Y_{No.18} = 2170.768+20\times\sin34°20'20'' = 2182.050$$
$$X_{No.19} = 1310.671+20\times\cos36°14'55'' = 1326.800$$
$$Y_{No.19} = 2182.050+20\times\sin36°14'55'' = 2193.876$$
$$X_{No.20} = 1326.800+20\times\cos38°09'30'' = 1342.526$$
$$Y_{No.20} = 2193.876+20\times\sin38°09'30'' = 2206.233$$
$$X_{No.21} = 1342.526+20\times\cos40°04'05'' = 1357.832$$
$$Y_{No.21} = 2206.233+20\times\sin40°04'05'' = 2219.107$$
$$X_{No.22} = 1357.832+20\times\cos41°58'40'' = 1372.700$$
$$Y_{No.22} = 2219.107+20\times\sin41°58'40'' = 2232.484$$
$$X_{No.23} = 1372.700+20\times\cos43°53'15'' = 1387.114$$
$$Y_{No.23} = 2232.484+20\times\sin43°53'15'' = 2246.349$$
$$X_{No.24} = 1387.114+20\times\cos45°47'50'' = 1401.058$$
$$Y_{No.24} = 2246.349+20\times\sin45°47'50'' = 2260.687$$
$$X_{No.25} = 1401.068+20\times\cos47°42'25'' = 1414.526$$
$$Y_{No.25} = 2260.687+20\times\sin47°42'25'' = 2275.481$$

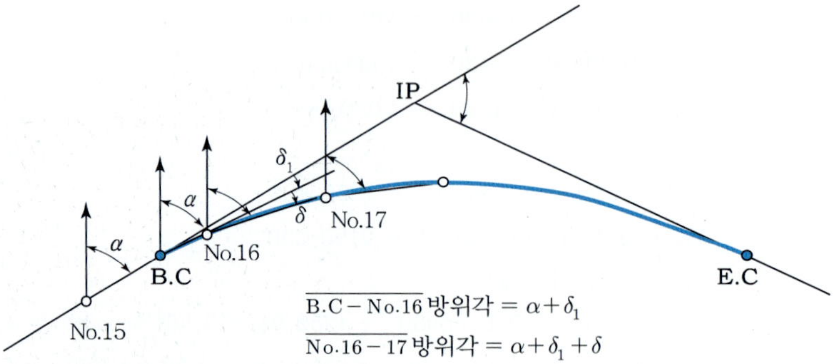

④ E.C점의 좌표계산

$$X_{E.C} = X_{No.25}+\text{종단현길이}\times\cos(30°+\delta_1+9\delta+\delta_{n+1})$$
$$Y_{E.C} = Y_{No.25}+\text{종단현길이}\times\sin(30°+\delta_1+9\delta+\delta_{n+1})$$
$$\therefore\ X_{E.C} = 1414.526+14.227\times\cos(30°+0°31'10''+1°54'35''\times9+1°21'31'')$$
$$Y_{E.C} = 2275.481+14.227\times\sin(30°+0°31'10''+1°54'35''\times9+1°21'31'')$$
$$X_{E.C} = 1414.526+14.227\times\cos49°03'56'' = 1423.847$$
$$Y_{E.C} = 2275.481+14.227\times\sin49°03'56'' = 2286.229$$

(2) 현각현장법

편각현장법에 의해 곡선을 설치하다가 시준선 상에 장애물이 있을 경우 기계를 옮기면서 현각과 현장으로 측점을 결정하는 방법이다.

1) 우선 편각현장법에 의해 P_1, P_2점 결정한다.
2) P_1점에 데오돌라이트를 옮겨 세워 $\angle P_2P_1P_3 = \delta$가 되도록 시준하고 P_2로부터 1 체인을 재어 $\overline{P_2P_3} = l$이 되도록 점 P_3를 구한다. 또 $\angle P_3P_1P_4 = \delta$, $\overline{P_3P_4} = l$이 되는 점 P_4를 정한다.
3) 더 이상 시준선이 확보가 되지 않으면 P_3로 데오드나이트를 옮기고 $\angle P_4P_3P_5 = \delta$, $\overline{P_4P_5} = l$이 되는 점 P_5를 정하는 방법으로 반복한다.

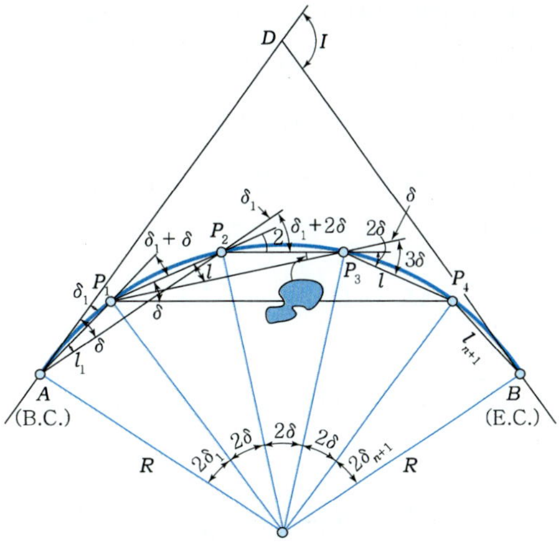

그림 11.10 현각현장법

(3) 전방교회법

B.C 또는 E.C점으로부터 시준이 양호할 경우, 각측량만으로 측점위치를 결정할 수 있는 방법이다.

B.C점에서 δ_1, E.C점에서

$$(n-1)\delta + \delta_{n+1} \Rightarrow P_1$$

B.C점에서 $\delta_1 + \delta$ E.C점에서

$$(n-2)\delta + \delta_{n+1} \Rightarrow P_2$$

B.C점에서 $\delta_1 + 2\delta$ E.C점에서

$$(n-3)\delta + \delta_{n+1} \Rightarrow P_3$$

곡률반경이 작을 때 편각의 오차가 없다.

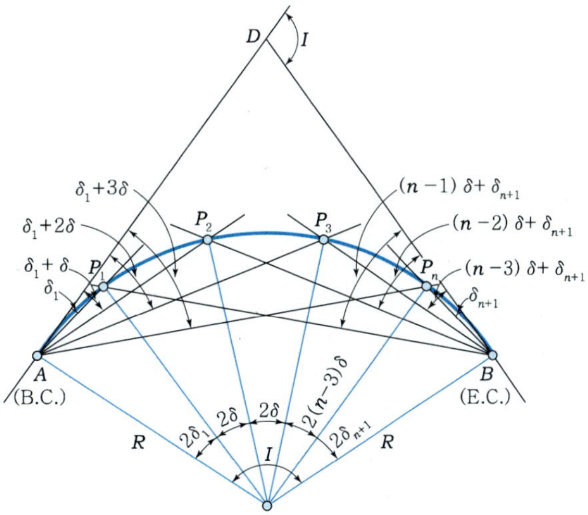

그림 11.11 전방교회법(편각법)

(4) 중앙종거법

시가지의 곡선설치, 철도, 도로의 완공 후의 검사방법으로 적합하다. 우선 중앙 종거 M_1을 구하고 M_2, M_3를 구하여 곡선설치도 하고 검사방법으로 사용할 수도 있다.

$$M_1 = R\left(1 - \cos\frac{I}{2}\right) \quad (11.10)$$

$$M_2 = R\left(1 - \cos\frac{I}{4}\right) \quad (11.11)$$

$$M_3 = R\left(1 - \cos\frac{I}{8}\right) \quad (11.12)$$

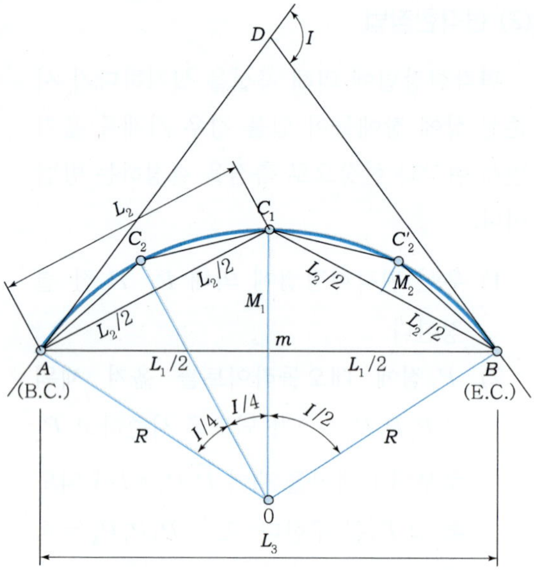

그림 11.12 중앙종거법(지거법)

11.5 복심곡선

11.5.1 복심곡선의 설계

복심곡선은 곡률반경이 다른 두개의 원곡선이 조합된 형상으로 두 곡선의 반경을 임의로 결정해서는 안 되며 R_1, R_2, T_1, T_2, I_1, I_2, I 7개 인자 중 4개가 결정되면 이에 따라 다른 3개의 값을 결정하여 설계하여야 한다. 일반적인 경우 R_1, T_1, T_2, I가 주어지고 R_2, I_1, I_2를 구하는 것이다.

복심곡선에는 9개의 인자가 있다. 이 곡선을 완전히 풀기위해서는 최소한 4개의 요소를 알고 있어야 한다. 그것은 T_1, T_2, I_1,

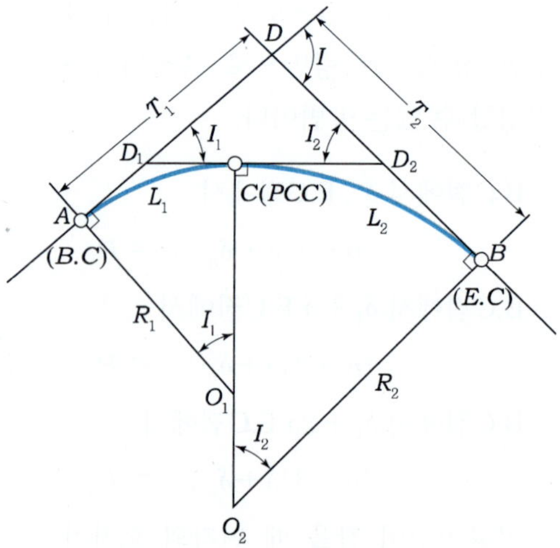

그림 11.13 복심곡선

I_2, I, R_1, R_2, L_1, L_2들이다.

나머지 5개의 미지수를 풀기 위해서는 5개의 방정식이 필요하다.

$$I = I_1 + I_2 \tag{11.13}$$

$$L_1 = R_1 I_1 \tag{11.14}$$

$$L_2 = R_2 I_2 \tag{11.15}$$

그림 11.13 다각형 $O_2O_1ADBO_2$에서 어느 방향이건 투영길이의 합은 0이 된다는 원리에서 선분 O_2B에 투영하면

$$O_2O_1\cos I_2 + O_1A cos(I_1 + I_2) + AD\cos(I - 90) - O_2B = 0$$

$$(R_2 - R_1)\cos I_2 + R_1\cos I + T_1\sin I - R_2 = 0$$

$$\cos I_2 = \frac{R_2 - R_1\cos I - T_1\sin I}{R_2 - R_1}$$

$$1 - \cos I_2 = 1 - \frac{R_2 - R_1\cos I - T_1\sin I}{R_2 - R_1}$$

$$versin I_2 = \frac{T_1\sin I - R_1 vers I}{R_2 - R_1} \tag{11.16}$$

여기서, $vers\,\alpha = 1 - \cos\alpha$

같은 방법으로

$$vers\,I_1 = \frac{T_2\sin I - R_2 vers\,I}{R_2 - R_1} \tag{11.17}$$

$$O_2O_1\sin I_2 + O_1A\sin(I_1 + I_2) + AD\sin(I - 90) - DB = 0$$

$$(R_2 - R_1)\sin I_2 + R_1\sin I - T_1\cos I - T_2 = 0$$

$$\sin I_2 = \frac{T_2 + T_1\cos I - R_1\sin I}{R_2 - R_1} \tag{11.18}$$

그러나

$$\tan\frac{I_2}{2}=\frac{2\sin^2\frac{I_2}{2}}{2\sin\frac{I_2}{2}\cos\frac{I_2}{2}}=\frac{1-\cos I_2}{\sin I_2}=\frac{vers I_2}{\sin I_2}$$

그러므로 식 (11.16)과 (11.18)을 사용하여 다음을 얻을 수 있다.

$$\tan\frac{I_2}{2}=\frac{T_1\sin I-R_1 vers I}{T_2+T_1\cos I-R_1\sin I} \quad (11.19)$$

같은 방법으로

$$\tan\frac{I_1}{2}=\frac{T_2\sin I-R_2 vers I}{T_1+T_2\cos I-R_2\sin I} \quad (11.20)$$

식 (11.13), (11.14), (11.15), (11.16), (11.17)은 대부분의 복심곡선의 문제를 해결하는 데 사용되어진다. 어떤 경우에는 식 (11.16), (11.17)보다 식 (11.19), 식 (11.20)이 더 편리할 때도 있다.

$$\tan\frac{I_2}{2}=\frac{T_1\sin I-R_1 vers I}{T_2+T_1\cos I-R_1\sin I}$$

※$vers\ \alpha=1-\cos\alpha$

$$I_1=I-I_2$$

$$R_2=R_1+\frac{T_1\sin I-R_1 vers I}{vers I_2}$$

표 11.2 복심곡선의 경우에 따른 공식

<table>
<tr><th>주어진 값</th><th>구하는 값</th><th>계산식</th></tr>
<tr><td>R_1, R_2
I_1, I_2</td><td>I
T_1, T_2</td><td>$I = I_1 + I_2$, $T_1 = \frac{R_1 versI + (R_2 - R_1) versI_2}{\sin I}$
$T_2 = \frac{R_2 versI - (R_2 - R_1) versI_1}{\sin I}$</td></tr>
<tr><td>T_1, T_2
I_1, I_2</td><td>I
R_1, R_2</td><td>$I = I_1 + I_2$, $R_1 = \frac{T_1 \sin I(versI - versI_1) - T_2 \sin I versI_2}{versI(versI - versI_1 - versI_2)}$
$R_2 = \frac{T_2 \sin I(versI - versI_2) - T_1 \sin I versI_1}{versI(versI - versI_1 - versI_2)}$</td></tr>
<tr><td>R_1, R_2
T_1, I</td><td>I_1, I_2
T_2</td><td rowspan="2">$versI_2 = \frac{T_1 \sin I - R_1 versI}{R_2 - R_1}$, $I_1 = I - I_2$, $T_2 = \frac{R_2 versI - (R_2 - R_1) versI_1}{\sin I}$
$versI_1 = \frac{R_2 versI - T_2 \sin I}{R_2 - R_1}$, $I_2 = I - I_1$, $T_1 = \frac{R_1 versI + (R_2 - R_1) versI_2}{\sin I}$</td></tr>
<tr><td>R_1, R_2
T_2, I</td><td>I_1, I_2
T_1</td></tr>
<tr><td>R_1, I
T_1, T_2</td><td>I_1, I_2
R_2</td><td rowspan="2">$\tan\frac{I_2}{2} = \frac{T_1 \sin I - R_1 versI}{T_2 + T_1 \cos I - R_1 \sin I}$, $I_1 = I - I_2$, $R_2 = R_1 + \frac{T_1 \sin I - R_1 versI}{versI_2}$
$\tan\frac{I_1}{2} = \frac{R_2 versI - T_2 \sin I}{R_2 \sin I - T_2 \cos I - T_1}$, $I_2 = I - I_1$, $R_1 = R_2 - \frac{R_2 versI - T_2 \sin I}{versI_1}$</td></tr>
<tr><td>R_2, I
T_1, T_2</td><td>I_1, I_2
R_1</td></tr>
<tr><td>R_1, T_1
I_1, I</td><td>I_2
R_2, T_2</td><td rowspan="2">$I_2 = I - I_1$, $R_2 = R_1 + \frac{T_1 \sin I - R_1 versI}{versI_2}$, $T_2 = \frac{R_2 versI - (R_2 - R_1) versI_1}{\sin I}$
$I_1 = I - I_2$, $R_1 = R_2 - \frac{R_2 versI - T_2 \sin I}{versI_1}$, $T_1 = \frac{R_1 versI + (R_2 - R_1) versI_2}{\sin I}$</td></tr>
<tr><td>R_2, T_2
I_2, I</td><td>I_1
R_1, T_1</td></tr>
</table>

$(versI = 1 - \cos I)$

도로에서 선형은 기하학적 관계로 정의되므로 복심곡선의 요소를 계산하는데 기하학적으로 해결할 수 있다. 다음은 복심곡선의 요소를 기하학적 관계를 이용하여 구하는 방법에 대한 설명이다.

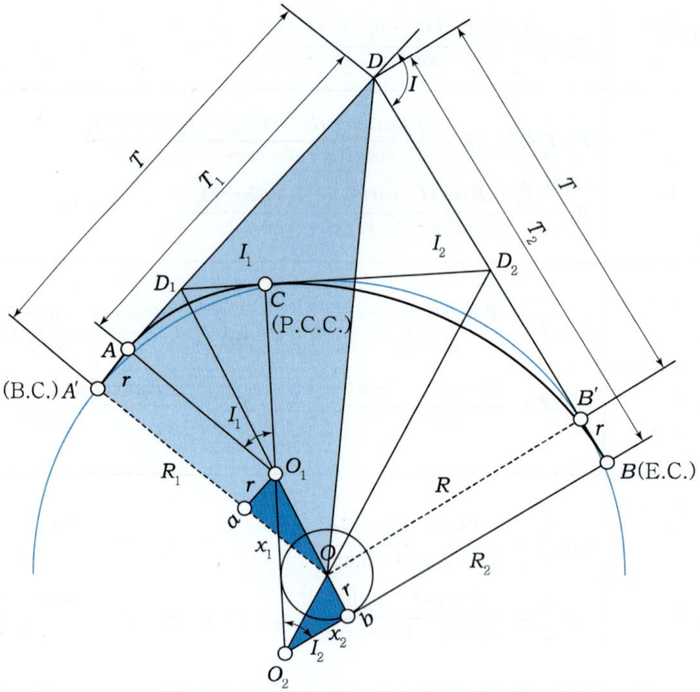

그림 11.14 복심곡선의 기하학적 해법

1) 방접원의 중심 구하기(A, D_1, D_2, B 3변에 접하는 방접원)

D_1과 O_1, D_2와 O_2를 연장하면 만나는 점 O가 방접원의 중심, O_2C와 O_2B에 접하는 내접원을 그릴 수 있는데 그 반경을 r이라 한다.

2) 방접원의 접선장 T 구하기

$$T = T_1 + r\ ,\ T = T_2 - r \quad \therefore T = \frac{T_1 + T_2}{2}$$

3) 방접원의 반경 R 구하기

방접원의 반경 R은 △DOA'에서

D_1과 D_2로부터 O_1과 O_2를 연결 : 교점이 R의 중점

$$T \cdot \tan\frac{(180° - I\ )}{2} = R \quad T = \frac{T_1 + T_2}{2}$$

$$\therefore R = \frac{T_1 + T_2}{2} \cdot \tan\frac{180° - I}{2} \tag{11.21}$$

4) R로부터 R_1과 R_2의 관계를 위해 O_1에서 OA'에 수선을 내린 점을 a, O에서 O_2B에 내린 수선의 점을 b라 하고 $\overline{aO}$를 x_1, $\overline{bO_2}$를 x_2라 하자.

$R_1 = R - x_1$, $R_2 = R + x_2$이므로 R_1이 주어진다면 R_2를 구할 수 있다.

5) x_1, x_2구하기

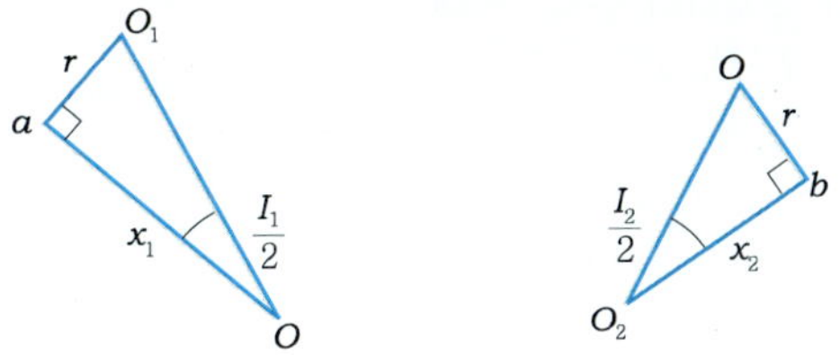

$$\frac{r}{x_1} = \tan\frac{I_1}{2} \quad \therefore x_1 = r \cdot \cot\frac{I_1}{2} \tag{11.22}$$

$$\frac{r}{x_2} = \tan\frac{I_2}{2} \quad \therefore x_2 = r \cdot \cot\frac{I_2}{2} \tag{11.23}$$

여기서, $r = T_2 - T$, $r = T - T_1$, $T_2 - T = T - T_1$

$$r = \frac{(T_1 - T_2) + (T_2 - T)}{2} = \frac{T_2 - T_1}{2} \tag{11.24}$$

그런데 문제에서 R_1은 주어졌으므로 $R_1 = R - x_1 = R - r \cdot \cot\frac{I_1}{2}$ 식으로부터 I_1을 구한다.

$$즉, r \cdot \cot\frac{I_1}{2} = R - R_1,\ \cot\frac{I_1}{2} = \frac{R - R_1}{r}$$

$$\therefore I_1 = 2\tan^{-1}\left(\frac{r}{R - R_1}\right) \quad \therefore I_2 = I - I_1 \tag{11.25}$$

그러므로 $R_2 = R + x_2 \quad R_2 = R + r \cdot \cot\frac{I_2}{2}$ (11.26)

$$R_2 = R + \frac{T_2 - T_1}{2} \cdot \cot\frac{I_2}{2} \tag{11.27}$$

예제 11.3

교각 $I=60°35'$, 접선의 길이 $T_1=130$m, $T_2=240$m이고, 곡선반지름 $R_1=100$m인 복심곡선을 그림과 같이 설치하려 한다. 이때 관계식을 참고하여 $\angle I_1(D_1)$과 $\angle I_2(D_2)$ 및 제2곡선의 반지름 R_2를 구하시오. (단, 계산은 반올림하여 각은 분 단위까지, 곡선 반지름 R_2는 소수 둘째자리까지 구하시오.

[관계식]

$$R = \frac{T_1 + T_2}{2}\tan\frac{180 - I}{2},\quad r = \frac{T_2 - T_1}{2}$$

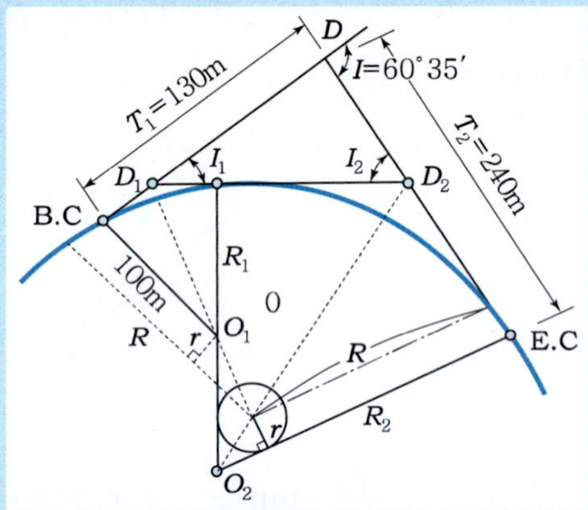

그림 11.15 예제 11.3

풀이▸▸▸

$$R = \frac{T_1 + T_2}{2}\tan\frac{180° - I}{2} = \frac{130 + 240}{2} \times \tan\frac{180° - 60°35'}{2} = 316.70$$

$$r = \frac{T_2 - T_1}{2} = \frac{240 - 130}{2} = 55.0\text{m}$$

$$R_1 = R - r\cot\frac{I_1}{2} \quad \rightarrow$$

$$\cot\frac{I_1}{2} = \frac{1}{2}(R - R_1) = \frac{1}{55.0}(316.70 - 100) = 3.94$$

$$\therefore \begin{cases} I_1 = 28°29' \\ I_2 = I - I_1 = 60°35' - 28°29' = 32°06' \\ R_2 = R + r\cot\frac{I_2}{2} = 316.70 + 55 \times \cot\left(\frac{32°06'}{2}\right) = 507.88\text{m} \end{cases}$$

11.5.2 복심곡선의 설치법

그림 11.13을 참조하여 다음과 같은 과정으로 설치한다.

1) 두 개의 접선을 연장하여 만나는 교점 D를 구하고 교각 I를 관측한다.
2) T_1 과 T_2 를 구하여 B.C 및 E.C의 위치를 정한다.
3) 한쪽 원의 R_1을 결정하고 I_1, I_2, R_2를 계산에 의해 구한다.
4) 호의 길이 AC , CB를 계산하여 A, B, C 각 점의 추가거리를 계산한다.
5) 접선장 D_1, D_2를 구함 → D_1, D_2를 이으면 공통접선
6) 점 C의 위치는 $D_1C = AD_1$ 또는 $D_2C = BD_2$
7) 이하 단곡선 설치와 같이 설치

11.6 반향곡선(Reversed curve)

일명 S curve라고 하며 두 곡선의 접점 반곡점(P.R.C)을 가지고 있다. 반곡점에서 원심력의 방향이 변화하므로 P.R.C양쪽에 완화곡선을 두고 완화곡선 사이에 20m 이상의 직선구간 삽입(철도의 경우)한다. 반경이 다를 경우에는 하나를 결정 후 계산에 의해 다른 하나를 결정하여야 하며 임의로 정하게 되면 두 곡선이 서로 만나지 않는다. 그림 11.16은 I_1과 I_2의 크기에 따라 결정되는 반향곡선의 종류를 나타낸 것이다.

반향곡선은 9개의 구성요소가 있으며 4개의 기지값을 필히 알아야 한다. 9개의 구성요소는 T_1, T_2, R_1, R_2, I_1, I_2, I, L_1그리고 L_2이다. 이 5개의 미지수를 풀기 위해서는 5개의 식을 얻어야 한다.

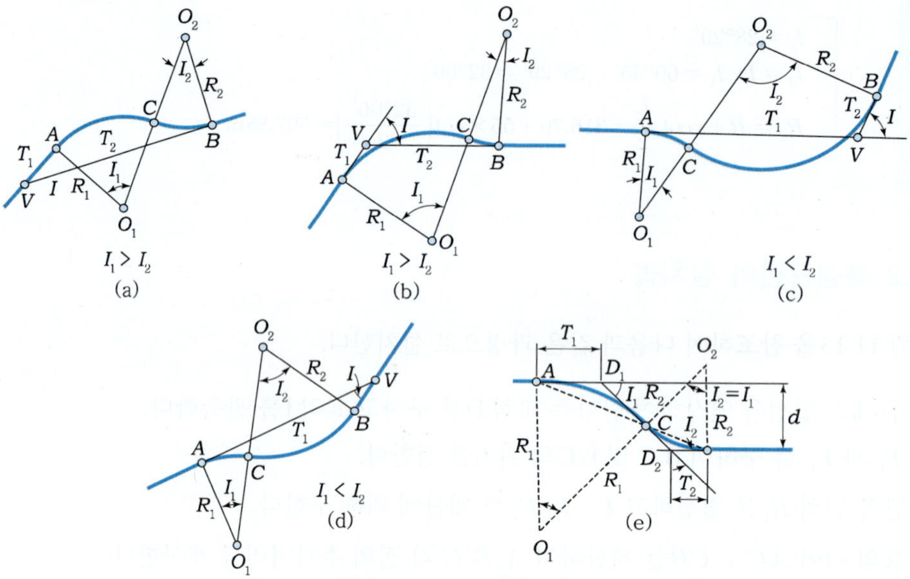

그림 11.16 반향곡선의 종류

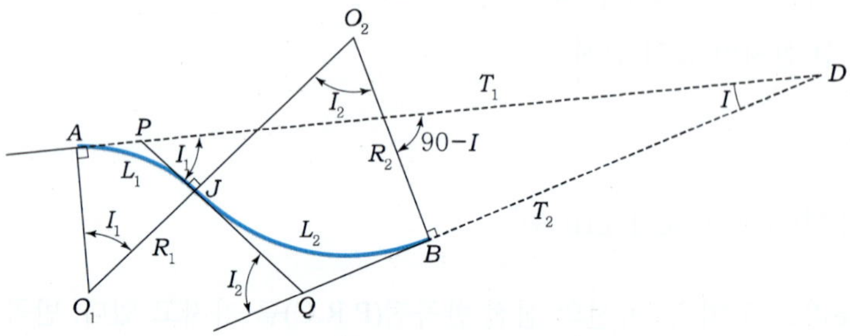

그림 11.17 반향곡선

$$I = I_2 - I_1 \tag{11.28}$$

$$L_1 = R_1 I_1 \tag{11.29}$$

$$L_2 = R_2 I_2 \tag{11.30}$$

복심곡선과 같은 방법으로 다각형 $O_2O_1ADBO_2$에서 어느 방향이건 투영길이의 합은 0이 된다는 원리에서 선분 BO_2에 투영하면

$$-O_2O_1\cos I_2 + O_1A\cos(I_2 - I_1) + AD\cos(90 - I) - BO_2 = 0$$

$$-(R_2 - R_1)\cos I_2 + R_1\cos I - T_1\sin I + R_2 = 0$$

$$\cos I_2 = \frac{R_2 - T_1\sin I + R_1\cos I}{R_2 + R_1}$$

$$1 - \cos I_2 = 1 - \frac{R_2 - T_1\sin I + R_1\cos I}{R_2 + R_1}$$

$$\text{즉, } versin I_2 = \frac{T_1\sin I + R_1 versin I}{R_2 + R_1} \tag{11.31}$$

같은 방법으로

$$versin I_1 = \frac{T_2\sin I + R_2 versin I}{R_2 + R_1} \tag{11.32}$$

다각형을 BO_2에 수직으로 투영하면(즉, BD를 따라)

$$-O_2O_1\sin I_2 + O_1A\sin(I_2 - I_1) + AD\cos I - IB = 0$$

$$-(R_2 + R_1)\sin I_2 + R_1\sin I + T_1\cos I - T_2 = 0$$

$$\sin I_2 = \frac{-T_2 + T_1\cos I + R_1\sin I}{R_2 + R_1} \tag{11.33}$$

그러나

$$\tan\frac{I_2}{2} = \frac{2\sin^2\frac{I_2}{2}}{2\sin\frac{I_2}{2}\cos\frac{I_2}{2}} = \frac{1 - \cos I_2}{\sin I_2} = \frac{versin I_2}{\sin I_2}$$

그러므로 식 (11.31)과 (11.33)을 사용하여 다음을 얻을 수 있다.

$$\tan\frac{I_2}{2} = \frac{T_1\sin I_2 + R_1 versin I_2}{-T_2 + T_1\cos I_2 + R_1\sin I_2} \tag{11.34}$$

같은 방법으로

$$\tan\frac{I_1}{2} = \frac{T_2\sin I + R_2 versin I}{-T_1 + T_2\cos I + R_2\sin I} \tag{11.35}$$

이상의 식들은 반향곡선의 문제를 해결하는데 사용되어진다. 어떤 경우에는 식 (11.32), (11.33)보다 식 (11.35), 식 (11.36)이 더 편리할 때도 있다.

11.7 장애물이 있을 경우의 곡선설치법

11.7.1 I.P부근에 장애물이 있는 경우

(1) 접선상 임의의 점 A', B'로부터 B.C점과 E.C점을 구하는 방법

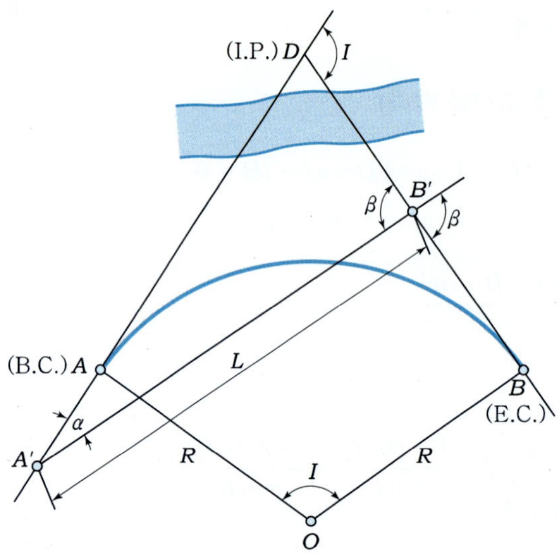

그림 11.18 I.P점에 장애물(1)

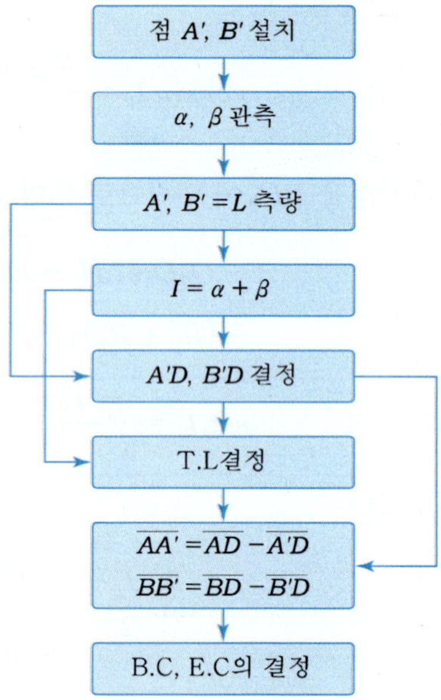

그림 11.19 설치단계

① 접선 또는 접선의 연장선상에 A', B'를 정한다.

② $\angle DA'B' = \alpha$, $\angle DB'A' = \beta$, $\overline{A'B'} = L$을 측량한다.

③ A', B'로부터 이격거리를 구한다.

$$\overline{A'A} = T.L - \overline{A'D} = R \cdot \tan\frac{I}{2} - \frac{\sin\beta}{\sin I} \cdot L \qquad (11.36)$$

$$\overline{B'A} = T.L - \overline{B'D} = R \cdot \tan\frac{I}{2} - \frac{\sin\alpha}{\sin I} \cdot L$$

$\overline{A'A}$ 값의 부호가 (+)라면 후방에, (−)라면 전방 쪽에 B.C점이 위치한다.

④ 여기서 미지거리 A'D, B'D는 다음과 같이 구한다.

$$A'D = \frac{\sin\beta}{\sin I} \cdot L \quad , \quad B'D = \frac{\sin\alpha}{\sin I} \cdot L$$

그러므로 $B.C$ 점 및 $E.C$ 점을 구할 수 있다.

(2) 트래버스를 이용하여 설치하는 방법

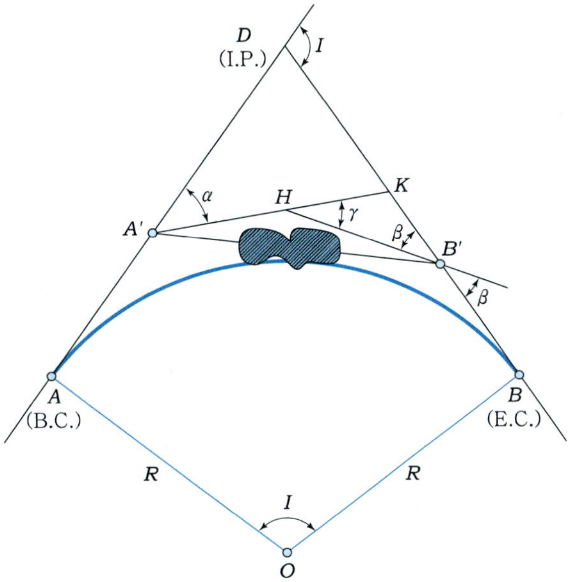

그림 11.20 I.P점에 장애물(2)

A, B점을 구하기 위해 A'A, B'B의 거리를 알아야 하는데 위 (1)의 방법을 사용하기에는 A', B'사이의 시준장애로 인하여 어렵다. 이 경우에는 A'D와 DB'의 거리를 계산하여 A, B점의 위치를 구하는 수밖에 없다. 그리하여 트래버스 A'−D−B'−H−A'를 이용한다.

① 장애물을 피할 정도의 위치에 H점을 설치한다.

② $\overline{A'H}, \overline{HB'}, \alpha, \beta, \gamma$를 측량하여 구한다. $I=\alpha+\beta+\gamma$

③ $\overline{HK}$를 계산으로 산출

△KHB'에서 sin 법칙으로부터

$$\frac{\overline{HK}}{\sin\beta}=\frac{\overline{HB'}}{\sin[180-(\beta+\gamma)]}=\frac{\overline{HB'}}{\sin(\beta+\gamma)}$$

$$\therefore \overline{HK}=\frac{\sin\beta}{\sin(\beta+\gamma)}\cdot\overline{HB'} \tag{11.37}$$

④ $\overline{KB'}$를 계산으로 산출

$$\frac{\overline{KB'}}{\sin\gamma}=\frac{\overline{HB'}}{\sin[180-(\beta+\gamma)]}=\frac{\overline{HB'}}{\sin(\beta+\gamma)}$$

$$\therefore \overline{KB'}=\frac{\sin\gamma}{\sin(\beta+\gamma)}\cdot\overline{HB'} \tag{11.38}$$

⑤ $\overline{B'D}$ 계산

$$\overline{B'D}=\overline{DK}+\overline{KB'} \qquad \overline{DK}=\frac{\sin\alpha}{\sin I}\cdot\overline{A'K}$$

⑥ $\overline{A'D}$ 계산

$$\frac{\overline{A'D}}{\sin(180-(\alpha+(180-I)))}=\frac{\overline{DK}}{\sin\alpha}$$

$$\therefore \overline{A'D}=\frac{\sin(I-\alpha)}{\sin\alpha}\overline{DK} \tag{11.39}$$

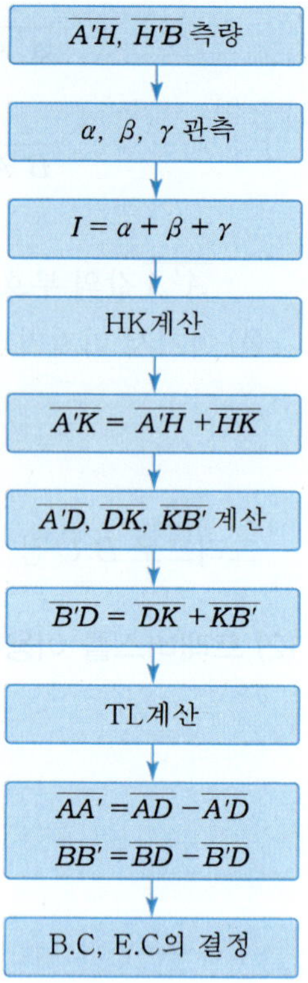

그림 11.21 설치단계

11.7.2 B.C와 E.C부근에 장애물이 있을 경우

(1) 곡선의 중점에서 설치방법

① 외할 $E = R\left(\sec\frac{I}{2} - 1\right)$을 구하여 D점으로부터 $\frac{180° - I}{2}$ 방향으로 E만큼을 재면 곡선의 중점 C가 된다.

② C점에서의 시단현, 종단현 길이와 편각은 기점으로부터 C.L/2로부터 구한다.

$$C.L = 0.01745RI°$$

③ 다음은 편각법 또는 기타방법으로 곡선을 설치한다.

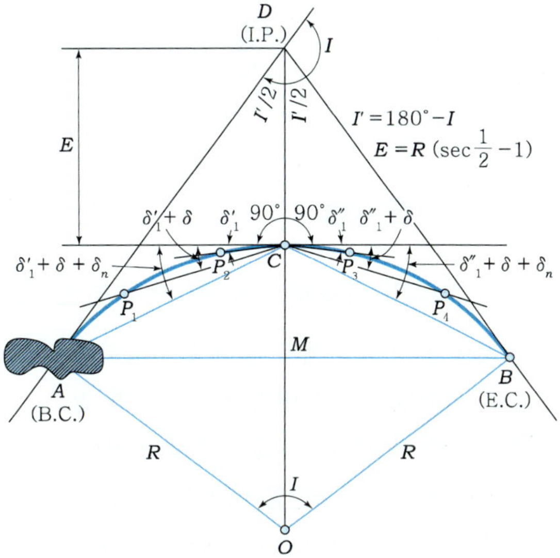

그림 11.22 곡선중점에서의 설치방법

(2) 접선을 기준으로 하는 경우

곡선의 시점 A에 접근하지 못할 경우, 곡선의 중점 C도 곤란할 경우

임의의 P점을 잡아 접선으로부터 곡선을 설치한다.

① 적절한 중심각 α를 정하고 P점의 위치를 결정한다.

$\overline{PQ}$, $\overline{DQ}$를 구한다.

$\overline{PQ} = R(1 - \cos\alpha)$

(중앙종거)

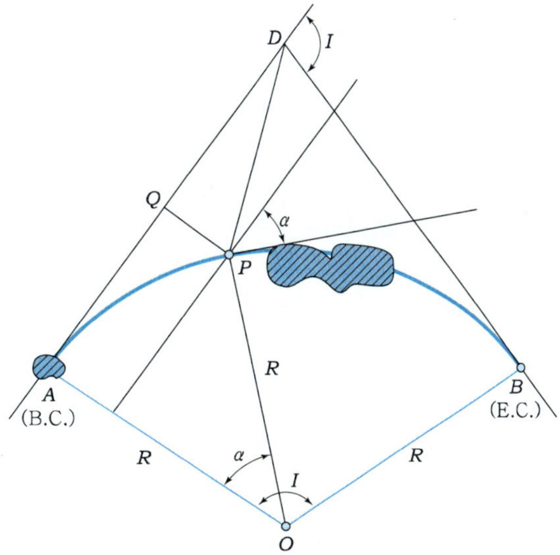

그림 11.23 접선기준 방법

$$\overline{DQ} = T.L - \overline{AQ} = R \cdot \tan\frac{I}{2} - R \cdot \sin\alpha$$

② P점에서의 접선방향은 D점을 시준하여 시계방향으로 $\angle PDQ + \alpha$ 방향이다.

③ $\angle PDQ = \tan^{-1}\dfrac{\overline{DQ}}{\overline{PQ}}$

11.8 노선변경법

11.8.1 외할방향으로 노선을 변경하는 경우

설계노선 상에 문제가 생겨 불가피하게 노선을 외할방향으로 변경해야 한다면 원래의 곡률반경보다는 크게 변경해야 한다. 만약 외할방향으로 e만큼 이동을 하여 새로운 노선을 설계한다면 곡률반경은 다음과 같이 계산한다. 새로운 곡선의 외할에 대한 식으로부터 곡률반경을 구할 수 있다.

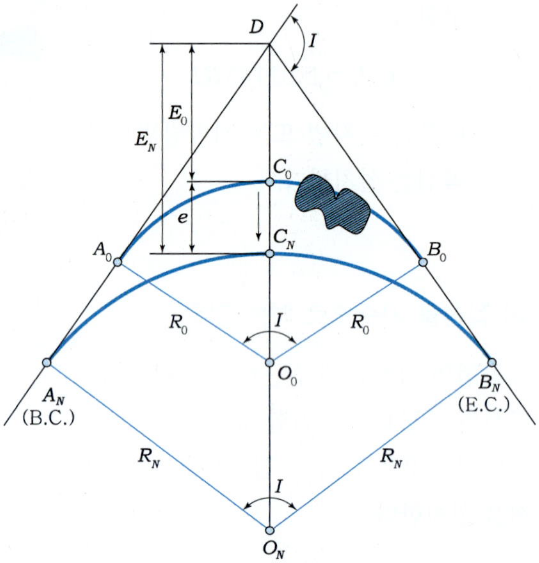

그림 11.24 외할방향으로의 곡선변경

$$E_N = E_0 + e$$

$$E_N = R_N\left(\sec\frac{I}{2} - 1\right)$$

$$E_O = R_O\left(\sec\frac{I}{2} - 1\right)$$

$$R_N\left(\sec\frac{I}{2} - 1\right) = R_O\left(\sec\frac{I}{2} - 1\right) + e$$

$$\therefore R_N = R_O + \frac{e}{\left(\sec\frac{I}{2} - 1\right)} \tag{11.40}$$

예제 11.4

원곡선상에 장애물이 있어 외할방향으로 e=30m 이동하여 곡선을 변경하고자 한다. 원래 곡선의 곡률반경이 200m, I=110° 이라면 변경 후의 곡률반경은 얼마인가?

풀이▸▸▸

$$R_N = 200 + \frac{30}{\left(\sec\frac{110°}{2} - 1\right)} = 240.35\,\mathrm{m}$$

11.8.2 접선방향으로 노선을 변경하는 경우

E.C점 부근에 장애물이 있어 접선방향으로 노선을 변경하는 경우에는 접선장에 대한 식으로부터 새로운 곡률반경을 구한다.

$$T_N = T_O + T_X$$

$$\therefore T_N = T_O + \frac{e}{\sin I} \tag{11.41}$$

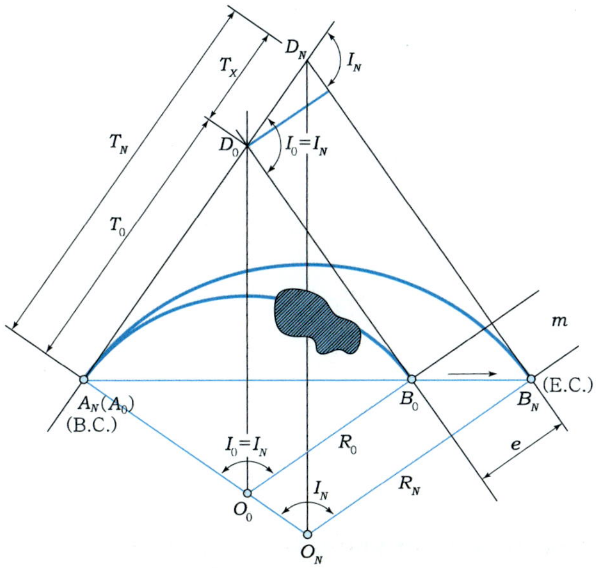

그림 11.25 접선방향으로의 곡선변경

$$R_N \cdot \tan\frac{I_N}{2} = R_O \cdot \tan\frac{I_O}{2} + \frac{e}{\sin I} \tag{11.42}$$

$$T_X = \frac{e}{\sin I}$$

$$\left(\because \frac{e}{T_X} = \sin(180° - I)\right)$$

$$R_N = R_O + \frac{e}{\sin I \cdot \tan\frac{I_N}{2}} = R_O + \frac{e}{2\sin^2\frac{I_N}{2}} \tag{11.43}$$

$\sin^2\frac{I_N}{2} = \frac{1-\cos I_N}{2}$ 이므로

$$2\sin^2\frac{I_N}{2} = 1 - \cos I_N$$

$$\therefore\ R_N = R_O + \frac{e}{(1-\cos I_N)} \tag{11.44}$$

예제 11.5

원곡선상에 장애물이 있어 바깥쪽 접선방향으로 e=40m만큼 이동하여 곡선을 변경하고자 한다. 원래의 원곡선 곡률반경이 150m, 교각 I=120°였다면 새로운 원곡선의 곡률반경을 얼마인가?

풀이▸▸▸

$$R_N = 150 + \frac{40}{(1-\cos 120°)} = 176.67\,\text{m}$$

11.9 완화곡선(Transition Curve)

차량이 직선구간을 주행하다 곡선구간에 바로 접어들게 되면 차량은 곡선의 외측으로 원심력이 작용하여 승차감이 나빠짐은 물론 안전에도 문제가 될 수 있다. 이러한 문제를 해결하기 위해 곡률을 0에서 조금씩 증가시켜 곡선에 접하여 직선부와 곡선부 사이에 넣는 매끄러운 곡선을 완화곡선이라 한다(시속 60km 이하 보통생략). 곡률의 변화에 따라 달라지는 편경사와 밀접한 관련이 있으므로 이로부터 계산한다.

11.9.1 편경사(Cant; Super elevation)

차량이 곡선을 따라 주행할 경우 곡률과 차량의 주행속도에 따라 원심력이 작용하므로 차량의 안전을 위해 노면의 바깥쪽을 높이게 된다. 이를 편경사라 한다.

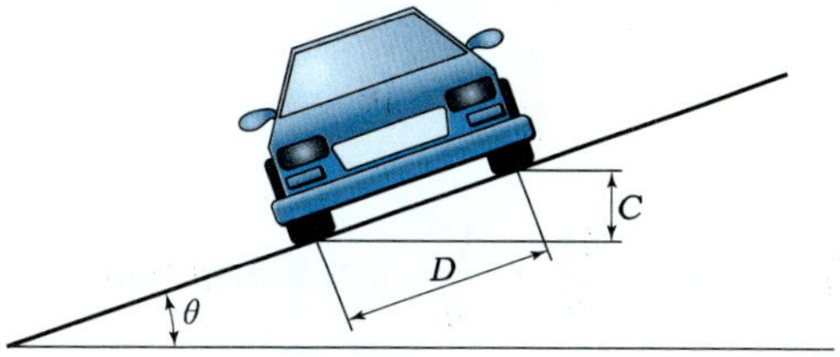

그림 11.26 차량의 경사와 칸트

곡선구간에 진입하게 되면 외측 차륜의 하중이 증가하고 급작스런 제동 및 핸들 조작은 전복의 위험이 있다. 차량이 안전하게 곡선구간을 주행하기 위해서는 다음 조건을 만족시켜야 한다.

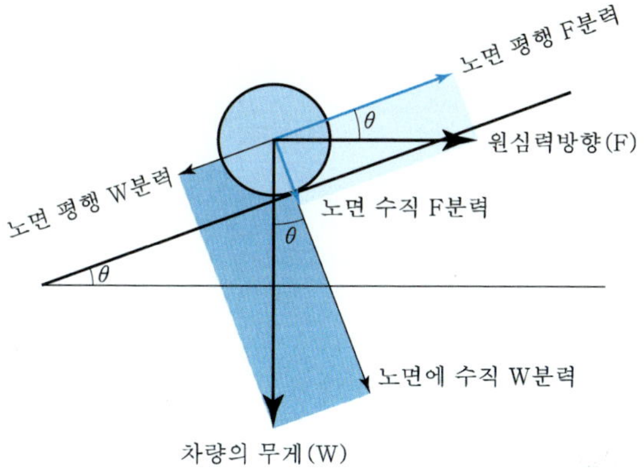

그림 11.27 경사지에서의 역학관계

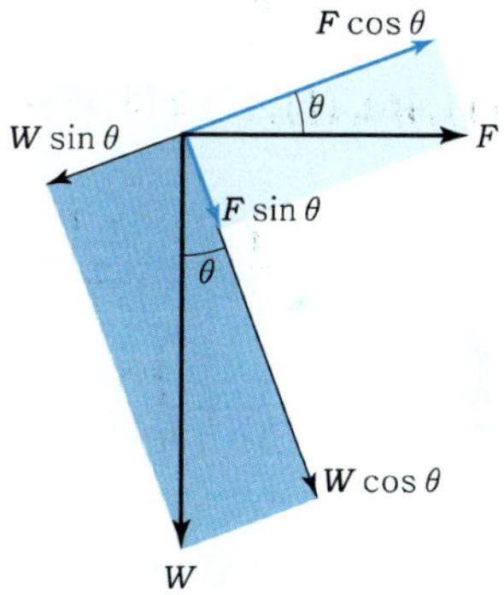

그림 11.28 원심력과 자중의 분력

원심력의 분력 ≤ 노면에 평행한 자중의 분력의 합 + 타이어의 마찰저항

$$F \cdot \cos\theta \leqq W \cdot \sin\theta + (W\cos\theta + F\sin\theta) \cdot f \quad (\text{양변} \div W\cos\theta)$$

$$\frac{F}{W} \leqq \tan\theta + \left(1 + \frac{F}{W}tan\theta\right) \cdot f$$

$$\frac{F}{W} \leqq \tan\theta + f + \frac{F}{W} f \tan\theta$$

$$\therefore \frac{F}{W}(1 - f \ \tan\theta) \leqq \tan\theta + f \tag{11.45}$$

F와 W분력의 합력($F \cdot \sin\theta + W \cdot \cos\theta$)이 노면에 수직인 경우, f=0이므로 식 (11.45)는 다음과 같다.

$$\frac{F}{W} = \tan\theta \tag{11.46}$$

원심력 $F = \frac{W}{R} \cdot \frac{V^2}{g} \quad g = 9.8(\text{m/sec}^2)$

$$F = W \cdot \frac{V^2}{127R}$$

$$\therefore \frac{F}{W} = \frac{V^2}{127R} \tag{11.47}$$

$$\frac{C}{D} = \sin\theta \fallingdotseq \tan\theta \tag{11.48}$$

식 (11.46), (11.47), (11.48)로부터

$$\frac{C}{D} \fallingdotseq \frac{V^2}{127R} \tag{11.49}$$

$$C = \frac{DV^2}{127R} \tag{11.50}$$

또는 $C = \frac{V^2 S}{g \cdot R}$

여기서, V : 편경사 C에 대한 적정속도

C : V에 대한 균형칸트라 함.

11.9.2 확폭(Slack)

차량이 곡선부를 주행하는 경우 뒷바퀴는 앞바퀴보다 항상 안쪽을 지나므로 곡선부의 내측을 직선부에 비해 넓게 하는데 이를 확폭이라 한다.

$$R^2 = L^2 + (R - \epsilon)^2, \ \ R^2 - L^2 = (R - \varepsilon)^2$$

$$R^2 - L^2 = R^2 - 2R\varepsilon + \varepsilon^2$$

$$L^2 = 2R\varepsilon - \varepsilon^2$$

여기서, ε^2는 R에 비하여 미소하므로

$$L^2 = 2R\varepsilon,$$

$$\varepsilon = \frac{L^2}{2R} \tag{11.51}$$

L : 앞범퍼와 뒷바퀴 축까지의 길이

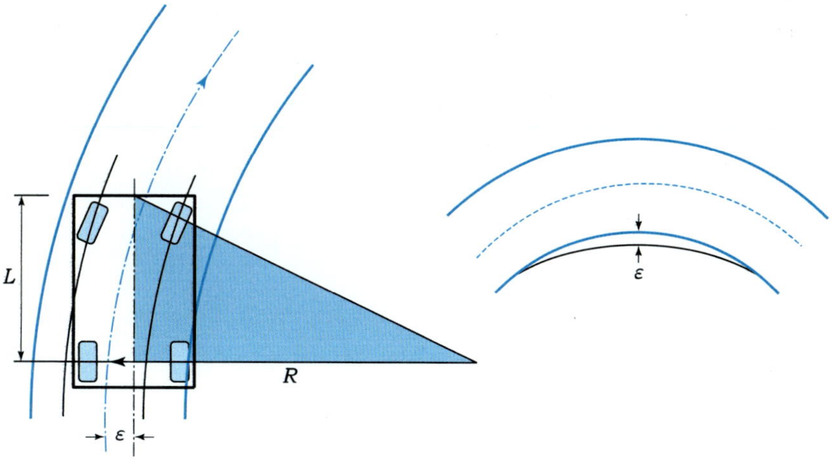

그림 11.29 확폭

표 11.3 평면곡선 반지름에 따른 확폭량(도로선형설계기준 KDS 44 20 10)

설계기준자동차					
평면곡선 반지름 (m)	한 차로당 최소확폭량 (m)	평면곡선 반지름 (m)	한 차로당 최소확폭량 (m)	평면곡선 반지름 (m)	한 차로당 최소확폭량 (m)
150 이상~280 미만	0.25	110 이상~200 미만	0.25		
90 이상~150 미만	0.50	65 이상~110 미만	0.50		
60 이상~ 90 미만	0.75	45 이상~ 65 미만	0.75	45 이상~ 55 미만	0.25
50 이상~ 65 미만	1.00	35 이상~ 45 미만	1.00	25 이상~ 45 미만	0.50
40 이상~ 50 미만	1.25	25 이상~ 35 미만	1.25	15 이상~ 25 미만	0.75
35 이상~ 40 미만	1.50	20 이상~ 25 미만	1.50		
30 이상~ 35 미만	1.75	18 이상~ 20 미만	1.75		
20 이상~ 30 미만	2.00	15 이상~ 18 미만	2.00		

11.10 완화곡선의 특성

완화곡선은 곡선과 직선부 사이 혹은 곡선반경이 현저히 다른 두 개의 서로 인접한 곡선 사이에 설치하는 곡선이다. 완화곡선을 사용하게 되면 주행시 원심력의 증감을 적절히 조절할 수 있으므로 보편적으로 활용되고 있는 추세이며, 이완화곡선은 대부분의 경우 원곡선의 진·출입부에서 사용된다.

완화곡선의 설치 목적은 다음과 같다.

① 곡선반경이 큰 곡선에서 작은 곡선(또는 직선 구간에서 원곡선 구간)으로의 완화구간 확보(곡선 반경의 변이)

② 곡선부 편경사끼리 혹은 곡선부 편경사와 직선부 횡단경사와의 접속 설치를 위한 거리 확보(횡단경사의 변이)

③ 곡선부에서 확폭된 폭과 표준폭 등과의 접속설치를 위한 완화구간(폭원의 변이)설계속도 60km/h 이상의 고속주행을 요구하는 도로에서는 핸들조작의 아주 사소한 착오라도, 될 수 있는 한 빨리 원상복귀시킬 수 있는 주행시간의 길이만큼 반드시 완화곡선을 설치하여 운전자의 시선 및 주행 궤적을 자연스럽게 유도할 수 있어야 한다. 설계속도 60km/h 미만의 도로에서 완화곡선을 설치하지 않을 경우에는, 평면곡선부의 편경사 및 확폭을 접속설치할 수 있도록 직선부와 원곡선부 사이에 완화구간을 설치하여 직접 연결한다. 완화곡선의 종류로는 클로소이드(clothoid), 3차포물선 등이 있는데, 클로소이드는 자동차의 완화 주행 궤적과 가장 비슷하여 대표적인 완화곡선으로서 도로설계에서 많이 사용된다.

11.10.1 완화곡선의 종류

완화곡선구간에서는 곡률반경이 변화하며 편경사 역시 변화한다. 완화곡선의 종류는 편경사를 어떠한 형태로 변화시킬 것인가에 따라 클로소이드, 램니스케이트, 3차포물선, sine 반파장, sine 1파장, 2차곡선이 있다. 직선에 비례시키는 경우가 클로소이드, 램니스케이트, 3차포물선이며 곡선에 비례시키는 경우는 sine 반파장, sine 1파장, 2차곡선이 이에 해당한다. 일반적으로 직선으로 비례시키는 방법을 많이 사용하고 있으며 완화곡선의 횡거, 동경, 곡선장 중 어디에 비례시키느냐에 따라 클로소이드, 램니스케이트, 3차포물선으로 분류한다.

완화곡선의 곡률식은 편경사에 대한 식으로부터 유도할 수 있다. 편경사는 곡률반경의 변화에 영향을 받기 때문이다. 즉, 완화곡선의 곡률반경은 지점마다 다르므로 이에 따라 편경사도 달라진다.

곡률변화에 다른 편경사의 변화를 그림 11.30에 보였다. 직선구간(SLe)의 경우 편경사는 없으며 단지 중앙선을 기준으로 배수를 위한 횡단경사 2%를 두고 있다. 그림에서와 같이 완화곡선구간으로 들어서면서 서서히 편경사가 증가하여 최대에 이르고(SLe → Ts → SC) 원곡선을 빠져나갈 때까지 일정한 편경사를 유지한다.

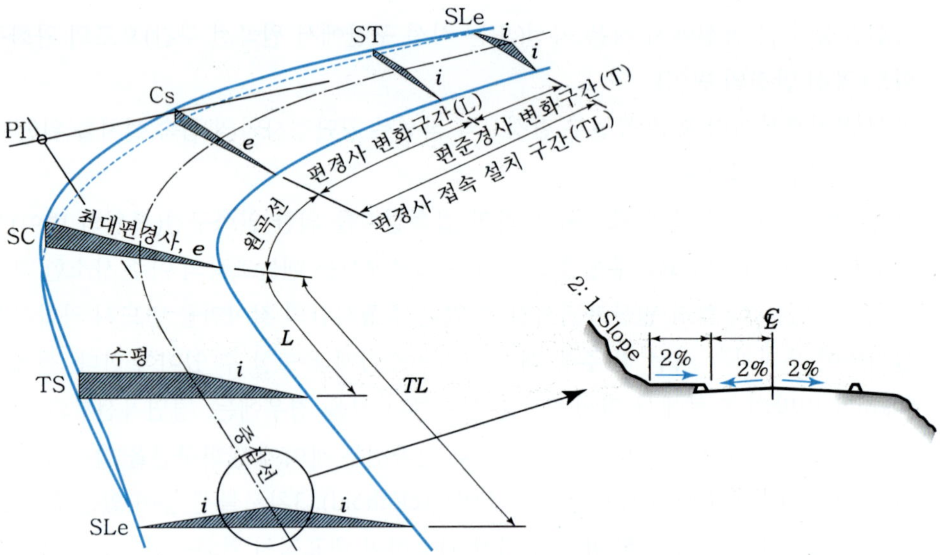

그림 11.30 곡률의 변화에 따른 편경사

$$C_x = C_O \frac{x}{X} \tag{11.52}$$

C와 R의 관계는 식 (11.50)과 같으므로

$$C_O = \frac{DV^2}{127R},\ C_x = \frac{DV^2}{127\rho}$$

$$\therefore \frac{C_x}{C_O} = \frac{1/\rho}{1/R} \tag{11.53}$$

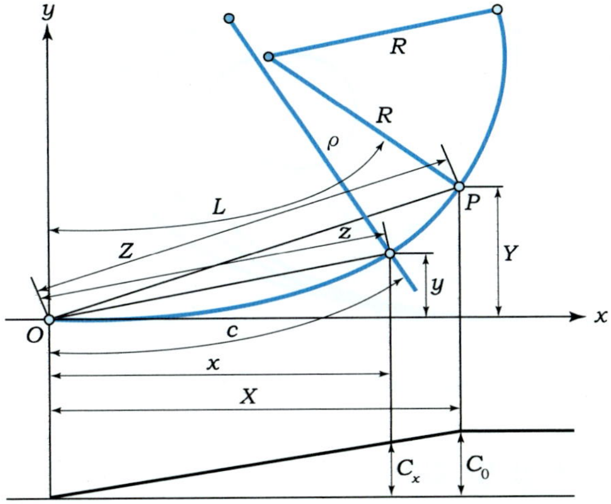

그림 11.31 완화곡선의 곡률과 편경사의 비례

식 (11.52), (11.53)에서 $\dfrac{R}{\rho} = \dfrac{x}{X}$

여기서, C_O : 원곡선 반경 R에서의 칸트

C_x : 완화곡선상 임의의 점에서의 칸트

L : 완화곡선장

ρ : 칸트가 C_x인 점에서의 곡률반경

$$\therefore \frac{1}{\rho} = \frac{x}{RX} \Rightarrow \text{3차포물선(칸트를 횡거 } x\text{에 비례)} \tag{11.54}$$

$$\frac{1}{\rho} = \frac{z}{RZ} \Rightarrow \text{Lemniscate(칸트를 동경 z에 비례)} \tag{11.55}$$

$$\frac{1}{\rho} = \frac{c}{RL} \Rightarrow \text{Clothoid(칸트를 완화곡선장 c에 비례)} \tag{11.56}$$

위 식에서 완화곡선의 시점에서 완화곡선 상 임의의 점까지의 거리는 3차포물선, 램니스케이트, 클로소이드 순서로 길다. 이 의미는 위의 순서대로 곡률의 변화가 심하다는 것이다. 따라서 각각의 완화곡선의 선형을 도시한다면 다음 그림 11.32와 같다. 그림에서 보이는 선형의 전 구간을 사용하는 것이 아니고 이 중 일부분까지만 사용하는 것이다. 이 중 클로소이드가 가장 곡률의 변화가 크므로 도로의 완화곡선에 이용된다.

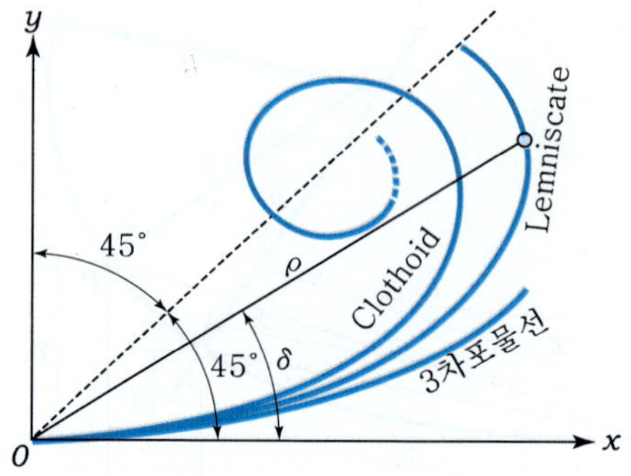

그림 11.32 각종 완화곡선의 모양

11.10.2 완화곡선의 성질 및 길이

(1) 완화곡선의 성질

1) 곡선의 반경은 완화곡선의 시점에서 무한대, 종점에서 원곡선 R로 된다.
   완화곡선의 시점은 직선구간의 끝이며 종점은 원곡선의 시점이다.
2) 완화곡선의 접선은 시점에서 직선에, 종점에서 원호에 접한다.
3) 완화곡선에 연한 곡선반경의 감소율은 칸트의 증가율과 동률로 된다.
   완화곡선구간이 진행됨에 따라 곡률은 서서히 증가하여 원곡선의 R과 같이 되므로 편경사는 서서히 증가하다가 원곡선이 시작되는 점에서 원곡선의 편경사와 같이 된다. 완화곡선은 길면 길수록 곡률의 변화율은 적어지고, 칸트의 변화율도 적어진다.

(2) 완화곡선 길이

원심가속도의 변화율을 적정 수치 이하로 억제하거나 완화곡선 주행에 필요한 최소 운전대 조작 시간을 고려하여 필요한 길이를 산정한다. 완화곡선의 최소 길이는 보통 'Shortt의 식'에 의해 다음과 같이 계산된다(도로설계편람).

$$L = \frac{0.0702\,V^3}{RC} \tag{11.57}$$

여기서, L : 완화곡선의 최소 길이(m)
V : 속도(km/h)

R : 곡선반경(m)

C : 원심력의 가속도 변화율($\mathrm{m/sec^3}$)

핸들 조작에 곤란을 느끼지 않을 주행 시간을 2초로 하여 다음 식에 따라 완화곡선 및 완화구간의 최소 설치 길이를 산정하면 표 11.4와 같다.

$$L = \frac{V}{3.6}t \tag{11.58}$$

여기서, L : 완화곡선 길이(m)

t : 주행시간(2초)

V : 주행속도(km/h)

표 11.4 설계속도에 따른 완화구간의 최소 길이(국토교통부 KDS 44 20 10 선형설계기준, 2023.1.6)

설계속도(km/h)	완화구간의 길이(m)	설계속도(km/h)	완화구간의 길이(m)
120	70	50	30
100	60	40	25
80	50	30	20
60	35	20	15

철도의 경우에는 편경사 C(mm)의 N배에 비례시켜 계산하기도 한다.

$$L = \frac{N}{1000} \cdot C = \frac{N}{1000} \cdot \frac{s\ v^2}{gR} \tag{11.59}$$

여기서, s : 레일간격

N : 차량 속도에 따라 300~800

11.10.3 완화곡선의 요소

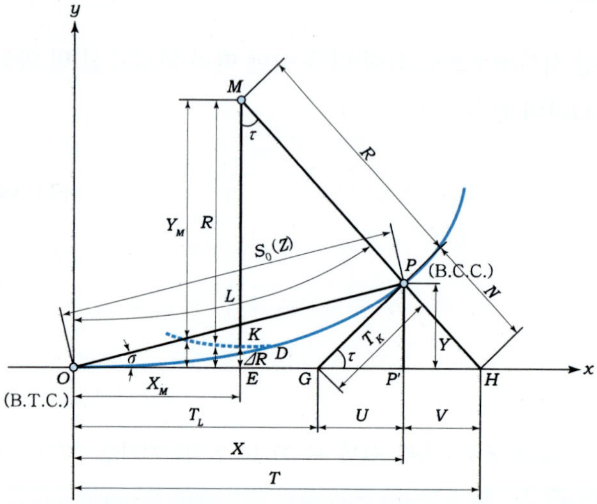

O : 완화곡선의 시점
M : 완화곡선 종점 P점의 곡률중심
$\overline{OX}$: 주접선
N : 법선길이
L : 완화곡선의 길이
ΔR : 이정량
τ : P점에서의 접선각
σ : P점의 극각
T_L : 장접선 길이
T_K : 단접선 길이
$S_O(Z)$: 동경

그림 11.33 완화곡선의 요소

11.10.4 3차포물선

3차포물선은 곡률에 관한 근사식으로써 접선각 τ가 증가함에 따라 오차 증가한다. 즉, 완화곡선장이 길어질수록 오차가 증가한다는 의미이다. X=0.89443R이 X보다 긴 완화곡선 사용 불가하다. 반경이 최소인 점, 즉 P점에서의 접선각 $\tau = 24°05'04.4''$이며 최소반경의 값은 1.31422R이다.

$$y = ax^3 \tag{11.60}$$

$$\text{곡선의 곡률 } \frac{1}{\rho} = \frac{\dfrac{d^2y}{dx^2}}{\left\{1+\left(\dfrac{dy}{dx}\right)^2\right\}^{\frac{3}{2}}} \tag{11.61}$$

$$\left(\frac{dy}{dx}\right)^2 \approx 0\text{이므로 } \frac{1}{\rho} \fallingdotseq \frac{d^2y}{dx^2}$$

$$\frac{d^2y}{dx^2} = \frac{x}{RX} \tag{11.62}$$

$$\therefore y = \frac{x^3}{6RX} \tag{11.63}$$

그림 11.35에서 원곡선의 중심 O로부터 AV선상에 수선으로 만나는 점을 E라고 하면

$$\overline{HE} = \frac{X}{2} \cdot \left(1 + \frac{X^2}{4R^2}\right)^{-\frac{1}{2}} \tag{11.64}$$

$$\overline{AE} = X\left\{1 - \frac{1}{2}\left(1 + \frac{X^2}{4R^2}\right)^{-\frac{1}{2}}\right\} \tag{11.65}$$

$$\Delta R = \frac{X^2}{6R} - R\left\{1 - \left(1 + \frac{X^2}{4R^2}\right)^{-\frac{1}{2}}\right\} \fallingdotseq \frac{Y}{4} \tag{11.66}$$

$$T = \overline{AE} + (R + \Delta R)\tan\frac{I}{2} \tag{11.67}$$

F와 M점의 위치는

$$\overline{FH} = Y \cdot \cot\tau = \frac{X}{3} \tag{11.68}$$

$$\overline{EM} \fallingdotseq \frac{\Delta R}{2} \tag{11.69}$$

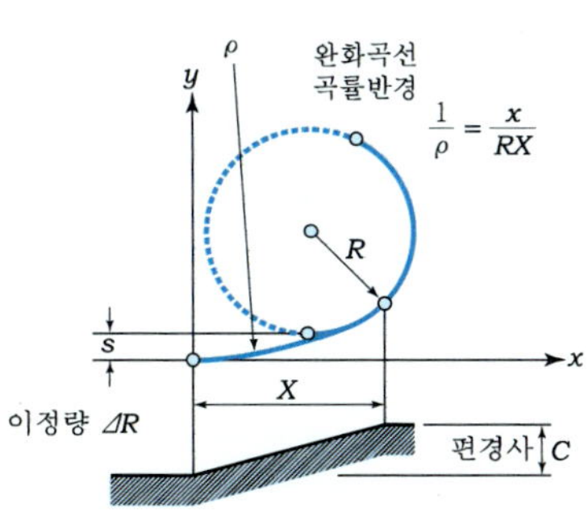

그림 11.34 3차포물선의 기본개념

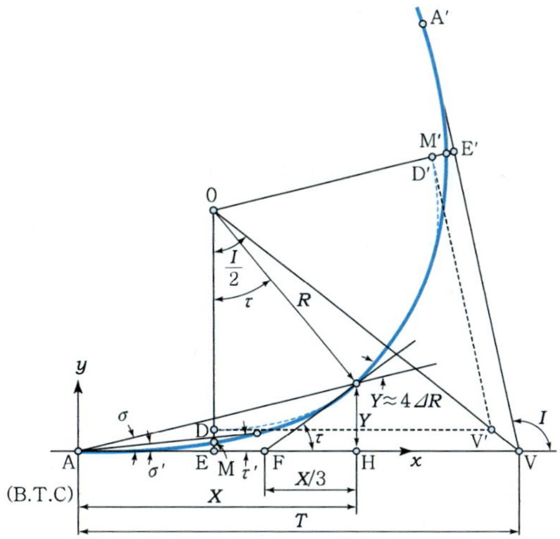

그림 11.35 3차포물선

예제 11.6

곡률반경이 R=500m, X=40m인 3차 포물선을 설치하시오.

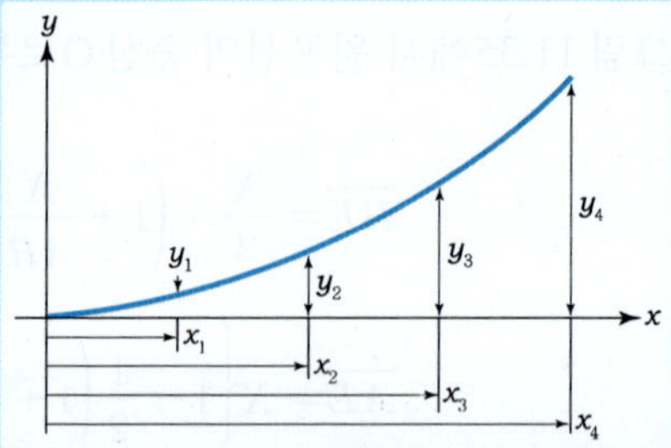

그림 11.36 예제 11.6

풀이 ▸ ▸ ▸

1chain을 10m로 하면,

$$x_{10\mathrm{m}} = \frac{10^3}{6\times500\times40} = 0.0083\mathrm{m}$$

$$x_{20\mathrm{m}} = \frac{20^3}{6\times500\times40} = 0.0667\mathrm{m}$$

$$x_{30\mathrm{m}} = \frac{30^3}{6\times500\times40} = 0.2250\mathrm{m}$$

$$x_{40\mathrm{m}} = \frac{40^3}{6\times500\times40} = 0.5333\mathrm{m}$$

11.10.5 램니스케이트(lemniscate) 곡선

램니스케이트는 연장모양이 그림 11.37과 같이 목걸이 모양이므로 연주곡선이라고도 한다. 곡선설치는 급한 각도의 곡선에 유리하다.

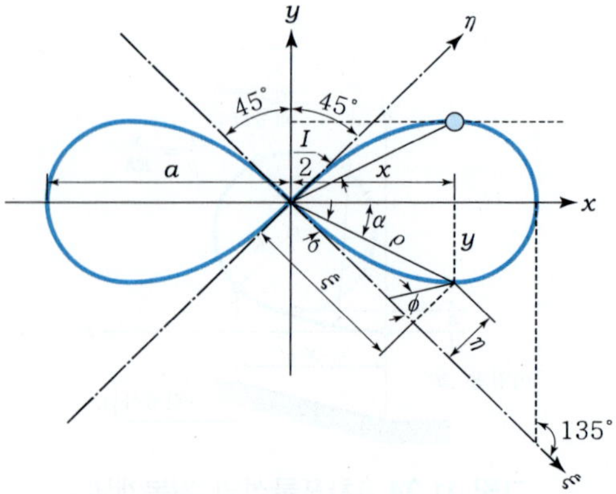

그림 11.37 램니스케이트

$$(x^2+y^2)^2 = a^2(x^2-y^2) \tag{11.70}$$

이를 극좌표로 나타내면 다음과 같다.

$$Z^2 = a^2 \sin 2\sigma \tag{11.71}$$

다음 그림의 극좌표에서 곡률반경 ρ는 다음과 같다.

$$\rho = \frac{a^2}{3z} \tag{11.72}$$

여기서, $\frac{3}{a^2} = \frac{1}{RZ} \quad (\because \frac{1}{\rho} = \frac{z}{RZ})$

위 식에서 $a^2 = 3RZ$를 (1)식에 대입하면

$$Z^2 = a^2 \sin 2\sigma = 3RZ \ \sin 2\sigma$$

$$\therefore Z = \sqrt{3RZ \sin 2\sigma} \tag{11.73}$$

접선각과 극각의 관계는

$\tan\tau \fallingdotseq \tan 3\sigma \quad \therefore \tau \fallingdotseq 3\sigma$ 이 된다.

그러므로 램니스케이트는 $\tan\tau_L = \tan 3\sigma$이며 3차포물선은 $3\tan\sigma = \tan\tau_P$이므로 접선각 τ가 3차포물선보다 더 빨리 커지게 된다. 따라서 같은 완화곡선 구간인 경우 램니스케이트가 곡률이 크다.

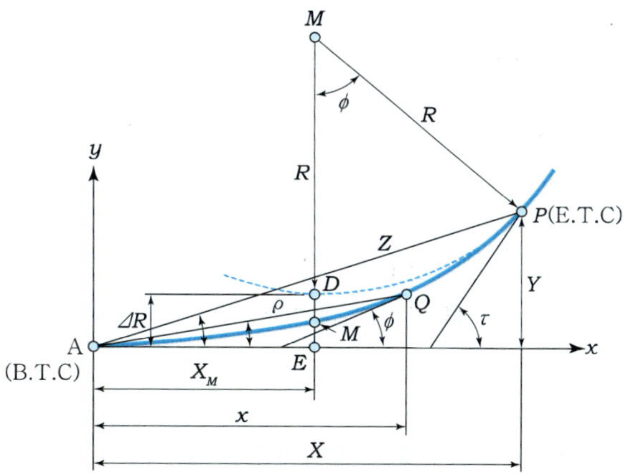

그림 11.38 램니스케이트

11.10.6 클로소이드 곡선

곡률의 변화를 완화곡선 자체의 곡선길이에 비례시킨 곡선으로 일정속도로 달리는 차의 핸들조작을 일정하게 할 경우 이 차의 앞바퀴가 그리는 운동궤적과 같다.

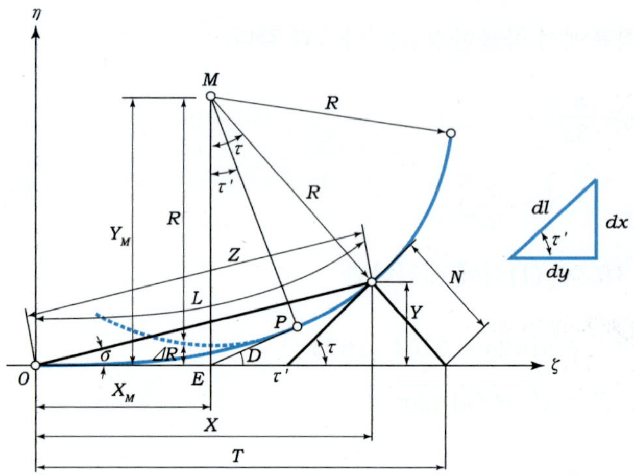

그림 11.39 클로소이드 곡선

$$\frac{1}{\rho} = \frac{C}{R \cdot L} = \alpha \cdot C \tag{11.74}$$

$$\rho \cdot C = R \cdot L = \frac{1}{\alpha} \text{ (일정)}$$

$$\text{차원 } \frac{1}{\alpha} \rightarrow A^2$$

$$R \cdot L = A^2 \tag{11.75}$$

A : 매개변수

식 (11.75)를 클로소이드의 기본식이라 하며 A가 정해지면 clothoid의 크기가 결정된다. R, L, A 중에서 두 가지를 알면 다른 하나 결정가능

(1) 단위 클로소이드

클로소이드의 일반식 $R \cdot L = A^2$에서 매개변수를 $A = 1$로 정하여 $R \cdot L = 1$의 관계에 있는 클로소이드를 단위클로소이드라 한다.

$R \cdot L = A^2$을 A^2으로 양변을 나누면

$$\frac{R}{A} \cdot \frac{L}{A} = 1 \tag{11.76}$$

$$\therefore \frac{R}{A} = r, \quad \therefore \frac{L}{A} = l \quad (r, l : \text{단위클로소이드 요소})$$

클로소이드를 설계하기 위해서는 여러 가지 요소들이 필요한데 길이단위를 가진 R, L, X, Y, X_M, T_L 등과 단위가 없는 $\tau, \sigma, \dfrac{\Delta r}{r}$ 등의 요소이다. 길이 단위를 가진 요소는 단위 클로소이드의 요소($r, l,\ x,\ y,\ x_m,\ t_l$ 등)에 A배하여 얻는다.

(2) 클로소이드의 종류

1) 기본형 : 직선 → 클로소이드 → 단곡선 순으로 구성한 것이다.
2) 볼록(凸)형 : 같은 방향으로 구부러진 2개의 클로소이드를 직선적으로 삽입한 것이다.
3) 계란(卵)형 : 복심곡선 사이에 클로소이드를 삽입한 것이다.
4) S형 : 반향곡선의 사이에 2개의 클로소이드를 삽입한 것이다.
5) 복합형 : 같은 방향으로 구부러진 2개 이상의 클로소이드를 이은 것

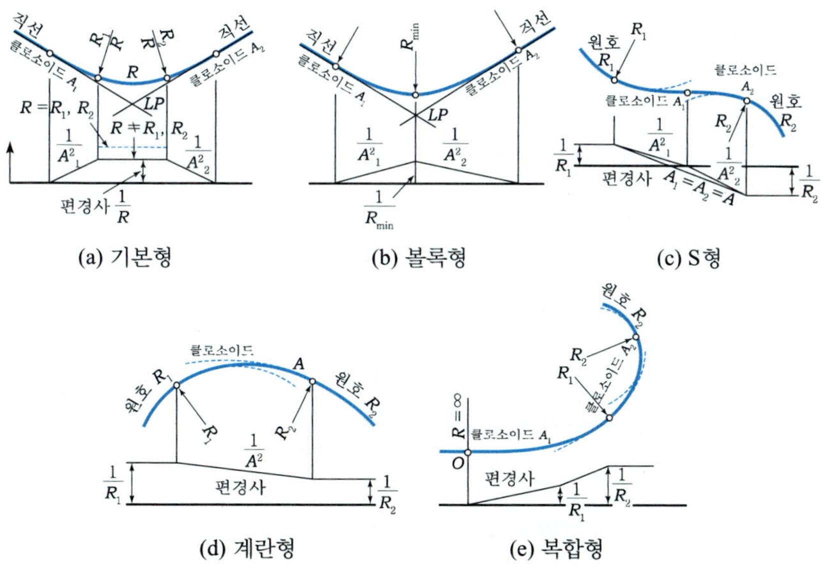

(a) 기본형　(b) 볼록형　(c) S형

(d) 계란형　(e) 복합형

그림 11.40 클로소이드의 종류

(3) 클로소이드의 일반적 성질

1) 클로소이드는 나선의 일종이며 모든 클로소이드는 닮은꼴이다.

▸ 매개변수 A를 바꾸면 크기가 다른 닮은 클로소이드

2) 클로소이드의 요소

▸ 길이의 단위를 가진 것($R,\ L,\ X,\ Y,\ X_M,\ T_L,\ T_K,\ \Delta R$)

▸ 단위가 없는 것($\tau,\ \sigma,\ \dfrac{\Delta r}{r},\ \dfrac{\Delta R}{R},\ \dfrac{l}{r},\ \dfrac{L}{R}$)

– 어떤 점에 관한 클로소이드 요소(R, L, A) 중 두 가지 결정

→ 클로소이드의 크기와 위치가 결정

3) 클로소이드의 특성점 : R=L=A인 점

$$\tau = \frac{L}{2R} = 0.5(\text{rad}) = 28°38'52'' \fallingdotseq 30°$$

※ 도로에 사용할 경우 τ는 45° 이하인 것이 많지만 이 범위 내에서 접선장의 비는 $T_K : T_L = 1:2$이며 τ가 적을수록 정확하다.

– 클로소이드 곡선은 이정량 $\Delta R \fallingdotseq \dfrac{L^2}{24R}$의 중점을 지난다.

(4) 클로소이드의 공식

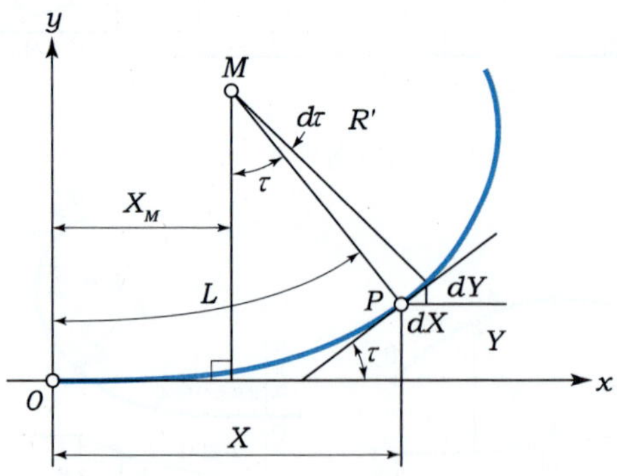

그림 11.41 클로소이드 공식

그림 11.41로부터

$$\begin{cases} dL = R \cdot d\tau \\ dX = dL \cdot \cos\tau \\ dY = dL \cdot \sin\tau \end{cases} \tag{11.77}$$

식 (11.75)와 식 (11.77) $dL = R \cdot d\tau$로부터

$$dL = \frac{A^2}{L} d\tau \tag{11.78}$$

위 식을 $\tau = 0$, $L = 0$인 초기 조건에서 적분하면

$$L^2 = 2A^2\tau$$

$$\therefore L = A\sqrt{2\tau} \tag{11.79}$$

$$\therefore \tau = \frac{L^2}{2A^2} = \frac{L}{2R} \quad (\because R \cdot L = A^2)$$

$$\therefore R = \frac{A^2}{L} = \frac{A}{\sqrt{2\tau}} \tag{11.80}$$

위의 관계식으로부터 식 (11.77)의 dX, dY는 다음과 같다.

$$dX = dL\cos\tau = \frac{A^2}{L} cos\tau \cdot d\tau = \frac{A}{\sqrt{2\tau}} cos\tau \cdot d\tau \tag{11.81}$$

$$dY = dL\sin\tau = \frac{A^2}{L} sin\tau \cdot d\tau = \frac{A}{\sqrt{2\tau}} sin\tau \cdot d\tau \tag{11.82}$$

위 식을 적분하면, P점의 좌표(X,Y)는 τ를 매개변수로 하여

$$X = \frac{A}{\sqrt{2}} \int_0^\tau \frac{\cos\tau}{\sqrt{\tau}} d\tau, \quad Y = \frac{A}{\sqrt{2}} \int_0^\tau \frac{\sin\tau}{\sqrt{\tau}} d\tau \tag{11.83}$$

이를 Fresnel의 적분이라 하고 수치계산에 있어서의 삼각함수를 무한급수로 전개함으로써 다음과 같이 표시된다.

$$\therefore\ X = A\sqrt{2\tau}\left(1 - \frac{\tau^2}{10} + \frac{\tau^4}{216} - \frac{\tau^6}{9390} + \cdots\right) \tag{11.84}$$

$$\therefore\ Y = A\sqrt{2\tau}\left(\frac{\tau}{3} - \frac{\tau^3}{42} + \frac{\tau^5}{1320} - \frac{\tau^7}{75600} + \cdots\right) \tag{11.85}$$

여기서, $A\sqrt{2\tau} = L = 2R\tau$

윗 식을 R, L로 고쳐 쓰면

$$\therefore\ X = L\left(L - \frac{L^2}{40R^2} + \frac{L^4}{3456R^4} - \frac{L^6}{599040R^6} + \cdots\right) \tag{11.86}$$

$$\therefore\ Y = \frac{L^2}{6R}\left(1 - \frac{L^2}{56R^2} + \frac{L^4}{7040R^4} - \frac{L^6}{1612800R^6} + \cdots\right) \tag{11.87}$$

$$x = \sqrt{2\tau}\left(1 - \frac{\tau^2}{10} + \frac{\tau^4}{216} - \frac{\tau^6}{9390} + \cdots\right) \tag{11.88}$$

$$y = \frac{\sqrt{2}}{3}\tau\sqrt{\tau}\left(1 - \frac{\tau^2}{14} + \frac{\tau^4}{440} - \frac{\tau^6}{25200} + \cdots\right) \tag{11.89}$$

표 11.5 클로소이드 공식

항 목	공 식
접선 길이	$L = \frac{A^2}{R} = \frac{A}{r} = 2\tau R = A\sqrt{2\tau}$
접선 각	$\tau = \frac{L}{2R} = \frac{L^2}{2A^2} = \frac{A^2}{2R^2}$
곡률반경	$R = \frac{A^2}{L} = \frac{A}{l} = \frac{L}{2\tau} = \frac{A}{\sqrt{2\tau}}$
매개 변수	$A^2 = R \cdot L = \frac{L^2}{2\tau} = 2\tau R^2$ $A = \sqrt{R \cdot L} = l \cdot L = \frac{L}{\sqrt{2\tau}} = \sqrt{2\tau}R$
X좌표	$X = L\left(1 - \frac{L^2}{40R^2} + \frac{L^4}{3456R^4} - \cdots\right)$
Y좌표	$Y = \frac{L^2}{6R}\left(1 - \frac{L^2}{56R^2} + \frac{L^4}{7040R^4} - \cdots\right)$

항 목	공 식
이정량(shift)	$\Delta R = Y + R\cos\tau - R,\ \ \Delta R \fallingdotseq \dfrac{L^2}{24R}$
M의 X좌표	$X_M = X - R\sin\tau$
단접선길이	$T_K = Y\mathrm{cosec}\tau$
장접선 길이	$T_L = X - Y\cot\tau$
동경(현장)	$S_0 = Y\mathrm{cosec}\sigma = X\sec\sigma = \sqrt{X^2 + Y^2}$
극각(편각)	$\sigma = \tan^{-1}\dfrac{Y}{X}$

11.11 클로소이드의 설치

클로소이드의 설치방법에는 주접선 직교좌표법, 현 직교좌표법, 접선 직교좌표, 극각동경법, 극각현장법, 현각현장법 등이 있는데 이 중 주접선 직교좌표법과 극각동경법을 많이 사용한다. 클로소이드의 설치순서는 그림 11.42와 같다.

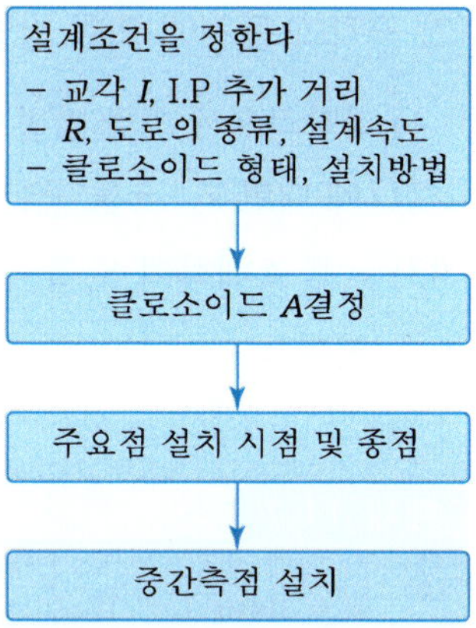

그림 11.42 클로소이드의 설치순서

매개 변수 A의 결정시에는 자동차의 주행, 운전자의 시각, 지형의 조화 등 3가지 관점에서 고려한다.

보통 다음 식으로 결정한다.

$$A = \sqrt{\frac{0.0214\,V^3}{P}} \tag{11.90}$$

여기서, V = 설계속도(km/h)

P = 원심가속도 변화율(m/sec^2)

(P의 최대허용치 고속도로 0.345m/sec^2, 일반도로 0.6m/sec^2, 산악도로 0.755m/sec^2)

경험에 의하면 완화곡선을 클로소이드로 쓰는 경우, 그 크기는 접속하는 원곡선에 대하여 완화곡선의 파라미터를 A라 할 때 다음의 범위에 들어가도록 권장하고 있다.

$$\frac{R}{3} \leq A \leq R \ (R \geq 1500\text{m}) \tag{11.91}$$
$$\frac{R}{2} \leq A \leq R \ (R < 1500\text{m})$$

중간점 설치 시에는 주접선을 기준으로 한 직각좌표와 극각과 동경에 의한 방법을 사용한다.

(1) 직각좌표에 의한 방법

1) 클로소이드가 원에 접속하는 P점까지의 전장 L을 구한다.
2) 전장(全長)을 시단현과 종단현 및 일정간격의 현장(20m)으로 분할한다.
3) 클로소이드의 시점(KA)로부터 각 점까지의 곡선장을 A로 나누어서 l을 구한다.
4) l을 기준으로 하여 단위클로소이드표로부터 각각의 l에 대한 x, y를 구함
   → 클로소이드상의 각 점의 좌표 결정

(2) 극각과 동경에 의한 방법

1) 직각좌표에 의한 방법으로 l을 결정한다.
2) l에 대한 s_0, σ를 구한다.
3) s_0를 A배하여 S_0를 구한다. 클로소이드상의 각 점의 동경 S_0와 P점의 극각 σ를 결정한다.

예제 11.7

R = 100m, L = 25m인 클로소이드의 요소를 계산하시오.

풀이 ▸▸▸

$$x = \sqrt{2\tau}\left(1 - \frac{\tau^2}{10} + \frac{\tau^4}{216} - \frac{\tau^6}{9390} + \cdots\right) = 0.499219$$

$$y = \frac{\sqrt{2}}{3}\tau\sqrt{\tau}\left(1 - \frac{\tau^2}{14} + \frac{\tau^4}{440} - \frac{\tau^6}{25200} + \cdots\right) = 0.020810$$

$$\tau = \frac{L}{2R} = \frac{25}{2 \times 100} = 0.125$$

거리요소를 A배하여 구하면

X = 24.961m, Y = 1.041m

$\sigma = \tan^{-1}\frac{Y}{X} = \tan^{-1}(\frac{1.041}{24.961}) = 2°23'17''$

$\tau = 0.125\,rad = 7°09'43''$

$X_M = X - R\sin\tau = 24.961 - 100\sin 7°09'43'' = 12.494\text{m}$

$S_0 = Y\text{cosec}\sigma = 1.041 \times \text{cosec}2°23'17'' = 24.984\text{m}$

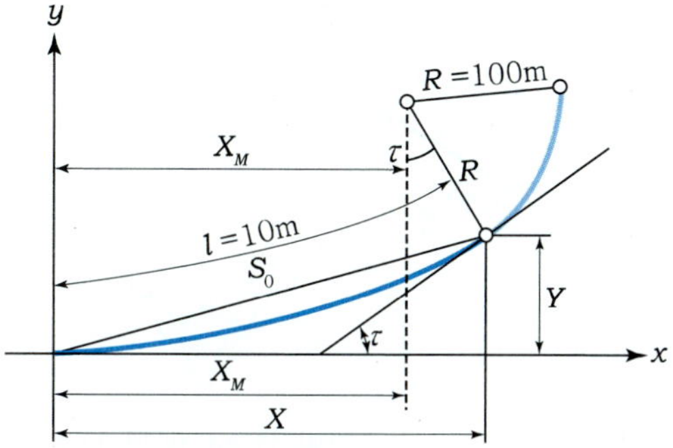

그림 11.43 예제 11.7

예제 11.8

다음 주어진 조건의 기본대칭형의 클로소이드를 설계하라. 단, I = 45°12′, R = 200m, A = 120m 시점부터 IP까지의 거리가 509.12m이다.

풀이 ▸ ▸ ▸

1) 클로소이드 요소를 구한다.

$R \cdot L = A^2$, $200 \times L = 120^2$ $\therefore L = 72\text{m}$

$\tau = \frac{L}{2R} = \frac{72}{2 \times 200} = 0.18(rad) = 10°18'48''$

$x = \sqrt{2\tau}(1 - \frac{\tau^2}{10} + \frac{\tau^4}{216} - \frac{\tau^6}{9390} + \cdots) = 0.5980560$ $(\tau = radian)$ 2항까지 계산

$y = \frac{\sqrt{2}}{3}\tau\sqrt{\tau}(1 - \frac{\tau^2}{14} + \frac{\tau^4}{440} - \frac{\tau^6}{25200} + \cdots) = 0.0359167$ 2항까지 계산

$X = x \cdot A = 0.598056 \times 120 = 71.76672$

$Y = y \cdot A = 0.035917 \times 120 = 4.31004$

$\sigma = \tan^{-1}\dfrac{Y}{X} = \tan^{-1}(\dfrac{4.31004}{71.76672}) = 3°26'13''$

$X_M = X - R\sin\tau = 71.76672 - 200\sin 10°\ 18'48'' = 35.960\text{m}$

$\Delta R ≒ \dfrac{L^2}{24R} = \dfrac{72^2}{24\times200} = 1.080\text{m}$

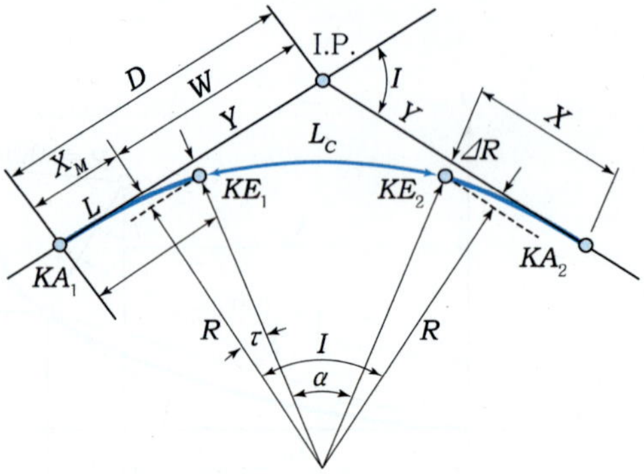

그림 11.44 예제 11.8

2) 곡선 설치에 필요한 각 요소 계산한다.

① 완화곡선 시점의 추가거리 및 측점계산

완화곡선의 시점 추가거리 = I.P까지의 추가거리-D

$D = X_M + W$

$W = (R + \Delta R)\tan\dfrac{I}{2}$ = (200 + 1.080) tan 22°36′= 83.702m

$D = W + X_M$ = 83.702 + 35.960 = 119.662m

그러므로 클로소이드 시점의 추가거리는

KA_1의 추가거리 = 509.12-D = 509.12-119.662 = 389.458m = No.19+9.458m

② 클로소이드 종점의 추가거리 및 측점번호 계산

KE_1의 추가거리 = 389.458 + 72 = 461.458 = No.23 + 1.458m

③ 클로소이드+원곡선+클로소이드 종점의 추가거리 계산

KA_2의 추가거리+2L + L_c=389.458+2L + L_c = 389.458+144+85.777=619.235m

$L_c = RI = 200\times24°34'24''\times\dfrac{\pi}{180°}$=85.777m (또는 0.01745×200×24.57333)

$(\alpha = I - 2\tau = 45°12' - 2\times10°\ 18'48'' = 24°34'24'')$

3) 중심말뚝의 위치결정

① 주 접선으로부터의 직교좌표법

각 측점의 X, Y좌표를 구해야 한다. 그러기 위해서는 x, y를 구해 A를 곱함으로써 구할 수 있다. 이는 다음 식으로 구할 수 있다(두 번째 항까지 계산).

$$x = \sqrt{2\tau}\left(1 - \frac{\tau^2}{10} + \frac{\tau^4}{216} - \frac{\tau^6}{9390} + \cdots\right)$$

$$y = \frac{\sqrt{2}}{3}\tau\sqrt{\tau}\left(1 - \frac{\tau^2}{14} + \frac{\tau^4}{440} - \frac{\tau^6}{25200} + \cdots\right)$$

이때 τ는 각 측점의 완화곡선 길이에 대해 $\tau = \frac{l}{2r}$로 구한다. $r = \frac{A}{L}$

표 11.6 접선각 계산

No.	L	r	ℓ = L/A	τ
20	10.542	11.383039	0.087850	0.003859
21	30.542	3.929016	0.254517	0.032389
22	50.542	2.374263	0.421183	0.088698
23	70.542	1.701114	0.587850	0.172784
KE_1	72.000	1.666667	0.600000	0.180000

No.20의 위치를 계산해보면

$$x = \sqrt{2\times 0.003859}\left(1 - \frac{0.003859^2}{10}\right) = 0.087850$$

$$y = \frac{\sqrt{2}}{3}0.003859\sqrt{0.003859}\left(1 - \frac{0.003859^2}{14}\right) = 0.000113$$

표 11.7 주접선직교좌표법에 의한 측점위치결정

No.	x	y	$X = x \times A$	$Y = y \times A$
20	0.087850	0.000113	10.541984	0.013560
21	0.254490	0.002748	30.538795	0.329721
22	0.420852	0.012446	50.502237	1.493480
23	0.586021	0.033772	70.322544	4.052629
KE_1	0.598056	0.035917	71.766713	4.310001

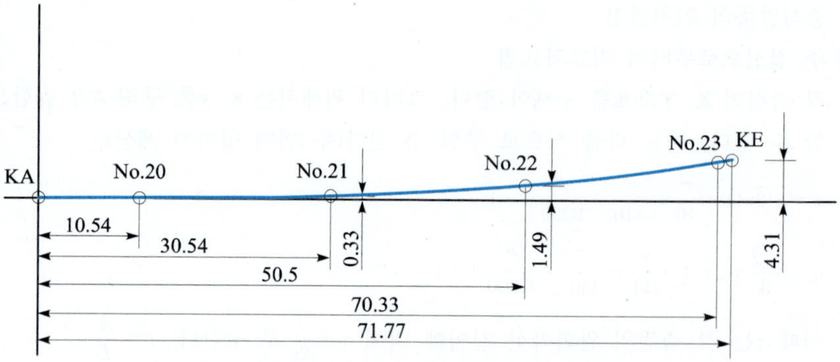

그림 11.45 주접선 직교좌표법에 의한 완화곡선 설치

② 극각 현장법

$$\sigma = \tan^{-1}\frac{Y}{X}$$

표 11.7의 각점에 대한 x, y좌표를 이용하여 각 점의 극각 σ를 계산하면 다음과 같다.

표 11.8 극각현장법에 의한 설치에 필요한 수치

No.	X	Y	σ	S
20	10.541984	0.013560	0°04′25″	10.542m
21	30.538795	0.329721	0°37′07″	20.000m
22	50.502237	1.493480	1°41′38″	20.000m
23	70.331402	4.054175	3°17′57″	20.000m
KE_1	71.766713	4.310001	3°26′13″	1.458m

표 11.9 극각동경법에 의한 설치에 필요한 수치

No.	X	Y	σ	Z
20	10.541984	0.013560	0°04′25″	10.542
21	30.538795	0.329721	0°37′07″	30.541
22	50.502237	1.493480	1°41′38″	50.524
23	70.331402	4.054175	3°17′57″	70.448
KE_1	71.766713	4.310001	3°26′13″	71.896

11.12 종단곡선(縱斷曲線; Vertical Curve)

노선의 경사가 변화하는 지점에서는 차량이 고속으로 통과할 경우 차량이 충격을 받음은 물론 충분한 시거를 확보할 수가 없다. 그래서 이러한 위험성을 제거하고 차량주행을 원활하게 하기 위하여 두 경사를 적당한 곡선으로 연결하게 되는데 이를 종단곡선이라 한다.

종단곡선의 세 가지 충족조건은 다음과 같다.

1) 쾌적한 승차감을 제공해야 한다.
2) 충분한 시야를 확보해야 한다.
3) 만족스러운 형태를 가져야 한다.

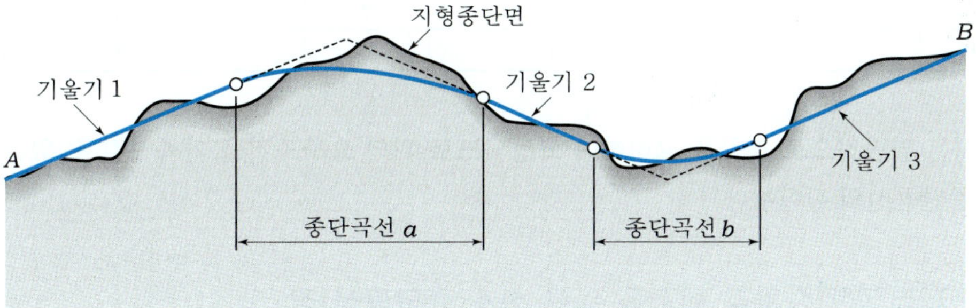

그림 11.46 종단곡선의 설치

이들 충족조건은 종단곡선으로 사용되는 2차포물선 선형에 좌우되며 또한 경사의 차이, 종단곡선의 길이에 의존한다. 종단경사의 값은 환경적, 경제적 측면에서 허용할 수 있는 범위 내에서 가능한 한 속도저하가 작아지도록 하여 교통용량의 감소 및 안전성 저하를 방지하도록 결정한다. 설계속도별도로 구분과 지형 조건에 따라 종단경사의 적용 값은 표 11.10과 같다. 평지부에서도 지하차도, 고가도로 등과 주변상황 등으로 부득이한 경우에는 산지부의 값을 적용할 수 있다. 또한 지형상황, 주변 지장물 및 경제성을 고려하여 불가피한 경우에는 종단경사 기준 값에서 1% 포인트를 더하여 적용할 수 있다.

두 개의 다른 종단경사가 접속될 때는 접속지점을 통과하는 자동차의 운동량 변화에 따른 충격의 완화와 정지시거를 확보할 수 있도록 서로 다른 두 종단경사를 적당한 변화율로 접속시키며, 형태에 따라 볼록형과 오목형으로 구분한다. 종단곡선은 일반적으로 포물선으로 설치하며, 충분한 범위 내에서 주행의 안전성과 쾌적성을 확보하고, 도로의 배수를 원활히 할 수 있도록 설치한다.

표 11.10 최대 종단경사(국토교통부 KDS 44 20 10 선형설계기준, 2023.1.6) (단위 : %)

설계 속도 (km/h)	고속도로		간선도로		집산도로연결로		국지도로	
	평지	산지	평지	산지	평지	산지	평지	산지
120	3	4						
110	3	5						
100	3	5	3	6				
90	4	6	4	6				
80	4	6	4	7	6	9		
70			5	7	7	10		
60			5	8	7	10	7	13
50			5	8	7	10	7	14
40			6	9	7	11	7	15
30					7	12	8	16
20							8	16

경사는 일반적으로 토공을 고려하여 고정되므로 위의 요구조건을 만족시킬 수 있는 것은 단지 종단곡선의 길이이다.

11.12.1 쾌적한 승차감 제공을 위한 최소 종단곡선 장

차량이 종단곡선상을 주행할 때 수직가속도가 조건이 된다. 승객은 수직가속도가 보통 0.1g를 초과하게 되면 불쾌감을 느끼게 된다(여기에서 g는 중력가속도 $9.8\mathrm{m/sec^2}$).

종단곡선으로써 2차포물선의 장점은 일정한 수평가속도에 대한 일정한 수직가속도이다. 이는 일반적인 2차 포물선 $y = ax^2 + bx + c$의 미분으로부터 볼 수 있다.

1차 미분은 종단곡선의 어느 점에 대한 경사를 제공한다.

$$\frac{dy}{dx} = 2ax + b \tag{11.92}$$

2차 미분은 경사변화율을 얻을 수 있다.

$$\frac{d^2y}{dx^2} = 2a = \text{일정} \tag{11.93}$$

수직가속도는 속도의 수직요소를 시간으로 미분한다.

$$\alpha_v = \frac{dV_V}{dt} = \frac{dV_V}{dx} \cdot \frac{dt}{dx} \tag{11.94}$$

종단곡선상의 임의 점, 속도의 수직요소는 그 점에서의 경사에 관계된다.

$$V_V = (2ax+b)V_H \ (\text{여기서,} \ \ V_H = \text{수평요소}) \tag{11.95}$$

그리고 $\dfrac{dV_V}{dx} = 2a \cdot V_H$, 그러나 $\dfrac{dx}{dt} = V_H$

그러므로 $\alpha_v = 2a \cdot {V_H}^2 = \dfrac{(q-p)}{100L}{V_H}^2$

$$\text{즉,} \ L = \frac{(q-p){V_H}^2}{100\alpha_v} \tag{11.96}$$

종단경사는 일반적으로 8% 미만이므로 $V = V_H$, 여기서 V는 실제 차량의 속도이다.

$$L = \frac{(q-p)V^2}{100\alpha_v} \ \ \text{여기서, V는 m/sec} \tag{11.97}$$

$$L = \frac{(q-p)V^2}{1300\alpha_v} \ \ \text{여기서, V=km/hr} \tag{11.98}$$

11.12.2 원곡선에 의한 종단곡선

$$(\overline{CI} = l_1) = (\overline{TI} = l_2)$$

종단곡선의 길이를 α에 대한 근사식으로 표시

$$\therefore L = l_1 + l_2 \fallingdotseq 2R \cdot \sin\frac{\alpha}{2} \fallingdotseq 2R \cdot \tan\frac{\alpha}{2} \fallingdotseq R\ (i_1 - i_2) \tag{11.99}$$

여기서, $\sin\dfrac{\alpha}{2} \fallingdotseq \tan\dfrac{\alpha}{2} \fallingdotseq \dfrac{(i_1 - i_2)}{2}$

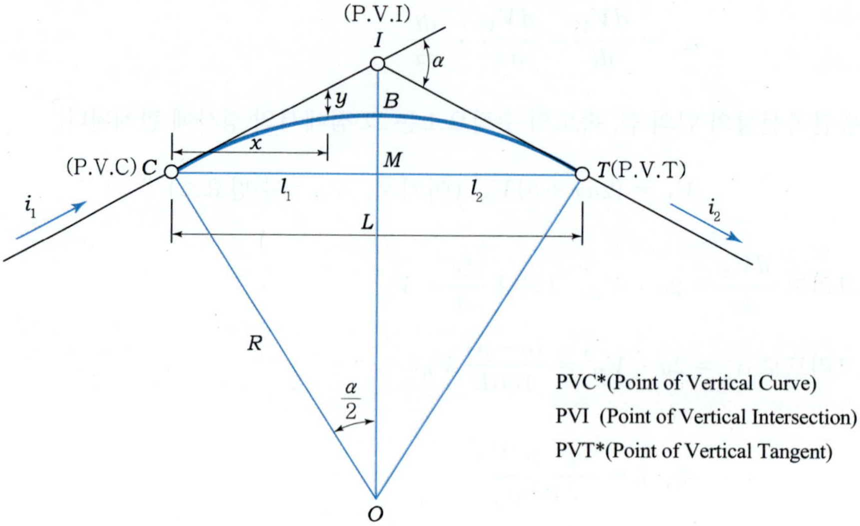

그림 11.47 원곡선에 의한 종단곡선장과 종거

$$\overline{\mathrm{IB}} = \overline{\mathrm{IM}} - \overline{\mathrm{BM}} = \overline{CM} \cdot \tan\frac{\alpha}{2} - R(1 - \cos\frac{\alpha}{2}) \tag{11.100}$$
$$= R \cdot \tan^2\frac{\alpha}{2} - R(1 - \cos\frac{\alpha}{2})$$

여기서, $\overline{CM} = \overline{CI}$

$$R \cdot \tan^2\frac{\alpha}{2} \approx R\frac{(i_1 - i_2)^2}{4} \tag{11.101}$$

$$R(1 - \cos\frac{\alpha}{2}) = R \cdot 2\sin^2\frac{\alpha}{4} = \frac{R(i_1 - i_2)^2}{8} \tag{11.102}$$

그러므로 $\overline{IB} = \dfrac{R(i_1 - i_2)^2}{4} - \dfrac{R(i_1 - i_2)^2}{8} = \dfrac{R(i_1 - i_2)^2}{8}$ (11.103)

1) PVC, PVT를 BVC(Beginning of Vertical Curve), EVC(End of Vertical Curve)라고 사용하기도 함.

$$\overline{CI}^2 = R^2 \frac{(i_1 - i_2)^2}{2^2} \text{(양변을 2R로 나누면)}$$

$$\frac{\overline{CI^2}}{2R} = \frac{R(i_1 - i_2)^2}{8} \tag{11.104}$$

$$\text{즉, } \overline{IB} = \frac{\overline{CI^2}}{2R} = \frac{x^2}{2R} \tag{11.105}$$

그러므로 종단곡선의 시점으로부터 x에 대한 종거(offset) y는

$$y \fallingdotseq \frac{x^2}{2R} \tag{11.106}$$

11.12.3 2차 포물선에 의한 종단곡선

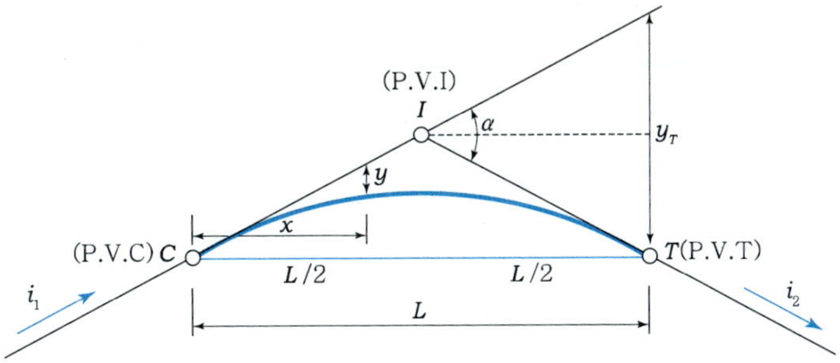

그림 11.48 2차포물선에 의한 종단곡선장과 종거

$$y = ax^2 \tag{11.107}$$

상수 a를 종단곡선의 길이와 경사로 나타내기 위해서

$x = L$로 하면 $y = aL^2$ 또한 $y \fallingdotseq \frac{L}{2}\tan\alpha$

$$\therefore aL^2 = \frac{L}{2}tan\alpha \tag{11.108}$$

여기서, $\tan\alpha = \frac{i}{100} = \frac{i_1 - i_2}{100}$ 이므로 $a = \frac{\tan\alpha}{2L} = \frac{i}{200L}$

$$\therefore y = \frac{i}{200L}x^2 \tag{11.109}$$

$$i = |i_2 - i_1|(\%)$$

표 11.11 종단곡선최소길이(국토교통부 KDS 44 20 10 선형설계기준, 2023.1.6)

설계속도(km/h)	최대 종단 경사(%)		종단곡선 최소 길이(m)
	표 준	부득이한 경우	
120	3	-	100
100	3	5	85
80	4	6	70
70	4	6	60
60	5	7	50
50	6	9	40
40	7	10	35
30	8	11	25
20	10	13	20

11.12.4 종단곡선의 설치를 위한 토공

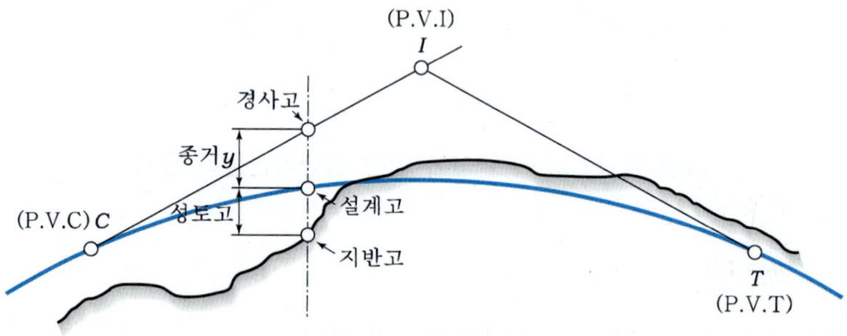

그림 11.49 종단곡선 설치를 위한 토공

이상으로 원곡선과 2차포물선에 대해 알아봤다. 종단곡선의 길이는 설계기준에 의해 정해지게 되며 경사도 또한 한정되어지게 된다. 따라서 x에 대한 y종거를 결정하는 방법이 원곡선인가 2차포물선인가에 따라 달라지게 된다. 중요한 것은 현 지형에서 종단곡선까지의 토공높이이다. 이를 위해서는

$$경사고 = H_{P.V.C} + x \cdot \frac{i}{100} \tag{11.110}$$

여기서, i : 경사도(%)

종단곡선 설계고 = 경사고 − 종거(y)

토공높이 = 지반고 − 설계고

토공높이가 (+)인 경우 절토고

(−)인 경우 성토고

예제 11.9

R = 2000m, I_1 = 4%, I_2 = −5%의 종단 곡선을 원곡선으로 각각 설계하시오.(중점 C의 추가거리는 485m이며 P.V.C점의 표고는 118.523m이다.)

풀이 ▸ ▸ ▸

종단곡선의 길이 $l = R|I_2 - I_1| = 2000\left|-\frac{5}{100} - \frac{4}{100}\right| = 2000 \times \frac{9}{100} = 180\text{m}$

P.V.C점의 위치 = 485m − 90m = 395m = No.19 + 15m

P.V.T점의 위치 = 485m + 90m = 575m = No.28 + 15m

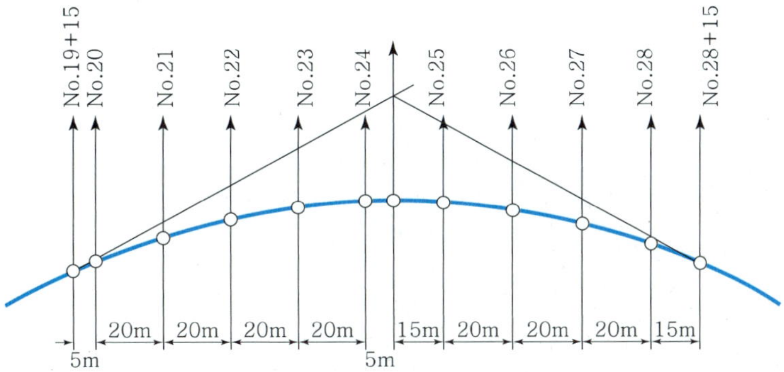

그림 11.50 예제 11.9

임의의 점에 대한 표고(경사높이) = $H_{P.V.T} + x \cdot \frac{i}{100}$

P.V.I점의 표고 $H_{P.V.C} + 90 \times \frac{4}{100} = 122.123\text{m}$

P.V.T점의 표고 $H_{P.V.I} - 90 \times \dfrac{5}{100} = 117.623\text{m}$

$$y = \frac{x^2}{2R}$$

표 11.12 원곡선에 의한 종단곡선 설계

측점번호	x	경사높이	종거y	설계고	지반고	성절토고	비고
No.19+15m	0	118.523	0.000	118.523	116.600	−1.923	4%
No.20	5	118.523	0.006	118.517	116.205	−2.312	
No.21	25	119.523	0.156	119.367	116.010	−3.357	
No.22	45	120.323	0.506	119.817	116.530	−3.287	
No.23	65	121.123	1.056	120.067	119.163	−0.904	
No.24	85	121.923	1.806	120.117	119.100	−1.017	
P.V.I	90	122.123	2.025	120.098	119.277	−0.821	
No.25	75	121.373	1.406	119.967	120.084	0.117	−5%
No.26	55	120.373	0.756	119.617	120.369	0.752	
No.27	35	119.373	0.306	119.067	120.567	1.500	
No.28	15	118.373	0.056	118.317	119.684	1.367	
No.28+15m	0	117.623	0.000	117.623	118.652	1.029	

연습문제

11.1 주어진 조건을 이용하여 다음 원곡선의 요소를 계산하시오.
조건 : 원곡선곡률반경 300m 교각 62°08′, 1 chain=20m)

1) 접선길이 :
2) 편각 :
3) 곡선길이 :
4) 중앙종거 :
5) 외할 :

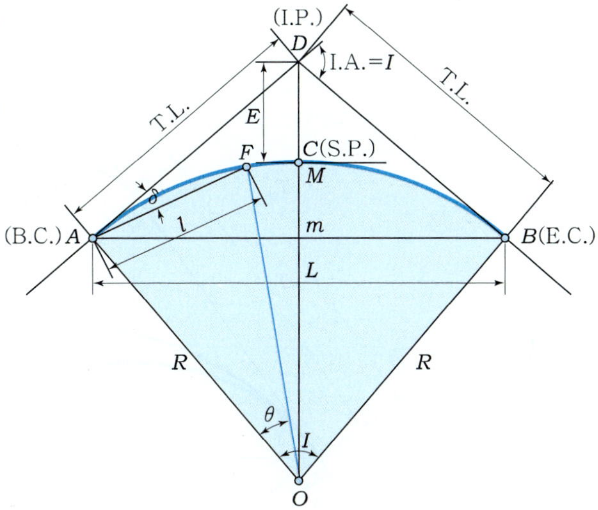

11.2 I.P의 위치가 기점으로부터 427.18m, 곡률반경 250m, 교각 58°12′인 단곡선을 편각현장법에 의하여 측설하려 한다. 시단현편각, 일반현편각, 종단현편각을 구하시오.

11.3 Cant와 확폭에 대해 설명하시오.

11.4 Cant의 체감을 무엇에 비례시키는가에 따라 완화곡선이 분류된다. 설명하시오.

11.5 1. R=200m, L=80m일 경우 단위클로소이드 표에서 다음 요소들을 구하였다. 실제 설치를 위한 요소를 구하시오. x=0.499219, y=0.020810, X_M=0.249870

11.6 원곡선으로 설계한 종단곡선 시점으로부터 50m 지점의 절성토고를 결정하시오. 단, 경사는 4%, 시점표고=100m, 50m 지점의 지표에 대한 표고는 105m, 종단곡선의 곡률반경은 800m이다.

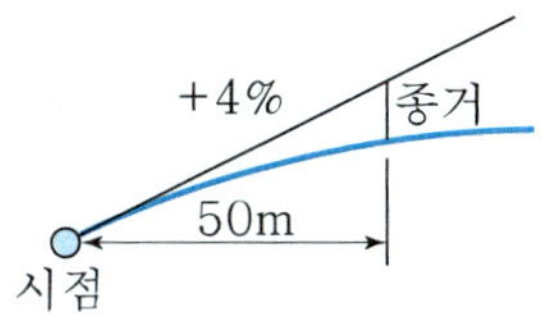

11.7 다음 그림과 같이 곡선의 종점에 장애물이 있어 화살표 방향으로 곡선을 변경하고자 한다. e=30m, 곡률반경=200m, 교각=105°23′이라면 새로운 곡률반경은 얼마로 해야 하는가?

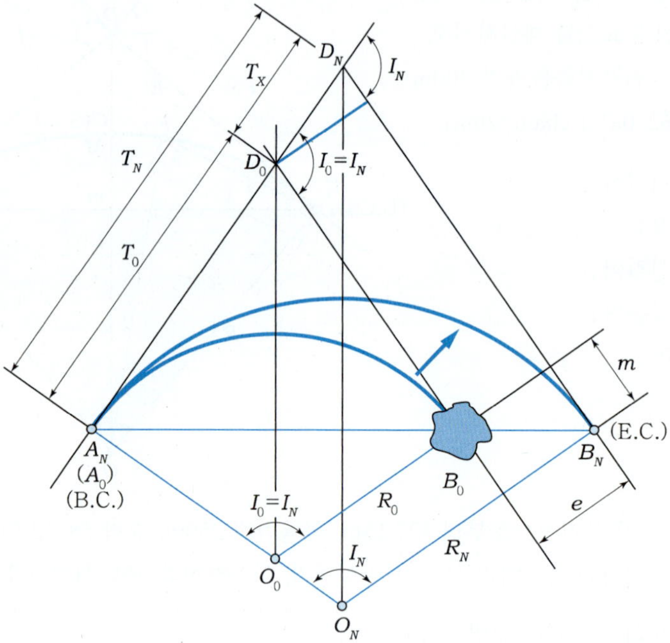

11.8 다음 그림과 같이 노선을 계획하였다. 두 곡선의 제원을 구하시오.(단, 거리 및 길이는 cm 단위까지, 각도는 초(″) 단위까지 반올림하여 계산하시오.)

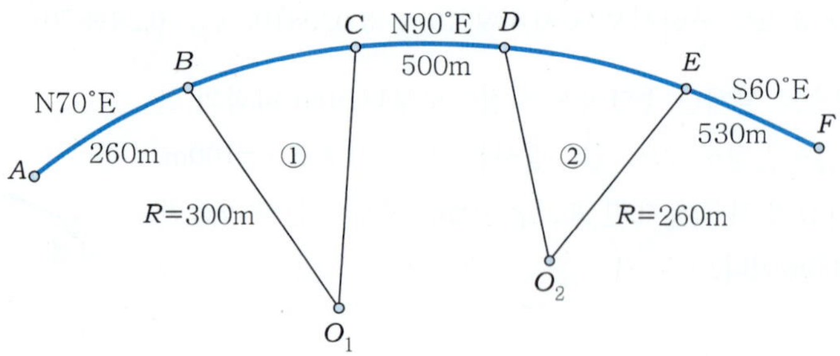

(1) 두 곡선 접선장($T.L$)

(2) 두 곡선 접선장($C.L$)

(3) 전체 노선 길이

제12장 하천 및 연안측량

12.1 서론

하천과 해안에 관련된 건설 또는 개수공사의 계획과 설계를 위해서는 하상이나 해저의 지형정보는 물론 유속, 유량과 같은 흐름정보가 필요하다. 이러한 관련 정보를 구축하는 측량을 하천측량(이하 하천측량)이라 한다. 하천측량은 하천의 형상, 수위, 단면, 기울기와 지형, 지물의 위치를 측량하여 평면도, 종단면도 등을 작성함과 동시에 기타 구조물을 조사하여 하천개수공사나 하천구조물의 계획, 설계, 시공에 필요한 자료를 얻기 위하여 실시하는 측량이다.

그림 12.1 하천 하구의 하상지형

참고 공간정보의 구축 및 관리 등에 관한 법률 시행령 [시행 2016.1.25.]

공공측량작업규정 3장 제110조(하천 및 연안측량)에 "하천 및 연안측량(이하 "하천측량"이라 한다)"이란 하천, 저수지, 호수 및 연안 등의 조사와 유지관리 등에 이용되는 측량을 말한다고 정의하고 있으며 다음 내용을 포함한다.

1. 작업수행계획
2. 거리표 설치측량
3. 수준기표측량
4. 종단측량
5. 횡단측량
6. 수심측량
7. 법선측량
8. 해빈측량 및 정선측량
9. 성과 등의 정리

하천 개수공사나 하천 시설물의 계획, 설계, 시공에 필요한 자료를 얻기 위하여 실시하는 측량이다. 하천의 형상, 수위, 심천단면, 기울기, 유속 및 지형, 지물의 위치 등을 측량하며 평면도, 종단면도, 횡단면도를 작성한다.

하천측량의 순서는 다음과 같으며 주요측량 내용은 평면도 작성을 위한 평면측량, 종횡단면도 작성을 위한 고저측량, 수위, 유속, 유량을 구하기 위한 유량측량으로 진행된다.

사전조사 : 유역상황, 지역면적, 지형, 지물, 토지이용상황, 교통 및 통신시설 상황 조사

⇩

수문정보조사 : 홍수피해, 수리권의 문제, 이수상황

⇩

현지조사 : 기준점조사(통합기준점 등), 유량관측소의 위치 조사

⇩

평면측량 : 지형현황측량(항공사진측량에 의한 수치지형도 제작)

⇩

고저측량 : 종단측량, 횡단측량 → 종횡단면도 제작

⇩

유량측량 : 수위관측, 유속관측, 심천측량 → 유량 계산

⇩

기타측량 : 강우량측량, 하천구조물의 조사

그림 12.2 하천측량의 순서

실제 하천측량에서의 주된 업무는 평면측량, 고저측량, 유량측정이며 평면측량의 경우 하천 주변의 현황에 대한 측량으로써 일반 현황측량과는 하천 부분을 포함하고 있다는 점이 다르다. 고저측량은 물의 흐름과 밀접한 관계가 있으므로 하천의 종·횡단측량, 하상경사, 수면경사, 심천측량이 있다. 유량측량은 유량을 산정하기 위해 평균유속을 구하는 목적으로 수행한다. 주된 측량내용은 그림 12.3과 같다.

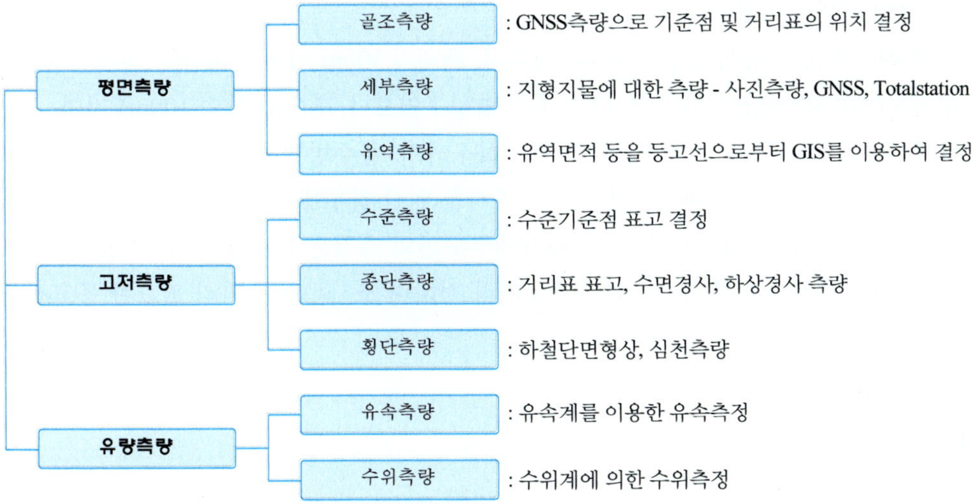

그림 12.3 평면측량, 고저측량, 유량측정

12.2 평면측량

하천의 평면측량은 일정범위 내에 있는 지형과 구조물의 위치를 포함하고 있는 수치지형도를 제작하기 위한 것이다. 다음은 일반하천의 명칭을 보인 것이다. 평면측량의 범위는 제방이 있는 구간과 없는 구간을 구분하여 제외지와 제내지를 대상으로 한다. 하천은 이수(利水)보다 치수(治水)목적의 시설물이므로 제방을 기준으로 주거지를 제내지, 고수부지와 수로부분을 제외지로 분류한다.

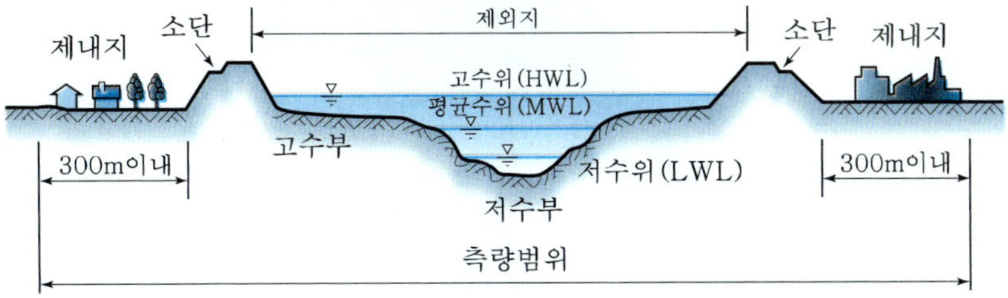

그림 12.4 하천에서 평면측량의 범위(유제부의 경우)

평면측량의 범위는 다음과 같다.

① 유제부(有堤部:제방이 있는 부분)는 제외지, 제내지 300m 이내를 포함

② 무제부(無堤部:제방이 없는 부분)는 홍수 영향구역보다 약간 넓은(약 100m) 지역

그 외에 하천의 보수 또는 개량을 위해서는 하구까지, 홍수방제를 위한 하천공사의 경우 하구에서부터 상류의 홍수피해지점까지, 사방공사를 위한 경우에는 수원지까지 포함한다.

지형현황측량의 축척은 1:1,000~1:5,000 (세부도면의 축척은 1:500)을 원칙으로 하되 그 축척은 조사대상하천의 하폭 등 현지 실정에 따라 정하며 조사목적에 따라 필요한 등고선을 삽입한다.

12.2.1 골조측량

하천의 형상이 좁고 길기 때문에 그림 12.5와 같이 단열삼각망을 주로 사용하며 합류점 또는 중요시설물 지역은 사변형망을 조합하여 형성하고 측량한다. 국가 기본 삼각점 연결하여 2~3km마다 설치하며 협각은 40~100° 이하의 범위로 한다. 각측량은 방향각법이나 반복법 사용, 삼각형의 폐합차는 10″이내로 한다. 검기선과 실측변장의 차는 1/6,000 이내로 한다.

삼각점간의 기준점 측량은 트래버스 측량으로 하며 결합 트래버스로 연결한다. 선점은 세부 측량에 편리한 곳으로 측점간 거리 200m 이내로 한다. 거리측량오차는 1/1,000 이내 , 각측량오차는 20″ 이내로 한다. 최근에는 하천측량 작업규정에 의해 GNSS측량으로 기준점작업을 하는 것이 일반적이다.

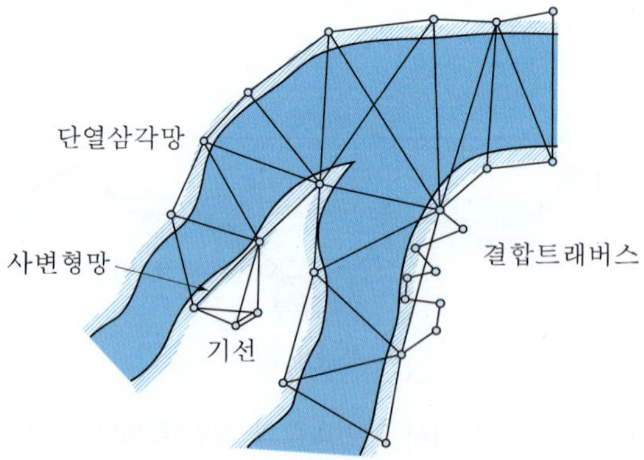

그림 12.5 하천측량의 기준망

12.2.2 세부측량

세부측량은 하천주변의 현황을 자세히 표현해야 한다. 주된 대상으로는 하천의 형태, 제방, 다리, 방파제, 행정구역 경계, 건축물, 하천 공사물, 측량표, 하안의 수애 등이다. 수애선(水涯線)측량이라 함은 평면도상에 물가선을 어디에 표시할 것인가 하는 경계를 정하는 측량을 말한다. 즉, 수면과 하안과의 경계선으로 평수위[1]에 의해 결정한다.

12.3 고저측량

합류점에서 출발하여 거리표를 설치하고 종·횡단 수준측량을 실시하여 종횡단면도를 작성한다. 고저측량 시에는 물이 흐르는 구간이 있기 때문에 심천측량을 병행하여야 한다.

12.3.1 거리표 설치

거리표는 고저측량의 기준이 되는 점이다. 합류지점부터 하천의 중심에 직각방향으로 고수부지 내에 설치한다. 설치간격은 하천 중심을 따라 100m~200m 간격으로 하되 교량과 같은 구조물이 있을 때에는 전후에서 적당히 간격을 조정할 수 있다. 주로 하천의 좌안을 따라 설치하며 하천의 규모에 따라 500m로 할 때도 있다. 표석은 1km마다 콘크리트(12×12×120cm)로 설치한다.

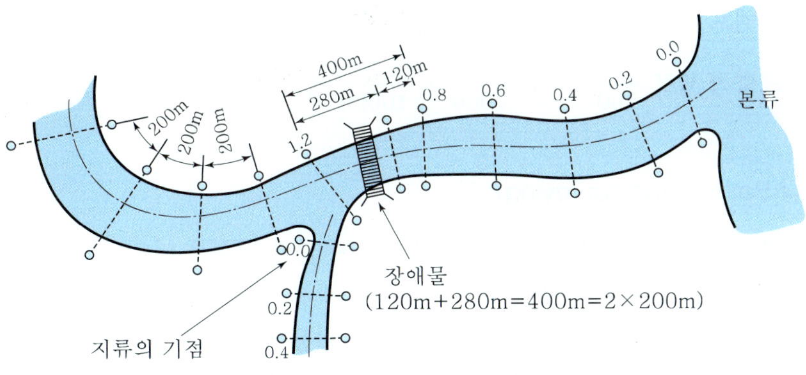

그림 12.6 하천 고저측량을 위한 거리표 설치

1) 평수위 : 어떤 기간 계속하여 관측한 수위 가운데 1/2은 이 수위보다 높고 다른 1/2은 낮은 수위

12.3.2 종단 측량

거리표를 중심으로 고저측량을 하며 수위표, 수문, 집수정, 하수관거 등 기타 중요 시설물들의 표고를 면밀히 측량한다. 이는 설계에 중요한 자료로 쓰이기 때문이다. 고저측량은 2회 이상 왕복측정하며 4km를 기준으로 왕복오차가 제방이 있는 유조부에서는 10mm, 제방이 없는 무조부에서는 15mm, 합류부에서는 20mm 이내이어야 한다. 고저기준표는 양안 약 5km 마다 암반에 설치하고 5km마다 대안(對岸)과 결합하는 환폐합으로 한다. 5km마다 교호수준 측량으로 종단 측량 결과점검하며 종단면도의 축척은 세로 $\frac{1}{100}$, 가로 $\frac{1}{1000}$ ~ $\frac{1}{10000}$로 한다. 종단면도에 기입할 사항은 거리표, 거리, 추가 거리, 하상고, 좌우안 지반고, 계획 고수위, 계획 지반고, 저수위, 홍수위 등이다.

12.3.3 횡단 측량

하천측량에서의 횡단측량은 수애선을 경계로 물이 흐르는 부분과 흐르지 않는 부분을 포함한다. 특히, 제외지에서의 횡단면도는 하천의 단면을 결정하기 위한 것이므로 유량의 계산에 필수적인 요소가 된다. 물이 흐르는 부분의 횡단측량을 위해서는 수심을 측정해야하기 때문에 수심측량이 행해져야 한다. 횡단측량은 다음의 사항을 주의하여 측량한다.

- 거리표 기준 유심(물이 흐르는 중심)의 직각 방향으로 평면 측량의 범위까지 측량한다.
- 수위표, 횡단면이 급변하는 곳 : 거리표 신설하여 측량한다.
- 지상은 레벨로 측량하며 수상에서는 심천측량을 실시한다.
- 횡단면도 축척 세로 $\frac{1}{100}$, 가로 $\frac{1}{1000}$ ~ $\frac{1}{10000}$ 정도로 작성한다.

(1) 수심측량(Bathymetric surveying)

수심 측량은 수중 지형의 깊이와 모양을 매핑하여 물밑 지형을 파악하는 일종의 수로 측량이다. 수심측량이라 함은 기준면으로부터의 깊이를 측량하는 것으로 깊은 경우에는 음향측심기, 얕은 곳에서는 추를 내리거나 스케일 바를 이용한다. 최근에는 장파장대의 레이더를 이용하여 수심측량을 하기도 한다. 수심측량은 주로 선박위에서 행해지게 되므로 선박의 위치를 결정하는 것이 중요하다. 최근에는 GPS kinematic 방법으로 선박의 위치를 결정하고 음향측심기로 수심측량을 하는 시스템도 이용된다. 수심측량은 수심뿐만 아니라 유수부분(流水部分;물이 흐르는 부분)의 하저상황(河底狀況), 주변의 해안선, 조수, 해류 및 파도를 분석한다. 이러한 측량을 심천측량이라 하는데 거리표 기준 5~10m 구간으로 수심, 토질, 자갈의 크기 등을 측정한다.

1) 측심간과 측심추를 이용하는 방법

주로 얕은 수심측량 시에 이용하는 방법이다. 그림 12.7과 같이 표척을 이용한 측심간(rod)을 이용하는 방법과 추와 로프를 이용한 측심추(lead)를 이용하는 방법이 있다.

- 측심간(rod) : 길이 5m 정도의 표척에 10cm씩 적과 백색으로 구분한다. 제일 하단은 철 또는 납을 두어 표척이 떠오르지 않게 하며 수심 5m까지 측정 가능하다.
- 측심추(lead) : 와이어 로프에 3~5kg의 추를 연결하고 로프에 20~30cm마다 눈금 표시하여 수심 6m 이상을 측정할 수 있다.

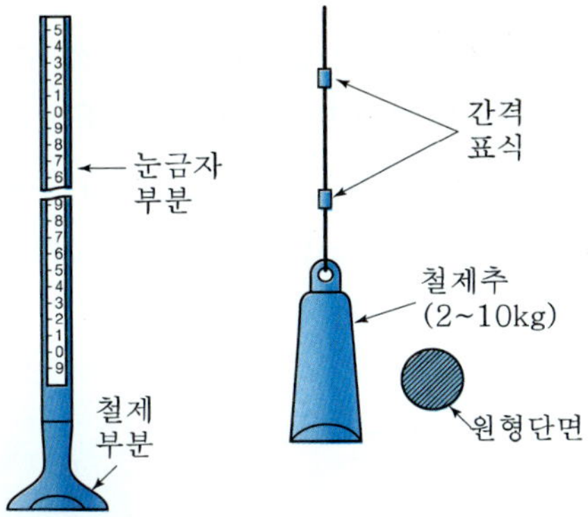

(a) 측심간 (b) 측심추

그림 12.7 측심간과 측심추

수심은 측정시의 수위를 기준으로 측량하고 추후 기준면과의 차를 계산하여 기준면으로 부터의 수심으로 변환한다.

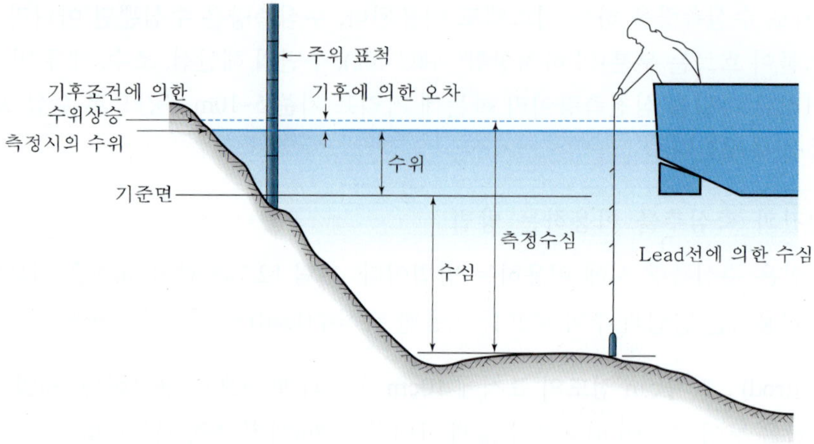

그림 12.8 측심추(Lead)에 의한 수심측정

2) 각측량을 이용하는 방법

수심측량은 어떠한 수심측량법을 이용하더라도 우선 수평위치를 결정하고 행해야 하기 때문에 데오돌라이트, 토털스테이션 또는 GPS를 이용하여 수평위치를 결정한다. 간단한 방법으로 하천의 기슭에서 데오돌라이트를 이용하여 수평위치를 결정하는 방법을 그림 12.9에 보였다. 그림에서 기선길이는 고정되어 있으므로 수심을 측량할 때 마다 각측량하

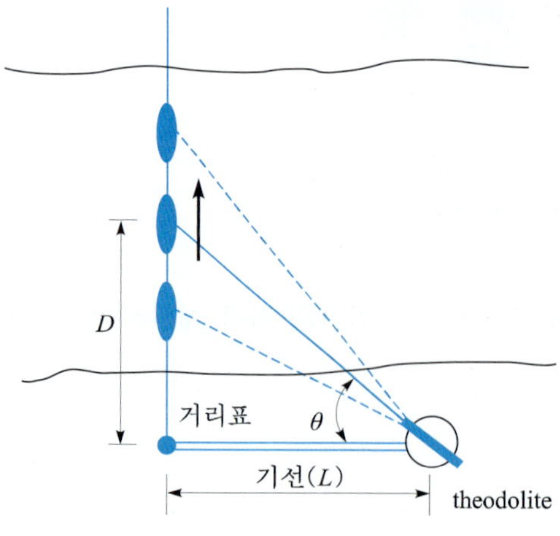

그림 12.9 각측량에 의한 수심측량위치의 결정방법

그림 12.10 디지털레벨을 이용한 수심측량

여 (θ)를 얻으면 거리표로부터 거리 $D = L \cdot \tan\theta$가 된다. 배가 전방으로 일정간격으로 움직이며 수심을 측량하고 그때 마다 각을 측량하여 D를 구한다.

3) 디지털레벨을 이용하는 방법

얕은 하천의 경우에는 직접 스타프를 이용할 수 있다. 거리표가 설치돼 있다면 거리표로부터의 거리와 깊이를 측량하면 된다. 이 경우 스타프를 자동으로 읽을 수 있는 디지털레벨을 이용하면 편리하다.

4) 음향 측심기 및 LiDAR를 이용하는 방법

깊은 하천이나 해안의 30m 이상 수심측정을 위해서는 초음파 또는 LiDAR 수심측정기를 사용한다. 배에서 발사된 음파가 강이나 해저의 바닥에 반사되어 돌아오는 수신파에 의해 깊이를 측정한다. 측정당시의 수평위치(x,y)를 결정하는 방법은 여러방법이 있으나 최근에는 GNSS RTK방법을 사용하는 것이 일반적이다.

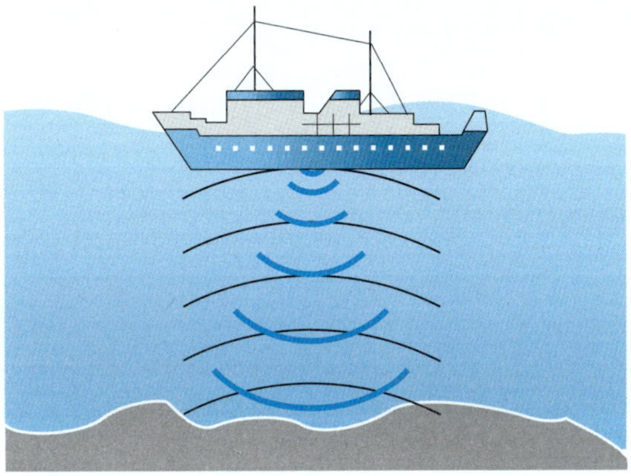

그림 12.11 음향측심기의 발사파와 반사파(seatracker.ru)

음향이나 LiDAR 수심측정의 경우 그림 12.13과 같이 측정시스템에 따라 단파(single beam), 다중파(multi beam)로 수심정보를 얻을 수 있으며 전통적인 방법인 측심추(leadline)에 의한 방법과 비교하였다. 특히, 다중파에 의해 얻은 정보는 대단히 유용하며 하상이나 해저면에 대한 지형을 자세히 알 수 있다.

그림 12.12 단순형음향측심기
(www.directindustry.com)

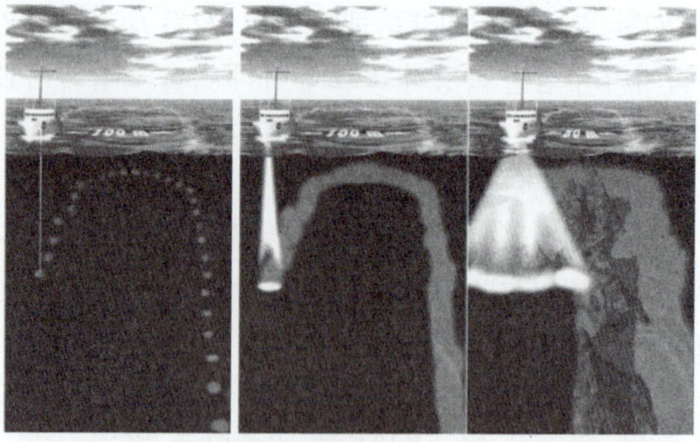

(a) 측심추 (b) 단일빔 (c) 다중빔

그림 12.13 방법에 따른 수심측량

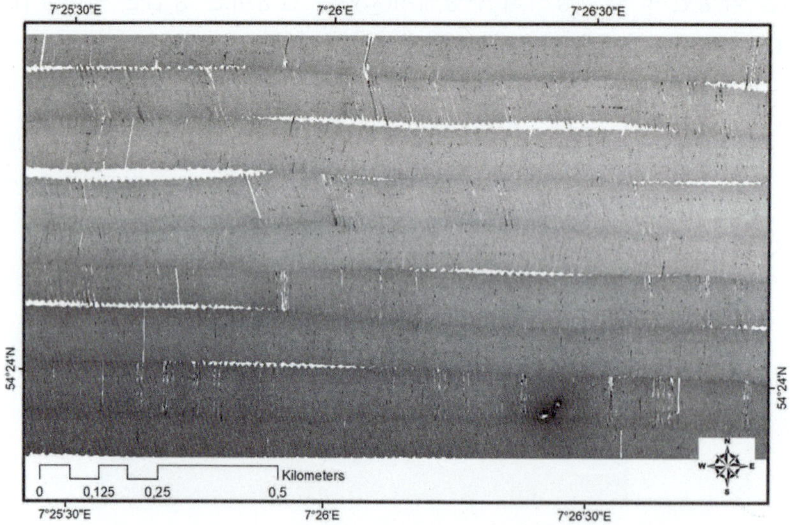

그림 12.14 단일빔(single beam)으로 모자이크한 해저지형

그림 12.14는 그림 12.13(b)에서 보인 단파방법에 의해 얻어진 정보를 모자이크한 것이다. 그림 12.15에 음향측심기와 LiDAR에 의해 얻어진 정보를 보였다. 이 자료에는 하상이나 해저 지형의 기복뿐만 아니라 침몰한 선박 등 자세한 구조물까지도 파악할 수 있다.

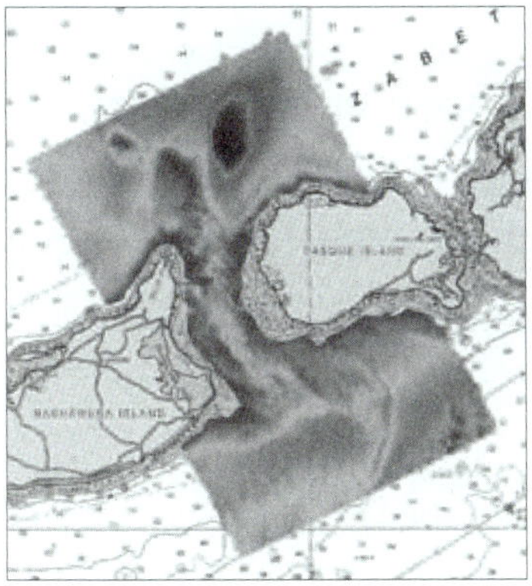

(a) 수심 칼라정보

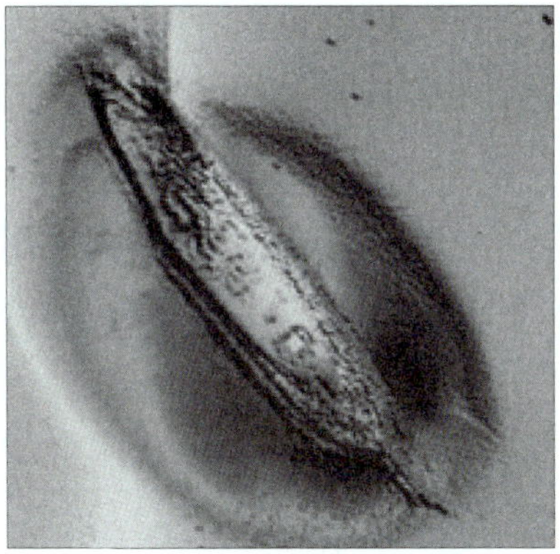

(b) 침몰선

그림 12.15 음향측심기 및 LiDAR에 의해 얻어진 정보

5) 드론과 토털스테이션을 이용하는 방법

넓지는 않지만 깊은 하천이나 호수의 경우 직접 수심을 측정할 수 없으므로 음향측심기를 무선조종 드론에 답재하여 수심을 측정한다. 기존의 수치지도를 이용하면 자동항해를 이용할 수 있으므로 매우 편리하다. 토털스테이션은 드론을 추적하여 수평위치를 결정하는데 사용한다. 드론쉽에는 360도 전방향 프리즘이 장착돼 있으므로 토털스테이션은 지속적으로 추적할 수 있다.

그림 12.16 드론쉽과 토털스테이션을 이용한 수심측량(ths-concepts.co.uk)

6) GNSS RTK와 음향탐측기를 이용하는 방법

최근 GNSS위성이 증가함에 따라 어디서나 만족스러운 허용정확도 내로 위치를 결정할 수 있다. 유인·무인의 배에 음향측심기와 GNSS RTK를 탑재하여 수심측량하는 효율적인 방법이다. 조사선에 탑재된 GNSS는 위성으로부터 신호와 VRS또는 FPK지구국에서 방송되는 보정신호를 받아 정확한 위치를 결정한다(그림 12.17).

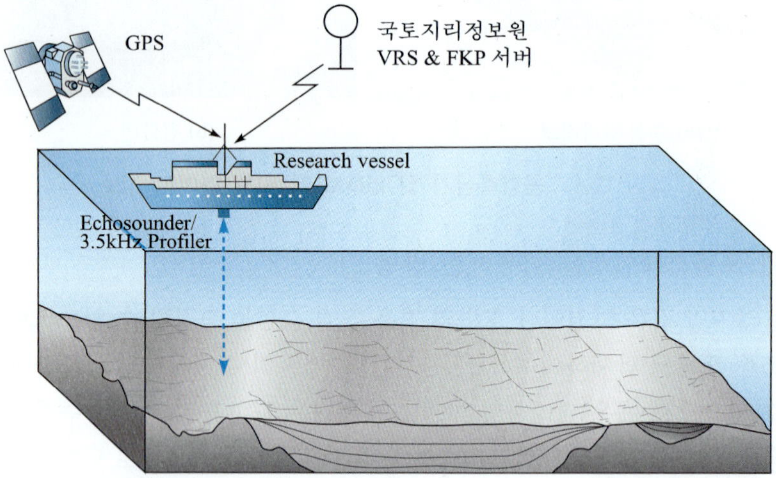

그림 12.17 GNSS RTK와 음향측심기를 이용한 수심측량시스템(US Geological Survey)

그림 12.18 GNSS를 탑재한 무인드론쉽 (www.mckimcreed-com)

그림 12.19 GNSS와 음향측심기를 탑재한 유인 보트(www.usgs.gov)

그림 12.19는 GPS와 음향측심기를 이용하여 수심측량을 하는 유인보트시스템이다. GPS로 수평위치를 구하고 음향측심기로 그 점의 수심을 구해 하상이나 해저의 3차원 정보를 얻을 수 있다. 측량결과는 지형도와 함께 수심정보를 표시하며 디지털데이터로 구축하면 GIS DB로 연동하여 사용할 수 있으며 단면도, 면적, 부피 등을 구할 수 있다. 그림 12.20은 수심정보를 DEM래스터로 표현한 결과와 단면도를 표시한 도면의 예를 보여준다. 그림 4.21은 수심데이터를 수치로 직접 도면에 표시한 결과로 기준면으로부터 깊이는 보통(-)부호를 붙여 나타내나 해도에는 부호를 생략하여 기입한다. 이를 결과를 이용해 등심선을 구할 수 있으며 하천의 개보수나 해양, 항만 구조물을 건설하는데 중요한 설계 자료가 된다.

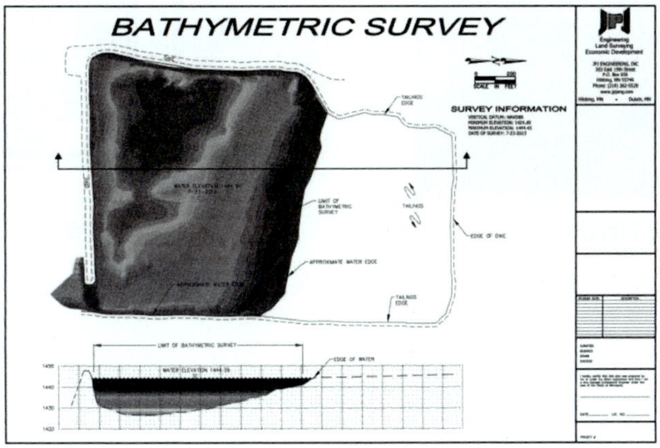

그림 12.20 수심측량 결과도면(www.jpjeng.com)

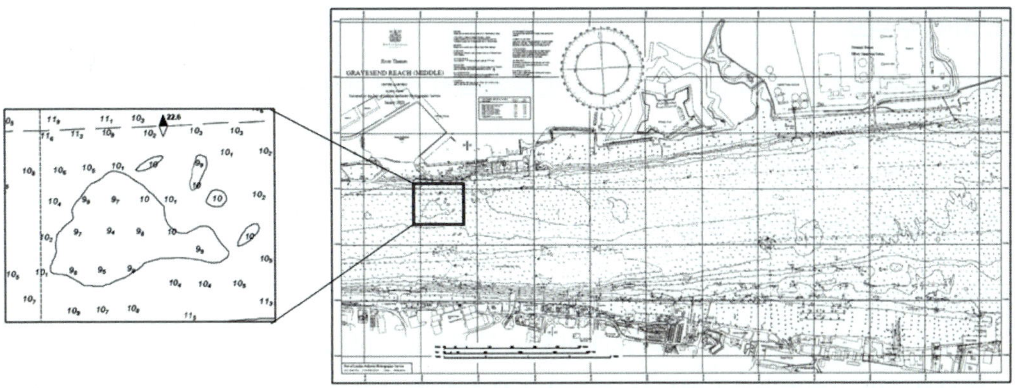

그림 12.21 하천측량 결과도면

12.4 수위 관측

하천의 개수 계획, 하천 구조물의 신축 공사, 하천수의 이수 및 치수 계획을 위하여 수위를 측정하는 것을 말한다. 이를 위해서는 수위표가 필요한데 보통수위표와 자기 수위표가 사용된다.

그림 12.22 보통수위표(cosmo_tech)

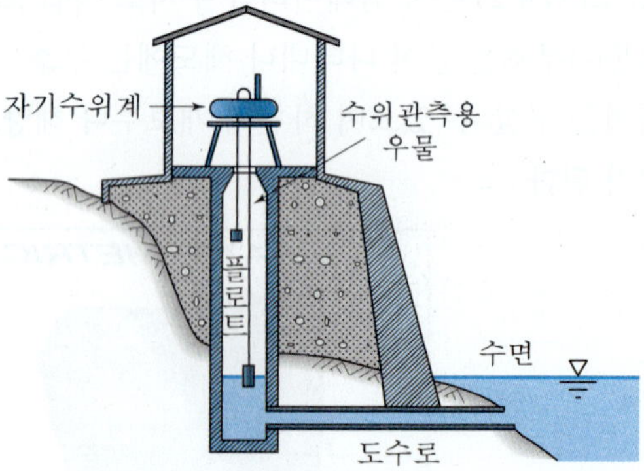

그림 12.23 수위관측소(자기수위계)

12.4.1 수위표

(1) 보통 수위표

하천 구조물(교량, 교각, 호안, 제방)에 보조 말뚝과 같이 설치한다.

(2) 자기 수위표

하구 부근이나 이수, 치수의 중요한 점 또는 관측하기 불편한 곳에는 자기수위표를 설치한다. 수위의 변화는 자기 장치에 의하여 기록된다.

12.4.2 수위 관측소의 적지

다음과 같은 조건을 가진 곳에 설치한다.

1) 상하류의 상당한 범위까지 하안과 하상이 안전하고 침식없는 곳

2) 상하류의 길이가 100m 정도는 직선이고 유속이 빠르지 않는 곳

3) 수위가 교각이나 그 밖의 구조물에 의하여 영향을 받지 않는 곳
4) 홍수 때 유실, 이동 또는 파손의 염려가 없는 곳
5) 평상시나 홍수 때도 쉽게 관측할 수 있는 곳
6) 지천의 합류점이나 분류점 등 수위 변화가 생기지 않는 곳

수위표의 영(0) 눈금의 위치는 최저수위보다 낮게, 최고눈금은 최대홍수위보다 높게 설치한다. 홍수 후에는 반드시 부근의 수준점과 연결하여 표고를 확인한다.

12.4.3 하천의 수위

1) 최고 수위(H.W.L.)와 최저 수위(L.W.L.)
어떤 기간 중 최고, 최저 수위로 연, 월 단위로 구분한다.

2) 평균 최고 수위(N.H.W.L.)와 평균 최저 수위(N.L.W.L.)
연과 월에 최고 수위의 평균과 최저수위의 평균을 의미한다.

3) 평균 수위(M.W.L.)
어떤 기간의 관측 수위를 합하여 관측 횟수로 나누어 평균한 수위

4) 평균 고수위(M.H.W.L.)와 평균 저수위(M.L.W.L.)
어떤 기간에 평균 수위 이상의 수위를 평균한 것을 평균 고수위, 평균 수위 이하의 수위를 평균한 것을 평균 저수위라 한다.

5) 평수위(O.W.L.)
어느 기간 내에 관측 수위 중 높은 수위와 낮은 수위의 관측 횟수가 같은 수위를 의미한다.

6) 최다 수위(M.F.W.L.)
어느 기간 중 가장 많이 일어나는 수위를 말한다.

7) 갈수위 : 355일 이상이 이 수위보다 적어지지 않는 수위를 의미한다.
8) 저수위 : 275일 이상이 이 수위보다 적어지지 않는 수위를 의미한다.
9) 평수위 : 185일 이상이 이 수위보다 적어지지 않는 수위를 의미한다.
10) 고수위 : 2~3회 이상이 이 수위보다 적어지지 않는 수위를 의미한다.
11) 홍수위 : 최대수위를 의미한다.

12.5 유량측량

유량측량을 하기 위한 방법은 크게 나누어 유속과 단면적을 이용하는 방법과 월류공식을 이용하는 방법이 있다. 월류공식은 수문학적 방법이므로 여기서는 유속과 단면적을 이용하는 방법을 설명한다. 유속을 측량할 때는 평균유속을 얻어야 하며 하천의 단면적은 하천 종횡단 측량 중 횡단측량에 의해 작성된 횡단면도로부터 구할 수 있다.

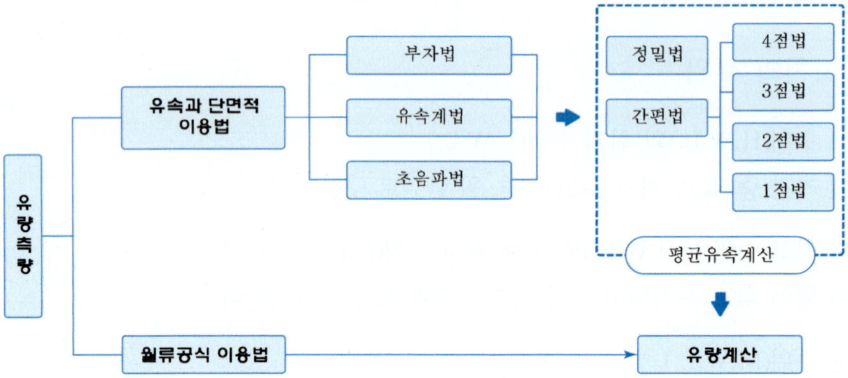

그림 12.24 유량측량 방법

하천의 유속은 하천단면으로 볼 때 그림 12.25(b)와 같다. 강기슭, 바닥과 수면의 공기마찰로 인해 수면으로부터 깊이 0.4h에서 최대유속을 나타낸다. 즉, 하천의 깊이가 10m라 하면 수면으로부터 4m 위치에서 최대유속이 발생한다는 의미이다.

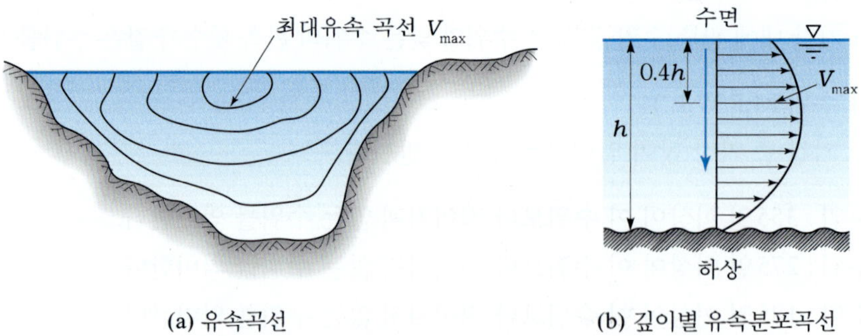

그림 12.25 하천횡단면에서 본 유속의 특성

12.5.1 유속 측정 방법

(1) 유속계(Current meter)에 의한 유속 측정

유속계는 회전축이 물이 흐르는 방향과 일치하는 스크류식과 이에 직각인 프라이스식으로 나뉜다.

$$V = an + b \tag{12.1}$$

여기서, a, b : 기계 상수

n : 1초 사이의 회전수

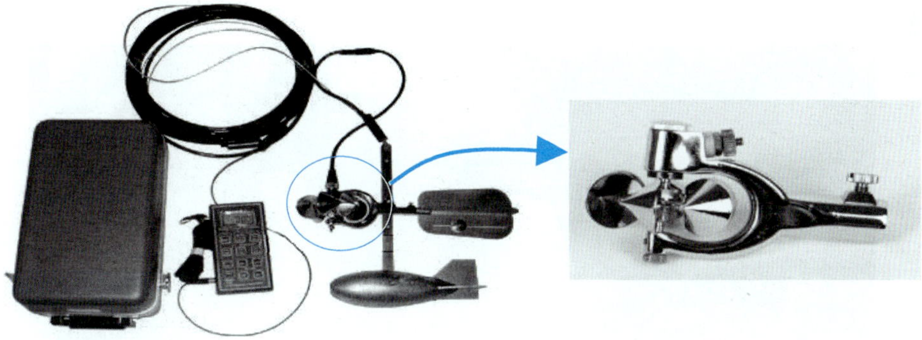

그림 12.26 프라이스식 유속계

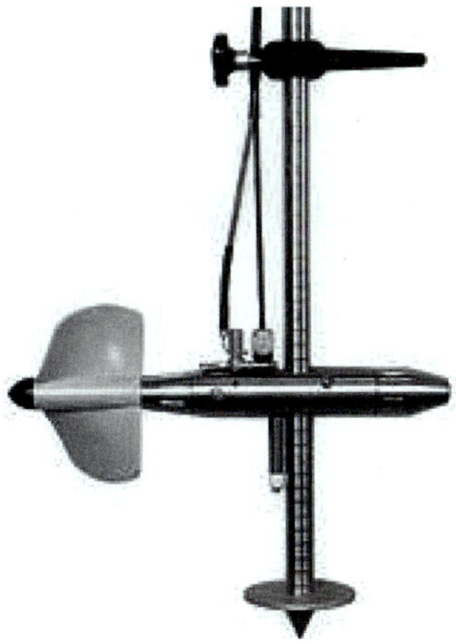

그림 12.27 스크류식 유속계 (www.gpsforestry-suppliers.com)

하천의 특성상 수면은 공기의 저항, 하상은 여러 지형적인 요소들로 인한 마찰이 커지므로 깊이별 유속의 크기는 그림 12.24(a)와 같다. 이를 하천 단면으로 보면 그림 12.24(b)와 같다. 그러므로 평균 유속을 구하기 위해서는 깊이별로 수회 유속측정을 해야 한다. 깊이별 측정횟수에 따라 1, 2, 3점법으로 평균유속을 구한다.

ⓐ 1점법 : $V_m = V_{0.6}$ (12.2)

ⓑ 2점법 : $V_m = \frac{1}{2}(V_{0.2} + V_{0.8})$ (12.3)

ⓒ 3점법 : $V_m = \frac{1}{4}(V_{0.2} + 2V_{0.6} + V_{0.8})$ (12.4)

그림 12.28 프라이스식 유속측정모습

(2) 부자에 의한 유속 측량

하천에 부표를 띄워 일정한 거리를 도달한 시간으로 나누어 표면유속을 측정한다.

1) 표면 부자

표면에 부자를 띄워 측정한다.

$$V_0 = \frac{L}{T}(m/sec) \quad V_m = (0.8 \sim 0.9)\, V_0 \tag{12.5}$$

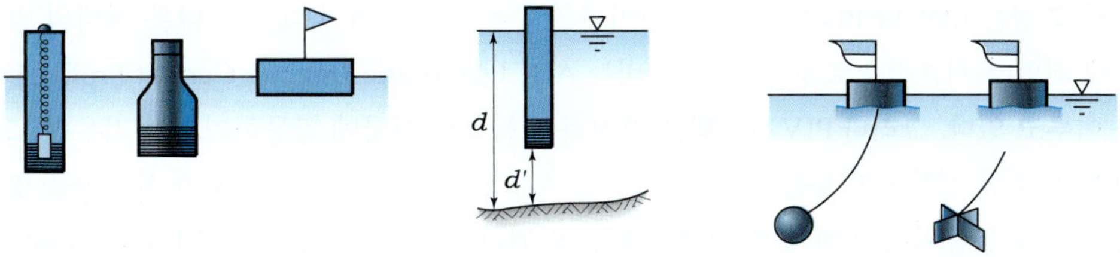

(a) 표면 부자 (b) 막대 부자 (c) 이중 부자

그림 12.29 유속측정을 위한 각종 부자

2) 막대 부자

대나무 또는 금속제 파이프 끝 부분에 중량에 추를 넣어 측정한다. 수면에 20cm 정도의 깊이로 만든다. 비교적 정확한 평균유속을 구할 수 있다.

$$V_m = \frac{L}{T}(1.012 \sim 0.116)\sqrt{\frac{d'}{d}} \tag{12.6}$$

여기서, d : 전 수심

d′ : 막대 부자의 하단으로부터 하상까지의 깊이

3) 이중 부자

표면 부자를 수중 부자에 끈으로 연결한 것으로 수면으로부터 수심에 6할 정도의 깊이와 연결한다. 정확성은 떨어진다.

(3) 최근의 유속측량 기법

전통적인 측정방법은 프로펠러 형태의 가장 기본적인 측정장비였다. 1970년대에 등장한 레이저 유속계(LDV, Laser Doppler Velocimetry)는 정확성과 측정의 빈도 비접촉성 등의 측면에서 위의 유속계들보다 뛰어난 장점을 가지고 있기 때문에 곧 측정의 기본 장비가 되었다. 그러나 이들은 모두 한 지점에서 유속을 측정한다는 공통점을 지니고 있다. 1980년대 말경에는 지점 유속이 아닌 유속장(velocity field)을 측정한다는 장점을 가진 입자 영상 유속계(PIV, Particle Image Velocimetry)가 등장하였다. PIV의 장점인 유속장 측정은 기존의 지점 측정법에 비해 측정 시간을 획기적으로 단축시킬 수 있기 때문에 크게 각광을 받아 1990년대 중반에 이미 거의 표준적인 장비로 자리를 잡게 되었다.

현장 측정은 LDV나 PIV에 필요한 레이저의 운용이 곤란하기 때문에 다른 형태의 발전을 이루게 되었다 기본적으로 현장 측정 장비는 ADCP(Acoustic Doppler Current Profiler)가 대종을 이루고 있다. 그러나 PIV시스템은 가시화의 한계로 현장에 활용하기가 어려우며 고가의 카메라, 특수한 실험설비 등을 필요로 하는 경우가 많다. 이런 점들이 PIV가 실험실을 벗어나 현장 측정에 활용되지 못하게 막는 장애요인이 된다. 결과로 나타난 것이 LSIV(Large Scale Image Velocimetry)이다.

PIV가 레이저 광원을 이용하여 실험실에서 유속을 측정하는 장비인데 반하여 LSIV는 일광을 이용하여 하천의 표면 유속을 측정하는 장비이다. 이러한 LSIV는 유속벡터 산정을 위한 분석과정이 PIV와 유사하기 때문에 LSPIV(Large Scale Particle Image Velocitmetry)라고 하기도 한다.

LSIV는 PIV와는 달리 자연광에 의해 영상을 획득하게 되고 따라서 인위적인 광원을 이용할 필요는 없다. 야간촬영의 경우에는 광원이 없이는 촬영이 불가능하기 때문에 인위적으로 광원이 필요한 경우도 있다. 하지만 이와 같은 경우에도 일반적인 조명을 사용하면 충분하다.

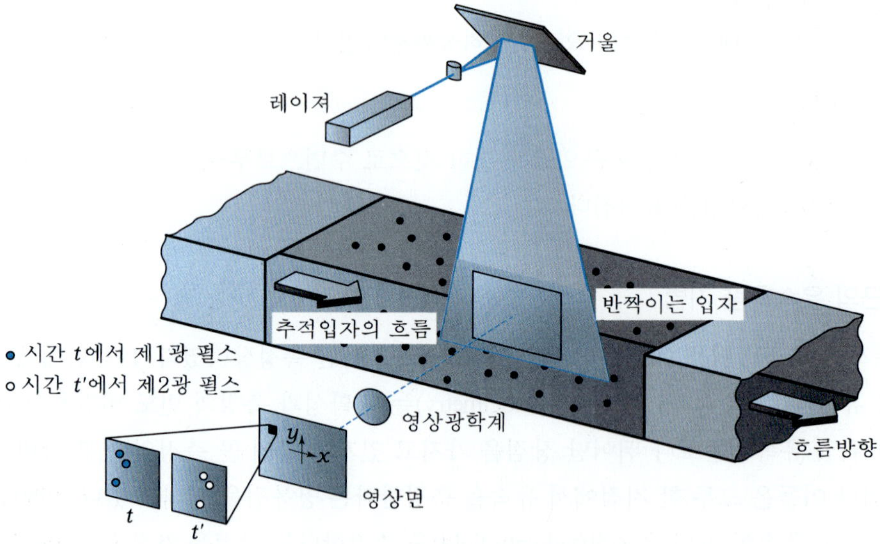

그림 12.30 PIV 시스템의 원리

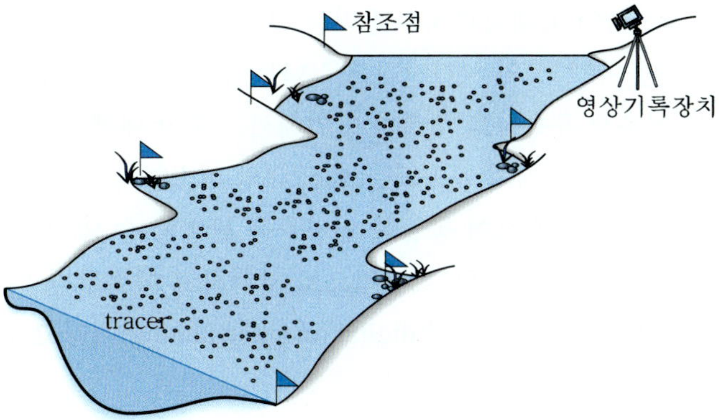

그림 12.31 LSIV 지상촬영 개념도

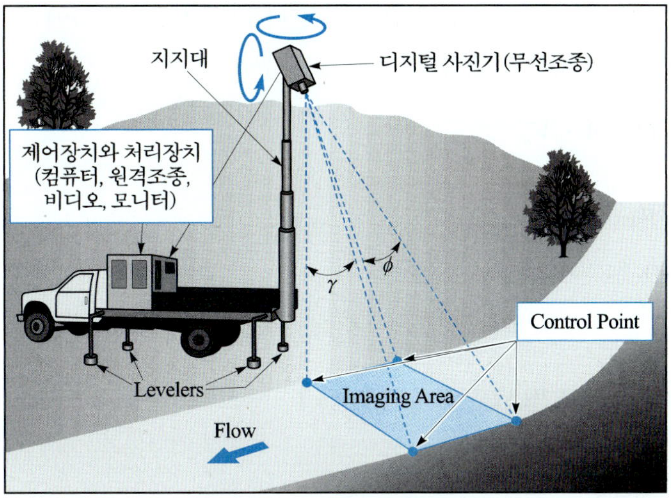

그림 12.32 LSIV 유속측량 시스템

LSIV는 획득된 동영상의 디지털화 및 정지화상추출영상의 왜곡보정과 영상처리과정을 거친 후 PIV기법과 동일한 방법으로 속도벡터를 계산하게 된다. LSIV는 연속되는 두 영상 내의 입자군 이동으로부터 유속벡터를 산정하게 되는데, 여기서 입자군의 크기를 상관영역(interrogation area)이라 하고, 두 번째 영상 내에서 동일 입자군을 찾기 위한 영역을 검색영역(searching area)이라고 한다. LSIV분석에서는 연속되는 두 영상의 검색영역 내에서 각 입자군의 상관계수를 계산하여 최대상관계수를 갖는 입자군을 동일 입자군으로 판별하고 입자군 간 도심의 이동거리를 두 영상의 시간간격으로 나누어 유속벡터를 계산한다.

LSIV 또는 PIV를 이용해 유속장을 계측하기 위해서는 화상 내에서 추적입자 들의 이동거리를 구해야한다. 이를 위해 두 개의 연속되는 사진 내의 미소한 영역에 대해 동일한 특성, 즉 영상의 짜임새나 형태 등을 인지하여 동일한 입자군을 판별할 수 있어야 한다. 이러한 영상 내의 특성을 컴퓨터를 이용하여 소프트웨어적으로 분석하고 이로부터 두 영상 간의 상호관계를 분석하는 것을 디지털영상판별기법(digital image matching)이라고 한다.

12.5.2 유량계산

일반적인 유량계산법은 단면적에 평균유속을 곱하여 얻어진다. 그러나 평균유속은 하천의 단면에서 위치에 따라 다르므로 일정한 간격을 나누어 각각의 구역에 대한 평균유속을 구해야 보다 정확한 유량산정이 가능하다.

$$Q = A \cdot V_m \tag{12.7}$$

구간간격 : $d_1,\ d_2,\ d_3, \cdots$

구간 단면적 : $a_1, a_2, a_3, \cdots, a_{n-1}, a_n,$

구간의 평균 유속 : $v_1, v_2, v_3, \cdots, v_{n-1}, v_n$

$$Q = a_1 v_1 + a_2 v_2 + a_3 v_3 + a_4 v_4 + \cdots + a_{n-1} v_{n-1} + a_n v_n = \Sigma av \tag{12.8}$$

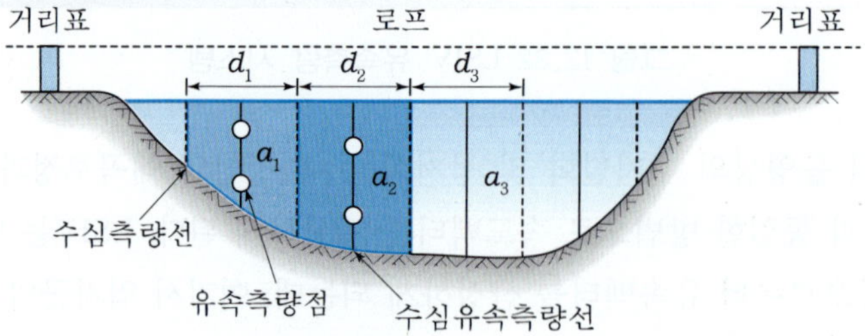

그림 12.33 유량계산을 위한 구간 별 유속측정

예제 12.1

다음 그림과 같은 하천에서 유량을 측정하고자 평균유속을 측량했다. 유량을 계산하시오(하천의 최대 깊이는 4m이다.)

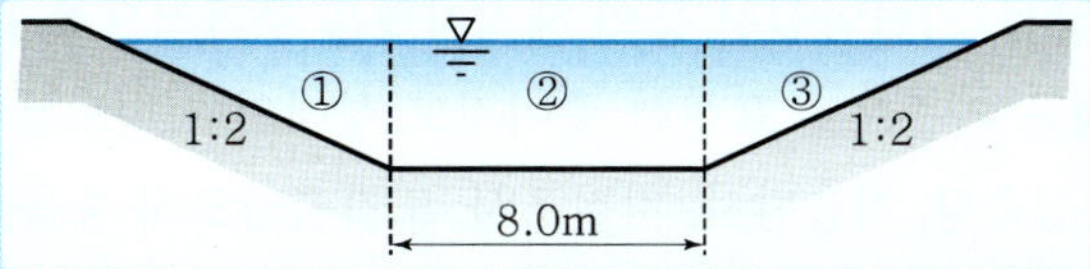

그림 12.34 예제 12.1

	단면①	단면②	단면③
평균유속	0.8m/sec	1.5m/sec	1.0m/sec

풀이 ▸ ▸ ▸

1. 하천의 단면적 계산

단면① $4 \times 8 \times 0.5 = 16m^2$

단면② $4 \times 8 = 32m^2$

단면③ $4 \times 8 \times 0.5 = 16m^2$

2. 유량계산

단면① $0.8m/sec \times 16m^2 = 12.8m^3/sec$

단면② $1.5m/sec \times 32m^2 \times 48.0m^3/sec$

단면③ $1.0m/sec \times 16m^2 = 16.0m^3/sec$

그러므로

$Q = 12.8m^3/sec + 48.0m^3/sec + 16.0m^3/sec = 76.8m^3/sec$

12.6 연안해역 기본조사 및 기본도제작

"연안해역 기본조사" 란 육지와 인접한 연안지역에 대한 기준점측량, 수심측량, 지층탐사, 저질조사, 노간출암조사 등을 실시하는 작업을 말한다. "연안해역기본도" 란 1/25,000 수치지도를 이용하여 등심선, 기반암심선 등의 해저지형을 추가적으로 표현한 전산파일 형태의 수치지도와 도식규정을 기준으로 표현한 종이지도 형태의 지형도를 말한다. 이외에도 기준점측량, 자료처리, 수심측량, 지층탐사, 저질조사, 노간출암조사 등을 포함한다.

12.6.1 연안해역 기본조사

연안해역기본조사는 연안해역기본도제작에 필요한 수심, 조석 등의 취득을 목적으로 시행하는 일련의 작업으로서 기준점측량, 수심측량, 지층탐사, 저질조사, 노간출암조사 등이다.

1) 수심측량 자료처리 방법

① 평면위치는 측량 전용 S/W를 활용하여 UTM기준 데이터를 TM기준으로 변환하여 사용한다. 이때 해당지역 투영원점에 유의하여 작업을 실시한다.

② 높이기준면은 타원체고 기준으로 측량된 성과를 지오이드 모델을 이용하여 수준점 기준 표고성과로 변환하여 사용한다.

③ 조위기준면은 기본수준점 기준으로 측량된 성과를 수준점 기준 표고성과로 변환하여 사용한다.

④ 변환된 성과를 측량전용 S/W를 활용하여 내삽(Interpolation)기법을 적용하여 등심선을 생성한다.

2) 저질조시 및 지층탐사자료처리

저질조사 자료에 대하여 평균입도(Mean Diameter) 분석, 분급도(Sorting) 및 편왜도(Skewness) 분석, 저질분포표 경위도 성과의 TM좌표 변환을 통해 저질 중앙입경을 산출한다.

3) 노간출암조사 자료처리

노간출암조사 자료에 대하여 평면위치 변환, 높이기준면 변환, 조위기준면 변환을 실시한다.

12.6.2 연안해역 수치지도 제작

연안해역 수치지도는 1/25,000 수치지도를 이용하여 연안해역 자료처리 성과를 별도 레이어코드를 적용 전산편집하여 제작하며, 레이어코드는 표 12.1과 같다.

표 12.1 연안해역 수치지도 레이어코드

순번	레이어	명칭	Type	구분
01	2001	등심선 주곡선	Line	해양등고선
02	2002	등심선 계곡선	Line	해양등고선
03	2003	기반 등심선	Line	해양등고선
04	2004	기반 보조 곡선	Line	해양등고선
05	2005	충적층의 Line	Line	해양표식
06	2006	노간출암	Line	해양표식
07	2007	암석경계	Line	해양경계
08	2008	자갈경계	Line	해양경계
09	2009	모래경계	Line	해양경계
10	2010	실트경계	Line	해양경계
11	2011	점토경계	Line	해양경계
12	2012	머드경계	Line	해양경계
13	2013	수심점	Block	해양표식
14	2014	암심점	Block	해양표식
15	2015	수심방향	Block	해양표식
16	2016	암반방향	Block	해양표식
17	2017	암석(Rock)	Block	해양표식
18	2018	자갈(Gravel)	Block	해양표식
19	2019	모래(Sand)	Block	해양표식
20	2020	실트(Silt)	Block	해양표식
21	2021	점토(Clay)	Block	해양표식
22	2022	머드(Mud)	Block	해양표식
23	2023	등심선 등고수치	Text	해양등고선
24	2024	기반등심선 등고수치	Text	해양등고선
25	2025	수심점 수치	Text	해양표식
26	2026	암심점 수치	Text	해양표식
27	2027	충적층의 두께	Text	해양표식
28	2028	저질중앙입경	Text	해양표식

1) 등심선 및 수심점 편집

① 등심선은 수심측량 자료처리 성과를 기초로 주곡선은 1m 간격으로 계곡선은 5m 간격으로 형성되도록 편집하고, 등고수치는 계곡선 선상에 위치하도록 입력한다. 이때 중간점(Vertex)을 생략할 수 있는 각도는 10°를 기준으로 하는 것을 원칙으로 한다.

② 수심점과 수심선 수치는 가장 깊은 곳, 주요한 경사변환점 또는 부근을 대표하는 지점을 선정하여 부여한다.

2) 저질분포 및 중앙입경 편집

① 저질분포는 저질조사 자료가공 성과를 기초로 저질성분을 파악하여 기호화하여 편집한다. 저질성분과 표현방법은 다음 표와 같이 표현한다.

표 12.2 저질성분에 따른 표현코드

저질성분	표현방법	비고
암석(Rock)	Ⓡ	
자갈(Gravel)	Ⓖ	
모래(Sand)	Ⓢ	
실트(Silt)	(Si)	
점토(Clay)	Ⓒ	
머드(Mud)	Ⓜ	

② 저질중앙입경은 동질의 저질분포상 중앙 부분에 입력한다.

3) 연안해역기본도 제작

연안해역기본도는 연안해역 수치지도를 별도 도식규정을 적용하여 제작하며, 도식규정은 [별표 2]과 같다.

① 수심 표현: 수심 표현은 등심선 및 수심점 편집성과를 기초로 표현하고, 도식규정에 정의된 급간을 적용하여 음영형태로 표현한다.

② 암심 표현 : 암심 표현은 기반등심선 및 암심점 편집성과를 기초로 등심선과 중첩하여 표현한다.

③ 저질 표현 : 저질 표현은 저질분포 및 중앙입경 편집성과를 기초로 도식규정에 정의된 심볼을 적용하여 표현한다.

④ 노간출암 표현 : 노간출암 표현은 노간출암 편집성과를 기초로 도식규정에 정의된 심볼을 적용하여 표현한다.

⑤ 난외주기 구성 : 난외주기는 1/25,000 지형도를 기초로 해상부분 지형지물의 범례와 저질분류표, 조석자료 등의 내용으로 구성한다.

12.7 조석관측

해수면이 천체력(天體力, 달과 태양 등 천체의 인력)에 의해 비교적 규칙적으로 승강(昇降)하는 현상이다. 주기(period) 관점에서 조석은 주기가 수 시간대 이상되는 것을 말하며, 수 시간대 이상의 주기란 정확히 경계를 지을 수 없으나 보통 조석관측자료의 분석에서는 1일 6회조(回潮) 또는 8회조 이상의 것을 말한다.

12.7.1 조석의 일반적 성질

- 태음조(太陰潮)와 태양조(太陽潮): 조석의 크기는 지구, 태음(달), 태양의 상대적 위치에 따라 다르며, 태음조의 조차는 태양조의 조차의 약 2.2배로서 조석은 거의 태음에 지배
- 대조(大潮)와 소조(小潮): 최대 조차(潮差, tidal range)는 삭·망(朔·望)후 1～3일에 일어나며(대조, spring tide), 최소 조차는 상·하현후 1～3일에 일어난다(소조, neap tide).
- 고·저조 간격(高·低潮 間隔): 달이 그 지점의 자오선(子午線)을 통과한 후 고·저조가 일어날 때까지의 시간

  ※ 월조간격(月潮間隔, 고조간격+저조간격)은 일정하지 않고 月令에따라 다르며, 이 평균값을 평균 월조간격이라하고 조석표에는 평균고조간격이 기입되어 있다.

- 조석의 주기: 1알 2회조의 경우 평균 12시간 25분으로 조시는 1일에 약 50분씩 늦어지며, 이는 달이 그 지점의 자오선을 통과하는 시각이 매일 평균 50분만큼 늦어지기 때문이다.
- 일조부등(日潮不等): 1일 2회조에 있어서 두 번의 고조와 두 번의 저조가 있으나 이들의 조위와 주기가 각각 약간씩 다른 현상이다.
- 조석의 원인: 기조력(起潮力)은 달과 태양의 인력인데 그 인력이 지구상의 각 지점에서 서로 다르기 때문이며, 기조력은 달 및 태양의 질량에 비례하고 달 및 태양까지의 거리

의 3승에 반비례한다.

12.7.2 조석의 관측

1) 관측기기

① 압력식- 해면의 변화에 따른 수압의 변화를 해저(海底) 또는 해중(海中)에 설치된 압력 감응장치를 통하여 감지 기록하는 형식- 장점: 부표식에 비해 간단- 단점: 압력감응시에 수압뿐만 아니라 기압도 같이 감지되며, 유속이 빠른 곳에서는 동압력도 감지되어 최종 자료처리시 기압보정 및 동압력보정이 필요하다

② 부표식- 수면의 변화를 수면위에 뛰운 부표의 승강을 통해 감지하는 형식- 장점: 수면의 변화를 비교적 정확히 감지- 단점: 파랑 등의 영향을 최소화하기 위해 검조우물의 설치가 요구된다.

2) 관측방법

각종 해면의 정확한 산정을 위해서는 고정검조소를 설치하고 장기간의 관측이 필요하나 본 항에서는 표준항 인근 해역에서의 해면결정을 위한 1개월 또는 2개월 정도의 단기연속관측에 대해 기술한다.

① 기기에 의한 연속관측

조차가 크고 조간대가 넓게 발달한 해역의 경우에 사용하는 방법으로 압력식은 압력감응부가 저조시 수면위로 드러나지 않도록 주의해야하며 부표식은 부표가 해저에 닿지 않도록 충분한 여유를 둬야한다.

② 표척관측

기기의 기록지상의 값과 실지 조위를 일치시키는 자료를 얻기 위해, 또 기기의 정상작동여부를 판정하기 위해 실시하는 것으로 관측은 10분 간격으로 하되 매 관측은 다시 정시, 1분전, 1분후의 3회에 걸쳐 실시하며, 이 값들의 평균을 조위로 한다. 표척관측은 가급적 장기간에 걸쳐 여러번 실시하는 것이 좋으나 연속관측을 1개월 하는 경우에는 가능한 한 고조시 또는 저조시 전후 각 3시간 이상을 포함하도록 하여 기기설치 후와 기기회수전의 2회 또는 그 이상을 실시한다.

예 9시 10분의 조위를 표척관측으로 얻고자 할 경우

	9시 9분	9시 10분	9시 11분
고	455.5	456.5	456.5
저	450.0	452.5	453.0
평균	452.75	454.5	454.75

9시 10분의 조위 = (452.75+454.5+454.75)/3 = 454.0

3) 조석상수

① 조화상수: 조화분석에서 얻어지는 각 분조의 반조차와 지각(1년 이상의 검조기록으로부터 계산)

② 비조화상수: 조차, 조위 및 조시간격 등 실제 설계에 이용되는 조석의 제원(약최고고조위, 대조평균고조위, 평균고조위, 소조평균고조위, 평균해면, 소조평균저조위, 평균저조위, 대조평균저조위, 약최저저조위, 평균고조간격, 평균저조간격 등)

참고 조위의 종류(비조화상수)

(1) 고극조위(Highest High Water): 조화상수로 계산되는 이론적인 해면이 아닌 관측기간 중에 또는 그 이전에 출현된 최고조면

(2) 약최고고조위(Approx. Higher High Water): 신월 또는 만월 전후에 관측된 매월의 최고만조면을 1년 이상에 걸쳐 평균한 해면

AHHW = 평균해면+(Hm+Hs+H'+Ho) 또는 2(Hm+Hs+H'+Ho)

(3) 대조평균고조위(High Water Ordinary Spring Tide): 대조때 만조면을 장기간에 걸쳐 평균한 해면

HWOS = 평균해면+(Hm+Hs) 또는 2(Hm+Hs)+H'+Ho

(4) 평균고조위(High Water Ordinary Mean Tide)

HWOMT = 평균해면+Hm 또는 2Hm+Hs+H'+Ho

(5) 소조평균고조위(High Water Ordinary Neap Tide) : 소조때 만조면을 장기간에 걸쳐 평균한 해면

HWONT = 평균해면+(Hm-Hs) 또는 2Hm+H'+Ho

(6) 평균해면(Mean Sea Level)

MSL = (Hm+Hs+H'+Ho)

(7) 소조평균저조위(Low Water Ordinary Neap Tide)

LWONT = 평균해면-(Hm-Hs) 또는 2Hs+H'+Ho

(8) 평균저조위(Low Water Ordinary Mean Tide)
LWOMT = 평균해면-Hm 또는 Hs+H'+Ho

(9) 대조평균저조위(Low Water Ordinary Spring Tide)
LWOST = 평균해면-(Hm+Hs) 또는 H'+Ho

(10) 약최저저조위(Approx. Lowhest Low Water), 기본수준면(Datum level), 인도대저조위(Indian Spring Low Water)
ALLW = 평균해면-(Hm+Hs+H'+Ho)

(11) 저극조위(Lowest Low Water): 조화상수로 계산되는 이론적인 해면이 아닌 관측기간 중에 또는 그 이전에 출현된 최저조면

(12) 대·소조차(Spring·Neap Range): 대·소조평균고조위과 대·소조평균저조위과의 차

(13) 大·小潮升(Spring·Neap Rise): 기준면으로부터 대·소조평균고조위까지의 높이

(14) 평균조차(Mean Range): 평균고·저조위의 차- 평균해면(Mean Sea Level) : 어떤 기간 내의 해면의 평균 높이. 평균해면은 천문조뿐만 아니라 기상조도 합하여, 지점은 물론, 계절적으로 일정하지 않으므로 한 지점의 평균해면은 장기간의 관측치에서 결정한다. 우리나라 연안의 월평균해면은 겨울에는 낮고 여름철에 높으며 그 차는 대체로 30~60cm 정도이다.

연습문제

12.1 하천측량에서 평면측량의 범위에 대해 설명하시오.

12.2 하천의 거리표를 설치하고자 한다. 그림에서 각각에 거리표의 번호를 기입하시오.

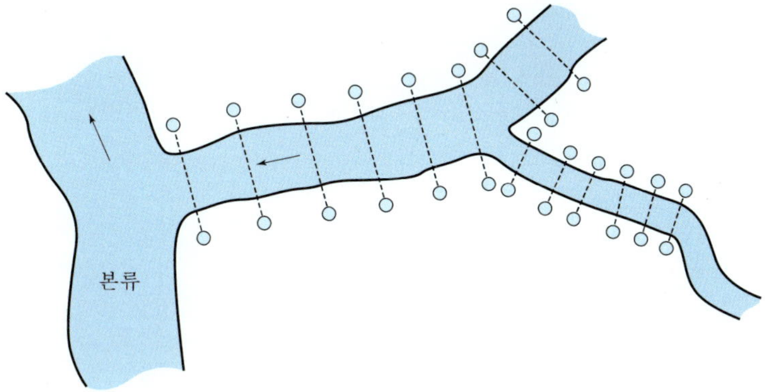

12.3 평균유속을 산정하기 위해 수면으로부터 0.2, 0.6, 0.8되는 깊이에서 유속을 측량한 결과 3.6m, 4.0m, 3.2m였다. 평균유속은?(3점법)

12.4 다음 용어를 설명하시오.

1) 평균최고수위 :

2) 평균저수위 :

3) 갈수위 :

4) 저수위 :

5) 평수위 :

12.5 연안측량에서 비조화상수에 포함되는 수위에 대해 설명하시오.

12.6 조석관측 기기에 대해 설명하시오.

제13장 터널측량(Tunneling Surveying)

13.1 서론

도로, 철로 및 수로 등을 지형 및 경제적인 이유로 산악, 지하 또는 수저(물밑)에 설치할 경우 이를 터널이라 하며 터널의 위치선정, 설계 및 공사시공을 위해 필요한 측량을 터널측량이라 한다. 시공되는 장소에 따라 산악터널, 시가지터널, 수저터널로 나뉘어지며 터널공사로 결정하기 까지는 시공목적, 교통량, 공사비, 유지관리비 등 전반적인 경제적 여건을 고려한다. 답사 및 위치선정, 중심선의 지표설치(터널 외 측량), 지하중심선설치(터널 내 측량), 터널 내·외 연결측량, 수준측량, 단면측량의 순서로 이루어진다.

그림 13.1 터널측량 광경

13.2 터널측량의 특수성

터널측량은 지상측량과는 달리 한정된 공간에서 행해지는 측량으로 여러 제약조건이 있으며 전체적으로 어두우므로 망원경내부의 +자선에 대한 조명이 필요하며 시준선의 확보를 위하여 레이저광선을 이용한다. 굴곡이 많고 급경사측량을 하기위한 특수측량장비가 필요하며 공사 관련 중장비들의 통행으로 공사에 의해 측점이동, 파손방지를 위해 천정에 설치하는 천정측점을 사용하기도 한다. 한정된 공간에 광물이나 장비, 전선으로 인한 영향으로 자침이 부정확하며 지하수 등의 장애가 있을 수 있다. 터널을 형태적으로 분류하면 수직터널과 경사터널, 횡터널로 나눌 수 있다.

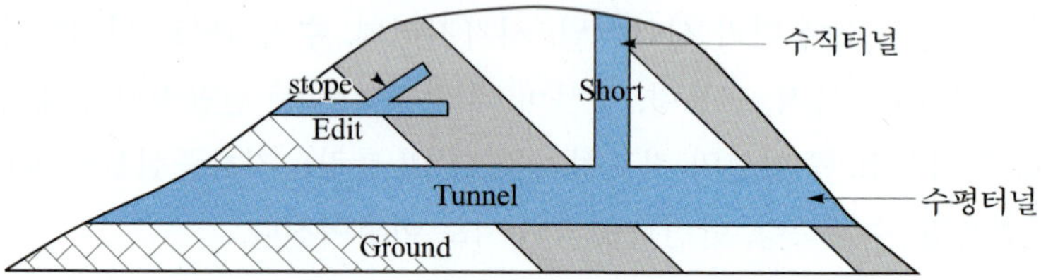

그림 13.2 터널의 형태적 분류

13.3 답사 및 위치선정

터널의 위치를 결정하기 위해서 목적, 교통량, 공사비, 유지관리비 등 경제적 여건을 고려하여 유리한 노선을 결정해야 한다. 터널을 계획할 때에는 항공사진 판독을 하며 지질조사, 단층의 유무, 암질과 풍화의 정도, 지하수의 상태를 조사해야 한다. 노선은 공사가 용이하고 길이를 짧게 하기위해 가급적 직선으로 하되 부득이 할 때는 곡선으로 한다. 따라서 예비노선 2~3개를 정하고 노선 전체의 균형, 교차시설 설치위치, 교량 연장 및 시공성 △지형·지세 및 기반조건, 기후조건에 대한 적합성, 유지관리의 용이성, 신기술·신공법 적용 등의 기술적 측면을 고려하여 최종노선을 결정한다(그림 13.3 예시). 터널의 굴착은 보통 양쪽 터널의 입구로부터 서로 마주 향하여 배수 및 토사운반을 고려하여 중앙의 표고를 약간 높게 하여 시행하나 공사를 단기간 내에 하기 위하여 중간에 수직터널(shaft)이나 수평터널(adit)을 설치하여 굴착한다.

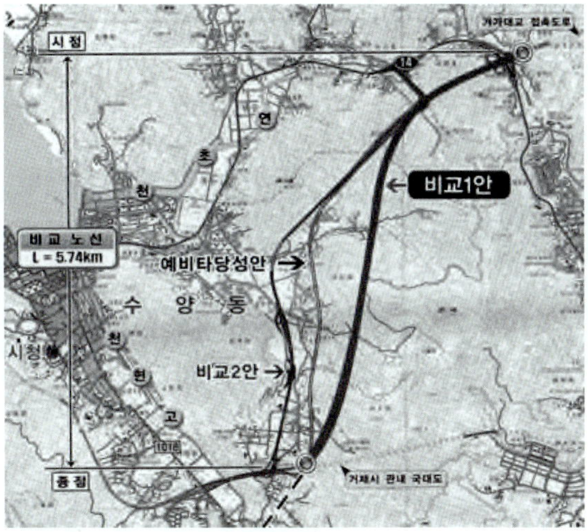

그림 13.3 터널비교노선의 예(국지도58호 www.geojenews.co.kr)

유로터널의 경우 그림 13.4와 같이 프랑스지역 5점과 영국지역 4점의 삼각점(터널의 시종점포함)으로 형성하여 기준점 망을 구축하였다. 이 기준망은 터널의 중심선이 올바르게 굴착되고 있는지를 점검하는데 사용된다.

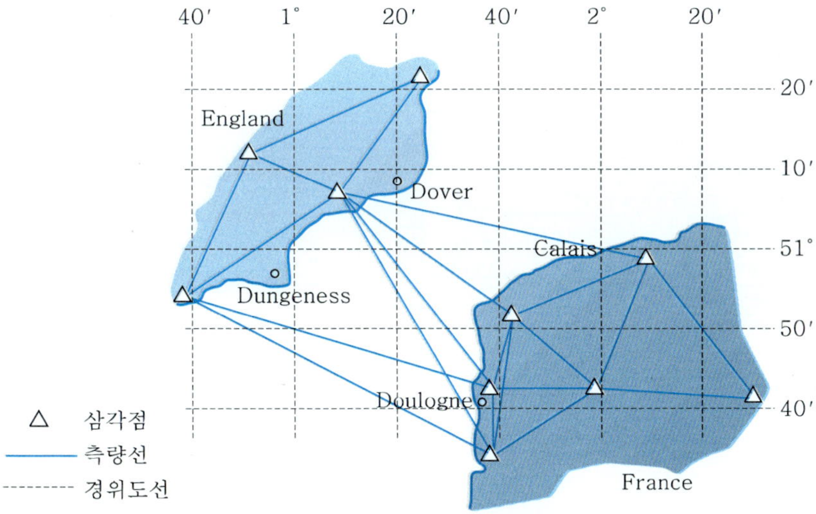

그림 13.4 도버해협 해저터널을 위한 삼각기준점 망

그림 13.5는 최종적으로 선정된 노선과 종단면도를 표시한 것이다. 노선의 수평위치도 중요하지만 터널의 경사와 정확한 표고는 더욱 중요하다.

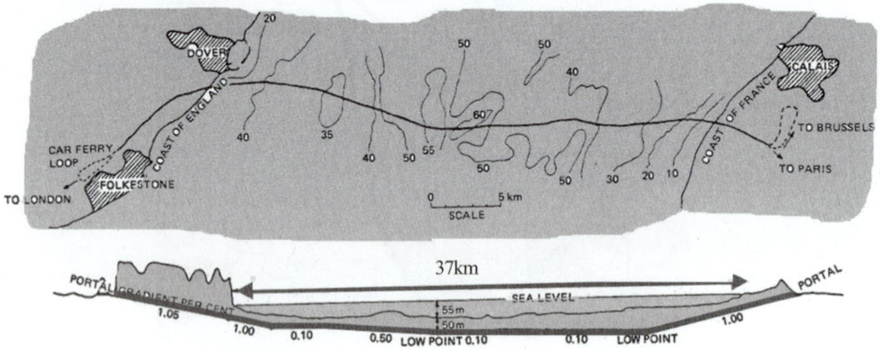

그림 13.5 유로터널의 최종적인 노선과 종단면도

총 연장 약 50.45km(해저부분:37.9km)로 종단면도에 의하면 해저지점은 해저바닥기준 75m이며 해수면기준으로는 115m를 지난다. 해저통과를 고려하여 육지에서부터 일정한 경사로 진입해야하기 때문에 해저부분의 연장보다 훨씬 길게 설계된다. 터널의 단면은 왕복차선을 하나의 터널에 설계하는 경우도 있지만 유로터널의 경우 왕복터널과 중간에 작업용터널을 별도로 두고 있다(그림 13.6).

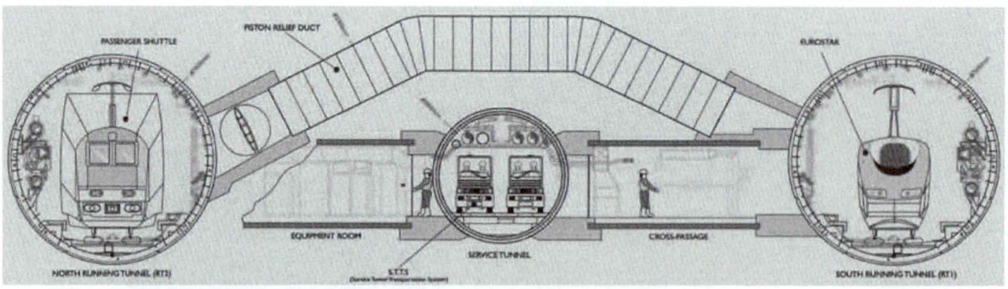

그림 13.6 유로터널의 단면도

13.4 터널 외 측량

설계 상 터널의 중심선이 결정되면 우선 지상에 중심선을 설치하게 된다. 이는 주변지역을 포함하는 기준점 망을 형성하고 각각의 기준점으로부터 설치하게 된다. 터널의 지상측량은 터널의 양 입구를 잇는 중심선을 지상에 설치하는 지표중심선 측량, 지상의 중심선을 따라 터널의 거리를 측량하는 거리측량, 수준측량, 전 중심선에 걸친 지형측량 등으로 나뉜다. 결과적으로 입구점의 좌표, 터널 길이, 굴착 방향을 결정한다.

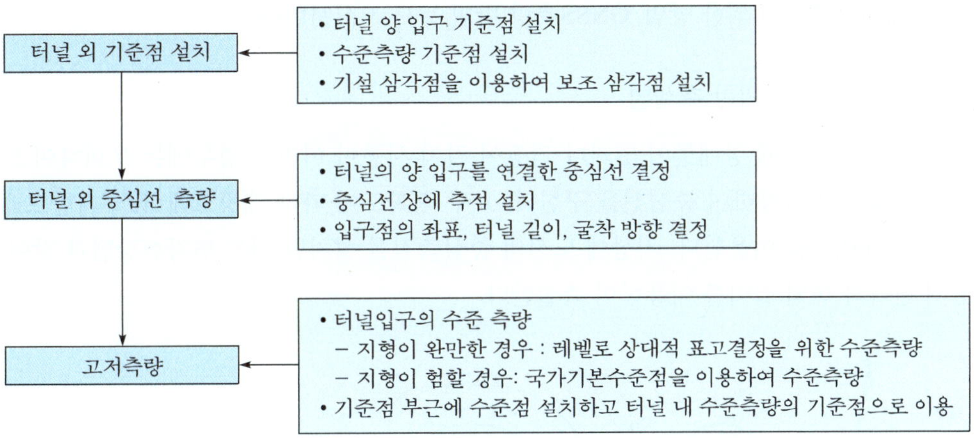

그림 13.7 터널 외 측량 내용

13.4.1 터널 외 기준점측량

다음과 같은 기준점들을 측설한다.

① 터널 양 입구, 작업 터널 부근에 기준점 설치

② 수준측량용 기준점 : 인조점 설치

③ 기설 삼각점 이용한 보조 삼각점 설치

④ 기준점 간의 중심선 방향 연결

가) 트래버스 측량에 의한 중심선 설치 방법

장애물이 있어 직접 중심선을 측설할 수 없을 때는 양쪽 터널 입구의 A, B를 연결하는 결합 트래버스 측량을 수행하여 성과표를 작성하고 필요요소를 계산한다.

나) 삼각 측량에 의한 중심선 설치 방법
지형이 험난하고 복잡하며 터널의 길이가 길 경우는 입구 A, B를 포함하는 삼각 측량을 실시한다.

13.4.2 지표중심선 측량

터널의 중심선을 지상에 설치하여 터널의 굴착방향을 알려주는 지하 중심선측량의 기준을 제공하는 측량을 지표중심선 측량이라 하며 터널의 길이, 지형, 장애물 등에 따라 직접측량법, 트래버스측량에 의한 방법, GNSS측량 방법 등으로 실시한다.

(1) 트래버스 측량에 의한 측설법

터널의 중심선 상에 장애물이 있거나 연장이 길어 시통이 어려운 경우에는 우회하여 트래버스를 형성하고 측량하여 중심선을 구한다. 요구 정확도에 따라 개방트래버스, 폐합트래버스, 결합트래버스를 이용한다. 지상에 노선의 중심측점을 설치할 경우 편각현장법과 같이 각 측점의 편각과 현의 길이를 이용하여 측설한다.

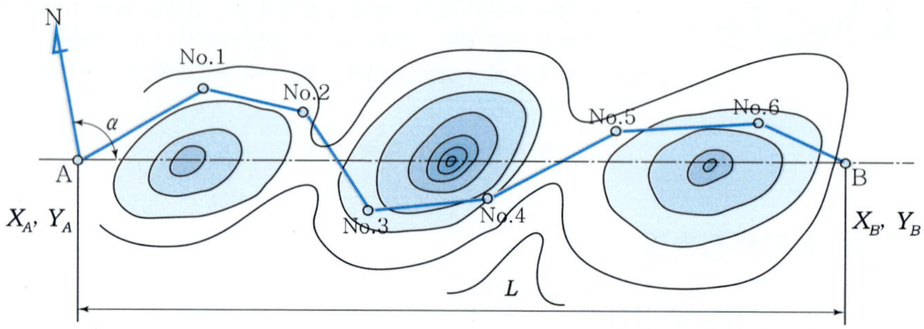

그림 13.8 트래버스 측량에 의한 중심선 설치

트래버스측량에 의해 양 터널 입구의 좌표를 구했다고 하면 이로부터 다음 요소들을 구할 수 있다.

① A, B의 좌표$(X_A, Y_A), (X_B, Y_B)$

② $\overline{AB}$의 방위각

$$\alpha = \tan^{-1}\left(\frac{Y_B - Y_A}{X_B - X_A}\right) \tag{13.1}$$

③ $\overline{\mathrm{AB}}$ 거리

$$\mathrm{S} = \sqrt{(\mathrm{X_B} - \mathrm{X_A})^2 + (\mathrm{Y_B} - \mathrm{Y_A})^2} \tag{13.2}$$

만약 양 터널 입구의 수준측량을 실시하여 표고 H_A, H_B를 구했다고 하면 터널의 경사거리는 다음과 같다.

$$S = \sqrt{(X_B - X_A)^2 + (Y_B - Y_A)^2 + (H_B - H_A)^2} \tag{13.3}$$

(2) 삼각 측량에 의한 중심선 설치 방법

터널의 연장이 길어 이상 설명한 방법으로 측량할 수 없을 경우에는 삼각측량법에 의해 터널의 양 입구에 대한 좌표와 중심선의 방위각을 구한다. 요구정확도에 따라 사변형 망 또는 단열삼각망을 이용한다. 이 경우 양 입구 A, B를 포함하는 삼각망을 형성하고 측량을 실시한다.

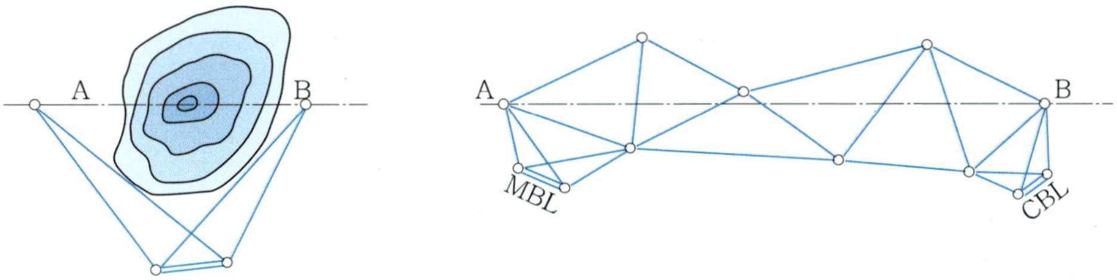

그림 13.9 삼각 측량에 의한 중심선 설치

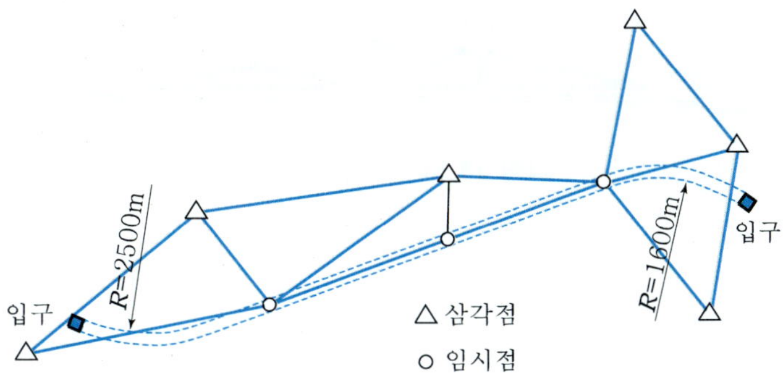

그림 13.10 터널중심선을 위한 삼각측량 실례(일본 北陸 터널)

(3) 토탈스테이션 또는 GNSS를 이용

노선이 직선구간이라면 직선연장법으로 중심선을 설치할 수 있다. 곡선구간이 있다면 방향(편각)과 거리(현장)으로 설치하면 된다. 그러나 현장에서는 시통이 불량하여 쉽지 않다. 최근에는 대부분 각 측점에 대한 좌표를 계산하고 직접 그 점을 토털스테이션이나 GNSS로 측설하는 방법을 사용한다.

그림 13.11 토털스테이션을 이용한 측점설치

그림 13.12 GNSS를 이용한 측점설치

(4) 고저 측량

기준점의 평면 좌표계산 후 양 터널입구의 수준 측량을 실시한다. 양 입구부근의 국가 수준점의 위치를 파악하고 성과를 얻는다. 양 입구 부근에 수준점 설치, 지하 수준 측량의 기준점으로 이용한다.

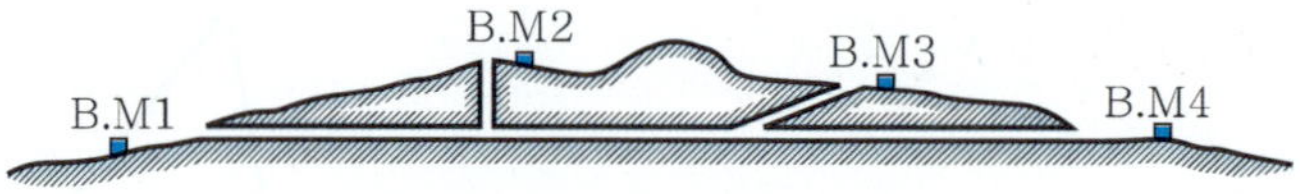

그림 13.13 수준점의 위치

13.5 터널 내 측량

터널공사의 굴착방향과 표고를 결정하고 나중의 보수측량을 위하여 터널 내에 영구적인 중심점을 측설하는 측량을 말하며 지하 중심선 설치와 지하 수준측량이 있다. 터널의 양 입구에서 지상의 중심선을 기준으로 터널을 어느 정도 굴착했을 때는 터널 부근의 지점에 데오돌라이트를 세워 터널밖에 설치한 다른 중심점을 시준하여 터널의 내부에 중심점을 설치한다. 중심점의 위치는 천정이나 바닥에 설치한다. 터널의 굴진이 진행되어 나감에 따라 방향과 높이를 지시한다. 터널 내부의 조명상태가 불량하므로 시준하는 목표 및 망원경의 십자선에 조명하여 측량한다.

13.5.1 터널 내 중심선 측량

지상기준점이 설치되고 좌표가 계산되면 터널내부로 중심선을 따라 측점을 설치해야 한다.

터널 내에 중심측점(도벨, dowel)을 설치하는 것으로 설치장소는 작업에 지장이 없고 측량기기를 세우는데 편리한 곳이 좋다. 과거에는 천정에 설치된 도벨에 거꾸로 설치된 데오돌라이트를 각측량장비로 사용하였지만 최근에는 주로 토털스테이션을 이용하여 좌표기반으로 중심측점을 설치한다. 굴착이 진행됨에 따라 중심선의 확보 및 검측은 그림 13.14와 같은 측량용 레이저장비를 사용한다.

그림 13.14 중심선측량(토털스테이션)

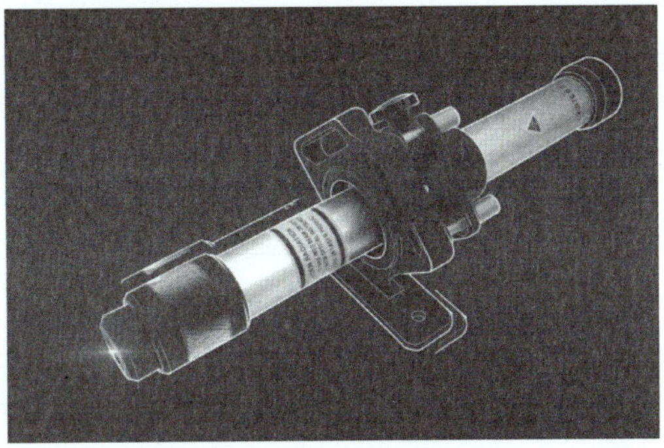

그림 13.15 레이저 얼라인먼트
(www.moba-automation.com)

(1) 터널 내에서 설치하는 방법

그림 13.16(a)는 사변형망 기준망을 형성하여 터널 내 중심선을 설치하는 도면이다. 표 13.1과 같이 삼각점 1,2,3,4의 좌표는 계산되었으며 터널 내에 설치된 A, B, C, D점 역시 설계상으로 계산되어져 있다. P점은 터널 내 관통위치이다. 터널의 연장이 긴 경우 이와 같이

양 입구에서 굴착을 진행하며 P점에서 만나야 하지만 P_1, P_2처럼 오차가 발생한다. 수평관통오차는 그림 13.17에서 $\overline{P'P''}$와 같으며 허용범위 내에 들어와야 한다.

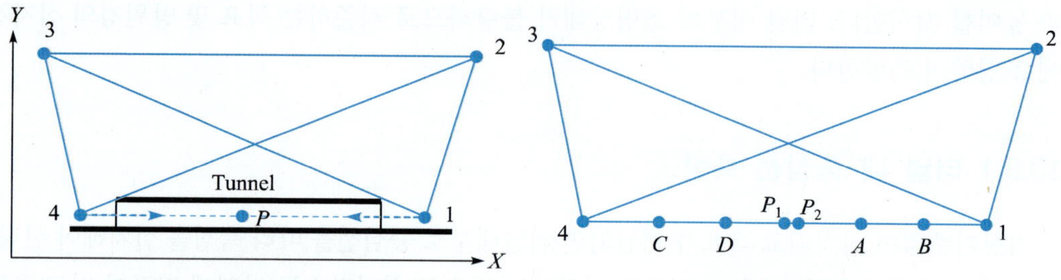

(a) 기준점과 중심선설치 (b) 중심측점 설치

그림 13.16 사변형망으로 기준점설치 후 터널 내 중심점 설치

표 13.1 터널 외 삼각점과 터널 내 측점에 대한 좌표

Point	X (m)	Y (m)	Comments
1	800	100	Surface Point
2	900	400	Surface Point
3	100	400	Surface Point
4	200	100	Surface Point
P	500	100	Expected breakthrough point
A	600	100	Proposed underground point
B	700	100	Proposed underground point
C	300	100	Proposed underground point
D	400	100	Proposed underground point

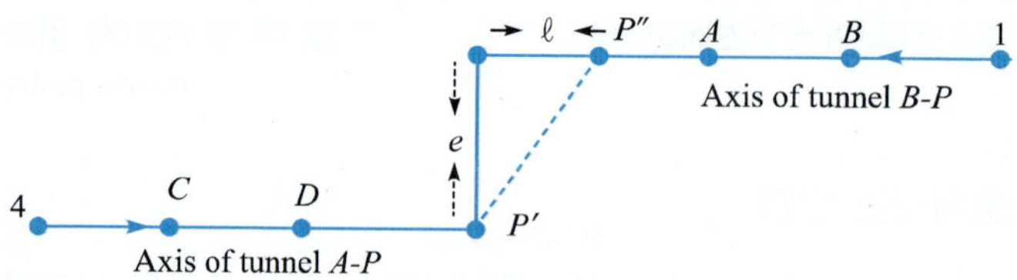

그림 13.17 수평관통오차 PP′

(2) 터널 외부에서 연결하는 방법

깊이가 깊지 않은 터널의 경우 그림 13.18과 같이 측량용수직터널을 뚫어 지상중심선을 지하로 연장하는 방법을 사용한다.

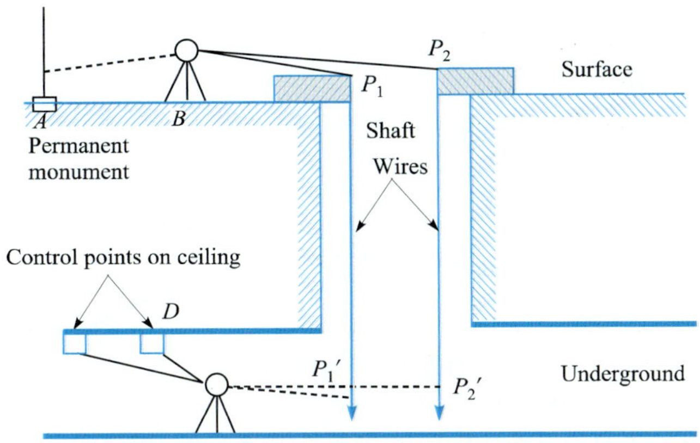

그림 13.18 지상중심선을 이용한 지하중심선 설치

① 지상에 중심점 P, A가 있다면 입구부분의 A점에 데오돌라이트를 세우고 P점을 시준한다.

② 180°를 B점 방향으로 정위로 시준하여 천정의 B_1점에 표시한다. 역시 P점을 시준하고 반위로 180°를 시준하여 천정의 B_2점에 표시한다.

③ B_1점과 B_2점의 중심을 구해 중심점을 구한다. 이 중심점 추선을 기준으로 중심선을 연장해 나간다.

13.5.2 터널 내 곡선 설치

터널중심선을 계획할 때는 가능한 길이를 짧게 하기 위해 직선으로 하지만 부득이할 경우에는 곡선으로 한다. 터널 내에서의 곡선구간은 공간이 협소하여 지상과 다른 방법으로 곡선을 설치해야 한다. 터널 내에서 I.P점을 설치한다는 것은 불가능하므로 현편거법, 내접다각형법, 외접다각형법을 사용하여 설치한다.

(1) 현편거법

① 이미 설치된 곡선상의 중심점 A, B점이 있다고 하자.

② A, B점을 l만큼 연장한다.

③ l거리에 대한 현편거 d를 계산한다.

$$d \fallingdotseq \frac{l^2}{R} \tag{13.4}$$

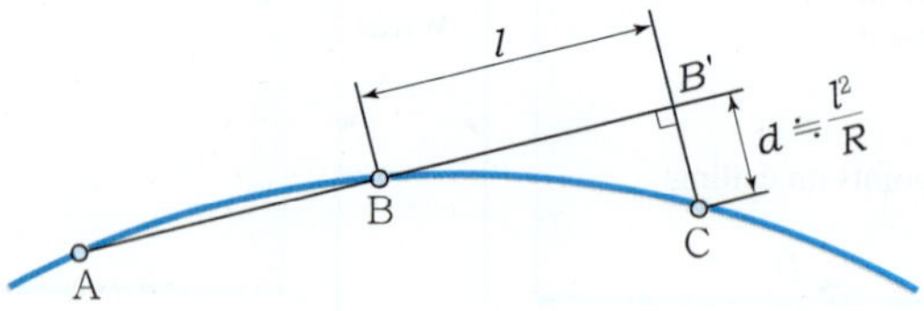

그림 13.19 현편거

④ B'점으로부터 수직으로 d만큼을 내려 곡선상의 점 C를 구한다.

이 방법은 곡선의 연장이 길어질수록 오차가 누적되는 문제 때문에 높은 정확도를 요하는 경우에는 적합하지 않다.

(2) 내접다각형법

① 원곡선의 길이에 따라 적당한 체인을 결정하고 체인에 대한 β각을 결정한다.

$$\beta = 2\sin^{-1}\left(\frac{\overline{AB}}{2R}\right) \tag{13.5}$$

$\angle AOB = \angle BOC = \angle COD = \cdots = \beta$ 가 되며 여기서 $\overline{AB} = \overline{BC} = \overline{CD} = \cdots = l$이다.

② 시점 A에 데오돌라이트를 설치하고 접선방향 $\overline{AA'}$를 시준한다. AA'방향으로부터 $\angle A'AB = \dfrac{\beta}{2}$ 만큼 망원경을 시계방향으로 회전시킨다. 시준선 상에 $\overline{AB} = l$인 곳을 구하면 곡선상 B점이 된다.

③ B점에 데오돌라이트를 옮겨 A점을 시준하고 $\overline{BA}$ 측선에 대해 $\angle ABC = 180° - \beta$ 인 방향을 설정한다. 동시에 $\overline{BC} = l$인 점 C를 잡는다.

④ 데오돌라이트를 C점에 옮겨 같은 방법으로 D점을 구한다.

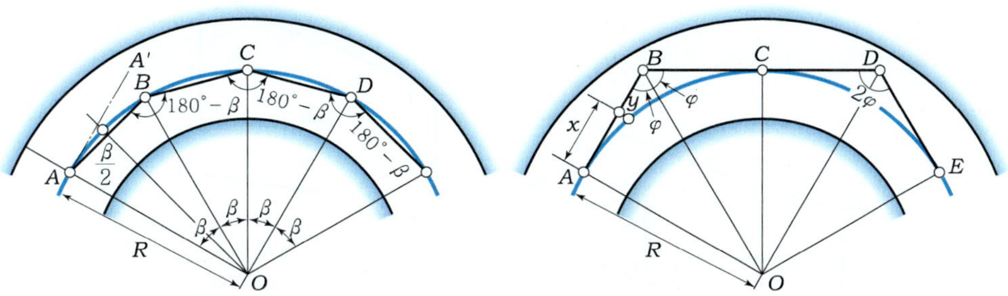

(a) 내접다각형법 (b) 외접다각형법

그림 13.20 터널 내 곡선 설치법

(3) 외접다각형법

① 시점 A에서 접선반향으로 측벽에 최대한 접근(기계를 세울 공간 고려)하여 점 B를 잡는다.

② $\varphi = \tan^{-1}\dfrac{R}{\overline{AB}}$ 을 계산한다.

③ 점 B에 데오돌라이트를 설치하고 $\angle ABC = 2\varphi$ 가 되게 방향을 잡고
$\overline{BC} = \overline{CD} = \overline{AB}$ 가 되게 하면 점 C는 곡선상의 점이 된다.

④ A점과 C점 사이는 접선지거법을 이용하여 설치한다.
x 에 대한 지거는

$$y = R - \sqrt{R^2 - x^2} \tag{13.6}$$

이상의 내용은 중심선의 수평위치를 결정한 것이다. 설치된 중심점의 표고 역시 중요한 사항이므로 지하 수준측량을 실시하여야 한다.

13.5.3 터널 내 고저 측량

터널 내 측량이 지상측량과의 다른 점은 터널 바닥의 상태가 좋지 않으므로 천정에 중심점이 설치되는 일이 빈번하다는 것이다. 따라서 천정으로부터 스타프를 거꾸로 매달아 측량하는 경우가 많은데 이 경우 스타프의 읽음값에 부호를 (−)로 하여 계산하면 된다.

그림 13.21에서 각 측점 간의 표고차는 ΔH_1, ΔH_2, ΔH_3 로 얻어진다.

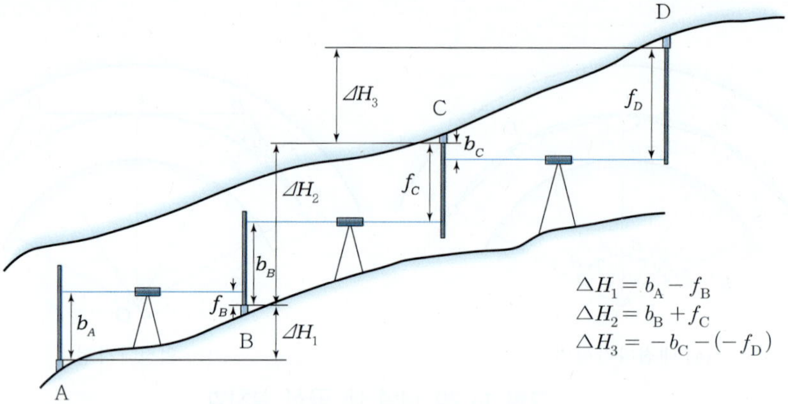

그림 13.21 터널 입구로부터의 수준 측량

따라서, 각 측점의 표고는 다음과 같이 결정된다.

$$H_B = H_A + b_A - f_B \qquad H_C = H_B + b_B + f_C \qquad H_D = H_C - b_C + f_D$$

13.6 터널 내·외 연결 측량

터널 내·외 연결측량은 지상측량의 좌표와 지하측량의 좌표를 점검하는 측량이다. 또한 지상의 표고와 지하의 표고를 연결하여 점검한다. 터널 내·외 연결측량은 한 측선의 터널 내·외의 위치관계와 그 한 측선에 연결된 터널 내·외측선의 방향관계를 알면 된다. 터널 내의 경사가 급하지 않을 때는 터널 외의 기준점에서 점차로 측점을 설치하여 트래버스 측량을 하면 되고 터널 내가 급경사이고 수직터널이 있을 때에는 이 수직터널을 통하여 지상 측점과 지하 측점을 연결하는 측량을 한다. 터널 입구로부터 점차 연결하는 측량방법은 지상의 트래버스 측량과 같으므로, 수직터널을 이용한 연결측량에 대해 설명한다.

13.6.1 삼각법에 의한 갱내외 연결측량

지상의 측점 P로부터 출발하여 C → A → B → No.7 → No.8 순으로 방위각을 계산하여 비교 한다. 즉, 터널입구로부터 지하측량을 통해 결정된 측선 $\overline{78}$ 의 방위각과 비교하는 것이다. 물론 방위각을 구하기 위해 각을 측량하고 각을 구하지 못할 경우에는 거리 측량으로부터 sine법칙으로 각을 구하여 각 측선의 방위각을 구해나간다.

우선 지상의 $\overline{AB}$측선의 방위각을 구하기 위해 측점 C에 데오돌라이트를 세우고 $\angle ACB$, $\angle PCA$를 측량한다. 측점 A에서도 $\angle CAB$를 측량해야 하나 기계를 세울 수 없으므로 S_1, S_2를 재서 sine법칙으로 구한다.

$$\frac{S_1}{\sin\angle ACB}=\frac{S_2}{\sin\angle CAB} \tag{13.7}$$

$$\therefore \angle CAB=\sin^{-1}\left(\frac{S_2}{S_1}\sin\angle ACB\right) \tag{13.8}$$

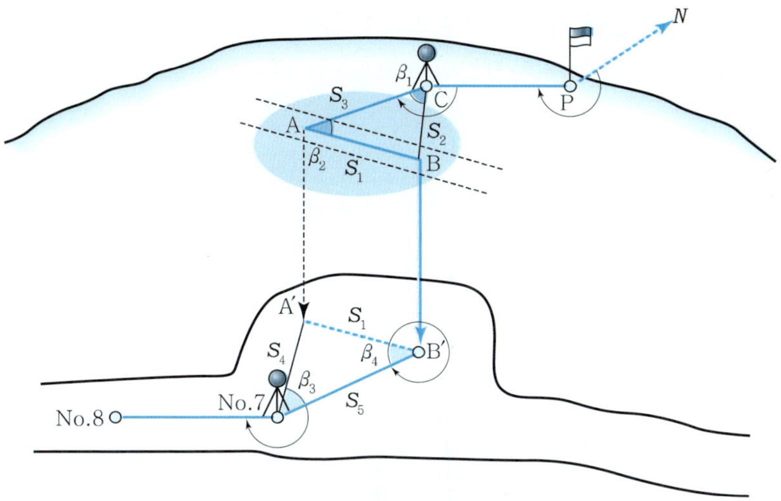

그림 13.22 터널 내·외 연결측량

지상 $\overline{AB}$측선의 방위각은 지하 $\overline{A'B'}$ 측선의 방위각과 같으며 지하 $B'\rightarrow$No.7 $\rightarrow$No.8순으로 방위각을 계산한다. 그러기 위해서는 $\angle A'B'7$을 알아야 하는데 B'점에 데오돌라이트를 세울 수 없으므로 측선길이로부터 sine법칙으로 구하기 위해 $\angle A'7B'$를 측량하고 S_4, S_5 길이를 측량한다.

$$\frac{S_4}{\sin\angle A'B'7} = \frac{S_1}{\sin\angle A'7B'} \tag{13.9}$$

$$\therefore \angle A'B'7 = \sin^{-1}\left(\frac{S_4}{S_1}\sin\angle A'7B'\right) \tag{13.10}$$

13.6.2 터널 내·외 연결수준측량

지상의 수준점 A점과 터널 내 수준점 B점의 성과를 비교하여 점검한다. 수직터널의 깊이가 깊으므로 강철줄자를 사용한다. 그림 13.23에서 적당한 곳에 레벨을 세워 A점 (지상 B.M)에 세운 표척 a를 읽는다. 수직터널 안으로 늘어뜨린 강철줄자의 눈금 a'를 읽는다. 레벨을 지하의 수준점 B점과 강철줄자 사이에 세우고 강철 줄자의 눈금 b'를 읽는다. 수준점 B점에 세운 표척 b눈금을 읽는다. 결국, 지하 B점의 표고는

$$H_B = H_A + a - (b' - a') - b \tag{13.11}$$

이 된다. 강철줄자에 대한 온도와 장력 보정을 하면 보다 정확한 결과를 얻을 수 있다.

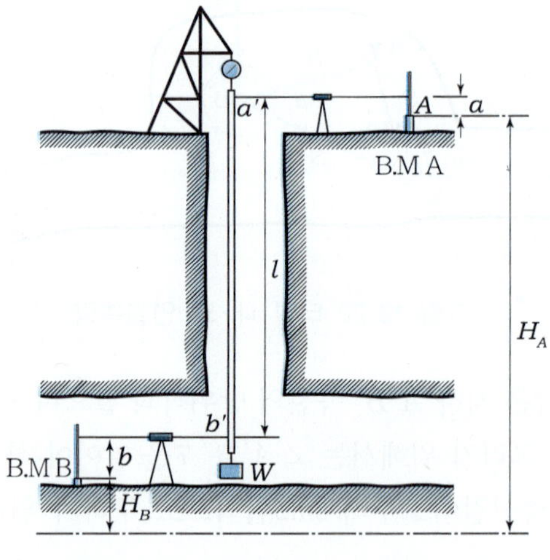

그림 13.23 수직터널의 연결수준측량

13.7 터널 단면측량

터널굴착이 완료되면 굴착단면이 설계안대로 되었는지 설계단면과의 비교를 해야 한다. 비교 결과에 따라 굴착이 미비(미굴착)하게 된 것인지 아니면 과도하게 굴착(여굴착)되었는지를 판단하게 된다. 단면의 측정방법은 레이저 단면측정기를 이용하는 방법, 사진측량을 이용하는 방법, 토털스테이션을 이용하는 방법 등이 있으며 그림 13.24와 같이 레이저측량기를 이용하는 방법이 가장 정확하고 신속하다. 그 결과로 13.24(b)[2]와 같은 성과가 얻어진다.

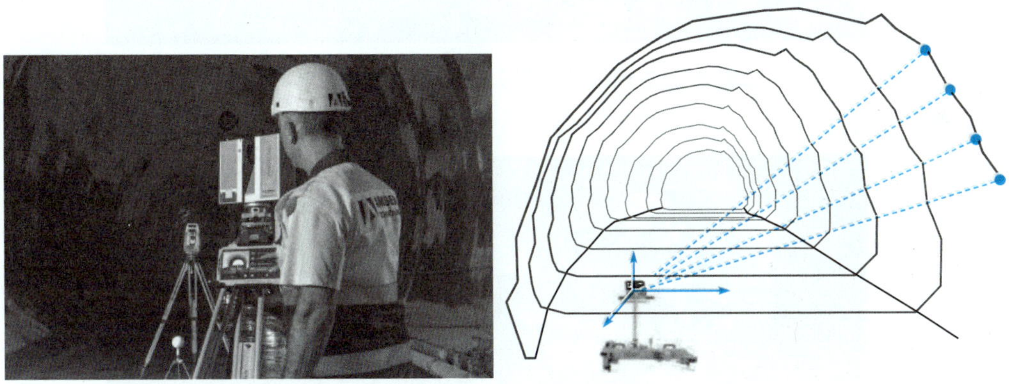

(a) 단면측량 광경 (b) 단면측량 결과

그림 13.24 레이져 단면측량(www.ambergeotechnologies.com)

레이저스캐너에 의해 터날의 내부 3차원 표면이 구축되면 설계단면과 비교하여 여굴(설계보다 과도한 굴착) 또는 미굴(부족한 굴착)을 파악할 수 있는 시스템도 활용되고 있으며(그림 13.25) 철도를 위한 터널의 경우 측량시스템을 궤도장치에 탑재하여 측량을 실시(그림 13.26)하기도 한다.

2) Vassilis Gikas, Sensors 2012, 12(8), 11249-11270; https://doi.org/10.3390/s120811249

그림 13.25 레이져스캐닝 데이터와 설계단면의 비교

그림 13.26 궤도를 이용한 철도터널의 단면측량(www.swanishcc.com)

연습문제

13.1 터널측량은 크게 ( )측량, ( )측량, ( )측량으로 나뉜다.

13.2 터널 내 곡선설치방법 중 내접다각형법에 대해 설명하시오.

13.3 터널 내 수준측량을 실시하여 다음 성과를 얻었다. B점과 C점의 표고는 얼마인가?

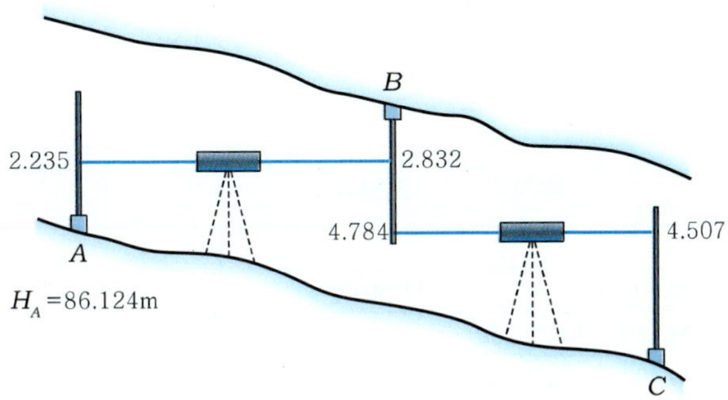

13.4 다음과 같이 터널 내외를 수준측량으로 연결하였다. 터널 내의 B.M의 표고는 얼마이겠는가? (터널 외의 B.M점 표고는 126.09m이다)

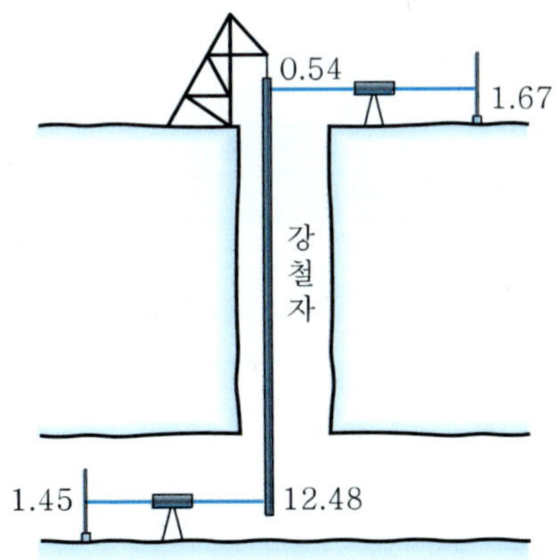

13.5 터널 양 입구 간 기준점을 포함한 트래버스측량을 실시하여 다음과 같은 성과를 얻었다. 터널의 거리와 터널중심선에 대한 방위각을 구하시오. (단, A점의 좌표는 (100,000m, 100.000m)이고 AB측선의 방위각은 33°30′00″ 이다.) 소수셋째자리까지 계산하시오.

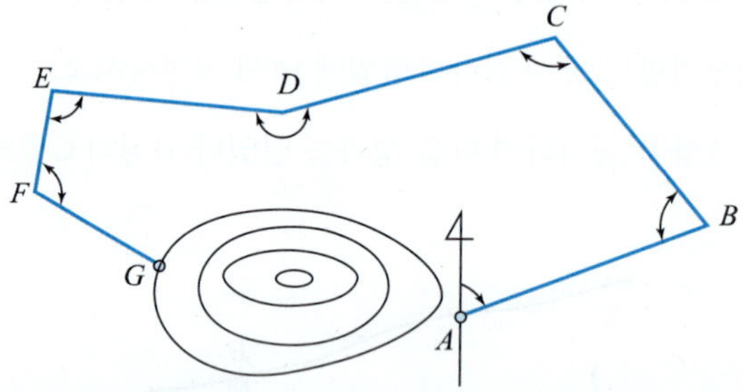

측선	거리 (m)	관측각	방위각	위거(m)		경거(m)		측점	합위거 (m)	합경거 (m)
				+	−	+	−			
								A	100.000	100.000
$\overline{AB}$	32.500		33°30′00″					B		
$\overline{BC}$	58.150	102°21′30″						C		
$\overline{CD}$	39.400	103°32′00″						D		
$\overline{DE}$	37.600	192°32′00″						E		
$\overline{EF}$	29.900	112°30′00″						F		
$\overline{FG}$	48.500	122°22′40″						G		

13.6 터널 단면도를 얻기 위해 토털스테이션으로 10° 간격의 거리를 측량했다. 다음과 같은 측량성과를 얻었을 때 AutoCAD로 단면도를 작성하라. 그리고 작성매뉴얼을 만드시오.

왼쪽		오른쪽	
연직각	거리	연직각	거리
0°	15.26	0°	15.34
10°	14.98	10°	14.88
20°	15.55	20°	15.02
30°	16.21	30°	15.56
40°	16.34	40°	15.89
50°	16.24	50°	16.15
60°	16.48	60°	16.48
70°	16.22	70°	16.52
80°	16.52	80°	16.24
90°	16.24	90°	16.49

제 5 편
사진측량

| 제5편 사진측량 |

사진측량은 측점들 간의 상호위치 및 형상을 측정하여 기하학적 요소를 결정하는 방법으로써 일반적으로 지도제작이나 비접촉 측정을 요하는 분야에 적용된다. 그리고 해석적 사진측량은 계통적인 분석을 통해 대상물의 특성을 파악하기 위한 주요 인자를 결정하는 방법이다. 사진측량은 정량적, 정성적 측정 및 분석뿐만 아니라 다중카메라, 적외선카메라, 스캐너, 항공라이다 등의 다양한 센서를 사용하여 수집된 정보들과 조합해석하는 방향으로 발전하고 있다.

제14장 사진측량학

14.1 개요

사진측량학(Photogrammetry)이라 함은 전자파(Electro-magnetic wave; 일명 태양광선)에 의한 영상을 이용하여 대상물을 정량적, 정성적으로 해석하는 학문이다. Photogrammetry의 어원은 빛(photos)과 기록(gramma) 그리고 도량학(metron)의 합성어로써 그 의미를 짐작할 수 있다. 사진측량에서 다루어지는 것은 크게 사진측량과 사진 해석부분이다. 사진해석은 정성적인 분석으로 원격탐측(remote sensing)의 기본적인 원리와 같은 부분이라고 말할 수 있다. 미국 사진측량 및 원격탐측학회(ASPRS; American Society of Photogrammetry an Remote Sensing)에서 발행한 사진측량 매뉴얼(4판, 1980년)에는 다음과 같이 정의하고 있다.

> 사진영상, 전자파 복사에너지 및 다양한 자연현상을 저장, 측정 및 해석하여 자연 대상물 및 환경에 대한 정보를 획득하는 자연과학 및 기술(미국 사진측량 매뉴얼 4판, 1980)

사진측량의 대상공간은 지상, 수중 및 우주공간이며 1968년도에 아폴로의 달착륙 시에도 측량용사진기를 우주선에 부착하고 달표면에 대한 사진지도를 작성한 것을 출발로 우주시대가 도래함에 따라 그 효용성이 증대되고 있다. 디지털사진측량은 필름의 비효율성을 개선하였으며 영상을 디지털데이터로 저장함으로써 컴퓨터매핑작업에 직접사용되고 결과물은 GIS데이터로 사용할 수 있게 되었다. 최근 지도제작용 항공디지털카메라의 해상도는 12cm의 고해상도로 영상을 얻을 수 있다. 오늘날 다양한 혁신과 기술(예: 고급 소프트웨어, 고해상도 카메라, 스마트폰 및 자동화 드론)이 제공됨에 따라 많은 연구자들이 사진 측량을 이미지 기반 재구성 또는 이미지 기반 모델링이라고 언급하고 있으며, 이는 단순히 2D 이미지에서 대상물의 3D 모델을 제작하는 작업 흐름으로 정의되고 있다.

본 장에서는 사진측량의 원리를 이해하기 위해 아날로그 사진측량에 대한 설명을 주로 하였으며 디지털사진측량 관련 내용도 함께 설명하였다.

14.1.1 사진측량학의 역사

1839년 프랑스 루이스 다게르가 사진술을 발명하였으며, 그림 14.1은 초기측량사가 공중사진(80m)을 촬영하는 광경으로 당시에는 지형도제작 시 도움을 얻는 자료로 사진을 이용하였다. 이후 기구로 공중사진을 촬영하고 해석법에 의해 중복 투시상을 정사투영으로 변환하여 지형도를 제작하였다. 1892년 독일 플푸리히는 입체사진측량의 창시자로서 부표 이론으로 도화를 시도하였다. 제1차 세계대전 항공기의 발달과 고성능광학기계 제작이 가능해짐에 따라 항공사진기술이 비약적으로 발전하게 되었다. 그러나 1940년에 와서야 지형도 제작에 제대로 항공사진을 이용하였다.

그림 14.1 기구에서 촬영하는 측량사(Nadar,1858)

1970년대는 전형적인 아날로그 시대였으며 부분적으로 전자장치의 응용이 시도되었다. 1980년대는 컴퓨터의 발달로 항공삼각측량과 같은 사진측량 공정의 대부분을 자동화시켰으며 영상지도에 대한 관심을 갖기 시작했다. 1990년대에 와서 과학기술과 영상처리기술의 획기적인 발전에 힘입어 수치사진측량의 시대가 시작되었다. 수치사진측량(digital photogrammetry)이라 함은 영상의 획득에서부터 최종 수치지도까지 디지털형태로 작업이 이루어지는 것을 말한다. 미국과 캐나다 지역에서는 이를 "Softcopy photogrammetry"라고도 한다. 사진측량의 역사적 발전단계로 분류하면 다음 그림 14.2와 같이 4단계로 요약할 수 있다.[1)]

(1) 초기의 사진측량[1850–1900]

평판(plan table)사진 측량기술은 전통적인 평판측량 기술의 확장이었다 (Konecny, 1985). 노출된 사진들은 평판위에 표정되었으며 다른 대상물의 방향을 도면상에 표시하여 지도를 제작하였다.

1) ResearchGate 2022, Wahib Saif, Photogrammetry: A Brief Historical Oview, https://www.researchgate.net/publication/365778003

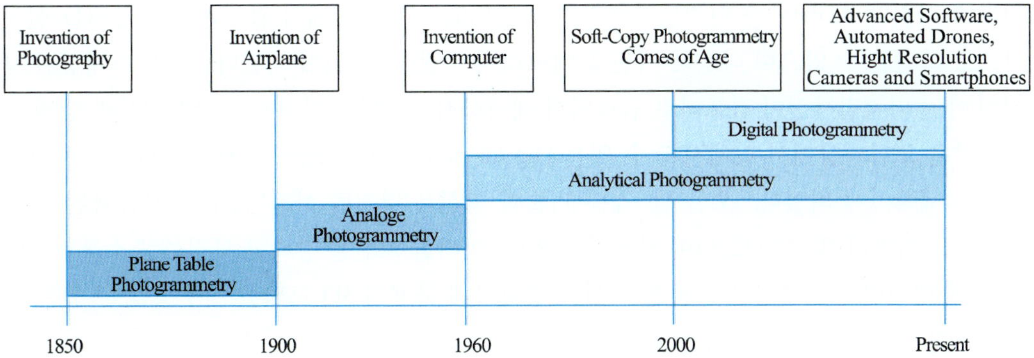

그림 14.2 사진측량의 발달단계

(2) 아날로그(고전적) 사진측량 [1900–1960]

카메라의 위치를 후방교회법으로 재구성하는 것에 기초하여 아날로그 사진들로부터 정보를 추출하기 위해 기계적이고 광학적인 방법들을 사용했던 사진측량기술을 이용하여 지도를 제작하던 시대였다. 아날로그 사진들은 필름 기반의 카메라들에 의해 촬영된 것이다. 이 시대의 아날로그 사진측량기술은 1903년 라이트 형제에 의해 비행기가 발명되자 지상 카메라에서 지도 제작 목적으로 사용할 수 있는 발전된 항공카메라 플랫폼을 탑재할 수 있으므로 해서 더욱 효율적으로 촬영하고 정확한 지도제작이 가능했다 (Center of Photogrammetric Training, 2008).

(3) 해석사진측량(Analytical photogrammetry) [1960–2000]

이전까지는 한쌍의 입체시잔 또는 strip단위의 사진을 처리하기위해 각각의 사진을 표정하였다. 표정과정은 기계적으로 하기 위해서는 매우 번거로웠으며 시간이 소요되는 일이었다. 처리해야할 사진맷수가 증가하면서 복접한 수학적과정을 컴퓨터와 소프트웨어의 도움을 받기 시작(Semi-Analytical photogrammetry)하였다. 이 시대의 컴퓨터의 발명은 사진측량의 획기적인 발전을 가져왔다.

(4) 디지털 사진 측정[2000–현재]

필름기반의 사진측량은 사진촬영시 노출이나 할레이션으로 잘못 촬영될 수 있었으나 현상하기 전까지는 확인할 수 없었다. 또한, 물리적인 매체였으므로 촬영한 필름을 보관하는 것도 어려웠다. 그러던 중 디지털카메라가 발명되었으며 현장에서 촬영된 사진상태를 실시간으로 확인할 수 있으며 다량의 사진을 메모리에 저장할 수 있게 되었다. 또한, 스캐닝된 사진이 아닌 디지털사진이 컴퓨터로 입력되어 해석사진측량에서 활용한 수학적계산과 함께 사진측량은 모니터상에서 입체시할 수 있는 Digital photogrammetry Workstation을 이용하여 지도를 제작하게 되었다. 오늘 날, 첨단 기술과 혁신은 디지털 사진기술(예: 자동화된 드론, 고해상도 카메라 및 스마트폰)이 사용되고 있다. 이러한 혁신은 강력한 사진측량 소프트웨어와 함께 디지털 사진측량을 고품질로 쉽고 정확하게 물체의 3D 모델을 재구성할 수 있는 디지털트윈 능력을 제공하게 되었다.

우리나라의 사진측량의 시작은 1945년 해방 후 미 군정청이 항공사진측량 기법으로 1:50,000 국토기본도를 제작한 것이다. 1961년 국방부 산하 지리연구소를 내무부 산하의 국립건설연구소로 이관하고 1966~1969년 기간 동안 네덜란드와 합동으로 항공사진측량에 의해 국토기본도를 개선 제작하였다. 국토지리정보원에서는 1990년부터 현재까지 국가GIS구축사업(NGIS)에 기본적인 데이터 부분을 구축을 완료하였으며 전 국토를 피복하는 고해상 정사영상제작, 1:1,000국가기본도 제작은 물론 사이버국토 구축사업을 진행하고 있다. 다목적 위성의 영상해상도가 높아지면서 사진측량의 매체가 항공사진기에서 인공위성 센서로 영역을 넓혔으며 1999년 12월에는 아리랑(KOMPSAT) 1호가 발사되어 우리나라도 다목적 위성을 갖게 되었다. 2006년 7월28일에 발사된 아리랑 2호는 흑백 1m급, 칼라 4m의 해상도를 갖는 카메라를 탑재하고 있다. 2015년3월에는 0.5m급 공간해상도와 열적외선 센서를 탑재한 아리랑3A호가 발사되어 활용하고 있다. 2021년 3월에는 국토정보위성은 한반도 전역의 위성정사영상을 약 6개월 주기로 구축할 수 있다

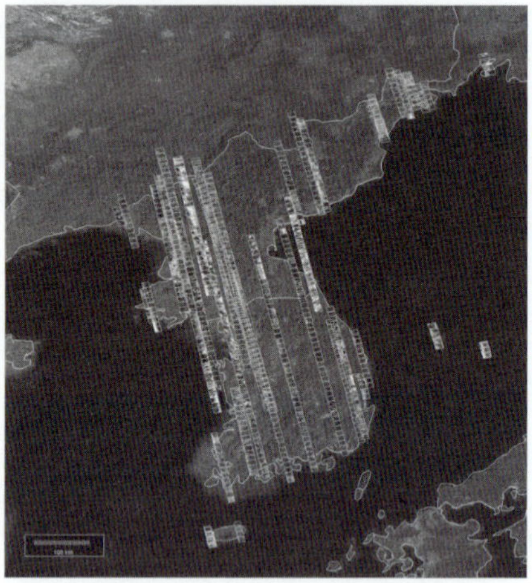

그림 14.3 국토위성의 사진촬영(2021)

최근에 좁은 지역에 대한 사진측량의 새로운 분야가 탄생하였는데 드론사진측량이 그것이다. 무선통신기술, 자동항법시스템 그리고 충전지기술이 발전함에 따라 카메라를 탑재하는 플랫폼을 비행기 대신 무인항공기로 사용하는 추세이다. 물론 기존의 항공사진측량과 같이 넓은 지역에 대한 공간정보획득은 어려우나 원하는 시간에 소규모지역을 저고도로 촬영

함으로써 고해상 영상을 얻을 수 있다는 장점이 있다. 특히, 최근 4차 산업혁명과 관련하여 관심이 고조되고 있으며 드론을 이용한 공간정보의 획득은 갈수록 확대될 전망이다.

드론사진측량을 위한 비행체로는 고정익드론과 회전익드론을 사용하는데, 고정익드론은 글라이딩이 가능하므로 비행시간이 길어 넓은 지역을 촬영할 수 있으나 이착륙을 위한 공간이 필요하다는 단점이 있다. 또한 돌출형 자이로를 장치하기가 쉽지 않아 동체만으로 수평을 유지해야만 수직사진을 촬영할 수 있다. 반면에 회전익드론은 호버링이 가능하며 비행이 부드러워 안정성이 있다. 짐벌을 장착할 수 있으므로 어떤 자세에서도 수직사진촬영이 가능하나 비행시간이 짧아 넓은 지역을 촬영하려면 블록을 여러 개로 나누어 촬영해야하는 단점이 있다. 이러한 고정익과 회전익비행체의 단점을 보완한 수직이착륙 고정익드론이 개발되고 있다. 이착륙 시에는 회전익과 같이 하며 일정고도에 다다르면 고정익비행체처럼 비행한다.

a) 고정익(eBee) b) 회전익(3D robotics) c) 수직이착륙(Ares V-Hawk)

그림 14.4 최근에 사용되고 있는 드론

14.1.2 사진측량학의 특성

(1) 장점

① 지형도제작, 거리, 면적, 부피산정 등 정량적 해석뿐만 아니라 환경 및 자원조사, 오염조사, 재해 및 기상조사, 지질 및 토지이용조사, 삼림조사와 같은 정성적 해석도 가능하므로 광범위한 공간정보의 획득수단이다.

② 4차원 측량(X, Y, Z, t)에 의한 정보를 획득하므로써 시간의 진행에 따라 변화하는 대상물에 대한 측정이 가능하다(예를 들어 파도 및 구름의 동태, 하천의 흐름, 구조물 변형, 교통량 조사 및 교통사고 조사, 홍수, 화재 조사 등).

③ 동일 모델 내의 정확도는 균일하다. 일반측량의 경우 측량을 진행해 나감에 따라 거리와 방향에 오차가 누적되어 나타나지만 사진측량은 표정된 하나의 모델 내에서는 균일

한 정확도로 정보를 수집할 수 있다. (광학사진측량의 경우 수평위치 정확도 : 사진축척 분모수의 10~30μm, 표고정확도 : 촬영고도의 1~2/10,000로 균일하게 측량할 수 있다, 디지털사진측량의 경우에는 카메라의 성능(GSD등)에 따라 달라질 수 있다.)

④ 군사지역, 극한지방, 열대지역 등 접근하기 어려운 대상물의 측량 및 조사가 가능하다.

⑤ 최종의 결과물을 얻을 때까지 각 작업단계가 분업화되어 있으므로 작업의 능률성이 있다. 보통 전체 비용 중 계획 및 촬영에 20%, 지상기준점 측량에 50%, 도화(지도작성)에 30%의 비용이 든다. 특히, 기준점측량비용의 비중이 높아 최근에는 지상기준점측량을 Airborne GPS방법으로 대체되고 있으며 영상을 메모리에 저장하므로 사진맷수에 저촉을 받지 않는다.

⑥ 해상도만 만족한다면 축척변경이 자유롭다.

⑦ 드론사진측량은 좁은 지역도 경제성이 있으나 전톤적인 사진측량은 넓은 지역, 소축척일수록 경제성이 높다.

(2) 단점

① 전통적인 항공사진측량의 경우 소규모 대상지역은 비경제적이다.

② 현장측량 방법에 비해 과정이 복잡하고 후처리 관계로 시간이 소요된다.

③ 피사체가 그림자 안에 있는 경우, 사각[2](dead angle)으로 인해 사진에 나타나지 않는 대상물은 해석이 불가능하다.

14.1.3 사진측량의 분류

(1) 촬영방향에 의한 항공사진의 분류

항공사진은 광축방향[3]에 따라 수직사진(Vertical photo), 경사사진(Oblique photo), 수평사진(horizontal photo)으로 분류한다.

2) 사진기의 촬영 각도에서 벗어나 촬영되지 않는 지역을 의미한다.
3) 필름의 중심과 렌즈초점 중심을 잇는 방향을 광축방향이라 한다.

① 수직사진 : 광축과 연직선 사이의 경사각이 3° 이내로 촬영한 사진
엄격히 얘기해서 수직사진이란 광축방향이 지상에 대해 완전히 수직일 경우에 얻어지는 사진을 말한다. 그러나 카메라의 관측방향은 비행기의 움직임에 기인한 경사 때문에 완벽한 수직을 유지하기가 어렵다. 따라서 분류상으로는 1°~3° 범위 내의 사진을 수직사진이라 한다. 3°를 벗어나게 되면 지도 작성을 위한 목적으로는 적합하지가 않으며 재촬영을 해야 한다. 최근에 사용되는 사진기는 이러한 이유로 자동 수평유지 장치를 가지고 있다.

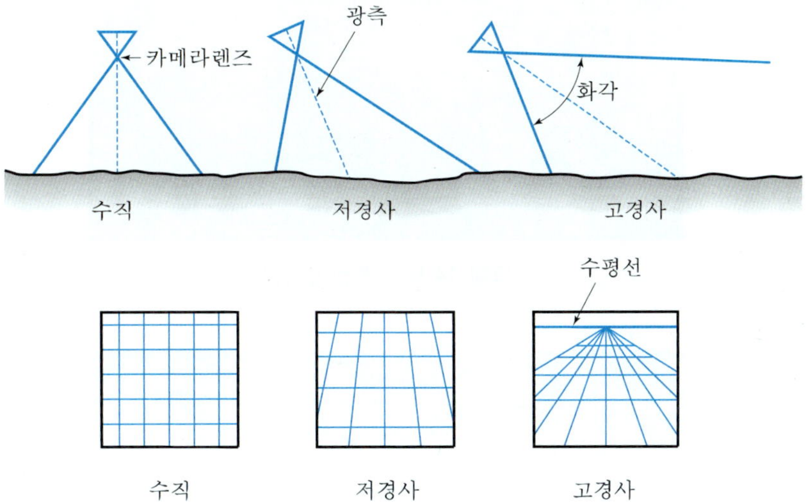

그림 14.5 촬영방향에 의한 분류

② 경사사진 : 광축과 연직선사이의 경사각이 3° 이상으로 촬영한 사진
경사사진은 촬영의 목적이 지도 제작이 아니라 조사 등의 목적으로 한 장의 사진에 넓은 지역이 피복되도록 하기 위해 사용하는 사진이다. 사진 상에 지평선이 나타나 있는지 아닌지에 따라 고각도 경사사진과 저각도 경사사진으로 나뉜다.

- 고각도 경사사진 : 사진 상에 지평선이 나타나 있음.
- 저각도 경사사진 : 사진 상에 지평선이 나타나 있지 않음.

③ 수평사진 : 광축이 수평선에 거의 일치하도록 지상에서 촬영한 사진

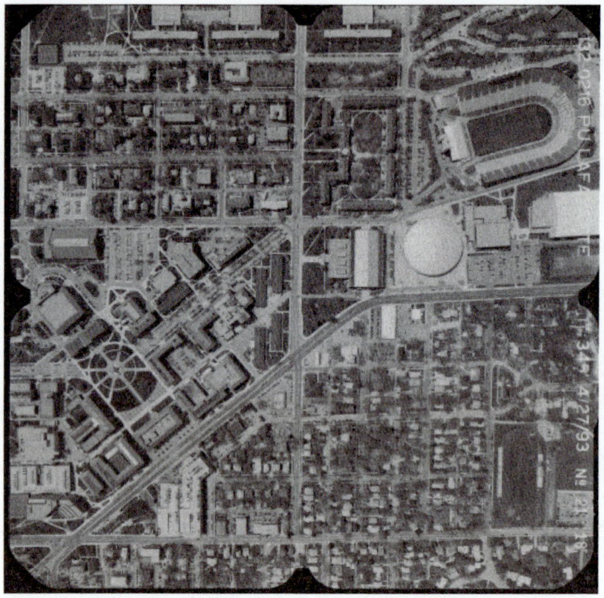

그림 14.6 수직항공사진

그림 14.7 저각도 경사사진

그림 14.8 고각도 경사사진

(2) 촬영방향에 의한 지상사진의 분류

① 직각수평촬영사진 : 양쪽 카메라의 광축이 촬영기선 B에 대해 직각을 이루도록 촬영한다. 기선길이는 촬영거리의 1/5~1/20이다. 일반적인 경우에 많이 사용하는 방법이다.

② 편각수평촬영사진 : 양쪽 카메라의 광축이 기선에 대해 일정 각도만큼 좌 또는 우로 수평으로 편각 촬영한다. 하천 양안에서 교량을 촬영하는 경우에 사용하는 방법이다.

③ 수렴수평촬영사진 : 기선 B에 대하여 광축이 한 점으로 수렴하는 방향으로 촬영하는 방법이다. 특히, Z방향의 정확도가 향상되는 방법이다.

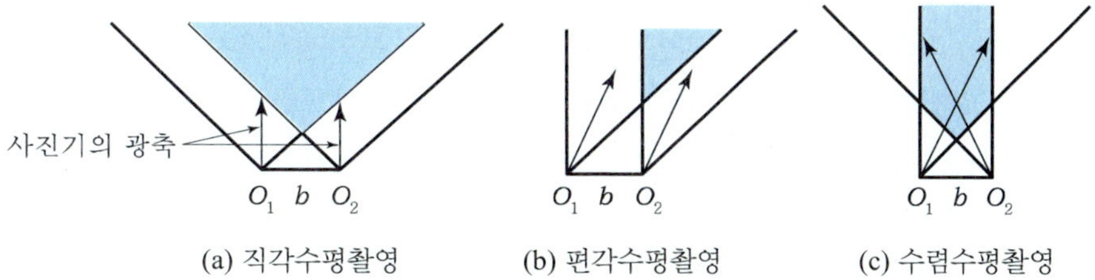

그림 14.9 지상사진 촬영방법

(a) 지상사진측량 촬영

(b) 대상물상에 설치된 측량타겟

그림 14.10 지상사진측량의 예(전파망원경 검정, 서울대학교)

(3) 항공사진의 도화[4)]축척에 의한 분류

자세한 지형도를 만들기 위해서는 그만큼 촬영고도가 낮아야 한다. 따라서 지형도의 축척과 촬영고도는 밀접한 관계가 있으며 다음과 같이 분류할 수 있다.

① 대축척도화(1:500~1:3,000) : 촬영고도 800m 이내

② 중축척도화(1:5,000~1:25,000) : 촬영고도 800~6,000m

③ 소축척도화(1:50,000~1:100,000) : 촬영고도 9000m 이상으로 촬영해야 한다.

14.1.4 사진측량의 응용범위

① 산업사진측량(Industrial Photogrammetry)은 산업전반에 걸쳐 정밀측정이 필요한 경우, 또는 설계값과의 비교 모니터링의 수단으로 활용되고 있다.(그림 14.11, 14.12)④ ② 문화재의 경우 재난으로 인한 파괴 시 재건을 위한 설계데이터가 필요하다(Reverse Engineering). 고고학적 건축물, 범종이나 석탑과 같은 문화재의 3차원 정보 및 변형측정에 적용하고 있다.(그림 14.13, 14.14)

② 의학분야에서 인체의 자세 교정 및 움직임 파악, 그리고 치아교정 등에 활용하고 있다(그림 14.14, 14.15).

4) 사진측량학에서는 지도작성을 도화(圖畵; plotting)라고 한다.

③ 사진측량의 결과는 영상과 3차원 점군데이터(Point cloud)로 얻어지므로 디지털트윈구축이 효율적이다(그림 14.16).

그 밖에 무인로봇의 움직임 관측, 열기관의 순간 열변형 및 동체의 충격시험 등 여러 산업분야 활용, 건설분야에서 구조물의 변형측정, 수압 또는 토압에 의한 댐과 토류벽의 변위 측정, 그리고 홍수범람 등의 자연재해에 의한 하천 지류의 형상변화를 파악하는데 본 기법의 활용하는 등 토지, 자원, 환경 및 기타분야에 광범위하게 적용가능하다.

그림 14.11 항공기제작 모니터링 (www.metrology.com)

그림 14.12 대형벨브에 대한 모니터링

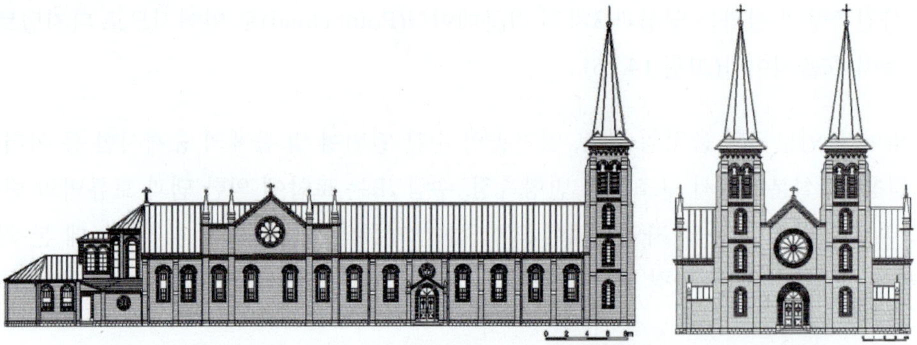

그림 14.13 지상사진측량에 의해 만들어진 수치도면(나바위성당, 전북)

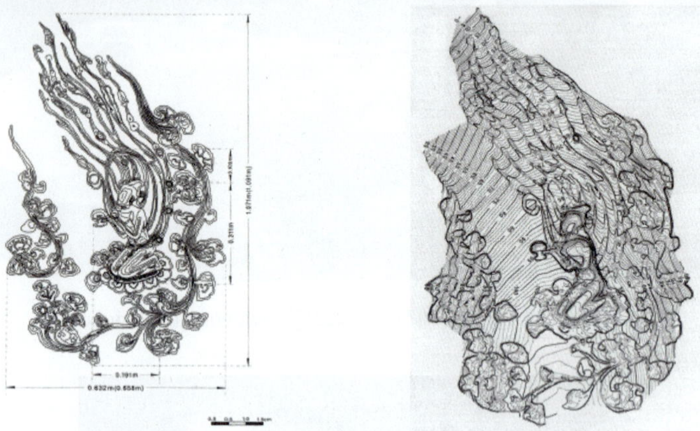

그림 14.14 문화재 모델링(성덕대왕신종 비천상)

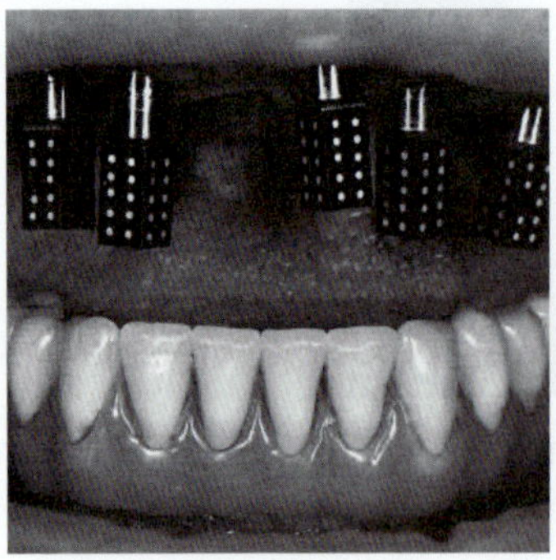

(a) 치의학 분야

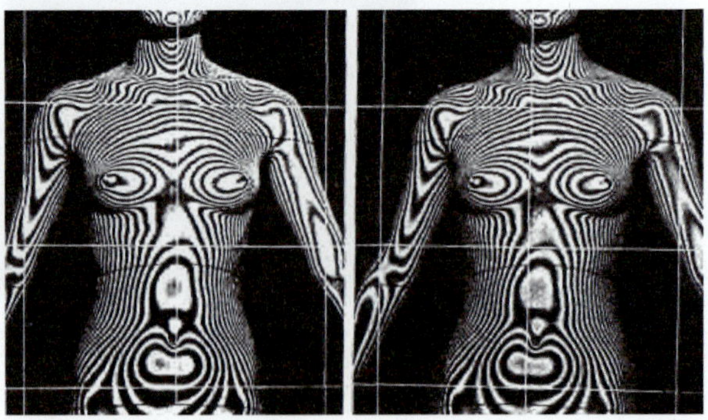

(b) 정형외과 분야

그림 14.15 의학관련 응용

그림 14.16 대상물의 디지털트윈 구축

14.2 사진의 일반성

14.2.1 항공 및 지상사진측량용 카메라

(1) 항공사진측량용 카메라

항공사진촬영에는 광학카메라와 디지털카메라가 사용된다. 이들 사진기에는 사진좌표의 기준이 되는 지표(fiducial mark)가 있다. 측량용사진기는 일반사진기와 다르게 렌즈왜곡[5]을 줄이기 위해 특수 설계되었으며 검정데이터[6]를 가지고 있다. 최근에는 센서와 저장장치의 발달로 필름을 쓰지 않고 CCD 센서를 이용하여 지상을 스캐닝하는 디지털사진기를 사용하고 있다.

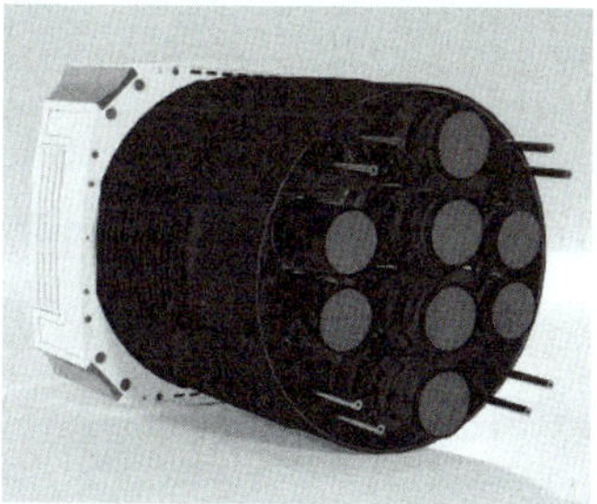

(a) Vexcel Ultracam

(b) Intergraph DMC

(c) Leica ADS40

그림 14.17 디지털 항공사진카메라

5) 렌즈제작의 불완전으로 인한 기하학적 상이, 즉 필름 상에 촬영되어야 하는 위치에서 벗어나 촬영이 되는 현상
6) 렌즈의 왜곡을 제거하기 위해 여러 가지 보정식을 사용하는데 이 보정식의 계수들을 말한다.

항공측량용 카메라는 일반 카메라와 비교하여 다음과 같은 특징이 있다.

① 초점 길이가 길다(80~210mm).

② 렌즈 지름과 화각이 크다(60°, 90°, 120°). 일반 카메라는 46°

③ 렌즈 왜곡이 극히 적다.

④ 영상센서의 크기가 크며 픽셀의 수가 매우 크다(그림 14.17a)카메라의 경우 센서의 크기가 77mm×53mm, 20,544 x 14,016 pixel해상도를 가지고 있음)

⑤ 중량 약 80~90kg로 무거우며, 저속셔터 스피드의 경우 지상의 흐림(blur)을 가져rl 때문에 셔터 속도 1/500이상의 빠른 셔터스피드를 가지고 있다.

⑥ 컴퓨터 모니터를 통해 촬영 경로와 사진의 중복도를 모니터링할 수 있다.

표 14.1 항공사진 촬영 카메라의 특성(필름카메라)

유 형	각	초점길이(mm)	필름 크기(cm)	필름 길이(m)	활 용
보통각	60°	210	18×18	120	산림조사용
광 각	90°	152~153	23×23	120	일반도화, 판독용
초광각	120°	88	23×23	80	소축척도화용

(2) 항공 디지털사진기

디지털사진의 경우 대용량 CCD의 경제성, CCD의 개수, 영상의 용량 등의 문제로 제작사마다 독특한 영상획득방법을 사용하고 있다. 그림 14.17 a)카메라는 프레임카메라인 것에 비해 Leica의 ADS40의 경우 RGB CCD가 각각 다른 방향을 촬영하여 이를 조합하게 된다. 즉, 촬영방향에 대해 후방, 수직, 전방의 영상을 동시에 얻는다.

그림 14.18에서 Leica ADS40디지털 사진기는 3열 CCD 센서를 장착하고 있다. 이 CCD는 선형모양의 CCD로 지상을 선형으로 스캐닝하여 조합한다. 3열 CCD는 비행방향에 대해 경사가 각각 다르게 되어 있어 독립적인 영상을 얻게 된다. 결국, 똑같은 지역이라도 촬영각도가 다른 3개의 영상이 존재한다. 이는 입체시를 가능하게 한다.

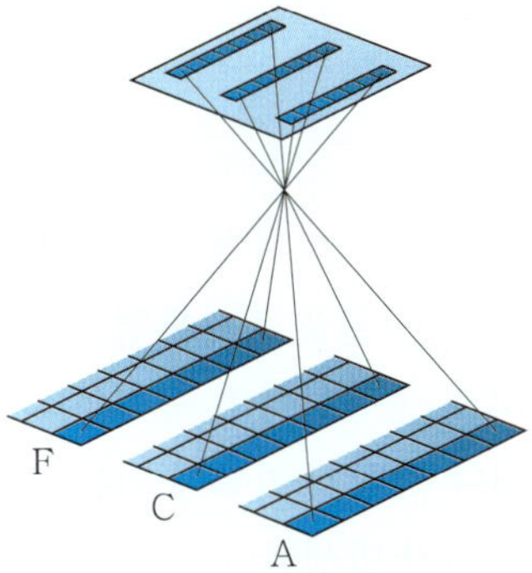

(a) 3 array CCD

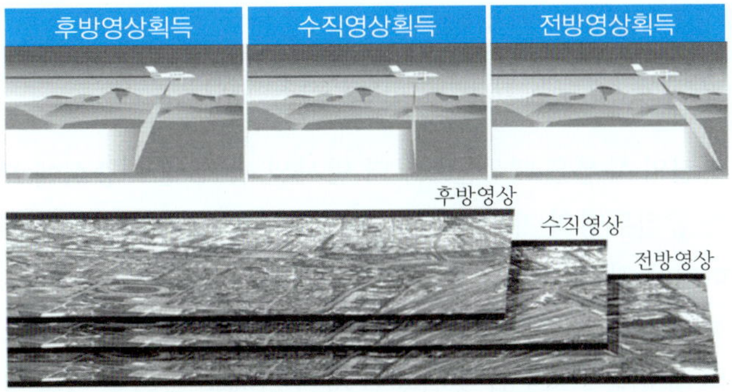

(b) 각 센서의 스캐닝 방향 및 영상합성

그림 14.18 Leica ADS40의 영상획득 시스템

(3) 지상사진 측량용 카메라

지상사진측량용 사진기(close-range metric camera)는 생산될 때부터 렌즈의 왜곡 등 보정데이터가 준비된 사진기이며 준측정용 사진기(semi-metric camera)는 일반아마추어용사진기를 실험실에서 보정하여 사용하는 사진기를 말한다. 최근 CCD센서를 이용한 측정용 디지털 사진기도 생산되고 있다.

(a) Wild P-31

(b) Rolleiflex 6008

(c) INCA 3

그림 14.19 지상사진측량용 사진기

14.2.2 사진의 기하학적 특성

(1) 중심투영(central projection)

사진의 특성은 대상물로부터 반사된 광이 렌즈 중심에 모였다가 다시 퍼져 필름면에 투영되는 중심투영의 기하학적 성질을 가지고 있다. 반면에 지도는 모든 사물을 정사투영으로 표시하여야 하기 때문에 사진과는 기하학적으로 차이가 있다. 지표가 평탄하다면 축척의 차이를 제외하고는 중심투영과 정사투영은 차이가 없을 것이다. 그러나 지형에 기복이 있는 경우에는 정사투영 지도와 중심투영 사진 간에는 높이로 인한 많은 차이가 발생한다.

그림 14.20에서 사진의 경우에는 렌즈중심을 통해 피사체가 필름면에 도달하기 때문에 투영중심으로부터의 거리가 각각 달라 축척이 동일하지가 않다. 그러나 지도와 같은 정사투영은 평행광선으로 투영하기 때문에 축척이 동일하다. 이 두 투영법은 그림 14.21에서와 같이 원뿔과 원통, 건물들에 대해 표현방식이 달라지게 된다. 이는 평행광선으로 투영된 지도와 다르게 만드는 원인이 되지만 변위량을 측정하면 간접적으로 대상물들의 높이를 구할 수 있다.

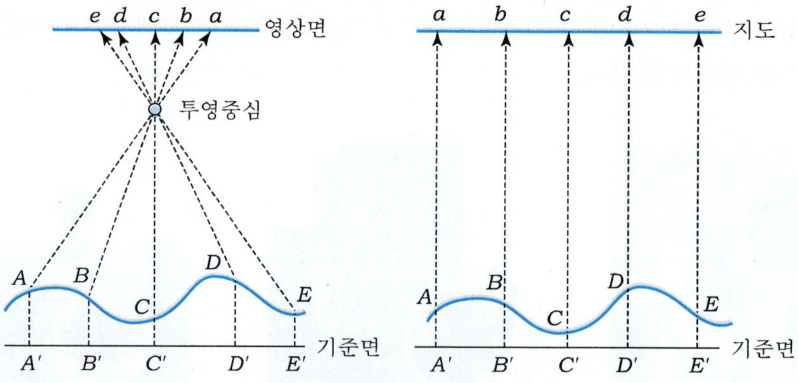

그림 14.20 중심투영과 정사투영

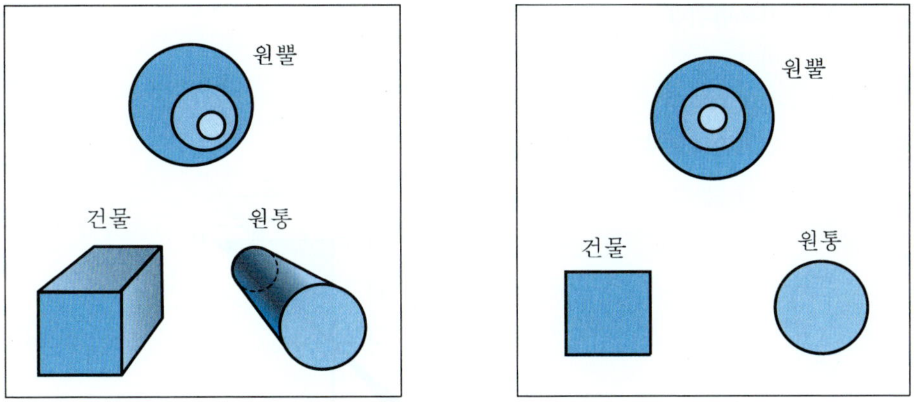

그림 14.21 중심투영과 정사투영으로 본 피사체의 나타남

(2) 기복변위(relief displacement)

대상물에 표고차가 있을 경우 사진중심으로부터 방사방향으로 사진상에 변위가 발생하는 것을 말한다. 따라서 연직으로 촬영하여도 축척은 동일하지 않음으로써 발생하는 방사상의 변위를 의미한다. 이로 인하여 영상에 변위가 발생하지만 사진상에서 변위량을 측정하면 반대로 대상물의 표고를 구할 수 있는 이점도 있다.

$\Delta PP'A \backsim \Delta Opn$에서

$$\frac{\Delta R}{h} = \frac{r}{f}, \quad \Delta R = \frac{r}{f} h$$

$\Delta Opa \backsim \Delta OAP'$

$$\frac{\Delta r}{\Delta R} = \frac{f}{H}, \quad \Delta r = \frac{f}{H} \Delta R$$

$$\therefore \ \Delta r = \frac{h}{H} r \tag{14.1}$$

$$\therefore \ h = \frac{\Delta r}{r} H \tag{14.2}$$

여기서, Δr : 기복변위량

h : 비고

H : 촬영고도

r : 연직점으로부터 상점까지의 거리

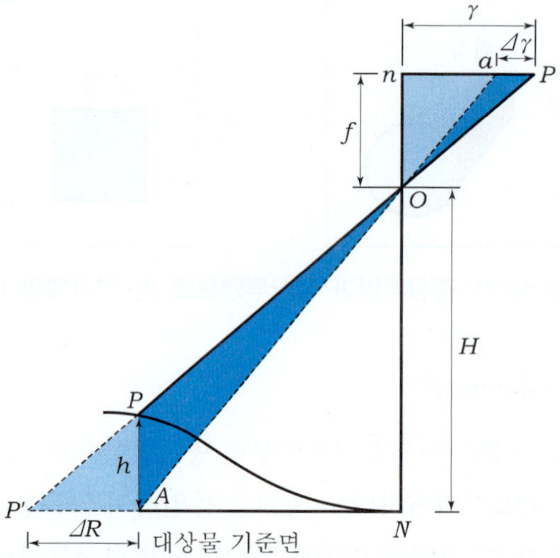

그림 14.22 기복변위(Relief displacement)

그림 14.23 수직사진에 나타난 기복변위

그림 14.23에서 보듯이 좌측 상단에 보이는 두 개의 굴뚝과 좌측하단의 플랜트는 사진의 중심으로부터 방사방향으로 기복변위가 발생한 것을 볼 수 있다.

예제 14.1

그림 14.23의 수직사진은 평균해수면으로부터 533m의 고도에서 촬영한 것이다. 좌측상단부분에 있는 굴뚝 하단의 높이는 259m이다. 굴뚝의 기복변위 Δr의 측정값은 54mm이고 사진중심으로부터 굴뚝꼭대기까지의 방사거리는 122mm이다. 이 굴뚝의 높이는 얼마인가?

풀이 ▸ ▸ ▸

$$h = \frac{\Delta r}{r} H = \frac{54}{122} \times (533 - 259) = 121.3\text{m}$$

예제 14.2

촬영고도 850m에서 촬영한 사진상 굴뚝의 윗부분이 주점으로부터 90mm 떨어져 나타났다. 굴뚝의 높이가 76.5m라면 사진상에 기복변위는 얼마로 나타나겠는가?

풀이 ▸ ▸ ▸

$$h = \frac{\Delta r}{r} H \qquad \therefore\ \Delta r = \frac{h}{H} \cdot r = \frac{76.5}{850} \times 90\text{mm} = 8.1\text{mm}$$

(3) 사진의 특수 3점

촬영된 사진을 기하학적으로 정의하기 위해 이 점들이 필요하며 특히 경사사진의 축척결정에 중요한 역할을 한다. 이 특수 3점은 경사사진에서 발생하며 수직사진에서는 하나의 점으로 된다. 특수 3점은 필름면과 지상에 각각 생긴다.

① 주점 : 렌즈의 중심으로부터 사진 면에 내린 수선의 발(m), 지상주점(M) 일반적으로 지표의 대각선 교차점

② 연직점 : 렌즈 중심으로부터 지표면에 내린 수선의 발(N)－피사체연직점 또는 지상연직점, 사진연직점(n)

$$\overline{mn} = \mathrm{f} \cdot \mathrm{tani} \tag{14.3}$$

사진상의 비고점은 연직점을 중심으로 한 방사선상에 있다.

③ 등각점 : 렌즈의 중심에서 주점과 연직선이 이루는 각을 2등분하는 광선이 사진면과 교차하는 점(j)

$$\overline{mj} = f\tan\frac{i}{2} \tag{14.4}$$

등각점에서는 경사각 i에 관계없이 수직사진의 축척과 같은 축척으로 된다.

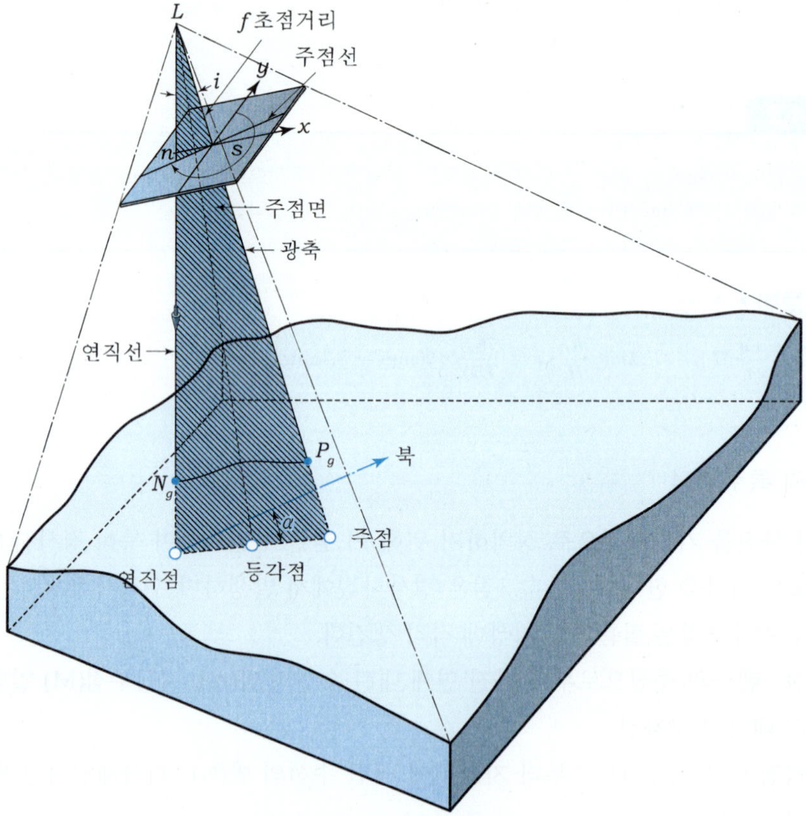

그림 14.24 항공사진의 특수 3점

예제 14.3

촬영고도 3000m, 축척 1:20000인 항공사진이 있다. 경사각이 5°인 경우의 주점으로부터 연직점과 등각점의 거리는 얼마나 떨어져 있겠는가?

풀이 ▸ ▸ ▸

초점거리 $= \dfrac{3000\text{m}}{20000} = 0.15\text{m} = 150\text{mm}$

주점과 연직점의 거리 $= 150 \times \tan 5° = 13.12\text{mm}$

주점과 등각점의 거리 $= 150 \times \tan 2°30' = 6.55\text{mm}$

14.3 사진의 기하학적 성질

14.3.1 사진축척

(1) 평지에서의 사진축척

사진의 축척은 지상 피사체의 크기가 사진 상에는 얼마로 촬영되는가에 대한 비율이라 할 수 있다. 한 변이 100m인 축구장이 사진상에서 1cm로 촬영이 되었다면 축척은 1:10,000이 된다. 또는 초점거리와 촬영고도의 비로써도 나타낼 수 있다. 다음 그림 14.25에서 축척은

$$M = \frac{1}{m} = \frac{\overline{ab}}{\overline{AB}} = \frac{f}{H} \tag{14.5}$$

여기서, m : 사진축척 분모수

$\overline{ab}$: 사진상 거리

$\overline{AB}$: 지상 거리

H : 촬영고도(기준면으로부터 lens의 중심까지)

f : 초점거리

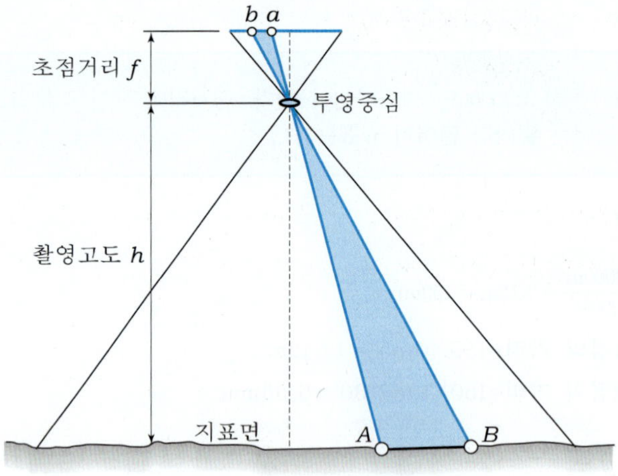

그림 14.25 평지에서의 사진축척

예제 14.4

항공사진상에 나타난 축구장 한 변의 길이가 10mm였다. 실제 지상의 축구장 한 변의 길이가 110m라고 한다면 이 사진의 축척은?

풀이 ▸ ▸ ▸

$$\frac{110 \times 1000\text{mm}}{10\text{mm}} = 11{,}000 \text{ 즉, } 1:11{,}000$$

(2) 기복지형에서의 사진축척

평지에서는 문제가 되지 않으나 표고차가 있는 기복지형의 경우에는 축척이 다양하게 나타난다. 이러한 경우에는 촬영고도를 평균표고로부터의 고도로 고려한다.

$$\frac{1}{m} = \frac{f}{H-h} \tag{14.6}$$

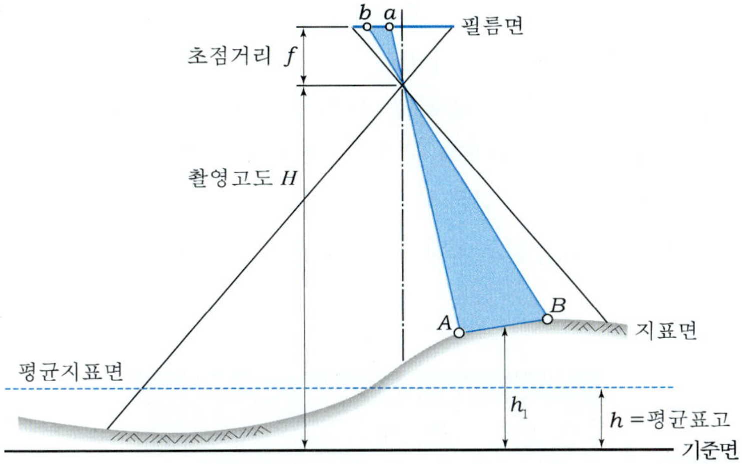

그림 14.26 기복지형의 사진축척

14.4 사진좌표계

14.4.1 아날로그 사진

사진좌표계의 원점은 지표(Fiducial Mark)를 연결한 교차점이다. 일반적으로 비행방향을 X축, 직각방향을 Y축, 지상방향을 Z축으로 한다. 지표는 카메라 필름마운트에 새겨져 있으며 촬영 시마다 필름 상에 기록된다. 그림 14.27에서 원래의 투영기하학적 조건은 음화필름면이나 기하학적인 유도를 위해서는 양화면을 필름면으로 고려하는 것이 수월하다. 따라서 앞으로의 모든 수식의 유도는 양화(Diapositive)면을 기준으로 한다.

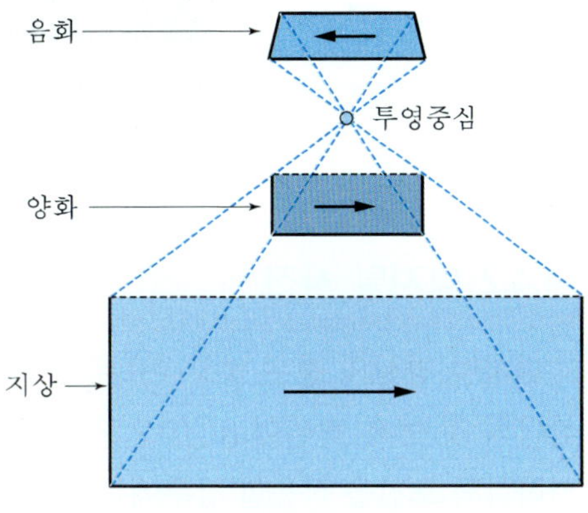

그림 14.27 사진투영 기하학적 관계

그림 14.28은 지표와 좌표계설정을 보인 것이다. 항공사진에는 그림에서 보는 바와 같이 촬영당시의 시간, 고도, 수평상태 초점거리 등의 정보를 기록하는 데이터 주기란과 사진 각 변, 모퉁이에 보통 8개의 지표(fiducial mark)를 가지고 있다. 최종적으로 수치지형도를 제작

한다는 것의 의미는 사진에 나타나 있는 피사체들에 대한 3차원 좌표를 얻는 것이라 말할 수 있다. 이를 위해서는 우선 사진상에서의 좌표, 즉 사진좌표를 얻어야 하는데 지표를 연결하여 만나는 교차점을 좌표계의 원점으로 하고 비행방향을 X축으로 한다.

그림 14.27의 투영중심과 사진좌표를 공간적으로 보면 그림 14.28과 같다. 지상으로부터 투영중심을 통해 필름상에 맺힌 A점은 X_a, Y_a로 측정된다. 사진이 경사촬영되었을 경우 그림에서와 같이 연직점은 지표중심과 일치하지 않는다.

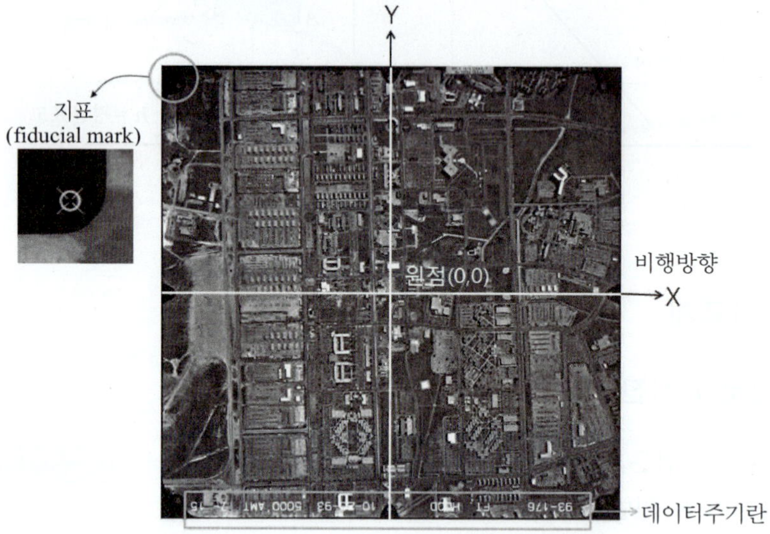

그림 14.28 실제 항공사진에서의 사진좌표계

14.4.2 디지털 사진

디지털 영상의 경우 영상좌표계를 사용한다. 영상은 픽셀[7]로 이루어져 있는데 제일 좌측 상단의 첫 번째 픽셀이 (0, 0)으로 시작한다. 영상처리 시에는 영상좌표를 사용하지만 실제 기하학적 조건을 적용할 경우에는 투영중심을 원점으로 좌표변환하게 된다. 그림 14.29(a)에서 좌측상단을 0,0으로 측정한 픽셀좌표(x_o, y_o)를 그림 14.29(b)와 같은 영상좌표로 변환하기 위해서는 영상의 크기(가로크기:M, 세로크기:N)를 고려하여 계산한다.

7) 픽셀(pixel) 영상의 단위로 영상소 또는 화소라고도 한다.

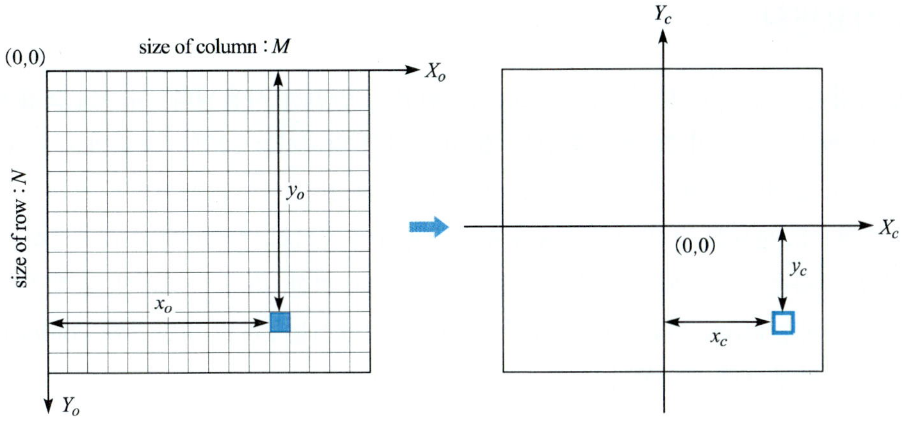

(a) 좌측상단을 원점으로 한 좌표계 (b) 영상중심 좌표계

그림 14.29 영상좌표계

$$x_c = x_o - \frac{M}{2} \tag{14.7}$$

$$y_c = \frac{N}{2} - y_o$$

M : 영상의 가로 픽셀 수

N : 영상의 세로 픽셀 수

예제 14.5

525×325 크기의 디지털 영상이 있다. 어떤 피사체의 픽셀좌표가 (312,195)라면 중심좌표계로 변환한 영상좌표는 얼마인가?

풀이▸▸▸

식 (5.3)으로부터

$$x_c = 412 - \frac{640}{2} = 92$$

$$y_c = \frac{480}{2} - 295 = -55$$

즉, (92, −55)가 된다.

14.5 좌표변환

일반측량은 물론이고 사진측량에서도 좌표변환은 빈번히 사용된다. 하나의 좌표계에서 다른 좌표계로 변환하여 그 성과를 얻는 것이다. 이를 위해서는 각각의 좌표계에서 몇 점의 좌표를 알고 있어야 하며 이를 기준점(control point)라 일컫는다. 좌표변환은 크게 2차원 및 3차원 변환으로 분류할 수 있고 각각 x, y축이 직교하며 축척의 변환이 없다고 가정하는 일반변환이 있고 축은 직교하되 축척을 고려하는 conformal 변환, 축의 비직교성 및 각축에 대한 축척을 고려하는 affine 변환으로 나눌 수 있다. 이 장에서는 2차원 일반변환, conformal 변환, affine 변환에 대해 설명한다.

14.5.1 2차원 좌표변환

양쪽의 좌표계에서 각각 최소 2점의 기준점좌표를 알아야 하며 정확성을 위해서는 이 두 점은 멀리 떨어질수록 좋다. 그림 14.30에서 임의의 좌표계 내 a, b, c의 좌표는 알고 있다. 이를 (b)지상좌표계로 변환할 경우 동일한 점 A, B 기준점에 대한 좌표는 알고 있으며 C점의 좌표를 좌표변환에 의해 구하는 것이다.

2차원 직각 좌표변환 3단계에 따라 행해진다.

3단계 : ① 크기변환(Scale Change)
② 회전(Rotation)
③ 이동(Translation)

(1) 2차원 일반변환

1) Step 1 : 축척변환

그림 14.30에서 보여지는 것과 같이 2개의 기준점을 사용하여, 축척계수는 다음과 같은 2개의 길이 AB와 ab의 관계에서 계산된다.

$$s = \frac{AB}{ab} = \frac{\sqrt{(E_B - E_A)^2 + (N_B - N_A)^2}}{\sqrt{(X_b - X_a)^2 + (Y_b - Y_a)^2}} \tag{14.8}$$

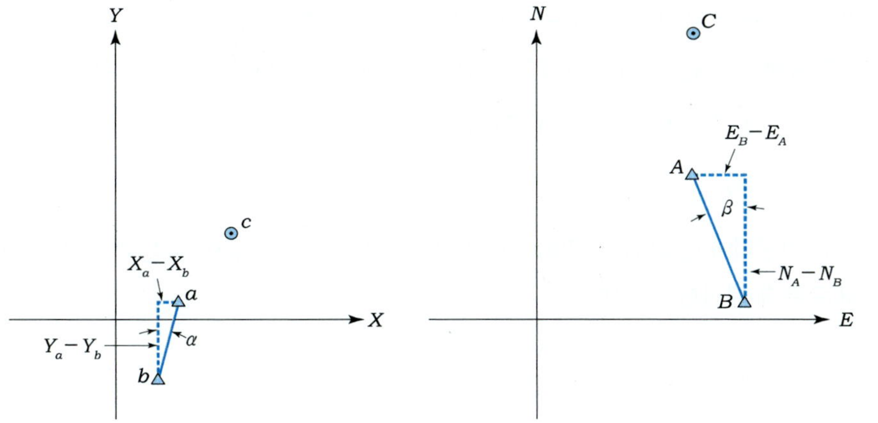

(a) 임의 2차원 좌표계 (b) 지상 EN 2차원 좌표계

그림 14.30 2차원 좌표변환을 위한 두 좌표계의 상대적 관계

2) Step 2: 회전변환

축척계수를 고려한 후의 좌표를 $X'Y'$라 하자. 그리고 좌표계를 θ만큼 회전된 E'N'좌표를 구해보자.

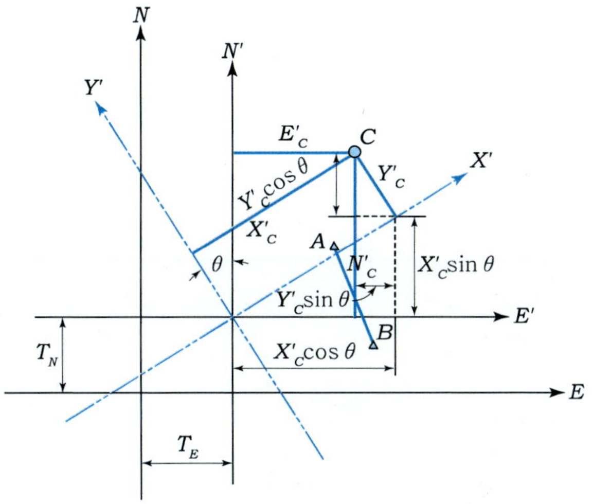

그림 14.31 축척을 고려한 X', Y' 좌표계를 지상 EN좌표계의 중첩

그림 14.31에서 보여지는 것처럼 $E'N'$축은 $X'Y'$축을 회전시키기 위한 보조축으로써 EN축과 평행하게 한다. 따라서, $E'N'$축에 대한 C점의 좌표는 다음과 같다.

$$E_C' = X_C'\cos\theta - Y_C'\sin\theta \tag{14.9}$$
$$N_C' = X_C'\sin\theta + Y_C'\cos\theta$$

그리고 회전각 θ는 그림 14.30(a), (b)에서 보인 α와 β의 합이 되는데, 이는 2개의 기준점 좌표로부터 계산할 수 있다.

$$\alpha = \tan^{-1}\left(\frac{X_a - X_b}{Y_a - Y_b}\right) \qquad \beta = \tan^{-1}\left(\frac{E_B - E_A}{N_A - N_B}\right) \tag{14.10}$$

3) Step 3 : 평행이동

지상좌표계 EN에서 평행이동량 T_E, T_N을 고려한 $E'N'$을 구한다.

따라서 C점에 대한 마지막 E_C와 N_C의 지상좌표는 다음과 같다.

$$E_C = E_C' + T_E \tag{14.11}$$
$$N_C = N_C' + T_N$$

그리고 이동인자 T_E와 T_N는 다음과 같이 계산된다.

$$T_E = E_A - E_A' = E_B - E_B' \tag{14.12}$$
$$T_N = N_A - N_A' = N_B - N_B'$$

예제 14.5

그림 14.30 (a), (b)에서 각 좌표계 내의 좌표값들이 다음과 같다고 할 때 지상좌표계를 기준으로 한 C점의 좌표는 얼마인가?

	임의의 좌표계		지상좌표계	
point	X	Y	E	N
A	632.17	121.45	1100.64	1431.09
B	355.20	−642.07	1678.39	254.15
C	1304.81	596.37		

풀이 ▸ ▸ ▸

① 우선 축척계수를 구한다.

$$s = \frac{\sqrt{(1678.39 - 1100.64)^2 + (254.15 - 1431.09)^2}}{\sqrt{(355.20 - 632.17)^2 + (-642.07 - 121.45)^2}} = 1.61425$$

② 이 축척계수를 임의의 좌표에 각각 곱하여 축척을 동일하게 한다.

	축척보정된 좌표	
	X′	Y′
A	1020.48	196.05
B	573.38	−1036.46
C	2106.29	962.69

③ 그 다음에는 좌표계의 회전각 θ를 구해야 한다.

$$\tan\alpha = \frac{632.17 - 355.20}{121.45 + 642.07} = 0.362754 \quad \therefore \alpha = 19.9384°$$

$$\tan\beta = \frac{1678.39 - 1100.64}{1431.09 - 254.15} = 0.490892 \quad \therefore \beta = 26.1460°$$

$$\theta = \alpha + \beta = 19.9384° + 26.1460° = 46.0845°$$

④ A, B, C점의 회전한 후의 N′, E′좌표는

$$E' = X'\cos\theta - Y'\sin\theta$$

$$N' = X'\sin\theta + Y'\cos\theta$$

$$E_A{}' = 1020.48 \ \cos 46.0845° - 196.05 \ \sin 46.0845° = 566.57$$
$$N_A{}' = 1020.48 \ \sin 46.0845° + 196.05 \ \cos 46.0845° = 871.10$$

$$E_B{}' = 573.38 \ \cos 46.0845° - (-1036.46)\sin 46.0845° = 1144.32$$
$$N_B{}' = 573.38 \ \sin 46.0845° + (-1036.46)\cos 46.0845° = -305.84$$

$$E_C{}' = 2106.29 \ \cos 46.0845° - 962.69 \ \sin 46.0845° = 767.43$$
$$N_C{}' = 2106.29 \ \sin 46.0845° + 962.69 \ \cos 46.0845° = 2185.01$$

⑤ 평행이동량 T_E와 T_N을 구한다.

이미 알고 있는 A, B점으로부터 계산한다.

$$T_E = E_A - E_A{}' = 1100.64 - 566.57 = 534.07 \qquad \text{Check}$$
$$T_E = E_B - E_B{}' = 1678.39 - 1144.32 = 534.07$$

$$T_N = N_A - N_A{}' = 1431.09 - 871.10 = 559.99$$
$$T_N = N_B - N_B{}' = 254.15 - (-305.84) = 559.99$$

⑥ 최종적으로 C점의 좌표에 이동량을 더해줌으로써 지상좌표계에서의 C점 좌표를 구한다.

$$E_C = 767.43 + 534.07 = 1301.49$$
$$N_C = 2185.01 + 559.99 = 2745.01$$

(2) 2차원 conformal 변환

컴퓨터를 사용할 경우 alternative방법에 의해 좌표변환계산을 수행하는 것이 유리하다.

이 방법에서는 방정식이 양쪽 좌표계에서 좌표를 알고 있는 2개 또는 그 이상의 4개의 변환계수를 포함하고 있다. 앞서 설명한 3단계로 진행한다.

1) Step 1 : 축척변환

$$
\begin{aligned}
X_a' &= sX_a \\
Y_a' &= sY_a \\
X_b' &= sX_b \\
Y_b' &= sY_b
\end{aligned}
\tag{14.13}
$$

2) Step 2 : 회전변환

$$
\begin{aligned}
E_A' &= sX_a\cos\theta - sY_a\sin\theta \\
N_A' &= sX_a\sin\theta + sY_a\cos\theta \\
E_B' &= sX_b\cos\theta - sY_b\sin\theta \\
N_B' &= sX_b\sin\theta + sY_b\cos\theta
\end{aligned}
\tag{14.14}
$$

3) Step 3 : 평행이동

$$
\begin{aligned}
E_A &= sX_a\cos\theta - sY_a\sin\theta + T_E \\
N_A &= sX_a\sin\theta + sY_a\cos\theta + T_N \\
E_B &= sX_b\cos\theta - sY_b\sin\theta + T_E \\
N_B &= sX_b\sin\theta + sY_b\cos\theta + T_N
\end{aligned}
\tag{14.15}
$$

식 (14.15)에서, $a = scos\theta$, $b = s\sin\theta$라 하면,

$$
\begin{aligned}
E_A &= aX_a - bY_a + T_E \\
N_A &= aY_a + bX_a + T_N \\
E_B &= aX_b - bY_b + T_E \\
N_B &= aY_b - bY_b + T_N
\end{aligned}
\tag{14.16}
$$

식 (14.16)에서 보면 이 방정식은 4개의 미지수(a, b, T_E, T_N)를 가지게 된다.
여기서, a와 b의 관계에서 축척과 회전각을 구할 수 있다.

$$S = \sqrt{a^2 + b^2} \qquad \theta = \tan^{-1}(\frac{b}{a}) \tag{14.17}$$

(3) 2차원 Affine 좌표변환

2차원 conformal 변환에 약간의 수정이 필요하다. x, y축의 각각 다른 축척계수와 축의 비직교성에 대한 보정요소가 추가된다. 그러므로 4개의 계수에 두 개의 미지인자를 더해 6개의 인자로 형성된다.

2차원 affine 변환 → ▸ 2차원 conformal 변환의 약간 수정
▸ x, y방향에서의 여러 축척 인자를 포함
▸ 축체계의 비직교성을 보정
▸ 미지수가 6개(s_x, s_y, ε, θ, T_X, T_Y) 2개 추가

앞에 보인 것처럼 변환방정식의 유도는 임의좌표계의 측정특성에 의존한다.

2차원 affine 변환은 기본적으로 4단계에 걸쳐 수행된다.
① x, y의 축척변환
② 비직교성의 조정
③ 회전
④ 평행이동

그림 14.32에서 보는 것과 같이 xy는 임의좌표계이며 최종적인 좌표계는 XY이다. xy좌표계에서 각 ε에 의해 직교하지 않는다. 두 좌표계가 평행이 될 수 있도록 회전각 θ가 필요하며 원점에서 떨어져 있는 평행이동량 T_x, T_y이 필요하다.

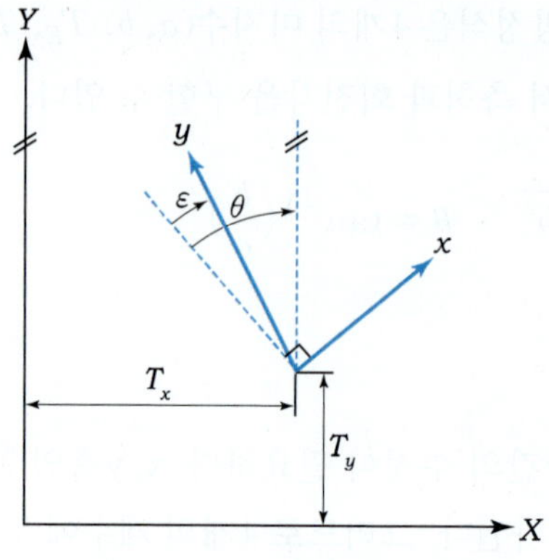

그림 14.32 좌표축의 비직교

앞에서 얘기한 4단계의 변환을 거쳐 계수를 치환하면 다음과 같은 한 쌍의 변환식이 만들어 진다.

$$X = a_0 + a_1x + a_2y \qquad (14.18)$$
$$Y = b_0 + b_1x + b_2y$$

이 변환식에 의해 다음과 같이 변환한다.

1) 양쪽 좌표계에서 알고 있는 좌표로부터 계수 a, b를 구한다.

2) 이들 계수를 적용하여 x, y좌표로부터 변환된 좌표 X, Y를 구한다.

사진좌표를 보정하기 위해서는 1단계를 수행하기 위해 지표를 사용한다. 이 지표의 좌표들은 검정을 통해 알고 있으며 좌표측정(comparator)으로부터 알게 된다.

주어진 사진에 대해 식 (14.18)으로부터 각 지표에 대해 한 쌍의 식을 쓸 수 있다. 만약 4개의 지표가 있다면 4개의 X에 대한 식과 4개의 Y에 대한 식이 만들어진다. 어느 것이든 3개의 지표를 사용하여 미지수 a,b의 해를 얻을 수 있다. 그러나 보다나은 해법을 위해서는 4개의 지표를 사용해야하며 최소제곱법을 사용해야 한다(자세한 내용은 사진측량 및 원격탐측, 한승희, 2021, 5.3절 참조)

14.5.2 3차원 직각좌표변환

3차원 좌표변환문제는 사진측량뿐만 아니라 학문 전 분야에서 좌표를 다룰 때 흔히 발생하는 일이다. 사진측량을 예로 설명한다(사진측량및원격탐측, 한승희, 2011).

① 경사진 사진 측정 좌표체계에서 지상 또는 임의의 대상공간 체계에 평행한 수직 사진 체계로 지점들의 좌표를 변환시킬 때 사용한다.

② 독립적 입체모델에서 연속된 3차원 연속모델을 형성하는 것이다.
필요한 변환방정식은 7개의 독립적인 매개변수로 표현될 것이며 다음과 같다.

- 회전각 : omega(ω), phi(ϕ), kappa(κ)
- 축척계수 : s
- 평행이동인자 : T_X, T_Y, T_Z

여기서, ω, ϕ, κ의 부호는 시계반대방향이면 양의 방향이다.

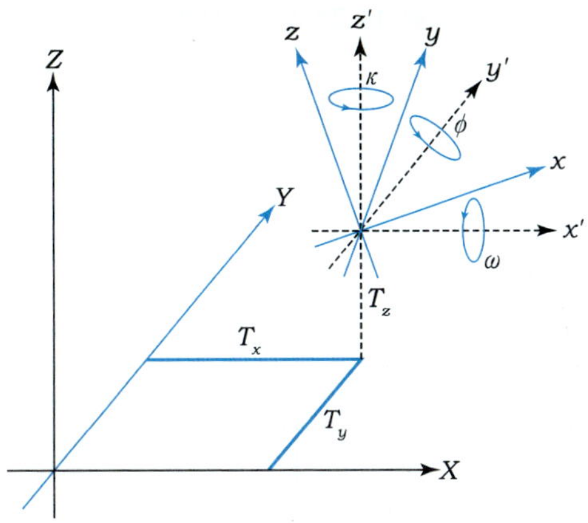

그림 14.33 XYZ, xyz 오른손 3차원좌표계

3차원 직각좌표변환은 다음과 같이 크게 2단계에 의해 행해진다.

3차원 직각좌표변환 : ① 회전

② 축척과 이동

1) 1단계 : 회전변환

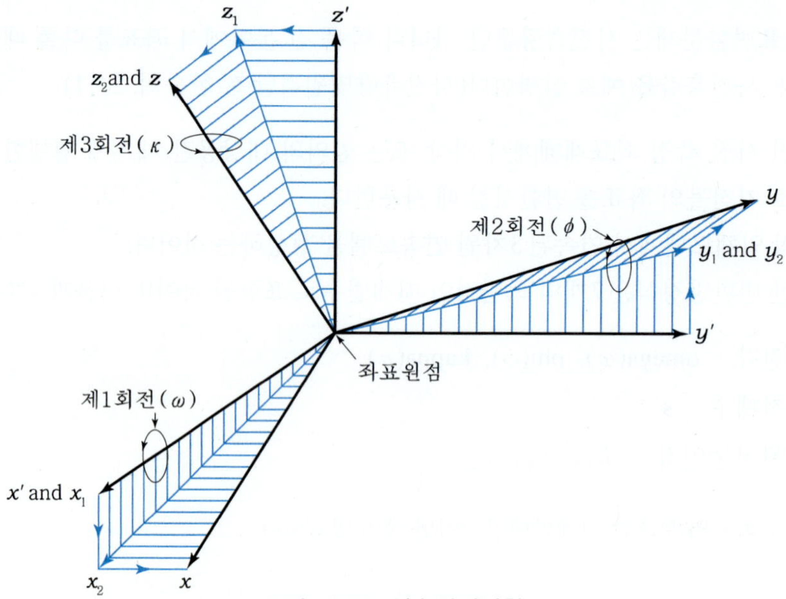

그림 14.34 연속회전변환

① x'축에 대한 omega(ω)회전변환 후의 좌표(x_1, y_1)는 다음과 같다.

$$y_1 = y'\cos\omega + z'\sin\omega \tag{14.19}$$

$$z_1 = -y'\sin\omega + z'\cos\omega$$

이것을 행렬로 만들면 다음과 같다.

$$\begin{bmatrix} x_1 \\ y_1 \\ z_1 \end{bmatrix} = \begin{bmatrix} 1 & 0 & 0 \\ 0 & \cos\omega & \sin\omega \\ 0 & -\sin\omega & \cos\omega \end{bmatrix} \begin{bmatrix} x' \\ y' \\ z' \end{bmatrix} \tag{14.20}$$

여기서, 행렬 $R_\omega = \begin{bmatrix} 1 & 0 & 0 \\ 0 & \cos\omega & \sin\omega \\ 0 & -\sin\omega & \cos\omega \end{bmatrix}$는 ω에 대한 회전 행렬이 된다.

② y_1축에 대한 phi(ϕ) 회전 후의 x_2, y_2는 다음과 같다.

$$x_2 = x_1\cos\phi - z_1\sin\phi$$

$$y_2 = y_1 \tag{14.21}$$

$$z_2 = x_1 \sin\phi + z_1 \cos\phi$$

이것을 행렬 형태로 바꾸어 보면 다음과 같다.

$$\begin{bmatrix} x_2 \\ y_2 \\ z_2 \end{bmatrix} = \begin{bmatrix} \cos\phi & 0 & -\sin\phi \\ 0 & 1 & 0 \\ \sin\phi & 0 & \cos\phi \end{bmatrix} \begin{bmatrix} x_1 \\ y_1 \\ z_1 \end{bmatrix} \tag{14.22}$$

여기서, 행렬 $R_\phi = \begin{bmatrix} \cos\phi & 0 & -\sin\phi \\ 0 & 1 & 0 \\ \sin\phi & 0 & \cos\phi \end{bmatrix}$ 는 ϕ에 대한 회전행렬이 된다.

③ 마지막으로 z_2축에 대한 kappa(κ) 회전 후의 좌표 x_3, y_3는 다음과 같다.

$$x = x_2 \cos\kappa + y_2 \sin\kappa$$

$$y = -x_2 \sin\kappa + y_2 \cos\kappa \tag{14.23}$$

$$z = z_2$$

이것을 행렬의 형태로 나타내면 다음과 같다.

$$\begin{bmatrix} x \\ y \\ z \end{bmatrix} = \begin{bmatrix} \cos\kappa & \sin\kappa & 0 \\ -\sin\kappa & \cos\kappa & 0 \\ 0 & 0 & 1 \end{bmatrix} \begin{bmatrix} x_2 \\ y_2 \\ z_2 \end{bmatrix} \tag{14.24}$$

여기서, 행렬 $R_\kappa = \begin{bmatrix} \cos\kappa & \sin\kappa & 0 \\ -\sin\kappa & \cos\kappa & 0 \\ 0 & 0 & 1 \end{bmatrix}$ 는 χ에 대한 회전행렬이다.

따라서 $x'y'z'$ 좌표체계에서 xyz 좌표체계로의 전체적인 회전변환은 다음과 같다.

$$\begin{bmatrix} x \\ y \\ z \end{bmatrix} = R_\omega R_\phi R_\kappa \begin{bmatrix} x' \\ y' \\ z' \end{bmatrix}$$

$$\begin{bmatrix} x \\ y \\ z \end{bmatrix} = \begin{bmatrix} 1 & 0 & 0 \\ 0 & \cos\omega & \sin\omega \\ 0 & -\sin\omega & \cos\omega \end{bmatrix} \begin{bmatrix} \cos\phi & 0 & -\sin\phi \\ 0 & 1 & 0 \\ \sin\phi & 0 & \cos\phi \end{bmatrix} \begin{bmatrix} \cos\kappa & \sin\kappa & 0 \\ -\sin\kappa & \cos\kappa & 0 \\ 0 & 0 & 1 \end{bmatrix} \begin{bmatrix} x' \\ y' \\ z' \end{bmatrix} \tag{14.25}$$

$$\begin{bmatrix} x \\ y \\ z \end{bmatrix} = \begin{bmatrix} \cos\phi\cos\kappa & \sin\omega\sin\phi\cos\kappa + \cos\omega\sin\kappa & -\cos\omega\sin\phi\cos\kappa + \sin\omega\sin\kappa \\ -\cos\phi\sin\kappa & -\sin\omega\sin\phi\sin\kappa + \cos\omega\cos\kappa & \cos\omega\sin\phi\sin\kappa + \sin\omega\cos\kappa \\ \sin\phi & -\sin\omega\cos\phi & \cos\omega\cos\phi \end{bmatrix} \begin{bmatrix} x' \\ y' \\ z' \end{bmatrix} \tag{14.26}$$

식 (14.26)을 방정식으로 나타내면 다음과 같다.

$$\begin{aligned} x &= x'(\cos\phi\cos k) + y'(\sin\omega\sin\phi\cos k + \cos\omega\sin k) + z'(-\cos\omega\sin\phi\cos k + \sin\omega\sin k) \\ y &= x'(-\cos\phi\sin k) + y'(\sin\omega\sin\phi\sin k + \cos\omega\cos k) + z'(\cos\omega\sin\phi\sin k + \sin\omega\cos k) \\ z &= x'(\sin\phi) + y'(-\sin\omega\cos\phi) + z'(\cos\omega\cos\phi) \end{aligned} \tag{14.27}$$

여기서, 이것을 다른 변수를 사용하여 간략화시키면 다음과 같다.

$$\begin{aligned} x &= m_{11}x' + m_{12}y' + m_{13}z' \\ y &= m_{21}x' + m_{22}y' + m_{23}z' \\ z &= m_{31}x' + m_{32}y' + m_{33}z' \end{aligned} \tag{14.28}$$

식 (14.28)을 $X = MX'$ 와 같은 행렬로 나타내어 보면 다음과 같다.

$$X = \begin{bmatrix} x \\ y \\ z \end{bmatrix} \qquad M = \begin{bmatrix} m_{11} & m_{12} & m_{13} \\ m_{21} & m_{22} & m_{23} \\ m_{31} & m_{32} & m_{33} \end{bmatrix} \qquad X' = \begin{bmatrix} x' \\ y' \\ z' \end{bmatrix} \tag{14.29}$$

여기서, 행렬 M을 3차원 회전행렬이라고 하는데, 이 회전행렬은 다음과 같은 성질을 가지는 대각선 행렬이다.

$$M^{-1} = M^T \tag{14.30}$$

따라서 $X' = M^T X$

$$\begin{bmatrix} x' \\ y' \\ z' \end{bmatrix} = \begin{bmatrix} m_{11} & m_{21} & m_{31} \\ m_{12} & m_{22} & m_{32} \\ m_{13} & m_{23} & m_{33} \end{bmatrix} \begin{bmatrix} x \\ y \\ z \end{bmatrix} \tag{14.31}$$

$$\begin{aligned} x' &= m_{11}x + m_{21}y + m_{31}z \\ y' &= m_{12}x + m_{22}y + m_{32}z \\ x' &= m_{13}x + m_{23}y + m_{33}z \end{aligned}$$

2) Step 2 : 축척변환과 평행이동

이제 $x'y'z'$에서 XYZ좌표계로 변환되었다. 여기에 축척계수(s)와 평행이동량(T_X, T_Y, T_Z)을 고려하면 된다.

$$\begin{aligned} X &= sx' + T_X = s(m_{11}x + m_{21}y + m_{31}z) + T_X \\ Y &= sy' + T_Y = s(m_{12}x + m_{22}y + m_{32}z) + T_Y \\ Z &= sz' + T_Z = s(m_{13}x + m_{23}y + m_{33}z) + T_Z \end{aligned} \tag{14.32}$$

위 식을 행렬 형태로 바꾸면 다음과 같다.

$$\overline{X} = sM^T X + T \tag{14.33}$$

여기서,

$$\overline{X} = \begin{bmatrix} X \\ Y \\ Z \end{bmatrix} \qquad T = \begin{bmatrix} T_X \\ T_Y \\ T_Z \end{bmatrix} \tag{14.34}$$

방정식 (14.32)에서 9개의 m은 3개의 회전각 ω , ϕ, κ에 의해서 만들어진 것으로서 서로 독립적이지 않다. 이 방정식은 7개의 미지수를 갖게 된다.

7개의 미지수는 다음과 같다.

- 평행이동량 : T_X, T_Y, T_Z
- 3개의 회전요소 : ω, ϕ, κ
- 축척계수 : s

따라서 미지수를 해결하기 위해서는 7개의 관측방정식이 존재해야 하고, 그 이상이 되었을 때는 최소제곱법으로 해결한다. 그러나 식 (14.32)는 비선형방정식이기 때문에 먼저 선형화를 시켜주어야 한다. 이 선형화방법으로는 Taylor 급수 전개를 이용한다.

14.6 공선조건

대상물의 한 점에서 출발한 빛은 렌즈의 중심을 통과해 필름 상에 맺힌다. 이 세 점은 이론적으로 동일직선 상에 있게 된다. 이를 사진측량에 맞게 표현한다면 “공간상에 존재하는 임의 점 A, 투영중심 L, 사진에 찍힌 상점 a는 동일직선 상에 놓여야 한다.”라고 할 수 있으며 이를 공선조건(collinearity condition)이라고 한다. 이 조건에 의하면 1매 사진으로 2차원 정보를 획득할 수 있으며 2매 이상의 사진으로는 2개 이상의 공선조건이 얻어지므로 3차원 좌표 결정이 가능하다.

그림 14.35에서 항공사진의 촬영점좌표는 지상좌표시스템 XYZ에 대해 X_L, Y_L, Z_L이다. 회전된 영상면의 지상점 A에 대한 영상점 a는 사진공간좌표 x'_a, y'_a, z'_a이며 사진공간좌표계 x', y', z'는 지상좌표계 XYZ와 평행하다. 초기에 주점(principal point) o는 xy 사진좌표시스템의 원점에 위치한다는 가정을 했다. 이 가정에 대한 올바른 보정은 뒤에 논의하겠다.

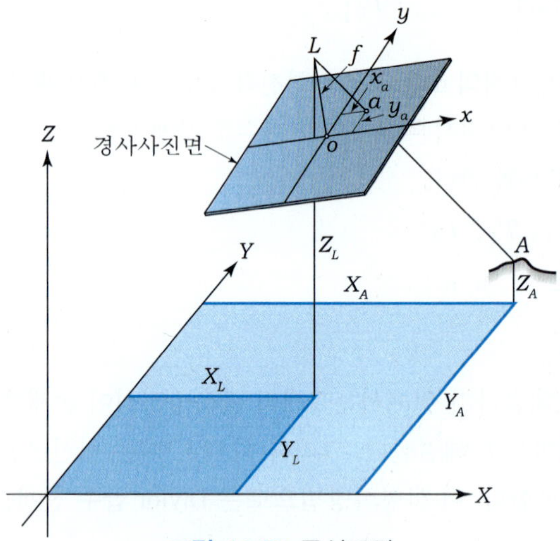

그림 14.35 공선조건

14.6.1 ω, ϕ, κ회전

14.5절에서 유도했던 3차원 회전공식에 의해 그림 14.35에서 경사사진 a점의 좌표 x_a, y_a, z_a는 그림 14.36과 같이 회전변환 후의 좌표계 x', y', z'의 좌표를 가지게 된다.

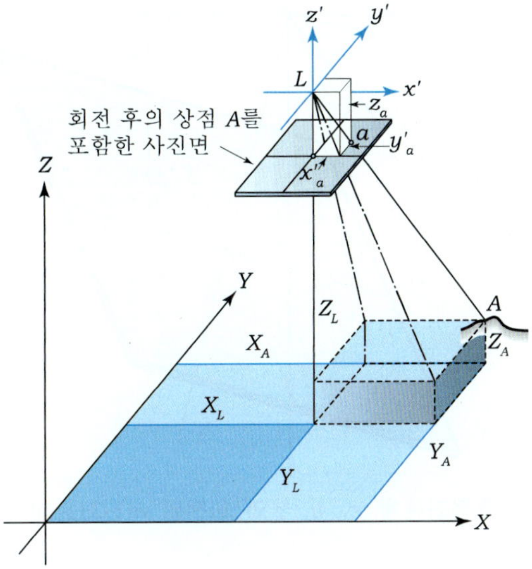

그림 14.36 회전되어 대상물 공간좌표계와 평행이 된 사진좌표계

회전된 영상좌표 x'_a, y'_a, z'_a는 사진좌표 x_a, y_a, 사진기 초점거리, 세 개의 회전요소 ω, ϕ, κ 의 측정에 관련된 것이다. 회전공식을 다시 이용하면

$$
\begin{aligned}
x_a &= m_{11}x'_a + m_{21}y'_a + m_{31}z'_a \\
y_a &= m_{12}x'_a + m_{22}y'_a + m_{32}z'_a \\
x_a &= m_{13}x'_a + m_{23}y'_a + m_{33}z'_a
\end{aligned}
\tag{14.35}
$$

식 (14.35)에서 m계수는 ω, ϕ, κ 각 회전 방정식이다. 이 식들은 식 (14.28)에서 보였다. 그림 14.37에서 $z_a = -f$

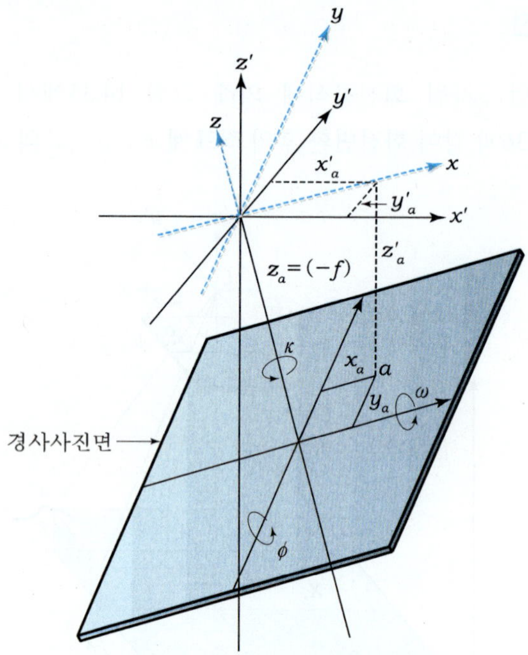

그림 14.37 측정좌표계 x, y, z와 회전된 사진좌표계 x', y', z'

14.6.2 공선조건식의 유도

공선조건식은 그림 14.36에서 닮음삼각형으로부터 다음과 같이 표현할 수 있다.

$$\frac{x'_a}{X_A - X_L} = \frac{y'_a}{Y_A - Y_L} = \frac{-z'_a}{Z_A - Z_L} \tag{14.36}$$

여기서, x'_a, y'_a, z'_a를 구하면

$$x'_a = \left(\frac{X_A - X_L}{Z_A - Z_L}\right) z'_a \tag{14.37}$$

$$y'_a = \left(\frac{Y_A - Y_L}{Z_A - Z_L}\right) z'_a \tag{14.38}$$

$$z'_a = \left(\frac{Z_A - Z_L}{Z_A - Z_L}\right) z'_a \tag{14.39}$$

식 (14.37), 식 (14.38), 식 (14.39)를 식 (14.36)에 대입하면

$$x_a = m_{11}\left(\frac{X_A - X_L}{Z_A - Z_L}\right)z'_a + m_{12}\left(\frac{Y_A - Y_L}{Z_A - Z_L}\right)z'_a + m_{13}\left(\frac{Z_A - Z_L}{Z_A - Z_L}\right)z'_a \tag{14.40}$$

$$y_a = m_{21}\left(\frac{X_A - X_L}{Z_A - Z_L}\right)z'_a + m_{22}\left(\frac{Y_A - Y_L}{Z_A - Z_L}\right)z'_a + m_{23}\left(\frac{Z_A - Z_L}{Z_A - Z_L}\right)z'_a \tag{14.41}$$

$$z_a = m_{31}\left(\frac{X_A - X_L}{Z_A - Z_L}\right)z'_a + m_{32}\left(\frac{Y_A - Y_L}{Z_A - Z_L}\right)z'_a + m_{33}\left(\frac{Z_A - Z_L}{Z_A - Z_L}\right)z'_a \tag{14.42}$$

식 (14.40), (14.41), (14.42)를 $\dfrac{z'_a}{(Z_A - Z_L)}$로 인수분해하고 식 (14.42)로 식 (14.40)과 식 (14.41)을 각각 나눈다. 그리고 z_a대신 $-f$로 대체하고 주점편위 보정량 x_0, y_0를 추가하면 다음과 같이 한쌍의 공선조건식이 얻어진다.

$$x_a = x_o - f\left[\frac{m_{11}(X_A - X_L) + m_{12}(Y_A - Y_L) + m_{13}(Z_A - Z_L)}{m_{31}(X_A - X_L) + m_{32}(Y_A - Y_L) + m_{33}(Z_A - Z_L)}\right] \tag{14.43}$$

$$y_a = y_o - f\left[\frac{m_{21}(X_A - X_L) + m_{22}(Y_A - Y_L) + m_{23}(Z_A - Z_L)}{m_{31}(X_A - X_L) + m_{32}(Y_A - Y_L) + m_{33}(Z_A - Z_L)}\right] \tag{14.44}$$

14.6.3 공선조건식의 선형화

식 (14.43), (14.44)는 비선형이며 9개의 미지수(회전요소 ω, ϕ, κ, 대상점 좌표 X_A, Y_A, Z_A, 촬영점 좌표 X_L, Y_L, Z_L)를 가지고 있다. 공선조건식에서 사진좌표 x_a, y_a, 검정인자 x_0, y_0, 초점거리 f는 상수로 간주한다. 비선형 공선조건식은 Taylor 정리에 의해 선형화한다.

14.7 사진측량의 공정

147.1 촬영계획

지형도 작성을 위한 항공사진의 촬영은 우선 지형도의 사용목적이 분명해야 한다. 사용목적에 따라 지형도의 축척, 등고선의 간격 등이 결정되며 이에 따라 촬영계획이 수립되게 된다.

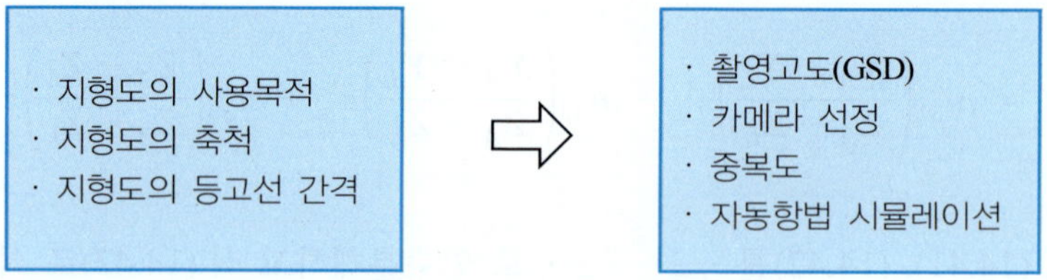

그림 14.38 촬영계획 시 고려사항

디지털사진측량으로 전환되면서 중복도의 의미는 다소 수정되었는데 필름카메라의 경우 효율적으로 촬영계획을 세우지 않으면 사지맷수가 증가하며 이로 인해 경비가 상승하였다. 그러나 디지털사진기는 메모리에 영상을 저장하므로 중복도를 충분히 증가시켜 촬영하는 추세이다. 여기서는 전통적인 사진측량의 중복도에 관해 설명한다.

14.7.2 중복도(over lap) 및 촬영기선(air base)길이

종중복(end lap)은 동일 촬영경로 내에서 입체시를 위해 인접사진 간의 중복된 정도를 의미한다. 최소 50% 이상, 보통 60% 정도 중복시킨다. 고저차가 촬영고도의 10% 이상인 지역은 중복도를 10~20% 증가시켜 사각부분을 제거한다.

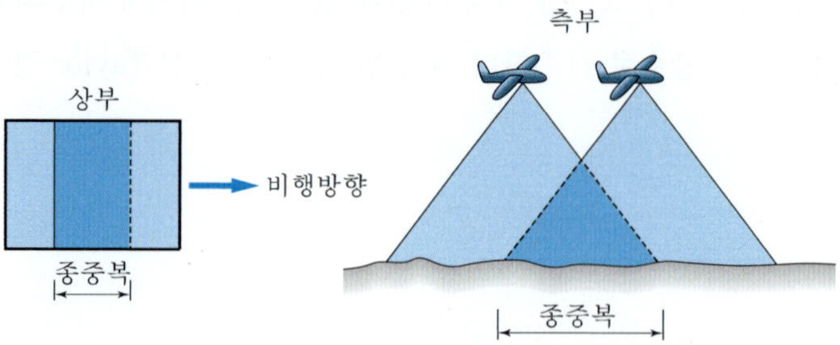

그림 14.39 종중복도

횡중복(side lap)은 스트립의 접합을 위한 비행노선 사이의 중복도를 의미한다.

평지는 20~30%이고 산악지는 30~40%를 중복시킨다. 그리고 최소 5% 이상은 유지하여야 한다.

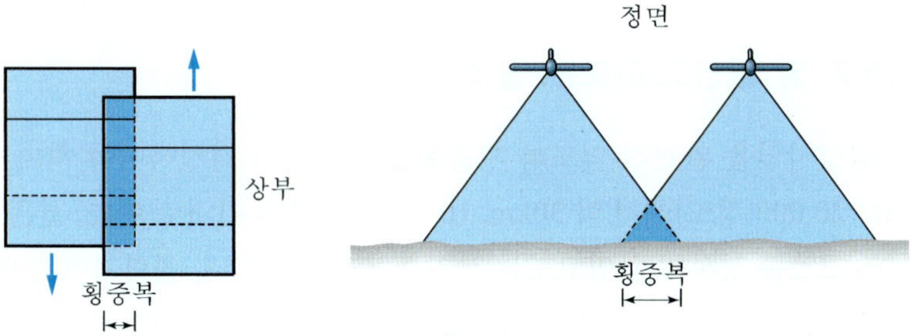

그림 14.40 횡중복도

촬영기선은 촬영점의 종횡방향에 따라 종기선과 횡기선으로 나뉜다. 촬영종기선(B)은 촬영 코스 방향에서 전 촬영의 투영중심과 다음 사진의 투영중심간 거리이며 촬영횡기선(C)은 스트립 간 인접사진의 투영중심간격(촬영경로의 간격) 거리이다.

$$B = \text{사진크기의 실제거리}(s) \times \left(1 - \frac{p}{100}\right) \tag{14.45}$$

$$C = \text{사진크기의 실제거리}(s) \times \left(1 - \frac{q}{100}\right)$$

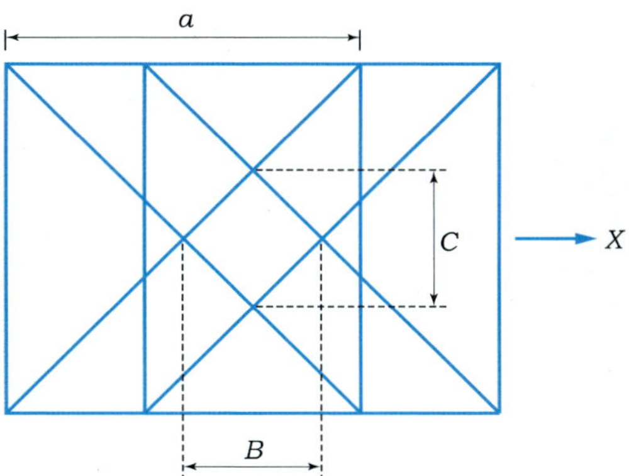

그림 14.41 촬영기선

여기서, 사진의 실제 크기 s는 사진 한 변의 크기를 a라 하면

$$s = ma = \frac{H}{f} \cdot a \tag{14.46}$$

14.7.3 촬영경로 및 촬영고도(또는 촬영거리)

촬영경로는 촬영지역을 완전히 덮도록 횡중복을 고려하여 결정하여야 하며 촬영경로 길이는 일반축척(1/20,000 정도)에서 약 30km, 10~15 입체모델 이내로 한다. 넓은 지역은 일반적으로 동-서로 코스를 정하며 촬영고도는 사진축척과 초점거리, 계획지역의 평균기준면을 기준, 도화기가 요구하는 등고선의 간격 등을 고려하여 결정한다. 대부분의 촬영계획 s/w들

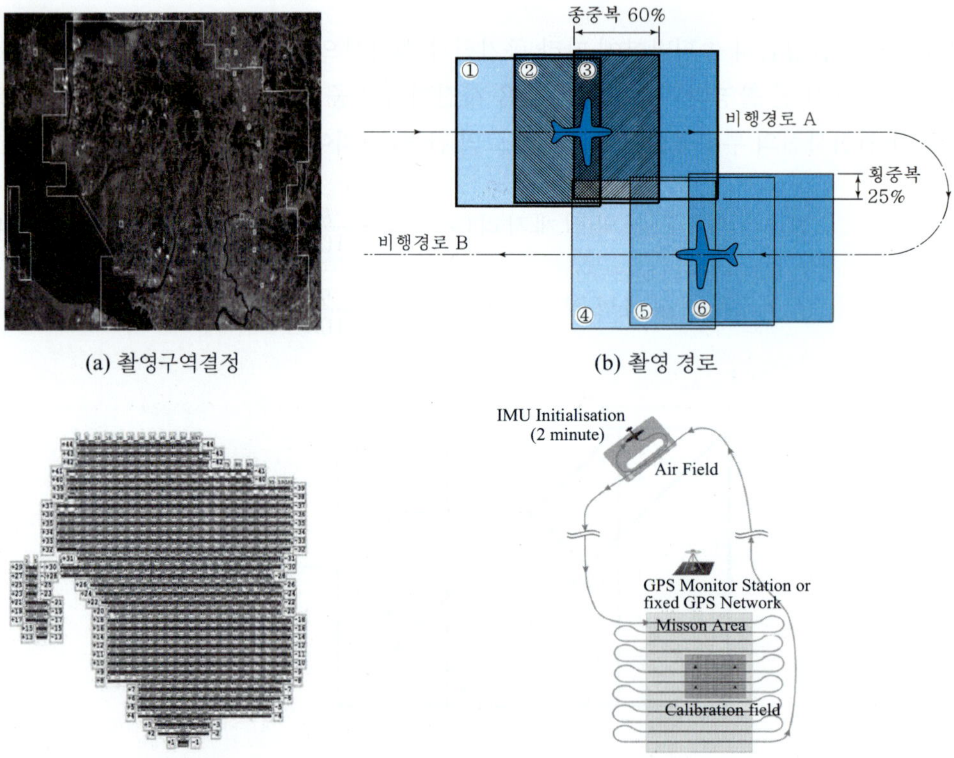

(a) 촬영구역결정 (b) 촬영 경로

(c) 촬영계획 (c) 비행시뮬레이션

그림 14.42 디지털사진측량의 촬영계획(IGIplan)

이 항공삼각측량의 해결기능과 함께 있으므로 구글지도에서 촬영구역을 결정하여 카메라의 특성과 촬영고도, 중복도를 입력하면 자동으로 촬영계획을 수립한다. 그림 14.42는 IGIplan에서 수행한 촬영계획이다.

14.7.4 유효면적

1) 사진 1매의 경우는 사진전체의 면적을 말한다.

$$A_0 = (ma)(ma) = a^2 \cdot m^2 = \frac{a^2 H^2}{f^2} \tag{14.47}$$

2) 단촬영경로(single course, strip)의 유효입체 모델 면적은 인접사진의 주점간의 면적이다.

$$A_1 = ma \cdot ma(1 - \frac{p}{100}) = A_0(1 - \frac{p}{100}) \tag{14.48}$$

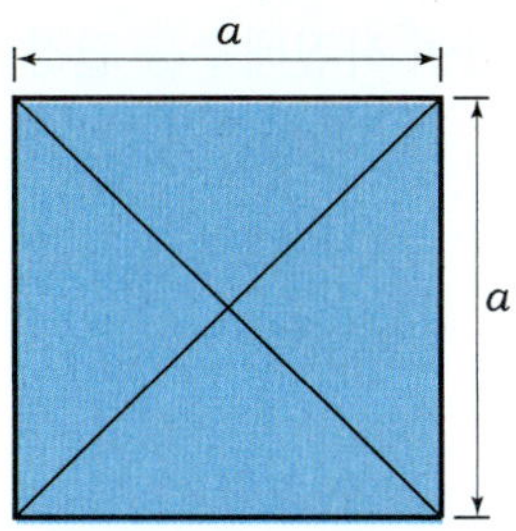

그림 14.43 유효면적

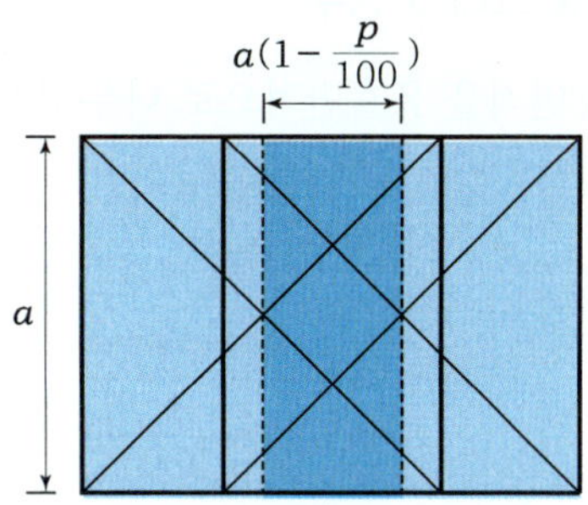

그림 14.44 단촬영경로 유효면적

3) 복촬영경로(course, block)의 유효입체모델 면적은 인접사진 및 인접경로의 사진, 즉 4매의 사진의 주점을 연결한 사각형의 면적을 말한다. 이를 stereo neat model이라고도 한다.

$$A_2 = (ma)(1 - \frac{p}{100})(ma)(1 - \frac{q}{100}) = A_0(1 - \frac{p}{100})(1 - \frac{q}{100}) \tag{14.49}$$

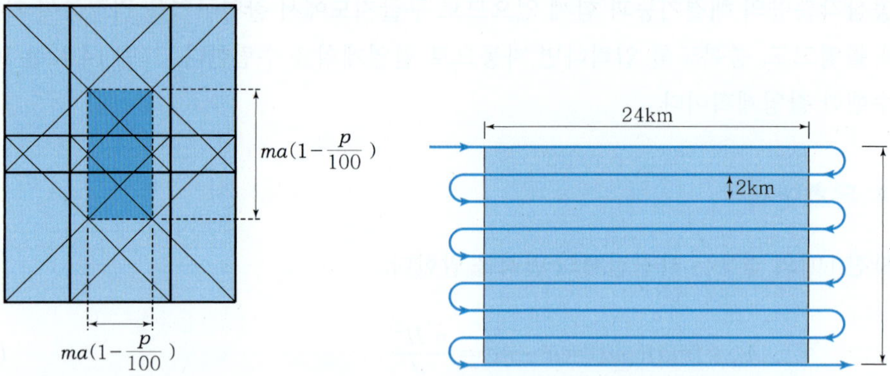

(a) 복촬영경로 유효면적 (b) 촬영계획도

그림 14.45 복촬영경로와 촬영계획도

14.7.5 입체 모델 및 사진 매수

(1) 안전율을 고려한 경우

촬영대상면적을 유효면적으로 나누고 안전율을 고려하여 사진매수를 결정한다.

$$\text{사진매수}(N) = \frac{F}{A} \times (1 + \text{안전율})$$

$$N = \frac{F}{m^2 a^2 \left(1 - \frac{p}{100}\right)\left(1 - \frac{q}{100}\right)} \times (1 + S.F) \tag{14.50}$$

여기서, F : 대상면적, A : 유효면적, S.F : 안전율

(2) 안전율을 고려하지 않을 경우

촬영지역을 피복하기 위한 스트립 수에 스트립당 사진매수를 곱하여 총 사진매수를 구한다.

1) 단촬영경로의 사진매수

$$N_1 = \text{입체모델수}(D) + 1 \tag{14.51}$$

입체모델수(D)=촬영경로의 종방향 길이÷종기선장(B)

2) 복촬영 경로의 사진매수

$$N_2 = (\text{입체모델수}(D)+1) \times \text{촬영경로수}(D') \tag{14.52}$$

촬영경로수(D′)=촬영경로의 횡방향 길이÷횡기선장(C)

예제 14.6

초점거리 150mm, 촬영고도 3000m에서 종중복도 60%, 횡중복도 20%로 촬영하였다. 촬영지역은 30km×20km이며 안전율은 20%로 한다(화면크기는 20cm×20cm). 유효면적방법과 안전율을 고려하지 않은 방법으로 사진매수를 계산하여 비교하라.

풀이 ▸ ▸ ▸

(1) 안전율을 고려한 경우

$$N = \frac{30000 \times 20000}{20000^2 0.2^2 \left(1-\frac{60}{100}\right)\left(1-\frac{20}{100}\right)} \times (1+0.2) = 141 \text{ 매}$$

(2) 안전율을 고려하지 않은 경우

$$1strip\text{당사진매수} = \frac{30000}{20000 \times 0.2\left(1-\frac{60}{100}\right)} = 19 \text{ 매}$$

$$Strip\text{수} = \frac{20000}{20000 \times 0.2\left(1-\frac{20}{100}\right)} = 6.25 = 7 \text{ 스트립}$$

전체사진매수 = (스트립당 사진매수+1)×스트립 수 = (19+1)×7=140매

14.7.6 지상기준점측량

사진측량에서 공선조건식 식(4.45), (4.46)에 의해 후방교회법으로 사진에 대한 표정요소를 구하고 전방교회법으로 대상물의 공간정보를 획득한다. 각 사진의 표정요소를 구하기 위해서는 촬영하기 전에 지상의 대상지역 내에 수평위치기준점(삼각점)과 표고기준점(수준점)을 설치하고 측량하여 성과를 얻은 후 이들 기준점이 사진 상에 나타나도록 촬영을 해야만 한다. 전통적인 항공사진측량의 경우 지형도제작 전체 경비의 50% 이상을 기준점 측량비용으로 쓰고 있다. 따라서, 지상기준점 측량작업량을 획기적으로 줄일 수 있는 Airborne GPS

를 사용하여 촬영실시간으로 표정요소를 구하여 사용하고 있다.

(1) 지상기준점의 선점

다음 사항을 만족하도록 선점한다.

① 모든 지상기준점은 가급적 인접모델에서 상호 사용할 수 있도록 선점하고 사진 상에서 명확히 분별될 수 있는 지점으로 천정방향으로 45° 이상의 시계를 확보하여야 한다.

② 지상기준점의 위치는 반영구 또는 영구적이며 경사변화가 없도록 한다.

③ 지형지물을 이용한 평면기준점은 선상 교차점이 적합하며 가상적인 표시는 피하여야 한다.

④ 표고기준점은 아날로그항공사진상에서 1mm 이상 또는 디지털항공사진상에서 80화소 이상의 크기로 나타나는 평탄한 위치이며 사진 상의 색조가 적절하여야 하며 순백색 또는 검은색 등의 단일색조를 가진 곳은 되도록 피하여야 한다.

⑤ 평면기준점의 배치는 전면기준점측량(FG) 방식에서는 모델당 4점, 항공삼각측량(AT) 방식에서는 블록(Block) 외곽에 촬영 진행방향으로는 2모델마다 1점씩, 모델 중복부분에 촬영방향과 직각방향으로는 코스 중복부분마다 1점씩 배치하는 것을 원칙으로 하고, 항공삼각측량의 정확도 향상을 위해 블록의 크기, 모양에 따라 20% 범위 내에서 증가시킬 수 있다.

- GNSS/INS외부표정 요소 값을 이용하는 아날로그항공사진의 경우에는 블록의 외곽에 우선적으로 배치하되 촬영 진행방향으로 6모델마다 1점 촬영 직각방향으로 코스 중복 부분마다 1점씩 배치하도록 한다.
- GNSS/INS외부표정 요소 값을 이용하는 디지털항공사진의 경우에는 촬영 진행방향으로 지상표본거리 12cm 이내일 때 평균 5.5km 당 1점 이상, 지상표본거리 25cm 이상일 때 평균 11km 당 1점 이상씩 배치하는 것을 원칙으로 하되, 코스의 중간부분에 선점할 지물이 없는 경우에는 인접모델로 이동하여 선점할 수 있다. 촬영 직각방향으로는 2코스마다 1점씩 배치하고 블록의 모서리마다 1점씩 배치하여야 한다. 세부 선점방법은 별표 3을 따른다.

표 14.2 평면·표고 지상기준점 배치기준 (항공사진측량 작업 및 성과에 관한 규정)

도화축척	GSD	지상(평면, 표고)기준점 배치 간격
1/5,000	25cm	촬영진행 방향 : 평균 11.0km 간격 당 1점 이상
1/1,000	12cm	촬영진행 방향 : 평균 5.5km 간격 당 1점 이상

▸ 평면기준점
- 촬영진행방향은 블록의 외곽에 위의 지상기준점 배치간격으로 배치
- 블록의 모서리에 1점씩 배치
- 코스의 양단에 촬영직각방향으로 코스 중복부분에 2코스 간격으로 배치

▸ 표고기준점
- 촬영 진행방향은 블록의 외곽에 위의 지상기준점 배치간격으로 배치
- 블록의 모서리에 1점씩 배치
- 촬영직각방향으로 코스 중복부분에 위의 지상기준점 배치간격으로 배치

* 지상기준점은 지형지물 등으로 부득이한 경우 인접모델로 이동하여 배치할 수 있다.

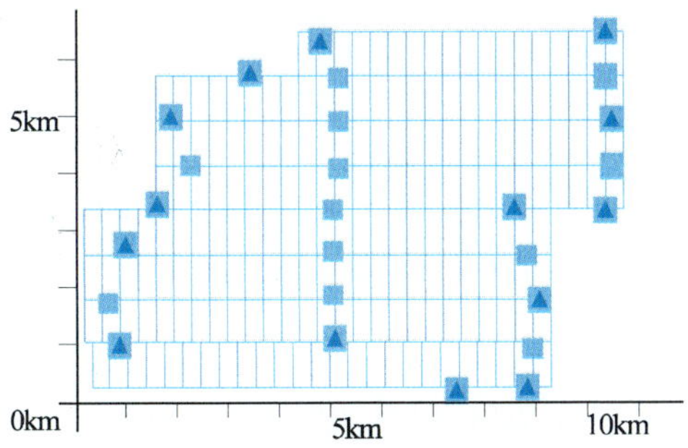

(a) 12cm급 영상

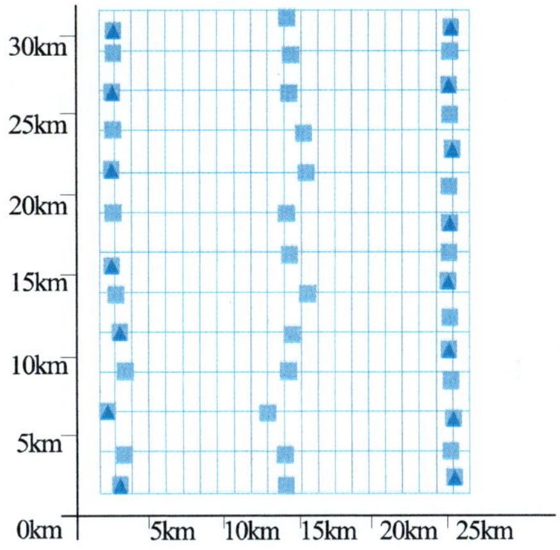

(b) 25cm급 영상

그림 14.46 지상기준점 배치 예

⑥ 표고기준점의 배치는 전면기준점측량(FG) 방식에서는 모델당 6점, 항공삼각측량(AT) 방식에서는 모델당 4모서리에 4점을 배치하는 것을 원칙으로 한다. 다만, 필요할 경우 수준노선을 따라 사진상 3cm~5cm마다 정확한 지점에 표고를 산출할 수 있다.

▸ GNSS/INS 외부표정요소 값을 이용하는 아날로그항공사진의 경우에는 블록의 외곽을 우선적으로 배치하되 각 촬영진행 방향으로 4모델 간격으로 1점, 촬영 직각방향

으로 코스 중복부분마다 1점씩 배치하도록 한다.

- GNSS/INS외부표정 요소 값을 이용하는 디지털항공사진의 경우에는 촬영진행방향으로 제5항제2호에 해당하는 거리마다 1점씩 배치하는 것을 원칙으로 하되, 코스의 중간부분에 선점할 지물이 없는 경우에는 인접모델로 이동하여 선점할 수 있다. 촬영 직각방향으로는 촬영코스 중복부분마다 1점씩 배치하는 것을 원칙으로 하되 횡중복도가 40%가 넘는 경우에는 촬영 2코스 당 1점씩 배치할 수 있다. 세부 선점방법은 별표 3을 따른다.

⑦ 아날로그항공사진의 경우, 항공삼각측량(AT) 방식 중 독립모델법(Independent Model Method)에 의한 성과계산의 기준이 되는 블록(BLOCK)의 크기는 코스 당 모델수 30모델 이내, 코스수는 7코스 이내로 전체 200모델을 표준으로 하며 블록의 형상은 사각형을 원칙으로 하며 광속조정법(Bundle Adjustment)의 경우는 모델수의 제한을 두지 않는다.

⑧ 검사점은 평면기준점 및 표고기준점과 별도의 위치에 선점하고 블록 당 5점씩 블록의 외곽에 우선적으로 배치하는 것을 원칙으로 하되, 계획기관과 협의하여 별도 정할 수 있다.

(2) 대공표식

지상에 설치된 인위적 기준점은 기준점측량 후 대공표식을 하여 사진상에 나타나도록 해야 한다. 자연점으로 기준을 잡을 수 없을 경우 대공표식을 해야 하며 일반적인 크기는 사진상에 약 30μm로 나타날 정도로 한다.

자연점으로 기준점을 잡을 수 없을 경우 대공표식을 한다. 합판, 알루미늄, 합성수지와 같이 내구성 크고, 주위 색상과 대조되어야 하며 무광택 재질로 한다. 설치장소는 대공표식 상부 고적각 45° 내에는 장애물이 없어야 하며 지면에서 약 30cm 정도 높게 설치한다. 대공표식 한 변의 최소 크기는 $dm = \frac{M}{T}m$로 한다.

여기서, M은 사진축척 분모 수, T는 축척상수

1/20,000 → 40,000

1/20,000 이하의 소축척 → 30,000

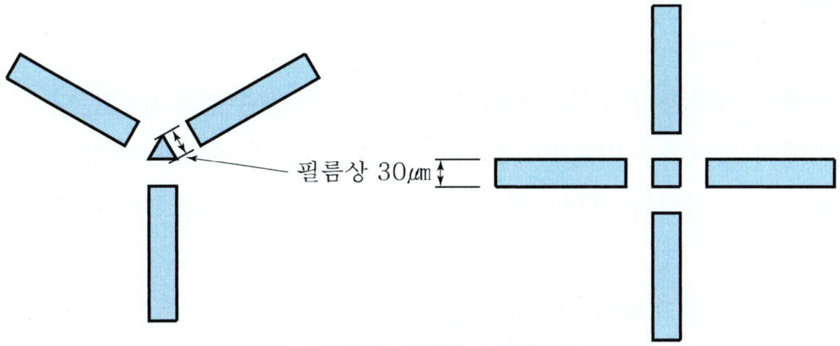

그림 14.47 대공표식의 예

예제 14.7

초점거리 200mm의 사진기로 촬영고도 2000m에서 촬영하고자 한다.
대공표식 한 변의 길이를 얼마로 해야 하는가?

풀이 ▸ ▸ ▸

축척분포수 $m = \frac{2000}{0.2} = 10,000$

사진상에 한 변의 길이가 30㎛이므로

$$30\mu m \times 10,000 = 300,000\mu m$$
$$= 30cm$$

(3) 기준점측량

① 평면기준점 측량은 GNSS 수신기, 토털스테이션(TS) 등의 측량기기를 이용하여 제32조의 정확도 기준을 만족하는 방법으로 수행한다.

② 표고기준점 측량은 레벨, GNSS 수신기 등의 측량기기를 이용하여 제32조의 정확도 기준을 만족하는 방법으로 수행하여야 하며, 다음 각 호의 사항을 유의하여야 한다.

- 네트워크 RTK 측량방법을 이용하는 경우에는 산출된 수직위치(타원체고)에 국토지리정보원에서 제공하는 최신의 지오이드모델을 이용하여 표고로 변환해야 한다.
- 네트워크 RTK 측량방법을 도화축척 1/1,200 이상 또는 지상표본거리 12cm 이내의 항공사진에 이용하는 경우에는 다음 각 목의 사항을 지켜야 한다.

- GNSS 수신기의 시계가 15°이상 확보되어야 하며 균일한 배치 상태의 위성 6개 이상을 사용한다.
- 관측점의 기상환경이 불안정할 경우에는 관측을 수행하지 않는다.
- 장비에서 표시하는 PDOP이 3 이상인 경우 관측을 수행하지 않는다.
- 장비에서 표시하는 정밀도가 수평 5cm 이상 또는 수직 10cm 이상인 경우 관측에서 제외한다.
- 관측 중 네트워크 RTK 서버 이상이나, 태양폭풍 등 우주기상재난, 또는 장비 이상 등이 발생하면 관측을 중단한다.
- 관측시 4방향의 사진, 관측 중의 특이사항(날씨, 상공의 시계확보, 주위상황 및 기타) 등을 포함하여 별지 제5호서식의 네트워크 RTK 측량조서를 작성한다.

③ 대공표지 및 검사점 측량은 제1항 및 제2항의 측량방법을 준수하여 평면 및 표고값을 관측한다.

④ 제1항부터 제3항까지의 측량성과는 제32조의 정확도 기준을 만족해야 하며 이를 벗어날 경우 재측량을 실시하여야 한다.

⑤ 이 규정에서 정하는 경우를 제외한 세부 작업방법은 「공공측량 작업규정」을 준용한다.

표 14.3 모든 작업이 끝난 평면기준저 및 표고기준점의 오차허용범위

도화축척	지상표본거리	RMSE
1/500～1/600	8cm 이내	±0.05m 이내
1/1,000～1/1,200	12cm 이내	±0.10m 이내
1/2,500～1/3,000	25cm 이내	±0.15m 이내
1/5,000～1/6,000	42cm 이내	±0.20m 이내
1/10,000이하	65cm 이내	±0.30m 이내

14.7.7 사진촬영

지형도제작을 위한 항공사진의 조건은 촬영코스를 지키며 수직촬영 해야하고 계획된 대로 촬영고도와 중복도를 지켜 선명한 사진이 얻어져야한다. 그러나, 실제 촬영 시에는 바람의 영향, 비행기의 불안정으로 인해 편류각과 경사가 발생하게 된다.

(1) 편류각(Crab angle)

항공촬영을 하기 위한 항공기의 운행속도는 보통 180~200km/h 정도, 대축척은 100km/h 정도이다.

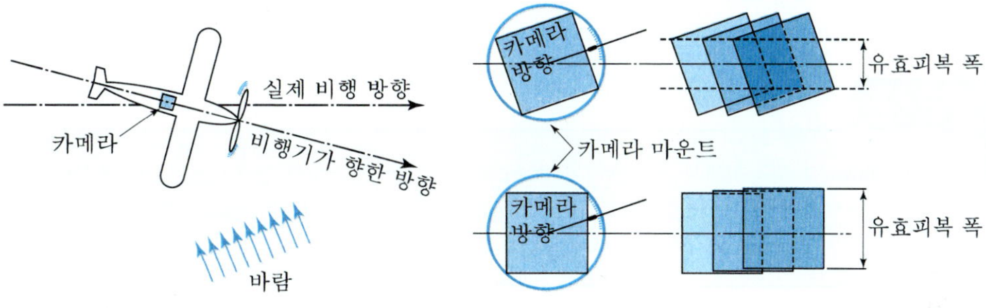

(a) 편류각　　(b) 편류각에 의한 사진촬영

그림 14.48 편류와 편류각

그리고 저고도에서는 비행 시 편류에 주의하여야 한다. 편류각은 5% 이내이어야 하며 경사각은 경사 3% 이내로 촬영하여야 지형도 제작에 어려움이 없다.

바람직한 촬영의 조건은 다음과 같다.

촬영경로에서 촬영경로 간격의 10% 이상 차이가 없도록 하고 고도는 지정고도의 5% 이상 낮게, 10% 이상 높게 진동하지 않도록 한다. 1 strip 촬영시간 15~20분, 1일 촬영시간 3시간동안 8~10 촬영경로가 적합하며 태양고도 45° 이상의 쾌청일(연간 80일)의 오전 10시~오후 2시 사이에 촬영하는 것이 바람직하다.

(2) 노출시간

필름 감광도, 필터의 성질, 반사광의 파장 분포, 셔터 속도, f-stop 등을 고려하여 결정한다. 최장노출시간은 필름상에 속도로 인한 허용흔들림양보다 작게 하기 위한 셔터스피드를 말한다. 최소노출시간은 한 장을 촬영하고 다음 사진을 촬영할 때까지의 시간간격을 말한다.

$$\text{최장노출시간}\quad T_1(\text{sec}) = \frac{\Delta S \cdot m}{V} \tag{14.53}$$

$$\text{최소노출시간}\quad T_B = \frac{B}{V} \tag{14.54}$$

여기서, V : 항공기의 초속

ΔS : 흔들리는 양(mm)

B : $\mathrm{ma}\times(1-\frac{\mathrm{p}}{100})$

m : 축척 분모수

예제 14.8

시속 200km의 항공기에서 초점거리 150mm의 사진기로 촬영하고 있다. 촬영고도가 3000m, 중복도가 60%라고 하고 허용흔들림양이 0.01mm라면 최장노출시간은 얼마인가? 또 최소노출시간은 얼마인가? (사진의 크기는 20cm×20cm이다.)

풀이▸▸▸

1) 최장노출시간

최장노출시간 $T_1(\mathrm{sec})=\dfrac{\Delta s\cdot m}{V}$

$$T_1(\mathrm{sec})=\frac{0.01\mathrm{mm}\cdot\dfrac{3000\mathrm{m}}{150\mathrm{mm}}}{200\times\dfrac{1000\mathrm{m}}{3600\mathrm{sec}}}=\frac{0.2\mathrm{m}}{55.55\mathrm{m/sec}}=0.0036\mathrm{sec}=\frac{1}{278}$$

2) 최소노출시간

최소노출시간 $T_B(\mathrm{sec})=\dfrac{B}{V}$

$$T_B(\mathrm{sec})=\frac{\dfrac{3000\mathrm{m}}{0.15\mathrm{m}}\times0.2\mathrm{m}\left(1-\dfrac{60}{100}\right)}{200\times\dfrac{1000\mathrm{m}}{3600\mathrm{sec}}}=\frac{1600\mathrm{m}}{55.55\mathrm{m/sec}}=28.8\mathrm{sec}$$

14.8 입체시

14.8.1 입체시의 원리

촬영된 사진은 3차원 실세계를 2차원 평면의 필름 위에 표현하므로 한 장의 사진만을 가지고는 3차원 측량이 불가능하다. 이를 가능케 하기 위해서는 우리가 두 눈으로 사물을 보듯 동일지역을 두 장의 사진에 중복시켜 촬영한 두 장의 사진이 있어야 한다. 중복된 두 장의 사진을 가지고 입체시를 할 수 있으며 실세계를 재현할 수 있는 것이다. 이러한 방법에는 크게 광학적인방법과 전자적인 방법이 있다. 입체시의 원리를 알아보자.

우리가 사물을 바라볼 때 거리차를 가지고 있는 두 점 P, Q에 대한 두 눈의 각도 γ_1, γ_2를 시차라 하며 이 값은 같지 않다. 가까울수록 각이 커지고 멀수록 각이 작아진다. 이 차이를 시차차(parallax difference)라 하며 두뇌에서 이 시차차의 정도에 따라 거리감을 느끼게 한다. 또한 망막에 맺힌 상으로 생각해 보면 PQ점은 왼쪽 눈에서 p'_1, q'_1, 오른쪽 눈에서 p'_2, q'_2가 된다. 왼쪽 망막에 맺힌 p'_1, q'_1를 오른쪽 망막으로 옮겨 생각하면 P점의 시차는 p'_1, p'_2, Q점의 시차는 q'_1, q'_2로 표시되며 차를 시차차, 즉 $\overline{p'_1p'_2} - \overline{q'_1q'_2}$가 된다. 사진측량에서는 이 시차차를 이용하여 PQ의 높이를 얻을 수 있다.

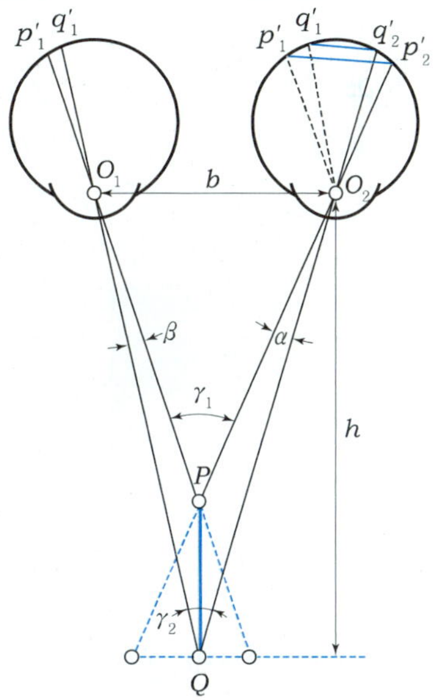

그림 14.49 입체시의 원리

중복 촬영한 사진을 가지고 입체시를 하기 위해서는 다음 조건을 만족해야 한다.

① 각 사진의 광축은 거의 동일평면상에 존재해야 한다.

② 기선고도비(B/H) 또는 기선거리비가 약 0.25, 항공사진측량 1/40~1/20

③ 2매 사진의 축척 거의 동일하여야 하며 축척차가 15% 이상 차이 나게 되면 곤란하다. 장시간 입체시할 경우에는 5% 이상 축척차는 좋지 않다.

그림 14.50(a)에서 건물상의 AB점은 사진상에 각각 a_1b_1, a_2b_2로 나타난다. 14.50(b)는 도화기 상에서의 입체시 모형이다. 좌우사진에서의 건물은 사진의 주점으로부터 방사방향으로 나타나게 되며 입체시를 통해 지상의 건물 AB로 재현되게 된다. 건물 상 A, B점에 대한 시차각은 각각 ϕ_a, ϕ_b이며 이 두 각의 차이를 시차각이라 한다.

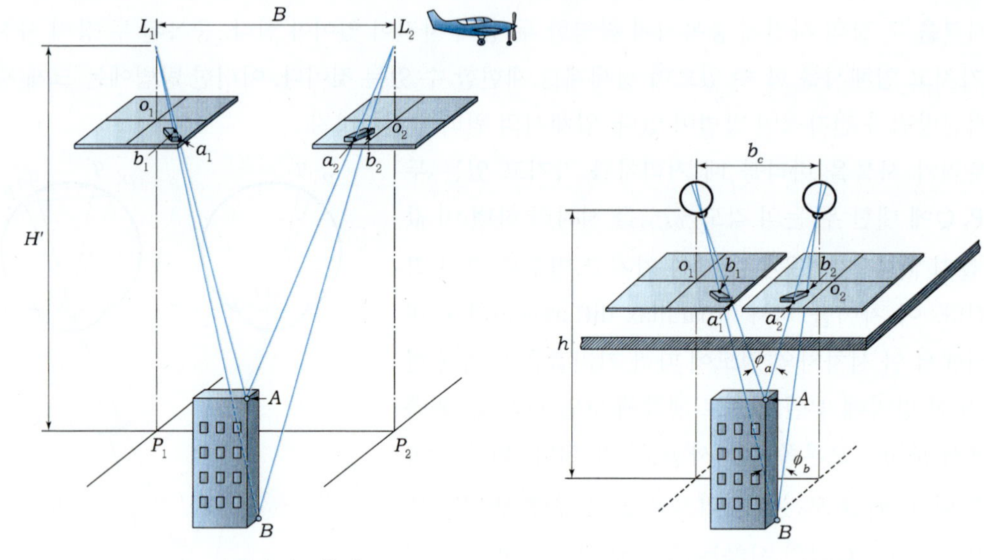

그림 14.50 항공촬영 시의 입체시 원리

14.8.2 입체시의 방법

입체시를 위해서는 기본적으로 왼쪽사진은 왼쪽 눈에만 오른쪽사진은 오른쪽 눈에만 보이게 해야 한다. 이렇게 하기 위해서 아래와 같은 다양한 방법을 사용한다.

(1) 자연입체시

일상생활에서 입체시를 말한다. 습관에 젖어 인식을 잘 하지 못하지만 우리는 두 눈으로 입체시를 항상 하고 있다. 한쪽 눈을 가리고 거리감을 느끼지 못하는 것은 입체시가 안 되기 때문이다.

(2) 육안입체시(magic eye)

두 장의 중복된 사진을 놓고 매직아이 기법으로 입체시 하는 것이다. 장시간의 입체시가 어려워 지도 작성에 사용하기는 어렵다.

(3) 렌즈식입체시

육안으로 입체시가 되지 않을 경우 렌즈식 입체경을 이용하면 도움을 받을 수 있다. 사진과 렌즈와의 일정한 간격을 유지해야 한다는 제한조건이 있다. 단지, 입체시의 의의가 있으며 기하학적인 결과물을 얻기는 힘들다.

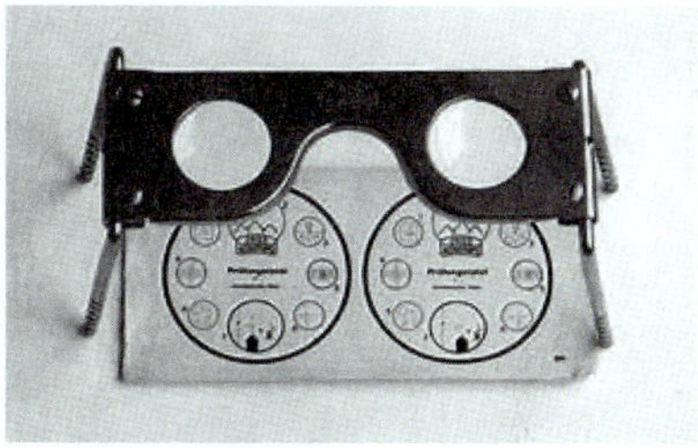

그림 14.51 렌즈식 입체경

(4) 입체경식입체시(Stereoscope)

반사경과 프리즘, 망원렌즈로 이루어진 입체경은 나름대로 정밀한 광학계를 가지고 있으며 시차를 측정할 수 있는 시차측정간이 있어 입체지역의 대상물들의 시차를 측정하여 고저차 또는 표고를 구할 수 있다. 사진이 놓이는 플래이트와 시차측정간을 전자적으로 적용하면 지형도작성도 가능하다.

그림 14.52 스테레오스코프와 시차측정간

(5) 여색입체시(Anaglyph)

중복촬영한 두 장의 사진을 촬영기선 만큼 간격을 두어 왼쪽사진은 cyan, 오른쪽사진은 magenta색상으로 중복 프린팅하여 보색안경을 쓰고 사진을 보면 입체시가 된다.

그림 14.53 여색입체 항공사진

(6) 편광입체시(Polarization stereo viewing)

편광이라는 특정한 방향의 파장만을 통과시키는 광학적인 원리를 이용한 것으로 왼쪽영상을 횡방향 파장으로 오른쪽 영상을 종방향 파장으로 화면상에 스크린을 통해 디스플레이한다. 사용자는 편광슬릿을 수평, 수직방향으로 만든 안경을 쓰고 모니터를 보게 되면 왼쪽 눈에는 왼쪽영상만 오른쪽 눈에는 오른쪽 영상만을 보게 되어 입체시가 된다. Leica 수치사진측량 프로그램에서 채택하고 있는 방식이다. 개념도는 그림 14.54와 같다.

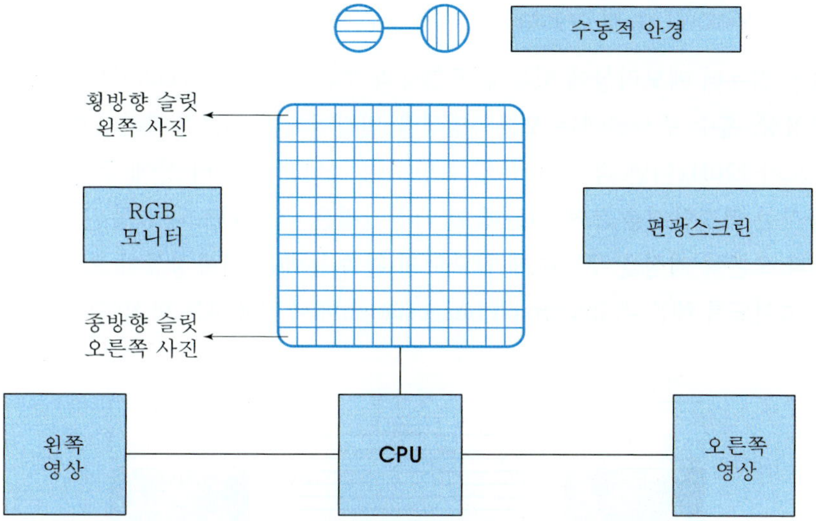

그림 14.54 편광입체시의 원리

이 방식을 이용한 수치사진측량 워크스테이션은 HEXAGON사의 ImageStation®이 있다. 이 시스템은 전면과 윗면에 항공사진이 디스플레이되고 그 중간에 스플리터가 있어 이 두 영상을 편광입체시 해준다.

그림 14.55 빔 스플리터방식의 입체시(ImageStation®, HEXAGON)

(7) Computer Vision(Liquid crystal)

이 방법은 컴퓨터 메모리상에 있는 왼쪽영상과 오른쪽 영상을 VGA카드에서 짝수 주사선에는 왼쪽영상, 홀수 주사선에는 오른쪽영상을 번갈아가며 디스플레이시키는 것이다. 디스플레이 속도가 120Hz이면 각각 60Hz씩 할당하여 하나의 모니터 상에 두 개의 영상을 표시한다. 사용자는 액정안경을 쓰게 되는데 이 액정안경은 VGA카드와 연동된 방사체의 신호를 받아 왼쪽과 오른쪽 액정을 투명하게 함으로써 왼쪽 눈에는 왼쪽영상이 오른쪽 눈에는 오른쪽 영상이 보이도록 해준다. Intergraph Imagestation에서 적용하는 방식이다.

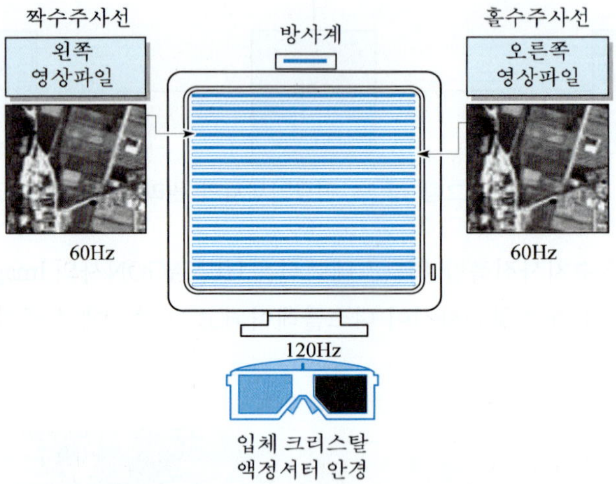

그림 14.56 인터레이스 방식

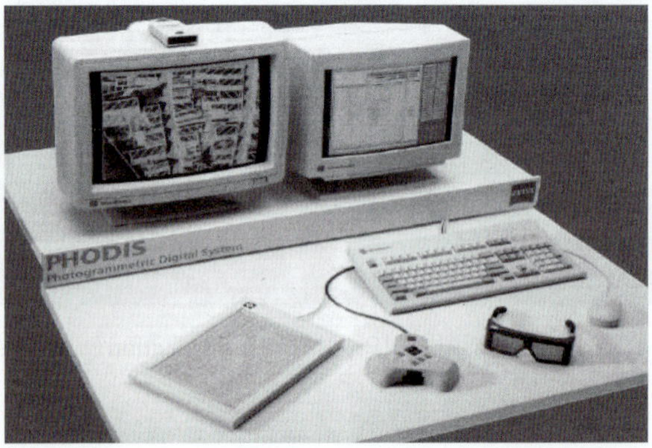

그림 14.57 Intergraph Digital Photogrammetric Workstation(Albert Wiedemann)

14.8.3 입체시된 영상의 변화

입체시된 가상현실세계는 촬영상태, 촬영렌즈, 촬영지역의 지형에 따라 그 정도가 달라진다. 만약 좌우사진을 바꾸어 놓고 입체시하면 어떠한 현상이 벌어질까? 이를 역입체시라 하며 기복이 바뀌어 보인다. 예를 들어 계곡이 솟아오른 능선으로 보이며 산봉우리는 푹 꺼진 분지로 보일 것이다.

광학적인 원리로 입체시를 하게 되면 실제와는 조금 다르게 나타나는 경향이 있는데 다음과 같은 것들이다.

① 기선길이가 긴 경우가 짧은 경우보다 더 높게 보인다(기선고도비(B/H)에 영향).

② 초점거리가 짧은 경우(광각)가 긴 경우보다 더 높게 보인다.

③ 낮은 촬영고도로 촬영한 경우가 높은 경우보다 더 높게 보인다.

④ 입체시 할 경우 눈의 위치가 높아짐에 따라 더 높게 보인다.

위와 같은 현상을 과고감(exageratrion)이라고 한다. 이는 평면축척보다 수직축척이 더 대축척이 되기 때문이다. 만약 산악지를 촬영하고 있다고 보면 산봉우리는 계곡에 비해 거리가 가깝고 결국 대축척으로 되게 된다. 그렇지 않아도 산봉우리가 높게 입체시 되는데 축척까지 더욱 크게 되니 더욱 높아 보이게 된다.

14.8.4 시차(parallax)와 시차공식

사진측량에서의 시차라 함은 입체시에서의 시차만을 일컫는 것이 아니다. 그림 14.58(a)에서 두 장의 사진을 표정할 경우 두 투영중심 O_1과 O_2에서 나온 대응광선이 평면 γ과 만나는 점 A′와 A″가 일치하지 않을 경우 평면 γ상의 벡터를 시차라 한다. 이는 X방향과 Y방향으로 나눌 수 있는데

p의 x성분 : 횡시차(x−parallax) → px

p의 y성분 : 종시차(y−parallax) → py라 한다.

이 중 종시차를 이용하면 대상물의 높이를 구할 수 있다. 그림 14.58(b)에서

$D_1 = (d_1 + p_1)\dfrac{h}{f}$, $D_1 = (d_2 + p_2)\dfrac{h}{f}$ 이므로

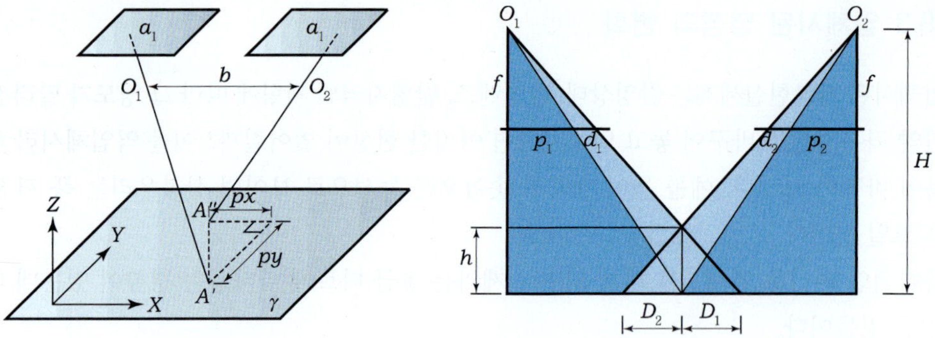

(a) 종시차와 횡시차 (b) 시차공식

그림 14.58 시차

$$D_1 + D_2 = \frac{h}{f}(d_1 + d_2 + p_1 + p_2) \tag{14.55}$$

$d_1 + d_2 = \Delta p$ (시차차), $p_1 + p_2 = b$ (주점기선 길이)라 놓으면

$$h = \frac{f(D_1 + D_2)}{\Delta p + b} = \frac{f}{\Delta p + b} \cdot \frac{H}{f}(d_1 + d_2) = \frac{\Delta p}{\Delta p + b}H \tag{14.56}$$

$$\because D_1 = \frac{H}{f}d_1, \quad D_2 = \frac{H}{f}d_2 \tag{14.57}$$

Δp가 상대적으로 작으므로 분모항의 Δp를 무시하면 다음과 같은 시차공식이 만들어진다.

$$h = \frac{\Delta p}{b}H \tag{14.58}$$

예제 14.10

촬영고도 6000m, 사진Ⅰ을 기준으로 입체시한 주점기선의 길이가 80mm, 사진Ⅱ를 기준으로 입체시한 주점기선길이가 81mm였다. 시차차가 1.0mm인 굴뚝이 있다면 높이는 얼마인가?

풀이 ▸ ▸ ▸

$$h = \frac{\Delta p}{b}H = \frac{6000}{(80+81)/2} \times 1.0\text{mm} = 74.5\text{m}$$

예제 14.11

사진상에 나타난 건물의 정상에 대한 시차값이 16.00mm, 건물 밑 부분의 시차값은 15.96mm이었다. 이 건물의 높이는 얼마인가? 단, 촬영고도는 6,000m이다.

풀이 ▸ ▸ ▸

$$h=\frac{H}{P_R+\Delta P}\Delta P=\frac{6000}{15.96+(16.00-15.96)}\times(16.00-15.96)=5\mathrm{m}$$

예제 14.12

1800m 상공에서 워싱턴 D.C를 촬영하여 한 쌍의 수직사진을 얻었다. 이 사진에서 기념탑 꼭대기에 대한 X축 상 거리는 좌·우측 영상에서 각각 x_t=10.97cm, x_t'=1.83cm이었으며 바닥부분의 거리는 좌·우측 영상에서 각각 x_b=10.06cm, x_b'=1.70cm이었다. 워싱턴 기념비의 높이는 얼마인가? (사진의 기선길이는 8.35cm)

그림 14.59 예제 14.12 항공사진

풀이 ▸ ▸ ▸

기념비의 꼭대기의 시차 P_t=10.97 − 1.83 = 9.14cm

기념비의 바닥부의 시차 P_b=10.06 − 1.70 = 8.36cm

꼭대기와 바닥부의 시차차 ΔP = 9.14cm−8.36cm = 0.78cm

$$h = \frac{\Delta p}{b} H = \frac{0.78}{8.35} \times 1800\text{m} = 168.14\text{m}$$

14.9 사진의 표정(Orientation)

14.9.1 표정의 개요

입체쌍을 이루는 두 장의 사진에 대해 촬영당시의 상황을 상상해 보자. 이 두 장의 사진은 각각 촬영위치와 촬영당시 상황으로 X, Y, Z축으로 얼마간 회전되었을 것이다. 두 장의 사진에 대한 상대적인 위치관계를 정하는 것을 표정이라 한다. 지형도 작성을 위해서는 중복지역에 대한 입체시과정에서 시차를 소거하여 촬영당시의 상황을 재현시켜야 한다. 방법에는 도화기상에 두 장의 음화를 장착한 다음 기계적으로 표정하는 방법과 스캐닝한 디지털영상 또는 디지털사진기로 촬영한 디지털영상으로 컴퓨터상에서 해석적으로 표정하는 방법이 있다. 이를 위해서는 촬영점 위치, 카메라 경사, 사진축척 등을 구해야 한다.

사진의 주점, 초점거리, 지표, 렌즈의 왜곡 등을 구하여 정하는 것을 내부표정(interior orientation)이라 하며 사진의 경사, 시차소거 등을 상호표정(realtive orientation)이라 한다.

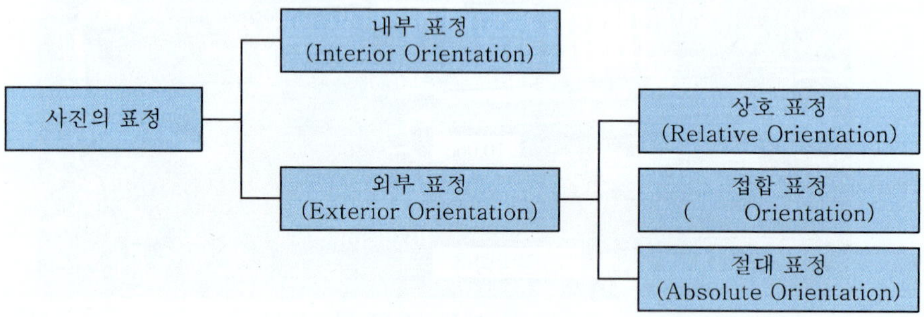

그림 14.60 사진의 표정

14.9.2 입체사진표정

도화기 상에서 표정하는 것으로 촬영시의 카메라와 지상좌표계와의 관계를 재현하는 것이다. 촬영 시 카메라의 기하학적 상태를 재현하기 위해서는 촬영위치(X, Y, Z), 경사각(ω, ϕ, κ), 초점거리 f 등이 필요하다. 내부표정 후에는 외부표정(상호, 접합, 절대 표정)을 수행한다.

(1) 내부표정

도화기의 투영기에 촬영당시와 똑같은 형태로 양화필름을 장착시키는 작업이다.

1) 주점의 위치결정

– 도화기의 유리플래이트에 마크가 있으며 사진의 주점을 맞추는 작업이다.

2) 초점거리(f)의 결정

3) 필름의 신축측정

4) 기계좌표를 사진좌표로 변환 계산

5) 대기굴절, 지구곡률, 렌즈 왜곡 등의 정오차 보정

(2) 외부표정

1) 상호표정(relative orientation)

① 기계적 상호표정: 상호표정인자(by, bz, ω, ϕ, κ)에 의하여 종시차(Py)를 소거한 입체시를 통해 3차원 가상좌표인 입체 모델 좌표를 얻는 작업이다.

② 해석적 상호표정: 좌우의 사진좌표로부터 수치적으로 입체모델좌표를 얻는 작업이다.

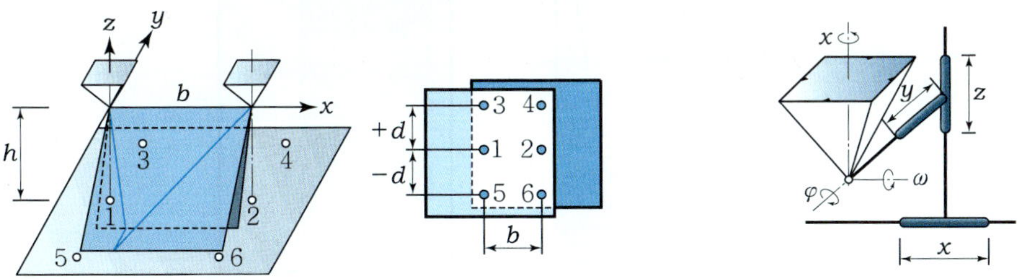

그림 14.61 상호표정을 위해 필요한 요소와 표정점

그림 14.61에서

Px, Py를 소거해야 광선 일치

Px → 투영기를 위아래로 조절 소거

Py → 소거 : 미지인자가 5개이기 때문에 5점이면 가능

보통 대칭적으로 6점 선택 사용(1점은 검사용)

2) 접합표정

입체모델간, 종접합모델간을 접합시켜 좌표계를 통일하는 작업이다. 기계적, 해석적 방법이 있다.

기계적 접합표정은 만능도화기에 의한 종접합모델좌표계를 구하는 것이다. 이에 반해 해석적 접합표정은 종접합모델좌표계나 종횡접합모델좌표계를 만들기 위한 λ, ω, ϕ, κ, Sx, Sy, Sz 인자의 수치처리를 이용한다.

3) 절대표정

가상좌표를 대상물좌표로 변환하는 작업이다. 기계적 절대표정 방법은 입체도화기상에서 내부, 상호표정을 마친 후 대상물의 좌표값(한 입체모델당 수평위치 기준점 2개, 높이 기준점 3개)을 이용하여 경사와 축적을 조정하여 대지좌표를 얻는다.

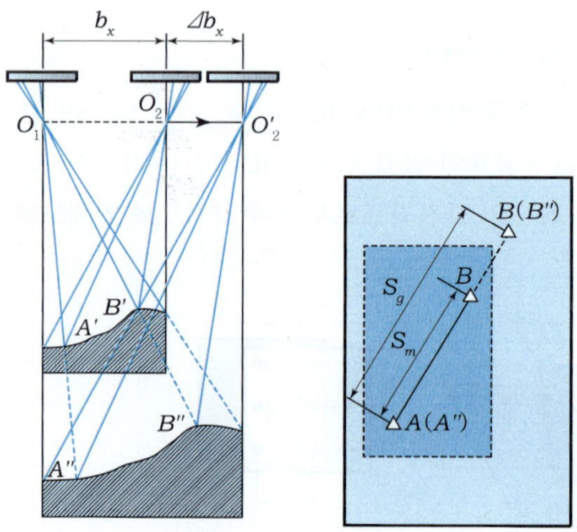

그림 14.62 절대표정

해석적 절대표정 방법은 가상좌표를 대상물좌표계로 환산하기 위한 λ, ω, ϕ, κ, Cx, Cy, Cz 인자의 수치적 처리를 이용한다. 대상물공간(또는 지상)의 기준점을 이용하여 대상물의 공간좌표계와 일치시키는 작업 → 2차원, 3차원 가상좌표로부터 절대좌표를 구해 사진상의 상과 대상물공간이 상사관계를 이루게 하는 작업이다.

순서는 ① 축척 결정 ② 수준면 결정 ③ 위치의 결정

표정인자는 ω, ϕ, κ, X, Y, Z, λ이다.

14.9.4 항공삼각측량(aerial triangulation)

입체도화기나 정밀좌표관측기에 의해 사진상의 무수한 점들의 좌표를 관측한 다음 지상기준점 성과 및 GNSS/INS외부표정요소를 기준으로 지상좌표로 변환하는 기법이다.

(1) 항공삼각측량의 분류

1) 촬영경로에 의한 분류

종접합모형조정(strip adjustment)과 종횡접합모형조정(block adjustment) 방법이 있다.

종접합 모델조정은 도로와 같이 긴 측량지역인 경우 한 개의 스트립으로만 촬영한 경우에 사용하는 방법이다. 종중복에 의해 조정 접합한다.

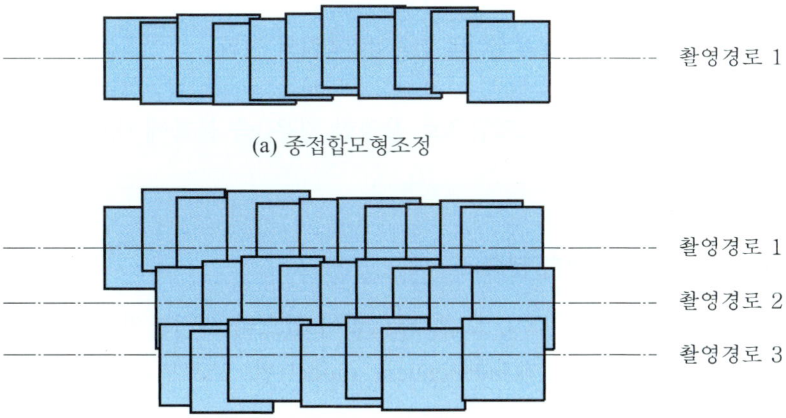

(a) 종접합모형조정

(b) 종횡접합모형조정

그림 14.63 촬영경로에 의한 분류

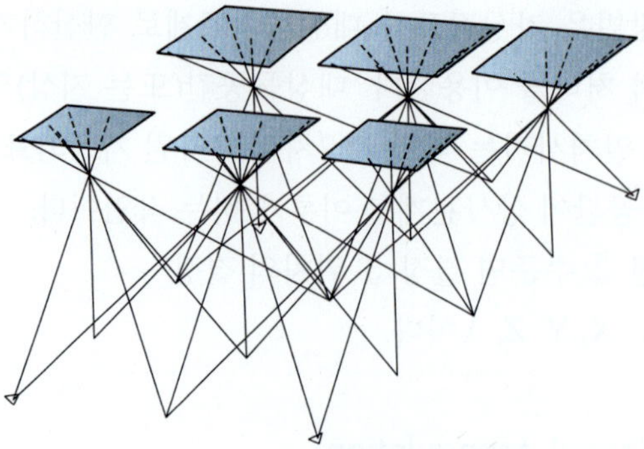

(a) 광속조정법

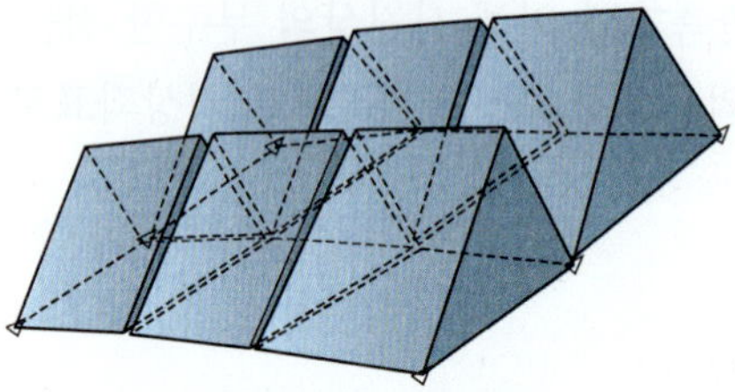

(b) 독립모델법

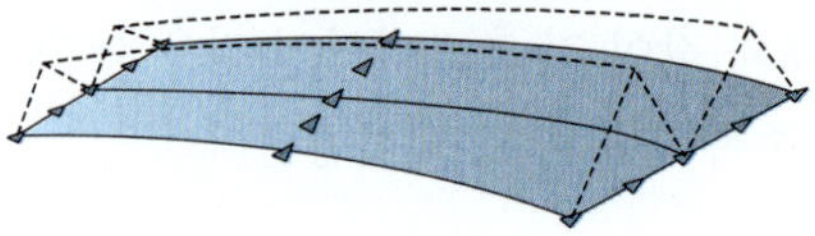

(c) 다항식법

그림 14.64 항공삼각측량의 단위

종횡접합 모델조정은 여러 스트립으로 촬영한 경우, 즉 블록에 대한 조정이다. 종중복, 횡중복에 의해 조정 접합한다.

(2) 조정기본단위의 종류에 의한 분류

항공삼각측량의 기본단위는 사진, 모델, 스트립이 있으며 사진단위는 광속조정법(bundle adjustment), 모델은 독립체 모델(independent model)법, 스트립은 다항식법(polynomial method)을 이용한다.

1) 다항식법 : 스트립을 단위로 블록 조정을 함

① 촬영경로마다 접합표정 또는 개략의 절대표정을 한 후

② 블록에 포함된 기준점과 횡접합점 이용하여

③ 촬영경로의 절대표정을 한다(다항식에 의한 최소제곱법 이용).

2) 독립 모델법

모델을 단위로 하여 접합점과 기준점을 이용 모델의 좌표를 조정방법에 의한 절대좌표로 환산한다.

3) 광속법

상좌표 → 사진좌표 → 절대좌표 계산하여 결과를 얻는다.

블록 내의 각 사진상에 관측된 기준점, 접합점의 사진좌표 이용 최소제곱법으로 각 사진의 외부표정요소 및 접합점의 최확값을 결정(공선조건식이 기본이론)한다.

(2) 항공삼각측량 작업공정

계획 → 준비 → 관측 → 계산 → 소요의 절대좌표

(3) 항공삼각측량의 계획

1) 기계적 항공삼각측량의 경우

스트립은 10~15모델 정도로 하며 블록인 경우에는 10 스트립 이하로 한다.

표정점수는 10모델마다 7점 정도, 출발모델에 3점, 폐합모델에 2점, 촬영경로 중간에 2점을 둔다.

2) 해석적 항공삼각측량의 경우

스트립은 10모델이 표준이며 표정점수는 10모델당 7점 이상으로 한다.

배치는 조정계산에 유효하도록 배치한다.

*표정점의 수 $= \frac{n}{2} + 2$(단, n은 모델의 수)

14.10 사진지도

14.10.1 사진지도

여러 장의 사진을 모자이크하여 지도처럼 만들기 때문에 직접 보는 것과 같이 이용할 수 있기 때문에 조사판독용으로 유용하다. 그러나 사진은 중심투영으로 사진 가장자리의 왜곡이 심해 인접사진과 잘 맞지 않는다. 따라서 사진의 중심부분만을 이용하여 사진지도를 만들기도 하며 편위를 수정한 사진으로 만들기도 한다. 그림 14.65는 항공사진 모자이크의 예이다. 사진변위의 수정방법에 따라 사진지도를 다음과 같이 분류한다.

그림 14.65 항공사진 모자이크의 예(Gerhard Marx, Johannesburg)

1) 약(略)조정집성 사진지도

편위수정(카메라의 경사에 의한 변위수정)[8]을 거치지 않는 사진을 모자이크하여 만든 사진지도를 말한다.

2) 반조정집성 사진

편위수정기에 의해 편위를 일부만 수정하여 모자이크한 사진지도를 말한다.

3) 조정집성 사진지도

편위수정을 거친 사진을 모자이크한 사진을 말한다.

4) 정사투영 사진지도

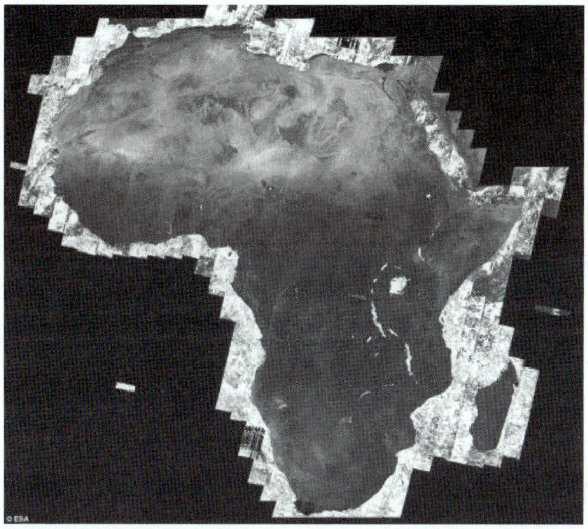

그림 14.66 아프리카의 위성영상 모지이크(www.dailyMail.co.uk

정밀입체도화기와 정사투영기에 의해 카메라의 경사, 지표의 비고를 수정하여 등고선을 삽입한 등고선 사진지도를 말한다. 이는 지도와 완전일치하기 때문에 설계 자료로도 사용가능하다.

8) 편위수정(rectification)이란 카메라의 경사에 의한 변위(경사와 축척)를 수정하여 엄밀수직사진으로 만드는 작업이다. 편위수정기(rectifier)는 3개의 표정점(X, Y)을 필요로 하며 정밀을 요할 시에는 4개 이상이 필요하다.

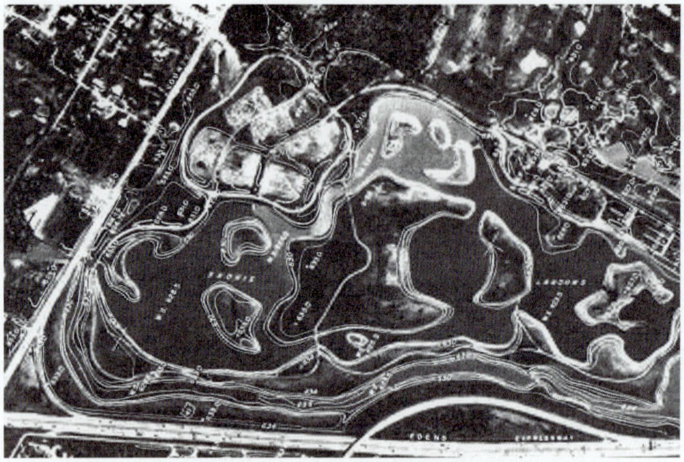

그림 14.67 정사투영사진지도

14.10.2 사진지도의 특징

사진지도는 다음의 장점이 있다.

① 넓은 지역을 일목요연하게 조사할 수 있다.
② 현지에 가지 않고도 조사할 수 있어 편리하다.
③ 지표면의 단속적인 징후도 넓은 지역을 한눈에 볼 수 있으므로 연속여부를 인지할 수 있다.
④ 광범위한 영역에 대한 패턴이나 질감을 통해 지형지질을 추적할 수 있다.

반면에 사진지도는 다음과 같은 단점이 있다.

① 산지와 평지에서 지형이 불일치한다. 이는 기복변위에 기인한다.
② 수백-수천 장의 사진을 모자이크하므로 운반하는데 불편하다.
③ 색조가 사진마다 촬영시간 및 광선이 달라 상이하여 오판의 가능성이 있다.
④ 과고감으로 인하여 산의 사면이 실제보다 깊게 찍힌다.

14.11 사진판독

14.11.1 사진판독의 개요

사진측량의 범위측면에서 살펴보면 우선 가시광선 범위에 국한된다고 볼 수 있다. 즉, 흑백사진 및 칼라사진을 초기데이터로 사용하여 지형도제작 및 판독을 행하는 것이다. 그러나 필요에 따라서는 적외선, 열적외선 영상으로 사진판독을 실시하는 경우도 있으므로 원격탐측으로 전이해가는 길목이라고 생각해도 좋겠다. 사진판독은 사진 상에 나타나 있는 대상물의 속성에 따라 정량적, 정성적 사진판독으로 나뉜다.

① 정량적 사진판독(quantitative photo interpretation) : 위치, 크기, 형상 등 결정

② 정성적 사진판독(qualitative photo interpretation) : 자원 및 환경 등의 정보조사

종합분석 ⇨ 관찰, 확인 ⇨ 분석, 분류 ⇨ 해석

그림 14.68 사진판독 과정

14.11.2 판독요소

판독의 기준이 되는 요소는 크기(size), 형상(shape), 모양(pattern)과 같은 정량적요소와 음영(shadow), 질감(texture), 모양(pattern)의 정성적 요소이다. 이 중 형, 색조, 음영을 판독의 3요소, 크기, 형상, 음영, 색조, 질감, 모양(pattern)을 6요소라 한다. 이외에도 상호위치관계(location or situation)와 과고감(vertical exaggeration) 등을 부가요소로 사용한다.

(1) 크기

대상물의 입체적 또는 평면적 넓이로 속성을 판단한다.

> **예** 콘크리트 건물과 같은 색깔과 톤을 가지는 대상물이 있는데 크기가 1m×2m이라면 이는 건물이기보다는 콘크리트 박스 등의 구조물일 확률이 높다.

(2) 형상

개체나 목표물의 윤곽, 구성, 배치 및 형태로 판단한다.

예 동일한 모양의 구조물이 여러 개 반복되고 있다면 연립주택 또는 아파트일 확률이 높다. 또 촬영시각에 따른 음영의 크기를 동시에 참고할 수도 있다.

(3) 음영

높은 탑과 같은 지물의 판독, 주위색조와 대조가 어려운 지형의 판독에 중요하다. 광선의 방향과 태양광의 방향을 일치시켜 판독한다. 일반적으로 태양고도가 높고 그늘이 적은 10~14시에 촬영한 사진이 적당하다.

(4) 색조(색채)

태양광의 반사율에 의해 식생 등의 대상물을 판별한다. 소축척 사진에서 색조의 중요성이 증대된다. 천연색 사진이 판독범위가 넓다.

(5) 질감

영상면의 세밀하고 거친 정도를 나타내는 것을 뜻한다(식별이 어려운 작은 대상물의 집합이 사진 상에 나타나는 미세한 색조변화).

거칠음(coarseness), 밀(fineness), 조(roughness), 평활(smothness)의 4단계의 표현이며 축척에 따라 질감의 판독대상이 달라진다. 즉, 1:10,000에서는 수관(tree crown)판독 가능하며 1:40,000에서는 수관식별 곤란하나 군락의 질감에 의해 수림의 성질파악이 가능하다.

(6) 모양

식생, 지물, 지표면 색조 등의 공간적인 배열상태를 뜻한다. 인공적 또는 자연적 물체는 기본적인 형상의 반복 또는 관련성을 갖고 있다. 대상물의 구조와 성질, 종류, 용도 등을 그 배치상태에 의해 판독할 수 있다.

(7) 상호위치관계

주위 영상과의 관계를 파악한다. 특히, 소축척에서 중요하다.

(8) 과고감

사진의 기선고도비(B/H)와 입체시의 기선고도비(b/h)의 차이에 기인하여 발생한다.

14.11.3 판독에 쓰이는 사진

① 전정색 사진 : 가시광선의 흑백영상은 형태판독을 통해 지질, 식물을 판독한다.
② 적외선 사진 : 근적외선의 흑백영상은 식물과 물의 판독에 유용하다.
③ 천연색 사진 : 가시광의 천연색영상 색을 판독요소로 한다.
④ 적외색 사진 : 가시광 일부와 근적외선으로 촬영한 영상(0.5μm 이하 차단)을 위색처리하여 식물의 종류와 활력정도를 판독한다.
⑤ 다중파장대 사진 : 가시광과 근적외선을 대역별로 동시에 촬영한 흑백영상으로 광범위한 분야에 이용하며 특히 식물의 판독, 환경모니터링 등에 사용한다.
⑥ 열영상 : 근적외 영상으로 온도분석에 이용된다.

14.11.4 사진판독의 장 · 단점

〈장점〉 ① 단시간에 넓은 지역의 정보를 얻을 수 있다.
② 대상지역의 종합적 정보획득이 가능하다.
③ 접근 곤란한 지역도 가능하다.
④ 원정보를 정확히 기록을 보존할 수 있다.

〈단점〉 ① 상대적인 판별이 불가능하다.
② 직접적으로 표면 또는 표면 근처에 있는 정보취득이 불가능하다.
③ 판독요소에 나타나지 않는 판독은 곤란하다.
④ 기후 및 태양고도에 좌우(항공사진의 경우)된다.

그림 14.69 전정색 사진과 적외선 사진의 비교

14.12 MMS(Mobile Mapping System)

최근의 사진측량은 다중센서기술의 발전에 힘입어 GPS, Laser scanner, IMU 등과 조합하여 이동지도제작시스템(MMS;Mobile mapping system)을 탄생시켰다. MMS는 도로 및 도로시설물 그리고 인접건물과 구조물의 3D모델링을 위한 획기적인 시스템이다. 앞으로 지능형자율주행을 위한 정밀도로지도 및 3D GIS구축의 중심적인 역할을 할 것이다. 이번 절에서는 MMS의 구조와 국내 시스템에 대해 설명한다.

14.12.1 최근 MMS

MMS는 다양한 센서의 조합으로 구성되므로 하드웨어뿐만 아니라 소프트웨어도 통합운영이 가능해야 한다. 또한 각 센서에서 보내져 오는 신호 간에 간섭 등 부정적인 영향을 미치므로 이에 대한 필터링기법 등도 중요한 요소가 된다. 이는 최종 결과물의 정확도에 중대한 영향을 미치므로 신중을 기해야 한다. 대부분의 MMS는 CCD카메라, 레이져스캐너, GNSS, 지상보조 레이져스캐너의 조합으로 MMS가 구성된다. MMS시스템은 각 센서의 검정은 물론 통합적인 시스템에 대해 주기적인 검정이 필요하며 최종적인 결과물은 후처리를 거쳐 얻어지게 된다.

(1) Trimble MX9

대규모 스캔 및 매핑 미션을 위한 모바일 매핑 솔루션을 제공한다. MX9는 차량 위에 탑재되어 파노라마와 멀티 앵글 모두에서 조밀한 점군데이터와 이미지를 빠르게 캡처한다. 데이터는 고속도로 속도에서 수집할 수 있어 혼잡한 고속도로에서 데이터 수집을 크게 개선하고 값비싼 차선 폐쇄를 피할 수 있다.(그림 14.70)

(2) Topcon IP-S3 HD1

IP-S3 모바일 매핑 시스템은 더 작고 가볍고 다루기 쉬운 시스템으로 고해상도 파노라마와 결합된 고밀도, 고정밀도 점군데이터를 제공한다. IP-S3의 위치 측정 시스템은 관성 측정 장치(IMU), GNSS 수신기(GPS 및 GLONASS) 및 차량 주행 기록계의 통합이다. 그것은 동적 환경에서 정확한 위치와 자세를 제공한다. 회전하는 LiDAR 센서는 초당 70만 펄스의 속도로 환경을 포착한다. 각 회전 동안 32개의 내부 레이저가 각각 약간 다른 시야각에서 시스템 주위로 360도 전체를 덮는다. 이를 통해 장애물이나 사각지대에서 발생하는 점군데이터의 사이를 최소화하기 때문에 여러 대의 스캐너를 설치할 필요가 없어진다.(그림 14.71)

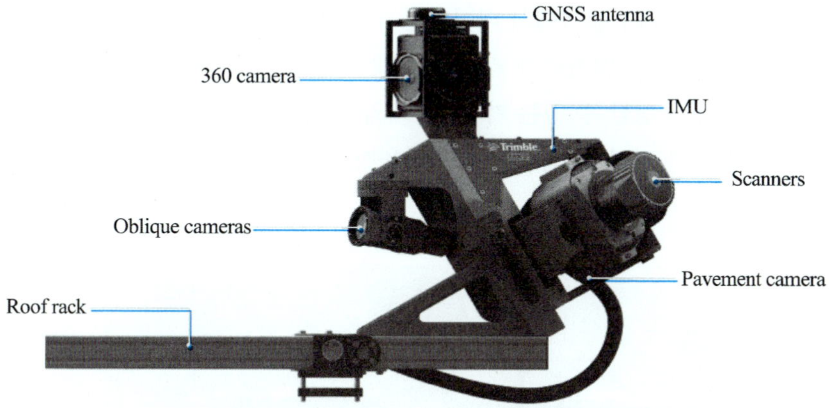

그림 14.70 Trimble MX9 mobile mapping system

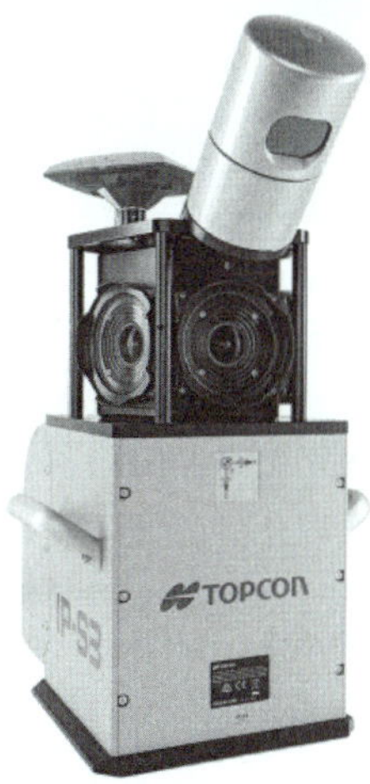

그림 14.71 Topcon IP-S3 HD1 mobile mapping system

그림 14.72 Leica Pegasus mobile mapping system

(3) Leica Pegasus

라이카 페가수스 모바일 매핑 솔루션은 GNSS 수신기, IMU, DMI와 함께 레이저 스캐너 1대 또는 여러 대를 사용하며, 어느 차량에든 6~8대의 카메라로 정확하고 정밀한 공간 데이터를 획득한다.(그림 14.72) 이 혁신적인 모바일 센서 플랫폼은 포인트 클라우드와 영상 데이터를 캡처할 뿐만 아니라 추가 센서에서 데이터를 수집할 수 있다.

라이카 페가수스 백팩은 웨어러블 리얼리티 캡처 센서 플랫폼이다. 인체공학적 디자인은 360도 뷰를 완벽하게 보정할 수 있는 카메라 5대와 초경량 탄소 섬유 섀시를 갖춘 LiDAR 프로파일러 2대를 결합한 것이다. 집중적이고 효율적으로 실내 또는 실외 결과물의 획득을 가능하게 한다.(그림 14.73)

그림 14.73 Leica PegasusBackpack
http://www.gisresources.com

이외에도 Gexcel Oribit GT's 3DM, Teledyne Optech's Maverick, 미쯔비시 MMS-G 등의 MMS가 사용되고 있다.

14.12.2 MMS의 기능 및 활용

MMS는 주행하면서 차량에 부착된 센서들로 점군데이터, 영상데이터, 위치 및 자세데이터를 단시간 내에 취득하여 지형공간정보를 수집하고 구축하는 장비로써 3차원 공간정보 구축 및 시설물 관리분야 등에 중요한 역할을 한다.

(1) 점군데이터 획득(Point cloud)

예로써 그림 14.74는 MMS-G 시스템으로 획득한 다중 데이터를 처리하는 소프트웨어의 일부 실행 화면이다. MMS는 시속 약 60km이하로 이동을 하며 측량하므로 각 시간 별 센서의 위치를 GPS데이터 후처리를 통해 구한다(그림 14.74(a)). 여러 대의 레이져스캐너로부터 얻어진 포인트데이터는 .las 또는 .csv형식으로 소프트웨어 내로 입력되거나 처리된다(그림 14.74(c)). 포인트데이터의 3차원적 디스플레이는 현장감이 없으므로 보통 RGB정보를 포인트에 입혀 작업한다(그림 14.74(c),(d)).

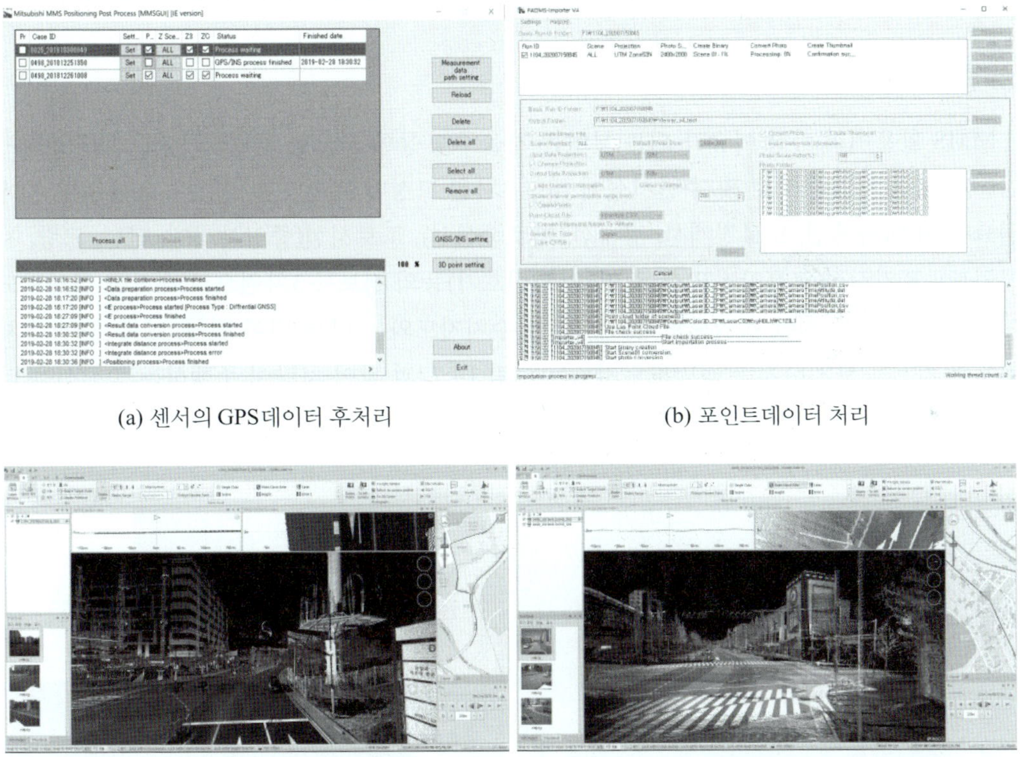

(a) 센서의 GPS데이터 후처리 (b) 포인트데이터 처리

(c) 3D point cloud data (d) 3D RGB point cloud data

그림 14.74 MMS-G 자료처리 소프트웨어 (신한항업 제공)

(2) 속성데이터 획득

MMS-G 시스템은 도로에 인접한 노면, 건물, 도로시설물에 대한 3D매핑과 속성정보 취득을 할 수 있어 지상 및 지하시설물관리, 도로DB구축, 도로 종횡단 측량, 교량 유지관리 등 넓은 분야에 적용할 수 있어 활용도가 높다. 여기서 속성정보라 함은 도로교통표지판, 안전시설물의 안내판 또는 도로주변 건물의 간판 등으로부터 자동문자인식으로 데이터베이스에 저장되는 데이터를 말한다(그림 14.75).

조밀한 점군데이터는 그림 14.76과 같이 도로의 종단뿐만 아니라 횡단측량성과를 손쉽게 추출할 수 있으며 측점간격에 구애받지 않고 원하는 지점에 대해 단면 추출이 가능하다.

(3) 정밀도로지도구축

MMS 활용에서 가장 이슈가 되는 분야는 자율주행 등에 필요한 정밀도로지도 DB 구축이다. 정밀도로지도란 도로 및 주변시설에 대한 3차원 고정밀 데이터를 말한다. 자율주행 등에 필요한 차선(규제선, 도로경계선, 정지선, 차로중심선), 도로시설(중앙분리대, 터널, 교량, 지하차도), 표지시설(교통안전표지, 노면표시, 신호기)등의 정보를 3차원으로 제작한 전자지도이다. 자율주행을 위한 정밀도로지도는 일반 수치지도와는 다른 면이 있다. 예를 들어 수치지도는 차선을 표시하지만 정밀도로지도는 그림 14.77과 같이 차량이 주행하는 중심선을 더 중요시한다. 따라서 교차로에서의 차선표시 역시 실제 차량의 주행에 중점적으로 제작한다.

a) 속성과 함께 표시된 point cloud

b) 노면에 표시된 차선에 대한 속성테이블

그림 14.75 지상 및 지하시설물 관리 (동광지엔티 제공)

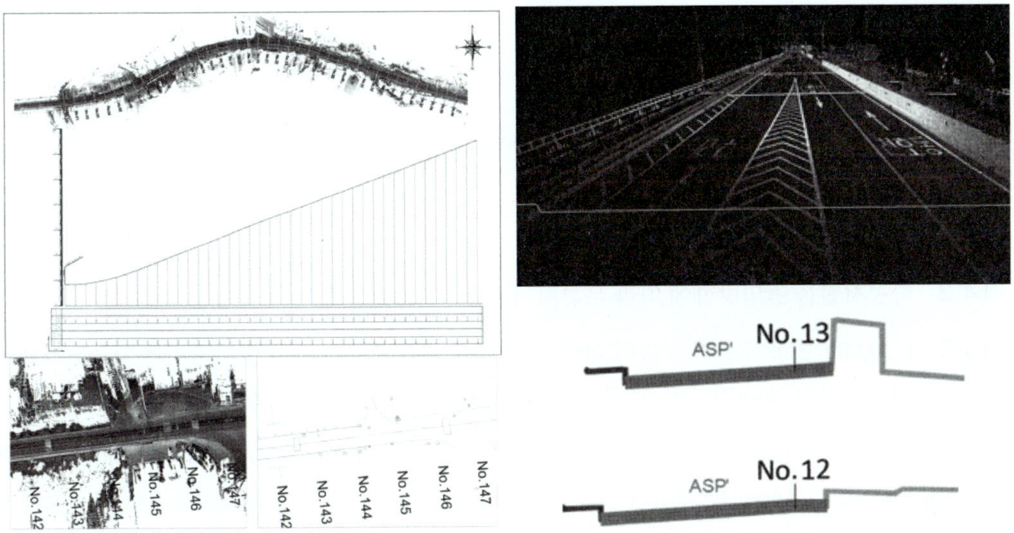

a) 도로종단측량성과 추출　　b) 도로 횡단측량성과 추출

그림 14.76 도로 종횡단 측량 (동광지엔티 제공)

그림 14.77 정밀도로지도 DB(국토지리정보원 제공/신한항업)

연습문제

14.1 항공촬영 시 종중복과 횡중복을 하는 이유는 무엇인가?

종중복의 이유 :

횡중복의 이유 :

14.2 항공사진을 촬영방향에 따라 분류하시오.

14.3 1:20,000 항공사진에 굴뚝이 촬영되어 있다. 주점으로부터의 방사거리는 78mm였으며 기복변위는 9mm였다면 이 굴뚝의 실제 높이는? (사진기의 초점거리 200mm)

14.4 촬영고도 3000m로 촬영한 한 쌍의 사진을 입체시하여 탑의 상단 시차 12.58mm, 하단의 시차 11.34mm를 얻었다. 이 탑의 높이는? (왼쪽사진을 기준으로 측정한 기선길이가 75mm 오른쪽사진을 기준으로 한 기선길이가 78mm였다.)

14.5 상공 3km에서 종중복도 60%, 횡중복도 30%로 촬영하고 있다. 사진 한 변의 길이가 25cm, 초점거리 150mm라면 촬영종기선과 횡기선의 길이는 얼마인가?

14.6 종중복도 70%, 횡중복도 20%로 촬영한 축척 1:30,000의 항공사진이 있다(사진의 한 변 길이는 20cm×20cm이다). 유효면적은 얼마인가?

14.7 시속 250km의 항공기에서 초점거리 150mm의 사진기로 촬영하고 있다 촬영고도가 4000m, 중복도가 60% 허용흔들림양이 0.02mm라면 최장노출시간은 얼마인가? 또 최소노출시간은 얼마인가? (사진의 크기는 20cm×20cm이다.)

14.8 초점거리 200mm, 촬영고도 4,000m에서 종중복도 60%, 횡중복도 20%로 촬영하였다. 촬영지역은 30km×20km이며 안전율은 20%로 한다(화면크기는 20cm×20cm). 유효면적방법과 안전율을 고려하지 않은 방법으로 사진매수를 계산하여 비교하라.

14.9 항공사진을 1:5,000, 종중복도 60%로 촬영하고 있다. 항공기의 속도가 350km/h 라면 최소노출시간은 얼마인가?(사진 한변의 길이는 25cm)

14.10 사진의 표정(orientation)의 종류를 들고 각각 간단히 설명하시오.

14.11 MMS에 탑재되는 센서를 들고 기능을 설명하시오.

14.12 사진지도의 종류를 들고 설명하시오.

14.13 사진판독의 6요소는 (　　), (　　), (　　), (　　), (　　), (　　)이고, 3요소는 (　　), (　　), (　　)이다.

제6편
원격탐측

제15장 원격탐측

Ⅰ 제6편 원격탐측 Ⅰ

태양을 떠나 지구에 도착한 햇빛(전자기파)은 다양한 지표의 대상물에 입사되고 반사된다. 대상물의 종류에 따라 반사특성이 다르며 이를 영상으로 수집하여 대상물의 특성을 규명할 수 있다.

인간이 볼 수 있는 가시영역은 0.4μm～0.7μm 파장대이지만 비가시영역(적외선, 극초단파 등)의 파장을 이용하게 되면 인간이 볼 수 없는 특성까지 분석하고 정보를 획득할 수 있다. 특히 우주항공기술의 발달로 고해상 센서를 탑재한 다목적 위성의 잇따른 발사에 힘입어 자세하고 정확한 분석이 가능해졌다. 현대의 Remote Sensing은 GIS의 중요한 데이터 획득수단으로 다시 전성기를 누리고 있다.

제15장 원격탐측

15.1 서론

원격탐측(Remote Sensing)은 지상이나 항공기 및 인공위성 등의 탑재기(platform)에 설치된 탐측기(sensor)를 이용하여 지표, 지상, 지하, 대기권 및 우주공간의 대상들에서 반사 혹은 방사되는 전자파를 탐지하고 이들 자료로부터 토지, 환경 및 자원에 대한 정보를 얻어 이를 해석하는 과학의 한 분야이다. Remote Sensing이라는 말을 처음 쓰기 시작한 것은 1960년대 초 미국 해군연구청(Office of Naval Research)의 물리학자들이었다.

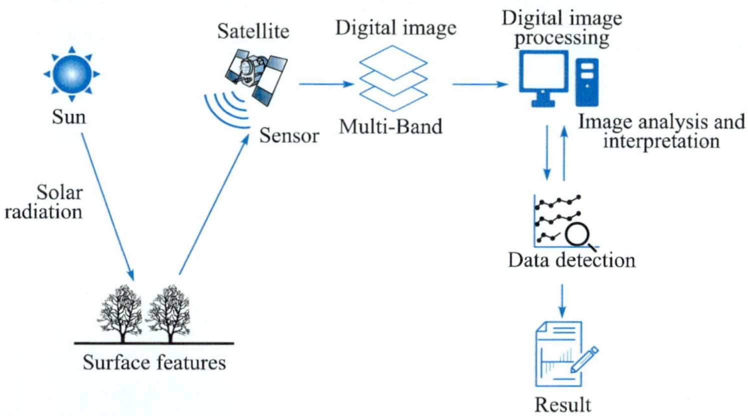

그림 15.1 원격탐측의 일반적 작업과정(www.ResearchGate.net)

많은 면에서 원격탐측은 판독과정이라 생각할 수 있다. 다양한 센서를 사용하여 정보를 얻고 분석하여 데이터를 원격적으로 수집한다. 이번 장에서는 원격탐측과정에서 주목해야할 기본원리를 설명하였다. 전자에너지의 기본성질로부터 출발하여 센서의 종류 및 특성, 탑재체, 원격탐측의 활용에 이르기까지 서술하였다.

15.2 원격탐측의 역사

1909년 항공기에서 사진촬영이 가능해짐에 따라 1차 세계대전(1914~1918)에 항공사진을 이용한 정보생성(정찰) 분야가 발전하였다. 1930년대 레이더 개발을 통해 2차 세계대전(1939~1945)에는 비가시광선영역의 전자기파를 사용하게 되었다. 1954년 항공기를 이용한 레이더 시스템(side-looking airborne radar)이 개발되었다.

1957년 소련의 Sputnik satellite이 발사됨에 따라 탑재체가 항공기가 아닌 위성으로 전환되는 중요한 계기가 되었다. 1965년에는 관련 국제학회인 ISPRS(International Society Photogrammetry & Remote Sensing)가 결성되었다. 1970년대 디지털 이미지 처리 기술이 출현함에 따라 지리정보시스템과 원격탐사분야의 통합을 가져왔으며 1964년 미국의 해양관측 위성 발사, 1972년 미국 지구관측 위성 Landsat을 발사함에 따라 원격탐사 분야의 부흥을 주도하였다. 1980년대 초분광센서(Hyperspectral sensors)의 개발과 1986년 프랑스의 지도제작 전문위성인 SPOT의 발사는 위성영상을 이용한 정량적 정보 생성을 가능케 했다. 1990년대 수치사진측량학(Digital Photogrammetry)이 발전하였으며 LIDAR의 등장은 1991년 ERS 발사와 1995년 Radarsat 발사, 1992년 일본의 광학, 레이더 동시 관측 위성의 발사를 주도하였다.

이후 고해상도 센서개발에 박차를 가하여 1995년 미국, 소련, 이스라엘에서 상용 고해상도 위성계획이 수립되었으며 1999년 고해상도 위성(IKONOS)의 발사는 위성사진측량 분야의 기대를 가져왔다. 그 뒤를 이어 2000년대 Quickbird, Orbview 등과 같은 1m 이하 급의 고해상도 위성영상이 출현하여 항공사진에 버금가는 공간해상도의 위성의 등장을 기대하고 있다.

그림 15.2 아리랑1호의 제작광경 (항공우주연구원)

우리나라의 역사는 1970년 기상관측 위성으로부터 데이터를 수신한 것이 시초이며 1972년 Landsat이 발사되고 국내에 원격탐측이 소개되어 인공위성영상을 활용되기 시작하였다. 1992년 소형 과학위성 우리별 1호의 발사(KAIST의 인공위성 연구센터)는 우리나라의 우주시대를 열었다고 볼 수 있다. 항공우주연구원은 1999년 12월 한국 최초의 다목적 인공위성 아리랑 1호(KOMPSAT-1)를 발사하였다. 이 위성에는 약 6.6m의 공간해상도로 영상을 획득할 수 있는 카메라가 탑재되어 있다. 뒤이어 2006년 7월 28일 아리랑 2호가 발사되어 우리나라도 꿈의 공간해상도 1m급의 위성을 갖게 되었다. 2012년 5월에는 0.66m의 3호, 2013년 8월 최초의 Radar sat 아리랑 5호가 발사되었으며, 2015년 3월 0.55m의 아리랑 3A호가 발사되어 바야흐로 전천 후 원격탐측시대가 왔다고 볼 수 있다. 추가적으로 아리랑6호 레이더 위성과 아리랑7호(0.3m)가 발사를 예정하고 있다. 최근 2021년 3월에는 국토정보위성은 한반도 전역의 위성정사영상을 약 6개월 주기로 구축할 수 있게 되었다. 향후 다양한 위성의 보유와 더불어 위성관제시스템과 위성 데이터를 효과적으로 처리하기 위한 기술과 전문 인력의 필요성이 강조되고 있다.

15.3 원격탐측의 기본개념

15.3.1 에너지원과 방사원리

가시광선은 전자파에너지의 많은 형태 중의 하나이다. 이들 모든 에너지는 원초적으로 기본적인 파(wave)의 이론과 일치한다.

$$C = \nu \cdot \lambda \tag{15.1}$$

여기서, ν : 주파수[1)]

λ : 파장

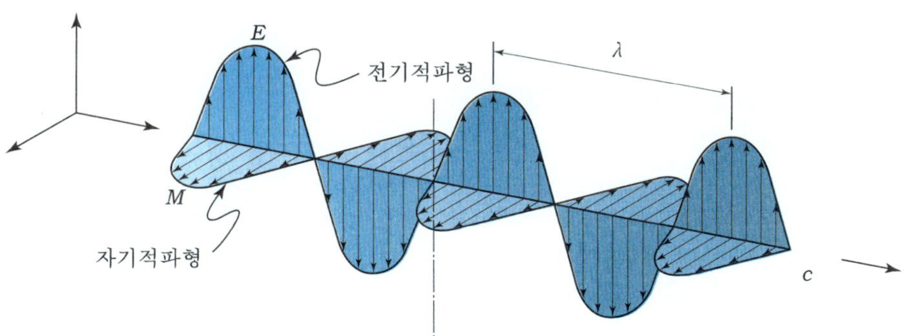

그림 15.3 전자파 파형, sine전기적 파형(E)과 이에 직각을 이루는 자기적 파형(M)

1) 공간상에 고정된 한 점을 지나는 파의 정점의 수 즉, 초(sec)당 지나가는 파장(λ)의 수

상수 $C = 3 \times 10^8 \mathrm{m/sec}$ 이고 주어진 임의의 파형에 대한 주파수 ν와 파장 λ는 역비례관계로 주어지므로 각 항을 특정한 형태의 파형으로 특성화하여 사용할 수 있다. 스펙트럼 상에서 가시영역은 매우 작은 부분이다. 눈이 지각할 수 있는 스펙트럼의 영역은 단지 $0.4\mu\mathrm{m} \sim 0.7\mu\mathrm{m}$이다. 푸른색은 $0.4\mu\mathrm{m} \sim 0.5\mu\mathrm{m}$, 초록색은 $0.5\mu\mathrm{m} \sim 0.6\mu\mathrm{m}$, 빨간색은 $0.6\mu\mathrm{m} \sim 0.7\mu\mathrm{m}$이다. 자외선(Ultra-violet)영역은 스펙트럼 가시영역의 푸른색 끝단에 있다. 가시영역의 적색영역에 인접해 있는 스펙트럼대는 적외선(IR;Infrared) 영역이다. 이 적외선영역은 근적외(Near IR $0.7\mu\mathrm{m} \sim 1.3\mu\mathrm{m}$), 중적외(Mid IR $1.3\mu\mathrm{m} \sim 3.0\mu\mathrm{m}$), 열적외(Thermal IR $3.0\mu\mathrm{m}$ 이상)로 나뉜다.

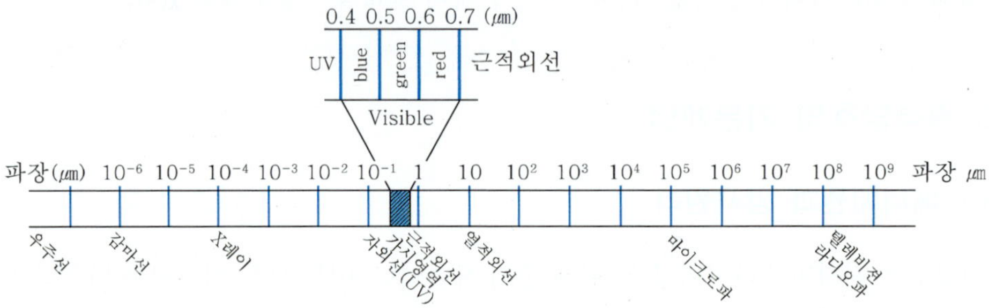

그림 15.4 전자기파의 스펙트럼

파형이론에 의해 전자적인 방출에 관한 특성을 광자(photon) 또는 양자(quanta)에너지로 표현된다.

$$Q = h\nu \tag{15.2}$$

여기서, Q : 하나의 양자에너지, J(Joules)

h : 프랑크상수 $6.626 \times 10^{-34} J/\mathrm{sec}$

ν : 주파수

식 (15.1)의 ν항을 대입함으로써 전자에너지 방출의 파와 양자모델의 관계를 유추할 수 있다.

$$Q = \frac{h \cdot C}{\lambda} \tag{15.3}$$

양자에너지와 파장은 반비례하므로 파장이 길어지면 에너지양은 적어진다. 태양은 원격탐사 분야에서 가장 확실한 전자기 에너지 복사원이지만, 절대온도 0°(0K 혹은 −273℃) 이상의 온도에서 모든 물질들은 지속적으로 전자기 에너지를 방출한다. 모든 물질들에서 얼마나 많은 에너지를 복사하느냐 하는 것은 대상 물체 표면온도에 대한 함수이며 이러한 특성은 Stefan-Boltzman의 법칙으로 표현된다(단, 흑체일 경우만 적용).

$$M = \sigma \cdot T^4 \tag{15.4}$$

여기서, M = 물질 표면에서 방출되는 전체 에너지 양, 와트/m^2(W/m^2)

σ = Stefan-Boltzman 상수, $5.6697 \times 10^{-8} Wm^2K^{-4}$

T = 에너지를 방출하는 물질의 절대온도(K)

온도가 증가하면 할수록 방출되는 에너지양이 급속도로 증가한다($\because M \propto T^4$).

태양이 떴을 때, 우리는 반사된 태양에너지 덕분에 지표물체들을 관찰할 수 있다. 다시 말해서 지표물질들에서 방출되는 장파장 에너지는 사진기와는 다른 관측 시스템을 이용하여야 관측할 수 있다. 반사된 근 적외선과 방출된 근 적외선의 일반적인 구분선은 약 3μm 이다. 3μm 이하의 파장에선 반사된 에너지가 우세하고, 그 이상의 파장에선 방출된 에너지가 우세하다. 레이더 시스템과 같은 센서들은 관심대상에 에너지를 비추기 위해 자신이 지닌 에너지원을 이용한다. 자연적인 에너지를 이용하여 관측하는 "수동형" 시스템과는 상대적으로 이러한 시스템을 "능동형(active)" 시스템이라 부른다. 능동형 시스템의 가장 일반적인 예는 플래시를 사용한 카메라이고, 태양광 아래에서 사용되는 카메라에는 수동형 센서가 사용되는 것이다.

15.3.2 대기 중 에너지 상호작용

에너지원과는 무관하게 원격탐사용 센서에 검출되는 모든 복사에너지는 대기상의 일정거리 혹은 통과길이(path length)를 지난다. 통과길이는 매우 다양한데, 예를 들어 인공위성 사진은 광원에서 센서까지 태양광선이 여행하는 동안 지구의 두꺼운 대기층을 두 번 통과된 태양광이 담긴 것이다. 이와 달리 항공기용 열 센서(Themal Sensor)는 지구상의 물체에서 직접 방출된 에너지를 검출한다. 즉, 단 한번만 지구 대기를 통과하기 때문에 상대적으로 짧은 대기 통과길이를 지닌다. 대기의 최종효과는 통과길이의 차이에 따라 다양하고 관측된 에너지의 신호 강도에 의해 변화하며 현재 대기의 상태 및 이용되는 파장에 따라서도 변한다.

(1) 산란・분산(Scatrering)

대기산란은 대기에 있는 입자들로 인해 발생하며 예측할 수 없는 복사에너지 확산현상을 말한다. 입자의 크기에 따라 레일리 산란(Rayleigh Scatter)과 마이어 산란(Mie Scatter)이 발생한다. 레일리 산란(Rayleigh Scatter)이란 복사파장이 자신보다 직경이 매우 작은 미세 분자 및 대기 분자들과 상호작용을 하는 경우 나타나는 현상으로 단파장은 이러한 산란 구도에서 장파장보다 훨씬 활발하게 산란되는 경향이 있다. 예를 들어 푸른 하늘, 일몰과 일출시의 붉은 하늘색깔이다. 마이어 산란(Mie Scatter)은 대기 입자의 직경이 관측에 이용되는 에너지 파장과 같은 경우에 발생하는 현상으로 수증기와 먼지 등이 산란을 일으키는 주요 요인이다. 일반적으로 물방울은 $5\sim100\mu m$의 직경을 가지며, 모든 가시광선과 근 적외선에서 열적외선까지 동일하게 분산을 일으킨다. 그래서 이러한 분산을 모든 파장에 대해 차별 없는 산란이라 하는 것이다. 가시광선 파장들에서 청, 녹, 적색이 산란되는 정도는 모두 똑같으며, 이로 인해 안개와 구름은 흰색으로 보이는 것이다.

(2) 흡수(Absorption)

산란과 대조해보면 대기 흡수는 에너지의 손실이다. 태양복사에너지를 탁월하게 흡수하는 것은 수증기, 이산화탄소, 오존 등이다. 이러한 가스들은 특정 파장에서만 전자기 에너지를 흡수하는 경향이 있기 때문에 특정원격탐사 시스템에서 분광적으로 "우리가 어디를 관찰하는냐"하는 부분(이용하는 전자기 파장 밴드 영역)에 굉장히 강한 영향을 미치고 있다. 특히 대기가 에너지를 전달하는 파장의 범위를 "대기의 창(Atmospheric Windows)[2)]"이라 부른다. 그림 15.5는 에너지원과 대기흡수 특성 사이의 상호관계를 나타내고 있다.

---

2) 비교적 대기에 의해 흡수당하는 일이 없이 방사하여 통과해 들어오는 파장대 $0.3\sim2.5$, $3.0\sim4.0$, $4.2\sim5.0$, $7.0\sim15.0\mu m$

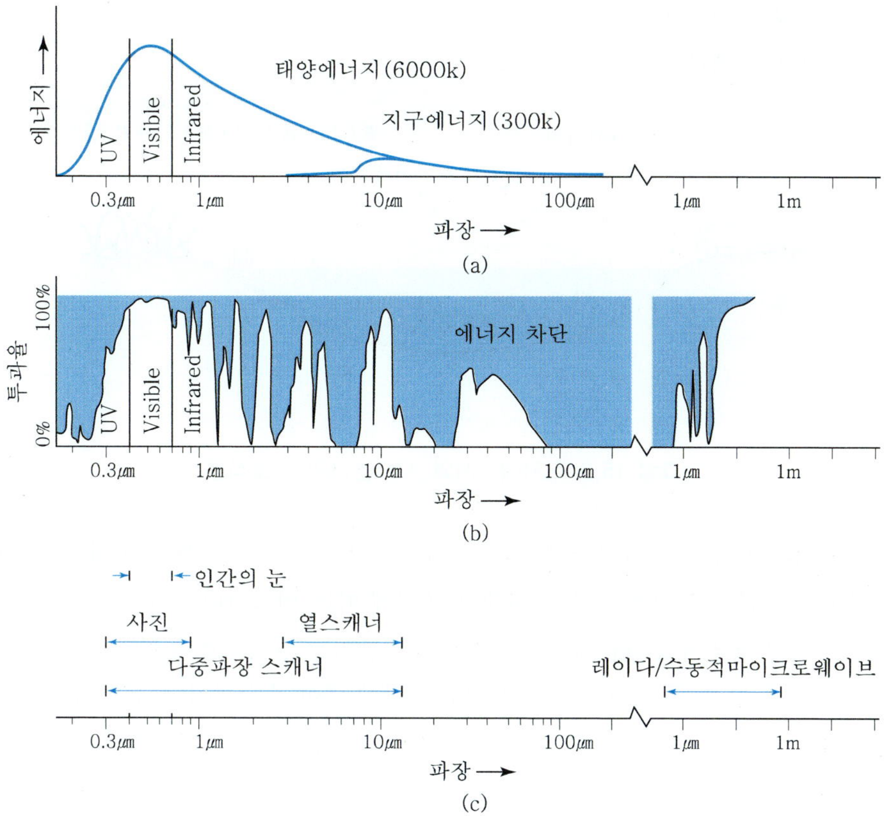

그림 15.5 전자기파의 대기흡수

15.3.3 지표에서의 에너지상호작용

전자기 에너지가 특정 지표 물질에 입사하였을 경우, 기본적으로 지표 물질과 세 가지 에너지 상호작용이 발생한다. 즉, 세 가지의 에너지 형태를 갖게 된다. 에너지 보존 법칙을 이용하여 세 종류의 에너지 상호작용을 에너지 조화 방정식으로 표현할 수 있다.

$$\therefore \ E_I(\lambda) = E_R(\lambda) + E_A(\lambda) + E_T(\lambda) \tag{15.5}$$

여기서, E_I : 입사 에너지

E_R : 반사 에너지

E_A : 흡수 에너지

E_T : 투과 에너지

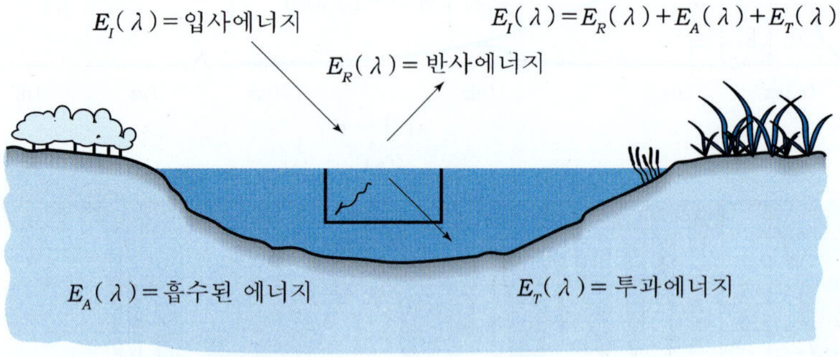

그림 15.6 전자에너지와 지표면간의 상호작용

이들 관계에서 꼭 주목할 것이 두 가지가 있다. 첫째는 반사, 흡수, 투과된 에너지의 비율들이 지표물체가 다름으로 인해 그 물질형태와 조건에 따라 변화한다. 이러한 차이가 영상 상에서 다른 물체와 구별하게 해준다. 둘째, 파장에 의존하는 방법으로 주어진 물체 내 조차 다른 파장에서 반사, 흡수, 투과비율이 다양하다. 파장에 대한 종속성이다. 동일한 물질에 대해서도 파장이 바뀌면 에너지의 반사, 흡수 및 투과 비율이 달라진다. 이로 인해 특정 분광 영역에선 서로 다른 두 종류의 물질들을 구분해내지 못할지라도 다른 파장 영역에서 이들 두 종류의 물질들을 구분해낼 수 있다. 스펙트럼 중 가시광선 영역에서 이들 분광적인 변화는 색상(color)이라고 불리는 시각적인 효과를 발생시킨다.

원격탐사 시스템은 반사된 에너지가 우세한 파장영역에서 작동되기 때문에 지표 물질의 반사 비율은 매우 중요하다.

에너지 조화 방정식으로부터 유도된 반사 에너지 식은 다음과 같다.

$$\therefore \; E_R(\lambda) = E_I(\lambda) - [E_A(\lambda) + E_T(\lambda)] \tag{15.6}$$

즉, 반사된 에너지는 특정 물질에 입사한 에너지에서 물질에 의해 흡수되거나 투과된 에너지를 뺀 나머지와 같다.

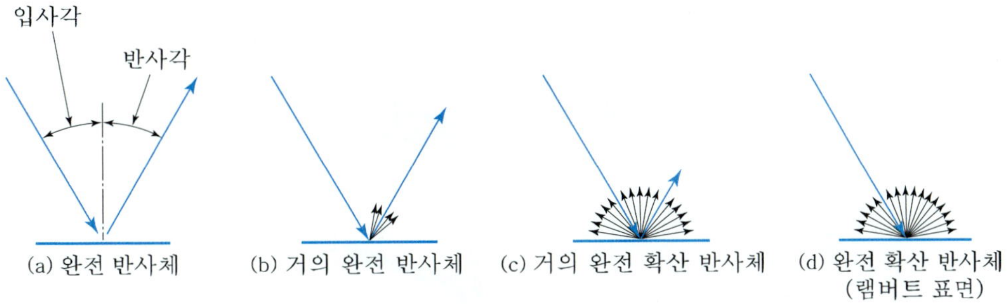

그림 15.7 대상물 표면에 따른 반사형태

확산반사체들은 반사표면의 color에 대한 스펙트럼 정보를 포함하고 있는 반면 완전반사체들은 그렇지 않다. 그러므로 원격탐측에서는 거의 지표물체의 확산반사특성을 측정하는데 주안점을 두고 있다. 지표면에 대한 반사특성은 입사에너지와 반사된 에너지의 비에 의해 정량화할 수 있다. 이는 파장의 함수로서 측정되며 이를 스팩트럼반사 ρ_λ 라고 한다.

$$\rho_\lambda = \frac{E_R(\lambda)}{E_1(\lambda)} = \frac{\text{대상물로 부터 반사되는 파장 } \lambda \text{의 에너지}}{\text{대상물에 입사되는 파장 } \lambda \text{의 에너지}} \times 100 \quad (15.7)$$

각각의 파장에 따른 대상 물체의 분광 반사율 그래프를 분광 반사율 곡선(spectral reflectance curve)이라 부르고 그 형태는 대상 물체의 분광적 특성에 관한 내면적인 사항들을 알려주며, 특정 분야에 적합한 원격탐사 자료 수집 시 어떠한 파장 영역대를 선택해야 하는지에 관한 사항들에 강한 영향을 미친다. 다음 그림 15.8은 활엽수와 침엽수의 분광 반사율 곡선으로 일반적으로 널리 알려져 있는 내용이다.

각 물체에 관한 분광 곡선은 하나의 선분이 아니라 리본형의 점들로 표현되어 있다. 이것은 특정한 활엽 수종의 분광 반사율과 다른 활엽 수종의 분광 반사율은 같을 수가 없다는 것이다. 또 동일한 수종일지라도 분광 반사율이 완전히 같을 수 없다.

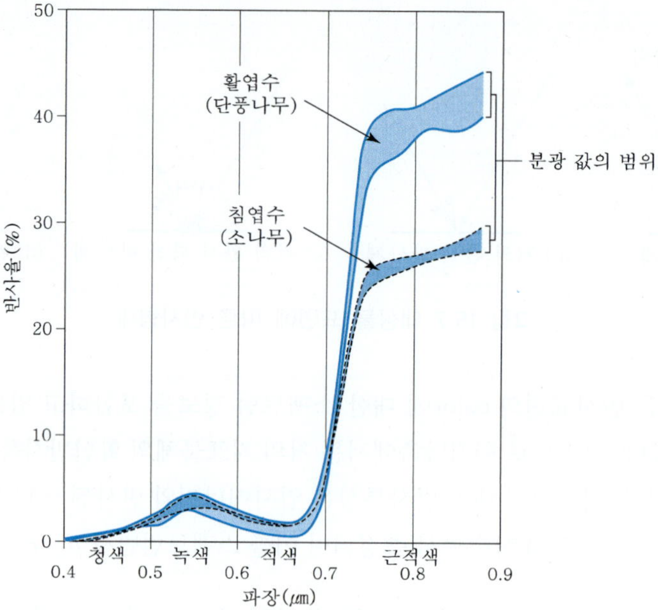

그림 15.8 침엽수와 활엽수의 반사율 특성

어느 일정 지역에 대해 침엽수종과 활엽수종의 삼림지도를 작성해야 한다면 당신은 어떠한 항공비행 센서시스템을 선택할 것인가? 어떤 사람은 가시영역센서를 선택할지 모른다. 그러나 이 선택에는 심각한 문제가 존재한다. 그림 15.8에서와 같이 가시영역에서 침엽수와 활엽수의 반사특성은 거의 중복되어 있다. 따라서 눈은 거의 같은 초록색만을 보게 될 것이다. 결국 나무크기, 모양, 형태, 위치 등을 사용하여 확인하여야 한다. 이는 공중에서 어려우며 특히, 두 가지의 수종이 섞여 있을 때 더욱 어렵다. 그러면 어떻게 해야 이 두 수종을 구별할 수 있을까? 우리는 이 문제를 근적외 에너지를 기록할 수 있는 센서를 사용함으로써 해결할 수 있다. 적외선 흑백필름을 장착하여 촬영하면 활엽수는 전반적으로 침엽수보다 더 밝은 톤으로 나타나는데 이는 침엽수보다 적외선 반사가 우세하기 때문이다. 그림 15.9(a)에서 볼 수 없던 침엽수를 (b)에서 활엽수 주위에 둘러싸인 침엽수를 볼 수 있다. 적외선사진을 이용함으로써 침엽수와 활엽수의 구분을 쉽게 할 수 있다. 이 두 영상을 디지털로 획득하고 컴퓨터로 처리한다면 자동으로 작업할 수 있을 것이다. 대부분의 원격탐측 데이터분석이 이와 같은 시도이다.

(a) 팬크로매틱 사진　　　　(b) 적외선 흑백사진

그림 15.9 침엽수와 활엽수 혼재 지역

우리가 목적하는 지표면상 대상물들이 분류되어지고 지도화되려면 이들의 스팩트럼 특성에 대한 연구를 해야 한다. 그림 15.10은 다양한 대상물에 대한 전형적인 반사율곡선이다(초록 풀, 마른 풀, 토양, 석회모래, 아스팔트, 콘크리트, 미세한 눈, 구름, 깨끗한 호수물). 각 곡선에서의 차이점이 주목하자. 예를 들어 건강한 채소에 대한 분광반사곡선은 그림에서 보인 건강한 잔디처럼 꼭대기와 골짜기가 명백하게 구분된다. 건강한 채소는 식물의 잎에서 파란색 및 붉은 색계통을 강하게 흡수하기 때문에 초록색이다. 반대로 건강하지 못한 작물은 붉은 색깔을 흡수하지 못하게 때문에 노란색깔로 나타난다. 이는 그림 15.10의 마른 풀의 현상과 같다.

토양은 정점과 계곡의 형태가 현저하게 적은 곡선으로 나타난다. 반사율 영향 요인은 수분 함유량, 모래·점토의 비율, 표면의 거칠기, 산화철 유무 등이다. 수분 함유량은 토양의 질감과 높은 연관성을 가지는데 결이 거친 토양은 쉽게 건조하여 낮은 수분함유량을 가지고 있으므로 상대적으로 높은 반사율을 보인다. 반대로 결이 미세한 토양은 낮은 건조도를 가지며 높은 수분 함유량으로 낮은 반사율을 보인다.

모든 물은 근적외선 파장의 에너지를 흡수한다. 그러므로 흡수율을 이용한 물이 있는 곳의 위치 파악이 가능하다. 0.6μm 이하의 파장에서 상대적으로 적은 에너지를 흡수하며 스펙트럼 중 청색, 녹색 영역에서 최대 투과율을 나타낸다. 반사율은 물속에 포함된 클로로필의 농도에 따라 변화한다.

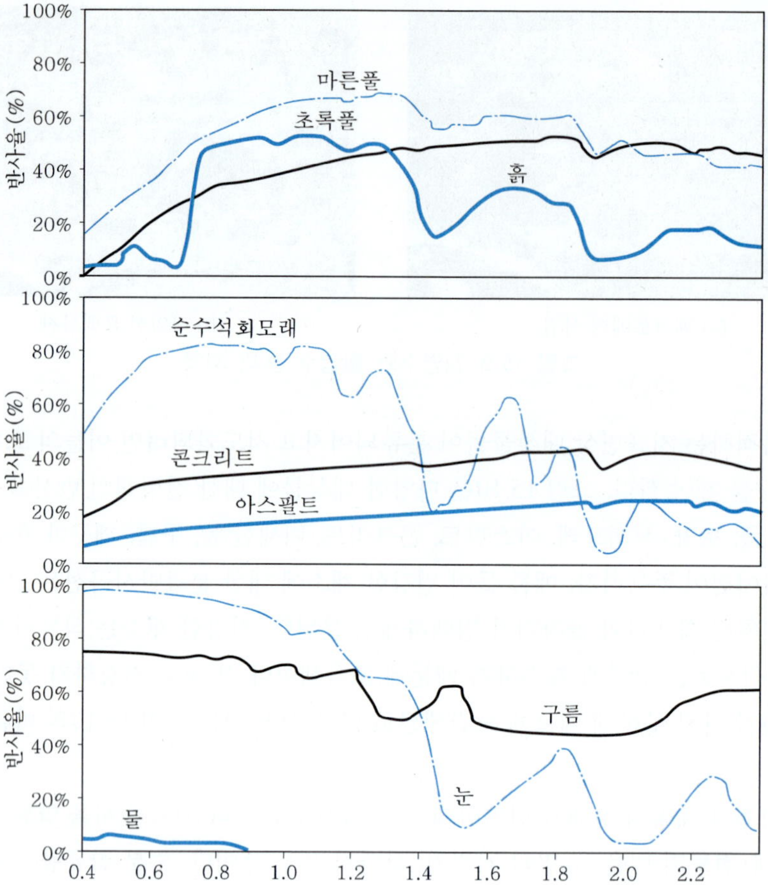

그림 15.10 각 타입별 분광학적 반사곡선(USGS, 1999, California Institute of Technology)

15.3.4 자료의 획득과 판독

사진과 전자기 센서에 의해 자료를 획득한다. 사진은 빛에 민감한 필름의 표면에서 발생하는 화학반응을 이용하는 것이다. 상대적으로 단순하고 비용이 저렴하며 세부적 공간구성을 고품질로 표출, 기하학적으로 높은 질의 결과물 제공한다. 전자기 센서에 의한 방법은 지표 풍경에 존재하는 에너지 변화에 따른 전기적인 신호를 발생시켜 이용한다. 전자기 센서와 비슷한 원리는 비디오카메라이다. 일반 사진 시스템보다 비싸고 복잡하지만 폭넓은 분광영역의 민감도를 제공하고 자료의 전기적 전송이 가능하다는 장점이 있다.

(a) 원영상 320×480

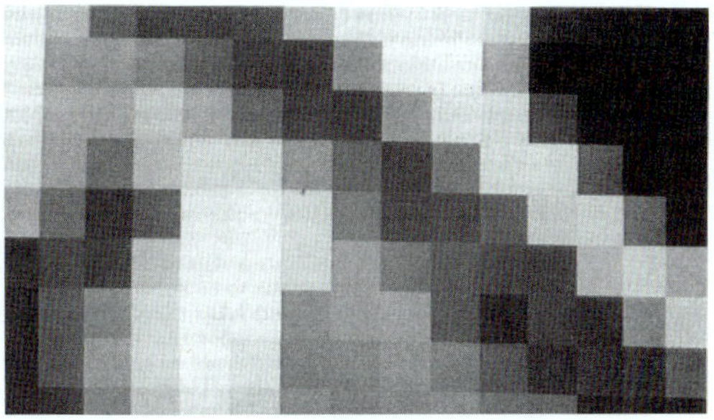

(c) 샘플링 (10×15)

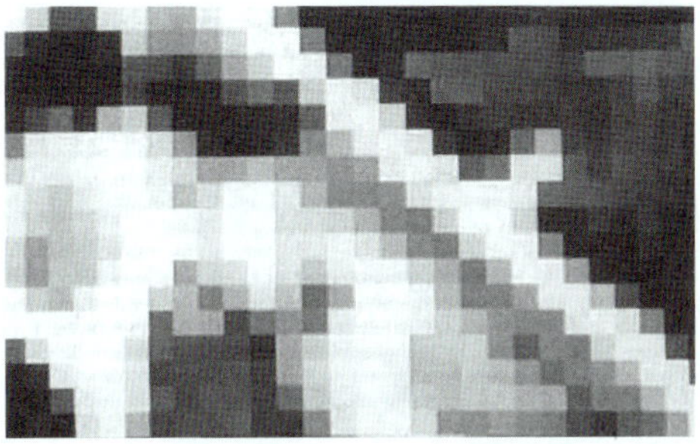

(b) 샘플링 (19×27)

54	40	31	27	27	28	39	51	52	50	45	26	24	24	23
55	37	37	35	31	27	26	35	58	66	38	13	17	21	19
56	40	39	45	39	32	27	26	36	52	50	28	14	13	14
52	39	33	42	49	48	36	31	26	33	51	51	31	16	16
42	34	24	30	60	67	49	33	27	28	31	47	51	35	24
26	29	26	44	76	76	49	37	33	30	29	29	44	52	44
14	31	36	50	85	70	36	37	38	30	25	29	28	40	52
20	31	39	51	72	56	35	35	37	35	31	27	29	31	36
21	26	36	46	58	49	37	35	36	37	34	33	26	29	30
21	20	29	43	54	53	40	31	30	32	30	29	24	22	27

(d) 각 픽셀(c)의 방사량에 해당하는 DN

그림 15.11 수치영상의 기본적 특성

수치적인 영상자료의 기본특성이 그림 15.11에 제시되었다. (a)에 나타난 상은 연속적인 색조사진으로 나타나지만 그것은 실제로 분리된 그림요소(picture elements) 또는 pixels의 2차원 배열로 구성되어 있다. 각 픽셀의 명암도는 각 픽셀에 해당하는 지상면적에 대하여 전자적으로 측정된 평균밝기 또는 방사에 해당한다. 그림 (a)에는 총 320행과 480열의 픽셀이 있다. (a)에서 개개의 픽셀을 분간한다는 것은 불가능한 반면 (b), (c)의 확대한 영상에서는 쉽게 관찰할 수 있다. (d)에서는 (c)의 각 픽셀에서 측정된 평균 방사에 대응하는 개개의 수치적인 번호(DN)를 보여준다. 이 값들은 단지 양의 정수로서 analog-to-digital(A to D)신호변환이라고 하는 과정을 이용하여 센서로부터 얻어진 원 전기적 신호를 양의 정수값으로 정량화한 결과로 생긴 것이다.

전형적으로 수치영상을 구성하는 DN은 0~63, 0~127, 0~255, 0~511, 0~1023과 같은 범위사이에서 기록된다. 이 범위들은 2^6, 2^7, 2^8, 2^9, 2^{10}의 값들이다. 이러한 수치체계는 해석기법에 컴퓨터를 이용함으로써 원격탐측자료에서 스팩트럼 패턴을 더욱 더 완전하게 조사할 수 있다.

15.3.5 참조데이터(Reference Data)

이전의 논의에서 거론하였듯이 어떤 형태의 참고자료를 이용하지 않고서는 원격탐측을 행할 수 없다. 참고자료는 종종 지상사실(ground truth)이란 용어로 언급된다. 많은 형태의 참고자료가 지상에서 수집되는 것은 아니며 실제 지상상태의 사실에 단지 접근한다는 것이므로 문자그대로를 의미하지는 않는다. 정리하면 참조데이터의 수집이라는 것은 원격적으로 관측되고 있는 관심대상인 물체, 지역, 현상에 관한 측정치를 수집하는 것을 말한다. 예를 들어 여러 가지 지표 지형들의 물리·화학적인 성분과 온도를 현장에서 관측하는 것이다. 참조데이터의 사용 목적은 다음과 같다.

1) 원격탐사 자료의 분석과 해석에 도움을 주기 위해서
2) 센서를 검증하기 위해서
3) 원격탐사에서 추출된 정보를 확인하기 위해서

자연에서 분광측정 시 환경적 변수에 의해 영향을 받기 때문에 실험실에서의 측정을 병행한다. 분광기는 휴대용으로부터 헬기 또는 항공기까지 다양한 도구를 이용하여 사용한다. 결과는 자체 메모리에 저장되며 후속적인 컴퓨터 작업에 입력된다. 참조자료는 통계적인 샘플링 원리에 따라 수집되어야 한다. 스팩트럼 반사측정값을 얻기 위해 복사계(radiometer)를 이용하는 것은 일반적으로 3단계과정이다.

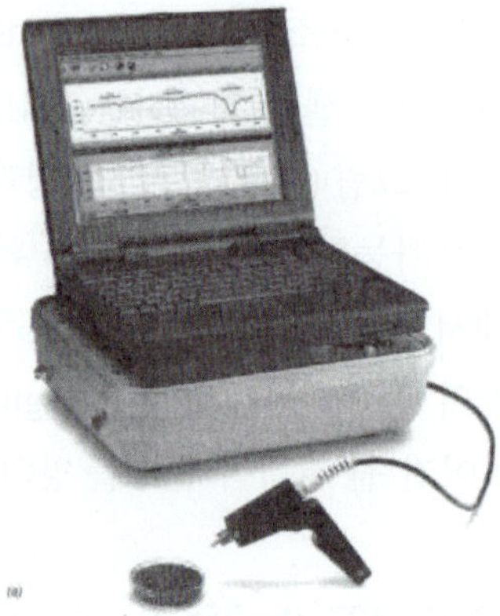

그림 15.12 해석분광기 FieldSpec FR

1) 검정판넬(calibration panel)을 이용하여 측정지점에 입사하는 복사량이나 방사량을 측정한다.
2) 대상물의 방사량 측정
3) 대상물의 스팩트럼 반사량계산 : 각 벤드에서 측정된 각 관측벤드의 반사량에너지의 비를 계산(입사에너지에 대한 비율)

그림 15.13 농작지에 대한 분광수집을 위해 차량에 탑재한 모습
(Univ. of Nebraska-Lincoln center)

15.3.6 이상적인 원격탐측시스템

이상적인 원격탐측시스템의 소개는 실제 탐사시스템을 설계하고 적용함에 있어 부딪히는 몇 가지 문제점들을 판단할 수 있다. 이상적인 원격탐측시스템의 기본적인 구성요소들이 그림 15.14에 나타나 있다.

1) 균일한 에너지원 : 모든 파장에 대해 같은 양과 일정한 형태의 에너지를 보낸다.
2) 비간섭 대기권 : 파장, 시간, 장소 등의 요인과 무관하게 에너지를 변화시키지 않는다.
3) 지표에서 에너지와 물질의 유일한 상호작용 : 지표면의 대상물에서 유일하고 변함없는 반사 또는 방사신호를 보낸다.
4) 슈퍼센서 : 미세한 자료라도 스펙트럼상의 모든 파장에 대한 신뢰성있고 정확한 반사값 획득이 가능

5) 실시간 자료운용 시스템 : 지표 요소들의 반사율 및 파장 반응값이 즉각적으로 생성한다.

6) 다중 자료사용자 : 이 사람들은 그들 각자의 학문분야와 원격탐측자료의 획득 및 해석 기술에 대한 깊은 지식을 가진다. 탐측되는 특별한 지구자원에 대한 그들의 지식 때문에 동일한 자료라도 사용자에 따라 여러 가지 형태의 정보가 될 것이다.

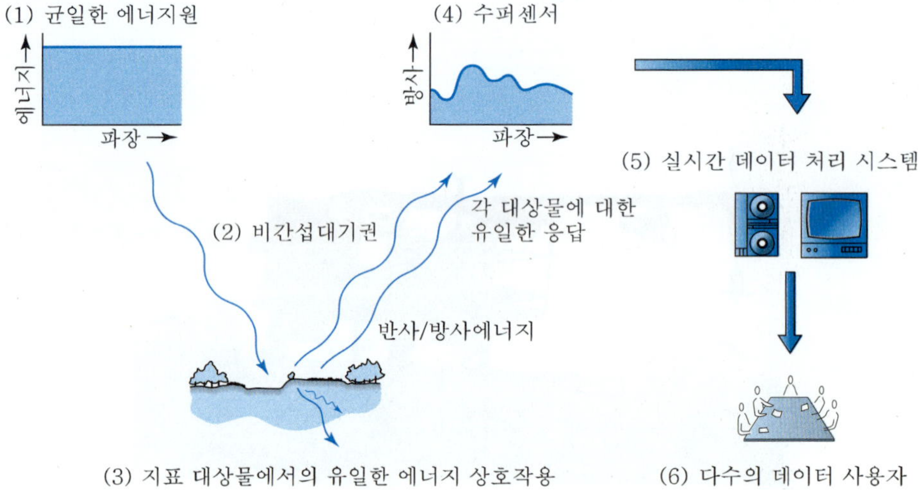

그림 15.14 이상적인 원격탐측시스템의 구성요소

15.3.7 실제 원격탐측시스템의 특징

실제 원격탐측시스템의 일반적인 운영과 유용성을 더 잘 이해하기 위해 실제 원격탐측시스템의 요소에 공통된 몇 가지 기본적인 결점들을 생각해 보자. 다음과 같은 실제시스템의 일반적인 결점을 인식하여야 한다.

(1) 에너지원

반사된 태양광과 자체방사에너지의 스팩트럼 분포는 균일하지 않다. 태양에너지는 시간과 장소에 따라 에너지양이 변하며 파장이 불균질하다.

(2) 대기권

대기권은 센서가 획득하는 에너지 강도와 분광분포를 변화시킨다. 어떤 형태의 검정에 의하여 대기의 영향을 제거하고 보정을 필요로 한다.

(3) 지표에서의 에너지와 물질의 상호작용

모든 물질이 유일하고 알려진 방식으로 에너지를 반사하고 방사한다면 원격탐측은 간단할 것이다. 근본적으로 종류가 다른 물질들이 분광적으로 거의 똑같아서 두 물질의 구분을 어렵게 만든다. 스팩트럼의 응답특성이 지표면 물질을 탐지, 확인, 해석함에 있어서 중추적인 역할을 하지만 스팩트럼에는 불명료함으로 꽉차있다.

(4) 센서

어떠한 단일 센서도 모든 파장에 대해 민감하지 않으며 실제 모든 센서들은 분광적인 민감도가 고정되어 있는 한계를 지니고 있다.

센서의 공간해상도와 지상풍경에 존재하는 변화성 사이의 상호관계를 그림 15.15에 나타냈다.

(a)에서 한 개의 픽셀은 단지 아주 작은 지상 영역만을 피복한다(작물의 가로 줄 넓이 상에 한 개의 픽셀이 존재한다). (b)에서는 좀 더 넓은 영역의 해상도가 묘사되고 있으며, 작물이 재배되는 줄과 줄 사이의 토양(밭이랑)들에서 반사된 반사량이 한 개의 픽셀에 함께 포함된다. (c)는 훨씬 넓은 영역의 해상도로 인해 두 개의 경작지에서 반사된 값들이 평균화되어 한 개의 픽셀에 저장된다. 일반적으로 혼합된 픽셀들의 비율이 높을수록 영상에서 세부적인 공간정보를 기록하고 추출하는 능력이 떨어진다.

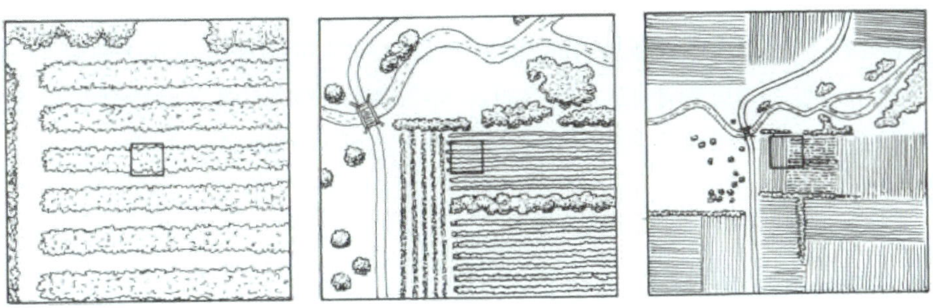

(a) 작은 지상해상도 셀크기 (b) 중간 지상해상도 셀크기 (c) 큰 중간 지상해상도 셀크기

그림 15.15 지상해상도 셀크기 효과

(5) 자료 운용 시스템

기존 시스템의 능력은 방대한 자료를 운용할 수 있는 능력을 초과

(6) 다양한 자료 사용자

원격탐사시스템을 성공적으로 응용하는데 중심적인 것이 그 시스템을 사용하는 사람이다. 원격탐측과정에서 얻어진 자료는 사람이 그 자료의 발생을 이해하고 자료를 판독하는 방법을 알고 자료를 이용하는 가장 좋은 방법을 알 때만이 정보가 된다. 원격탐측은 대부분 다중조사법을 사용함으로써 그 분류도를 높인다. 여러 스팩트럼 밴드에서 동시에 자료를 획득하는 다중스팩트럼 탐측(multi-spectral sensing)이다. 동시에 다시기탐측(multi-temporal sensing)을 시행함으로써 시간에 따른 변화 등을 분석한다.

다중고도 자료는 센서의 탑재체에 따라 고고도, 저고도, 지상관측으로 획득되며 목적에 따라 고도를 정한다. 이들은 서로 상호보완적으로 사용할 수 있다.

다중스팩트럼 영상은 단 스팩트럴 밴드에서 수집된 자료보다 더 많은 정보를 공급한다. 다중스팩트럼 주사기는 다중스팩트럼 밴드로부터 동시에 자료를 얻는다. 다중밴드에 기록된 신호들이 서로 관련되어 해석될 때에 단밴드만 이용되거나 다중밴드가 독립적으로 해석될 때보다 더 많은 정보를 이용할 수 있게 된다. 다중스팩트럼 접근법은 지구자원의 유형과 상태의 구별을 포함한 많은 원격탐측 적용의 핵심을 이룬다. 다시기 탐측은 다양한 시간에 동일한 지역을 탐측하고 시간에 따라 발생하는 변화를 지상상태의 판별요소로써 이용한다. 이러한 방법은 도시변두리 지역의 교외개발과 같은 토지이용변화를 감시하기 위해 빈번히 사용된다.

원격탐측은 문자 그대로 눈에 보이지 않는 것을 보이게 하는 능력을 제공해 준다. 공중이나 우주의 유리한 원격탐측위치로부터 우리는 지구자원의 객관적인 조사를 얻을 수 있다. 원격탐측은 또한 학문적 경계를 초월한다. 그것은 적용분야가 매우 넓어서 어느 누구도 자기분야라고 말할 수 없다.

15.3.8 원격탐측과 GIS

원격탐측은 광범위한 지역에 대한 지표정보를 획득하는 과학적 기법이며 여기에서 얻어진 정보는 대부분 수치적으로 얻어지므로 바로 GIS데이터로 사용할 수 있다. 지형공간정보

시스템은 지구 영역에 관한 정보를 수집, 저장, 분석, 보급하기 위한 하드웨어, 소프트웨어, 자료, 사람, 조직체에 대한 체계이다. GIS는 다양한 지리정보를 구축, 유지관리, 편집, 분석 및 프로세싱, 디스플레이 및 출력 등의 과정을 통하여, 공간 정보를 얻는 동시에 공간 의사결정에 도움을 주는 시스템」」 이라고 할 수 있다.

GIS의 이점 중 중요한 것 중 하나는 다양한 형태의 정보 간 공간적 관계를 형성하는 능력이다. 이 개념을 그림 15.16에 도시했다. 수문학자들은 GIS를 이용하여 각 셀마다의 침식잠재성을 연구하기위한 단계를 표시한 것이다. (a) 침식잠재성에 관련된 자료 구축, (b) 구축된 자료를 이용한 정보파일작성, (c) 구축된 자료로부터 경사, 유출 등의 정보추출, (d) 각 셀에 대한 분석, (e) 결과도출

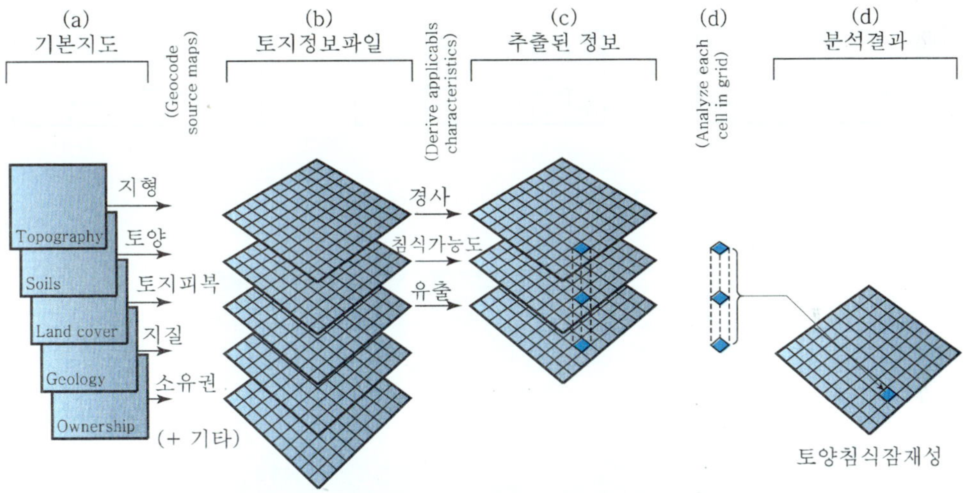

그림 15.16 GIS의 개념도

GIS구축에서 공간정보는 래스터(raster)와 벡터(vector)자료로 구축된다. 래스터자료는 디지털 사진기로 촬영한 영상이나 스캐닝한 자료를 말한다. 래스터 데이터는 공간 해상력은 데이터를 이루는 cells의 크기로 제한되며 비교적 간단한 자료구조로 중첩분석과 같은 작업에서 계산적으로 효율성이 있으나 데이터의 용량이 비교적 크다는 단점이 있다. 반면 벡터데이터는 중첩분석 작업은 래스터보다 계산적으로 더 복잡하나 비교적 적은 데이터 용량을 가지며 높은 공간 해상력 및 위상 자료관계(망 분석 작업에 효율적)의 구축이 가능하다는 장점이

있다. 그림 15.17에서 (a)는 일반지도이며 이를 래스터데이터 형식으로 표현하면 (b)와 같다. 이를 벡터데이터 형식으로 표현하면 (c)와 같이 된다. GIS는 래스터와 벡터 자료 사이의 호환성을 지원할 뿐만 아니라 래스터 자료와 벡터자료의 동시 통합도 지원한다. 즉, 래스터 영상은 벡터의 배경으로 사용될 수 있다. 그 예를 그림 15.18에 보였다. 적외선 흑백영상에 일반 벡터지도를 중첩하여 표시한 것으로 벡터데이터와 래스터데이터의 장점을 모두 활용할 수 있다.

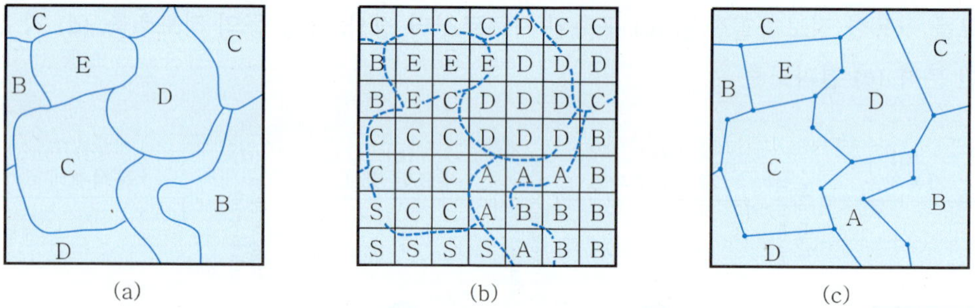

그림 15.17 래스터와 벡터 데이터

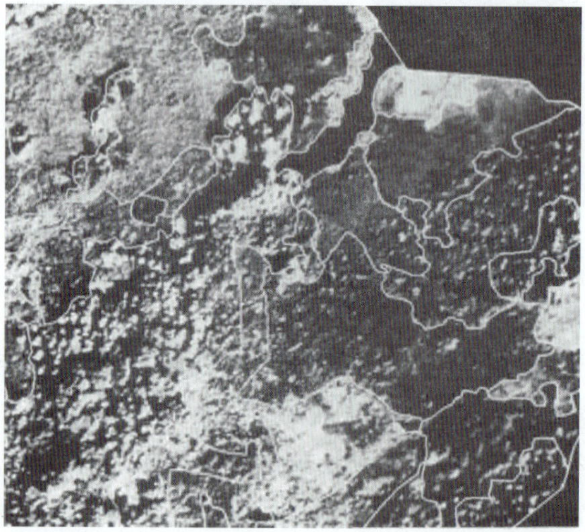

그림 15.18 래스터(산림영상)에 중첩된 벡터지도(수종폴리곤)

15.4 탐측기와 탑재기

15.4.1 탐측기(sensor)

원격탐측은 센서를 통해 지상에 대한 영상을 얻는 것으로부터 출발한다. 영상을 얻는다는 의미는 전자파를 수집하는 것이다. 전자파 수집장치는 크게 수동적 센서(passive sensor)와 능동적 센서(active sensor)로 분류한다.

(1) 수동적 센서

대상물에서 반사 또는 방사된 전자파를 수집하는 센서로 주위에서 흔히 볼 수 있는 항공사진기가 대표적이다. 이외에도 다중파장대 사진기(multispectral camera ; MSC), Vidicon camera, 다중파장대주사기(multi spectral scanner; MSS), 고체주사기 : Push−broom주사기, TM(thematic mapper), 방사계 등이 있다. 주로 아날로그 신호를 감지하므로 어두운 밤이나 구름이 끼어 흐린 날에는 탐측이 불가능하다는 단점이 있다.

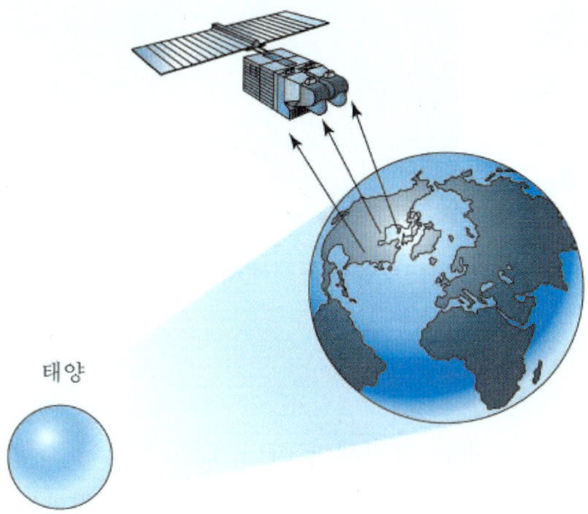

그림 15.19 수동적센세의 정보체계

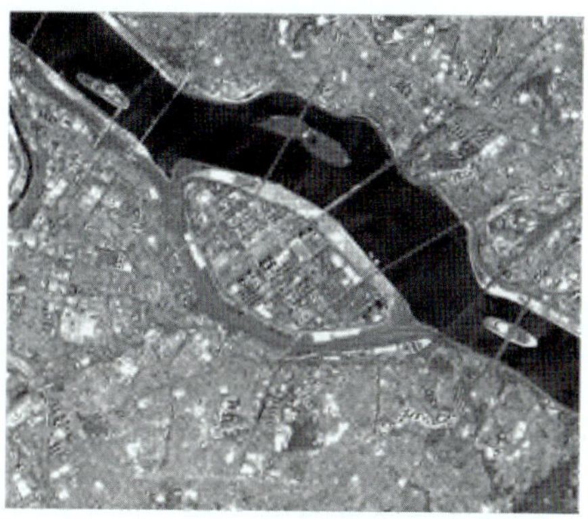

그림 15.20 수동형센서에 의한 영상

(2) 능동적 센서(Active sensor)

센서자체에서 전자파를 발사하여 대상물에 반사되는 전자파를 수집하는 방식으로 레이더와 광파거리측량기가 대표적이다. 최근 사용이 확대되고 있는 레이저 스캔방식인 지상 Lidar

측량기도 이에 해당된다. 마이크로웨이브는 전천후형 정보수집장치로 가시·적외영역도 가능한 센서이며 레이더 측량기는 레이더파를 지표면에 주사하여 반사파로부터 2D영상을 얻는 탐측기이다. 레이더에는 방식에 따라 SLAR(side looking airborne radar), RAR(real aperture radar), SAR(synthetic aperture radar)로 분류된다. 특히, SAR는 반사강도 이외의 위상도 관측하여 위상조정 후에 해상도 높은 2D영상을 작성할 수 있다. 이 밖에도 능동적 센서에는 Laser spectrometer, Radiometer 등이 있다. 전파신호를 수집하는 센서이므로 어두운 밤이나 구름이 낀 날씨에도 무관하게 탐측할 수 있지만 눈으로 보는 정보가 아니므로 조금 생소하며 일련의 처리과정이 필요하다.

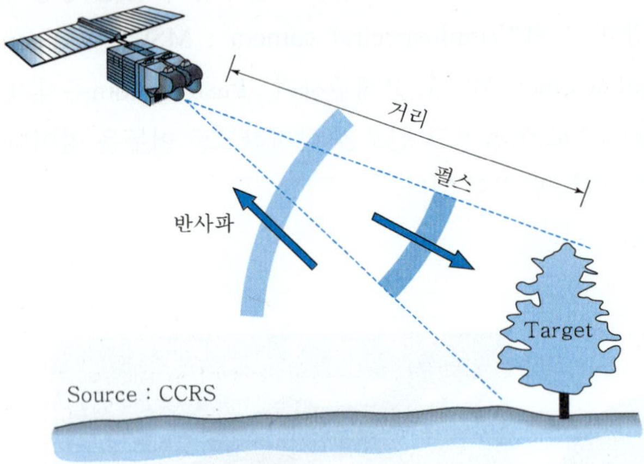

그림 15.21 능동형센서의 정보체계

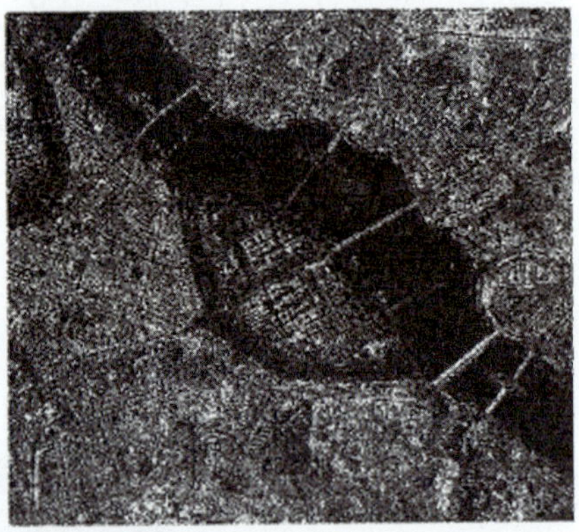

그림 15.22 능동형센서(Radar)에 의한 영상

15.4.2 탑재체(platform)

대상지역의 넓이와 목적에 따라 센서를 싣는 탑재체를 결정해야 한다. 대상지역이 지상인 경우 손으로 측정할 수도 있으며 차량 또는 크레인을 사용할 수 있을 것이다(그림 15.12, 15.13). 조금 넓은 지역이라면 중고도 항공기, 고고도 항공기를 사용하며 대규모지역이나 접근이 불가능한 지역이라면 인공위성을 이용해야 할 것이다. 본 절에서는 다양한 탑재체 중에서 위성에 대해 알아보기로 한다. 1957년 소련이 Sputnik를 발사한 이래 인간이 쏘아올린 위성의 개수는 10,000여개가 넘으며 아직까지 기능이 살아있는 것만 해도 5,000~6,000개가 된다고 한다. 하지만 아직도 지구상에서 계속 위성이 발사되고 있다. 원격탐사에 주로 이용되고 있는 센서를 탑재한 위성이 다목적위성이므로 이를 중심으로 설명한다.

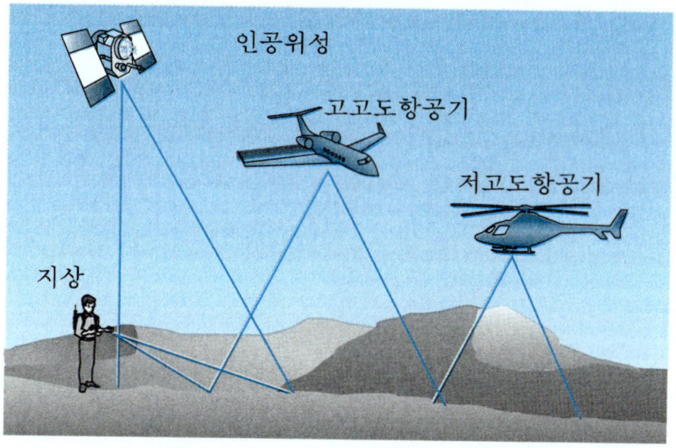

그림 15.23 고도별 센서 탑재체

(1) LANDSAT

미국에서 지구자원탐사목적으로 1972년 7월 23일 ERTS(Earth Resources Technology Satellites)란 이름으로 발사되었다. 1세대 1, 2, 3호는 2개의 센서를 탑재하고 있다. RBV (Return Beam Vidicon)와 MSS(Multispectral Scanner)이다. 첫 번째 발사된 LANDSAT-1호는 3밴드[3] RBV(return beam vidicon)와 4밴드 MSS를 탑재하고 있다. 1975년 1월 22일에는 ERTS에서 LANDSAT로 명명한 LANDSAT-2호를 발사하였고 1978년 3월 5일에 발사된 LANDSAT-3호에는 1밴드 RBV 2대와 5밴드 MSS가 탑재되어 있다. 1세대 LANDSAT은 18day/900km h:3m, D=1.5m solar : 4m, W:815kg, 주기 : 103min., 6.46km/sec, swath=185km의 스팩을 가지고 있다.

3) 지상 물체에 대한 다양한 정보를 얻기 위해 여러 파장대에서 촬영한 영상을 사용하는데, 이와 같은 영상 획득에 사용한 특정 파장대를 일컫는 말이다.

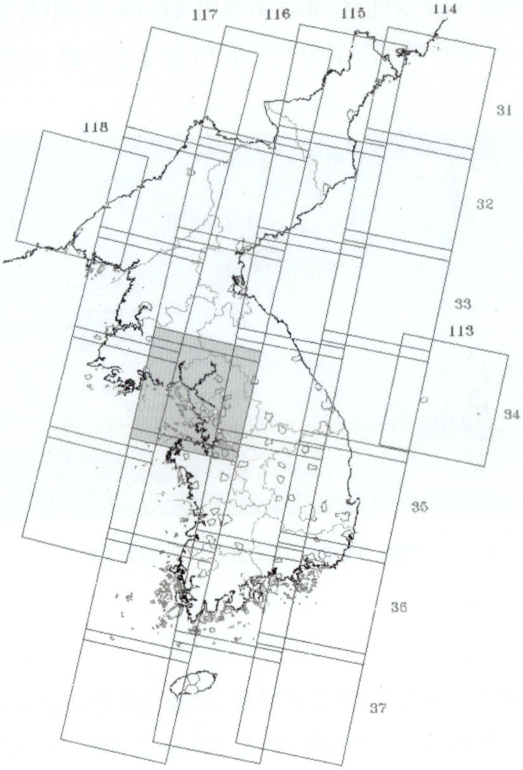

그림 15.24 Landsat촬영 패스/row

2세대 LANDSAT은 1982년도에 4호발사로 시작되었고 MSS에 TM(Thematic Mapper)이 추가되었다. 1993년 10월 5일에 발사된 LANDSAT6호는 불행하게도 행방불명되었으며 곧바로 7호를 발사하였다. 1999년 4월 16일에 발사된 이 위성에는 진보된 TM과 고해상도 스캐너가 탑재되었다. 2세대 LANDSAT은 16day/705km, 2000kg, solar : 1.5×2.3 4개를 가지고 있으며 15m 펜크로매틱 밴드(0.52~0.90μm)와 30m 다중분광밴드(열밴드는 60m) 센서가 있다. LANDSAT 8호 (LDCM; Landsat Data Continuity Mission)는 2013년2월에 발사되었고 LANDSAT9호는 2021년 발사되었다. LANDSAT9호의 11개 밴드는 표15.1 www.usgs.gov)과 같다.

그림 16.25 Landsat 9(www.spaceze.com)

표 15.1 Landsat 7호의 7분광 밴드

the # of Band	Spec.	Wavelength
Band 1	Visible Coastal Aerosol	0.43 - 0.45 μm
Band 2	Visible Blue	0.45 - 0.51 μm
Band 3	Visible Green	0.53 - 0.59 μm
Band 4	Red	0.64 - 0.67 μm
Band 5	Near Infrared	0.85 - 0.88 μm
Band 6	SWIR[4] 1	1.57 – 1.65 μm
Band 7	SWIR 2	2.11 – 2.29 μm
Band 8	Panchromatic	0.50 - 0.68 μm
Band 9	Cirrus	1.36 - 1.38 μm
Band 10	TIRS[5] 1	10.6 – 11.19 μm
Band 11	TIRS 2	11.5 – 12.51 μm

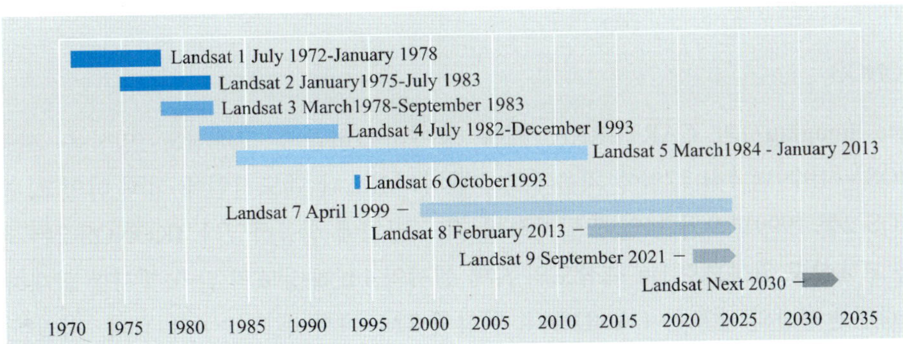

그림 15.26 LANDSAT 발사역사

4) Shortwave Infrared (SWIR)
5) Thermal Infrared Sensor (TIRS)

(2) SPOT(System Pour l' Observation de la Terra)

프랑스, 스웨덴, 벨기에가 공동으로 개발한 최초의 상업목적 위성으로 30개국의 지상수신소를 가지고 있으며 최초로 pushbroom 스캐닝방식의 선형배면센서를 채택하였다. ±27°의 경사 스캐닝이 가능하므로 입체모델을 형성하여 지형도 작성이 가능하다.

SPOT1호는 1986년 2월 22일에 발사되었으며 HRV(high resolution visible)를 탑재, 4개의 CCD 배열을 가지고 있다. 이 CCD는 6000픽셀 선형으로 10m 해상도를 가지고 있다. 스캐닝 폭은 60km, 전정색영상(P형), 다중파장대영상(XS형)이 있다. 관측주기 4-5일 동안 동일지역에 대한 경사관측이 가능하다. 1990년 12월 31일 임무수행을 마쳤다. SPOT2호는 1990년 1월 22일, SPOT3호는 1993년 9월 25일에 발사되었다. 1998년 5월 23일에 발사된 SPOT4호에는 VMI(Vegetation Monitoring Instrument)가 추가로 탑재되었다. 2002년 5월 4일에 발사된 SPOT 5호는 2.5m, 5m 그리고 10m 해상도를 가지고 있다. SPOT 6호는 2012년 9월, 7호는 2014년 6월에 발사되었다.

표 15.2 SPOT 7호의 분광밴드

the # of Band	Name	wavelength
Band 1	PAN	0.45-0.75 μm
Band 2	Blue	0.45-0.52 μm
Band 3	Green	0.53-0.59μm
Band 4	Red	0.62-0.69 μm
Band 5	NIR (Near Infrared)	0.76-0.89 μm

(3) IKONOS

Space Imaging사의 CARTERRA 제품 중에서 1m급의 고해상도 영상을 제공하는 IKONOS는 1999년 4월 27일에 처음 1호가 발사되었으나 궤도진입에 실패 하였고, 곧바로 IKONOS-2를 1999년 9월 24일에 발사하여 궤도 진입에 성공하였다. IKONOS-2는 최초의 상업용 고해상도 위성으로 1m 해상도의 흑백 센서와 4m 해상도의 칼라 센서를 탑재하고 있다. 다중분광영상의 밴드는 LANDSAT 위성의 TM 센서 밴드 1~4와 같다. 정밀한 GCP (RMSE : 20cm(수평), 60cm(수직))를 사용하여 정확한 위치 정보와 DEM, Map 제작에 가장 적합한 영상으로 농업, 지도제작, 각 지방자치단체의 업무, 기름 및 가스탐사, 시설물 관리,

응급대응, 자원관리, 통신, 관광, 국가방위, 보험, 뉴스수집 등 많은 분야에서 활용이 되고 있다.

표 15.3 IKONOS의 분광 해상도

Band	1-m PAN	4-m MS &1-m PS
1 (Blue)	0.45-0.90 μm	0.445~0.516μm
2 (Green)	*	0.506~0.595μm
3 (Red)	*	0.632~0.698μm
4 (Near IR)	*	0.757~0.853μm

그림 15.27 IKONOS위성(Space Imaging Co.)

그림 15.28 IKONOS 영상(서울 잠실)

(4) 퀵버드(Quick Bird)

2001년 10월에 발사된 퀵버드 위성은 디지털글로브사가 개발한 첫 번째 우주선인데 이것은 높은 정확성과 지구의 상업적 고해상도 영상을 제공한다. 퀵버드의 팬크로매틱과 다중스펙트럼 영상 획득은 지표에 대한 지도 작성과 재난관리를 위한 데이터 획득을 가능케 한다.

오늘날 디지털글로브의 퀵버드는 1m 이하의 해상도 영상, 지리적 정확성, 대용량 자료 저장을 제공하고 있다. 연직 방향의 공칭 촬영폭은 16.5km로 스트립 길이 165km까지 가능하다. 고도 450km 궤도를 선회하며 태양동기 적도면 경사 98°, 재방문기간은 1~3.5일이다. 93.4분에 지구를 1바퀴 선회하며 137GB의 온보드 저장용량을 가지고 있다.

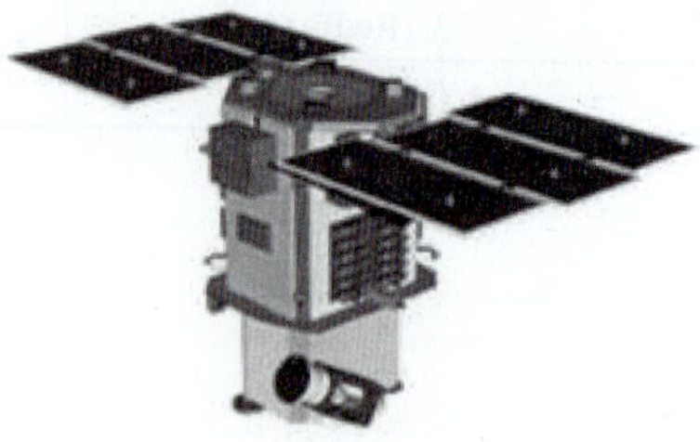

그림 15.29 Quickbird

표 15.4 Quick Bird의 분광 해상도

Band	공간해상도	분광정보
Panchromatic	0.61m	0.450~0.900μm
Blue	2.44m	0.450~0.520μm
Green	2.44m	0.520~0.600μm
Red	2.44m	0.630~0.690μm
Near IR	*	0.760~0.900μm

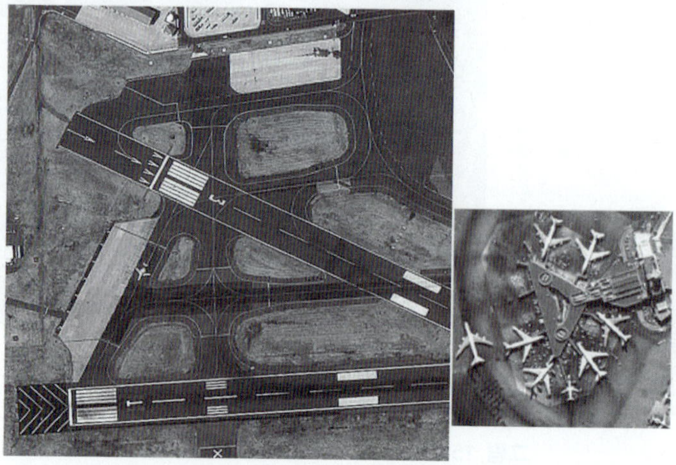

그림 15.30 Quick Bird 위성영상

(5) 옵뷰(OrbView-3)

2003년 6월에 발사되었으며 1m 흑백영상과 4m 멀티스팩트럴 영상을 제공한다. 촬영 폭은 8km이며 고도 470km에서 적도면과 45도 경사로 선회한다. 재방문기간은 3일 내이다.

표 15.5 OrbView의 분광 해상도

Band	공간해상도	분광정보
Panchromatic	1.0m	0.450~0.900μm
Blue	4.0m	0.450~0.520μm
Green	4.0m	0.520~0.600μm
Red	4.0m	0.625~0.695μm
Near IR	*	0.760~0.900μm

그림 15.31 OrbView

(6) 아리랑위성(KOMPSAT ; KOrea Multi-Purpose SATellite)

1) 아리랑위성 1·2호

1999년 12월 한국항공우주연구원(KARI)은 6.6m의 해상도의 아리랑 1호를 발사하였으며 2006년 7월 28일에는 아리랑 2호 발사함으로써 명실공히 우리나라는 지구관측위성 분야에서는 세계적 수준의 위성개발 국가권으로 진입하게 되었다. 지구 상공 685km의 궤도를 하루 열네 바퀴 반씩 선회하며 위성에 탑재된 MSC(Multi Spectral Camera)로 해상도 흑백 1m급, 천연색 4m급 사진을 촬영한다.

그림 15.32 아리랑 2호

그림 15.33 항공우주연구원 위성수신안테나

2) 아리랑위성 3호

아리랑 1, 2호에 이어 아리랑 3호가 2012년 5월 18일 일본 다네가시마 발사장에서 성공적으로 발사됐다.

그림 15.34 H-2A발사체 하단 페어링에 장착된 아리랑 3호의 모습(기획재정부)

아리랑 3호는 앞으로 4년 동안 685Km 상공, 태양동기궤도 상에서 해상도 70cm급 전자광학 카메라(AEISS)를 활용해 정밀 지상관측 임무를 수행할 국내 최초의 서브미터급 위성이다. 컬러 사진은 2.8m의 해상도를 갖는다. 아리랑 3호는 기존의 위성들과 비교해 기동성이 현저히 향상돼 원하는 지역의 영상을 능동적으로 확보할 수 있는 것이 장점이다. 2013년 8월에 발사된 레이더위성 '아리랑 5호'와 더불어 영상 정보의 확보와 활용 면에서 시너지 효과를 내고 있다.

3) 아리랑위성 5호

아리랑 5호는 한국 KARI에서 2013년 8월에 발사된 Radar위성이다. 다목적실용위성 5호(KOMPSAT V)라고도 한다. 아리랑 1, 2, 3호와는 달리 SAR 레이더가 부착되어 있어 날씨에 상관없이 전천후로 지구 관측이 가능하다. 중량 1,400kg의 고도 550km 여명궤도를 선회할 예정이다. SAR 제작기술은 국내에 확보되어 있지 않아, 공동개발사인 유럽의 위성개발업체 탈레스 알레니아 스페이스 이탈리아(TASI)가 국내에 들어와 제작하였다.

그림 15.35 아리랑 5호 가상도

아리랑 5호는 높이 4m의 육각기둥 형태로 상단부(지구를 향하는 부분)에 길이 4.4m, 폭 70cm의 직사각형 판 형태의 SAR 안테나가 장착된다. 접시형 안테나를 사용하는 다른 SAR 위성과 달리 직사각형 형태의 SAR 안테나를 채택한 것은 해상도에 따라 촬영범위가 달라지는 다중 모드를 지원하기 때문이다. 고해상도 획득 시에는 폭 5km에 대해 해상도 1m, 표준시에는 폭 30km에 대해 3m, 광역 100km에 20m의 해상도를 지원한다.

4) 아리랑위성 3A호

2015년 3월에는 0.5m급 공간해상도와 열적외선 센서를 탑재한 아리랑 3A호가 발사되었다. 10m IR 고도 528km, 태양동기궤도, 스트립영상 스캔, 스테레오 싱글라인, 산불감지, 화산폭발 감시 등에 적외선 영상을 제공하고 있다. 현재 아리랑 3호, 3A호, 5호를 대체할 6호, 7호, 7A호가 준비 중이다.

그림 15.36 아리랑 3A호

표 15.6 KOMPSAT 3A의 다중파장센서와 분광영역

Spectral	Wavelength(μm)	Spatial Resolution(m)	Sensor
PAN	0.45~0.90	0.55	AEISS-A
MS1(B)	0.45~0.52	2.20	
MS(G)	0.52~0.60	2.20	
MS3(R)	0.63~0.69	2.20	
MS4(NIR)	0.76~0.90	2.20	
MWIR	3.30~5.20	5.50	IIP

(a) 서울 한강지역

(b) 평양

그림 15.37 KOMPSAT 3A에서 촬영한 영상

5) 차세대 중형위성

2021년도 3월 22일 국토교통부가 6년에 걸쳐 개발한 차세대 중형 국토위성1호가 발사되어 고도 497.8km의 궤도에 정상적으로 안착해 교신에 성공했다. 국토지리정보 관측을 목적으로 항공우주연구원에서 개발됐으며, 국토교통부 국토지리정보원 위성센터에서 표준영상제품을 사용자에게 제공한다. 국토위성의 영상센터는 흑백 0.5m, 칼라 1m의 해상도를 가지고 있다.

그림 15.38 차세대 중형위성 국토위성1호 (항공우주연구원)

그림 15.39 국토위성영상 (잠실종합경기장)

이 밖에도 Pleiades Neo(2022.12), Beijing-3(0.3m)2021.6, SuperView-Neo(50cm)2018.06, WorldView-4(30cm)2019.1, Pelican(30cm)2023 등의 위성들은 고해상도 이미지를 제공한다.

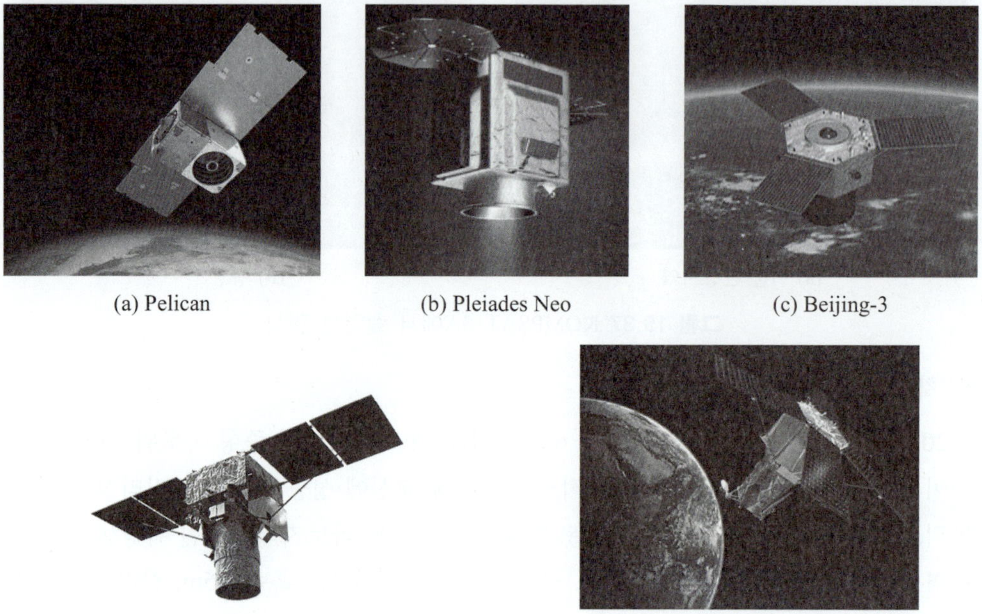

(a) Pelican (b) Pleiades Neo (c) Beijing-3

(d) SuperView-Neo (e) WorldView-4

그림 15.40 30cm~50cm급의 고해상 다목적 위성

향후 발사를 계획하고 있는 고해상도 다목적 위성으로 Albedo와 EROSNG위성이 있다. Albedo는 2025년에 첫 위성 발사를 시작할 예정이며 2028년에 24개 위성으로 구성된 별자리를 완성할 계획이다. 10cm급 흑백사진과 40cm급 칼라영상을 제공할 예정이다. EROSNG 차세대 위성은 이스라엘 ImageSat International(ISI)이 주도하는 프로젝트로 2025년도에 발사될 고해상도(30cm) 다목적 위성이다.

그림 15.41 Albedo

15.5 위성영상의 해상도

해상도는 공간해상도, 분광해상도, 방사해상도, 주기해상도 등이 있으며 간단히 요약하면 다음과 같다.

(1) **공간해상도** : 한 화소가 나타내는 지표면의 넓이가 얼마나 좁은가?

(2) **분광해상도** : 얼마나 좁은 전자파 파장 영역에서 측정이 이루어지는가?

> 예 SPOT Pan(0.51~0.73), SPOT XS(0.50~0.59, 0.61~0.68, 0.79~0.89)

(3) **방사(복사)해상도** : 얼마나 작은 차이를 측정 및 기록해낼 수 있는가?

> 예 Landsat, SPOT(8bit : 0~255), IKONOS(11bit : 0~2047)

(4) **주기해상도** : 동일 지역에 대한 자료를 얼마나 자주 얻을 수 있는가?

> 예 Landsat(16일), SPOT(26일), IKONOS(1~3일)

15.5.1 공간해상도(Spatial Resolution)

영상 내에서 인식할 수 있는 가장 작은 크기(단위)를 말한다. 이는 센서의 IFOV(Instantaneous Field Of View)에 의해 결정된다. 지상의 어떤 대상물이 인식되기 위해서는 대상물의 크기보다 화소셀이 더 작아야 한다. 예를 들어 Landsat(15m, 30m), SPOT(2.5m, 5m 10m), IKONOS(1m)의 해상도를 가지고 있다. 이는 이들 영상의 최소단위인 픽셀크기를 나타낸 것이다. 공간해상도를 높이기 위해서는 IFOV(A)를 줄이거나 센서의 고도를 낮춰야 한다.

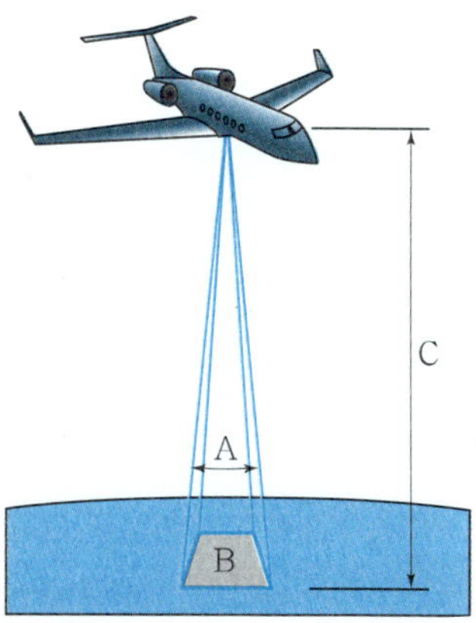

그림 15.42 IFOV

● 화소(pixel)

영상을 구성하는 최소단위이며 흑백영상의 경우 0부터 255까지의 256단계의 밝기 값을 가진다. 즉, 8bit 영상인 것이다. 칼라의 경우 Red, Green, Blue 3가지 색상이 각각 0에서 255단계의 농도로 섞여 색깔을 표시한다. 화소는 원격탐측에서 모든 영상처리 및 보정이 이루어지는 단위이다.

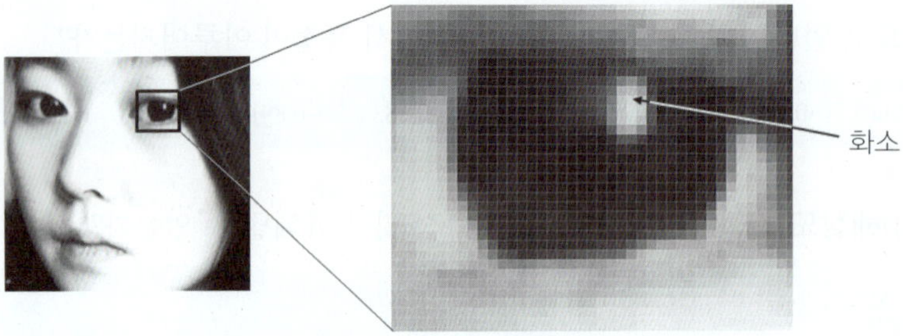

그림 15.43 디지털영상과 화소(pixel)

다음 그림 15.44는 다양한 해상도를 가진 위성영상을 보인 것이다. (a)는 30m해상도의 영상인데 가로와 건물들을 구분하기 힘들다. (b)의 경우 15m의 해상도에서는 도로망은 뚜렷이 보이나 건물 각각의 형태는 파악하기 힘들다. 하지만 6m, 1m로 증가함에 따라 건물의 형태는 물론 차량의 흐름까지 파악할 수 있다. 이와 같이 물리적 해상도는 대상물의 형태를 구체적으로 결정하는 중요한 요소이다.

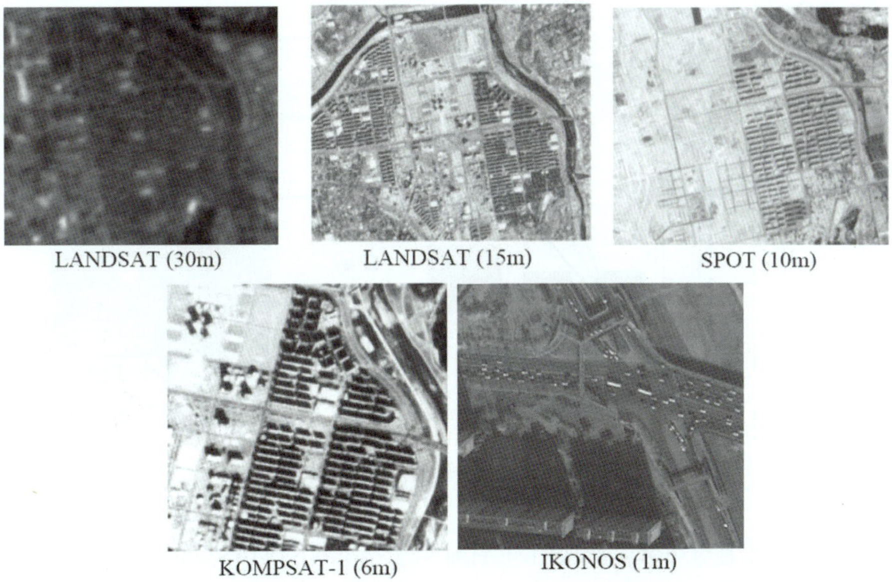

그림 15.44 각 공간해상도에 따른 영상비교

15.5.2 **분광해상도**(Spectral Resolution)

미세한 파장 간격을 정의할 수 있는 센서의 민감도(능력)를 말한다. 보다 좋은 분광해상도라 함은 특정한 밴드의 더 좁은 파장영역을 의미한다. 흑백필름은 전자파스팩트럼의 가시영역을 기록하며 칼라필름은 각각의 청, 녹, 적 파장대에서 반사되는 에너지를 기록한다. 따라서 칼라필름이 흑백필름보다 분광해상도가 더 높은 것이다. 분광해상도가 높은 영상은 더 많은 정보를 가지고 있으며 이로부터 추출할 수 있는 정보의 양도 많아지게 된다. 공간해상도를 높이기 위해서는 감지가 가능한 파장대를 늘린다. 즉, 칼라와 적외선(IR) 등을 말한다.

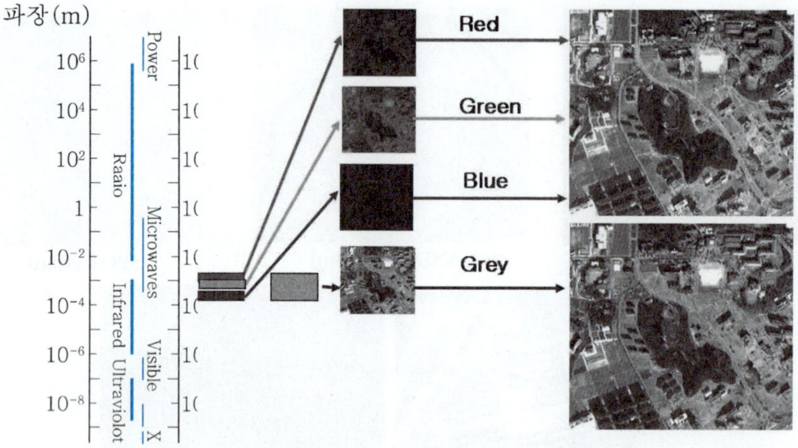

그림 15.45 분광해상도의 개념

그러므로 센서의 분광해상도를 높이기 위해 다중분광센서(MSS;Multi-Spectral Sensor)를 사용하며 최근에는 수백 개의 밴드를 감지할 수 있는 하이퍼스팩트럴(Hyper−Spectral Sensor) 센서를 사용하기도 한다. 분석하기 좋은 영상이란 공간해상도와 분광해상도가 높은 것을 말하는데 공간해상도는 CCD에 좌우되며 가격이 매우 비싸지게 된다. 따라서 공간해상도가 높은 흑백영상과 분광해상도가 높은 칼라영상을 융합(fusion)하여 사용한다. 다음 그림은 SPOT 2.5m 팬크로매틱 영상(a)과 10m 멀티스팩트럼 영상(b)을 융합하여 고해상 컬러영상(c)을 얻은 것이다.

(a) 고해상도 흑백영상　(b) 저해상도 칼라영상　(c) 고해상도 칼라영상

그림 15.46 영상융합의 예

15.5.3 방사해상도(Radiometric Resolution)

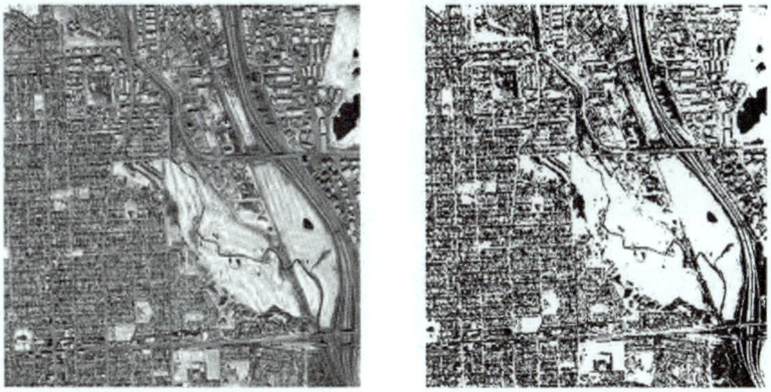

(a) 픽셀당 8비트 (b) 픽셀당 2비트

그림 15.47 방사해상도 비교영상

수치영상을 기록하는 bit수에 의해 결정된다. 어떤 사진을 흑(0)과 백(1)으로만 표현한다면 형태를 알아볼 수 없을 것이다(그림 15.47(b)). 즉, 몇 단계의 계조로 표현하느냐에 달려있다. 반면에 그림 (a)의 경우 시가지의 모습이 비교적 디테일하게 나타난다. 그러나 무한정 방사해상도를 높일 경우 영상의 크기가 커져 또 다른 문제를 야기할 수도 있다.

15.5.4 주기해상도(Temporal Resolution)

동일한 지역에 대한 영상을 획득할 수 있는 최단시간이다. 위성 A의 방문주기는 5일이며 또 B위성은 3일이라면 B위성이 A위성보다 주기해상도가 높다고 말한다. 이는 시기별 영상을 비교분석함으로써 변화의 양상을 알 수 있으며 재해와 환경관리 등에 중요한 자료가 된다. 즉, 재해 전·후를 비교하여 피해규모를 산정할 수 있다. 이외에도 홍수, 기름누출, 산불, 산림병충해 등 시간이 지남으로써 확산되는 양상을 분석하는데 유용하다. 장기적으로 볼 때는 도시의 발전패턴, 도시화 속도 등을 분석할 수 있다.

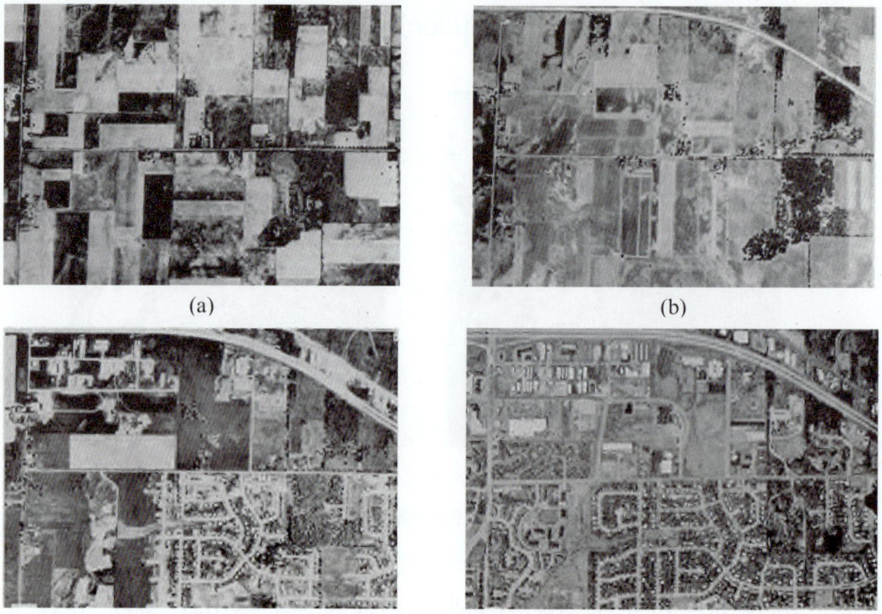

(a) (b) (c) (d)

그림 15.48 위스콘신 남서부 메디슨의 1955, 1968, 1980, 1990년도의 변화상

15.6 센서의 영상획득방식과 왜곡

15.6.1 프레임방식

영상단위로 기록하는 센서로 일반적인 카메라에 해당된다. Line단위의 스캐닝 방식과 달리 기하학적 특성이 가로×세로의 크기를 갖는 영상단위이므로 단일시간에 영상획득을 가능케 한다.

15.6.2 스캐닝 방식

고정식 광학계 또는 회전식 미러를 이용하여 영상의 일부를 획득하고, 이들을 조합하여 영상을 형성한다.

(1) Line 스캐닝

단픽셀로 비행방향의 직각으로 스캐닝하는 방식이다(그림 15.49 (a)). 하나의 선분형태로 스캐닝하기 때문에 지그재그모양의 스캐닝 방식이다.(예: Landsat MSS & TM, NOAA)

(2) Across track 스캐닝

비행방향에 대해 직각으로 좌측부터 우측으로 auc 개의 픽셀단위로 oscillating 거울을 이용하여 스캐닝하는 방식으로 영상을 획득한다(그림 15.49 (b)). 빗자루로 쓸 듯이 스캐닝한다 하여 Whiskbroom스캐닝 방법이라고도 한다. 그림 13.2에서와 같이 지상의 에너지를 회전하는 미러에 의해 좌우를 스캔하여 획득하는 방식이다.

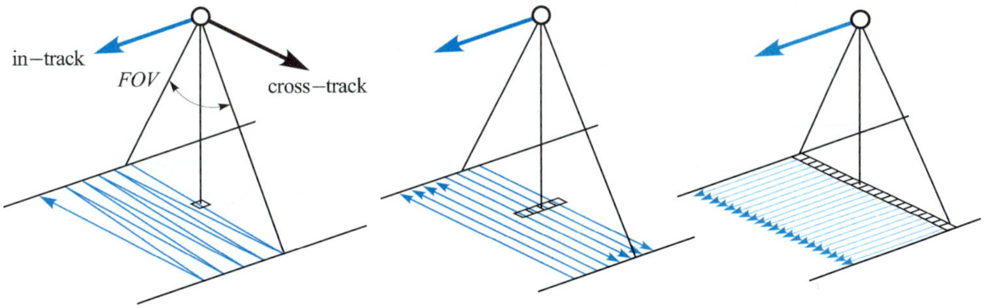

(a) line scanner (b) whiskbroom scanner (c) pushbroom scanner

그림 15.49 센서의 스캐닝 방식(Robert A., 2007)

(3) Along track 스캐닝

비행기 아래 swath[6]를 따라 직각방향의 연속적인 2차원 선형으로 감지하는 방식으로 스캐닝거울(Scanning mirror)없이 직접 광학계로 복사에너지가 입사되게 된다. 미러가 없는 대신 수백-수천개의CCD가 선형으로 배열된 감지기(Detector)를 사용한다. 그림(그림 15.49 (c))와 같이 일렬로 배열된 감지기에 의해 비행방향으로 스캐닝하게 된다. 지상해상도의 셀크기는 지상에 투영되는 단일 CCD에 대한 IFOV에 의해 결정된다.

6) 비행방향에 대해 직각방향으로 영상획득이 가능한 폭

15.6.3 스캐닝 방식에 따른 왜곡

(1) 프레임방식

일반 디지털카메라에 의해 획득된 프레임 영상은 렌즈의 중심으로부터 방사방형으로 기복변위가 발생한다. 이 기복변위는 표고에 비례하며 정사영상을 제작할 때 소거된다.

(2) Across track 스캐닝 왜곡

그림 15.50(b)에서 Across track 스캐닝 영상의 기하학적 왜곡을 보여주고 있다, 비행방향의 직각방향으로 축척 왜곡이 발생하여 각 도형의 모양이 찌그러져 나타났다. 직선 모양은 S자 모양으로 만곡이 발생하였다. 비행방향에 직각으로 거리가 먼 가장자리가 심한 압축현상이 일어나 격자의 간격이 좁게 나타난다. 또한 진행하면서 스캐닝할 때 시간차가 발생하므로 대각선이 S커브로 나타난다.

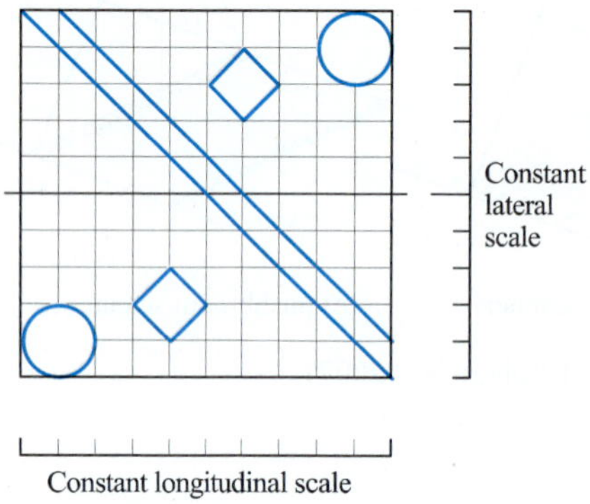

(a) 수직항공영상

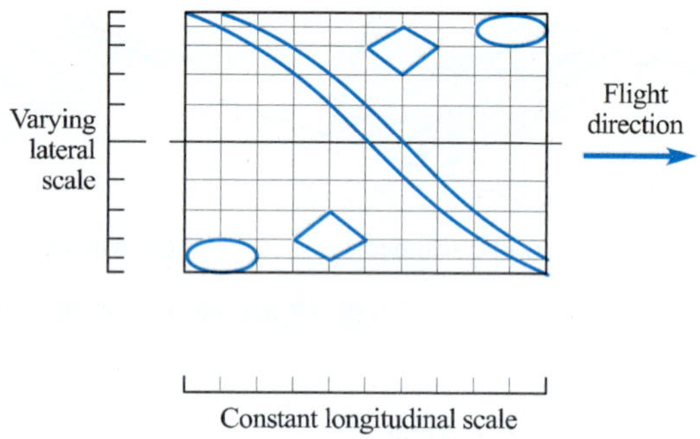

(b) across track 스캐너 영상

그림 15.50 Across-track스캐너 영상에서 발생하는 tangential-scale distortion

그림 15.51은 실제 across track스캐닝에 의해 획득된 영상으로 비행수직방향은 원형의 탱크가 제대로 나타났으나 비행방향의 수직방향으로 멀어질수록 거리에 따른 축척차이로 영상압축이 발생하여 타원형으로 찌그러져 보이며 이는 거리가 멀어질 수록 심해진다. 또한 비행방향에 대해 직각으로 배열되어 있는 탱크가 S커브로 왜곡되어 배열된 것을 볼 수 있다.

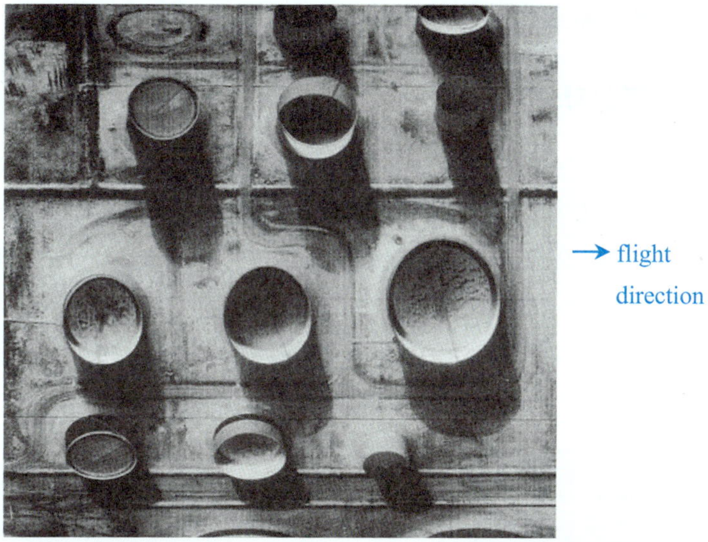

그림 15.51 across track 열스캔 영상의 tangential 왜곡(Courtesy Texas Instruments Inc.)

(3) Along track 스캐닝 왜곡

Across track과 같이 S커브 형상의 왜곡은 발생하지 않으나 기복변위가 배행중심선에 직각방향으로 발생하는 것은 동일하다. Across track 스캐닝 영상은 연속적으로 수집되므로 순간적으로 촬영하는 항공사진과는 달리 일치하는 상호표정이 취약하다. 그림 15.52 (b)에서와 같이 비행방향으로는 왜곡이 없으나 직각방향으로는 축척왜곡과 기복변위가 발생한다.

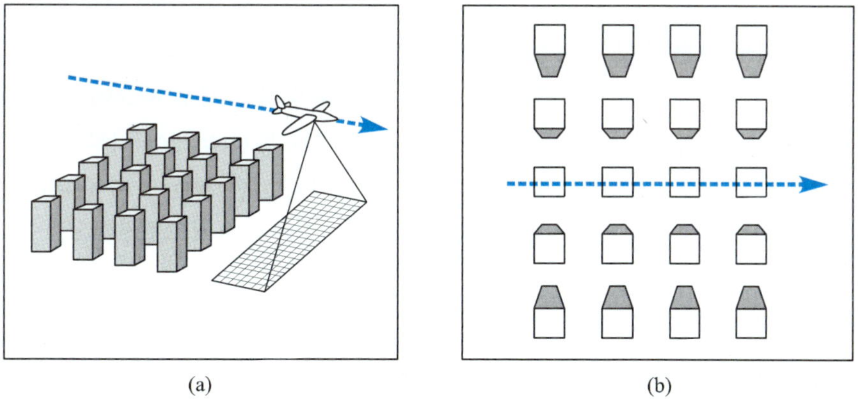

그림 15.52 along-track스캐너 영상에서 발생하는 단일라인 기복변위

15.7 위성영상자료

15.7.1 위성영상자료의 형식

영상을 이루고 있는 형식은 수많은 화소(픽셀)들의 행과 열이다. 각각의 Pixel은 독립적인 하나의 밝기 값을 가지고 있으며, 무수히 많은 조합을 통해 연속적인 명암을 갖는 하나의 영상을 구성한다. 화소의 위치는 픽셀좌표로 표현하며 원점(0, 0)은 영상의 좌측상단이다. 다중밴드영상의 경우에는 그림 15.54와 같이 일정파장대의 영상을 여러 레이어로 쌓아놓은 형식이다. 따라서 원하는 밴드 간 중복하거나 산술적 계산을 통해 분석이 가능하다.

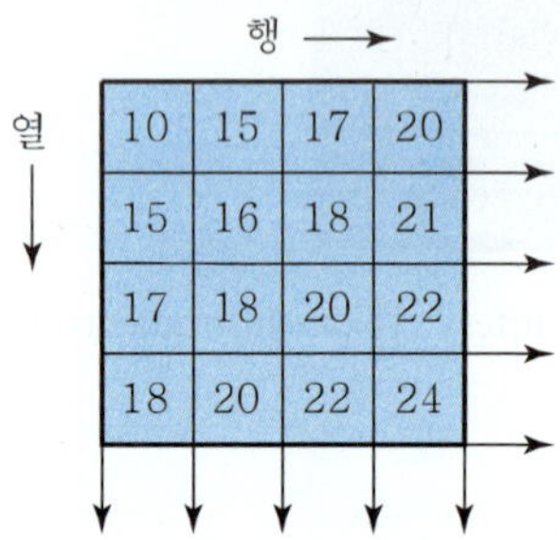

그림 15.53 영상의 픽셀배열

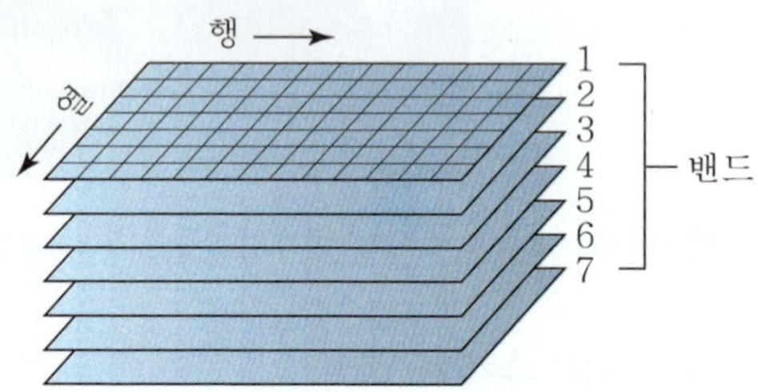

그림 15.54 다중분광밴드의 영상구조

15.7.2 위성영상자료의 구조

(1) BSQ(Band Sequential)

영상을 밴드별로 단순 조합한 형식으로 자료구조가 간단하고 밴드의 추출 및 삽입이 용이하여 밴드별 영상으로 나타내거나 혹은 밴드별로 처리해야 하는 경우 자료에 대한 접근 속도가 빠르다는 장점이 있는 반면에 여러 밴드의 자료에 대한 동시 분석이 이루어져야 하는 경우에는 자료에 대한 접근 속도가 매우 느리다는 단점을 가지고 있다. 예를 들어 하나의 화소에 대한 모든 밴드에서의 자료값을 추출해야 하는 경우 밴드수가 많아질수록 효율이 떨어진다.

(2) BIP(Band Interleaved by Pixel)

픽셀단위로 건너서 조합하는 형식으로 특정 화소에 대한 밴드별 화소 수치값에 대한 추출이 매우 빠르다는 장점이 있는 반면 특정밴드 영상 자료만 추출해야 하는 경우 매우 비효율적인 단점이 있다.

(3) BIL(Band Interleaved by Line)

라인단위로 건너서 밴드별 조합하는 형식으로 화소 단위의 접근이나 밴드 단위의 접근에 비하여 효율적이나 화소 단위의 접근의 경우에는 BIP보다 성능이 떨어지며 밴드 단위의 접근에 대해서는 BSQ보다 성능이 떨어진다.

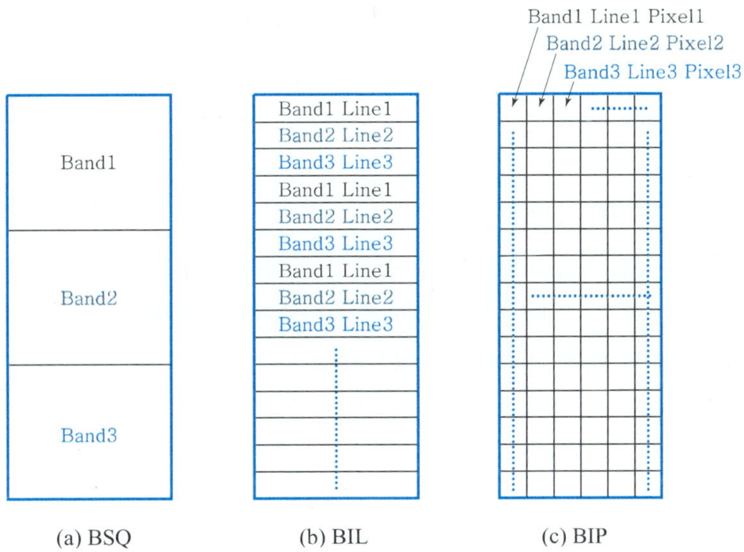

그림 15.55 영상자료의 구조

15.8 영상처리

Digital Image Processing 분야를 이해하기 위한, 주요 개념은 아주 간단하다. 컴퓨터는 디지털 이미지에 한 번에 한 개의 픽셀을 기록한다. 컴퓨터는 특정한 하나의 방정식이나 여러 개로 혼합된 일련의 방정식 안으로 이들 데이터들을 삽입하고, 각 픽셀의 계산 결과를 저장하도록 프로그램되어 있다. 이렇게 만들어진 결과는 화면에 디스플레이 되기도 하고, 그림 파일로 저장되거나 또는 다른 프로그램에서 조금 더 처리하여야 할 경우, 그 프로그램의 자체 포맷에 맞는 새로운 디지털 영상을 만든다. 디지털 이미지를 조작하는 방법은 실제 무한하다. 이들 모든 과정 중 원격 탐측에서 주로 행해지는 영상처리는 다음 세 가지로 집약된다.

15.8.1 이미지 보정 및 재저장(Image Rectification & Restoration)

이 부분에서의 작업은 찌그러지거나 변형된 이미지 데이터를 보정하여 원래의 대상물체에 좀 더 가까운 데이터를 만드는 것이 목적이다. 이 작업은 기하학적인 왜곡(geometric distortion)을 보정하고, 이미지 데이터의 방사적인 사항을 측정하며 데이터에 존재하는 노이즈를 제거하는 등, 원본 이미지 데이터(raw image data)에 대한 가장 초기 작업이다. 게다가 이미지 재등록(image restoration)기법들의 특성은 이미지 데이터를 취득하는 센서의 특성에 좌우된다. 새로운 정보를 추출하기 위해 이미지를 조작하고 분석하는 단계 이전에 일반적으로 이미지 보정 및 재등록 과정이 실행되기 때문에, 이미지 보정 및 재등록과정을 종종 전처리 과정이라 부르기도 한다.

(1) 기하 보정(Geometric Correction)

원본 디지털 영상은 통상적으로 아주 중요한 기하적인 왜곡을 지니고 있기 때문에, 이들 영상을 지도로 사용할 수 없다. 이러한 왜곡의 출처는 센서 플랫폼의 고도, 자세 및 속도의 변화에서부터 파노라믹 왜곡, 지구 곡률, 대기의 굴절, 기복 변위 및 센서 IFOV의 비선형적인 움직임 등과 같은 요소들까지 굉장히 다양하다. 기하 보정의 목적은 이들 요소에 의해 발생된 왜곡을 보정해서, 보정된 영상이 지도로 사용될 정도의 기하학적인 품질을 갖도록 만드는 것이다.

지상기준점을 사용하는 방법과 기존의 수치지형도를 사용하는 방법, 그리고 또 다른 기하보정영상을 사용하는 방법이 있다. 기준점과 영상의 해당 점을 일대일로 매치하여 다항식을 만들고 보통 Affine 변환을 이용하여 영상을 재배열한다. 기하보정을 마친 영상은 지도와 중첩하게 되면 정확히 일치하게 된다. 영상의 재배열 시 그림 15.56에서와 같이 음영표시된 기하보정 후의 픽셀값은 원 영상 4개의 픽셀에 걸쳐있고 가장 많은 부분이 포함된 셀의 값은 A이다. 이 픽셀값을 결정하는데는 cubic convolution방법과 최근린-내삽법(Likelihood), Bilinear Interpolation기법이 있다. Cubic Convolution재배열 기법은 최근린-내삽법에서 나타나는 흐트러진 형태가 존재하지 않으며, Bilinear Interpolation기법보다 좀 더 뚜렷한 영상을 생성한다.

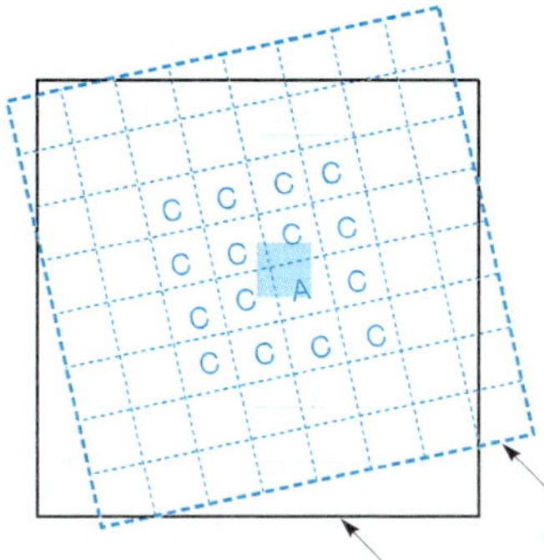

그림 15.56 영상의 기하보정

(2) 노이즈 제거(Noise Removal)

탐사, 신호의 수치화, 데이터 저장 과정 중 기술한계로 발생하는 이미지 노이즈는 누구나 원하지 않는 방해요소이다. 노이즈를 발생시키는 요소로는 플랫폼의 이동, 인간의 오동작등에서부터, 센서구성요소들 간의 전자기적 간섭, 데이터의 전송과 기록과정 중 간헐적으로 발생하는 "Hiccups" 등 다양하다. 노이즈는 디지털 이미지에서 실제 방사정보량을 감쇠시키거나, 판독이 불가능하게 마스킹해 버리기도 한다. 그래서 이미지 노이즈 제거는 이미지 데이터의 강조나 분류 작업보다 선행된다. 노이즈 제거의 목적은 노이즈가 있는 영상을 원래 대상 물체와 거의 유사한 영상으로 재구성하는 것이다.

기하보정과 마찬가지로 노이즈가 시스템적(주기적)인가, 랜덤한가 아니면 두 가지가 혼합되어 나타나느냐에 따라 영상에서 노이즈 제거의 특성이 달라진다. 규칙적으로 나타나는 노이즈는 그 규칙을 찾아내어 보정할 수 있다. 예를 들어 매번 12번째 스캔 라인의 값이 약간의 문제가 있다면 이 값을 평균값으로 대치한다든가 하는 방법이다.

이미지 데이터에 존재하는 랜덤 노이즈는 앞에서 언급했던 방법들과는 완전히 다른 방법을 이용하여 처리해야 한다. "Bit Errors"라 불리는 노이즈는 픽셀과 픽셀 사이에서 Gray Level의 비 시스템적인 변화로 인해 발생된다. 이러한 노이즈는 특성상 "Spikey"라 부르며, 외관상으로는 "Salt and Pepper" 또는 "Snowy"라 부른다.

실제 영상 값보다 갑작스럽게 변화하는 노이즈 값을 찾아 Bit Errors를 수정한다. 또한, 영상에서 특정픽셀과 주변의 모든 픽셀을 비교하여 노이즈를 찾아낼 수도 있다. 특정픽셀 값과 주변 값의 차이가 분석자가 지정한 Threshold 값을 초과하면, 그 특정픽셀은 노이즈가 포함되어 있다고 해석된다.

15.8.2 영상 강조(Image Enhancement)

처음 얻어진 위성영상은 직접 눈으로 보여지지 않는다. 전처리 과정을 통해야 비로소 우리가 사용할 수 있는 영상이 되는 것이다. 이 전처리 과정 중 영상강조는 매우 중요한 과정이다.

이미지 강조기법의 최종목적은 영상에 존재하는 대상물체들 사이의 명확한 차이(구분도)를 증가시켜, 이미지의 시각적 해석능력을 높이는 것이다. 강조된 이미지를 시각적으로 해석하는 과정은 인간의 감각과 컴퓨터 사이의 보완능력을 극대화시키는 것이다. 인간의 감각은 영상에 존재하는 공간적 특성을 해석하는데 탁월하고, 애매하고 미세한 물체 형태를 선택적으로 식별할 수 있다. 그러나 인간의 눈은 구분 가능한 대상물체의 미세한 방사적 혹은 분광적 차이에 대한 식별력이 떨어진다. 컴퓨터를 이용하여 이러한 미세한 차이를 극대화시킴으로써, 인간이 곧바로 대상물체를 인식할 수 있도록 만드는 것이 영상 강조의 목적이다.

(1) Gray-Level Thresholding

Gray-level thresholding은 입력 이미지의 모든 픽셀들을 두 개의 항목으로 분할하기 위해 사용된다. 즉, 분석자가 지정한 Gray-Level값에 따라 모든 픽셀 값들이 gray-level 값의 위와 아래에 놓여지게 되는 것이다. 또한, 이미지를 두 개의 형태로 마스킹 처리(Binary Mask)하기 위해, thresholding을 사용하는 것이다. 이미지를 두 개로 구분한 후 각각의 항목을 독자적으로 처리할 수 있는 부차적 처리를 위해 그러한 마스킹 기법이 사용된다.

(2) Level Slicing

이미지 히스토그램의 x축에 존재하는 모든 DN값들을, 분석가가 지정한 간격이나 “Slices”로 나누는 강조기법을 level slicing이라 한다. 입력 이미지에서 지정한 간격 안에 존재하는 모든 DN값들은 출력이미지에선 단 하나의 DN값으로 디스플레이 된다. 따라서 이미지에서 slice를 여섯 개 지정하면, 출력이미지는 서로 다른 여섯 개의 gray-level을 갖는다. 그 결과는 마치 등고선도 같이 보이게 되지만, 동일한 DN값으로 표현된 픽셀들(즉, 픽셀 값이 다른 경계 사이)은 면 형태를 갖는다. 또한 모든 레벨은 색상을 주어 표현할 수도 있다.

(3) Contrast Stretching

영상 디스플레이 장치와 기록장치는 256 Gray-Level 범위에서 데이터를 처리하는 것이 일반적이다(즉, 256은 8-비트 컴퓨터 인코딩으로 나타낼 수 있는 최대값이다). 단일 밴드에 존재하는 데이터는 0-256 전 범위에 걸쳐 분포하는 경우는 드물다. 그러므로 입력영상에서 좁은 범위에 분포되어 있는 밝기 값들을 넓게 펼쳐 놓고자 하는 것이 contrast stretching의 목적이다. 이미지의 분석을 위해 연구자가 대상지역에 존재하는 물체들 사이의 contrast를 강조시켜 출력시켜놓은 이미지가 contrast stretching의 결과물이다.

영상의 DN값이 0-255까지 고르게 분포하므로 밝기와 대비가 좋아진다.

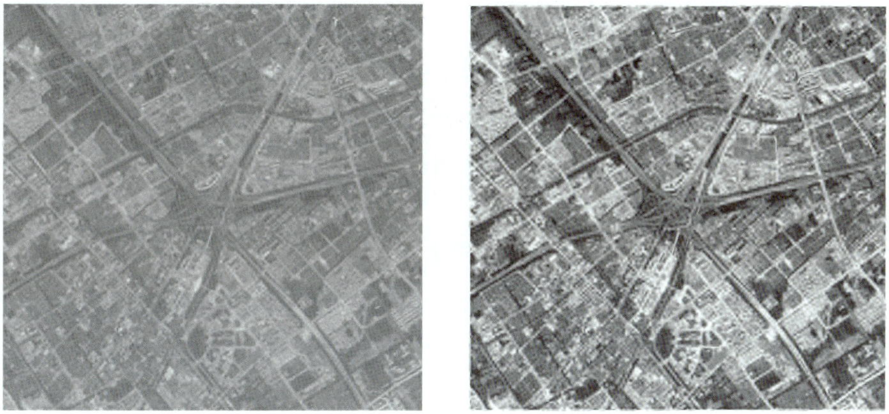

그림 15.57 영상의 히스토그램 스트레칭 전후의 위성영상

15.8.3 **영상분류**(Image Classification)

영상분류를 통해 토지피복분류를 할 수 있는데 무감독분류법과 감독분류법으로 나눌 수 있다. 기본원리는 수치영상의 모든 화소(픽셀)를 토지피복 종류 또는 항목으로 자동 분류하는 것이다. 영상픽셀의 구역화는 하나 또는 여러 개의 DN(Digital Number) / 그레이 값에 기초한다. 일반적으로 다중분광자료가 분류를 위해 사용되며, 모든 픽셀의 데이터 내부에 존재하는 분광패턴은 항목화 과정의 수치적인 근거로 사용된다. 즉, 서로 다른 물체의 형태는 고유한 분광 반사특성과 복사정도에 따라 자신만이 지닐 수 있는 DN값들의 조합을 형성한다. 이러한 점에서 분광패턴은 영상의 기하학적 특성이 결코 아니다. 차라리 패턴이라는 용어는

각 픽셀에서 다양한 파장의 밴드에 따라 취득된 방사량의 집합체라 할 수 있다. 분광패턴인식(Spectral Pattern Recognition)이란 자동적인 토지피복 분류과정의 근거로 각 픽셀의 분광정보를 사용하는 분류과정의 집합을 말한다.

공간패턴인식(Spatial Pattern Recognition)이란 자신을 둘러싼 다른 픽셀들과 픽셀 자신과의 공간적인 관계에 따라 영상의 모든 픽셀들을 항목화하는 것이다. 공간적인 분류자는 영상의 질감, 픽셀의 근접도, 물체의 크기, 형태, 방향성, 반복성 등과 같은 점들을 고려한다. 이러한 분류자들은 시각적인 해석 중 분석자가 실행하는 영상에 담긴 정보들 간의 공간적인 총체의 종류를 재구성하려 한다. 따라서 공간패턴분류는 분광패턴분류보다 훨씬 복잡하며, 집약된 계산식이 필요하다.

우리가 살펴보았던 영상의 재등록 및 강조기법들과 마찬가지로, 영상-분류자도 Hybrid Mode로 조합하여 사용할 수 있다. 또한 영상 분류 시 단 하나의 "최선책"이란 존재하지 않는다. 분석하고자 하는 자료의 특성, 사용 가능한 계산자원(컴퓨터 등), 분류된 자료의 응용 목적에 따라 연구자가 선택하고자 하는 각자의 접근방식은 달라지게 된다.

(1) 무감독 분류(Unsupervised Classification)

무감독 분류자는 분류근거로 training 자료를 이용하지 않는다. 무감독 분류의 분류자들은 영상에서 알려지지 않은 픽셀들을 조사하고 영상의 DN값들 사이에 존재하는 특성집단(자연발생적인 집단화 : Natural Groupings) 혹은 클러스터에 따라 영상의 모든 픽셀을 몇 개의 항목으로 병합한다. 이때 사용되는 기본적인 전제는 특정 피복항목을 구성하는 DN값들이 서로 가깝게 위치하며, 이들과 다른 항목들의 DN값들은 비교적 멀리 떨어져 있어 구분이 잘 된다는 것이다.

무감독 분류 후 얻은 결과 항목들을 분광항목이라 한다(Spectral Classes). 이러한 분광항목은 오로지 영상의 자연발생적인 집단화에 근거하기 때문에 처음부터 분광항목의 명칭을 알 수는 없다. 분석가는 분광항목들의 명칭과 정보값을 결정하기 위해, 무감독 분류의 결과자료와 영상에 대한 실제 지표자료를 비교해야 한다.

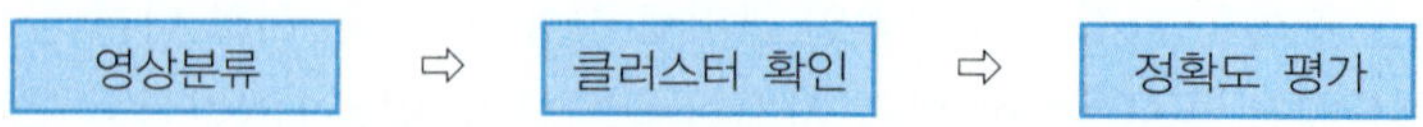

그림 15.58 무감독분류의 일반적인 과정

무감독분류는 대상지역에 대한 사전지식이 없어도 되며 사람의 실수로 인한 오차를 최소화할 수 있으며 유일한 클래스로 인식된다는 것, 훈련시간이 필요 없다는 등의 장점이 있다. 분류알고리즘은 K–Means 분류법, ISODATA 분류법, Expectation Maximization(EM) 분류 방법 등이 있다.

(2) 감독분류(Supervised Classification)

일괄적이고 자동적인 통계처리에 의해 분류되는 무감독 분류와는 다르게 감독분류는 훈련데이터(traning dataset)를 정하는 것부터 시작된다. 우리는 영상 내에서 피복대상물의 정체성을 알 수 있기 때문에 일정하게 분류항목을 정하고 직접 훈련지역과 매치하여 분광정보를 부여한다. 한 개의 분류항목당 여러 개(보통 10~20개)의 훈련지역을 설정한다.

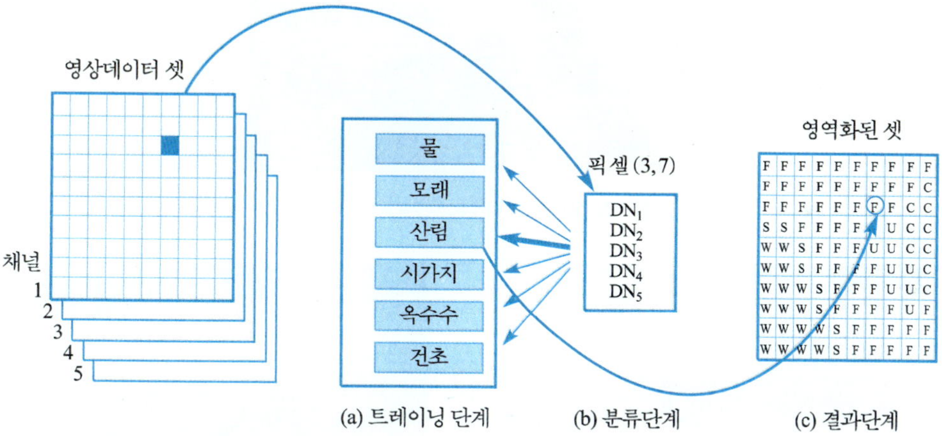

그림 15.59 감독분류의 일반적인 과정

분류과정은 반복적으로 이루어지며 분류알고리즘은 Parallelepiped 분류자, Minimum distance 분류자, Maximum likelihood 분류자를 사용한다. 그림 15.60은 아리랑 2호(KOMPSAT2)로 촬영한 세종시(행정수도)의 일부분이다. 그림 15.61(a)는 무감독분류영상이며, 그림 15.61(b)는 감독분류 영상이다.

그림 15.60 분류대상 영상(KOMPSAT2)

(a) 무감독분류

(b) 감독분류(maximum likelihood)

그림 15.61 무감독분류와 감독분류

(3) 분류알고리즘

본 절에서는 다양한 분류 테크닉을 그래픽적으로 간단하게 잘 표현할 수 있기 때문에 5개의 채널을 지닌 가상적 MSS 자료 중 두 개의 채널(밴드3과 밴드 4)을 이용하여 다양한 분류 기법을 설명하기로 한다. 밴드 3의 DN값들은 Y축을 따라 존재하고, 밴드 4의 DN값들은 X축을 따라 점으로 플로팅하면 그림 15.62와 같이 된다.

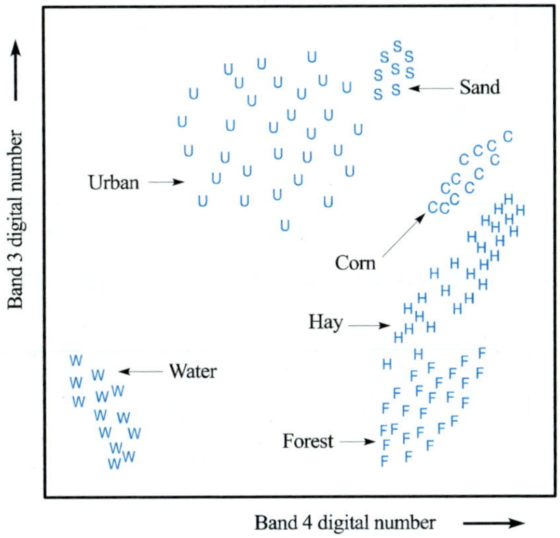

그림 15.62 선택한 연구지역에 대한 분광분포도(Lillesand, Kipper, Chipman, 2008)

인간은 가시적으로 6개 그룹을 분류할 수 있으나 컴퓨터인 경우에는 쉬운 문제가 아니다. 다음 몇 가지 분류 알고리즘을 살펴본다,

1) 평균값-최소거리 구분자 (Minimum Distance to Means Classifier)

그림 15.63에서 보인 것처럼 각 그룹의 평균값을 +로 표시하고 각 셀까지의 거리를 산정하여 가까운 그룹으로 분류하는 기법이다. 그림에서 2번 포인트를 보자. 눈으로 보기에는 그룹"U"로 분류되어야 하나 알고리즘을 적용하면 그룹"S"로 분류된다.

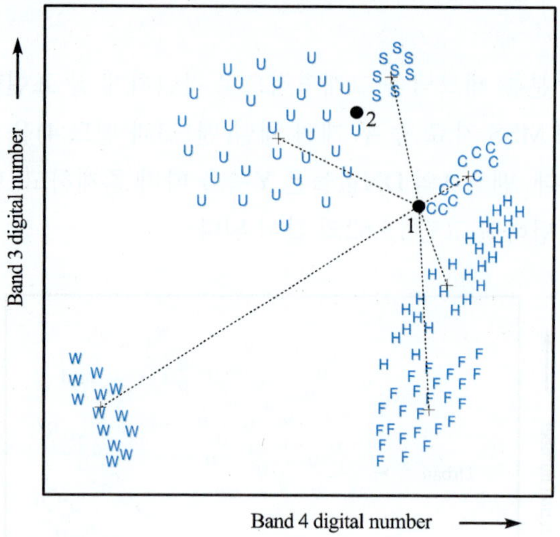

그림 15.63 최소거리를 이용한 분류전략(Lillesand, Kipper, Chipman, 2008)

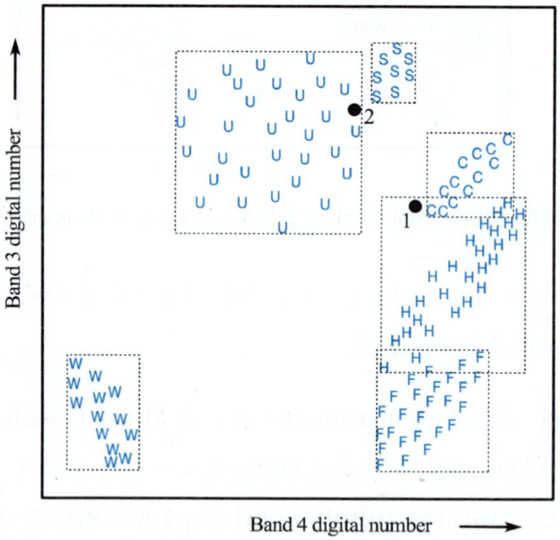

그림 15.64 직사각형 분류 전략(Lillesand, Kipper, Chipman, 2008)

2) Parallelepiped Classifier

최소거리구분자의 알고리즘의 문제를 개선하고자 직사각형으로 한정하여 분류하는 기법이다(그림 15.64). 앞서 설명한 2번점이 오분류된 점이 개선된 것을 알 수 있으나 반대로 1번 점이 그룹"H"로 잘못 분류되었다. 또한 그룹 간에 중첩되는 부분이 있어 모호한 분류가 될 수 있다.

다양한 판단지역을 하나의 사각형으로 묶는 대신 계단형의 여러 개의 사각형으로 묶는 방법을 이용하여 Parallelepiped 분류자가 지닌 문제점을 다소 줄일 수 있다. 이러한 계단형 경계선은 길게 늘어진 분포형태의 경계를 훨씬 잘 표현한다. 이러한 접근 방식이 그림 15.65에 묘사되어 있다.

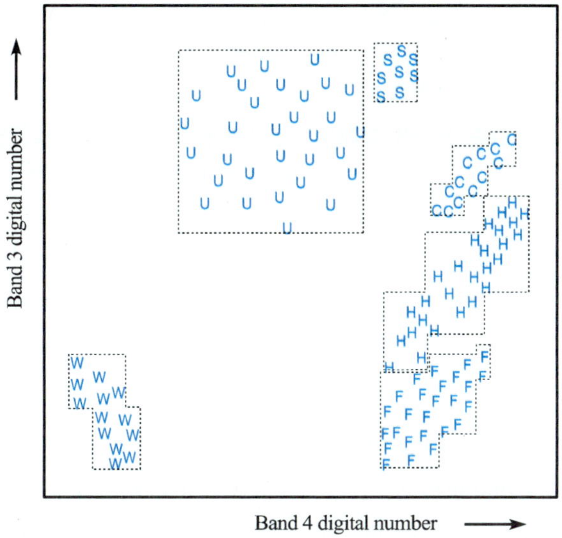

그림 15.65 계단형 결정경계를 채용한 직사각형 분류자(Lillesand, Kipper, Chipman, 2008)

3) 가우시안 최대-우도 분류자(Gaussian Maximum Likelihood Classifier)

각 그룹의 개체분포는 Gaussian 분포를 따른다'라는 가설하에 행해지는 분류 알고리즘이다. 각 항목의 반응패턴 분포를 평균벡터(Mean Vector)와 공분산 매트릭스로 대상픽셀이, 특정 토지피복항목의 구성원일 통계적인 가능성을 계산할 수 있다. 그림 15.66은 가능치(Probability Values)를 3차원 그래프에 점으로 찍어 표현한 것이다.

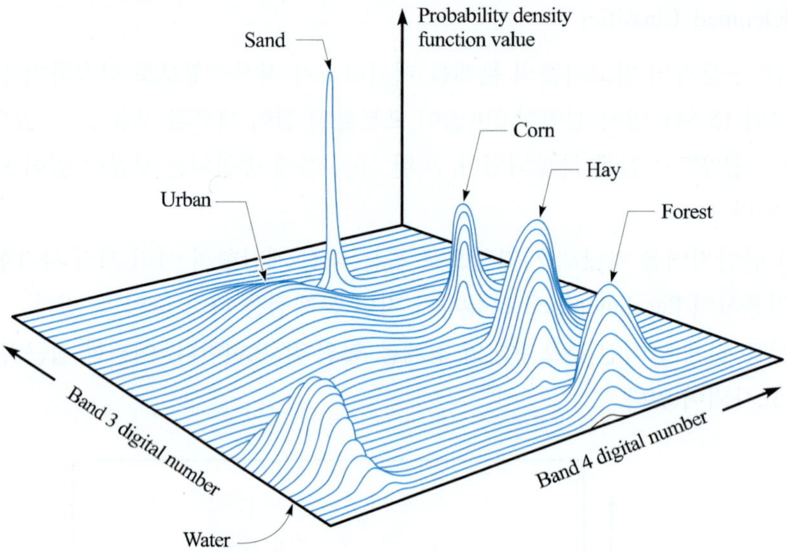

그림 15.66 최대우도분류자에 의해 정의된 확률밀도
(Lillesand, Kipper, Chipman, 2008)

수직축은 어떤 픽셀값이 모든 항목 중 특정 항목의 구성원일 가능성을 나타낸 것이다. 그 결과 표면은 종 모양을 이루는데, 이를 가능성밀도함수(Probability Density Functions)라부르며, 모든 분광항목은 그러한 함수를 하나씩 갖는다. 가능성 밀도함수는 각 픽셀이 각각의 항목에 포함될 가능성을 계산하여, 지정되지 않은 픽셀을 분류하기 위해 사용된다. 기본적으로 Maximum Likelihood 분류자는 산포도상에 타원체의 "가능성-등치선도(Equiprobability Contours)"를 만든다. 그림 15.67에 이들 판단지역이 묘사되어 있다. 가능성-등치선도의 형태는 Likelihood 분류자가 공분산에 민감하다는 것을 보여준다. 예를 들어, 이러한 민감성 때문에 픽셀 1은 C(옥수수)라는 항목으로 할당될 것이라고 예측할 수 있다.

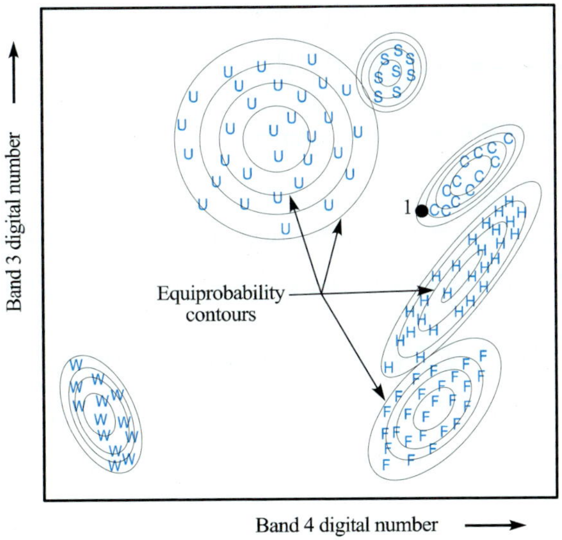

그림 15.67 최대우도분류자에 의한 같은 확률 등고선(Lillesand, Kipper, Chipman, 2008)

분류기법은 이 외에도 하이브리드 분류기법, 객체기반분류, 신경망분류 알고리즘 등이 있다.

15.8.4 영상분류 정확도평가

(1) 데이터 샘플링방법

정확도를 평가하기 위해 참조데이터(Reference data)와 비교할 수 있는 검사점(Check point)의 선정이 필요하며 샘플링작업이 선행되어야 한다.

1) 단순 무작위 샘플링(Simple random sampling)

각 점이 무작위로 선택되며 선택기회도 동일하다. 통계학적으로 허용되지만 실제에는 적용하기는 어렵다. 표본크기가 작은 경우 하향표현의 경향이 있다. 단순무작위표본추출에는 복원 표본추출과 비복원 표본추출의 두 가지 방법이 있다.

2) 계통샘플링(Systematic sampling)

계통적 표본추출은 모집단을 구성하고 있는 구성요소들이 자연적인 순서 또는 일정한

질서에 따라 배열된 목록에서 매 k번째의 구성요소를 추출하여 형성한 표본을 말한다. GIS에서는 공간적으로 일정간격마다 샘플링하는 방법이다.

3) 층화 무작위 샘플링(Stratified sampling)

층화표본추출은 모집단을 보다 동질적인 몇 개의 층으로 나누고 이러한 각 층으로 부터 단순 무작위 표본추출을 하는 표본추출방법이다. 예를 들면, 토지이용도라 하면 각 이용별로 레이어를 형성하고 각 레이어마다 무작위로 샘플링하는 방법이다.

4) 층화 계통 비정렬 샘플링(Stratifide systematic unaligned sampling)

Berry와 Baker(1968)가 제안한 방법으로, 일정한 영역으로 층화시키고 우선 그 첫 번째 구역에서 무작위로 한 점을 선택하고 그 다음 점은 처음 점의 X, Y좌표를 바꾸어 선택한다.

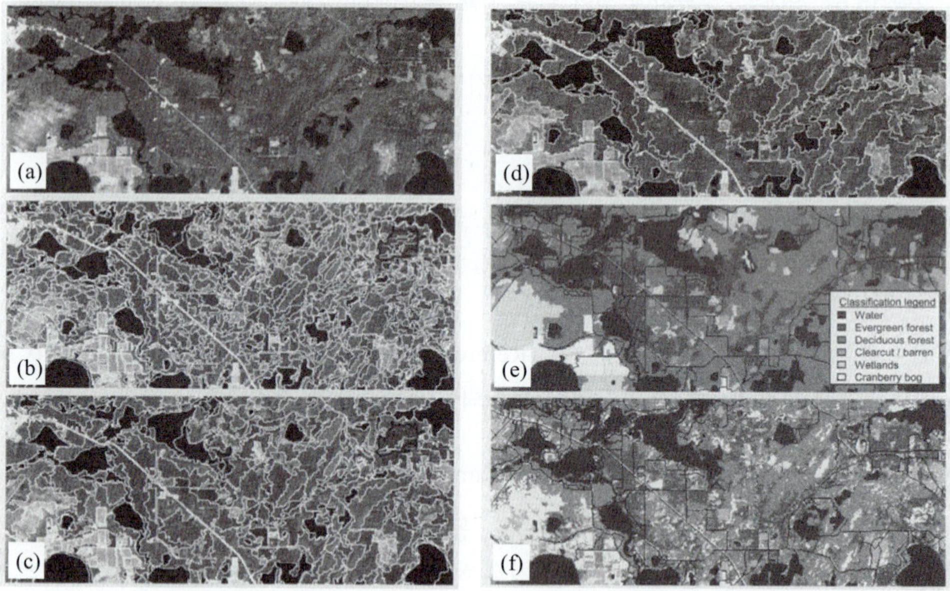

그림 15.68 객체지향형 영상분할 및 분류, Landsat-5 TM image
Remote sensing & Image Interpretation 7thed

(2) 속성분류 정확도의 평가

보통 셀 단위로 평가하는데, 표본위치에 대한 참조값과 실제값 사이의 차를 오차행렬로 표시한다. 원격탐측에서 이용되는 분류정확도와 같은 개념이다.

표 15.7

샘플 데이터	참조 데이터						합계
	시가지	경작지	도로	수계	잡종지	산림	
시가지	1	2	0	0	0	0	3
경작지	0	5	0	2	3	0	10
도로	0	3	5	1	0	0	9
수계	0	0	4	4	0	0	8
잡종지	0	0	0	0	4	0	4
삼림	0	0	0	0	0	1	1
합계	1	10	9	7	7	1	35

출처: C.P.Lo 2011, Concept of GIS

① 전체정확도

PCC(Percent correctly classified)는 대각선 셀의 합을 전체 셀의 수로 나눈 것이다. 즉, 제대로 분류된 셀이 전체의 몇 %냐 라는 것이다. 즉,

$$PCC = (1+5+5+4+4+1)/35 \times 100 = 57.1\%$$

모든 셀들이 대각선에 놓여 진다면 전체정확도는 100%임을 의미한다.

② 생산자 정확도(Producer's accuracy)

각각의 분류요소에 대한 대각선요소를 참조데이터의 합계로 나눈 백분율이다. 데이터가 만들어진 시점에서의 분류 정확도의 척도이므로 생산자 정확도라 한다.

시가지 =(1/1)×100=100%

경작지=(5/10)×100=50%

도로=(5/9)×100=55.6%

수계=(4/7)×100=57.1%

잡종지=(4/7)×100=57.1%

산림=(1/1)×100=100%

③ 사용자 정확도(User's accuracy)

각각의 분류요소에 대한 대각선요소를 샘플데이터의 합으로 나눈 백분율이다. 분류된 공간데이터가 실제로 지상에서 나타내는 확률이며 위임오차의 척도이다.

시가지 =(1/3)×100=33.3%
경작지=(5/10)×100=50%
도로=(5/9)×100=55.6%
수계=(4/8)×100=50%
잡종지=(4/4)×100=100%
산림=(1/1)×100=100%

④ Kappa 정확도

대각선을 벗어난 모든 값들을 포함하는 정확도로 과장된 전체정확도를 제어할 수 있다. 즉, 분류에서 우연의 일치를 계산에 고려한다는 의미이다.

$$k = \frac{P_0 - P_c}{1 - P_c} \tag{15.8}$$

$$P_0 = \sum_{i=1}^{m} P_{ii} = \frac{1}{N}\sum_{i=1}^{m} n_{ii}$$

$$P_c = \sum_{i=1}^{m} P_{i+}P_{+i} = \frac{1}{N^2}\sum_{i=1}^{m} n_{i+}n_{+i}$$

P_0 : 전체 셀에 대한 대각선 셀의 비율

n_{ii} : 대각선 셀(정확하게 분류된 셀)

N : 검사점 총수

P_{ii} : 대각선 셀에 대한 백분율 = $\Sigma(n_{ii}/N)$

P_{i+} : 표본데이터 각각의 행 총합의 백분율 = (n_{i+}/N)

P_{+i} : 표본데이터 각각의 열 총합의 백분율 = (n_{+i}/N)

따라서

$$p_c = \frac{(3\times1)+(10\times10)+(9\times9)+(8\times7)+(4\times7)+(1\times1)}{35\times35}$$

$$= \frac{269}{35\times35} = 0.2196$$

$$p_o = \frac{20}{35} = 0.5714$$

그러므로 $k = \dfrac{0.5714-0.2196}{1-0.2196} = 0.451$

Kappa계수는 0부터 최대 1까지 계산되며 1에 가까울수록 분류정확도가 높다는 뜻이다.

15.8.5 정규화식생지수(NDVI; Normalized Difference Vegetation Index)

식생분류는 오래 전부터 과학자들의 관심이 되어 왔다. 최근 들어 전 세계는 지구의 이상기후를 예방하고자 탄소포인트제를 실시하고 있으며 에코머니, 탄소발자국(Carbon footprint) 등의 신조어가 탄생할 정도로 관심사가 되고 있다. 이에 따라 식생의 밀도와 활력도의 측정에 대한 관심이 더욱 높아지고 있다. 식생의 잎에는 다량의 엽록소가 포함되어 있다. 이 엽록소는 가시광선 영역의 파장별 영역과 근적외선 영역에서 반사특성이 차별화된다. 0.4~0.7μm 영역에서 green 파장을 제외하고 엽록소(Chlorophyll)층에 대부분 흡수되며,반면에 근적외선(0.7~1.3μm) 파장대에서는 강한 반사특성을 가지고 있다. 이 두파장의 반사특성 차이를 이용하여 식생의 상대적인 양을 측정할 수 있다. 이들 두 가지의 반사율 차이를 합으로 나눔으로써 차별화를 증대시켜 식생지수(NDVI)를 다음과 같은 식 (15.9)로 산출할 수 있다.

$$NDVI = \frac{NIR-RED}{NIR+RED} \tag{15.9}$$

식생지수는 -1.0 陳NDVI 陳1.0의 범위에 있으며 0.8~0.9 정도면 식생의 밀도가 아주 높은 지역이며, 나대지 또는 사막은 거의 0에 가깝게 산출된다.

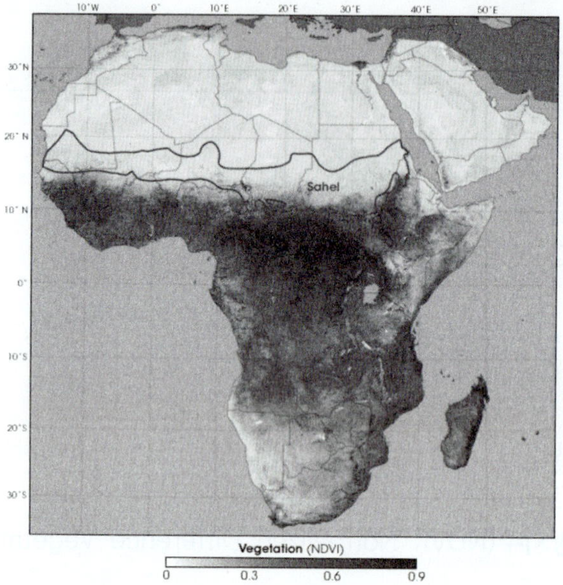

그림 15.69 아프리카의 식생지수(NDVI) www.dabrownstein.com

15.8.6 마스크기반 영상개선

영상처리에서 마스크기반처리라고 하는 것은 컨벌루션(Convolution) 작업에 의해 수행된다. 컨벌루션이란 가중치(Weight)를 갖는 마스크(필터 또는 커널)를 이용하여 영상처리하는 것을 의미하며 마스크는 3×3 또는 5×5짜리를 사용한다. 원시영상에 마스크를 씌운 다음 원시영상의 픽셀값과 마스크의 가중치를 곱하여 얻는 결과값을 출력영상의 중앙픽셀값으로 얻는다. 컨벌루션 작업은 마스크를 옮겨가며 연산을 하므로 무빙윈도우(Moving window) 방법이라고도 한다. Convolution의 계산은 그림 15.70에서 다음과 같이 표현된다.

$$\begin{aligned} C_{34} &= k_1 \times I_{23} + k_2 \times I_{24} + k_3 \times I_{25} + k_4 \times I_{33} + k_5 \times I_{34} \\ &\quad + k_6 \times I_{43} + k_7 \times I_{44} + k_8 \times I_{45} + k_9 \times I_{23} \end{aligned} \tag{15.10}$$

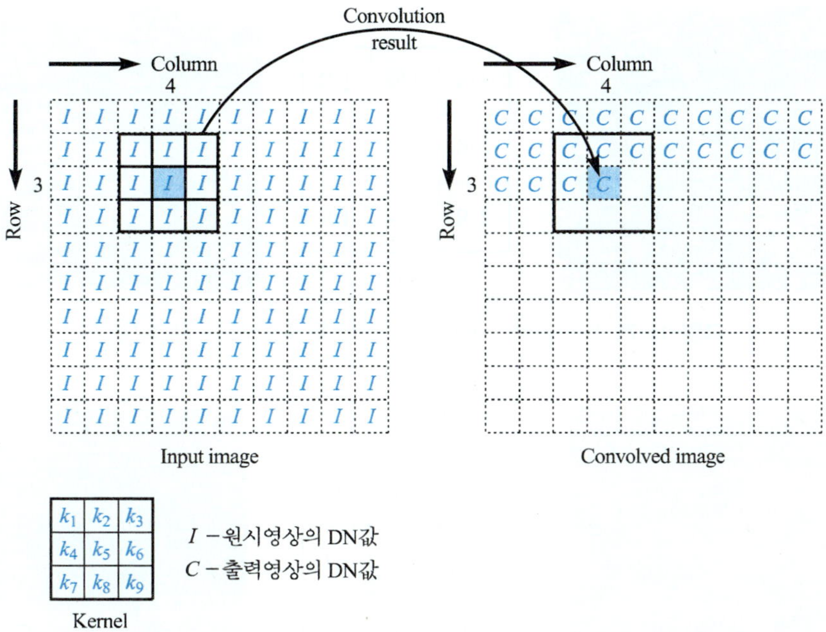

그림 15.70 마스크 기반 영상 컨벌루션(Wolf, Dewitt, 2000)

다음은 마스크의 예이다.

$$K=\begin{bmatrix} \frac{1}{9} & \frac{1}{9} & \frac{1}{9} \\ \frac{1}{9} & \frac{1}{9} & \frac{1}{9} \\ \frac{1}{9} & \frac{1}{9} & \frac{1}{9} \end{bmatrix} \tag{15.11}$$

마스크 컨벌루션방법을 이용하면 영상을 사용자의 이용목적에 맞게 처리할 수 있으며 이를 필터라고 한다. 필터에는 저주파패스 공간필터(그림 15.71), 고주파패스필터(그림 15.72), 중앙값필터, 라플라시안 필터(그림 15. 73), 쇼벨필터(그림 15.74), 순서필터 등이 있다. 다음 그림에 각 필터와 결과영상을 보였다.

1/9	1/9	1/9
1/9	1/9	1/9
1/9	1/9	1/9

그림 15.71 원시영상과 low-pass filter를 적용시킨 결과 영상

−1	−1	−1
−1	8	−1
−1	−1	−1

그림 15.72 High-pass filter를 이용한 외곽선 검출

1	1	1
1	−8	1
1	1	1

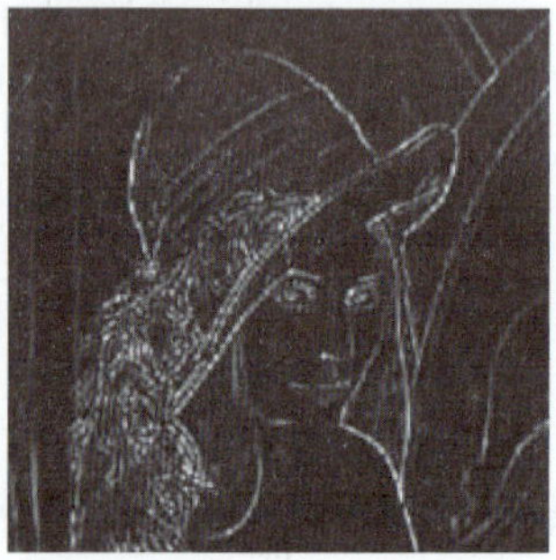

그림 15.73 8방향 라플라시안 필터링

1	1	1
1	−8	1
1	1	1

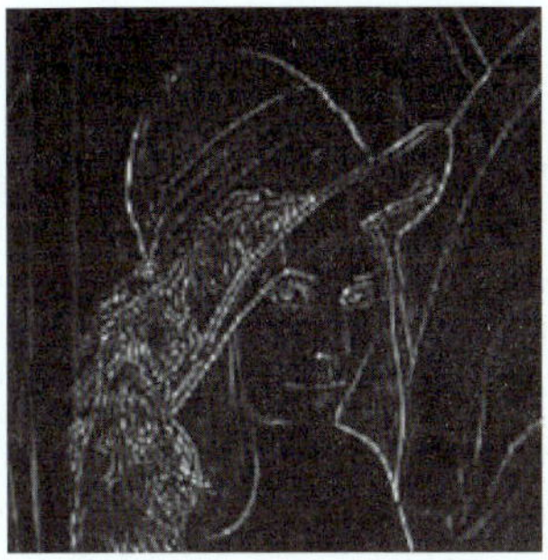

그림 15.74 쇼벨필터 적용 결과 영상

15.9 레이더 원격탐측

15.9.1 레이더 원격탐측의 내용

일반적인 광학센서는 빛을 이용하므로 캄캄한 밤이나 구름이 낀 경우에는 영상획득이 불가능하다. 그러나 장파장 극초단파를 이용하면 이러한 기후적 문제를 해결할 수 있다. 어떠한 장애요소가 있어 맨눈으로는 알아볼 수 없는 물체나 대상을 탐지하거나 위치를 파악하는 데 쓰이는 전기적 체계(system)이다. 마이크로파를 발사하고 대상(물체)에 반사된 전파를 수집하여 증폭 분석한다.

그림 15.75 레이더파

이러한 탐측을 레이더원격탐측이라 한다. 구름, 식물, 건조한 토양, 건설(乾雪) 등을 투과하는 특성이 있으므로 날씨에 관계없이 측량이 가능하다.

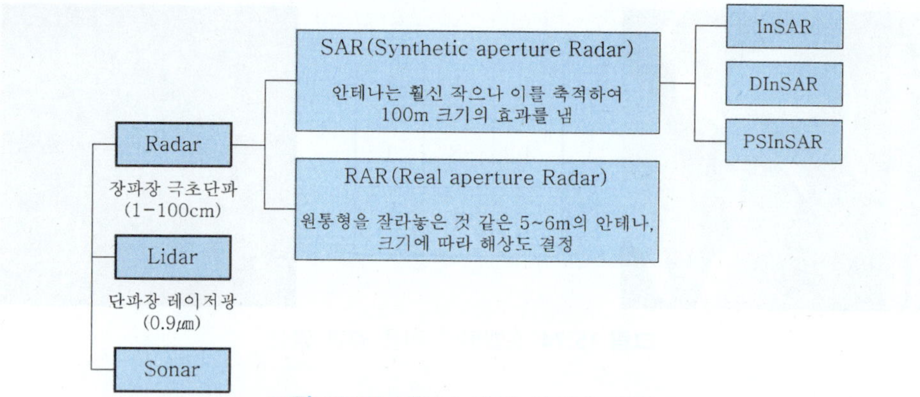

그림 15.76 레이더 측량 방식의 종류

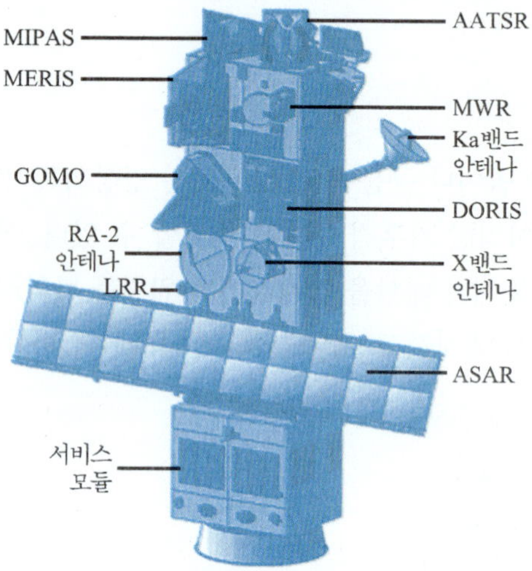

그림 15.77 ENVISAT(solar cell 제외)

그림 15.78 ENVISAT의 레이더안테나

15.9.2 레이더위성

(1) Seasat-1 : 1978년 발사되었으며 해양연구용으로 고도는 800km, 99일 만에 실패하였다. 1984년 10월 기간 중 Space Shuttle에서 SIR-B 실험이 수행되었다. 이번에도 HH 편광모드를 지닌 L-밴드 시스템이 이용되었다.

(2) SIR-A, SIR-B : 이 시스템의 중요한 차이점은 다양한 Look Angle(15~60°의 범위)로 지구를 향해 레이더 신호의 빔을 비출 수 있도록 기계적으로 경사가 가능한 안테나가

SIR-B에 장착되었다는 점이다. 레이더 반사에 대한 다양한 입사각의 효과를 평가할 수 있는 과학적인 연구 기회를 제공한 것이다. 또한 입체 레이더 영상의 획득도 가능하게 되었다.

(3) Comos-1870 : 소련이 발사한 실험적인 SAR 시스템으로 1987년 7월에 발사하여 이를 운영하였다. 이 시스템은 소비에트 Proton 발사대에서 발사되었고, 중량은 18.5ton이었다. 이 시스템은 거의 2년 동안 운영되었고, 육지 지역과 전 세계 해양 지역 모두에서 막대한 양의 레이더 영상을 획득하였다. 이들 영상이 시스템 운영 중인 시기에는 널리 이용되진 않았지만, Comos-1870은 Almaz-1호 위성의 디자인 및 운영 능력을 비준하는 원형의 역할을 하였다.

(4) Almaz-1 : 소련이 1991년 3월 31일 발사로 인해 상업용 목적으로 지구궤도에 레이더 시스템을 운영하는 최초의 국가가 되었다(소련 해체 이전). 이 시스템은 기상조건이나 시간에 관계없이 고 해상도의 레이더 자료를 제공할 수 있는 능력을 지니며, 위성에서 이용되는 원격탐사의 새로운 시대를 열었다. Almaz-1호는 약 18개월동안 운영된 후 1992년 10월 17일에 지구로 귀환하였다. 또 다른 Almaz 임무가 소련의 해체 이전에 계획되었다. Almaz-1호는 300km의 고도에 발사되었으며, 남 북위 73°를 가로지르는 궤도를 가지고 있었다.

(5) ERS-1 : European Space Agency(ESA)는 1991년 7월 17일에 ESA의 최초 위성인 ERS-1을 발사하였다. 이 위성은 2~3년의 생명을 갖도록 계획되었고, 후임 위성인 ERS-2가 그 다음 2~3년 동안 자료를 제공하도록 디자인되어있다. ERS-1은 98.5°의 경사를 지닌 태양동기 궤도 위성이다. 이 시스템의 고도는 785km이다.

(6) JERS-1 : 일본의 NASDA(National Space Development Agency)에서 개발된 이 위성은 1992년 2월 11에 발사되었다. JERS-1은 두 개의 광학 센서(OPS)와 HH 편광모드를 지닌 L-밴드(23cm)의 SAR 시스템을 지니고 있다. 이 레이더 시스템은 해상도가 18m이고, 관측각(Look Angle) 35°로 75km의 폭을 지닌 영상을 생성한다. JERS-1은 568km의 상공에서 경사기울기 98.5°를 지닌 태양동기궤도에 떠 있다. 1998년 말에 임무를 마쳤다.

(7) Radarsat : 1995년에 발사된 이 위성은 캐나다 최초의 원격탐사용 위성이다. Radarsat의 생명은 약 5년이며 궤도는 태양동기, 798km의 고도, 98.6°의 경사각을 갖는다. 한 궤도를 도는 시간은 100.7분이고 동일 궤도에 다시 돌아오는 시간은 24일이다.

15.9.3 레이더 원격탐측의 원리

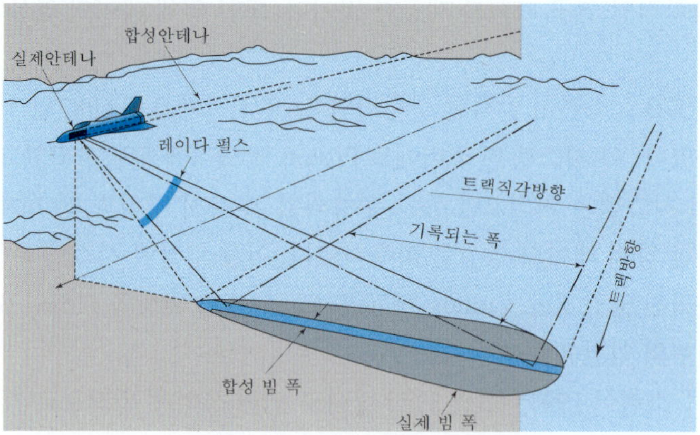

그림 15.79 레이더 주사원리

그림 15.80 레이더영상(대청댐 유역)

SLAR 영상에서의 지형(혹은 기하)은 사진이나 스캔 영상과 근본적으로 다르다. SLAR는 각도 측정 시스템이라기보다 거리측정 시스템이기 때문에 기본적으로 이러한 차이가 발생하는 것이다. 지형이 다양하고, 변화하는 영상에서 이러한 영향이 두드러진다. 우리는 이 책에서 SLAR 영상의 취득과 해석에 대해 다음과 같은 지형적인 요소들만 살펴볼 것이다(축척왜곡, 기복변위, 시차).

(1) 경사거리 상의 축척왜곡(Slant-Range Scale Distortion)

경사거리 영상기록 시스템은 일정한 CRT 스캔비율로 각 라인들을 기록한다. 따라서 경사거리 영상에 기록되는 신호들의 공간은 이웃하고 있는 지형물체들에서 돌아오는 에코들 사이의 시간간격과 직접적인 비율이다(즉, 반사된 신호가 되돌아오는 시간 비율에 따라 경사거리 영상에 기록된다). 그림 15.81은 경사거리와 지상거리 영상 기록 방식의 특성을 보여주고 있다. A, B, C는 동일한 크기의 물체이며, 떨어져 있는 거리도 동일하고, 각각 가까운 거리, 중간, 가장 먼 거리상에 위치해 있다. 연직점에서 각 지점들 사이의 지상거리는 각각 GR_a, GR_b, GR_c이다.

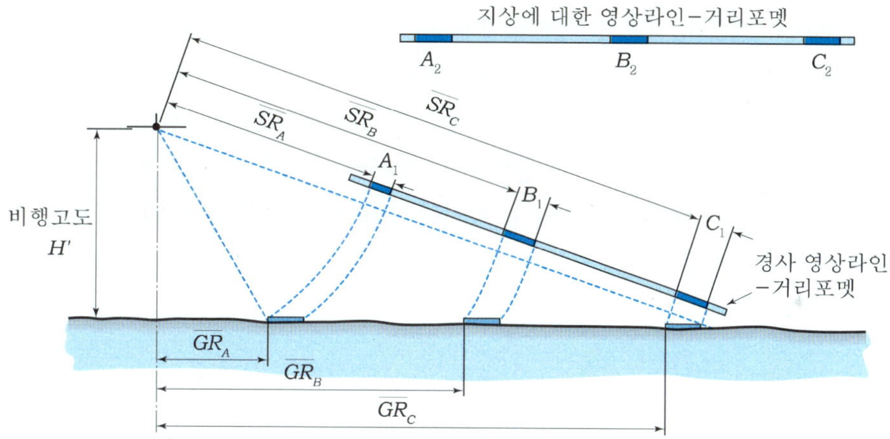

그림 15.81 경사거리와 지상거리 영상형태

직접적으로 신호가 되돌아오는 시간과 관련이 있기 때문에, 경사거리 영상은 각 물체들 사이의 거리도 동일하지 않고, 각 물체들의 폭도 다르게 보여준다. 그로 인해 영상의 축척이 변하는데 연직점에 가까운 지역에서 축척왜곡이 최소이고, 연직점에서 가장 먼 지역에선 최대의 축척 왜곡이 나타난다. 따라서 경사거리 상에서 표현하면, 물체의 폭은 A < B < C이고 거리는 AB < BC로 나타난다. 이러한 과정을 수정한다면, 기본적으로 일정한 축척의 지상거리 영상에서 각 물체의 길이는 A = B = C가 되도록 만들 수 있고, 거리도 AB = BC가 되도록 만들 수 있다. 따라서 비행고도를 알고 있다면 영상의 경사거리에서 지상거리를 계산해낼 수 있다. 지구가 평평하다고 가정했던 것을 명심해야 한다. 또한 비행변수들도 거리와 방위각 축척에 영향을 미친다는 사실도 명심해야 한다. 거리 축척은 비행고도의 차이에 따라 변하며,

방위각 축척은 항공기의 지상 속도와 CRT를 지나가는 필름 전송속도 사이의 동기화(Synchronization)에 따라 변한다. SLAR 자료의 취득 및 수집 시 일정한 축척을 유지한다는 것은 매우 복잡한 작업이다. 거리 방향(혹은 트랙직각방향)의 축척이 광속에 의해 결정되는 반면, 방위각 방향(트랙방향)의 축척은 비행속도에 의해 결정된다. 이러한 각각의 축척들을 조정하여 동일하게 만들기 위해, 비행변수의 엄격한 제어가 요구된다.

(2) 기복변위(Relief Displacement)

라인 스캐너 영상과 마찬가지로, SLAR 영상의 기복배치도 일차원적이며, 비행경로에 수직이다. 그러나 스캐너 영상이나 항공사진과 달리, SLAR 영상에서 기복배치의 방향은 반대이다. 이는 레이더 영상이 지표 물체에서 안테나까지의 거리를 표현하기 때문이다. 수직적인 물체가 레이더 펄스를 받으면, 물체의 상단이 하단보다 먼저 펄스를 받는다. 따라서 수직물체의 상단에서 되돌아오는 신호는 하단에서 반사된 신호보다 먼저 안테나에 도달할 것이다. 이런 현상은 수직물체가 연직점 쪽을 향해 기운 것처럼 보이게 하고, 물체가 가까이 있는 것처럼 보이는 'Layover' 현상을 일으킨다. 이러한 'Layover' 현상의 효과는 가까운 거리일수록 심하며, 항공사진 측량에서의 기복배치와 비교하여 그림 15.82에 묘사해 놓았다.

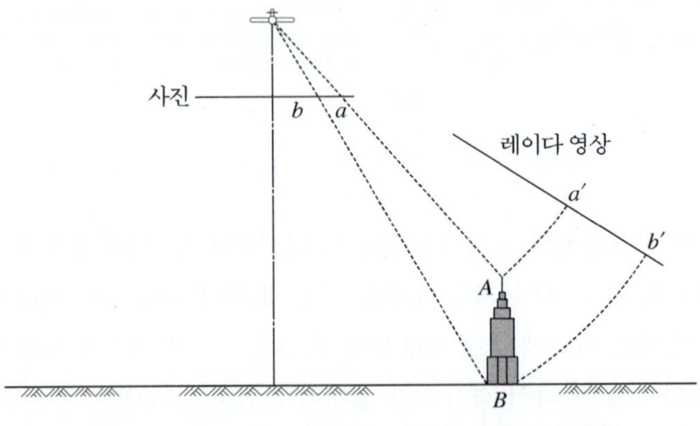

그림 15.82 SLAR 영상과 사진에서의 기복변위

연직점에 가까운 지역에서 안테나를 바라보고 있는 지형의 사면은 레이오버 효과가 강하다. 이러한 현상은 하향각이라 표현되는 레이더 펄스의 방향에 수직인 선분보다 지형사면의 경사가 더 큰 경우 발생한다. 이러한 상황은 그림 15.82의 A와 B 물체 좌측면에서 나타난다.

그로 인해 A와 B 사면의 정상은 하단 부분보다 먼저 영상화될 것이고, 레이오버 현상이 발생된다. 하향각이 크고, 짧은 거리일수록 레이오버가 발생되는 양이 많아진다는 것을 알 수 있다.

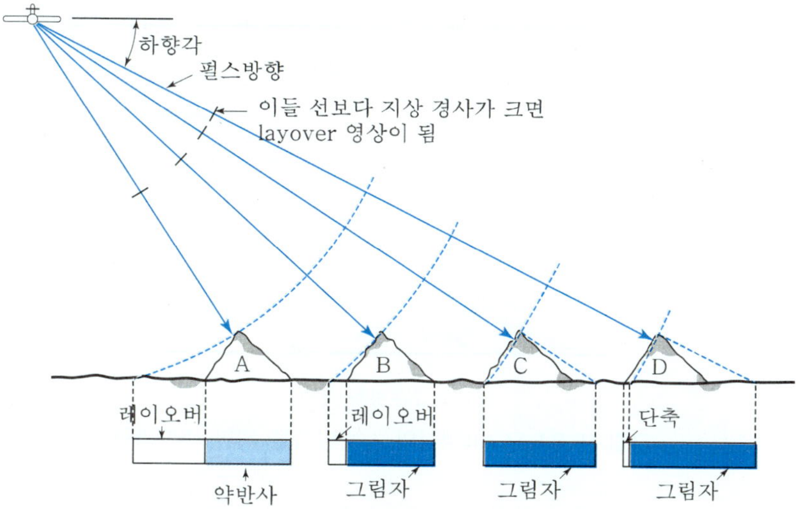

그림 15.83 SLAR 영상에서 지상기복의 영향

(3) 시차(Parallax)

어떤 물체가 서로 다른 비행경로들에서 두 번 영상화된다면, 서로 다른 기복변위는 SLAR 영상에서 영상시차(Image Parallax)를 발생시킨다. 이 영상시차는 영상을 입체적으로 볼 수 있도록 만들어 준다. 스테레오 SLAR 영상은 동일한 지역을 서로 평행하며, 다른 방향에서 바라보는 비행경로를 비행하여 얻을 수 있다(그림 15.84(a)). 그러나 스테레오 쌍인 두 영상에 레이더 측면 조명 효과가 반전되어 있기 때문에, 서로 다른 방향의 영상을 이용하는 기법을 이용하면, 입체시가 좀 어렵다. 따라서 스테레오 레이더 영상은 동일한 궤도이지만 고도가 다른 비행 상태에서 얻어진다. 이러한 효과를 고도시차(altitude parallax)라 한다. 이 경우 펄스가 비춰지는 방향과 측면조명 효과는 두 영상에서 비슷하다(그림 15.84(b)). 또한 같은 고도이지만 좀 떨어진 상태의 연이은 비행라인에서 안테나 하향각을 변화시켜 동일한 방향에서도 스테레오 레이더 영상을 얻을 수 있다.

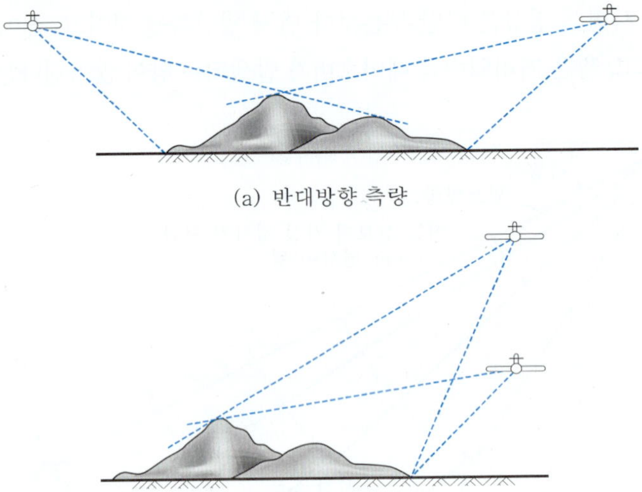

(a) 반대방향 측량

(b) 같은방향 측량

그림 15.84 SLAR영상의 시차발생을 위한 비행방향

그림 15.85는 다른 고도에서 왼쪽 방향을 바라보면서 관측하여 생성된 스테레오 레이더 영상을 보여주고 있다. 오른쪽 영상에 좀 더 큰 그림자들이 존재한다는 것을 알아볼 수 있다. 이것은 오른쪽 영상보다 왼쪽 영상이 좀 더 높은 고도에서 얻어졌다는 것을 의미한다.

그림 15.85 동일비행코스에서 비행고도를 달리하여 얻은 입체 SLAR영상, X벤드, 합성개구식
(Western Geography com., Goodyear Aerospace corp.)

입체시가 가능한 것뿐만 아니라, 영상시차(Image Parallax)가 측정되고, 물체들의 적절한 고도를 계산하는데 이용되기도 한다.

15.10 원격탐사의 활용

15.10.1 환경분야의 활용

그림 15.86(a)는 Landsat band 5영상으로 강우 후의 육지에서 침식된 토양으로 인한 탁류의 유입형태가 명확하다. 반면 그림 15.86(b)의 경우 근적외선 영상으로 육지의 경계가 명확하게 나타나 보인다. 이로써 탁류의 확산형태와 면적을 알 수 있다.

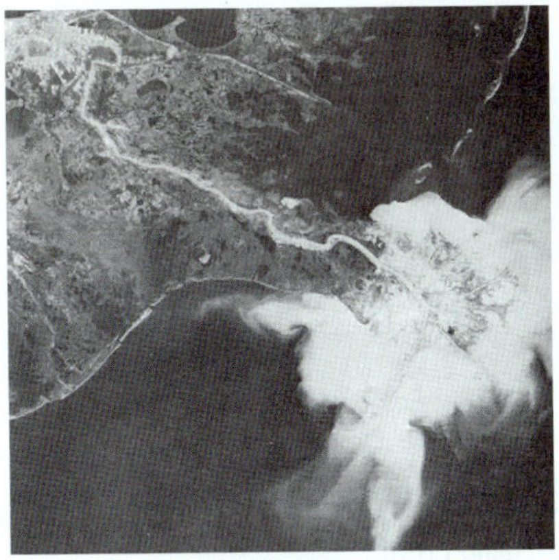

(a) Landsat MSS band 5(red)

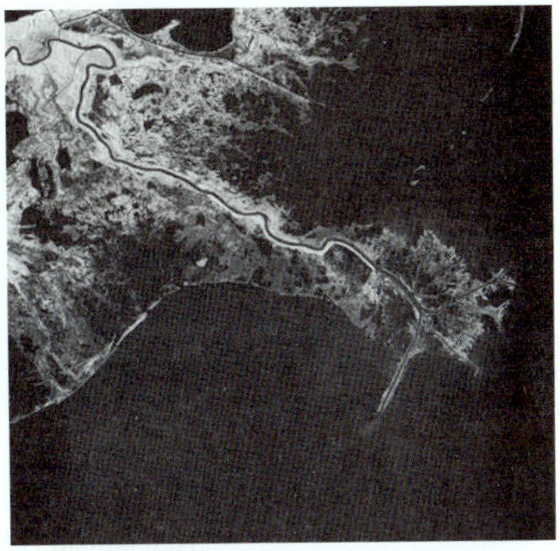

(b) Landsat MSS band 7(near IR)

그림 15.86 뉴올리언즈 아래, 미시시피강 델타와 맥시코만의 1월 중순 영상(NASA영상)

그림 15.87은 어느 공업단지지역을 칼라영상으로 항공촬영한 것이다. 그림에서 의심되는 지역이 발생했으며 분석한 결과 배출수와 기름 및 부유물질로 판단되었다. 원격탐측으로 24시간 하천의 오염여부를 감시할 수 있다.

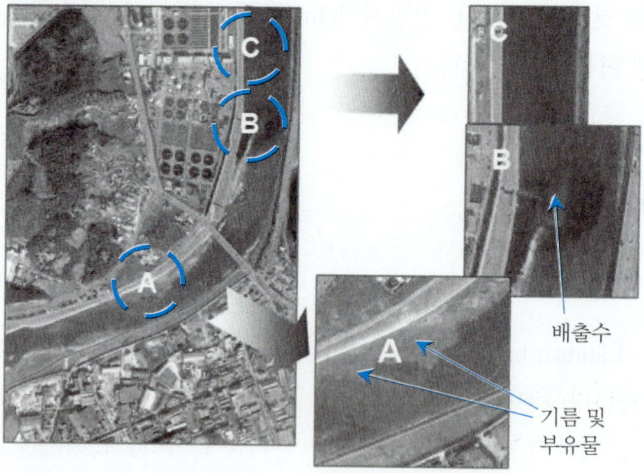

그림 15.87 하천환경 모니터링

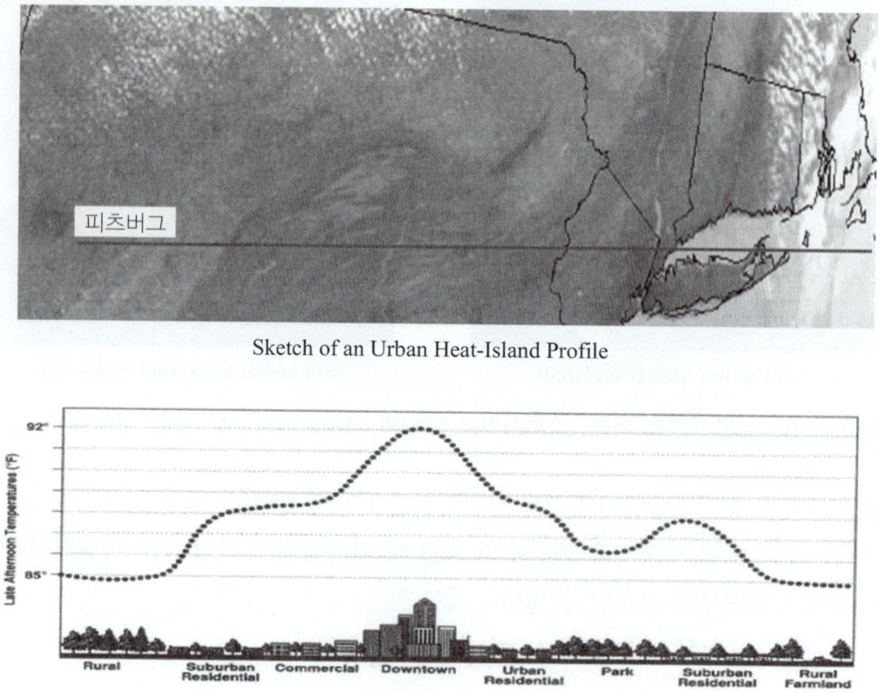

그림 15.88 피츠버그 지역의 열섬현상 분석

그림 15.88은 열적외선 영상을 이용한 도시의 열섬현상을 분석한 것이다. 분석라인에 대한 온도분포를 종단면도 형식으로 나타냈다. 도외지역 또는 숲에 비해 도시지역에서 온도분포가 훨씬 높아 열섬현상을 보이고 있다. 그림 15.89는 서울지역의 Landsat 열적외선 영상을 분석하여 6단계로 나타낸 것이다. 비접근 지역이나 광범위 지역의 지표면 온도 파악에 사용할 수 있으며 오염지역 또는 핵시설물의 위치검색 및 방사능 유출여부를 판단할 수 있다.

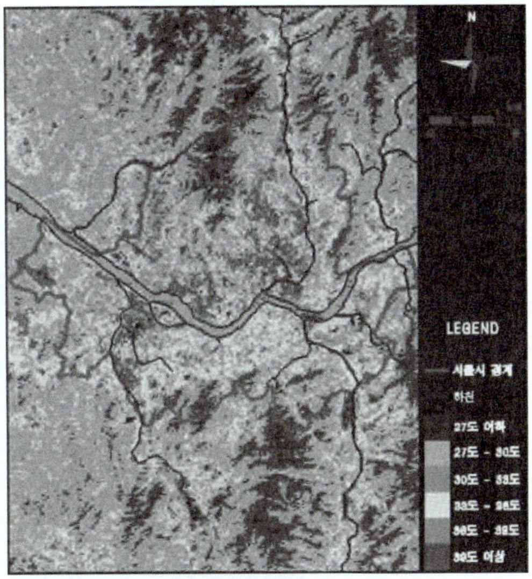

그림 15.89 서울의 도시온도분포(Landsat IR)

15.10.2 변화양상 분석

그림 15.90은 한 지역의 시대에 따른 도시개발양상을 보여주고 있다. 영상처리기법을 사용하면 시가화 지역의 면적이 어떻게 증가했는지 어느 지역이 얼마만큼 변화했는지를 정량적으로 분석할 수 있다.

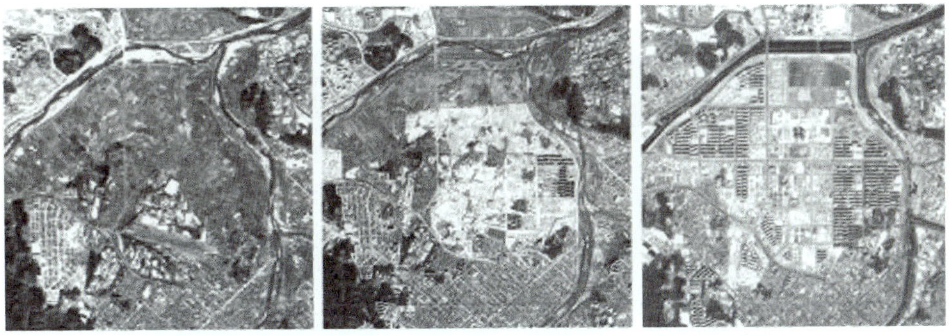

(a) 1990년　　(b) 1992년　　(c) 1995년

그림 15.90 대전광역시 서구 둔산동, 만년동 일대의 도시개발 변화(SPOT영상)

그림 15.91은 약 1년 정도의 시간차를 가진 영상을 비교하여 지반의 연간 침하량을 표시한 것이다. 이 자료로 재해방지대책 수립 또는 토지이용계획에 활용할 수 있다.

그림 15.91 변화탐지 기법으로 표현한 연간 지반침하량

15.10.3 생태분야

정규화식생지수(NDVI;Normalized Difference Vegetation Index)를 이용하여 미국전역의 식생분포를 나타낸 것이다. 식생의 분포를 백분율 (%)로 나타낼 수 있다.

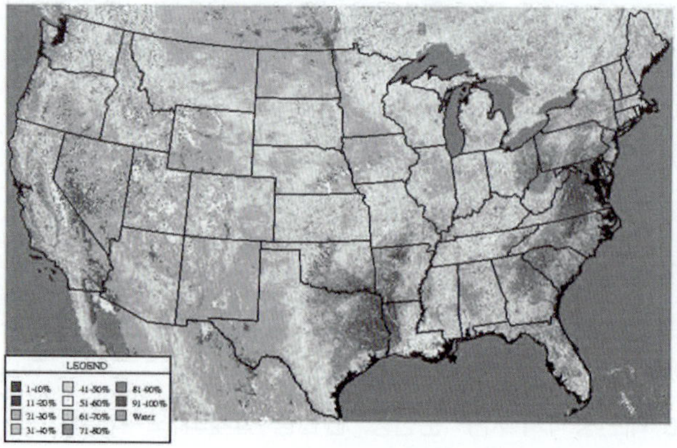

그림 15.92 미국의 식생분포도 1988년 4월 24-30일

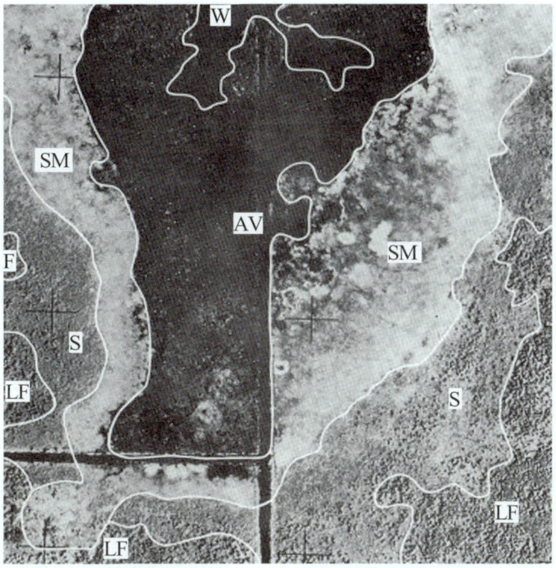

W = 개빙(開氷) 지역　　LF = 저지대 침엽수림
S = 관목 지역　　SM = 사초(莎草)지
AV = 수중식물

그림 15.93 톤과 텍스춰를 이용한 수종분류

15.10.4 자연재해

(1) 산불

산불과 같이 피해지역의 범위가 넓을 경우에는 위성영상을 활용하는 것이 효율적이다. 특히, 살아있는 식물의 엽록소에 강한 반사특성을 가지고 있는 적외선사진을 이용하면 훨씬 명확하게 범위를 결정할 수 있다. 우리나라에서 발생한 2005.4.5 최악의 강원도 산불피해가 있었다. 그림 15.94(a)는 NOAA에서 당시 촬영한 한반도 사진이다. 낙산사부근에서 피어오르는 산불 연기를 볼 수 있다. 그림 15.94(b)는 삼척일대의 IKONOS영상으로 근적외선, 레드와 그린 파장을 분석한 것으로 산불피해지역을 명확하게 알 수 있다. 그림 15.94(c)는 1996년도에 캘리포니아 산타바바라 일대에서 발생한 산불피해 전과 후의 칼라 위성영상을 이용하여 피해범위를 구한 것이다. 실시간으로 위성영상을 얻을 수 있다면 산불의 진행방향과 범위를 파악하여 진화하는데 많은 도움을 줄 수 있으며 인명의 피해도 줄일 수 있을 것이다.

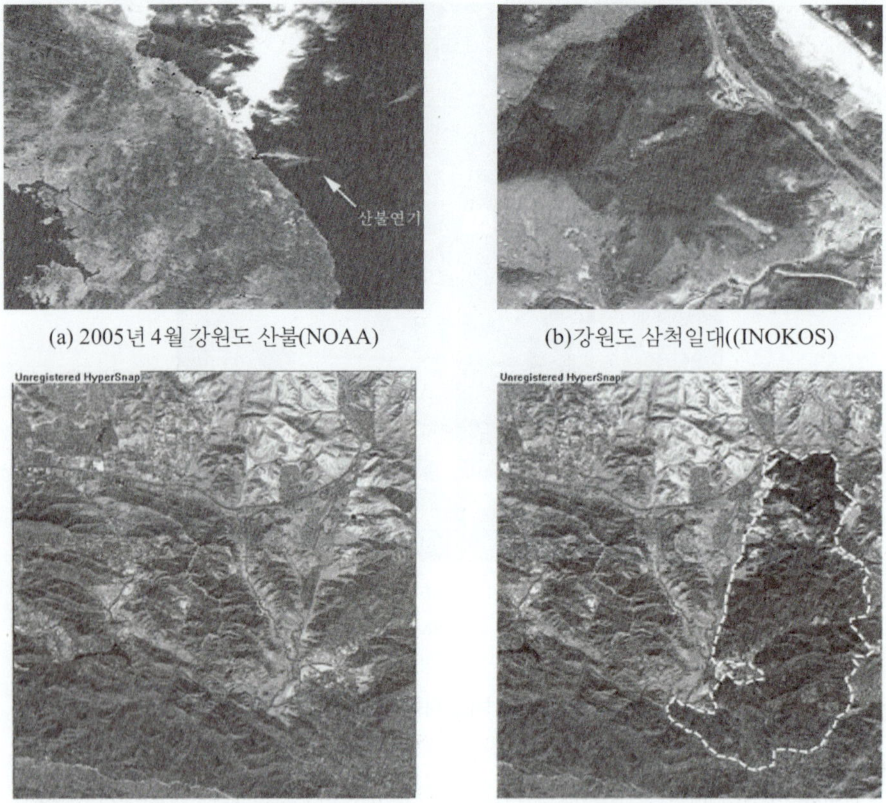

(a) 2005년 4월 강원도 산불(NOAA)

(b)강원도 삼척일대((INOKOS)

(c) 캘리포니아 산타모니카(발화 전 1996.10.17.)

(d) 발화 후 1009.10.23

그림 15.94 산불발화 전과 후의 피해지역 파악

(2) 태풍, 홍수, 쓰나미

지구는 온난화로 인해 해마다 평균기온이 올라가고 있으며 이는 해수면의 상승요인이 된다. 해수면의 상승은 잦은 해일(쓰나미)을 가져온다. 2004년 12월 26일 인도네시아 반다아체주의 지진 및 쓰나미 피해가 있었다. 그림 15.958에서 보는 바와 같이 도로 및 가옥이 모두 유실되었다. 피해의 규모와 면적 산정 등을 통한 보상관련 업무, 복원을 위한 기본 데이터로의 활용이 가능하다.

(a) 쓰나미 피해 전의 아름다운 아체(2007.6.23)

(b) 피해 후 초토화된 아체(2007.12.28)

그림 15.95 인도네시아 반다아체 주의 쓰나미 피해 전 · 후(Digital Globe Quickbird영상)

(3) 토네이도

그림 15.96은 미국 알라바마주 헌스빌에서 발생한 토네이도 피해에 대한 1m 위성영상이다. (a)는 피해 전의 모습이다. 피해 후의 영상(b)와 비교하게 되면 피해 건물을 파악할 수 있다. 수치영상 간의 영상처리 기법 중의 하나인 변화탐지기법을 통해 자동으로 피해건물을 추출할 수 있다.

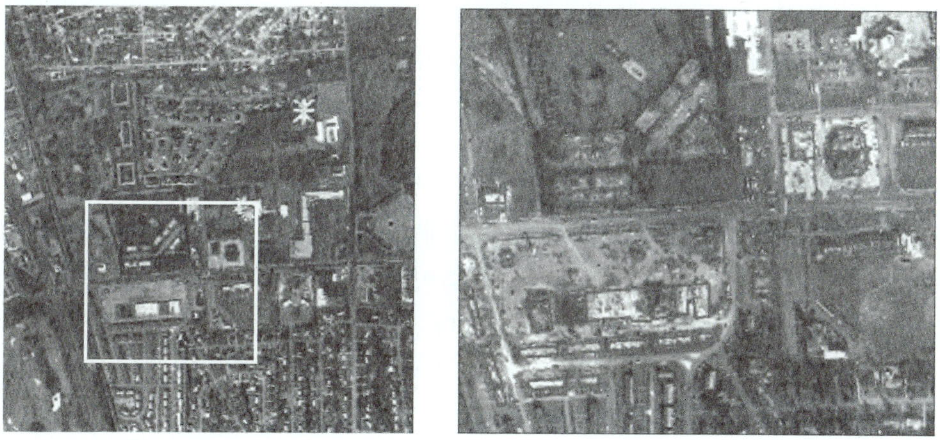

(a) 피해 전(1989년 3월)

(b) 피해 후(1989년 11월)

그림 15.96 1989년 미국 알라바마 주 헌스빌에서 발생한 토네이도 피해

15.10.5 고고학

인간의 활동공간은 지표면이므로 지표의 대상물에 대해서의 시각이 매우 작다. 따라서 대규모의 지역에 대한 전반적인 시각을 인식하지 못하고 살아간다. 대규모의 유적지가 지하에 매장되어 있다고 해도 알 수가 없다. 그러나 거시적 시각으로 볼 수 있다면 지하에 있는 유물의 윤곽을 간접적인 현상으로 감지할 수 있을 것이다. 방법 중의 하나로 지표에 대한 영상을 얻어 확인하는 것이다.

(a) 이탈리아 Spina의 고대도시

(b) 프랑스 북부의 로마주택의 기초

그림 15.97 경사 항공사진에 나타난 지하 고대도시의 지표모습

그림 15.97은 경사 항공사진에 나타난 지하고대도시의 모습으로 이러한 방법으로 지하의 유적을 종종 발견하곤 한다. 그림 15.97(a)는 이탈리아 고대도시의 모습으로 길게 나있는 것은 농로이고 어둡게 나타난 부분은 고대 도시의 패턴을 보이고 있는 것이다. 그림 15.97(b)는 밀밭 경작지에 나타난 로마주택단지의 기초 모습이다. 지하매장 부분의 지표 밀은 다른 지역과 생장의 차이가 나므로 시각적으로 차이가 난다.

15.10.6 해양관련 분야

최근 해양개발의 추진이 매우 활발히 행해지고 있다. 환경적인 평가, 매립현황의 파악, 양식장 관리, 항만개발 등의 분석을 통해 보다 합리적인 개발을 유도할 수 있다.

그림 15.98은 서해 시화호의 간척진행상황을 1982년, 1991년, 1996년 별 위성영상으로 살펴본 것이다. 시화호에 담수가 진행됨에 따라 개펄의 경계선 변화가 진행되는 것을 알 수 있다.

(a) 1982.9.1 (b) 1991.10.6 (c) 1996.9.1

그림 15.98 시화호 간척진행 상황

그림 15.99는 신안군 앞바다의 양식장 분포조사를 위해 1996년 12월 15일 SPOT 20m XS 3 band 영상을 처리한 것이다. 원격탐측기법을 이용하면 실시간 실제적인 파악이 가능하다는 것이다. 어장의 영역과 어장의 개수 등을 면밀히 파악할 수 있으므로 행정적 관리에 중요한 자료가 된다. 특히, 굴양식장, 김양식장 등의 분류까지 할 수 있어 더욱 의미가 있다.

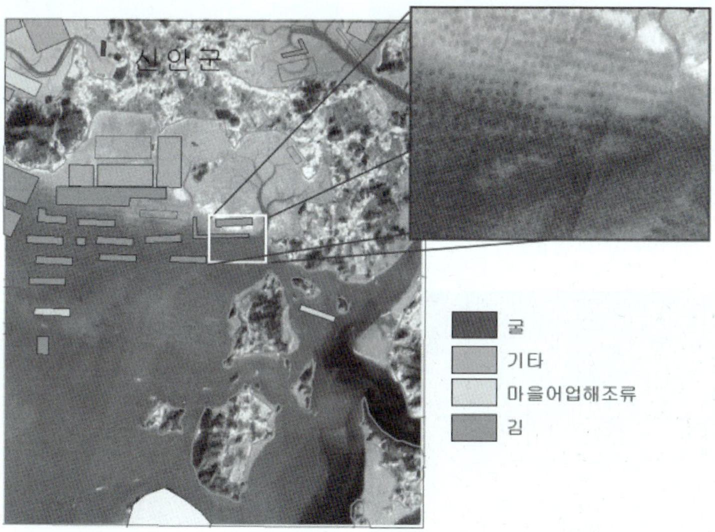

그림 15.99 연안지역의 양식장 분포조사(SPOT XS 3 Band, 20m)

15.10.7 도시개발 분야

(1) 무허가 건물 파악

무허가 건물의 색출은 지자체의 행정적 처리에 중요한 업무 중 하나이다. 직접 현장을 방문하여 점검하기에는 매우 어려운 일이다. 그림 15.100은 서울의 일부 지역에 대한 1년 전·후의 항공영상이다. (c)는 영상변화탐지 기법으로 두 영상을 처리하여 얻은 결과이고 (d)는 검출된 영상을 원 영상에 중첩한 것이다. 이를 수치지적도에 중복한다면 지번과 소유주를 알 수 있고 행정적인 조치가 가능할 것이다.

원격탐측의 활용은 위에 예를 든 것 이외에도 여러 방면에 대해 폭넓게 활용이 되고 있으며 최근 GIS의 자료수집의 방법으로 큰 역할을 담당하고 있다.

(a) 1999년 11월 6일

(b) 2000년 11월 6일

(c) 변화지역 추출

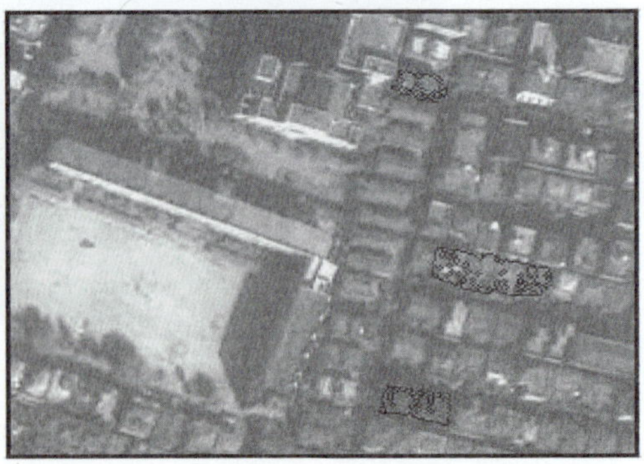

(d) 불법 건축물의 파악

그림 15.100 상처리 기법을 통한 무허가 건물 색출(서울시 송파구, IKONOS영상)

연습문제

15.1 지구 다목적위성에 대해 설명하시오.

15.2 원격탐측의 원리에 대해 설명하시오.

15.3 수동적센서와 능동적센서를 예를 들고 설명하시오.

15.4 다음 축약어의 원어는?

1) MSS :

2) MSC :

3) TM :

4) HRV :

15.5 원격탐측의 응용분야에 대해 설명하시오.

15.6 다음 3×3 원시영상에 대해 쇼벨필터를 적용시켜 보시오.

4	6	9
7	2	8
3	9	4

15.7 3×3마스크와 5×5영상에 대한 DN값이 주어졌다. 컨벌루션 방법으로 영상 C 를 구하시오.

$$K=\begin{bmatrix} 0.1 & 0.1 & 0.1 \\ 0.1 & 0.2 & 0.1 \\ 0.1 & 0.1 & 0.1 \end{bmatrix}$$

$$D=\begin{bmatrix} 84 & 79 & 43 & 74 & 76 \\ 81 & 77 & 45 & 75 & 78 \\ 50 & 48 & 39 & 42 & 44 \\ 80 & 77 & 46 & 73 & 72 \\ 82 & 83 & 47 & 71 & 70 \end{bmatrix}$$

15.8 영상융합(Image fusion)이란 무엇인지 왜 하는 것인지에 대해 설명하시오.

15.9 Landsat7호 위성의 Red band는 BAND 4이고 근적외선 밴드는 Band 5이다. NDVI를 구하기 위한 식을 쓰시오.

15.10 영상을 감독분류하여 다음의 결과를 얻었다. 전체정확도, 사용자정확도, 생산자정확도, 그리고 Kappa지수를 구하시오.

참조데이터

샘플데이터	경작지	산림	수계	시가지	계
경작지	52	4	2	1	59
산림	1	78	3	2	84
수계	5	9	8	4	26
시가지	3	2	1	15	21
계	61	93	14	22	190

제7편
지형공간정보시스템

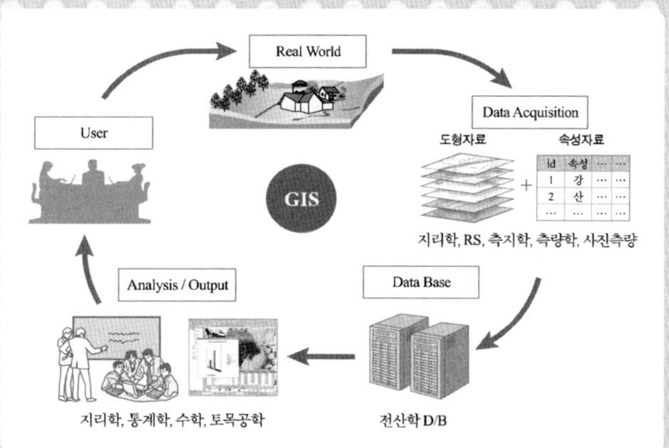

I 제7편 지형공간정보시스템 I

GIS는 지형 및 지리정보를 수립, 저장, 분석, 출력할 수 있는 시스템으로 지형공간에 관한 모든 정보를 체계화하고 수치화하여 인간이 사는 공간과 관련된 개발의 의사결정을 효율적으로 수행하게 한다. 과거에는 이러한 정보가 종이 지도상에 표시되었으나 공간과 속성 정보의 변화가 급변하는 근래에는 실시간 갱신이 요구되게 되었고 결과적으로 수치지도상에 탑제되어지게 되었다. 인간의 궁극적인 욕구는 실세계를 3차원 사이버 월드로 구축하는 것이며 GIS는 이를 위한 기본적이고도 필수적인 골격이라 할 수 있다.

제16장 지형공간정보시스템

16.1 GIS의 정의

GIS(Geographic Information System)란 넓은 의미로 인간의 의사결정 능력의 지원을 위해 공간상 위치를 나타내는 도형자료(graphic data)와 이에 관련된 속성자료(attribute data)를 연결하여 처리하는 정보시스템으로서 다양한 형태의 지리정보를 효율적으로 수집, 저장, 갱신, 처리, 분석, 출력하기 위해 이용되는 하드웨어, 소프트웨어, 지리자료, 인적자원의 통합적 시스템으로 정의할 수 있다.

최근에는 지형의 공간적 분석에 대한 비중이 커짐에 따라 지형공간정보(Geo-spatial Information System)라고 하기도 하며 더 대중적으로 공간정보라고 부른다. Burrough(1986)와 Clarke(1995)는 GIS란"실세계의 다양한 형상들에 대한 공간자료를 수집, 생성, 갱신, 검색, 저장, 변환, 분석, 표현을 위해 필요한 다양한 도구들이 모여진 도구상자이다"라고 했으며"공간자료는 실세계의 형상을 반영하는 것이다"라고 정의하였다. Star와 Estes(1990)은 GIS란 의사결정지원 등과 같은 특정한 목적을 위하여 공간정보와 다른 유형의 정보를 하나의 데이터베이스시스템으로 통합하여 데이터를 분류, 선정하고 주어진 특정 질문에 대한 해답을 찾아 정보를 추출하는 시스템이라고 정의한 바 있다. GIS에서"geographic"이라는 단어는 지구(Earth)와"지리적 공간"을 포함한다. 여기서 "지구"는 시스템의 모든 자료가 지구의 지형지세와 자원 그리고 이들과 관련이 있는 인간활동을 포함한 의미이다. "지리적공간"은 시스템이 해결하기 위하여 개발되어야 할 자료와 문제의 공통점으로써 특정한 지리적기준틀(geographic refer-

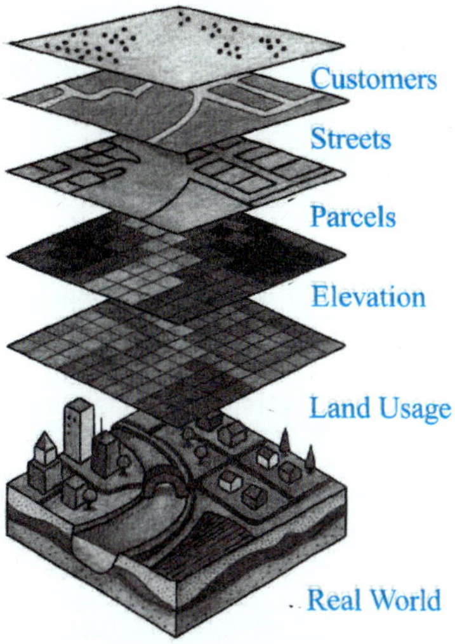

그림 16.1 GIS의 레이어

ence framework)내에서의 위치(location), 분포(distribution), 패턴(pattern), 그리고 상호관계를 의미한다. 특히, GIS는 지리자료와 공간문제의 해결을 위한 자료의 활용에 중점을 두고 있다(GIS의개념과기법, 2007).

GIS는 어느 한 분야의 소유도 아니며 공간정보의 체계화, 분석, 의사결정을 위하여 필요한 분야라면 모두 공유할 수 있다는 것이다. 이러한 해석을 뒷받침하듯이 각 분야에서는 GIS를 해당분야에 맞는 정보시스템으로 발전시켜 나가고 있다.

그림 16.2는 GIS 작업의 일반적인 흐름을 설명한 것으로 데이터수집, DB의 저장 및 관리, 데이터 분석, 데이터 계통화, 출력 등의 순서로 이루어진다. 데이터수집 및 저장에서는 데이터의 실시간 갱신이 가장 중요한 이슈이다. 이는 사용자 입장에서 시간이 지나 신뢰도가 떨어지는 데이터를 사용하려 하겠는가? 라고 생각하면 이해가 갈 것이다. GIS작업과정 중 데이터의 변환이 빈번히 요구된다. 파일의 형식변환이라든지 좌표계의 변환 등은 중요한 것 중의 하나이다. 공통적인 점은 일관성 있는 형식으로 작업을 해나가야 한다는 것이다.

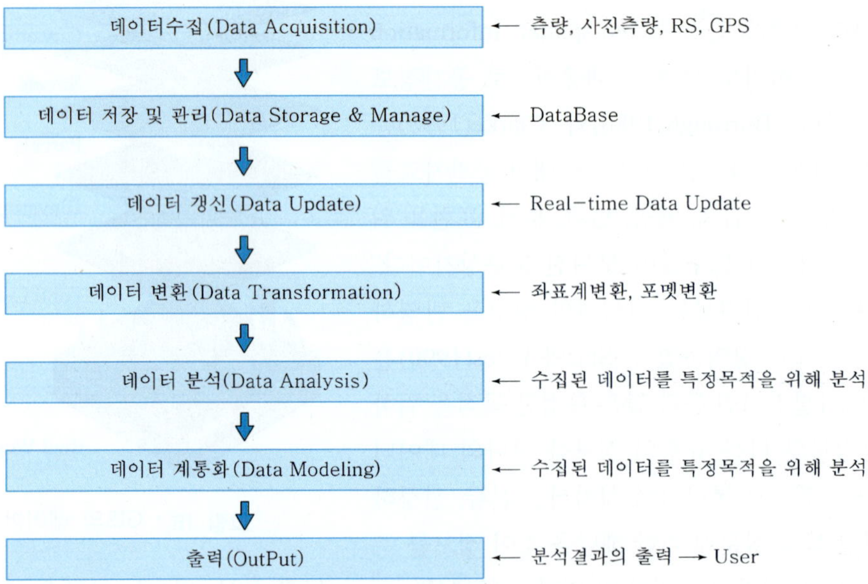

그림 16.2 GIS의 일반적 흐름

그림 16.3에서 실세계를 수치데이터화하여 다양하게 분석한 결과는 사용자로 하여금 효율적이고 합리적인 의사결정을 가능케 한다.

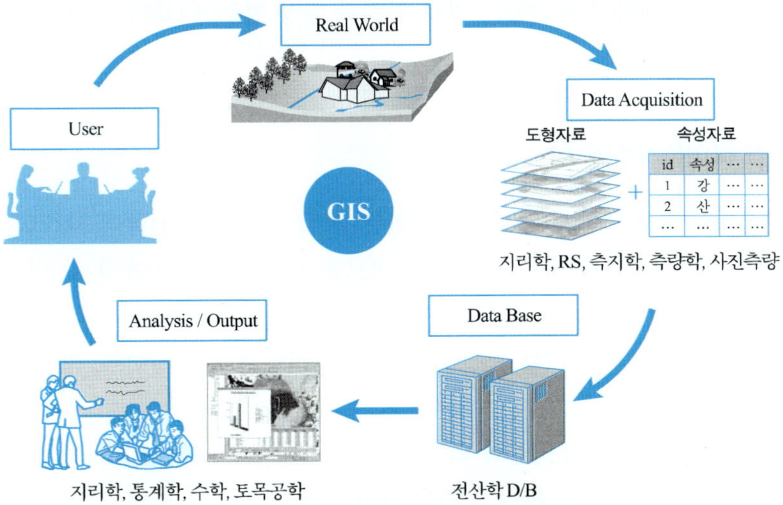

그림 16.3 개념적으로 본 GIS 공정

16.2 GIS의 구성요소

GIS를 구성하는 요소에는 여러 가지가 있으나 크게 구분하여 하드웨어, 소프트웨어, 자료, 조직 및 인력이 있으며 최근에는 처리절차(processing)와 네트워크를 포함시키는 추세이다.

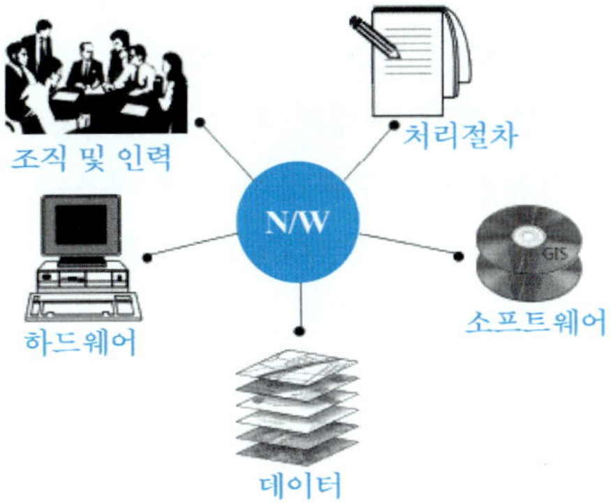

그림 16.4 GIS의 구성요소

16.2.1 조직 및 인력

GIS를 구성하는 가장 중요한 요소로서 데이터를 구축하고 실제 업무에 활용하는 사람을 말하며, 시스템을 설계하고 관리하는 전문 인력과 일상 업무에 GIS를 활용하는 사용자를 모두 포함한다.

16.2.2 하드웨어(hardware)

GIS를 운용하는데 필요한 각종 입·출력, 연산, 저장 등을 위한 컴퓨터 시스템을 총칭한다.

1) 입력장치 : 종이지도나 도면 또는 문자정보를 컴퓨터에서 이용할 수 있도록 디지털화하는 장비로써 디지타이저, 스캐너, 키보드 등이 이에 해당된다.
2) 저장장치 : 디지털 데이터를 저장하기 위한 장비로써 자기테이프, 자기디스크, 광디스크 등이 있다.
3) 데이터 분석 및 연산장치 : PC와 워크스테이션 등의 컴퓨터를 말한다.
4) 출력장치 : 분석결과를 출력하기 위한 장치로써 모니터, 프린터, 플로터 등을 말한다.

16.2.3 소프트웨어(software)

각종 정보의 분석, 출력, 저장을 지원하는 컴퓨터 프로그램을 말하며, 정보의 입력(input) 및 중첩(overlap), 데이터베이스 관리, 질의분석(query & analysis), 시각화(visualization) 등의 기능을 담당한다.

1) 운영체제 : GIS를 운용하기 위하여 필요한 컴퓨터를 구동할 수 있도록 하는 운영시스템으로 MS-DOS, Windows, NT, UNIX 등이 있다.
2) GIS 소프트웨어 : 공간분석, 편집, 그래픽 처리 등의 기능을 수행하는 GIS의 핵심 프로그램으로서 활용도 및 기능면에서 구분하여 보면 비즈니스 GIS, 데스크탑 도화, 데스크탑 GIS, 엔터프라이즈 GIS, 컴포넌트 GIS, 인터넷 GIS, 데이터베이스 warehouse, 가상(virtual) GIS 등으로 구분해볼 수 있다.
3) 데이터베이스 관리 시스템 : 구축된 자료의 검색, 수정, 보완 등 모든 관리작업을 하는 보조적인 프로그램을 말한다.

16.2.4 데이터베이스(database)

지도나 항공사진 등에서 추출한 지형 등의 도형자료와 각종 문서, 대장, 통계자료 등에서 추출한 속성자료를 모두 포함하며, 최근에는 평면상의 기존 지도나 항공사진이 아닌 인공위성을 이용하는 방법으로 많은 지형정보를 얻고 있다. 데이터베이스의 구축은 GIS의 핵심적인 요소로서 많은 시간과 노력이 필요한 방대한 작업이다.

16.2.5 처리절차(Processing)

최근의 GIS 구성요소에 추가된 요소로 결과물 산출시까지의 처리절차도 매우 중요한 부분을 차지하고 있다.

16.2.6 네트워크(Network)

최근에 GIS의 구성요소로써 네트워크가 추가되었다. 개인이나 특정기관이 GIS를 구축하고 활용하던 시대는 인터넷이 등장하면서 더 이상 의미가 없어졌다. 강력한 GIS서버가 등장하면서 다양한 사용자들이 클라이언트로 연결되고 있다. 간단한 공간분석이나 쿼리를 인터넷 상에서 수행할 수 있으며 포털사이트에서는 이를 비즈니스 모델로 연결시키고 있다. 더구나 다양한 모바일기기(스마트폰, 모바일 패드 등)가 폭발적으로 증가하면서 이제는 무선 네트워크를 통한 GIS서비스가 대세이다. 이제 GIS를 기반으로 하여 언제 어디서나 원하는 정보와 공간분석이 가능한 유비쿼터스 GIS시대가 올 것으로 예상하고 있다.

16.3 공간정보의 데이터 유형

지리정보는 공간상에 있는 객체나 현상의 공간적인 위치를 나타내는 도형자료(graphic data)와 이와 관련된 속성자료(attribute data)로 구분된다. 도형자료는 점, 선, 면으로 표현되며 도형자료에 대한 속성이 부여된다. 지적도를 예를 들면 어떤 필지의 면적이 얼마이고 소유주가 누구이며 지목이 무엇인지 하는 것들이다.

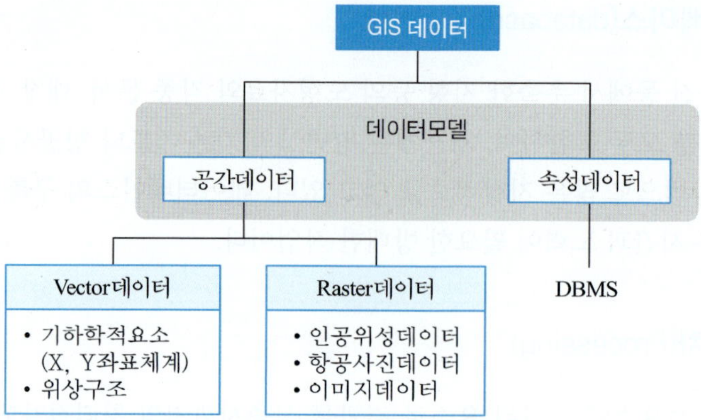

그림 16.5 GIS 데이터의 유형

공간데이터는 다시 벡터데이터와 래스터데이터로 나뉜다. 벡터데이터는 특정한 좌표계를 기준으로 한 좌표를 가지고 있으며 점, 선, 면으로 표현한다. 백터데이터는 셀로 이루어진 그리드형태로 각 셀의 수치값(DN; Digital Number)으로 정보를 표시한다. 흔히 다루는 항공사진영상 또는 인공위성영상 등이 이에 속한다.

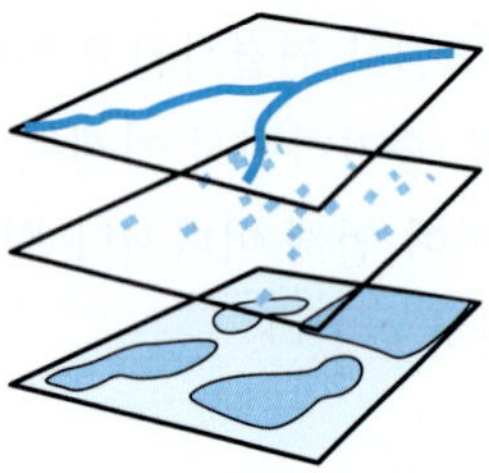

도형자료(graphic data)

+

지번	면적	소유주	토질	…
1	100,500	김민석	상	…
2	2,000	한수희	중	…
3	500	한동엽	하	…
4	3,000	이정호	상	…
5	35,000	조영욱	중	…
⋮	⋮	⋮	⋮	⋮

속성자료(attribute date)

그림 16.6 속성자료와 도형자료(2005, 이희연)

지리/지형공간의 데이터 모델은 실체(entity)와 장(field)으로 나뉘어진다. 실체는 대상물이며 주로 점, 선, 면으로 표현된다. 이에 반해 장은 공간적인 변이를 나타내며 현상 등을 연속적인 분포로 표현한다. 보통 삼각, 사각, 육각 등으로 공간분할 한다.

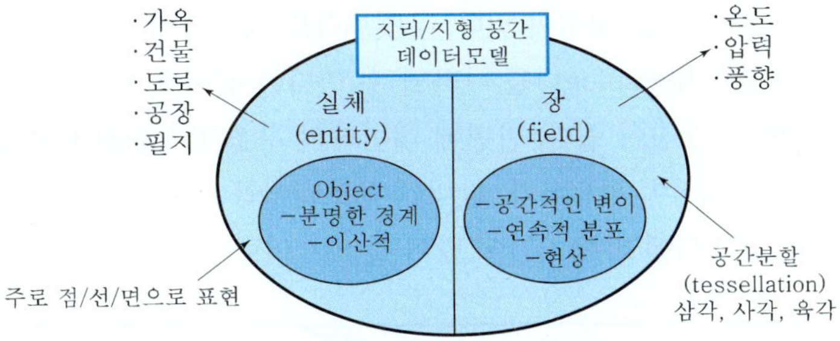

그림 16.7 공간데이터 모델

공간데이터는 크게 벡터와 래스터데이터로 나눌 수 있다. 예를 들어 하나의 지역을 생각해 보자. 구축할 공간정보에는 도로, 시설물, 건물, 하천, 필지 등의 벡터데이터와 항공사진, 위성영상, 각종 분포도 등의 래스터데이터가 있다. 특히, 벡터데이터는 맨홀이나 시설물의 위치는 점으로 나타내며 도로 및 하천 등은 선형데이터, 건물 및 필지는 면(다각형)으로 나타낸다.

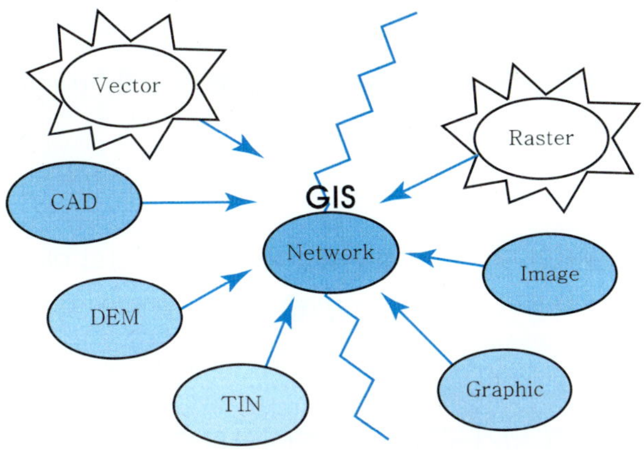

그림 16.8 벡터데이터와 래스터데이터

16.3.1 벡터데이터

(1) 벡터데이터의 특징

수치지도와 가장 가까운 데이터 형태로 점, 선, 면으로 공간정보를 표현하는 형식이다. 고해상도로 표현이 가능하므로 고정확도의 공간데이터 구축이 가능하다. 좌표개념으로 처리되므로 데이터의 양이 크지 않은 장점이 있다. 무엇보다도 래스터데이터에 비해 벡터데이터의 장점이자 특징은 위상관계(topology)를 나타낼 수 있다는 점이다. 또한 공간객체에 대한 속상정보의 추출, 일반화, 갱신이 쉽다. 반면에 데이터의 구조가 복잡하여 관리하기가 어려우며 다루는데 전문적인 지식이 필요하다. 값비싼 하드웨어와 소프트웨어를 필요로 하며 중첩을 통한 공간분석이 래스터에 비해 시간이 많이 걸리며 어렵다.

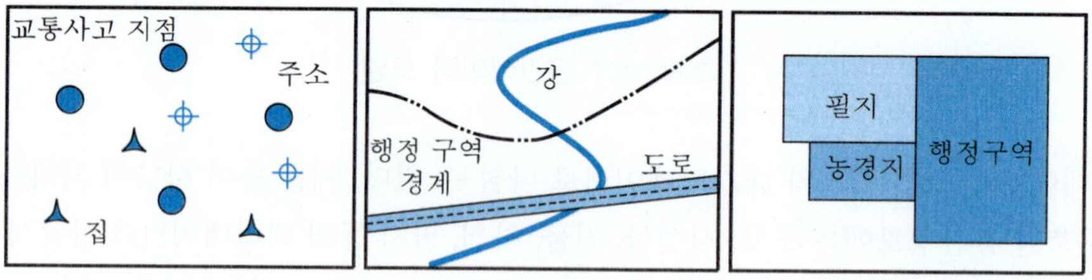

(a) 점 (point) (b) 선 (line) (c) 다각형(poly gon)

그림 16.9 공간데이터의 종류

① 점(point)

공간상 대상물에 대한 지점 또는 장소표현 : 단순한 도식기호(symbol) 면적을 점하지 않는 무형의 대상에 대한 위치를 표현한다.

② 선(line)

도로나 강처럼 실질적인 대상과 행정구역경계와 같은 무형의 대상을 표현한다. 선의 두께를 이용하여 대상의 특성이나 유형을 설명(예 도로의 교통량, 차선 폭(2차선, 4차선 등))

③ 면(polygon)

땅의 한 필지, 농업구역, 선거 구역과 같은 대상물의 영역과 경계를 표현한다.

(2) 벡터데이터 구조

실세계에서 나타나는 다양한 대상물이나 현상을 점, 선, 면(다각형)으로 표현하는 수단이며 연속적인 복잡한 선의 경우에는 노드(node)와 버텍스(vertex)로 표현한다(예: 교차로). 더욱 굴곡이 심한 객체 안 경우에는 string이나 chain, arc등으로 표현한다. 폴리곤의 데이터를 구조화함으로써 인접, 포함 등의 규명을 할 수 있다.

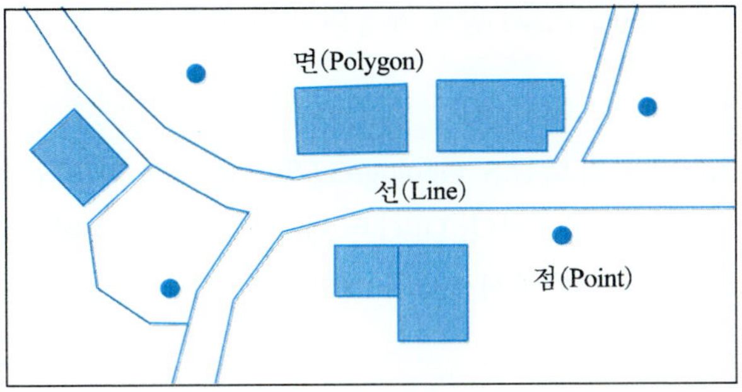

그림 16.10 벡터데이터의 구성요소

(3) 벡터자료의 화일형식

수치화된 벡터자료는 자료의 출력과 분석을 위해 컴퓨터에 저장되며 이때 각 벡터자료는 특정 파일형식에 의해 저장되는데, 이는 다양한 소프트웨어에 따라 다른 형식으로 나타난다(예:AutoDesk사의 dwg, Mocrostation의 dgn, ESRI사의 shape파일).

1) Shape 파일형식

ESRI사의 ArcView에서 사용되는 자료형식으로 비위상적 위치정보와 속성정보를 포함한다. 위상구조가 아니므로 컴퓨터 화면상에 출력되는 속도와 편집속도가 빠른 장점이 있다. Shape 파일형식의 dBase 파일에는 각 사상의 위치정보와 속성정보가 행과 열로 구성된 표의 형태로 구축된다. ArcView 상에서 공간사상의 속성정보를 수정하고 편집하는 것이 가능하다.

2) Coverage 파일형식

ESRI사의 Arc/Info에서 사용되는 자료형식으로 다음과 같은 몇 개의 공통된 공간객체 클래스로 구성된다.

- Tic, Point , Arc , Node , Annotation, Polygon, Label Point

3) CAD 파일형식

DWG(Autodesk사의 AutoCAD파일형식)와 DXF형식이 대중적으로 사용된다. DXF 파일은 단순한 아스키파일(ASCII File)로서 공간객체의 위상관계를 지원하지 않는다. 국내에서 수행했던 NGIS 사업을 통해 대부분의 종이지도는 DXF 파일형식의 수치지도로 변환되었으며 현재는 shape파일과 함께 제공되고 있다.

4) DLG 파일형식

Digital Line Graph의 약자로 U.S. Geological Survey에서 지도학적 정보를 표현하기 위해 고안한 디지털 벡터 파일형식이다. DLG는 세 가지 유형의 축척으로 1:20,000/1:24,000/1:25,000제공되며 아스키 문자형식으로 구성된다.

5) VPF 파일형식

Vector Product Format의 약자로서 미국방성의 NIMA(National Imagery and Mapping Agency)에서 개발한 군사적 목적의 벡터형 파일형식이다. 지리관계 모델에 기초한 대단위 지리 데이터베이스를 위한 표준 파일 형식을 기본으로 하고 있다.

6) TIGER

Topologically Integrated Geographic Encoding and Referencing System의 약자로서 U.S. Census Bureau에서 인구조사를 위해 개발한 벡터형 파일형식이다. 미국의 가구단위와 그룹쿼터를 위해 주소 목록을 편집, 확인하고, 코드화한다. 이 TIGER 파일형식은 위상구조를 포함하고 있다.

16.3.2 래스터데이터

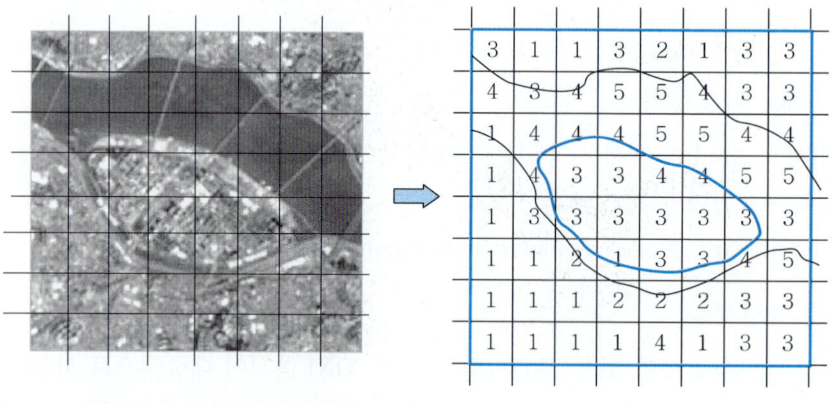

그림 16.11 실세계(위성영상-여의도)를 래스터 GIS로 표현한 예

실 세계면을 일정단위의 셀(grid, pixel)로 분할하고 각각의 셀에 속성값을 입력하는 방식으로 스캐닝자료, 디지털 항공/위성영상이 여기에 해당한다.

(1) 래스터데이터의 특징

자료구조가 간단하며 지도중첩이나 원격 탐사 자료와의 연결이 용이하다. 셀 단위의 연산으로 다양한 공간분석을 쉽게 할 수 있으며 공간단위가 같은 크기와 형태를 갖기 때문에 시뮬레이션이 용이하다. 처리기술 자체가 비싸지 않으며 발달 속도가 빠르다는 장점이 있다. 반면에 자료의 양이 크다는 단점이 있다. 예를 들어 하나의 도면에 한 점의 정보가 있다고 하면 이 정보를 저장하기 위해 일정한 X, Y방향의 셀 수가 필요하다(예 1024*1024). 데이터량을 줄이기 위해 셀수를 줄이면 대상물의 인식이 어려우며 셀수를 무조건 증가시키면 데이터의 용량이 기하급수적으로 증가하게 되어 처리가 어렵다. 그러므로 적절한 해상도[7]를 정하여 사용하는 것이 바람직하다.

셀의 모양에는 정사각형, 삼각형, 육각형 모양을 이용한다. 사각형은 데이터의 저장형태, 행렬식, 좌표체계의 정의가 용이하나 인접픽셀간의 대각선길이와 수평거리가 다르다는 단점이 있다. 삼각형이나 육각형은 인접픽셀 중심 간의 거리가 동일한 장점은 있으나 각 픽셀세분 시 크기가 달라지며 좌표계의 정의가 어려워 데이터 구조가 복잡해지는 단점이 있다.

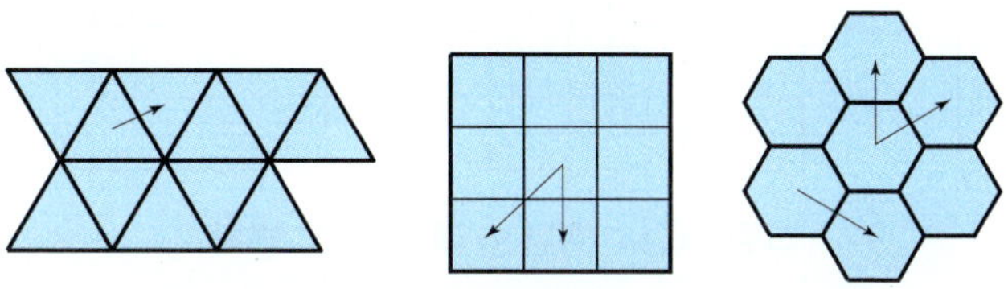

그림 16.12 래스터데이터의 공간분할 방법

(2) 벡터와 래스터데이터 변환

벡터데이터를 래스터데이터로 변환(Rasterization)하게 되면 객체의 형상이 다소 일반화되고 공간적 부정확성과 분류의 부정확성이 증대된다. 이러한 공간적 부정확성을 줄이기 위해서는 공간적인 해상도를 높이는 방법이 있으나 데이터 용량의 대형화를 감수해야 한다. 반대

7) 래스터데이터에서 해상도라 함은 하나의 셀이 표현하는 지상의 크기를 말한다. KOMPSAT2의 해상도가 1m라 함은 하나의 셀이 지상에서 1m*1m에 해당한다는 의미이다.

로 GIS작업을 하다 보면 래스터를 벡터로 변환(Vectorization)할 필요가 있다.

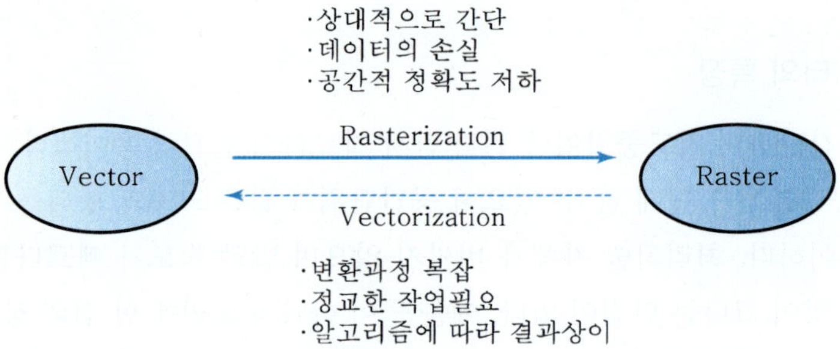

그림 16.13 벡터와 래스터 간의 변환

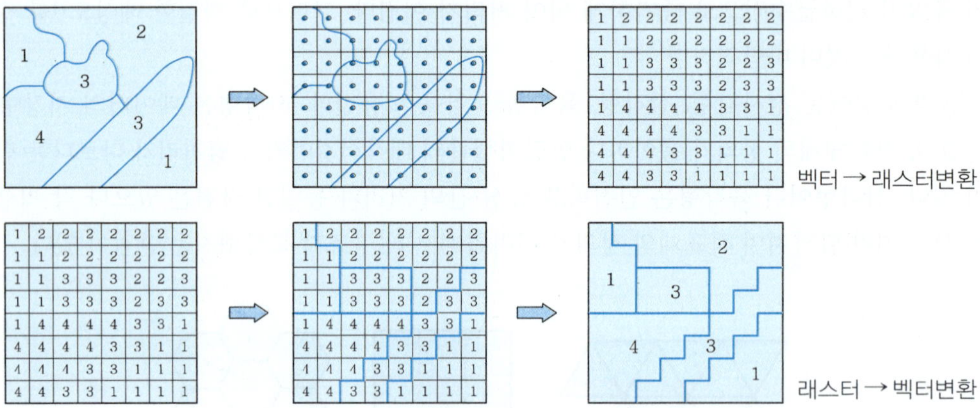

그림 16.14 벡터↔래스터 간 변환

그림 16.15(a)에서 폴리곤데이터가 래스터 데이터로 변환 시에는 셀에 대한 대표값만이 표현되므로 경계의 곡선은 없어지고 정형화된 형태로 변환된다. (b)에서는 불규칙한 하천의 형상이 래스터로 변환될 때 왜곡의 극명함을 보여준다. 코드화된 셀에서 본래의 곡선의 형태는 온데간데없다. 그러나 이를 보완하기 위해 해상도를 두 배 높이게 되면 훨씬 더 원 데이터에 충실함을 볼 수 있다.

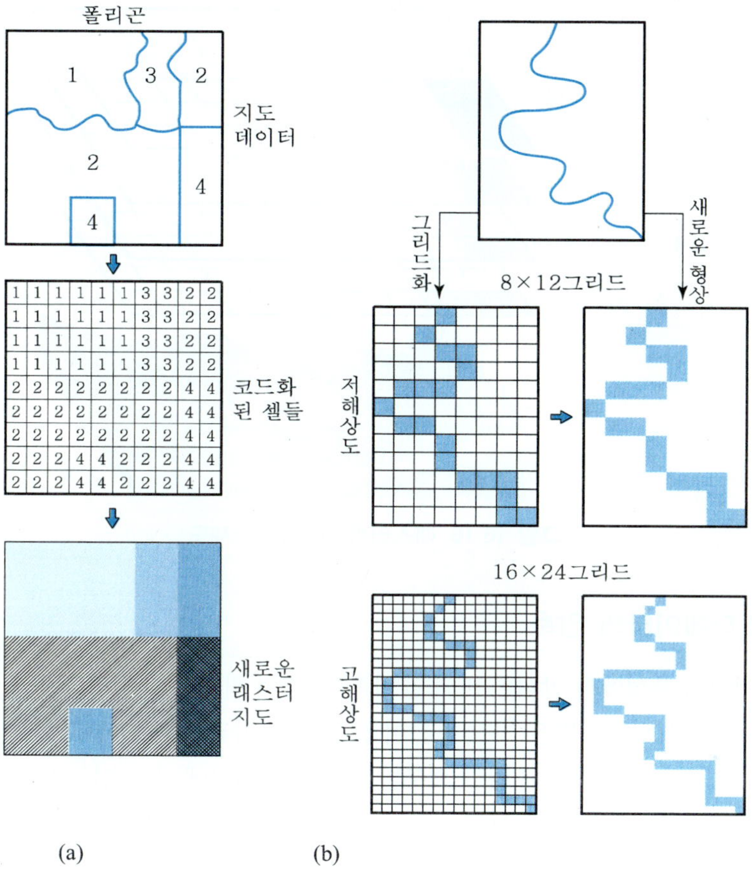

그림 16.15 자료의 래스터 변환

래스터 데이터의 장점 중의 하나인 쉬운 공간분석인데 그림 16.16에서 지상에 대한 정보를 각각의 레이어로 만들었다 하자. 목재의 수확을 위해 해당지역에서 목재의 질과 수령, 생산능력에 해당하는 지역을 검색한다고 하면 래스터값만을 가지고도 정확한 영역을 결정할 수 있다.

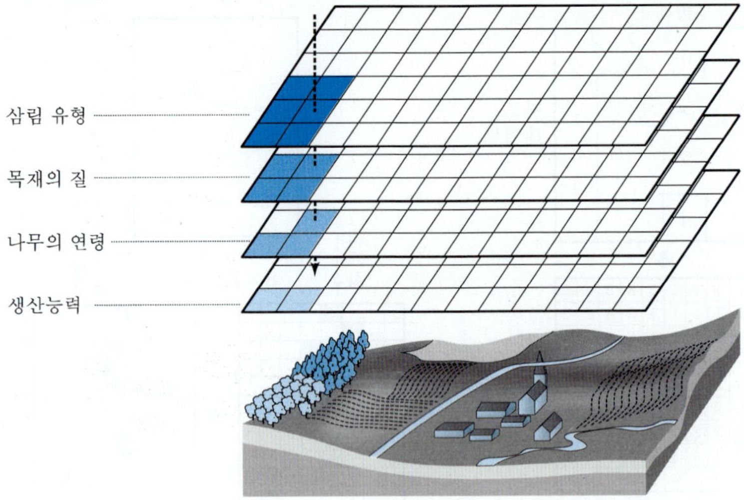

그림 16.16 래스터를 이용한 주제도

16.3.3 래스터데이터의 압축

래스터데이터의 특성에서 살펴본 바와 같이 단점 중의 하나는 데이터의 양이 크다는 것이다. 많은 자료의 중복[8])으로 많은 저장 공간이 요구된다. 따라서 래스터데이터를 압축함으로써 저 용량 으로 사용하는 방법에 대한 요구가 지속됐으며 이에 대한 연구가 지속돼 왔다. 그러나 압축하면 할수록 원래의 데이터의 본질이 왜곡되므로 어떻게 하면 데이터 본질을 유지하면서 압축할 수 있을 것인가에 연구의 초점이 모아졌다. 다음에 설명할 데이터 압축방법은 가장 원리적인 내용이다

(1) Run length codes

처음 셀부터 동일한 수치값을 갖는 마지막 셀까지를 카운팅하여 소유 셀들을 압축하는 기법이다. "Run"의 의미는 같은 값을 갖는 것이며 "length"의 의미는 같은 셀값을 가진 셀의 수이다. 방대한 래스터 데이터베이스 구축 시 유리하며 각 셀마다 매우 다양한 값을 가지고 있다면 압축율이 낮다. 예를 들어 여러분들이 디지털 사진기로 사진을 촬영할 때 정해진 CCD의 크기임에도 불구하고 다운로드한 사진의 데이터 용량이 사진마다 다른 것을 보고 의아해

8) 각 셀마다 고유의 DN(Digital Number) 값이 있는데 인접 픽셀들의 값이 모두 같아도 중복해서 저장하므로 데이터의 양이 증가 한다.

했을 것이다. 대부분의 사진파일은 JPG형식으로 저장되며 사진내의 색상이나 패턴의 변화가 다양하다면 단순한 사진보다 압축률이 떨어지는 이유이다.

그림 2.16(a)에서 A영역을 표현하기 위해 각 열 별로 해당픽셀의 행 번호를 코드화 하고 있다. 9열 (2,3), (6,6), (8,10)의 의미는 9열에서 A영역에 해당하는 셀이 2,3번째, 6번째, 8-10번째라는 의미이다. 10열의 경우 10개의 셀이 A영역에 해당되는데 1,10으로 표현함으로써 매우 많은 데이터양을 줄일 수 있다. 그림 2.15(b)는 반복되는 횟수를 앞에 적고 수치를 뒤에 적음으로써 6*6=36byte가 필요한 데이터를 19byte로 줄일 수 있음을 보여준다.

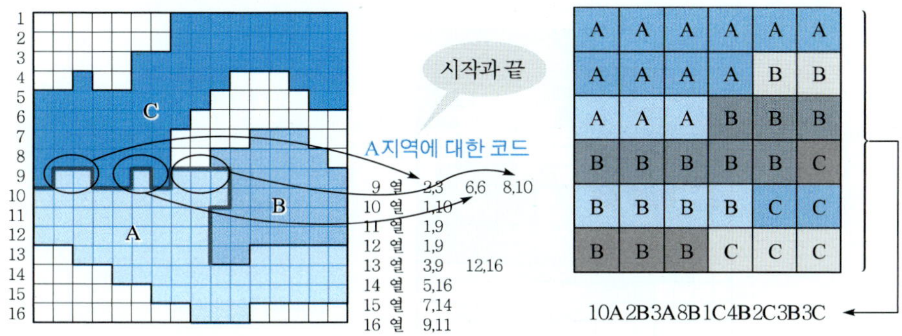

(a) (b)

그림 16.17 Run length code 압축방법

(2) Quadtree

공간을 4개의 정사각형으로 계층적으로 분할해 나가는 방법이다. 4분면이 유일한 값을 가질 때까지 분할해 나가는 방법으로 단순한 지역은 개략적으로, 복잡한 지역은 보다 세밀하게 표현한다. 객체의 형상을 인식하는데 부적합하며 시기적으로 다른 데이터(Temporal difference data)의 구축이 용이치 않다(그림 2.17 참조).

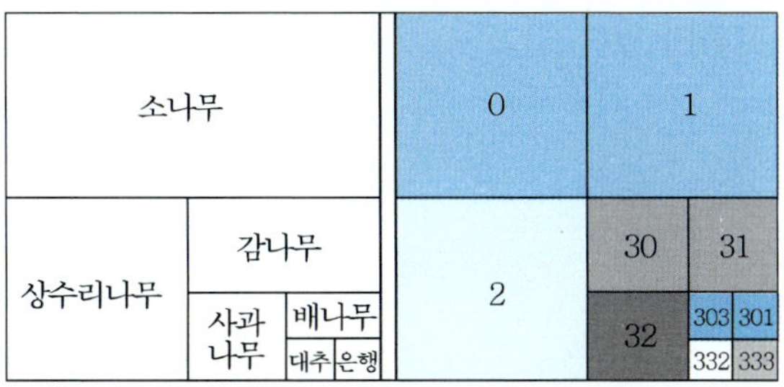

그림 16.18 Quadtree데이터 압축방법

(3) Chain Codes

셀의 연속적인 연결상태를 파악하여 압축하는 기법이다. 셀이 어느 방향으로 연결되는지가 중요하므로 일정한 방향(예를 들어 동쪽은 0으로 하여 반시계방향으로 1,2,3번으로 방향을 부여)을 정하여 연속되는 셀의 개수를 멱승으로 표시한다. 8방향(0,1,2,3,4,5,6,7), 16방향(0-15)으로 표현하는 방법도 있다. 지역의 면적과 둘레, 곡선의 변곡점 등 탐색과 연산이 가능하나 인접폴리곤의 경계가 두 번씩 중복된다는 단점이 있다. 그림 2.18에서 0,1,,3의 의미는 동쪽으로 1셀, 북쪽으로 1셀, 다시 동쪽으로 2셀, 남쪽으로 1셀을 뜻한다.

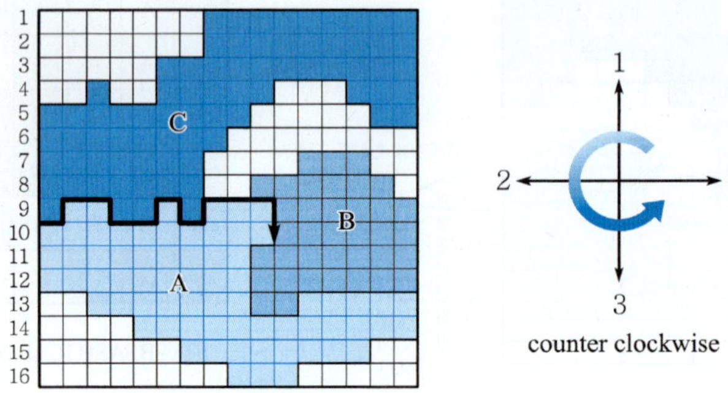

A 영역의 경계표시

$0, 1, 0^2, 3, 0^2, 1, 0, 3, 0, 1, 0^3, 3^2$

그림 16.19 Chain code

(4) Block Codes

2차원 차원 정방형블럭으로 분할하여 객체데이터를 구축하는 방법으로 정방형으로 표현하기 좋은 형상(경지정리된 논, 도시블럭단위의 토지이용계획 등)블록화된 객체에 적합하다.

그림 2.19에서 69개의 셀의 DN값을 표현해야 하는 반면에 블록코드 방법으로 압축하면 26개 픽셀로 압축되는 효과가 있다.

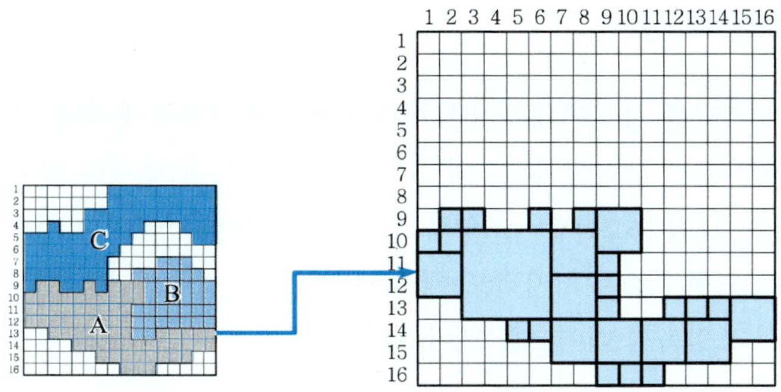

그림 16.20 Block Codes

16.3.4 벡터데이터와 래스터데이터의 비교

벡터데이터의 특징과 래스터데이터의 특징을 살펴보았다. 무엇이 좋다 나쁘다 할 수 없는 데이터 형식이다. 우리는 이에 대한 장·단점을 잘 이해하고 적합한 데이터 모델을 선택할 수 있어야 할 것이다. 따라서 이 절에서는 종합적으로 장·단점을 비교해보고 상호 간의 바람직한 활용방안을 생각해 보자.

표 16.1 벡터와 래스터 데이터의 장단점

	장 점	단 점
벡터 데이터	• 실세계에 접근 • 고해상력 제공 → 높은 공간적 정확성 • 위상관계정의 및 분석이 가능 • 저장공간이 작다 • 속성정보의 추출, 일반화, 갱신이 용이하다	• 데이터의 구조가 복잡하며 관리가 어렵다 • 수정의 경우 좌표와 노드를 다루어야 하므로 전문기술필요 • H/W & S/W의 비용이 고가
래스터 데이터	• 자료구조가 간단 • 각 셀의 고유값을 가지므로 공간분석을 쉽고 빠르게 할 수 있다 • 원격탐사 영상자료와 연계 용이, GIS로 쉽게 통합 • 여러 레이어의 중첩이 용이하고, 다양한 모델링 가능(스프레드시트와 같이 연산 용이) • 기술 자체가 비싸지 않기 때문에 발달 속도가 빠름	• 해상도에 따른 공간적 부정확성 • 벡터에 비해서 많은 자료량 필요 • 격자의 크기를 늘리면 자료의 양은 줄일 수 있으나 정보의 손실 초래 • 벡터에 비해서 격자구조로 구성되므로 출력의 질 저하, 벡터의 네트워크 구현에 한계 • 좌표변환에 많은 시간 소요

16.4 공간정보의 특징

도형자료와 속성자료를 상호연계하여 도형자료에서 속성자료에 대한 검색이 가능하며 속성자료로부터 도형자료를 분석할 수 도 있다. 즉, 자료 검색, 도형자료 및 속성자료의 상호검색이 가능한 것이다. 그림 16.21에서 조영욱씨의 땅은 5번 필지이며 이정호씨의 땅은 4번 필지가 된다. 반대로, 도형자료(수치지적도)에서 3번 필지를 클릭하게 되면 이에 대한 왼쪽 속성테이블이 뜨면서 조영욱씨 데이터를 보여주게 된다.

속성자료와 도형자료에 의한 상호 검색

예 선택한 도형 속성자료에 공통적으로 해당되는 자료는?

지번	면적	소유주	토질	…
1	100,500	김민석	상	…
2	2,000	한수희	중	…
3	500	한동엽	하	…
4	3,000	이정호	상	…
5	35,000	조영욱	중	…
⋮	⋮	⋮	⋮	⋮

데이터베이스나 테이블형태의 속성자료

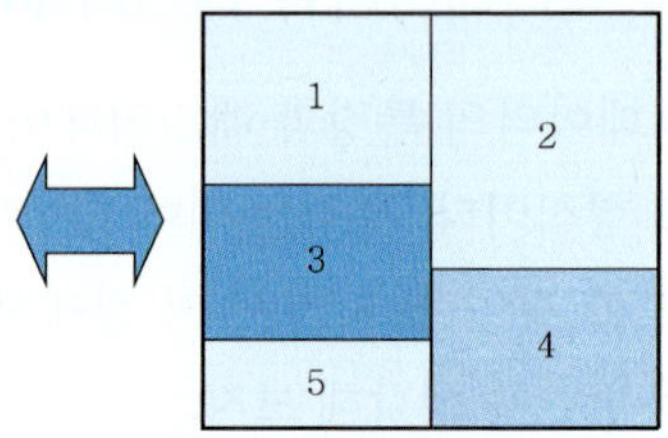

도형자료

그림 16.21 속성자료와 도형자료에 의한 상호 검색(2005, 이희연)

공간정보 데이터의 또 한 가지 특징은 도형자료에서 지리적 객체 간에 존재하는 공간적 상호관계로 객체간의 상호 인접성, 연결성, 근접성 등의 특성을 바탕으로 일정조건을 만족하는 지역이나 조건을 검색, 분석이 가능하다는 것이다. 일반적인 정보시스템은 이러한 도형자료의 공간적 관계를 다루지 못한다. 내비게이션에서 최적노선 또는 최단거리의 검색 등은 도형과 도형 간의 위치관계에 대한 데이터베이스가 있기 때문이다. 이러한 도형자료의 공간적 위치관계를 위상관계(topology)라 한다. 위상관계는 도형 간의 인접성, 연결성, 포함성, 교차성 등에 대한 데이터이다.

공간정보는 1번필지와 2번필지가 서로 인접하고 있다는 위상관계를 규정할 수 있으며 노드(node)1은 A, B, C와 연결되어 있으며 체인 A는 체인 B, C와 연결되어 있음을, 폴리곤 1은 폴리곤 2에 포함되어 있다는 위상관계를 규정할 수 있다. 또한 일정기간에 대한 지형 정보가 수집된 시간을 파악, 저장함으로써 시간과 관련된 지형공간의 분석이 가능한데 이와 같은 자료를 동적인 공간자료라 한다.

인접성	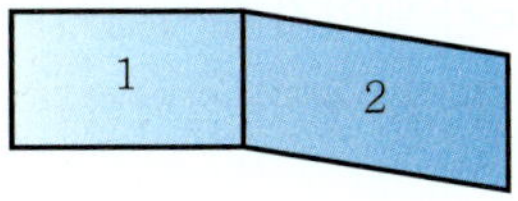	• 폴리곤 1, 2는 인접관계 예 폴리곤 1의 오른쪽 폴리곤 → 폴리곤 2
연결성	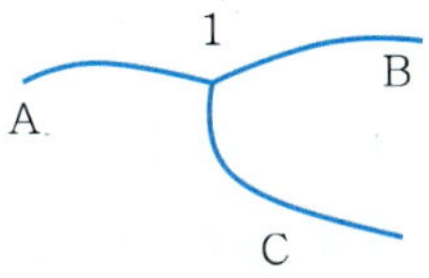	• 노드 1 : 체인 A, B, C와 연결 • 체인 A : 체인 B, C와 연결
포함성	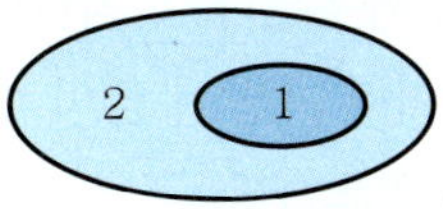	• 폴리곤 2는 폴리곤 1을 포함

그림 16.22 도형의 공간적 위상관계

16.5 공간데이터 수집과 입력

공간정보에서 데이터 수집은 매우 중요한 부분이며 GIS시스템 구축비용 중 70~80%를 차지한다. 데이터는 크게 공간데이터와 속성데이터로 나뉘며 공간데이터로는 수치지도, 수치지적도, 항공 및 인공위성 영상, 현지측량자료 등이며 속성데이터로는 기록/통계자료, 야외조사자료, 레포트, 지표, 항공, 위성에서의 원격탐측분석 자료 그리고 전문가의 아이디어 등이다. 이러한 데이터의 입력방법에는 직접 key-in하는 방법, 스캐닝, 디지타이징, 데이터 변환방법을 사용한다.

일반측량데이터와 사진측량에 의해 제작된 지도 등은 앞장에서 다룬 내용을 살펴보기 바란다. 원격탐측에 의해 얻은 결과를 GIS데이터로 활용하는데 수종분석, 자원탐사, 토지이용도, 오염도, 토지피복도, 병충해, 고고학적 탐사결과, 비가시영역(infrared)의 분석결과 등이다.

16.5.1 디지타이징

디지타이징이란 문자나 도형으로 구성된 종이지도, 도면 등을 수치 자료로 전환시키거나 필요한 형태를 수치 자료 형태로 작도하는 작업을 말하며, 일반적으로 벡터 형태의 수치 자료를 취득하기 위해 사용된다. 디지타이징은 노동 집약적이며 많은 시간을 필요로 한다. 자동화가 가능하지만 자동화의 정도에 따라 정확도가 떨어지게 마련이다. 따라서 적은 양의 자료를 입력하거나 필요한 수치 자료를 구할 수 없을 경우에만 실시하는 것이 바람직하다.

(1) 수동 디지타이징

수동 디지타이징 기법은 도면 전산화에 많은 시간과 노력이 소요된다는 단점이 있지만 작업과정이 비교적 간단하고 높은 정확도를 얻을 수 있다. 수동 디지타이징의 효율성은 작업자의 숙련도와 사용되는 소프트웨어의 성능에 크게 좌우된다. 디지타이징의 정확도는 작업자에 따라 크게 좌우되므로, 도심지가 포함된 지역이나 개발이 많이 이루어지고 있는 지역과 같이 민감한 사안 등에는 작업자의 신중한 작업이 필요하다.

초기의 디지타이징은 도면 위에 투명 좌표 용지를 올려놓고 펜으로 긋는 방식이었으며 컴퓨터 기술이 발전함에 따라 디지타이징 태블릿(tablet)과 디지타이징 퍽(puck)을 이용한 디지타이징이 일반화되었다. 또한 도면을 스캐닝(scanning) 하여 화면에 출력하고 마우스를 이용하여 디지타이징을 수행할 수도 있다. 이를 헤드업(head-up) 디지타이징이라 한다.

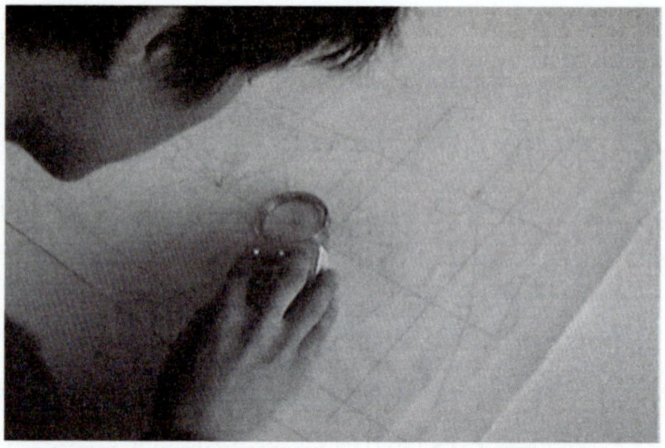

그림 16.23 디지타이저 상에서의 벡터라이징

(2) 자동 디지타이징

자동 디지타이징은 스캐닝과 자동 벡터라이징(vectorizing)에 의해 이루어진다. 도면을 스캐닝하여 컴퓨터에 입력하고 벡터라이징 소프트웨어를 이용해 벡터 자료를 추출한다. 벡터라이징 할 대상의 형태, 선의 두께 등에 따라 적합한 알고리즘이 선택되어야 한다. 일반적으로 정확도에 있어서 불안함이 있으므로 이를 고려하여 완전 자동 보다는 반자동 벡터라이징

방식이 많이 사용되고 있다.

(4) 데이터 수정

디지타이징을 통해 작성한 벡터 자료는 상당한 오류 수정 작업을 필요로 하며 자동 디지타이징에 의한 자료는 더욱 세심한 관찰과 수정을 요구한다. 아크(arc)의 교차, 폐합되지 않은 다각형(polygon) 발생, 잘못된 속성 코드 부여, 중복 디지타이징 등이 빈번히 발생할 수 있는 디지타이징 오류이다. 이와 같은 오류를 수정하기 위하여 결과물을 출력하여 원 자료와 대조하거나 소프트웨어에 내장되어있는 위상관계 및 속성 확인 기능을 사용하여 오류를 찾아내고 화면을 보면서 대화식(interactive) 수정을 실시한다.

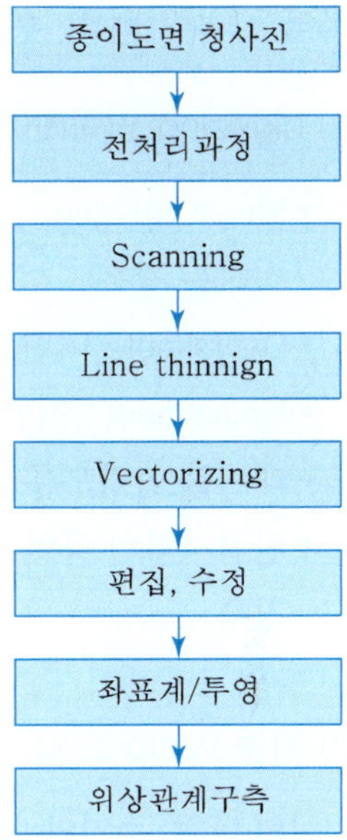

그림 16.24 스캐닝을 통한 벡터라이징 순서

16.5.2 벡터화 방법

(1) Presence/Absence방법

cell을 지나가느냐 그렇지 않느냐에 따라 값 부여 – 점이나, 선분의 벡터화에 유리

(2) centroid of Cell방법

cell의 중심점을 차지하는 대상물에 대해 값 부여 – 선분보다 면적에 좋음

(3) dominant type방법

cell의 50% 이상 차지하는 대상물이 그 cell 값으로 부여 – 폴리곤에 적합

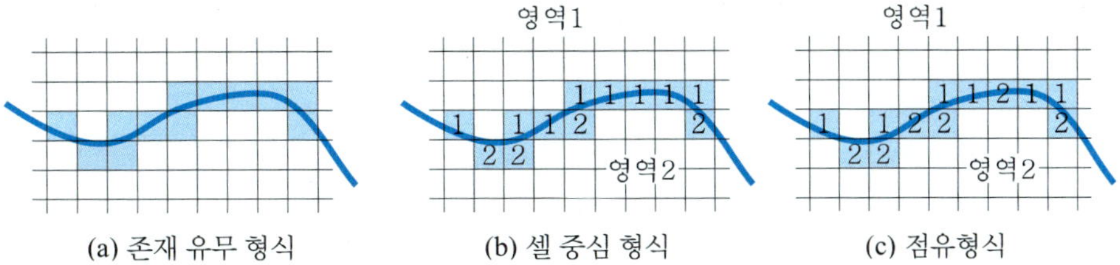

그림 16.25 벡터라이징의 영역결정

16.5.3 데이터의 수정

(1) digitizing 입력데이터의 수정편집

- Sliver polygon : 지적필지를 표현할 때 필지가 아닌데도 조그만 조각이 생겨 필지로 인식하는 경우
- Overshoot : 어떤 선분까지 그려야하는데 그 선분을 지나치는 경우
- Undershoot : 어떤 선분까지 그려야하는데 그 선분에 미치지 못한 경우
- 레이블 입력오류 : 지번 등이 다르게 기입되는 경우 또는 없거나 2개가 존재하는 경우
- 인접지역의 불일치 : 작업자가 영역을 나누어 작업할 경우 접합지역에서 서로 어긋나는 경우

(2) 자동 vectorizing

선의 단절, 주기와 대상물과의 혼동

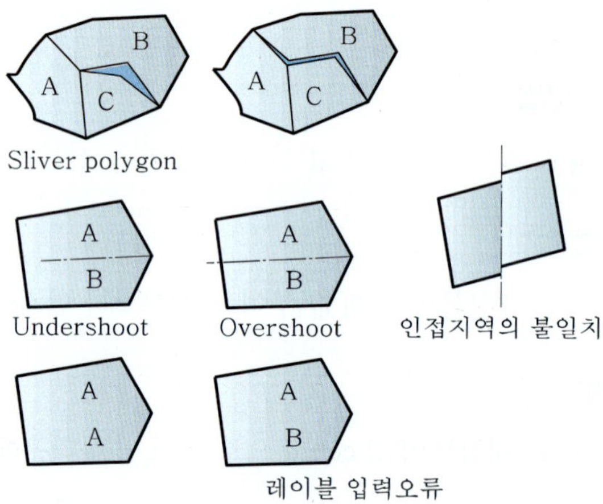

그림 16.26 벡터라이징 시 흔히 발생하는 오류

16.6 데이터베이스

컴퓨터로 구조화된 대량의 자료집합을 데이터베이스(database;DB)라 한다. 비공간자료에 대 한 데이터베이스는 1960년대부터 다양하게 사용되어 왔지만 공간데이터를 위한 데이터베이스는 1970년대 초에 와서야 개발되고 이용할 수 있게 되었다. 데이터베이스 관리시스템(database managemant system;DBMS)은 데이터를 설치하고 사용하며 유지관리하는데 사용되는 소프트웨어 팩기지이다(principles of geographic information system), 데이터베이스는 자동화되어 있고 형식에 맞게 정의되어 관련데이터 중심으로 조정된 집합이며 조직 내에서 서로 다른 사용자들에 의해 사용되고 공유되어진다(Date, 1995; Elmasri and Navathe, 1994).

16.6.1 데이터베이스의 구축

DB구축은 실세계에 대한 일반적인 관찰로 시작하여 추상적이고 사용자지향적인 데이터 구성 을 통하여 컴퓨터상에서 구체적이고 시스템 의존적인 데이터 저장소를 구축하는 과정으로 진행 된다. 실세계는 복잡한 공간객체와 현상으로 이루어져 있기 때문에 추상화 과정이 필요하며 일반 적으로 개념적 모델링, 논리적 모델링, 물리적 모델링의 과정으로 이루어진다. 그림 16.27에서와 같이 물리적 모델로 내려 갈수록 추상화 개념이 강해지며 개념적 모델로 올라올수록 인지적인 수준이 증가한다.

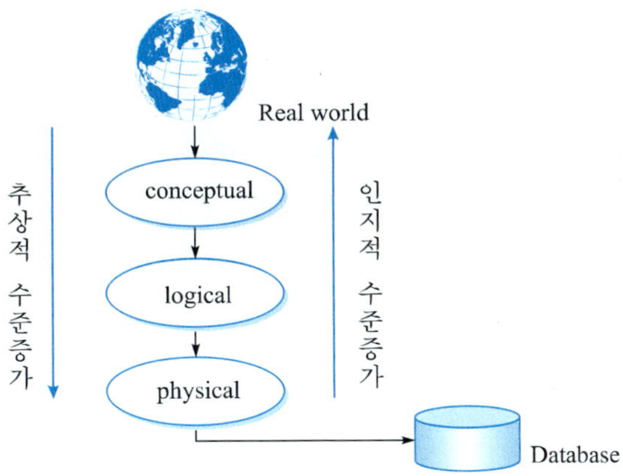

그림 16.27 데이터의 추상화단계

GIS 데이터베이스 구축은 그림 16.28에서와 같이 실세계를 특정한 시각을 가지고 데이터 모델링 팀에서 개념화하여 개념적 데이터모델을 설계한다. 구체적인 논리적 모델 구축을 통해 물리적데이터 모델로 저장된다.

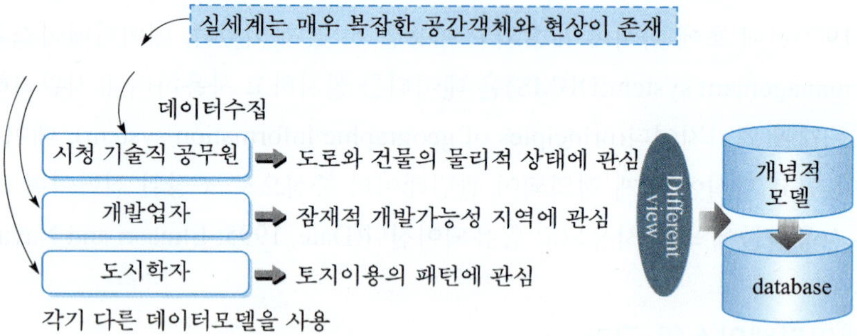

그림 16.28 관심분야에 따라 각기 다른 관점을 가지는 개념적 모델

(1) 개념적 모델

실세계를 하나의 모델로 표현하는 것은 불가능하며 일반적으로 데이터모델은 특별한 목적을 위해 오리엔트되는 경향이 있다. 즉, GIS의 분석목적에 따라 시각이 다르며 목적을 달성하기 위한 데이터베이스에 대한 개념을 구축하는 단계이다. 이에 대한 예를 그림 16.28에 보였다. 그림에서 각각의 분야에 따라 목적이 다르며 시각이 다르다. 개발업자의 경우 관심 있는 지역에 대한 잠재적 개발가능성에 관심이 있을 것이다.

(2) 논리적 데이터모델

개념적 데이터모델의 설계가 끝나면 실세계를 표현할 수 있는 구체적인 다이아그램, 리스트 그리고 테이블을 사용하여 논리적 데이터모델을 구축한다. 산림수종분포를 위한 논리적 데이터모델이라 함은 수목의 위치, 우점종, 평균수고, 평균DBH등과 같은 기본적인 속성데이터의 구축이 필요할 것이다. 각각의 데이터항목(data item)이 조합되어 하나의 레코드를 형성하게 된다.

(3) 물리적 데이터모델

데이터 추상화의 세 번째 단계이며 레코드 형식, 레코드순서, 그리고 접근경로에 의한 데이터의 물리적 저장소를 나타낸다. 그러므로 매우 하드웨어 의존적이며 데이터베이스 구현

항목과 관계가 있다. 이 모델은 사용자가 아니라 프로그래머와 데이터베이스 관리자를 위해 만들어진 것이다.

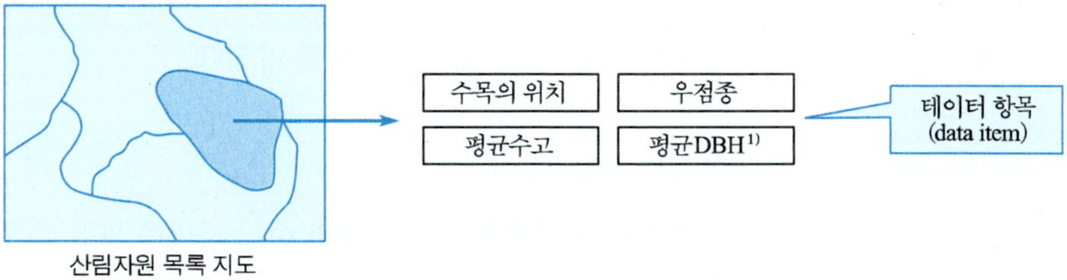

(a) 수목에 대한 데이터 항목

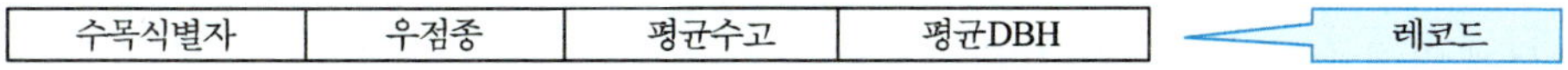

(b) 수목에 대한 데이터 항목의 기록

128	가문비나무	5.0	0.25
133	발삼나무	4.5	0.35
146	소나무	6.2	0.40
150	삼나무	3.8	0.15
176	소나무	4.5	0.30
177	가문비나무	3.5	0.15

(c) 관련된 레코드의 flat file 또는 테이블

그림 16.29 논리적데이터모델(산림 수종, 2007, Concept of GIS)

16.6.2 데이터베이스의 종류

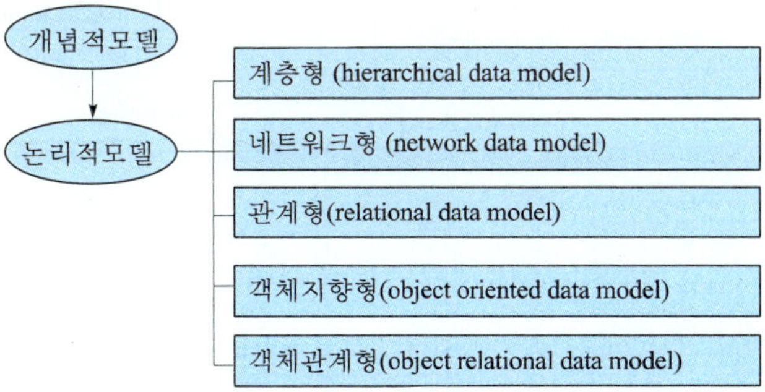

그림 16.30 데이터베이스의 종류

(1) 계층형 데이터베이스(hierarchical data model)

족보와 같은 아주 단순한 tree구조(부모는 반드시 자식을, 자식은 형제 레코드들의 포인터와 그들만의 자식에 대한 포인터를 가지고 있다)를 가지고 있으며 데이터의 갱신은 쉬울 수 있으나 검 색 과정이 폐쇄적이다. 데이터의 관계는 1:N의 관계를 가진다.

(2) 네트워크형 데이터 모델(network data model)

계층형 데이터모델의 개량형으로 하나의 개체가 여러 부모와 여러 자녀를 가질 수 있는 구조이며 상위계층을 검색하지 않아도 필요한 개체의 검색이 가능하다. 데이터 모델링이 복잡하여 사용이 일반화되지 않았다. 한 학생이 여러 강좌의 수강이 가능하며 하나의 강좌는 여러 학생에 의해 수강되는 원리이다.

(3) 관계형 데이터베이스

관계형 데이터베이스모델은 데이터베이스모델 중 가장 많이 쓰이는 데이터베이스로 모든 데이터를 테이블형태로 표현한다. 이는 1970년대 초 IBM사에 의해 개발되었다. 일상적으로 사용하는 형태로 이해가 용이한 2차원적인 배열이다. 데이터의 구조는 릴레이션(테이블의 열과 행의 집합)으로 표현하며 구조가 간단하여 이해가 쉽고 매우 논리적이며 명확하다. 관계형 모델에서는 모든 공간객체와 속성이 서로 연계될 수 있으나 멀티미디어자료는 지원이 불가능하다.

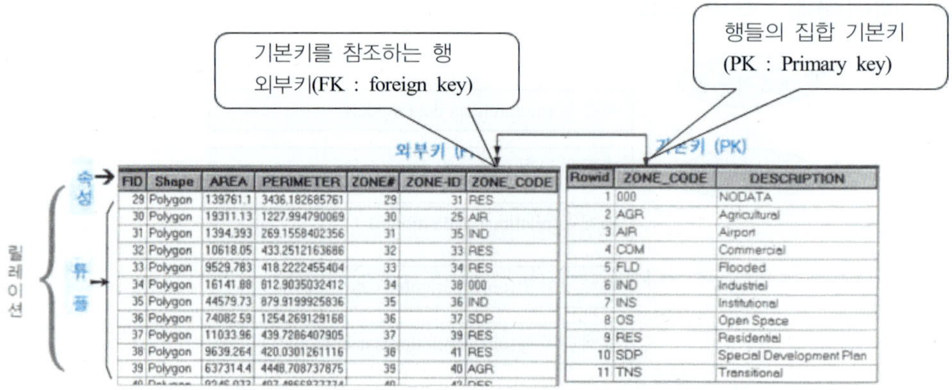

FID	Shape	AREA	PERIMETER	ZONE#	ZONE-ID	ZONE_CODE
29	Polygon	139761.1	3436.182685761	29	31	RES
30	Polygon	19311.13	1227.994790069	30	25	AIR
31	Polygon	1394.393	269.1558402356	31	35	IND
32	Polygon	10618.05	433.2512163686	32	33	RES
33	Polygon	9529.783	418.2222455404	33	34	RES
34	Polygon	16141.88	812.9035032412	34	38	000
35	Polygon	44579.73	879.9199925836	35	36	IND
36	Polygon	74082.59	1254.269129168	36	37	SDP
37	Polygon	11033.96	439.7286407905	37	39	RES
38	Polygon	9639.264	420.0301261116	38	41	RES
39	Polygon	637314.4	4448.708737875	39	40	AGR

Rowid	ZONE_CODE	DESCRIPTION
1	000	NODATA
2	AGR	Agricultural
3	AIR	Airport
4	COM	Commercial
5	FLD	Flooded
6	IND	Industrial
7	INS	Institutional
8	OS	Open Space
9	RES	Residential
10	SDP	Special Development Plan
11	TNS	Transitional

그림 16.31 관계형 데이터베이스 테이블 구조

(4) 객체지향형(Object Oriented)데이터베이스

객체지향 데이터베이스는 객체지향 프로그래밍 언어를 데이터베이스와 결합하는 필요성을 충족시키기 위해 1970년대 후반에 등장했다. 객체지향형 모델(Object-oriented Model)은 공간객체의 다양한 내·외부적인 관계를 다룰 수 있으므로 복잡한 객체로 구성된 현실세계를 재현하는 데 효과적이다. 객체지향형 D/B관리시스템은 객체지향 프로그래밍 언어를 D/B시스템에 적용시킨 것이다. 객체클래스의 복합화, 일반화, 집단화 등이 가능하고 CAD, CAM, 다중매체정보시스 템과 다양한 형태의 데이터(멀티미디어) 저장이 가능하다.

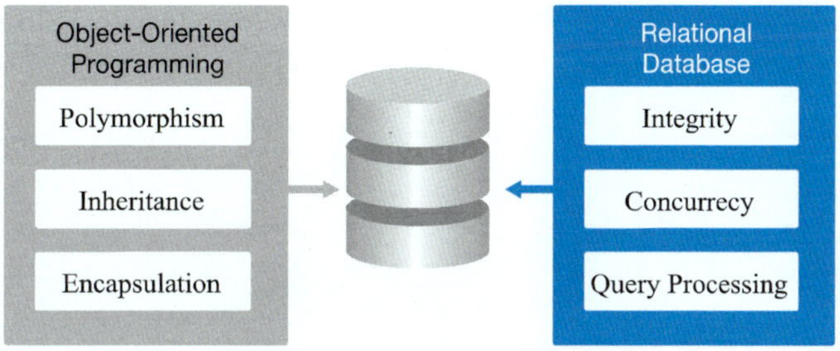

그림 16.32 객체지향형 데이터베이스의 구성
https://www.phoenixnap.com/kb/object-oriented-database

(5) 객체-관계형(Object-relational)데이터베이스

1980~1990년대에 걸쳐 공간데이터와 속성데이터를 함께 효율적으로 관리방안을 위해 GIS와 DBMS간의 통합 노력의 결과로 혼성데이터베이스 모델, 통합데이터베이스 모델, 객체-관계 데이터베이스모델이 개발되었다.

16.7 2차원 공간분석

GIS에서 이루어지는 공간분석은 공간데이터를 유용한 정보로 발전시키는 과정이며 이것이 다른 정보시스템과 다른 점이다. 2차원 공간분석은 공간데이터와 속성데이터를 이용하여 현실세계에서 일어나는 각종 문제들을 해결 하는데 의사결정을 할 수 있는 매우 중요한 방법이다. 공간선택, 분류, 병합, 중첩연산 등의 기본 공간분석과 래스터분석 등이 이에 해당한다.

16.7.1 공간선택

(1) 인터렉티브 공간선택(interactive spatial selection)

공간적으로 특정한 객체들을 선택하는 기능이다. 예를 들어, 지적도와 상수도파이프라인이 중첩되어 있는 주제도가 있다고 하자. 상수도 공사를 위해 라인과 교차되는 필지들의 소유주, 연락처, 주소 등이 필요할 것이다. GIS는 면과 선이 교차하는 객체들을 선택할 수 있는 기능이 있다. 특정한 폴리곤 안에 포함되어 있는 필지를 선택할 수도 있다. 선택된 객체에 대한 속성테이블 역시 추출이 가능하다.

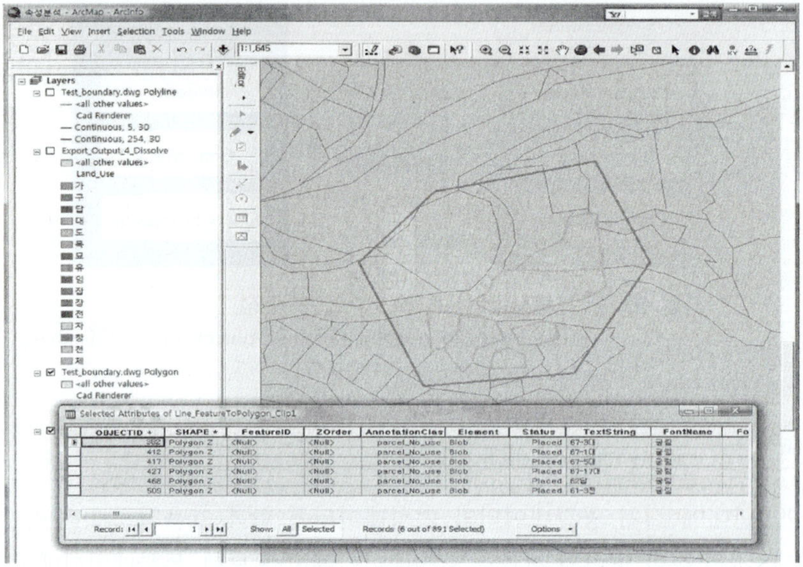

그림 16.33 인터렉티브 공간선택

(2) 속성조건에 의한 선택

객체 속성에 대하여 선택조건에 따라 질의언어(SQL언어, GIS 소프트웨어 자체언어)로 검색하고 선택할 수 있다. 사용자가 필요한 조건을 질의하면 이에 만족하는 조건의 공간객체를 선택할 수 있다. 조건은 여러 가지를 복합적으로 "and", "or" 또는 "not"으로 연결할 수 있다. 예를 들어 행정구역이 유량동이면서 필지면적이 2,000 이하인 필지를 추출하기 위해서는 "행정구역=유량 동" and "면적<2,000"과 같이 질의하여 선택할 수 있다.

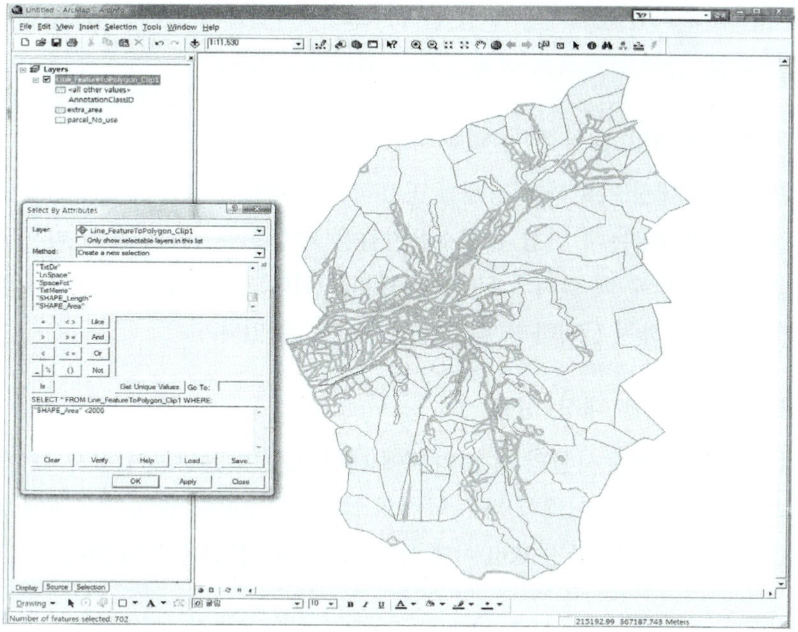

그림 16.34 SQL언어로 속성선택한 필지(면적<2,000)

(3) 위상관계를 이용한 선택

CAD파일에는 위상관계가 없지만 GIS의 벡터데이터는 위상관계를 가지고 있다. 5.1.2절에서 설명한 위상관계에 의해 공간객체를 선택할 수도 있다. 여기서는 포함(containment), 중첩(overlap), 인접(neighborhood) 및 거리함수를 기반으로 한 선택기능이 있다.

1) 선택객체 내부의 대상 선택

특정한 쌍용동에 세탁소를 새로 개업한다고 하면 우선 기존의 세탁소의 위치 및 밀도를 파악 해야한다. 그러기 위해서는 먼저 "지역=쌍용동"으로 하여 쌍용동의 행정구역을 선택한 후 여기에서 세탁소를 속성조건에 의해 선택하는 방식이다

2) 교차대상 선택

교차(intersect)연산을 통해 객체를 선택할 수 있다. "쌍용동"경계에 교차되는 모든 도로 선택 또는 상·하수도 관망 등을 선택할 수 있다. 해당 행정구역 내 시설물의 관리 및 보수

를 위해서 는 필수적인 분석내용이다. 연속적으로 "시설물의 설치년도 10년", "파이프라인의 재질=주철" 등의 조건으로 객체를 최종 선택할 수 있다.

3) 특정객체에 인접한 대상선택(Adjacency)

선과 면 객체를 대상으로 하며 경계를 공유하는 객체를 선택할 수 있다. 예를 들어 사업대상 구역을 설정하였는데 인접 필지소유자들을 대상으로 공사진행에 따른 보상계획을 한다고 생각해 보자. 수 백 필지 또는 수 천 필지가 된다면 수작업으로는 쉽지 않은 문제이나 인접함수를 이용하여 선택하면 매우 손쉽게 얻을 수 있다.

4) 거리(buffer)에 의한 대상 선택

쓰레기 매립장과 같은 시설의 경우 악취에 대한 민원이 발생하여 지자체에서는 조례를 만들어 보상을 하고 있다. 이러한 경우 악취의 발생원으로부터 일정거리 내에 있는 지역을 대상으로 해야 할 것이다. 반경 3km 이내 등과 같이하여 선택을 하게 된다.

16.7.2 분류(Clssification), 재분류(Reclassification), 병합(dissolve)

분류는 선택과 함께 자주 사용되는 공간 데이터 연산이다. 수치적인 양(면적, 길이, 둘레, 지가 등)과 속성(토지이용, 토지피복, 수종 등)에 따른 분류는 주제도를 제작하기 위해 매우 빈번한 일 이며 또한 중요한 분석이다.

(1) 분류 (Clssification)

분류(classification)란, 입력데이터셋의 특정 필드값에 따라 그룹을 나누고 이를 가시적으로 표현하기 때문에 중요한 공간분포패턴을 추출하는데 사용되는 기능이다. 특정필드에 가지고 있는 속성에 따른 분류와 양적데이터의 경우 통계학적으로 분류하는 기능이다. 자동분류(Automated Classification), 등간격분류(Equal-interval Classification), 등면적분류(Equal-area Classification), 등빈도분류(Equal-frequancy Classification), 자연단절분류(Natural breaks Classification) 가 있다.

그림 16.35 면적의 크기 별로 자동분류한 결과

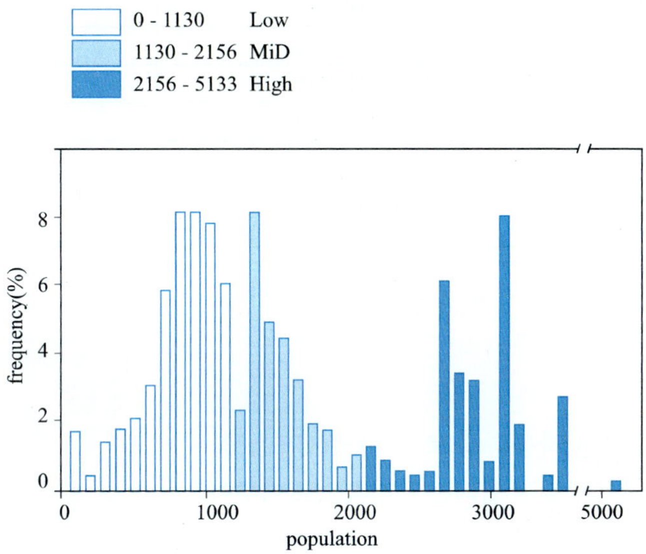

그림 16.36 빈도분포로 본 natural break

(2) 재분류 (Reclassification)

수치데이터이건 속성데이터이건 한 번의 분류로 원하는 분석을 하는 경우도 있지만 특정 분석을 하기 위해서는 재분류(reclassification)를 해야하는 경우가 많다. 만약에 토지이용주제도에서 속성이 "임", "전", "답"인 필지가 사업에 적합한 토지이용이라면 "적합=1", 그렇지 않은 필지는 "부 적합=2"로 재분류 해야한다.

표 16.2 토지이용에 따른 적합도 재분류

지목	개발가능여부	재분류 코드
주유소	개발불가	1
대지	개발불가	1
공장용지	개발불가	1
도로	개발불가	1
철도	개발불가	1
주차장	개발불가	1
창고용지	개발불가	1
논	개발가능	2
밭	개발가능	2
임야	개발가능	2

표 16.2에서 개발불가지목을 "1", 개발가능지목을 "2"의 분류코드를 부여하여 재분류하였다. 이제 토지이용도는 개발가능지역과 불가능지역 두 곳으로 분류되었다.

(3) 병합 (Dissolve)

그림 16.37에서 보인 자동분류 토지이용주제도는 같은 그룹으로 분류됐어도 필지 폴리곤은 각각으로 이루어져 있다. 속성이 같은 여러 개의 필지를 하나의 폴리곤으로 통합할 필요가 있는데 이를 병합이라 한다. 병합 후의 속성테이블으로 보면 플리곤이 분류항목수와 같게 된다.

그림 16.37 적합, 부적합으로 재분류되고 병합된 주제도

16.7.3 벡터의 중첩연산

GIS가 일반화되기 이전의 중첩분석은 불이 비치는 탁자 위에 지도와 특정주제도를 겹쳐봄으로 써 수행되었다. 이는 기존의 지도위에 특정한 주제도를 만들어 투명종이위에 그린 뒤 겹쳐봄으로 써 수행되었다. 이렇게 함으로써 여러 조건을 만족시키는 교집합 또는 합집합을 쉽게 구할 수 있 었다. 이는 군사목적의 지도위에 적군과 아군의 진지를 표시한다든지 콜레라 발병지역을 지도위 에 중첩시켜 전염속도와 범위를 분석한 내용이다. 이처럼 GIS분석에서 중첩분석은 매우 중요하며 공간중첩연산(spatial overlay operator)기능을 이용한다.

(1) 폴리곤 중첩

면사상을 포함하는 하나의 주제 레이어(Thematic Layer)를 다른 주제 레이어와 중첩시켜 새 로운 주제도를 생성시키는 공간 연산으로써, 논리연산자, 산술연산자, 통계연산자 등 다양한 연 산자를 이용하여 중첩분석을 수행할 수 있다. 결과로 생성된 새로운 주제도내 면사상(polygon feature)의 각 모서리는 입력 레이어내 면사상들의 교차점으로 표현된다. 따라서, 새로운 면사상의 모서리 교점좌표를 계산하는 것이 면사상의 중첩에서 핵심적인 기능으로 볼 수 있다. 위상 모델로 저장된 면형 벡터자료 사이의 중첩에는 적은 교차점을 계산하므로 적은 시간으로 중첩 분석을 수행할 수 있다.

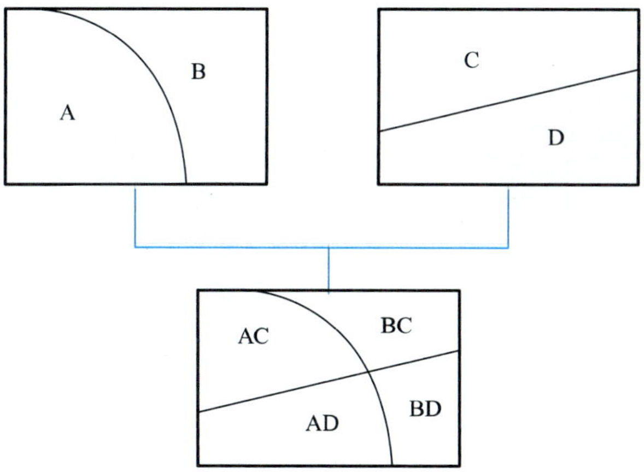

그림 16.38 중첩의 개념

그림에서 A와 B속성을 가진 폴리곤으로 만들어진 주제도와 C와 D속성을 가진 주제도가 중첩되면 4개의 폴리곤이 새로이 만들어지며 속성 역시 4가지가 만들어진다.

(2) 폴리곤과 선형 중첩

선사상은 면사상과 중첩될 수 있는데, 분석 이후 선사상은 입력된 선사상과 면사상의 속성을 동시에 포함한다. 면사상과 선사상의 중첩에 필요한 계산은 면사상간 중첩에 사용되는 것과 비슷하다. 즉, 면사상과 선사상의 교차점 계산, 결절과 링크 형성, 위상정립, 속성테이블 수정 순이다. 이러한 중첩분석은 선사상의 분포와 면사상 속성 사이의 공간적 관계 설명이 가능하다. 예를 들어, 교통로와 도시팽창 지역 사이의 관계를 설명하는 것과 같다. 그림 16.39에서 서울시행정구역 폴리곤과 지하철2호선 노선을 중첩시켜 지하철이 통과하는 행정구역을 분석할 수 있다.

(3) 폴리곤과 포인트 중첩

면사상 사이의 중첩이 가능하듯이 면사상 위에 점사상도 중첩할 수 있으며 이러한 과정을 통 해 면사상의 범위 내에 위치하게 되는 점사상을 결정할 수 있다. 면사상 위에 중첩된 점사상은 면형자료의 속성을 부여받으므로 모든 점사상과 면사상의 속성 테이블이 수정된다.

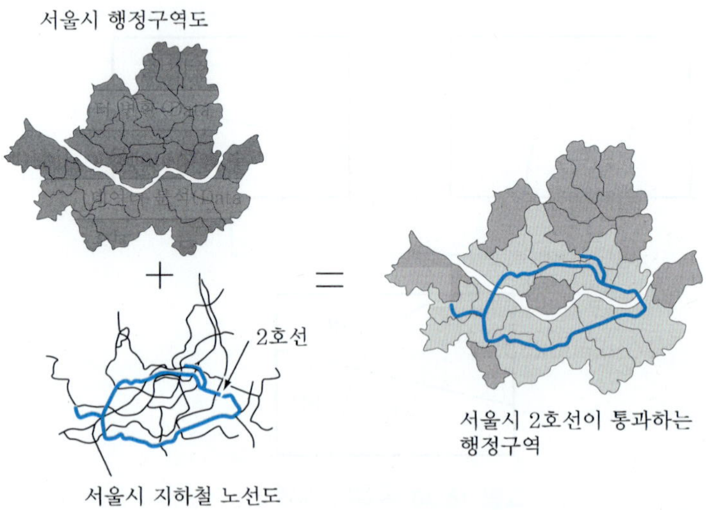

그림 16.39 면사상과 선사상의 중첩(선도소프트, 자료가공과 공간분석Doc.)

16.7.4 벡터의 중첩연산자

주요 연산자 세 가지는 오려내기(Clip), intersect, 병합(union)이다. intersect와 union은 일반적인 집합 이론 연산에서 파생된다. intersect는 어떤 면에서 AND로 간주될 수 있으며, 결union 연산은 OR과 관련이 있다. 클립은 intersect와 제거의 조합으로 간주될 수 있다. 이 세 가지 모두 공통적이며 대부분의 GIS 소프트웨어 패키지에서 독립 실행형 기능으로 지원된다.

(1) 클립(Clip)

"쿠키 커터" 오버레이로 간주될 수 있다. 경계 폴리곤 레이어는 형상이 출력될 영역을 정의하는 데 사용된다. 이 경계 폴리곤 레이어는 클리핑 영역을 정의합니다. 두 번째 도면층의 점, 선 또는 다각형 데이터는 경계 도면층을 기준으로 "클립"된다.

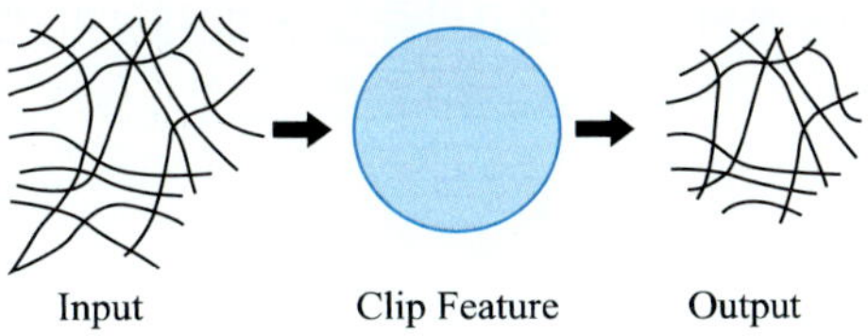

(a) Point features clipped by polygon features:

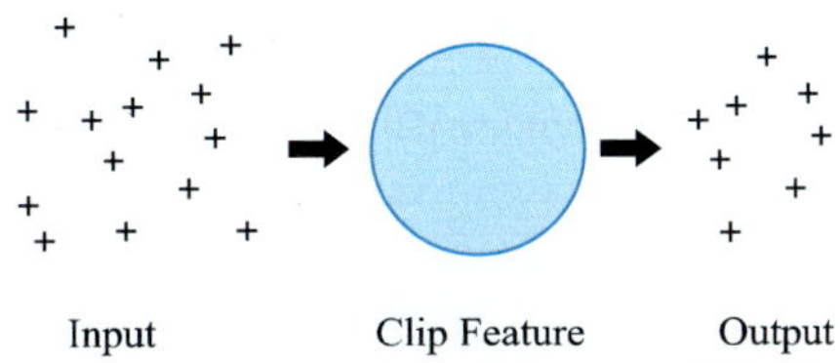

(b) Point features clipped with line features:

그림 16.40 벡터의 clip연산 결과

(2) Intersect

교차는 두 레이어의 데이터를 결합하는 중첩분석으로 정의할 수 있지만 두 레이어가 데이터를 포함하는 공통영역에 대해서만 출력한다. 이는 그림 16.41의 중앙부분에 해당되는 내용으로 경계 레이어와 데이터레이어의 intersect결과는 중앙하단에서 보였다. 경계폴리곤 외부에 있는 데이터 레이어의 모든 또는 일부 폴리곤은 잘리고 삭제된다. Intersect연산은 경계레이어의 데이터도 출력레이어에 포함된다는 점에서 클립과 다르다.

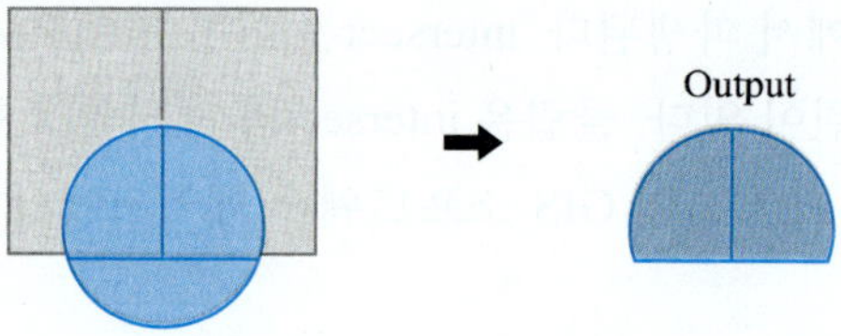

그림 16.41 Intersect연산자

16.7.5 래스터의 중첩연산자

벡터중첩연산은 유용하지만, 기하학적으로 복잡하며 계산이 많이 필요하므로 성능이 떨어진다. 반면, 래스터중첩은 대부분의 계산이 셀 별로 이루어지므로 계산속도가 빠르다. 연산은 래스터데 이터를 이용하여 특정 알고리즘을 통해 새로이 계산된 값으로 새로운 래스터 데이터를 만든다.

(1) 산술연산자

래스터 연산에서는 기본적으로 여러 가지 산술연산자를 사용할 수 있는데 표준적인 +, -, ×, ÷ 등이다. 이러한 산술연산자는 간격자료값이나 비율자료값을 사용하여야 한다. 기타 산술자료 로는 나머지(MOD: modulo division)와 정수 나눗셈(DIV: integer division) 등이 있다.

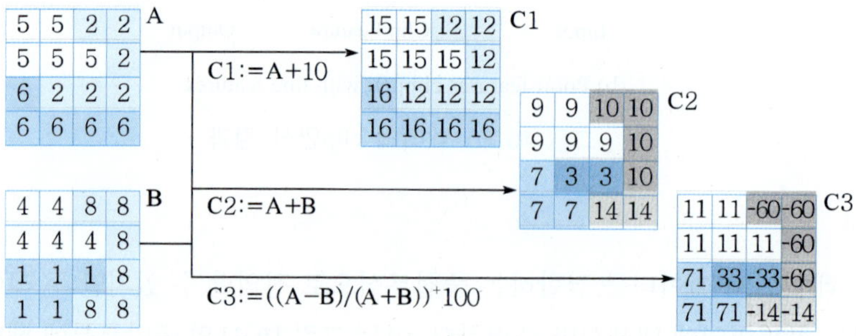

그림 16.42 래스터 데이터의 연산(지리정보시스템의 원리, 2004)

(2) 논리연산자

래스터의 계산에서는 셀 별로 DN값을 비교할 수 있다. 여기서는 표준비교연산자(<, <=, =, >=, >, < >) 등을 사용한다. 간단한 비교연산자의 예로써 다음 식을 사용하면 래스터 C에 참(true) 또는 거짓(false)값이 저장된다. 즉, A와 B의 셀값이 다르면 C에는 참이 저장되고 A,B가 같으면 거짓이 저장된다.

$$C := A <> B \tag{16.1}$$

AND, OR, NOT 등의 논리 연산자도 래스터 계산에서 지원된다. 래스터 연산에서 일반적으 로 지원하는 다른 연산자로는 배타적 OR(XOR : exclusive OR)연산이 있다.

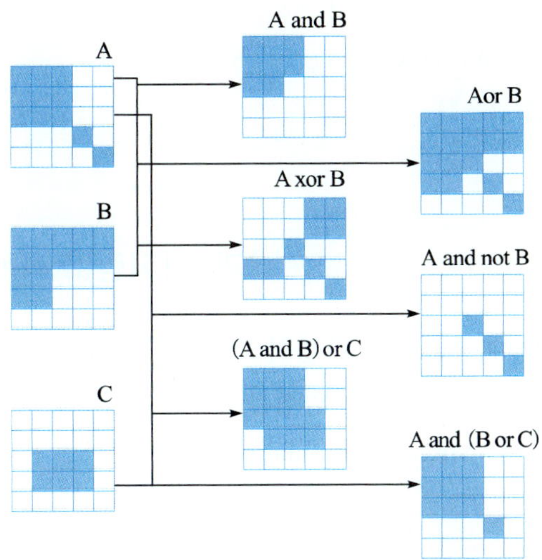

그림 16.43 논리연산자에 의한 래스터계산

(3) 조건 표현식에 의한 연산

논리연산이나 참, 거짓연산 이외에 실제의 경우 래스터를 사용하여 주어진 조건을 만족하는지 시험할 수 있는 조건표현식이 필요할 경우가 있다. 조건 표현식의 일반적인 형태는 다음과 같다.

Oupput_raster := IFF(condition, then_expression, else_expression) (16.2)

여기서, condition : 조건식

then_expression : 시험조건이 만족될 때 실행

else_expression : 시험조건이 만족하지 않을 때 실행

(4) 의사결정테이블(decision table)에 의한 중첩

앞서 설명한 조건 표현식은 여러 조건을 고려해야할 때 강력한 도구이다. 그러나 때때로 전문가적인 의사를 반영해야하는 경우도 있다. 전문가시스템(expert system)과 같은 개념이다.

Suitability : = IFF((Landuse = "Forest" AND Gelogy = "Alluvial") OR (16.3)
(Landuse = "Grass" AND Geology = "Shale"),
"Suitable", "Unsuitable")

16.8 인접분석(Neighborhood Analysis)과 버퍼링(Buffering)

GIS에는 중첩연산과 함께 중요한 공간분석 기능이 있는데 그것은 어느 한 위치의 인접지역(Neighborhood)의 특성을 분석하는 인접분석기능이다. 이에 대한 계산법에는 근접계산법(Buffering), 확산계산법(Spread computation), 탐색계산법 (Seek computation)방법이 있다.

16.8.1 근접계산법(Proximity computation)

근접계산에서는 주어진 목표점에 대한 인접지역을 기하학적거리를 사용하여 정의한다. 가장 일 반적이고 유용한 기법이 영향권생성(buffer zone generation)기법이다. 기하학적 거리에 기반을 둔 다른 기법 중의 하나로 티센폴리곤생성(Thiessen polygon generation)기법도 있다.

(1) 영향권생성(buffer zone)

버퍼의 정의는 특정 객체의 주변에 일정한 폭을 주어 만든 지역이다. 버퍼의 생성과정이나 버퍼링은 벡터기반의 지리자료 과정에서 필수적인 기능이다. 버퍼분석(Buffer Analysis)은 공간적 근접성(Spatial Proximity)을 정의할 때 이용된다.

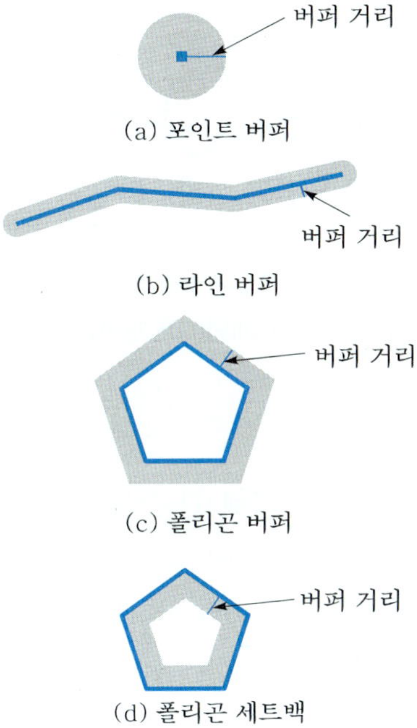

그림 16.44 점, 선, 면에 대한 버퍼 (GIS개념과 기법, 200 7)

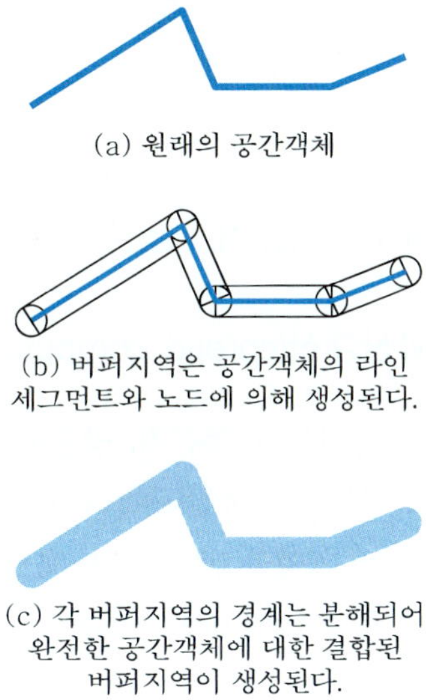

그림 16.45 선 객체의 버퍼링원리 (GIS개념과 기법, 2007)

(2) 티센폴리곤 생성(Thiessen polygon generation)

인접지역을 결정하기 위해 기하학적 거리를 사용하는 다른 방법으로, 목표점들의 공간 상에 분포되어 있고 어느 목표점이 각 지점에서 가장 가까운지 결정하는데 유용한 방법이 있다. 이 기법 을 적용하면 각 목표점 둘레로 폴리곤이 생성되고 이 폴리곤 내부의 모든 지점이 목표점에 동일한 속성을 가지는 경과를 산출할 수 있다. 즉, 각 데이터 점의 영향권을 합리적으로 결정할 수 있다는 의미이다.

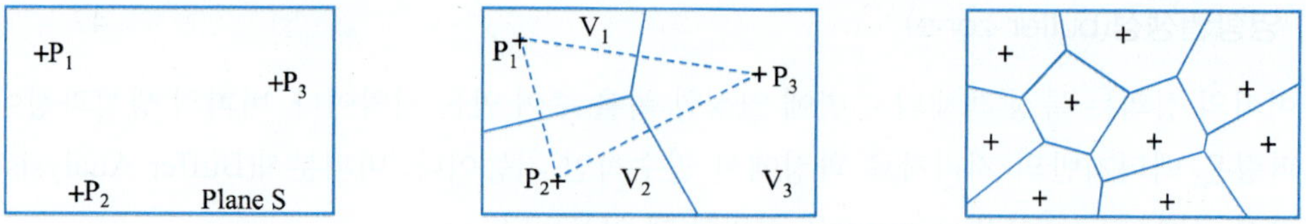

(a) 평면에서의 점 분포 (b) 인접영역(실선)의 분할 (c) 보로노이 다이어그램

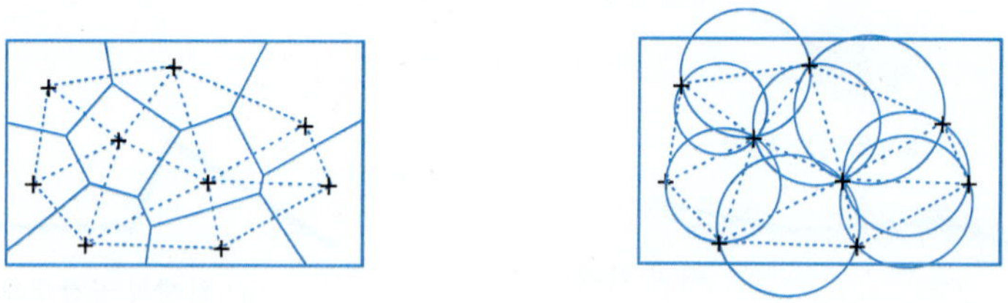

(d) 델로니 삼각망(점선) (e) 델로니 삼각망과 삼각형별 원의 영역

그림 16.46 인접영역, 보로노이 다이어그램, 델로니 삼각망의 개념(GIS개념과 기법, 2007)

16.8.2 확산계산(spread computation)

공기, 물, 오염물질, 통근자, 방송파 등의 확산을 분석하기 위해서는 거리 하나만으로는 불충분 하다. 이들 원인물질(source material)의 확산은 거리뿐만 아니라 지형요소, 풍향, 기압, 교통체증 등의 영향을 받게 된다. 오염원을 출처(source location)라 한다면 확산계산을 위해서는 국소저항래스터(local resistance raster)가 필요하다.

1	1	1	2	8
4	4	5	4	9
4	3	3	2	10
4	5	6	8	8
4	2	1	1	1

(a)

C_{13}	C_{23}	C_{33}		
C_{12}	C_{22}	C_{32}		
C_{11}	C_{21}	C_{31}		

(b)

14.50	14.95	15.95	17.45	22.45
12.00	12.45	14.61	16.66	21.44
8.00	8.95	11.95	13.66	19.66
4.00	6.36	8.00	10.00	11.00
0.00	3.00	4.50	5.50	6.50

(c)

그림 16.47 국소저항래스터와 계산된 최소총저항 래스터

각 cell에 대한 최소총저항값은 국소저항래스터 값을 이용하여 계산한다. 그림 16.47(b)에서

$C_{11} = 0$

$\rightarrow N : C_{12} = \frac{1}{2}(4+4) = 4$

$\rightarrow E : C_{21} = \frac{1}{2}(4+2) = 3$

$\rightarrow NE : C_{22} = \frac{1}{2}(4+5)\sqrt{2} = 6.36$

그러므로 최소총저항값은 다음과 같이 된다.

4	6.36
0	3

이와 같이 각 셀의 저항값을 계산하면 그림 16.47(c)와 같다.

16.8.3 탐색계산(Seek Computation)

확산계산은 출처로부터 모든 방향으로의 경로를 열어놓고 생각하지만 그렇지 않은 경우도 있다. 빗물이 모이는 현상도 그렇고 집수구역에서 배수현상도 그렇다. 이러한 계산을 탐색계산(Seek Computation)이라고 한다.

158	144	138	142	116	98
148	134	112	95	92	100
138	106	88	74	76	96
129	116	110	44	62	48
136	122	94	42	32	38
148	106	68	24	22	24

(a) DEM

↘	↘	↘	↓	↓	↙
↘	↘	↘	↓	↓	↙
→	→	↘	↓	↙	↓
↗	↗	→	↘	↓	↙
↘	↘	→	↓	↓	↓
→	→	→	→	↓	←

(b) 유하방향래스터

0	0	0	0	0	0
0	1	1	2	2	0
0	3	7	5	4	0
0	0	0	20	0	1
0	0	0	1	24	0
0	2	4	7	35	1

(c) 누적유출량래스터

그림 16.48 래스터에 의한 확산계산

그림에서 (a)는 지형의 표고를 나타내는 DEM 래스터데이터이다. 좌측상단의 셀에 강우가 있다면 어느 방향으로 흘러갈까? 하는 내용이다. 동, 남측은 픽셀크기가 거리가 되지만 남동쪽으로 흐를 경우 경로거리는 픽셀거리× $\sqrt{2}$ 가 된다. 따라서 각 방향의 경사를 계산하면

$$\text{동쪽방향} : \frac{158-144}{10} \times 100 = 140\%$$
$$\text{남쪽방향} : \frac{158-148}{10} \times 100 = 100\%$$
$$\text{남동방향} : \frac{158-134}{10\sqrt{2}} \times 100 = 170\%$$

세 방향 중 남동방향의 경사가 가장 급하므로 흐름의 방향이 된다. 해당픽셀의 흐름벡터는 (b)그림에서 남동방향이 된다. 그림(c 는 이들 흐름벡터를 누적한 것이다. 결과적으로 누적된 숫자가 많은 방향으로 물의 흐름이 발생한다.

16.9 표면모델링과 수치지형모델

표면모델링은 자연적 표면과 추상적 표면으로 나뉠 수 있으며 실 지표상에 연속적으로 분포, 영역의 크기나 높이가 변화를 표현하는 방법으로 지형, 기온, 강수량, 공해물질농도 등이 표면모델링으로 표현이 가능하다. 즉, 점, 선, 면으로 표현이 불가능한 데이터를 표면(surface)로 표현한다.

16.9.1 수치지형모델링의 개념

DTM(Digital Terrain Model)은 3차원 좌표(X, Y, Z)를 갖고 있는 수많은 점들에 의해 형성된 연속적인 표면을 통계적으로 표현하는 것(Miller, La Flamme, 1958)을 말한다. GIS분야에서는 DEM(Digital Elevation Model)이란 표현이 일반적이다. DEM은 지표면에 일정한 간격으로 분포된 지점의 높이를 수치화한 것으로 경사분석, 경사단면, 음영기복, 침식, 강우유출량, 적지분석, 비행시뮬레이션, 경관분석, 토공량 산정 등에 활용된다. 기존의 공간데이터(점, 선, 면)와는 다른 특성을 가지고 있으며 3차원데이터구조를 처리하기 위한 특정한 소프트웨어가 필요하다.

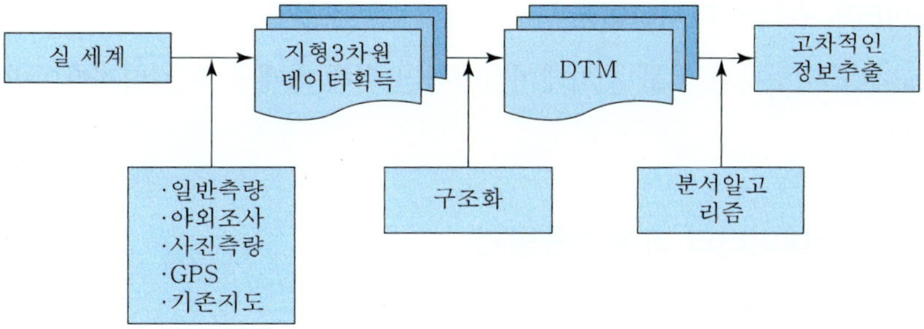

그림 16.49 DTM의 활용

16.9.2 수치지형데이터의 획득방법

(a) Totalstation, GPS (b) GNSS (c) LiDAR (d) 항공사진측량

그림 16.50 수치지형데이터를 얻는 다양한 수단

(1) 현지측량에 의한 방법

토털스테이션이나 GPS를 사용하여 특정구역에 대한 높은 정확도로 현지데이터를 획득하고 수치지형모델을 제작한다.

(2) 항공사진측량 및 RADAR측량

광범위한 지역의 수치지형모델구축을 위해서는 항공사진측량, 위성사진측량을 이용하여 데이터를 획득해야 한다. 최근 RADAR측량기법을 이용하여 사진측량의 단점을 보완하고 더욱 완벽한 데이터를 획득할 수 있게 되었다.

(3) 기존데이터의 스캐닝 디지타이징

기존 등고선도가 있다면 이를 수치데이터화하기 위해 스캐닝 또는 디지타이징 방법을 이용할 수 있다.

16.9.3 수치지형데이터의 표본추출방법

(1) 계통적 추출방법(DEM):

규칙적인 간격으로 추출하여 행렬방식의 DEM을 제작한다. 지형의 변화가 매우 불규칙한 경우와 단순한 경우의 혼재 시 디테일한 표현의 어려움.

(2) 적응적 추출방법(TIN):

계통적 추출방법의 단점을 보완하여 지형을 보다 자세히 표현하기 위해 선택적으로 표본지점을 선택하는 방법이다. 부정형삼각형네트워크(TIN)로 구조화되어야 표현 가능하다. 그러면 과연 DEM이냐 TIN이냐? 상호배타적인 관계는 아니며 대부분의 수치지형모델링 시스템은 모두 채택을 하고 있다.

표 16.3 DEM과 TIN의 특징

	DEM	TIN
지형의 특성	단순한 지형일 경우	국지적 변이가 심한 지형
모델링의 목적	래스터데이터기반, 중첩과 같은 공간적 분석 용이	보다 정교한 지형결과를 생성할 수 있음
응용의 목적	정사사진 생성 목적	음영기복도의 생성
데이터 획득의 방법	사진측량학적 방법	디지타이징, Field Surveying

16.9.4 부정형삼각네트워크(Triangulated Irregular Network)

1978년 Pewker 등이 제시한 지형모델로 지형을 가장 작은 면단위인 삼각형으로 표현하는 방법이다. 표본추출된 표고점들을 선택적으로 연결하여 겹쳐지지 않는 부정형삼각형 지형의 기복의 정도에 따라 표고점을 추출하므로 경사가 급한 곳은 조밀하게 완만한 곳은 느슨하게 표시된다.

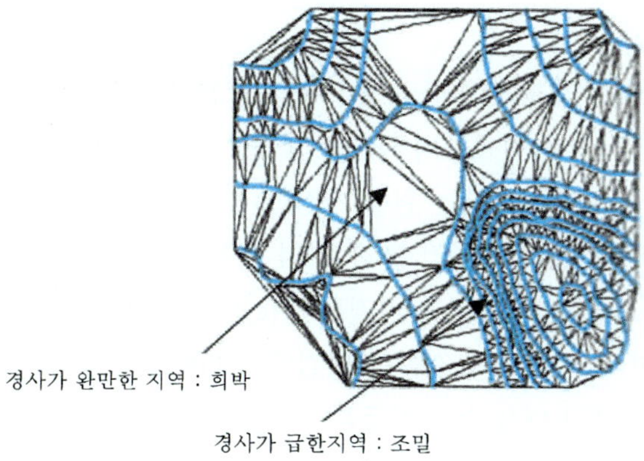

그림 16.51 등고선과 TIN

(1) TIN모델의 특징

표본지점들은 3차원 좌표(X, Y, Z)를 가지고 있으며 벡터데이터 모델로 위상구조를 가지고 있다. 삼각형분할 규칙에 기초를 두고 있으며 생성 경우의 그림 16.52와 같이 경우의 수가 많으며 방법에 따라 등고선도가 달라진다. 가장 일반적인 삼각형네트워크 형성방법은 델로니 삼각법이다.

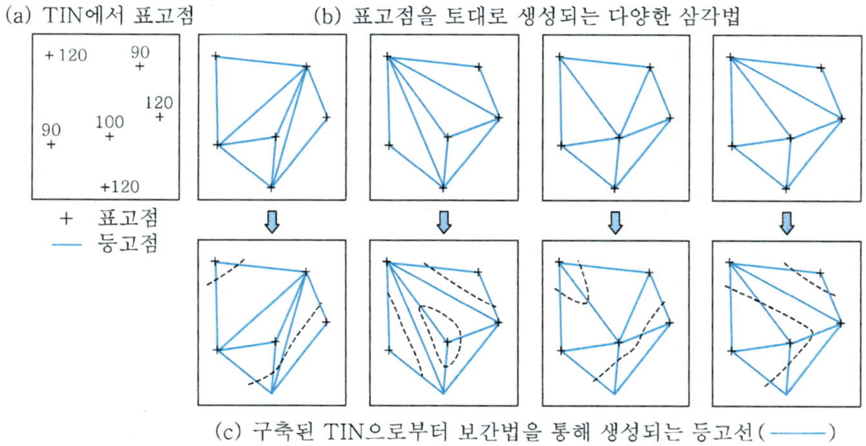

그림 16.52 다양한 형태의 삼각망 형성에 따른 등고선 형태

(2) 델로니 삼각망

그림 16.53(c)와 같이 삼각형의 형성에 따라 등고선의 모양이 달라지므로 일관성 있는 TIN 형성이 관건이다. 델로니 삼각법을 이용하여 TIN을 만들면 유일한 삼각망을 얻을 수 있다.

그림 16.53(a)에서 표고점 3점을 지나는 원을 가정한다. 원의 중심과 각 표고점과의 거리는 등거리이다. 세 표고점을 연결하고 삼각형 각 변의 이등분점에서 수선을 올리면 만나는 점이 원의 중심이 된다. 이러한 원의 중심을 연결하면 (c)와 같은 다각형이 만들어지는데 이를 보로노이 다각형이라 한다. 이제 표고점들을 연결하여 TIN을 형성하는데 규칙은 삼각형의 각 변은 델로니 다각형의 해당 변을 수직 이등분한다는 조건을 지켜야 한다.

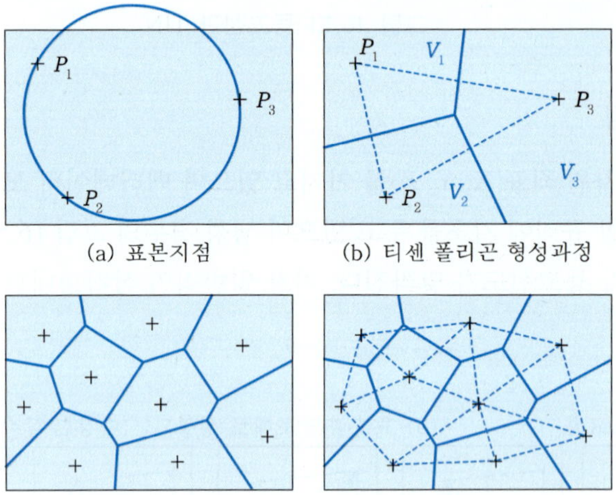

(a) 표본지점 (b) 티센 폴리곤 형성과정

(c) 보로노이 다이아그램 (d) 델로니 삼각법

그림 16.53 델로니 삼각법에 의한 TIN 생성

16.9.5 연속적 평면형성을 위한 보간법

(1) 보간법의 개념과 방법

실측되지 않은 지점의 값을 주변의 값을 이용하여 보간함수로 추정해내는 기법으로 Tobler의 공간적 자기상관 개념은 가까이 있는 점일수록 그 점에 미치는 영향이 크다는 것이다. 보간법은 표본추출한 데이터(불연속적)로부터 일정간격의 값(grid)(연속적)을 구축할 경우 또는 서로 다른 해상도와 셀의 크기를 가지고 있는 래스터데이터를 동일한 크기의 셀 구

조를 갖게 하는 작업이다. 보간법에는 전역적(global)보간법과 국지적(patch)보간법이 사용된다.

그림 16.54에서 국지적 보간법은 보간을 할 지점과 아주 가까운 값에 대해 보간하는 방법이다. 주로 2차다항식부터 고차다항식을 사용하여 보간한다. 그림 (a)에서 보는 바와 같이 보간높이 h_1은 실제 높이와 차이가 없다. 그러나 이러한 보간방법은 지표면과 같은 부드러운 곡선을 형성하지 못한다. 그러므로 Spline 또는 Kriging보간법을 사용하여 전체적으로 부드러운 추세를 보간하게 된다. 이렇게 얻어진 높이 h_2는 h_1보다 높게 보간된다. 어느 보간값이 큰가 하는 문제는 지형의 상황에 따라 다르다. 그림 (c)에서는 반대로 전역적보간법으로 보간한 값이 더 작은 것을 알 수 있다.

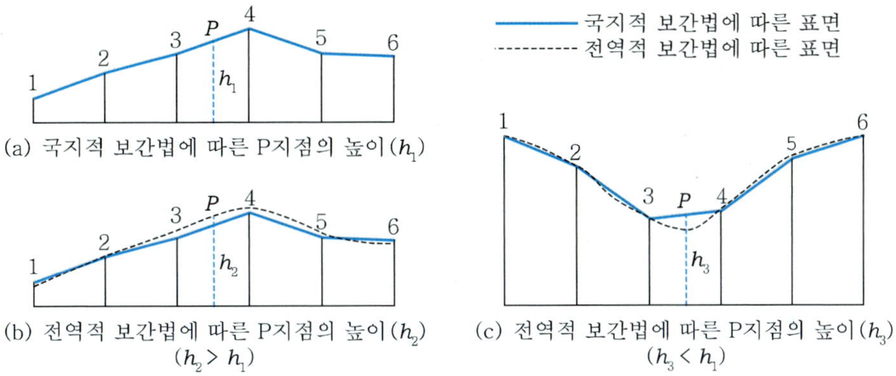

그림 16.54 전역적보간법 및 국지적보간법

표 16.4 전역적과 국지적보간법의 특성 비교

	전역적(Global)	국지적(Patch)
원리	전체를 하나의 함수표현	분할 후 각각의 알고리즘 적용
영향	한 지점의 값이 변하면 전체 영향	참조창 내에서만 영향 전체의 경향표현 불가능
적합지형	기복이 심하지 않은 지형에 적합	기복이 심하거나 불연속지역에 적합
정확도	전반적인 경향표현 → 근사치적 보간법	정확도 높다 정밀보간법(exact interpolation)
응용의 목적	인구, 오염분석	DEM추출, 물리화학적 현상 규명, 지질탐사
함수	Polynomial trend surface Fourier analysis	Spline Kriging

(2) 국지적 보간법의 알고리즘

가장 많이 쓰이고 있는 방법은 역거리 가중내삽법(IDW : Inverse Distance Weighted Interpolation)이다. 이는 구하고자 하는 점의 위치로부터 영향권 내에 있는 데이터로부터 거리에 대한 가중치(weight)를 고려하는 방법으로 벡터기반에서는 주로 영향권이 원형창으로 사용된다. 원형창의 중심에서 입력점까지의 거리의 제곱에 반비례한다는 가정을 기본으로 한다(Burrough & McDonnel, 1998).

$$z(u_0) = \frac{\sum_{i=1}^{n} z(u_i) d_{ij}^{-p}}{\sum_{i=1}^{n} d_{ij}^{-p}} \tag{16.4}$$

$z(u_0)$: 비표본 위치에 있는 점의 추정값

$z(u_i)$: 자료점

d : 자료점과 비표본 위치에 있는 점 간의 거리

p : 매개변수 가중치, 거리의 제곱에 반비례

그러나 이방법은 입력자료의 밀도, 분포, 정확도와 종속관계에 있으며 경향표면처럼 IDW 표면은 입력점을 통과하지 않으므로 정확한 내삽방법이 아니다.

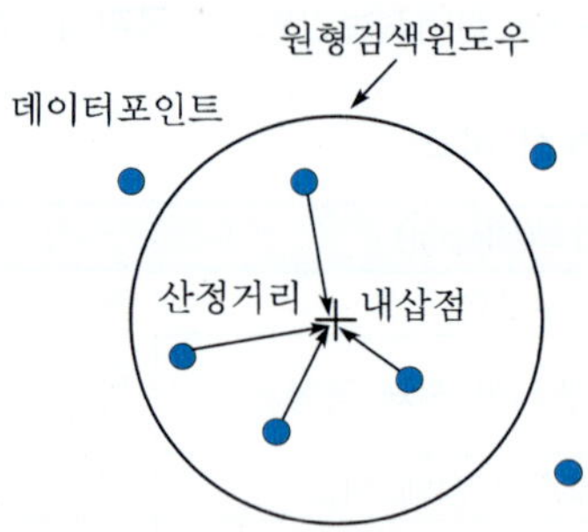

그림 16.55 역거리가중치(IDW)를 이용한 내삽

예제 16.1

어느 지역에 대한 DEM을 5m공간해상도로 만들었다. 추가적으로 P점의 표고를 결정할 필요가 있어 주변 표고점을 파악한 결과 다음과 같았다. 역거리가중치보간법(내삽법)으로 P점의 표고를 구하시오.

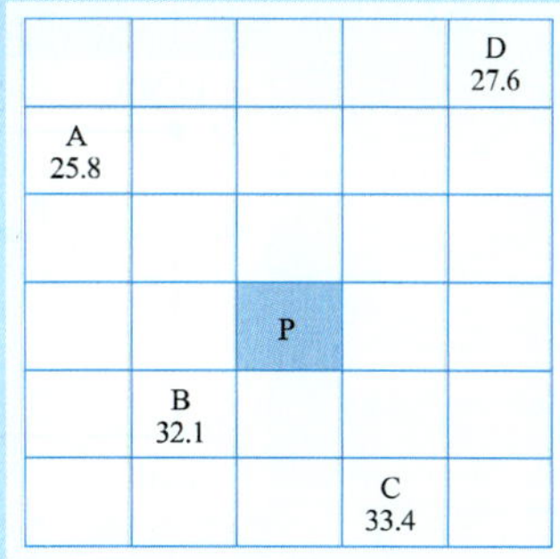

풀이 ▸ ▸ ▸

1) 거리와 경중률은 반비례하므로 P점과 각 표고점까지의 거리를 계산한다.

$A \rightarrow P$: $\sqrt{10^2+10^2}=14.142\text{m}$

$B \rightarrow P$: $\sqrt{5^2+5^2}=7.071\text{m}$

$C \rightarrow P$: $\sqrt{10^2+5^2}=11.180\text{m}$

$D \rightarrow P$: $\sqrt{10^2+15^2}=18.028\text{m}$

2) 경중률 계산은 거리의 역수로 구한다.

$$P_{A\rightarrow P}:P_{B\rightarrow P}:P_{C\rightarrow P}:P_{D\rightarrow P}=\frac{1}{14.142}:\frac{1}{7.071}:\frac{1}{11.180}:\frac{1}{18.028}=0.071:0.142:0.089:0.055$$

3) 경중률을 고려한 표고를 계산한다.

$$H_P=\frac{25.8\times0.071+32.1\times0.142+33.4\times0.089+27.6\times0.055}{0.071+0.142+0.089+0.055}=30.479\text{m}$$

예제 16.2

A,B,C,D점의 표고가 그림과 같을 때 P점의 표고를 공일차보간법으로 구하시오.

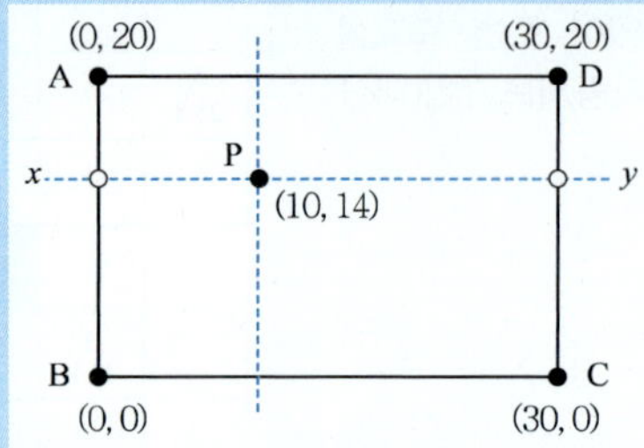

측점	표고
A	24.6m
B	23.6m
C	24.8m
D	25.2m

풀이 ▸ ▸ ▸

1) A → B방향으로 x점의 표고를 구한다.

$$H_x = 24.6 - (24.6 - 23.6) \times \frac{6}{20} = 24.3\,\mathrm{m}$$

2) C → D방향으로 y점의 표고를 구한다.

$$H_y = 24.8 + (25.5 - 24.8) \times \frac{14}{20} = 25.08\,\mathrm{m}$$

3) x → y방향으로 P점의 표고를 구한다.

$$H_{\mathrm{P}} = 24.3 + (25.08 - 24.3) \times \frac{10}{30} = 24.56\,\mathrm{m}$$

(3) 전역적 보간법의 알고리즘

전역적 보간법이 널리 쓰이는 방법으로 지형의 표현은 표본점에 대한 좌표의 다항식전개에 의해 접근된다. 다항식 함수의 계수는 연립방정식의 해를 구하는 것에 의해 결정되는데, 최소제곱법에 의한 승수의 합과 x,y,z값의 교차결과를 포함한다. 이것은 경향표면으로부터 제곱편차의 합이 최소인 것으로 결정되게 한다. 일반적으로 사용되는 다항식은 다음 식 (16.5)와 같다.

$$\text{선형} \ ; \ Z = a + bX + cY \qquad (16.5)$$

$$Quadratic \ ; \ Z = a + bX + cY + dY^2 + eXY + fY^2$$

$$Cubic\ ;\ Z = a + bX + cY + dY^2 + eXY + fY^2 + gX^3 + hX^2Y + iXY^2 + jY^3$$

여기서 Z : 추정높이, X, Y : 거리좌표, $a, b, c \cdots j$: 다항식의 계수

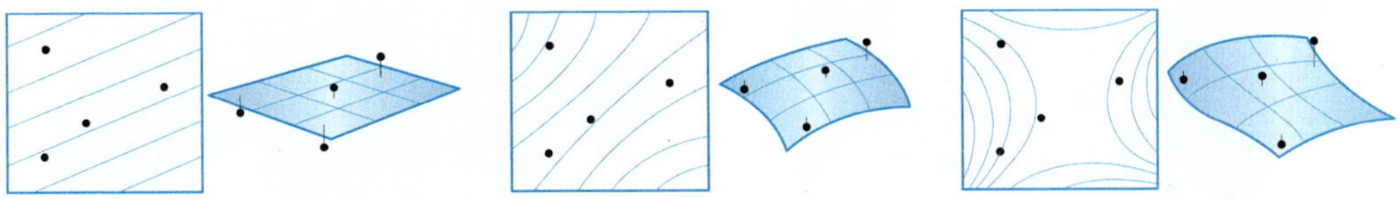

(a) (b) (c)

그림 16.56 1,2,3차 다항식에 의한 경향표면(Burrough, 1986)

그림 16.57은 DEM의 종류를 보인 것으로 (a)는 x,y방향의 일정간격 별로 그리드형태이며 래스터로 만들어진 DEM이다. DEM이 구축되게 되면 태양의 고도 및 방향에 따라 음영으로 표현할 수 있으며 표고 별로 색상을 입혀 이해를 쉽게 할 수 있다. 그림 16.57(a)는 표고 별로 색깔을 입혀 음영으로 표시한 지형모델로써 등고선도와 중첩하여 내타냈다. 지형모델은 보다 사실감을 주기 위해 기하보정된 항공영상이나 위성영상과 중첩하여 표시할 수 있으며 그림 16.57(b)는 수치지적도를 중첩하여 필지의 향과 경사를 가시적으로 나타낸 것으로써 다양한 분석이 가능하다.

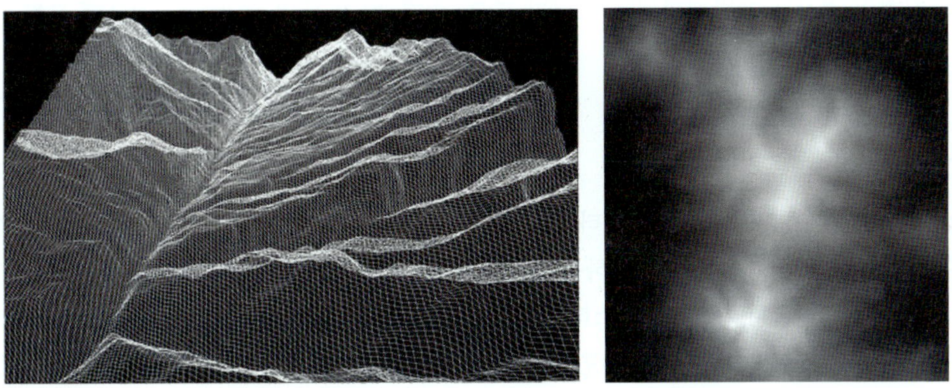

(a) 그리드(grid)형태의 DEM (b) 래스터로 만들어진 DEM

그림 16.57 수치표고모형(DEM)

(a) DEM과 등고선의 중첩 (b) DEM과 위성영상의 중첩

그림 16.58 DEM의 활용

16.9.6 지형의 경사와 향분석

앞 절에서 설명한 DEM이나 TIN자료를 활용한 지형분석은 내우 유용하며 가장 보편적인 지형 분석기능은 특정한 점에서의 경사도(slope)와 경사면의 향(aspect)을 분석하는 것이다. 경사와 경사면의 향 분석은 각종 토공과 강수량 유출 등 그 활용도가 매우 넓다. 개발계획 시 일반적인 가용지는 경사가 0°~15°까지이며 적극적 개발의 경우에는 20°까지도 고려한다. 이렇듯 지형의 경사는 개발계획뿐만 아니라 도로, 수계, 하천 등의 설계에도 매우 중요한 요소이다.

16.9.7 경사분석

경사분석은 가장 기본적인 데이터인 DEM(Grid 또는 TIN)구축으로부터 시작된다. 경사함수를 이용하는데 특정셀과 이웃하는 셀(8 cell) 간의 표고값의 변화가 최대인값을 셀 간의 거리로 나눈 비율이다. 결과값 래스터의 모든 셀들은 경사값을 갖는다. 낮은 경사값은 비교적 평평한 지형이며 높은 경사값이면 가파른 지형이다. 경사값의 결과는 기울기(%)와 경사각이다.

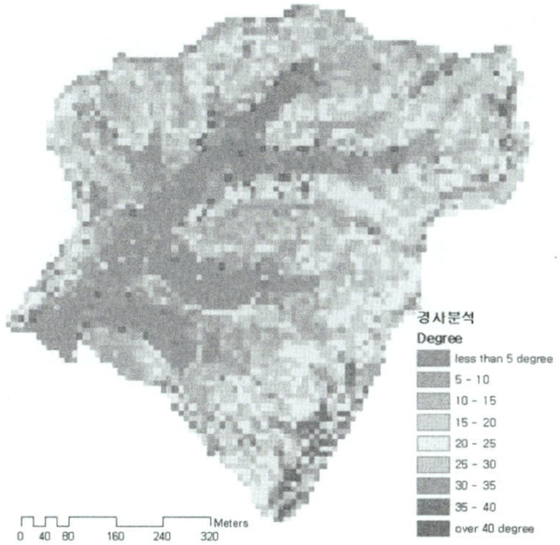

그림 16.59 경사분석

일반적으로 경사는 고저차를 수평거리로 나누어 백분율로 표현하거나 각도로 표현한다. 백분율로 표현하는 경우에는 식 (16.6)과 같이 계산한다(그림 16.60).

$$Slop(\%) = \frac{vd}{hd} \times 100 \tag{16.6}$$

각도로 계산하는 경우 식 (16.7)과 같이 계산한다.

$$\theta = \tan^{-1}(\frac{vd}{hd}) \tag{16.7}$$

경사가 45°인 경우 표고차와 수평거리가 같으므로 경사 100%가 된다. 그림 16.59는 경사각으로 분류하여 색깔 별로 표현한 결과이다.

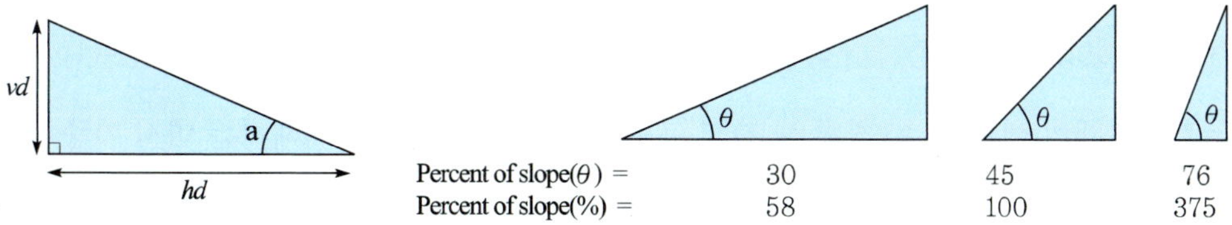

그림 16.60 경사각과 경사율(%)의 비교

16.9.8 경사각과 향 결정

DEM값으로부터 경사도와 향을 계산하기 위해서는 이웃하는 셀들의 고도값을 참조하게 되는데 일반적으로 3×3 이동창(window)의 데이터를 토대로 하여 이동창의 중심셀의 값을 계산하게 된다. 8개의 이웃하는 셀을 통과하는 최적평면의 추정은 다음과 같은 식에 의해 산출된다(Chrisman, N.,2002). 그림 16.62와 같이 셀의 간격 S를 갖는 Z 메트릭스에서 윈도우의 중심에 해당하는 Z_{ij} 셀의 고도에 적합한 평면에 대한 식은

$$Z = a + bx + c \tag{16.8}$$

로 표현된다. 중심셀 $Z_{i,j}$ 주변의 8셀의 고도값이 그림 16.61와 같다면

$Z_{i-1,j+1}$	$Z_{i,j+1}$	$Z_{i+1,j+1}$
$Z_{i-1,j}$	$Z_{i,j}$	$Z_{i+1,j}$
$Z_{i-1,j-1}$	$Z_{i,j-1}$	$Z_{i+1,j-1}$

그림 16.61 고도셀(3*3)

NW	*N*	*NE*
W	$Z_{i,j}$	*E*
SW	*S*	*SE*

그림 16.62 셀의 방향

a는 전체 9개 셀의 표고에 대한 평균값이다.

$$a = (Z_{i-1,j-1} + Z_{i-1,j} + Z_{i-1,j+1} + Z_{i,j-1} + Z_{i,j} + Z_{ij+1} + Z_{i+1,j-1} + Z_{i+1,j+1})/9 \tag{16.9}$$

b는 상부 3개의 셀과 하부3개의 셀 간의 표고차 이며 각각의 가운데 셀의 표고는 가중치 2를 부여한다.

$$b = [(Z_{i-1,j+1} + 2Z_{i,j+1} + Z_{i+1,j+1}) - (Z_{i-1,j-1} + 2Z_{i,j-1} + Z_{i+1,j-1})]/8S \tag{16.10}$$

c는 우측 3개의 셀과 좌측3개의 셀 간의 표고차이며 가운데 셀에 대해서는 역시 가중치 2를 부여한다.

$$c = [(Z_{i+1,j-1} + 2Z_{i+1,j} + Z_{i+1,j+1}) - (Z_{i-1,j-1} + 2Z_{i-1,j} + Z_{i-1,j+1})]/8S \tag{16.11}$$

식 (16.10), (16.11)에 의해 셀의 경사도는 다음과 같이 계산한다.

$$경사도 \ \theta = \sqrt{(b^2 + c^2)} \tag{16.12}$$

셀의 경사방향인 향은 다음과 같다.

$$경사면의 \ 향 = \tan^{-1}(\frac{c}{b}) \tag{16.13}$$

100	100	100	100	200	300	300	200
100	100	100	100	200	300	300	300
100	100	100	100	200	300	300	300
100	100	100	100	200	300	300	300
100	100	100	100	200	300	300	300
500	500	500	500	200	300	300	300
1000	1000	1000	1000	200	300	300	300
1500	1500	1500	1500	500	500	500	500

(a) DEM데이터

0.00	0.00	0.00	39.53	75.00	39.53	0.00	39.53
0.00	0.00	0.00	50.00	100.00	50.00	0.00	50.00
0.00	0.00	0.00	50.00	100.00	50.00	0.00	50.00
0.00	0.00	0.00	50.00	100.00	50.00	0.00	50.00
158.11	200.00	200.00	150.00	70.71	50.00	0.00	50.00
337.73	450.00	450.00	374.58	159.10	50.00	0.00	50.00
375.00	500.00	500.00	549.51	395.28	118.59	100.00	118.59
375.00	500.00	500.00	677.54	571.18	113.19	100.00	113.19

(b) 경사백분율

그림 16.63 DEM 데이터로부터 구한 각 셀의 경사백분율

예를 들어 각 셀의 표고데이터가 그림 16.63(a)와 같고 셀의 크기가 100m라면 식 (16.10), (16.11)에서와 같이

$$b = (100 + 2 \times 200 + 300) - (500 + 2 \times 200 + 300)/8 \times 100 = -0.5$$

$$c = (300 + 2 \times 300 + 300) - (500 + 2 \times 100 + 100)/8 \times 100 = 0.5$$

$$\therefore \ 경사도 \ \theta = \sqrt{(-0.5)^2 + (0.5)^2} = 0.707 \times 100 = 70.7(\%)$$

이 값은 그림 16.63(b)와 같이 경사도 해당셀에 입력된다.

식 (16.13)에 의해

$$\therefore \ 향(\mathrm{aspect}) = \tan^{-1}(\frac{0.5}{-0.5}) = -45°$$

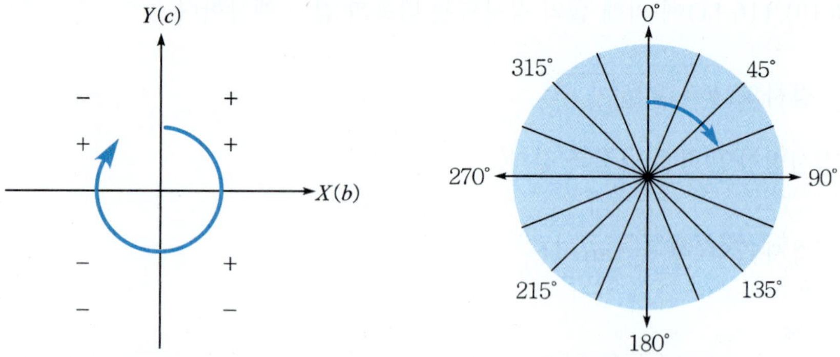

(a) 부호에 따른 상한결정 (b) 상한 별 방향각

그림 16.64 셀의 경사방향 결정

향의 경우 일단 각도가 계산되면 b, c의 부호에 따라 그림 16.64처럼 방향을 결정할 수가 있다. 향의 경우 $\frac{c}{b} = \frac{+}{-}$ 이므로 4상한이며, $Y(c)$축을 기준으로 시계방향으로 각을 표시한다면 315°가 된다. (360°-45°=315°)

이 값 역시 향을 표시하는 해당셀에 입력된다. 이상으로 각 셀에 해당하는 향을 계산하면 그림 16.65와 같다.

-1	-1	-1	288	270	252	-1	108
-1	-1	-1	270	270	270	-1	90
-1	-1	-1	270	270	270	-1	90
-1	-1	-1	270	270	270	-1	90
342	0	0	0	315	270	-1	90
358	0	0	26	46	270	-1	90
0	0	0	41	56	342	0	18
0	0	0	52	66	354	0	6

그림 16.65 경사면의 향

산출된 경사도를 통해 알 수 있듯이 인접한 셀들과의 고도차가 클수록 경사도 수치가 높아서 급경사 구역임을 알 수 있으며, 반면에 인접한 셀과의 고도값이 같은 경우 경사도는 0으로 산출된다(그림 16.63(b)). 한편 경사면의 향에 대한 분석도 마찬가지 방법을 통해 이루어지는

데 처리되는 셀의 경사면의 향은 3*3의 인접한 셀들을 참조하여 최대경사면방향으로 결정된다. 그림 16.65에서 산출된 수치는 경사면의 방향을 0°-360°로 나타낸 것이다. 시계방향으로 다음 그림 16.63(b)와 같이 향이 결정된다. -1의 값은 경사도가 0인 셀의 경우로 경사도가 0°이기 때문에 당연히 경사면의 방향을 갖지 않게 됨을 알려준다.

경사와 경사방향의 계산은 DEM자료를 사용하는 지형분석에서 필수적인 단계이다. 특정한, 인접 연산은 하천유역의 경계와 수로의 윤곽을 그릴 뿐만 아니라 흐름의 양과 방향을 계산하기 위하여 수리학적 모델링에 사용된다. 일반적으로 경사와 경사방향 정보는 지형시각화에서 빛의 크기를 계산하기 위해 중요하게 사용되어 왔다. 또한 그러한 정보는 미세기후, 자연생태분석, 생물다양성, 토지이용적합성 지도화 등의 연구를 위해 지형 및 환경자료와 병합하여 사용하는 추세이다(C.P.Lo, 2007).

그림 16.66은 TIN으로부터 계산한 8방향의 향분석을 실시한 것이다.

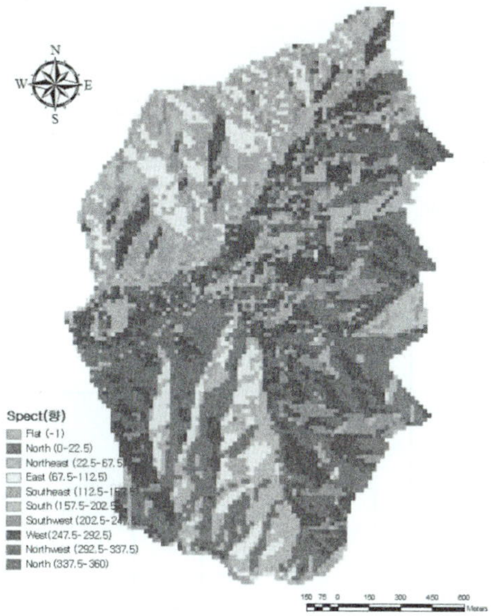

그림 16.66 향분석의 예

연습문제

16.1 수치지형모델링의 개념에 대해 설명하시오.

16.2 DEM, DTM, DSM의 차이점은 무엇인가? 그리고 이들과 TIN과의 특징적 차이점은 무엇인가?

16.3 수치표고모형의 구축 시 전역적, 국지적 보간법을 사용한다. 특징을 비교하시오.

16.4 DBMS의 발달단계에 대해 간략히 설명하시오.

16.5 델로니 삼각법에 의한 TIN형성방법에 대해 설명하시오.

16.6 데이터베이스의 종류와 특징을 설명하시오.

16.7 다음 용어의 의미를 설명하시오.

1) Line Thinning :

2) Line smoothing :

3) DBMS :

4) SQL :

16.8 다음 그림을 보고 산사태 위험도 분석을 실시하시오.

(1～8)영역에 대해 설명하고 제일 취약지역을 분석하시오.

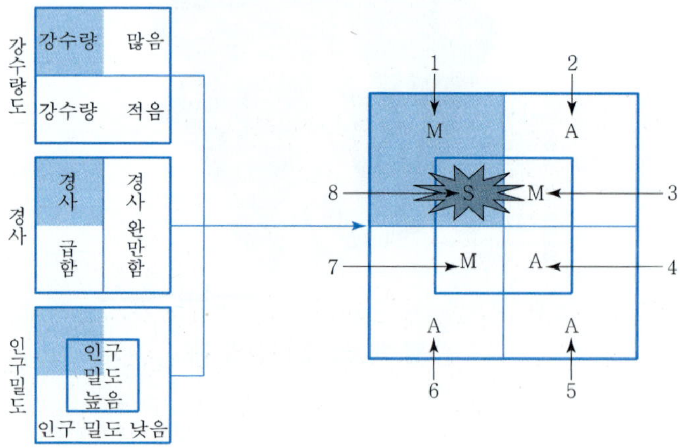

16.9 중첩의 유형을 설명하시오.

16.10 버퍼를 이용한 공간분석이 활용되는 분야를 설명하시오.

16.11 다음과 같은 DEM이 있다. 화살표 셀에 해당하는 경사도와 향을 계산하시오.

200	250	300
150	200	250
100	150	200

16.12 2차원 공간분석에서 다음 두 개의 피쳐를 이용하여 Erase, Identity, Intersect, Union에 대해 설명하시오.

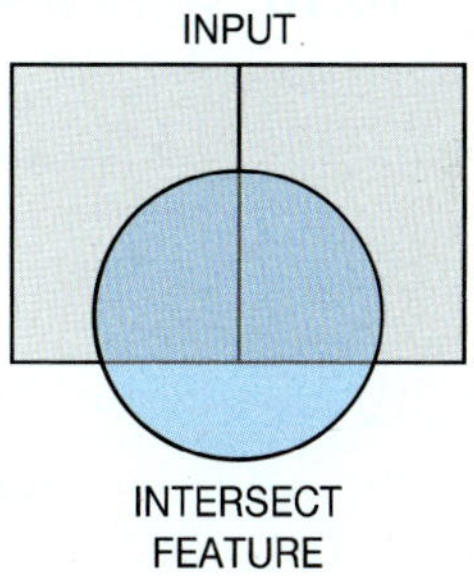

16.13 다음 경계를 Chain codes 방법으로 표기하시오(5).

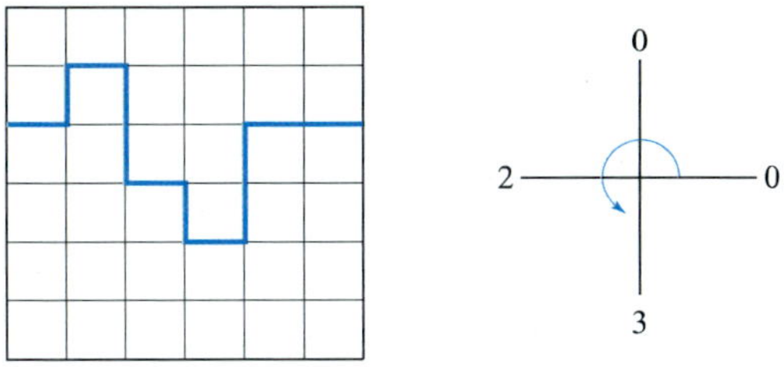

16.14 지방자치제 기술직, 토지개발업자, 도시지리학자가 동일한 지역에 대한 GIS데이터를 수집한다고 할 때 각각의 개념적 모델을 설명하시오

16.15 어느 지역에 대한 DEM을 5m 공간해상도로 구축하였다. P점의 표고를 역거리가중치보간법으로 구하시오.

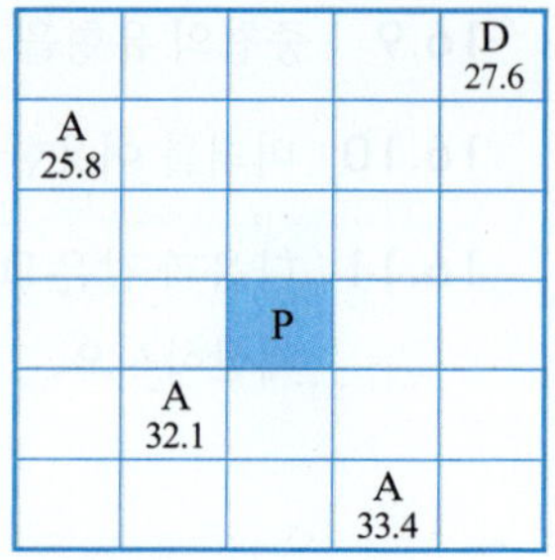

16.16 다음 P점 표고를 공1차 보간법에 의해 구하시오(10).

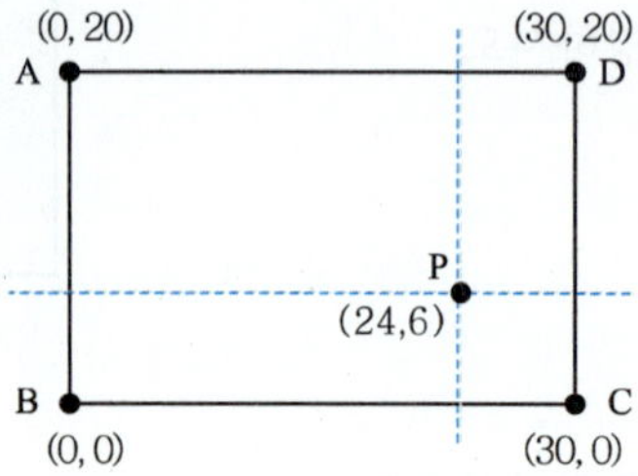

측점	표고
A	24.6m
B	23.6m
C	24.8m
D	25.2m

참고문헌

1. Bill Henning NOAA/NGS, NGS Support for Real Time Networks.
2. D.H.Maling, Pergamon Press, Coordinate Systems and Map Projections.
3. David Maune, ASPRS, Digital Elevation Model Technologies and Applications:The DEM User Manual, 2001.
4. Defence Mapping Agency, The Universal Gird : Universal Tranverse Mercator(UTM) and Universal Polar Stereographic(UPS), DMA Technical Manual, Jun. 1986.
5. Edward M. Mikhail & F. Ackermann, IEP-A Donnelley Pub., Newyork, Observations and Least Squares, 1976.
6. Frederic Pearson, CRC Press. Map Projection, 1990.
7. G. BOMFORD, Geodesy, oxford university press, 1971.
8. George W. Stimson, Science Tech. Pub., Introduction to Airborne RADAR, 1998.
9. GPS 기준국 및 네트워크 RTK 시스템 구축사업 완료보고서(서울특별시, 2009)
10. https://owaysonline.com/global-positioning-system-on-ships/
11. https://www.esa.int/Applications/Navigation/Galileo/What_is_Galileo
12. https://gisresources.com/everything-you-need-to-know-about-gps-l1-l2-and-l5-frequencies/?utm_content=bd-true
13. http://nationalatlas.ngii.go.kr/pages/page_225.php
14. Irineuda Silva, WernherIbañez, and GuilhermePoleszuk, "Experience of Using Total Station and GNSS Technologies for Tall Building Construction Monitoring., Escuela de Ingeniería Eléctrica, Universidad Católica de Valparaíso, Santiago, Chile
15. Jack McCormac, Prentice Hall, Surveying 3rd Ed., 1995.
16. James F.D. Gower, ASPRS, Remote sensing of the Marine Environment, Manual of Remote sensing 3rd Ed. Vol.6, 2006.
17. Jerry Nathanson, P.E., Michael T. Lanzafama & Philip Kissam, Pearson Prenticed Hall, Surveying Fundamentals and Practices, 5th Ed., 2006.
18. K.B. Atkinson, Whittles Pub., Close-range and Machine Vision, 1996.
19. Karl KRAUS, Ferd Dummers VERLAG·BONN, Photogrammetry Vol.I, -Fundamentals and Standard Process, 2000.
20. Karl KRAUS, Ferd Dummers VERLAG·BONN, Photogrammetry Vol.II, -Advanced Methods and Application, 2000.

21. KarstenJacobsen, "Exterior Orientation Parameters.", Institute for Photogrammetry and GeoInformation, University of Hannover, Germany.
22. Kavanagh & Bird, Prentice Hall, Surveying Principles and Application, 4th Ed., 1996.
23. Lillesand, Kipper & Chipman, Wiley, Remote sensing and Image Interpretation 6th Ed., 2008.
24. Marine Seismic Operations, Produced by IAGC to provide a reference to other marine operations in general and the fishing industry in particular., IAGC March 2002.
25. Merrill K. Ridd & James D. Hipple, ASPRS, Remote sensing of Human Settlements, Manual of Remote sensing 3rd Ed. Vol.5, 2006.
26. Nan Shen,Liang Chen,Jingbin Liu,Lei Wang,Tingye Tao,Dewen Wu and Ruizhi Chen, A Review of Global Navigation Satellite System (GNSS)-Based Dynamic Monitoring Technologies for Structural Health Monitoring, Remote Sens.2019,11(9), 1001; https://doi.org/10.3390/rs11091001
27. Paul R. Wolf & Charles D. Ghilani, Prentice Hall, Elementary Surveying An Introduction to Geomatices 10th Ed., 2002.
28. Paul R. Wolf, Charles D. Ghilani, John Wiley & Sons, Adjustment Computation-Statistics and Least Squares in Surveying and GIS, 1997.
29. Raymond M. Measures, John Wiley & Sons, LASER Remote sensing Fundamentals and Application, 1984.
30. Robert A. Schwengerdt, AP Academic Press, Models and Methods for Image Processing 3rd, 2007.
31. Russel C. Brinker, Roy Minnick, VNB, The Surveying Handbook, 1987.
32. Stan Aronoff, ESRI Press, Remote sensing for GIS Managers, 2005.
33. Sergio Baselga,Luis Garcíia-Asenjo,PascualGarriguesandRaquel Lujáan, "GBDM+: an improved methodology for a GNSS-based distance meter", Published 25 May 2022•.© 2022 The Author(s). Published by IOP Publishing Ltd Measurement Science and Technology,Volume 33, Number 8CitationSergio Baselgaet al2022Meas. Sci. Technol.33085020DOI10.1088/1361-6501/ac6f45
34. The Control Segment | GEOG 862: GPS and GNSS for Geospatial Professionals (psu.edu)
35. Vassilis Gikas, Sensors 2012, 12(8), 11249-11270; https://doi.org/10.3390/s120811249
36. Wlofgang Torge, de Gruyter, GEODESY 3rd Ed., 2001.
37. Wolf & Dewitt, McGraw Hill, Elements of Photogrammetry with Application in GIS 3rd Ed., 2000.
38. 日本測量協會, 測量の 數學的 基礎, 1981.
39. 國土建設學院, 測量士補 受驗講座, 1981.
40. 米谷榮二, 森忠次丸, 善株式會社, 測量學 1 基礎編, 1979.

41. 米谷榮二, 森忠次丸, 善株式會社, 測量學 2 應用編, 1979.
42. 坪川家恒, 大森又吉, 山海堂, 測地學 序說, 1968.
43. 건설교통부, 도로기하구조령, 2006.
44. 공간정보의구축 및 관리 등에 관한 법률시행령, 2016.
45. 국가공간정보기본법, 국가법령정보센타, 2024.
46. 대한측량학회 번역, 지리정보시스템의 원리, 2005.
47. 도로선형설계기준 KDS 44 20 10, 국토교통부
48. 한국 ESRI 교육센터, Introduction to ArcGIS Desktop(I),(II), 2005.
49. "한반도 지각변동에 관한 연구", 2007. 국토지리정보원 보고서
50. 이호영·구남형·김병엽·강무희·박근필, "해저 탄성파 탐사 기술의 현황", 한국자원공학회지 J. Korean Soc. Miner. Energy Resour. Eng.Vol. 56, No. 1 (2019) pp. 86-106, https://doi.org/10.32390/ksmer.2019.56.1.086
51. 이희연, 법문사, GIS 지리정보학, 2005.
52. 유복모, 박영사, 측량공학 5판, 2005.
53. 조규전, 양서각, 측량정보공학, 2004.
54. 국토연구원 GIS교육센터, GIS교재 I,II, 2003.
55. 유복모, 동명사, 지형공간정보학, 2001.
56. 유복모, 박영사, 지형공간정보학, 1995.
57. 한국자원공학회지, J. Korean Soc. Miner. Energy Resour. Eng. Vol. 56, No. 1 (2019) pp. 86-106, https://doi.org/10.32390/ksmer.2019.56.1.086

찾아보기

한글

ㄱ

ㄴ

ㄷ

ㄹ

ㅁ

ㅂ

ㅊ

영문

A

B

C

D

E

F

G

H

I

J

K

L

M

N

O

P

Q

R

S

T

U

V

W

(제3판) 공간정보공학 **정가 32,000원**

저자 : 한승희

발행인 : 임정대
발행처 : 도서출판 구미서관

발행 : 2010년 8월 20일 초판
2018년 12월 15일 제2판
2025년 2월 24일 제3판

등록 : 1979년 6월 29일 No.9-6호
주소 : 서울시 마포구 신촌로 2길 5-15 구미빌딩
전화 : 02-333-1101
팩스 : 02-335-2201
http://www.goomibook.com

ISBN 979-11-6257-305-1 (93530)